T0218129

Numerische Strömungsmechanik

Joel H. Ferziger · Milovan Perić ·
Robert L. Street

Numerische Strömungs-
mechanik

2., aktualisierte Auflage

Joel H. Ferziger (Deceased)
Stanford University
Stanford, CA, USA

Milovan Perić
Erlangen, Deutschland

Robert L. Street
Stanford University
Stanford, CA, USA

ISBN 978-3-662-46543-1   ISBN 978-3-662-46544-8   (eBook)
https://doi.org/10.1007/978-3-662-46544-8

Die Deutsche Nationalbibliothek verzeichnet diese Publikation in der Deutschen Nationalbibliografie;
detaillierte bibliografische Daten sind im Internet über http://dnb.d-nb.de abrufbar.

Planung/Lektorat: Michael Kottusch
Springer Vieweg ist ein Imprint der eingetragenen Gesellschaft Springer-Verlag GmbH, DE und ist ein Teil von
Springer Nature
Die Anschrift der Gesellschaft ist: Heidelberger Platz 3, 14197 Berlin, Germany

Vorwort

Vorwort zur vierten englischen Auflage

Die numerische Strömungsmechanik, allgemein bekannt unter dem Akronym „CFD" (für „Computational Fluid Dynamics"), erfährt kontinuierlich eine beträchtliche Verbreitung. Es gibt viele Softwarepakete, die Strömungsprobleme lösen; Tausende von Ingenieuren setzen sie in einer Vielzahl von Branchen und Forschungsbereichen ein. Der Markt wächst derzeit mit einer Rate von etwa 15 % pro Jahr. CFD-Programme sind heutzutage in vielen Branchen als Entwurfswerkzeuge akzeptiert und werden nicht nur zur Lösung von Problemen, sondern auch zur Unterstützung beim Entwurf und der Optimierung verschiedener Produkte und als Instrument in der Forschung eingesetzt. Obwohl die Benutzerfreundlichkeit kommerzieller CFD-Software seit der ersten Ausgabe dieses Buches im Jahr 1996 stark zugenommen hat, ist es für ihre effiziente und zuverlässige Anwendung immer noch notwendig, dass der Benutzer über solide Kenntnisse sowohl in der Strömungsmechanik als auch in den CFD-Methoden verfügt. Wir gehen davon aus, dass unsere Leser mit der theoretischen Strömungsmechanik vertraut sind; daher versuchen wir, hauptsächlich nützliche Informationen zu den anderen Komponenten – den Berechnungsmethoden für die Strömungsmechanik – zu liefern.

Das Buch basiert auf Material, das von den Autoren in der Vergangenheit in Kursen an der Stanford University, der Universität Erlangen-Nürnberg und der Technischen Universität Hamburg-Harburg sowie in einer Reihe von Kurzlehrgängen angeboten wurde. Es spiegelt die Erfahrung der Autoren bei der Entwicklung numerischer Methoden, dem Schreiben von CFD-Programmen und deren Anwendung zur Lösung ingenieurwissenschaftlicher und geophysikalischer Probleme wider. Viele der in den Beispielen verwendeten Programme, von den einfachen für rechteckige Gitter bis hin zu den Programmen für nichtorthogonale Gitter und Mehrgitterverfahren, stehen dem interessierten Leser zur Verfügung; die Informationen über den Zugang zu ihnen über das Internet sind im Anhang aufgeführt. Diese Programme veranschaulichen einige der im Buch beschriebenen Methoden; sie können erweitert und an die

V

Lösung vieler strömungsmechanischer Probleme angepasst werden. Die Studierenden sollten versuchen, sie zu modifizieren (z. B. durch Implementierung verschiedener Randbedingungen, Interpolationsmethoden, Differenzierungs- und Integrations-approximationen). Dies ist wichtig, da man eine Methode erst dann wirklich kennt, wenn man sie programmiert und/oder ausgeführt hat. Wir haben gelernt, dass viele Forscher diese Programme in der Vergangenheit als Grundlage für ihre Forschungsprojekte ver-wendet haben.

In diesem Buch wird die Finite-Volumen-Methode favorisiert, obwohl Finite-Differenzen-Methoden, wie wir hoffen, ausreichend detailliert beschrieben werden. Finite-Elemente-Methoden werden nicht im Detail behandelt, da es bereits eine Reihe von Büchern zu diesem Thema gibt.

Die Grundgedanken jedes Themas werden so beschrieben, dass sie für den Leser ver-ständlich sind; wo immer möglich, haben wir langwierige mathematische Analysen ver-mieden. In der Regel folgt auf eine allgemeine Beschreibung einer Idee oder Methode eine ausführlichere Beschreibung (einschließlich der notwendigen Gleichungen) von einem oder zwei numerischen Verfahren, die für die besseren Methoden dieser Art repräsentativ sind; andere möglichen Ansätze und Erweiterungen werden kurz beschrieben. Wir haben versucht, die gemeinsamen Elemente der Methoden statt ihre Unterschiede hervorzuheben und die Grundlagen zu schaffen, auf denen Varianten auf-gebaut werden können.

Wir haben großen Wert auf die Notwendigkeit gelegt, numerische Fehler abzu-schätzen; fast alle Beispiele in diesem Buch sind mit einer Fehleranalyse versehen. Obwohl es möglich ist, dass eine qualitativ falsche Lösung eines Problems vernünftig aussieht (es kann sogar eine richtige Lösung für ein anderes Problem sein), können die Folgen der Akzeptierung einer falschen Lösung schwerwiegend sein. Andererseits kann manchmal eine Lösung von relativ geringer Genauigkeit wertvoll sein, wenn sie mit Vor-sicht behandelt wird. Industrielle Anwender von kommerziellen Programmen müssen lernen, die Qualität der Ergebnisse zu beurteilen, bevor sie ihnen glauben. Forscher stehen vor der gleichen Herausforderung. Wir hoffen, dass dieses Buch zum Bewusstsein beitragen wird, dass numerische Lösungen immer Näherungen sind und richtig bewertet werden müssen.

Wir haben versucht, einen Querschnitt moderner Ansätze abzudecken, einschließlich beliebiger polyederförmiger und überlappender Gitter, Mehrgitterverfahren und Parallel-rechnen, Methoden für bewegte Gitter und Strömungen mit freien Oberflächen, direkte und Grobstruktursimulation von Turbulenz usw. Natürlich konnten wir nicht alle diese Themen in Detail behandeln, aber wir hoffen, dass die hier enthaltenen Informationen dem Leser ein nützliches Allgemeinwissen über das Thema vermitteln; wer an einer detaillierteren Untersuchung eines bestimmten Themas interessiert ist, findet Empfehlungen für die weitere Lektüre.

Die lange Zeit zwischen der letzten und der aktuellen Ausgabe dieses Buches wurde durch das plötzliche Ableben von Joel H. Ferziger im Jahr 2004 verursacht. Obwohl der verbliebene Co-Autor der vorherigen Ausgabe in Bob Street einen ausgezeichneten Partner für die Fortsetzung des Projekts fand, dauerte es aus verschiedenen Gründen (vor allem aber aus Zeitmangel) eine Weile, bis diese neue Ausgabe fertiggestellt war. Der neue Koautor hat neues Fachwissen mitgebracht, und die verstrichene Zeit machte es auch erforderlich, die meisten Kapitel erheblich zu überarbeiten. Insbesondere wurde das frühere Kap. 7, das sich mit Methoden zur Lösung der Navier-Stokes-Gleichungen befasste, völlig neu geschrieben und in zwei Kapitel aufgeteilt. Teilschrittmethoden, die für Grobstruktursimulationen weit verbreitet sind, wurden ausführlicher beschrieben und eine neue, implizite Version wurde hergeleitet. Neue Programme, die auf der Teilschritt-methode basieren, wurden dem Satz hinzugefügt, der von den Lesern von der speziell für diesen Zweck erstellten Website (www.cfd-peric.de) heruntergeladen werden kann. Die meisten Beispiele in späteren Kapiteln wurden mit kommerzieller Software neu berechnet; die Simulationsdateien für diese Beispiele mit einigen Anweisungen können ebenfalls von der oben genannten Website heruntergeladen werden.

Obwohl wir alle Anstrengungen unternommen haben, um Tipp-, Rechtschreib- und andere Fehler zu vermeiden, sind zweifellos noch einige von den Lesern zu finden. Wir sind Ihnen dankbar, wenn Sie uns über Fehler informieren, die Sie finden, sowie über Ihre Kommentare und Verbesserungsvorschläge für zukünftige Ausgaben des Buches. Zu diesem Zweck sind die elektronischen Postadressen der Autoren unten angegeben. Korrekturen sowie zusätzliche erweiterte Berichte über einige der Beispiele werden auf der oben genannten Website zum Herunterladen zur Verfügung stehen. Wir hoffen auch, dass Kollegen, deren Arbeit nicht erwähnt wurde, uns verzeihen werden, denn jede Aus-lassung ist unbeabsichtigt.

Wir müssen allen unseren gegenwärtigen und ehemaligen Studenten, Kollegen und Freunden danken, die uns auf die eine oder andere Weise geholfen haben, diese Arbeit fertigzustellen; die vollständige Liste der Namen ist zu lang, um sie hier zu präsentieren. Zu den Namen, die wir erwähnen müssen, gehören (in alphabetischer Reihenfolge) die Doktoren Steven Armfield, David Briggs, Fotini (Tina) Katapodes Chow, Ismet Demirdžic, Gene Golub, Sylvain Lardeau, Željko Lilek, Samir Muzaferija, Joseph Oliger, Eberhard Schreck, Volker Seidl und Kishan Shah. Auch die Hilfe derer, die TEX, LATEX, Linux, Xfig, Gnuplot und andere Werkzeuge, die unsere Arbeit erleichtert haben, geschaffen und zur Verfügung gestellt haben, wird sehr geschätzt. Besonderer Dank geht an Rafael Ritterbusch, der das Beispiel der Fluid-Struktur-Interaktion in Kap. 13 zur Ver-fügung gestellt hat.

Unsere Familien haben uns bei diesem Vorhaben sehr unterstützt; unser besonderer Dank gilt Eva Ferziger, Anna James, Robinson und Kerstin Peric und Norma Street.

Die anfängliche Zusammenarbeit zwischen den geographisch weit entfernten Kollegen wurde durch Stipendien der Alexander von Humboldt-Stiftung (an JHF) und der Deutschen Forschungsgemeinschaft (an MP) ermöglicht. Ohne ihre Unterstützung wäre diese Arbeit nie zustande gekommen, und wir können ihnen nicht genug Dank sagen. Einer der Autoren (MP) ist besonders dem verstorbenen Peter S. MacDonald, dem ehemaligen Präsidenten von CD-adapco, für seine Unterstützung zu Dank verpflichtet, sowie den Managern von Siemens (Jean-Claude Ercollanely, Deryl Sneider und Sven Enger), die sowohl Unterstützung als auch die Software Simcenter STAR-CCM+ zur Verfügung stellten, um Beispiele in Kap. 9–13 zu erstellen.[1] RLS schätzt sehr die Gelegenheit, zur Fortsetzung der Arbeit seines großen Freundes und Forschungskollegen Joel Ferziger beizutragen.

Vorwort zur zweiten deutschen Auflage

Diese deutsche Auflage ist eine Übersetzung der vierten englischen Auflage, die im Vorjahr erschienen ist. Wie auch bei der ersten deutschen Auflage wurde der schwierige Text von Kerstin Perić übersetzt, wofür ihr die Autoren ganz herzlich danken. Sie hat diesmal einen ungewöhnlichen Gehilfen gehabt – die Übersetzungssoftware DeepL, welche auf „künstlicher Intelligenz" basiert. Auch wenn viele Korrekturen des automatisch übersetzten Textes notwendig waren, hat der Einsatz des Computers und der Software dazu beigetragen, dass diese Übersetzung relativ zeitnah zur englischen Auflage erscheint.

Duisburg, Deutschland   Milovan Perić
                                                                         milovan@cfd-peric.de
Stanford, USA   Joel H. Ferziger
Stanford, USA   Robert L. Street
                                                                         street@stanford.edu

---

[1]Beispiele in Abschn. 9.12.2, 10.3.4.2, 10.3.6, 12.2.2, 12.5.2, 12.6.4, und alle in Kap. 13 (außer es wird eine andere Quelle explizit genannt) wurden berechnet und die Bilder erstellt mit der Software *Simcenter STAR-CCM+*, eine Marke oder eingetragene Marke von Siemens Industry Software NV und ihren Tochtergesellschaften.

Inhaltsverzeichnis

Akronyme

1D	eindimensional
2D	zweidimensional
3D	dreidimensional
ADI	Wechselnde Richtung implizit *(Alternating Direction Implicit)*
ADS	Aufwind-Differenzen-Schema
ALM	„Actuator line" Modell
CFD	numerische Strömungsmechanik *(Computational Fluid Dynamics)*
CG	konjugierte Gradienten
CGSTAB	CG stabilisiert
KM	Kontrollmasse
KV	Kontrollvolumen
CVFEM	Kontroll-Volumen-basierte Finite-Elemente-Methode
DDES	Verzögerte DES *(Delayed DES)*
DES	„Detached-eddy" Simulation
DNS	direkte numerische Simulation
EARSM	Explizites algebraisches Reynolds-Spannungs-Modell
EB	elliptische Vermischung *(Elliptic Blending)*
ENO	im Wesentlichen nichtoszillierend *(Essentially Non-Oscillatory)*
FAS	Verfahren mit vollständigen Approximationen *(Full Approximation Scheme)*
FD	Finite Differenzen
FE	Finite Elemente
FFT	schnelle Fourier-Transformation *(Fast Fourier Transform)*
FMG	vollständiges Mehrgitterverfahren *(Full Multigrid Method)*
FV	Finite Volumen
GDL	gewöhnliche Differentialgleichung
GK	globale Kommunikation
GS	Gauß-Seidel-Methode
ICCG	CG, vorkonditioniert durch unvollständige Cholesky-Methode
IDDES	Verbesserte, verzögerte DES *(Improved Delayed DES)*
IFSM	Implizite Teilschrittmethode *(Implicit Fractional-Step Method)*

ILES	Implizite LES *(Implicit LES)*
ILU	unvollständige LU-Zersetzung *(Incomplete LU-Decomposition)*
LK	lokale Kommunikation
LES	Grobstruktursimulation *(Large-Eddy Simulation)*
LU	Untere/obere Zerlegung *(Lower-Upper Decomposition)*
MAC	Marker-und-Zelle *(Marker-and-Cell)*
MG	Mehrgitter
MPI	Kommunikationsschnittstelle *(Message-Passing Interface)*
ODE	gewöhnliche Differentialgleichung *(Ordinary Differential Equation)*
PDE	partielle Differentialgleichung *(Partial Differential Equation)*
PVM	parallele virtuelle Maschine *(Parallel Virtual Machine)*
RANS	Reynolds-gemittelte Navier-Stokes *(Reynolds-averaged Navier-Stokes)*
RDS	Rückwärts-Differenzen-Schema
rms	Wurzel aus Mittelwert der Quadrate *(root-mean-square)*
rpm	Umdrehungen pro Minute *(revolutions per minute)*
RSFS	aufgelöste Subfilter-Skala *(Resolved Sub-Filter Scale)*
RSM	Reynolds-Spannungs-Modell
SBL	stabile Grenzschicht *(Stable Boundary Layer)*
SCL	Raumerhaltungsgesetz *(Space Conservation Law)*
SGS	Feinstruktur-Skala *(Sub-Grid Scale)*
SFS	Sub-Filter-Skala
SIP	stark implizites Verfahren *(Strongly Implicit Procedure)*
SOR	sukzessive Überrelaxation *(successive over-relaxation)*
SST	Scherspannungstransport *(Shear Stress Transport)*
TDMA	tridiagonales Matrix-Algorithmus
TKE	turbulente kinetische Energie
TRANS	Transiente RANS
TVD	*Total Variation Diminishing*
URANS	instationäre RANS *(Unsteady RANS)*
VDS	Vorwärts-Differenzen-Schema
VLES	*Very-Large-Eddy Simulation*
VOF	*Volume-of-Fluid*
ZDS	Zentraldifferenzen-Schema

Grundlagen der Fluidströmung

1

1.1 Einführung

Fluide sind Stoffe, deren molekulare Struktur keinen Widerstand gegen äußere Scherkräfte bietet: Schon die kleinste Kraft bewirkt eine Verformung des Fluidpartikels. Obwohl ein signifikanter Unterschied zwischen *Flüssigkeiten* und *Gasen* besteht, gehorchen beide Arten von Fluiden denselben Bewegungsgesetzen. In den meisten interessanten Fällen kann ein Fluid als *Kontinuum,* d. h. als eine kontinuierliche Substanz, betrachtet werden.

Die Strömung eines Fluids wird durch die Wirkung äußerer Kräfte verursacht. Zu den üblichen Antriebskräften gehören Druckunterschiede, Schwerkraft, Scherung, Rotation und Oberflächenspannung. Sie können als *Oberflächenkräfte* (z. B. die Scherkraft aufgrund von Wind, der über den Ozean weht, oder Druck- und Scherkräfte, die durch die Bewegung einer starren Wand relativ zum Fluid erzeugt werden) und *Körperkräfte* (z. B. Schwerkraft und durch Rotation induzierte Kräfte) klassifiziert werden.

Während sich alle Fluide unter Krafteinwirkung ähnlich verhalten, unterscheiden sich ihre *makroskopischen Eigenschaften* erheblich. Diese Eigenschaften müssen bekannt sein, wenn man Fluidbewegungen untersuchen will; die wichtigsten Eigenschaften einfacher Fluide sind die *Dichte* und die *Viskosität.* Andere, wie z. B. *Prandtl-Zahl, spezifische Wärme* und *Oberflächenspannung* beeinflussen die Fluidströmung nur unter bestimmten Bedingungen, z. B. bei großen Temperaturunterschieden. Fluideigenschaften sind Funktionen anderer physikalischer Größen (z. B. Temperatur und Druck); obwohl es möglich ist, einige von ihnen aus der statistischen Mechanik oder der kinetischen Theorie abzuschätzen, werden sie in der Regel durch Labormessungen ermittelt.

Die Strömungsmechanik ist ein sehr weites Feld. Eine kleine Bibliothek von Büchern wäre erforderlich, um alle Themen abzudecken, die darin enthalten sein könnten. In diesem Buch werden wir uns hauptsächlich mit Strömungen beschäftigen, die für Ingenieure von Interesse sind, aber selbst das ist ein sehr weites Feld (es reicht zum Beispiel von Windturbinen bis zu Gasturbinen, von der Nano- bis zur Airbus-Skala und von der Strömung in

© Springer-Verlag GmbH Deutschland, ein Teil von Springer Nature 2020
J. H. Ferziger et al., *Numerische Strömungsmechanik,*
https://doi.org/10.1007/978-3-662-46544-8_1

einem Fluss bis zur Blutströmung in menschlichen Adern). Wir können jedoch versuchen, die Arten von Problemen zu klassifizieren, die auftreten können. Eine eher mathematische, aber weniger vollständige Version dieser Klassifizierung findet sich in Abschn. 1.8.

Die Geschwindigkeit einer Strömung beeinflusst deren Eigenschaften auf verschiedene Weise. Bei ausreichend niedrigen Geschwindigkeiten kann die Trägheit der Flüssigkeit ignoriert werden und es kommt zu einer *schleichenden Strömung*. Dieser Zustand ist von Bedeutung bei Strömungen, die kleine Partikel enthalten (Suspensionen), bei Strömungen durch poröse Medien oder in engen Durchgängen (Beschichtungstechniken, Mikrovorrichtungen). Wenn die Geschwindigkeit erhöht wird, wird die Trägheit wichtig, aber jedes Fluidteilchen folgt noch einer glatten Bahnlinie; die Strömung wird dann als *laminar* bezeichnet. Eine weitere Erhöhung der Geschwindigkeit kann zu Instabilität führen, die schließlich eine eher zufällige Art von Strömung erzeugt, die als *turbulent* bezeichnet wird; der Prozess des laminar-turbulenten *Umschlags* ist ein wichtiger Bereich für sich. Schließlich bestimmt das Verhältnis der Strömungsgeschwindigkeit zur Schallgeschwindigkeit im Fluid (die *Mach-Zahl*), ob der Austausch zwischen der kinetischen Energie der Bewegung und den internen Freiheitsgraden berücksichtigt werden muss. Bei kleinen Mach-Zahlen (Ma < 0,3) kann die Strömung als *inkompressibel* betrachtet werden; ansonsten ist sie *kompressibel*. Wenn Ma < 1, wird die Strömung als *subsonisch* bezeichnet; wenn Ma > 1, ist die Strömung *supersonisch* und Stoßwellen sind möglich. Schließlich bei Ma > 5 kann die Kompression ausreichend hohe Temperaturen erzeugen, um die chemische Natur des Fluids zu verändern; solche Strömungen werden *hypersonisch* genannt. Diese Unterschiede beeinflussen die mathematische Natur des Problems und damit die Lösungsmethode. Es ist zu beachten, dass wir die Strömung je nach der Mach-Zahl kompressibel oder inkompressibel nennen, obwohl die Kompressibilität eine Eigenschaft des Fluids ist. Dies ist eine gängige Terminologie, weil die Strömung eines kompressiblen Fluids bei niedriger Machzahl im Wesentlichen inkompressibel ist.

Es ist heute üblich, dass sich Ingenieure mit geophysikalischen Strömungen, z. B. im Ozean und in der Atmosphäre, beschäftigen. Dort reagiert die Fluiddichte auf den Druck, sodass das Fluid in vielen Fällen auch bei Abwesenheit von Bewegung effektiv kompressibel ist. Allerdings ist die Schallgeschwindigkeit im Meerwasser sehr hoch und Meerwasser kann als inkompressibel angesehen werden, obwohl seine Dichte von der Temperatur und der Salzkonzentration des Ozeans abhängt, außer in Fragen, die die Tiefe des Ozeans betreffen. Die Atmosphäre wiederum ist ganz anders. Dort nehmen der Druck und die Luftdichte exponentiell mit der Höhe ab, sodass die Luft als kompressibel behandelt werden muss, außer vielleicht in der atmosphärischen Grenzschicht nahe der Erdoberfläche.

Bei vielen Strömungen sind die Auswirkungen der Viskosität nur in Wandnähe von Bedeutung, sodass die Strömung im größten Teil des Strömungsgebiets als *nicht viskos* betrachtet werden kann. Für die Fluide, die wir in diesem Buch behandeln, ist das Newtonsche Viskositätsgesetz eine gute Annäherung und wird ausschließlich verwendet. Fluide, die dem Newton-Gesetz gehorchen, werden als *newtonsche* bezeichnet; *nichtnewtonsche* Fluide sind für einige technische Anwendungen wichtig, werden aber hier nicht behandelt.

Viele andere Phänomene beeinflussen die Fluidströmung. Dazu gehören Temperatur-unterschiede, die zu einer *Wärmeübertragung* führen, und Dichteunterschiede, die einen *Auftrieb* erzeugen. Sie und Unterschiede in der Konzentration gelöster Stoffe können die Strömung erheblich beeinflussen oder sogar die einzige Ursache für die Strömung sein. Pha-senänderungen (Sieden, Kondensation, Schmelzen und Erstarren) führen, wenn sie auftreten, immer zu wichtigen Änderungen der Strömung und verursachen *Mehrphasenströmungen*. Die Variation anderer Eigenschaften wie Viskosität, Oberflächenspannung usw. kann eben-falls eine wichtige Rolle bei der Bestimmung der Art der Strömung spielen. Bis auf wenige Ausnahmen werden diese Effekte in diesem Buch nicht berücksichtigt.

In diesem Kapitel werden die grundlegenden Gleichungen, die die Fluidströmung und die damit verbundenen Phänomene beschreiben, in verschiedenen Formen dargestellt: *(i)* eine koordinatenfreie Form, die auf verschiedene Koordinatensysteme spezialisiert wer-den kann, *(ii)* eine Integralform für ein endliches Kontrollvolumen, die als Ausgangspunkt für eine wichtige Klasse von numerischen Methoden dient, und *(iii)* eine Differentialform (Tensornotation) in einem kartesischen Bezugssystem, die die Grundlage für einen wei-teren wichtigen Ansatz bildet. Die grundlegenden Erhaltungsprinzipien und -gesetze, die zur Herleitung dieser Gleichungen verwendet werden, sollen hier nur kurz zusammenge-fasst werden; detailliertere Herleitungen finden sich in einer Reihe von Standardtexten zur Strömungsmechanik (z. B. Bird et al. 2006; White 2010). Es wird davon ausgegangen, dass der Leser mit der Physik der Strömung und den damit verbundenen Phänomenen einiger-maßen vertraut ist, sodass wir uns auf Techniken zur numerischen Lösung der geltenden Gleichungen konzentrieren werden.

1.2   Erhaltungsprinzipien

Erhaltungsgesetze können durch Betrachtung einer gegebenen Menge an Materie, die als *Kontrollmasse* (KM) bezeichnet wird, und ihren extensiven Eigenschaften wie Masse, Impuls und Energie hergeleitet werden. Dieser Ansatz wird zur Untersuchung der Dynamik von Festkörpern verwendet, wobei die KM (manchmal auch als *System* bezeichnet) leicht zu identifizieren ist. In Fluidströmungen ist es jedoch schwierig, einem bestimmten Fluid-päckchen zu folgen. Es ist bequemer, die Strömung innerhalb eines bestimmten räumlichen Bereichs, den wir als *Kontrollvolumen* (KV) bezeichnen, zu betrachten, anstatt in einem Päckchen, das schnell durch die zu untersuchende Region fließt. Diese Analysemethode wird als *Kontrollvolumen-Ansatz* bezeichnet.

Wir werden uns in erster Linie mit zwei extensiven Eigenschaften befassen: Masse und Impuls. Die Erhaltungsgleichungen für diese und andere Eigenschaften haben gemeinsame Terme, die zuerst betrachtet werden.

Der Erhaltungssatz für eine extensive Eigenschaft setzt die Änderungsrate der Menge dieser Eigenschaft in einer gegebenen Kontrollmasse ins Verhältnis zu äußeren Einwirkungen. Für Masse, die in Strömungen von technischem Interesse weder erzeugt noch zerstört wird, kann die Erhaltungsgleichung folgendermaßen geschrieben werden:

$$\frac{dm}{dt} = 0. \tag{1.1}$$

Andererseits kann der Impuls durch die Wirkung von äußeren Kräften geändert werden; die entsprechende Erhaltungsgleichung stellt das zweite Newtonsche Bewegungsgesetz dar:

$$\frac{d(m\mathbf{v})}{dt} = \sum \mathbf{f}, \tag{1.2}$$

wobei t für die Zeit, m für die Masse, $\mathbf{v}$ für die Geschwindigkeit und $\mathbf{f}$ für die auf die Kontrollmasse wirkenden Kräfte stehen.[1]

Diese Gesetze werden in eine Kontrollvolumenform transformiert, die in diesem Buch durchweg verwendet wird. Die Grundvariablen werden die *intensiven* statt der extensiven Eigenschaften sein; erstere sind Eigenschaften, die unabhängig von der Menge der betrachteten Materie sind. Beispiele sind die Dichte ρ (Masse pro Volumeneinheit) und die Geschwindigkeit $\mathbf{v}$ (Impuls pro Masseneinheit).

Wenn ϕ eine erhaltene intensive Eigenschaft darstellt (für die Massenerhaltung ist $\phi = 1$; für die Impulserhaltung ist $\phi = \mathbf{v}$; für die Erhaltung eines Skalars stellt ϕ die erhaltene Eigenschaft pro Masseneinheit dar), dann kann die entsprechende extensive Eigenschaft Φ ausgedrückt werden als:

$$\Phi = \int_{V_{KM}} \rho\phi \; dV, \tag{1.3}$$

wobei V_{KM} für das von der KM belegte Volumen steht. Mit dieser Definition kann die linke Seite jeder Erhaltungsgleichung für ein Kontrollvolumen geschrieben werden:[2]

$$\frac{d}{dt} \int_{V_{KM}} \rho\phi \; dV = \frac{d}{dt} \int_{V_{KV}} \rho\phi \; dV + \int_{S_{KV}} \rho\phi \, (\mathbf{v} - \mathbf{v}_s) \cdot \mathbf{n} \; dS, \tag{1.4}$$

wobei V_{KV} das KV-Volumen ist, S_{KV} die KV umschließende Oberfläche, $\mathbf{n}$ der zu S_{KV} orthogonal und nach außen gerichtete Einheitsvektor, $\mathbf{v}$ die Fluidgeschwindigkeit und $\mathbf{v}_s$ die Geschwindigkeit, mit der sich die KV-Oberfläche bewegt. Für ein ortsfestes KV, das wir die meiste Zeit betrachten werden, ist $\mathbf{v}_s = \mathbf{0}$ und die erste Ableitung auf der rechten Seite wird zu einer lokalen (partiellen) Ableitung. Diese Gleichung besagt: Die Änderungsrate der Eigenschaftsmenge in der Kontrollmasse, Φ, ist gleich der Änderungsrate der

---

[1]Fettgedruckte Symbole, z.B. $\mathbf{v}$ oder $\mathbf{f}$, sind im Kontext dieses Buches Vektoren mit drei Komponenten.

[2]Diese Gleichung wird oft als *Kontrollvolumen-Gleichung* oder als *Reynolds-Transporttheorem* bezeichnet.

Eigenschaft innerhalb des Kontrollvolumens zuzüglich des Nettoflusses dieser Eigenschaft durch die KV-Ränder aufgrund der Fluidbewegung relativ zur KV-Oberfläche. Der letzte Term wird üblicherweise als *konvektiver* (oder manchmal *advektiver*) Fluss von ϕ durch die KV-Oberfläche bezeichnet. Wenn sich das KV so bewegt, dass seine Oberfläche mit der Oberfläche einer Kontrollmasse zusammenfällt, dann ist $\mathbf{v} = \mathbf{v}_s$ und dieser Term ist wie erforderlich gleich null.

Eine detaillierte Herleitung dieser Gleichung ist in vielen Lehrbüchern zur Fluiddynamik enthalten (z. B. in Bird et al. 2006; Street et al. 1996; Pritchard 2010) und wird hier nicht wiederholt. Die Massen-, Impuls- und Skalarerhaltungsgleichungen werden in den nächsten drei Abschnitten vorgestellt. Der Einfachheit halber wird ein festes KV betrachtet; V repräsentiert das KV-Volumen und S seine Oberfläche.

1.3 Massenerhaltung

Die Integralform der Massenerhaltungsgleichung (bekannt auch als Kontinuitätsgleichung) folgt direkt aus der Kontrollvolumengleichung, indem $\phi = 1$ gesetzt wird:

$$\frac{\partial}{\partial t} \int_V \rho \, dV + \int_S \rho \mathbf{v} \cdot \mathbf{n} \, dS = 0. \tag{1.5}$$

Durch Anwendung des Gaußschen Divergenztheorems auf den Konvektionsterm können wir das Oberflächenintegral in ein Volumenintegral umwandeln. Wenn man das Kontrollvolumen unendlich klein werden lässt, führt dies zu einer koordinatenfreien Vektorform der Kontinuitätsgleichung:

$$\frac{\partial \rho}{\partial t} + \nabla \cdot (\rho \mathbf{v}) = 0. \tag{1.6}$$

Diese Form kann in eine für ein bestimmtes Koordinatensystem spezifische Form umgewandelt werden, indem der Ausdruck für den Divergenzoperator aus diesem System eingesetzt wird. Ausdrücke für gängige Koordinatensysteme wie das kartesische, zylindrische und sphärische System sind in vielen Lehrbüchern zu finden (z. B. Bird et al. 2006); Ausdrücke, die für allgemeine nichtorthogonale Koordinatensysteme gelten, sind z. B. in Aris (1990) oder Chen et al. (2004a) angegeben. Im Folgenden wird die kartesische Form sowohl in Tensor- als auch in erweiterter Notation dargestellt. Hier und im gesamten Buch gilt die Einstein-Konvention: Wenn derselbe Index zweimal in einem Term auftaucht, bedeutet dies eine Summation über den Bereich dieses Indexes:

$$\frac{\partial \rho}{\partial t} + \frac{\partial (\rho u_i)}{\partial x_i} = \frac{\partial \rho}{\partial t} + \frac{\partial (\rho u_x)}{\partial x} + \frac{\partial (\rho u_y)}{\partial y} + \frac{\partial (\rho u_z)}{\partial z} = 0, \tag{1.7}$$

wobei x_i (i = 1,2,3) oder (x, y, z) die kartesischen Koordinaten und u_i oder (u_x, u_y, u_z) die kartesischen Komponenten des Geschwindigkeitsvektors **v** sind. Die Erhaltungsgleichungen in kartesischer Form werden oft verwendet, und dies wird auch in dieser Arbeit der Fall sein. Die Differentialform der Erhaltungsgleichungen in nichtorthogonalen Koordinaten wird in Kap. 9 vorgestellt.

1.4 Impulserhaltung

Es gibt mehrere Möglichkeiten, die Gleichung zur Erhaltung des Impulses herzuleiten. Ein Ansatz ist die in Abschn. 1.2 beschriebene Kontrollvolumen-Methode; bei dieser Methode verwendet man Gl. (1.2) und (1.4) und ersetzt ϕ durch **v**, z. B. für ein ortsfestes, mit Fluid gefülltes Volumen:

$$\frac{\partial}{\partial t} \int_V \rho \mathbf{v} \, dV + \int_S \rho \mathbf{v} \mathbf{v} \cdot \mathbf{n} \, dS = \sum \mathbf{f}. \tag{1.8}$$

Um die rechte Seite durch die intensiven Eigenschaften auszudrücken, muss man die Kräfte betrachten, die auf das Fluid in einem KV wirken können:

- Oberflächenkräfte (Druck, Normal- und Scherspannungen, Oberflächenspannung usw.);
- Körperkräfte (Schwerkraft, Flieh- und Corioliskräfte, elektromagnetische Kräfte usw.).

Die Oberflächenkräfte aufgrund von Druck und Spannungen sind aus molekularer Sicht die mikroskopischen Impulsflüsse durch eine Oberfläche. Wenn diese Flüsse nicht durch die Eigenschaften ausgedrückt werden können, deren Erhaltung die Gleichungen beschreiben (Dichte und Geschwindigkeit), ist das Gleichungssystem nicht geschlossen, d. h. es gibt weniger Gleichungen als abhängige Variablen und eine Lösung ist nicht möglich. Diese Möglichkeit kann durch bestimmte Annahmen vermieden werden. Die einfachste Annahme ist, dass die Flüssigkeit newtonisch ist; glücklicherweise gilt das Newtonsche Modell für viele reale Fluide.

Für newtonsche Flüssigkeiten kann der Spannungstensor T, der die molekulare Rate des Impulstransports darstellt, geschrieben werden:

$$\mathsf{T} = - \left(p + \frac{2}{3} \mu \, \nabla \cdot \mathbf{v} \right) \mathsf{I} + 2\mu \mathsf{D}, \tag{1.9}$$

wobei μ für die dynamische Viskosität, I für den Einheitstensor, p für den statischen Druck und D für den Tensor der Deformationsrate steht:

$$\mathsf{D} = \frac{1}{2} \left[\nabla \mathbf{v} + (\nabla \mathbf{v})^T \right]. \tag{1.10}$$

Diese beiden Gleichungen können in Indexnotation in kartesischen Koordinaten wie folgt geschrieben werden:

$$T_{ij} = -\left(p + \frac{2}{3}\mu\frac{\partial u_j}{\partial x_j}\right)\delta_{ij} + 2\mu D_{ij}, \tag{1.11}$$

$$D_{ij} = \frac{1}{2}\left(\frac{\partial u_i}{\partial x_j} + \frac{\partial u_j}{\partial x_i}\right), \tag{1.12}$$

wobei δ_{ij} das Kronecker-Symbol ist ($\delta_{ij} = 1$, wenn $i = j$ und sonst $\delta_{ij} = 0$). Bei inkompressiblen Strömungen ist der zweite Term in Klammern in Gl. (1.11) aufgrund der Kontinuitätsgleichung gleich null. Die folgende Notation wird in der Literatur häufig zur Beschreibung des viskosen Teils des Spannungstensors verwendet:

$$\tau_{ij} = 2\mu D_{ij} - \frac{2}{3}\mu\delta_{ij}\nabla\cdot\mathbf{v}. \tag{1.13}$$

Für nichtnewtonsche Fluide wird die Beziehung zwischen dem Spannungstensor und der Geschwindigkeit oft durch einen Satz partieller Differentialgleichungen definiert und das Gesamtproblem ist weitaus komplizierter; siehe z. B. Bird und Wiest (1995). Für die Klasse der nichtnewtonschen Fluide, die mit der gleichen Art konstitutiver Beziehung wie oben beschrieben werden, aber nur eine variable Viskosität (typischerweise eine nichtlineare Funktion von Geschwindigkeitsgradienten und Temperatur) oder ein Spannungsmodell erfordern, das mit den in Kap. 10 beschriebenen Reynolds-Spannungsmodellen vergleichbar ist, können die gleichen Lösungsmethoden verwendet werden, die für newtonsche Fluide entwickelt wurden.[3] Verschiedene Arten von nichtnewtonschen Fluiden erfordern jedoch unterschiedliche konstitutive Gleichungen, wie sie in Bird und Wiest (1995) beschrieben werden; diese können wiederum spezielle Lösungsmethoden erfordern. Dieses Thema ist komplex und wird in Kap. 13 nur kurz angesprochen.

Mit den Körperkräften (pro Masseneinheit), die durch $\mathbf{b}$ dargestellt werden, wird die Integralform der Impulserhaltungsgleichung zu:

$$\frac{\partial}{\partial t}\int_V \rho\mathbf{v}\,dV + \int_S \rho\mathbf{v}\mathbf{v}\cdot\mathbf{n}\,dS = \int_S \mathbf{T}\cdot\mathbf{n}\,dS + \int_V \rho\mathbf{b}\,dV. \tag{1.14}$$

Eine koordinatenfreie Vektorform der Impulserhaltungsgleichung (1.14) erhält man leicht durch Anwendung des Gaußschen Divergenzsatzes auf die Konvektions- und Diffusionsflussterme:

$$\frac{\partial(\rho\mathbf{v})}{\partial t} + \nabla\cdot(\rho\mathbf{v}\mathbf{v}) = \nabla\cdot\mathbf{T} + \rho\mathbf{b}. \tag{1.15}$$

Die entsprechende Gleichung für die kartesische Komponente i ist:

$$\frac{\partial(\rho u_i)}{\partial t} + \nabla\cdot(\rho u_i\mathbf{v}) = \nabla\cdot\mathbf{t}_i + \rho b_i. \tag{1.16}$$

---

[3]Zum Beispiel kann Blut bei hohen Scherraten als newtonsches Fluid behandelt werden (Tokuda et al. 2008), aber mit einer variablen Viskosität in anderen Fällen (Perktold und Rappitsch 1995).

Da der Impuls eine Vektorgröße ist, sind seine Konvektions- und Diffusionsflüsse durch eine KV-Oberfläche die Skalarprodukte der Tensoren zweiten Ranges ($\rho \mathbf{vv}$ und T) mit dem Oberflächenvektor $\mathbf{n}$ dS. Die Integralform der obigen Gleichung ist:

$$\frac{\partial}{\partial t} \int_V \rho u_i \, dV + \int_S \rho u_i \mathbf{v} \cdot \mathbf{n} \, dS = \int_S \mathbf{t}_i \cdot \mathbf{n} \, dS + \int_V \rho b_i \, dV, \qquad (1.17)$$

wo (siehe Gl. (1.9) und (1.10)):

$$\mathbf{t}_i = \mu \, \nabla u_i + \mu \, (\nabla \mathbf{v})^T \cdot \mathbf{i}_i - \left(p + \frac{2}{3} \mu \, \nabla \cdot \mathbf{v} \right) \mathbf{i}_i = \tau_{ij} \mathbf{i}_j - p \mathbf{i}_i. \qquad (1.18)$$

Dabei steht b_i für die i-te Komponente der Körperkraft, hochgestelltes ^{T} bedeutet transponieren und $\mathbf{i}_i$ ist der kartesische Einheitsvektor in Richtung der Koordinate x_i. In kartesischen Koordinaten kann man den obigen Ausdruck schreiben als

$$\mathbf{t}_i = \mu \left(\frac{\partial u_i}{\partial x_j} + \frac{\partial u_j}{\partial x_i} \right) \mathbf{i}_j - \left(p + \frac{2}{3} \mu \, \frac{\partial u_j}{\partial x_j} \right) \mathbf{i}_i. \qquad (1.19)$$

Ein Vektorfeld kann auf verschiedene Weise dargestellt werden. Die Basisvektoren, anhand welcher der Vektor definiert wird, können lokal oder global sein. In krummlinigen Koordinatensystemen, die oft bei komplexen Geometrien erforderlich sind (siehe Kap. 9), kann man entweder eine kovariante oder eine kontravariante Basis wählen, siehe Abb. 1.1. Erstere drückt einen Vektor durch seine Komponenten entlang der lokalen Koordinaten aus; letztere verwendet die Projektionen senkrecht zu den Koordinatenflächen. In einem kartesischen System sind beide identisch. Außerdem können die Basisvektoren dimensionslos oder dimensional sein. Einschließlich all dieser Optionen sind über 70 verschiedene Formen der Impulsgleichungen möglich. Mathematisch gesehen sind alle gleichwertig; vom numerischen Standpunkt aus sind einige schwieriger zu behandeln als andere.

Die Impulsgleichungen werden als in "streng konservativer Form" bezeichnet, wenn alle Terme die Form der Divergenz eines Vektors oder Tensors haben. Dies ist für die Komponentenform der Gleichungen nur dann möglich, wenn Komponenten bezogen auf konstante Basisvektoren (z. B. kartesisch) verwendet werden. Eine koordinatenorientierte Vektorkomponente dreht sich mit der Koordinatenrichtung und es ist eine "Scheinkraft" erforderlich, um die Drehung zu erzeugen; diese Kräfte sind im oben definierten Sinne nichtkonservativ. In Zylinderkoordinaten ändern sich beispielsweise die radiale und die Umfangsrichtung, sodass die Komponenten eines räumlich konstanten Vektors (z. B. eines gleichmäßigen Geschwindigkeitsfeldes) mit r und θ variieren und im Koordinatenursprung singulär sind. Um dies zu berücksichtigen, enthalten die durch diese Komponenten ausgedrückten Gleichungen die Flieh- und die Corioliskraft als zusätzliche Terme.

Die Abb. 1.1 zeigt einen Vektor $\mathbf{v}$ und seine kontravariante, kovariante und kartesische Komponenten. Offensichtlich ändern sich die kontravarianten und kovarianten Komponenten, wenn sich die Basisvektoren ändern, obwohl der Vektor $\mathbf{v}$ konstant bleibt.

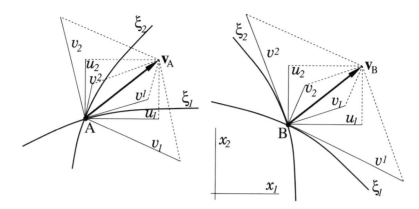

Abb. 1.1 Darstellung eines Vektors durch verschiedene Komponenten: u_i – kartesische Komponenten; v^i – kontravariante Komponenten; v_i – kovariante Komponenten [$\mathbf{v}_A = \mathbf{v}_B$, $(u_i)_A = (u_i)_B$, $(v^i)_A \neq (v^i)_B$, $(v_i)_A \neq (v_i)_B$]

Die Auswirkung der Wahl der Geschwindigkeitskomponenten auf die numerischen Lösungsverfahren werden wir in Kap. 9 diskutieren.

Die streng konservative Form der Gleichungen, wenn sie zusammen mit einer Finite-Volumen-Methode verwendet wird, gewährleistet automatisch die globale Impulserhaltung in der Berechnung. Dies ist eine wichtige Eigenschaft der Erhaltungsgleichungen, und ihre Erhaltung bei der numerischen Lösung ist ebenso wichtig. Die Beibehaltung dieser Eigenschaft kann dazu beitragen, dass die numerische Methode während der Lösung nicht divergiert und als eine Art "Realisierbarkeit" betrachtet werden kann.

Bei einigen Strömungen ist es vorteilhaft, den Impuls in räumlich variable Richtungen aufzulösen. Zum Beispiel hat die Geschwindigkeit in einem Linienwirbel nur eine Komponente u_θ in Zylinderkoordinaten, aber zwei Komponenten in kartesischen Koordinaten. Eine achsensymmetrische Strömung ohne Drall ist zweidimensional (2D), wenn sie in einem polar-zylindrischen Koordinatensystem analysiert wird, aber dreidimensional (3D), wenn ein kartesisches Koordinatensystem verwendet wird. Einige numerische Verfahren, die nichtorthogonale Koordinaten verwenden, erfordern die Verwendung kontravarianter Geschwindigkeitskomponenten. Die Gleichungen enthalten dann sogenannte "Krümmungsterme", deren numerische Berechnung oft mit großen Fehlern behaftet ist, weil sie 2. Ableitungen der Koordinaten enthalten, die bei krummlinigen Koordinaten schwer zu approximieren sind.

In diesem Buch werden wir mit Geschwindigkeitsvektoren und Spannungstensoren in Bezug auf ihre kartesischen Komponenten arbeiten, und wir werden eine konservative Form der kartesischen Impulsgleichungen verwenden.

Die Gl. (1.16) ist in streng konservativer Form. Eine nichtkonservative Form dieser Gleichung kann durch die Verwendung der Kontinuitätsgleichung erhalten werden. Da gilt

$$\nabla \cdot (\rho \mathbf{v} u_i) = u_i \, \nabla \cdot (\rho \mathbf{v}) + \rho \mathbf{v} \cdot \nabla u_i,$$

folgt daraus:

$$\rho \frac{\partial u_i}{\partial t} + \rho \mathbf{v} \cdot \nabla u_i = \nabla \cdot \mathbf{t}_i + \rho b_i. \tag{1.20}$$

Der in $\mathbf{t}_i$ enthaltene Druckterm kann auch geschrieben werden als

$$\nabla \cdot (p \, \mathbf{i}_i) = \nabla p \cdot \mathbf{i}_i.$$

Mit dem Ausdruck auf der rechten Seite wird der Druckgradient als Körperkraft betrachtet; dies läuft auf eine nichtkonservative Behandlung des Druckterms hinaus. Die nichtkonservative Form der Gleichungen wird häufig bei Finite-Differenzen-Verfahren verwendet, da sie etwas einfacher ist. Im Grenzfall eines sehr feinen Gitters ergeben alle Gleichungsformen und numerische Lösungsverfahren die gleiche Lösung; bei groben Gittern führt die nichtkonservative Form jedoch zusätzliche Fehler ein, die wichtig werden können.

Wenn man den Ausdruck für den viskosen Teil des Spannungstensors, Gl. (1.13), durch Gl. (1.16) in Indexnotation und für kartesische Koordinaten geschrieben ersetzt, und wenn die Schwerkraft die einzige Körperkraft ist, erhält man:

$$\frac{\partial(\rho u_i)}{\partial t} + \frac{\partial(\rho u_j u_i)}{\partial x_j} = \frac{\partial \tau_{ij}}{\partial x_j} - \frac{\partial p}{\partial x_i} + \rho g_i, \tag{1.21}$$

wo g_i die Komponente der Erdbeschleunigung $\mathbf{g}$ in Richtung der kartesischen Koordinate x_i darstellt. Für den Fall konstanter Dichte und Schwerkraft kann der Term $\rho \mathbf{g}$ als $\nabla(\rho \mathbf{g} \cdot \mathbf{r})$ geschrieben werden, wobei $\mathbf{r}$ der Positionsvektor ist, $\mathbf{r} = x_i \mathbf{i}_i$ (normalerweise wird angenommen, dass die Schwerkraft in negative z-Richtung wirkt, d. h. $\mathbf{g} = g_z \mathbf{k}$, wobei g_z negativ ist; in diesem Fall $\mathbf{g} \cdot \mathbf{r} = g_z z$). Dann ist $-\rho g_z z$ der hydrostatische Druck, und es ist bequem – und für eine numerische Lösung effizienter – eine neue Variable $\tilde{p} = p - \rho g_z z$ zu definieren und als "Scheindruck" zu verwenden. Der Term ρg_i verschwindet dann aus der obigen Gleichung. Wenn der tatsächliche Druck benötigt wird, muss man nur $\rho g_z z$ zu $\tilde{p}$ hinzufügen.

Da nur der Druckgradient in der Gleichung erscheint, ist der absolute Wert des Drucks nicht wichtig, außer bei kompressiblen Strömungen (einschließlich atmosphärischer und einiger Ozeanströmungen) und bei Strömungen mit einer freien Oberfläche, die der Atmosphäre ausgesetzt ist.

Bei Strömungen mit variabler Dichte (die Variation der Schwerkraft kann bei allen in diesem Buch betrachteten Strömungen vernachlässigt werden) kann man den ρg_i-Term in zwei Teile aufteilen: $\rho_0 g_i + (\rho - \rho_0) g_i$, wobei ρ_0 eine Referenzdichte ist. Der erste Teil kann dann in den Druck, wie oben beschrieben, einbezogen werden und wenn die Dichteänderung nur noch im Schwerkraftsterm beibehalten wird, erhält man die *Boussinesq*-Approximation, siehe Abschn. 1.7.

1.5   Erhaltung skalarer Größen

Die Integralform der Gleichung, die die Erhaltung einer skalaren Größe ϕ beschreibt, ist analog zu den vorherigen Gleichungen und lautet:

$$\frac{\partial}{\partial t} \int_V \rho\phi \; \mathrm{d}V + \int_S \rho\phi\mathbf{v} \cdot \mathbf{n} \; \mathrm{d}S = \sum f_\phi, \qquad (1.22)$$

wobei f_ϕ den Transport von ϕ durch andere Mechanismen als Konvektion und jegliche Quellen oder Senken des Skalars darstellt. Der Diffusionstransport ist immer vorhanden (auch in stagnierenden Fluiden) und wird normalerweise durch eine Gradientenapproximation beschrieben, z. B. *Fourier-Gesetz* für die Wärmediffusion und *Fick-Gesetz* für die Massendiffusion:

$$f_\phi^{\mathrm{d}} = \int_S \Gamma \, \nabla\phi \cdot \mathbf{n} \; \mathrm{d}S, \qquad (1.23)$$

wobei Γ die Diffusivität für die Größe ϕ darstellt. Ein Beispiel ist die Energiegleichung, die für die meisten technischen Strömungen wie folgt geschrieben werden kann:

$$\frac{\partial}{\partial t} \int_V \rho h \; \mathrm{d}V + \int_S \rho h \mathbf{v} \cdot \mathbf{n} \; \mathrm{d}S = \int_S k \, \nabla T \cdot \mathbf{n} \; \mathrm{d}S +$$
$$\int_V (\mathbf{v} \cdot \nabla p + \mathsf{S} : \nabla\mathbf{v}) \; \mathrm{d}V + \frac{\partial}{\partial t} \int_V p \; \mathrm{d}V, \qquad (1.24)$$

wobei $h = p/\rho + e$ die Enthalpie pro Masseneinheit oder spezifische Enthalpie darstellt, die ein Maß für die Gesamtenergie des Systems ist, und e die innere Energie ist. Darüber hinaus ist T die Temperatur, k die Wärmeleitfähigkeit, $k = \mu c_{\mathrm{p}}/\mathrm{Pr}$ und S der viskose Teil des Spannungstensors, $\mathsf{S} = \mathsf{T} + p\mathsf{I}$. Pr ist die Prandtl-Zahl, die als das Verhältnis von Impuls- zu Wärmediffusivität definiert ist, und c_{p} ist die spezifische Wärme bei konstantem Druck. Der Quellterm repräsentiert die Arbeit, die durch Druck- und viskose Kräfte geleistet wird; er kann bei inkompressiblen Strömungen vernachlässigt werden. Eine weitere Vereinfachung wird durch die Betrachtung eines Fluids mit konstanter spezifischer Wärme erreicht, wobei sich eine Konvektions-Diffusionsgleichung für die Temperatur ergibt:

$$\frac{\partial}{\partial t} \int_V \rho T \; \mathrm{d}V + \int_S \rho T \mathbf{v} \cdot \mathbf{n} \; \mathrm{d}S = \int_S \frac{\mu}{\mathrm{Pr}} \, \nabla T \cdot \mathbf{n} \; \mathrm{d}S. \qquad (1.25)$$

Die Erhaltungsgleichungen für Konzentration von Spezies haben die gleiche Form, wobei T durch die Konzentration c und Pr durch Sc, die Schmidt-Zahl (die das Verhältnis der Impuls- zu der Speziesdiffusivität ist), ersetzt wird.

Es ist nützlich, die Erhaltungsgleichungen in einer allgemeinen Form zu schreiben, da alle oben genannten Gleichungen gemeinsame Terme haben. Die Diskretisierung und Analyse kann dann in allgemeiner Form durchgeführt werden; wenn nötig, können Terme, die spezifisch für eine Gleichung sind, separat behandelt werden.

Die Integralform der generischen Erhaltungsgleichung folgt direkt aus Gl. (1.22) und (1.23):

$$\frac{\partial}{\partial t} \int_V \rho \phi \, \mathrm{d}V + \int_S \rho \phi \mathbf{v} \cdot \mathbf{n} \, \mathrm{d}S = \int_S \Gamma \, \nabla \phi \cdot \mathbf{n} \, \mathrm{d}S + \int_V q_\phi \, \mathrm{d}V, \qquad (1.26)$$

wobei q_ϕ die Quelle oder Senke von ϕ ist. Die koordinatenfreie Vektorform dieser Gleichung lautet:

$$\frac{\partial(\rho \phi)}{\partial t} + \nabla \cdot (\rho \phi \mathbf{v}) = \nabla \cdot (\Gamma \, \nabla \phi) + q_\phi. \qquad (1.27)$$

Für kartesische Koordinaten und Tensornotation lautet die Differentialform der generischen Erhaltungsgleichung:

$$\frac{\partial(\rho \phi)}{\partial t} + \frac{\partial(\rho u_j \phi)}{\partial x_j} = \frac{\partial}{\partial x_j} \left(\Gamma \frac{\partial \phi}{\partial x_j} \right) + q_\phi. \qquad (1.28)$$

Numerische Methoden werden zunächst für diese generische Erhaltungsgleichung beschrieben. Die Besonderheiten der Kontinuitäts- und Impulsgleichungen (die üblicherweise *Navier-Stokes-Gleichungen* genannt werden) werden anschließend als Erweiterung der Methoden für die generische Gleichung beschrieben.

1.6 Dimensionslose Form von Gleichungen

Experimentelle Studien von Strömungen werden oft an Modellen durchgeführt, und die Ergebnisse werden in dimensionsloser Form dargestellt, was eine Skalierung auf reale Strömungsbedingungen ermöglicht. Der gleiche Ansatz kann auch bei numerischen Studien verfolgt werden. Die geltenden Gleichungen können durch geeignete Skalierung in dimensionslose Form gebracht werden. Beispielsweise können Geschwindigkeiten durch eine Referenzgeschwindigkeit v_0, räumliche Koordinaten durch eine Referenzlänge L_0, die Zeit durch eine Referenzzeit t_0, der Druck durch ρv_0^2 und die Temperatur durch eine Referenztemperaturdifferenz $T_1 - T_0$ skaliert werden. Die dimensionslosen Variablen sind dann:

$$t^* = \frac{t}{t_0}; \quad x_i^* = \frac{x_i}{L_0}; \quad u_i^* = \frac{u_i}{v_0}; \quad p^* = \frac{p}{\rho v_0^2}; \quad T^* = \frac{T - T_0}{T_1 - T_0}.$$

Wenn die Fluideigenschaften konstant sind, sind die Kontinuitäts-, die Impuls- und die Temperaturgleichung in dimensionsloser Form:

$$\frac{\partial u_i^*}{\partial x_i^*} = 0, \qquad (1.29)$$

$$\mathrm{St} \frac{\partial u_i^*}{\partial t^*} + \frac{\partial(u_j^* u_i^*)}{\partial x_j^*} = \frac{1}{\mathrm{Re}} \frac{\partial^2 u_i^*}{\partial x_j^{*2}} - \frac{\partial p^*}{\partial x_i^*} + \frac{1}{\mathrm{Fr}^2} \gamma_i, \qquad (1.30)$$

$$\text{St}\frac{\partial T^*}{\partial t^*} + \frac{\partial(u_j^* T^*)}{\partial x_j^*} = \frac{1}{\text{RePr}}\frac{\partial^2 T^*}{\partial x_j^{*2}}. \tag{1.31}$$

Die folgenden dimensionslosen Zahlen erscheinen in den Gleichungen:

$$\text{St} = \frac{L_0}{v_0 t_0}; \quad \text{Re} = \frac{\rho v_0 L_0}{\mu}; \quad \text{Fr} = \frac{v_0}{\sqrt{L_0 g}}, \tag{1.32}$$

die Strouhal-, Reynolds- und Froude-Zahl genannt werden. γ_i ist die Komponente des normierten Erdbeschleunigungsvektors in Richtung der Koordinaten x_i.

Für natürliche Konvektion wird oft die Boussinesq-Approximation verwendet, wobei in diesem Fall der letzte Term in den Impulsgleichungen lautet:

$$\frac{\text{Ra}}{\text{Re}^2\text{Pr}} T^* \gamma_i,$$

wobei Ra die Rayleigh-Zahl ist, definiert als:

$$\text{Ra} = \frac{\rho^2 g \beta (T_1 - T_0) L_0^3}{\mu^2} \text{Pr} = \text{Gr}\,\text{Pr}. \tag{1.33}$$

Hier ist Gr eine weitere dimensionslose Zahl, die als Grashof-Zahl bezeichnet wird, und β ist der Wärmeausdehnungskoeffizient.

Die Wahl der Skalierungsgrößen ist bei einfachen Strömungen offensichtlich; v_0 ist die mittlere Geschwindigkeit und L_0 ist ein geometrisches Längenmaß; T_0 und T_1 sind die Temperaturen der kalten und der warmen Wand. Wenn die Geometrie kompliziert ist, die Fluideigenschaften nicht konstant sind oder die Randbedingungen instationär sind, kann die Anzahl der dimensionslosen Parameter, die zur Beschreibung einer Strömung nötig sind, sehr groß werden, und dimensionslose Gleichungen sind möglicherweise nicht mehr nützlich.

Die dimensionslosen Gleichungen sind nützlich für analytische Studien und zur Bestimmung der relativen Bedeutung verschiedener Terme in den Gleichungen. Sie zeigen zum Beispiel, dass eine stationäre Strömung in einem Kanal oder Rohr nur von der Reynolds-Zahl abhängt; wenn sich die Geometrie jedoch ändert, wird die Strömung auch durch die Form der Berandung beeinflusst. Da wir an der Berechnung von Strömungen in komplexen Geometrien interessiert sind, werden wir in diesem Buch die dimensionsbehaftete Form von Transportgleichungen verwenden.

1.7 Vereinfachte mathematische Modelle

Die Erhaltungsgleichungen für Masse und Impuls sind komplexer, als sie scheinen. Sie sind nichtlinear, gekoppelt und schwer zu lösen. Es ist schwierig, mit den vorhandenen mathematischen Werkzeugen zu beweisen, dass eine eindeutige Lösung für bestimmte

Randbedingungen existiert. Die Erfahrung zeigt, dass die Navier-Stokes-Gleichungen die Strömung eines newtonschen Fluids genau beschreiben. Nur in wenigen Fällen – meist voll entwickelte Strömungen in einfachen Geometrien, z. B. in Rohren, zwischen parallelen Platten usw. – ist es möglich, eine analytische Lösung der Navier-Stokes-Gleichungen zu erhalten. Diese Strömungen sind wichtig für die Untersuchung der Grundlagen der Strömungsmechanik, aber ihre praktische Relevanz ist begrenzt.

In allen Fällen, in denen eine solche Lösung möglich ist, sind viele Terme in den ursprünglichen Gleichungen gleich null. Für andere Strömungen sind einige Terme unwichtig und wir können sie vernachlässigen; diese Vereinfachung führt zu einem Fehler. In den meisten Fällen können auch die vereinfachten Gleichungen nicht analytisch gelöst werden; man muss numerische Methoden verwenden. Der Rechenaufwand kann viel geringer sein als bei den vollständigen Gleichungen, was eine Rechtfertigung für Vereinfachungen ist. Nachfolgend sind einige Strömungstypen aufgeführt, für die die Bewegungsgleichungen vereinfacht werden können.

1.7.1 Inkompressible Strömung

Die Erhaltungsgleichungen für Masse und Impuls, die in Abschnitten 1.3 und 1.4 vorgestellt wurden, haben die allgemeinste Form; es wird davon ausgegangen, dass alle Fluid- und Strömungseigenschaften in Raum und Zeit variieren. In vielen Anwendungen kann die Fluiddichte als konstant angenommen werden. Dies gilt nicht nur für Strömungen von Flüssigkeiten, deren Kompressibilität in den meisten Fällen tatsächlich vernachlässigt werden kann, sondern auch für Gase, wenn die Machzahl unter 0,3 liegt. Solche Strömungen gelten als inkompressibel.[4] Wenn die Strömung ebenfalls *isotherm* ist, ist auch die Viskosität konstant. In diesem Fall reduzieren sich die Massen- und Impulserhaltungsgleichungen (1.6) und (1.16) auf:

$$\nabla \cdot \mathbf{v} = 0, \tag{1.34}$$

$$\frac{\partial u_i}{\partial t} + \nabla \cdot (u_i \mathbf{v}) = \nabla \cdot (\nu \nabla u_i) - \frac{1}{\rho} \nabla \cdot (p \, \mathbf{i}_i) + b_i, \tag{1.35}$$

wobei $\nu = \mu / \rho$ die kinematische Viskosität ist. Diese Vereinfachung ist i. Allg. nicht von großem Wert, da die Gleichungen kaum einfacher zu lösen sind. Sie hilft jedoch bei einigen Aspekten der numerischen Lösung.

---

[4]Unter bestimmten Umständen, z. B. bei sehr hohem Druck oder in der Tiefsee, muss die Kompressibilität von Flüssigkeiten berücksichtigt werden. Ebenso muss, wie in Abschn. 1.1 beschrieben, bei der Simulation der Atmosphäre die kompressible Version der Strömungsgleichungen verwendet werden, obwohl die Mach-Zahl sehr klein ist.

1.7.2 Nichtviskose (Euler) Strömung

In Strömungen, die weit von festen Wänden entfernt sind, sind die Auswirkungen der Viskosität normalerweise sehr gering. Wenn man die viskosen Effekte ganz vernachlässigt, d. h. wenn man annimmt, dass sich der Spannungstensor auf $T = -p\mathsf{I}$ reduziert, erhält man aus den Navier-Stokes-Gleichungen die Euler-Gleichungen. Die Kontinuitätsgleichung ist identisch mit (1.6), und die Impulsgleichungen sind:

$$\frac{\partial (\rho u_i)}{\partial t} + \nabla \cdot (\rho u_i \mathbf{v}) = -\nabla \cdot (p\,\mathbf{i}_i) + \rho b_i. \qquad (1.36)$$

Da das Fluid als nichtviskos angenommen wird, kann es nicht an Wänden haften: Statt der *Haftbedingung* hat man an der Wand die *Schlupfbedingung,* d. h. die Wand wird nur als eine nicht durchströmbare Begrenzungsfläche berücksichtigt. Die Euler-Gleichungen werden häufig zur Untersuchung kompressibler Strömungen bei hohen Mach-Zahlen verwendet. Bei hohen Geschwindigkeiten ist die Reynolds-Zahl sehr hoch und die viskosen und Turbulenzeffekte sind nur in einem kleinen Bereich in der Nähe der Wände von Bedeutung. Diese Strömungen werden oft mit Hilfe der Euler-Gleichungen gut vorhergesagt.

Obwohl die Euler-Gleichungen nicht einfach zu lösen sind, erlaubt die Tatsache, dass keine wandnahen Grenzschichten aufgelöst werden müssen, die Verwendung gröberer Gitter. Wie Hirsch (2007) in seiner Einführung berichtet, hat die Entwicklung der Lösungsmethoden und der Computerleistung seit Mitte der 1990er Jahre jedoch vollständige dreidimensionale Navier-Stokes-Simulationen der Strömung über ganze Flugzeuge, Schiffe, Fahrzeuge usw., sowie durch mehrstufige Kompressoren und Pumpen ermöglicht. Vollständige Euler-Simulationen sind seit Anfang der 1980er Jahre möglich. Heute setzen die Ingenieure das für die Aufgabe effizienteste Werkzeug ein, und die Euler-Gleichungen sind immer noch Teil des wesentlichen Werkzeugsatzes (siehe z. B. Wie et al. 2010).

Es gibt viele Methoden zur Lösung der kompressiblen Euler-Gleichungen. Einige von ihnen werden in Kap. 11 kurz beschrieben. Weitere Einzelheiten zu diesen Methoden finden sich in Büchern, z. B. von Fletcher (1991), Hirsch (2007), Knight (2006), Tannehill et al. (1997). Die in diesem Buch beschriebenen Lösungsmethoden können auch zur Lösung der kompressiblen Euler-Gleichungen verwendet werden und; wie wir in Kap. 11 sehen werden, sind sie dafür ebenso gut geeignet wie die speziellen Methoden, die für kompressible Strömungen ausgelegt sind.

1.7.3 Potentialströmung

Eines der einfachsten Strömungsmodelle ist die Potentialströmung. Das Fluid wird als nichtviskos angenommen (wie in den Euler-Gleichungen); allerdings wird der Strömung eine zusätzliche Bedingung auferlegt – das Geschwindigkeitsfeld muss rotationsfrei sein, d. h.:

$$\text{rot } \mathbf{v} = 0. \tag{1.37}$$

Aus dieser Bedingung folgt, dass ein *Geschwindigkeitspotenzial* Φ existiert, sodass der Geschwindigkeitsvektor als $\mathbf{v} = -\nabla\Phi$ definiert werden kann. Die Kontinuitätsgleichung für eine inkompressible Strömung, $\nabla \cdot \mathbf{v} = 0$, wird dann zu einer Laplace-Gleichung für das Potential Φ:

$$\nabla \cdot (\nabla\Phi) = 0. \tag{1.38}$$

Die Impulsgleichung kann dann integriert werden, um die Bernoulli-Gleichung zu erhalten – eine algebraische Gleichung, die gelöst werden kann (um den Druck zu bestimmen), sobald das Potenzial bekannt ist. Potentialströmungen werden daher durch die skalare Laplace-Gleichung beschrieben. Letztere kann jedoch nicht analytisch für beliebige Geometrien gelöst werden, obwohl es einfache analytische Lösungen gibt (gleichförmige Strömung, Quelle, Senke, Wirbel), die auch kombiniert werden können, um kompliziertere Strömungen zu erzeugen, z. B. die Umströmung eines Zylinders.

Für jedes Geschwindigkeitspotential Φ kann man auch die entsprechende *Stromfunktion* Ψ definieren. Die Geschwindigkeitsvektoren sind tangential zu den Stromlinien (Linien konstanter Stromfunktion); die Stromlinien sind orthogonal zu Linien konstanten Potentials, sodass diese Linienfamilien ein orthogonales *Strömungsnetz* bilden.

Potentialströmungen sind oft nicht sehr realistisch. Zum Beispiel führt die auf die Umströmung eines Körpers angewandte Potentialtheorie zu D'Alemberts Paradoxon, d. h. der Körper erfährt in einer Potentialströmung weder Widerstand noch Auftrieb (siehe z. B. Street et al. 1996, oder Kundu und Cohen 2008). Die Potentialströmungstheorie wird aber oft zur Berechnung von Strömungen in porösen Medien eingesetzt, und Berechnungsmethoden, die auf der Potentialströmungstheorie basieren, werden auch in vielen anderen Bereichen verwendet, z. B. im Schiffbau (für die Vorhersage von Wellenwiderstand, Propellerleistung, Bewegung von schwimmenden Körpern usw.). Numerische Methoden zur Berechnung von Potentialströmungen basieren in der Regel auf dem Randelementen-Ansatz oder Panel-Methoden (Hess 1990, Kim et al. 2018); es gibt auch spezielle Methoden, die für spezielle Anwendungen entwickelt wurden. Diese werden in diesem Buch nicht behandelt, aber interessierte Leser können relevante Informationen in Wrobel (2002) oder der Zeitschrift *Engineering analysis with boundary elements* finden.

1.7.4 Schleichende (Stokes) Strömung

Wenn die Strömungsgeschwindigkeit sehr klein ist, das Fluid sehr viskos ist oder die geometrischen Abmessungen sehr klein sind (d. h. wenn die Reynolds-Zahl klein ist), spielen die Konvektions-(Trägheits-) Terme in den Navier-Stokes-Gleichungen eine geringe Rolle und können vernachlässigt werden (siehe die dimensionslose Form der Impulsgleichung, Gl. (1.30)). Die Strömung wird dann von den viskosen, Druck- und Körperkräften dominiert und wird als *schleichende Strömung* bezeichnet. Wenn die Fluideigenschaften als konstant betrachtet werden können, werden die Impulsgleichungen linear; sie werden gewöhnlich als *Stokes-Gleichungen* bezeichnet. Aufgrund der geringen Geschwindigkeiten kann auch der instationäre Term vernachlässigt werden, eine wesentliche Vereinfachung. Die Kontinuitätsgleichung ist identisch mit Gl. (1.34), während die Impulsgleichungen lauten:

$$\nabla \cdot (\mu \, \nabla u_i) - \frac{1}{\rho} \, \nabla \cdot (p \, \mathbf{i}_i) + b_i = 0. \tag{1.39}$$

Schleichende Strömungen sind in porösen Medien, in der Beschichtungstechnik, in Mikrogeräten usw. zu finden.

1.7.5 Boussinesq-Approximation

In Strömungen, die von Wärmeübertragung begleitet werden, sind die Fluideigenschaften normalerweise Funktionen der Temperatur. Die Schwankungen können klein und dennoch die einzige Ursache für die Fluidbewegung sein. Wenn die Dichtevariation nicht groß ist, kann man die Dichte im instationären und im Konvektionsterm als konstant und nur im Gravitationsterm als variabel behandeln. Dies wird als *Boussinesq-Approximation* bezeichnet. Man nimmt gewöhnlich an, dass die Dichte linear mit der Temperatur variiert. Wenn man die Wirkung der Körperkraft auf die mittlere Dichte in den Druckterm einbezieht, wie in Abschn. 1.4 beschrieben, kann der verbleibende Term ausgedrückt werden als:

$$(\rho - \rho_0)g_i = -\rho_0 g_i \beta (T - T_0), \tag{1.40}$$

wobei β der Koeffizient der volumetrischen Ausdehnung ist. Diese Annäherung führt zu Fehlern in einer Größenordnung von 1 %, wenn die Temperaturunterschiede unterhalb z. B. 2° im Wasser bzw. 15° im Luft liegen. Der Fehler kann bei größeren Temperaturunterschieden größer sein; die Lösung kann sogar qualitativ falsch sein (siehe z. B. Bückle und Perić 1992).

1.7.6 Grenzschicht-Approximation

Wenn die Strömung eine vorherrschende Richtung hat (d. h. es gibt keine Rückströmung oder Rezirkulation) und die Änderung der Geometrie allmählich erfolgt, wird die Strömung hauptsächlich von dem beeinflusst, was stromaufwärts passiert. Beispiele sind Strömungen in Kanälen und Rohren und Strömungen über ebene oder leicht gekrümmte feste Wände. Solche Strömungen werden als *dünne Scherschicht-* oder *Grenzschichtströmungen* bezeichnet. Die Navier-Stokes-Gleichungen können für solche Strömungen wie folgt vereinfacht werden:

- Die Diffusion des Impulses in Hauptströmungsrichtung ist viel kleiner als der konvektive Transport und kann vernachlässigt werden.
- Die Geschwindigkeitskomponente in Hauptströmungsrichtung ist viel größer als die Komponenten in anderen Richtungen.
- Das Druckgefälle quer zur Strömung ist viel kleiner als in Hauptströmungsrichtung.

Die zweidimensionalen Grenzschichtgleichungen reduzieren sich auf:

$$\frac{\partial(\rho u_1)}{\partial t} + \frac{\partial(\rho u_1 u_1)}{\partial x_1} + \frac{\partial(\rho u_2 u_1)}{\partial x_2} = \mu \frac{\partial^2 u_1}{\partial x_2^2} - \frac{\partial p}{\partial x_1}. \tag{1.41}$$

Diese Gleichung muss zusammen mit der Kontinuitätsgleichung gelöst werden; die Gleichung für den Impuls quer zur Hauptströmungsrichtung reduziert sich auf $\partial p/\partial x_2 = 0$. Der Druck als Funktion von x_1 muss durch eine Berechnung der Strömung außerhalb der Grenzschicht geliefert werden; diese wird normalerweise als Potentialströmung angenommen, sodass die Grenzschichtgleichungen selbst keine vollständige Beschreibung der Strömung sind. Die vereinfachten Gleichungen können durch die Verwendung von Schrittmethoden gelöst werden, die denen ähnlich sind, die zur Lösung gewöhnlicher Differentialgleichungen mit Anfangsbedingungen verwendet werden. Diese Techniken werden in der Aerodynamik oft eingesetzt. Die Methoden sind sehr effizient, können aber nur auf Strömungen ohne Ablösung angewendet werden.

1.7.7 Modellierung komplexer Strömungsphänomene

Viele Strömungen von praktischem Interesse sind schwer mathematisch genau zu beschreiben, geschweige denn genau zu lösen. Zu diesen Strömungen gehören solche, die durch Turbulenz, Verbrennung und Mehrphasenströmung geprägt sind; sie sind sowohl in der Natur als auch in der Industrie sehr wichtig. Da eine genaue Beschreibung oft nicht praktikabel ist, verwendet man in der Regel semi-empirische Modelle zur Darstellung dieser Phänomene. Beispiele sind Turbulenzmodelle (die in Kap. 10 näher behandelt werden), Verbrennungsmodelle, Mehrphasenmodelle usw. Diese Modelle sowie die oben erwähnten Vereinfachungen beeinflussen die Genauigkeit der Lösung. Die Fehler, die durch die verschiedenen Näherungen eingeführt werden, können sich entweder gegenseitig verstärken oder aufheben; daher ist Vorsicht geboten, wenn aus Berechnungen, in denen Modelle verwendet werden, Schlussfolgerungen gezogen werden. Wegen der Bedeutung der verschiedenen Arten von Fehlern in numerischen Lösungen werden wir diesem Thema viel Aufmerksamkeit widmen. Die Fehlerarten werden definiert und beschrieben, so wie wir auf sie stoßen.

1.8 Mathematische Klassifikation von Strömungen

Quasilineare partielle Differentialgleichungen 2. Ordnung in zwei unabhängigen Variablen können in drei Typen unterteilt werden: hyperbolisch, parabolisch und elliptisch. Diese Unterscheidung basiert auf der Art der Charakteristiken, also Kurven, entlang derer die Information über die Lösung getragen wird. Jede Gleichung dieses Typs hat zwei Sätze von Charakteristiken (siehe z. B. Street 1973).

Im hyperbolischen Fall sind die Charakteristiken real und eindeutig. Das bedeutet, dass sich die Information mit endlicher Geschwindigkeit in zwei Richtungen ausbreitet. Im Allgemeinen verläuft die Informationsausbreitung in eine bestimmte Richtung, sodass am Anfangspunkt jeder Charakteristik ein Wert angegeben werden muss; die beiden Sätze von Charakteristiken erfordern daher zwei Anfangsbedingungen. Wenn es seitliche Ränder gibt, ist normalerweise nur eine Bedingung in jedem Punkt erforderlich, da die eine Charakteristik Informationen aus dem Lösungsgebiet heraus- und die andere hineinträgt. Es gibt jedoch Ausnahmen von dieser Regel.

In parabolischen Gleichungen degenerieren die Charakteristiken zu einem einzigen reelen Satz. Folglich ist normalerweise nur eine Anfangsbedingung erforderlich. An seitlichen Rändern wird an jedem Punkt eine Bedingung benötigt.

Im elliptischen Fall schließlich gibt es keine reelen Charakteristiken; die beiden Sätze von Charakteristiken sind komplex (imaginär) und eindeutig. Infolgedessen gibt es keine besonderen Richtungen der Informationsausbreitung. Tatsächlich breiten sich die Informationen im Wesentlichen in alle Richtungen gleich gut aus. Im Allgemeinen ist in jedem Randpunkt eine Randbedingung erforderlich, und das Lösungsgebiet ist normalerweise geschlossen, obwohl sich ein Teil des Gebiets bis ins Unendliche erstrecken kann. Instationäre Probleme sind niemals rein elliptisch.

Diese Unterschiede in der Natur der Gleichungen spiegeln sich in den Methoden zu ihrer Lösung wider. Es ist eine wichtige allgemeine Regel, dass numerische Methoden die Eigenschaften der Gleichungen, die sie lösen, respektieren sollten.

Die Navier-Stokes-Gleichungen sind ein System von nichtlinearen Gleichungen 2. Ordnung in vier unabhängigen Variablen. Folglich ist das Klassifikationsschema nicht direkt auf sie anwendbar. Nichtsdestotrotz besitzen die Navier-Stokes-Gleichungen viele der oben beschriebenen Eigenschaften, und die vielen Ideen, die bei der Lösung von Gleichungen 2. Ordnung in zwei unabhängigen Variablen verwendet werden, sind auf sie anwendbar, aber es ist Vorsicht geboten.

1.8.1 Hyperbolische Strömungen

Betrachten wir zunächst den Fall einer instationären, nichtviskosen, kompressiblen Strömung. Ein kompressibles Fluid kann Schall- und Stoßwellen unterstützen, und es ist nicht überraschend, dass diese Gleichungen im Wesentlichen hyperbolischen Charakter haben.

Die meisten der zur Lösung dieser Gleichungen verwendeten Methoden basieren auf der Idee, dass die Gleichungen hyperbolisch sind, und bei ausreichender Sorgfalt funktionieren sie recht gut; dies sind die oben kurz erwähnten Methoden.

Bei stationären kompressiblen Strömungen hängt der Charakter von der Geschwindigkeit der Strömung ab. Wenn die Strömung im Überschallbereich liegt, sind die Gleichungen hyperbolisch, während die Gleichungen für die Unterschallströmung im Wesentlichen elliptisch sind. Dies führt zu einer Schwierigkeit, die wir weiter unten besprechen werden.

Es ist jedoch zu beachten, dass die Gleichungen für eine viskose kompressible Strömung noch komplizierter sind. Ihr Charakter ist eine Mischung aus Elementen aller oben genannten Typen; sie passen nicht gut in das Klassifikationsschema, und numerische Methoden für sie sind schwieriger zu konstruieren.

1.8.2 Parabolische Strömungen

Die oben kurz beschriebene Grenzschichtnäherung führt zu einem Satz von Gleichungen, die im Wesentlichen parabolischen Charakter haben. In diesen Gleichungen wandert die Information nur stromabwärts, und sie können mit Methoden gelöst werden, die für parabolische Gleichungen geeignet sind.

Es ist jedoch zu beachten, dass die Grenzschichtgleichungen die Angabe des Drucks erfordern, der normalerweise durch die Berechnung einer Potenzialströmung erhalten wird. Unterschall-Potentialströmungen werden durch elliptische Gleichungen beschrieben (im inkompressiblen Grenzfall reicht die Laplace-Gleichung aus), sodass das Gesamtproblem tatsächlich einen gemischten parabolisch-elliptischen Charakter hat.

1.8.3 Elliptische Strömungen

Wenn eine Strömung ein Rezirkulationsgebiet beinhaltet, d. h. eine Strömung entgegen der Hauptströmungsrichtung, können sich Informationen sowohl stromaufwärts als auch stromabwärts ausbreiten. Folglich kann man nicht nur am stromaufwärtsliegenden Rand Bedingungen vorgeben. Das Problem erhält dann einen elliptischen Charakter. Diese Situation tritt bei Unterschallströmungen (einschließlich inkompressibler Strömungen) auf und macht die Lösung der Gleichungen zu einer sehr schwierigen Aufgabe.

Es ist zu beachten, dass instationäre, inkompressible Strömungen tatsächlich eine Kombination aus elliptischem und parabolischem Charakter haben. Ersterer kommt dadurch zustande, dass sich die Information in allen Richtungen im Raum ausbreitet, während letzterer daraus resultiert, dass die Information in der Zeit nur vorwärts fließen kann. Probleme dieser Art werden als unvollständig parabolisch bezeichnet.

1.8.4 Gemischte Strömungstypen

Wie wir gerade gesehen haben, ist es möglich, dass eine Strömung durch Gleichungen beschrieben wird, die nicht nur von einem Typ sind. Ein weiteres wichtiges Beispiel sind stationäre transsonische Strömungen, d. h. stationäre kompressible Strömungen, die sowohl Überschall- als auch Unterschallgebiete enthalten. Die Überschallgebiete haben hyperbolischen Charakter, während die Unterschallgebiete elliptisch sind. Folglich kann es notwendig sein, die Lösungsmethode in Abhängigkeit von der Art der lokalen Strömung zu ändern. Erschwerend kommt hinzu, dass die Überschall- und Unterschallregionen nicht vor der Lösung der Gleichungen bestimmt werden können.

1.9   Plan dieses Buches

Dieses Buch enthält dreizehn Kapitel. Wir geben nun eine kurze Zusammenfassung der übrigen zwölf Kapitel.

In Kap. 2 wird eine Einführung in die numerischen Lösungsmethoden gegeben. Die Vor- und Nachteile der numerischen Methoden werden diskutiert und die Möglichkeiten und Grenzen des rechnerischen Ansatzes aufgezeigt. Es folgt eine Beschreibung der Komponenten einer numerischen Lösungsmethode und ihrer Eigenschaften. Schließlich wird eine kurze Beschreibung der grundlegenden Berechnungsmethoden (Finite-Differenzen, Finite-Volumen und Finite-Elemente) gegeben.

In Kap. 3 werden Finite-Differenzen-Methoden (FD) beschrieben. Hier stellen wir Methoden zur Approximation der 1., 2. und gemischten Ableitungen vor, wobei die Taylor-Reihen-Expansion und die Polynomanpassung verwendet werden. Die Herleitung von Methoden höherer Ordnung und die Behandlung von nichtlinearen Termen und Rändern wird diskutiert. Es wird auch auf die Auswirkungen der Ungleichmäßigkeit des Gitters auf den Abbruchfehler und auf die Abschätzung von Diskretisierungsfehlern eingegangen. Auch spektrale Methoden werden hier kurz beschrieben.

In Kap. 4 wird die Finite-Volumen-Methode (FV) beschrieben. Enthalten sind verschiedene Approximationen von Flächen- und Volumenintegralen sowie Interpolationsmethoden, um Variablenwerte und Ableitungen an anderen Stellen als den Zellzentren zu erhalten. Die Entwicklung von Schemata höherer Ordnung und die Vereinfachung der resultierenden algebraischen Gleichungen unter Verwendung des Ansatzes der verzögerten Korrektur wird ebenfalls beschrieben. Besonderes Augenmerk wird auf die Analyse von Diskretisierungsfehlern gelegt, die durch Interpolation und Approximation von Ableitungen und Integralen verursacht werden. Schließlich wird die Implementierung der verschiedenen Randbedingungen diskutiert.

Die Anwendungen der grundlegenden FD- und FV-Methoden werden in den Kap. 3 und 4 für strukturierte kartesische Gitter beschrieben und demonstriert. Diese Einschränkung erlaubt es, die mit der geometrischen Komplexität verbundenen Fragen von den Konzepten hinter den Diskretisierungstechniken zu trennen. Die Behandlung komplexer Geometrien wird später in Kap. 9 eingeführt.

In Kap. 5 beschreiben wir Methoden zur Lösung der aus der Diskretisierung resultierenden algebraischen Gleichungssysteme. Direkte Methoden werden kurz beschrieben, aber der größte Teil des Kapitels ist den iterativen Lösungstechniken gewidmet. Unvollständige LU-Zerlegung, konjugierte Gradienten- und Mehrgitterverfahren werden besonders berücksichtigt. Es werden auch Ansätze zur Lösung gekoppelter und nichtlinearer Systeme beschrieben, einschließlich der Fragen der Unterrelaxation und der Konvergenzkriterien.

Das Kap. 6 ist den Methoden der Zeitintegration gewidmet. Zunächst werden die Methoden zur Lösung gewöhnlicher Differentialgleichungen beschrieben, einschließlich der grundlegenden Methoden, Prädiktor-Korrektor- und Mehrpunkt-Methoden sowie Runge-Kutta-Methoden. Anschließend wird die Anwendung dieser Methoden auf die instationären Transportgleichungen beschrieben, einschließlich der Analyse von Stabilität und Genauigkeit.

Die Komplexität der Navier-Stokes-Gleichungen und die Besonderheiten der inkompressiblen Strömungen werden in den Kap. 7 und 8 behandelt. Die versetzte und nichtversetzte Anordnung von Variablen auf dem numerischen Gitter, die Druckgleichung und die Druck-Geschwindigkeits-Kopplung für inkompressible Strömungen unter Verwendung der Teilschritt- und SIMPLE-Algorithmen werden ausführlich beschrieben. Andere Ansätze (PISO-Algorithmus, Stromfunktion-Wirbelstärke, künstliche Kompressibilität) werden ebenfalls beschrieben. Die Lösungsmethode für versetzte und nichtversetzte kartesische Gitter wird ausreichend detailliert beschrieben, um das Schreiben eines Rechenprogramms zu ermöglichen; solche Programme sind im Internet verfügbar. Schließlich werden einige illustrative Beispiele für stationäre und instationäre laminare Strömungen vorgestellt und diskutiert, die mit Hilfe der bereitgestellten Programme auf der Grundlage des Teilschritt- und des SIMPLE-Algorithmus berechnet wurden, einschließlich der Auswertung von Iterations- und Diskretisierungsfehlern.

Das Kap. 9 ist der Behandlung komplexer Geometrien gewidmet. Die Wahl des Gittertyps, die Gittergenerierungsansätze für komplexe Geometrien, Gittereigenschaften, Geschwindigkeitskomponenten und die Anordnung von Variablen werden diskutiert. Die FD- und FV-Methoden werden neu betrachtet, und die Besonderheiten komplexer Geometrien (wie nichtorthogonale, blockstrukturierte und unstrukturierte Gitter, nichtkonforme Gitterschnittstellen, Kontrollvolumen beliebiger Form, überlappende Gitter usw.) werden diskutiert. Besonderes Augenmerk wird auf die Druckkorrekturgleichung und die Randbedingungen gelegt. Auch hier werden einige illustrative Beispiele für stationäre und instationäre, zwei- und dreidimensionale laminare Strömungen vorgestellt und diskutiert, die mit Hilfe von bereitgestellten Rechenprogrammen auf der Basis der Teilschritt- und SIMPLE-Algorithmen berechnet wurden; die Auswertung von Diskretisierungsfehlern und der Vergleich von Ergebnissen, die mit verschiedenen Gittertypen (getrimmte kartesische und beliebige polyederförmige) erzielt wurden, werden ebenfalls behandelt.

Das Kap. 10 befasst sich mit der Berechnung turbulenter Strömungen. Wir diskutieren die Natur der Turbulenz und drei Methoden für ihre Simulation: direkte und Large-Eddy-Simulation und Methoden, die auf Reynolds-gemittelten Navier-Stokes-Gleichungen basieren. Einige weit verbreitete Modelle in den beiden letztgenannten Ansätzen werden beschrieben, einschließlich Details zu den Randbedingungen. Es werden Beispiele für die Anwendung dieser Ansätze, einschließlich des Vergleichs ihrer Leistung, vorgestellt.

In Kap. 11 werden kompressible Strömungen betrachtet. Methoden, die speziell für kompressible Strömungen ausgelegt sind, werden kurz diskutiert. Die Erweiterung von Berechnungsverfahren für inkompressible Strömungen, die auf Druckkorrekturmethoden basieren (Teilschritt-Methode und SIMPLE -Algorithmus), auf kompressible Strömungen wird im Detail beschrieben. Methoden zur Behandlung von Schocks (z. B. Gitteradaption, „total-Variation-diminishing" und im Wesentlichen nichtoszillierende Schemata) werden ebenfalls diskutiert. Die Randbedingungen für verschiedene Arten kompressibler Strömungen (Unterschall-, transsonische und Überschallströmungen) werden beschrieben. Schließlich werden Anwendungsbeispiele vorgestellt und diskutiert.

Das Kap. 12 ist der Verbesserung von Genauigkeit und Effizienz numerischer Berechnungsverfahren gewidmet. Die durch Mehrgitter-Algorithmen erzielte Effizienzsteigerung wird zuerst beschrieben, gefolgt von Beispielen. Adaptive Gittermethoden und lokale Gitterverfeinerung sind Gegenstand eines weiteren Abschnitts. Schließlich wird die Parallelisierung diskutiert. Besondere Aufmerksamkeit wird der Parallelverarbeitung für implizite Methoden, die auf Gebietszerlegung in Raum und Zeit basieren, und der Analyse der Effizienz der Parallelverarbeitung gewidmet. Diese Punkte werden anhand von Beispielrechnungen veranschaulicht.

Schließlich werden in Kap. 13 einige spezielle Themen betrachtet. Dazu gehören Wärmeübertragung, Strömungen mit freien Oberflächen, die Behandlung beweglicher Ränder (die bewegliche Gitter erfordern), die Simulation von Kavitation und Fluid-Struktur-Wechselwirkung. Spezielle Effekte in Strömungen mit Wärme- und Stoffübertragung, zwei Phasen und chemischen Reaktionen werden kurz diskutiert.

Wir schließen dieses einleitende Kapitel mit einer kurzen Notiz ab. Die numerische Strömungsmechanik (CFD) kann als ein Teilgebiet der Strömungsmechanik oder der numerischen Analysis betrachtet werden. Kompetenz in CFD setzt voraus, dass der Praktiker über einen ziemlich soliden Hintergrund in beiden Bereichen verfügt. Schlechte Ergebnisse wurden von Personen erzielt, die zwar Experten auf dem einen Gebiet sind, aber das andere vernachlässigten. Wir hoffen, dass der Leser dies zur Kenntnis nimmt und sich den notwendigen Hintergrund aneignet.

Literatur

Abe, K., Jang, Y.-J. & Leschziner, M. A. (2003). An investigation of wall-anisotropy expressions and length-scale equations for non-linear eddy-viscosity models. *Int. J. Heat Fluid Flow*, **24**, 181–198.

Aris, R. (1990). *Vectors, tensors and the basic equations of fluid mechanics*. New York: Dover Publications.

Bird, R. B., Wiest, J. M. (1995). Constitutive equations for polymeric liquids. *Annu. Rev. Fluid Mech.*, **27**, 169–193.

Bird, R. B., Stewart, W. E., Lightfoot, E. N. (2006). *Transport phenomena* (Revised 2 Aufl.). New York: Wiley.

Bückle, U. & Perić, M. (1992). Numerical simulation of buoyant and thermocapillary convection in a square cavity. *Numer. Heat Transfer, Part A (Applications)*,**21**, 101–121.

Chen, C., Zhu, J. , Zheng, L., Ralph, E., Budd, J. W. (2004a). A non-orthogonal primitive equation coastal ocean circulation model: Application to Lake Superior *J. Great Lakes Res.*, **30**, (Supplement 1), 41–54.

Fletcher, C. A. J. 1991. *Computational techniques for fluid dynamics* (2 Aufl., Bd. I & II). Berlin: Springer.

Hess, J. L. (1990). Panel methods in computational fluid dynamics. *Annu. Rev. Fluid Mech.,* **22**, 255–274.

Hirsch, C. (2007). *Numerical computation of internal and external flows* (2nd Aufl., Bd. I). Burlington, MA: Butterworth-Heinemann (Elsevier).

Kim, S., Kinnas, S. A. Du, W. (2018). Panel method for ducted propellers with sharp trailing edge duct with fully aligned wake on blade and duct. *J. Marine Sci. Engrg.,* **6**, 6030089.

Knight, D. D. (2006). *Elements of numerical methods for compressible flows*, Cambridge: Cambridge U. Press.

Kundu, P. K., Cohen, I. M. (2008). *Fluid mechanics* (4. Aufl). Burlington, MA: Academic Press (Elsevier).

Perktold, G., K. and Rappitsch. (1995). Computer simulation of local blood flow and vessel mechanics in a compliant carotid artery bifurcation model. *J. Biomechanics,* **28**, 845–856.

Pritchard, P. J. (2010). *Fox and McDonald's Introduction to fluid mechanics* Fox and McDonald's Introduction to fluid mechanics (8. Aufl.). New York: Wiley.

Purser, R. J. (2007). Accuracy considerations of time-splitting methods for models using two-time-level schemes. *Mon. Weather Rev.,***135**, 1158–1164.

Street, R. L., Watters, G. Z., Vennard, J. K. (1996). *Elementary fluid mechanics* (7. Aufl.). New York, Wiley.

Street, R. L. (1973). *Analysis and solution of partial differential equations Monterey*, CA: Brooks/Cole Pub. Co.

Tannehill, J. C., Anderson, D. A. Pletcher, R. H. (1997). *Computational fluid mechanics and heat transfer*. Penn.: Taylor & Francis.

Tokuda, Y., Song, M -H., Ueda, Y., Usui, A., Akita, T. , Yoneyama, S. & Maruyama, S. (2008). Three-dimensional numerical simulation of blood flow in the aortic arch during cardiopulmonary bypass. *Euro. J. Cardio-thoracic Surgery,* **33**, 164–167.

White, F. M. (2010). *Fluid mechanics* (7. Aufl.). New York: McGraw Hill.

Wie, S. Y., Lee, J. H., Kwon, J. K. Lee, D. J. (2010). Far-field boundary condition effects of CFD and free-wake coupling analysis for helicopter rotor. *J. Fluids Engrg.,* **132**, 84501-1–6.

Wrobel, L. C. (2002). *The boundary element method. Vol.***1**: *Applications in thermo-fluids and acoustics*. New York: Wiley.

Einführung in numerische Methoden

2

2.1 Ansätze zur Lösung von Problemen in der Strömungsmechanik

Wie im ersten Kapitel festgestellt wurde, sind die Gleichungen der Strömungsmechanik – die seit zwei Jahrhunderten bekannt sind – nur für eine begrenzte Anzahl von Strömungen analytisch lösbar. Die bekannten Lösungen sind äußerst nützlich, um das Verständnis von Fluidströmungen zu erleichtern, aber nur selten können sie direkt in der technischen Analyse oder im Entwurf verwendet werden. Der Ingenieur ist traditionell gezwungen, andere Ansätze zu wählen.

Beim häufigsten Ansatz werden Vereinfachungen der Gleichungen verwendet. Diese basieren gewöhnlich auf einer Kombination aus Näherungen und Dimensionsanalyse; fast immer ist ein empirischer Input erforderlich. Beispielsweise zeigt die Dimensionsanalyse, dass die Widerstandskraft auf ein Objekt wie folgt dargestellt werden kann:

$$F_D = C_D S \rho v^2, \tag{2.1}$$

wobei S die Querschnittsfläche des Körpers senkrecht zur Strömungsrichtung ist, v die Strömungsgeschwindigkeit und ρ die Dichte des Fluids; der Parameter C_D wird als Widerstandsbeiwert bezeichnet. Er ist eine Funktion der anderen dimensionslosen Parameter des Problems und wird fast immer durch Korrelation von experimentellen Daten ermittelt. Dieser Ansatz ist sehr erfolgreich, wenn das System durch einen oder zwei Parameter beschrieben werden kann; Anwendungen auf komplexe Geometrien (die nur durch viele Parameter beschrieben werden können) sind daher ausgeschlossen.

Eine verwandte Vorgehensweise resultiert aus der Feststellung, dass bei vielen Strömungen die Entdimensionalisierung der Navier-Stokes-Gleichungen unter den gegebenen Bedingungen dazu führt, dass die Reynolds-Zahl als einziger unabhängiger Parameter erscheint. Bleibt die Körperform unverändert, kann man die gewünschten Ergebnisse aus einem Experiment mit einem skalierten Modell erhalten. Die notwendige Ähnlichkeit der Reynolds-

© Springer-Verlag GmbH Deutschland, ein Teil von Springer Nature 2020
J. H. Ferziger et al., *Numerische Strömungsmechanik*,
https://doi.org/10.1007/978-3-662-46544-8_2

Zahl wird durch vorsichtige Wahl des Fluids und der Strömungsparameter erhalten. Eine Extrapolation in der Reynolds-Zahl kann gefährlich sein, da manchmal mit steigender oder sinkender Reynolds-Zahl neue Phänomene auftreten können, die eine zufriedenstellende Extrapolation unmöglich machen. Diese Vorgehensweisen sind sehr nützlich und sind auch heute die Hauptmethoden für den praktischen Entwurf im Ingenieurwesen.

Das Problem ist, dass viele Strömungen mehrere dimensionslose Parameter für ihre Beschreibung benötigen und es kann dann unmöglich sein, ein Experiment aufzustellen, das die tatsächliche Strömung korrekt skaliert. Beispiele sind die Umströmung von Flugzeugen oder Schiffen. Um mit kleineren Modellen dieselbe Reynolds-Zahl zu erreichen, muss die Strömungsgeschwindigkeit erhöht werden. Bei Flugzeugen kann dies eine zu hohe Mach-Zahl ergeben, wenn das gleiche Fluid (Luft) verwendet wird; man versucht, ein Fluid zu finden, das eine Übereinstimmung beider Parameter ermöglicht. Bei Schiffen geht es darum, sowohl die Reynolds- als auch die Froude-Zahl abzugleichen, was nahezu unmöglich ist.

In anderen Fällen sind Experimente sehr schwierig, wenn nicht gar unmöglich durch-führbar. So können z. B. die Messinstrumente die Strömung stören oder die Strömung kann unzugänglich sein (z. B. Strömung der flüssigen Siliziumschmelze in einem Kristallwachs-tumsapparat). Einige Größen sind mit den derzeitigen Techniken einfach nicht oder nur mit unzureichender Genauigkeit messbar.

Experimente sind ein effizientes Mittel zur Messung globaler Parameter, wie Wider-stand, Auftrieb, Druckabfall oder Wärmeübertragungskoeffizient. Bei vielen Problemen ist die Kenntnis solcher Integralgrößen jedoch wenig hilfreich; viel wichtiger ist es, die phy-sikalischen Vorgänge in der Strömung zu kennen, um Ideen für die Problemlösung zu ent-wickeln. So kann es wichtig sein, zu wissen, ob Strömungsablösung stattfindet oder ob die Wandtemperatur einen Grenzwert überschreitet. Da die technologischen Verbesserungen und der Wettbewerb eine kontinuierliche Optimierung des Designs erfordern und da neue Hochtechnologieanwendungen die Vorhersage von Strömungen erfordern, für die es keine Vorkenntnisse gibt, kann die experimentelle Entwicklung zu kostspielig und/oder zeitauf-wendig sein. Die Suche nach einer vernünftigen Alternative ist unerlässlich.

Eine Alternative – oder zumindest eine ergänzende Methode – kam mit der Geburt der elektronischen Computer. Obwohl viele der Schlüsselideen für numerische Lösungsverfah-ren für partielle Differentialgleichungen bereits vor mehr als einem Jahrhundert etabliert wurden, waren sie vor dem Erscheinen der Computer von geringem Nutzen. Das Preis-Leistungsverhältnis von Computern hat seit den 1950er Jahren spektakulär zugenommen und zeigt keine Anzeichen einer Verlangsamung. Während die ersten in den 1950er Jahren gebauten Computer nur einige hundert Operationen pro Sekunde durchführten, hatte der erstplatzierte Computer auf der TOP500-Liste http://www.top500.org im Juni 2017 eine gemessene Leistungsspitze von 93 Pflops (Petaflops = 10^{15} Fließkommaoperationen pro Sekunde); er hat über 10^6 Rechenkerne und die Speichergröße beträgt 1,3 PB (Petabytes = 10^{15} Bytes). Sogar Laptop-Computer haben sowohl Mehrkern-Chips als auch mehrere Prozessoren, und die GPUs können auch für massiv parallele Berechnungen verwendet werden (Thibault und Senocak 2009; Senocak und Jacobsen 2010). Auch die Fähigkeit,

Daten zu speichern, hat dramatisch zugenommen: Festplatten mit einer Kapazität von zehn Gigabyte (10 GB = 10^{10} Bytes oder Zeichen) waren vor zwanzig Jahren nur auf Supercomputern zu finden – heute haben Laptop-Computer Festplatten mit 1 TB Speicherkapazität. Backup-Festplatten in der Größe eines Smartphones können ebenfalls 1 TB oder mehr Daten speichern. Die Leistung eines Rechners, der in den 1980er Jahren mehrere Millionen Dollar kostete, einen großen Raum füllte und ständiges Wartungs- und Betriebspersonal erforderte, steckt heute in einem Laptop! Es ist schwer vorherzusagen, was in Zukunft passieren wird, aber weitere bedeutende Steigerungen sowohl der Rechengeschwindigkeit als auch des Speicherplatzes von erschwinglichen Computern sind sicher.

Es erfordert wenig Phantasie, um zu verstehen, dass Computer das Studium von Fluidströmungen einfacher und effektiver machen. Nachdem die Leistungsfähigkeit von Computern erkannt worden war, stieg das Interesse an numerischen Techniken dramatisch an. Dieses Gebiet ist als *Computational Fluid Dynamics* (CFD) bekannt. Darin enthalten sind viele Untergruppen. CFD hat sich im Laufe der Jahrzehnte von einem spezialisierten Forschungsbereich zu einem mächtigen Werkzeug entwickelt, das in die Lehrpläne von Universitäten aufgenommen wurde, in praktisch jeder Industrie verwendet wird und von Forschern zur Untersuchung der eigentlichen Natur von Fluidströmungen eingesetzt wird.

Wir werden nur einen kleinen Teil der Methoden zur Lösung der Gleichungen, die die Fluidströmung und die damit verbundenen Phänomene beschreiben, im Detail besprechen; andere werden kurz erwähnt und gegebenenfalls werden Referenzen für weitere Literatur angegeben.

2.2 Was ist CFD?

Wie wir in Kap. 1 gesehen haben, werden Strömungen und verwandte Phänomene durch partielle Differentialgleichungen (oder Integro-Differentialgleichungen) beschrieben, die außer in Sonderfällen nicht analytisch gelöst werden können. Um eine numerische Näherungslösung zu erhalten, muss ein *Diskretisierungsverfahren* verwendet werden, das die Differentialgleichungen durch ein System algebraischer Gleichungen approximiert, die dann auf einem Computer gelöst werden können. Die Approximationen werden auf kleine Bereiche in Raum und/oder Zeit angewendet, sodass die numerische Lösung Ergebnisse an *diskreten Orten* in Raum und Zeit liefert. So wie die Genauigkeit der experimentellen Daten von der Qualität der verwendeten Instrumente abhängt ist auch die Genauigkeit der numerischen Lösungen von der Qualität der verwendeten Diskretisierungen abhängig.

Innerhalb des breiten Feldes der numerischen Strömungsmechanik sind Aktivitäten enthalten, die von der Automatisierung gut etablierter Entwurfsmethoden bis hin zur Verwendung von Detaillösungen der Navier-Stokes-Gleichungen als Ersatz für die experimentelle Erforschung der Natur komplexer Strömungen reichen. Zum einen kann man Designsoftware für Rohrsysteme erwerben, die Probleme in wenigen Sekunden oder Minuten auf einem PC oder einer Workstations lösen. Auf der anderen Seite gibt es Rechenprogramme, die auf den größten Supercomputern Hunderte von Stunden benötigen können. Die Bandbreite ist so groß wie der Bereich der Strömungsmechanik selbst, sodass es unmöglich ist, die gesamte CFD in einem einzigen Werk abzudecken. Außerdem entwickelt sich das Gebiet so schnell, dass wir Gefahr laufen würden, in kurzer Zeit veraltet zu sein.

Wir werden uns in diesem Buch nicht mit automatisierten einfachen Methoden befassen. Die Grundlage dafür wird in elementaren Lehrbüchern und Grundkursen behandelt, und die verfügbaren Programmpakete sind relativ leicht zu verstehen und zu benutzen.

Wir werden uns mit Methoden befassen, die dazu dienen, die Gleichungen für die Fluidströmung in zwei oder drei Dimensionen zu lösen. Dies sind die Methoden, die bei nicht standardisierten Anwendungen verwendet werden, d. h. bei Anwendungen, für die in Lehrbüchern oder Handbüchern keine Lösungen (oder zumindest gute Annäherungen) gefunden werden können. Während diese Methoden in den hochentwickelten Technologien (z. B. in der Luft- und Raumfahrt) von Anfang an eingesetzt wurden, werden sie heute immer häufiger auch in anderen Bereichen der Technik verwendet, in denen die Geometrie kompliziert ist oder einige wichtige Fragestellungen (wie die Vorhersage der Konzentration eines Schadstoffes) nicht mit Standardmethoden behandelt werden können.

CFD hat ihren Weg in die Maschinenbau-, Verfahrens-, Chemie-, Bau- und Umwelttechnik gefunden und ist ein wichtiger Bestandteil aller Aspekte der Atmosphärenforschung – von der Wettervorhersage bis zum Klimawandel. Eine Optimierung in diesen Bereichen kann zu großen Einsparungen bei den Ausrüstungs- und Energiekosten führen, eine bessere Vorhersage von Überschwemmungen und Stürmen ermöglichen und zur Reduzierung der Umweltverschmutzung führen.

2.3   Möglichkeiten und Grenzen der numerischen Methoden

Wir haben bereits einige Probleme im Zusammenhang mit der experimentellen Arbeit festgestellt. Einige dieser Probleme lassen sich in CFD leicht lösen. Wenn wir zum Beispiel die Strömung um ein sich bewegendes Auto in einem Windkanal simulieren wollen, müssen wir das Fahrzeugmodell fixieren und mit der Luft anströmen – aber der Boden muss sich auch mit der Luftgeschwindigkeit bewegen, was in einem Experiment schwierig zu bewerkstelligen ist. Dies ist in einer numerischen Simulation jedoch leicht zu erreichen. Auch andere Arten von Randbedingungen können in den Berechnungen leicht vorgegeben werden; so stellen beispielsweise Temperatur oder Trübung der Flüssigkeit kein Problem dar. Wenn wir die instationären dreidimensionalen Navier-Stokes-Gleichungen genau lösen (wie bei der direkten Simulation von Turbulenz), erhalten wir einen vollständigen Datensatz, aus dem jede beliebige Größe von physikalischer Bedeutung abgeleitet werden kann.

Das klingt zu gut, um wahr zu sein. Tatsächlich sind diese CFD-Vorteile von der Fähigkeit abhängig, die Navier-Stokes-Gleichungen genau lösen zu können, was für die meisten Strömungen von technischem Interesse äußerst schwierig ist. Wir werden in Kap. 10 sehen, warum es so schwierig ist, genaue numerische Lösungen der Navier-Stokes-Gleichungen für Strömungen mit hoher Reynolds-Zahl zu erhalten.

Wenn wir nicht in der Lage sind, genaue Lösungen für alle Strömungen zu erhalten, müssen wir bestimmen, was erreichbar ist, und lernen, die Ergebnisse zu analysieren und zu beurteilen. Zunächst einmal müssen wir uns vor Augen halten, dass numerische Ergebnisse immer *approximativ* sind. Es gibt Gründe für die Unterschiede zwischen den berechneten Ergebnissen und der „Realität", d. h. Fehler entstehen bei jedem Teil des Prozesses, der zur Erstellung der numerischen Lösungen verwendet wird:

- Die Differentialgleichungen können Näherungen oder Idealisierungen enthalten, wie in Abschn. 1.7 diskutiert wurde.
- Im Diskretisierungsprozess werden Approximationen von Termen aus Gleichungen vorgenommen.
- Bei der Lösung der diskretisierten Gleichungen werden iterative Methoden verwendet. Wenn Iterationen nicht lange genug durchgeführt werden, wird die genaue Lösung der diskretisierten Gleichungen nicht erhalten.

Wenn die geltenden Gleichungen genau bekannt sind (z. B. die Navier-Stokes-Gleichungen für inkompressible newtonsche Fluide), können prinzipiell Lösungen mit beliebiger Genauigkeit erreicht werden. Für viele Phänomene (z. B. Turbulenz, Verbrennung und Mehrphasenströmung) sind die exakten Gleichungen jedoch entweder nicht verfügbar oder eine numerische Lösung ist nicht möglich. Dies macht die Einführung von Modellen zu einer Notwendigkeit. Selbst wenn wir die Gleichungen exakt lösen würden, wäre die Lösung keine korrekte Darstellung der Realität. Um die Modelle zu validieren, sind wir auf experimentelle Daten angewiesen. Selbst wenn die exakte Behandlung möglich ist, werden oft Modelle verwendet, um die Rechenkosten zu reduzieren.

Diskretisierungsfehler können durch Verwendung von genaueren Approximationen oder durch Anwendung der Approximationen auf kleinere Volumenelemente reduziert werden, aber dies erhöht den Zeit- und Kostenaufwand für die Erlangung der Lösung. In der Regel sind Kompromisse erforderlich. Wir werden einige Schemata im Detail vorstellen, aber auch Wege zur Erstellung genauerer Approximationen aufzeigen.

Auch bei der Lösung der diskretisierten Gleichungen sind Kompromisse erforderlich. Direkte Löser, die zu genauen Lösungen führen, werden selten verwendet, weil sie zu kostspielig sind. Iterative Methoden werden häufiger verwendet, aber die Fehler, die durch zu frühes Anhalten des Iterationsprozesses entstehen, müssen berücksichtigt werden.

Fehler und ihre Einschätzung werden in diesem Buch immer wieder betont. Wir werden Fehlerabschätzungen für viele Beispiele vorstellen; die Notwendigkeit, numerische Fehler zu analysieren und abzuschätzen, kann nicht überbetont werden.

Die Visualisierung von numerischen Lösungen mit Hilfe von Vektor-, Kontur- oder anderen Arten von Plots oder Filmen (Videos) von instationären Strömungen ist wichtig für die Interpretation der Ergebnisse. Visualisierung ist bei Weitem das effektivste Mittel zur Interpretation der riesigen Datenmenge, die durch eine Berechnung erzeugt wird. Es besteht jedoch die Gefahr, dass eine fehlerhafte Lösung zwar gut aussieht, aber nicht den tatsächlichen Randbedingungen, Fluideigenschaften usw. entspricht! Die Autoren sind oft auf fehlerhafte numerisch erzeugte Strömungsmerkmale gestoßen, die als physikalische Phänomene interpretiert werden könnten und auch interpretiert worden sind. Industrielle Anwender kommerzieller CFD-Programme sollten besonders vorsichtig sein, denn der Optimismus der Verkäufer ist legendär. Wunderschöne Farbbilder machen großen Eindruck, sind aber wertlos, wenn sie nicht quantitativ korrekt sind. Numerische Ergebnisse müssen immer sehr kritisch untersucht werden, bevor man ihnen glaubt.

2.4   Komponenten einer numerischen Lösungsmethode

Da sich dieses Buch nicht nur an Benutzer von kommerziellen Rechenprogrammen, sondern auch an junge Forscher richtet, die neue Rechenprogramme entwickeln, werden wir hier die wichtigen Bestandteile einer numerischen Lösungsmethode vorstellen. Weitere Einzelheiten werden in den folgenden Kapiteln vorgestellt.

2.4.1   Mathematisches Modell

Der Ausgangspunkt jeder numerischen Methode ist das mathematische Modell, d. h. ein Satz partieller Differential- oder Integro-Differentialgleichungen und Randbedingungen. Einige für die Strömungsvorhersage verwendete Gleichungssätze wurden in Kap. 1 vorgestellt. Man wählt ein geeignetes Modell für die Zielanwendung (inkompressibel, viskos, turbulent; zwei- oder dreidimensional usw.). Wie bereits erwähnt, kann dieses Modell Vereinfachungen der genauen Erhaltungssätze enthalten. Eine Lösungsmethode wird normalerweise für einen bestimmten Satz von Gleichungen entworfen. Der Versuch, eine Allzweck-Lösungsmethode zu erstellen, d. h. eine, die auf alle Strömungen anwendbar ist, ist unpraktisch, wenn nicht gar unmöglich, und wie bei den meisten Allzweck-Werkzeugen wäre sie normalerweise für keine Anwendung optimal.

2.4.2   Diskretisierungsmethode

Nach der Auswahl des mathematischen Modells muss man eine geeignete Diskretisierungsmethode wählen, d. h. eine Methode zur Approximation der Differentialgleichungen durch ein System algebraischer Gleichungen für die Variablen an einem Satz von diskreten Stellen in Raum und Zeit. Es gibt viele Ansätze, aber die wichtigsten davon sind: Finite-Differenzen- (FD), Finite-Volumen- (FV) und Finite-Elemente- (FE) Methoden. Wichtige Merkmale dieser drei Arten von Diskretisierungsmethoden werden am Ende dieses Kapitels beschrieben.

Andere Methoden, wie Spektral-, Randelemente- und Lattice-Boltzmann-Methoden werden in CFD verwendet, aber ihre Verwendung ist auf spezielle Problemklassen beschränkt.

Jede Art dieser Methoden liefert die gleiche Lösung, wenn das Gitter sehr fein ist. Einige Methoden sind jedoch für einige Problemklassen besser geeignet als andere. Der Vorzug ist oft vom Geschmack des Entwicklers abhängig. Das Für und Wider der verschiedenen Methoden wird bei ihrer Einführung besprochen.

2.4.3 Koordinaten- und Basisvektorsysteme

In Kap. 1 wurde erwähnt, dass die Erhaltungsgleichungen in vielen verschiedenen Formen geschrieben werden können, je nach Koordinatensystem und den verwendeten Basisvektoren. Man kann zum Beispiel kartesische, zylindrische, sphärische, krummlinige, orthogonale oder nichtorthogonale Koordinatensysteme wählen, die fest oder beweglich sein können. Die Wahl hängt von den Zielströmungen ab und kann die zu verwendende Diskretisierungsmethode und den Gittertyp beeinflussen.

Man muss auch die Basis auswählen, mit der die Vektoren und Tensoren definiert werden (fest oder variabel, kovariant oder kontravariant usw.). Abhängig von dieser Wahl können der Geschwindigkeitsvektor und der Spannungstensor z. B. durch kartesische, kovariante oder kontravariante, physikalische oder nichtphysikalische koordinatenorientierte Komponenten ausgedrückt werden. In diesem Buch werden wir ausschließlich kartesische Komponenten aus den in Kap. 9 erläuterten Gründen verwenden.

2.4.4 Numerisches Gitter

Die diskreten Stellen, an denen die Variablen berechnet werden sollen, werden durch das numerische Gitter definiert, das im Wesentlichen eine diskrete Darstellung des geometrischen Bereichs ist, auf dem das Problem gelöst werden soll. Es unterteilt den Lösungsbereich in eine endliche Anzahl von Unterbereichen (Elemente, Kontrollvolumen usw.). Einige der verfügbaren Optionen sind die folgenden:

- *Strukturierte (reguläre) Gitter* – Reguläre oder strukturierte Gitter bestehen aus Familien von Gitterlinien mit der Eigenschaft, dass sich die Mitglieder einer Familie nicht kreuzen und jedes Mitglied der anderen Familien nur einmal kreuzen. Dies ermöglicht es, die Linien eines bestimmten Satzes fortlaufend zu nummerieren. Die Position eines beliebigen Gitterpunktes (oder Kontrollvolumens) innerhalb des Lösungsgebiets wird durch einen Satz von zwei (in 2D) oder drei (in 3D) Indizes, z. B. (i, j, k), eindeutig identifiziert.

  Dies ist die einfachste Gitterstruktur, da sie logisch einem kartesischen Gitter entspricht. Jeder Punkt hat vier nächste Nachbarn in zwei Dimensionen und sechs in drei Dimensionen; einer der Indizes eines jeden Nachbarns von Punkt P (Indizes i, j, k) unterscheidet sich um ± 1 von dem entsprechenden Index von P. Ein Beispiel für ein strukturiertes 2D-Gitter ist in Abb. 2.1 dargestellt. Diese Nachbarschaftskonnektivität vereinfacht die Programmierung und die Matrix des algebraischen Gleichungssystems hat eine regelmäßige Struktur, die bei der Entwicklung einer Lösungsmethode nützlich sein kann. Tatsächlich gibt es eine große Anzahl effizienter Löser, die nur für strukturierte Gitter anwendbar sind (siehe Kap. 5). Der Nachteil von strukturierten Gittern ist, dass sie nur für geometrisch einfache Lösungsbereiche verwendet werden können. Ein weiterer Nachteil ist, dass es schwierig sein kann, die Verteilung der Gitterpunkte zu kontrollieren: Die Konzentration von Punkten in einer Region aus Gründen der Genauigkeit führt zu unnötig kleinen Abständen in anderen Teilen des Lösungsgebiets und zu einer Verschwendung von Ressourcen. Dieses Problem ist bei 3D-Geometrien besonders stark ausgeprägt. Die langen, dünnen Zellen können die Konvergenz ebenfalls nachteilig beeinflussen. Strukturierte Gitter können vom H-, O- oder C-Typ sein; die Namen sind von der Topologie der Lösungsgebietsränder abgeleitet. Die Abb. 2.1 zeigt ein H-Typ-Gitter, das, wenn es auf ein Rechteck abgebildet wird, eindeutige Ost-, West-, Nord- und Südränder hat.

In einem O-Gitter fallen zwei topologisch gegenüberliegende Ränder aufeinander (z. B. Ostrand auf Westrand oder Südrand auf Nordrand). Ein Beispiel dafür ist ein Gitter um einen kreisförmigen Zylinder (siehe Abb. 9.22): Wenn die Zylinderwand den Südrand und die Außenkante den Nordrand darstellen, dann werden die West- und Osträder zusammengeführt, um endlose Gitternetzlinien um den Zylinder zu erzeugen (sie können kreisförmig sein oder auch nicht). Die Zählung für den Index i beginnt an einer willkürlichen radialen Linie, die die Schnittstelle zwischen der West- und der Ostseite darstellt. Das Gitter kann an dieser Schnittstelle konform oder nichtkonform sein; wie solche Schnittstellen behandelt werden, wird in Kap. 9 beschrieben.

In einem C-Gitter fällt ein Rand teilweise auf sich selbst zurück. Ein Beispiel dafür ist ein Gitter um einen Tragflügel: Ein Satz von Gitterlinien wickelt sich um den Flügel, während der andere Satz (fast) orthogonal zu ihm verläuft. Wenn beispielsweise die Tragflügel-

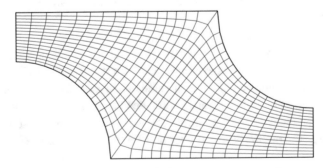

Abb. 2.1 Beispiel eines strukturierten, nichtorthogonalen 2D-Gitters, das für die Berechnung der Strömung in einem Symmetriesegment eines Rohrbündels ausgelegt ist

wand den südlichen Rand darstellt, dann erstreckt er sich auch von der Hinterkante bis zum Ausstromrand hinter dem Flügel. Der Ausstromrand unterhalb dieser Linie stellt den Westrand dar, und der Teil oberhalb der doppelten Südlinie ist dann der Ostrand. Die untere, linke und obere Seite des Lösungsgebietes sind dann der Nordrand. Wie beim O-Gitter kann die Schnittstelle zwischen zwei Teilen des Südrands, die in Kontakt stehen, entweder konform oder nichtkonform sein.

- *Blockstrukturierte Gitter* — In einem blockstrukturierten Gitter gibt es eine Unterteilung des Lösungsgebiets auf zwei (oder mehr) Ebenen. Auf der groben Ebene gibt es Blöcke, die relativ große Segmente des Bereichs darstellen; ihre Struktur kann unregelmäßig sein und sie können sich überlappen oder auch nicht. Auf der feinen Ebene (innerhalb eines jeden Blocks) wird ein strukturiertes Gitter definiert. An den Blockschnittstellen ist eine besondere Behandlung erforderlich. Einige Methoden dieser Art werden in Kap. 9 beschrieben.

In Abb. 2.2 ist ein blockstrukturiertes Gitter mit konformen Schnittstellen dargestellt; es ist für die gleiche Strömung und Geometrie wie in Abb. 2.1 ausgelegt. Die Blockschnittstellen waren ursprünglich regelmäßige Konturen (Zylinder oder ebene Segmente), aber mit einigen Glättungsoperationen zur Verbesserung der Gitterqualität wurden sie zu gekrümmten Linien. Mit einem guten Design der Blockstruktur kann man ein Gitter mit guter Qualität erzeugen – aber diese Gittergestaltung kann sehr zeitaufwändig sein. In der Tat ist es nicht ungewöhnlich, dass die Erzeugung eines Gitters von guter Qualität für mäßig komplizierte Geometrien ein oder zwei Wochen der Ingenieurzeit in Anspruch nimmt.

In Abb. 2.3 ist ein blockstrukturiertes Gitter mit nichtkonformen Schnittstellen dargestellt; es ist ähnlich dem Gitter aus Abb. 2.2, außer dass das Gitter in Blöcken um die Rohre herum feiner ist. Diese Art von Gitter ist flexibler als die vorhergehenden, da es die Verwendung feinerer Gitter in Bereichen erlaubt, in denen eine höhere Auflösung erforderlich ist (z. B. um Röhren herum, wo man die Wärmeübertragung genau erfassen möchte). Die nichtkonforme Schnittstelle kann völlig konservativ oder durch die Verwendung von „Hängeknoten" behandelt werden, wie in Kap. 9 besprochen wird. Hier

Abb. 2.2 Beispiel eines 2D blockstrukturierten Gitters mit konformen Schnittstellen

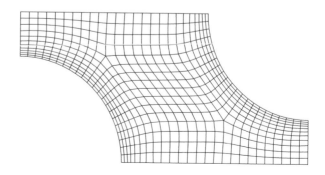

Abb. 2.3 Beispiel eines 2D
blockstrukturierten Gitters mit
nichtkonformen Schnittstellen

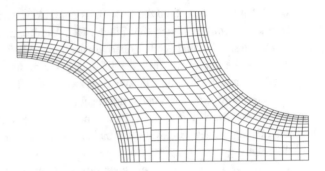

kann die Gitterglättung nur innerhalb jedes Blocks angewendet werden; die Schnittstellen behalten normalerweise ihre ursprüngliche Form, wie man durch den Vergleich
der Gitter in Abb. 2.2 und 2.3 sehen kann. Die Programmierung ist schwieriger als bei
den oben beschriebenen Gittertypen. Die Gleichungslöser für strukturierte Gitter können
blockweise angewendet werden, und komplexere Strömungsgebiete können mit diesen
Gittern behandelt werden. Eine lokale Verfeinerung ist blockweise möglich (d. h. das
Gitter kann in einigen Blöcken verfeinert werden).

Blockstrukturierte Gitter mit überlappenden Blöcken werden manchmal auch als
Chimera-Gitter bezeichnet. Ein solches Gitter ist in Abb. 2.4 dargestellt. In der Über-
lappungsregion werden die Randbedingungen für einen Block durch Interpolation der
Lösung aus dem anderen (überlappten) Block erhalten. Der Nachteil dieser Gitter ist,
dass die Lösung an den Blockgrenzen nicht unbedingt konservativ ist. Die Vorteile dieses Ansatzes liegen darin, dass komplexe Bereiche leichter bearbeitet werden können und
dass man damit bewegten Körpern folgen kann: Ein Block ist an den Körper gebunden
und bewegt sich mit ihm, während ein ortsfestes Gitter die Umgebung abdeckt.

Methoden, die überlappende strukturierte Gitter verwenden, wurden Ende der 1980er
und Anfang der 1990er Jahre von vielen Autoren entwickelt (Tu und Fuchs 1992; Perng
und Street 1991; Hinatsu und Ferziger 1991; Zang und Street 1991; Hubbard und Chen
1994, 1995). Mehrere semi-kommerzielle Rechenprogramme verwenden diesen Ansatz,

Abb. 2.4 Ein überlappendes
2D-Gitter, das für die gleiche
Strömung und Geometrie wie
in Abb. 2.1 entworfen wurde

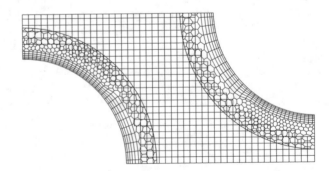

z. B. SHIPFLOW, CFDShip-Iowa und OVERFLOW (NASA). Ein starkes Interesse an diesem Ansatz ist um die Jahrhundertwende wieder aufgetaucht, insbesondere für die Handhabung von Strömungen um bewegliche Körper. Eine solche Methode wurde von Hadžić (2005) entwickelt, und eine auf beliebige Polyedergitter anwendbare Version ist in der kommerziellen Software *Simcenter STAR-CCM+* verfügbar. Sie wird in Kap. 9 näher beschrieben.

- *Unstrukturierte Gitter* — Bei sehr komplexen Geometrien ist der flexibelste Gittertyp ein Gitter, das an einen beliebigen Rand des Lösungsgebiets angepasst werden kann. Im Prinzip könnten solche Gitter mit jeder beliebigen Diskretisierungsmethode verwendet werden, aber sie sind am besten für die Finite-Volumen- und Finite-Elemente-Ansätze geeignet. Die Elemente oder Kontrollvolumen können jede beliebige Form haben; es gibt auch keine Beschränkung für die Anzahl von Nachbarelementen oder Knoten. In der Praxis werden am häufigsten Gitter aus Dreiecken, Vierecken oder beliebigen Polygonen in 2D und Tetraedern, Hexaedern oder beliebigen Polyedern in 3D verwendet. In letzter Zeit sind Gitter aus beliebigen polyederförmigen Kontrollvolumen populär geworden, weil sie bessere Eigenschaften als Tetraedergitter haben und leichter automatisch zu erzeugen sind als unstrukturierte Gitter aus Hexaedern. Solche Gitter können mit kommerziellen Gittergenerierungswerkzeugen automatisch erzeugt werden. Falls gewünscht, kann das Gitter auf Orthogonalität optimiert werden, das Seitenverhältnis ist leicht zu kontrollieren, und das Gitter kann lokal leicht verfeinert werden. Der Vorteil der Flexibilität wird durch den Nachteil der Unregelmäßigkeit der Datenstruktur teilweise aufgehoben. Knotenpunkte und Nachbarverbindungen müssen explizit angegeben werden. Die Matrix des algebraischen Gleichungssystems hat keine regelmäßige, diagonale Struktur mehr; die Bandbreite muss durch Neuordnung der Punkte reduziert werden. Die Löser für die algebraischen Gleichungssysteme sind aufgrund der indirekten Adressierung in der Regel langsamer als die für strukturierte Gitter. Dadurch ist z. B. der Einsatz von Grafikkarten (GPUs) für die Berechnung weniger effizient als bei strukturierten Gittern; dasselbe gilt für den Fall von Vektorprozessoren.

Unstrukturierte Gitter werden in der Regel mit Finite-Elemente-Methoden und zunehmend auch mit Finite-Volumen-Methoden verwendet. Rechenprogramme für unstrukturierte Gitter sind flexibler als die Alternativen. Sie müssen nicht geändert werden, wenn das Gitter lokal verfeinert wird oder wenn Elemente oder Kontrollvolumen unterschiedlicher Form verwendet werden.

Mit der Verfügbarkeit von automatischen Gittergenerierungsmethoden für komplexe Geometrien sind unstrukturierte Gitter in der Industrie eher die Regel als die Ausnahme geworden. Um die Vorteile von strukturierten Gittern im wandnahen Bereich zu erhalten, können die meisten modernen Gittergenerierungswerkzeuge auch Prismenschichten entlang der Ränder erzeugen. Das Gitter ist dann entlang der Wand unstrukturiert, aber geschichtet (strukturiert) und nahezu orthogonal in wandnormaler Richtung, was eine genauere Auflösung der Grenzschicht ermöglicht. Drei Beispiele für typische unstrukturierte Gitter mit Prismenschichten entlang der Wände sind in Abb. 2.5 dargestellt. Die in diesem Buch vorgestellte Finite-Volumen-Methode ist auf unstrukturierte Gitter anwendbar; weitere Einzelheiten werden in Kap. 9 erläutert.

Methoden der Gittergenerierung werden in diesem Buch nicht im Detail behandelt. Die Eigenschaften des Gitters und einige grundlegende Methoden der Gittergenerierung werden in Kap. 9 kurz besprochen. Es gibt umfangreiche Literatur, die sich mit blockstrukturierten und unstrukturierten Gittern befasst, und der interessierte Leser wird auf Bücher von Thompson et al. (1985) und Arcilla et al. (1991) verwiesen. Viele Methoden, die in kommerziellen Gittererzeugungs- und Optimierungswerkzeugen verwendet werden, sind jedoch in der öffentlichen Literatur nicht beschrieben; die Gittergenerierung ist in gewissem Maße

Abb. 2.5 Drei Beispiele für unstrukturierte Gitter: Tetraeder- (oben), Polyeder- (Mitte) und getrimmte Hexaedergitter (unten) mit Prismenschichten entlang der Wände und lokaler Gitterverfeinerung

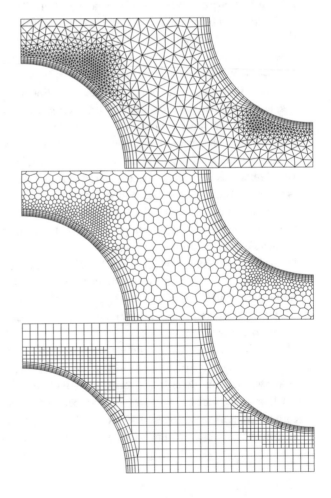

eine Kunst, und viele Schritte, die zur Behandlung spezieller Situationen verwendet werden, können nicht mathematisch beschrieben werden. Die Fragen der Gitterqualität – die besonders bei unstrukturierten Gittern wichtig ist – werden in Kap. 12 behandelt.

2.4.5 Finite Approximationen

Nach der Wahl des Gittertyps muss man die Näherungen auswählen, die im Diskretisierungsprozess verwendet werden sollen. Bei einem Finite-Differenzen-Verfahren müssen die Approximationen für die Ableitungen in den Gitterpunkten ausgewählt werden. Bei einem Finite-Volumen-Verfahren sind die Methoden zur Approximation von Oberflächen- und Volumenintegralen zu wählen. Bei einer Finite-Elemente-Methode sind die Formfunktionen (Elemente) und Wichtungsfunktionen zu wählen.

Es gibt viele Varianten, aus denen man wählen kann; einige der am häufigsten verwendeten werden in diesem Buch vorgestellt, einige werden einfach erwähnt und viele weitere können erstellt werden. Die Wahl beeinflusst die Genauigkeit der numerischen Lösung. Sie beeinflusst auch die Schwierigkeit, die Lösungsmethode zu entwickeln, sie zu programmieren, Programmierfehler zu suchen und die Effizienz des Rechenprogramms. Genauere Approximationen umfassen mehr Knoten und ergeben vollere Koeffizientenmatrizen. Der erhöhte Speicherbedarf erfordert möglicherweise die Verwendung gröberer Gitter, was den Vorteil der höheren Genauigkeit teilweise aufhebt. Es muss ein Kompromiss zwischen Einfachheit, einfacher Implementierung, Genauigkeit und Berechnungseffizienz gefunden werden. Die in diesem Buch vorgestellten Methoden 2. Ordnung wurden mit diesem Kompromiss im Hinterkopf ausgewählt.

2.4.6 Lösungsmethode

Die Diskretisierung ergibt ein großes System von nichtlinearen algebraischen Gleichungen. Die Lösungsmethode hängt vom Problem ab. Für instationäre Strömungen werden Methoden verwendet, die auf den Methoden basieren, die für Anfangswertprobleme für gewöhnliche Differentialgleichungen (Voranschreiten in der Zeit) verwendet werden. Bei jedem Zeitschritt muss ein elliptisches Problem gelöst werden. Stationäre Strömungsprobleme werden normalerweise durch Voranschreiten in Pseudozeit oder ein äquivalentes Iterationsschema gelöst. Da die Gleichungen nichtlinear sind, muss ein iteratives Verfahren zu ihrer Lösung verwendet werden. Diese Methoden verwenden eine sukzessive Linearisierung der Gleichungen, und die daraus resultierenden linearen Systeme werden ebenfalls fast immer mit iterativen Methoden gelöst. Die Wahl des Lösers hängt vom Gittertyp und von der Anzahl der Knoten ab, die in jeder algebraischen Gleichung vertreten sind. Einige Löser werden in Kap. 5 vorgestellt.

2.4.7 Konvergenzkriterien

Schließlich muss man die Konvergenzkriterien für die iterative Methode festlegen. Normalerweise gibt es zwei Iterationsebenen: innere Iterationen, innerhalb derer die linearen Gleichungen gelöst werden, und äußere Iterationen, die sich mit der Nichtlinearität und Kopplung der Gleichungen befassen. Die Entscheidung, wann der Iterationsprozess auf jeder Ebene beendet wird, ist sowohl unter dem Gesichtspunkt der Genauigkeit als auch der Effizienz wichtig. Diese Fragen werden in Kap. 5 und 12 behandelt.

2.5 Eigenschaften der numerischen Lösungsmethoden

Die Lösungsmethode sollte bestimmte Eigenschaften haben. In den meisten Fällen ist es nicht möglich, die komplette Lösungsmethode zu analysieren. Man analysiert die Komponenten der Methode; wenn die Komponenten nicht die gewünschten Eigenschaften haben, trifft dies auch für die komplette Methode zu, aber das Gegenteil ist nicht unbedingt der Fall. Die wichtigsten Eigenschaften sind im Folgenden zusammengefasst.

2.5.1 Konsistenz

Die Diskretisierung sollte exakt werden, wenn der Gitterabstand gegen null tendiert. Die Differenz zwischen der diskretisierten und der exakten Gleichung wird als *Abbruchfehler* bezeichnet. Er wird normalerweise abgeschätzt, indem alle Knotenwerte in der diskreten Approximation durch eine Taylor-Reihenerweiterung um einen bestimmten Punkt ersetzt werden. Als Ergebnis erhält man die ursprüngliche Differentialgleichung plus einen Rest, der den Abbruchfehler darstellt. Damit eine Methode *konsistent* ist, muss der Abbruchfehler zu null werden, wenn die diskreten Abstände gegen null streben, $\Delta t \to 0$ und/oder $\Delta x_i \to 0$. Der Abbruchfehler ist in der Regel proportional zu einer Potenz des Maschenabstands Δx_i und/oder des Zeitschritts Δt. Wenn der wichtigste Term proportional zu $(\Delta x)^n$ oder $(\Delta t)^n$ ist, nennen wir die Methode eine Approximation n-ter Ordnung; $n > 0$ ist für die Konsistenz erforderlich. Idealerweise sollten alle Terme mit Approximationen derselben Genauigkeitsordnung diskretisiert werden; jedoch können einige Terme (z. B. Konvektionsterme in Strömungen mit hoher Reynolds-Zahl oder Diffusionsterme in Strömungen mit niedriger Reynolds-Zahl) in einer bestimmten Strömung dominant sein, und es kann sinnvoll sein, sie mit höherer Genauigkeit als die anderen zu behandeln.

Einige Diskretisierungsmethoden führen zu Abbruchfehlern, die Funktionen des Verhältnisses von Δx_i zu Δt oder umgekehrt sind. In einem solchen Fall ist die Konsistenzforderung nur bedingt erfüllt: Δx_i und Δt müssen so reduziert werden, dass das entsprechende Verhältnis gegen null gehen kann. In den nächsten beiden Kapiteln werden wir die Konsistenz für mehrere Diskretisierungsschemata demonstrieren.

Selbst wenn die Approximationen konsistent sind, bedeutet dies nicht unbedingt, dass die Lösung des diskretisierten Gleichungssystems die exakte Lösung der Differentialgleichung im Grenzfall der kleinen Schrittweite wird. Damit dies geschieht, muss die Lösungsmethode *stabil* sein; dies wird im Folgenden definiert.

2.5.2 Stabilität

Eine numerische Lösungsmethode gilt als stabil, wenn sie die Fehler, die im Laufe des numerischen Lösungsprozesses auftreten, nicht anfacht. Bei instationären Problemen garantiert die Stabilität, dass die Methode immer dann eine begrenzte Lösung liefert, wenn die Lösung der exakten Gleichung begrenzt ist. Bei iterativen Methoden ist eine stabile Methode eine Methode, die nicht divergiert. Die Stabilität kann schwierig zu untersuchen sein, insbesondere wenn Randbedingungen und Nichtlinearitäten vorhanden sind. Aus diesem Grund ist es üblich, die Stabilität einer Methode für lineare Probleme mit konstanten Koeffizienten ohne Randbedingungen zu untersuchen. Die Erfahrung zeigt, dass die auf diese Weise erhaltenen Ergebnisse oft auf komplexere Probleme angewendet werden können, aber es gibt bemerkenswerte Ausnahmen.

Der am weitesten verbreitete Ansatz zur Untersuchung der Stabilität von numerischen Approximationen ist die Von-Neumann-Methode. Wir werden sie für ein Verfahren in Kap. 6 kurz beschreiben. Die meisten der in diesem Buch beschriebenen numerischen Methoden wurden auf Stabilität analysiert, und wir werden das wichtige Ergebnis bei der Beschreibung jeder Methode angeben. Bei der Lösung komplizierter, nichtlinearer und gekoppelter Gleichungen mit komplizierten Randbedingungen gibt es jedoch nur wenige Stabilitätsergebnisse, sodass wir uns möglicherweise auf Erfahrung und Intuition verlassen müssen. Viele Lösungsmethoden erfordern, dass der Zeitschritt kleiner als eine bestimmte Grenze ist oder dass eine Unterrelaxation verwendet wird. Wir werden diese Fragen erörtern und Richtlinien für die Wahl der Zeitschrittgröße und der Werte der Unterrelaxationsparameter in Kap. 6, 7 und 8 geben.

2.5.3 Konvergenz

Ein numerisches Verfahren wird als konvergent bezeichnet, falls die Lösung der diskretisierten Gleichungen zur exakten Lösung der Differentialgleichung tendiert, wenn der Gitterabstand gegen null tendiert. Bei linearen Anfangswertproblemen besagt das *Lax-Äquivalenztheorem* (Richtmyer und Morton 1967; Street 1973), dass „bei einem richtig gestellten linearen Anfangswertproblem und seiner Finite-Differenzen-Approximation, die die Konsistenzbedingung erfüllt, Stabilität die notwendige und ausreichende Bedingung für die Konvergenz ist". Es ist offensichtlich, dass ein konsistentes Verfahren nutzlos ist, wenn die Lösungsmethode nicht konvergiert.

Bei nichtlinearen Problemen, die stark von Randbedingungen beeinflusst werden, sind Stabilität und Konvergenz einer Methode schwer nachzuweisen. Daher wird die Konvergenz in der Regel durch numerische Experimente überprüft, d. h. durch die Wiederholung der Berechnung auf einer Reihe von systematisch verfeinerten Gittern. Ist die Methode stabil und sind alle im Diskretisierungsprozess verwendeten Approximationen konsistent, stellen wir in der Regel fest, dass die Lösung zu einer *gitterunabhängigen Lösung* konvergiert. Bei ausreichend kleinen Gitterabständen wird die Konvergenzrate durch die Ordnung der wichtigsten Abbruchfehlerkomponente bestimmt. Dies erlaubt uns, den Fehler in der Lösung abzuschätzen. Wir werden dies in Kap. 3 und 5 ausführlich beschreiben.

2.5.4 Erhaltung

Da es sich bei den zu lösenden Gleichungen um Erhaltungssätze handelt, sollte auch die numerische Methode – sowohl auf lokaler als auch auf globaler Basis – diese Gesetze respektieren. Das bedeutet, dass im stationären Zustand und in Abwesenheit von Quellen die Menge einer erhaltenen Größe, die ein geschlossenes Volumen verlässt, gleich der Menge ist, die in dieses Volumen eintritt. Wenn die streng konservative Form der Gleichungen und die Finite-Volumen-Methode verwendet werden, ist dies für jedes einzelne Kontrollvolumen und für das gesamte Lösungsgebiet garantiert. Andere Diskretisierungsmethoden können konservativ gemacht werden, wenn man die Näherungen vorsichtig wählt. Die Behandlung der Quell- oder Senkterme sollte konsistent sein, sodass die gesamte Quelle oder Senke im Lösungsgebiet gleich dem Nettofluss der erhaltenen Größe durch die Ränder ist.

Dies ist eine wichtige Eigenschaft der Lösungsmethode, da sie eine Einschränkung des Lösungsfehlers sichert. Wenn die Erhaltung von Masse, Impuls und Energie gewährleistet ist, dann können sich Fehler nur durch die falsche Verteilung dieser Größen im Lösungsgebiet auswirken. Nichtkonservative Methoden können künstliche Quellen und Senken erzeugen, die das Gleichgewicht sowohl lokal als auch global verändern. Solche Methoden können jedoch konsistent und stabil sein und daher zu korrekten Lösungen im Grenzfall sehr feiner Gitter führen. Die Fehler aufgrund der Nichterhaltung sind in den meisten Fällen nur bei relativ groben Gittern spürbar. Problematisch ist, dass es schwierig ist, zu wissen, auf welchem Gitter diese Fehler klein genug sind. Daher werden konservative Verfahren bevorzugt.

2.5.5 Beschränkung

Numerische Lösungen sollten richtig beschränkt werden. Physikalisch nichtnegative Größen (wie Dichte, kinetische Energie der Turbulenz) müssen immer positiv sein; andere Größen, wie z. B. die Konzentration, müssen zwischen 0 % und 100 % liegen. Wenn keine Quellen vorhanden sind, erfordern einige Gleichungen (z. B. die Wärmegleichung für die Temperatur, ohne Wärmequellen), dass die minimalen und maximalen Werte der Variablen an den

Rändern des Lösungegebiets zu finden sind. Diese Bedingungen sollte auch die numerische Lösung erfüllen.

Beschränkung ist schwer zu garantieren. Wir werden später zeigen, dass nur einige Methoden 1. Ordnung diese Eigenschaft garantieren. Alle Methoden höherer Ordnung können unbeschränkte Lösungen erzeugen; glücklicherweise geschieht dies normalerweise nur bei Gittern, die zu grob sind, sodass eine Lösung mit Unter- und Überschüssen normalerweise ein Hinweis darauf ist, dass die Fehler in der Lösung groß sind und das Gitter (zumindest lokal) verfeinert werden muss. Das Problem ist, dass Methoden, die zu unbeschränkten Lösungen neigen, Stabilitäts- und Konvergenzprobleme haben können. Diese Methoden sollten nach Möglichkeit vermieden werden.

2.5.6 Realisierbarkeit

Modelle von Phänomenen, die zu komplex sind, um sie direkt zu behandeln (z. B. Turbulenz, Verbrennung oder Mehrphasenströmung), sollten so konzipiert werden, dass physikalisch realistische Lösungen gewährleistet sind. Dies ist keine numerische Frage *per se,* aber Modelle, die nicht realisierbar sind, können unphysikalische Lösungen produzieren oder dazu führen, dass numerische Methoden divergieren. Wir werden in diesem Buch nicht auf diese Fragen eingehen, aber wenn man ein Modell in ein CFD-Programm implementieren will, muss man diese Eigenschaft sorgfältig beachten.

2.5.7 Genauigkeit

Numerische Lösungen von Fluidströmungs- und Wärmeübergangsproblemen sind nur *Näherungslösungen.* Zusätzlich zu den Fehlern, die bei der Entwicklung des Lösungsalgorithmus, bei der Programmierung oder bei der Festlegung der Randbedingungen eingeführt werden können, enthalten numerische Lösungen immer drei Arten von *systematischen Fehlern:*

- *Modellfehler,* die als Differenz zwischen der tatsächlichen Strömung und der exakten Lösung des mathematischen Modells definiert sind;
- *Diskretisierungsfehler,* definiert als die Differenz zwischen der exakten Lösung der Gleichungen des mathematischen Modells und der exakten Lösung des algebraischen Gleichungssystems, das durch Diskretisierung dieser Gleichungen erhalten wird, und
- *Iterationsfehler,* definiert als der Unterschied zwischen der iterativen und der exakten Lösung des algebraischen Gleichungssystems.

Iterationsfehler werden oft als *Konvergenzfehler* bezeichnet (was auch in den früheren Ausgaben dieses Buches der Fall war). Der Begriff *Konvergenz* wird jedoch nicht nur im Zusammenhang mit der Fehlerreduktion bei iterativen Lösungsverfahren verwendet, sondern wird (ganz passend) oft auch mit der Konvergenz numerischer Lösungen hin zu einer gitterunabhängigen Lösung assoziiert, wobei er eng mit dem Diskretisierungsfehler verbunden ist. Um Verwirrung zu vermeiden, halten wir uns an die obige Definition von Fehlern und geben bei der Diskussion von Konvergenzfragen immer an, um welche Art von Konvergenz es sich handelt.

Es ist wichtig, sich der Existenz dieser Fehler bewusst zu sein, und noch mehr, zu versuchen, sie voneinander zu unterscheiden. Verschiedene Fehler können sich gegenseitig aufheben, sodass manchmal eine Lösung, die auf einem groben Gitter erhalten wurde, besser mit dem Experiment übereinstimmt als eine Lösung auf einem feineren Gitter – welche per Definition genauer sein sollte.

Die Modellfehler hängen von den Annahmen ab, die bei der Herleitung der Transportgleichungen für die Variablen getroffen wurden. Sie können als vernachlässigbar angesehen werden, wenn laminare Strömungen untersucht werden, da die Navier-Stokes-Gleichungen ein ausreichend genaues Modell der Strömung darstellen. Bei turbulenten Strömungen, Zweiphasenströmungen, Verbrennung usw. können die Modellfehler jedoch sehr groß sein – selbst die genaue Lösung der Modellgleichungen kann nicht nur quantitativ, sondern auch qualitativ falsch sein. Modellfehler werden auch durch eine Vereinfachung der Geometrie des Lösungsgebiets, durch Vereinfachung der Randbedingungen usw. eingeführt. Diese Fehler sind *a priori* nicht bekannt; sie können nur durch den Vergleich von Lösungen, bei denen die Diskretisierungs- und Iterationsfehler vernachlässigbar sind, mit genauen experimentellen Daten oder mit Daten, die durch genauere Modelle gewonnen wurden (z. B. Daten aus der direkten Simulation der Turbulenz usw.), bewertet werden. Es ist unerlässlich, die Iterations- und Diskretisierungsfehler zu kontrollieren und abzuschätzen, bevor die Modelle physikalischer Phänomene (wie Turbulenzmodelle) beurteilt werden können.

Wir haben oben erwähnt, dass Diskretisierungsapproximationen Fehler einführen, die mit der Verfeinerung des Gitters abnehmen, und dass die Ordnung der Approximation ein Maß für die Genauigkeit ist. Auf einem gegebenen Gitter können jedoch Methoden derselben Ordnung Lösungsfehler erzeugen, die sich bis zu einer Größenordnung unterscheiden. Dies liegt daran, dass die Ordnung nur die *Rate* angibt, mit der der Fehler mit zunehmender Verringerung des Maschenabstands abnimmt – sie gibt keine Information über den Fehlerbetrag auf einem einzelnen Gitter. Wir werden im nächsten Kapitel zeigen, wie Diskretisierungsfehler abgeschätzt werden können.

Fehler aufgrund iterativer Lösung und Rundungsfehler sind leichter zu kontrollieren. Wir werden in Kap. 5 sehen, wie dies geschehen kann, wenn iterative Lösungsmethoden eingeführt werden.

Es gibt viele Lösungsmethoden, und der Entwickler eines CFD-Codes wird oft Schwierigkeiten haben, sich für eine zu entscheiden. Das letztendliche Ziel ist es, die gewünschte Genauigkeit mit dem geringsten Aufwand oder die maximale Genauigkeit mit den verfügbaren Ressourcen zu erreichen. Jedes Mal, wenn wir eine bestimmte Methode beschreiben, weisen wir auf ihre Vor- oder Nachteile in Bezug auf diese Kriterien hin.

2.6 Diskretisierungsansätze

2.6.1 Finite-Differenzen-Methode

Dies ist die älteste Methode zur numerischen Lösung von partiellen Differentialgleichungen, von der angenommen wird, dass sie von Euler im 18. Jahrhundert eingeführt wurde. Es ist auch die einfachste Methode für einfache Geometrien.

Ausgangspunkt ist die Erhaltungsgleichung in Differentialform. Das Lösungsgebiet wird durch ein Gitter abgedeckt. In jedem Gitterpunkt wird die Differentialgleichung approximiert, indem die partiellen Ableitungen durch Approximationen, bezogen auf die Knotenwerte der Funktionen, ersetzt werden. Das Ergebnis ist eine algebraische Gleichung pro Gitterknoten, in der der Variablenwert in diesem und in einer bestimmten Anzahl von Nachbarknoten als Unbekannte erscheinen.

Die FD-Methode kann im Prinzip auf jeden Gittertyp angewendet werden. In allen den Autoren bekannten Anwendungen der FD-Methode wurde sie jedoch auf strukturierte Gitter angewendet. Die Gitterlinien dienen als lokale Koordinatenlinien.

Die Taylor-Reihenentwicklung oder Polynomanpassung wird verwendet, um Approximationen der 1. und der 2. räumlichen Ableitung der Variablen zu erhalten. Falls erforderlich, werden diese Methoden auch verwendet, um Variablenwerte an anderen Orten als den Gitterknoten zu erhalten (Interpolation). Die am weitesten verbreiteten Methoden zur Approximation von Ableitungen durch finite Differenzen sind in Kap. 3 beschrieben.

Auf strukturierten Gittern ist die FD-Methode sehr einfach anzuwenden und auch sehr effektiv. Es ist besonders einfach, Approximationen höherer Ordnung auf regulären Gittern zu erhalten; einige werden in Kap. 3 erwähnt. Der Nachteil der FD-Methoden ist, dass die Erhaltung nicht gewährleistet wird, wenn nicht besondere Sorgfalt angewendet wird. Auch die Beschränkung auf einfache Geometrien ist ein wesentlicher Nachteil bei komplexen Strömungen.

2.6.2 Finite-Volumen-Methode

Für die FV-Methode dient die Integralform der Erhaltungsgleichungen als Ausgangspunkt. Das Lösungsgebiet wird in eine endliche Anzahl von zusammenhängenden Kontrollvolumen (KV) unterteilt, und die Erhaltungsgleichungen werden auf jedes KV angewendet. Im

Schwerpunkt eines jeden KV liegt der Rechenknoten, an dem die Variablenwerte berechnet werden sollen. Interpolation wird verwendet, um die Werte der Variablen an der KV-Oberfläche durch die Knotenwerte (KV-Zentrum) auszudrücken. Flächen- und Volumenintegrale werden mit geeigneten Quadraturformeln approximiert. Als Ergebnis erhält man eine algebraische Gleichung für jedes KV, in der eine bestimmte Anzahl benachbarter Knotenwerte erscheint.

Die FV-Methode kann bei jeder Art von Gitter angewendet werden, sodass sie für komplexe Geometrien geeignet ist. Das Gitter definiert nur die Ränder der KV und muss nicht mit einem Koordinatensystem assoziiert werden. Die Methode ist von der Konstruktion her konservativ, solange die Flächenintegrale (welche die Konvektions- und Diffusionsflüsse darstellen) für die KV, die eine KV-Seite gemeinsam haben, gleich sind.

Der FV-Ansatz ist vielleicht am einfachsten zu verstehen und zu programmieren. Alle Terme, die approximiert werden müssen, haben eine physikalische Bedeutung, weshalb dieser Ansatz bei Ingenieuren sehr beliebt ist.

Der Nachteil von FV-Methoden gegenüber FD-Schemata ist, dass Methoden höherer Ordnung als die 2. schwieriger in 3D zu entwickeln sind. Dies ist darauf zurückzuführen, dass der FV-Ansatz drei Ebenen der Approximation erfordert: Interpolation, Differentiation und Integration. Wir werden eine detaillierte Beschreibung der FV-Methode in Kap. 4 geben; sie ist die am häufigsten verwendete Methode in diesem Buch.

2.6.3 Finite-Elemente-Methode

Die FE-Methode ist der FV-Methode in vielerlei Hinsicht ähnlich. Das Lösungsgebiet wird in einen Satz diskreter Volumen oder finiter Elemente aufgeteilt, die im Allgemeinen unstrukturiert sind; in 2D sind sie gewöhnlich Dreiecke oder Vierecke, während in 3D meist Tetraeder oder Hexaeder verwendet werden. Die Besonderheit der FE-Methoden besteht darin, dass die Gleichungen mit einer *Wichtungsfunktion* multipliziert werden, bevor sie über das gesamte Lösungsgebiet integriert werden. Bei den einfachsten FE-Methoden wird die Lösung durch eine lineare *Formfunktion* innerhalb eines jeden Elements so approximiert, dass die Kontinuität der Lösung über Elementgrenzen hinweg gewährleistet ist. Eine solche Funktion kann aus ihren Werten in den Eckpunkten der Elemente konstruiert werden. Die Wichtungsfunktion hat in der Regel die gleiche Form.

Diese Approximation wird dann in das gewichtete Integral des Erhaltungssatzes eingesetzt und die zu lösenden Gleichungen werden hergeleitet, indem verlangt wird, dass die Ableitung des Integrals in Bezug auf jeden Knotenwert null sein muss; dies entspricht der Auswahl der besten Lösung innerhalb des Satzes der erlaubten Funktionen (diejenige mit dem minimalen Residuum). Das Ergebnis ist ein Satz von nichtlinearen algebraischen Gleichungen.

Ein wichtiger Vorteil der FE-Methoden ist die Fähigkeit, mit beliebigen Geometrien umzugehen; es gibt umfangreiche Literatur, die sich mit der Konstruktion von Gittern für

FE-Methoden befasst. Die Gitter lassen sich leicht verfeinern; jedes Element wird einfach unterteilt. Finite-Elemente-Methoden sind mathematisch relativ einfach zu analysieren und es kann gezeigt werden, dass sie Optimalitätseigenschaften für bestimmte Arten von Gleichungen haben. Der Hauptnachteil, den jede Methode hat, welche unstrukturierte Gitter verwendet, besteht darin, dass die Matrizen der linearisierten Gleichungen nicht so gut strukturiert sind wie bei regulären Gittern, was es schwieriger macht, effiziente Lösungsmethoden zu finden. Weitere Einzelheiten zu den Finite-Elemente-Methoden und ihrer Anwendung auf die Navier-Stokes-Gleichungen finden Sie in den Büchern von Oden (2006), Zienkiewicz et al. (2005), Donea und Huerta (2003), Glowinski und Pironneau (1992), Fletcher (1991).

In der Festkörpermechanik wird fast ausschließlich die FE-Methode verwendet. Obwohl sie in der frühen Phase auch zur Lösung von Strömungsproblemen eingesetzt wurde (z. B. zur Berechnung von Tragflügelumströmung, s. Berndt (1973)), haben FV-Methoden das CFD-Feld lange dominiert. Die Popularität der FE-Methoden nimmt in der letzten Zeit auch in CFD zu, sodass man in Zukunft mit ihrer steigenden Anwendung rechnen kann.

Ein hybrides Verfahren, genannt *Kontroll-Volumen-basierte Finite-Elemente-Methode* (KVFEM) sollte auch erwähnt werden. Darin werden Formfunktionen verwendet, um die Variation der Variablen über ein Element zu beschreiben. Kontrollvolumen werden um jeden Knoten herum gebildet, indem die Zentren der Elemente miteinander verbunden werden. Die Erhaltungsgleichungen in Integralform werden auf diese KV auf die gleiche Weise wie bei der Finite-Volumen-Methode angewendet. Die Flüsse durch die KV-Ränder und die Quellterme werden elementweise berechnet. Eine kurze Beschreibung dieses Ansatzes wird in Kap. 9 gegeben.

Literatur

Arcilla, A. S., Häuser, J., Eiseman, P. R. & Thompson, J. F. (Hrsg.). (1991). *Numerical grid generation in computational fluid dynamics and related fields*, Amsterdam, Holland: North-Holland.

Berndt, P. (1973). *Bedeutung der Variationsrechnung in der Strömungsmechanik und ihre Anwendung bei kompressiblen Potentialströmungen.* Dissertation, Technische Universität München.

Donea, J. & Huerta, A. (2003). *Finite element methods for flow problems.* Chichester, England (available at Wiley Online Library): Wiley.

Fletcher, C. A. J. (1991). *Computational techniques for fluid dynamics* (2. Aufl., Bd. I & II). Berlin: Springer.

Glowinski, R. & Pironneau, O. (1992). Finite element methods for Navier-Stokes equations. *Annu. Rev. Fluid Mech.* **24**, 167–204.

Hadžić, H. (2005). *Development and application of a finite volume method for the computation of flows around moving bodies on unstructured, overlapping grids* PhD Dissertation. Technische Universität Hamburg-Harburg.

Hinatsu, M. & Ferziger, J. H. (1991). Numerical computation of unsteady incompressible flow in complex geometry using a composite multigrid technique. *Int. J. Numer. Methods Fluids*, **13**, 971–997.

Hubbard, B. J. & Chen, H. C. (1994). A Chimera scheme for incompressible viscous flows with applications to submarine hydrodynamics In *25th AIAA Fluid Dynamics Conference*. AIAA Paper 94-2210

Hubbard, B. J. & Chen, H. C. (1995). Calculations of unsteady flows around bodies with relative motion using a Chimera RANS method In *Proc. 10th ASCE Engineering Mechanics Conference*. Boulder, CO: Univ. of Colorado at Boulder.

Oden, J. T. (2006). *Finite elements of non-linear continua* Mineola, NY: Dover Publications.

Perng, C. Y. & Street, R. L. (1991). A coupled multigrid – domain-splitting technique for simulating incompressible flows in geometrically complex domains *Int. J. Numer. Methods Fluids*, **13**, 269–286.

Richtmyer, R. D. & Morton, K. W. (1967). *Difference methods for initial value problems*. New York: Wiley.

Senocak, I. & Jacobsen, D. Acceleration of complex terrain wind predictions using many-core computing hardware. In *5th Intl. Symp. Comput. Wind Engrg. (CWE2010)*. Intl. Assoc. for Wind Engrg. Paper 498

Street, R. L. (1973). *Analysis and solution of partial differential equations*. Monterey, CA: Brooks/Cole Pub. Co.

Thibault, J. C. & Senocak, I. (2009). CUDA implementation of a Navier-Stokes solver on multi-GPU desktop platforms for incompressible flows. In *47th AIAA Aerospace Sci. Mtg.*, AIAA Paper 2009-758.

Thompson, J. F., Warsi, Z. U. A. & Mastin, C. W. (1985). *Numerical grid generation – foundations and applications* New York: Elsevier.

Tu, J. Y. & Fuchs, L. (1992). Overlapping grids and multigrid methods for three-dimensional unsteady flow calculation in IC engines. *Int. J. Numer. Methods Fluids*, **15**, 693–714.

Zang, Y. & Street, R. L. (1995). A composite multigrid method for calculating unsteady incompressible flows in geometrically complex domains. *Int. Numer. Methods Fluids*, **20**, 341–361.

Zienkiewicz, O. C., Taylor, R. L. & Nithiarasu, P. (2005). *The finite element method for fluid dynamics* (6. Aufl.). Burlington, MA: Butterworth- Heinemann (Elsevier).

Finite-Differenzen-Methoden

3

3.1 Einführung

Wie in Kap. 1 erwähnt, haben alle Erhaltungsgleichungen eine ähnliche Struktur und können als Sonderfälle einer generischen Transportgleichung, Gl. (1.26), (1.27) oder (1.28) betrachtet werden. Aus diesem Grund werden wir in diesem und den folgenden Kapiteln nur eine einzige, generische Erhaltungsgleichung behandeln. Sie wird verwendet, um Diskretisierungsmethoden für die Terme zu demonstrieren (Konvektion, Diffusion und Quellen), die allen Erhaltungsgleichungen gemeinsam sind. Die Besonderheiten der Navier-Stokes-Gleichungen und Techniken zur Lösung gekoppelter nichtlinearer Probleme werden später vorgestellt. Außerdem wird der Term mit der Zeitableitung zunächst weggelassen, sodass wir nur zeitunabhängige (stationäre) Probleme berücksichtigen.

Der Einfachheit halber werden wir an dieser Stelle nur kartesische Gitter verwenden. Die Gleichung, mit der wir uns befassen werden, lautet:

$$\frac{\partial(\rho u_j \phi)}{\partial x_j} = \frac{\partial}{\partial x_j}\left(\Gamma\,\frac{\partial \phi}{\partial x_j}\right) + q_\phi. \tag{3.1}$$

Wir gehen davon aus, dass ρ, u_j, Γ und q_ϕ bekannt sind. Dies ist möglicherweise nicht der Fall, da die Geschwindigkeit noch nicht berechnet wurde und die Eigenschaften des Fluids von der Temperatur und, wenn Turbulenzmodelle verwendet werden, auch vom Geschwindigkeitsfeld abhängen können. Wie wir sehen werden, behandeln die iterativen Methoden, die zur Lösung dieser Gleichungen verwendet werden, ϕ als die einzige Unbekannte; alle anderen Variablen sind auf ihre Werte festgelegt, die in der vorherigen Iteration bestimmt wurden. Deshalb ist es ein vernünftiger Ansatz, diese Variablen zunächst als bekannt zu betrachten.

© Springer-Verlag GmbH Deutschland, ein Teil von Springer Nature 2020
J. H. Ferziger et al., *Numerische Strömungsmechanik*,
https://doi.org/10.1007/978-3-662-46544-8_3

Die Besonderheiten von nichtorthogonalen und unstrukturierten Gittern werden in Kap. 9 erläutert. Darüber hinaus werden von den vielen möglichen Diskretisierungstechniken nur einige wenige beschrieben, die die Grundgedanken veranschaulichen; weitere finden sich in der zitierten Literatur.

3.2 Das Grundkonzept

Der erste Schritt zur Erlangung einer numerischen Lösung ist die Diskretisierung des Lösungsgebiets, d. h. es muss ein numerisches Gitter definiert werden. Bei Finite-Differenzen (FD) Diskretisierungsverfahren ist das Gitter in der Regel lokal strukturiert, d. h. jeder Gitterknoten kann als Ursprung eines lokalen Koordinatensystems betrachtet werden, dessen Achsen mit Gitterlinien übereinstimmen. Dies bedeutet auch, dass sich zwei Gitterlinien, die zur selben Familie gehören, sagen wir ξ_1, nicht schneiden, und dass sich jedes Paar von Gitterlinien, die zu verschiedenen Familien gehören, sagen wir $\xi_1 = $ const. und $\xi_2 = $ const., nur einmal schneiden. In drei Dimensionen schneiden sich drei Gitterlinien in jedem Knoten; keine dieser Linien schneidet sich in irgendeinem anderen Punkt. Abb. 3.1 zeigt Beispiele für eindimensionale (1D) und zweidimensionale (2D) kartesische Gitter, die in FD-Methoden verwendet werden.

Jeder Knoten wird eindeutig durch einen Satz von Indizes identifiziert, die die Indizes der Gitterlinien sind, die sich in ihm schneiden, (i, j) in 2D und (i, j, k) in 3D. Die Nachbarknoten werden definiert, indem einer der Indizes um eins erhöht oder reduziert wird.

Die generische skalare Erhaltungsgleichung in Differentialform (3.1) dient als Ausgangspunkt für FD-Methoden. Da sie in ϕ linear ist, wird sie durch ein System linearer algebraischer Gleichungen approximiert, in dem die Variablenwerte an den Gitterknoten die

Abb. 3.1 Ein Beispiel für ein 1D (oben) und 2D (unten) kartesisches Gitter für FD-Methoden (gefüllte Kreise bezeichnen Randknoten und offene Kreise bezeichnen interne Rechenknoten)

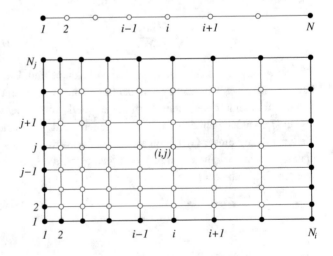

Unbekannten sind. Die Lösung dieses Systems stellt eine Approximation der Lösung der partiellen Differentialgleichung (PDG) dar.

Jedem Knoten ist also ein unbekannter Variablenwert zugeordnet und es muss eine algebraische Gleichung für jeden Knoten vorliegen. Letzteres ist eine Beziehung zwischen dem Variablenwert in diesem Knoten und denen in einigen der benachbarten Knoten. Die algebraische Gleichung wird erhalten, indem jeder Term der PDG im jeweiligen Knoten durch eine FD-Approximation ersetzt wird. Natürlich muss die Anzahl der Gleichungen und Unbekannten gleich sein. In Randknoten, in denen Variablenwerte vorgegeben sind (Dirichlet-Bedingungen), ist keine Gleichung erforderlich. Wenn die Randbedingungen Ableitungen beinhalten (wie bei Neumann-Bedingungen), muss die Randbedingung diskretisiert werden, um eine Gleichung in den zu lösenden Satz einzubringen.

Die Idee der FD-Approximationen wird direkt aus der Definition der Ableitung übernommen:

$$\left(\frac{\partial \phi}{\partial x}\right)_{x_i} = \lim_{\Delta x \to 0} \frac{\phi(x_i + \Delta x) - \phi(x_i)}{\Delta x}. \tag{3.2}$$

Eine geometrische Interpretation ist in Abb. 3.2 dargestellt, auf die wir uns häufig beziehen werden. Die 1. Ableitung $\partial \phi / \partial x$ in einem Punkt stellt die Steigung der Tangente zur Kurve $\phi(x)$ in diesem Punkt dar, die Linie mit der Aufschrift „exakt" in der Abbildung. Ihre Steigung kann durch die Steigung einer Linie angenähert werden, die durch zwei benachbarte Punkte auf der Kurve verläuft. Die gepunktete Linie zeigt die Annäherung durch eine *Vorwärtsdifferenz;* die Ableitung bei x_i wird durch die Steigung einer Linie approximiert, die durch den Punkt x_i und einen anderen Punkt bei $x_i + \Delta x$ verläuft. Die gestrichelte Linie veranschaulicht die Annäherung durch *Rückwärtsdifferenz,* für die der zweite Punkt $x_i - \Delta x$ ist. Die mit „zentral" bezeichnete Linie stellt eine Approximation mittels einer Zentraldifferenz dar: Sie verwendet die Steigung einer Linie, die durch zwei Punkte verläuft, die auf gegenüberliegenden Seiten des Punktes liegen, an dem die Ableitung approximiert wird.

Aus Abb. 3.2 geht hervor, dass einige Näherungen besser sind als andere. Die Linie für die Zentraldifferenz-Approximation hat eine Steigung sehr nah an der Steigung der exakten

Abb. 3.2 Zur Definition der Ableitung und deren Approximationen

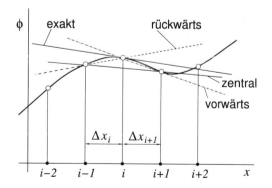

Linie; wenn die Funktion $\phi(x)$ ein Polynom 2. Ordnung wäre und die Punkte in x-Richtung gleichmäßig verteilt wären, würden die Steigungen genau übereinstimmen.

Aus Abb. 3.2 geht auch hervor, dass sich die Qualität der Approximation verbessert, wenn die zusätzlichen Punkte nahe bei x_i liegen, d. h. wenn das Gitter verfeinert wird, verbessert sich die Approximation. Die in Abb. 3.2 dargestellten Näherungen sind nur einige von vielen Möglichkeiten. Die folgenden Abschnitte beschreiben die wichtigsten Ansätze zur Herleitung von Näherungen für die 1. und 2. Ableitung.

In den folgenden beiden Abschnitten wird nur der eindimensionale Fall betrachtet. Die Koordinate kann entweder kartesisch oder gekrümmt sein, die Differenz ist hier von geringer Bedeutung. Bei mehrdimensionalen FD-Methoden wird in der Regel jede Koordinate separat behandelt, sodass die hier entwickelten Methoden leicht an eine höhere Dimensionalität angepasst werden können.

Fornberg (1988) stellt eine allgemeine Methode für Differenzformeln und nützliche Tabellen von hergeleiteten Ausdrücken für Ableitungen verschiedener Ordnung mit verschiedenen Genauigkeitsordnungen zur Verfügung.

3.3   Approximation der 1. Ableitung

Die Diskretisierung des Konvektionsterms in Gl. (3.1) erfordert eine Approximation der 1. Ableitung, $\partial(\rho u\phi)/\partial x$. Wir werden nun einige Ansätze zur Näherung der 1. Ableitung einer generischen Variable ϕ beschreiben; die Methoden können auf die 1. Ableitung einer beliebigen Größe angewendet werden.

Im vorherigen Abschnitt wurde ein Weg zur Herleitung von Näherungen für die 1. Ableitung vorgestellt. Es gibt systematischere Ansätze, die sich besser für die Herleitung genauerer Approximationen eignen; einige davon werden hier beschrieben.

3.3.1   Taylor-Reihenentwicklung

Jede kontinuierliche differenzierbare Funktion $\phi(x)$ kann in der Nähe von x_i als Taylor-Reihe ausgedrückt werden:

$$\phi(x) = \phi(x_i) + (x - x_i)\left(\frac{\partial\phi}{\partial x}\right)_i + \frac{(x - x_i)^2}{2!}\left(\frac{\partial^2\phi}{\partial x^2}\right)_i$$
$$+ \frac{(x - x_i)^3}{3!}\left(\frac{\partial^3\phi}{\partial x^3}\right)_i + \cdots + \frac{(x - x_i)^n}{n!}\left(\frac{\partial^n\phi}{\partial x^n}\right)_i + H, \tag{3.3}$$

wobei H „Terme höherer Ordnung" bedeutet. Durch das Ersetzen von x durch x_{i+1} oder x_{i-1} in dieser Gleichung erhält man Ausdrücke für die Variablenwerte an diesen Stellen in Bezug auf die Variable und ihre Ableitungen bei x_i. Dies kann auch für jeden anderen Punkt in der Nähe von x_i gemacht werden, z. B. für x_{i+2} bzw. x_{i-2}.

Mit diesen Reihen kann man Approximationen für die 1. und höheren Ableitungen im Punkt x_i in Bezug auf die Funktionswerte in benachbarten Punkten erhalten. Wenn wir zum Beispiel Gl. (3.3) für ϕ bei x_{i+1} verwenden, erhalten wir:

$$\left(\frac{\partial \phi}{\partial x}\right)_i = \frac{\phi_{i+1} - \phi_i}{x_{i+1} - x_i} - \frac{x_{i+1} - x_i}{2}\left(\frac{\partial^2 \phi}{\partial x^2}\right)_i - \frac{(x_{i+1} - x_i)^2}{6}\left(\frac{\partial^3 \phi}{\partial x^3}\right)_i + H. \qquad (3.4)$$

Ein weiterer Ausdruck kann mit dem Reihenausdruck (3.3) bei x_{i-1} hergeleitet werden:

$$\left(\frac{\partial \phi}{\partial x}\right)_i = \frac{\phi_i - \phi_{i-1}}{x_i - x_{i-1}} + \frac{x_i - x_{i-1}}{2}\left(\frac{\partial^2 \phi}{\partial x^2}\right)_i - \frac{(x_i - x_{i-1})^2}{6}\left(\frac{\partial^3 \phi}{\partial x^3}\right)_i + H. \qquad (3.5)$$

Noch ein weiterer Ausdruck kann durch die Verwendung von Gl. (3.3) sowohl bei x_{i-1} als auch bei x_{i+1} erhalten werden:

$$\left(\frac{\partial \phi}{\partial x}\right)_i = \frac{\phi_{i+1} - \phi_{i-1}}{x_{i+1} - x_{i-1}} - \frac{(x_{i+1} - x_i)^2 - (x_i - x_{i-1})^2}{2\,(x_{i+1} - x_{i-1})}\left(\frac{\partial^2 \phi}{\partial x^2}\right)_i$$

$$- \frac{(x_{i+1} - x_i)^3 + (x_i - x_{i-1})^3}{6\,(x_{i+1} - x_{i-1})}\left(\frac{\partial^3 \phi}{\partial x^3}\right)_i + H. \qquad (3.6)$$

Alle drei Ausdrücke sind *exakt*, wenn alle Terme auf der rechten Seite beibehalten werden. Da die Ableitungen höherer Ordnung unbekannt sind, sind diese Ausdrücke in der angegebenen Form nicht von großem Wert. Wenn jedoch die Abstände zwischen den Gitterpunkten, d. h. $x_i - x_{i-1}$ und $x_{i+1} - x_i$, klein sind, sind die Terme höherer Ordnung auch klein, außer in der ungewöhnlichen Situation, in der die höheren Ableitungen lokal sehr groß sind. Unter Missachtung der letztgenannten Möglichkeit ergeben sich *Näherungen* der 1. Ableitung, indem jede der Reihen nach dem ersten Term auf der rechten Seite abgebrochen wird:

$$\left(\frac{\partial \phi}{\partial x}\right)_i \approx \frac{\phi_{i+1} - \phi_i}{x_{i+1} - x_i}; \qquad (3.7)$$

$$\left(\frac{\partial \phi}{\partial x}\right)_i \approx \frac{\phi_i - \phi_{i-1}}{x_i - x_{i-1}}; \qquad (3.8)$$

$$\left(\frac{\partial \phi}{\partial x}\right)_i \approx \frac{\phi_{i+1} - \phi_{i-1}}{x_{i+1} - x_{i-1}}. \qquad (3.9)$$

Dies sind die bereits erwähnten Vorwärts- (VDS), Rückwärts- (RDS) und Zentraldifferenzen-Aapproximationen (ZDS). Die Terme, die auf der rechten Seite vernachlässigt wurden, werden als *Abbruchfehler* bezeichnet; sie sind ein Maß für die Genauigkeit der Approximation und bestimmen die Rate, mit der der Fehler abnimmt, wenn der Abstand zwischen den Punkten verringert wird. Insbesondere stellt der erste vernachlässigte Term in der Regel die Hauptfehlerquelle dar.

Der Abbruchfehler ist die Summe der Produkte aus dem Abstand zwischen den Punkten zu einer Potenz und einer Ableitung höherer Ordnung im Punkt $x = x_i$:

$$\varepsilon_\tau = (\Delta x)^m \alpha_{m+1} + (\Delta x)^{m+1} \alpha_{m+2} + \cdots + (\Delta x)^n \alpha_{n+1}, \qquad (3.10)$$

wobei Δx der Abstand zwischen den Punkten ist (zunächst wird angenommen, dass alle Abstände gleich sind) und α steht für Ableitungen höherer Ordnung, multipliziert mit konstanten Faktoren. Anhand Gl. (3.10) sehen wir, dass die Terme mit höheren Potenzen von Δx für kleine Abstände immer kleiner werden, sodass der führende Term (der mit dem kleinsten Exponenten) der dominierende ist. Wenn Δx reduziert wird, konvergieren die obigen Näherungen zu den genauen Ableitungen mit einem Fehler proportional zu $(\Delta x)^m$, wobei m der Exponent des führenden Abbruchfehlerterms ist und als *Ordnung* der Approximation bezeichnet wird. Die Ordnung gibt an, wie schnell der Fehler reduziert wird, wenn das Gitter verfeinert wird; sie gibt nicht die absolute Größe des Fehlers an. Der Fehler wird somit um den Faktor zwei, vier, acht oder sechzehn für Näherungen 1., 2., 3. oder 4. Ordnung reduziert, wenn der Abstand zwischen den Gitterpunkten halbiert wird. Es sei daran erinnert, dass diese Regel nur für *ausreichend kleine* Abstände gilt; die Definition von „klein genug" hängt vom Profil der Funktion $\phi(x)$ ab.

Gleichungen (3.7) und (3.8) stellen Approximationen 1. Ordnung dar, unabhängig davon, ob der Gitterabstand äquidistant oder nichtäquidistant ist, da der führende Term im Abbruchfehler proportional zum Gitterabstand ist (siehe Gl. (3.4) und (3.5)). Der führende Term im Ausdruck (3.9) verschwindet, wenn der Gitterabstand äquidistant ist; der verbleibende führende Term ist proportional zum Quadrat des Gitterabstands und die Approximation ist somit 2. Ordnung. Eine detailliertere Erläuterung der Auswirkungen der nichtäquidistanten Gitter auf Abbruchfehler wird in Abschn. 3.3.4 gegeben.

3.3.2 Polynom-Anpassung

Eine alternative Möglichkeit, Approximationen der Ableitungen zu erhalten, besteht darin, die Funktion $\phi(x)$ an eine Interpolationsfunktion anzupassen und die resultierende Funktion zu differenzieren. Wenn beispielsweise die stückweise lineare Interpolation verwendet wird, erhalten wir die VDS- oder RDS-Approximationen, je nachdem, ob der zweite Punkt links oder rechts vom Punkt x_i liegt.

Für die Anpassung an eine Parabel, d. h. $\phi(x) = a_0 + a_1(x - x_i) + a_2(x - x_i)^2$, benötigt man die Variablenwerte in drei Punkten, z. B. x_{i-1}, x_i und x_{i+1}. Aus den Ausdrücken für ϕ_i, ϕ_{i-1} und ϕ_{i+1} kann man die Koeffizienten a_0, a_1 und a_2 als Funktion der drei genannten Variablenwerte und den Abständen zwischen den Gitterpunkten, $x_i - x_{i-1}$ und $x_{i+1} - x_i$ bestimmen. Die 1. Ableitung der Funktion $\phi(x)$ im Punkt $x = x_i$ ist gleich dem Koeffizienten a_1; wir überspringen die Details der Herleitung und geben das Endergebnis:

$$\left(\frac{\partial \phi}{\partial x}\right)_i = \frac{\phi_{i+1}(\Delta x_i)^2 - \phi_{i-1}(\Delta x_{i+1})^2 + \phi_i[(\Delta x_{i+1})^2 - (\Delta x_i)^2]}{\Delta x_{i+1}\Delta x_i(\Delta x_i + \Delta x_{i+1})}, \qquad (3.11)$$

wobei $\Delta x_i = x_i - x_{i-1}$. Diese Näherung hat einen Abbruchfehler 2. Ordnung, unabhängig davon, ob die Gitterabstände gleich groß sind oder nicht. Eine identische Approximation 2. Ordnung kann mit dem Taylor-Reihenansatz erhalten werden, indem der Term in Gl. (3.6), der die 2. Ableitung enthält, eliminiert wird; siehe Gl. (3.26). Für einen äquidistanten Abstand reduziert sich der obige Ausdruck auf die ZDS-Approximation in Gl. (3.9).

Andere Polynome, Splines usw. können als Interpolationsfunktion und dann zur Approximation der Ableitung verwendet werden. Im Allgemeinen weist die Approximation der 1. Ableitung einen Abbruchfehler der gleichen Ordnung auf wie der Grad des Polynoms, der zur Approximation des Variablenverlaufs verwendet wird. Wir zeigen unten zwei Approximationen 3. Ordnung und eine Approximation 4. Ordnung, die durch die Anpassung eines kubischen Polynoms an vier Punkte und eines Polynoms 4. Grades an fünf Punkte auf einem äquidistanten Gitter erhalten werden:

$$\left(\frac{\partial \phi}{\partial x}\right)_i = \frac{2\phi_{i+1} + 3\phi_i - 6\phi_{i-1} + \phi_{i-2}}{6\Delta x} + \mathcal{O}\big((\Delta x)^3\big); \tag{3.12}$$

$$\left(\frac{\partial \phi}{\partial x}\right)_i = \frac{-\phi_{i+2} + 6\phi_{i+1} - 3\phi_i - 2\phi_{i-1}}{6\Delta x} + \mathcal{O}\big((\Delta x)^3\big); \tag{3.13}$$

$$\left(\frac{\partial \phi}{\partial x}\right)_i = \frac{-\phi_{i+2} + 8\phi_{i+1} - 8\phi_{i-1} + \phi_{i-2}}{12\Delta x} + \mathcal{O}\big((\Delta x)^4\big). \tag{3.14}$$

Die obigen Approximationen bezeichnet man als RDS der 3. Ordnung, VDS der 3. Ordnung und ZDS der 4. Ordnung. Auf nichtäquidistanten Gittern werden die Koeffizienten in den obigen Ausdrücken zu Funktionen der Gitterexpansion bzw. -kontraktion.

Bei VDS und RDS kommt der Hauptbeitrag zur Approximation von einer Seite. Bei konvektionsdominierten Problemen wird RDS manchmal verwendet, wenn die Strömung lokal vom Knoten x_{i-1} zum Knoten x_i gerichtet ist, und VDS, wenn die Strömung in umgekehrte Richtung verläuft. Solche Methoden werden als Aufwind-Schemata bezeichnet (ADS). Aufwindapproximationen 1. Ordnung sind sehr ungenau; ihr Abbruchfehler hat den Effekt einer falschen Diffusion (d. h. die Lösung entspricht der mit einem größeren Diffusionskoeffizienten, der manchmal viel größer ist als die tatsächliche Diffusivität). Aufwinddapproximationen höherer Ordnung sind genauer, aber man kann in der Regel mit weniger Aufwand eine Zentraldifferenz höherer Ordnung implementieren, da es nicht notwendig ist, die Strömungsrichtung zu überprüfen (siehe obige Ausdrücke).

Wir haben hier nur eine eindimensionale Polynom-Anpassung demonstriert; ein ähnlicher Ansatz kann zusammen mit jeder Art von *Formfunktion* oder Interpolant in einer, zwei oder drei Dimensionen verwendet werden. Die einzige Einschränkung ist die offensichtliche, dass die Anzahl der Gitterpunkte, die zur Berechnung der Koeffizienten der Formfunktion verwendet werden, gleich der Anzahl der verfügbaren Koeffizienten sein muss. Dieser Ansatz ist attraktiv, wenn unregelmäßige Gitter verwendet werden, da er die Möglichkeit bietet, die Verwendung von Koordinatentransformationen zu vermeiden; siehe Abschn. 9.5.

3.3.3 Kompakte Schemata

Für äquidistante Gitter können viele spezielle Verfahren hergeleitet werden. Dazu gehören kompakte Schemata (Leder 1992; Mahesh 1998) und Spektralverfahren, die in Abschn. 3.11 beschriebenen werden. Hier werden nur Padé-Schemata beschrieben.

Kompakte Schemata können durch die Verwendung von Polynom-Anpassung hergeleitet werden. Anstatt jedoch nur die Variablenwerte in Rechenknoten zur Herleitung der Koeffizienten des Polynoms zu verwenden, verwendet man auch die Werte der Ableitungen in einigen der Punkte. Wir werden diese Idee nutzen, um ein Padé-Schema 4. Ordnung herzuleiten. Ziel ist es, nur Informationen aus den nächsten Nachbarpunkten zu verwenden, was die Lösung der resultierenden Gleichungen vereinfacht und die Schwierigkeit, Näherungen in der Nähe der Ränder des Lösungsgebiets zu finden, reduziert. In der hier beschriebenen Methode werden wir die Variablenwerte in den Knoten i, $i+1$ und $i-1$ sowie die 1. Ableitungen in den Knoten $i+1$ und $i-1$ verwenden, um eine Näherung für die 1. Ableitung im Knoten i zu erhalten. Zu diesem Zweck wird ein Polynom 4. Grades in der Nähe des Knotens i definiert:

$$\phi(x) = a_0 + a_1(x - x_i) + a_2(x - x_i)^2 + a_3(x - x_i)^3 + a_4(x - x_i)^4. \qquad (3.15)$$

Die Koeffizienten a_0, ..., a_4 können erhalten werden, indem das obige Polynom auf die drei Variablen- und zwei Ableitungswerte angepasst wird. Da wir uns jedoch nur für die 1. Ableitung im Knoten i interessieren, brauchen wir nur den Koeffizienten a_1 zu bestimmen. Differenziert man die Funktion aus Gl. (3.15), erhält man:

$$\frac{\partial \phi}{\partial x} = a_1 + 2a_2(x - x_i) + 3a_3(x - x_i)^2 + 4a_4(x - x_i)^4, \qquad (3.16)$$

sodass

$$\left(\frac{\partial \phi}{\partial x}\right)_i = a_1. \qquad (3.17)$$

Indem wir Gl. (3.15) für $x = x_i$, $x = x_{i+1}$ und $x = x_{i-1}$ und Gl. (3.16) für $x = x_{i+1}$ und $x = x_{i-1}$ schreiben, erhalten wir nach einer Sortierung:

$$\left(\frac{\partial \phi}{\partial x}\right)_i = -\frac{1}{4}\left(\frac{\partial \phi}{\partial x}\right)_{i+1} - \frac{1}{4}\left(\frac{\partial \phi}{\partial x}\right)_{i-1} + \frac{3}{4}\frac{\phi_{i+1} - \phi_{i-1}}{\Delta x}. \qquad (3.18)$$

Ein Polynom des 6. Grades kann verwendet werden, wenn die Variablenwerte in den Knoten $i+2$ und $i-2$ addiert werden und ein Polynom des 8. Grades, wenn auch die Ableitungen in diesen beiden Knoten verwendet werden. Eine Gleichung wie Gl. (3.18) kann für jeden Knoten geschrieben werden.

Der komplette Satz von Gleichungen ist eigentlich ein tridiagonales Gleichungssystem für die Ableitungen in den Gitterpunkten. Um die Ableitungen zu berechnen, muss dieses System gelöst werden.

Eine Familie von kompakten zentrierten Approximationen bis zur 6. Ordnung kann wie folgt definiert werden:

$$\alpha \left(\frac{\partial \phi}{\partial x}\right)_{i+1} + \left(\frac{\partial \phi}{\partial x}\right)_{i} + \alpha \left(\frac{\partial \phi}{\partial x}\right)_{i-1} = \beta \frac{\phi_{i+1} - \phi_{i-1}}{2\,\Delta x} + \gamma \frac{\phi_{i+2} - \phi_{i-2}}{4\,\Delta x}. \qquad (3.19)$$

Abhängig von der Wahl der Parameter α, β und γ werden die ZDS der 2. und 4. Ordnung sowie die Padé-Schemata der 4. und 6. Ordnung erhalten; die Parameter und die entsprechenden Abbruchfehler sind in der Tab. 3.1 aufgeführt.

Für die gleiche Ordnung der Näherung verwenden Padé-Schemata offensichtlich weniger Rechenknoten und haben somit kompaktere Rechensterne als Zentraldifferenzen. Wenn die Variablenwerte in allen Gitterpunkten bekannt sind, können wir die Ableitungen in allen Knoten einer Gitterlinie berechnen, indem wir das tridiagonale System lösen (siehe Kap. 5 für Details darüber, wie dies erfolgen kann). Wir werden in Abschn. 5.6 sehen, dass diese Systeme auch in impliziten Methoden angewendet werden können. Dieses Problem wird in Abschn. 3.7 erneut behandelt.

Die hier hergeleiteten Schemata sind nur einige der Möglichkeiten; Erweiterungen auf höherwertige und mehrdimensionale Approximationen sind möglich. Es ist auch möglich, Schemata für nichtäquidistante Gitter herzuleiten, aber die Koeffizienten sind dann spezifisch für das verwendete Gitter (siehe z. B. Gamet et al. 1999).

3.3.4 Nichtäquidistante Gitter

Da der Abbruchfehler nicht nur vom Gitterabstand, sondern auch von den Ableitungen der Variablen abhängt, können wir keine gleichmäßige Verteilung des Diskretisierungsfehlers auf einem äquidistanten Gitter erreichen. Wir müssen daher ein nichtäquidistantes Gitter verwenden. Die Idee ist, ein kleineres Δx in Gebieten zu verwenden, in denen die Ableitungen der Funktion groß sind und ein größeres Δx in Gebieten, in denen die Funktion glatt ist. Auf

Tab. 3.1 Kompakte Schemata: die Parameter und Abbruchfehler

Schema	Abbruchfehler	α	β	γ
ZDS-2	$\dfrac{(\Delta x)^2}{3!}\dfrac{\partial^3 \phi}{\partial x^3}$	0	1	0
ZDS-4	$\dfrac{13(\Delta x)^4}{3 \cdot 3!}\dfrac{\partial^5 \phi}{\partial x^5}$	0	$\dfrac{4}{3}$	$-\dfrac{1}{3}$
Padé-4	$\dfrac{(\Delta x)^4}{5!}\dfrac{\partial^5 \phi}{\partial x^5}$	$\dfrac{1}{4}$	$\dfrac{3}{2}$	0
Padé-6	$\dfrac{4(\Delta x)^6}{7!}\dfrac{\partial^7 \phi}{\partial x^7}$	$\dfrac{1}{3}$	$\dfrac{14}{9}$	$\dfrac{1}{9}$

diese Weise sollte es möglich sein, den Fehler nahezu gleichmäßig innerhalb des Lösungsgebiets zu verteilen und so eine bessere Lösung für eine bestimmte Anzahl von Gitterpunkten zu erhalten. In diesem Abschnitt werden wir die Genauigkeit von FD-Approximationen auf nichtäquidistanten Gittern diskutieren.

In einigen Approximationen verschwindet der führende Term im Ausdruck für den Abbruchfehler, wenn der Abstand der Punkte äquidistant ist, d. h. $x_{i+1} - x_i = x_i - x_{i-1} = \Delta x$. Dies ist der Fall bei der ZDS-Approximation, siehe Gl. (3.6). Auch wenn unterschiedliche Approximationen formal die gleiche Ordnung für nichtäquidistante Abstände besitzen, haben sie nicht den gleichen Abbruchfehler.

Für die Genauigkeit einer Approximation ist maßgebend, mit welcher Rate der Fehler abnimmt, wenn das Gitter verfeinert wird; bei einem Verfahren 2. Ordnung soll sich der Fehler um den Faktor 4 verringern, wenn man die Gitterabstände halbiert. Wir werden nun zeigen, dass dies bei ZDS auch auf nichtäquidistanten Gittern zutrifft.

Um diesen Punkt zu demonstrieren, zu dem es in der Literatur einige Verwirrung gibt, betrachten wir den Abbruchfehler für das ZDS (vergleiche Gl. (3.9) und (3.6)):

$$\varepsilon_\tau = -\frac{(\Delta x_{i+1})^2 - (\Delta x_i)^2}{2\,(\Delta x_{i+1} + \Delta x_i)}\left(\frac{\partial^2 \phi}{\partial x^2}\right)_i - \frac{(\Delta x_{i+1})^3 + (\Delta x_i)^3}{6\,(\Delta x_{i+1} + \Delta x_i)}\left(\frac{\partial^3 \phi}{\partial x^3}\right)_i + H, \qquad (3.20)$$

wobei wir die folgende Notation verwendet haben (siehe Abb. 3.2):

$$\Delta x_{i+1} = x_{i+1} - x_i, \quad \Delta x_i = x_i - x_{i-1}.$$

Der führende Term ist proportional zu Δx, wird aber null, wenn $\Delta x_{i+1} = \Delta x_i$. Das bedeutet, je ungleichmäßiger die Maschenweiten sind, desto größer sind die Fehler.

Nehmen wir an, dass die Gitterabstände mit einem konstanten Faktor r_e wachsen oder schrumpfen; in diesem Fall gilt:

$$\Delta x_{i+1} = r_e \Delta x_i. \qquad (3.21)$$

Der führende Term im Abbruchfehler für das ZDS kann dann wie folgt ausgedrückt werden:

$$\varepsilon_\tau \approx \frac{(1 - r_e)\Delta x_i}{2}\left(\frac{\partial^2 \phi}{\partial x^2}\right)_i. \qquad (3.22)$$

Der führende Fehlerterm der VDS- oder RDS-Schemata 1. Ordnung ist:

$$\varepsilon_\tau \approx \frac{\Delta x_i}{2}\left(\frac{\partial^2 \phi}{\partial x^2}\right)_i.$$

Wenn r_e nahe eins liegt, ist der führende Term im Abbruchfehler bei der ZDS wesentlich kleiner als bei der RDS .

Schauen wir nun, was passiert, wenn das Gitter verfeinert wird. Wir betrachten zwei Möglichkeiten: (i) den Abstand zwischen zwei groben Gitterpunkten zu halbieren und (ii) die neuen Punkte so einzufügen, damit das feine Gitter auch ein konstantes Verhältnis der Abstände hat.

Im ersten Fall ist der Abstand um die neuen Punkte herum äquidistant, und der Streckungsfaktor r_e in den alten Punkten bleibt der gleiche wie im groben Gitter. Wenn die Verfeinerung mehrmals wiederholt wird, erhalten wir ein Gitter, das überall äquidistant ist, außer in der Nähe der gröbsten Gitterpunkte. In diesem Stadium ist der Abstand an allen Gitterpunkten mit Ausnahme derjenigen, die zum gröbsten Gitter gehören, äquidistant und der führende Fehlerterm im ZDS verschwindet. Nach einigen Verfeinerungen wird die Anzahl der Punkte, in denen der Abstand ungleichmäßig ist, gering sein. Daher wird der globale Fehler nur an einigen wenigen Stellen etwas langsamer abnehmen als in einem echten Schema 2. Ordnung.

In den meisten Fällen wird die zweite Variante verwendet. In diesem Fall ist der Streckungsfaktor des verfeinerten Gitters kleiner als im groben Gitter (dieselbe Länge wird in doppelt so viele Abschnitte unterteilt). Die einfache Arithmetik zeigt, dass

$$r_{e,h} = \sqrt{r_{e,2h}}, \tag{3.23}$$

wobei h das verfeinerte Gitter und $2h$ das grobe Gitter bezeichnet. Betrachten wir nun einen Knoten, der beiden Gittern gemeinsam ist; das Verhältnis des führenden Abbruchfehlerterms im Knoten i auf den beiden Gittern ist (siehe Gl. (3.22)):

$$r_\tau = \frac{(1 - r_e)_{2h} (\Delta x_i)_{2h}}{(1 - r_e)_h (\Delta x_i)_h}. \tag{3.24}$$

Die folgende Beziehung gilt zwischen den Abständen auf den beiden Gittern (siehe Abb. 3.3):

$$(\Delta x_i)_{2h} = (\Delta x_i)_h + (\Delta x_{i-1})_h = (r_e + 1)_h (\Delta x_{i-1})_h.$$

Wenn diese in Gl. (3.24) eingefügt werden, unter Berücksichtigung von Gl. (3.23), erhält man folgenden Ausdruck für das Verhältnis der führenden Terme des Abbruchfehlers der ZDS auf den beiden Gittern:

$$r_\tau = \frac{(1 + r_{e,h})^2}{r_{e,h}}. \tag{3.25}$$

Dieser Faktor hat den Wert 4, wenn $r_e = 1$, d. h. wenn das Gitter äquidistant ist. Wenn $r_e > 1$ (expandierende Gitterabstände) oder $r_e < 1$ (schrumpfende Gitterabstände), ist dieser Faktor $r_\tau > 4$, was bedeutet, dass der Fehler durch den führenden Term auf nichtäquidistanten Gittern schneller abnimmt als bei einem Term 2. Ordnung! Da bei dieser Methode $r_e \to 1$, wenn das Gitter verfeinert wird, tendiert die Konvergenz asymptotisch zur 2. Ordnung –

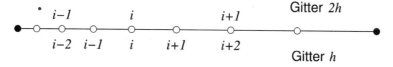

Abb. 3.3 Verfeinerung eines nichtäquidistanten Gitters mit einem konstanten Streckungsfaktor r_e

unabhängig davon, ob das Gitter äquidistant ist oder nicht. Dies wird in den Beispielen in diesem und im folgenden Kapitel demonstriert.

Eine ähnliche Analyse kann auch für andere Approximationen mit führenden Abbruchfehlertermen, die bei äquidistanten Gittern verschwinden, durchgeführt werden. In den meisten Fällen kommt man zur gleichen Schlussfolgerung: Die systematische Verfeinerung nichtäquidistanter Gitter ergibt eine Reduktionsrate des Abbruchfehlers, die die gleiche Ordnung wie bei einem äquidistanten Gitter hat.

Für eine bestimmte Anzahl von Gitterpunkten werden fast immer kleinere Fehler mit nichtäquidistanten als mit äquidistanten Abständen erzielt. Das ist der Grund für die Verwendung von nichtäquidistanten Gittern. Um eine optimale Verteilung von Gitterpunkten zu erreichen, muss der Anwender des Rechenprogramms wissen, wo kleinere Abstände erforderlich sind, oder es muss ein automatisches Mittel zur Gitteranpassung an die Lösung eingesetzt werden. Ein erfahrener Benutzer kann Gebiete identifizieren, die feine Gitter erfordern; siehe Kap. 12 für eine Diskussion dieses Problems. Dort werden auch Verfahren vorgestellt, die eine automatische fehlergesteuerte Gitterverfeinerung ermöglichen. Es ist zu betonen, dass die Gittergenerierung mit zunehmender Dimension des Problems schwieriger wird. Tatsächlich bleibt die Erzeugung effektiver Gitter eines der schwierigsten Probleme in der numerischen Strömungsmechanik.

Näherungen höherer Ordnung für die 1. Ableitung können erhalten werden, indem mehr Punkte verwendet werden, um mehrere führende Terme im Abbruchfehler in den obigen Ausdrücken zu eliminieren. Wenn wir zum Beispiel ϕ_{i-1} verwenden, um einen Ausdruck für die 2. Ableitung bei x_i zu erhalten und diesen Ausdruck in Gl. (3.6) einsetzen, erhalten wir die folgende Approximation 2. Ordnung (deren führender Term im Abbruchfehler – der auch angegeben wird – proportional zum Quadrat des Gitterabstands für beliebiges Gitter ist):

$$\left(\frac{\partial \phi}{\partial x}\right)_i = \frac{\phi_{i+1}(\Delta x_i)^2 - \phi_{i-1}(\Delta x_{i+1})^2 + \phi_i[(\Delta x_{i+1})^2 - (\Delta x_i)^2]}{\Delta x_{i+1}\Delta x_i(\Delta x_i + \Delta x_{i+1})} - $$
$$\frac{\Delta x_{i+1}\Delta x_i}{6}\left(\frac{\partial^3 \phi}{\partial x^3}\right)_i + H. \tag{3.26}$$

Bei äquidistanten Gittern reduziert sich dieser Ausdruck auf die einfache Form von Gl. (3.9).

3.4   Approximation der 2. Ableitung

Zweite Ableitungen erscheinen im Diffusionsterm, siehe Gl. (3.1). Um die 2. Ableitung an einem Punkt zu approximieren, kann man die Approximation für die 1. Ableitung zweimal anwenden. Dies ist der einzige Ansatz, der möglich ist, wenn die Fluideigenschaften variabel sind, da wir im zweiten Schritt die Ableitung des Produkts aus dem Diffusionskoeffizienten und der 1. Ableitung benötigen. Als Nächstes betrachten wir die Approximation der 2.

Ableitung; die Anwendung auf den Diffusionsterm in der Erhaltungsgleichung wird später diskutiert.

Geometrisch gesehen ist die 2. Ableitung die Steigung der Linie, die die Kurve tangiert, die die 1. Ableitung darstellt, siehe Abb. 3.2. Durch die Anwendung von Näherungen für die 1. Ableitungen in den Positionen x_{i+1} und x_i erhält man eine Approximation für die 2. Ableitung:

$$\left(\frac{\partial^2 \phi}{\partial x^2}\right)_i \approx \frac{\left(\frac{\partial \phi}{\partial x}\right)_{i+1} - \left(\frac{\partial \phi}{\partial x}\right)_i}{x_{i+1} - x_i}. \tag{3.27}$$

Alle solche Approximationen benötigen Daten von mindestens drei Punkten.

In der obigen Gleichung wurde die äußere Ableitung durch VDS approximiert. Für innere Ableitungen kann man eine andere Approximation verwenden, z. B. RDS; daraus ergibt sich der folgende Ausdruck:

$$\left(\frac{\partial^2 \phi}{\partial x^2}\right)_i = \frac{\phi_{i+1}(x_i - x_{i-1}) + \phi_{i-1}(x_{i+1} - x_i) - \phi_i(x_{i+1} - x_{i-1})}{(x_{i+1} - x_i)^2(x_i - x_{i-1})}. \tag{3.28}$$

Man könnte für die äußere Ableitung auch den ZDS-Ansatz verwenden, der die 1. Ableitungen bei x_{i-1} und x_{i+1} erfordert. Eine bessere Wahl ist es, $\partial \phi / \partial x$ in Hilfspunkten mittig zwischen x_i und x_{i+1} und x_i und x_{i-1} zu verwenden. Die ZDS-Approximationen für diese 1. Ableitungen sind:

$$\left(\frac{\partial \phi}{\partial x}\right)_{i+\frac{1}{2}} \approx \frac{\phi_{i+1} - \phi_i}{x_{i+1} - x_i} \quad \text{und} \quad \left(\frac{\partial \phi}{\partial x}\right)_{i-\frac{1}{2}} \approx \frac{\phi_i - \phi_{i-1}}{x_i - x_{i-1}}.$$

Der resultierende Ausdruck für die 2. Ableitung ist:

$$\left(\frac{\partial^2 \phi}{\partial x^2}\right)_i \approx \frac{\left(\frac{\partial \phi}{\partial x}\right)_{i+\frac{1}{2}} - \left(\frac{\partial \phi}{\partial x}\right)_{i-\frac{1}{2}}}{\frac{1}{2}(x_{i+1} - x_{i-1})}$$

$$\approx \frac{\phi_{i+1}(x_i - x_{i-1}) + \phi_{i-1}(x_{i+1} - x_i) - \phi_i(x_{i+1} - x_{i-1})}{\frac{1}{2}(x_{i+1} - x_{i-1})(x_{i+1} - x_i)(x_i - x_{i-1})}. \tag{3.29}$$

Für den äquidistanten Abstand der Punkte werden die Ausdrücke (3.28) und (3.29) zu

$$\left(\frac{\partial^2 \phi}{\partial x^2}\right)_i \approx \frac{\phi_{i+1} + \phi_{i-1} - 2\phi_i}{(\Delta x)^2}. \tag{3.30}$$

Die Taylor-Reihenentwicklung bietet eine weitere Möglichkeit, eine Approximation für die 2. Ableitung herzuleiten. Mit der Reihe (3.6) bei x_{i-1} und x_{i+1} kann man Gl. (3.29) ebenfalls herleiten, mit einem expliziten Ausdruck für den Abbruchfehler:

$$\left(\frac{\partial^2 \phi}{\partial x^2}\right)_i = \frac{\phi_{i+1}(x_i - x_{i-1}) + \phi_{i-1}(x_{i+1} - x_i) - \phi_i(x_{i+1} - x_{i-1})}{\frac{1}{2}(x_{i+1} - x_{i-1})(x_{i+1} - x_i)(x_i - x_{i-1})}$$

$$- \frac{(x_{i+1} - x_i) - (x_i - x_{i-1})}{3}\left(\frac{\partial^3 \phi}{\partial x^3}\right)_i + H. \tag{3.31}$$

Der führende Abbruchfehlerterm ist 1. Ordnung, verschwindet aber, wenn der Abstand zwischen den Punkten äquidistant ist, was die Genauigkeit der Approximation auf 2. Ordnung erhöht. Aber auch wenn das Gitter nichtäquidistant ist, zeigt das in Abschn. 3.3.4 angegebene Argument, dass der Abbruchfehler bei der Verfeinerung des Gitters wie bei Methoden 2. Ordnung reduziert wird. Bei systematisch verfeinerten Gittern mit einem konstanten Streckungsfaktor verringert sich der Fehler auf die gleiche Weise wie bei der ZDS-Approximation der 1. Ableitung, siehe Gl. (3.25).

Näherungen höherer Ordnung für die 2. Ableitung können durch Einbeziehen weiterer Datenpunkte, z. B. x_{i-2} oder x_{i+2}, erreicht werden.

Schließlich kann man Interpolation verwenden, um ein Polynom des Grades n an Daten in $n+1$ Punkten anzupassen. Aus dieser Interpolation können durch Differenzierung Näherungen für alle Ableitungen bis zur n-ten erhalten werden. Die Verwendung der quadratischen Interpolation durch drei Punkte führt zu den oben genannten Formeln. Ansätze wie die in Abschn. 3.3.3 beschriebenen können auch auf die 2. Ableitung ausgedehnt werden.

Im Allgemeinen ist die Ordnung der Approximation für die 2. Ableitung gleich dem Grad des interpolierenden Polynoms minus eins (1. Ordnung für Parabel, 2. Ordnung für kubisches Polynom usw.). Die Ordnung wird um eins gesteigert, wenn der Abstand äquidistant ist und Polynome geraden Grades verwendet werden. So führt beispielsweise ein Polynom des Grades vier durch fünf Punkte zu einer Approximation 4. Ordnung auf äquidistanten Gittern:

$$\left(\frac{\partial^2 \phi}{\partial x^2}\right)_i = \frac{-\phi_{i+2} + 16\,\phi_{i+1} - 30\,\phi_i + 16\,\phi_{i-1} - \phi_{i-2}}{12(\Delta x)^2} + \mathcal{O}\big((\Delta x)^4\big). \tag{3.32}$$

Man kann auch Approximationen der 2. Ableitung verwenden, um die Genauigkeit der Näherungen für die 1. Ableitung zu erhöhen. Wenn man beispielsweise den VDS-Ausdruck für die 1. Ableitung, Gl. (3.4), verwendet, nur zwei Terme auf der rechten Seite behält und den ZDS-Ausdruck (3.29) für die 2. Ableitung verwendet, ergibt sich der folgende Ausdruck für die 1. Ableitung:

$$\left(\frac{\partial \phi}{\partial x}\right)_i \approx \frac{\phi_{i+1}(\Delta x_i)^2 - \phi_{i-1}(\Delta x_{i+1})^2 + \phi_i[(\Delta x_{i+1})^2 - (\Delta x_i)^2]}{\Delta x_{i+1}\Delta x_i(\Delta x_i + \Delta x_{i+1})}. \tag{3.33}$$

Dieser Ausdruck besitzt einen Abbruchfehler 2. Ordnung auf einem beliebigen Gitter und reduziert sich auf den Standard-ZDS-Ausdruck für die 1. Ableitung auf äquidistanten Gittern. Diese Näherung ist identisch mit Gl. (3.26). Auf ähnliche Weise kann man jede Näherung verbessern, indem man die Ableitung im Term des führenden Abbruchfehlers durch eine geeignete Approximation eliminiert. Näherungen höherer Ordnung beinhalten immer mehr Knoten, was zu komplexeren Gleichungen führt, die zu lösen sind, und zu einer komplexeren Behandlung der Randbedingungen, sodass ein Kompromiss eingegangen werden muss. Approximationen 2. Ordnung bieten in der Regel eine gute Kombination aus Benutzerfreundlichkeit, Genauigkeit und Kosteneffizienz in technischen Anwendungen. Schemata 3. und 4. Ordnung bieten bei einer bestimmten Anzahl von Gitterpunkten nur dann eine höhere Genauigkeit, wenn das Gitter *ausreichend fein* ist; außerdem sind sie schwieriger zu implementieren. Methoden noch höherer Ordnung werden nur in Sonderfällen eingesetzt.

Für die konservative Form des Diffusionterms in Gl. (3.1) muss man zuerst die innere 1. Ableitung $\partial \phi / \partial x$ approximieren, mit Γ multiplizieren und das Produkt erneut differenzieren. Wie oben gezeigt, muss man nicht die gleiche Näherung für die inneren und äußeren Ableitungen verwenden.

Der am häufigsten verwendete Ansatz ist eine Approximation 2. Ordnung mit Zentraldifferenzen; die innere Ableitung wird in Hilfspunkten in der Mitte zwischen den Knoten mit einer Zentraldifferenz für ein doppelt so feines Gitter approximiert, und dann wird die gleiche Zentraldifferenz noch einmal angewendet. Man erhält:

$$\left[\frac{\partial}{\partial x} \left(\Gamma \frac{\partial \phi}{\partial x} \right) \right]_i \approx \frac{\left(\Gamma \frac{\partial \phi}{\partial x} \right)_{i+\frac{1}{2}} - \left(\Gamma \frac{\partial \phi}{\partial x} \right)_{i-\frac{1}{2}}}{\frac{1}{2}(x_{i+1} - x_{i-1})} \approx$$

$$\frac{\Gamma_{i+\frac{1}{2}} \frac{\phi_{i+1} - \phi_i}{x_{i+1} - x_i} - \Gamma_{i-\frac{1}{2}} \frac{\phi_i - \phi_{i-1}}{x_i - x_{i-1}}}{\frac{1}{2}(x_{i+1} - x_{i-1})}. \tag{3.34}$$

Andere Näherungen lassen sich leicht mit unterschiedlichen Approximationen für die inneren und äußeren 1. Ableitungen erhalten; jede der im vorherigen Abschnitt dargestellten Approximationen kann verwendet werden.

3.5 Approximation gemischter Ableitungen

Gemischte Ableitungen treten in Transportgleichungen nur dann auf, wenn sie in nichtorthogonalen Koordinatensystemen ausgedrückt werden; siehe z. B. Kap. 9. Die gemischte Ableitung $\partial^2 \phi / \partial x \partial y$ kann durch Kombination der eindimensionalen Näherungen behandelt werden, wie vorstehend für die 2. Ableitung beschrieben. Man kann schreiben:

$$\frac{\partial^2 \phi}{\partial x \partial y} = \frac{\partial}{\partial x} \left(\frac{\partial \phi}{\partial y} \right). \tag{3.35}$$

Die gemischte 2. Ableitung bei (x_i, y_j) kann unter Verwendung von ZDS approximiert werden, indem zuerst die 1. Ableitung in Bezug auf y bei (x_{i+1}, y_j) und (x_{i-1}, y_j) und dann die 1. Ableitung dieser neuen Funktion in Bezug auf x in der oben beschriebenen Weise approximiert wird.

Die Reihenfolge der Differenzierung kann geändert werden; die numerische Approximation kann von der Reihenfolge abhängen. Obwohl dies als ein Nachteil erscheinen mag, stellt es wirklich kein Problem dar. Voraussetzung dafür ist, dass die numerische Approximation im Grenzfall der infinitesimalen Abstände im Gitter exakt wird. Der Unterschied zwischen den mit zwei Näherungen erhaltenen Lösungen ist darauf zurückzuführen, dass die Diskretisierungsfehler unterschiedlich sind.

3.6   Approximation anderer Terme

3.6.1   Nichtdifferenzierte Terme

In der skalaren Erhaltungsgleichung kann es Terme geben – die wir im Quellterm q_ϕ zusammengefasst haben – die keine Ableitungen enthalten; diese müssen ebenfalls berechnet werden. In der FD-Methode werden in der Regel nur die Werte an den Gitterknoten benötigt. Wenn die nichtdifferenzierten Terme die abhängige Variable beinhalten, können sie durch Verwendung von Knotenwerten der Variablen berechnet werden. Vorsicht ist geboten, wenn die Abhängigkeit nichtlinear ist. Die Behandlung dieser Terme hängt von der Gleichung ab und die weitere Diskussion wird auf Kap. 5, 7 und 8 verschoben.

3.6.2   Differenzierte Terme in der Nähe von Rändern des Lösungsgebiets

Ein Problem entsteht, wenn Näherungen höherer Ordnung für Ableitungen verwendet werden; da sie Daten in mehr als drei Punkten benötigen, können Approximationen in inneren Knoten Daten in Punkten außerhalb der Ränder des Lösungsgebietes erfordern. Es kann dann notwendig sein, unterschiedliche Approximationen für die Ableitungen in der Nähe von Randpunkten zu verwenden; in der Regel sind diese von geringerer Ordnung als die tiefer im Inneren verwendeten Näherungen und können einseitige Differenzen sein. So kann beispielsweise durch Anpassung eines kubischen Polynoms an die Variablenwerte im Randpunkt und in drei inneren Punkten die Gl. (3.13) für die 1. Ableitung im randnahen Knoten hergeleitet werden. Durch Anpassung eines Polynoms 4. Grades durch den Randpunkt und vier innere Punkte, erhält man die folgende Näherung für die 1. Ableitung bei $x = x_2$, dem ersten inneren Punkt:

$$\left(\frac{\partial \phi}{\partial x}\right)_2 = \frac{-\phi_5 + 6\,\phi_4 + 18\,\phi_3 + 10\,\phi_2 - 33\,\phi_1}{60\,\Delta x} + \mathcal{O}\big((\Delta x)^4\big)\,. \tag{3.36}$$

Die Approximation der 2. Ableitung unter Verwendung des gleichen Polynoms ergibt:

$$\left(\frac{\partial^2 \phi}{\partial x^2}\right)_2 = \frac{-21\,\phi_5 + 96\,\phi_4 + 18\,\phi_3 - 240\,\phi_2 + 147\,\phi_1}{180\,(\Delta x)^2} + \mathcal{O}\big((\Delta x)^3\big). \tag{3.37}$$

Auf ähnliche Weise können einseitige Approximationen beliebiger Ordnung für Ableitungen im ersten inneren Gitterpunkt hergeleitet werden, die die Variablenwerte in diesem Punkt, dem Grenzpunkt und einer bestimmten Anzahl von inneren Gitterpunkten verwenden.

3.7 Implementierung der Randbedingungen

Eine FD-Approximation der partiellen Differentialgleichung ist in jedem inneren Gitterpunkt erforderlich. Um eine eindeutige Lösung zu erhalten, benötigt man für das kontinuierliche Problem Informationen über die Lösung an den Rändern des Lösungsgebiets. Im Allgemeinen ist der Wert der Variablen am Rand (Dirichlet-Randbedingungen) oder ihr Gradient in eine bestimmte Richtung (meist senkrecht zum Rand – Neumann-Randbedingungen) oder eine lineare Kombination der beiden Größen (gemischte oder Robin-Bedingungen) vorgegeben.

Randbedingungen können auf verschiedene Weise umgesetzt werden. In einem Ansatz werden Transportgleichungen immer nur in inneren Gitterpunkten gelöst; sind Variablenwerte am Rand nicht bekannt (Neumann- oder Robin-Bedingung), wird die diskretisierte Randbedingung verwendet, um den Randwert durch Werte in inneren Punkten auszudrücken und damit als Unbekannte zu eliminieren. In einem anderen Ansatz werden Hilfspunkte außerhalb des Lösungsgebiets verwendet und Transportgleichungen für die unbekannten Randwerte gelöst, während die Werte in den Hilfspunkten aus einer diskreten Randbedingung (d. h. durch Extrapolation aus dem Inneren) gewonnen werden.

3.7.1 Implementierung von Randbedingungen mit internen Gitterpunkten

Wenn der Variablenwert in einem Randpunkt bekannt ist, besteht keine Notwendigkeit, für ihn eine Gleichung zu lösen. In allen FD-Gleichungen, welche die Daten von Randpunkten benötigen, werden die bekannten Werte eingesetzt und es ist keine weitere Aktion notwendig.

Ist der Gradient am Rand vorgegeben, kann aus einer geeigneten FD-Approximation (es muss eine einseitige Approximation sein, wenn nur interne Gitterpunkte verwendet werden) der Randwert der Variablen berechnet werden. Wird z. B. ein Nullgradient in Normalrichtung vorgegeben, führt eine einfache VDS-Approximation zu (siehe Abb. 3.1):

$$\left(\frac{\partial \phi}{\partial x}\right)_1 = 0 \quad \Rightarrow \quad \frac{\phi_2 - \phi_1}{x_2 - x_1} = 0, \tag{3.38}$$

was $\phi_1 = \phi_2$ ergibt, wodurch der Randwert durch den Wert im randnahen Knoten ersetzt und als Unbekannte eliminiert werden kann. Dies ist eine Näherung 1. Ordnung; Näherungen höherer Ordnung können durch die Verwendung von Polynomanpassungen höheren Grades erreicht werden.

Aus einer Parabel, angepasst an die Variablenwerte im Randpunkt und in zwei inneren Punkten, ergibt sich für die 1. Ableitung im Randpunkt die folgende, auf einem beliebigen Gitter gültige Approximation 2. Ordnung:

$$\left(\frac{\partial \phi}{\partial x}\right)_1 \approx \frac{-\phi_3(x_2 - x_1)^2 + \phi_2(x_3 - x_1)^2 - \phi_1[(x_3 - x_1)^2 - (x_2 - x_1)^2]}{(x_2 - x_1)(x_3 - x_1)(x_3 - x_2)}.$$

Auf einem äquidistanten Gitter reduziert sich dieser Ausdruck auf:

$$\left(\frac{\partial \phi}{\partial x}\right)_1 \approx \frac{-\phi_3 + 4\phi_2 - 3\phi_1}{2\Delta x} \quad \Rightarrow \quad \phi_1 = \frac{4}{3}\phi_2 - \frac{1}{3}\phi_3 - 2\Delta x \left(\frac{\partial \phi}{\partial x}\right)_1. \tag{3.39}$$

Nun wird der Randwert, wenn er in einem beliebigen diskreten Term in inneren Netzknoten benötigt wird, durch eine Kombination von Variablenwerten in den Punkten 2 und 3 und dem angegebenen Randgradienten ersetzt. Dies erfordert eine Anpassung der Elemente der Koeffizientenmatrix für randnahen Knoten (und möglicherweise für die nächste Knotenschicht, wenn Näherungen höherer Ordnung verwendet werden), aber das System der zu lösenden Gleichungen bleibt immer gleich.

Eine Approximation 3. Ordnung auf äquidistanten Gittern ergibt sich aus einem kubischen Polynom, angepasst an Variablenwerte in vier Punkten:

$$\left(\frac{\partial \phi}{\partial x}\right)_1 \approx \frac{2\phi_4 - 9\phi_3 + 18\phi_2 - 11\phi_1}{6\Delta x}. \tag{3.40}$$

Manchmal muss man die 1. Ableitung in randnormale Richtung in Punkten berechnen, in denen der Randwert der Variablen vorgegeben ist (z. B. um den Wärmefluss durch eine isotherme Wandfläche zu berechnen). In diesem Fall ist jede der oben genannten einseitigen Approximationen geeignet. Die Genauigkeit des Ergebnisses hängt nicht nur von der verwendeten Näherung ab, sondern auch von der Genauigkeit der Werte in den Innenpunkten. Es ist sinnvoll, für beide Zwecke Näherungen der gleichen Ordnung zu verwenden. Siehe Tab. 3 von Fornberg (1988) für eine Liste von Ausdrücken für einseitige Approximationen von Ableitungen bis zur 4. Ordnung und mit verschiedenen Genauigkeiten.

Wenn die in Abschn. 3.3.3 beschriebenen kompakten Schemata verwendet werden, muss man sowohl den Variablenwert als auch die Ableitung in den Randknoten vorgeben. In der Regel ist eines davon bekannt und das andere muss mit Informationen aus dem Inneren berechnet werden. So kann beispielsweise eine einseitige Approximation der Ableitung im Randknoten, wie Gl. (3.40), verwendet werden, wenn der Variablenwert vorgegeben ist. Andererseits kann die Polynominterpolation verwendet werden, um den Randwert zu berechnen, wenn die Ableitung bekannt ist. Aus einem kubischen Polynom, angepasst an Variablenwerte in vier Punkten, ergibt sich folgender Ausdruck für den Randwert:

$$\phi_1 = \frac{18\phi_2 - 9\phi_3 + 2\phi_4}{11} - \frac{6\Delta x}{11}\left(\frac{\partial \phi}{\partial x}\right)_1. \tag{3.41}$$

Approximationen geringerer oder höherer Ordnung können auf ähnliche Weise erhalten werden.

3.7.2 Implementierung von Randbedingungen mit Geisterknoten

Alternativ zur Strategie des vorherigen Abschnitts kann man die Neumann-Randbedingungen unter Verwendung von Zentraldifferenzen und Geisterknoten, d.h. Punkten, die außerhalb des Lösungsgebiets liegen, implementieren. Ein sofortiges Ergebnis ist eine Erhöhung der Genauigkeit im Vergleich zu z.B. Gl. (3.38). Auch hier genügt es, die Implementierung einer Fluss-Randbedingung zu diskutieren, da die Werte der Variablen an den Rändern mit Dirichlet-Randbedingung bekannt sind.

Wird beispielsweise eine Randbedingung der dritten Art, d.h. eine *Robin*-Bedingung, in normale Richtung vorgeschrieben, so führt eine einfache ZDS-Approximation zu:

$$\left(\frac{\partial \phi}{\partial x} + c\phi\right)_1 = 0 \quad \Rightarrow \quad \frac{\phi_2 - \phi_0}{2(x_2 - x_1)} + c\phi_1 = 0, \tag{3.42}$$

was $\phi_0 = \phi_2 + 2(x_2 - x_1)c\phi_1$ ergibt. Aus Abb. 3.4 sehen wir, dass sich der Knoten 0 außerhalb des Lösungsgebiets befindet; die Approximation der Ableitung ist jedoch zentriert, sodass diese Implementierung der Randbedingung einen Abbruchfehler 2. Ordnung aufweist.

Es gibt zwei Möglichkeiten, diesen Ansatz zu nutzen. Man schreibt zuerst die Differenzengleichung für den Knoten 1 und ersetzt dann ϕ_0 durch $\phi_2 + 2(x_2 - x_1)c\phi_1$. Das bedeutet, dass Transportgleichungen auch für die Randknoten gelöst werden, bei denen die Neumann- oder Robin-Randbedingungen vorgegeben sind, aber alle Unbekannten innerhalb des Lösungsgebiets liegen. Alternativ können die Werte der Variablen in den Geisterknoten als Unbekannte betrachtet werden und eine Gleichung, die der Gl. (3.42) entspricht, wird dem Gleichungssatz hinzugefügt, wenn eine ableitungsbasierte Randbedingung vorliegt. Dadurch ändert sich die Gleichungsstruktur, z.B. wird sie nicht tridiagonal; dieser Ansatz wird dann nicht bevorzugt, wenn direkte Matrixinversion benutzt wird. Bei iterativen Lösungsmethoden ist dieser zweite Ansatz einfach zu programmieren und effizient, siehe z.B. Abschn. 5.6 für eine geeignete Vorgehensweise.

Abb. 3.4 Ein Beispiel für ein 1D FD-Gitter, das den Geisterknoten bei $i = 0$ anzeigt (eine Erweiterung des 1D-Gitters aus Abb. 3.1)

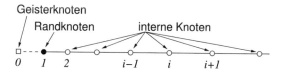

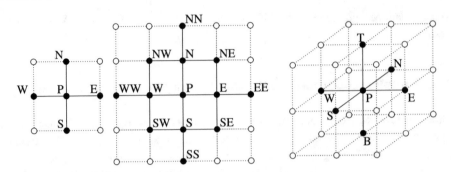

Abb. 3.5 Beispiele für Rechensterne in 2D (links und Mitte) und in 3D (rechts)

3.8 Das algebraische Gleichungssystem

Eine FD-Approximation liefert in jedem Gitterknoten eine algebraische Gleichung; sie enthält den Variablenwert in diesem Knoten sowie Werte in benachbarten Knoten. Wenn die Differentialgleichung nichtlinear ist, enthält die Approximation einige nichtlineare Terme. Der numerische Lösungsprozess erfordert dann eine Linearisierung; Methoden zur Lösung dieser Gleichungen werden in Kap. 5 erläutert. Im Moment betrachten wir nur den linearen Fall. Die beschriebenen Verfahren sind auch im nichtlinearen Fall anwendbar.

Das Ergebnis der Diskretisierung ist ein System von linearen algebraischen Gleichungen der Form:

$$A_P \phi_P + \sum_l A_l \phi_l = Q_P, \tag{3.43}$$

wobei P den Knoten bezeichnet, in dem die partielle Differentialgleichung approximiert wird, und der Index l über die Nachbarknoten läuft, die an FD-Approximationen beteiligt sind. Der Knoten P und seine Nachbarn bilden den sogenannten *Rechenstern;* zwei Beispiele, die sich aus Approximationen 2. und 3. Ordnung ergeben, sind in Abb. 3.5 zu sehen.[1] Die Koeffizienten A_l sind abhängig von geometrischen Größen, Fluideigenschaften und bei nichtlinearen Gleichungen von den Variablenwerten selbst. Q_P enthält alle Terme, die keine unbekannten Variablenwerte enthalten; er wird als bekannt angenommen.

Die Anzahl der Gleichungen und Unbekannten muss gleich sein, d. h. es muss eine Gleichung für jeden Gitterknoten geben. So haben wir einen großen Satz von linearen algebraischen Gleichungen, die numerisch gelöst werden müssen. Dieses System ist *dünn besetzt*, was bedeutet, dass jede Gleichung nur wenige Unbekannte enthält. Das System kann wie folgt in Matrixschreibweise geschrieben werden:

$$A\phi = \mathbf{Q}. \tag{3.44}$$

---

[1] Eine Gleichung wie Gl. (3.43) und die abgebildeten Rechensterne werden z. B. durch Diskretisierung der *Poisson-Gleichung* $\div(\nabla \Phi) = f$ erhalten.

Hier ist A eine dünn besetzte, quadratische Koeffizientenmatrix, ϕ ist ein Vektor (oder eine Spaltenmatrix), der die Variablenwerte in den Gitterknoten enthält, und $\mathbf{Q}$ ist der Vektor, der die Terme auf der rechten Seite von Gl. (3.43) enthält.

Die Struktur der Matrix A hängt von der Reihenfolge der Variablen im Vektor ϕ ab. Bei strukturierten Gittern weist die Matrix, wenn die Variablen ab einer Ecke Zeile für Zeile fortlaufend nummeriert werden (lexikographische Anordnung), eine polydiagonale Struktur auf. Im Falle eines Fünf-Punkte-Rechensterns befinden sich alle von null unterschiedlichen Koeffizienten auf der Hauptdiagonalen, den beiden benachbarten Diagonalen und zwei weiteren Diagonalen, die durch N-Positionen von der Hauptdiagonale entfernt liegen, wobei N die Anzahl der Knoten in einer Richtung ist. Alle anderen Koeffizienten sind gleich null. Diese Struktur ermöglicht den Einsatz effizienter iterativer Löser.

In diesem Buch werden der Einfachheit halber die Einträge im Vektor ϕ wie folgt geordnet: Der Startpunkt ist die südwestliche Ecke des Lösungsgebiets und von da aus geht es entlang der Gitterlinie in Richtung Nordrand; wenn dieser erreicht ist, startet man mit der nächsten Gitterlinie von Süden nach Norden, und weiter so Linie für Linie gen Ostrand. In 3D beginnen wir wie gerade beschrieben an der untersten Gitterebene und gehen auf jeder darüberliegenden Ebene auf dieselbe Weise vor, von unten nach oben. Die Variablen werden normalerweise in Computern in eindimensionalen Feldern gespeichert. Die Umrechnung zwischen den Gitterpositionen, der Kompassnotation und den Speicherplätzen ist in Tab. 3.2 dargestellt.

Da die Matrix A dünn besetzt ist, macht es keinen Sinn, sie als zwei- (in 2D) oder dreidimensionales (in 3D) Feld im Rechner zu speichern (dies ist bei Vollmatrizen üblich). In 2D erfordert das Speichern der Elemente jeder Diagonalen in einem separaten Feld der Dimension $1 \times N_i N_j$ (wobei N_i und N_j die Anzahl der Gitterpunkte in den beiden Koordinatenrichtungen sind) nur $N_i N_j$ Speicherwörter; typischerweise müssen nur die Koeffizienten von 5 Diagonalen gespeichert werden – alle anderen sind gleich null. Die Speicherung der ganzen Matrix würde $N_i^2 N_j^2$ Speicherwörter erfordern. Die entsprechenden Speicheran-

Tab. 3.2 Umwandlung von Gitterindizes in eindimensionale Speicherpositionen für Vektoren oder Spaltenmatrizen

Gitterposition	Kompassnotation	Speicherposition
i, j, k	P	$l = (k-1)N_j N_i + (i-1)N_j + j$
$i-1, j, k$	W	$l - N_j$
$i, j-1, k$	S	$l - 1$
$i, j+1, k$	N	$l + 1$
$i+1, j, k$	E	$l + N_j$
$i, j, k-1$	B	$l - N_i N_j$
$i, j, k+1$	T	$l + N_i N_j$

forderungen in 3D sind $N_i N_j N_k$ pro Diagonale und $N_i^2 N_j^2 N_k^2$ für die ganze Matrix. Der Unterschied ist so groß, dass beim Speichern von nur wenigen Diagonalen der Matrix der Hauptspeicher auch bei sehr großen Gittern ausreicht, was bei der Speicherung der ganzen Matrix nicht der Fall wäre.

Wenn die Knotenwerte über die Gitterindizes, z. B. $\phi_{i,j}$ in 2D, identifiziert werden, sehen sie wie Matrixelemente oder Komponenten eines Tensors aus. Da sie eigentlich Bestandteile eines Vektors ϕ sind, sollten sie nur einen Index haben, wie aus Tab. 3.2 hervorgeht.

Die linearisierten algebraischen Gleichungen in zwei Dimensionen können nun in folgender Form geschrieben werden:

$$A_{l,l-N_j}\phi_{l-N_j} + A_{l,l-1}\phi_{l-1} + A_{l,l}\phi_l + A_{l,l+1}\phi_{l+1} + A_{l,l+N_j}\phi_{l+N_j} = Q_l. \tag{3.45}$$

Wie bereits erwähnt, ist es wenig sinnvoll, die Matrix als Feld zu speichern. Wenn die Diagonalen stattdessen separat gespeichert werden, ist es besser, jeder Diagonalen einen eigenen Namen zu geben. Da jede Diagonale die Verbindung zur Variablen in einem Knoten darstellt, der in einer bestimmten Richtung in Bezug auf den zentralen Knoten liegt, werden wir sie mit A_W, A_S, A_P, A_N und A_E bezeichnen; ihre Positionen in der Matrix für ein Gitter mit 5×5 inneren Knoten sind in Abb. 3.6 dargestellt. Bei dieser Reihenfolge der Punkte wird jeder Knoten mit einem Index l identifiziert, der auch der relative Speicherort ist. In

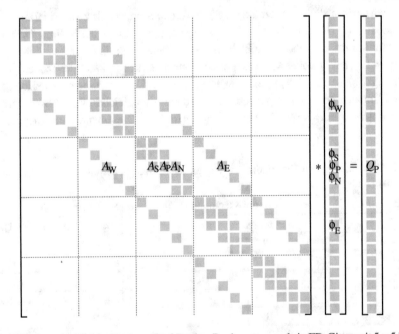

Abb. 3.6 Struktur der Matrix für einen Fünf-Punkte-Rechenstern und ein FD-Gitter mit 5×5 inneren Knoten (die von null verschiedenen Elemente der Koeffizientenmatrix an den fünf Diagonalen sind schattiert dargestellt; jeder horizontale Kästchensatz entspricht einem Gitterpunkt)

dieser Notation kann die Gl. (3.45) wie folgt geschrieben werden:

$$A_W \phi_W + A_S \phi_S + A_P \phi_P + A_N \phi_N + A_E \phi_E = Q_P, \qquad (3.46)$$

wobei der Index l, der die Reihen in Gl. (3.45) angibt, weggelassen wird und der Index, der die Spalte oder die Position im Vektor angibt, durch den entsprechenden Buchstaben ersetzt wird. Wir werden diese kompakte Schreibweise von nun an verwenden. Wenn es aus Gründen der Übersichtlichkeit notwendig ist, wird der Reihenindex hinzugefügt. Eine ähnliche Vorgehensweise gilt für dreidimensionale Probleme.

Bei blockstrukturierten Gittern bleibt diese Struktur in jedem Block erhalten, und die Löser für regelmäßige strukturierte Gitter können verwendet werden. Das wird in Kap. 5 weiter diskutiert.

Bei unstrukturierten Gittern bleibt die Koeffizientenmatrix dünn besetzt, hat aber keine regelmäßige Diagonalstruktur mehr. Für ein 2D-Gitter aus Vierecken und Approximationen, die nur die vier nächstgelegenen Nachbarknoten verwenden, gibt es in jeder Spalte oder Zeile nur fünf Koeffizienten ungleich null. Die Hauptdiagonale ist voll und die anderen Koeffizienten ungleich null liegen in einer bestimmten Entfernung von der Hauptdiagonalen, jedoch nicht unbedingt auf bestimmten Diagonalen. Für solche Matrizen können nicht alle iterativen Löser verwendet werden; dies wird in Kap. 5 näher erläutert. Das Speicherschema für unstrukturierte Gitter wird in Kap. 9 eingeführt, da solche Gitter mit FV-Methoden meist in komplexen Geometrien verwendet werden.

3.9   Diskretisierungsfehler

Da die diskretisierte Gleichung eine Approximation der Differentialgleichung darstellt, erfüllt die genaue Lösung der Differentialgleichung, die wir mit Φ bezeichnen werden, die diskretisierte Gleichung nicht. Das Residuum, das auf den Abbruch der Taylor-Reihe zurückzuführen ist, wird als *Abbruchfehler* bezeichnet. Für ein Gitter mit einem Referenzabstand h ist der Abbruchfehler τ_h definiert als:

$$\mathscr{L}(\boldsymbol{\Phi}) = L_h(\boldsymbol{\Phi}) + \boldsymbol{\tau}_h = 0, \qquad (3.47)$$

wobei $\mathscr{L}$ ein symbolischer Operator ist, der die Differentialgleichung repräsentiert, und L_h ein symbolischer Operator ist, der das algebraische Gleichungssystem darstellt, das durch Diskretisierung auf dem Gitter h erhalten wird und mit Gl. (3.44) gegeben ist.

Die genaue Lösung der diskretisierten Gleichungen auf dem Gitter h, ϕ_h, erfüllt die folgende Gleichung:

$$L_h(\boldsymbol{\phi}_h) = (A\boldsymbol{\phi} - \mathbf{Q})_h = 0. \qquad (3.48)$$

Sie unterscheidet sich von der genauen Lösung der partiellen Differentialgleichung durch den *Diskretisierungsfehler, ε_h^d*, d.h.:

$$\Phi = \phi_h + \varepsilon_h^d.$$ (3.49)

Mit Gl. (3.47) und (3.48) kann man zeigen, dass die folgende Beziehung für lineare Probleme (d. h., wenn der Operator L_h von der Lösung unabhängig ist) gilt:

$$L_h(\varepsilon_h^d) = -\tau_h.$$ (3.50)

Diese Gleichung besagt, dass der Abbruchfehler als Quelle für den Diskretisierungsfehler dient, der durch den Operator L_h (mittels Konvektion und Diffusion) im Lösungsgebiet verteilt wird. Eine genaue Analyse ist für nichtlineare Gleichungen nicht möglich, aber wir erwarten ein ähnliches Verhalten; auf jeden Fall können wir, wenn der Fehler klein genug ist, lokal in der Umgebung der genauen Lösung linearisieren und die Aussagen aus diesem Abschnitt bleiben gültig. Informationen über die Größe und Verteilung des Abbruchfehlers können als Leitfaden für die Gitterverfeinerung verwendet werden und können dazu beitragen, das Ziel zu erreichen, überall im Lösungsgebiet das gleiche Niveau des Diskretisierungsfehlers zu erreichen. Da jedoch die genaue Lösung Φ nicht bekannt ist, kann der Abbruchfehler nicht genau bestimmt werden. Eine Näherung kann durch die Verwendung einer Lösung aus einem anderen (feineren oder gröberen) Gitter erreicht werden. Die so erhaltene Abschätzung des Abbruchfehlers ist nicht immer genau, aber sie erfüllt die Aufgabe, auf Regionen mit großen Fehlern hinzuweisen, die feinere Gitter benötigen.

Bei ausreichend feinen Gittern ist der Abbruchfehler (und ebenfalls der Diskretisierungsfehler) proportional zum führenden Term der abgebrochenen Taylor-Reihe:

$$\varepsilon_h^d \approx \alpha h^p + H,$$ (3.51)

wobei H für Terme höherer Ordnung steht und α von den Ableitungen in dem gegebenen Punkt abhängt, aber unabhängig von h ist. Der Diskretisierungsfehler kann aus der Differenz zwischen Lösungen abgeschätzt werden, die auf systematisch verfeinerten (oder vergröberten) Gittern erhalten wurden. In Anbetracht der Tatsache, dass die genaue Lösung wie folgt ausgedrückt werden kann (siehe Gl. (3.49)):

$$\Phi = \phi_h + \alpha h^p + H = \phi_{2h} \alpha (2h)^p + H,$$ (3.52)

kann der Exponent p, der die Ordnung des Diskretisierungsverfahrens darstellt, wie folgt abgeschätzt werden:

$$p = \frac{\log \left(\dfrac{\phi_{2h} - \phi_{4h}}{\phi_h - \phi_{2h}} \right)}{\log 2}.$$ (3.53)

Aus Gl. (3.52) folgt auch, dass der Diskretisierungsfehler auf dem Gitter h wie folgt approximiert werden kann:

$$\varepsilon_h^d \approx \frac{\phi_h - \phi_{2h}}{2^p - 1}.$$ (3.54)

Wenn das Verhältnis der Maschenweiten auf aufeinanderfolgenden Gittern nicht 2 beträgt, muss der Faktor 2 in den letzten beiden Gleichungen durch dieses Verhältnis ersetzt werden (siehe Roache 1994, für Details zu Fehlerabschätzungen, wenn das Gitter nicht systematisch verfeinert oder vergröbert wird).

Wenn Lösungen auf mehreren Gittern verfügbar sind, kann man eine Approximation von Φ erhalten, die genauer ist als die Lösung ϕ_h auf dem feinsten Gitter, indem man die Fehlerabschätzung (3.54) zu ϕ_h hinzufügt; diese Methode ist bekannt als *Richardson-Extrapolation,* (Richardson 1910). Sie ist einfach anzuwenden und, wenn die Konvergenz monoton ist, genau. Wenn eine Reihe von Lösungen verfügbar ist, kann der Prozess wiederholt werden, um die Genauigkeit weiter zu verbessern.

Wir haben oben gezeigt, dass es auf die Rate ankommt, mit der der Fehler reduziert wird, wenn das Gitter verfeinert wird, und nicht auf die formale Ordnung der Approximation, wie sie durch den führenden Term im Abbruchfehler definiert ist. Die Gl. (3.53) berücksichtigt dies und gibt den korrekten Exponenten p zurück. Diese Abschätzung der Ordnung eines Verfahrens ist auch ein nützliches Werkzeug bei der Validierung des Rechenprogramms. Wenn eine Methode beispielsweise 2. Ordnung sein sollte, aber Gl. (3.53) für p einen Wert nahe 1 liefert, liegt wahrscheinlich ein Fehler im Rechenprogramm vor.

Die mit Gl. (3.53) abgeschätzte Ordnung ist nur gültig, wenn die Konvergenz monoton ist. Monotone Konvergenz ist nur bei ausreichend feinen Gittern zu erwarten. Wir werden in den Beispielen zeigen, dass die Fehlerabhängigkeit von der Maschenweite bei groben Gittern unregelmäßig sein kann. Daher ist beim Vergleich von Lösungen auf zwei Gittern Vorsicht geboten; wenn die Konvergenz nicht monoton ist, können sich die Lösungen auf zwei aufeinanderfolgenden Gittern nicht stark unterscheiden, auch wenn die Fehler groß sind. Ein drittes Gitter ist notwendig, um sicherzustellen, dass die Lösung wirklich konvergiert. Wenn die Lösung nicht glatt ist, können die mittels Taylor-Reihen erhaltenen Fehlerabschätzungen ebenfalls irreführend sein. So variiert beispielsweise bei der Simulation turbulenter Strömungen die Lösung in einem breiten Skalenbereich und die Ordnung der Lösungsmethode ist möglicherweise kein guter Indikator für die Lösungsqualität. In Abschn. 3.11 wird gezeigt, dass für diese Art von Simulationen der Fehler einer Methode 4. Ordnung nicht unbedingt viel kleiner ist als bei einer Methode 2. Ordnung.

3.10 Beispiel für eine Finite-Differenzen-Methode

In diesem Beispiel lösen wir die stationäre 1D-Konvektions-Diffusionsgleichung mit Dirichlet-Randbedingungen an beiden Enden. Ziel ist es, die Eigenschaften der FD-Diskretisierungstechnik für ein einfaches Problem mit einer analytischen Lösung zu demonstrieren.

Die zu lösende Gleichung lautet (siehe Gl. (1.28)):

$$\frac{\partial(\rho u\phi)}{\partial x} = \frac{\partial}{\partial x}\left(\Gamma\frac{\partial\phi}{\partial x}\right), \tag{3.55}$$

Abb. 3.7 Randbedingungen
und Lösungsprofile für das
1D-Problem als Funktion der
Peclet-Zahl

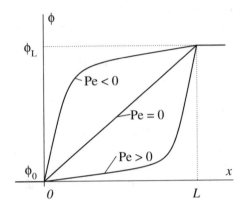

mit den Randbedingungen: $\phi = \phi_0$ bei $x = 0$, $\phi = \phi_L$ bei $x = L$, siehe Abb. 3.7.
Die partiellen Ableitungen können in diesem Fall durch gewöhnliche Ableitungen ersetzt
werden. Die Dichte ρ und die Geschwindigkeit u werden als konstant angenommen. Dieses
Problem hat eine analytische (exakte) Lösung:

$$\phi = \phi_0 + \frac{e^{x\mathrm{Pe}/L} - 1}{e^{\mathrm{Pe}} - 1}\left(\phi_L - \phi_0\right). \tag{3.56}$$

Hier ist Pe die Peclet-Zahl, definiert als:

$$\mathrm{Pe} = \frac{\rho u L}{\Gamma}. \tag{3.57}$$

Weil es so einfach ist, wird dieses Problem oft als Test für numerische Methoden verwendet,
einschließlich Diskretisierungs- und Lösungsverfahren. Physikalisch stellt es eine Situation
dar, in der die Konvektion durch Diffusion in Strömungsrichtung ausgeglichen wird. Es
gibt nur wenige tatsächliche Strömungen, bei denen dieses Gleichgewicht eine wichtige
Rolle spielt. Normalerweise wird die Konvektion entweder durch einen Druckgradienten
oder durch Diffusion in die Richtung senkrecht zur Strömung ausgeglichen. In der Literatur
findet man viele Methoden, die für Gl. (3.55) entwickelt und dann auf die mehrdimensionalen
Navier-Stokes-Gleichungen angewendet wurden. Die Ergebnisse sind oft sehr schlecht und
die meisten dieser Methoden sollte man am besten meiden. Die Verwendung dieses Problems
als Testfall hat wahrscheinlich zu mehr unbefriedigenden Methoden geführt als jedes andere
Testproblem auf diesem Gebiet. Trotzdem wird dieser Testfall hier berücksichtigt, da einige
seiner Aspekte Aufmerksamkeit verdienen.

Betrachten wir den Fall $u \geq 0$ und $\phi_0 < \phi_L$; andere Situationen führen zu ähnlichen
Schlussfolgerungen. Im Falle einer kleinen Geschwindigkeit ($u \approx 0$) oder eines großen
Diffusionskoeffizienten Γ tendiert die Peclet-Zahl gegen null und die Konvektion kann
vernachlässigt werden; die Lösung ist dann linear in x. Wenn die Peclet-Zahl groß ist,
wächst ϕ langsam mit x, um dann plötzlich über eine kurze Strecke nahe $x = L$ gegen ϕ_L

anzusteigen. Die plötzliche Änderung des Gradienten von ϕ stellt einen harten Test für die Diskretisierungsmethode dar.

Wir werden Gl. (3.55) mit Hilfe von FD-Methoden diskretisieren, welche einen Dreipunkte-Rechenstern verwenden. Die resultierende algebraische Gleichung im Knoten i lautet:

$$A_\mathrm{P}^i \phi_i + A_\mathrm{E}^i \phi_{i+1} + A_\mathrm{W}^i \phi_{i-1} = Q_i. \tag{3.58}$$

Es ist gängige Praxis, den Diffusionsterm mittels Zentraldifferenz (ZDS) zu diskretisieren; für die äußere Ableitung ergibt sich also:

$$-\left[\frac{\partial}{\partial x}\left(\Gamma \frac{\partial \phi}{\partial x}\right)\right]_i \approx -\frac{\left(\Gamma \frac{\partial \phi}{\partial x}\right)_{i+\frac{1}{2}} - \left(\Gamma \frac{\partial \phi}{\partial x}\right)_{i-\frac{1}{2}}}{\frac{1}{2}(x_{i+1} - x_{i-1})}. \tag{3.59}$$

Die Zentraldifferenzen-Approximationen der inneren Ableitungen sind:

$$\left(\Gamma \frac{\partial \phi}{\partial x}\right)_{i+\frac{1}{2}} \approx \Gamma \frac{\phi_{i+1} - \phi_i}{x_{i+1} - x_i}; \quad \left(\Gamma \frac{\partial \phi}{\partial x}\right)_{i-\frac{1}{2}} \approx \Gamma \frac{\phi_i - \phi_{i-1}}{x_i - x_{i-1}}. \tag{3.60}$$

Die Beiträge des Diffusionstermes zu den Koeffizienten der algebraischen Gleichung (3.58) sind somit:

$$A_\mathrm{E}^\mathrm{d} = -\frac{2\,\Gamma}{(x_{i+1} - x_{i-1})(x_{i+1} - x_i)};$$

$$A_\mathrm{W}^\mathrm{d} = -\frac{2\,\Gamma}{(x_{i+1} - x_{i-1})(x_i - x_{i-1})};$$

$$A_\mathrm{P}^\mathrm{d} = -(A_\mathrm{E}^\mathrm{d} + A_\mathrm{W}^\mathrm{d}).$$

Wenn der Konvektionsterm mit Aufwinddifferenzen 1. Ordnung (ADS: Vorwärts- oder Rückwärtsdifferenz, je nach Strömungsrichtung) diskretisiert wird, erhalten wir:

$$\left[\frac{\partial(\rho u \phi)}{\partial x}\right]_i \approx \begin{cases} \rho u \dfrac{\phi_i - \phi_{i-1}}{x_i - x_{i-1}} &, \text{ falls } u > 0; \\[2mm] \rho u \dfrac{\phi_{i+1} - \phi_i}{x_{i+1} - x_i} &, \text{ falls } u < 0. \end{cases} \tag{3.61}$$

Dies führt zu den folgenden Beiträgen zu den Koeffizienten von Gl. (3.58):

$$A_\mathrm{E}^\mathrm{c} = \frac{\min(\rho u, 0)}{x_{i+1} - x_i}; \quad A_\mathrm{W}^\mathrm{c} = -\frac{\max(\rho u, 0)}{x_i - x_{i-1}};$$

$$A_\mathrm{P}^\mathrm{c} = -(A_\mathrm{E}^\mathrm{c} + A_\mathrm{W}^\mathrm{c}).$$

Entweder A_E^c oder A_W^c ist gleich null, abhängig von der Strömungsrichtung.

Die ZDS-Approximation führt zu:

$$\left[\frac{\partial(\rho u\phi)}{\partial x}\right]_i \approx \rho u\,\frac{\phi_{i+1} - \phi_{i-1}}{x_{i+1} - x_{i-1}}. \tag{3.62}$$

Die ZDS-Beiträge zu den Koeffizienten von Gl. (3.58) sind:

$$A_E^c = \frac{\rho u}{x_{i+1} - x_{i-1}}; \qquad A_W^c = -\frac{\rho u}{x_{i+1} - x_{i-1}};$$

$$A_P^c = -(A_E^c + A_W^c) = 0.$$

Die Gesamtkoeffizienten sind gleich der Summe der Beiträge von Konvektion und Diffusion, A^c und A^d.

Die Werte von ϕ in den Randknoten sind vorgegeben: $\phi_1 = \phi_0$ und $\phi_N = \phi_L$, wobei N die Anzahl der Knoten ist, einschließlich der beiden Randpunkte. Das bedeutet, dass für den Knoten bei $i = 2$ der Term $A_W^2\phi_1$ berechnet und zu Q_2, der rechten Seite, hinzugefügt werden kann, und wir setzen den Koeffizienten A_W^2 in dieser Gleichung gleich null. Analog dazu fügen wir das Produkt $A_E^{N-1}\phi_N$ für den Knoten $i = N - 1$ zu Q_{N-1} hinzu und setzen den Koeffizienten $A_E^{N-1} = 0$.

Das resultierende tridiagonale System ist leicht zu lösen. Wir werden hier nur die Lösungen diskutieren; der Löser, mit dem sie erhalten wurden, wird in Kap. 5 vorgestellt.

Um die mit Aufwinddifferenzen 1. Ordnung verbundene falsche Diffusion und die Möglichkeit von Oszillationen bei der Verwendung von Zentraldifferenzen zu demonstrieren, werden wir den Fall mit Pe = 50 ($L = 1$, $\rho = 1$, $u = 1$, $\Gamma = 0,02$, $\phi_0 = 0$ und $\phi_L = 1$) betrachten. Wir beginnen mit Ergebnissen, die wir mit einem äquidistanten Gitter mit 11 Knoten (10 gleiche Unterteilungen) erhalten. Die Profile von $\phi(x)$, die mit ZDS bzw. ADS für die Konvektions- und ZDS für die Diffusionsterme erhalten wurden, sind in Abb. 3.8 dargestellt.

Die ADS-Lösung ist offensichtlich überdiffusiv; sie entspricht ungefähr der Lösung für Pe $\approx$ 18 (statt 50). Die falsche Diffusion ist stärker als die wahre Diffusion! Andererseits weist die ZDS-Lösung starke Oszillationen auf. Die Oszillationen sind auf die plötzliche Änderung der Steigung in ϕ in den letzten beiden Punkten zurückzuführen. Die lokale Peclet-Zahl basierend auf der Gittermaschenweite, Pe$_\Delta = \rho u \Delta x/\Gamma$, ist in jedem Knoten gleich 5.

Wenn das Gitter verfeinert wird, werden die ZDS-Oszillationen reduziert, sie sind aber bei 21 Punkten noch vorhanden. Nach der zweiten Verfeinerung (41 Gitterknoten) ist die ZDS-Lösung oszillationsfrei und sehr genau, siehe Abb. 3.9. Die Genauigkeit der ADS-Lösung wurde ebenfalls durch Gitterverfeinerung verbessert; sie ist aber bei $x > 0,8$ immer noch deutlich niedriger als bei der ZDS-Lösung.

Die ZDS-Oszillationen hängen vom Wert der lokalen Peclet-Zahl ab. Es kann gezeigt werden, dass keine Oszillationen auftreten, wenn die lokale Peclet-Zahl in jedem Gitterknoten Pe$_\Delta \leq 2$ ist (siehe Patankar 1980). Dies ist eine ausreichende, aber nicht notwendige

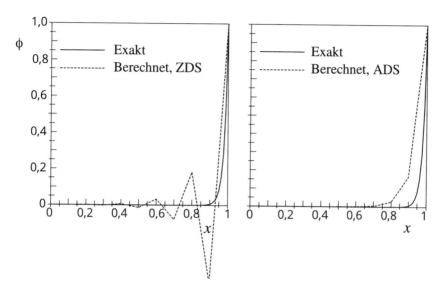

Abb. 3.8 Lösung der 1D-Konvektions-Diffusionsgleichung bei Pe = 50 unter Verwendung von ZDS (links) und ADS (rechts) für Konvektionsterme und eines äquidistanten Gitters mit 11 Knoten

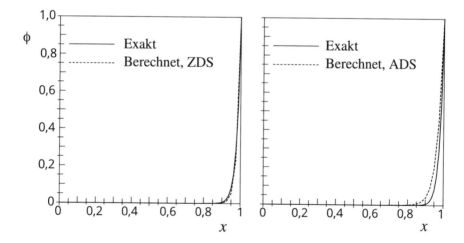

Abb. 3.9 Lösung der 1D-Konvektions-Diffusionsgleichung bei Pe = 50 unter Verwendung von ZDS (links) und ADS (rechts) für Konvektionsterme und eines einheitlichen Gitters mit 41 Knoten

Voraussetzung für die Beschränktheit der ZDS-Lösung. Das sogenannte hybride Schema (Spalding 1972) wurde vorgeschlagen, um von ZDS auf ADS in jedem Knoten zu wechseln, in dem $Pe_\Delta \geq 2$. Dies ist zu restriktiv und reduziert die Genauigkeit. Oszillationen treten nur dann auf, wenn sich die Lösung in einem Gebiet mit hoher lokaler Peclet-Zahl schnell ändert.

Um dies zu demonstrieren, wiederholen wir die Berechnung mit einem nichtäquidistanten Gitter mit 11 Knoten. Die kleinsten und größten Maschenweiten sind $\Delta x_{\min} = x_N - x_{N-1} = 0,0125$ und $\Delta x_{\max} = x_2 - x_1 = 0,31$, entsprechend einem Expansionsfaktor $r_e = 0,7$, siehe Gl. (3.21). Die minimale lokale Peclet-Zahl ist also $\mathrm{Pe}_{\Delta,\min} = 0,625$ nahe dem rechten Rand, und das Maximum ist $\mathrm{Pe}_{\Delta,\max} = 15,5$ nahe dem linken Rand. Die lokale Peclet-Zahl ist also kleiner als 2 in der Region, in der ϕ eine starke Veränderung erfährt, und ist größer als 2 in der Region mit fast konstantem ϕ. Die auf diesem Gitter unter Verwendung der ZDS und ADS berechneten Profile sind in Abb. 3.10 dargestellt. In der ZDS-Lösung sind keine sichtbaren Oszillationen zu erkennen. Außerdem ist sie so genau wie die Lösung auf einem äquidistanten Gitter mit viermal so vielen Knoten. Die Genauigkeit der ADS-Lösung wurde auch durch die Verwendung eines nichtäquidistanten Gitters verbessert, ist aber immer noch inakzeptabel.

Da dieses Problem eine analytische Lösung hat, Gl. (3.56), können wir den Fehler in der numerischen Lösung direkt berechnen. Der folgende Durchschnittsfehler wird als Maß verwendet:

$$\varepsilon = \frac{\sum_i |\phi_i^{\mathrm{exact}} - \phi_i|}{N}. \tag{3.63}$$

Das Problem wurde sowohl mit ZDS als auch mit ADS und sowohl mit äquidistanten als auch mit nichtäquidistanten Gittern mit bis zu 321 Knoten gelöst. Der durchschnittliche Diskretisierungsfehler wird als Funktion der mittleren Gittermaschenweite in Abb. 3.11 dargestellt. Der ADS-Fehler nähert sich asymptotisch der von einem Schema 1. Ordnung erwarteten Steigung. Das ZDS zeigt ab dem zweiten Gitter die erwartete Steigung eines

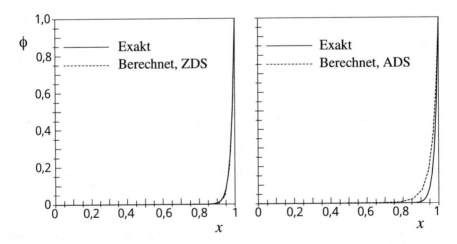

Abb. 3.10 Lösung der 1D-Konvektions-Diffusionsgleichung bei Pe = 50 unter Verwendung von ZDS (links) und ADS (rechts) für Konvektionsterme und eines nichtäquidistanten Gitters mit 11 Knoten (die Gittermaschenweiten sind am rechten Ende kleiner)

Abb. 3.11 Durchschnittlicher
Lösungsfehler für das 1D
Problem bei Pe=50 als
Funktion der
durchschnittlichen
Gittermaschenweite

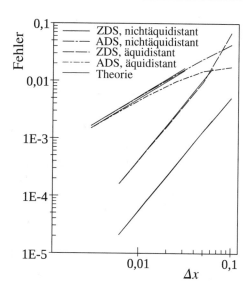

Verfahrens 2. Ordnung: Der Fehler wird um zwei Größenordnungen reduziert, wenn der
Gitterabstand um eine Größenordnung reduziert wird.

Dieses Beispiel zeigt deutlich, dass die Lösung auf einem nichtäquidistanten Gitter
unter Verwendung von ZDS auf die gleiche Weise konvergiert wie die Lösung auf einem
äquidistanten Gitter, obwohl der Abbruchfehler einen Term 1. Ordnung enthält, wie in
Abschn. 3.3.4 erläutert wurde. Für das ZDS ist der durchschnittliche Fehler auf einem nichtäquidistanten Gitter fast eine Größenordnung kleiner als auf einem äquidistanten Gitter
mit der gleichen Anzahl an Knoten. Dies liegt daran, dass der Maschenabstand klein ist,
wo der Fehler sonst groß wäre. Dass Abb. 3.11 einen größeren Fehler für ADS bei einem
nichtäquidistanten als bei einem äquidistanten Gitter anzeigt, liegt daran, dass große Fehler
in einigen wenigen Knoten auf einem äquidistanten Gitter im Durchschnitt einen geringen
Einfluss haben; der maximale Knotenfehler ist bei äquidistanten Gittern viel größer als bei
nichtäquidistanten Gittern, wie die Untersuchung der Abb. 3.8 und 3.10 zeigt.

Weitere Beispiele werden im letzten Abschnitt des nächsten Kapitels gezeigt.

3.11 Eine Einführung in die Spektralmethoden

Spektralmethoden sind eine Klasse von Methoden, die für allgemeine CFD-
Rechenprogramme weniger geeignet sind als FV- und FE-Methoden, aber sie sind für viele
Anwendungen wichtig (z. B. Rechenprogramme für globale Wetter- und Klimasimulationen
in Ozeanen und Atmosphäre (Washington und Parkinson 2005), hochauflösende mesoskalige Modellierung der atmosphärischen Grenzschicht (Moeng 1984) und Turbulenzsimulation (Moin und Kim 1982)). Einige Spektralverfahren werden hier kurz beschrieben. Eine

ausführlichere Beschreibung findet man in den Büchern von Canuto et al. (2006 und 2007), Boyd (2001), Durran (2010) und Moin (2010).

3.11.1 Analysewerkzeuge

3.11.1.1 Approximation von Funktionen und Ableitungen

In Spektralverfahren werden räumliche Ableitungen mit Hilfe von Fourier-Reihen oder einer ihrer Verallgemeinerungen bestimmt. Die einfachste Spektralmethode beschäftigt sich mit periodischen Funktionen, die durch ihre Werte in einem Satz äquidistant verteilter Punkte spezifiziert sind. Es ist möglich, eine solche Funktion durch eine *diskrete* Fourier-Reihe darzustellen:

$$f(x_i) = \sum_{q=-N/2}^{N/2-1} \hat{f}(k_q)\, e^{ik_q x_i}, \tag{3.64}$$

wobei gilt $x_i = i\,\Delta x$, $i = 1, 2, \ldots N$ und $k_q = 2\pi q/(\Delta x\, N)$. Die Gl. (3.64) kann auf überraschend einfache Weise invertiert werden:

$$\hat{f}(k_q) = \frac{1}{N} \sum_{i=1}^{N} f(x_i)\, e^{-ik_q x_i}, \tag{3.65}$$

wie durch die Verwendung der bekannten Formel für die Summierung geometrischer Reihen nachgewiesen werden kann. Der Satz der Werte von q ist etwas willkürlich; eine Änderung des Indexes von q auf $q \pm lN$, wobei l eine ganze Zahl ist, führt zu keiner Änderung des Wertes von $e^{\pm ik_q x_i}$ in den Gitterpunkten. Diese Eigenschaft ist als *Aliasing* bekannt; Aliasing ist eine häufige und wichtige Fehlerquelle in numerischen Lösungen nichtlinearer Differentialgleichungen, einschließlich solcher, die keine Spektralmethoden verwenden. Wir werden dieses Thema in Abschn. 10.3.4.3 bei der Vorstellung einer Anwendung eines Spektralverfahrens auf die Turbulenzsimulation wieder aufgreifen.

Was diese Reihen nützlich macht, ist die Tatsache, dass Gl. (3.64) verwendet werden kann, um $f(x)$ zu interpolieren. Wir ersetzen einfach die diskrete Variable x_i durch die kontinuierliche Variable x; $f(x)$ wird dann für alle x definiert, nicht nur für die Gitterpunkte. Jetzt wird die Wahl des Bereichs von q sehr wichtig. Verschiedene Sätze von q erzeugen unterschiedliche Interpolanten; die beste Wahl ist der Satz, der den glattesten Interpolanten liefert, z. B. derjenige, der in Gl. (3.64) verwendet wurde. (Der Satz $-N/2 + 1, \ldots, N/2$ ist eine ebenso gute Wahl.) Nachdem wir den Interpolanten definiert haben, können wir ihn differenzieren, um eine Fourier-Reihe für die Ableitung zu erzeugen:

$$\frac{\mathrm{d}f}{\mathrm{d}x} = \sum_{q=-N/2}^{N/2-1} ik_q\, \hat{f}(k_q)\, e^{ik_q x}, \tag{3.66}$$

was zeigt, dass $ik_q \hat{f}(k_q)$ der Fourier-Koeffizient von df/dx ist. Dies bietet eine Methode zur Bestimmung der Ableitung:

- Wenn $f(x_i)$ gegeben ist, verwende Gl. (3.65), um die Fourierkoeffizienten $\hat{f}(k_q)$ zu berechnen;
- berechne die Fourier-Koeffizienten von $g = df/dx$; $\hat{g}(k_q) = ik_q \hat{f}(k_q)$;
- anhand der Reihe (3.66) berechne $g = df/dx$ an den Gitterpunkten.

Mehrere Punkte müssen beachtet werden.

- Die Methode lässt sich leicht auf höhere Ableitungen verallgemeinern; z. B. der Fourier-Koeffizient von d^2f/dx^2 ist $-k_q^2 \hat{f}(k_q)$.
- Der Fehler in der berechneten Ableitung nimmt exponentiell mit N ab, wenn die Anzahl der Gitterpunkte N groß ist, falls $f(x)$ periodisch in x ist. Dies macht Spektralmethoden viel genauer als Finite-Differenzen-Methoden für große N; für kleine N ist dies jedoch möglicherweise nicht der Fall. Die Definition von „groß" hängt von der Funktion ab.
- Die Kosten für die Berechnung der Fourier-Koeffizienten mit Gl. (3.65) und/oder die Invertierung mit Gl. (3.64), wenn dies auf die offensichtlichste Weise durchgeführt wird, sind proportional zu N^2. Dies wäre für praktische Anwendungen viel zu teuer; die Methode wird praktisch nutzbar gemacht durch die Existenz eines schnellen Verfahrens zur Berechnung der Fourier-Transformationen (FFT), dessen Kosten proportional zu $N \log_2 N$ sind.

Um die Vorteile dieses speziellen Spektralverfahrens zu nutzen, muss die Funktion periodisch und die Gitterpunkte äquidistant verteilt sein. Diese Bedingungen können durch die Verwendung anderer als komplexer Exponentialfunktionen entspannt werden, aber jede Änderung der Geometrie oder der Randbedingungen erfordert eine erhebliche Änderung der Methode, was die Spektralverfahren relativ unflexibel macht. Für die Probleme, für die sie bestens geeignet sind (z. B. Turbulenzsimulation in geometrisch einfachen Gebieten), sind sie aber unübertroffen.

3.11.1.2 Eine andere Sichtweise auf den Diskretisierungsfehler

Spektralmethoden sind ebenso für die Ermöglichung einer anderen Art der Betrachtung von Abbruchfehlern nützlich, wie sie es als Berechnungsmethoden selbst sind. Solange wir es mit periodischen Funktionen zu tun haben, repräsentiert die Reihe (3.64) die Funktion und wir können ihre Ableitung mit jeder beliebigen Methode approximieren. Insbesondere können wir die genaue Spektralmethode des obigen Beispiels oder eine FD-Approximation verwenden. Jede dieser Methoden kann Term für Term auf die Reihe angewendet werden, sodass es ausreicht, die Differenzierung von e^{ikx} zu berücksichtigen. Das exakte Ergebnis ist $ik e^{ikx}$. Andererseits erhalten wir, wenn wir den Zentraldifferenzenoperator von Gl. (3.9) auf diese Funktion anwenden:

$$\frac{\delta e^{ikx}}{\delta x} = \frac{e^{ik(x+\Delta x)} - e^{ik(x-\Delta x)}}{2\Delta x} = i\,\frac{\sin(k\,\Delta x)}{\Delta x}\,e^{ikx} = ik_{\text{eff}}\,e^{ikx}, \qquad (3.67)$$

wobei k_{eff} die *effektive Wellenzahl* ist,[2] weil die Verwendung der FD-Approximation gleichbedeutend ist mit dem Ersetzen der genauen Wellenzahl k durch k_{eff}. Ähnliche Ausdrücke können für andere Verfahren hergeleitet werden; z. B. führt das ZDS der 4. Ordnung, Gl. (3.14), zu:

$$k_{\text{eff}} = \frac{\sin(k\,\Delta x)}{3\Delta x}\,[4 - \cos(k\,\Delta x)]. \qquad (3.68)$$

Für niedrige Wellenzahlen (welche glatten Funktionen entsprechen) kann die effektive Wellenzahl der ZDS-Approximation in eine Taylor-Reihe entwickelt werden:

$$k_{\text{eff}} = \frac{\sin(k\,\Delta x)}{\Delta x} = k - \frac{k^3 (\Delta x)^2}{6}, \qquad (3.69)$$

was den Charakter der Approximation 2. Ordnung für kleine k und kleine Δx zeigt. Bei jeder Berechnung können jedoch Wellenzahlen bis zu $k_{\max} = \pi / \Delta x$ auftreten (siehe Gl. 3.64). Die Größe eines gegebenen Fourier-Koeffizienten hängt von der Funktion ab, deren Ableitungen approximiert werden; glatte Funktionen haben kleine Anteile von hohen Wellenzahlen, aber schnell variierende Funktionen ergeben Fourier-Koeffizienten, die mit der Wellenzahl langsam abnehmen.

In Abb. 3.12 werden die effektiven Wellenzahlen des ZDS-Schemas 2. und 4. Ordnung, normalisiert durch $k_{\max}$, als Funktionen der normalisierten Wellenzahl $k^* = k/k_{\max}$ dargestellt. Beide Schemata geben eine schlechte Näherung, wenn die Wellenzahl größer als die Hälfte des Maximalwertes ist. Es werden mehr Wellenzahlen hinzugefügt, wenn das Gitter verfeinert wird. Im Grenzfall sehr kleiner Abstände ist die Funktion im Verhältnis zum Gitter glatt, nur die kleinen Wellenzahlen haben große Koeffizienten, und es können genaue Ergebnisse erwartet werden. Im Allgemeinen gilt: Je besser die modifizierte Wellenzahl der tatsächlichen Wellenzahl entspricht, desto genauer ist das Ergebnis.

Wenn wir eine Strömung mit einer nicht sehr glatten Lösung berechnen, ist die Ordnung der Diskretisierungsmethode nicht unbedingt ein guter Indikator für ihre Genauigkeit. Man muss sehr vorsichtig sein, wenn behauptet wird, dass ein bestimmtes Schema genau ist, weil die verwendete Methode von hoher Ordnung ist. Die Lösung ist nur dann genau, wenn genügend Knoten pro Wellenlänge der höchsten Wellenzahl in der Lösung vorhanden sind.

Spektralmethoden ergeben einen Fehler, der schneller abnimmt als jede Potenz der Gittermaschenweite, wenn diese gegen null strebt. Dies wird oft als Vorteil der Methode angeführt. Dieses Verhalten wird jedoch nur erreicht, wenn ausreichend viele Punkte verwendet werden (die Definition von „ausreichend" hängt von der Funktion ab). Für eine kleine Anzahl

---

[2]Sie wird von einigen Autoren als *modifizierte Wellenzahl* bezeichnet.

Abb. 3.12 Effektive Wellenzahl für die ZDS-Approximation der 2. und der 4. Ordnung für die 1. Ableitung, normiert durch $k_{\max} = \pi/\Delta x$

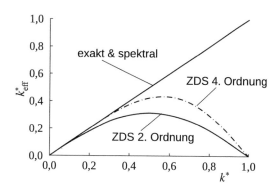

von Gitterpunkten können Spektralmethoden tatsächlich größere Fehler liefern als Finite-Differenzen-Methoden.

Schließlich stellen wir fest, dass die effektive Wellenzahl der Aufwinddifferenzenmethode komplex ist:

$$k_{\mathrm{eff}} = \frac{1 - \mathrm{e}^{-ik\,\Delta x}}{i\Delta x}. \tag{3.70}$$

Dies ist ein Hinweis auf die diffusive bzw. dissipative Natur dieser Näherung. Erstere wurde im ADS-Beispiel im vorherigen Abschnitt manifestiert. In Abschn. 6.3 werden wir sehen, dass, wenn ADS in einer instationären Differentialgleichung verwendet wird, diese Approximation dissipativ ist (die Amplitude einer sich ausbreitenden Welle nimmt mit der Zeit unnatürlich und rapide ab).

3.11.2 Lösung von Differentialgleichungen

Hier untersuchen wir zwei bekannte Spektralmethoden zur Lösung von Differentialgleichungen (siehe Boyd 2001; Durran 2010; oder Moin 2010). Sie basieren auf der Erweiterung der unbekannten Lösung in eine Reihe von Termen, z. B. Gl. (3.64); dies trifft auch auf viele andere Spektralmethoden zu (Canuto et al. 2007), einschließlich spektraler Elemente, spektraldiskontinuierlicher Galerkin-Methode usw.

Die erste Formulierung wird als *schwache Form* der Differentialgleichung bezeichnet, weil das gewichtete Integral der Gleichung über das Lösungsgebiet erfüllt ist, aber die Differentialgleichung wird nicht in jedem Punkt erfüllt. Galerkin-Formulierungen wären von dieser Art. Die zweite Formulierung ist die *starke Form* der Differentialgleichung und diese muss in jedem Punkt des Lösungsgebiets erfüllt sein. Eine wichtige Variante dieser Formulierung ist die spektrale Kollokation oder die *pseudospektrale Methode*. In diesem Fall wird die Lösung zwar durch eine abgebrochene Reihenentwicklung dargestellt, aber die Differentialgleichung wird in einem endlichen Satz von Gitterpunkten im Lösungsgebiet erfüllt. Dieses Verfahren wird in der Strömungsmechanik eingesetzt, z. B. für globale

Zirkulationsmodelle und Turbulenzmodelle in der atmosphärischen Grenzschicht (Fox und Orszag 1973; Moeng 1984; Pekurovsky et al. 2006; Sullivan und Patton 2011), da die Ableitungen der nichtlinearen Terme in den Navier-Stokes- oder den Euler-Gleichungen im physikalischen Raum ausgewertet werden können, was effizienter und kostengünstiger ist als die Auswertung im Spektralraum.

Um diese Methode zu erläutern wird die 1D-Gleichung für die Schadstoffdiffusion in einem engen Becken betrachtet. Der Schadstoff fließt ungleichmäßig in das Becken über dessen Länge und wird an beiden Enden abgesaugt, sodass die Konzentration dort gleich null bleibt. Wenn die Diffusivität des Schadstoffs durch D_x und die Schadstoffkonzentration durch ϕ bezeichnet werden, dann kann das folgende Randwertproblem für einen Kanal der Länge π aufgestellt werden:

$$D_x \frac{\partial^2 \phi}{\partial x^2} + A(x) = 0, \qquad 0 < x < \pi, \tag{3.71}$$

mit

$$\phi(0) = 0 \quad \text{und} \quad \phi(\pi) = 0. \tag{3.72}$$

Hier stellt $A(x)$ den Schadstoffzufluss entlang des Kanals dar und wird in diesem eindimensionalen Problem durch einen Quellterm und nicht durch den Einstrom über einen Rand (wie es bei einem mehrdimensionalen Problem der Fall wäre) dargestellt.

3.11.2.1 Verwendung der schwachen Form und der Fourier-Reihen

Der hier verwendete Ansatz wird formal als *Fourier-Galerkin*-Methode bezeichnet (Canuto et al. 2006; Boyd 2001). Diese Methode basiert auf zwei Schlüsselprinzipien, nämlich der Fähigkeit eines vollständigen Satzes von *Basisfunktionen*, jede beliebige, aber vernünftige Funktion genau darzustellen, und dem Orthogonalitätskonzept (Street 1973; Boyd 2001; Moin 2010). Die Grundidee besteht darin, die unbekannte Variable mit einer Reihe von Basisfunktionen, multipliziert mit unbekannten Koeffizienten, darzustellen [vgl. Gl. (3.64)]. Dann wird die Orthogonalität der Basisfunktionen verwendet, indem die gegebene Gleichung – z. B. die obige Gl. (3.71) – mit einer Reihe von *Testfunktionen* multipliziert und über das Lösungsgebiet integriert wird. Bei der hier verwendeten Fourier-Galerkin-Methode sind die Basis- und Testfunktionen gleich.

Für das aktuelle Problem, das durch Gl. (3.71) und (3.72) dargestellt wird, sind die Randbedingungen homogene, nichtperiodische Dirichlet-Bedingungen, sodass es bequem ist, die Lösung mit einer trigonometrischen Sinusfunktion als Halbbereichsentwicklung (d. h. auf $0 < x < \pi$) darzustellen:

$$\phi^N(x) = \sum_{q=1}^{N} \hat{\phi}_q \, \sin(qx). \tag{3.73}$$

Das hochgestellte N zeigt nur an, dass die Lösung durch eine (endliche) Teilsumme von N-Elementen repräsentiert wird. Man beachte, dass $\mathrm{e}^{ikx} = \cos(kx) + \mathrm{i}\sin(kx)$ und dass die Elemente in der Teilsumme jeweils die Randbedingungen des Problems erfüllen. Im Allgemeinen erfüllt die Teilsumme $\phi^N(x)$ nicht die geltende Gleichung (3.71). Somit ergibt sich in jedem Punkt ein *Residuum:*

$$R(\phi^N) = \frac{\partial^2 \phi^N}{\partial x^2} + \frac{A(x)}{D_x} \neq 0. \tag{3.74}$$

Dieses Residuum entspricht dem Fehler in der Lösungsabschätzung, gegeben durch die Teilsumme. Es gibt eine Reihe von Möglichkeiten, dieses Residuum zu minimieren (siehe z. B. Boyd 2001 oder Durran 2010), einschließlich der Minimierung durch die Methode der kleinsten Quadrate oder der Verwendung gewichteter Residuen; die letzte Methode wird hier dargestellt. In unserer Methode der gewichteten Residuen wird verlangt, dass der gewichtete Mittelwert der Gleichung gleich null ist; dies ist eine *schwache Lösung* und wird es uns ermöglichen, die unbekannten Koeffizienten $\hat{\phi}_q$ zu bestimmen.

Nun wird die Teilsumme (3.73) in Gl. (3.71) eingesetzt, die ganze Gleichung mit der Wichtungsfunktion $\sin(jx)$ multipliziert und über das Lösungsgebiet integriert:

$$\int_0^\pi \left(\frac{\partial^2 \phi^N}{\partial x^2} + \frac{A(x)}{D_x} \right) \sin(jx)\, \mathrm{d}x = 0. \tag{3.75}$$

Diese Gleichung muss für alle $j = 1, 2, \ldots N$ erfüllt sein. Da der Quellterm $A(x)/D_x$ als bekannt angenommen wird, aber eine beliebige Form annehmen kann, ist es an dieser Stelle notwendig, die Quelle in eine Sinusreihe zu entwickeln:

$$\frac{A(x)}{D_x} = \sum_{q=1}^N \hat{a}_q \sin(qx). \tag{3.76}$$

Wie wir im Folgenden sehen werden, beeinflusst die Form des Quellterms die Lösung, insbesondere wenn die Quelle Diskontinuitäten aufweist.

Das Einfügen der Teilsummen in Gl. (3.75) und das Umordnen ergeben:

$$\sum_{q=1}^N (-q^2 \hat{\phi}_q + \hat{a}_q) \int_0^\pi \sin(qx)\sin(jx)\, \mathrm{d}x = 0. \tag{3.77}$$

Da die gewählten Entwicklungs- und Wichtungsfunktionen jedoch gleich und orthogonal sind, d. h.

$$\int_0^\pi \sin(qx)\sin(jx)\, \mathrm{d}x = \begin{cases} \pi/2 & \text{falls } q = j \\ 0 & \text{falls } q \neq j \end{cases} \tag{3.78}$$

erhalten wir:

$$-j^2 \hat{\phi}_j + \hat{a}_j = 0 \quad \text{oder} \quad \hat{\phi}_j = \frac{1}{j^2}\hat{a}_j, \quad \text{für alle } j. \tag{3.79}$$

Die Multiplikation von Gl. (3.76) mit Wichtungsfunktionen, Integration über das Lösungsgebiet und die nochmalige Verwendung der Orthogonalität ergeben wiederum

$$\hat{a}_j = \frac{2}{\pi} \int_0^\pi \frac{A(x)}{D_x} \sin(jx) \, \mathrm{d}x. \tag{3.80}$$

Die endgültige Lösung ist dann

$$\phi^N(x) = \frac{2}{\pi} \sum_{q=1}^N \frac{1}{q^2} \left(\int_0^\pi \frac{A(x)}{D_x} \sin(qx) \, \mathrm{d}x \right) \sin(qx). \tag{3.81}$$

Die Teilsumme (3.81) ist eine spektrale (*schwache*) Näherungslösung für Gl. (3.71), die
die Randbedingungen (3.72) erfüllt. Da in der Teilsumme $N \rightarrow \infty$, ist ersichtlich, dass
diese Lösung in diesem einfachen Fall der üblichen Fourier-Reihen-Lösung entspricht. Die
oben genannten Referenzen beziehen sich auf komplexere Situationen und andere Basis-
und Testfunktionen.

Abb. 3.13 zeigt das Ergebnis, wenn der Schadstoffeintrag in der Mitte des Lösungsgebiets
stattfindet. Der schmale Einlass approximiert die Deltafunktion, sodass die Lösung langsam
in der Nähe der Quelle konvergiert, d. h. die Rate, mit der die Koeffizienten $\hat{\phi}_q$ mit zunehmendem q abnehmen, ist in der Umgebung der schnellen Änderungen im Quellterm kleiner
als anderswo. Dementsprechend werden dort mehr Terme benötigt, um eine gewünschte
Genauigkeit zu erreichen. Außerhalb dieses Bereichs ist die exakte Lösung linear. Außerdem sind in diesem Fall die geradzahligen Terme (2, 4, 6, . . .) in der Teilentwicklung gleich
null; dies erkennt man auch daran, dass die Teilsummen mit 1 und 2 Termen in der Abbildung identisch sind. Eine 100-Term-Entwicklung ist bereits im Wesentlichen identisch mit
der exakten Lösung.

3.11.2.2 Verwendung der starken Form und Kollokation mit Fourier-Reihen

Für die starke Form, die pseudospektrale Methode, ist das Verfahren recht einfach. Für das
durch Gl. (3.71) und (3.72) gegebene Problem und die partielle Entwicklung (3.73) wird
lediglich verlangt, dass Gl. (3.71) in N-1 äquidistanten (Gitter- oder Knoten-) Punkten im
Lösungsgebiet erfüllt ist.[3] Da die Teilsumme bereits die Randbedingungen erfüllt, ist keine
besondere Berücksichtigung dieser erforderlich; siehe Boyd (2001) für eine Diskussion
der Fälle, in denen die Randbedingungen als Gleichungen im hier erhaltenen letzten Satz
hinzugefügt werden müssen.

Für die Fourier-Reihen-Approximation können die Punkte im Lösungsgebiet äquidistant
als $\delta x_j = \pi/N$, für $j = 1, 2, 3, .., N - 1$ verteilt werden, sodass $x_j = \pi j/N$. Es ist jedoch
klar, dass die Differentialgleichung mit der gewählten partiellen Entwicklung nur in $N - 1$

---

[3]Kap. 3 von Boyd (2001) weist darauf hin, dass diese pseudospektrale Einschränkung durch die
Verwendung der Dirac-Delta-Funktion $\delta(x - x_i)$ als Testfunktion in der oben beschriebenen Methode
der gewichteten Residuen erreicht werden kann.

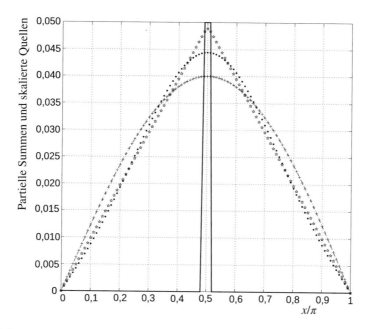

Abb. 3.13 Lösung des Schadstoffeintragsproblems für die Quelle der Einheitsstärke bei x zwischen $(0, 49 - 0, 51)\pi$: Gezeigt werden die Quelle/20 (durchgezogene Linie) und die Lösung mit 1 (+), 2 $(- \cdot -)$, 3 (•) und 512 (⋆) Termen der Teilentwicklung

Punkten erfüllt werden kann, sodass Gl. (3.73) modifiziert wird:

$$\phi^{N-1}(x) = \sum_{q=1}^{N-1} \hat{\phi}_q \, \sin(qx). \tag{3.82}$$

Erforderlich ist, dass gilt:

$$\left(\frac{\partial^2 \phi^{N-1}}{\partial x^2} + \frac{A(x)}{D_x} \right) = 0 \quad \text{in} \quad x_j = \pi \, j/N, \quad \text{für} \quad j = 1, 2, 3, \ldots, N-1. \tag{3.83}$$

Durch Verwendung von Gl. (3.82) ergibt sich:

$$\sum_{q=1}^{N-1} (q^2 \hat{\phi}_q \, \sin(qx_j)) = \frac{A(x_j)}{D_x}, \tag{3.84}$$

was $N-1$ Gleichungen für $\hat{\phi}_q$ in Form einer $(N-1) \times (N-1)$ Koeffizientenmatrix ergibt. Für $N = 4$, $x_j = \pi \, j/4$, sodass

$$A = \begin{pmatrix} \sin(x_1) & 4\sin(2x_1) & 9\sin(3x_1) \\ \sin(x_2) & 4\sin(2x_2) & 9\sin(3x_2) \\ \sin(x_3) & 4\sin(2x_3) & 9\sin(3x_3) \end{pmatrix},$$

$$Q = \begin{pmatrix} A(x_1)/D_x \\ A(x_2)/D_x \\ A(x_3)/D_x \end{pmatrix},$$

$$\hat{\phi} = \begin{pmatrix} \hat{\phi}_1 \\ \hat{\phi}_2 \\ \hat{\phi}_3 \end{pmatrix}.$$

Die Lösung erhält man durch das Lösen des Gleichungssystems (siehe Abschn. 5.2)

$$A\,\hat{\phi} = Q, \tag{3.85}$$

welches für einen beliebigen Wert von N aufgestellt werden kann.

Die Anwendung der Kollokationsmethode auf das mit der oben beschriebenen Fourier-Galerkin-Methode gelöste Problem führt zu ähnlichen Ergebnissen. Wenn der durchschnittliche Fehler im Lösungsgebiet (berechnet gemäß Gl. (3.63) und normiert mit dem Maximalwert von ϕ) in Abb. 3.14 für die schwachen und starken Lösungen als Funktion der Anzahl der verwendeten Basisfunktionen (oder der Anzahl der verwendeten Knoten oder Gitterpunkte in der Kollokationsmethode) untersucht wird, so ist ein signifikanter Unterschied zu beobachten.

Wir haben hier drei verschiedene Quellformen verwendet, um die Auswirkungen der Form auf die Fehler zu veranschaulichen. Die schmale Blockquelle ist die in Abb. 3.13 gezeigte, die einen konstanten Wert ungleich null nur im Bereich von $0,49 \geq x/\pi\pi \geq 0,51$ hat; die breite Blockquelle hat einen konstanten Wert ungleich null im Bereich $0,45 \geq x/\pi \geq 0,55$. Die Quelle und damit die 2. Ableitung von ϕ sind an den Blockrändern nicht kontinuierlich. Die schwache Fourier-Galerkin-Lösung integriert über diese Diskontinuitäten hinweg und erfordert, dass die Differentialgleichung nur im Durchschnitt und nicht punktuell erfüllt wird. Die Untersuchung der Teilsumme für die 2. Ableitung der Lösung zeigt (Abb. 3.15), dass sie bei den Diskontinuitäten Gibbs-Phänomene (Ferziger 1998; Gibbs 1898, 1899) aufweist, d. h. der Wert der Teilsumme über- bzw. unterschreitet den richtigen Wert (er oszilliert), weil die Reihe dort nicht konvergiert. Die 1. Ableitung der Lösung ist jedoch kontinuierlich, sodass dieses Problem dort nicht auftritt und die Lösung selbst nicht infiziert ist. In der Tat bleibt die Masse der Quellmaterie jederzeit erhalten, da die Lösung auf der analytischen Integration des Quellterms basiert. Wenn man die Integration numerisch durchführt, führt dies zu einem Fehler, der vom Abstand der Integrationsknoten und der Integrationsmethode abhängig ist.

In der Kollokationsmethode machen sich die Diskontinuitäten explizit bemerkbar, weil wir die Erfüllung der Differentialgleichung in Knoten auf beiden Seiten der Diskontinuitäten erzwingen, und die Quelle nicht genau repräsentiert wird. Dies führt zu einem anhaltenden

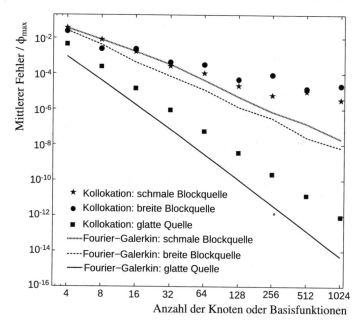

Abb. 3.14 Fehler in Fourier-Galerkin- oder Kollokationsmethoden als Funktion der Anzahl der Basisfunktionen oder Knoten und der Form der Schadstoffquelle

Abb. 3.15 Gibbs-Phänomen in der 2. Ableitung der Fourier-Galerkin-Teilsumme für die Schadstoffquelle von Abb. 3.13: 1024 Terme

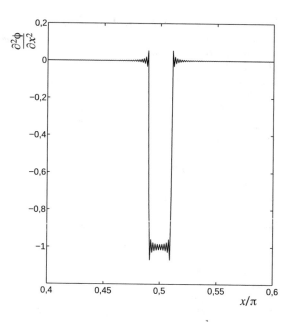

Fehler in der Menge der vorhandenen Quellmaterie. Dieser Fehler ist abhängig vom Gitterabstand und seinem Verhältnis zum vorgegebenen Bereich in dem die Quelle ungleich null
ist. Die Wichtung des Quellvolumens, um die Masse insgesamt zu erhalten, reduziert den
Fehler.

Die Änderung der Breite der Blockquelle macht keinen großen Unterschied bei der Reduzierung von Fehlern mit einer größeren Anzahl von Knoten oder Basisfunktionen. Der
Effekt der Quellform ist jedoch in Abb. (3.14) durch die Verwendung der glatten Quelle
$A(x)/D_x = 1 - \cos(2x)$ deutlich erkennbar. Nun nimmt der Fehler für beide Methoden
schnell ab, wenn die Anzahl der Terme oder Knoten erhöht wird.

Schließlich ist es angesichts der unterschiedlichen Mittel zur Bestimmung der partiellen
Entwicklungskoeffizienten in den schwachen und starken Methoden wichtig zu beachten,
dass *die Entwicklungskoeffizienten der beiden Methoden möglicherweise nicht gleich sind,
obwohl die Basisfunktionen gleich sind.*

Die Anwendung der Kollokationsmethode ist i. Allg. einfach, aber das Vorhandensein
nichtlinearer Terme (wie sie in den Navier-Stokes-Gleichungen vorkommen) erfordert eine
besondere Behandlung, die über den Rahmen dieser Einführung hinausgeht (siehe Boyd
2001; Moin 2010; und Canuto et al. 2006 & 2007).

Literatur

Abe, K., Jang, Y.- J. & Leschziner, M. A. (2003). An investigation of wall-anisotropy expressions and
    length-scale equations for non-linear eddy-viscosity models. *Int. J. Heat Fluid Flow*, **24**, 181–198.
Boyd, J. P. (2001). *Chebyshev and Fourier spectral methods* (Revised 2 Aufl.). Mineola, N. Y: Dover
    Publications.
Canuto, C., Hussaini, M. Y., Quarteroni, A. & Zang, T. A. (2006). *Spectral methods: Fundamentals
    in single domains*. Berlin: Springer.
Canuto, C., Hussaini, M. Y., Quarteroni, A. & Zang, T. A. (2007). *Spectral methods: Evolution to
    complex geometries and applications to fluid dynamics*. Berlin: Springer.
Durran, D. R. (2010). *Numerical methods for fluid dynamics with applications to geophysics* (2. Aufl.).
    Berlin: Springer.
Ferziger, J. H. (1998). *Numerical methods for engineering application* (2. Aufl.). New York: Wiley-
    Interscience.
Fornberg, B. (1988). Generation of finite difference formulas on arbitrarily spaced grids. *Math.
    Comput.* **51**, 699–706.
Fox, D. G. & Orszag, S. A. (1973). Pseudospectral approximation to two-dimensional turbulence. *J.
    Compt. Phys.*, **11**, 612–619.
Gamet, L., Ducros, F., Nicoud, F. & Poinsot, T. (1999). Compact finite difference schemes on non-
    uniform meshes. Application to direct numerical simulations of compressible flows. *Int. J. Numer.
    Methods Fluids*, **29**, 159–191.
Gibbs, J. W. (1898). Fourier's series. *Nature*, **59**, 200.
Gibbs, J. W. (1899). Fourier's series. *Nature*, **59**, 606.
Leder, A. (1992). *Abgelöste Strömungen. Physikalische Grundlagen*. Wiesbaden, Germany: Vieweg.
Mahesh, K. (1998). A family of high order finite difference schemes with good spectral resolution.
    J. Comput. Phys. **145**, 332–358.

Moeng, C. H. (1984). A large-eddy-simulation model for the study of planetary boundary-layer turbulence. *J. Atmos. Sci.* **41**, 2052–2062.

Moin, P. & Kim, J. (1982). Numerical investigation of turbulent channel flow. *J. Fluid Mech.***118**, 341–377.

Moin, P. (2010). *Fundamentals of engineering numerical analysis* (2. Aufl.). Cambridge: Cambridge Univ. Press.

Patankar, S. V. (1980). *Numerical heat transfer and fluid flow*. New York: McGraw-Hill.

Pekurovsky, D., Yeung, P. K., Donzis, D., Pfeiffer, W. & Chukkapallli, G. (2006). Scalability of a pseudospectral DNS turbulence code with 2D domain decomposition on Power41/Federation and Blue Gene systems. In *ScicomP12 and SP-XXL*. Boulder, CO: International Business Machines. Zugriff auf http://www.spscicomp.org/-ScicomP12/-Presentations/-User/-Pekurovsky.pdf.

Richardson, L. F. (1910). The approximate arithmetical solution by finite differences of physical problems involving differential equations with an application to the stresses in a masonry dam. *Phil. Trans. Roy. Soc. London, Ser. A*, **210**, 307–357.

Roache, P. J. (1994). Perspective: a method for uniform reporting of grid refinement studies. *ASME J. Fluids Engrg.* **116**, 405–413.

Spalding, D. B. (1972). A novel finite-difference formulation for differential expressions involving both first and second derivatives. *Int. J. Numer. Methods Engrg*, **4**, 551–559.

Street, R. L. (1973). *Analysis and solution of partial differential equations*. Monterey, CA: Brooks/Cole Pub. Co.

Sullivan, P. P. & Patton, E. G. (2011). The effect of mesh resolution on convective boundary layer statistics and structures generated by large-eddy simulation. *J. Atmos. Sci.*, **68**, 2395–2415.

Washington, W. M. & Parkinson, C. L. (2005). *An introduction to three-dimensional climate modeling* (2. Aufl.). Sausalito, CA: University Sci. Books.

Finite-Volumen-Methoden

4

4.1 Einführung

Wie im vorherigen Kapitel betrachten wir nur die generische Erhaltungsgleichung für eine Größe ϕ und gehen davon aus, dass das Geschwindigkeitsfeld und alle Fluideigenschaften bekannt sind. Die Finite-Volumen-Methode (FV) verwendet die Integralform der Erhaltungsgleichung als Ausgangspunkt:

$$\int_S \rho \phi \mathbf{v} \cdot \mathbf{n} \, dS = \int_S \Gamma \, \nabla \phi \cdot \mathbf{n} \, dS + \int_V q_\phi \, dV. \tag{4.1}$$

Das Lösungsgebiet wird in eine endliche Anzahl kleiner Kontrollvolumen (KV) von einem Gitter unterteilt, das im Gegensatz zur FD-Methode nicht die Rechenknoten, sondern die Kontrollvolumenränder definiert. Der Einfachheit halber werden wir die Methode am Beispiel von kartesischen Gittern demonstrieren; komplexe Geometrien werden in Kap. 9 behandelt.

Der übliche Ansatz besteht darin, KV durch ein geeignetes Gitter zu definieren und den Rechenknoten dem KV-Zentrum zuzuordnen. Man könnte aber auch (bei strukturierten Gittern) zuerst die Knotenpositionen definieren und KV um sie herum konstruieren, sodass KV-Flächen auf halbem Weg zwischen den Knoten liegen; siehe Abb. 4.1. Knoten, in denen die Randbedingungen angewendet werden, sind in dieser Abbildung als Vollsymbole dargestellt.

Der Vorteil des ersten Ansatzes besteht darin, dass der Knotenwert einer Variablen den Mittelwert über dem KV-Volumen mit höherer Genauigkeit (2. Ordnung) als beim zweiten Ansatz darstellt, da sich der Knoten im Schwerpunkt des KV befindet. Der Vorteil des zweiten Ansatzes besteht darin, dass ZDS-Approximationen von Ableitungen an KV-Seiten genauer sind, wenn sich die Fläche in der Mitte zwischen zwei Knoten befindet. Der erste Ansatz wird häufiger verwendet und wird in diesem Buch adoptiert.

© Springer-Verlag GmbH Deutschland, ein Teil von Springer Nature 2020
J. H. Ferziger et al., *Numerische Strömungsmechanik*,
https://doi.org/10.1007/978-3-662-46544-8_4

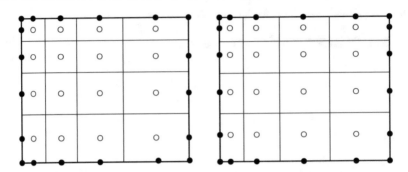

Abb. 4.1 Typen von FV-Gittern: Rechenknoten zentriert im KV (links) und KV-Seiten zentriert zwischen den Rechenknoten (rechts)

Es gibt mehrere andere spezialisierte Varianten von FV-artigen Methoden (Zell-Vertex-Schemata, Duales-Gitter-Schemata usw.); einige davon werden später in diesem Kapitel und in Kap. 9 beschrieben. Hier werden wir nur die grundlegende Methode beschreiben. Die Diskretisierungsprinzipien sind für alle Varianten gleich – man muss nur die Beziehung zwischen den verschiedenen Standorten innerhalb des Integrationsvolumens berücksichtigen.

Die Erhaltungsgleichung in Integralform (4.1) gilt für jedes KV sowie für das gesamte Lösungsgebiet. Wenn wir Gleichungen für alle KV summieren, erhalten wir die globale Erhaltungsgleichung, da sich die Flächenintegrale über den inneren KV-Seiten aufheben. Somit ist die globale Erhaltung in die Methode integriert, was einen ihrer Hauptvorteile darstellt.

Um eine algebraische Gleichung für ein bestimmtes KV zu erhalten, müssen die Flächen- und Volumenintegrale mit Hilfe von Quadraturformeln approximiert werden. Abhängig von den verwendeten Approximationen können die resultierenden Gleichungen diejenigen sein, die mit der FD-Methode erhalten wurden – oder auch nicht.

4.2 Approximaton der Flächenintegrale

In den Abb. 4.2 und 4.3 sind typische 2D- und 3D-kartesische Kontrollvolumina zusammen mit der Notation dargestellt, die wir verwenden werden. Die KV-Oberfläche besteht aus vier (in 2D) oder sechs (in 3D) ebenen Flächen, die durch Kleinbuchstaben entsprechend ihrer Richtung (e, w, n, s, t und b) in Bezug auf den zentralen Knoten (P) gekennzeichnet sind. Der 2D-Fall kann als ein Sonderfall des 3D-Falls betrachtet werden, bei dem die abhängigen Variablen unabhängig von z sind. In diesem Kapitel werden wir uns hauptsächlich mit 2D-Gittern befassen; die Erweiterung auf 3D-Probleme ist einfach.

Der Nettofluss durch den KV-Rand ist die Summe der Integrale über die vier (in 2D) oder sechs (in 3D) KV-Seiten:

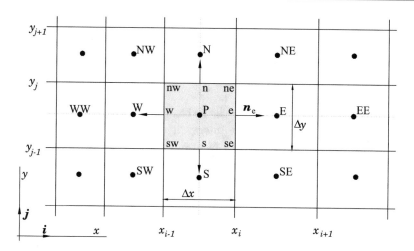

Abb. 4.2 Ein typisches KV und die verwendete Notation für ein kartesisches 2D-Gitter

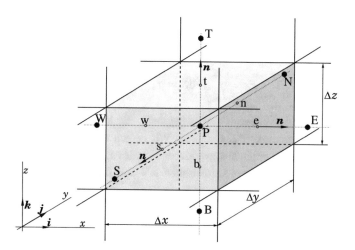

Abb. 4.3 Ein typisches KV und die verwendete Notation für ein kartesisches 3D-Gitter

$$\int_S f \, dS = \sum_k \int_{S_k} f \, dS, \tag{4.2}$$

wobei f die Komponente des Konvektions- ($\rho\phi\mathbf{v}\cdot\mathbf{n}$) oder Diffusionsflussvektors ($\Gamma\nabla\phi\cdot\mathbf{n}$) in Richtung senkrecht zur KV-Seite ist. Da das Geschwindigkeitsfeld und die Fluideigenschaften als bekannt angenommen werden, ist die einzige Unbekannte ϕ. Wenn das Geschwindigkeitsfeld nicht bekannt ist, haben wir ein komplexeres Problem mit nichtlinearen gekoppelten Gleichungen; wir werden es in Kap. 7 und 8 behandeln.

Für die Gewährleistung der Erhaltung ist es wichtig, dass sich die KV nicht überlappen; jede KV-Seite ist eine eindeutige Fläche, die zwei benachbarte KV trennt.

Im Folgenden wird nur eine typische KV-Seite betrachtet, die in Abb. 4.2 mit „e" bezeichnet ist; analoge Ausdrücke können für alle Flächen durch entsprechende Indexsubstitution hergeleitet werden.

Um das Flächenintegral in Gl. (4.2) exakt zu berechnen, müsste man den Integranden f überall auf der Fläche S_e kennen. Diese Information ist nicht verfügbar, da nur die Knotenwerte (KV-Zentrum) von ϕ berechnet werden, sodass eine Approximation eingeführt werden muss. Dies geschieht am besten mit zwei Approximationsstufen:

- Das Integral wird in Bezug auf die Variablenwerte in einem oder mehreren Punkten auf der KV-Seite approximiert.
- Die Variablenwerte in diesen Punkten an der KV-Seite werden mittels Interpolation durch die Knotenwerte (in KV-Zentren) approximiert.

Die einfachste Approximation des Integrals ist die Mittelpunktregel: Das Integral wird als Produkt aus dem Integranden im Zentrum der KV-Seite (das selbst eine Approximation des Mittelwerts über die Fläche ist) und der Fläche der KV-Seite approximiert:

$$F_e = \int_{S_e} f \, dS = \overline{f}_e S_e \approx f_e S_e. \tag{4.3}$$

Diese Approximation des Integrals – vorausgesetzt, der Wert von f an der Stelle "e" ist bekannt – hat eine Genauigkeit 2. Ordnung. Wir zeigen nun, wie die Ordnung der Integralapproximation für ein einfaches zweidimensionales Problem bestimmt werden kann. Wir betrachten die Ostseite eines kartesischen KV und integrieren daher entlang der y-Koordinate. Der Einfachheit halber setzen wir den Koordinatenursprung in das Zentrum der KV-Seite "e"; daher $y_{se} = -\Delta y/2$ und $y_{ne} = +\Delta y/2$. Wir verwenden zunächst die Taylor-Reihenentwicklung des Integranden f um das Flächenzentrum, unter der Annahme, dass f_e bekannt ist:

$$f = f_e + \left(\frac{\partial f}{\partial y}\right)_e y + \left(\frac{\partial^2 f}{\partial y^2}\right)_e \frac{y^2}{2} + H, \tag{4.4}$$

wobei H für „Terme höherer Ordnung" steht. Wir wollen also die Funktion f entlang der Ostseite integrieren:

$$\int_{S_e} f \, dS = \int_{-\Delta y/2}^{\Delta y/2} f \, dy. \tag{4.5}$$

Durch das Einfügen von Ausdruck (4.4) in Gl. (4.5) erhalten wir:

$$\int_{-\Delta y/2}^{\Delta y/2} f \, dy = \left[f_e y + \left(\frac{\partial f}{\partial y}\right)_e \frac{y^2}{2} + \left(\frac{\partial^2 f}{\partial y^2}\right)_e \frac{y^3}{6} + H \right]_{-\Delta y/2}^{+\Delta y/2}. \tag{4.6}$$

Der Term, der die 1. Ableitung von f beinhaltet, fällt weg und wir erhalten somit:

$$\int_{-\Delta y/2}^{\Delta y/2} f \, \mathrm{d}y = f_\mathrm{e} \Delta y + \left(\frac{\partial^2 f}{\partial y^2} \right)_\mathrm{e} \frac{(\Delta y)^3}{24} + \mathrm{H}. \tag{4.7}$$

Der erste Term auf der rechten Seite ist die Integralapproximation mit der Mittelpunktregel; der zweite Term ist der führende Term aus dem Abbrruchfehler, der in der Regel der größte ist. Der lokale Fehler ist proportional zu $(\Delta y)^3$, aber wir müssen berücksichtigen, dass die Integration über einen endlichen Bereich durchgeführt werden muss, der n-Segmente beinhaltet, wobei $n = Y/\Delta y$ und Y die gesamte Integrationsstrecke ist. Der Gesamtfehler ist also proportional zu $(\Delta y)^2$, da der lokale Fehler n-mal auftritt.

Da der Wert von f im Mittelpunkt der KV-Seite „e" nicht verfügbar ist, muss er durch Interpolation aus Knotenwerten ermittelt werden. Um die Genauigkeit der Mittelpunktregel-Approximation des Flächenintegrals 2. Ordnung zu erhalten, muss der Wert von f_e mit einer Genauigkeit mindestens 2. Ordnung berechnet werden. Wir werden einige weit verbreitete Approximationen in Abschn. 4.4 vorstellen.

Eine weitere Approximation 2. Ordnung für das Flächenintegral in 2D ist die Trapezregel, die zu Folgendem führt:

$$F_\mathrm{e} = \int_{S_\mathrm{e}} f \, \mathrm{d}S \approx \frac{S_\mathrm{e}}{2} \left(f_\mathrm{ne} + f_\mathrm{se} \right). \tag{4.8}$$

In diesem Fall müssen wir die Flussvektorkomponenten in den KV-Eckpunkten auswerten. Unter Verwendung des gleichen Ansatzes, der oben für die Mittelpunktregel-Approximation vorgestellt wurde, aber unter der Annahme, dass f_ne und f_se bekannt sind, kann man zeigen, dass der lokale Abbruchfehler für die Trapezregel doppelt so groß ist wie für die Mittelpunktregel, aber mit umgekehrtem Vorzeichen:

$$\int_{-\Delta y/2}^{\Delta y/2} f \, \mathrm{d}y = \frac{f_\mathrm{ne} + f_\mathrm{se}}{2} \Delta y - \left(\frac{\partial^2 f}{\partial y^2} \right)_\mathrm{se} \frac{(\Delta y)^3}{12} + \mathrm{H}. \tag{4.9}$$

Es ist jedoch zu beachten, dass die Bezugsposition nun der Eckpunkt ist, da der Mittelpunktwert nicht verwendet wird. Auch hier muss die Interpolation von KV-Mittelpunkten zu den Eckpunkten mindestens eine Genauigkeit 2. Ordnung aufweisen, um die 2. Ordnung der Integralapproximation der Trapezregel beizubehalten.

Um eine Approximation höherer Ordnung für Flächenintegrale zu erhalten, müssen die Flussvektorkomponenten an mehr als zwei Stellen bewertet werden. Eine Approximation 4. Ordnung ist die Simpson-Regel, die das Integral über S_e abschätzt als:

$$F_\mathrm{e} = \int_{S_\mathrm{e}} f \, \mathrm{d}S \approx \frac{S_\mathrm{e}}{6} \left(f_\mathrm{ne} + 4 f_\mathrm{e} + f_\mathrm{se} \right). \tag{4.10}$$

Hier werden die Werte von f an drei Stellen benötigt: im Mittelpunkt der KV-Seite „e" und in den beiden Ecken „ne" und „se". Um eine Genauigkeit 4. Ordnung zu erhalten, müssen diese Werte durch Interpolation der Knotenwerte erhalten werden, die mindestens so genau ist wie die Simpson-Regel. Kubische Polynome sind geeignet, wie unten gezeigt wird.

In 3D ist die Mittelpunktregel wiederum die einfachste Approximation 2. Ordnung. Approximationen höherer Ordnung, die den Integranden an anderen Stellen als dem Mittelpunkt der KV-Seite erfordern (z. B. Eck- und Mittelpunkte von Kanten), sind möglich, aber schwieriger zu implementieren. Eine Möglichkeit wird im folgenden Abschnitt erwähnt.

Wenn man annimmt, dass die Variation von f eine bestimmte einfache Form hat (z. B. ein Interpolationspolynom), ist die Integration einfach. Die Genauigkeit der Approximation hängt dann von der Ordnung der Formfunktion ab.

4.3   Approximation der Volumenintegrale

Einige Terme in den Transportgleichungen erfordern eine Integration über das Volumen eines KV. Die einfachste Approximation 2. Ordnung besteht darin, das Volumenintegral durch das Produkt aus dem KV-Volumen und dem Mittelwert des Integranden zu ersetzen und den Mittelwert mit dem Wert im KV-Zentrum zu approximieren (Mittelpunktregel):

$$Q_P = \int_V q \; dV = \overline{q} \, \Delta V \approx q_P \, \Delta V, \tag{4.11}$$

wobei q_P für den Wert von q im KV-Zentrum steht. Diese Größe lässt sich leicht berechnen; da alle Variablen im Knoten P verfügbar sind, ist keine Interpolation erforderlich. Die obige Approximation wird exakt, wenn q entweder konstant ist oder innerhalb des KV linear variiert; andernfalls enthält sie einen Fehler 2. Ordnung, was leicht zu überprüfen ist.

Eine Approximation höherer Ordnung erfordert die Werte von q in mehreren Punkten als nur im KV-Zentrum. Diese Werte müssen durch Interpolation von Knotenwerten oder entsprechend durch die Verwendung von Formfunktionen erhalten werden.

In 2D wird das Volumenintegral zu einem Flächenintegral. Eine Approximation 4. Ordnung kann durch die Verwendung der bi-quadratischen Formfunktion erreicht werden:

$$q(x, y) = a_0 + a_1 \, x + a_2 \, y + a_3 \, x^2 + a_4 \, y^2 + a_5 \, xy + a_6 \, x^2 y + a_7 \, xy^2 + a_8 \, x^2 y^2. \tag{4.12}$$

Die neun Koeffizienten werden erhalten, indem die Funktion in neun Punkten an die Werte von q angepasst wird („nw", „w", „sw", „n", „P", „s", „ne", „e" und „se", siehe Abb. 4.2). Das Integral kann dann ausgewertet werden. In 2D ergibt sich durch Integration (für kartesische Gitter):

$$Q_P = \int_V q \; dV \approx \Delta x \, \Delta y \left[a_0 + \frac{a_3}{12} \, (\Delta x)^2 + \frac{a_4}{12} \, (\Delta y)^2 + \frac{a_8}{144} \, (\Delta x)^2 (\Delta y)^2 \right]. \tag{4.13}$$

Es müssen nur vier Koeffizienten bestimmt werden, die jedoch von den Werten von q in allen neun oben genannten Punkten abhängen. Auf einem äquidistanten kartesischen Gitter erhalten wir:

$$Q_P = \frac{\Delta x \, \Delta y}{36} \left(16 q_P + 4 q_s + 4 q_n + 4 q_w + 4 q_e + q_{se} + q_{sw} + q_{ne} + q_{nw} \right). \quad (4.14)$$

Da nur der Wert bei P verfügbar ist, muss mit Hilfe der Interpolation q in den anderen Punkten ermittelt werden. Sie muss mindestens der 4. Ordnung entsprechen, um die Genauigkeit der Integralapproximation zu erhalten. Einige Möglichkeiten werden im nächsten Abschnitt beschrieben.

Die obige Approximation 4. Ordnung für das Volumenintegral in 2D kann verwendet werden, um die Flächenintegrale in 3D zu approximieren. Approximationen höherer Ordnung für Volumenintegrale in 3D sind komplexer, können aber mit den gleichen Techniken gefunden werden.

4.4 Interpolations- und Differentiationsmethoden

Die Approximationen für die Flächen- und Volumenintegrale erfordern die Variablenwerte an anderen Stellen als den Rechenknoten (KV-Zentrum). Der Integrand, der in den vorangegangenen Abschnitten mit f bezeichnet wurde, bezieht sich auf das Produkt aus mehreren Variablen und/oder Variablengradienten an diesen Stellen: $f^c = \rho \phi \mathbf{v} \cdot \mathbf{n}$ für den Konvektionsfluss und $f^d = \Gamma \nabla \phi \cdot \mathbf{n}$ für den Diffusionsfluss. Wir gehen davon aus, dass das Geschwindigkeitsfeld und die Fluideigenschaften ρ und Γ an allen Stellen bekannt sind. Um die Konvektions- und Diffusionsflüsse zu berechnen, wird der Wert von ϕ und sein Gradient normal zur Zellfläche an einer oder mehreren Stellen auf jeder KV-Seite benötigt. Volumenintegrale der Quellterme können auch Gradienten von ϕ erfordern. Sie müssen mittels Interpolation durch Knotenwerte ausgedrückt werden.

Es gibt zahlreiche Möglichkeiten, ϕ und seinen Gradienten an den KV-Seiten zu berechnen. Waterson und Deconinck (2007) haben buchstäblich Dutzende Verfahren für Finite-Volumen untersucht. Die kommerziellen Rechenprogramme bieten in der Regel eine Reihe von verschiedenen Approximationen an und geben Hinweise zu deren Anwendung und Genauigkeit. Wir werden hier einige wenige, häufig verwendete Methoden in Detail analysieren und uns dann allgemeineren Verfahren widmen, einschließlich κ-Methoden, Flusslimitern und den sogenannten *total-variation diminishing* (TVD) Schemata.[1]

---

[1]In diesem Abschnitt betrachten wir Schemata zur Definition von ϕ und/oder dessen Ableitung. In Abschn. 11.3 werden wir den sogenannten *flux-corrected transport* (FCT) untersuchen.

4.4.1 Aufwind-Interpolation (ADS)

Die Approximation von ϕ_e durch den Wert im Knoten stromaufwärts von „e" ist äquivalent zur Verwendung einer Rückwärts- oder Vorwärtsdifferenzenapproximation für die 1. Ableitung (abhängig von der Strömungsrichtung), daher der Name *Aufwinddifferenzenschema* (ADS) für diese Approximation. In ADS wird ϕ_e bestimmt als:

$$\phi_e = \begin{cases} \phi_P \text{ falls } (\mathbf{v} \cdot \mathbf{n})_e > 0; \\ \phi_E \text{ falls } (\mathbf{v} \cdot \mathbf{n})_e < 0. \end{cases} \tag{4.15}$$

Dies ist die einzige Approximation, die das Beschränktheitskriterium bedingungslos erfüllt, d. h. sie wird nie zu oszillierenden Lösungen führen. Diese Eigenschaft wird erreicht, weil die Approximation *numerisch diffusiv* ist. Dies wurde im vorhergehenden Kapitel gezeigt und wird im Folgenden noch einmal erläutert.

Die Taylor-Reihenentwicklung um den Knoten P ergibt (für ein kartesisches Gitter und $(\mathbf{v} \cdot \mathbf{n})_e > 0$):

$$\phi_e = \phi_P + (x_e - x_P)\left(\frac{\partial \phi}{\partial x}\right)_P + \frac{(x_e - x_P)^2}{2}\left(\frac{\partial^2 \phi}{\partial x^2}\right)_P + H, \tag{4.16}$$

wobei H Terme höherer Ordnung bezeichnet. Die ADS-Approximation behält nur den ersten Term auf der rechten Seite bei, es handelt sich also um eine Approximation 1. Ordnung. Ihr führender Abbruchfehlerterm ist diffusiv, d. h. er ähnelt einem echten Diffusionsfluss:

$$f_e^d = \Gamma_e \left(\frac{\partial \phi}{\partial x}\right)_e. \tag{4.17}$$

Der Koeffizient der numerischen, künstlichen oder falschen Diffusion (in der Literatur werden verschiedene Bezeichnungen für diese Eigenschaft verwendet) ist $\Gamma_e^{num} = (\rho u)_e \Delta x / 2$. Diese numerische Diffusion wird bei mehrdimensionalen Problemen verstärkt, wenn die Strömung schräg zum Gitter verläuft; der Abbruchfehler erzeugt dann eine Diffusion sowohl quer zur Strömungsrichtung als auch in Strömungsrichtung, was eine besonders schwerwiegende Art von Fehler ist. Spitzenwerte oder Oszillationen der Variablen werden geglättet, und da die Rate der Fehlerreduzierung nur 1. Ordnung ist, sind sehr feine Gitter erforderlich, um genaue Lösungen zu erhalten.

4.4.2 Lineare Interpolation (ZDS)

Eine weitere einfache Approximation für den Variablenwert im Zentrum einer KV-Seite ist die lineare Interpolation zwischen zwei benachbarten Knoten. An der Stelle „e" auf einem kartesischen Gitter haben wir (siehe Abb. 4.2 und 4.3):

$$\phi_e = \phi_E \lambda_e + \phi_P (1 - \lambda_e), \tag{4.18}$$

wobei der lineare Interpolationsfaktor λ_e definiert ist als:

$$\lambda_e = \frac{x_e - x_P}{x_E - x_P}.$$ (4.19)

Die Gl. (4.18) stellt eine Approximation 2. Ordnung dar, wie die Verwendung der Taylor-Reihenentwicklung von ϕ_E um den Punkt x_P zur Eliminierung der 1. Ableitung in Gl. (4.16) zeigt. Das Ergebnis ist:

$$\phi_e = \phi_E \lambda_e + \phi_P (1 - \lambda_e) - \frac{(x_e - x_P)(x_E - x_e)}{2} \left(\frac{\partial^2 \phi}{\partial x^2}\right)_P + H.$$ (4.20)

Der führende Abbruchfehlerterm ist proportional zum Quadrat der Gittermaschenweite, sowohl bei äquidistanten als auch bei nichtäquidistanten Gittern.

Wie bei allen Approximationen der Ordnung größer als eins kann dieses Schema oszillierende Lösungen erzeugen. Dies ist die einfachste und am häufigsten verwendete Approximation 2. Ordnung. Sie entspricht der Zentraldifferenzenapproximation der 1. Ableitung in FD-Methoden; daher die Abkürzung ZDS.

Die Annahme eines linearen Profils zwischen den Knoten P und E bietet auch die einfachste Approximation des Gradienten, der für die Auswertung von Diffusionsflüssen benötigt wird:

$$\left(\frac{\partial \phi}{\partial x}\right)_e \approx \frac{\phi_E - \phi_P}{x_E - x_P}.$$ (4.21)

Durch die Verwendung der Taylor-Reihenentwicklung um ϕ_e kann man zeigen, dass der Abbruchfehler der obigen Approximation ist:

$$\varepsilon_\tau = \frac{(x_e - x_P)^2 - (x_E - x_e)^2}{2(x_E - x_P)} \left(\frac{\partial^2 \phi}{\partial x^2}\right)_e$$
$$- \frac{(x_e - x_P)^3 + (x_E - x_e)^3}{6(x_E - x_P)} \left(\frac{\partial^3 \phi}{\partial x^3}\right)_e + H.$$ (4.22)

Wenn die Position „e" auf halbem Weg zwischen P und E liegt (z. B. auf einem äquidistanten Gitter), ist die Approximation 2. Ordnung, da der erste Term auf der rechten Seite verschwindet und der führende Fehlerterm dann proportional zu $(\Delta x)^2$ ist. Wenn das Gitter nichtäquidistant ist, ist der führende Fehlerterm proportional zum Produkt aus Δx und dem Gitterexpansionsfaktor minus eins. Trotz der formalen Genauigkeit 1. Ordnung reduziert sich der Fehler bei der Gitterverfeinerung auch bei nichtäquidistanten Abständen wie bei einer Approximation 2. Ordnung. Siehe Abschn. 3.3.4 für eine detaillierte Erklärung dieses Verhaltens.

4.4.3 Quadratische Aufwind-Interpolation (QUICK)

Die nächste logische Verbesserung wäre, das Variablenprofil zwischen den Knoten P und E durch eine Parabel statt einer Geraden zu approximieren. Für eine Parabel benötigen wir Daten in einem weiteren Punkt; entsprechend der Art der Konvektion wird der dritte Punkt auf der stromaufwärts gerichteten Seite genommen, d. h. W, wenn die Strömung von P nach E gerichtet ist (d. h. $u_x > 0$) oder EE, wenn $u_x < 0$ ist, siehe Abb. 4.2. Schließlich ergibt sich für ϕ_e der folgende Ausdruck:

$$\phi_e = \phi_U + g_1(\phi_D - \phi_U) + g_2(\phi_U - \phi_{UU}),\qquad(4.23)$$

wobei D, U und UU den stromabwärts, den ersten stromaufwärts und den zweiten stromaufwärts gelegenen Knoten bezeichnen (E, P und W oder P, E und EE, abhängig von der Strömungsrichtung). Die Koeffizienten g_1 und g_2 können durch die Knotenkoordinaten ausgedrückt werden:

$$g_1 = \frac{(x_e - x_U)(x_e - x_{UU})}{(x_D - x_U)(x_D - x_{UU})};\quad g_2 = \frac{(x_e - x_U)(x_D - x_e)}{(x_U - x_{UU})(x_D - x_{UU})}.$$

Bei äquidistanten Gittern erweisen sich die Koeffizienten der drei an der Interpolation beteiligten Knotenwerte als: 3/8 für den stromabwärts gelegenen Punkt, 6/8 für den ersten und -1/8 für den zweiten stromaufwärts liegenden Knoten. Dieses Schema ist etwas komplexer als die ZDS-Variante: Es erweitert den Rechenstern um einen weiteren Knoten in jede Richtung (in 2D sind die Knoten EE, WW, NN und SS enthalten), und bei nichtorthogonalen und/oder nichtäquidistanten Gittern sind die Ausdrücke für die Koeffizienten g_i kompliziert. Leonard (1979) machte dieses Schema populär und gab ihm den Namen QUICK (Quadratic Upwind Interpolation for Convective Kinematics).

Dieses quadratische Interpolationsschema weist einen Abbruchfehler 3. Ordnung sowohl auf äquidistanten als auch auf nichtäquidistanten Gittern auf. Dies kann gezeigt werden, indem man die 2. Ableitung von Gl. (4.20) mit ϕ_W eliminiert, was bei einem äquidistanten kartesischen Gitter mit $u_x > 0$ zu folgendem Ausdruck führt:

$$\phi_e = \frac{6}{8}\phi_P + \frac{3}{8}\phi_E - \frac{1}{8}\phi_W - \frac{3(\Delta x)^3}{48}\left(\frac{\partial^3 \phi}{\partial x^3}\right)_P + H.\qquad(4.24)$$

Die ersten drei Terme auf der rechten Seite stellen die QUICK-Approximation dar, während der letzte Term der Hauptabbruchfehler ist. Wenn dieses Interpolationsschema in Verbindung mit der Mittelpunkt-Regel-Approximation des Flächenintegrals verwendet wird, hat die Gesamtapproximation jedoch die 2. Ordnung (die Genauigkeit der Quadraturapproximation). Obwohl die QUICK-Approximation etwas genauer ist als ZDS, konvergieren beide Methoden asymptotisch mit 2. Ordnung und die Unterschiede sind selten groß.

4.4.4 Methoden höherer Ordnung

Eine Interpolation mit einer Ordnung höher als 3. ist nur dann sinnvoll, wenn die Integrale mit Formeln höherer Ordnung approximiert werden. Wenn man die Simpson-Regel in 2D für Flächenintegrale verwendet, muss man – um die Genauigkeit der Quadraturapproximation 4. Ordnung zu erhalten – mit Polynomen von mindestens Grad 3 interpolieren, was zu Interpolationsfehlern 4. Ordnung führt. Wenn man z. B. ein Polynom

$$\phi(x) = a_0 + a_1 x + a_2 x^2 + a_3 x^3 \tag{4.25}$$

durch die Werte von ϕ an vier Knoten (zwei auf beiden Seiten von „e": W, P, E und EE) anpasst, kann man die vier Koeffizienten a_i bestimmen und ϕ_e als Funktion der Knotenwerte ausdrücken. Für ein äquidistantes kartesisches Gitter erhält man den folgenden Ausdruck:

$$\phi_e = \frac{9\,\phi_P + 9\,\phi_E - \phi_W - \phi_{EE}}{16}. \tag{4.26}$$

Das gleiche Polynom kann verwendet werden, um die Ableitung zu bestimmen; wir müssen es nur einmal differenzieren:

$$\left(\frac{\partial \phi}{\partial x}\right)_e = a_1 + 2\,a_2\,x + 3\,a_3\,x^2, \tag{4.27}$$

Auf einem äquidistanten kartesischen Gitter erhält man:

$$\left(\frac{\partial \phi}{\partial x}\right)_e = \frac{27\,\phi_E - 27\,\phi_P + \phi_W - \phi_{EE}}{24\,\Delta x}. \tag{4.28}$$

Die obigen Approximationen werden oft als Zentraldifferenzen 4. Ordnung bezeichnet. Natürlich können sowohl Polynome höheren Grades als auch mehrdimensionale Polynome verwendet werden. Kubische Splines, die die Kontinuität der Interpolationsfunktion und ihrer ersten beiden Ableitungen über das gesamte Lösungsgebiet hinweg sicherstellen, können ebenfalls verwendet werden (bei etwas höheren Kosten).

Wenn die Werte der Variablen und ihrer Ableitung in den Zentren der KV-Seiten verfügbar sind, kann man entlang der KV-Seiten interpolieren, um die Werte in den KV-Eckpunkten zu erhalten. Dies ist bei expliziten Berechnungsmethoden nicht schwierig zu bewerkstelligen, aber in impliziten Methoden erzeugt das auf Simpson-Regel und Polynominterpolation 4. Ordnung basierende Verfahren einen zu großen Rechenstern. Diese Komplexität kann man vermeiden, indem man den in Abschn. 5.6 beschriebenen Ansatz der *verzögerten Korrektur* verwendet.

Ein weiterer Ansatz ist die Verwendung der Techniken, welche zur Herleitung der kompakten (Padé) Methoden in FD-Verfahren benutzt wurden. So kann man beispielsweise die Koeffizienten des Polynoms (4.25) erhalten, indem man es an die Variablenwerte und 1.

Ableitungen in den beiden benachbarten Knoten anpasst, s. Gl. (4.25) und (4.27). Für ein äquidistantes kartesisches Gitter ergibt sich der folgende Ausdruck für ϕ_e:

$$\phi_e = \frac{\phi_P + \phi_E}{2} + \frac{\Delta x}{8} \left[\left(\frac{\partial \phi}{\partial x} \right)_P - \left(\frac{\partial \phi}{\partial x} \right)_E \right]. \tag{4.29}$$

Der erste Term auf der rechten Seite der obigen Gleichung stellt eine Approximation 2. Ordnung durch lineare Interpolation dar; der zweite Term stellt eine Approximation des führenden Abbruchfehlerterms für lineare Interpolation dar, siehe Gl. (4.20), in dem die 2. Ableitung durch ZDS approximiert wird.

Ein Problem ist, dass die Ableitungen in den Knoten P und E nicht bekannt sind und selbst approximiert werden müssen. Aber auch wenn wir die 1. Ableitungen durch ZDS 2. Ordnung approximieren, d. h.

$$\left(\frac{\partial \phi}{\partial x} \right)_P = \frac{\phi_E - \phi_W}{2\,\Delta x}; \quad \left(\frac{\partial \phi}{\partial x} \right)_E = \frac{\phi_{EE} - \phi_P}{2\,\Delta x},$$

behält die resultierende Approximation des Wertes im Zentrum der KV-Seite die Genauigkeit des Polynoms 4. Ordnung bei:

$$\phi_e = \frac{\phi_P + \phi_E}{2} + \frac{\phi_P + \phi_E - \phi_W - \phi_{EE}}{16} + \mathcal{O}(\Delta x)^4. \tag{4.30}$$

Dieser Ausdruck ist identisch mit Gl. (4.26).

Wenn wir als Daten die Variablenwerte in den benachbarten Knoten und die Ableitung vom stromaufwärts liegenden Knoten verwenden, können wir ein Polynom 2. Grades (eine Parabel) anpassen. Dies führt zu einer Approximation, die dem oben beschriebenen QUICK-Schema entspricht:

$$\phi_e = \frac{3}{4}\phi_U + \frac{1}{4}\phi_D + \frac{\Delta x}{4} \left(\frac{\partial \phi}{\partial x} \right)_U. \tag{4.31}$$

Der gleiche Ansatz kann verwendet werden, um eine Approximation der Ableitung im Zentrum der KV-Seite zu erhalten; aus der Ableitung des Polynoms (4.25) erhalten wir:

$$\left(\frac{\partial \phi}{\partial x} \right)_e = \frac{\phi_E - \phi_P}{\Delta x} + \frac{\phi_E - \phi_P}{2\,\Delta x} - \frac{1}{4} \left[\left(\frac{\partial \phi}{\partial x} \right)_P + \left(\frac{\partial \phi}{\partial x} \right)_E \right]. \tag{4.32}$$

Offensichtlich ist der erste Term auf der rechten Seite die ZDS-Approximation 2. Ordnung. Die übrigen Terme stellen eine Korrektur dar, die die Genauigkeit erhöht.

Das Problem mit Approximationen (4.29), (4.31) und (4.32) ist, dass sie 1. Ableitungen in KV-Zentren enthalten, die nicht bekannt sind. Obwohl wir diese durch Näherungen 2. Ordnung ersetzen können, die durch die Variablenwerte in KV-Zentren ausgedrückt werden, ohne ihre Genauigkeitsordnung zu zerstören, werden die resultierenden Rechensterne viel größer sein, als wir es uns wünschen. Zum Beispiel stellen wir in 2D (mit Simpson-Regel und Polynominterpolation 4. Ordnung) fest, dass der Fluss durch jede KV-Seite von

15 Knotenwerten der Variablen abhängt und die algebraische Gleichung für ein KV 25 Knotenwerte beinhaltet. Die Lösung des resultierenden Gleichungssystems wäre sehr teuer (siehe Kap. 5) und die Programmierung sehr kompliziert.

Eine Möglichkeit, dieses Problem zu umgehen, besteht in dem Ansatz der verzögerten Korrektur, der in Abschn. 5.6 beschrieben wird.

Man sollte bedenken, dass eine Approximation höherer Ordnung nicht unbedingt eine genauere Lösung auf jedem einzelnen Gitter garantiert; eine hohe Genauigkeit wird nur erreicht, wenn das Gitter fein genug ist, um alle wesentlichen Details der Lösung zu erfassen; bei welcher Gittergröße dies geschieht, kann nur durch systematische Gitterverfeinerung bestimmt werden.

4.4.5 Andere Methoden

Viele verschiedene Approximationen für die Konvektionsflüsse sind bisher vorgeschlagen worden; es geht über den Rahmen dieses Buches hinaus, sie alle zu diskutieren. Die oben beschriebenen Ansätze können genutzt werden, um fast alle herzuleiten. Einige davon beschreiben wir hier und im nächsten Abschnitt.

Man kann ϕ_e durch lineare Extrapolation aus zwei stromaufwärts liegenden Knoten approximieren, was zu dem sogenannten *linearen Aufwind-Schema* führt. Dies ist eine Methode 2. Ordnung, mit ähnlicher Genauigkeit und Eigenschaften wie die lineare Interpolation (ZDS). Sie wird in einigen kommerziellen Rechenprogrammen bevorzugt verwendet, eignet sich aber nicht für direkte und „large-eddy" (Grobstruktur-) Simulation der Turbulenz, s. Kap. 10.

Ein weiterer Ansatz, der von Raithby (1976) vorgeschlagen wurde, ist die Extrapolation von der stromaufwärts liegenden Seite, aber entlang einer Stromlinie und nicht entlang einer Gitterlinie *(Schiefes Aufwindschema)*. Es wurden Ansätze 1. und 2. Ordnung vorgeschlagen, die dem einfachen und dem linearen Aufwindschema entsprechen. Sie sind genauer als Methoden, die auf Extrapolation entlang der Gitterlinien basieren. Diese Verfahren sind jedoch sehr komplex (es gibt viele mögliche Strömungsrichtungen) und es ist viel Interpolation erforderlich. Sie haben deshalb keinen breiten Einsatz gefunden.

Es ist auch möglich, zwei oder mehr verschiedene Näherungen zu mischen (siehe z. B. Abschn. 4.4.6). Ein Beispiel, das in den 1970er und 1980er Jahren viel genutzt wurde ist das hybride Schema von Spalding (1972), das zwischen ADS und ZDS wechselt, abhängig vom *lokalen* Wert der Peclet-Zahl (z. B. Wechsel zu ADS für lokale $Pe_\Delta > 2$). Andere Forscher haben vorgeschlagen, Methoden hoher und niedriger Ordnung zu mischen, um unphysikalische Oszillationen zu vermeiden, insbesondere bei kompressiblen Strömungen mit Stößen. Einige dieser Ideen werden im nächsten Abschnitt behandelt und auch in Kap. 11 erwähnt. Das Mischen kann verwendet werden, um die Konvergenzrate einiger iterativer Löser zu verbessern, wie wir im Folgenden zeigen werden.

4.4.6 Generalisierter Ansatz, TVD-Methoden und Flusslimiter

Die Genauigkeit und die Fähigkeit, gute Lösungen (d. h. begrenzte und frei von Oszillationen) zu erzielen, variiert bei den oben vorgestellten Verfahren stark. Insbesondere – wie bereits erwähnt – garantiert nur die Aufwindmethode 1. Ordnung oszillationsfreie Lösungen. Waterson und Deconinck (2007) stellten einen umfassenden Überblick über begrenzte Approximationen höherer Ordnung für Konvektionsflüsse vor. Hier skizzieren wir kurz die κ-Methode zur Klassifizierung linearer Modelle, *total-variation-diminishing* (TVD)-Schemata und das Konzept der Flussbegrenzungsmethoden. Obwohl wir uns bis zu Kap. 6 nicht explizit mit instationären Problemen befassen, ist es zweckmäßig, hier den Einfluss der Zeit auf die räumlichen Approximationen zu berücksichtigen, denn in Kap. 6 liegt der Fokus auf den Zeitintegrationsmethoden selbst. Im Folgenden wird von einem äquidistanten Gitter ausgegangen; es ist einfach, Ausdrücke für nichtäquidistante Gitter herzuleiten.

Eine Reihe der oben beschriebenen Methoden kann in einen allgemeinen Rahmen, die sogenannte κ-Methode, eingebettet werden (Van Leer 1985; Waterson und Deconinck 2007). Wir folgen dem Muster von Waterson und Deconinck, teilweise um es dem Leser zu erleichtern, diesen Überblick als Quelle für die Auswahl geeigneter Methoden zu nutzen. Im Kontext von Abb. 4.2 und 4.3 kann die κ-Methode für den Wert der Variablen im Zentrum der KV-Seite, ϕ_e, auf einem äquidistanten Gitter mit der Geschwindigkeit in positive x-Richtung wie folgt geschrieben werden:

$$\phi_e = \phi_P + \left\{ \frac{1+\kappa}{4} \left(\phi_E - \phi_P \right) + \frac{1-\kappa}{4} \left(\phi_P - \phi_W \right) \right\}, \tag{4.33}$$

wobei die „Leitmethode" die Aufwindmethode 1. Ordnung ist, (4.15), und der hinzugefügte Term ist ein „anti-diffusiver" Term, um dem diffusiven Charakter der Leitmethode entgegenzuwirken. κ zeigt den Anteil jeder aktiven Methode an, wie in Tab. 4.1 dargestellt.

Tab. 4.1 Beispiele von κ-Methoden für eine lineare Konvektionsgleichung in einem FV-Verfahren

Methode	$-1 \le \kappa \le 1$	Ausdruck für ϕ_e	Bemerkungen
ZDS	1	$\frac{1}{2}\left(\phi_P + \phi_E\right)$	2. Ordnung; cf. Gl. (4.18) für $\lambda_e = \frac{1}{2}$
QUICK	$\frac{1}{2}$	$\frac{6}{8}\phi_P + \frac{3}{8}\phi_E - \frac{1}{8}\phi_W$	2. Ordnung; cf., Gl. (4.24)
LUI	-1	$\frac{3}{2}\phi_P - \frac{1}{2}\phi_W$	2. Ordnung; Voll-Aufwind
CUI	$\frac{1}{3}$	$\frac{5}{6}\phi_P + \frac{2}{6}\phi_E - \frac{1}{6}\phi_W$	2. Ordnung; die beste κ-Methode in Tests von Waterson-Deconinck (2007)

In einem Rechenprogramm muss man nur die allgemeine Gl. (4.33) programmieren, um jede der Methoden verwenden zu können, indem man den Wert von κ eingibt. Waterson und Deconinck (2007) fassten die Tests mit der linearen skalaren Konvektionsgleichung zusammen und zeigten, dass die *modifizierte Differentialgleichung* für stationäre, eindimensionale Konvektion in Bezug auf die κ-Methode für das KV zentriert um den Punkt P wie folgt geschrieben werden kann:

$$
\left(u \frac{\partial \phi}{\partial x} \right)_P = -\frac{1}{12}(3\kappa - 1)u(\Delta x)^2 \left(\frac{\partial^3 \phi}{\partial x^3} \right)_P
$$
$$
+ \frac{1}{8}(\kappa - 1)u(\Delta x)^3 \left(\frac{\partial^4 \phi}{\partial x^4} \right)_P + H.
$$
(4.34)

Es ist zu beachten, dass der Konvektionsterm auf der linken Seite der obigen Gleichung als nichtkonservative, differentielle Form der Impulsgleichung geschrieben wird, siehe Gl. (1.20), um mit der von Waterson und Deconinck (2007) verwendeten Notation konsistent zu sein. Dieser Term stellt die Differenz zwischen den Konvektionsflüssen an den Flächen "e" und "w" dar.

Die modifizierte Gleichung erhält man aus der Differentialgleichung durch Verwendung geeigneter Interpolationsformeln um deren FV-Form zu erhalten; anschließend entwickelt man die resultierenden Ausdrücke durch Taylor-Reihen um den Punkt P (Warming und Hyett 1974; Fletcher 1991 (Sect. 9.2); Ferziger 1998). Das Ergebnis ist die ursprüngliche Gleichung plus weitere Terme, die implizit in der FV-Rechenformel vergraben sind. Diese Methode der modifizierten Gleichung ist nützlich, da sie (i) auch auf nichtlineare Methoden angewendet werden kann und (ii) aus den Ergebnissen die Folgen der Verwendung einer bestimmten Methode nachvollziehbar sind. In diesem Fall können beispielsweise sowohl Terme mit 3. als auch 4. Ableitungen vorhanden sein, je nach dem Wert von κ. Der Term 3. Ordnung ist dispersiv, was bedeutet, dass sich im instationären Fall verschiedene Komponenten der Lösung mit unterschiedlichen Geschwindigkeiten bewegen und dadurch eine anfängliche Wellenform falsch verteilen.[2] Der Term 4. Ordnung ist diffusiv und würde zu einer Dissipation oder Degradation einer Lösung führen. Demnach ist die ZDS-Methode, bei der $\kappa = 1$, dispersiv, aber nicht diffusiv. Andererseits ist die kubische Aufwindinterpolation (CUI), mit $\kappa = \frac{1}{3}$, genauer und diffusiver, aber nicht dispersiv.

Während die oben genannten Ansätze im Allgemeinen normalerweise ausreichend sind, gibt es spezifische Probleme, die z. B. mit der Konvektion von Skalaren verbunden sind, bei denen Oszillationen mit negativer Dichte oder Salzgehalt unphysikalisch sind, oder mit Geschwindigkeiten in der Nähe von Regionen mit schneller Veränderung, d. h. in der Nähe von Extremen wie Stöße. Daher ist es sinnvoll, Methoden zu entwickeln, deren Ergebnisse in irgendeiner Weise begrenzt sind. Von den oben beschriebenen Techniken garantiert nur die Aufwindapproximation 1. Ordnung physikalisch begrenzte und/oder monotone Lösungen.

---

[2]Dies ist eine *numerische* Dispersion; einige Fälle, z. B. nichtlineare Prozesse und Wellen im Ozean, können eine echte *physikalische* Dispersion aufweisen.

Die Rolle der sog. „*total-variation-diminishing*" (TVD) Verfahren und sog. *Flusslimiter* besteht darin, begrenzte Lösungen zu produzieren.

Betrachten wir nun die Konvektion einer skalaren Größe ϕ in einer Dimension als Funktion der Zeit in Abwesenheit von Quellen oder Senken (z. B. die zeitliche Änderungsrate des Flusses $\left(u\frac{\partial\phi}{\partial x}\right)_{\mathrm{P}}$ durch das KV). Da die Konzentration ϕ am Anfang begrenzt ist, müssen auch die Werte zu späteren Zeiten begrenzt werden, und Oszillationen, die zu nichtphysikalischen Werten führen könnten, sollten nicht auftreten. Harten (1983) (siehe Hirsch 2007, oder Durran 2010) war der Erste, der ein Mittel zur Erreichung der erforderlichen Beschränktheit einer Diskretisierungsmethode quantifizierte: *Die gesamte Variation des Skalars darf im Laufe der Zeit nicht zunehmen* (die Literatur zu diesem Thema ist seit dieser Zeit sehr umfangreich geworden, wie die Durchsicht der oben genannten Referenzen bestätigen wird). Wenn also die Gesamtvariation der Größe ϕ zum Zeitpunkt t_n wie folgt definiert ist:

$$TV(\phi^n) = \sum_k |\phi_k^n - \phi_{k-1}^n|, \tag{4.35}$$

wobei k der Gitterpunktindex ist, führt das o. g. Kriterium zu:

$$TV(\phi^{n+1}) \leq TV(\phi^n), \tag{4.36}$$

d. h. die Gesamtvariation zum Zeitpunkt t_{n+1} sollte kleiner oder gleich der Gesamtvariation zum Zeitpunkt t_n sein. Dies bedeutet, dass der Fluss der transportierten Größe in ein Kontrollvolumen auf ein Niveau begrenzt begrenzt werden soll, damit kein lokales Maximum oder Minimum des Profils dieser Größe in diesem KV entsteht. Ungeachtet der Definition ist die obige Bedingung in der Literatur als *total-variation diminishing* oder TVD bekannt geworden (Durran 2010).

Die Frage ist dann, wie kann man die Bedingung aus Gl. (4.36) erfüllen? Wie bereits erwähnt und 1959 von Godunov demonstriert (siehe Roe 1986, oder Hirsch 2007), garantieren unter den linearen Methoden nur die Verfahren 1. Ordnung, die Bedingung zu erfüllen. Solche Methoden sind jedoch zu ungenau für die praktische Anwendung (wegen der zu hohen numerischen Diffusion). Dies motivierte die Suche nach nichtlinearen Methoden. Zu den erfolgreichsten gehören die *Flusslimiter;* es sind „einfache Funktionen, die das Konvektionsschema definieren, basierend auf einem Verhältnis der lokalen Gradienten im Lösungsfeld" (Waterson und Deconinck 2007). Roe (1986) stellte fest, dass eine mögliche Strategie wäre, mit einer Methode zu starten, welche die Bedingung erfüllt (z. B. ADS), und diese nichtlinearen Terme zu addieren, um die Genauigkeit zu verbessern. Wir folgen dem hier (parallel zu unserem Ansatz in der κ-Methode, Gl. (4.33), wo der Leitterm auch ADS war) und schreiben:

$$\phi_{\mathrm{e}} = \phi_{\mathrm{P}} + \frac{1}{2}\Psi(r)(\phi_{\mathrm{P}} - \phi_{\mathrm{W}}), \tag{4.37}$$

wobei

$$r = \frac{\frac{1}{\Delta x}(\phi_E - \phi_P)}{\frac{1}{\Delta x}(\phi_P - \phi_W)} = \frac{\phi_E - \phi_P}{\phi_P - \phi_W}. \tag{4.38}$$

Es ist zu beachten, dass wir durch das Schreiben der Funktion r, wie in Gl. (4.38) gezeigt, sehen können, dass sie tatsächlich das Verhältnis der Zentral- zu der Aufwinddifferenz darstellt. Die Wichtungsfunktion $\Psi(r)$ kann so gewählt werden, dass die Gesamtmethode das TVD-Kriterium erfüllt, insbesondere dass die Lösung bei plötzlichen Änderungen im Variablenprofil oszillationsfrei wird. Ein Merkmal einer solchen Methode ist, dass sie die Genauigkeit 2. Ordnung beibehält, wenn die Variablenänderungen glatt sind, aber bei lokalen Extremen die Approximation bis auf 1. Ordnung herabsetzt. Es gibt umfangreiche Literatur über die verschiedenen Methoden zur Erreichung dieses Verhaltens, wie z. B. in Waterson und Deconinck (2007), Hirsch (2007), Sweby (1985, 1984), Yang und Przekwas (1992) und Jakobsen (2003) berichtet. Die Grundidee bei der Wahl des Limiters $\Psi(r)$ ist es, die Wirkung des „anti-diffusiven" Terms höherer Ordnung innerhalb der TVD-Bedingung zu maximieren. Hirsch (2007, Abschn. 8.3.4) gibt ein Beispiel dafür, wie der entsprechende Limiterbereich ausgewählt und im Sweby *Flussbegrenzungsdiagramm* angezeigt werden kann. Damit die Approximation (4.37) die TVD-Bedingung erfüllt, soll gelten:

$$0 \leq \Psi(r) \leq \min(2r, 2), r \geq 0 \quad \text{und} \quad \Psi(r) = 0, \quad r \leq 0. \tag{4.39}$$

Waterson und Deconinck (2007) berichteten über Tests mit etwa 20 Versionen von Flusslimitern; die besten Ergebnisse wurden mit MUSCL (Van Leer 1977) erzielt. Ein kleiner Teil der Limiterfunktionen ist in Tab. 4.2 als Referenz aufgeführt.

Wenn $\Psi(r) = 0$, reduziert sich die Methode auf die Aufwindmethode 1. Ordnung, die das TVD-Kriterium erfüllt, und wenn $\Psi(r) = r$, haben wir Zentraldifferenz 2. Ordnung, die

Tab. 4.2 $\Psi(r)$ für verschiedene Methoden

Methode	Ausdruck für $\Psi(r)$
Aufwind	0
ZDS	r
MUSCL	$\max\left[0, \min\left(2, 2r, \frac{1+r}{2}\right)\right]$
OSPRE	$\dfrac{3r(r+1)}{2(r^2 + r + 1)}$
H-CUI	$\dfrac{3(r + |r|)}{2(r + 2)}$
Van Leer Harmonic	$\dfrac{r + |r|}{1 + r}$
MINMOD	$\max[0, \min(r, 1)]$
Superbee	$\max[0, \min(2r, 1), \min(r, 2)]$

das TVD-Kriterium nicht erfüllt. Von den in Tab. 4.2 aufgelisteten TVD-Methoden hatten die ersten vier (MUSCL, OSPRE, H-CUI und Van Leer Harmonic) die höchste Punktzahl (in absteigender Reihenfolge) im Testbericht von Waterson und Deconinck (2007), und sie sind im Wesentlichen 2. Ordnung. Die unteren beiden werden häufig verwendet, hatten aber viel schlechtere Testergebnisse und ihre Genauigkeit war deutlich unter 2. Ordnung. Fringer et al. (2005) haben unter Verwendung einiger der in der Tabelle dargestellten TVD-Limiter gezeigt, dass es sinnvoll sein kann, die Limiter während der Berechnung zu ändern, um ein bestimmtes Verhalten zu erhalten; in ihren Fällen wurde die Änderung durch einen Test über das Verhalten der potentiellen Energie der Strömung ausgelöst.

Wir weisen auf die Ähnlichkeit von Gl. (4.37) und (4.33) hin und können daraus für die κ-Methode schließen (Waterson und Deconinck, 2007):

$$\Psi(r) = \frac{(1+\kappa)}{2} r + \frac{(1-\kappa)}{2}.$$

Die in diesem Abschnitt beschriebenen Interpolationsmethoden zur Berechnung von Variablenwerten an KV-Seiten sind sowohl für stationäre als auch für instationäre Strömungen (unabhängig vom verwendeten Zeitintegrationsverfahren) geeignet. Obwohl Methoden für zwei- und dreidimensionale Raumdimensionen hergeleitet werden können, werden typischerweise die eindimensionalen Methoden in jede Richtung angewendet. Wenn die Transportgeschwindigkeit im Konvektionsterm nicht konstant ist, müssen diese Methoden unter Verwendung der tatsächlichen Massenflüsse durch jede KV-Seite neu hergeleitet werden, da die Transportgeschwindigkeit durch die Seiten „e" und „w", „n" und „s" oder „t" und „b" des KV in Abb. 4.2 und 4.3 unterschiedlich sein kann.

Darüber hinaus beinhalten viele Strömungsfelder, wie bereits erwähnt, nichtmonotone Profile der Variablen sowie sprunghafte Änderungen, die einige Maßnahmen erfordern, um Probleme bei der numerischen Lösung zu vermeiden. Wir haben einige geeignete Methoden erwähnt, aber es gibt andere Methoden, die wir nicht diskutiert haben. Eine Familie von Methoden wird als „essentially non-oscillating" (im Wesentlichen nichtoszillierend, Abkürzung ENO) und „weighted essentially non-oscillating" (gewichtet wesentlich nichtoszillierend, Abkürzung WENO) bezeichnet, siehe Abschn. 11.3. Durran (2010), der eine eingehende Diskussion dieser Methoden präsentiert, zitiert „ihre Fähigkeit, eine wirkliche Genauigkeit höherer Ordnung in der Nähe von glatten Maxima und Minima aufrechtzuerhalten". Da diese Methoden in geophysikalischen Anwendungen eingesetzt werden, gibt es viel aktuelle Literatur darüber, z. B. Gottlieb et al. (2006), Wang et al. (2016) und Li und Xing (1967); die letztgenannte Veröffentlichung beinhaltet eine Reihe von einleuchtenden Beispielen.

4.5   Implementierung der Randbedingungen

Jedes KV stellt eine algebraische Gleichung zur Verfügung. Volumenintegrale werden für jedes KV auf die gleiche Weise berechnet, aber Flüsse durch KV-Seiten, die mit den Rändern des Lösungsgebiets übereinstimmen, erfordern eine besondere Behandlung. Diese Randflüsse müssen entweder bekannt sein oder als Kombination von Randdaten und Variablenwerten in den KV-Zentren ausgedrückt werden. Sie sollten keine zusätzlichen Unbekannten einführen, da die Anzahl der Gleichungen gleich der Anzahl der Zellen ist und somit nur Zellmittelwerte als Unbekannte behandelt werden können. Da es keine Knoten außerhalb der Ränder gibt, basieren diese Näherungen in der Regel auf einseitigen Differenzen oder Extrapolationen.

Wie wir jedoch in Abschn. 3.7.2 gezeigt haben, ist es möglich, ableitungbasierte Randbedingungen mit Zentraldifferenzen zu approximieren und Hilfsknoten außerhalb des Lösungsgebiets einzusetzen. Die Variablenwerte in den Hilfspunkten werden typischerweise durch Extrapolation aus dem Inneren des Lösungsgebiets unter Verwendung der Randbedingungsbeziehung bestimmt. Dieser Ansatz wird in diesem Buch nicht näher behandelt.

In der Regel werden Konvektionsflüsse am Einstromrand vorgeschrieben. Konvektionsflüsse sind an undurchlässigen Wänden und Symmetrieebenen gleich null und werden in der Regel als unabhängig von der Koordinaten senkrecht zum Ausstromrand angenommen; in diesem Fall können Aufwindapproximationen verwendet werden. Diffusionsflüsse werden manchmal an einer Wand vorgegeben, z. B. ein spezifizierter Wärmefluss (einschließlich des Sonderfalls einer adiabaten Wandfläche, an der der Wärmefluss gleich null ist). Wenn Randwerte der Variablen vorgegeben sind, werden die Diffusionsflüsse mit einseitigen Approximationen für Ableitungen in Richtung senkrecht zum Rand, wie in Abschn. 3.7 beschrieben, bewertet. Wenn der Gradient selbst vorgegeben ist, wird er zur Berechnung des Flusses verwendet, und eine Approximation für den Fluss, ausgedrückt durch den Randwert und innere Knotenwerte, kann zur Berechnung des Randwerts der Variablen verwendet werden.

4.6 Das algebraische Gleichungssystem

Indem alle Flussapproximationen und Quellterme für ein KV summiert werden, erhalten wir eine algebraische Gleichung, die den Variablenwert in der Mitte des KV mit den Werten in mehreren benachbarten KV in Beziehung setzt. Die Anzahl der Gleichungen und Unbekannten ist gleich der Anzahl der KV, sodass das System lösbar ist. Die algebraische Gleichung für ein bestimmtes KV hat die Form (3.43), und das Gleichungssystem für das gesamte Lösungsgebiet hat die Matrixform von Gl. (3.44). Wenn die Nummerierung von Knoten aus Abschn. 3.8 verwendet wird, hat die Matrix A die in Abb. 3.6 dargestellte Form. Dies gilt nur für strukturierte Gitter mit viereckigen oder sechsflächigen KV; für andere Geometrien wird die Matrixstruktur komplexer sein (siehe Kap. 9 für Details), aber sie wird immer dünn besetzt sein. Wenn Approximationen 2. Ordnung verwendet werden, ist die maximale Anzahl der Elemente in einer Zeile gleich der Anzahl der unmittelbaren Nachbarn des KV. Bei Approximationen höherer Ordnung hängt sie von der Größe des Rechensterns ab.

4.7   Beispiele

Um die FV-Methode zu demonstrieren und einige der Eigenschaften der oben vorgestellten Diskretisierungsmethoden zu erläutern, stellen wir drei Beispiele vor.

4.7.1   Testen der Ordnung von FV-Approximationen

Da es in der Literatur falsche Vorstellungen über die Ordnung der FV-Approximationen gibt, werden hier die Ergebnisse einiger repräsentativer Tests vorgestellt. Es wird ein äquidistantes kartesisches 2D-Gitter mit 6 Verfeinerungsstufen betrachtet (siehe Abb. 4.4, wo die drei gröbsten Gitter dargestellt sind). Der Einfachheit halber werden zwei analytische Funktionen betrachtet, die die Variation der Variablen ϕ in zwei Dimensionen definieren:

$$\phi = -2x + 3x^2 - 7x^3 + x^4 + 5y^4 \quad \text{und} \quad \phi = \cos(x) + \cos(y). \tag{4.40}$$

Das gröbste Gitter hat die Maschenweite $\Delta x = \Delta y = 1$; es wird fünfmal verfeinert, sodass auf dem feinsten Gitter 32 Flächen einer einzelnen Fläche im Ausgangsgitter entsprechen. Wir testen sowohl die Genauigkeit verschiedener Interpolationen zur Berechnung des Variablenwertes im Zentrum der KV-Seite als auch die Genauigkeit der Approximation des Flächenintegrals für den Konvektionsfluss. Interpolationsnäherungen werden nur für eine einzige Position ausgewertet, während Integralapproximationen für eine Fläche, die der KV-Seite vom Ausgangsgitter entspricht, ausgewertet werden.

Wir betrachten zunächst die Genauigkeit der ZDS-Interpolation 2. Ordnung (ZDS2) und 4. Ordnung (ZDS4), wie in Gl. (4.18) und (4.26) definiert. Die Knotenwerte der Variablen sind die exakten Funktionswerte, die durch das Einfügen von Knotenkoordinaten in die Ausdrücke der Gl. (4.40) erhalten werden. Der interpolierte Wert für den Mittelpunkt der KV-Seite bei $x = 0$ und $y = 0{,}5$ von jedem Gitter wird mit dem exakten Wert von Gl. (4.40) verglichen. Abb. 4.5 zeigt die Variation des interpolierten Wertes und des Fehlers für die Polynom- und die Kosinusfunktion, wenn das Gitter verfeinert wird. Bemerkenswert ist, dass im Falle der Polynomfunktion der exakte Wert von ZDS2 überschätzt und ZDS4

Abb. 4.4 Skizze von drei der gröbsten Gitter, welche zum Testen der Ordnung von Interpolation und Integration verwendet wurden

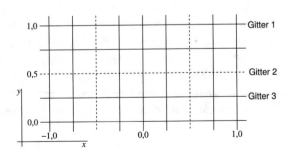

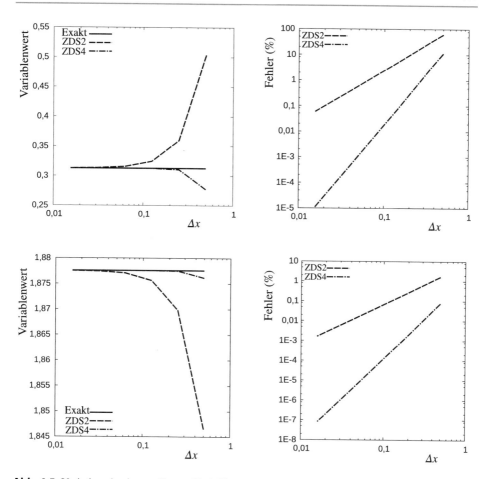

Abb. 4.5 Variation des interpolierten Variablenwertes ϕ_e berechnet mit ZDS 2. Ordnung (lineare Interpolation) und ZDS 4. Ordnung (kubische Interpolation; links) und des zugehörigen Fehlers (rechts), mit der Halbierung der Maschenweite, für die Polynom- (oben) und Kosinusfunktion (unten)

unterschätzt wird. Beide Approximationen konvergieren mit der erwarteten Ordnung in Richtung des exakten Funktionswertes an der angegebenen Stelle, wenn die Maschenweite sukzessive halbiert wird. Die ZDS4-Approximation ist auf allen Gittern genauer; der Fehler auf dem feinsten Gitter ist 4 Größenordnungen kleiner als bei ZDS2.

Als Nächstes wird die Genauigkeit der Approximation des Flächenintegrals nach Mittelpunkt- und Simpson-Regel betrachtet, wie in den Gl. (4.3) und (4.10) definiert. In beiden Fällen werden drei Varianten von Variablenwerten in Integrationspunkten (Flächenschwerpunkt und Eckpunkte) verwendet: Approximationen durch ZDS2 und ZDS4, und der exakte Wert aus analytischen Ausdrücken, siehe Gl. (4.40). Die Ergebnisse der Mittelpunktregel und der beiden Funktionen (Polynom und Kosinus) sind in Abb. 4.6 dargestellt.

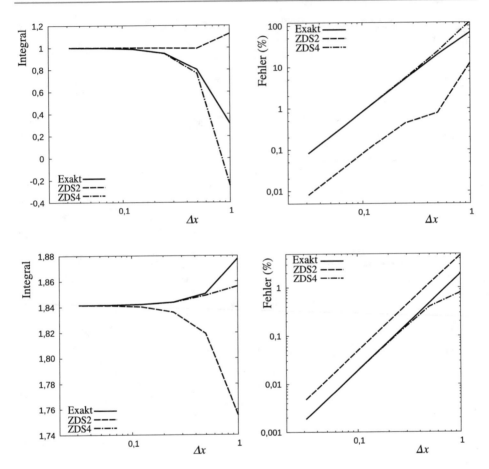

Abb. 4.6 Variation des Flächenintegrals in der Mittelpunkt-Regel-Approximation, wenn der Variablenwert im Flächenschwerpunkt exakt ist oder mit der ZDS2- oder ZDS4-Interpolation bestimmt wurde (links), und des damit verbundenen Fehlers (rechts), wenn die Maschenweite durch Halbierung reduziert wird, für die Polynom- (oben) und Kosinusfunktion (unten)

Die Ergebnisse sind recht überraschend: Im Falle der Polynomfunktion wird das Integral von ZDS2 überschätzt und von ZDS4 unterschätzt, aber der Fehler im Integral ist für ZDS2 eine Größenordnung kleiner als für ZDS4 oder den exakten Mittelpunktsvariablenwert. Im Falle der Kosinusfunktion wird das Integral von ZDS2 unterschätzt und von ZDS4 (und dem exakten Wert der Funktion am Integrationspunkt) überschätzt, und der Fehler ist bei ZDS2 nur etwa dreimal größer als bei ZDS4.

In jedem Fall wird für alle Varianten eine Konvergenz 2. Ordnung erreicht, d. h. der Fehler wird um zwei Größenordnungen reduziert, wenn die Gittermaschenweite um eine Größenordnung reduziert wird. Diese Tests bestätigen, dass die Verwendung einer viel genaueren Interpolation nicht unbedingt bedeutet, dass die Approximation des Flächenintegrals auch

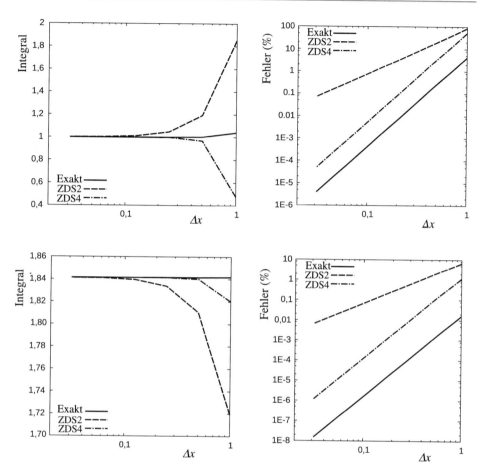

Abb. 4.7 Variation des Flächenintegrals in der Simpson-Regel-Approximation, wenn der Variablenwert in Integrationspunkten exakt ist oder aus der ZDS2- oder ZDS4-Interpolation erhalten wurde (links), und des damit verbundenen Fehlers (rechts), wenn die Maschenweite durch Halbierung reduziert wird, für die Polynom- (oben) und Kosinusfunktion (unten)

so viel genauer sein wird: Hier erzeugte ZDS4 auf feinen Gittern um 4 Größenordnungen geringere Interpolationsfehler als ZDS2, aber der Fehler beim Flächenintegral war nur etwa dreimal geringer für die Kosinusfunktion, während er für die Polynomfunktion 10-mal höher war!

Insbesondere ist klar, dass die Ordnung der Interpolation die Ordnung der Mittelpunktregelapproximation nicht beeinflusst, solange es sich um Interpolation 2. Ordnung oder besser handelt (selbst der exakte Variablenwert im Integrationspunkt macht keinen großen Unterschied). Demnach hat in Lösungsverfahren, die Methoden wie QUICK oder ZDS4 verwenden, nur die Interpolation eine Ordnung höher als die 2., aber die Gesamtordnung der Approximation kann nicht besser als die 2. sein, solange die Mittelpunktregel für die Integralapproximation verwendet wird.

Schließlich werden Integralapproximationen mit der Simpson-Regel untersucht. Auch hier werden die Variablenwerte in den drei Integrationspunkten (Flächenschwerpunkt und den beiden Eckpunkten) entweder exakt aus vorgegebenen analytischen Funktionen oder aus ZDS2- oder ZDS4-Interpolationen gewonnen. Abb. 4.7 zeigt die Variation von Integral und Fehler für die Polynom- und Kosinusfunktion, wenn das Gitter verfeinert wird. Für beide Funktionen führt ZDS4 zu unterschätzten Integralen, während ZDS2 zu einer Überschätzung für Polynomfunktion und einer Unterschätzung für Kosinusfunktion führt. Hier führt die Verwendung exakter Funktionswerte an Integrationspunkten zu den geringsten Fehlern (um mehr als eine Größenordnung auf allen Gittern). ZDS4 führt immer zu geringeren Fehlern als ZDS2; beim gröbsten Gitter ist die Differenz nicht so groß, aber beim feinsten Gitter beträgt die Differenz mehr als drei Größenordnungen.

Diese Ergebnisse zeigen auch, dass die Gesamtordnung der Berechnungsmethode für Flächenintegrale gleich der niedrigsten Ordnung der beteiligten Approximationen (Interpolation und Integration) ist. Die Interpolation mit ZDS2 führt dazu, dass die Integralapproximation nach der Simpson-Regel nur noch eine Approximation 2. Ordnung ist (die Fehler sind fast gleich groß wie bei Mittrelpunktregel-Approximation). Wenn die Aufwindmethode 1. Ordnung für die Interpolation verwendet würde, wäre die Gesamtordnung auf die 1. Ordnung reduziert.

Die gleichen Schlussfolgerungen würden sich ergeben, wenn wir die Approximationen 2. und 4. Ordnung für die 1. Ableitung im Zentrum der KV-Seite, die zur Berechnung des Diffusionsflusses benötigt werden, und die verschiedenen Approximationen der Flächenintegrale vergleichen würden.

Ziel dieser Übung war es, zu zeigen, dass die Genauigkeit der FV-Methode von drei Faktoren abhängt: (i) Interpolation zwischen den KV-Zentren, (ii) Approximation von Ableitungen (für Diffusionsflüsse oder Quellterme) und (iii) Approximation von Integralen. Für optimale Ergebnisse braucht man ein gutes Gleichgewicht zwischen diesen drei Arten von Näherungen; wenn eine viel genauer als die anderen ist, verbessert dies nicht unbedingt das Gesamtergebnis.

4.7.2   Skalartransport im bekannten Geschwindigkeitsfeld

Betrachten wir nun das in Abb. 4.8 dargestellte Problem des Transports einer skalaren Größe in einem bekannten Geschwindigkeitsfeld. Letzteres wird durch $u_x = x$ und $u_y = -y$ vorgegeben, was die nichtviskose Strömung in der Nähe eines Staupunkts darstellt. Die Stromlinien sind die Linien $xy = $ const. mit variabler Richtung relativ zum kartesischen Gitter. Andererseits ist auf jeder Zellfläche die Normalgeschwindigkeitskomponente konstant, sodass der Fehler in der Approximation des Konvektionsflusses nur von der Approximation abhängt, die für ϕ_e verwendet wird. Dies hilft bei der Analyse der Genauigkeit.

Die zu lösende skalare Transportgleichung lautet:

$$\int_S \rho \phi \mathbf{v} \cdot \mathbf{n} \, dS = \int_S \Gamma \nabla \phi \cdot \mathbf{n} \, dS, \tag{4.41}$$

und die folgenden Randbedingungen sind anzuwenden:

- $\phi = 0$ entlang des Nordrands (Einstromrand);
- lineare Variation von ϕ zwischen $\phi = 0$ bei $y = 1$ und $\phi = 1$ bei $y = 0$ entlang des Westrands;
- Symmetriebedingung (Nullgradient senkrecht zum Rand) am Südrand;
- Nullgradient in Strömungsrichtung am Ausstromrand (Ostrand).

Die Geometrie und das Strömungsfeld sind in Abb. 4.8 skizziert. Wir geben die Details der Diskretisierung für die „e" KV-Seite an.

Der Konvektionsfluss wird mit Hilfe der Mittelpunktregel und entweder ADS- oder ZDS-Interpolation berechnet. Wir drücken den Konvektionsfluss als Produkt aus dem Massenfluss und dem mittleren Wert von ϕ an der KV-Seite aus:

$$F_e^c = \int_{S_e} \rho \phi \mathbf{v} \cdot \mathbf{n} \, dS \approx \dot{m}_e \phi_e, \tag{4.42}$$

wobei $\dot{m}_e$ den Massenfluss durch die Seite „e" darstellt:

$$\dot{m}_e = \int_{S_e} \rho \mathbf{v} \cdot \mathbf{n} \, dS = (\rho u_x)_e \Delta y. \tag{4.43}$$

Der Ausdruck (4.43) ist auf jedem Gitter *exakt*, weil die Geschwindigkeit $u_{x,e}$ konstant entlang der KV-Seite ist. Die Flussapproximation ist dann:

Abb. 4.8 Geometrie und Randbedingungen für den Skalartransport in der nichtviskosen Staupunktströmung

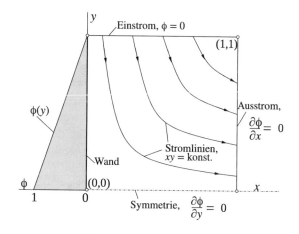

$$F_e^c = \begin{cases} \max(\dot{m}_e, 0.)\, \phi_P + \min(\dot{m}_e, 0.)\, \phi_E & \text{für ADS,} \\ \dot{m}_e(1 - \lambda_e)\, \phi_P + \dot{m}_e\lambda_e\, \phi_E & \text{für ZDS.} \end{cases} \tag{4.44}$$

Der lineare Interpolationskoeffizient λ_e wird durch Gl. (4.19) definiert. Analoge Ausdrücke für die Flüsse durch die anderen KV-Seiten werden erhalten, indem man die Seite „e" einfach um den Punkt P dreht, bis sie mit der jeweiligen Fläche zusammenfällt, und die Indizes ersetzt. Es ist zu beachten, dass **n** auf jeder Seite nach außen zeigt, d. h. von der Zellenmitte P zur Mitte der Nachbarzelle, vgl. Abb. 4.2. So erhalten wir z. B. auf der KV-Seite „w":

$$F_w^c = \begin{cases} \max(\dot{m}_w, 0.)\, \phi_P + \min(\dot{m}_w, 0.)\, \phi_W & \text{für ADS,} \\ \dot{m}_w(1 - \lambda_w)\, \phi_P + \dot{m}_w\lambda_w\, \phi_W & \text{für ZDS,} \end{cases} \tag{4.45}$$

und

$$\lambda_w = \frac{x_w - x_P}{x_W - x_P}. \tag{4.46}$$

Die folgenden Beiträge von Konvektionsflüssen zu den Koeffizienten in der algebraischen Gleichung für den Fall von ADS werden erhalten:

$$\begin{aligned} A_E^c &= \min(\dot{m}_e, 0.); & A_W^c &= \min(\dot{m}_w, 0.), \\ A_N^c &= \min(\dot{m}_n, 0.); & A_S^c &= \min(\dot{m}_s, 0.), \\ A_P^c &= -(A_E^c + A_W^c + A_N^c + A_S^c). \end{aligned} \tag{4.47}$$

Für den ZDS-Fall sind die Koeffizienten:

$$\begin{aligned} A_E^c &= \dot{m}_e\lambda_e; & A_W^c &= \dot{m}_w\lambda_w, \\ A_N^c &= \dot{m}_n\lambda_n; & A_S^c &= \dot{m}_s\lambda_s, \\ A_P^c &= -(A_E^c + A_W^c + A_N^c + A_S^c). \end{aligned} \tag{4.48}$$

Der Ausdruck für A_P^c folgt aus der Kontinuitätsbedingung:

$$\dot{m}_e + \dot{m}_w + \dot{m}_n + \dot{m}_s = 0,$$

die durch das Geschwindigkeitsfeld erfüllt ist. Es ist zu beachten, dass $\dot{m}_w$ und λ_w für das KV, das um den Knoten P zentriert ist, gleich $-\dot{m}_e$ und $1 - \lambda_e$ für das KV, das um den Knoten W zentriert ist, sind. In einem Rechenprogramm werden die Massenflüsse und Interpolationsfaktoren daher einmalig berechnet und als $\dot{m}_e$, $\dot{m}_n$ und λ_e, λ_n für jedes KV gespeichert.

Das Integral für den Diffusionsfluss wird unter Verwendung der Mittelpunktregel und der ZDS-Approximation der Ableitung in Richtung der Normalen zur KV-Seite berechnet; dies ist die einfachste und am weitesten verbreitete Approximation:

$$F_e^d = \int_{S_e} \Gamma \nabla\phi \cdot \mathbf{n}\, dS \approx \left(\Gamma \frac{\partial \phi}{\partial x} \right)_e \Delta y = \frac{\Gamma\, \Delta y}{x_E - x_P}(\phi_E - \phi_P). \tag{4.49}$$

Es ist zu beachten, dass $x_E = \frac{1}{2}(x_{i+1} + x_i)$ und $x_P = \frac{1}{2}(x_i + x_{i-1})$, siehe Abb. 4.2. Der Diffusionskoeffizient Γ wird als konstant angenommen; andernfalls könnte er linear zwischen den Knotenwerten bei P und E interpoliert werden. Der Beitrag des Diffusionsterms zu den Koeffizienten der algebraischen Gleichung ist:

$$A_E^d = -\frac{\Gamma \Delta y}{x_E - x_P}; \quad A_W^d = -\frac{\Gamma \Delta y}{x_P - x_W},$$
$$A_N^d = -\frac{\Gamma \Delta x}{y_N - y_P}; \quad A_S^d = -\frac{\Gamma \Delta x}{y_P - y_S}, \quad (4.50)$$
$$A_P^d = -\left(A_E^d + A_W^d + A_N^d + A_S^d\right).$$

Wenn die gleichen Approximationen an den anderen KV-Seiten angewendet werden, wird die Integralgleichung zu:

$$A_W \phi_W + A_S \phi_S + A_P \phi_P + A_N \phi_N + A_E \phi_E = Q_P, \quad (4.51)$$

die die Gleichung für einen generischen Knoten P darstellt. Die Koeffizienten A_l werden durch Summieren der Konvektions- und Diffusionsbeiträge erhalten, siehe Gl. (4.47), (4.48) und (4.50):

$$A_l = A_l^c + A_l^d \quad (4.52)$$

wobei l einen der Indizes P, E, W, N, S darstellt. Dass A_P gleich der negativen Summe aller Nachbarkoeffizienten ist, ist ein Merkmal aller konservativen Verfahren und stellt sicher, dass ein einheitliches Feld eine Lösung der diskretisierten Gleichungen ist.

Die obigen Ausdrücke gelten für alle internen KV. Für KV neben dem Rand erfordern die Randbedingungen, dass die Gleichungen etwas geändert werden. Am Nord- und Westrand, wo ϕ vorgeschrieben ist, wird der Gradient in Normalrichtung durch einseitige Differenzen angenähert, z. B. am Westrand:

$$\left(\frac{\partial \phi}{\partial x}\right)_w \approx \frac{\phi_P - \phi_W}{x_P - x_W}, \quad (4.53)$$

wobei W den Randknoten bezeichnet, dessen Position mit dem Zellflächenzentrum „w" übereinstimmt. Dies ist eine Approximation 1. Ordnung (Rückwärtsdifferenz), angewendet auf die Hälfte der Zellbreite. Das Produkt aus dem Koeffizienten und dem Randwert wird dem Quellterm hinzugefügt. Entlang des Westrandes (KV mit Index $i = 2$) wird beispielsweise $A_W \phi_W$ zu Q_P hinzugefügt und der Koeffizient A_W gleich null gesetzt. Dasselbe gilt für den Koeffizienten A_N am Nordrand.

Am Südrand ist die Ableitung von ϕ in Richtung senkrecht zum Rand gleich null, was bei Anwendung der obigen Näherung bedeutet, dass die Randwerte gleich den Werten in den KV-Zentren sind. So wird für Zellen mit dem Index $j = 2$, $\phi_S = \phi_P$, und die algebraische Gleichung für diese KV ändert sich zu:

$$(A_P + A_S) \phi_P + A_N \phi_N + A_W \phi_W + A_E \phi_E = Q_P, \quad (4.54)$$

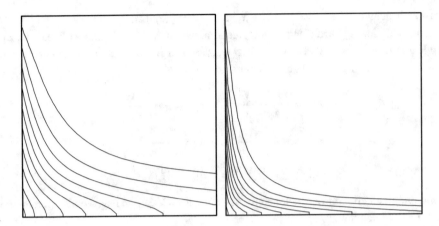

Abb. 4.9 Isolinien von ϕ, von 0,05 bis 0,95 mit Schritt 0,1 (von oben nach unten), für $\Gamma = 0,01$ (links) und $\Gamma = 0,001$ (rechts)

was erfordert, dass A_S zu A_P hinzugefügt und dann $A_S = 0$ gesetzt wird. Die Nullgradientenbedingung am Austrittsrand (Ost) wird auf ähnliche Weise implementiert.

Nun zu den Ergebnissen: Die Isolinien von ϕ, die auf einem 40×40 KV äquidistanten Gitter mit ZDS für die Konvektionsflüsse und mit zwei verschiedenen Werten von Γ (0,001 und 0,01; $\rho = 1,0$) berechnet wurden, sind in Abb. 4.9 dargestellt. Wir sehen, dass der Transport durch Diffusion quer zur Strömungsrichtung für höhere Werte von Γ viel stärker ist, so wie erwartet wurde.

Um die Genauigkeit der Vorhersage zu beurteilen, betrachten wir den Gesamtfluss von ϕ durch den Westrand, an dem ϕ vorgegeben ist. Da der Konvektionsfluss durch diesen Rand gleich null ist, wird diese Größe durch Summierung der Diffusionsflüsse über alle KV-Seiten entlang dieses Randes erhalten, die durch die Gl. (4.49) und (4.53) approximiert werden. Abb. 4.10 zeigt die Variation des Flusses, wenn das Gitter verfeinert wird, für die ADS- und ZDS-Diskretisierungen der Konvektionsflüsse; die Diffusionsflüsse werden immer mit ZDS diskretisiert. Das Gitter wurde von 10×10 KV auf 320×320 KV verfeinert. Auf dem gröbsten Gitter ergibt das ZDS keine sinnvolle Lösung für $\Gamma = 0,001$; die Konvektion dominiert und auf einem so groben Gitter führt die schnelle Veränderung in ϕ über eine kurze Strecke nahe dem Westrand (siehe Abb. 4.9) zu Oszillationen, die so stark sind, dass die meisten iterativen Löser nicht konvergieren können (die lokalen Zell-Peclet-Zahlen, $\mathrm{Pe}_\Delta = \rho u_x \Delta x / \Gamma$, variieren zwischen 10 und 100 auf diesem Gitter). (Eine konvergierte Lösung könnte wahrscheinlich mit Hilfe einer verzögerten Korrektur erhalten werden, aber sie wäre sehr ungenau.) Mit der Verfeinerung des Gitters konvergieren die ZDS-Ergebnisse monoton gegen eine gitterunabhängige Lösung. Auf dem 40×40 KV Gitter liegen die lokalen Peclet-Zahlen zwischen 2,5 und 25, aber es gibt keine Oszillationen in der Lösung, wie in Abb. 4.9 zu sehen ist.

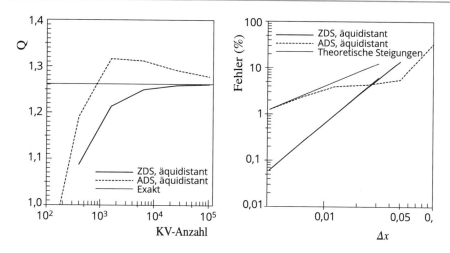

Abb. 4.10 Konvergenz des Gesamtflusses von ϕ durch den Westrand (links) und der Fehler im berechneten Fluss als Funktion der Gittermaschenweite, für $\Gamma = 0,001$

Die ADS-Lösung oszilliert auf keinem Gitter, wie erwartet. Die Konvergenz ist jedoch nicht monoton: Der Fluss liegt auf den beiden gröbsten Gittern unter dem konvergierten Wert; er ist auf dem nächsten Gitter zu hoch und nähert sich dann monoton dem richtigen Ergebnis an. Unter der Annahme einer Konvergenz 2. Ordnung für die ZDS-Methode haben wir die gitterunabhängige Lösung mittels Richardson-Extrapolation abgeschätzt (für Details siehe Abschn. 3.9) und konnten daher den Fehler für die Lösung auf jedem Gitter bestimmen. Die Fehler werden als Funktion der mittleren Gittermaschenweite ($\Delta x = 1$ für das gröbste Gitter) in Abb. 4.10 für ADS und ZDS dargestellt. Die zu erwartenden Steigungen für Methoden 1. und 2. Ordnung werden ebenfalls dargestellt. Die ZDS-Fehlerkurve hat die Steigung, die von einer Methode 2. Ordnung erwartet wird (der Fehler wird um zwei Größenordnungen reduziert, wenn die Gittermaschenweite um eine Größenordnung reduziert wird). Der ADS-Fehler zeigt ein unregelmäßiges Verhalten auf den ersten drei Gittern. Ab dem vierten Gitter nähert sich die Fehlerkurve der erwarteten Steigung an. Bei der ADS-Lösung auf dem Gitter mit 320×320 KV liegt der Fehler immer noch über 1 %; ZDS liefert ein genaueres Ergebnis bereits auf dem Gitter mit 80×80 KV!

4.7.3 Testen der numerischen Diffusion

Ein weiterer beliebter Testfall ist die Konvektion eines Stufenprofils in einer gleichmäßigen Strömung schräg zu den Gitterlinien; siehe Abb. 4.11. Dieses Problem kann mit der vorstehend beschriebenen Methode durch Anpassung der Randbedingungen gelöst werden (vorgegebene Werte von ϕ am West- und am Südrand, Ausstrombedingungen am Nord- und

Abb. 4.11 Geometrie und
Randbedingungen für die
Konvektion eines Stufenprofils
in einer gleichmäßigen
Strömung schräg zu den
Gitterlinien

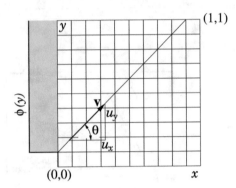

am Ostrand). Wir zeigen unten die Ergebnisse, die mit den ADS- und ZDS-Diskretisierungen erzielt wurden.

Da in diesem Fall keine Diffusion vorliegt, ist die zu lösende Gleichung (in Differential-form):

$$u_x \frac{\partial \phi}{\partial x} + u_y \frac{\partial \phi}{\partial y} = 0. \tag{4.55}$$

Für diesen Fall ergibt das UDS auf einem äquidistanten Gitter in beide Richtungen die sehr einfache Gleichung:

$$u_x \frac{\phi_P - \phi_W}{\Delta x} + u_y \frac{\phi_P - \phi_S}{\Delta y} = 0, \tag{4.56}$$

die ohne Iteration leicht sequentiell gelöst werden kann. Andererseits ergibt ZDS einen Nullwert für den Koeffizienten auf der Hauptdiagonalen A_P, was die Lösung erschwert. Die meisten iterativen Löser würden für dieses Problem nicht konvergieren; durch die Verwendung des oben erwähnten und in Abschn. 5.6 beschriebenen Ansatzes der verzögerten Korrektur ist es jedoch möglich, eine Lösung zu erhalten.

Wenn die Strömung parallel zur x-Koordinate verläuft, liefern beide Methoden ein richtiges Ergebnis: Das Profil wird einfach stromabwärts konvektiert. Wenn die Strömung schräg zu den Gitterlinien verläuft, erzeugt ADS an jedem stromabwärts liegenden Querschnitt ein verschmiertes Stufenprofil, während ZDS Oszillationen in der Lösung erzeugt. In Abb. 4.12 zeigen wir das Profil von ϕ bei $x = 0,5$ für den Fall, dass die Strömungsrichtung mit 45° zu den Gitterlinien geneigt ist ($u_x = u_y = 1$; $\rho = 1$; am Westrand $\phi = 0$ für $y < 0,1$ und $\phi = 1$ für $0,1 < y < 1$; am Südrand, $\phi = 0$), erhalten auf drei äquidistanten Gittern mit 20×20, 40×40 und 80×80 KV mit drei verschiedenen Diskretisierungen: ADS, ZDS und einer Mischung aus 95 % ZDS und 5 % ADS. Der Effekt der numerischen Diffusion ist in der ADS-Lösung deutlich zu sehen; die Stufe ist stark verschmiert und der Unterschied zwischen den Lösungen auf aufeinanderfolgenden Gittern ist fast gleich groß, was darauf hindeutet, dass die asymptotische Konvergenz 1. Ordnung noch nicht erreicht ist – man müsste das Gitter noch viel weiter verfeinern, bevor diese Differenzen halbiert werden, wenn die Maschenweite halbiert wird (was von einer Methode 1. Ordnung erwartet

Abb. 4.12 Profil von ϕ bei $x = 0{,}5$ berechnet auf drei Gittern mit ADS (oben), einer Mischung aus 95 % ZDS und 5 % ADS (Mitte) und ZDS (unten)

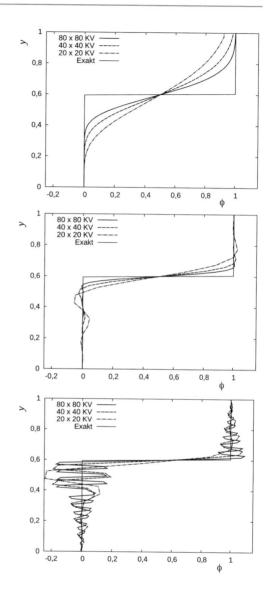

wird). Andererseits erzeugt ZDS ein Profil mit der richtigen Steilheit an der Stufe, schwingt aber auf beiden Seiten der Stufe und erzeugt Über- und Unterschreitungen. Die Amplitude von Oszillationen nimmt mit der Gitterverfeinerung nicht ab – nur die Wellenlänge nimmt ab. Wenn 5 % von ADS mit 95 % von ZDS kombiniert werden, wird die Amplitude der Oszillationen drastisch reduziert und sie nimmt mit zunehmender Verfeinerung des Gitters deutlich ab. In diesem Beispiel fehlt die physikalische Diffusion; in realen Strömungen sind Viskosität und Diffusivität immer vorhanden und bei einem ausreichend feinen Gitter würden Oszillationen in der ZDS-Lösung verschwinden, wie in Abschn. 3.10 gezeigt wurde. Die lokale Gitterverfeinerung würde helfen, die Oszillationen zu lokalisieren und vielleicht sogar zu entfernen, wie in Kap. 12 beschrieben wird. Die Oszillationen könnten auch durch lokale Einführung numerischer Diffusion beseitigt werden (z. B. durch Mischen von ZDS mit ADS nur bei Bedarf und nicht einheitlich im gesamten Lösungsgebiet, wie es in diesem Beispiel der Fall war). Dies wird manchmal in kompressiblen Strömungen in der Nähe von Schocks praktiziert (siehe Abschn. 4.4.6 für einen systematischen Ansatz für eine solche Mischung).

Durch die Verwendung der in Abschn. 4.4.6 beschriebenen *Methode der modifizierten Gleichung* kann man (unter Verwendung der Taylor-Reihenentwicklung der Differenzengleichung um das Zellzentrum) zeigen, dass die ADS-Methode, enthalten in Gl. (4.56), eigentlich das folgende Konvektions-/Diffusionsproblem löst:

$$u_x \frac{\partial \phi}{\partial x} + u_y \frac{\partial \phi}{\partial y} = u_x \, \Delta x \, \frac{\partial^2 \phi}{\partial x^2} + u_y \, \Delta y \, \frac{\partial^2 \phi}{\partial y^2}, \qquad (4.57)$$

aber nicht die Originalgleichung (4.55). Die Gl. (4.57) ist die *modifizierte Gleichung* für dieses Problem. Durch die Transformation dieser Gleichung in Koordinaten parallel und senkrecht zur Strömung kann man zeigen, dass die effektive Diffusivität in senkrechte Richtung beträgt:

$$\Gamma_{\text{eff}} = U \, \sin\theta \, \cos\theta (\Delta x \, \cos\theta + \Delta y \, \sin\theta), \qquad (4.58)$$

wobei U den Betrag der Geschwindigkeit und θ den Winkel der Strömung in Bezug auf die x-Richtung bezeichnen. Ein ähnliches und weit verbreitetes Ergebnis wurde von de Vahl Davis und Mallinson (1972) abgeleitet. Wie in Abschn. 4.4.6 sehen wir, dass die diskrete FV-Gleichung als Folge der durch die modifizierte Gleichung exponierten Abbruchfehler nicht die Differentialgleichung löst, deren Lösung gesucht wird.

Wir können nun unsere Ergebnisse zusammenzufassen. Wir haben gezeigt, dass:

- Methoden hoher Ordnung oszillieren auf groben Gittern, konvergieren aber schneller zu einer genauen Lösung als Methoden niedriger Ordnung, wenn das Gitter verfeinert wird.
- ADS 1. Ordnung ist zu ungenau und sollte nicht verwendet werden. Diese Methode wird erwähnt, weil sie in einigen Rechenprogrammen noch verwendet wird. Anwender sollten sich darüber im Klaren sein, dass mit dieser Methode, insbesondere in 3D, keine hohe Genauigkeit auf erschwinglichen Gittern erreicht werden kann. Die Methode führt zu einem großen Diffusionsfehler, sowohl in Strömungsrichtung als auch quer dazu.[3]
- ZDS ist die einfachste Methode 2. Ordnung und bietet einen guten Kompromiss zwischen Genauigkeit, Einfachheit und Effizienz. Allerdings ist bei konvektionsdominierten

---

[3]Die Hybridmethode von Spalding (Abschn. 4.4.5) kann diesen Effekt ebenfalls haben, wie in Freitas et al. (1985) zu sehen ist, wo das Ersetzen dieser Methode durch QUICK (Abschn. 4.4.3) in der Simulation einer dreidimensionalen instationären Strömung Wirbel und andere dreidimensionalen Effekte aufdeckte, die durch die störende numerische Diffusion der Hybridmethode versteckt waren.

Problemen Vorsicht geboten – es kann eine Art TVD-Ansatz erforderlich werden, um Oszillationen zu vermeiden, wenn das Gitter nicht fein genug ist.

Literatur

Abe, K., Jang, Y.-J. & Leschziner, M. A. (2003). An investigation of wall-anisotropy expressions and length-scale equations for non-linear eddy-viscosity models. *Int. J. Heat Fluid Flow*, **24**, 181–198.

de Vahl Davis, G. & Mallinson, G. D. (1972). *False diffusion in numerical fluid mechanics. univ* (Bericht Nr. FM1). New South Wales, Australia: Univ. New South Wales: Sch. Mech. Ind. Engrg.

Durran, D. R. (2010). *Numerical methods for fluid dynamics with applications to geophysics* (2. Aufl.). Berlin: Springer.

Ferziger, J. H. (1998). Numerical methods for engineering application (2. Aufl.). New York: Wiley-Interscience

Fletcher, C. A. J. (1991). *Computational techniques for fluid dynamics* (2. Aufl., Bd. I & II). Berlin: Springer.

Freitas, C. J., Street, R. L., Findikakis, A. N. & Koseff, J. R. (1985). Numerical simulation of three-dimensional flow in a cavity. *Int. J. Numer. Methods Fluids*, **5**, 561–575.

Fringer, O. B., Armfield, S. W. & Street, R. L. (2005). Reducing numerical diffusion in interfacial gravity wave simulations. *Int. J. Numer. Methods Fluids*, **49**, 301–329.

Galpin, P. F. & Raithby, G. D. (1986). Numerical solution of problems in incompressible fluid flow: treatment of the temperature-velocity coupling. *Numer. Heat Transfer*, **10**, 105–129.

Gottlieb, S., Mullen, J. S. & Ruuth, S. J. (2006). A fifth order flux implicit WENO method. *J. Sci. Computing*, **27**, 271–287.

Harten, A.(1983). High resolution schemes for hyperbolic conservation laws. *J. Comput. Phys.*, **49**, 357–393.

Hirsch, C. (2007). *Numerical computation of internal and external flows* (2nd Aufl., Bd. I). Burlington, MA: Butterworth-Heinemann (Elsevier).

Jakobsen, H. A. (2003). Numerical convection algorithms and their role in Eulerian CFD reactor simulations. *Int. J. Chem. Reactor Engrg.*, **1**, Art. A1, 15.

Leonard, B. P. (1979). A stable and accurate convection modelling procedure based on quadratic upstream interpolation. *Comput. Meth. Appl. Mech. Engrg.*, **19**, 59–98.

Li, G. & Xing, Y. (1967). High order finite volume WENO schemes for the Euler equations under gravitational fields. *J. Comput. Phys.*, **316**, 145–163.

Raithby, G. D. (1976). Skew upstream differencing schemes for problems involving fluid flow. *Comput. Meth. Appl. Mech. Engrg.*, **9**, 153–164.

Roe, P. L. (1986). Characteristic-based schemes for the Euler equations. *Annu. Rev. Fluid Mech.*, **18**, 337–365.

Spalding, D. B. (1972). A novel finite-difference formulation for differential expressions involving both first and second derivatives. *Int. J. Numer. Methods Engrg.*, **4**, 551–559.

Sweby, P. K. (1985). High resolution TVD schemes using flux limiters.*Large-scale Computations in Fluid Mech., Lect. in Appl. Math.*, **22**, Pt. 2, Amer. Math. Soc., 289–309.

Sweby, P. K. (1984). High resolution schemes using flux limiters for hyperbolic conservation laws. *SIAM J. Numer. Analysis*, **21**, 995–1011.

Van Leer, B. (1985). Upwind-difference methods for aerodynamic problems governed by the Euler equations. *Large-scale Computations in Fluid Mech., Lect. in Appl. Math.*, **22**, Pt. 2, Amer. Math. Soc., 327–336.

Van Leer, B. (1977). Towards the ultimate conservative difference scheme. IV. A new approach to numerical convection. *J. Comput. Phys.*, **23**, 276–299.

Wang, R., Feng, H. & Huang, C. (2016). A new mapped Weighted Essentially Non-oscillatory method using rational mapping function. *J. Sci. Computing*, **67**, 540–580.

Warming, R. F. & Hyett, B. J. (1974). The modified equation approach to the stability and accuracy of finite-difference methods. *J. Comput. Phys.*, **14**, 159–179.

Waterson, N. P. & Deconinck, H. (2007). Design principles for bounded higher-order convection schemes – a unified approach. *J. Comput. Phys.*, **224**, 182–207.

Yang, H. Q. & Przekwas, A. J. (1992). A comparative study of advanced shock-capturing schemes applied to Burger's equation. *J. Comput. Phys.*, **102**, 139–159.

Lösung linearer Gleichungssysteme

5

5.1 Einführung

In den beiden vorangegangenen Kapiteln haben wir gezeigt, wie die Konvektions-Diffusionsgleichung mit FD- und FV-Methoden diskretisiert werden kann. In beiden Fällen ist das Ergebnis des Diskretisierungsprozesses ein System algebraischer Gleichungen, die linear oder nichtlinear sind, je nach Art der partiellen Differentialgleichung(en), aus denen sie abgeleitet sind. Im nichtlinearen Fall müssen die diskretisierten Gleichungen durch eine iterative Technik gelöst werden, bei der eine Lösung abgeschätzt, die Gleichungen um diese Lösung linearisiert und die Lösung verbessert wird; der Prozess wird wiederholt, bis ein konvergiertes Ergebnis erzielt wird. Also, egal ob die Gleichungen linear sind oder nicht, sind effiziente Methoden zur Lösung linearer Systeme algebraischer Gleichungen erforderlich.

Die aus partiellen Differentialgleichungen abgeleiteten Matrizen sind immer dünn besetzt, d.h. die meisten ihrer Elemente sind gleich null. Im Folgenden werden einige Methoden zur Lösung der Gleichungen beschrieben, die bei der Verwendung strukturierter Gitter entstehen; alle Elemente der Matrizen, die nicht gleich null sind, liegen dann auf einer kleinen Anzahl gut definierter Diagonalen; wir können diese Struktur nutzen, um besonders effiziente Lösungsmethoden zu entwickeln. Einige der Methoden sind auch auf Matrizen anwendbar, die sich aus unstrukturierten Gittern ergeben.

Die Struktur der Koeffizientenmatrix für ein 2D-Problem, das mit einer fünf-Punkte-Approximation (Aufwind- oder Zentraldifferenz) diskretisiert wurde, ist in Abb. 3.6 dargestellt. Die algebraische Gleichung für einen KV- oder Gitterknoten wird durch Gl. (3.43) gegeben. Die Matrixversion des gesamten Problems wird durch Gl. (3.44) ausgedrückt, siehe Abschn. 3.8, die hier wiederholt wird:

$$A\boldsymbol{\phi} = \mathbf{Q}. \tag{5.1}$$

© Springer-Verlag GmbH Deutschland, ein Teil von Springer Nature 2020
J. H. Ferziger et al., *Numerische Strömungsmechanik*,
https://doi.org/10.1007/978-3-662-46544-8_5

Zusätzlich zur Beschreibung einiger der besseren Lösungsmethoden für lineare algebraische Gleichungssysteme, die diskretisierte partielle Differentialgleichungen darstellen, werden wir in diesem Kapitel die Lösung nichtlinearer Gleichungssysteme diskutieren. Wir beginnen jedoch mit linearen Gleichungen. Es wird davon ausgegangen, dass der Leser etwas Erfahrung mit Methoden zur Lösung linearer Systeme hatte, sodass die Beschreibungen kurz gehalten werden.

5.2 Direkte Methoden

Die Matrix A wird als sehr dünn besetzt angenommen. Tatsächlich hat die komplizierteste Matrix, der wir begegnen werden, die von null unterschiedlichen Elemente nur innerhalb einer bestimmten Bandbreite um die Hauptdiagonale; dies vereinfacht die Aufgabe der Lösung erheblich. Wir werden aber zuerst die Methoden für allgemeine Matrizen kurz vorstellen, da die Methoden für dünn besetzte Matrizen eng mit ihnen verwandt sind. Für die Beschreibung von Methoden zur Behandlung von Vollmatrizen ist die Verwendung der Vollmatrix-Notation (im Gegensatz zur zuvor eingeführten diagonalen Notation) sinnvoller und wird übernommen.

5.2.1 Gauß-Elimination

Die grundlegende Methode zur Lösung linearer Systeme algebraischer Gleichungen ist die Gauß-Elimination. Ihre Grundlage ist die systematische Reduktion großer Gleichungssysteme auf kleinere. Bei diesem Verfahren werden die Elemente der Matrix geändert, aber da sich die Namen der abhängigen Variablen nicht ändern, ist es sinnvoll, die Methode allein in Bezug auf die Matrix selbst zu beschreiben:

$$A = \begin{pmatrix} A_{11} & A_{12} & A_{13} & \dots & A_{1n} \\ A_{21} & A_{22} & A_{23} & \dots & A_{2n} \\ \vdots & \vdots & \vdots & \ddots & \vdots \\ A_{n1} & A_{n2} & A_{n3} & \dots & A_{nn} \end{pmatrix}. \tag{5.2}$$

Das Herzstück des Algorithmus ist die Technik zur Eliminierung von A_{21}, d. h. das Ersetzen durch eine Null. Dies geschieht durch Multiplikation der ersten Gleichung (erste Reihe der Matrix) mit A_{21}/A_{11} und Subtraktion von der zweiten Reihe oder Gleichung; dabei entfällt das erste Element und alle anderen Elemente in der zweiten Reihe der Matrix werden modifiziert, ebenso das zweite Element des Vektors auf der rechten Seite der Gleichung. Die anderen Elemente der ersten Spalte der Matrix, $A_{31}, A_{41}, \dots, A_{n1}$, werden ähnlich behandelt; zum Beispiel wird zur Eliminierung von A_{i1} die erste Zeile der Matrix mit A_{i1}/A_{11} multipliziert und von der Zeile i subtrahiert. Durch systematisches Vorgehen werden alle

Elemente der Matrix unter A_{11} eliminiert. Wenn dieser Prozess abgeschlossen ist, enthält keine der Gleichungen für $i = 2, 3, \ldots, n$ die Variable ϕ_1. Sie sind ein Satz von $n - 1$ Gleichungen für die Variablen $\phi_2, \phi_3, \ldots, \phi_n$. Die gleiche Vorgehensweise wird dann auf diesen kleineren Satz von Gleichungen angewendet – alle Elemente unterhalb von A_{22} in der zweiten Spalte werden eliminiert.

Dieser Vorgang wird für die Spalten $1, 2, 3, \ldots, n-1$ durchgeführt. Nach Abschluss dieses Vorgangs wurde die ursprüngliche quadratische Matrix durch eine obere Dreiecksmatrix ersetzt:

$$U = \begin{pmatrix} A_{11} & A_{12} & A_{13} & \ldots & A_{1n} \\ 0 & A_{22} & A_{23} & \ldots & A_{2n} \\ \vdots & \vdots & \vdots & \ddots & \vdots \\ 0 & 0 & 0 & \ldots & A_{nn} \end{pmatrix}. \tag{5.3}$$

Alle Elemente mit Ausnahme derjenigen in der ersten Zeile unterscheiden sich von denen in der Originalmatrix A. Da die Elemente der Originalmatrix nie wieder benötigt werden, ist es effizient, die geänderten Elemente anstelle der ursprünglichen zu speichern. (Im seltenen Fall, dass die ursprüngliche Matrix gespeichert werden muss, kann vor Beginn des Eliminierungsverfahrens eine Kopie erstellt werden.)

Dieser Teil des soeben beschriebenen Algorithmus wird als *Vorwärtselimination* bezeichnet. Auch die Elemente auf der rechten Seite der Gleichung, Q_i, werden in diesem Schritt modifiziert.

Das obere dreieckige Gleichungssystem, das sich aus der Vorwärtselimination ergibt, ist leicht zu lösen. Die letzte Gleichung enthält nur eine unbekannte Variable, ϕ_n, und kann direkt gelöst werden:

$$\phi_n = \frac{Q_n}{A_{nn}}. \tag{5.4}$$

Die vorletzte Gleichung enthält nur ϕ_{n-1} und ϕ_n, und sobald ϕ_n bekannt ist, kann sie für ϕ_{n-1} gelöst werden. Wenn man auf diese Weise nach oben geht, wird jede Gleichung nacheinander gelöst; die i-te Gleichung ergibt ϕ_i:

$$\phi_i = \frac{Q_i - \displaystyle\sum_{k=i+1}^{n} A_{ik}\phi_k}{A_{ii}}. \tag{5.5}$$

Die rechte Seite ist berechenbar, da alle in der Summe vorkommenden ϕ_k bereits berechnet wurden. Auf diese Weise erhalten wir alle Variablen $\phi_1, \phi_2, \ldots, \phi_n$. Der Teil des Gauß-Eliminationsalgorithmus, der mit der Dreiecksmatrix beginnt und die Unbekannten berechnet, wird als *Rückwärtssubstitution* bezeichnet.

Es ist nicht schwer zu zeigen, dass die Anzahl der Operationen, die erforderlich sind, um ein lineares System von n Gleichungen durch Gauß-Elimination zu lösen, proportional zu $n^3/3$ ist. Der Großteil dieses Aufwands befindet sich in der Phase der Vorwärtselimination; die Rückwärtssubstitution erfordert nur $n^2/2$ arithmetische Operationen und ist viel kostengünstiger als die Vorwärtselimination. Die Gauß-Elimination ist daher für große n teuer, aber bei Vollmatrizen ist sie genauso gut wie andere verfügbare Methoden. Die hohen Kosten der Gauß-Elimination sind ein Anreiz, nach effizienteren Speziallösern für Matrizen, wie die dünn besetzten, die sich aus der Diskretisierung von Differentialgleichungen ergeben, zu suchen.

Für große Matrizen, die nicht dünn besetzt sind, ist die Gauß-Elimination anfällig für Akkumulation von Rundungsfehlern (siehe Golub und van Loan 1996; Watkins 2010), was sie unzuverlässig macht, wenn sie nicht modifiziert wird. Das Hinzufügen von *Pivoting* oder das Vertauschen von Zeilen, um die Pivot-Elemente (die diagonalen Elemente, die im Nenner erscheinen) so groß wie möglich zu machen, hält das Fehlerwachstum in Schach. Glücklicherweise ist die Fehlerakkumulation bei dünn besetzten Matrizen selten ein Problem, sodass dieses Thema hier nicht von Bedeutung ist.

Die Gauß-Elimination kann nicht gut vektorisiert oder parallelisiert werden und wird auch deshalb selten ohne Modifikation bei der Strömungssimulation eingesetzt.

5.2.2 LU-Zerlegung

Es wurde eine Reihe von Variationen der Gauß-Elimination vorgeschlagen. Die meisten sind hier von geringem Interesse. Eine Variante von Bedeutung für CFD ist die LU-Zerlegung. Sie wird ohne Herleitung dargestellt.

Wir haben gesehen, dass bei der Gauß-Methode die Vorwärtselimination eine volle Matrix auf eine obere Dreiecksmatrix reduziert. Dieser Prozess kann formeller durchgeführt werden, indem die ursprüngliche Matrix A mit einer unteren Dreiecksmatrix multipliziert wird. Dies ist an sich wenig interessant, aber da die Invertierung einer unteren Dreiecksmatrix wieder eine untere Dreiecksmatrix ergibt, zeigt dieses Ergebnis, dass jede Matrix A (vorbehaltlich einiger Einschränkungen, die hier ignoriert werden können) in das Produkt aus einer unteren (L) und einer oberen (U) Dreiecksmatrix zerlegt werden kann:

$$A = LU. \tag{5.6}$$

Um die Faktorisierung eindeutig zu machen, verlangen wir, dass die Diagonalelemente von L, L_{ii} alle gleich eins sind; alternativ könnte man auch verlangen, dass die Diagonalelemente von U gleich eins sind.

Was diese Faktorisierung nützlich macht ist die Tatsache, dass sie einfach konstruiert werden kann. Die obere Dreiecksmatrix U ist genau diejenige, die durch die Vorwärtsphase der Gauß-Elimination erzeugt wird. Darüber hinaus sind die Elemente von L die Multiplikationsfaktoren (z. B. A_{ji}/A_{ii}), die im Eliminationsprozess verwendet werden. Dies ermöglicht es, die Faktorisierung durch eine geringfügige Modifikation der Gauß-Elimination zu konstruieren. Außerdem können die Elemente von L und U dort gespeichert werden, wo die Elemente von A gelegen haben.

Die Existenz dieser Faktorisierung ermöglicht die Lösung des Gleichungssystems (5.1) in zwei Stufen. Mit der Definition:

$$U\phi = \mathbf{Y}, \tag{5.7}$$

wird das Gleichungssystem (5.1):

$$L\mathbf{Y} = \mathbf{Q}. \tag{5.8}$$

Der letztgenannte Satz von Gleichungen kann durch eine Variation der Methode gelöst werden, die in der Rückwärtssubstitutionsphase der Gauß-Elimination verwendet wird, bei der man von oben und nicht von unten beginnt. Sobald Gl. (5.8) für $\mathbf{Y}$ gelöst wurde, kann Gl. (5.7), die identisch ist mit dem Dreieckssystem, das in der Rückwärtssubstitutionsphase der Gauß-Elimination gelöst wurde, für ϕ gelöst werden.

Der Vorteil der LU-Faktorisierung gegenüber der Gauß-Elimination besteht darin, dass die Faktorisierung durchgeführt werden kann, ohne den Vektor $\mathbf{Q}$ zu kennen. Wenn also viele Systeme mit der gleichen Matrix gelöst werden sollen, können erhebliche Einsparungen erzielt werden, indem zunächst die Faktorisierung durchgeführt wird; die Systeme können dann nach Bedarf gelöst werden. Wie wir im Folgenden sehen werden, sind Variationen der LU-Faktorisierung die Grundlage für einige der besseren iterativen Methoden zur Lösung von Systemen linearer Gleichungen; dies ist der Hauptgrund für ihre Einführung hier.

5.2.3 Tridiagonale Systeme

Wenn gewöhnliche Differentialgleichungen (1D-Probleme) z. B. mit den Zentraldifferenzen approximiert werden, haben die resultierenden algebraischen Gleichungen eine besonders einfache Struktur. Jede Gleichung enthält als Unbekannten nur die Variable im eigenen Knoten und in ihren unmittelbaren Nachbarn (links und rechts):

$$A_{\mathrm{W}}^{i}\phi_{i-1} + A_{\mathrm{P}}^{i}\phi_{i} + A_{\mathrm{E}}^{i}\phi_{i+1} = Q_{i}. \tag{5.9}$$

Die entsprechende Matrix A hat Elemente ungleich null nur auf ihrer Hauptdiagonalen (dargestellt durch A_{P}) und den Diagonalen unmittelbar darüber und darunter (dargestellt durch A_{E} und A_{W}). Eine solche Matrix wird als *tridiagonal* bezeichnet; Systeme, die tridiagonale Matrizen enthalten, sind besonders einfach zu lösen. Die Matrixelemente werden am besten als drei $n \times 1$ Felder gespeichert.

Die Gauß-Elimination ist für tridiagonale Systeme besonders einfach: Bei der Vorwärtselimination muss nur ein Element aus jeder Zeile eliminiert werden. Wenn der Algorithmus die i-te-Zeile erreicht hat, muss nur A_{P}^{i} modifiziert werden; der neue Wert ist:

$$A_{\mathrm{P}}^{i} = A_{\mathrm{P}}^{i} - \frac{A_{\mathrm{W}}^{i} A_{\mathrm{E}}^{i-1}}{A_{\mathrm{P}}^{i-1}}, \tag{5.10}$$

wobei diese Gleichung im Sinne des Programmierers zu verstehen ist: Das Ergebnis der rechten Seite wird anstelle des ursprünglichen Werts in A_P^i gespeichert. Der Quellterm wird ebenfalls modifiziert:

$$Q_i^* = Q_i - \frac{A_W^i Q_{i-1}^*}{A_P^{i-1}}. \tag{5.11}$$

Der Rückwärtssubstitutionsteil der Methode ist ebenfalls einfach. Die i-te Variable wird berechnet aus:

$$\phi_i = \frac{Q_i^* - A_E^i \phi_{i+1}}{A_P^i}. \tag{5.12}$$

Diese tridiagonale Lösungsmethode wird manchmal als Thomas-Algorithmus oder Tridiagonal-Matrix-Algorithmus (TDMA) bezeichnet. Er ist einfach zu programmieren (ein FORTRAN-Programm erfordert nur acht ausführbare Zeilen) und, was noch wichtiger ist, die Anzahl der Operationen ist proportional zu n, der Anzahl der Unbekannten, und nicht zu n^3 wie bei der Gauss-Elimination für vollbesetzte Matrizen. Mit anderen Worten, die Kosten pro Unbekannten sind unabhängig von der Anzahl der Unbekannten; eine bessere Skalierung kann man sich kaum vorstellen. Die niedrigen Kosten legen nahe, dass dieser Algorithmus eingesetzt werden soll, wann immer es möglich ist. Viele Lösungsmethoden nutzen die niedrigen Kosten dieser Methode, indem sie das eigentliche Problem auf ein Problem mit tridiagonalen Matrizen reduzieren.

5.2.4 Zyklische Reduktion

Es gibt noch speziellere Fälle, die eine noch stärkere Kostensenkung ermöglichen als TDMA. Ein interessantes Beispiel sind Systeme, bei denen die Matrix nicht nur tridiagonal ist, sondern alle Elemente auf jeder der Diagonalen identisch sind. Die zyklische Reduktionsmethode kann verwendet werden, um solche Systeme zu lösen, wobei die Kosten pro Variable mit zunehmender Größe des Systems eigentlich abnehmen. Wir zeigen nun, wie das möglich ist.

Angenommen, die Koeffizienten A_W^i, A_P^i und A_E^i sind im System (5.9) unabhängig vom Index i; dann können wir den Index fallen lassen. Für gerade Werte von i multiplizieren wir die Zeile $i - 1$ mit A_W/A_P und subtrahieren sie dann von der Zeile i. Dann multiplizieren wir die Zeile $i + 1$ mit A_E/A_P und subtrahieren sie von der Zeile i. Dadurch werden die Elemente unmittelbar links und rechts von der Hauptdiagonalen in den geradzahligen Zeilen eliminiert, aber das Nullelement zwei Spalten links von der Hauptdiagonalen wird durch $-A_W^2/A_P$ und das Nullelement zwei Spalten rechts von der Hauptdiagonalen durch $-A_E^2/A_P$ ersetzt; das Element auf der Hauptdiagonalen wird $A_P - 2A_W A_E/A_P$. Da die Elemente in jeder geraden Zeile gleich sind, muss die Berechnung der neuen Elemente nur einmal durchgeführt werden; hieraus resultieren die Einsparungen.

Nach Abschluss dieser Operationen enthalten die geradzahligen Gleichungen nur Variablen mit geraden Indizes und bilden einen Satz von $n/2$ Gleichungen für diese Variablen; als separates System betrachtet, sind diese Gleichungen tridiagonal und die Elemente auf jeder Diagonalen der reduzierten Matrix sind wieder gleich. Mit anderen Worten, der reduzierte Satz von Gleichungen hat die gleiche Form wie der ursprüngliche, ist aber halb so groß. Er kann auf die gleiche Weise weiter reduziert werden. Wenn die Anzahl der Gleichungen im ursprünglichen Satz eine Potenz von zwei ist, kann das Verfahren fortgesetzt werden, bis nur noch eine Gleichung übrig ist; sie wird direkt gelöst. Die restlichen Variablen können dann durch eine Variante der Rückwärtssubstitution gefunden werden.

Man kann zeigen, dass die Kosten dieser Methode proportional zu $\log_2 n$ sind, sodass die Kosten pro Variable mit der Anzahl der Variablen sinken. Obwohl die Methode eher spezialisiert erscheint, gibt es CFD-Anwendungen, in denen sie eine Rolle spielt. Dies sind Strömungen in sehr regelmäßigen Geometrien (wie rechteckige Boxen), die beispielsweise in direkten oder Grobstruktursimulationen der Turbulenz und in einigen meteorologischen Anwendungen eingesetzt werden.

In diesen Anwendungen bilden die zyklische Reduktion und verwandte Methoden die Grundlage für eine direkte Lösung elliptischer Gleichungen wie Laplace- und Poisson-Gleichungen, d. h. nichtiterativ. Da die Lösungen auch in dem Sinne exakt sind, dass sie keinen Iterationsfehler enthalten, ist diese Methode immer dann von unschätzbarem Wert, wenn sie verwendet werden kann.[1]

Die zyklische Reduktion ist eng mit der schnellen Fourier-Transformation verbunden, die auch zur Lösung elliptischer Gleichungen in einfachen Geometrien verwendet wird. Fourier-Methoden können auch zur Bewertung von Ableitungen verwendet werden, wie in Abschn. 3.11 gezeigt wurde.

5.3 Iterative Methoden

5.3.1 Grundkonzepte

Jedes Gleichungssystem kann durch Gauß-Elimination oder LU-Zerlegung gelöst werden. Leider sind die Dreiecksfaktoren der dünnbesetzten Matrizen nicht dünnbesetzt, sodass die Kosten für diese Methoden recht hoch sind. Außerdem ist der Diskretisierungsfehler in der Regel viel größer als die Genauigkeit der Rechnerarithmetik, sodass es keinen Grund gibt, das System so genau zu lösen. Eine Lösung mit etwas mehr Genauigkeit als die der Diskretisierungsmethode genügt.

Dadurch werden iterative Methoden interessant. Sie werden aus Notwendigkeit für nicht-lineare Probleme eingesetzt, sind aber ebenso wertvoll für dünnbesetzte lineare Systeme. In einem iterativen Verfahren wird eine Lösung abgeschätzt und mit Hilfe der Gleichung

---

[1] Bini und Meini (2009) präsentieren die Geschichte der Methode der zyklischen Reduktion, ihre Erweiterungen, neue Beweise und Formeln. Sie wird als Glätter für Multigrid-Anwendungen auf hochparallelen Grafikprozessoren (GPUs) verwendet, die jetzt für die Berechnung von Fluidströmungen verwendet werden (Göddeke und Strzodka 2011).

systematisch verbessert. Wenn jede Iteration billig ist und die Anzahl der Iterationen gering ist, kann ein iterativer Löser weniger Rechenkosten verursachen als eine direkte Methode. Bei CFD-Problemen ist dies in der Regel der Fall.

Betrachten wir nun das durch Gl. (5.1) dargestellte Matrixproblem, das sich aus der FD- oder FV-Approximation eines Strömungsproblems ergeben kann. Nach n Iterationen haben wir eine approximative Lösung ϕ^n, die diese Gleichung nicht genau erfüllt. Stattdessen gibt es ein von null unterschiedliches Residuum ρ^n:

$$A\phi^n = Q - \rho^n. \tag{5.13}$$

Durch Subtraktion dieser Gleichung von Gl. (5.1) erhalten wir eine Beziehung zwischen dem Iterationsfehler, definiert durch:

$$\varepsilon^n = \phi - \phi^n, \tag{5.14}$$

wobei ϕ die exakte Lösung darstellt, und dem Residuum:

$$A\varepsilon^n = \rho^n. \tag{5.15}$$

Der Iterationsprozess soll das Residuum stetig reduzieren und gegen null treiben; dabei wird auch ε gleich null. Um zu sehen, wie dies geschehen kann, betrachten wir ein iteratives Verfahren für ein lineares System; ein solches Verfahren kann wie folgt definiert werden:

$$M\phi^{n+1} = N\phi^n + \mathbf{B}. \tag{5.16}$$

Eine offensichtliche Eigenschaft, die von einer iterativen Methode verlangt werden muss, ist, dass das konvergierte Ergebnis die Gl. (5.1) erfüllt. Da, per Definition, bei der Konvergenz $\phi^{n+1} = \phi^n = \phi$, muss gelten:

$$A = M - N \quad \text{und} \quad \mathbf{B} = Q. \tag{5.17}$$

Noch allgemeiner kann man schreiben:

$$PA = M - N \quad \text{und} \quad \mathbf{B} = PQ, \tag{5.18}$$

wobei P eine nichtsinguläre, sogenannte *Vorkonditionierungsmatrix* ist. Vorkonditionierungsmatrizen, die die Konvergenz der Iterationen wesentlich beschleunigen können, werden in Abschnitt 5.3.6.1 diskutiert.

Eine alternative Version dieser iterativen Methode kann durch Subtraktion von $M\phi^n$ von jeder Seite der Gl. (5.16) erhalten werden:

$$M(\phi^{n+1} - \phi^n) = \mathbf{B} - (M - N)\phi^n \quad \text{oder} \quad M\delta^n = \rho^n, \tag{5.19}$$

wobei $\delta^n = \phi^{n+1} - \phi^n$ *Korrektur* oder Aktualisierung genannt wird und eine Approximation des Iterationsfehlers darstellt.

Damit eine iterative Methode effektiv ist, muss die Lösung des Systems (5.16) kostengünstig sein und die Methode muss schnell konvergieren. Eine kostengünstige Iteration erfordert, dass die Berechnung von $N\phi^n$ und die Lösung des Systems einfach durchzuführen sind. Die erste Anforderung ist leicht zu erfüllen: Da A dünn besetzt ist, ist N auch dünn besetzt, und die Berechnung von $N\phi^n$ ist einfach. Die zweite Anforderung bedeutet, dass die Iterationsmatrix M leicht invertiert werden muss; aus praktischer Sicht sollte M diagonal, tridiagonal, dreieckig, oder vielleicht block-tridiagonal oder -dreieckig sein; eine weitere Möglichkeit wird im Folgenden beschrieben. Für eine schnelle Konvergenz sollte M eine gute Approximation von A sein, was bedeutet, dass $N\phi$ in gewissem Sinne klein sein soll. Dies wird im nächsten Abschnitt erläutert.

5.3.2 Konvergenz

Wie wir bereits festgestellt haben, ist die schnelle Konvergenz einer iterativen Methode der Schlüssel zu ihrer Effizienz. Hier geben wir eine einfache Analyse, die nützlich ist, um zu verstehen, was die Konvergenzrate bestimmt und wie man sie verbessern kann.

Zunächst leiten wir die Gleichung her, die das Verhalten des Iterationsfehlers bestimmt. Um sie zu finden, erinnern wir uns daran, dass bei der Konvergenz $\phi^{n+1} = \phi^n = \phi$, sodass die konvergierte Lösung die folgende Gleichung erfüllt:

$$M\phi = N\phi + \mathbf{B}. \tag{5.20}$$

Subtrahiert man diese Gleichung von Gl. (5.16) und verwendet die Definition des Iterationsfehlers (5.14), erhält man:

$$M\varepsilon^{n+1} = N\varepsilon^n \tag{5.21}$$

oder

$$\varepsilon^{n+1} = M^{-1}N\varepsilon^n. \tag{5.22}$$

Die iterative Methode konvergiert, wenn $\lim_{n \to \infty} \varepsilon^n = \mathbf{0}$. Die entscheidende Rolle spielen die Eigenwerte λ_k und die Eigenvektoren ψ^k der Iterationsmatrix $M^{-1}N$, die durch folgende Beziehung definiert sind:

$$M^{-1}N\psi^k = \lambda_k\psi^k, \quad k = 1, \ldots, K, \tag{5.23}$$

wobei K die Anzahl der Gleichungen (Gitterpunkte) ist. Wir gehen davon aus, dass die Eigenvektoren einen vollständigen Satz bilden, d. h. eine Basis für $\mathbf{R}^n$, den Vektorraum aller n-Komponenten-Vektoren. Wenn dies der Fall ist, kann der anfängliche Fehler durch die Eigenvektoren ausgedrückt werden:

$$\varepsilon^0 = \sum_{k=1}^{K} a_k \boldsymbol{\psi}^k, \tag{5.24}$$

wobei a_k Konstanten sind. Das iterative Verfahren (5.22) führt dann zu:

$$\varepsilon^1 = M^{-1} N \varepsilon^0 = M^{-1} N \sum_{k=1}^{K} a_k \boldsymbol{\psi}^k = \sum_{k=1}^{K} a_k \lambda_k \boldsymbol{\psi}^k \tag{5.25}$$

und es ist nicht schwierig, durch Induktion zu zeigen, dass

$$\varepsilon^n = \sum_{k=1}^{K} a_k (\lambda_k)^n \boldsymbol{\psi}^k. \tag{5.26}$$

Es ist klar, dass, wenn ε^n für große n gleich null werden soll, die notwendige und ausreichende Bedingung ist, dass alle Eigenwerte betragsmäßig kleiner als eins sein müssen. Insbesondere muss dies für den größten Eigenwert gelten, dessen Betrag als *Spektralradius* der Matrix $M^{-1} N$ bezeichnet wird. Tatsächlich werden nach einer Reihe von Iterationen die Terme in Gl. (5.26), die Eigenwerte mit einem kleinen Betrag enthalten, sehr klein und nur der Term mit dem größten Eigenwert (den wir als λ_1 bezeichnen können und der als eindeutig angenommen wird) bleibt erhalten:

$$\varepsilon^n \sim a_1 (\lambda_1)^n \boldsymbol{\psi}^1. \tag{5.27}$$

Wenn Konvergenz als die Reduzierung des Iterationsfehlers unter eine Toleranz δ definiert ist, verlangen wir:

$$a_1 (\lambda_1)^n \approx \delta. \tag{5.28}$$

Nimmt man den Logarithmus beider Seiten dieser Gleichung, so findet man einen Ausdruck für die erforderliche Anzahl an Iterationen:

$$n \approx \frac{\ln\left(\dfrac{\delta}{a_1}\right)}{\ln \lambda_1}. \tag{5.29}$$

Wir sehen, dass iterative Verfahren sehr langsam konvergieren, wenn der Spektralradius sehr nahe an eins liegt.

Als einfaches (triviales könnte zutreffender sein) Beispiel betrachten wir den Fall einer einzelnen Gleichung (für die man nie im Traum eine iterative Methode verwenden würde). Angenommen, wir wollen die folgende Gleichung lösen:

$$ax = b \tag{5.30}$$

und wir verwenden die iterative Methode (man beachte, dass $m = a + n$ und p der Iterationszähler ist):

$$mx^{p+1} = nx^p + b. \tag{5.31}$$

Dann erfüllt der Fehler die skalare Version von Gl. (5.22):

$$\varepsilon^{p+1} = \frac{n}{m}\varepsilon^p. \tag{5.32}$$

Wir sehen, dass der Fehler schnell reduziert wird, wenn n/m klein ist, d. h. wenn n klein ist, was bedeutet, dass $m \approx a$. Bei der Konstruktion iterativer Methoden für Systeme werden wir feststellen, dass ein analoges Ergebnis gilt: Je besser M die Matrix A approximiert, desto schneller konvergiert das iterative Verfahren.

Bei einer iterativen Methode ist es wichtig, den Iterationsfehler abschätzen zu können, um zu entscheiden, wann die Iterationen gestoppt werden sollen. Die Berechnung der Eigenwerte der Iterationsmatrix ist schwierig (sie ist oft nicht explizit bekannt), sodass Approximationen verwendet werden müssen. Wir werden einige Methoden zur Abschätzung des Iterationsfehlers und Kriterien für das Stoppen von Iterationen später in diesem Kapitel beschreiben.

5.3.3   Einige einfache Methoden

In der einfachsten Methode, der Jacobi-Methode, ist M eine diagonale Matrix, deren Elemente die diagonalen Elemente von A sind. Für die Fünf-Punkte-Diskretisierung der Laplace-Gleichung, wenn jede Iteration an der unteren linken (südwestlichen) Ecke des Lösungsgebiets beginnt und wir die oben vorgestellte lexikografische Notation verwenden, ist das Verfahren:

$$\phi_{\mathrm{P}}^{n+1} = \frac{Q_{\mathrm{P}} - A_{\mathrm{S}}\phi_{\mathrm{S}}^n - A_{\mathrm{W}}\phi_{\mathrm{W}}^n - A_{\mathrm{N}}\phi_{\mathrm{N}}^n - A_{\mathrm{E}}\phi_{\mathrm{E}}^n}{A_{\mathrm{P}}}. \tag{5.33}$$

Es kann gezeigt werden, dass dieses Verfahren zur Konvergenz eine Anzahl von Iterationen erfordert, die proportional zum Quadrat der Anzahl der Gitterpunkte in eine Richtung ist. Das bedeutet, dass dieses Verfahren teurer ist als ein Direktlöser, sodass es wenig Grund gibt, es zu verwenden.

In der Gauß-Seidel-Methode ist M der untere Dreiecksbereich von A. Da es sich um einen Sonderfall der unten angegebenen SOR-Methode handelt, werden wir die Gleichungen nicht gesondert angeben. Sie konvergiert doppelt so schnell wie die Jacobi-Methode, aber das ist keine ausreichende Verbesserung, um nützlich zu sein.

Eine der besseren Methoden ist eine beschleunigte Version der Gauß-Seidel-Methode namens *sukzessive Überrelaxation* oder SOR, die wir im Folgenden beschreiben werden. Für eine Einführung und Analyse der Jacobi- und Gauß-Seidel-Methoden siehe einen einleitenden Text zu numerischen Methoden, z. B. Ferziger (1998) oder Press et al. (2007).

Wenn jede Iteration an der unteren linken (südwestlichen) Ecke des Lösungsgebiets beginnt und wir wieder die lexikografische Notation verwenden, kann die SOR-Methode wie folgt ausgedrückt werden:

$$\phi_P^{n+1} = \omega \frac{Q_P - A_S\phi_S^{n+1} - A_W\phi_W^{n+1} - A_N\phi_N^n - A_E\phi_E^n}{A_P} + (1 - \omega)\phi_P^n, \qquad (5.34)$$

wobei ω der Überrelaxationsfaktor ist, der zur Beschleunigung größer als 1 sein muss, und n der Iterationszähler ist. Es gibt eine Theorie zur Auswahl des optimalen Überrelaxationsfaktors für einfache Probleme wie die Laplace-Gleichung in einem rechteckigen Lösungsgebiet, aber es ist schwierig, diese Theorie auf komplexere Probleme anzuwenden; glücklicherweise ist das Verhalten der Methode normalerweise ähnlich wie im einfachen Fall. Im Allgemeinen gilt: Je größer die Anzahl der Gitterpunkte, desto größer ist der optimale Überrelaxationsfaktor (siehe Abschn. 5.7). Typischerweise funktionieren $1,6 \leq \omega \leq 1,9$ gut; für $\omega = 2,0$ divergiert das Verfahren. Für Werte von ω kleiner als das Optimum ist die Konvergenz monoton und die Konvergenzrate steigt mit zunehmendem ω. Wenn das optimale ω überschritten wird, verschlechtert sich die Konvergenzrate und die Konvergenz ist oszillatorisch. Mit diesem Wissen kann nach dem optimalen Überrelaxationsfaktor gesucht werden. Bei Verwendung des optimalen Überrelaxationsfaktors ist die Anzahl der Iterationen proportional zur Anzahl der Gitterpunkte in eine Richtung, was eine wesentliche Verbesserung gegenüber den obengenannten Verfahren darstellt. Für $\omega = 1$ reduziert sich SOR auf die Gauß-Seidel-Methode.

5.3.4 Unvollständige LU-Zerlegung: Die Methode von Stone

Wir haben Folgendes festgestellt:

- Die LU-Zerlegung ist ein ausgezeichneter universeller Löser für lineare Gleichungssysteme, kann aber die Dünnbesetzung einer Matrix nicht ausnutzen.
- Iterative Methode konvergieren schnell, wenn M eine gute Approximation von A ist.

Diese Beobachtungen führen zu der Idee, eine unvollständige LU-Faktorisierung von A als Iterationsmatrix M zu verwenden, d. h.:

$$M = LU = A + N, \qquad (5.35)$$

wobei L und U beide dünnbesetzt sind und N klein ist.

Eine Version dieser Methode für symmetrische Matrizen, bekannt als *unvollständige Cholesky-Faktorisierung,* wird oft in Verbindung mit Methoden der konjugierten Gradienten verwendet. Da die Matrizen, die sich aus der Diskretisierung von Konvektions- und Diffusionsproblemen oder den Navier-Stokes-Gleichungen ergeben, nicht symmetrisch sind, kann diese Methode nicht auf sie angewendet werden. Eine asymmetrische Version dieser Methode, genannt *unvollständige LU-Zerlegung* (auch als ILU bezeichnet), ist möglich, hat aber keine breite Anwendung gefunden. In der ILU-Methode geht man wie bei der LU-Zerlegung vor, aber für jedes Element der Originalmatrix A, das gleich null ist, wird das entsprechende Element von L oder U auch gleich null gesetzt. Diese Zerlegung ist nicht exakt, aber das Produkt aus diesen Dreiecksmatrizen kann als Matrix M der iterativen Methode verwendet werden. Diese Methode konvergiert eher langsam.

Eine weitere unvollständige LU-Zerlegung, die in der CFD Anwendung gefunden hat, wurde von Stone (1968) vorgeschlagen. Diese Methode, auch als *strongly implicit procedure* (SIP) bezeichnet, ist speziell für algebraische Gleichungen konzipiert, die Diskretisierungen von partiellen Differentialgleichungen darstellen, und gilt nicht für generische Gleichungssysteme.

Wir werden die SIP-Methode für den 5-Punkte-Rechenstern beschreiben, d. h. für eine Matrix mit der in Abb. 3.6 dargestellten Struktur. Die gleichen Prinzipien können verwendet werden, um einen Löser für 7-Punkte- (in 3D) und 9-Punkte- (für 2D nichtorthogonale Gitter) Rechensterne zu konstruieren.

Wie in ILU haben die Matrizen L und U Elemente ungleich null nur auf den Diagonalen, auf denen A-Elemente ungleich null sind. Das Produkt aus der unteren und der oberen Dreiecksmatrix mit diesen Strukturen hat mehr Diagonalen ungleich null als A. Für den 5-Punkte-Rechenstern gibt es zwei weitere Diagonalen (entsprechend den Knoten NW und SE oder NE und SW, je nach Anordnung der Knoten im Vektor), und für einen 7-Punkte-Rechenstern in 3D gibt es sechs weitere Diagonalen. Für die in diesem Buch verwendete Anordnung der Knoten für 2D-Probleme entsprechen die zusätzlichen zwei Diagonalen den Knoten NW und SE (siehe Tab. 3.2 für die Übereinstimmung der Gitterindizes (i, j) und des eindimensionalen Speicherortindex l).

Um diese Matrizen eindeutig zu machen, wird jedes Element in der Hauptdiagonalen von U gleich eins gesetzt. Daher müssen fünf Sätze von Elementen (drei in L, zwei in U) bestimmt werden. Für Matrizen der in Abb. 5.1 dargestellten Form ergeben die Regeln der Matrixmultiplikation die Elemente des Produkts von L und U, $M = LU$, wie folgt:

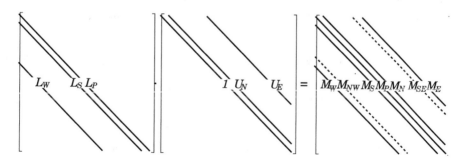

Abb. 5.1 Schematische Darstellung der Matrizen L und U und der Produktmatrix M; Diagonalen von M, die nicht in A enthalten sind, werden durch gestrichelte Linien dargestellt

$$M_W^l = L_W^l$$
$$M_{NW}^l = L_W^l U_N^{l-N_j}$$
$$M_S^l = L_S^l$$
$$M_P^l = L_W^l U_E^{l-N_j} + L_S^l U_N^{l-1} + L_P^l \tag{5.36}$$
$$M_N^l = U_N^l L_P^l$$
$$M_{SE}^l = L_S^l U_E^{l-1}$$
$$M_E^l = U_E^l L_P^l$$

Wir möchten L und U so wählen, dass M eine möglichst gute Approximation von A ist. Die Matrix N muss zumindest die zwei zusätzlichen Diagonalen von M enthalten, die in A nicht vorhanden sind; siehe Gl. (5.36). Eine naheliegende Wahl ist es, N nur auf diesen beiden Diagonalen Elemente ungleich null haben zu lassen, und die anderen Diagonalen von M gleich den entsprechenden Diagonalen von A zu setzen. Dadurch erhält man die bereits erwähnte Standard-ILU-Methode. Leider konvergiert diese Methode nur langsam.

Stone (1968) erkannte, dass die Konvergenz verbessert werden kann, indem N erlaubt wird, Elemente ungleich null auf allen 7 Diagonalen von M zu haben. Die Methode lässt sich am einfachsten unter Berücksichtigung des Vektors $M\phi$ ableiten:

$$(M\phi)_P = M_P\phi_P + M_S\phi_S + M_N\phi_N + M_E\phi_E + M_W\phi_W$$
$$+M_{NW}\phi_{NW} + M_{SE}\phi_{SE}. \tag{5.37}$$

Jeder Term in dieser Gleichung entspricht einer Diagonale von $M = LU$. Die letzten beiden Terme entsprechen den „Extradiagonalen" vom M, die in A nicht enthalten sind.

Die Matrix N muss die beiden „Extradiagonalen" von M enthalten, und wir wollen die Elemente auf den restlichen Diagonalen so wählen, dass $N\phi \approx 0$ oder, mit anderen Worten,

$$N_P\phi_P + N_N\phi_N + N_S\phi_S + N_E\phi_E + N_W\phi_W + M_{NW}\phi_{NW} + M_{SE}\phi_{SE} \approx 0. \tag{5.38}$$

Dies erfordert, dass der Beitrag der beiden „zusätzlichen" Terme in der obigen Gleichung durch den Beitrag von den anderen fünf Diagonalen nahezu aufgehoben wird. Dementsprechend lässt sich Gl. (5.38) auf den folgenden Ausdruck reduzieren:

$$M_{NW}(\phi_{NW} - \phi_{NW}^*) + M_{SE}(\phi_{SE} - \phi_{SE}^*) \approx 0, \tag{5.39}$$

wobei ϕ_{NW}^* und ϕ_{SE}^* Approximationen von ϕ_{NW} und ϕ_{SE} sind.

Die Grundidee von Stone ist, dass eine glatte Lösung erwartet werden kann, da die Gleichungen eine elliptische partielle Differentialgleichung approximieren. In diesem Fall können ϕ_{NW}^* und ϕ_{SE}^* durch die Werte von ϕ in Knoten, die auf den Diagonalen von A liegen, approximiert werden. Stone schlug die folgende Approximationen vor (andere Näherungen sind möglich; siehe z. B. Schneider und Zedan 1981):

$$\phi_{NW}^* \approx \alpha(\phi_W + \phi_N - \phi_P),$$
$$\phi_{SE}^* \approx \alpha(\phi_S + \phi_E - \phi_P). \tag{5.40}$$

Wenn $\alpha = 1$, sind dies Interpolationen 2. Ordnung, aber Stone fand heraus, dass die Stabilität $\alpha < 1$ erfordert. Diese Approximationen gelten nur für die Lösung partieller Differential-gleichungen und sind für generische algebraische Gleichungen nicht sinnvoll.

Wenn diese Approximationen in Gl. (5.39) eingesetzt werden und das Ergebnis mit Gl. (5.38) gleichgesetzt wird, erhalten wir alle Elemente von N als Linearkombinationen von M_{NW} und M_{SE}. Die Elemente von M, Gl. (5.36), können nun gleich der Summe der Elemente von A und N gesetzt werden. Die resultierenden Gleichungen reichen nicht nur aus, um alle Elemente von L und U zu bestimmen, sondern können auch in sequentieller Reihenfolge beginnend an der südwestlichen Ecke des Gitters gelöst werden:

$$L_W^l = A_W^l / \left(1 + \alpha U_N^{l-N_j}\right),$$

$$L_S^l = A_S^l / \left(1 + \alpha U_E^{l-1}\right),$$

$$L_P^l = A_P^l + \alpha\left(L_W^l U_N^{l-N_j} + L_S^l U_E^{l-1}\right) - L_W^l U_E^{l-N_j} - L_S^l U_N^{l-1}, \qquad (5.41)$$

$$U_N^l = \left(A_N^l - \alpha L_W^l U_N^{l-N_j}\right)/L_P^l,$$

$$U_E^l = \left(A_E^l - \alpha L_S^l U_E^{l-1}\right)/L_P^l.$$

Die Koeffizienten müssen in dieser Reihenfolge berechnet werden. Für Knoten neben Rändern des Lösungsgebiets wird jedes Matrixelement, das den Index eines Randknotens trägt, als gleich null angenommen. Entlang des Westrands ($i = 2$) sind also die Elemente mit dem Index $l - N_j$ gleich null; dasselbe gilt entlang des Südrands ($j = 2$) für die Elemente mit dem Index $l - 1$, entlang des Nordrands ($j = N_j - 1$) für die Elemente mit dem Index $l + 1$, und entlang des Ostrands ($i = N_i - 1$) für die Elemente mit dem Index $l + N_j$.

Wir wenden uns nun der Lösung des Gleichungssystems mit Hilfe dieser unvollständigen Zerlegung zu. Die Gleichung, die die Lösungskorrektur mit dem Residuum verbindet, lautet (siehe Gl. (5.19)):

$$LU\delta^{n+1} = \rho^n. \qquad (5.42)$$

Das algebraische Gleichungssystem wird wie bei der gewöhnlichen LU-Zerlegung gelöst. Die Multiplikation der obigen Gleichung mit L^{-1} führt zu:

$$U\delta^{n+1} = L^{-1}\rho^n = \mathbf{R}^n. \qquad (5.43)$$

$\mathbf{R}^n$ ist leicht zu berechnen:

$$R^l = \left(\rho^l - L_S^l R^{l-1} - L_W^l R^{l-N_j}\right)/L_P^l. \qquad (5.44)$$

Diese Gleichung ist in der Reihenfolge des wachsenden Index l zu lösen. Wenn die Berechnung von $\mathbf{R}$ abgeschlossen ist, müssen wir Gl. (5.43) lösen:

$$\delta^l = R^l - U_N^l \delta^{l+1} - U_E^l \delta^{l+N_j} \qquad (5.45)$$

in der Reihenfolge des abnehmenden Index l.

In der SIP-Methode müssen die Elemente der Matrizen L und U vor der ersten Iteration nur einmal berechnet werden. Bei nachfolgenden Iterationen müssen wir nur das Residuum, dann $\mathbf{R}$ und schließlich δ berechnen, indem wir die beiden Dreieckssysteme lösen.

Die Stone-Methode konvergiert in der Regel nach einer kleinen Anzahl von Iterationen. Die Konvergenzrate kann verbessert werden, indem man α von Iteration zu Iteration (und von Punkt zu Punkt) variiert. Diese Methoden konvergieren in weniger Iterationen, erfordern aber, dass die Zerlegung bei jeder Änderung von α neu durchgeführt wird. Da die Berechnung von L und U so teuer ist wie eine Iteration mit einer bestimmten Zerlegung, ist es normalerweise insgesamt effizienter, α konstant zu halten.

Die Stone-Methode kann verallgemeinert werden, um einen effizienten Löser für die 9-diagonalen Matrizen zu erhalten, die entstehen, wenn kompakte Differenzen-Approximationen in 2D angewendet werden, und für die 7-diagonalen Matrizen, die entstehen, wenn Zentraldifferenzen in 3D verwendet werden. Eine 3D (7-Punkte) vektorisierte Version wurde von Leister und Perić (1994) veröffentlicht; zwei 9-Punkte-Versionen für 2D-Probleme wurden von Schneider und Zedan (1981) und Perić (1987) beschrieben. Rechenprogramme für 5-diagonale (2D) und 7-diagonale (3D) Matrizen sind über das Internet verfügbar; für weitere Informationen siehe Anhang. Die Leistung von SIP für ein Modellproblem wird in Abschn. 5.8 vorgestellt.

Im Gegensatz zu anderen Methoden ist die Stone-Methode sowohl eine gute iterative Technik an sich als auch eine gute Grundlage für Methoden der konjugierten Gradienten (wo sie als Vorkonditionierer bezeichnet wird) und Mehrgitterverfahren (wo sie als Glätter verwendet wird). Diese Methoden werden im Folgenden beschrieben.

5.3.5 ADI und andere Splitting-Methoden

Eine gängige Methode zur Lösung elliptischer Probleme besteht darin, der Gleichung einen Term mit der ersten Zeitableitung hinzuzufügen und das resultierende parabolische Problem zu lösen, bis ein stationärer Zustand erreicht ist. Zu diesem Zeitpunkt ist die Zeitableitung gleich null und die Lösung erfüllt die ursprüngliche elliptische Gleichung. Viele iterative Methoden zur Lösung elliptischer Gleichungen, einschließlich der meisten der bereits beschriebenen, können auf diese Weise interpretiert werden. In diesem Abschnitt stellen wir ein Verfahren vor, dessen Verbindung zu parabolischen Gleichungen so eng ist, dass es vielleicht nicht entdeckt worden wäre, wenn man nur an elliptische Gleichungen gedacht hätte.

Stabilitätsbetrachtungen erfordern für parabolische Gleichungen Lösungsmethoden, die bezüglich der Zeit implizit sind. In zwei oder drei Dimensionen bedeutet dies die Lösung eines elliptischen 2D- oder 3D-Problems zu jedem Zeitpunkt; die Kosten können enorm sein, aber sie können durch die Verwendung der sog. *alternating direction implicit* (Wechselrichtung-implizit) bzw. ADI-Methode erheblich reduziert werden. Wir beschreiben nur die einfachste dieser Methoden in 2D und eine Variante davon. ADI ist die Grundlage für viele andere Methoden; für weitere Details zu einigen dieser Methoden siehe Hageman und Young (2004).

Angenommen, wir wollen die 2D-Laplace-Gleichung lösen. Das Hinzufügen einer Zeitableitung wandelt sie in eine zweidimensionale Wärmegleichung um:

$$\frac{\partial \phi}{\partial t} = \Gamma \left(\frac{\partial^2 \phi}{\partial x^2} + \frac{\partial^2 \phi}{\partial y^2} \right). \tag{5.46}$$

Wenn diese Gleichung mit der Trapezregel in der Zeit integriert wird (genannt die Crank-Nicolson-Methode, wenn sie auf partielle Differentialgleichungen angewendet wird; siehe nächstes Kapitel) und die räumlichen Ableitungen mit Zentraldifferenzen auf einem äquidistanten Gitter approximiert werden, erhalten wir:

$$\frac{\phi^{n+1} - \phi^n}{\Delta t} = \frac{\Gamma}{2} \left[\left(\frac{\delta^2 \phi^n}{\delta x^2} + \frac{\delta^2 \phi^n}{\delta y^2} \right) + \left(\frac{\delta^2 \phi^{n+1}}{\delta x^2} + \frac{\delta^2 \phi^{n+1}}{\delta y^2} \right) \right], \tag{5.47}$$

wo wir die folgende Kurzschreibweise für die räumlichen finiten Differenzen verwendet haben:

$$\left(\frac{\delta^2 \phi}{\delta x^2} \right)_{i,j} = \frac{\phi_{i+1,j} - 2\phi_{i,j} + \phi_{i-1,j}}{(\Delta x)^2},$$

$$\left(\frac{\delta^2 \phi}{\delta y^2} \right)_{i,j} = \frac{\phi_{i,j+1} - 2\phi_{i,j} + \phi_{i,j-1}}{(\Delta y)^2}.$$

Wenn wir Gl. (5.47) umordnen, stellen wir fest, dass wir beim Zeitschritt $n+1$ das folgende Gleichungssystem lösen müssen:

$$\left(1 - \frac{\Gamma \Delta t}{2} \frac{\delta^2}{\delta x^2} \right) \left(1 - \frac{\Gamma \Delta t}{2} \frac{\delta^2}{\delta y^2} \right) \phi^{n+1} =$$

$$\left(1 + \frac{\Gamma \Delta t}{2} \frac{\delta^2}{\delta x^2} \right) \left(1 + \frac{\Gamma \Delta t}{2} \frac{\delta^2}{\delta y^2} \right) \phi^n - \frac{(\Gamma \Delta t)^2}{4} \frac{\delta^2}{\delta x^2} \left[\frac{\delta^2 (\phi^{n+1} - \phi^n)}{\delta y^2} \right]. \tag{5.48}$$

Da $\phi^{n+1} - \phi^n \approx \Delta t \, \partial \phi / \partial t$, ist der letzte Term proportional zu $(\Delta t)^3$ für kleine Δt. Die FD-Approximation ist für kleine Δt 2. Ordnung, weshalb der letzte Term im Vergleich zum Diskretisierungsfehler klein ist und vernachlässigt werden kann. Die verbleibende Gleichung kann in zwei einfachere Gleichungen zerlegt werden:

$$\left(1 - \frac{\Gamma \Delta t}{2} \frac{\delta^2}{\delta x^2} \right) \phi^* = \left(1 + \frac{\Gamma \Delta t}{2} \frac{\delta^2}{\delta y^2} \right) \phi^n, \tag{5.49}$$

$$\left(1 - \frac{\Gamma \Delta t}{2} \frac{\delta^2}{\delta y^2} \right) \phi^{n+1} = \left(1 + \frac{\Gamma \Delta t}{2} \frac{\delta^2}{\delta x^2} \right) \phi^*. \tag{5.50}$$

Jedes dieser Gleichungssysteme ist ein Satz tridiagonaler Gleichungen, die mit der effizienten TDMA-Methode gelöst werden können; dies erfordert keine Iteration und ist viel kostengünstiger als das Lösen von Gl. (5.47). Sowohl Gl. (5.49) als auch (5.50), als eigenständige Methode, sind nur 1. Ordnung genau in der Zeit und bedingt stabil, aber die kombinierte Methode ist 2. Ordnung genau und bedingungslos stabil! Die Familie der auf diesen Ideen basierenden Methoden ist bekannt als *splitting* oder *approximate factorization* Methoden; eine Vielzahl von ihnen wurde entwickelt.

Die Vernachlässigung des für die Zerlegung wesentlichen Terms 3. Ordnung ist nur dann gerechtfertigt, wenn der Zeitschritt klein ist. Deshalb – obwohl das Verfahren bedingungslos stabil ist – ist es bei einem großen Zeitschritt nicht unbedingt zeitgenau. Bei elliptischen Gleichungen geht es aber darum, die stationäre Lösung so schnell wie möglich zu erhalten (die zeitliche Entwicklung ist uninteressant); dies geschieht am besten mit dem größtmöglichen Zeitschritt. Der Zerlegungsfehler wird jedoch groß, wenn der Zeitschritt groß ist, sodass das Verfahren einen Teil seiner Effizienz verliert. Tatsächlich gibt es einen optimalen Zeitschritt, bei dem die schnellste Konvergenz erreicht wird. Wenn dieser Zeitschritt verwendet wird, ist die ADI-Methode sehr effizient – sie konvergiert in einer Anzahl von Iterationen proportional zur Anzahl der Punkte in eine Richtung.

Eine bessere Strategie verwendet verschiedene Zeitschritte für mehrere Iterationen in zyklischer Weise. Dieser Ansatz kann die Anzahl der Iterationen für die Konvergenz proportional zur Quadratwurzel der Anzahl der Gitterpunkte in eine Richtung machen, was ADI zu einer ausgezeichneten Methode macht.

Gleichungen, die die Konvektions- und Quellterme beinhalten, erfordern gewisse Anpassungen dieser Methode. In CFD ist die Druck- oder Druckkorrekturgleichung vom obigen Typ und die Varianten des gerade beschriebenen Verfahrens werden oft zur Lösung verwendet. ADI-Methoden werden auch sehr häufig eingesetzt, um kompressible Strömungsprobleme zu lösen. Sie sind auch gut für die parallele Berechnung geeignet.

Das in diesem Abschnitt beschriebene Verfahren nutzt die Struktur der Matrix aus, die wiederum durch die Verwendung eines strukturierten Gitters entsteht. Eine genauere Betrachtung der Herleitung zeigt jedoch, dass die Grundlage der Methode eine *additive Zerlegung* der Matrix ist:

$$A = H + V, \qquad (5.51)$$

wobei die Matrix H die Beiträge von der 2. Ableitung in x-Richtung bezeichnet und V die von der 2. Ableitung in y-Richtung.

Es gibt keinen Grund, warum andere additive Zerlegungen nicht verwendet werden können. Ein nützlicher Vorschlag ist die Berücksichtigung der additiven LU-Zerlegung:

$$A = L + U. \qquad (5.52)$$

Diese unterscheidet sich von der multiplikativen LU-Zerlegung aus Abschn. 5.2.2. Bei dieser Zerlegung werden Gl. (5.49) und (5.50) ersetzt durch:

$$(I - L\,\Delta t)\phi^* = (I + U\,\Delta t)\phi^n,$$
$$(I - U\,\Delta t)\phi^{n+1} = (I + L\,\Delta t)\phi^*.$$
(5.53)

Jeder dieser Schritte ist im Wesentlichen eine Gauß-Seidel-Iteration. Die Konvergenzrate dieser Methode ist ähnlich wie bei der obengenannten ADI-Methode. Sie hat auch den sehr wichtigen Vorteil, dass sie sich nicht auf die Struktur des Gitters oder der Matrix verlässt und daher sowohl auf Probleme mit unstrukturierten als auch mit strukturierten Gittern angewendet werden kann. Sie parallelisiert jedoch nicht so gut wie die HV-Version von ADI.

5.3.6 Krylov-Methoden

In diesem Abschnitt stellen wir Methoden vor, die auf Techniken zur Lösung nichtlinearer Gleichungen basieren. Nichtlineare Löser können in zwei große Kategorien eingeteilt werden: Newton-ähnliche Methoden (siehe Abschn. 5.5.1) und globale Methoden. Erstere konvergieren sehr schnell, wenn eine genaue Abschätzung der Lösung verfügbar ist, können aber katastrophal scheitern, wenn die anfängliche Abschätzung weit von der genauen Lösung entfernt ist. ‚Fern' ist ein relativer Begriff; er ist für jede Gleichung unterschiedlich. Man kann nicht feststellen, ob eine Schätzung ‚nahe genug' ist, außer durch Ausprobieren. Globale Methoden finden garantiert die Lösung (falls vorhanden), sind aber nicht sehr schnell. Kombinationen der beiden Methodentypen werden häufig verwendet; globale Methoden werden zunächst verwendet und dann Newton-ähnliche Methoden, wenn die Konvergenz näher rückt.

Das Ziel der Methoden in diesem Abschnitt ist im Wesentlichen die Reduzierung großer linearer Gleichungssysteme auf kleinere Probleme, indem Approximationen für die große Matrix erstellt und dann im Iterationsprozess verwendet werden. Dies wird als *Projektionsmethode* bezeichnet, weil wir beispielsweise ein $N \times N$ Problem auf eines von viel kleinerer Dimension projizieren. Van der Vorst (2002) stellt den Kontext für diesen Ansatz wie folgt dar. Für den Gleichungssatz (5.1) mit der Matrix A führt das Iterationsverfahren im Schritt k,

$$\phi_k = (I - A)\phi_{k-1} + \mathbf{Q}$$

zu:[2]

$$\phi_k = \phi_0 + K^k(A; \rho^0) = \phi_0 + \{\rho^0, A\rho^0, \cdots, A^{k-1}\rho^0\}$$
(5.54)

wobei $\rho^0 = \mathbf{Q} - A\phi_0$ das anfängliche Residuum und ϕ_0 die anfängliche Abschätzung der Lösung darstellen. Der Iterationsprozess erzeugt Näherungslösungen in den sogenannten verschobenen *Krylov*-Unterräumen $K^k(A; \rho^0)$. Dieses spezielle Iterationsverfahren (Richardson-Iteration) ist zwar einfach, aber weder effizient noch optimal. Der

---

[2]Zum Beispiel, $\phi_3 = \phi_0 + \rho^0 + (I - A)\rho^0 + (I - A)(I - A)\rho^0$.

Krylov-Unterraumprojektionsansatz versucht dann, es zu verbessern, indem er bessere Näherungslösungen konstruiert.

Van der Vorst (2002) beschreibt kurz und bündig drei Klassen von Methoden, um dies zu erreichen:

1. Der *Ritz-Galerkin-Ansatz* (R-G): Man konstruiert ϕ_k, für das das Residuum orthogonal zum aktuellen Unterraum $\mathbf{Q} - A\phi_k \perp K^k(A; \rho_0)$ ist.
2. Der *Ansatz des minimalen Residuums:* Man identifiziert ϕ_k, für das die euklidische Norm $\| \mathbf{Q} - A\phi_k \|_2$ über $K^k(A; \rho^0)$ minimal ist.
3. Der *Petrov-Galerkin-Ansatz* (P-G): Man findet ϕ_k, sodass das Residuum $\mathbf{Q} - A\phi_k$ orthogonal zu einem anderen geeigneten k-dimensionalen Raum ist.

Die nachfolgend vorgestellten Methoden stammen aus diesen Klassen; zum Vergleich siehe auch Saad (2003). Die Methode der konjugierten Gradienten (CG) ist ein R-G-Ansatz; bikonjugierte Gradienten und CGSTAB sind P-G-Ansätze, und GMRES ist ein Ansatz des minimalen Residuums.

5.3.6.1 Methode der konjugierten Gradienten

Viele globale Methoden sind Abstiegsmethoden.[3] Diese Methoden beginnen damit, das ursprüngliche Gleichungssystem in ein Minimierungsproblem umzuwandeln. Angenommen, der zu lösende Gleichungssatz wird durch Gl. (5.1) gegeben und die Matrix A ist symmetrisch und ihre Eigenwerte sind positiv; eine solche Matrix heißt *positiv definit*. (Die meisten Matrizen, die mit Problemen in der Strömungsmechanik verbunden sind, sind nicht symmetrisch oder positiv definit, sodass wir diese Methode später generalisieren müssen.) Für positiv definite Matrizen ist die Lösung des Gleichungssystems (5.1) äquivalent zum Problem der Suche nach dem Minimum von

$$F = \frac{1}{2}\phi^T A \phi - \phi^T \mathbf{Q} = \frac{1}{2}\sum_{j=1}^{n}\sum_{i=1}^{n} A_{ij}\phi_i\phi_j - \sum_{i=1}^{n}\phi_i Q_i \tag{5.55}$$

bezüglich aller ϕ_i; dies kann überprüft werden, indem man die Ableitung von F nach jeder Variablen nimmt und sie gleich null setzt. Eine Möglichkeit, das ursprüngliche System in ein Minimierungsproblem zu verwandeln, das keine positiv definite Eigenschaft erfordert, besteht darin, die Summe der Quadrate aller Gleichungen zu nehmen, was jedoch zusätzliche Schwierigkeiten mit sich bringt.

Die älteste und bekannteste Methode, um das Minimum einer Funktion zu finden, ist die *Methode des steilsten Abstiegs*. Die Funktion F kann als eine Fläche im (Hyper) Raum betrachtet werden. Angenommen, wir haben eine Anfangsschätzung, die als Punkt in diesem

---

[3]Die Diskussion in diesem Buch umfasst lineare Systeme. Kap. 14 von Shewchuk (1994) beschreibt die nichtlineare Methode der konjugierten Gradienten und ihre Vorkonditionierung.

(Hyper) Raum dargestellt werden kann. In diesem Punkt finden wir an der Fläche den steilsten Weg nach unten; er liegt in Richtung entgegengesetzt zum Gradienten der Funktion. Wir suchen dann nach dem niedrigsten Punkt auf dieser Linie. Per Definition ist der Wert von F in diesem Punkt niedriger als im Ausgangspunkt; in diesem Sinne ist die neue Abschätzung näher an der Lösung. Der neue Wert wird dann als Ausgangspunkt für die nächste Iteration verwendet und der Prozess wird fortgesetzt, bis er konvergiert. Leider konvergiert die Methode des steilsten Abstiegs zwar garantiert, aber oft sehr langsam.

Wenn der Konturplot des Betrags der Funktion F ein enges Tal aufweist, neigt das Verfahren dazu, durch dieses Tal hin und her zu oszillieren, und es können viele Schritte erforderlich sein, um die Lösung (das Minimum) zu finden. Mit anderen Worten, die Methode neigt dazu, immer wieder die gleichen Suchrichtungen zu verwenden.

Es wurden viele Verbesserungen vorgeschlagen. Die einfachsten verlangen, dass sich die neuen Suchrichtungen so stark wie möglich von den alten unterscheiden. Dazu gehört die *Methode der konjugierten Gradienten*. Wir werden hier nur die allgemeine Idee und eine Beschreibung des Algorithmus geben; umfassendere Präsentationen findet man in Shewchuk (1994), Watkins (2010) oder Golub und van Loan (1996).

Die Methode der konjugierten Gradienten basiert auf einer bemerkenswerten Entdeckung: Es ist möglich, eine Funktion in Bezug auf mehrere Richtungen gleichzeitig zu minimieren, während in jeweils einer Richtung gesucht wird. Möglich wird dies durch eine geschickte Wahl der Richtungen. Wir werden dies für den Fall von zwei Richtungen beschreiben; nehmen wir an, wir wollen die Werte von α_1 und α_2 in

$$\boldsymbol{\phi} = \boldsymbol{\phi}^0 + \alpha_1\,\mathbf{p}^1 + \alpha_2\,\mathbf{p}^2, \tag{5.56}$$

finden, die F minimieren; d. h., wir versuchen, F in der Ebene $\mathbf{p}^1 - \mathbf{p}^2$ zu minimieren. Dieses Problem kann auf das Problem der Minimierung bezüglich $\mathbf{p}^1$ und $\mathbf{p}^2$ einzeln reduziert werden, vorausgesetzt, die beiden Richtungen sind im folgenden Sinne konjugiert:

$$\mathbf{p}^1 \cdot A\,\mathbf{p}^2 = 0. \tag{5.57}$$

Diese Eigenschaft ist der Orthogonalität ähnlich; man sagt die Vektoren $\mathbf{p}^1$ und $\mathbf{p}^2$ sind in Bezug auf die Matrix A konjugiert, was der Methode ihren Namen gibt. Ein detaillierter Beweis für diese und andere unten zitierte Aussagen ist im Buch von Golub und van Loan (1996) zu finden.

Diese Eigenschaft kann in beliebig viele Richtungen erweitert werden. Bei der Methode der konjugierten Gradienten muss jede neue Suchrichtung mit allen vorhergehenden konjugiert sein. Wenn die Matrix nichtsingulär ist, wie es bei fast allen technischen Problemen der Fall ist, sind die Richtungen garantiert linear unabhängig. Wenn also eine genaue (ohne Rundungsfehler) Arithmetik verwendet wird, wird die Methode genau dann konvergieren, wenn die Anzahl der Iterationen gleich der Größe der Matrix ist. Diese Zahl kann recht groß sein, und in der Praxis wird aufgrund von Rechenfehlern keine genaue Konvergenz erreicht.

Es ist daher sinnvoller, die Methode der konjugierten Gradienten als iteratives Verfahren zu betrachten.

Während die Methode der konjugierten Gradienten garantiert, dass der Fehler bei jeder Iteration reduziert wird, hängt die Größe der Reduktion von der Suchrichtung ab. Es ist nicht ungewöhnlich, dass diese Methode den Fehler für eine Reihe von Iterationen nur geringfügig reduziert und dann eine Richtung findet, die den Fehler in einer Iteration um eine Größenordnung oder mehr reduziert. Tatsächlich hängt die Konvergenzrate dieser Methode (und auch der iterativen Methoden im Allgemeinen) von der Koeffizientenmatrix A (Gl. (5.1)) ab. Man kann zeigen (Watkins 2010), dass die Änderung der Unbekannten ϕ relativ zur Perturbation der rechten Seite der Gleichung, $\mathbf{Q}$, verbunden ist mit

$$\kappa = \parallel A \parallel \parallel A^{-1} \parallel, \tag{5.58}$$

wobei $\parallel A \parallel$ die Norm von A darstellt. Saad (2003) zeigt, dass diese Analyse wie folgt auf iterative Verfahren ausgedehnt werden kann. Man definiert zunächst die Residuumsnorm,

$$\parallel \rho^k \parallel = \parallel \mathbf{Q} - A\phi^k \parallel,$$

wobei ϕ^k eine Abschätzung der Lösung nach k Iterationen ist. Dann folgt (nach einiger Arbeit!) aus Gl. (5.58), dass das Verhältnis der Norm des Iterationsfehlers $\varepsilon^k = \phi - \phi^k$ und der Norm des Lösungsvektors ϕ mit dem Verhältnis der Norm des Residuums zur Norm von $\mathbf{Q}$ wie folgt in Beziehung steht:

$$\frac{\parallel \varepsilon^k \parallel}{\parallel \phi \parallel} \leq \kappa \frac{\parallel \rho^k \parallel}{\parallel \mathbf{Q} \parallel}, \tag{5.59}$$

was eine obere Grenze für den Iterationsfehler ergibt. Offensichtlich hat die Größe von κ einen signifikanten Einfluss auf die Iterationen. Ausgehend von der grundlegenden linearen Algebra (Golub und van Loan 1996), erinnern wir uns, dass die Eigenwerte der Matrix A die Werte sind, die von null unterschiedliche Lösungen von

$$A\mathbf{x} = \lambda\mathbf{x},$$

ermöglichen, wobei $\mathbf{x}$ Eigenvektoren von A sind. Mit diesem Ergebnis und Gl. (5.58) kann man zeigen, dass

$$\kappa = \frac{\lambda_{max}}{\lambda_{min}}, \tag{5.60}$$

wenn λ_{max} und λ_{min} den größten und den kleinsten Eigenwert der Matrix A darstellen. Somit hängt die Konvergenzrate von dieser sogenannten *Konditionszahl* κ ab, die nur eine Eigenschaft der Koeffizientenmatrix ist. Eine nützliche Möglichkeit, Konditionszahlen zu erforschen, ist die Anwendung der „cond"-Funktion in MATLAB^{TM} auf verschiedene repräsentative Matrizen.

Die Konditionszahlen von Matrizen, die bei CFD-Problemen auftreten, entsprechen in der Regel ungefähr dem Quadrat der maximalen Anzahl an Gitterpunkten in eine Richtung. Mit 100 Gitterpunkten in jede Richtung sollte die Konditionszahl etwa 10^4 betragen und die Standardmethode der konjugierten Gradienten würde langsam konvergieren. Obwohl die Methode der konjugierten Gradienten für eine bestimmte Konditionszahl deutlich schneller ist als die Methode des steilsten Abstiegs, ist diese grundlegende Methode nicht sehr nützlich.

Diese Methode kann verbessert werden, indem man das Problem, dessen Lösung wir suchen, durch ein anderes Problem mit der gleichen Lösung, aber einer kleineren Konditionszahl, ersetzt. Dies wird durch die Vorkonditionierung erreicht. Eine Möglichkeit, das Problem zu vorkonditionieren, besteht darin, die Gleichung mit einer anderen (sorgfältig ausgewählten) Matrix zu vormultiplizieren. Da dies die Symmetrie der Matrix zerstören würde, muss die Vorkonditionierung folgende Form annehmen:

$$C^{-1}AC^{-1}C\boldsymbol{\phi} = C^{-1}\mathbf{Q}. \tag{5.61}$$

Die Methode der konjugierten Gradienten wird auf die Matrix $C^{-1}AC^{-1}$, d. h. auf das modifizierte Problem (5.61) angewendet. Wenn dies gemacht und die Residuumform der iterativen Methode verwendet wird, ergibt sich der folgende Algorithmus (für eine detaillierte Herleitung siehe Golub und van Loan 1996, oder Shewchuk 1994). In dieser Beschreibung ist ρ^k das Residuum bei der Iteration k, $\mathbf{p}^k$ ist die Suchrichtung k, $\mathbf{z}^k$ ist ein Hilfsvektor und α^k und β^k sind Parameter, die bei der Konstruktion der neuen Lösung, dem Residuum und der Suchrichtung verwendet werden. Der Algorithmus kann wie folgt zusammengefasst werden:

- Initialisiere durch Setzen: $k = 0$, $\boldsymbol{\phi}^0 = \boldsymbol{\phi}_{\text{in}}$, $\rho^0 = \mathbf{Q} - A\boldsymbol{\phi}_{\text{in}}$, $\mathbf{p}^0 = \mathbf{0}$, $s^0 = 10^{30}$
- Erhöhe den Zähler: $k = k + 1$
- Löse das System: $M\mathbf{z}^k = \rho^{k-1}$
- Berechne: $s^k = \rho^{k-1} \cdot \mathbf{z}^k$
  $\beta^k = s^k/s^{k-1}$
  $\mathbf{p}^k = \mathbf{z}^k + \beta^k \mathbf{p}^{k-1}$
  $\alpha^k = s^k/(\mathbf{p}^k \cdot A\mathbf{p}^k)$
  $\boldsymbol{\phi}^k = \boldsymbol{\phi}^{k-1} + \alpha^k \mathbf{p}^k$
  $\rho^k = \rho^{k-1} - \alpha^k A\mathbf{p}^k$
- Wiederhole bis Konvergenz.

Dieser Algorithmus beinhaltet das Lösen eines Systems von linearen Gleichungen im ersten Schritt. Die beteiligte Matrix ist $M = C^{-1}$, wobei C die Vorkonditionierungsmatrix ist, die eigentlich nie wirklich bestimmt wird. Damit die Methode effizient ist, muss M leicht zu invertieren sein. Die am häufigsten verwendete Wahl der Matrix M ist die unvollständige Cholesky-Faktorisierung von A, aber in Tests wurde festgestellt, dass bei $M = LU$, wobei L und U die Faktoren sind, die in der SIP-Methode von Stone verwendet werden, eine schnellere Konvergenz erreicht wird. Im Folgenden werden Beispiele vorgestellt. Saad (2003) gibt eine ausführliche Diskussion über die Vorkonditionierung für serielle und parallele Berechnungen.

5.3.6.2 Bikonjugierten Gradienten und CGSTAB

Die oben beschriebene Methode der konjugierten Gradienten ist nur auf symmetrische Systeme anwendbar; die Matrizen, die durch die Diskretisierung der Poisson-Gleichung erhalten werden, sind oft symmetrisch (Beispiele sind die Wärmeleitungsgleichung und die Druck- oder Druckkorrekturgleichungen, die in Kap. 7 eingeführt werden). Um die Methode auf Gleichungssysteme anzuwenden, die nicht unbedingt symmetrisch sind (z. B. jede Konvektions-Diffusionsgleichung), müssen wir ein asymmetrisches Problem in ein symmetrisches umwandeln. Es gibt einige Möglichkeiten um dies zu tun, von denen die folgende vielleicht die einfachste ist. Wir betrachten das System:

$$\begin{pmatrix} 0 & A \\ A^T & 0 \end{pmatrix} \cdot \begin{pmatrix} \boldsymbol{\psi} \\ \boldsymbol{\phi} \end{pmatrix} = \begin{pmatrix} \mathbf{Q} \\ \mathbf{0} \end{pmatrix}. \tag{5.62}$$

Dieses System kann in zwei Subsysteme zerlegt werden. Das erste ist das Originalsystem, das zweite betrifft die transponierte Matrix und ist irrelevant. (Wenn es notwendig wäre, könnte man ein Gleichungssystem mit der transponierten Matrix mit geringen Mehrkosten lösen.) Wenn die vorkonditionierte Methode der konjugierten Gradienten auf dieses System angewendet wird, ergibt sich die folgende Methode, genannt *Methode der bikonjugierten Gradienten:*

- Initialisiere durch Setzen: $k = 0$, $\boldsymbol{\phi}^0 = \boldsymbol{\phi}_{\text{in}}$, $\rho^0 = \mathbf{Q} - A\boldsymbol{\phi}_{\text{in}}$, $\overline{\rho}^0 = \mathbf{Q} - A^T\boldsymbol{\phi}_{\text{in}}$, $\mathbf{p}^0 = \overline{\mathbf{p}}^0 = \mathbf{0}$, $s^0 = 10^{30}$
- Erhöhe den Zähler: $k = k + 1$
- Löse die Systeme: $M\mathbf{z}^k = \rho^{k-1}$, $M^T\overline{\mathbf{z}}^k = \overline{\rho}^{k-1}$
- Berechne: $s^k = \mathbf{z}^k \cdot \overline{\rho}^{k-1}$

  $\beta^k = s^k/s^{k-1}$

  $\mathbf{p}^k = \mathbf{z}^k + \beta^k \mathbf{p}^{k-1}$

  $\overline{\mathbf{p}}^k = \overline{\mathbf{z}}^k + \beta^k \overline{\mathbf{p}}^{k-1}$

  $\alpha^k = s^k/(\overline{\mathbf{p}}^k A\mathbf{p}^k)$

  $\boldsymbol{\phi}^k = \boldsymbol{\phi}^{k-1} + \alpha^k \mathbf{p}^k$

  $\rho^k = \rho^{k-1} - \alpha^k A\mathbf{p}^k$

  $\overline{\rho}^k = \overline{\rho}^{k-1} - \alpha^k A^T \overline{\mathbf{p}}^k$
- Wiederhole bis Konvergenz.

Der obige Algorithmus wurde von Fletcher (1976) veröffentlicht. Er erfordert fast genau doppelt so viel Aufwand pro Iteration wie die Standardmethode der konjugierten Gradienten, konvergiert aber in etwa der gleichen Anzahl von Iterationen. Dieses Verfahren wird nicht häufig in CFD-Anwendungen eingesetzt, scheint aber sehr robust zu sein (was bedeutet, dass es eine Vielzahl von Problemen ohne Schwierigkeiten bewältigt).

Es wurden weitere Varianten des obigen Verfahrentyps entwickelt, die noch stabiler und robuster sind. Wir erwähnen hier den CGS-Algorithmus *(conjugate gradient squared)*, vorgeschlagen von Sonneveld (1989); CGSTAB (CGS stabilisiert), vorgeschlagen von van der Vorst und Sonneveld (1990) und eine weitere Version von van der Vorst (1992); und GMRES (siehe Abschn. 5.3.6.3 unten). Alle diese Verfahren können auf nichtsymmetrische Matrizen sowohl auf strukturierten als auch auf unstrukturierten Gittern angewendet werden. Im Folgenden geben wir den CGSTAB-Algorithmus ohne formale Herleitung an:

- Initialisiere durch Setzen: $k = 0$, $\boldsymbol{\phi}^0 = \boldsymbol{\phi}_{\text{in}}$, $\rho^0 = \mathbf{Q} - A\boldsymbol{\phi}_{\text{in}}$, $\mathbf{u}^0 = \mathbf{p}^0 = \mathbf{0}$
- Erhöhe den Zähler $k = k + 1$ und berechne:
  $$\beta^k = \rho^0 \cdot \rho^{k-1}$$
  $$\omega^k = (\beta^k \gamma^{k-1})/(\alpha^{k-1} \beta^{k-1})$$
  $$\mathbf{p}^k = \rho^{k-1} + \omega^k(\mathbf{p}^{k-1} - \alpha^{k-1}\mathbf{u}^{k-1})$$
- Löse das System: $M\mathbf{z} = \mathbf{p}^k$
- Berechne: $\mathbf{u}^k = A\mathbf{z}$
  $$\gamma^k = \beta^k/(\mathbf{u}^k \cdot \rho^0)$$
  $$\mathbf{w} = \rho^{k-1} - \gamma^k \mathbf{u}^k$$
- Löse das System: $M\mathbf{y} = \mathbf{w}$
- Berechne: $\mathbf{v} = A\mathbf{y}$
  $$\alpha^k = (\mathbf{v} \cdot \rho^k)/(\mathbf{v} \cdot \mathbf{v})$$
  $$\boldsymbol{\phi}^k = \boldsymbol{\phi}^{k-1} + \gamma^k \mathbf{z} + \alpha^k \mathbf{y}$$
  $$\rho^k = \mathbf{w} - \alpha^k \mathbf{v}$$
- Wiederhole bis Konvergenz.

Man beachte, dass $\mathbf{u}$, $\mathbf{v}$, $\mathbf{w}$, $\mathbf{y}$ und $\mathbf{z}$ Hilfsvektoren sind und nichts mit dem Geschwindigkeitsvektor oder den Koordinaten y und z zu tun haben. Der Algorithmus kann wie oben beschrieben programmiert werden; Rechenprogramme für die Methode der konjugierten Gradienten mit unvollständiger Cholesky-Vorkonditionierung (ICCG, für symmetrische Matrizen, sowohl 2D- als auch 3D-Versionen) und der 3D-CGSTAB-Löser sind über das Internet verfügbar; für Details siehe Anhang.

5.3.6.3 Generalisierte Methode der minimalen Residuen (GMRES)

Die von Saad und Schultz (1986) vorgeschlagene generalisierte Methode der minimalen Residuen (GMRES) behandelt nichtsymmetrische Matrizen A. Saad (2003) beschreibt die Methode im Detail. GMRES hat Mängel, ist aber beliebt, weil sie robust ist. Es gibt zwei Probleme:

1. Die Iteration verwendet alle vorherigen Suchrichtungsvektoren, um die nächste Suchrichtung zu berechnen, sodass der Speicherplatz und die Anzahl der Operationen linear
   wachsen, was ein großes Problem darstellen kann, wenn A sehr groß ist.
2. Die Iterationen können divergieren, wenn die Matrix nicht positiv definit ist.

Eine Verbesserung wird erreicht, indem (i) die Iteration nach einer vorgegebenen Anzahl von
Schritten neu gestartet und (ii) die Matrix vorkonditioniert wird (siehe Abschn. 5.3.6.1), um
die Anzahl der für die Konvergenz erforderlichen Iterationen zu reduzieren. In einer Reihe
von Beiträgen (siehe z. B. Armfield 2004) hatten wir Erfolg mit der neustartenden, vorkonditionierten GMRES-Methode und fanden sie im Vergleich zu anderen Lösungsmethoden
(einschließlich CG) am effizientesten bei der Lösung der Poisson- und Druckkorrekturgleichungen (siehe Abschn. 7.1.5).

Ein grundlegender GMRES-Algorithmus zur Lösung von $A\phi = \mathbf{Q}$ ist (angepasst von
Golub und van Loan 1996 und Saad 2003):

- START: Setze eine Fehlertoleranz und wähle m, um die Anzahl der Iterationen zu begren-
  zen.
  Initialisiere durch Setzen: $k = 0$, $\phi^0 = \phi_{\text{in}}$, $\rho^0 = \mathbf{Q} - A\phi_{\text{in}}$, $h_{10} = \parallel \rho^0 \parallel_2$
- Falls $h_{k+1,k} > 0$, berechne:
  $\beta^{k+1} = \rho^k / k_{k+1,k}$
  $k = k + 1$
  $\rho^k = A\beta^k$
  For $i = 1 : k$
  $h_{ik} = \beta_i^T \rho^k$
  $\rho^k \leftarrow \rho^k - h_{ik}\beta^i$
  Endfor
  $h_{k+1,k} = \parallel \rho^k \parallel_2$
  $\phi^k = \phi^0 + Q_k y_k$ wobei y_k die Lösung des
  $(k + 1) \times k$ Problems der kleinsten Quadrate ist:
  $\parallel h_{10} e_1 - \tilde{H}_k y_k \parallel_2 = min$
  Falls die Toleranz erreicht ist, $\phi = \phi^k$ setzen und STOP.
  Sonst, falls $k \geq m$, setze $\phi^0 = \phi^k$ und kehre zurück zu: START.
  Zurückkehren zu: Falls $h_{k+1,k} > 0$

Im obigen Algorithmus gibt es drei Hilfsmatrizen:

1. Die Spalten von Q_k sind die orthonormalen Arnoldi-Vektoren.
2. $\tilde{H}_k$ ist eine obere Hessenberg-Matrix, welche h_{ij} beinhaltet.
3. e_1 ist die erste Spalte der Einheitsmatrix I_n, d. h.

$$e_1 = (1, 0, 0, \cdots, 0)^T$$

Schließlich stellen wir fest, dass $\parallel \cdot \parallel_2$ die Matrixnorm ist.

5.3.7   Mehrgittermethoden

Die letzte Methode zur Lösung linearer Systeme, die hier diskutiert wird, ist die Mehrgitter-methode; die Erweiterung dieser Methode zur Strömungsberechnung wird in Abschn. 12.4 vorgestellt. Grundlage für das Mehrgitter-Konzept ist eine beobachtete Eigenschaft von iterativen Methoden. Ihre Konvergenzrate hängt von den Eigenwerten der Iterationsmatrix ab. Insbesondere der Eigenwert mit dem größten Betrag (der *Spektralradius* der Matrix) bestimmt, wie schnell die Lösung erreicht wird; siehe Abschn. 5.3.2. Die den Eigenwerten zugeordneten Eigenvektoren bestimmen die räumliche Verteilung der Iterationsfehler und variieren von Methode zu Methode erheblich. Wir widmen uns kurz der Betrachtung des Verhaltens dieser Größen für einige der oben vorgestellten Methoden. Die Eigenschaften sind für die Laplace-Gleichung angegeben; die meisten von ihnen gelten auch für andere elliptische partielle Differentialgleichungen.

Für die Laplace-Gleichung sind die beiden größten Eigenwerte der Jacobi-Methode reelle Zahlen mit umgekehrten Vorzeichen. Ein Eigenvektor repräsentiert eine glatte Funktion der räumlichen Koordinaten, der andere eine schnell oszillierende Funktion. Der Iterationsfehler bei der Jacobi-Methode ist also eine Mischung aus sehr glatten und sehr oszillierenden Komponenten; dies erschwert die Beschleunigung. Andererseits hat die Gauß-Seidel-Methode einen einzigen reellen positiven größten Eigenwert mit einem Eigenvektor, der den Iterationsfehler zu einer glatten Funktion der räumlichen Koordinaten macht.

Die größten Eigenwerte der SOR-Methode mit optimalem Überrelaxationsfaktor liegen auf einem Kreis in der komplexen Ebene, und es gibt eine Reihe von großen Eigenwerten; der Fehler verhält sich daher sehr kompliziert. Bei ADI hängt die Art des Fehlers vom Parameter ab, ist aber in der Regel recht kompliziert. Schließlich weist SIP relativ glatte Iterationsfehler auf.

Einige dieser Methoden erzeugen Fehler, die glatte Funktionen der räumlichen Koordinaten sind. Wir betrachten im Folgenden eine dieser Methoden. Der Iterationsfehler ε^n und das Residuum ρ^n nach der n-ten Iteration sind durch Gl. (5.15) verbunden. Bei der Gauß-Seidel-Methode werden nach einigen Iterationen die schnell variierenden Komponenten des Fehlers entfernt und der Fehler wird zu einer glatten Funktion der räumlichen Koordinaten. Wenn der Fehler glatt ist, kann die Korrektur (eine Approximation des Iterationsfehlers) auf einem gröberen Gitter berechnet werden. Auf einem Gitter, das doppelt so grob ist wie das ursprüngliche, kosten Iterationen in 2D 1/4 und in 3D nur 1/8 der Kosten für das feine Gitter. Darüber hinaus konvergieren iterative Methoden auf gröberen Gittern viel schneller. Gauß-Seidel konvergiert viermal so schnell auf einem doppelt so groben Gitter; für SIP ist das Verhältnis weniger günstig, aber immer noch erheblich.

Dies deutet darauf hin, dass ein Großteil der Arbeit auf einem gröberen Gitter geleistet werden kann. Dazu müssen wir Folgendes definieren: die Beziehung zwischen den beiden Gittern, den Finite-Differenzen-Operator auf dem Grobgitter, ein Verfahren zum Glätten (*Restriktion*) des Residuums vom Feingitter auf das Grobgitter und ein Verfahren zum Interpolieren (*Prolongation*) der Aktualisierung oder Korrektur vom Grobgitter auf das

Feingitter; die Wörter in Klammern sind Sonderbegriffe, die in der Mehrgitterliteratur häufig verwendet werden. Für jedes Element stehen viele Auswahlmöglichkeiten zur Verfügung; sie beeinflussen das Verhalten der Methode, aber innerhalb des Bereichs der guten Werte sind die Unterschiede nicht groß. Wir werden daher für jedes Element nur eine gute Wahl präsentieren.

In einem Finite-Differenzen-Verfahren besteht das grobe Gitter normalerweise aus jeder zweiten Linie des feinen Gitters. Bei einem Finite-Volumen-Verfahren wird in der Regel davon ausgegangen, dass die Grobgitter-KV aus 2 in 1D, 4 in 2D und 8 in 3D Feingitter-KV zusammengesetzt sind; die Grobgitterknoten liegen dann zwischen den Feingitterknoten.

Obwohl es keinen Grund gibt, die Mehrgittermethode in 1D zu verwenden (weil der TDMA-Algorithmus sehr effektiv ist), ist es einfach, die Prinzipien der Methode in 1D zu veranschaulichen und einige der in allgemeinen Fällen verwendeten Verfahren herzuleiten. Betrachten wir also das Problem:

$$\frac{\mathrm{d}^2\phi}{\mathrm{d}x^2} = f(x), \tag{5.63}$$

für das die Standard-FD-Approximation auf einem äquidistanten Gitter ergibt:

$$\frac{1}{(\Delta x)^2}\left(\phi_{i-1} - 2\phi_i + \phi_{i+1}\right) = f_i. \tag{5.64}$$

Nachdem wir n Iterationen auf dem Gitter mit einer Maschenweite Δx durchgeführt haben, erhalten wir eine ungefähre Lösung ϕ^n, und die obige Gleichung wird bis auf das Residuum ρ^n erfüllt:

$$\frac{1}{(\Delta x)^2}\left(\phi_{i-1}^n - 2\phi_i^n + \phi_{i+1}^n\right) = f_i - \rho_i^n. \tag{5.65}$$

Das Subtrahieren dieser Gleichung von Gl. (5.64) ergibt:

$$\frac{1}{(\Delta x)^2}\left(\varepsilon_{i-1}^n - 2\varepsilon_i^n + \varepsilon_{i+1}^n\right) = \rho_i^n, \tag{5.66}$$

was die Gl. (5.15) für den Knoten i darstellt. Dies ist die Gleichung, die wir auf dem groben Gitter iterieren wollen.

Um die diskretisierten Gleichungen auf dem gröberen Gitter herzuleiten, stellen wir fest, dass das Kontrollvolumen um den Knoten I des groben Gitters aus dem gesamten Kontrollvolumen um den Knoten i plus der Hälfte der Kontrollvolumen $i - 1$ und $i + 1$ des Feingitters besteht (siehe Abb. 5.2). Dies deutet darauf hin, dass wir eine Hälfte der Gleichung (5.66) mit den Indizes $i - 1$ und $i + 1$ zur vollständigen Gleichung mit dem Index i hinzufügen; dies führt zu: (hochgestellte n werden weggelassen):

$$\frac{1}{4(\Delta x)^2}\left(\varepsilon_{i-2} - 2\varepsilon_i + \varepsilon_{i+2}\right) = \frac{1}{4}\left(\rho_{i-1} + 2\rho_i + \rho_{i+1}\right). \tag{5.67}$$

Unter Verwendung der Beziehung zwischen den beiden Gittern ($\Delta X = 2\,\Delta x$, siehe Abb. 5.2) entspricht dies der folgenden Gleichung auf dem groben Gitter:

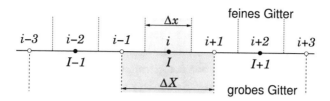

Abb. 5.2 Das in der Mehrgittermethode verwendeten Gitter in 1D

$$\frac{1}{(\Delta X)^2}\left(\varepsilon_{I-1} - 2\varepsilon_I + \varepsilon_{I+1}\right) = \overline{\rho}_I. \tag{5.68}$$

Die Definition von $\overline{\rho}_I$ ist durch die rechte Seite der Gl. (5.67) gegeben. Die linke Seite dieser Gleichung entspricht der Standardapproximation der 2. Ableitung auf dem Grobgitter, was darauf hindeutet, dass dieser Ansatz vernünftig ist. Die rechte Seite ist eine Glättung oder Filterung des Feingitterquellterms und bietet die natürliche Definition des Glättungs- bzw. Restriktionsoperators.

Die einfachste Prolongation (Interpolation) einer Größe vom Grobgitter zum Feingitter ist die lineare Interpolation. An identischen Punkten der beiden Gitter wird der Wert vom Grobgitterpunkt einfach auf den entsprechenden Feingitterpunkt injiziert. Bei Feingitterpunkten, die zwischen den Grobgitterpunkten liegen, ist der injizierte Wert der Durchschnitt der benachbarten Grobgitterwerte.

Ein Zwei-Gitter-Iterationsverfahren läuft wie folgt ab:

- Auf dem feinen Gitter werden einige Iterationen mit einer Methode durchgeführt, die einen glatten Fehler ergibt.
- Das Residuum wird auf dem feinen Gitter berechnet.
- Das Residuum wird auf das grobe Gitter übertragen (Restriktion).
- Auf dem groben Gitter werden einige Iterationen mit der Korrekturgleichung durchgeführt.
- Die Korrektur wird vom groben auf das feine Gitter übertragen (Prolongation).
- Die Lösung auf dem feinen Gitter wird korrigiert.
- Die gesamte Prozedur wird wiederholt, bis das Residuum auf dem feinen Gitter auf das gewünschte Niveau reduziert ist.

Man stellt sich die Frage, ob es nicht sinnvoll wäre, noch gröbere Gitter zu verwenden, um die Konvergenzrate weiter zu verbessern? Dies ist tatsächlich eine gute Idee. Eigentlich sollte man diese Vorgehensweise fortsetzen, bis es unmöglich ist, ein noch gröberes Gitter zu definieren; auf dem gröbsten Gitter ist die Anzahl der Unbekannten so klein, dass die Gleichungen mit einem vernachlässigbaren Aufwand exakt gelöst werden können.

Das Mehrgitter ist mehr eine Strategie als eine bestimmte Methode. Innerhalb des gerade beschriebenen Musters gibt es viele Parameter, die mehr oder weniger beliebig gewählt werden können: Die wichtigsten davon sind die Grobgitterstruktur, der Glätter, die Iterationszahl (bzw. das Konvergenzkriterium) auf jedem Gitter, die Reihenfolge, in der die verschiedenen Gitter „besucht" werden, und die Restriktions- und Prolongationsoperatoren. Die Konvergenzrate hängt natürlich von der getroffenen Wahl ab, aber der Unterschied in der Effizienz zwischen verschiedenen Varianten ist viel kleiner als der Unterschied zwischen der Ein- und der Mehrgittermethode.

Die wichtigste Eigenschaft der Mehrgittermethode ist, dass die Anzahl der Iterationen, die auf dem feinsten Gitter notwendig ist, um ein gegebenes Konvergenzniveau zu erreichen, weitgehend unabhängig von der Anzahl der Gitterpunkte ist. Dies ist das Beste, was man erwarten kann – die Rechenkosten sind proportional zur Anzahl der Gitterpunkte. In 2D- und 3D-Problemen mit ca. 100 Punkten in jede Richtung kann die Mehrgittermethode in einem 10tel bis einem 100stel der Zeit, die für die Basismethode erforderlich wäre, konvergieren. Ein Beispiel wird im Abschn. 5.8 erläutert.

Die iterative Lösungsmethode, auf der die Mehrgittermethode basiert, muss ein guter Glätter sein; ihre Konvergenzeigenschaften als alleinstehende Methode sind weniger wichtig. Gauß-Seidel und SIP sind zwei gute Entscheidungen, aber es gibt auch andere Möglichkeiten.

In 2D Fällen gibt es viele Möglichkeiten für den Restriktionsoperator. Würde die oben beschriebene Methode in jede Richtung verwendet, wäre das Ergebnis ein Neun-Punkte-Schema. Eine einfachere, aber fast genauso effektive, Restriktion ist das fünf-Punkte-Schema:

$$\overline{\rho}_{I,J} = \frac{1}{8}\left(\rho_{i+1,j} + \rho_{i-1,j} + \rho_{i,j+1} + \rho_{i,j-1} + 4\,\rho_{i,j}\right). \tag{5.69}$$

Die bilineare Interpolation ist ein ähnlich effektiver Prolongationsoperator. Im 2D-Fall kann es drei Arten von Punkten auf dem feinen Gitter geben. Jene, die mit den Grobgitterpunkten übereinstimmen, übernehmen den Wert der Korrektur im entsprechenden Grobgitterpunkt. Diejenigen, die auf den Linien liegen, die zwei Grobgitterpunkte verbinden, erhalten den Durchschnitt der beiden Grobgitterwerte. Schließlich erhalten die Punkte, die zwischen vier Grobgitterpunkten liegen, den Durchschnittswert der vier Grobgitterpunkte. Ähnliche Schemata können für die FV-Methode und 3D-Probleme hergeleitet werden. Ein Beispiel ist in Abb. 12.13 in Abschn. 12.4 zu sehen.

Die Startwerte in einer iterativen Lösungsmethode sind normalerweise weit von der konvergierten Lösung entfernt (häufig wird ein Null-Feld verwendet). Es ist deshalb sinnvoll, die Gleichung zuerst auf einem sehr groben Gitter zu lösen (was wenig kostet) und dann diese Lösung für die bessere Initialisierung der Variablen auf dem nächstfeineren Gitter zu verwenden. Wenn man dann das feinste Gitter erreicht, hat man bereits eine ziemlich gute Ausgangslösung. Mehrgittermethoden dieses Typs werden *Voll-Mehrgitter-Methoden* (im Englischen *full multigrid* bzw. FMG) genannt. Der Aufwand für den Erhalt der Ausgangslösung für das feinste Gitter wird meistens durch die Einsparungen an Iterationen mehr als kompensiert.

Schließlich soll noch erwähnt werden, dass man Methoden entwickeln kann, mit denen man Gleichungen für Approximationen der Lösung statt für die Korrekturen auf jedem Gitter löst. Dies wird *Vollapproximationsverfahren* (im Englischen *full approximation scheme* bzw. FAS) genannt und wird oft zur Lösung nichtlinearer Probleme verwendet. Es ist wichtig zu bemerken, dass die mit FAS auf jedem Gitter erhaltene Lösung *nicht* die Lösung ist, die man erhalten würde, wenn dieses Gitter allein verwendet worden wäre, sondern eine geglättete Version der Lösung auf dem feinen Gitter; man erreicht dies durch einen zusätzlichen Quellterm in den Gleichungen auf den Gittern unterhalb der Ebene des zum gegebenen Zeitpunkt feinsten Gitters. Eine Variante dieses Verfahrens für die Navier-Stokes-Gleichungen wird in Abschn. 12.4 vorgestellt; deswegen wird hier nicht näher darauf eingegangen.

Für eine detaillierte Analyse von Mehrgitterverfahren siehe Bücher von Briggs et al. (2000), Hackbusch (2003) und Brandt (1984). Ein 2D-Mehrgitterlöser, der die Gauß-Seidel-, SIP-, eine ADI-Variante bzw. ICCG-Methode als Glätter verwendet, steht im Internet zu Verfügung; mehr Details dazu stehen im Anhang.

Bei strukturierten Gittern bestehend aus Vierecken bzw. Hexaedern haben die gröberen Gitter die gleiche Struktur wie das feinste Gitter. Normalerweise sind die feineren Gitter durch eine systematische Verfeinerung des jeweils gröberen Gitters entstanden (die Anzahl der Punkte bzw. KV verdoppelt sich in jede Richtung, wenn das Gitter verfeinert wird), wodurch die Beziehungen zwischen den Gittern von Ebene zu Ebene einfach definiert werden können.

Bei unstrukturierten Gittern ist die Vorgehensweise nicht so eindeutig. Wenn die feineren Gitter durch eine systematische Verfeinerung von gröberen Gittern entstanden sind (z. B. in 2D durch Unterteilung eines Dreiecks in vier Dreiecke, indem die Mittelpunkte der Seiten verbunden werden), kann die oben beschriebene Vorgehensweise unverändert verwendet werden. Das Einzige, was sich ändert, sind die Gewichtungsfaktoren in den Restriktions- und Prolongationsoperatoren.

In der Ingenieurspraxis wird jedoch meistens das feinste Gitter, das man sich zur Lösung des jeweiligen Problems leisten kann (abhängig von verfügbaren Rechenkapazitäten, Wichtigkeit des Problems usw.), mit einem automatischen Gittergenerator erzeugt. Wenn man versucht, daraus gröbere Gitter zu erstellen, steht man vor einigen Schwierigkeiten. Es ist i. Allg. nicht möglich, durch Zusammenlegung von Dreiecken bzw. Tetraedern wieder Dreiecke bzw. Tetraeder zu erhalten. Es bleiben zwei Optionen: Entweder muss das Berechnungsverfahren mit beliebigen Polyedern arbeiten können (in diesem Fall kann man die Zellen des feinen Gitters beliebig gruppieren, um Grobgitterzellen zu erzeugen), oder man muss die Gleichungen auf dem groben Gitter anders als durch Anwendung der Diskretisierungsmethode herleiten. Die erste Variante heißt *geometrische Mehrgittermethode* und die zweite *algebraische Mehrgittermethode.*

Bei den algebraischen Mehrgittermethoden (bekannt unter der Abkürzung AMG) wird die Koeffizientenmatrix auf den gröberen Gittern allein aus der Matrix des feineren Gitters hergeleitet. Dabei spielen die Eigenschaften der Matrix eine wichtige Rolle. Die Vorgehensweise kann ebenfalls durch geometrische Veranschaulichung erläutert werden, auch wenn grobe Gitter nicht explizit definiert werden. So wird z. B. bei Gittern mit langgestreckten Zellen die Vergröberung nur in eine Richtung durchgeführt. Solche Zellen erkennt man (im Falle einer Laplace-Gleichung) daran, dass die Koeffizienten in der Matrix, die auf die Nachbarn jenseits von größeren KV-Seiten zugreifen, viel größer sind als die Koeffizienten für die anderen Nachbarn. Das Verhältnis der Koeffizienten entspricht in 2D dem Quadrat des Verhältnisses von den jeweiligen KV-Seiten, da in einem Koeffizienten das Verhältnis von Seitenfläche zum Abstand zwischen den benachbarten Zellzentren steht, siehe Gl. (4.50).

Es gibt eine Vielzahl von Veröffentlichungen zu den einzelnen Varianten der algebraischen Mehrgittermethoden (sowohl für lineare als auch für nichtlineare Probleme); hier wird auf weitere Details verzichtet – siehe Ruge und Stüben (2007) sowie Raw (1985) für zwei Beispiele derartiger Methoden. Die meisten kommerziellen CFD-Programme benutzen AMG-Löser für lineare Gleichungssysteme.

5.3.8 Weitere iterative Löser

Es gibt viele andere iterative Löser, die hier nicht bis ins Detail beschrieben werden können; nur einige werden kurz erläutert. In Verbindung mit Mehrgittermethoden wird die sog. „rot-schwarz"-Variante des Gauß-Seidel-Lösers häufig verwendet. Auf einem strukturierten Gitter stellt man sich die Gitterpunkte wie auf einem Schachbrett „eingefärbt" vor. Die Methode besteht aus zwei Jacobi-Schritten: Die Werte in den schwarzen Punkten werden zuerst aktualisiert, danach die in den roten Punkten. Für die Berechnung von Werten in den schwarzen Punkten werden nur die „alten" Werte aus den roten Punkten verwendet, siehe Gl. (5.33). Im nächsten Schritt werden die Werte in den roten Punkten mittels der aktualisierten Werte aus den schwarzen Punkten neu berechnet. Diese wechselweise Anwendung der Jacobi-Methode auf die zwei Sätze von Punkten gibt der Methode die gleichen Konvergenzeigenschaften wie bei der üblichen Gauß-Seidel-Methode. Die gute Eigenschaft des rot-schwarzen Gauß-Seidel-Lösers ist, dass er perfekt sowohl vektorisierbar als auch parallelisierbar ist, da in keinem Schritt Datenabhängigkeiten auftreten.

Eine andere Vorgehensweise, die oft bei mehrdimensionalen Problemen angewendet wird, ist die Verwendung von Iterationsmatrizen, die einem Problem niedrigerer Dimensionalität entsprechen. Eine Version davon ist die in Abschn. 5.3.5 beschriebene ADI-Methode, die ein 2D-Problem auf eine Sequenz von 1D-Problemen reduziert. Die sich ergebenden tridiagonalen Probleme werden Linie für Linie gelöst. Die Richtung, in der die Gitterlinien abgearbeitet werden, wird von Iteration zu Iteration verändert, um die Konvergenzrate zu verbessern (z. B. zuerst Linien mit konstantem Index i, dann Linien mit konstantem Index j). Diese Methode wird normalerweise auf Gauß-Seidel-Art verwendet, d. h. es werden neue Variablenwerte von bereits besuchten Linien verwendet.

Analog zur rot-schwarzen Gauß-Seidel-Methode ist auch eine zeilenweise Anwendung des ADI-Lösers (auch „Zebra"-Löser genannt) möglich: Zuerst wird die Lösung auf den Linien mit geradem Index gefunden und danach werden die Linien mit ungeradem Index behandelt. Dies ergibt bessere Möglichkeiten zur Parallelisierung und Vektorisierung, ohne Abstriche bei den Konvergenzeigenschaften.

Es ist ebenfalls möglich, die 2D SIP-Methode zur Lösung von 3D Problemen einzusetzen, indem man sie Ebene für Ebene anwendet und die Beiträge von den benachbarten Ebenen auf die rechte Seite der Gleichungen überträgt. Diese Methode ist jedoch weder billiger noch schneller als die 3D-Version von SIP, weshalb sie kaum verwendet wird.

5.4 Gekoppelte Gleichungen und deren Lösung

Die meisten Probleme der Strömungsmechanik und der Wärmeübertragung erfordern die Lösung von gekoppelten Gleichungssystemen, d.h. die dominierende Variable in einer Gleichung tritt auch in einigen anderen Gleichungen auf. Für solche Probleme gibt es zwei Typen von Lösern. Im ersten Typ werden alle Gleichungen für alle Variablen simultan gelöst. Im zweiten Typ wird jede Gleichung iterativ für die eigene Variable gelöst, wobei die anderen Variablen als bekannt angenommen werden; man iteriert durch die Gleichungen, bis die Lösung des gekoppelten Systems erhalten wird. Die beiden Vorgehensweise können auch gemischt werden. Sie werden als simultane bzw. sequentielle Lösungsmethoden bezeichnet; in den folgenden zwei Abschnitten werden sie etwas detaillierter beschrieben.

5.4.1 Simultane Lösung

In simultanen Lösungsmethoden (auch *gekoppelte Lösungsmethoden* genannt, was manchmal irreführend sein kann, denn in beiden Fällen werden gekoppelte nichtlineare Gleichungen gelöst) werden alle Gleichungen als Teil eines einzelnen Systems betrachtet. Die diskretisierten Gleichungen der Strömungsmechanik haben nach der Linearisierung eine Block-Band-Struktur. Eine direkte Lösung dieser Gleichungen wäre sehr teuer, besonders wenn das Problem dreidimensional ist. Außerdem sind die Gleichungen i. Allg. nichtlinear, wodurch Iterationen unumgänglich sind.

Simultane iterative Lösungsmethoden für gekoppelte Systeme sind Verallgemeinerungen der Methoden für einzelne Gleichungen. Die in diesem Kapitel bisher beschriebenen Methoden wurden wegen ihrer Anwendbarkeit auf gekoppelte Systeme ausgewählt. Simultane Lösungsmethoden, die auf iterativen Lösern basieren, sind von verschiedenen Autoren entwickelt worden; siehe z.B. Veröffentlichungen von Galpin und Raithby (1986), Deng et al. (1994) und Weiss et al. (1999). Eine Methode aus dieser Familie, die zur Lösung der Navier-Stokes-Gleichungen in einigen kommerziellen Programmen verwendet wird, wird in Abschn. 11.3 kurz beschrieben.

5.4.2 Sequentielle Lösung

Sind die Gleichungen linear und eng gekoppelt, dann ist die simultane Lösung die beste Wahl. Die Gleichungen sind jedoch oft so komplex und nichtlinear, dass simultane Lösungsmethoden nur schwer anwendbar und sehr teuer wären. In dem Fall kann es besser sein, jede Gleichung so zu behandeln, als wenn sie nur eine einzelne unbekannte Variable enthalten würde; die anderen Variablen können vorläufig als bekannt angenommen werden, indem man die besten zum gegebenen Zeitpunkt bekannten Werte verwendet. Die Gleichungen werden dann der Reihe nach gelöst und der Zyklus wird wiederholt, bis alle Gleichungen erfüllt sind. Bei der Verwendung dieses Methodentyps muss man allerdings zwei Punkte berücksichtigen:

- Da sich einige Terme (z. B. die Koeffizienten der Matrix und Quellterme), die von anderen Variablen abhängen, im Verlauf des Rechenprozesses ändern, ist es nicht notwendig die Gleichungen in jeder Iteration genau zu lösen. Aus diesem Grunde sind direkte Löser unnötig und iterative Löser werden bevorzugt. Die in jeder linearisierten und vorläufig entkoppelten Gleichung durchgeführten Iterationen nennt man *innere* Iterationen.
- Um eine Lösung zu erhalten, die alle Gleichungen erfüllt, müssen die Koeffizientenmatrizen und Quellvektoren nach jedem Zyklus aktualisiert und der Prozess mehrmals wiederholt werden. Die Zyklen werden *äußere* Iterationen genannt.

Die Optimierung einer solchen Lösungsmethode verlangt eine sorgfältige Auswahl der Anzahl der inneren Iterationen pro äußerer Iteration. Weiterhin ist es notwendig, die Änderung in jeder Variablen von einer äußeren Iteration zur nächsten zu begrenzen (Unterrelaxation), weil die Änderung in einer Variablen die Koeffizienten in den anderen Gleichungen verändert, was die Konvergenz verzögern oder verhindern könnte. Leider ist die Analyse der Konvergenz dieser Methoden schwierig, weshalb die Wahl der Unterrelaxationsparameter im Wesentlichen auf Erfahrungswerten beruht.

Die Mehrgittermethode, die oben als Konvergenzbeschleuniger für innere Iterationen (lineare Probleme) beschrieben wurde, kann auch bei gekoppelten Problemen angewendet werden. Sie kann ebenfalls verwendet werden, um die äußeren Iterationen zu beschleunigen, wie in Kap. 12 beschrieben wird.

5.4.3 Unterrelaxation

Hier wird eine Unterrelaxationstechnik vorgestellt, die weit verbreitet ist. In der n-ten äußeren Iteration kann die algebraische Gleichung für eine generische Variable, ϕ, in einem typischen Punkt P folgendermaßen geschrieben werden:

$$A_P \phi_P^n + \sum_l A_l \phi_l^n = Q_P, \qquad (5.70)$$

wobei Q all die Terme enthält, die nicht direkt von ϕ^n abhängig sind; die Koeffizienten A_l und die Quelle Q können ϕ^{n-1} enthalten. Das Diskretisierungsverfahren ist hier unwichtig. Diese Gleichung ist linear und das Gleichungssystem für das gesamte Lösungsgebiet wird normalerweise iterativ gelöst (innere Iterationen).

Erlaubt man, dass sich ϕ in den ersten äußeren Iterationen so viel verändert, wie die Gl. (5.70) verlangt, könnte dies zu Instabilität und Divergenz führen. Deshalb erlaubt man nur, dass sich ϕ^n um einen α_ϕ-Anteil der möglichen Differenz ändert:

$$\phi^n = \phi^{n-1} + \alpha_\phi(\phi^{\text{neu}} - \phi^{n-1}), \tag{5.71}$$

wobei ϕ^{neu} das Ergebnis aus Gl. (5.70) ist, und der Unterrelaxationsparameter die Bedingung $0 < \alpha_\phi < 1$ erfüllt.

Da die Werte aus der vorherigen Iteration normalerweise nach der Aktualisierung der Koeffizientenmatrix und des Quellterms nicht mehr benötigt werden, können sie durch die neue Lösung überschrieben werden. Wenn ϕ^{neu} in Gl. (5.71) durch

$$\phi_P^{\text{neu}} = \frac{Q_P - \sum_l A_l \phi_l^n}{A_P}, \tag{5.72}$$

ersetzt wird (dies folgt aus Gl. (5.70)), erhält man eine modifizierten Gleichung im Punkt P:

$$\underbrace{\frac{A_P}{\alpha_\phi}}_{A_P^*} \phi_P^n + \sum_l A_l \phi_l^n = \underbrace{Q_P + \frac{1-\alpha_\phi}{\alpha_\phi} A_P \phi_P^{n-1}}_{Q_P^*}, \tag{5.73}$$

wobei A_P^* und Q_P^* den modifizierten Koeffizienten auf der Hauptdiagonalen der Matrix und den Quellterm darstellen. Diese modifizierte Gleichung wird mit inneren Iterationen gelöst. Wenn die äußeren Iterationen konvergieren, heben sich die Terme mit α_ϕ auf und man erhält die Lösung des Ausgangsproblems.

Diese Art der Unterrelaxation wurde von Patankar (1980) vorgestellt. Sie hat eine positive Wirkung auf viele iterative Lösungsmethoden, da durch sie die diagonale Dominanz der Matrix A verstärkt wird (das Element A_P^* ist größer als A_P, während A_l gleich bleiben). Sie ist effektiver als die explizite Anwendung des Ausdruckes (5.71).

Optimale Unterrelaxationsparameter sind problemabhängig. Eine gute Strategie ist die Verwendung eines kleinen Unterrelaxationsparameters in den ersten Iterationen und seine Erhöhung mit fortschreitender Konvergenz. Einige Hinweise zur Auswahl der Unterrelaxationsparameter bei der Lösung der Navier-Stokes-Gleichungen werden in den Kap. 7, 8, 9 and 12 gegeben. Die Unterrelaxation kann nicht nur auf die abhängigen Variablen, sondern auch auf einzelne Terme in den Gleichungen angewendet werden. Dies ist oft notwendig, wenn die Fluideigenschaften (Viskosität, Dichte, Prandtl-Zahl usw.) von der Lösung abhängen und aktualisiert werden müssen.

Es wurde bereits erwähnt, dass eine iterative Lösung eines stationären Problems als Lösung eines instationären Problems in Pseudozeit bis zum stationären Zustand betrachtet werden kann. Die Kontrolle der Zeitschrittgröße ist dann zur Kontrolle der Entwicklung der Lösung wichtig. Im nächsten Kapitel wird gezeigt, dass der Zeitschritt als ein Unterrelaxationsparameter (und umgekehrt) interpretiert werden kann. Das oben beschriebene Unterrelaxationsverfahren kann interpretiert werden, als würde man verschiedene Zeitschritte in verschiedenen Punkten verwenden, siehe Gl. (7.97) in Abschn. 7.2.2.2.

5.5 Nichtlineare Gleichungen und deren Lösung

Wie bereits erwähnt, gibt es zwei Arten von Techniken zur Lösung nichtlinearer Gleichungen: Newton-ähnliche und globale. Die erstgenannten sind, wenn eine gute Anfangsabschätzung der Lösung vorliegt, viel schneller, aber bei den letzteren ist garantiert, dass sie konvergieren; man muss also einen Kompromiss zwischen Geschwindigkeit und Sicherheit eingehen. Häufig werden Kombinationen aus beiden Methoden verwendet. Es gibt sehr viel Literatur zu den Lösungsmethoden für nichtlineare Gleichungen und der Stand der Technik entwickelt sich immer noch weiter. Hier kann nicht einmal ein wesentlicher Bruchteil der Methoden abgedeckt werden, sondern wird lediglich ein kurzer Überblick über einige Techniken gegeben.

5.5.1 Newton-ähnliche Techniken

Die wichtigste Methode zur Lösung nichtlinearer Gleichungen ist die Newton-Methode. Angenommen, man möchte die Lösung einer einzelnen algebraischen Gleichung $f(x) = 0$ finden. Die Newton-Methode linearisiert die Funktion um einen Schätzwert von x, indem die ersten zwei Terme der Taylor-Reihe verwendet werden:

$$f(x) \approx f(x_0) + f'(x_0)(x - x_0). \tag{5.74}$$

Die linearisierte Funktion wird gleich null gesetzt und liefert somit eine neue Abschätzung der Lösung:

$$x_1 = x_0 - \frac{f(x_0)}{f'(x_0)} \quad \text{oder, i. Allg.,} \quad x_k = x_{k-1} - \frac{f(x_{k-1})}{f'(x_{k-1})}. \tag{5.75}$$

Dies wird wiederholt, bis die Änderung der iterativen Approximation der Lösung, $x_k - x_{k-1}$, so klein wie gewünscht ist. Das Verfahren ist äquivalent der Approximation der Kurve durch ihre Tangente in x_k (weswegen die Methode auch *Tangentenmethode* genannt wird). Ist die Anfangsabschätzung gut genug, konvergiert dieses Verfahren quadratisch, d. h. der Fehler in der Iteration $k+1$ ist proportional dem Quadrat des Fehlers in Iteration k. Dies bedeutet, dass nur wenige Iterationen erforderlich sind, wenn die Abschätzung erst einmal nahe der Lösung ist. Aus diesem Grunde wird das Verfahren immer eingesetzt, wenn gute Voraussetzungen vorliegen. Ist aber die Funktion nicht monoton und der Startwert liegt zu weit von der Lösung entfernt, kann es zu Divergenz des Iterationsverfahrens kommen.

Die Newton-Methode kann einfach für ein Gleichungssystem verallgemeinert werden. Ein generisches System nichtlinearer Gleichungen kann folgendermaßen geschrieben werden:

$$f_i(x_1, x_2, \ldots, x_n) = 0, \quad i = 1, 2, \ldots, n. \tag{5.76}$$

Dieses Gleichungssystem kann auf genau die gleiche Weise wie die einzelne Gleichung linearisiert werden. Der einzige Unterschied besteht darin, dass man jetzt Taylor-Reihen für mehrere Variablen verwenden muss:

$$f_i(x_1, x_2, \ldots, x_n) = f_i(x_1^k, x_2^k, \ldots, x_n^k) + \sum_{j=1}^{n} (x_j^{k+1} - x_j^k) \frac{\partial f_i(x_1^k, x_2^k, \ldots, x_n^k)}{\partial x_j}, \tag{5.77}$$

für $i = 1, 2, \ldots, n$. Wenn dies gleich null gesetzt wird, erhält man ein System linearer algebraischer Gleichungen, das mit der Gauß-Elimination oder einer anderen Methode gelöst werden kann. Die Matrix des Systems ist ein Satz partieller Ableitungen:

$$a_{ij} = \frac{\partial f_i(x_1^k, x_2^k, \ldots, x_n^k)}{\partial x_j}, \quad i = 1, 2, \ldots, n, \quad j = 1, 2, \ldots, n, \tag{5.78}$$

der als *Jacobi-Matrix* des Systems bezeichnet wird. Das Gleichungssystem lautet:

$$\sum_{j=1}^{n} a_{ij}(x_j^{k+1} - x_j^k) = -f_i(x_1^k, x_2^k, \ldots, x_n^k), \quad i = 1, 2, \ldots, n. \tag{5.79}$$

Mit einer Anfangsabschätzung, die nahe der richtigen Lösung liegt, konvergiert die Newton-Methode für Systeme ebenso schnell wie für eine einzelne Gleichung. Bei großen Systemen wird die schnelle Konvergenz jedoch durch ihren prinzipiellen Nachteil mehr als aufgehoben. Damit die Methode effektiv wird, muss die Jacobi-Matrix in jeder Iteration neu berechnet werden. Dies führt zu zwei Schwierigkeiten. Die erste ist, dass es im allgemeinen Fall n^2 Elemente der Jacobi-Matrix gibt und deren Berechnung den teuersten Teil der Methode darstellt. Die zweite Schwierigkeit ist, dass eine direkte Methode zur Berechnung der Jacobi-Matrix oft gar nicht existiert: In vielen Gleichungssystemen sind die Gleichungen implizit oder so kompliziert, dass eine Differenzierung so gut wie unmöglich ist.

Die Newton-Methode wird selten zur Lösung der Navier-Stokes-Gleichungen verwendet. Die Kosten für die Generierung der Jacobi-Matrix und die Lösung des Gleichungssystems mit der Gauß-Elimination sind so hoch, dass trotz Konvergenz nach nur wenigen Iterationen die Gesamtkosten höher als bei anderen iterativen Methoden liegen.

Für generische Systeme nichtlinearer Gleichungen sind Sekanten-Methoden viel effektiver. Für eine einzelne Gleichung approximiert die Sekanten-Methode die Ableitung der Funktion mit der Sekanten, die zwischen zwei Punkten auf der Kurve gezogen wird. Diese Methode konvergiert zwar langsamer als die Newton-Methode, da sie jedoch keine

Berechnung der Ableitung benötigt, kann sie die Lösung zu niedrigeren Gesamtkosten finden. Außerdem kann diese Methode auch dann angewendet werden, wenn eine direkte Berechnung der Ableitungen nicht möglich ist. Es gibt eine Reihe von Verallgemeinerungen der Sekanten-Methode für Gleichungssysteme, wovon die meisten ziemlich effizient sind; da sie jedoch in der CFD keine Anwendung fanden, werden sie hier nicht untersucht.

5.5.2 Andere Lösungsmethoden für nichtlineare Gleichungen

Die übliche Vorgehensweise bei der Lösung von gekoppelten nichtlinearen Gleichungen ist die sequentielle entkoppelte Methode, die im vorangegangenen Abschnitt beschrieben wurde. Die nichtlinearen Terme (Konvektionsflüsse, Quellterm) werden normalerweise gemäß der *Picard-Iteration* linearisiert. Für konvektive Terme bedeutet dies, dass der Massenfluss als bekannt angenommen wird; der nichtlineare Konvektionsterm in der Gleichung für die Impulskomponente u_i wird somit approximiert als:

$$\rho u_j u_i \approx (\rho u_j)^o u_i,$$ (5.80)

wobei der Index o bedeutet, dass die Werte dem Ergebnis der vorangegangenen äußeren Iteration entnommen wurden. Ähnlich wird der Quellterm in zwei Teile zerlegt:

$$q_\phi = b_0 + b_1 \phi.$$ (5.81)

Der Anteil b_0 bleibt auf der rechten Seite der algebraischen Gleichung, während b_1 zur Koeffizientenmatrix A beiträgt. Eine ähnliche Vorgehensweise kann für nichtlineare Terme, die mehr als eine Variable enthalten, gewählt werden.

Diese Art der Linearisierung erfordert viel mehr Iterationen, als eine simultane Lösung, die eine Newton-ähnliche Linearisierung verwendet. Jedoch erfordert die Picard-Iteration wenig Speicher und Rechenaufwand pro Iteration, und die Anzahl der äußeren Iterationen kann durch Verwendung von Mehrgittertechniken reduziert werden, was diese Vorgehensweise populär macht.

Die Newton-Methode wird manchmal zur Linearisierung der nichtlinearen Terme eingesetzt; so kann zum Beispiel der Konvektionsterm in der Gleichung für die Impulskomponente u_i folgendermaßen ausgedrückt werden (die Dichte wird als konstant angenommen):

$$\rho u_j u_i \approx \rho u_j^o u_i + \rho u_i^o u_j - \rho u_j^o u_i^o.$$ (5.82)

Nichtlineare Quellterme können auf die gleiche Weise behandelt werden. Dies führt zu einem gekoppelten linearen Gleichungssystem, das schwer zu lösen ist, und die Konvergenz ist nicht quadratisch, außer es wird die volle Newton-Methode angewendet. Trotzdem können spezielle gekoppelte iterative Methoden, die von dieser Linearisierungstechnik profitieren, entwickelt werden, wie von Galpin und Raithby (1986) gezeigt wurde.

5.6 Verzögerte Korrektur

Wenn alle Terme, die die Knotenwerte der unbekannten Variablen enthalten, auf der linken Seiten der Gl. (3.43) gehalten werden, kann der Rechenstern sehr groß werden. Da die Größe des Rechensterns sowohl die Speicheranforderung als auch den zur Lösung des linearen Gleichungssystems notwendigen Aufwand maßgeblich beeinflusst, möchte man ihn so klein wie möglich halten; normalerweise werden auf der linken Seite der Gleichung nur die Variablen in den nächstliegenden Nachbarn des Punktes P als Unbekannte gehalten. Jedoch sind Approximationen, die einen derart einfachen Rechenstern liefern, normalerweise nicht genau genug, weshalb man gezwungen ist, bessere Approximationen zu verwenden, die mehrere als nur die nächsten Nachbarn einbeziehen.

Eine Möglichkeit, das Problem mit dem zu großen Rechenstern zu umgehen, wäre die Beibehaltung von Termen, die nur Variablenwerte in den nächsten Nachbarn enthalten, auf der linken Seite der Gl. (3.43), und Verschiebung aller anderen Terme auf die rechte Seite, wo sie mit den vorliegenden Werten aus den vorherigen Iterationen berechnet werden können. Dies ist jedoch keine gute Vorgehensweise und kann zu Divergenz der Iterationen führen, weil dann die explizit behandelten Terme zu groß sein können. Um Divergenz zu vermeiden, wäre eine starke Unterrelaxation der Änderungen von einer zur nächsten Iteration erforderlich (siehe Abschn. 5.4.3), was zu langsamer Konvergenz führt.

Eine bessere Vorgehensweise ist, die Terme, die Approximationen höherer Ordnung beinhalten, explizit zu berechnen und auf die rechte Seite der Gleichung zu verschieben. Dann nimmt man eine einfachere Approximation für dieselben Terme (eine, die nur unmittelbare Nachbarn von P einbezieht und somit einen kleinen Rechenstern liefert) und stellt sie sowohl auf die linke Seite der Gleichung (mit den unbekannten Variablenwerten) als auch auf die rechte Seite (explizit berechnet mit den bestehenden Werten). Die explizit berechneten Terme auf der rechten Seite stellen jetzt die Differenz zwischen zwei Approximationen derselben Terme dar, die normalerweise klein ist. Die expliziten Approximationen sollten somit keine Probleme in der iterativen Lösung verursachen. Wenn die Iterationen konvergieren, heben sich die mit Approximationen niedriger Ordnung berechneten Terme auf und die sich ergebende Lösung entspricht der Approximation höherer Ordnung.

Da iterative Methoden normalerweise wegen der Nichtlinearität der zu lösenden Gleichungen notwendig sind, vergrößert das Hinzufügen eines kleinen Terms zum explizit behandelten Teil den Rechenaufwand nur um einen kleinen Betrag (es werden einige Iterationen mehr benötigt). Andererseits werden sowohl der erforderliche Speicher als auch die Rechenzeit pro Iteration sehr stark reduziert, wenn die Größe des Rechensterns in dem Teil der Gleichung, der implizit behandelt wird, klein ist.

Auf diese Technik wird noch des Öfteren Bezug genommen. Sie wird bei der Behandlung von Approximationen höherer Ordnung, von Gitternichtorthogonalität und von notwendigen Korrekturen zur Vermeidung unerwünschter Effekte (wie z. B. Oszillationen in der Lösung) angewendet. Da die rechte Seite der Gleichung als eine Art „Korrektur" betrachtet werden kann, wird diese Methode *verzögerte Korrektur* genannt. Hier wird ihr Einsatz in

Verbindung mit den Padé-Approximationen in FD-Methoden (siehe Abschn. 3.3.3) und bei Approximationen höherer Ordnung in FV-Methoden (siehe Abschn. 4.4.4) beschrieben.

Möchte man die Padé-Approximationen in impliziten FD-Methoden verwenden, muss eine verzögerte Korrektur eingesetzt werden, da die Approximation der Ableitung in einem Punkt Ableitungen in den Nachbarpunkten einschließt. Ein Weg ist die Verwendung der „alten Werte" der Ableitungen in den Nachbarpunkten und der Variablenwerte in den fernen Punkten. Diese nimmt man normalerweise aus dem Ergebnis der vorangegangenen Iteration; so erhält man:

$$
\left(\frac{\partial \phi}{\partial x}\right)_i = \beta \frac{\phi_{i+1} - \phi_{i-1}}{2\,\Delta x} + \gamma \left(\frac{\phi_{i+2} - \phi_{i-2}}{4\,\Delta x}\right)^{\text{alt}}
$$
$$
-\alpha \left(\frac{\partial \phi}{\partial x}\right)_{i+1}^{\text{alt}} - \alpha \left(\frac{\partial \phi}{\partial x}\right)_{i-1}^{\text{alt}}. \tag{5.83}
$$

In diesem Fall wird nur der erste Term auf der rechten Seite dieses Ausdrucks auf die linke Seite der Gleichung gebracht, die in einer neuen äußeren Iteration gelöst werden soll.

Diese Vorgehensweise kann jedoch die Konvergenzrate ungünstig beeinflussen, da der implizit behandelte Teil nicht eine Approximation der Ableitung darstellt, sondern ein Mehrfaches davon. Die folgende Version der verzögerten Korrektur ist effektiver:

$$
\left(\frac{\partial \phi}{\partial x}\right)_i = \frac{\phi_{i+1} - \phi_{i-1}}{2\,\Delta x} + \left[\left(\frac{\partial \phi}{\partial x}\right)_i^{\text{Padé}} - \frac{\phi_{i+1} - \phi_{i-1}}{2\,\Delta x}\right]^{\text{alt}}. \tag{5.84}
$$

Hier wird die vollständige Zentraldifferenzen-Approximation 2. Ordnung auf der linken Seite verwendet. Auf der rechten Seite bleibt die Differenz zwischen der explizit berechneten Ableitung mit Padé- und mit Zentraldifferenzen-Approximation. Dies ergibt einen besser ausbalancierten Ausdruck: Wenn die Zentraldifferenzen-Approximation 2. Ordnung genau genug ist, wird der Term in den eckigen Klammern vernachlässigbar klein. Anstelle von Zentraldifferenz könnte man auch die Aufwind-Approximation 1. Ordnung einsetzen; die konvergierte Lösung würde damit nicht beeinflusst, nur die Konvergenzrate würde sich ändern.

Die verzögerte Korrektur ist ebenfalls in FV-Methoden nützlich, wenn die Flüsse mit Verfahren höherer Ordnung approximiert werden (siehe Abschn. 4.4.4). Die Flussapproximation höherer Ordnung wird *explizit* berechnet und mit einer Approximation niedrigerer Ordnung, die nur Variablenwerte in den nächsten Nachbarn verwendet, kombiniert (erstmals von Khosla und Rubin 1974, vorgeschlagen):

$$
F_e = F_e^{\text{L}} + \left(F_e^{\text{H}} - F_e^{\text{L}}\right)^{\text{alt}}. \tag{5.85}
$$

F_e^{L} steht für die Flussapproximation niedriger Ordnung (Aufwind-Approximation 1. Ordnung wird oft für Konvektion und Zentraldifferenz 2. Ordnung für Diffusion eingesetzt) und F_e^{H} steht für die Flussapproximation höherer Ordnung. Der Term in Klammern wird mit den Werten aus der vorangegangenen Iteration berechnet, was durch den Index „alt" gekennzeichnet wird. Dieser Term ist normalerweise klein, weshalb seine explizite Behandlung die Konvergenz nicht wesentlich beeinflusst.

Die gleiche Vorgehensweise kann bei allen Approximationen höherer Ordnung, einschließlich der Spektralmethoden, angewendet werden. Obwohl die verzögerte Korrektur die Rechenzeit pro Iteration im Vergleich zum reinen Verfahren niedriger Ordnung erhöht, ist der zusätzliche Aufwand viel kleiner als der, der nötig wäre, um die gesamte Approximation höherer Ordnung implizit zu behandeln.

Man kann den „alten" Term auch mit einem Mischungsfaktor zwischen null und eins multiplizieren, um eine Mischung aus Verfahren niedriger und höherer Ordnung zu erhalten. Dies wird manchmal getan, um Oszillationen zu vermeiden, die bei der Verwendung von Verfahren höherer Ordnung bei Gittern, die nicht ausreichend fein sind, auftreten. Wird beispielsweise die Strömung um einen Körper berechnet, so möchte man ein feines Gitter in Körpernähe und ein gröberes Gitter in größerer Entfernung verwenden. Ein Verfahren hoher Ordnung kann Oszillationen in der Region des groben Gitters hervorrufen und so die gesamte Lösung verderben. Da sich die Variablen in der Grobgitterregion nur wenig ändern, kann man die Ordnung der Approximation dort reduzieren, ohne die Genauigkeit der Lösung in der Feingitterregion zu beeinflussen. Dies kann durch Verwendung eines Mischungsfaktors nur in der Grobgitterregion erreicht werden.

Weitere Details zu anderen Anwendungen der verzögerten Korrekturmethode werden in den folgenden Kapiteln gegeben.

5.7 Konvergenzkriterien und Iterationsfehler

Bei der Verwendung iterativer Löser ist es wichtig zu wissen, wann man mit Iterieren aufhören soll. Das am häufigsten verwendete Kriterium basiert auf der Differenz zwischen Lösungen in zwei aufeinander folgenden Iterationen; das Verfahren wird angehalten, wenn die normalisierte Differenz kleiner als ein vorgewählter Wert ist. Leider kann diese Differenz klein sein, wenn der Fehler nicht klein ist und die richtige Normalisierung ist von entscheidender Bedeutung.

Anhand der in Abschn. 5.3.2 vorgestellten Analyse erhält man (siehe Gl. (5.14) und (5.27)):

$$\delta^n = \phi^{n+1} - \phi^n \approx (\lambda_1 - 1)(\lambda_1)^n a_1 \psi_1, \tag{5.86}$$

wobei δ^n die Differenz zwischen den Lösungen in den Iterationen $n+1$ und n darstellt, und λ_1 ist der größte Eigenwert oder Spektralradius der Iterationsmatrix. Er kann abgeschätzt werden als (Ferziger 1998):

$$\lambda_1 \approx \frac{\|\delta^n\|}{\|\delta^{n-1}\|}, \tag{5.87}$$

für ausreichend große n und wobei $\|\mathbf{a}\|$ die Norm (z. B. Wurzel aus der Summe der Quadrate aller Elemente oder L_2-Norm) von $\mathbf{a}$ ist.

Wenn die Abschätzung des Eigenwertes vorliegt, ist es nicht schwierig, den Iterationsfehler abzuschätzen. Eigentlich erhält man durch Umformung der Gl. (5.86) (siehe auch Gl. (5.26) und (5.27)):

$$\varepsilon^n = \phi - \phi^n \approx \frac{\delta^n}{\lambda_1 - 1}. \tag{5.88}$$

Eine gute Abschätzung des Iterationsfehlers ist daher:

$$\|\varepsilon^n\| \approx \frac{\|\delta^n\|}{\lambda_1 - 1} \tag{5.89}$$

Die Fehlerabschätzung kann aus Lösungen zu zwei aufeinander folgenden Iterationen berechnet werden.

Diese Methode wurde für lineare Gleichungssysteme entworfen. In Konvergenznähe sind jedoch alle Gleichungssysteme im Wesentlichen linear; da die Fehlerabschätzung zu diesem Zeitpunkt am wichtigsten ist, kann die Methode ebenfalls bei nichtlinearen Gleichungssystemen angewendet werden.

Leider haben iterative Methoden oft komplexe Eigenwerte. Wenn dies der Fall ist, ist die Fehlerreduzierung nicht exponentiell und kann nichtmonoton sein. Da die Gleichungen reell sind, müssen komplexe Eigenwerte als konjugierte Paare auftreten. Deren Abschätzung erfordert eine Erweiterung der obigen Prozedur. Im Besonderen sind Daten aus mehreren Iterationen notwendig. Einige der im Weiteren verwendeten Ideen sind bei Golub und van Loan (1996) zu finden.

Wenn die betragsmäßig größten Eigenwerte komplex sind, gibt es mindestens zwei davon, und die Gl. (5.27) muss ersetzt werden durch:

$$\varepsilon^n \approx a_1(\lambda_1)^n \psi_1 + a_1^*(\lambda_1^*)^n \psi_1^*, \tag{5.90}$$

wobei * die Konjugierte einer komplexen Größe kennzeichnet. Wie zuvor subtrahiert man die Lösungen nach zwei aufeinander folgenden Iterationen, um δ^n zu erhalten, siehe Gl. (5.86). Führt man nun:

$$\omega = (\lambda_1 - 1)a_1 \psi_1, \tag{5.91}$$

ein, dann wird der folgende Ausdruck erhalten:

$$\delta^n \approx (\lambda_1)^n \omega + (\lambda_1^*)^n \omega^*. \tag{5.92}$$

Da der Betrag des Eigenwertes λ_1 die interessanteste Größe ist, kann man schreiben:

$$\lambda_1 = \ell \, e^{i\vartheta}. \tag{5.93}$$

Eine einfache Berechnung führt dann zu:

$$z^n = \delta^{n-2} \cdot \delta^n - \delta^{n-1} \cdot \delta^{n-1} = 2\ell^{2n-2}|\omega|^2[\cos(2\vartheta) - 1], \tag{5.94}$$

woraus man einfach zeigen kann, dass

$$\ell = \sqrt{\frac{z^n}{z^{n-1}}} \qquad (5.95)$$

eine Abschätzung des Betrags des Eigenwertes ist.

Für eine Fehlerabschätzung sind weitere Approximationen notwendig. Die komplexen Eigenwerte verursachen Oszillationen der Fehler und die Form des Fehlers ist nicht unabhängig von der Iterationszahl, auch nicht für große n. Zur Abschätzung des Fehlers berechnet man aus den oben gegebenen Ausdrücken δ^n und ℓ. Wegen der komplexen Eigenwerte und Eigenvektoren beinhaltet das Ergebnis Terme, die proportional zum Kosinus des Phasenwinkels sind. Da man nur am Betrag interessiert ist, nimmt man diese Terme im durchschnittlichen Sinn mit null an und lässt sie weg. Dadurch kann man eine einfache Beziehung zwischen dem Fehler und der Differenz finden:

$$\varepsilon^n \approx \frac{\delta^n}{\sqrt{\ell^2 + 1}}. \qquad (5.96)$$

Dies ist die gewünschte Abschätzung des Iterationsfehlers. Wegen der Oszillationen in der Lösung kann die Abschätzung in jeder einzelnen Iteration ungenau sein, aber – wie später noch gezeigt wird – ist sie im Durchschnitt recht gut.

Um einige Effekte der Oszillationen zu beseitigen, sollten die Abschätzungen der Eigenwerte über einige Iterationen gemittelt werden. Abhängig vom Problem und der Anzahl der erwarteten Iterationen kann der Mittelungsbereich von 2 bis 50 Iterationen variieren (typisch 1 % der erwarteten Anzahl an Iterationen).

Schließlich möchte man eine Methode haben, die sowohl reelle als auch komplexe Eigenwerte behandeln kann. Die Fehlervorhersage für den komplexen Fall (5.96) liefert niedrige Abschätzungen, wenn der Haupteigenwert (λ_1) reell ist. In diesem Fall entfällt auch der Beitrag von λ_1 zu z^n, und somit ist die Eigenwertschätzung ziemlich schlecht. Jedoch kann dieser Umstand genutzt werden, um festzustellen, ob λ_1 reell oder komplex ist. Wenn das Verhältnis:

$$r = \frac{z^n}{|\delta^n|^2} \qquad (5.97)$$

klein ist, ist der Eigenwert wahrscheinlich reell; ist r groß, dann ist der Eigenwert wahrscheinlich komplex. Bei reellen Eigenwerten tendiert r dazu, kleiner als 10^{-2} zu sein, während bei komplexen Eigenwerten $r \approx 1$. Deshalb kann man einen Wert von $r = 0,1$ als Grenzwert zur Feststellung des Typs des Eigenwertes annehmen, und dann den entsprechenden Ausdruck für die Fehlervorhersage verwenden.

Ein Kompromiss ist die Verwendung der Reduktion der Residuen als Abbruchkriterium für Iterationen. Das Iterieren wird angehalten, wenn die Residuennorm bis auf einen Bruchteil ihres ursprünglichen Betrags (normalerweise um drei oder vier Größenordnungen) reduziert worden ist. Wie vorher gezeigt wurde, steht der Iterationsfehler über die Gl. (5.15) mit dem Residuum in Beziehung, weshalb die Reduzierung des Residuums mit der Reduzierung des Iterationsfehlers einhergeht. Wenn Iterationen mit Nullwerten als Anfangslösung starten, ist der Anfangsfehler gleich der Lösung selbst. Ist das Residuenniveau beispielsweise um drei bis vier Größenordnungen unter das Ausgangsniveau gefallen, ist es wahrscheinlich, dass die Fehler um ein vergleichbares Maß gefallen sind, d. h. sie liegen in der Größenordnung von 0,1 % der Lösung. Die Residuen und die Iterationsfehler fallen normalerweise nicht auf die gleiche Weise zu Beginn des Iterationsprozesses; Vorsicht ist ebenfalls geboten, weil bei schlecht konditionierter Matrix die Fehler selbst dann groß sein können, wenn die Residuen klein sind.

Viele iterative Löser verlangen die Berechnung der Residuen. Die oben beschriebene Vorgehensweise ist in diesen Fällen attraktiv, da sie keine weitere Berechnung verlangt. Die Norm der Residuen vor der ersten inneren Iteration liefert eine Referenz zur Überprüfung der Konvergenz der inneren Iterationen. Gleichzeitig liefert sie ein Maß für die Konvergenz der äußeren Iterationen. Erfahrung zeigt, dass innere Iterationen gestoppt werden können, wenn die Residuen um ca. eine bis zwei Größenordnung gefallen sind. Ausnahme ist die Lösung der Druck- bzw. Druckkorrekturgleichung in einigen Verfahren für instationäre Strömungen, die keine äußeren Iterationen verwenden; darauf wird bei der Beschreibung dieser Verfahren in Kap. 8 hingewiesen. Äußere Iterationen sollten nicht gestoppt werden, bevor die Residuen um drei bis fünf Größenordnungen – abhängig von der gewünschten Genauigkeit – reduziert worden sind. Die Summe der absoluten Werte aller Residuen (die L_1-Norm) kann statt der rms- bzw. L_2-Norm verwendet werden. Das Konvergenzkriterium sollte auf feinen Gittern strenger sein, weil dann die Diskretisierungsfehler kleiner als auf groben Gittern sind; die Iterationsfehler sollten immer deutlich kleiner als die Diskretisierungsfehler sein. Die L_1-Norm berücksichtigt dies automatisch, da bei feineren Gittern mehrere Werte zur Summe beitragen als bei gröberen.

Wenn die Größenordnung der Ausgangsfehler bekannt ist, ist es möglich, die Norm der Differenzen zwischen Lösungen zu zwei aufeinander folgenden Iterationen zu beobachten und sie mit derselben Größe zu Beginn des Iterationsprozesses zu vergleichen. Wenn die Norm der Differenzen um drei bis vier Größenordnungen gefallen ist, haben sich die Fehler normalerweise um einen vergleichbaren Betrag verringert.

Beide Methoden sind nur Näherungen; sie sind jedoch besser als das Kriterium, das auf den nicht normalisierten Differenzen zwischen Lösungen bei zwei aufeinander folgenden Iterationen basiert.

Um die Methode zur Abschätzung der Iterationsfehler zu testen, wurde zuerst die Lösung eines linearen 2D-Problems mit dem SOR-Löser untersucht: die Laplace-Gleichung in einem quadratischen Lösungsgebiet $\{0 < x < 1; , 0 < y < 1\}$ mit Dirichlet-Randbedingungen, die entsprechend der analytischen Lösung $\phi(x, y) = 100 xy$ gewählt wurden. Der Vorteil dieser Wahl besteht darin, dass die Zentraldifferenzen-Approximation 2. Ordnung auf jedem Gitter zur exakten Lösung führt (da die Ableitungen lineare Funktionen des Raums sind). Somit kann die tatsächliche Differenz zwischen der Lösung zur gegenwärtigen Iteration und der exakten Lösung einfach berechnet werden. Die Ausgangslösung ist im ganzen Lösungsgebiet gleich null. Es wurde die SOR-Methode als iterativer Löser gewählt, weil

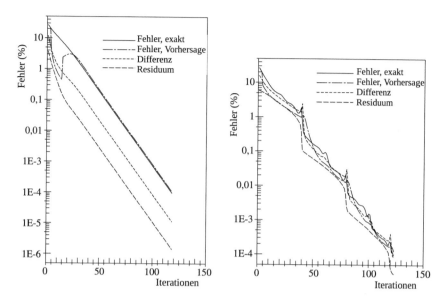

Abb. 5.3 Änderung der Norm des exakten Iterationsfehlers, der Fehlerschätzung, des Residuums und der Differenz zwischen Lösungen für zwei aufeinander folgende Iterationen für das Laplace-Problem, gelöst mit dem SOR-Löser auf einem Gitter mit 20 × 20 KV, als Funktion der Anzahl der Iterationen: Relaxationsparameter kleiner (links) und größer (rechts) als das Optimum, das etwa 1,73 beträgt

die Eigenwerte komplex sind, wenn der Relaxationsparameter größer als der Optimalwert ist. Somit kann das Verhalten des Lösers sowohl für reelle als auch für komplexe Eigenwerte im selben Testfall untersucht werden.

In Abb. 5.3 und 5.4 sind Ergebnisse für äquidistante Gitter mit 20 × 20 und 80 × 80 KV gezeigt. In jedem Fall sind die Normen des exakten Iterationsfehlers, des mit der oben beschriebenen Methode abgeschätzten Fehlers, der Differenz zwischen Lösungen zu zwei nacheinander folgenden Iterationen sowie der Residuen dargestellt. Für beide Fälle werden die Ergebnisse der Berechnung für zwei Werte des Relaxationsparameters dargestellt: einem unter dem Optimalwert, der zu reellen Eigenwerten führt, und einem über dem Optimum, bei dem die Eigenwerte komplex sind.[4] Im Fall von reellen Eigenwerten ergibt sich eine glatte exponentielle Konvergenz. Die Fehlerabschätzung ist in diesem Fall fast exakt (außer in der Anfangsperiode). Die Normen des Residuums und der Differenz zwischen Lösungen zu zwei Iterationen fallen anfänglich zu schnell ab und folgen nicht dem Verlauf des Iterationsfehlers. Dieser Effekt tritt mit der Gitterverfeinerung noch deutlicher hervor. Auf dem Gitter mit 80 × 80 KV wird die Residuennorm schnell um zwei Größenordnungen reduziert, während

[4]Für eine einfache rechteckige Geometrie und Dirichlet-Randbedingungen (Brazier 1974): $\omega = 2/(1 + \sin(\pi/N_{CV}))$.

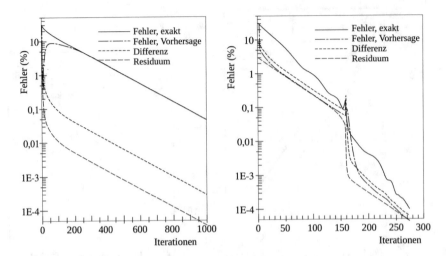

Abb. 5.4 Änderung der Norm des exakten Iterationsfehlers, des geschätzten Fehlers, des Residuums und der Differenz zwischen Lösungen für zwei aufeinander folgende Iterationen für das Laplace-Problem, gelöst mit dem SOR-Löser auf einem Gitter mit 80×80 KV, als Funktion der Anzahl der Iterationen: Relaxationsparameter kleiner (links) und größer (rechts) als das Optimum, das etwa 1,92 beträgt

die Fehlernorm nur wenig verringert wird. Wenn einmal der asymptotische Verlauf erreicht ist, sind alle vier Kurven parallel und beschreiben die Rate des Fehlerabbaus sehr genau.

Wenn die Eigenwerte der Iterationsmatrix komplex sind, ist die Konvergenz nicht monoton – im Fehlerverlauf sind Oszillationen enthalten. Der Vergleich des vorhergesagten und des exakten Fehlers ist trotzdem auch in diesem Fall ziemlich zufriedenstellend. Alle oben erwähnten Konvergenzkriterien sind in diesem Fall gleich gut.

Weitere Beispiele für die Abschätzung von Iterationsfehlern, insbesondere bei äußeren Iterationen während der Lösung gekoppelter Strömungsprobleme, werden in Abschn. 8.4 vorgestellt.

5.8   Beispiele

Im vorangegangenen Kapitel wurden Lösungen für einige 2D-Probleme vorgestellt, ohne die Lösungsmethoden zu diskutieren. In diesem Abschnitt wird die Effizienz verschiedener Löser für den Fall des Skalartransports in einer Staupunktströmung analysiert. Die Beschreibung des Problems und der Diskretisierungsmethoden zur Herleitung der linearen Gleichungssysteme wurden in Abschn. 4.7 präsentiert.

Es wird ein Fall mit $\Gamma = 0{,}01$ und äquidistanten Gittern mit 20×20, 40×40 und 80×80 KV betrachtet. Die Gleichungsmatrix A ist nicht symmetrisch und ist im Falle der

Diskretisierung mit Zentraldifferenzen bzw. linearer Interpolation nicht diagonal-dominant. In einer diagonal-dominanten Matrix erfüllt das Element auf der Hauptdiagonalen die folgende Bedingung:

$$A_P \geq \sum_l |A_l|. \tag{5.98}$$

Es kann gezeigt werden, dass eine ausreichende Bedingung für die Konvergenz iterativer Lösungsmethoden ist, dass die obige Beziehung erfüllt ist und dass die Ungleichheit in mindestens einem Punkt gilt. Diese Bedingung ist nur durch Aufwind-Diskretisierung der Konvektionsterme erfüllt. Während einfache Löser wie Jacobi und Gauß-Seidel normalerweise divergieren, wenn die oben genannte Bedingung nicht erfüllt wird, reagieren ILU, SIP und die Methode der konjugierten Gradienten weniger empfindlich auf diagonale Dominanz der Matrix.

Es werden fünf Löser betrachtet:

- Gauß-Seidel, abgekürzt GS;
- Linien-Gauß-Seidel, der TDMA entlang der Linien mit $x = $ const. verwendet, abgekürzt mit LGS-X;
- Linien-Gauß-Seidel, der TDMA entlang der Linien mit $y = $ const. verwendet, abgekürzt mit LGS-Y;
- Linien-Gauß-Seidel, der abwechselnd entlang der Linien mit $x = $ const. und $y = $ const. TDMA verwendet, abgekürzt mit LGS-ADI;
- ILU-Methode nach Stone, kurz SIP.

Tabelle 5.1 zeigt die Anzahl der Iterationen, die die oben genannten Löser benötigen, um die Summe absoluter Residuen um vier Größenordnungen zu reduzieren.

Aus der Tabelle ist ersichtlich, dass die LGS-X- und LGS-Y-Löser ungefähr zweimal so schnell sind wie GS; LGS-ADI ist ungefähr zweimal so schnell wie LGS-X; und auf den feineren Gittern ist SIP ungefähr viermal so schnell wie LGS-ADI. Bei GS- und LGS-Lösern

Tab. 5.1 Anzahl der Iterationen, die verschiedene Löser benötigen, um die Residuennorm L_1 um vier Größenordnungen zu reduzieren, wenn der Skalartransport in einer 2D Staupunktströmung berechnet wird

Diskretisierung	Gitter	GS	LGS-X	LGS-Y	LGS-ADI	SIP
ADS	20×20	68	40	35	18	14
	40×40	211	114	110	52	21
	80×80	720	381	384	175	44
ZDS	20×20	–	–	–	12	19
	40×40	163	95	77	39	19
	80×80	633	349	320	153	40

erhöht sich die Anzahl der Iterationen mit jeder Gitterverfeinerung um einen Faktor von ca. 4. Der Faktor ist im Fall von SIP und LGS-ADI kleiner, doch wie am nächsten Beispiel zu sehen sein wird, wächst der Faktor mit Gitterverfeinerung und nähert sich im Grenzfall von sehr feinen Gittern asymptotisch dem Wert 4.

Eine andere interessante Beobachtung ist, dass GS- und LGS-Löser auf dem Gitter mit 20×20 KV und Diskretisierung mit Zentraldifferenzen nicht konvergieren. Der Grund ist, dass in diesem Fall die Matrix nicht diagonal dominant ist. Selbst für das Gitter mit 40×40 KV ist die Matrix nicht vollständig diagonal-dominant, jedoch liegt die Störung im Gebiet der gleichmäßigen Verteilung der Variablen (niedrige Gradienten), sodass die Auswirkung auf den Löser nicht schwerwiegend ist. Die LGS-ADI- und SIP-Solver sind nicht betroffen.

Im Folgenden wird ein Testfall betrachtet, für den eine analytische Lösung vorliegt und wo die Diskretisierung mit Zentraldifferenzen auf jedem Gitter die exakte Lösung liefert. Dies hilft bei der Berechnung des Iterationsfehlers, aber die Löser profitieren davon nicht, sodass dieser Fall zur Beurteilung der Löserleistung gut geeignet ist. Es wird die Laplace-Gleichung mit den Dirichlet-Randbedingungen gelöst, für die die genaue Lösung $\phi = xy$ ist. Das Lösungsgebiet ist ein Rechteck, die Lösung wird an allen Rändern vorgegeben und die Startwerte im Inneren sind überall gleich null. Der Ausgangsfehler ist somit gleich der Lösung und ist eine glatte Funktion der Raumkoordinaten. Die Diskretisierung erfolgte mit der FV-Methode, beschrieben im vorangegangenen Kapitel, und mit Zentraldifferenzen. Da es keine Konvektion gibt, ist das Problem vollelliptisch.

Die untersuchten Löser sind:

- Gauß-Seidel-Löser, kurz GS;
- Linien-Gauß-Seidel-Löser mit wechselweisem Einsatz von TDMA entlang der Linien $x = $ const. und $y = $ const., kurz LGS-ADI;
- ADI-Löser, beschrieben in Abschn. 5.3.5, kurz ADI;
- ILU-Methode nach Stone, kurz SIP;
- Methode der konjugierten Gradienten, vorkonditioniert mit der unvollständigen Choleski-Zerlegung, kurz ICCG;
- Mehrgittermethode, die GS als Glätter verwendet, kurz MG-GS;
- Mehrgittermethode mit SIP als Glätter, kurz MG-SIP.

Tab. 5.2 zeigt die Ergebnisse auf einem äquidistanten Gitter in einem quadratischen Lösungsgebiet. LGS-ADI ist wieder viermal schneller als GS, und SIP ist ca. viermal schneller als LGS-ADI. ADI ist auf groben Gittern weniger effizient als SIP, doch wenn der optimale Zeitschritt gewählt wird, steigt die Anzahl der Iterationen nur um den Faktor zwei, wenn die Anzahl der Gitterpunkte in eine Richtung verdoppelt wird; somit ist der ADI-Löser auf feinen Gittern ziemlich effizient. Wird der Zeitschritt zyklisch variiert, wird der Löser noch effizienter. Dies gilt auch für SIP, jedoch erhöht eine zyklische Veränderung des Parameters α den Rechenaufwand pro Iteration erheblich.

Tab. 5.2 Anzahl der Iterationen, die verschiedene Löser benötigen, um die L_1-Fehlernorm unter 10^{-5} zu reduzieren, wenn die 2D-Laplace-Gleichung mit Dirichlet-Randbedingungen in einem quadratischen Lösungsgebiet von $X \times Y = 1 \times 1$ mit äquidistantem Gitter in beide Richtungen gelöst wird

Gitter	GS	LGS-ADI	ADI	SIP	ICCG	MG-GS	MG-SIP
8×8	74	22	16	8	7	12	7
16×16	292	77	31	20	13	10	6
32×32	1160	294	64	67	23	10	6
64×64	4622	1160	132	254	46	10	6
128×128	–	–	274	1001	91	10	6
256×256	–	–	–	–	181	10	6

Die Anzahl der Iterationen, die ADI benötigt, um die Konvergenz für verschiedene Zeitschritte zu erreichen, ist in Tab. 5.3 angegeben. Der optimale Zeitschritt wird beim Verfeinern des Gitters um den Faktor zwei reduziert.

ICCG benötigt deutlich weniger Iterationen als SIP; die Iterationsanzahl verdoppelt sich nur, wenn das Gitter verfeinert wird, weshalb sein Vorteil auf feinen Gittern größer ist. Mehrgitterlöser sind sehr effizient; mit SIP als Glätter sind nur 6 Iterationen auf dem feinsten Gitter notwendig. Mit den MG-Lösern war die gröbste Gitterebene 2×2 KV; es gab also drei Ebenen auf dem Gitter mit 8×8 KV und 8 Ebenen auf dem Gitter mit 256×256 KV. Nach der Prolongation wurde eine Iteration auf dem feinsten Gitter und auf allen unteren Ebenen durchgeführt. Während der Restriktionsphase wurden 4 Iterationen auf jedem der gröberen Gittern durchgeführt. In SIP wurde der Parameter α gleich 0,92 gesetzt. Es wurde nicht versucht, die Optimalwerte der Parameter zu finden; die erzielten Ergebnisse sind repräsentativ genug, um die Trends und die relative Leistung der verschiedenen Löser zu zeigen.

Es muss auch berücksichtigt werden, dass der benötigte Rechenaufwand pro Iteration für alle Löser unterschiedlich ist. Nimmt man die Kosten einer GS-Iteration als Maß, so ergeben sich die folgenden relativen Kosten: LGS-ADI – 2,5; ADI – 3,0; SIP – 4,0 für die erste Iteration und danach 2,0; ICCG – 4,5 für die erste Iteration und 3,0 danach. Bei MG-Methoden muss man die Iterationsanzahl auf dem feinsten Gitter mit ungefähr 1,5

Tab. 5.3 Anzahl der Iterationen, die der ADI-Löser benötigt, als Funktion der Zeitschrittgröße (äquidistantes Gitter in beide Richtungen, 64×64 KV)

$1/\Delta t$	80	68	64	60	32	16	8
Anzahl der Iter.	152	134	132	134	234	468	936

multiplizieren, um den Rechenaufwand auf gröberen Gittern zu berücksichtigen. MG-GS ist deshalb rechnerisch der effizienteste Löser für diesen Fall.

Da die Konvergenzrate für jeden Löser unterschiedlich ist, hängen die relativen Kosten davon ab, wie genau man die Gleichungen lösen möchte. Um dieses Problem zu analysieren, wurden die Verläufe der Summe der absoluten Residuen und des Iterationsfehlers als Funktion der Iterationsanzahl in Abb. 5.5 dargestellt. Zwei Beobachtungen können dabei gemacht werden:

- Der Abfall der Residuen ist zu Beginn unregelmäßig, aber nach einer bestimmten Anzahl an Iterationen wird die Konvergenzrate konstant. Eine Ausnahme ist der ICCG-Löser, der mit fortlaufenden Iterationen schneller wird. Wird eine sehr genaue Lösung benötigt, sind MG-Löser und ICCG die beste Wahl. Falls mittlere Genauigkeit ausreicht (wie es bei der Lösung von nichtlinearen Problemen der Fall ist – die inneren Iterationen mit linearisierten Gleichungen müssen dann nicht sehr genau gelöst werden), wird SIP konkurrenzfähig, und selbst ADI kann in diesem Fall gut genug sein.
- Die Anfangsreduktion der Residuennorm wird nicht von einer gleichen Reduktion der Iterationsfehler bei GS, SIP, ICCG und ADI Lösern begleitet. Nur MG-Löser reduzieren die Fehler und die Residuen mit demselben Tempo.

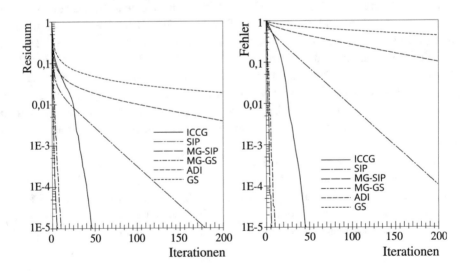

Abb. 5.5 Änderung der L_1-Norm des Residuums (links) und des Iterationsfehlers (rechts) als Funktion der Anzahl der durchgeführten Iterationen für verschiedene Löser und ein äquidistantes Gitter mit 64×64 KV (Lösung der Laplace-Gleichung mit Dirichlet-Randbedingungen)

Diese Schlussfolgerungen sind recht allgemein gültig, obwohl es problembedingte Merkmale gibt. Wir werden ähnliche Ergebnisse für die Navier-Stokes-Gleichungen in Kap. 8 zeigen.

Da der SIP-Löser in der CFD auf strukturierten Gittern oft verwendet wird, wird die Abhängigkeit der Iterationsanzahl, die zum Erreichen des Konvergenzkriteriums benötigt wird, als Funktion des Parameters α in Abb. 5.6 gezeigt. Für $\alpha = 0$ reduziert sich SIP auf den normalen ILU-Löser. Mit dem Optimalwert von α ist SIP ca. sechsmal so schnell wie ILU. Das Problem mit SIP ist, dass der Optimalwert von α am Ende des Bereiches der einsetzbaren Werte liegt: Ist α nur geringfügig größer als der Optimalwert, konvergiert die Methode nicht mehr. Der Optimalwert liegt normalerweise zwischen 0,92 und 0,96. Sicherheitshalber benutzt man meistens $\alpha = 0{,}92$, obwohl dieser Wert normalerweise nicht optimal ist; er liefert immer noch eine ca. 5-fache Geschwindigkeit der normalen ILU-Methode.

Einige Löser werden vom Streckungsfaktor des Gitters beeinflusst, weil die Größenordnungen der Koeffizienten dann stark variieren. In einem Gitter mit $\Delta x = 10\,\Delta y$ sind die Koeffizienten A_N und A_S 100-mal größer als A_W und A_E (siehe Abschnitt mit Beispielen im vorangegangenen Kapitel). Um diesen Effekt zu untersuchen, wurde das oben beschriebene Problem mit der Laplace-Gleichung in einem rechteckigen Gebiet mit $X \times Y = 10 \times 1$ gelöst, wobei dieselbe Anzahl an Gitterpunkten in jede Richtung verwendet wurde. Tab. 5.4 zeigt die notwendige Iterationszahl, um die L_1 Residuennorm für verschiedene Löser unter 10^{-5} zu reduzieren. Der GS-Löser ist nicht betroffen, aber er ist nicht länger ein geeigneter Glätter für die MG-Methode. LGS-ADI und SIP-Löser werden im Vergleich zum quadratischen Gitterproblem wesentlich schneller. ICCG ist auch etwas effizienter. MG-SIP wird nicht beeinflusst, aber MG-GS verschlechtert sich wesentlich.

Dieses Verhalten ist typisch und tritt auch bei Transportgleichungen mit Konvektion auf (obwohl der Effekt weniger stark ist, wenn Konvektion dominiert), sowie auf nichtäqui-

Abb. 5.6 Anzahl der notwendigen Iterationen, um die L_1 Residuennorm im obigen 2D Laplace-Problem mit einem SIP-Löser unter 10^{-4} zu reduzieren, als Funktion des α-Parameters

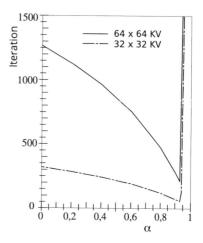

Tab. 5.4 Anzahl der Iterationen, die verschiedene Löser benötigen, um die L_1 Residuennorm unter 10^{-5} zu reduzieren, bei der Lösung der 2D Laplace-Gleichung mit Dirichlet-Randbedingungen in einem rechteckigen Lösungsgebiet von $X \times Y = 10 \times 1$ mit äquidistantem Gitter in beide Richtungen

Gitter	GS	LGS-ADI	SIP	ICCG	MG-GS	MG-SIP
8×8	74	5	4	4	54	3
16×16	293	8	6	6	140	4
32×32	1164	18	13	11	242	5
64×64	4639	53	38	21	288	6
128×128	–	189	139	41	283	6
256×256	–	–	–	82	270	6

distanten Gittern, die sowohl kleine als auch große Streckungsfaktoren beinhalten. Eine mathematische Erklärung für die Verschlechterung von GS- und die Verbesserung der ILU-Leistung mit wachsendem Streckungsfaktor wurde von Brandt (1984) gegeben.

Zum Schluss werden einige Ergebnisse zur Lösung der Poisson-Gleichung mit Neumann-Randbedingungen in 3D vorgestellt. Druck- und Druckkorrekturgleichungen in der CFD sind von dieser Art. Die gelöste Gleichung lautet:

$$\frac{\partial^2 \phi}{\partial x^2} + \frac{\partial^2 \phi}{\partial y^2} + \frac{\partial^2 \phi}{\partial z^2} = \sin(x^*\pi)\,\sin(y^*\pi)\,\sin(z^*\pi), \tag{5.99}$$

wobei $x^* = x/X, y^* = y/Y, z^* = z/Z$, und X, Y, Z die Dimensionen des Lösungsgebietes sind. Die Gleichung wurde mit der FV-Methode diskretisiert. Die Summe der Quellterme über das Lösungsgebiet ist gleich null, und die Neumann-Randbedingungen (Nullgradient normal zum Rand) wurden an allen Rändern festgelegt. Neben den oben vorgestellten GS-, SIP- und ICCG-Lösern wurde ebenfalls die CGSTAB-Methode mit unvollständiger Cholesky-Vorkonditionierung verwendet. Die Ausgangslösung ist durch Nullwerte gegeben. Die Anzahl der notwendigen Iterationen, um die normalisierte Summe der absoluten Residuen um vier Größenordnungen zu reduzieren, ist in Tab. 5.5 gegeben.

Tab. 5.5 Anzahl der Iterationen, die verschiedene Löser benötigen, um die L_1 Residuennorm unter 10^{-4} bei der Lösung der 3D Poisson-Gleichung mit Neumann-Randbedingungen zu reduzieren

Gitter	GS	SIP	ICCG	CGSTAB	FMG-GS	FMG-SIP
8^3	66	27	10	7	10	6
16^3	230	81	19	12	10	6
32^3	882	316	34	21	9	6
64^3	–	1288	54	41	7	6

Die Schlussfolgerungen aus dieser Übung sind ähnlich denen, die aus den 2D-Problemen mit Dirichlet-Randbedingungen gezogen wurden. Wenn eine genaue Lösung gewünscht wird, werden GS und SIP auf feinen Gittern ineffizient; Mehrgittermethoden sind die besten Löser. Die FMG-Strategie, bei der die Lösung auf einem groben Gitter die Ausgangslösung für das nächstfeinere Gitter liefert, ist besser als gewöhnliches Mehrgitter. FMG mit ICCG oder CGSTAB als Glätter erfordert sogar weniger Iterationen (drei bis vier auf dem feinsten Gitter), aber die Rechenzeit ist länger als bei MG-SIP. Das FMG-Prinzip kann ebenfalls bei anderen Lösern angewendet werden. Die algebraische Mehrgittermethode würde bei strukturierten Gittern ähnliche Ergebnisse wie die hier verwendete geometrische Mehrgittermethode liefern. Ähnliche Ergebnisse würde man auch bei unstrukturierten Gittern – für die Löser, die bei solchen Gittern anwendbar sind – erhalten.

Literatur

Armfield, S. & Street, R. (2004). Modified fractional-step methods for the Navier-Stokes equations. *ANZIAM J.*, **45 (E)**, C364–C377.

Bini, D. A. & Meini, D.(2009). The cyclic reduction algorithm: from Poisson equation to stochastic processes and beyond. *Numer. Algor.*, **51**, 23–60.

Brandt, A. (1984). *Multigrid techniques: 1984 guide with applications to fluid dynamics*. GMD-Studien Nr. **85**, Gesellschaft für Mathematik und Datenverarbeitung (GMD). Bonn, Germany (see also *Multigrid Classics* version at http://www.wisdom.weizmann.ac.il/~achi/).

Brazier, P. H. (1974). An optimum SOR procedure for the solution of elliptic partial differential equations with any domain or coefficient set. *Comput. Methods Appl. Mech. Engrg.*, **3**, 335–347.

Briggs, W. L., Henson, V. E. & McCormick, S. F.(2000). *A multigrid tutorial* (2. Aufl.). Philadelphia: Society for Industrial and Applied Mathematics (SIAM).

Deng, G. B., Piquet, J., Queutey, P. & Visonneau, M. (1994). Incompressible flow calculations with a consistent physical interpolation finite volume approach. *Computers Fluids*, **23**, 1029–1047.

Ferziger, J. H. (1998). *Numerical methods for engineering application* (2. Aufl.). New York: Wiley-Interscience.

Fletcher, R. (1976). Conjugate gradient methods for indefinite systems. *Lecture Notes in Mathematics*, **506**, 773–789.

Galpin, P. F. & Raithby, G. D. (1986). Numerical solution of problems in incompressible fluid flow: treatment of the temperature-velocity coupling. *Numer. Heat Transfer.* **10**, 105–129.

Göddeke, D. & Strzodka, R. (2011). Cyclic reduction tridiagonal solvers on GPUs applied to mixed-precision multigrid. *IEEE Trans. on Parallel and Distributed Sys.*, **22**, 22–32.

Golub, G. H. & van Loan, C. F. (1996). *Matrix computations* (3.Aufl.), Baltimore: Johns Hopkins Univ. Press.

Hackbusch, W. (2003). *Multi-grid methods and applications* (2nd Printing). Berlin: Springer.

Hageman, L. A.& Young, D. M. (2004). *Applied iterative methods*. Mineola, NY: Dover Publications.

Khosla, P. K. & Rubin, S. G. (1974). A diagonally dominant second-order accurate implicit scheme. *Computers Fluids*, **2**, 207–209.

Leister, H. -J. & Perić, M. (1994). Vectorized strongly implicit solving procedure for seven-diagonal coefficient matrix. *Int. J. Numer. Meth. Heat Fluid Flow*. **4**, 159–172.

Patankar, S. V. (1980). *Numerical heat transfer and fluid flow*. New York: McGraw-Hill.

Perić, M. (1987). Efficient semi-implicit solving algorithm for nine-diagonal coefficient matrix. *Numer. Heat Transfer.* **11**, 251–279.

Press, W. H., Teukolsky, S. A., Vettering, W. T. & Flannery, B. P. (2007). *Numerical recipes: the art of scientific computing* (3. Aufl.), Cambridge: Cambridge Univ. Press.

Ruge, J. W., & Stüben, K. (1987). Algebraic multigrid (AMG). In S. F. Mc-Cormick (Hrsg.), *Multigrid Methods* (S. 73-130). SIAM, Philadelphia.

Saad, Y. (2003). *Iterative methods for sparse linear systems* (2. Aufl.), Philadelphia: Society for Industrial and Applied Mathematics (SIAM).

Saad, Y. & Schultz, M. H. (1986). GMRES: a generalized residual algorithm for solving nonsymmetric linear systems. *SIAM J. Sci. Stat. Comput.*, **7**, 856–869.

Schneider, G. E. & Zedan, M. (1981). A modified strongly implicit procedure for the numerical solution of field problems. *Numer. Heat Transfer.* **4**, 1–19.

Shewchuk, J. R. (1994). *An introduction to the conjugate gradient method without the agonizing pain* Pitt., PA: Sch. Comput. Sci., Carnegie Mellon U. http://www.cs.cmu.edu/quake-papers/painless-conjugate-gradient.pdf.

Sonneveld, P. (1989). CGS, a fast Lanczos type solver for non-symmetric linear systems. *SIAM J. Sci. Stat. Comput.* **10**, 36–52.

Stone, H. L. (1968). Iterative solution of implicit approximations of multidimensional partial differential equations. *SIAM J. Numer. Anal.*, **5**, 530–558.

van der Vorst, H. A. & Sonneveld, P. (1990). *CGSTAB, a more smoothly converging variant of CGS* (Bericht Nr. 90–50. Delft, NL: Delft University of Technology.

van der Vorst, H. A. (1992). BI-CGSTAB: a fast and smoothly converging variant of BI-CG for the solution of non-symmetric linear systems. *SIAM J. Sci. Stat. Comput.*, **13**, 631–644.

van der Vorst, H. A. (2002). Efficient and reliable iterative methods for linear systems. *J. Comput. Appl. Math.***149**. 251–265.

Watkins, D. S. (2010). *Fundamentals of matrix computations* (3. Aufl.), New York: Wiley-Interscience.

Weiss, J. M., Maruszewski, J. P. & Smith, W. A. (1999). Implicit solution of preconditioned Navier-Stokes equations using algebraic multigrid. *AIAA J.*, **37**, 29–36.

Methoden für instationäre Probleme

6

6.1 Einführung

Bei der Berechnung instationärer Strömungen muss eine vierte Koordinatenrichtung berücksichtigt werden: die *Zeit*. Die Zeit muss wie der Raum diskretisiert werden. Man kann das „Zeit-Gitter" als FD-Verfahren mit diskreten Zeitpunkten oder als FV-Verfahren mit „Zeit-Volumen" betrachten. Der Hauptunterschied zwischen Orts- und Zeitkoordinaten liegt in der Wirkungsrichtung: Während eine Kraft an einer beliebigen Stelle im Raum die Strömung überall (in elliptischen Problemen) beeinflussen kann, beeinflusst die Krafteinwirkung zu einem bestimmten Zeitpunkt nur die zukünftige Entwicklung der Strömung – es gibt keinen rückwirkenden Einfluss. Instationäre (zeitabhängige) Strömungen sind damit in der Zeit parabolisch. Dies bedeutet, dass außer den Anfangsbedingungen zu späteren Zeitpunkten nur noch die Randbedingungen vorgegeben werden können. Das hat einen starken Einfluss auf die Wahl der Lösungsstrategie. Dem Charakter der Zeit entsprechend basieren alle Lösungsmethoden im Wesentlichen auf Schrittverfahren (sog. *marching methods*). Diese Methoden sind denen sehr ähnlich, die zur Lösung von Anfangswertproblemen bei den gewöhnlichen Differentialgleichungen (GDG) entwickelt wurden. Deshalb wird im folgenden Absatz ein kurzer Überblick über solche Methoden gegeben.

6.2 Methoden für Anfangswertprobleme in GDG

6.2.1 Zwei-Ebenen-Methoden

Für Anfangswertprobleme genügt es, die gewöhnliche Differentialgleichung 1. Ordnung mit einer Anfangsbedingung zu betrachten:

$$\frac{d\phi(t)}{dt} = f(t, \phi(t)); \quad \phi(t_0) = \phi^0. \tag{6.1}$$

© Springer-Verlag GmbH Deutschland, ein Teil von Springer Nature 2020
J. H. Ferziger et al., *Numerische Strömungsmechanik*,
https://doi.org/10.1007/978-3-662-46544-8_6

Das grundlegende Problem ist, die Lösung ϕ eine kurze Zeit Δt nach dem Anfangspunkt zu finden. Die Lösung bei $t_1 = t_0 + \Delta t$, ϕ^1, kann als neue Ausgangsbedingung angesehen werden und man kann auf dieselbe Weise die Lösung zur Zeit $t_2 = t_1 + \Delta t$, $t_3 = t_2 + \Delta t$, ... usw. bestimmen.

Die einfachsten Methoden können durch die Integration von Gl. (6.1) von t_n bis $t_{n+1} = t_n + \Delta t$ konstruiert werden:

$$\int\limits_{t_n}^{t_{n+1}} \frac{d\phi}{dt}\, dt = \phi^{n+1} - \phi^n = \int\limits_{t_n}^{t_{n+1}} f(t, \phi(t))\, dt, \tag{6.2}$$

wobei die Kurzschreibweise $\phi^{n+1} = \phi(t_{n+1})$ verwendet wird. Diese Gleichung ist exakt. Die rechte Seite der Gleichung kann jedoch ohne Kenntnis des zeitlichen Verlaufs der Lösung nicht berechnet werden. Da die Lösung zu diskreten Zeitpunkten berechnet wird, muss hier eine Approximation des Zeitintegrals von f eingeführt werden. Der Mittelwertsatz der Integralrechnung besagt, dass es einen Zeitpunkt $t = \tau$ zwischen t_n und t_{n+1} gibt, sodass gilt:

$$\int\limits_{t_n}^{t_{n+1}} f(t, \phi(t))\, dt = f(\tau, \phi(\tau))\, \Delta t.$$

Dies ist aber von geringem Nutzen, da sowohl die Stelle τ innerhalb des Zeitintervalls als auch der Wert von ϕ zu diesem Zeitpunkt unbekannt sind. Aus diesem Grunde muss zur Berechnung des Integrals eine numerische Quadratur, die nur Lösungen zu bestimmten Zeitpunkten verwendet, eingesetzt werden.

Vier relativ einfache Verfahren werden nachfolgend vorgestellt; eine geometrische Darstellung ist in Abb. 6.1 gegeben.

Wird das Integral auf der rechten Seite der Gl. (6.2) mit dem Wert des Integranden am Anfangspunkt des Integrationsintervalls als Approximation des Mittelwertes abgeschätzt, erhält man:

$$\phi^{n+1} = \phi^n + f(t_n, \phi^n)\, \Delta t. \tag{6.3}$$

Diese Approximation ist als *explizite* oder *Vorwärts-Euler-Methode* bekannt.

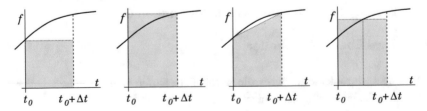

Abb. 6.1 Approximation des Zeitintegrals von $f(t)$ über ein Intervall Δt (von links nach rechts: explizite Euler-Methode, implizite Euler-Methode, Trapezregel und Mittelpunktregel)

Wird hingegen der Wert des Integranden am Ende des Integrationsintervalls als Approximation des Mittelwertes bei der Integralabschätzung verwendet, erhält man die *implizite* oder *Rückwärts-Euler-Methode*:

$$\phi^{n+1} = \phi^n + f(t_{n+1}, \phi^{n+1})\, \Delta t. \tag{6.4}$$

Eine weitere Methode kann mit Hilfe des Wertes des Integranden in der Mitte des Integrationsintervalls erhalten werden:

$$\phi^{n+1} = \phi^n + f(t_{n+\frac{1}{2}}, \phi^{n+\frac{1}{2}})\, \Delta t. \tag{6.5}$$

Sie ist bekannt als *Mittelpunktregel* und kann als Grundlage der sog. *Leapfrog-Methode* zur Lösung partieller Differentialgleichungen angesehen werden.

Schließlich kann man einen linearen Verlauf des Integranden über dem Integrationsintervall annehmen; das Integral kann dann mit Hilfe der Werte am Anfang und am Ende des Intervalls wie folgt berechnet wenden:

$$\phi^{n+1} = \phi^n + \frac{1}{2}\big[f(t_n, \phi^n)) + f(t_{n+1}, \phi^{n+1})\big]\, \Delta t. \tag{6.6}$$

Diese Methode ist bekannt als *Trapezregel*. Sie bildet die Grundlage für eine bekannte Methode zur Lösung partieller Differentialgleichungen – die *Crank-Nicolson-Methode*.

Insgesamt sind diese Methoden als *Zwei-Ebenen-Methoden* bekannt, da sie nur die Werte der Unbekannten zu zwei Zeitpunkten (zwei Zeitebenen) benötigen (die Mittelpunktregel kann – muss aber nicht – eine Zwei-Ebenen-Methode sein, abhängig davon, ob und welche weiteren Approximationen eingeführt werden). Die Analyse dieser Methoden findet man in der Literatur über die numerische Lösung gewöhnlicher Differentialgleichungen (siehe z. B. Ferziger, 1998 oder Moin, 2010) und wird hier nicht wiederholt. Hier werden nur einige der wichtigsten Eigenschaften kurz diskutiert. Zunächst kann man beobachten, dass alle Methoden außer der Vorwärts-Euler-Methode den Wert von ϕ zu einem Zeitpunkt außer $t = t_n$ (dem Anfangspunkt des Integrationsintervalls, in dem die Lösung bekannt ist) benötigen. Aus diesem Grunde kann für diese Methoden die rechte Seite nicht ohne eine weitere Approximation oder Iteration berechnet werden. Folglich gehört die erste Methode in die Gruppe der *expliziten* Methoden, während alle anderen *implizit* sind.

Alle Methoden liefern gute Ergebnisse, sofern das Intervall Δt klein genug ist. Das Verhalten der Methoden bei großen Schrittweiten ist jedoch auch wichtig, weil bei Problemen mit großer Variation der Zeitskalen (einschließlich vieler Probleme in der Strömungsmechanik) das Ziel oft darin besteht, das langsame, langfristige Verhalten der Lösung zu berechnen; das kurzfristige Verhalten ist dabei nebensächlich. Probleme mit einem breiten Spektrum an Zeitskalen werden als *steif* bezeichnet; sie stellen die größte Schwierigkeit bei der Lösung gewöhnlicher Differentialgleichungen dar. Aus diesem Grunde ist es wichtig, das Verhalten der Methode bei großen Schrittweiten zu untersuchen. Dies führt zur Frage der *Stabilität*.

Für die Stabilität findet man verschiedene Definitionen in der Literatur. Hier wird eine Methode als stabil bezeichnet, wenn sie eine beschränkte numerische Lösung liefert, wenn die Lösung der zugrundeliegenden Differentialgleichung ebenfalls beschränkt ist. Für die explizite Euler-Methode setzt Stabilität voraus, dass:

$$\left| 1 + \Delta t \frac{\partial f(t, \phi)}{\partial \phi} \right| < 1, \tag{6.7}$$

was verlangt, wenn $f(t, \phi)$ komplexe Werte haben darf, dass $\Delta t \, \partial f(t, \phi)/\partial \phi$ auf den Einheitskreis mit dem Mittelpunkt bei -1 auf der Realachse beschränkt ist. (Komplexe Werte müssen berücksichtigt werden, weil Systeme höherer Ordnung komplexe Eigenwerte haben können. Lediglich Werte, deren Realteil gleich null oder negativ ist, sind von Interesse, weil sie zu beschränkten Lösungen führen.) Eine Methode mit dieser Eigenschaft wird als *bedingt stabil* bezeichnet. Wenn f nur reelle Werte hat, reduziert sich die Gl. (6.7) auf (siehe Gl. (6.1)):

$$\left| \Delta t \frac{\partial f(t, \phi)}{\partial \phi} \right| < 2. \tag{6.8}$$

Alle anderen oben beschriebenen Methoden sind *bedingungslos stabil,* d. h. sie produzieren für jeden Schritt beschränkte Lösungen, wenn $\partial f(t, \phi)/\partial \phi < 0$. Allerdings liefert die implizite Euler-Methode selbst dann glatte Lösungen, wenn Δt sehr groß ist, während die Trapezregel oft zu Lösungen führt, die mit geringer Dämpfung oszillieren. Dementsprechend verhält sich die implizite Euler-Methode selbst bei nichtlinearen Gleichungen gut, wohingegen die Trapezregel bei nichtlinearen Problemen instabil sein kann.

Schließlich muss die Frage der Genauigkeit betrachtet werden. Wegen der außerordentlichen Vielfalt der Gleichungen, die i. Allg. zu berücksichtigen sind, ist es schwierig, viel Allgemeingültiges zu diesem Thema zu sagen. Für einen einzelnen kleinen Schritt kann man mit Hilfe von Taylor-Reihen zeigen, dass die explizite Euler-Methode, ausgehend von der bekannten Lösung bei t_n, eine Lösung zum Zeitpunkt $t_n + \Delta t$ mit einem Fehler proportional zu $(\Delta t)^2$ liefert. Da jedoch die Anzahl der erforderlichen Schritte, um die Lösung zu einem bestimmten Zeitpunkt $t = t_0 + T$ zu berechnen, umgekehrt proportional zu Δt ist, und da in jedem Schritt Fehler auftreten, wird der Fehler am Ende proportional zu Δt sein. Deshalb ist die explizite Euler-Methode eine Methode 1. Ordnung. Die implizite Euler-Methode ist ebenfalls 1. Ordnung, während die Trapez- und die Mittelpunktregel Fehler proportional zu $(\Delta t)^2$ liefern und somit Methoden 2. Ordnung sind. Es kann gezeigt werden, dass die 2. Ordnung die höchste ist, die mit einer Zwei-Ebenen-Methode erreicht werden kann.

Es ist wichtig zu beachten, dass die Ordnung einer Methode nicht der einzige Indikator für ihre Genauigkeit ist. Während es richtig ist, dass bei ausreichend kleinen Schritten eine Methode höherer Ordnung einen kleineren Fehler hat, als eine Methode niedrigerer Ordnung, gilt ebenfalls, dass zwei Methoden derselben Ordnung Fehler haben können, die sich um eine Größenordnung unterscheiden. Die Ordnung legt nur die *Rate* fest, mit der der Fehler gegen null strebt, wenn der Zeitschritt gegen null geht, und dies erst, nachdem die

Schrittweite ausreichend klein geworden ist. „Ausreichend klein" ist sowohl methoden- als auch problemabhängig und kann nicht im Voraus bestimmt werden.

Wenn der Zeitschritt ausreichend klein ist, kann man den Diskretisierungsfehler in der Lösung abschätzen, indem man die durch Verwendung verschiedener Zeitschritte erhaltenen Lösungen vergleicht. Diese Methode, bekannt als *Richardson-Extrapolation,* wurde in Kap. 3 beschrieben und gilt für Diskretisierungsfehler sowohl im Raum als auch in der Zeit. Der Fehler kann auch durch Analysieren der Differenz zwischen den Lösungen, die mit Verfahren verschiedener Ordnung berechnet wurden, abgeschätzt werden; dies und weitere Details über die Abschätzung von verschiedenen numerischen Fehlern wird in Kap. 12 detaillierter behandelt.

6.2.2 Prädiktor-Korrektor- und Mehrpunkte-Methoden

Die beschriebenen Eigenschaften für Zwei-Ebenen-Methoden sind recht allgemein. Explizite Methoden sind leicht zu programmieren und benötigen wenig Speicher und Rechenzeit pro Schritt, sind jedoch bei großen Zeitschritten instabil. Andererseits muss bei impliziten Methoden ein lineares Gleichungssystem gelöst werden, um Werte zu einem neuen Zeitpunkt zu erhalten. Dies macht implizite Methoden schwieriger zu programmieren, und sie benötigen mehr Speicher und Rechenzeit pro Zeitschritt, sie sind aber viel stabiler. (Die oben beschriebenen impliziten Methoden sind bedingungslos stabil; dies gilt nicht für alle impliziten Methoden, aber sie sind i. Allg. immer stabiler als ihre expliziten Alternativen.) Man könnte nun fragen, ob es möglich wäre, das Beste aus den beiden Verfahrensarten zu kombinieren. Prädiktor-Korrektor-Methoden stellen einen Versuch in diesem Sinne dar.

Es wurde eine Vielzahl von Prädiktor-Korrektor-Methoden entwickelt; zunächst wird hier nur eine davon erläutert, die so bekannt ist, dass sie oft als *die* Prädiktor-Korrektor-Methode bezeichnet wird. In dieser Methode wird die Lösung auf der neuen Zeitebene zuerst durch die Verwendung der expliziten Euler-Methode abgeschätzt (*predicted*):

$$\phi_{n+1}^* = \phi^n + f(t_n, \phi^n)\,\Delta t, \tag{6.9}$$

wobei mit dem Stern angedeutet wird, dass dies nicht die endgültige Lösung bei t_{n+1} ist. Vielmehr wird diese vorläufige Lösung durch Anwendung der Trapezregel *korrigiert,* indem ϕ_{n+1}^* zur Berechnung der Ableitung (d. h. des Terms $f(t_{n+1}, \phi_{n+1}^*)$) eingesetzt wird:

$$\phi^{n+1} = \phi^n + \frac{1}{2}\Big[f(t_n, \phi^n) + f(t_{n+1}, \phi_{n+1}^*)\Big]\Delta t. \tag{6.10}$$

Es kann gezeigt werden, dass dies eine Methode 2. Ordnung ist (d. h. sie besitzt die Genauigkeit der Trapezregel), jedoch hat sie ungefähr die Stabilität der expliziten Euler-Methode. Man könnte nun meinen, dass durch Iteration des Korrektors die Stabilität verbessert werden könnte; dies ist jedoch nicht der Fall, weil dieser Iterationsprozess nur dann gegen die Trapezregel-Lösung konvergiert, wenn Δt ausreichend klein ist.

Diese Prädiktor-Korrektor-Methode gehört zur Zwei-Ebenen-Familie, für die die Genauigkeit 2. Ordnung die höchstmögliche ist. Für Approximationen höherer Ordnung muss man Informationen aus mehreren Zeitpunkten verwenden. Die zusätzlichen Punkte können Zeitpunkte aus der Vergangenheit sein, zu denen die Lösungen schon berechnet worden sind, oder es können auch Hilfspunkte innerhalb des Zeitintervalls Δt benutzt werden. Im erstgenannten Fall handelt es sich um Mehrpunkte-Methoden, im letztgenannten um Runge-Kutta-Methoden. Hier werden nun einige Mehrpunkte-Methoden präsentiert; die Runge-Kutta-Methoden werden im nächsten Abschnitt vorgestellt. Es wird die Lösung zum Zeitpunkt t_{n+1} gesucht, und die Lösungen bis t_n liegen vor. Ein konstanter Zeitschritt $\Delta t = t_{n+1} - t_n$ wird hier der Einfachheit halber vorausgesetzt, obwohl die Zeitschrittgröße im Prinzip auch variabel sein kann.

Die bekanntesten Mehrpunkte-Methoden stammen aus der Familie der Adams-Methoden. Sie werden durch Anpassung eines Polynoms an die Ableitungen in einer bestimmten Anzahl von Punkten in der Zeit hergeleitet. Wenn ein Lagrange-Polynom (siehe Ferziger, 1998, oder Moin, 2010) durch die Werte von $f(t_{n-m}, \phi^{n-m})$ bis einschließlich $f(t_n, \phi^n)$ (d.h. nur durch Zeitpunkte, zu denen die Lösung bereits vorliegt) gelegt und zur Berechnung des Integrals in Gl. (6.2) eingesetzt wird, erhält man eine explizite Methode der Ordnung $m + 1$; Methoden dieses Typs werden *Adams-Bashforth-Methoden* genannt. Für die Lösung von partiellen Differentialgleichungen werden nur Methoden relativ niedriger Ordnung verwendet. Die Methode 1. Ordnung ist eigentlich die im vorherigen Abschnitt beschriebene explizite Euler-Methode. Die Methode 2. Ordnung (lineare Extrapolation durch die Werte von f zu den Zeitpunkten t_{n-1} und t_n) und die Methode 3. Ordnung (quadratische Extrapolation durch die Werte von f zu den Zeitpunkten t_{n-2}, t_{n-1} und t_n) sind:

$$\phi^{n+1} = \phi^n + \frac{\Delta t}{2}\left[3\, f(t_n, \phi^n) - f(t_{n-1}, \phi^{n-1})\right] \tag{6.11}$$

und

$$\phi^{n+1} = \phi^n + \frac{\Delta t}{12}\left[23\, f(t_n, \phi^n) - 16\, f(t_{n-1}, \phi^{n-1}) + 5\, f(t_{n-2}, \phi^{n-2})\right]. \tag{6.12}$$

Die Einbeziehung der Werte bei t_{n+1} in das Interpolationspolynom führt zu impliziten Methoden, die als *Adams-Moulton-Methoden* bekannt sind. Die Methode 1. Ordnung ist die bereits beschriebene implizite Euler-Methode. Die Methode 2. Ordnung ist die Trapezregel, und die Methode 3. Ordnung (erhalten aus der Parabel durch die Werte von f zu den Zeitpunkten t_{n-1}, t_n und t_{n+1}) lautet:

$$\phi^{n+1} = \phi^n + \frac{\Delta t}{12}\left[5\, f(t_{n+1}, \phi^{n+1}) + 8\, f(t_n, \phi^n) - f(t_{n-1}, \phi^{n-1})\right]. \tag{6.13}$$

Häufig wird – im Sinne der oben beschriebenen Prädiktor-Korrektor-Methode – eine Adams-Bashforth-Methode $(m - 1)$-ter Ordnung als Prädiktor mit einer Adams-Moulton-Methode m-ter Ordnung als Korrektor kombiniert. Auf diese Weise kann man Prädiktor-Korrektor-Methoden jeder beliebigen Ordnung herleiten.

Der Mehrpunkteansatz hat den Vorteil, dass man relativ leicht Methoden jeder Ordnung konstruieren kann. Diese Methoden sind außerdem einfach zu programmieren und anzuwenden. Ein weiterer Vorteil dieser Methoden liegt darin, dass sie nur eine Berechnung der Ableitung – d.h. $f(t, \phi(t))$ – pro Zeitschritt verlangen (was sehr kompliziert sein kann, besonders bei Anwendungen, die partielle Differentialgleichungen enthalten). Die Werte der Funktion $f(t, \phi(t))$ werden zwar zu mehreren Zeitpunkten benötigt, ältere können aber nach einmaliger Berechnung abgespeichert und wieder verwendet werden, sodass nur eine Berechnung von f pro Zeitschritt erforderlich ist. Deshalb benötigen diese Methoden relativ wenig Rechenaufwand pro Zeitschritt.

Der Hauptnachteil dieser Methoden besteht darin, dass sie nicht allein mit den Daten zum Anfangszeitpunkt (Anfangsbedingung) gestartet werden können, da sie Daten von vielen Zeitpunkten vor diesem verlangen. Es müssen also andere Methoden verwendet werden, um die Rechnung zu starten. Ein Weg ist die Verwendung eines kleineren Zeitschrittes und einer Methode niedrigerer Ordnung (damit die gewünschte Genauigkeit erreicht wird) und mit mehr verfügbaren Daten die Ordnung zu erhöhen und den Zeitschritt zu vergrößern.

Diese Methoden sind die Grundlage für viele Löser für gewöhnliche Differentialgleichungen. In diesen Lösern wird Fehlerabschätzung verwendet, um die Genauigkeit der Lösung zu jedem Zeitpunkt zu bestimmen. Ist die Lösung nicht genau genug, wird die Ordnung der Methode bis zu der vom Programm maximal erlaubten Ordnung erhöht. Andererseits kann die Ordnung der Methode verringert werden, um Rechenzeit zu sparen, wenn die Lösung viel genauer als notwendig ist. Da es in Mehrpunkte-Methoden schwierig ist, den Zeitschritt zu ändern, wird dies nur getan, wenn die maximale Ordnung der Methode bereits erreicht wurde.[1]

Da Mehrpunkte-Methoden Daten von verschiedenen Zeitebenen verwenden, können sie unphysikalische Lösungen liefern. Aus Platzgründen wird hier auf eine detaillierte Analyse dieser Problematik verzichtet, es wird jedoch vermerkt, dass die Instabilitäten von Mehrpunkte-Methoden meistens auf unphysikalische Lösungen zurückzuführen sind. Dies kann mit einer sorgfältigen Auswahl der Startmethode teilweise unterdrückt aber nicht vollständig beseitigt werden. Bei diesen Methoden ist es üblich, dass sie für eine gewisse Zeit eine genaue Lösung liefern, bevor sie anfangen „zu spinnen", wenn die unphysikalische Komponente der Lösung anwächst. Eine übliche Linderung des Problems besteht darin, die Berechnung zu unterbrechen und immer wieder neu zu starten. Dieser Trick ist effektiv, aber dadurch kann die Genauigkeit und/oder die Effizienz der Methode erheblich beeinträchtigt werden.

Ein spezielles Mehrpunkteverfahren (dreistufig), das erwähnt werden sollte, ist die sog. *Leapfrog-Methode*. Sie stellt im Wesentlichen die Anwendung der Mittelpunktsregel zur Integration über ein Zeitintervall der Größe $2\Delta t$ dar:

---

[1]In den oben beschriebenen Integralapproximationen wurden konstante Zeitschritte verwendet. Bei variablen Zeitschritten werden die Faktoren vor den jeweiligen Werten von f zu verschiedenen Zeitpunkten komplizierte Funktionen der Intervallgröße, wie in Kap. 3 für finite Differenzen im Raum gezeigt wurde.

$$\phi_i^{n+1} = \phi_i^{n-1} + f(t_n, \phi^n)\, 2\Delta t. \tag{6.14}$$

Obwohl man über das $2\Delta t$ breite Intervall integriert, ist die Schrittweite Δt, sodass sich die Integrationsintervalle überlappen. Dieses Verfahren war in der Vergangenheit weit verbreitet und einige seiner Eigenschaften werden in Abschn. 6.3.1.2 beschrieben.

6.2.3 Runge-Kutta-Methoden

Probleme beim Starten der Berechnung – wie bei den Mehrpunkte-Methoden – können vermieden werden, indem Hilfspunkte zwischen t_n und t_{n+1} an Stelle der früheren Zeitpunkte als Grundlage für die Aufstellung von Methoden höherer Ordnung genutzt werden. Methoden dieser Art heißen Runge-Kutta-Methoden – sie sind in der Strömungsmechanik sehr beliebt. Diese Methoden können für jede beliebige Genauigkeitsordnung systematisch hergeleitet werden; wir stellen hier die Methoden 2., 3. und 4. Ordnung vor.

Die Methode 1. Ordnung ist eigentlich gleich der vorher beschriebenen expliziten Euler-Methode; die Runge-Kutta-Methode 2. Ordnung (RK2) besteht aus zwei Stufen. Die erste entspricht einem auf der expliziten Euler-Methode basierenden Prädiktor mit halber Schrittweite, mit dem die Lösung zum Zeitpunkt $t_{n+\frac{1}{2}}$ approximiert wird (dies ist der Hilfspunkt in der Mitte zwischen t_n und t_{n+1}). Danach folgt eine Korrektur nach der Mittelpunktregel für die ganze Schrittweite Δt, um die Lösung zum Zeitpunkt t_{n+1} zu erhalten; dieser verleiht der Methode die 2. Ordnung:

$$\phi_{n+\frac{1}{2}}^* = \phi^n + \frac{\Delta t}{2}\, f(t_n, \phi^n), \tag{6.15}$$

$$\phi^{n+1} = \phi^n + \Delta t\, f(t_{n+\frac{1}{2}}, \phi_{n+\frac{1}{2}}^*). \tag{6.16}$$

Diese Methode ist leicht anzuwenden und ist selbststartend, d. h. es sind keine andere Daten erforderlich, als die Anfangsbedingung, die von der Differentialgleichung selbst verlangt wird. Sie ist eigentlich der oben beschriebenen Prädiktor-Korrektor-Methode in vielerlei Hinsicht sehr ähnlich. Durran (2010) zeigt jedoch, dass die RK2-Verfahren einen Amplitudenfaktor größer als eins haben und somit Fehler verstärken.

6.2.3.1 Runge-Kutta-Methoden 3. Ordnung

Die Runge-Kutta-Methoden 3. Ordnung (RK3) finden ihren Einsatz in meteorologischen Simulationsprogrammen, wo sie die im vorherigen Abschnitt beschriebene Leapfrog-Methode ersetzen. Wie bei anderen Runge-Kutta-Methoden höherer Ordnung ist das Verfahren 3. Ordnung nicht eindeutig. Eine der bekanntesten Versionen ist die *Heun-Methode*. Sie besteht aus drei Schritten; der erste ist der explizite Euler-Prädiktor über ein Drittel des Zeitschritts:

$$\phi^*_{n+\frac{1}{3}} = \phi^n + \frac{\Delta t}{3} f(t_n, \phi^n). \tag{6.17}$$

Es folgt eine Mittelpunktregel-Approximation, die auf 2/3 des Zeitschritts angewendet wird (d. h. um $t + \frac{\Delta t}{3}$ zentriert):

$$\phi^*_{n+\frac{2}{3}} = \phi^n + \frac{2\Delta t}{3} f(t_{n+\frac{1}{3}}, \phi^*_{n+\frac{1}{3}}). \tag{6.18}$$

Der letzte Schritt kann als Trapezregel-Approximation über den gesamten Zeitschritt betrachtet werden, wobei der Wert des Integranden am Ende des Zeitschritts mittels linearer Extrapolation durch Werte bei t_n und $t_{n+\frac{2}{3}}$ erhalten wird,

$$f(t_{n+1}, \phi^{n+1}) \approx \frac{3}{2} f(t_{n+\frac{2}{3}}, \phi^*_{n+\frac{2}{3}}) - \frac{1}{2} f(t_n, \phi^n),$$

was zum folgenden Ausdruck für die Lösung zum Zeitpunkt t_{n+1} führt:

$$\phi^{n+1} = \phi^n + \frac{\Delta t}{4} \left[f(t_n, \phi^n) + 3 f(t_{n+\frac{2}{3}}, \phi^*_{n+\frac{2}{3}}) \right]. \tag{6.19}$$

Wie bereits erwähnt, sind Runge-Kutta-Methoden 3. Ordnung nicht eindeutig. Eine weitere Version, die in geophysikalischen Anwendungen eingesetzt wird, wird im Folgenden beschrieben.

Wicker und Skamarock (2002) schlugen ein neuartiges Schema für die Verwendung in Rechenprogrammen vor, die auf sog. Zeitaufteilungsmethoden (*time-splitting methods*) basieren.[2] Ihr Verfahren wurde in der *Advanced Research* (ARF) Version des *Weather Research and Forecasting* (WRF) Modells umgesetzt (Skamarock und Klemp, 2008). Für die langsamen oder niederfrequenten (die meteorologisch bedeutsamen) Bewegungsmodi hat sich gezeigt, dass sie leicht anpassbar für stabile Zeitaufteilung sind, mit hervorragenden Stabilitätseigenschaften sowohl für oszillierende als auch für gedämpfte Bewegungsmodi. Andere Schemata werden für akustische und Gravitationswellenbewegungen verwendet.

Die Integration von Wicker und Skamarock erfolgt in drei Schritten von t_n zu $t_{n+1} = t_n + \Delta t$:

$$\phi^*_{n+\frac{1}{3}} = \phi_n + \frac{\Delta t}{3} f(t_n, \phi^n),$$

$$\phi^{**}_{n+\frac{1}{2}} = \phi_n + \frac{\Delta t}{2} f(t_{n+\frac{1}{3}}, \phi^*_{n+\frac{1}{3}}), \tag{6.20}$$

$$\phi_{n+1} = \phi_n + \Delta t\, f(t_{n+\frac{1}{2}}, \phi^{**}_{n+\frac{1}{2}}).$$

---

[2]In vielen geophysikalischen Anwendungen pflanzen sich bestimmte Bewegungen, z. B. akustische Wellen, sehr schnell fort im Vergleich zu anderen, z. B. Wind oder Meeresströmungen. Es ist dann sinnvoll, die Berechnung tatsächlich zeitlich aufzuteilen und separate Berechnungen für die schnellen und langsamen Teile des Systems durchzuführen (Klemp et al., 2007, oder Blumberg und Mellor, 1987).

Purser (2007) zeigte, dass dies kein echtes Runge-Kutta-Verfahren ist und, während es für lineare Gleichungen die Genauigkeit 3. Ordnung besitzt, ist es für nichtlineare Gleichungen nur 2. Ordnung (wenn auch mit wesentlich kleineren Fehlern in Tests im Vergleich zu einer RK2-Methode).

6.2.3.2 Runge-Kutta-Methoden 4. Ordnung

Historisch gesehen ist die beliebteste Runge-Kutta-Methode die Version 4. Ordnung (RK4). Die ersten beiden Stufen dieser Methode benutzen einen expliziten Euler-Prädiktor und einen impliziten Euler-Korrektor, um die Lösung bei $t_{n+\frac{1}{2}}$ abzuschätzen ($\phi^*_{n+\frac{1}{2}}$ bzw. $\phi^{**}_{n+\frac{1}{2}}$). Dem folgt ein Mittelpunktregel-Prädiktor für die Lösung zum Zeitpunkt t_{n+1} (ϕ^*_{n+1}) und ein Simpson-Regel-Endkorrektor, um die endgültige Lösung bei t_{n+1}, ϕ^{n+1}, zu bestimmen; der letzte Schritt gibt der Methode die 4. Ordnung. Die vier Schritte verlaufen wie folgt:

$$\phi^*_{n+\frac{1}{2}} = \phi^n + \frac{\Delta t}{2}\, f(t_n, \phi^n), \tag{6.21}$$

$$\phi^{**}_{n+\frac{1}{2}} = \phi^n + \frac{\Delta t}{2}\, f(t_{n+\frac{1}{2}}, \phi^*_{n+\frac{1}{2}}), \tag{6.22}$$

$$\phi^*_{n+1} = \phi^n + \Delta t\, f(t_{n+\frac{1}{2}}, \phi^{**}_{n+\frac{1}{2}}), \tag{6.23}$$

$$\phi^{n+1} = \phi^n + \frac{\Delta t}{6}\Big[f(t_n, \phi^n) + 2\, f(t_{n+\frac{1}{2}}, \phi^*_{n+\frac{1}{2}}) + \\ 2\, f(t_{n+\frac{1}{2}}, \phi^{**}_{n+\frac{1}{2}}) + f(t_{n+1}, \phi^*_{n+1}) \Big]. \tag{6.24}$$

Eine Reihe von Varianten dieser Methode wurden entwickelt. Insbesondere gibt es mehrere Methoden, die einen fünften Schritt der 4. oder 5. Ordnung hinzufügen, um die Abschätzung des Fehlers und damit die Möglichkeit einer automatischen Fehlerkontrolle zu ermöglichen.

Wie aus den oben beschriebenen Methoden ersichtlich ist, erfordert eine Runge-Kutta-Methode der Ordnung n die Auswertung der Ableitung n-mal pro Zeitschritt, was diese Methoden teurer macht als Mehrpunktemethoden vergleichbarer Ordnung. In Teilkompensation sind die Runge-Kutta-Methoden einer bestimmten Ordnung genauer (d.h. der Koeffizient des Fehlerterms ist kleiner) und stabiler als die Mehrpunktemethoden derselben Ordnung. Purser (2007) überprüfte die systematische Strategie zur Generierung von RK-Methoden, inklusive Butcher-Tabelle zur Anzeige der Koeffizienten sowie der notwendigen Einschränkungen um jede Methode konsistent zu machen (siehe auch http://en.wikipedia.org/wiki/Butcher_tableau oder Butcher, 2008).

6.2.4 Andere Methoden

Wie bereits erwähnt, kann man die Integrale auf beiden Seiten der Gl. (6.2) durch die Mittelwerte über das Integrationsintervall ausdrücken. Häufig wird bei der Approximation verschiedener Terme angenommen, dass der Wert des Integranden im Zentrum des Integrationsbereiches dem Mittelwert entspricht. Dies ist eine Approximation 2. Ordnung und damit zur Herleitung von Verfahren bis zur 2. Ordnung geeignet. Eigentlich können alle bisher präsentierten Verfahren 1. und 2. Ordnung so interpretiert werden. Integriert man z. B. über ein Zeitintervall Δt zentriert um t_n, und approximiert die Zeitableitung auf der linken Seite der Gleichung mit der Vorwärtsdifferenz, so ergibt sich die explizite Euler-Methode. Die Trapezregel ergibt sich durch Integration um $t_{n+1/2}$ und Approximation des Integranden durch lineare Interpolation (rechte Seite) bzw. Zentraldifferenz (linke Seite).

Es gibt viele andere Möglichkeiten, die Zeitintegration zu approximieren. Wir beschreiben nur ein vollständig implizites Mehrpunkteverfahren, das in vielen kommerziellen CFD-Programmen verwendet wird.

Ein vollimplizites Drei-Ebenen-Verfahren 2. Ordnung kann durch Integration über ein Zeitintervall Δt, zentriert um t_{n+1} (d. h. von $t_{n+1} - \Delta t/2$ bis $t_{n+1} + \Delta t/2$), und durch Anwendung der Mittelpunktregel auf sowohl die linke als auch die rechte Seite der Gleichung (6.2) konstruiert werden. Die Zeitableitung zum Zeitpunkt t_{n+1} kann durch Ableitung einer Parabel, gelegt durch Lösungen zu drei Zeitpunkten, $t_{n-1}, t_n,$ und t_{n+1}, approximiert werden:

$$\left(\frac{d\phi}{dt}\right)_{n+1} \approx \frac{3\,\phi^{n+1} - 4\,\phi^n + \phi^{n-1}}{2\,\Delta t}. \tag{6.25}$$

Die rechte Seite wird nur bei t_{n+1} ausgewertet. Da beide Seiten der Gleichung Näherungen 2. Ordnung für die Integranden in der Mitte des Integrationsintervalls sind, bedeutet die Anwendung der Mittelpunktregel zur Approximation des Integrals einfach, dass beide Seiten mit Δt multipliziert werden – ein Schritt, der auch weggelassen werden kann. Dies führt zur folgenden Gleichung für die Berechnung der Lösung zum Zeitpunkt t_{n+1}:

$$\phi^{n+1} = \frac{4}{3}\phi^n - \frac{1}{3}\phi^{n-1} + \frac{2}{3}\,f(t_{n+1}, \phi^{n+1})\,\Delta t. \tag{6.26}$$

Das Verfahren ist vollimplizit, da f nur auf der neuen Zeitebene ausgewertet wird. Es ist 2. Ordnung und sehr einfach zu implementieren, aber da es implizit ist, erfordert es die Lösung eines algebraischen Gleichungssystems zu jedem Zeitpunkt.

Dieses Verfahren wird häufig in Ingenieursanwendungen von CFD genutzt; alle wichtigen kommerziellen sowie frei verfügbaren CFD-Programme bieten dieses Verfahren für Zeitintegration an. Wir werden die Gründe in Abschn. 6.3.2.4 ausführlicher besprechen, aber wegen der Popularität der Methode geben wir hier auch ihre Version für variable Zeitschritte an. Es gibt einen konzeptionellen Unterschied zu anderen Methoden, den wir hervorheben müssen.

Gemäß Notation aus Abb. 6.2 für variable Zeitschritte wird durch Anpassen einer Parabel durch Werte von ϕ zu drei Zeitpunkten der folgende Ausdruck für die erste Ableitung bei t_{n+1} erhalten:

Abb. 6.2 Approximation der Zeitableitung von ϕ bei t_{n+1} und des Zeitintegrals von $f(t)$ unter Verwendung der Mittelpunktregel und variabler Zeitschritte

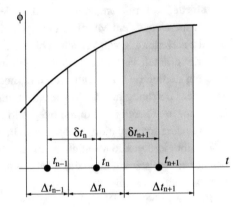

$$\left(\frac{\partial\phi}{\partial t}\right)_{n+1} \approx \frac{\phi_{n+1}\left[(1+\varepsilon)^2 - 1\right] - \phi_n(1+\varepsilon)^2 + \phi_{n-1}}{(t_{n+1} - t_n)\varepsilon(1+\varepsilon)}, \tag{6.27}$$

wobei die folgende Kurzbezeichnung verwendet wurde:

$$\varepsilon = \frac{t_n - t_{n-1}}{t_{n+1} - t_n} = \frac{\delta t_n}{\delta t_{n+1}}. \tag{6.28}$$

Es ist wichtig zu beachten, dass die Zeitpunkte, zu denen die Lösung berechnet wird (t_{n-1}, t_n und t_{n+1}), in diesem Fall anders definiert sind: Sie liegen nicht am Ende der benutzerdefinierten Integrationsintervalle (wie bei allen anderen Verfahren), sondern in deren Mittelpunkt. Also,

$$t_{n+1} = \sum_{i=1}^{n+1} \Delta t_i - \frac{1}{2}\Delta t_{n+1}.$$

Da es sich hier um eine Mehrpunkte-Methode handelt, kann sie nicht im ersten Zeitschritt zu Beginn einer Berechnung verwendet werden; man muss im ersten Zeitschritt ein anderes Verfahren wählen. Es ist üblich, mit der impliziten Euler-Methode und einem kleineren Zeitschritt zu beginnen.

6.3 Anwendung auf die generische Transportgleichung

Als Nächstes wird die Anwendung einiger der oben beschriebenen Methoden auf die generische Transportgleichung (1.28) betrachtet. In den Kapiteln 3 und 4 wurde die Diskretisierung der Konvektions- und der Diffusionsflüsse sowie der Quellterme für stationäre Strömungen nach der FD- und FV-Methode beschrieben. Diese Terme können genauso für instationäre Strömungen behandelt werden. Es muss nur festgelegt werden, zu welchem Zeitpunkt Flüsse und Quellterme bestimmt werden sollen.

Wenn die Erhaltungsgleichung umgeschrieben wird um eine Form zu erhalten, die der gewöhnlichen Differentialgleichung (6.1) ähnelt, z. B:

$$\frac{\partial(\rho\phi)}{\partial t} = -\nabla \cdot (\rho\phi\mathbf{v}) + \nabla \cdot (\Gamma\,\nabla\phi) + q_\phi = f(t, \phi(t)), \tag{6.29}$$

kann jede Methode für Zeitintegration, die für gewöhnliche Differentialgleichungen entwickelt wurde, verwendet werden. Die Funktion $f(t, \phi)$ repräsentiert die Summe der Konvektions- und der Diffusionsflüsse sowie der Quellterme, die nun alle auf der rechten Seite der Gleichung erscheinen. Da der Verlauf dieser Terme in der Zeit nicht in Form einer analytisch integrierbaren Funktion, sondern nur zu diskreten Zeitpunkten (zu denen die Lösung ϕ berechnet wird) vorliegt, muss eine der in früheren Abschnitten eingeführten Approximationen des Zeitintegrals verwendet werden. Die Konvektions-, Diffusions- und Quellterme werden nach einer der in den Kapiteln 3 bzw. 4 vorgestellten Methoden zu einem oder mehreren Zeitpunkten diskretisiert. Wird eine explizite Methode für Zeitintegration verwendet, so müssen diese Terme nur zu Zeitpunkten bestimmt werden, zu denen die Lösung bereits bekannt ist; sie können somit direkt berechnet werden. Bei einer impliziten Methode ist die diskretisierte rechte Seite der obigen Gleichung auf der neuen Zeitebene erforderlich, für die die Lösung noch nicht vorliegt. Deshalb muss ein algebraisches Gleichungssystem, das sich von dem für ein stationäres Problem erhaltenes etwas unterscheidet, gelöst werden. Die Eigenschaften einiger üblicher Verfahren, wenn auf ein 1D-Problem angewendet, werden im Folgenden analysiert. Lösungen eines 1D- und eines 2D-Problems werden im Abschn. 6.4 diskutiert.

6.3.1 Explizite Methoden

6.3.1.1 Explizite Euler-Methode

Die einfachste Methode ist die explizite Euler-Methode, in der alle Flüsse und Quellen mittels bekannter Werte zum Zeitpunkt t_n berechnet werden. In der Gleichung für ein KV oder einen Gitterpunkt ist die einzige Unbekannte der Variablenwert in diesem Punkt auf der neuen Zeitebene; die Nachbarwerte sind alle bereits bekannt, da sie zur vorherigen Zeitebene gehören. Folglich kann man den neuen Wert der Unbekannten in jedem Gitterpunkt bzw. KV-Zentrum direkt (explizit) berechnen.

Um die Eigenschaften der expliziten Euler-Methode und anderer einfacher Methoden zu untersuchen, betrachten wir die 1D-Version von Gl. (6.29) mit konstanter Geschwindigkeit, konstanten Fluideigenschaften und ohne Quellterme:

$$\frac{\partial\phi}{\partial t} = -u\,\frac{\partial\phi}{\partial x} + \frac{\Gamma}{\rho}\,\frac{\partial^2\phi}{\partial x^2}. \tag{6.30}$$

Diese Gleichung wird in der Literatur häufig als Modellgleichung für die Navier-Stokes-Gleichungen verwendet. Es ist die zeitabhängige Version der Gl. (3.55), mit der Methoden für stationäre Probleme veranschaulicht wurden. Wie im stationären Fall wird vorausgesetzt, dass das Gleichgewicht zwischen Konvektion und Diffusion in Strömungsrichtung wichtig ist, was in realen Strömungen selten der Fall ist. Aus diesem Grund muss man Erkenntnisse, die aus dieser Gleichung gewonnen wurden, mit Vorsicht genießen – sie sind nicht immer auf die Navier-Stokes-Gleichungen übertragbar. Trotz dieser wichtigen Schwäche kann man durch Betrachtung der Gl. (6.30) einige allgemein gültige Schlüsse ziehen.

Zuerst wird angenommen, dass die räumlichen Ableitungen mittels Zentraldifferenzen approximiert werden und dass das Gitter in x-Richtung äquidistant ist. In diesem Fall resultieren sowohl aus den FD- als auch den FV-Diskretisierungen dieselben algebraischen Gleichungen. Der neue Variablenwert ϕ_i^{n+1} wird wie folgt bestimmt:

$$\phi_i^{n+1} = \phi_i^n + \left[-u \frac{\phi_{i+1}^n - \phi_{i-1}^n}{2\,\Delta x} + \frac{\Gamma}{\rho} \frac{\phi_{i+1}^n + \phi_{i-1}^n - 2\,\phi_i^n}{(\Delta x)^2} \right] \Delta t. \tag{6.31}$$

Diesen Ausdruck kann man umschreiben als:

$$\phi_i^{n+1} = (1 - 2d)\,\phi_i^n + \left(d - \frac{c}{2} \right) \phi_{i+1}^n + \left(d + \frac{c}{2} \right) \phi_{i-1}^n, \tag{6.32}$$

wobei zwei dimensionslose Parameter eingeführt wurden:

$$d = \frac{\Gamma\,\Delta t}{\rho(\Delta x)^2} \quad \text{und} \quad c = \frac{u\,\Delta t}{\Delta x}. \tag{6.33}$$

Der Parameter d ist das Verhältnis zwischen dem Zeitschritt Δt und der charakteristischen Diffusionszeit $\rho(\Delta x)^2/\Gamma$, die benötigt wird, um eine Störung mittels Diffusion über eine Entfernung von Δx zu transportieren. Die zweite Größe (c) ist das Verhältnis zwischen dem Zeitschritt Δt und der charakteristischen Konvektionszeit $\Delta x/u$, die zur Konvektion einer Störung über eine Entfernung Δx notwendig ist. Dieses Verhältnis wird *Courant-Zahl* genannt und ist einer der Schlüsselparameter in der numerischen Strömungsmechanik.[3]

Wenn ϕ die Temperatur wäre (nur eine Möglichkeit), dann müsste die Gl. (6.32) einige Bedingungen erfüllen. Aufgrund der Diffusion sollte ein Temperaturanstieg in einem der drei Punkte x_{i-1}, x_i oder x_{i+1} zum vorherigen Zeitpunkt die Temperatur im Punkt x_i zum neuen Zeitpunkt erhöhen. Dasselbe kann für die Punkte x_{i-1} und x_i bezüglich der Konvektion gesagt werden, vorausgesetzt $u > 0$. Stellt ϕ die Konzentration einer Substanz dar, sollte es nicht negativ sein.

Die Möglichkeit, dass der Koeffizient von ϕ_i^n bzw. ϕ_{i+1}^n in Gl. (6.32) negativ wird, weist auf mögliche Probleme hin und verlangt eine detailliertere Analyse. Soweit wie möglich wird hier versucht, diese Analyse ähnlich wie für gewöhnliche Differentialgleichungen üblich, zu führen. Ein einfacher Weg dazu wurde von *von Neumann* gefunden, nach dem die Methode auch benannt ist. Er argumentierte, dass die Randbedingungen selten der Grund für Probleme sind (es gibt zwar Ausnahmen, jedoch sind diese hier nicht von Bedeutung), weshalb man

---

[3] Dieser Parameter wird auch oft als CFL-Zahl bezeichnet, wobei CFL für die Initialen von R. Courant, K. Friedrichs und H. Lewy steht, die ihn erstmals in ihrer Publikation aus dem Jahr 1928 definierten.

sie auch ganz ignorieren könnte. Lässt man also die Randbedingungen außer Acht, wird die Analyse der Eigenschaften der diskretisierten Gleichung viel einfacher (und manchmal erst dadurch möglich). Da diese Untersuchungsmethode im Wesentlichen auf alle in diesem Kapitel diskutierten Methoden angewendet werden kann, soll sie hier etwas detaillierter beschrieben werden; für weitere Details siehe Moin (2010) oder Fletcher (1991).

Im Wesentlichen kann man auf die wichtigste Idee folgendermaßen kommen: Das Gleichungssystem (6.32) kann in Matrixform geschrieben werden als:

$$\boldsymbol{\phi}^{n+1} = A\boldsymbol{\phi}^n. \tag{6.34}$$

Die Elemente der dreidiagonalen Matrix A können durch Betrachtung der Gl. (6.32) abgeleitet werden. Aus dieser Gleichung ergibt sich die Lösung zum neuen Zeitpunkt als Funktion der Lösung des vorangegangenen Zeitschrittes. Die Lösung zum Zeitpunkt t_{n+1} kann somit durch wiederholte Multiplikation der Ausgangslösung $\boldsymbol{\phi}^0$ mit der Matrix A erhalten werden. Die Frage, die sich nun aufdrängt, ist: Werden die Differenzen zwischen den Lösungen aufeinanderfolgender Zeitschritte (bei unveränderlichen Randbedingungen), gemessen auf irgendeine geeignete Weise, wachsen, abklingen oder gleich bleiben, wenn n ansteigt? Ein Maß ist beispielsweise die Norm:

$$\varepsilon = ||\phi^n - \phi^{n-1}|| = \sqrt{\sum_i (\phi_i^n - \phi_i^{n-1})^2}. \tag{6.35}$$

Die Differentialgleichung verlangt, dass diese Größe mit der Zeit aufgrund der Dissipation kleiner wird. Letztendlich erhält man eine stationäre Lösung, wenn sich die Randbedingungen nicht verändern. Die numerische Methode sollte diese Eigenschaft der exakten Gleichungen beibehalten.

Das Problem der Stabilität ist eng mit den Eigenwerten der Matrix A verbunden. Sind einige von ihnen größer als 1, ist es nicht schwierig zu zeigen, dass ε mit steigender Anzahl der Zeitschritte n wachsen wird; sind dagegen alle Eigenwerte kleiner als 1, wird ε abklingen. Normalerweise ist die Abschätzung der Eigenwerte einer beliebigen Matrix schwierig und für ein komplizierteres Problem als das vorliegende würde man Schwierigkeiten haben. Glücklicherweise sind in diesem Problem alle Elemente der Matrix auf einer Diagonalen konstant, sodass die Eigenvektoren leicht zu finden sind. Sie können durch Sinus- und Kosinusfunktionen dargestellt werden, jedoch ist es einfacher, die komplexe Exponentialform zu verwenden:

$$\phi_j^n = \sigma^n e^{i\alpha j}, \tag{6.36}$$

wobei $i = \sqrt{-1}$, und α eine Wellenzahl ist, die beliebig gewählt werden kann. Wenn Gl. (6.36) in Gl. (6.32) eingesetzt wird, ist der komplexe Exponentialterm $e^{i\alpha j}$ allen Termen gemeinsam und kann somit eliminiert werden, sodass man einen expliziten Ausdruck für den Eigenwert σ erhält:

$$\sigma = 1 + 2d(\cos\alpha - 1) + \mathrm{i}\,c\sin\alpha. \tag{6.37}$$

Der Betrag dieser Größe ist das, was wichtig ist. Da das Quadrat des Betrags einer komplexen Größe gleich der Summe aus den Quadraten des realen und des imaginären Teils ist, erhält man:

$$\sigma^2 = [1 + 2d(\cos\alpha - 1)]^2 + c^2\sin^2\alpha^2. \tag{6.38}$$

Im Folgenden werden die Bedingungen, unter denen $\sigma^2 < 1$ gilt, untersucht.

Da es zwei unabhängige Parameter im Ausdruck für σ gibt, ist es am einfachsten, die Spezialfälle zuerst zu betrachten. Gibt es keine Diffusion ($d = 0$), dann gilt $\sigma > 1$ für jedes α, und diese Methode ist für jeden Wert von c instabil, d. h. die Methode ist *bedingungslos instabil*, was sie nutzlos macht. Gibt es andererseits keine Konvektion (also die Courant-Zahl $c = 0$), wird σ maximal, wenn $\cos\alpha = -1$; in diesem Fall gilt $\sigma < 1$ unter der Bedingung, dass $d < \frac{1}{2}$, d. h. die Methode ist *bedingt stabil*.

Die intuitive Bedingung, dass die Koeffizienten aller Knotenwerte positiv sein sollen, führt zu ähnlichen Schlussfolgerungen: $d < 0,5$ und $c < 2d$. Die erste Bedingung führt zu einer Einschränkung für Δt:

$$\Delta t < \frac{\rho(\Delta x)^2}{2\Gamma}. \tag{6.39}$$

Die zweite Bedingung setzt keine Grenze für den Zeitschritt, sondern stellt ein Verhältnis zwischen dem Konvektions- und dem Diffusionsbeitrag zu den Koeffizienten dar:

$$\frac{\rho u\,\Delta x}{\Gamma} < 2 \quad \text{oder} \quad \mathrm{Pe}_\Delta < 2, \tag{6.40}$$

d. h. die Zellen-Peclet-Zahl sollte kleiner als zwei sein. Dies wurde bereits als eine ausreichende (aber nicht immer notwendige) Bedingung für die Beschränktheit von Lösungen erwähnt, wenn die Konvektionsflüsse mit Zentraldifferenzen approximiert werden.

Da die Methode auf einer Kombination aus der expliziten Euler-Methode für gewöhnliche Differentialgleichungen und der Zentraldifferenzen-Approximation für die räumlichen Ableitungen basiert, erbt sie von jeder dieser Methoden ihre Genauigkeit (d. h., 1. Ordnung in der Zeit und 2. Ordnung im Raum). Die Bedingung, dass $d < 0,5$ sein soll, bedeutet, dass der Zeitschritt geviertelt werden muss, wenn die räumliche Maschenweite halbiert wird. Dies macht das Verfahren ungeeignet für Probleme, die keine hohe zeitliche Auflösung verlangen (langsam variierende Lösungen; Lösungen, die gegen einen stationären Zustand streben). Dies sind normalerweise die Fälle, in denen es Sinn machen würde, eine Methode 1. Ordnung in der Zeit zu verwenden. Ein Beispiel, dass das Stabilitätsproblem veranschaulicht, wird im letzten Abschnitt dieses Kapitels gezeigt.

Das Problem der Instabilität in Zusammenhang mit der Bedingung aus Gl. (6.40) haben um 1920 Courant und Friedrichs erkannt, und sie haben eine Lösung vorgeschlagen, die noch heute Anwendung findet. Sie hatten bemerkt, dass der Koeffizient von ϕ_{i+1}^n in Gl. (6.32) negativ sein kann, wenn im zu lösenden Problem die Konvektion dominiert; sie schlugen vor,

in solchen Fällen Aufwinddifferenzen statt Zentraldifferenzen zu verwenden (siehe Kap. 3).
In diesem Fall erhält man anstelle der Gl. (6.31) folgenden Ausdruck:

$$\phi_i^{n+1} = \phi_i^n + \left[-u \frac{\phi_i^n - \phi_{i-1}^n}{\Delta x} + \frac{\Gamma}{\rho} \frac{\phi_{i+1}^n + \phi_{i-1}^n - 2\,\phi_i^n}{(\Delta x)^2} \right] \Delta t, \tag{6.41}$$

was anstelle von Gl. (6.32) ergibt:

$$\phi_i^{n+1} = (1 - 2d - c)\phi_i^n + d\phi_{i+1}^n + (d + c)\phi_{i-1}^n. \tag{6.42}$$

Da die Koeffizienten aller Nachbarwerte immer positiv sind, können diese kein unphysikalisches Verhalten oder Instabilität verursachen. Der Koeffizient von ϕ_i^n kann jedoch negativ werden, was trotzdem zu Problemen führen kann. Damit dieser Koeffizient positiv bleibt, muss der Zeitschritt die folgende Bedingung erfüllen:

$$\Delta t < \frac{1}{\dfrac{2\Gamma}{\rho(\Delta x)^2} + \dfrac{u}{\Delta x}}. \tag{6.43}$$

Wenn die Konvektion vernachlässigbar ist, ist die stabilitätsbedingte Beschränkung des Zeitschritts die gleiche wie bei Gl. (6.39). Bei vernachlässigbarer Diffusion ist das folgende Kriterium zu erfüllen:

$$c < 1 \quad \text{oder} \quad \Delta t < \frac{\Delta x}{u}, \tag{6.44}$$

d. h., die Courant-Zahl sollte kleiner als 1 sein.

Man kann auch die Von-Neumann-Stabilitätsanalyse auf dieses Problem anwenden; das Ergebnis steht im Einklang mit der soeben getroffenen Schlussfolgerung. Im Gegensatz zu Zentraldifferenzen bieten also die Aufwinddifferenzen in konvektions-dominierten Problemen bedingt Stabilität, was – kombiniert mit der Einfachheit in der Anwendung – diese Methode für viele Jahre sehr populär gemacht hat. Die Methode wird noch heute angewendet. Wenn sowohl Konvektion als auch Diffusion von Bedeutung sind, ist das Stabilitätskriterium komplizierter. Statt sich mit dieser Komplexität zu befassen, wird meistens verlangt, dass die Bedingungen für die beiden Grenzfälle erfüllt werden. Dies führt zwar zu etwas restriktiveren Bedingungen als es notwendig wäre, dafür liegt man aber auf der sicheren Seite.

Dieses Verfahren beinhaltet Abbruchfehler 1. Ordnung sowohl im Raum als auch in der Zeit und verlangt sehr kleine Schritte in beiden Variablen, wenn der Fehler klein gehalten werden soll.

Die Einschränkung bei der Courant-Zahl kann auch folgendermaßen interpretiert werden: Ein Fluidteilchen soll sich pro Zeitschritt nicht weiter als eine Gittermaschenweite bewegen. Diese Einschränkung der Rate der Informationsausbreitung erscheint sehr vernünftig; für eine zeitgenaue Lösung eines instationären Problems sollte sie tatsächlich eingehalten werden, aber sie kann die Konvergenzrate einschränken, wenn derartige Methoden zur Lösung von stationären Problemen eingesetzt werden oder wenn lokal stark verfeinerte Gitter (z. B. in der Nähe von Wänden) verwendet werden.

Andere explizite Verfahren können auf anderen Methoden für gewöhnliche Differential-gleichungen basieren. In der Tat wurden alle zuvor beschriebenen Methoden zum einen oder anderen Zeitpunkt in der CFD eingesetzt. Als Nächstes wird eine Drei-Zeitebenen-Methode, die auf Zentraldifferenzen basiert und als *Leapfrog-Methode* bekannt ist, beschrieben.

6.3.1.2 Leapfrog-Methode

Wenn die Leapfrog-Methode (siehe Abschn. 6.2.2 für ihre Definition) auf die generische Transportgleichung (6.30) angewendet wird, in der ZDS zur räumlichen Diskretisierung verwendet wird, erhalten wir:

$$\phi_i^{n+1} = \phi_i^{n-1} + \left[-u \frac{\phi_{i+1}^n - \phi_{i-1}^n}{2\,\Delta x} + \frac{\Gamma}{\rho} \frac{\phi_{i+1}^n + \phi_{i-1}^n - 2\,\phi_i^n}{(\Delta x)^2} \right] 2\Delta t. \qquad (6.45)$$

Ausgedrückt durch die dimensionslosen Parameter d und c lautet die obige Gleichung:

$$\phi_i^{n+1} = \phi_i^{n-1} - 4d\phi_i^n + (2d - c)\phi_{i+1}^n + (2d + c)\phi_{i-1}^n. \qquad (6.46)$$

In dieser Methode werden die heuristischen Bedingungen für eine physikalisch realistische Simulation der Wärmeleitung niemals erfüllt, da der Koeffizient von ϕ_i^n bedingungslos negativ ist! In der Tat zeigt die Stabilitätsanalyse, dass diese Methode bedingungslos instabil ist und sie scheint unbrauchbar zur numerischen Lösung von instationären Problemen zu sein. Wir müssen uns jedoch genauer mit der Rolle der Diffusion in der Transportgleichung befassen. Mesinger und Arakawa (1976) geben eine klare Erläuterung.

Leider hat die Leapfrog-Methode konstruktionsbedingt sowohl einen „korrekten" physi-kalischen Modus als auch einen fehlerhaften „rechnerischen" Modus (alle dreistufigen expli-ziten Methoden weisen diese Modi auf). Die Von-Neumann-Stabilitätsanalyse der Gl. (6.46) zeigt, dass die Methode immer instabil ist, aber wenn $d = 0$, d. h. wenn die Diffusion fehlt, zeigt die Stabilitätsanalyse, dass das Verfahren für die resultierende lineare Konvek-tionsgleichung für Courant-Zahlen $c \leq 1$ stabil ist und etwas numerische Dispersion, aber keine numerische Diffusion aufweist. Die beiden Modi sind entkoppelt und der rechneri-sche Modus wächst mit der Zeit. Andererseits ist die Instabilität sehr schwach, wenn der Zeitschritt klein ist, und wellenartige Lösungen werden im Vergleich zu anderen Verfahren sehr schwach gedämpft. Aus diesen Gründen wird diese Methode tatsächlich (mit einigen Tricks zur Stabilisierung) in einer Reihe von Anwendungen eingesetzt, insbesondere in der Meteorologie und Ozeanographie, wo die Konvektion dominiert und die Diffusion gering ist.

Williams (2009) listet eine große Anzahl von Rechenprogrammen in der geophysikali-schen Strömungsmechanik auf, die die Leapfrog-Methode verwenden, und stellt fest, dass sie überwiegend den Robert-Asselin-Zeitfilter (RA) verwenden, um den rechnerischen Modus

der Methode, der die Lösung infiziert, zu unterdrücken (Asselin, 1972). Das RA-Verfahren
ändert ϕ_i^n nach der Berechnung von ϕ_i^{n+1} wie folgt:

$$\phi_i^n \leftarrow \phi_i^n + \frac{v}{2}\left(\phi_i^{n-1} - 2\phi_i^n + \phi_i^{n+1}\right) = \phi_i^n + d_f. \tag{6.47}$$

Diese Korrektur d_f ist ein Zeitfilter basierend auf Zentraldifferenz für die 2. Ableitung in
der Zeit. Der Filterparameter v wird so klein wie möglich gewählt (0,01 bis 0,2), konsistent
mit der Beseitigung des Störmodus. Diese Filterung reduziert die Genauigkeit der Leapfrog-
Methode von 2. zu 1. Ordnung und dämpft die Amplitude der Lösung. Die Modifikation
von Williams (2009) verwendet

$$\phi_i^n \leftarrow \phi_i^n + \alpha d_f, \tag{6.48}$$
$$\phi_i^{n+1} \leftarrow \phi_i^{n+1} + (1 - \alpha)d_f. \tag{6.49}$$

Dies reduziert die unerwünschte numerische Dämpfung und erhöht die Lösungsgenauigkeit (Amezcua et al. 2011). Williams zeigt, dass $\alpha \geq 0,5$ für die Stabilität benötigt
wird und dass $\alpha = 0,53$ und $v = 0,2$ eine deutliche Verbesserung gegenüber dem RA-
Verfahren bieten; Amezcua et al. verwenden $v = 0,1$. Das RAW-Verfahren von Williams
(so genannt von Amezcua et al., 2011) wird in meteorologische Rechenprogramme übernommen, die sich entschieden haben, die Leapfrog-Methode für Zeitintegration zu behalten.
Einige Programm-Manager entscheiden sich für alternative Verfahren, wie z. B. die Runge-
Kutta-Methode 3. Ordnung, die in Abschn. 6.2.3 beschrieben wurde.

6.3.2 Implizite Methoden

6.3.2.1 Implizite Euler-Methode

Wenn die Stabilität oberste Priorität hat, legt die Analyse der Methoden für gewöhnliche
Differentialgleichungen die Verwendung der impliziten (Rückwärts-) Euler-Methode nahe.
Angewendet auf die generische Transportgleichung (6.30), unter Verwendung von Zentral-
differenzen für Raumableitungen, ergibt sie:

$$\phi_i^{n+1} = \phi_i^n + \left[-u\frac{\phi_{i+1}^{n+1} - \phi_{i-1}^{n+1}}{2\,\Delta x} + \frac{\Gamma}{\rho}\frac{\phi_{i+1}^{n+1} + \phi_{i-1}^{n+1} - 2\,\phi_i^{n+1}}{(\Delta x)^2}\right]\Delta t, \tag{6.50}$$

oder, wenn auf die dimensionslosen Größen d und c (eingeführt in Gl. (6.33)) umgestellt
wird:

$$(1 + 2d)\,\phi_i^{n+1} + \left(\frac{c}{2} - d\right)\phi_{i+1}^{n+1} + \left(-\frac{c}{2} - d\right)\phi_{i-1}^{n+1} = \phi_i^n. \tag{6.51}$$

Die obige Gleichung kann folgendermaßen umgeschrieben werden:

$$A_{\mathrm{P}}\phi_i^{n+1} + A_{\mathrm{E}}\phi_{i+1}^{n+1} + A_{\mathrm{W}}\phi_{i-1}^{n+1} = Q_{\mathrm{P}}. \tag{6.52}$$

Die Ausdrücke für die Matrixkoeffizienten lauten (siehe Gl. (6.33)):

$$A_E = \frac{c}{2} - d; \quad A_W = -\frac{c}{2} - d;$$

$$A_P = 1 + 2d = 1 - (A_E + A_W); \quad Q_P = \phi_i^n. \tag{6.53}$$

Bei diesem Verfahren werden alle Fluss- und Quellterme durch die unbekannten Variablenwerte auf der neuen Zeitebene ausgedrückt. Das Ergebnis ist ein System algebraischer Gleichungen, das demjenigen für stationäre Probleme sehr ähnlich ist; der einzige Unterschied liegt in einem zusätzlichen Beitrag zum Koeffizienten A_P und zum Quellterm Q_P, die aus dem instationären Term stammen.

Wie bei gewöhnlichen Differentialgleichungen ermöglicht die Verwendung der impliziten Euler-Methode beliebig große Zeitschritte; diese Eigenschaft ist nützlich bei der Untersuchung von langsam variierenden oder stationären Strömungen. Probleme können auftreten, wenn ZDS auf groben Gittern verwendet wird (wenn die Peclet-Zahl in Bereichen mit starker Änderung der Gradienten von Variablen zu groß ist); in diesem Fall können oszillierende Lösungen erzeugt werden, aber das Verfahren bleibt stabil.

Die Schwächen dieser Methode sind ihr Abbruchfehler 1. Ordnung in der Zeit und die Notwendigkeit, einen großen gekoppelten Satz von Gleichungen zu jedem Zeitschritt lösen zu müssen. Sie erfordert auch viel mehr Speicherplatz als das explizite Verfahren, da die gesamte Koeffizientenmatrix A und der Quellvektor gespeichert werden müssen. Der Vorteil liegt in der Möglichkeit, einen großen Zeitschritt zu nutzen, was trotz der Mängel zu einem effizienteren Ablauf führen kann, insbesondere beim Übergang zu einer stationären Lösung.

6.3.2.2 Crank-Nicolson-Methode

Die Genauigkeit 2. Ordnung der Trapezregel-Methode und ihre relative Einfachheit legen ihre Anwendung auf partielle Differentialgleichungen nahe, wenn die Zeitgenauigkeit von Bedeutung ist. Sie wird dann als Crank-Nicolson-Methode bezeichnet. Wenn man diese Methode (siehe Gl. 6.6) auf die 1D generische Transportgleichung mit ZDS-Diskretisierung von räumlichen Ableitungen anwendet, erhält man:

$$\phi_i^{n+1} = \phi_i^n + \frac{\Delta t}{2} \left[-u \frac{\phi_{i+1}^{n+1} - \phi_{i-1}^{n+1}}{2\Delta x} + \frac{\Gamma}{\rho} \frac{\phi_{i+1}^{n+1} + \phi_{i-1}^{n+1} - 2\phi_i^{n+1}}{(\Delta x)^2} \right]$$

$$+ \frac{\Delta t}{2} \left[-u \frac{\phi_{i+1}^n - \phi_{i-1}^n}{2\Delta x} + \frac{\Gamma}{\rho} \frac{\phi_{i+1}^n + \phi_{i-1}^n - 2\phi_i^n}{(\Delta x)^2} \right]. \tag{6.54}$$

Das Verfahren ist implizit; die Beiträge von Fluss- und Quelltermen auf dem neuen Zeitniveau führen zu einem gekoppelten Satz von Gleichungen, ähnlich denen der impliziten Euler-Methode. Die obige Gleichung kann umgeschrieben werden als:

$$A_P \phi_i^{n+1} + A_E \phi_{i+1}^{n+1} + A_W \phi_{i-1}^{n+1} = Q_i^t, \tag{6.55}$$

wobei sich für die Koeffizienten folgende Ausdrücke ergeben (in Bezug auf die dimensionslosen Größen c und d, eingeführt in Gl. (6.33)):

$$A_E = \frac{c}{4} - \frac{d}{2}; \quad A_W = -\frac{c}{4} - \frac{d}{2},$$
$$A_P = 1 + d = 1 - (A_E + A_W), \qquad (6.56)$$
$$Q_i^t = (1 + A_E + A_W)\phi_i^n - A_E\phi_{i+1}^n - A_W\phi_{i-1}^n.$$

Der Term Q_i^t stellt einen „zusätzlichen" Quellterm dar, der den Beitrag aus dem vorangegangenen Zeitschritt enthält; er bleibt während der Iterationen auf der neuen Zeitebene konstant. Die Gleichung kann ebenfalls einen von der neuen Lösung abhängigen Quellterm enthalten, sodass der obige Term separat gespeichert werden muss.

Diese Methode erfordert nur wenig mehr Recheneinsatz pro Zeitschritt, als die implizite Euler-Methode 1. Ordnung. Von-Neumann-Stabilitätsanalyse zeigt, dass die Methode bedingungslos stabil ist, aber oszillierende Lösungen (und sogar Instabilität) sind bei größeren Zeitschritten möglich. Dies kann der Tatsache zugeschrieben werden, dass der Koeffizient von ϕ_i^n bei großen Δt negativ werden kann. Dieser Koeffizient wird garantiert positiv, wenn $1 - d > 0$ bzw. $\Delta t < \rho(\Delta x)^2/\Gamma$ ist, was doppelt so groß ist wie der maximal erlaubte Schritt bei der expliziten Euler-Methode. In der Praxis können viel größere Zeitschritte verwendet werden, ohne Oszillationen zu produzieren; die Einschränkung ist problemabhängig.

Wenn die Methode der modifizierten Gleichung[4] (Abschn. 4.4.6) auf Gl. (6.54) angewendet wird, ist das Ergebnis (wenn man nur die führenden Abbruchfehlerterme beibehält; vgl. Fletcher, 1991, Tab. 9.3):

$$\frac{\partial \phi}{\partial t} + u \frac{\partial \phi}{\partial x} - \frac{\Gamma}{\rho} \frac{\partial^2 \phi}{\partial x^2} = -u \frac{\Delta x^2}{6}\left(1 + \frac{c^2}{2}\right)\frac{\partial^3 \phi}{\partial x^3} + \frac{\Gamma}{\rho}\frac{\Delta x^2}{12}(1 + 3c^2)\frac{\partial^4 \phi}{\partial x^4}. \qquad (6.57)$$

Zwei Dinge sind offensichtlich. Zunächst signalisiert die verbleibende Ableitung 3. Ordnung im Abbruchfehler, dass das Schema dispersiv ist, was bedeutet, dass ein gut geformter Ausgangszustand im Laufe der Zeit verzerrt wird, da sich seine Komponenten mit unterschiedlichen Geschwindigkeiten in der Lösung bewegen. Fletcher (1991) zeigt, dass dieser Effekt signifikant sein kann! Zweitens hat das Schema eine Ableitung 4. Ordnung mit einem

---

[4]Zur Erinnerung: Das Verfahren besteht aus (1) Entwicklung der diskretisierten Terme in 2D (x, t) Taylor-Reihen um einen Punkt (in diesem Fall x_i, t_n), um eine erweiterte partielle Differentialgleichung (PDG) zu erhalten, (2) Verwendung der PDG selbst (und deren Ableitungen), um alle Terme höherer Ordnung und gemischten Terme durch räumliche Ableitungen in der erweiterten PDG zu ersetzen, und (3) Umordnung, um die ursprüngliche PDG auf der linken Seite und die übrigen Terme auf der rechten Seite zu erhalten. Die Prozedurtabelle von Warming and Hyett (1974) ist nützlich, wenn dies per Hand gemacht wird. Die übrigen Terme sind der Abbruchfehler, d. h. die Differenz zwischen der diskretisierten Gleichung und der ursprünglichen PDG, die man lösen möchte. Die übrigen Terme niedrigster Ordnung zeigen die wichtigsten physikalischen Effekte.

positiven Koeffizienten, der die physikalische Diffusion leicht schwächt.[5] Warming und Hyett (1974) und Donea et al. (1987) zeigen, dass eine notwendige Voraussetzung für die Stabilität eines Verfahrens darin besteht, dass der führende Term der geraden Ordnung in der modifizierten Gleichung diffusiv ist; jedoch kann die Anwendung der Von-Neumann-Methode für eine vollständige Stabilitätsanalyse notwendig sein.

Das Crank-Nicolson-Verfahren kann als eine gleichgewichtete Mischung aus expliziten und impliziten Euler-Methoden 1. Ordnung angesehen werden. Nur bei einer gleichgewichteten Mischung wird eine Genauigkeit 2. Ordnung erreicht; bei anderen Mischungsfaktoren, die in Raum und Zeit variieren können, bleibt das Verfahren 1. Ordnung. Die Stabilität wird erhöht, wenn der implizite Beitrag erhöht wird, aber die Genauigkeit wird wie im nächsten Abschnitt beschrieben reduziert.

6.3.2.3 θ–Methode

Die expliziten und impliziten Euler-Methoden und die Crank-Nicolson-Methode können zu einem allgemeineren (gewichteten) Schema zusammengefasst werden, das eine Wahl zwischen Stabilität und Genauigkeit ermöglicht, was bei nichtlinearen Problemen wichtig sein kann. Für die generische Transportgleichung, um von t_n auf $t_{n+1} = t_n + \Delta t$ zu gelangen, schreiben wir anstelle von Gl. (6.54):

$$\phi_i^{n+1} = \phi_i^n + \theta\,\Delta t \left[-u\,\frac{\phi_{i+1}^{n+1} - \phi_{i-1}^{n+1}}{2\Delta x} + \frac{\Gamma}{\rho}\,\frac{\phi_{i+1}^{n+1} + \phi_{i-1}^{n+1} - 2\phi_i^{n+1}}{(\Delta x)^2} \right]$$
$$+ (1-\theta)\Delta t \left[-u\,\frac{\phi_{i+1}^n - \phi_{i-1}^n}{2\Delta x} + \frac{\Gamma}{\rho}\,\frac{\phi_{i+1}^n + \phi_{i-1}^n - 2\phi_i^n}{(\Delta x)^2} \right]. \qquad (6.58)$$

Das Verfahren ist implizit, es sei denn, $\theta = 0$; in diesem Fall erhalten wir die explizite Euler-Methode. Für $\theta = 1$ erhält man die implizite Euler-Methode, während für $\theta = 0{,}5$ das oben beschriebene Crank-Nicolson-Verfahren entsteht. Daraus folgt, dass die dort in Gl. (6.55) und (6.56) beschriebene Lösungsmethode angewendet werden kann. Wenn $\theta < 0{,}5$, ist das Verfahren nach der Von-Neumann-Methode instabil. Das Verfahren ist stabil für $0{,}5 \le \theta \le 1$, und, wie erwartet, ist es am genauesten für $\theta = 0{,}5$, d. h. dann haben wir 2. Ordnung. Für $\theta > 0{,}5$ ist die Methode 1. Ordnung und dissipativ. Obwohl Rechenprogramme, die diese Methode verwenden, mit $\theta = 0{,}5$ ausgeführt werden können, liegt der Wert von $0{,}5$ an der Grenze der Stabilität und so verwenden Programme, die für reale Strömungssimulationen angewendet werden, typischerweise $0{,}52 \le \theta \le 0{,}60$.

Diese θ–Methode wurde in Casulli und Cattani (1994) beschrieben und anschließend von Casulli in einer beeindruckenden Reihe von Veröffentlichungen über nichthydrostatische und Strömungen mit freien Oberflächen verwendet. Fringer et al. (2006) verwendeten

---

[5]Damit Diffusion (Dissipation) stattfindet, müssen die Koeffizienten der Ableitungen gerader Ordnung in der modifizierten Gleichung alternierende Vorzeichen aufweisen: Der Koeffizient des Terms 2. Ordnung soll positiv und der des Terms 4. Ordnung negativ sein usw. Die physikalische Diffusion 2. Ordnung ist hier in der ursprünglichen Gleichung vorhanden.

das Verfahren in einem Rechenprogramm für nichthydrostatische Simulation von Ozean-strömungen in Küstennähe.

6.3.2.4 Vollimplizite Drei-Zeitebenen-Methode

Ein vollimplizites Verfahren 2. Ordnung kann durch Verwendung einer quadratischen Rückwärtsapproximation in der Zeit erhalten werden, wie in Abschn. 6.2.4 beschrieben wurde. Für die 1D generische Transportgleichung und ZDS-Diskretisierung im Raum erhalten wir:

$$\rho \, \frac{3\,\phi_i^{n+1} - 4\,\phi_i^n + \phi_i^{n-1}}{2\Delta t} \Delta t =$$
$$\left[-\rho u \, \frac{\phi_{i+1}^{n+1} - \phi_{i-1}^{n+1}}{2\Delta x} + \Gamma \, \frac{\phi_{i+1}^{n+1} + \phi_{i-1}^{n+1} - 2\phi_i^{n+1}}{(\Delta x)^2} \right] \Delta t. \tag{6.59}$$

Die resultierende algebraische Gleichung kann wie folgt geschrieben werden:

$$A_P \phi_i^{n+1} + A_E \phi_{i+1}^{n+1} + A_W \phi_{i-1}^{n+1} = 2\phi_i^n - \frac{1}{2} \phi_i^{n-1}. \tag{6.60}$$

Die Koeffizienten A_E und A_W sind die gleichen wie für die implizite Euler-Methode, siehe Gl. (6.53). Der zentrale Koeffizient hat nun einen stärkeren Beitrag aus der Zeitableitung:

$$A_P = -(A_E + A_W) + \frac{3}{2} = \frac{3}{2} + 2d, \tag{6.61}$$

und der Quellterm enthält einen Beitrag aus der Zeit t_{n-1}; siehe Gl. (6.60).

Diese Drei-Zeitebenen-Methode ist einfacher zu implementieren als die Crank-Nicolson-Methode; sie ist auch weniger anfällig für die Erzeugung oszillierender Lösungen, obwohl dies bei großen Werten von Δt passieren kann. Man muss die Variablenwerte aus drei Zeitebenen speichern, aber der Speicherbedarf ist der gleiche wie bei der Crank-Nicolson-Methode. Die Genauigkeit des Verfahrens ist 2. Ordnung, und man kann zeigen, dass es bedingungslos stabil ist. Wir sehen auch aus Gl. (6.60), dass der Koeffizient des alten Wertes im Knoten i immer positiv ist; der Koeffizient des Wertes bei t_{n-1} ist jedoch immer negativ, weshalb das Schema bei großen Schritten oszillierende Lösungen erzeugen kann.

Wenn die Methode der modifizierten Gleichung (Abschn. 4.4.6) auf Gl. (6.59) angewendet wird, ist das Ergebnis (Beibehaltung der führenden Abbruchfehlerterme; vgl. Fletcher, 1991, Tab. 9.3):

$$\frac{\partial \phi}{\partial t} + u \frac{\partial \phi}{\partial x} - \frac{\Gamma}{\rho} \frac{\partial^2 \phi}{\partial x^2} = -u \frac{\Delta x^2}{6} \left(1 + 2c^2\right) \frac{\partial^3 \phi}{\partial x^3} + \frac{\Gamma}{\rho} \frac{\Delta x^2}{12} \left(1 + 12c^2\right) \frac{\partial^4 \phi}{\partial x^4}. \tag{6.62}$$

Aus Gl. (6.62) schließen wir, dass, wie bei der Crank-Nicolson-Methode, der Abbruchfehler $O(\Delta x)^2$ ist. Interessanterweise sind die Fehler im Grenzfall von kleinen c^2 für beide Verfahren gleich, aber für $c^2 = \left(u \frac{\Delta t}{\Delta x}\right)^2 = O(1)$ ist der Fehler mit der Drei-Zeitebenen-Methode bei der Dispersion 2-mal größer und bei der (anti-) Diffusion/Dissipation 3,25-mal größer als bei der Crank-Nicolson-Methode.

Diese Methode kann mit der impliziten Euler-Methode 1. Ordnung kombiniert werden. Lediglich die Beiträge zum zentralen Koeffizienten und zum Quellterm müssen entsprechend dem in Abschn. 5.6 beschriebenen verzögerte-Korrektur-Ansatz modifiziert werden. Dies ist nützlich, wenn man die Berechnung startet, da nur eine alte Lösung zur Verfügung steht. Auch wenn man nach einer stationären Lösung sucht, sorgt der Wechsel zur impliziten Euler-Methode für Stabilität und ermöglicht die Verwendung großer Zeitschritte. Die Beimischung eines kleinen Teils der Methode 1. Ordnung trägt dazu bei, Schwankungen zu vermeiden, was zur Ästhetik der Lösung beiträgt (die Genauigkeit ist ohne Oszillationen nicht besser, aber sie sieht grafisch schöner aus). Treten Oszillationen auf, muss man den Zeitschritt reduzieren, da die Oszillationen ein Hinweis auf große zeitliche Diskretisierungsfehler sind. Dieser Kommentar gilt nicht für Verfahren, die nur bedingt stabil sind.

Die Drei-Zeitebenen-Methode ist in den meisten kommerziellen und öffentlichen CFD-Programmen verfügbar. Ein Grund für ihre Popularität ist die Tatsache, dass sie vollimplizit ist, d. h. die Konvektions-, Diffusions- und Quellterme werden nur auf der neuen Zeitebene berechnet, wie in der impliziten Euler-Methode 1. Ordnung. Das bedeutet, dass man das Gitter zwischen zwei Zeitschritten austauschen kann; die einzigen Informationen, die aus früheren Zeitebenen benötigt werden, sind die Variablenwerte in den Gitterpunkten, sodass alte Lösungen auf das neue Gitter interpoliert werden müssen. Man benötigt keine Flüsse oder Quellterme aus früheren Zeitebenen, wie es bei der Crank-Nicolson-Methode der Fall ist. Diese Größen lassen sich nicht von einem auf das andere Gitter interpolieren, da sie keine Feldvariablen sondern Flächen- bzw. Volumenintegrale darstellen.

6.3.3 Andere Methoden

Die oben beschriebenen Verfahren sind die am häufigsten verwendeten in universellen CFD-Programmen. Für spezielle Zwecke, z. B. bei direkter und Grobstruktursimulation von Turbulenz, verwendet man oft Verfahren höherer Ordnung, wie z. B. Runge-Kutta- oder Adams-Methoden 3. oder 4. Ordnung. In der Regel wird die zeitliche Diskretisierung höherer Ordnung verwendet, wenn die räumliche Diskretisierung auch höherer Ordnung ist, was der Fall ist, wenn das Lösungsgebiet eine regelmäßige Form hat, sodass Methoden höherer Ordnung im Raum einfach anzuwenden sind. Die Anwendung von Methoden höherer Ordnung für gewöhnliche Differentialgleichungen auf CFD-Probleme ist einfach.

Man kann zwei beliebige Methoden auf ähnliche Weise kombinieren, wie die explizite und implizite Euler-Methoden in der θ-Methode kombiniert werden. Normalerweise ist ein Verfahren höherer Ordnung, aber unter bestimmten Bedingungen anfällig für Stabilitätsprobleme; das andere ist normalerweise bedingungslos stabil, aber weniger genau (typischerweise die implizite Euler-Methode). Diese Mischung kann lokal angewendet werden, wenn und da, wo das Verfahren höherer Ordnung auf Probleme stößt. Allerdings ist es nicht so trivial, solche Bedingungen zu identifizieren und den optimalen Mischungsfaktor zu bestimmen, um sowohl die Genauigkeit als auch die Stabilität zu maximieren. Obwohl wir kein Beispiel für eine solche Methode gegeben haben, wollten wir auf diese Möglichkeit hinweisen; ähnliche Ansätze zur räumlichen Diskretisierung werden in Abschn. 4.4.6 erläutert.

6.4 Beispiele

Um die Wirkungsweise einiger der oben beschriebenen Methoden zu demonstrieren, wird zuerst die instationäre Version des 1D Beispielproblems aus Kap. 3 betrachtet. Das zu lösende Problem ist mit Gl. (6.30) und folgenden Ausgangs- und Randbedingungen gegeben: zu $t = 0$, $\phi_0 = 0$; zu allen späteren Zeitpunkten $\phi = 0$ bei $x = 0$, $\phi = 1$ bei $x = L = 1$; außerdem $\rho = 1$, $u = 1$ und $\Gamma = 0{,}1$. Da sich die Randbedingungen in der Zeit nicht verändern, entwickelt sich die Lösung vom Ausgangsfeld null bis zur in Abschn. 3.10 gegebenen stationären Lösung. Für die Raumdiskretisierung werden Zentraldifferenzen verwendet. Für die Zeitdiskretisierung werden sowohl die explizite als auch die implizite Euler-Methode 1. Ordnung, die Crank-Nicolson-Methode und die vollimplizite Methode mit drei Zeitebenen verwendet.

Als Erstes wird demonstriert, was passiert, wenn das explizite Euler-Verfahren (das nur bedingt stabil ist) mit Zeitschritten verwendet wird, die die Stabilitätsbedingung nicht erfüllen. Abb. 6.3 zeigt die Entwicklung der Lösung über einen kleinen Zeitraum, berechnet mit einem Zeitschritt leicht unter und einem anderen leicht über dem kritischen Wert, gegeben mit Gl. (6.39). Wenn der Zeitschritt größer als der kritische Wert ist, entstehen Oszillationen, die mit der Zeit unbegrenzt wachsen. Einige Zeitschritte später als die letzte in Abb. 6.3 gezeigte Lösung, werden die Zahlen größer als der Rechner handhaben kann. Bei den impliziten Verfahren traten selbst bei sehr großen Zeitschritten keine Probleme auf.

Um die Genauigkeit der Zeitdiskretisierung zu untersuchen, wird die Lösung im Punkt $x = 0{,}95$ eines äquidistanten Gitters mit 41 Gitterpunkten ($\Delta x = 0{,}025$) zum Zeitpunkt $t = 0{,}01$ untersucht. Die Berechnungen wurden bis zu diesem Zeitpunkt mit verschiedenen Methoden und Zeitschrittweiten durchgeführt (mit 5, 10, 20 und 40 Zeitintervallen). Die Änderung des berechneten Wertes von ϕ bei $x = 0{,}95$ als Funktion der Anzahl der verwendeten Zeitschritte für das gegebene Zeitintervall von $t = 0$ bis $t = 0{,}1$ ist in Abb. 6.4 dargestellt. Die implizite Euler-Methode und die Methode mit drei Zeitebenen unterschätzen den exakten Wert, während die explizite Euler- und die Crank-Nicolson-Methode ihn überschätzen. Alle Verfahren konvergieren monoton gegen eine zeitschrittunabhängige Lösung.

Da keine exakte analytische Lösung zum Vergleichen vorliegt, wurde eine genaue Referenzlösung zum Zeitpunkt $t = 0{,}01$ durch Verwendung der Crank-Nicolson-Methode (der genausten Methode) mit $\Delta t = 0{,}0001$ (100 Zeitschritte) erhalten. Diese Lösung ist viel genauer als jede der obigen Lösungen, und deshalb kann sie als eine „exakte" Lösung für den Zweck der Fehlerabschätzung angenommen werden. Durch Subtraktion der oben

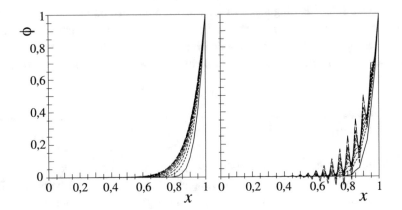

Abb. 6.3 Zeitliche Entwicklung der Lösung mit expliziter Euler-Methode unter Verwendung der Zeitschritte $\Delta t = 0{,}003$ (links; $d < 0{,}5$) und $\Delta t = 0{,}00325$ (rechts, $d > 0{,}5$)

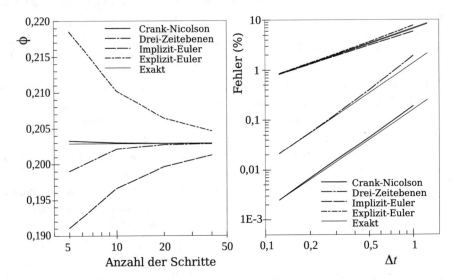

Abb. 6.4 Konvergenz von ϕ bei $x = 0{,}95$ zum Zeitpunkt $t = 0{,}01$ mit kleiner werdendem Zeitschritt (links) und Zeitdiskretisierungsfehler für verschiedene Zeitintegrationsverfahren (rechts)

erwähnten Lösungen von dieser Referenzlösung erhält man Abschätzungen des zeitlichen Diskretisierungsfehlers für jede Methode und jede Zeitschrittgröße. Die räumlichen Diskretisierungsfehler sind – da das räumliche Gitter in allen Fällen dasselbe ist – in allen Fällen gleich und heben sich bei der Subtraktion der Lösungen auf. Die so erhaltenen Fehler als Funktion der Zeitschrittgröße wurden für jedes Verfahren in Abb. 6.4 dargestellt.

Die zwei Euler-Methoden zeigen das erwartete Verhalten 1. Ordnung: Der Fehler wird um eine Größenordnung reduziert, wenn der Zeitschritt im gleichen Umfang reduziert wird. Die zwei Verfahren 2. Ordnung weisen ebenfalls die erwartete Fehlerreduktionsrate auf – die Linien in Abb. 6.4 verlaufen mit nahezu idealer Steigung. Jedoch liefert die Crank-Nicolson-Methode eine genauere Lösung, da der Anfangsfehler viel kleiner ist. Das Drei-Ebenen-Verfahren wurde mit der impliziten Euler-Methode gestartet, die zu einem großen Anfangsfehler führte. Da in diesem Problem die zeitliche Entwicklung der Lösung monoton vom Ausgangswert hin zum stationären Zustand verläuft, bleibt der Effekt des Anfangsfehlers lange Zeit erhalten.

Als Nächstes wird die instationäre Version des 2D-Testfalls aus Kap. 4 untersucht, der den Wärmeübergang von einer Wand mit vorgegebener Temperatur in einer Staupunktströmung behandelt, siehe Abschn. 4.7. Die Ausgangslösung ist wieder $\phi_0 = 0$, mit $\rho = 1, 2$ und $\Gamma = 0, 1$. Die Randbedingungen verändern sich nicht mit der Zeit und bleiben dieselben wie im stationären Problem untersucht in Abschn. 4.7, nur dass hier die zeitliche Entwicklung von der Ausgangslösung bis hin zum stationären Zustand von Interesse ist. Die räumliche Diskretisierung erfolgt mittels ZDS, und es wird ein äquidistantes Gitter mit 20×20 KV verwendet. Lineare Gleichungssysteme im Fall von impliziten Verfahren wurden mit SIP-Löser (beschrieben in Abschn. 5.3.4) gelöst, und der Iterationsfehler wurde unter 10^{-5} reduziert. Abb. 6.5 zeigt die Isothermen zu vier Zeitpunkten.

Zur Untersuchung der Genauigkeit der verschiedenen Methoden wird in diesem Fall der Wärmefluss durch die isotherme Wand zum Zeitpunkt $t = 0, 12$ untersucht. Der zu diesem Zeitpunkt berechnete Wärmefluss Q als Funktion der Zeitschrittgröße wird für vier Verfahren in Abb. 6.6 dargestellt. Wie im vorangegangenen Testfall verändern sich die mit Verfahren 2. Ordnung erhaltenen Werte nur wenig, wenn die Zeitschrittgröße reduziert wird, während die Verfahren 1. Ordnung viel ungenauer sind. Die explizite Euler-Methode konvergiert nicht monoton; die mit dem größten Zeitschritt erhaltene Lösung liegt auf der anderen Seite des zeitschrittunabhängigen Wertes als die Werte, die mit kleineren Zeitschritten erhalten wurden.

Wegen der Fehlerabschätzung wurde zunächst durch die Verwendung eines sehr kleinen Zeitschrittes ($\Delta t = 0,0003$, 400 Schritte bis $t = 0, 12$) und der Crank-Nicolson-Methode eine genaue Referenzlösung erhalten. Die Raumdiskretisierung war in allen Fällen die gleiche, weshalb sich die Raumdiskretisierungsfehler wieder aufheben. Durch Subtraktion des mit verschiedenen Verfahren und Zeitschritten erhaltenen Wärmeflusswertes zum Zeitpunkt $t = 0,12$ vom Referenzwert, erhält man die Abschätzungen der zeitlichen Diskretisierungsfehler. Diese wurden als Funktion des dimensionslosen Zeitschrittes (bezogen auf den größten Zeitschritt) in Abb. 6.6 dargestellt.

Auch hier werden die erwarteten asymptotischen Konvergenzraten für Methoden 1. und 2. Ordnung erhalten. Der niedrigste Fehler wird diesmal jedoch mit der Drei-Zeitebenen-Methode 2. Ordnung erreicht. Dies ist, wie im vorherigen Beispiel, auf die dominante Wirkung des Anfangsfehlers zurückzuführen, der sich beim Start der Drei-Zeitebenen-Methode mit der impliziten Euler-Methode im ersten Zeitschritt kleiner als bei der Crank-Nicolson-

Abb. 6.5 Die Isothermen bei einem instationären 2D Problem zu den Zeitpunkten $t = 0,2$ (oben links), $t = 0,5$ (oben rechts), $t = 1,0$ (unten links) und $t = 2,0$ (unten rechts), berechnet auf einem äquidistanten Gitter mit 20×20 KV unter Verwendung der Zentraldifferenzen für die räumliche Diskretisierung und der Crank-Nicolson-Methode für die zeitliche Diskretisierung

Methode erweist. Dies zeigt wieder, dass die Ordnung allein nicht viel über den Betrag des Fehlers aussagt.

Mit beiden Methoden 2. Ordnung sind die Fehler viel niedriger als mit den Methoden 1. Ordnung (beim kleinsten Zeitschritt um mehr als zwei Größenordnungen!). Bei den Verfahren 2. Ordnung ist das Ergebnis schon beim größten Zeitschritt genauer, als mit Verfahren 1. Ordnung und 8-mal kleinerem Zeitschritt!

Obwohl in diesen beiden Beispielen einfache instationäre Probleme mit einem glatten Übergang von der Anfangslösung zum stationären Zustand untersucht wurden, kann man feststellen, dass Euler-Methoden 1. Ordnung sehr ungenau sind (ihre Fehler lagen in der Größenordnung von 1 % selbst bei sehr kleinen Zeitschritten). Man kann erwarten, dass in instationären Strömungen viel größere Unterschiede zwischen Verfahren 1. und 2. Ordnung auftreten. Von den Verfahren 1. Ordnung kann nur die implizite Euler-Methode sinnvoll eingesetzt werden, wenn schwach transiente oder stationäre Strömungen analysiert werden;

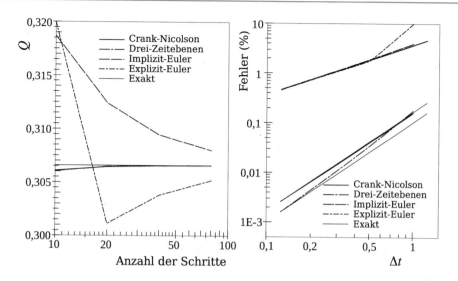

Abb. 6.6 Wärmefluss durch die isotherme Wand zum Zeitpunkt $t = 0,12$ (links) und Zeitdiskretisierungsfehler in berechneten Wandwärmeflüssen (rechts, in Prozent) als Funktion der Zeitschrittgröße für verschiedene Verfahren (Raumdiskretisierung durch Zentraldifferenzen, äquidistantes Gitter mit 20×20 KV)

für eine zeitgenaue Simulation instationärer Strömungen müssen Verfahren 2. Ordnung (oder höher) verwendet werden. Wie in diesem Kapitel gezeigt wurde, sind weder der Aufwand für die Implementierung noch der Rechenaufwand für die Verfahren 2. Ordnung bedeutend höher als bei den Verfahren 1. Ordnung.

Instationäre Strömungsprobleme werden in Abschn. 8.4.2 und 9.12 behandelt.

Literatur

Abe, K., Jang, Y. J. & Leschziner, M. A. (2003). An investigation of wall-anisotropy expressions and length-scale equations for non-linear eddy-viscosity models. *Int. J. Heat Fluid Flow,* **24**, 181-198.

Amezcua, J., Kalnay, E. & Williams, P. D. (2011). The effects of the RAW filter on the climatology and forecast skill of the SPEEDY model. *Mon. Weather Rev.*, **13**, 608-619.

Aspden, A., Nikiforakis, N., Dalziel, S. & Bell, J. (2008). Analysis of implicit LES methods. *Comm. App. Math. and Comp. Sci.*, **3**, 103-126.

Asselin, R. (1972). Frequency filter for time integration. *Mon. Weather Rev.*, **100**, 487-490.

Blumberg, A. F. & Mellor, G. L. (1987). A description of a three-dimensional coastal ocean circulation model. In N. S. Heaps (Hrsg.), *Three-dimensional Coastal Ocean Models, Coastal and Estuarine Sci.,* **4** (S. 1-16). Washington, D. C.: AGU.

Butcher, J. C. (2008). *Numerical methods for ordinary differential equations*. Chichester, England: Wiley.

Casulli, V. & Cattani, E. (1994). Stability, accuracy and efficiency of a semi-implicit method for three-dimensional shallow water flow. *Comput. Math. Applic.,* **27**, 99-112.

Courant, R., Friedrichs, K. & Lewy, H. (1928). Über die partiellen Differenzengleichungen der mathematischen Physik. *Math. Annalen,* **100**, 32-74.

Donea, J., Quartapelle, L. & Selmin, V. (1987). An analysis of time discretization in the finite element solution of hyperbolic problems. *J. Comput. Phys.,* **70**, 463-499.

Durran, D. R. (2010). *Numerical methods for fluid dynamics with applications to geophysics* (2. Aufl.). Berlin: Springer.

Ferziger, J. H. (1998). *Numerical methods for engineering application.* (2. Aufl.). New York: Wiley-Interscience.

Fletcher, C. A. J. (1991). *Computational techniques for fluid dynamics* (2. Aufl., Bd. I & II). Berlin: Springer.

Fringer, O. B., Gerritsen, M. & Street, R. L. (2006). An unstructured-grid, finite-volume, nonhydrostatic, parallel coastal ocean simulator. *Ocean Modelling,* **14**. 139-173.

Klemp, J. B., Skamarock, W. C. & Dudhia, J. (2007). Conservative split-explicit time integration methods for the compressible nonhydrostatic equations.*Mon. Wea. Rev.,* **135**, 2897-2913.

Mesinger, F. & Arakawa, A. (1976). *Numerical methods used in atmospheric models.* GARP Publications Series No.17 (Bd. **1**). World Met. Org.

Moin, P. (2010). *Fundamentals of engineering numerical analysis.* (2. Aufl.). Cambridge: Cambridge Univ. Press.

Purser, R. J. (2007). Accuracy considerations of time-splitting methods for models using two-time-level schemes. *Mon. Weather Rev.,* **135**, 1158-1164.

Skamarock, W. C. & Klemp, J. B. (2008). A time-split nonhydrostatic atmospheric model for weather research and forecasting operations. *J. Comput. Phys.,* **227**, 3465-3485.

Warming, R. F. & Hyett, B. J. (1974). The modified equation approach to the stability and accuracy of finite-difference methods. *J. Comput. Phys.,* **14**, 159-179.

Wicker, L. J. & Skamarock, W. C. (2002). Time-splitting methods for elastic models using forward time schemes. *Mon. Weather Rev.,* **130**, 2088-2097.

Williams, P. D. (2009). A proposed modification to the Robert–Asselin time filter. *Mon. Weather Rev.,* **137**, 2538-2546.

Lösung der Navier-Stokes-Gleichungen: Teil 1

7

Die Lösung der Navier-Stokes-Gleichungen ist das Hauptthema dieses Buches; daher haben wir dem Material große Aufmerksamkeit geschenkt und es in zwei Hauptteile organisiert, die jeweils ein Kapitel bilden. In diesem Kapitel behandeln wir grundlegende Fragen und Merkmale der Gleichungen und der Lösungsmethoden; Implementierungsdetails für einige häufig verwendete Methoden und Beispiele für ihre Anwendung werden im nächsten Kapitel vorgestellt. Dieses Layout zielt darauf ab, sowohl Anfängern als auch Fachleuten eine geeignete Struktur zu bieten, die entweder ein systematisches Studium von Anfang an oder einen direkten Zugang zu bestimmten Themen, Methoden oder Werkzeugen ermöglicht (z. B. für Nutzer kommerzieller Rechenprogramme, die die in diesen Programmen verfügbaren Methoden verstehen wollen, oder Programmentwickler, die unter Alternativen wählen müssen).

7.1 Grundlagen

In Kap. 3, 4 und 6 haben wir uns mit der Diskretisierung einer generischen Erhaltungsgleichung beschäftigt. Die dort beschriebenen Diskretisierungsprinzipien gelten für die Kontinuitäts- und Impulsgleichungen (die wir gemeinsam Navier-Stokes-Gleichungen nennen werden). Diese Gleichungen wurden in Abschn. 1.3 und 1.4 detailliert beschrieben, aber wir wiederholen hier ihre Integralform:

$$\frac{\partial}{\partial t} \int_V \rho u_i \, dV + \int_S \rho u_i \mathbf{v} \cdot \mathbf{n} \, dS = \int_S \mathbf{t}_i \cdot \mathbf{n} \, dS + \int_V \rho b_i \, dV, \tag{7.1}$$

$$\frac{\partial}{\partial t} \int_V \rho \, dV + \int_S \rho \mathbf{v} \cdot \mathbf{n} \, dS = 0. \tag{7.2}$$

Unter Berücksichtigung der Gl. (1.18), welche zeigt, dass $\mathbf{t}_i = \tau_{ij}\mathbf{i}_j - p\mathbf{i}_i$, geben wir auch die Differentialform der Gleichungen wieder:

© Springer-Verlag GmbH Deutschland, ein Teil von Springer Nature 2020
J. H. Ferziger et al., *Numerische Strömungsmechanik*,
https://doi.org/10.1007/978-3-662-46544-8_7

$$\frac{\partial(\rho u_i)}{\partial t} + \frac{\partial(\rho u_j u_i)}{\partial x_j} = \frac{\partial \tau_{ij}}{\partial x_j} - \frac{\partial p}{\partial x_i} + \rho b_i, \tag{7.3}$$

$$\frac{\partial \rho}{\partial t} + \nabla \cdot (\rho \mathbf{v}) = 0. \tag{7.4}$$

Für die Definition der Spannungs- und Quellterme siehe Abschn. 1.4 sowie Gl. (1.17), (1.21), (1.5), und (1.6). Als Nächstes werden wir beschreiben, wie die Terme in den Impulsgleichungen, die sich von denen in der generischen Erhaltungsgleichung unterscheiden, behandelt werden.

Die instationären und die Konvektionsterme in den Impulsgleichungen haben die gleiche Form wie in der generischen Erhaltungsgleichung. Die (viskosen) Diffusionsterme sind ähnlich wie ihre Pendants in der generischen Gleichung, aber da die Impulsgleichungen Vektorgleichungen sind, werden diese Beiträge etwas komplexer und ihre Behandlung muss genauer betrachtet werden. Die Impulsgleichungen enthalten auch einen Beitrag vom Druck, der in der allgemeinen Gleichung kein Analogon hat. Er kann entweder als Quellterm (Behandlung des Druckgradienten als Körperkraft – nichtkonservativ) oder als Flächenkraft (konservative Behandlung) betrachtet werden, erfordert aber aufgrund der engen Verbindung von Druck und Kontinuitätsgleichung besondere Aufmerksamkeit. Schließlich ermöglicht die Tatsache, dass die Hauptvariable ein Vektor ist, mehr Freiheit bei der Wahl des Gitters und der Variablenanordnung.

7.1.1   Diskretisierung von Konvektions- und Spannungstermen

Der Konvektionsterm in der Impulsgleichung ist nichtlinear; seine Differential- und Integralform lauten (siehe Gl. (7.1) und (7.3) oben):

$$\frac{\partial(\rho u_i u_j)}{\partial x_j} \quad \text{und} \quad \int_S \rho u_i \mathbf{v} \cdot \mathbf{n} \, dS. \tag{7.5}$$

Die Behandlung des Konvektionsterms in den Impulsgleichungen ist ähnlich wie beim Konvektionsterm in der generischen Gleichung; jede der in Kap. 3 und 4 beschriebenen Methoden kann verwendet werden.

Die viskosen Terme in den Impulsgleichungen entsprechen dem Diffusionsterm in der generischen Gleichung; ihre Differential- und Integralformen sind:

$$\frac{\partial \tau_{ij}}{\partial x_j} \quad \text{und} \quad \int_S (\tau_{ij} \mathbf{i}_j) \cdot \mathbf{n} \, dS, \tag{7.6}$$

wo für ein newtonsches Fluid und eine inkompressible Strömung gilt:

$$\tau_{ij} = \mu \left(\frac{\partial u_i}{\partial x_j} + \frac{\partial u_j}{\partial x_i} \right). \tag{7.7}$$

Da die Impulsgleichungen Vektorgleichungen sind, ist der viskose Spannungsterm komplizierter als der generische Diffusionsterm. Der Teil des viskosen Terms in den Impulsgleichungen, der dem Diffusionsterm in der generischen Erhaltungsgleichung entspricht, lautet:

$$\frac{\partial}{\partial x_j}\left(\mu \frac{\partial u_i}{\partial x_j}\right) \quad \text{und} \quad \int_S \mu \, \nabla u_i \cdot \mathbf{n} \, dS. \tag{7.8}$$

Dieser Term kann mit einem der für die entsprechenden Terme der generischen Gleichung in Kap. 3 und 4 beschriebenen Ansätze diskretisiert werden, aber dies ist nur ein Teilbeitrag von viskosen Spannungen zur i-ten Komponente des Impulses.

Anhand Gl. (1.28), (1.26), (1.21) und (1.17) können wir die anderen viskosen Teilbeiträge aus Spannungstermen identifizieren: den Effekt der sog. Volumenviskosität (der nur in kompressiblen Strömungen ungleich null ist) und einen weiteren Beitrag aufgrund der räumlichen Variabilität der Viskosität. Bei inkompressibler Strömung mit konstanten Fluideigenschaften verschwinden diese Beiträge (dank der Kontinuitätsgleichung).

Die zusätzlichen Terme, die bei räumlich variabler Viskosität in einer inkompressiblen Strömung ungleich null sind, können genauso behandelt werden wie die Terme (7.8):

$$\frac{\partial}{\partial x_j}\left(\mu \frac{\partial u_j}{\partial x_i}\right) \quad \text{und} \quad \int_S \left(\mu \frac{\partial u_j}{\partial x_i}\mathbf{i}_j\right) \cdot \mathbf{n} \, dS, \tag{7.9}$$

wobei $\mathbf{n}$ den Einheitsvektor (gerichtet nach außen und senkrecht zur Oberfläche des KV) darstellt und die Summierung über j gilt. Wie bereits erwähnt, verschwindet dieser Term für konstantes μ. Aus diesem Grund wird dieser Term oft explizit behandelt, auch wenn implizite Lösungsmethoden verwendet werden. Es wird argumentiert, dass selbst wenn die Viskosität variiert, dieser Term im Vergleich zum Term (7.8) klein ist, sodass seine explizite Behandlung nur einen geringen Einfluss auf die Konvergenzrate hat. Dieses Argument gilt jedoch streng genommen nur in einem integralen Sinne; der zusätzliche Term kann auf einer einzelnen KV-Seite ziemlich groß sein.

7.1.2 Diskretisierung von Druckterm und Körperkräften

Wie in Kap. 1 erwähnt, beschäftigen wir uns normalerweise mit dem „Druck" in Form der Kombination $p - \rho_0 \mathbf{g} \cdot \mathbf{r} + \mu \frac{2}{3}\nabla \cdot \mathbf{v}$. Bei inkompressiblen Strömungen ist der letzte Term gleich null. Eine Form der Impulsgleichungen (siehe Gl. (7.3)) enthält den Gradienten dieser Größe, der mit den in Kap. 3 beschriebenen FD-Methoden approximiert werden kann. Da die Druck- und Geschwindigkeitsknoten im Gitter jedoch nicht übereinstimmen müssen, können die für ihre Ableitungen verwendeten Approximationen unterschiedlich sein.

Bei FV-Methoden wird der Druckterm in der Regel als Flächenkraft behandelt (konservativer Ansatz), d. h. er erscheint in der Gleichung für u_i als Integral:

$$-\int_S p \, \mathbf{i}_i \cdot \mathbf{n} \, dS \, . \tag{7.10}$$

Es können dann die in Kap. 4 beschriebenen Methoden zur Approximation von Flächenintegralen verwendet werden. Wie wir im Folgenden zeigen werden, spielt die Behandlung dieses Terms und die Anordnung der Variablen auf dem Gitter eine wichtige Rolle bei der Sicherstellung der rechnerischen Effizienz und Genauigkeit der numerischen Lösungsmethode.

Alternativ kann der Druck auch nichtkonservativ behandelt werden, indem das oben genannte Integral in seiner volumetrischen Form beibehalten wird:

$$-\int_V \nabla p \cdot \mathbf{i}_i \, dV \ . \tag{7.11}$$

In diesem Fall muss die Ableitung (oder, bei nichtorthogonalen Gittern, alle drei Ableitungen) an einer oder mehreren Stellen innerhalb des KV approximiert werden. Der nichtkonservative Ansatz führt einen globalen nichtkonservativen Fehler ein; obwohl dieser Fehler gegen null strebt, wenn die Gittermaschenweite gegen null geht, kann er für die endlichen Gitterabstände von Bedeutung sein.

Der Unterschied zwischen den beiden Ansätzen ist nur bei den FV-Methoden von Bedeutung. Bei FD-Methoden gibt es keinen Unterschied zwischen den beiden Versionen, obwohl man sowohl konservative als auch nichtkonservative Approximationen erstellen kann.

Andere Körperkräfte, wie die nichtkonservativen Terme, die entstehen, wenn kovariante oder kontravariante Geschwindigkeiten in nichtkartesischen Koordinatensystemen verwendet werden, sind leicht in FD-Methoden zu behandeln: Sie sind in der Regel einfache Funktionen einer oder mehrerer Variablen und können mit den in Kap. 3 beschriebenen Techniken bewertet werden. Wenn diese Terme Unbekannte betreffen, wie z. B. die Komponente des viskosen Terms in zylindrischen Koordinaten:

$$-2\mu \, \frac{v_r}{r^2},$$

können sie implizit behandelt werden. Dies wird in der Regel nur dann praktiziert, wenn der Beitrag dieses Terms zum zentralen Koeffizienten A_P in der diskretisierten Gleichung positiv ist, um eine Destabilisierung des iterativen Lösungsverfahrens durch Reduzierung der diagonalen Dominanz der Matrix zu vermeiden. Andernfalls wird der zusätzliche Term explizit (als Teil des Quellterms) behandelt.

In FV-Methoden werden diese Terme über das KV-Volumen integriert. In der Regel wird die Mittelpunktregel-Approximation verwendet, sodass der Wert im KV-Zentrum mit dem Zellvolumen multipliziert wird. Aufwändigere Verfahren sind möglich, werden aber selten verwendet.

In einigen Fällen dominieren die nichtkonservativen Terme, die als Körperkräfte betrachtet werden, die Transportgleichung (z. B. wenn drallbehaftete Strömungen in Polarkoordinaten berechnet werden oder wenn Strömungen in einem rotierenden Koordinatensystem behandelt werden, z. B. bei Strömungen in Turbomaschinen). Die Behandlung der nichtlinearen Quellterme und der Kopplung von Variablen kann dann sehr wichtig werden.

7.1.3 Erhaltungseigenschaften

Die Navier-Stokes-Gleichungen haben die Eigenschaft, dass der Impuls in jedem Kontrollvolumen (mikroskopisch oder makroskopisch) nur durch (i) die Strömung durch die Oberfläche, (ii) auf die Oberfläche wirkende Kräfte, und (iii) volumetrische Körperkräfte verändert wird. Diese wichtige Eigenschaft wird durch die diskretisierten Gleichungen vererbt, wenn der FV-Ansatz verwendet wird und die Flüsse durch KV-Seiten für benachbarte KV identisch sind. In diesem Fall, wenn die Gleichungen für alle KV addiert werden, heben sich die Integrale über alle inneren KV-Seiten auf und es bleibt nur die Summe der Integrale über die KV-Seiten an den Rändern des Lösungsgebiets. Die globale Massenerhaltung folgt in gleicher Weise aus der Summe der diskretisierten Kontinuitätsgleichungen über alle KV.

Die Energieerhaltung ist ein komplexeres Thema. In inkompressiblen isothermen Strömungen ist die einzige bedeutsame Energie die kinetische Energie.[1] Wenn die Wärmeübertragung wichtig ist, ist die kinetische Energie i. Allg. klein im Vergleich zur Wärmeenergie, sodass die Erhaltungsgleichung für die Wärmeenergie zur Berücksichtigung des Energietransports eingeführt wird. Solange die Temperaturabhängigkeit der Fluideigenschaften nicht signifikant ist, kann die thermische Energiegleichung nach der Lösung der Impulsgleichungen gelöst werden. Die Kopplung erfolgt dann nur in eine Richtung und die Energiegleichung wird zu einer Gleichung für den Transport eines passiven Skalars; dieser Fall wurde in Kap. 3 bis 6 behandelt.

Eine Gleichung für die kinetische Energie kann durch das skalare Produkt der Impulsgleichung mit der Geschwindigkeit hergeleitet werden – ein Verfahren, das die Herleitung der Energiegleichung in der klassischen Mechanik nachahmt. Es ist zu beachten, dass im Gegensatz zur kompressiblen Strömung, für die es eine separate Erhaltungsgleichung für die Gesamtenergie gibt, bei inkompressiblen isothermen Strömungen sowohl Impuls als auch Energieerhaltung auf derselben Gleichung basieren; dies stellt einige Probleme dar, die Gegenstand dieses Abschnitts sind.

Wir werden uns hauptsächlich mit der Erhaltungsgleichung für kinetischen Energie in einem makroskopischen Kontrollvolumen befassen, das entweder das gesamte betrachtete Lösungsgebiet oder eines der kleinen KV sein kann, die in einer Finite-Volumen-Methode verwendet werden. Wenn die wie oben beschrieben erhaltene Gleichung für die lokale kinetische Energie über das Kontrollvolumen integriert wird, erhalten wir nach Anwendung des Gauß-Theorems:

---

[1] Strömungen, in denen die Dichte des Fluids mit der Höhe in einem Gravitationsfeld variiert, werden als *geschichtet* oder *stratifiziert* bezeichnet, und die Strömung kann schweres Fluid nach oben und leichtes Fluid nach unten tragen, sodass es nun eine andere Dichte als seine Umgebung hat; das Fluid hat dann nicht nur kinetische Energie, sondern auch Energie als Folge seiner Position, genannt *Potentialenergie*. Das Ergebnis sind Auftriebskräfte, die später in diesem Kapitel angesprochen werden und sowohl in der Meteorologie als auch in der Ozeanographie sehr wichtig sind.

$$\frac{\partial}{\partial t} \int_V \rho \frac{v^2}{2} \, dV = - \int_S \rho \frac{v^2}{2} \mathbf{v} \cdot \mathbf{n} \, dS - \int_S p\mathbf{v} \cdot \mathbf{n} \, dS + \int_S (\mathsf{S} \cdot \mathbf{v}) \cdot \mathbf{n} \, dS$$

$$- \int_V (\mathsf{S} : \nabla \mathbf{v} - p \nabla \cdot \mathbf{v} + \rho \mathbf{b} \cdot \mathbf{v}) \, dV. \tag{7.12}$$

Hier steht S für den viskosen Teil des Spannungstensors, dessen Komponenten τ_{ij} sind, definiert in Gl. (1.13), d. h. $\mathsf{S} = \mathsf{T} + p\mathsf{I}$. Der erste Term im Volumenintegral auf der rechten Seite verschwindet, wenn die Strömung nichtviskos ist; der zweite ist gleich null, wenn die Strömung inkompressibel ist; der dritte ist gleich null, wenn keine Volumenkräfte auftreten. Mehrere Punkte im Zusammenhang mit dieser Gleichung sind erwähnenswert.

- Die ersten drei Terme auf der rechten Seite sind Integrale über die KV-Oberfläche. Das bedeutet, dass die kinetische Energie im KV nicht durch die Wirkung von Konvektion und/oder Druck innerhalb des KV verändert wird. In Abwesenheit von Viskosität kann nur der Energiefluss durch die Oberfläche oder die Arbeit der an der Oberfläche des KV wirkenden Kräfte die darin enthaltene kinetische Energie beeinflussen; in diesem Sinne wird dann die kinetische Energie global erhalten. Dies ist eine Eigenschaft, die wir in einer numerischen Methode beibehalten möchten.
- Die Gewährleistung der globalen Energieerhaltung in einer numerischen Methode ist ein lohnendes, aber nicht leicht erreichbares Ziel. Da die Gleichung für kinetische Energie eine Folge der Impulsgleichung und kein eigenes Erhaltungsgesetz ist, kann sie nicht separat erzwungen werden.
- Wenn eine numerische Methode energiekonservativ ist und der Nettoenergiefluss durch die Oberfläche gleich null ist, dann wächst die gesamte kinetische Energie im Lösungsgebiet nicht mit der Zeit. Wenn ein solches Verfahren verwendet wird, muss die Geschwindigkeit in jedem Punkt im Lösungsgebiet begrenzt bleiben, was eine wichtige Form der numerischen Stabilität darstellt. Tatsächlich werden oft Energiemethoden (die manchmal keinen Bezug zur Physik haben) verwendet, um die Stabilität numerischer Methoden nachzuweisen. Die Energieerhaltung sagt nichts über die Konvergenz oder Genauigkeit einer Methode aus. Genaue Lösungen können mit Methoden erhalten werden, welche die kinetische Energie nicht erhalten. Die Erhaltung der kinetischen Energie ist jedoch besonders wichtig bei der Berechnung instationärer Strömungen.
- Da die Gleichung für kinetische Energie eine Folge der Impulsgleichungen ist und in einer numerischen Methode nicht unabhängig gelöst werden kann, muss die globale Erhaltung der kinetischen Energie eine Folge der *diskretisierten* Impulsgleichungen sein. Es ist also eine Eigenschaft der Diskretisierungsmethode, aber keine offensichtliche. Um zu sehen, ob die kinetische Energie in einer numerischen Lösung erhalten bleibt, bilden wir die diskretisierte Gleichung für kinetische Energie, indem wir das Skalarprodukt der diskretisierten Impulsgleichungen mit der Geschwindigkeit bilden und über alle KV summieren. Wir analysieren das Ergebnis Term für Term.

- Die Druckgradientterme sind besonders wichtig, deshalb betrachten wir sie näher. Um den Druckgradiententerm in die Form wie in Gl. (7.12) zu bekommen, haben wir die folgende Beziehung verwendet:

$$\mathbf{v} \cdot \nabla p = \nabla \cdot (p\mathbf{v}) - p \, \nabla \cdot \mathbf{v}. \tag{7.13}$$

Für inkompressible Strömungen ist $p \, \nabla \cdot \mathbf{v} = 0$, sodass nur der erste Term auf der rechten Seite übrig bleibt. Da es sich um eine Divergenz handelt, kann ihr Volumenintegral in ein Oberflächenintegral umgewandelt werden. Wie bereits erwähnt, bedeutet dies, dass der Druck den gesamten kinetischen Energiehaushalt nur durch seine Wirkung an der Oberfläche beeinflusst. Wir möchten, dass die Diskretisierung diese Eigenschaft behält. Wir zeigen nun, wie dies geschehen kann.

Wenn $G_i \, p$ die numerische Approximation der i-ten Komponente des Druckgradienten darstellt, dann, wenn die diskretisierte u_i-Impulsgleichung mit u_i multipliziert wird, liefert der Druckgradiententerm den Beitrag $\sum u_i \, G_i \, p \, \Delta V$. Energieerhaltung verlangt, dass dieser Beitrag gleich ist (vgl. Gl. (7.13)):

$$\sum_{i=1}^{N} u_i \, G_i \, p \, \Delta V = \sum_{S_b} p v_n \, \Delta S - \sum_{N} p \, D_i u_i \, \Delta V, \tag{7.14}$$

wobei N anzeigt, dass die Summe über alle KV (Gitterknoten) erfolgt, S_b die Randfläche des Lösungsgebiets darstellt, v_n ist die Geschwindigkeitskomponente senkrecht zum Rand und $D_i u_i$ ist die diskretisierte Divergenz des Geschwindigkeitsvektors, so wie sie in der Kontinuitätsgleichung verwendet wird. Wenn dies der Fall ist, dann ist $D_i u_i = 0$ in jedem Knoten, sodass der zweite Term auf der rechten Seite in der obigen Gleichung gleich null ist. Die Gleichstellung der linken und der rechten Seite kann dann nur gewährleistet werden, wenn G_i und D_i im folgenden Sinne kompatibel sind:

$$\sum_{i=1}^{N} (u_i \, G_i \, p + p \, D_i u_i) \, \Delta V = \sum_{S_b} p v_n \, \Delta S. \tag{7.15}$$

Dies bedeutet, dass die Approximationen des Druckgradienten und der Divergenz des Geschwindigkeitsvektors kompatibel sein müssen, wenn die kinetische Energieerhaltung gewährleistet werden soll. Sobald eine der beiden Approximationen gewählt ist, kann die andere nicht mehr frei gewählt werden.

Um dies zu konkretisieren, gehen wir davon aus, dass der Druckgradient mit Rückwärtsdifferenzen und der Divergenzoperator mit Vorwärtsdifferenzen (die übliche Wahl bei einem versetzten Gitter) approximiert wird. Die eindimensionale Version von Gl. (7.15) auf einem äquidistanten Gitter lautet dann:

$$\sum_{i=1}^{N} [(p_i - p_{i-1})u_i + (u_{i+1} - u_i)p_i] = u_{N+1} p_N - u_1 p_0. \tag{7.16}$$

Die einzigen zwei Terme, die bei der Summierung übrig bleiben, sind die „Oberflä-
chenterme" auf der rechten Seite. Die beiden Operatoren sind daher im obigen Sinne
kompatibel. Umgekehrt, wenn Vorwärtsdifferenzen für den Druckgradienten verwendet
würden, müsste die Kontinuitätsgleichung Rückwärtsdifferenzen verwenden. Werden
Zentraldifferenzen für das Eine verwendet, so werden sie auch für das Andere benötigt.
Die Anforderung, dass bei der Betrachtung der Summe über alle KV (Gitterknoten)
nur noch Randterme übrig bleiben, gilt für die beiden anderen konservativen Terme,
den Konvektions- und den viskosen Spannungsterm. Die Erfüllung dieser Anforderung
ist ohnehin nicht einfach und ist besonders schwierig für beliebige und unstrukturierte
Gitter (siehe z. B. Mahesh et al. 2004, für versetzte und nichtversetzte unstrukturierte
Gitter). Wenn eine Methode auf äquidistanten regelmäßigen Gittern nicht energiekonservativ ist, wird sie es bei komplexeren Gittern sicherlich nicht sein. Andererseits könnte
eine Methode, die bei äquidistanten Gittern konservativ ist, bei komplexen Gittern fast
konservativ sein.

- Eine Poisson-Gleichung wird oft verwendet, um den Druck zu berechnen. Wie wir sehen
  werden, wird sie aus der Divergenz der Impulsgleichung abgeleitet. Der Laplace-Operator
  in der Poisson-Gleichung ist also das Produkt aus dem Divergenzoperator in der Kontinuitätsgleichung und dem Gradientenoperator in der Impulsgleichung, d. h. $L = D(G(\ ))$.
  Die Approximation der Poisson-Gleichung kann nicht unabhängig gewählt werden; sie
  muss mit dem Divergenzoperator aus der Kontinuitätsgleichung und dem Gradientenoperator aus der Impulsgleichung übereinstimmen, wenn Massenerhaltung erreicht werden
  soll. Die Energieerhaltung fügt die weitere Anforderung hinzu: Die Divergenz- und Gradientenapproximationen sollen im oben definierten Sinne konsistent sein.

- Für eine inkompressible Strömung ohne Volumenkräfte ist das einzige verbleibende Volumenintegral der viskose Term. Für ein newtonsches Fluid wird dieser Term zu:

$$- \int_V \tau_{ij} \frac{\partial u_j}{\partial x_i}\, dV.$$

Die Inspektion zeigt, dass der Integrand eine Summe von Quadraten ist (siehe z. B. die
Definition von τ_{ij} in Gl. (7.7)), sodass dieser Term immer negativ (oder gleich null) ist. Er
stellt die irreversible (im thermodynamischen Sinne) Umwandlung der kinetischen Energie der Strömung in die innere Energie des Fluids dar und wird als *viskose Dissipation*
bezeichnet. Da es sich bei inkompressiblen Strömungen in der Regel um Strömungen mit
niedriger Geschwindigkeit handelt, ist die Erhöhung der inneren Energie selten signifikant, aber der Verlust der kinetischen Energie ist oft sehr wichtig für die Strömung. In
kompressiblen Strömungen ist der Energietransfer oft für beide Seiten wichtig.

- Die Zeitdiskretisierungsmethode kann die Energieerhaltung zerstören. Zusätzlich zu den
  oben genannten Anforderungen an die räumliche Diskretisierung sollte die Approximation der Zeitableitungen richtig gewählt werden. Die Crank-Nicolson-Methode ist
  eine besonders gute Wahl. Darin werden die Zeitableitungen in den Impulsgleichungen
  approximiert durch:

$$\frac{\rho \, \Delta V}{\Delta t} \left(u_i^{n+1} - u_i^n \right).$$

Nimmt man das Skalarprodukt dieses Terms mit $u_i^{n+1/2}$, das in der Crank-Nicolson-Methode durch $(u_i^{n+1} + u_i^n)/2$ approximiert wird, so ergibt sich die Änderungsrate der kinetischen Energie:

$$\frac{\rho \, \Delta V}{\Delta t} \left[\left(\frac{v^2}{2} \right)^{n+1} - \left(\frac{v^2}{2} \right)^n \right],$$

wobei $v^2 = u_i u_i$ (Summierung impliziert). Mit der richtigen Wahl der Approximationen für die anderen Terme ist die Crank-Nicolson-Methode energiekonservativ.

Die Tatsache, dass Impuls- und Energieerhaltung beide von derselben Gleichung bestimmt werden, macht die Entwicklung von numerischen Approximationen, die beide Eigenschaften erhalten, schwierig. Wie bereits erwähnt, kann die Erhaltung der kinetischen Energie nicht unabhängig erzwungen werden. Wenn die Impulsgleichungen in stark konservativer Form in einer Finite-Volumen-Methode verwendet werden, ist die globale Impulserhaltung in der Regel gewährleistet. Die Entwicklung von Methoden, welche die kinetische Energie erhalten, ist eine Glücksache. Man wählt eine Methode aus und überprüft, ob sie konservativ ist oder nicht; wenn nicht, werden Anpassungen vorgenommen, bis die Erhaltung erreicht ist.

Eine alternative Methode zur Gewährleistung der Erhaltung kinetischer Energie ist die Verwendung einer anderen Form der Impulsgleichungen. Beispielsweise könnte man die folgende Gleichung für inkompressible Strömungen verwenden:

$$\frac{\partial u_i}{\partial t} + \varepsilon_{ijk} u_j \omega_k = \frac{\partial \left(\dfrac{p}{\rho} + \dfrac{1}{2} u_j u_j \right)}{\partial x_i} + \nu \frac{\partial^2 u_i}{\partial x_j \partial x_j}, \tag{7.17}$$

wobei ϵ_{ijk} das Levi-Civita-Symbol ist (es ist $+1$, wenn $\{ijk\} = \{123\}$ oder eine gerade Permutation davon, es ist -1, wenn $\{ijk\}$ eine ungerade Permutation von $\{123\}$ ist, wie $\{321\}$ und sonst gleich null); ω ist die durch Gl. (7.105) definierte Wirbelstärke. Die Energieerhaltung ergibt sich aus dieser Form der Impulsgleichung durch Symmetrie; wenn die Gleichung mit u_i multipliziert wird, ist der zweite Term auf der linken Seite aufgrund der Antisymmetrieeigenschaft von ε_{ijk} identisch null. Da es sich jedoch nicht um eine konservative Form der Impulsgleichung handelt, bedarf die Konstruktion einer Impulserhaltungsmethode der Vorsicht.

Die Erhaltung der kinetischen Energie ist von besonderer Bedeutung für die Berechnung komplexer instationärer Strömungen. Beispiele sind die Simulation globaler Wetterphänomene und die Simulation turbulenter Strömungen. Das Fehlen einer garantierten Energieerhaltung in diesen Simulationen führt oft zu einem Wachstum der kinetischen Energie im Lösungsgebiet und damit der Instabilität. Für stationäre Strömungen ist die Energieerhaltung weniger wichtig, aber sie verhindert bestimmte Arten von Fehlverhalten durch die iterative Lösungsmethode.

Die kinetische Energie ist nicht die einzige Größe, deren Erhaltung wünschenswert ist, aber nicht unabhängig erzwungen werden kann: Der Drehimpuls ist eine andere Größe. Strömungen in rotierenden Maschinen, Verbrennungsmotoren und vielen anderen Geräten weisen eine ausgeprägte Rotation oder Drall auf. Wenn das numerische Verfahren den globalen Drehimpuls nicht erhält, wird die Berechnung wahrscheinlich in Schwierigkeiten geraten. Zentraldifferenzen sind i. Allg. viel besser als Aufwindapproximationen bezüglich der Drehimpulserhaltung.

7.1.4 Wahl der Variablenanordnung auf dem Gitter

Kommen wir nun zu den Diskretisierungen. Die erste Aufgabe besteht darin, die Punkte im Lösungsgebiet auszuwählen, in denen die Werte der unbekannten abhängigen Variablen berechnet werden sollen. Da steckt mehr dahinter, als man meinen könnte. Die grundlegenden Merkmale numerischer Gitter wurden in Kap. 2 beschrieben. Es gibt jedoch viele Varianten der Verteilung von Rechenpunkten innerhalb des Lösungsgebiets. Die grundlegenden Anordnungen, die mit den FD- und FV-Diskretisierungsmethoden verbunden sind, wurden in den Abb. 3.1 und 4.1 dargestellt. Diese Anordnungen können komplizierter werden, wenn gekoppelte Gleichungen für Vektorfelder (wie die Navier-Stokes-Gleichungen) gelöst werden. Diese Fragen werden im Folgenden erläutert.

7.1.4.1 Nichtversetzte Anordnung

Die naheliegende Wahl wäre, alle Variablen im gleichen Satz von Gitterpunkten zu speichern bzw. für alle Variablen die gleichen Kontrollvolumen zu verwenden; eine solche Anordnung wird als *nichtversetzt* bezeichnet, siehe Abb. 7.1. Da viele der Terme in allen zu lösenden Gleichungen im Wesentlichen identisch sind, wird durch diese Wahl die Anzahl der Koeffizienten, die berechnet und gespeichert werden müssen, minimiert und die Programmierung vereinfacht. Darüber hinaus können bei der Verwendung von Mehrgitterverfahren für alle Variablen die gleichen Restriktions- und Prologationsoperatoren für den Informationstransfer zwischen den verschiedenen Gittern verwendet werden.

Die nichtversetzte Anordnung hat auch in komplizierten Lösungsgebieten erhebliche Vorteile, insbesondere wenn die Ränder scharfe Kanten aufweisen oder die Randbedingungen diskontinuierlich sind. Ein Satz von KV kann so ausgelegt werden, dass sich KV an den Rand einschließlich der Diskontinuität anpassen. Andere Anordnungen der Variablen führen dazu, dass die Speicherstellen für einige Variablen an singulären Gitterpunkten liegen, was zu Problemen bei der Lösung bzw. zu Ungenauigkeiten führen kann.

Die nichtversetzte Anordnung wurde lange Zeit für inkompressible Strömungen nicht eingesetzt. Gründe waren Schwierigkeiten mit der Druck-Geschwindigkeits-Kopplung sowie

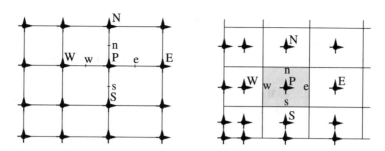

Abb. 7.1 Nichtversetzte Anordnung von Geschwindigkeitskomponenten und Druck in FD- (links) und FV-Gittern (rechts)

das Auftauchen von (unphysikalischen) Druckschwankungen. Seit der Einführung von versetzten Anordnungen in den 1960er Jahren wurde die nichtversetzte Anordnung bis zu den 1980er Jahren kaum verwendet. Als dann die nichtorthogonalen Gitter und Berechnungen von Strömungen in komplexen Geometrien in den Vordergrund rückten, wurden die Vorteile der nichtversetzten Anordnung wieder entdeckt. Die versetzte Anordnung kann in generalisierten Koordinaten nur dann eingesetzt werden, wenn mit kontravarianten (oder anderen gitterorientierten) Vektor- und Tensorkomponenten gearbeitet wird. Dies kompliziert die Gleichungen durch numerisch schwer handhabbare Krümmungsterme. Wenn das Gitter nicht glatt ist, treten nichtkonservative Fehler auf; dies wird näher in Kap. 9 erläutert. Neue Algorithmen zur Druck-Geschwindigkeits-Kopplung, die in den 1980er Jahren entwickelt wurden, führten dazu, dass die versetzten Gitter fast vollständig verdrängt wurden. Heutzutage verwenden alle gängigen kommerziellen und frei verfügbaren CFD-Programme die nichtversetzte Anordnung der Variablen. Die Vorteile werden im Folgenden dargestellt.

7.1.4.2 Versetzte Anordnungen

Es muss nicht dasselbe Gitter für alle Variablen verwendet werden; eine unterschiedliche Anordnung kann sogar von Vorteil sein. Für kartesische Gitter bringt die versetzte Anordnung, die von Harlow und Welsh (1965) eingeführt wurde, einige Vorteile gegenüber der nichtversetzten Anordnung. Diese Anordnung ist in Abb. 7.2 dargestellt. Einige Terme, für deren Berechnung bei der nichtversetzten Anordnung Interpolation notwendig ist, können in diesem Fall (bei Approximationen 2. Ordnung) ohne Interpolation berechnet werden. Dies ist z. B. für das x-Impuls-KV in Abb. 8.1 leicht zu erkennen. Sowohl die Druck- als auch die Diffusionsterme können durch Zentraldifferenzen und Mittelpunktregel einfach ohne Interpolation approximiert werden: Die Druckknoten liegen in der Mitte der relevanten KV-Seiten (wodurch die Druckkraft auf die KV-Seiten direkt berechnet werden kann), und die Geschwindigkeitsknoten sind um die Mitte einer KV-Seite so angeordnet, dass z. B. an der Ostseite sowohl $\partial u/\partial x$ als auch $\partial v/\partial y$, die für die Berechnung der Spannungsterme benötigt werden, mit Zentraldifferenzen direkt mit Knotenwerten berechnen werden können. Die Auswertung der Massenflüsse in der Kontinuitätsgleichung auf einem Druck-KV erfolgt ebenfalls auf direktem Wege, da die Geschwindigkeitskomponenten in den Seitenmitten als Knotenwerte zur Verfügung stehen. Weitere Details werden in späteren Abschnitten gegeben.

Der vielleicht größte Vorteil der versetzten Anordnung ist die starke Kopplung zwischen Geschwindigkeit und Druck. Das hilft, einige sonst auftretende Konvergenzprobleme und Oszillationen im Druck- und Geschwindigkeitsfeld zu vermeiden. Diese Frage wird ebenfalls später in diesem Kapitel im Detail behandelt. Die üblichen numerischen Approximationen auf einem versetzten Gitter gewährleisten auch die Erhaltung der kinetischen Energie, was die in vorherigen Abschnitten diskutierten Vorteile mit sich bringt. Der Beweis dazu ist einfach, aber zu langwierig, um ihn hier durchzuführen.

Es wurden noch andere Methoden mit versetzter Anordnung von Variablen vorgeschlagen. Die teilweise versetzte ALE-Methode (von *arbitrary Lagrangian-Eulerian;* siehe Hirt et al. 1997 und Donea et al. 2004) speichert z. B. beide Geschwindigkeitskomponenten in den Eckpunkten des Druck-KV (siehe Abb. 7.2). Diese Variante hat einige Vorteile, wenn das Gitter nichtorthogonal ist; einer der wichtigsten ist, dass der Druck an den Rändern des Lösungsgebietes nicht vorgegeben werden muss. Diese Anordnung hat jedoch auch einige Nachteile; sie kann zu Oszillationen in den Druck- und Geschwindigkeitsfeldern führen.

Andere, von verschiedenen Autoren vorgeschlagene, versetzte Anordnungen haben keine breite Anwendung gefunden und werden hier nicht weiter behandelt.

7.1.5 Berechnung des Drucks

Die Lösung der Navier-Stokes-Gleichungen wird durch das Fehlen einer unabhängigen Gleichung für den Druck, dessen Gradient zu jeder der drei Impulsgleichungen beiträgt, erschwert. Außerdem hat die Massenerhaltungsgleichung bei inkompressiblen Strömungen keine dominante Variable, während in kompressiblen Strömungen die Dichte diese Rolle

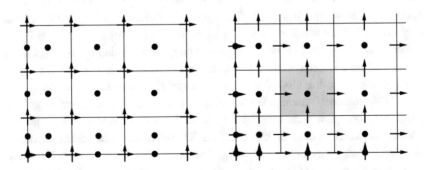

Abb. 7.2 Vollversetzte Anordnung von Geschwindigkeitskomponenten und Druck (rechts) und teilversetzte Anordnung (links) in FV-Gittern

einnimmt. Deshalb stellt die Massenerhaltungsgleichung nur eine kinematische Einschränkung für das Geschwindigkeitsfeld dar und ist keine dynamischen Gleichung. Ein Ausweg
aus dieser Schwierigkeit besteht darin, das Druckfeld so zu bestimmen, dass die Erfüllung
der Kontinuitätsgleichung gewährleistet ist. Das mag zunächst etwas seltsam erscheinen,
aber wir werden im Folgenden zeigen, dass dieser Weg möglich ist. Es ist zu beachten, dass
der absolute Druck bei einer inkompressiblen Strömung irrelevant ist; nur der Gradient des
Drucks (Druckdifferenz) beeinflusst die Strömung.

In kompressiblen Strömungen kann die Kontinuitätsgleichung zur Bestimmung der
Dichte verwendet werden und der Druck wird aus einer Zustandsgleichung berechnet. Dieser
Ansatz ist nicht geeignet für niedrige Mach-Zahl- oder inkompressible Strömungen.

In diesem Abschnitt stellen wir die Grundphilosophie hinter einigen der gängigsten
Methoden der Druck-Geschwindigkeits-Kopplung vor. In Kap. 8 geben wir Sätze von diskretisierten Gleichungen und andere Anleitungen, welche die Grundlage für das Schreiben
von Rechenprogrammen bilden.

7.1.5.1 Die Druckgleichung und ihre Lösung

Die Impulsgleichungen bestimmen eindeutig die jeweiligen Geschwindigkeitskomponenten, sodass ihre Rollen gut definiert sind. Damit bleibt die Kontinuitätsgleichung, die den
Druck nicht enthält, zur Bestimmung des Drucks übrig. Wie kann dies erreicht werden? Die
gebräuchlichste Methode basiert auf der Kombination der beiden Gleichungen.

Die Form der Kontinuitätsgleichung legt nahe, die Divergenz der Impulsgleichung (1.15)
vorzunehmen. Die Kontinuitätsgleichung kann verwendet werden, um die resultierende
Gleichung zu vereinfachen, sodass eine Poisson-Gleichung für den Druck übrig bleibt:

$$\nabla \cdot (\nabla p) = -\nabla \cdot \left[\nabla \cdot (\rho \mathbf{vv} - \mathsf{S}) - \rho \mathbf{b} + \frac{\partial (\rho \mathbf{v})}{\partial t} \right], \tag{7.18}$$

wobei S den Spannungstensor ohne den Druckanteil darstellt, s. Gl. (1.9). In kartesischen
Koordinaten lautet diese Gleichung:

$$\frac{\partial}{\partial x_i} \left(\frac{\partial p}{\partial x_i} \right) = -\frac{\partial}{\partial x_i} \left[\frac{\partial}{\partial x_j} \left(\rho u_i u_j - \tau_{ij} \right) \right] + \frac{\partial (\rho b_i)}{\partial x_i} + \frac{\partial^2 \rho}{\partial t^2}. \tag{7.19}$$

Für den Fall einer konstanten Dichte, Viskosität und Körperkraft vereinfacht sich diese
Gleichung weiter; die viskosen und instationären Terme verschwinden aufgrund der Kontinuitätsgleichung:

$$\frac{\partial}{\partial x_i} \left(\frac{\partial p}{\partial x_i} \right) = -\frac{\partial}{\partial x_i} \left[\frac{\partial (\rho u_i u_j)}{\partial x_j} \right]. \tag{7.20}$$

Diese Druckgleichung kann mit einer der in Kap. 3 und 4 beschriebenen numerischen Methoden für elliptische Gleichungen gelöst werden. Es ist wichtig zu beachten, dass die rechte
Seite der Druckgleichung eine Summe von Ableitungen der Terme aus den Impulsgleichungen darstellt; diese müssen auf eine Weise approximiert werden, die ihrer Behandlung in den

Gleichungen, aus denen sie abgeleitet sind, entspricht. Im Folgenden werden zwei Ansätze, um den Druck zu erhalten, beschrieben. Im ersten Fall versuchen wir, den Druck selbst bei der nächsten Iteration oder dem nächsten Zeitschritt in jedem Verfahren zu finden. Alternativ können wir den neuen Druck durch einen älteren Wert (aus der vorherigen Iteration oder Zeitschritt) und einer Druckkorrektur berechnen, d. h. $p^{neu} = p^{alt} + p'$. Wir suchen dann nach der Druckkorrektur p', deren Werte viel kleiner als die des Drucks sind und mit fortschreitenden Iterationen gegen null streben. Wie zu erwarten ist, hat dieser Ansatz in der Regel Vorteile.

Der Laplace-Operator in der Druckgleichung ist das Produkt aus dem Divergenzoperator, der aus der Kontinuitätsgleichung stammt, und dem Gradientenoperator, der aus den Impulsgleichungen stammt. In einer numerischen Approximation ist es wichtig, dass die Konsistenz dieser Operatoren erhalten bleibt, d. h. die Approximation der Poisson-Gleichung ist definiert als das Produkt aus den in den Grundgleichungen verwendeten Divergenz- und Gradientenapproximationen. Um die Bedeutung dieses Themas zu unterstreichen, wurden die beiden Ableitungen des Drucks in den obigen Gleichungen getrennt: Die äußere Ableitung stammt aus der Kontinuitätsgleichung und die innere aus den Impulsgleichungen. Die äußeren und inneren Ableitungen können mit verschiedenen Verfahren diskretisiert werden – sie müssen die in den Impuls- und Kontinuitätsgleichungen verwendeten sein. Die Verletzung dieser Bedingung führt zu mangelnder Erfüllung der Kontinuitätsgleichung (was leider – wie wir später in Abschn. 8.2 sehen werden – ein Problem für Methoden basierend auf nichtversetzten Gittern darstellt).

Eine solche Druckgleichung kann verwendet werden, um den Druck sowohl bei expliziten als auch bei impliziten Lösungsverfahren zu berechnen. Um die Konsistenz zwischen den verwendeten Approximationen zu gewährleisten, ist es am besten, die Gleichung für den Druck aus den diskretisierten Impuls- und Kontinuitätsgleichungen herzuleiten, anstatt die obige Poisson-Gleichung zu approximieren. Die Druckgleichung kann auch verwendet werden, um den Druck in einem Geschwindigkeitsfeld zu berechnen, das durch Lösen der Wirbelstärke-Stromfunktion-Gleichungen erhalten wurde, siehe Abschn. 7.2.4.

7.1.5.2 Bemerkung zu Druck und Inkompressibilität

Angenommen, wir haben ein Geschwindigkeitsfeld $\mathbf{v}^*$, das die Kontinuitätsbedingung nicht erfüllt; zum Beispiel kann $\mathbf{v}^*$ durch Lösung der Navier-Stokes-Gleichungen erhalten worden sein, ohne Massenerhaltung zu erzwingen. Wir möchten ein neues Geschwindigkeitsfeld $\mathbf{v}$ erstellen, das (i) die Kontinuitätsgleichung erfüllt und (ii) so nah wie möglich am ursprünglichen Feld $\mathbf{v}^*$ liegt.

Mathematisch können wir diese Aufgabe als ein Minimierungsproblem darstellen:

$$\tilde{R} = \frac{1}{2} \int_V [\mathbf{v}(\mathbf{r}) - \mathbf{v}^*(\mathbf{r})]^2 \, dV, \tag{7.21}$$

wobei $\mathbf{r}$ den Positionsvektor darstellt, und V ist das Gebiet, in dem das Geschwindigkeitsfeld definiert ist; die Kontinuitätsbedingung

$$\nabla \cdot \mathbf{v}(\mathbf{r}) = 0 \tag{7.22}$$

soll im ganzem Lösungsgebiet erfüllt sein. Auf die Frage der Randbedingungen wird im Folgenden eingegangen.

Dies ist eine Standardform des Problems der Variationsrechnung. Eine nützliche Möglichkeit, damit umzugehen, ist die Einführung eines Lagrange-Multiplikators. Das ursprüngliche Problem (7.21) wird ersetzt durch das Problem der Minimierung von

$$R = \frac{1}{2} \int_V [\mathbf{v}(\mathbf{r}) - \mathbf{v}^*(\mathbf{r})]^2 \, dV - \int_V \lambda(\mathbf{r}) \, \nabla \cdot \mathbf{v}(\mathbf{r}) \, dV, \tag{7.23}$$

wobei λ der Lagrange-Multiplikator ist. Das Einbeziehen des Lagrange-Multiplikatorterms hat keinen Einfluss auf den Minimalwert, da die Bedingung (7.22) erfordert, dass dieser Term gleich null ist.

Angenommen, die Funktion, die zum Minimum von R führt, ist $\mathbf{v}^+$; natürlich erfüllt $\mathbf{v}^+$ auch (7.22). Entsprechend gilt:

$$R_{\min} = \frac{1}{2} \int_V [\mathbf{v}^+(\mathbf{r}) - \mathbf{v}^*(\mathbf{r})]^2 \, dV. \tag{7.24}$$

Wenn $R_{\min}$ ein echtes Minimum ist, dann muss jede Abweichung von $\mathbf{v}^+$ eine Änderung 2. Ordnung in R bewirken. Nehmen wir also an, dass:

$$\mathbf{v} = \mathbf{v}^+ + \delta\mathbf{v}, \tag{7.25}$$

wo $\delta\mathbf{v}$ beliebig, aber klein ist. Wenn $\mathbf{v}$ in den Ausdruck (7.23) eingesetzt wird, erhalten wir $R_{\min}\delta R$, wo:

$$\delta R = \int_V \delta\mathbf{v}(\mathbf{r}) \cdot [\mathbf{v}^+(\mathbf{r}) - \mathbf{v}^*(\mathbf{r})] \, dV - \int_V \lambda(\mathbf{r}) \nabla \cdot \delta\mathbf{v}(\mathbf{r}) \, dV. \tag{7.26}$$

Wir haben den Term proportional zu $(\delta\mathbf{v})^2$ fallengelassen, da er 2. Ordnung ist. Durch die partielle Integration des letzten Terms und die Anwendung des Gauß-Theorems, erhalten wir nun:

$$\delta R = \int_V \delta\mathbf{v}(\mathbf{r}) \cdot [\mathbf{v}^+(\mathbf{r}) - \mathbf{v}^*(\mathbf{r}) + \nabla\lambda(\mathbf{r})] \, dV + \int_S \lambda(\mathbf{r}) \, \delta\mathbf{v}(\mathbf{r}) \cdot \mathbf{n} \, dS. \tag{7.27}$$

Auf den Teilen des Lösungsgebietsrandes, auf denen eine Randbedingung für $\mathbf{v}$ gegeben ist (Wände, Einstrom), wird angenommen, dass sowohl $\mathbf{v}$ als auch $\mathbf{v}^+$ die gegebene Bedingung erfüllen, sodass $\delta\mathbf{v}$ dort gleich null ist. Diese Abschnitte des Randes leisten keinen Beitrag zum Oberflächenintegral in Gl. (7.27), sodass für sie keine Bedingung von λ erforderlich ist; jedoch wird unten eine Bedingung entwickelt. An den Teilen des Randes, an denen andere Arten von Randbedingungen gegeben sind (Symmetrieebenen, Ausstrom) ist $\delta \mathbf{v}$ nicht unbedingt gleich null; um das Oberflächenintegral verschwinden zu lassen, müssen wir verlangen, dass $\lambda = 0$ auf diesen Teilen der Randes gilt.

Wenn δR für beliebige $\delta \mathbf{v}$ verschwinden soll, müssen wir verlangen, dass das Volumenintegral in Gl. (7.27) auch verschwindet, d. h.:

$$\mathbf{v}^+(\mathbf{r}) - \mathbf{v}^*(\mathbf{r}) + \nabla\lambda(\mathbf{r}) = 0. \tag{7.28}$$

Schließlich erinnern wir uns daran, dass $\mathbf{v}^+(\mathbf{r})$ die Kontinuitätsgleichung (7.22) erfüllen muss. Wenn wir die Divergenz von Gl. (7.28) nehmen und diese Bedingung anwenden, erhalten wir:

$$\nabla^2\lambda(\mathbf{r}) = \nabla \cdot \mathbf{v}^*(\mathbf{r}), \tag{7.29}$$

was eine Poisson-Gleichung für $\lambda(\mathbf{r})$ darstellt. Auf den Teilen des Randes, auf denen die Randbedingungen für $\mathbf{v}$ vorgegeben sind, gilt $\mathbf{v}^+ = \mathbf{v}^*$. Die Gl. (7.28) zeigt, dass in diesem Fall $\nabla\lambda(\mathbf{r}) = 0$, und wir haben eine Randbedingung für λ.

Wenn die Gl. (7.29) und die Randbedingungen erfüllt sind, ist das Geschwindigkeitsfeld divergenzfrei. Es ist auch nützlich zu vermerken, dass diese gesamte Übung wiederholt werden kann, wenn die kontinuierlichen Operatoren durch diskrete ersetzt werden.

Wenn die Poisson-Gleichung gelöst wird, kann das korrigierte Geschwindigkeitsfeld aus Gl. (7.28) erhalten werden:

$$\mathbf{v}^+(\mathbf{r}) = \mathbf{v}^*(\mathbf{r}) - \nabla\lambda(\mathbf{r}). \tag{7.30}$$

Dies zeigt, dass der Lagrange-Multiplikator $\lambda(\mathbf{r})$ im Wesentlichen die Rolle des Drucks spielt und bestätigt erneut, dass die Funktion des Drucks bei inkompressiblen Strömungen darin besteht, die Kontinuität zu gewährleisten.

7.1.6 Anfangs- und Randbedingungen für die Navier-Stokes-Gleichungen

Die Werte aller Variablen müssen initialisiert werden, bevor das iterative Lösungsverfahren gestartet wird. Bei stationären Strömungen sind die Anfangswerte für die endgültige Lösung ohne Bedeutung, beeinflussen aber die Konvergenzrate und den gesamten Rechenaufwand. Es ist daher wünschenswert, die Lösung so zu initialisieren, dass der Unterschied zur Endlösung so gering wie möglich ist. In vielen praktischen Situationen ist es jedoch schwierig, Ausgangsfelder bereitzustellen, die eine gute Abschätzung der endgültigen Lösung darstellen; in den meisten Fällen beginnen wir mit einer trivialen Initialisierung (z. B. Nullwerte oder andere konstante Werte für Geschwindigkeit, Druck und Temperatur).

Bei der Berechnung instationärer Strömungen sind die Anforderungen an die Anfangsbedingungen höher. Die Geschwindigkeits- und Druckfelder, die wir bei $t = 0$ vorgeben, müssen die Navier-Stokes-Gleichungen erfüllen. Da die Lösung bei $t = \Delta t$ stark von der Lösung bei $t = 0$ abhängt, werden Fehler in der Anfangslösung auf zukünftige Zeitschritte übertragen. Nur wenn periodische Strömungen (oder Strömungen stochastischer Natur, z. B. Grobstruktur- oder direkte Simulationen turbulenter Strömungen, vgl. Kap. 10) berechnet werden, geht die Wirkung von Anfangszuständen nach einiger Zeit verloren. In jedem Fall können unangemessene Anfangsbedingungen zu erheblichen Problemen führen, sodass Vorsicht geboten ist.

Die Randbedingungen müssen zu jedem Zeitschritt spezifiziert werden; sie können konstant oder zeitlich variabel sein. Alles, was über die Randbedingungen in Kap. 3 und 4 für die generische Erhaltungsgleichung gesagt wurde, gilt auch für die Impulsgleichungen. Einige Besonderheiten werden in diesem Abschnitt behandelt.

An einer Wand gilt die Haftbedingung, d. h. die Geschwindigkeit des Fluids ist gleich der Wandgeschwindigkeit, eine Dirichlet-Randbedingung. Es gibt jedoch noch eine weitere Bedingung, die bei einer FV-Methode direkt erzwungen werden kann: Die viskose Normalspannung an einer Wand ist gleich null. Dies ergibt sich aus der Kontinuitätsgleichung, z. B. für eine Wand bei $y = 0$ (siehe Abb. 7.3):

$$\left(\frac{\partial u}{\partial x}\right)_{\text{Wand}} = 0 \implies \left(\frac{\partial v}{\partial y}\right)_{\text{Wand}} = 0 \implies \tau_{yy} = 2\mu \left(\frac{\partial v}{\partial y}\right)_{\text{Wand}} = 0. \qquad (7.31)$$

Daher ist der Diffusionsfluss in der v-Gleichung am Südrand:

$$F_{\text{s}}^{\text{d}} = \int_{S_{\text{s}}} \tau_{yy} \, \mathrm{d}S = 0. \qquad (7.32)$$

Dies sollte direkt implementiert werden, anstatt nur $v = 0$ an der Wand vorzugeben. Weil im Zellenzentrum $v_{\text{P}} \neq 0$, würden wir eine Ableitung ungleich null im diskretisierten Flussausdruck erhalten – es ist daher besser, die Bedingung aus G. (7.31) direkt anzuwenden; $v = 0$ wird als Randbedingung in der Kontinuitätsgleichung verwendet. Die Scherspannung kann unter Verwendung einer einseitigen Approximation der Ableitung $\partial u / \partial y$ berechnet werden; eine mögliche Approximation ist (für die u-Gleichung und die Situation aus Abb. 7.4, wobei berücksichtigt wird, dass $(\partial v / \partial x)_{\text{Wand}} = 0$):

$$F_{\text{s}}^{\text{d}} = \int_{S_{\text{s}}} \tau_{xy} \, \mathrm{d}S = \int_{S_{\text{s}}} \mu \frac{\partial u}{\partial y} \, \mathrm{d}S \approx \mu_{\text{s}} \left(\frac{\partial u}{\partial y}\right)_{\text{s}} S_{\text{s}}. \qquad (7.33)$$

Abb. 7.3 Randbedingungen für Geschwindigkeiten an einer Wand und an einer Symmetrieebene

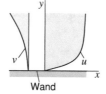

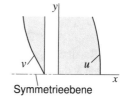

Abb. 7.4 Zur Implementierung der Randbedingungen für Geschwindigkeiten auf einem kartesischen Gitter

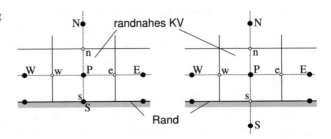

Die Ableitung von u nach y an der Wand kann auf verschiedene Weise approximiert werden. Ein Ansatz besteht darin, die Position des Knotens S identisch mit dem Flächenschwerpunkt „s" zu setzen, siehe die linke Seite von Abb. 7.4. Der andere Ansatz sieht vor, das der Knoten S außerhalb des Lösungsgebiets liegt, als ob die randnahe Zelle am Rand gespiegelt worden wäre, siehe die rechte Seite von Abb. 7.4.

Im erstgenannten Fall, wenn eine lineare Variation von u mit y angenommen wird, erhält man die folgende einfache Approximation:

$$\left(\frac{\partial u}{\partial y}\right)_s \approx \frac{u_P - u_s}{y_P - y_s}. \tag{7.34}$$

Da es sich um eine einseitige Approximation handelt, ist sie nur 1. Ordnung genau. Wird jedoch diese Approximation über die halbe Zellbreite am Rand zusammen mit einer Zentraldifferenzenapproximation im Inneren verwendet, konvergiert die Lösung mit 2. Ordnung. Die Genauigkeit kann durch die Verwendung einer einseitigen Approximation 2. Ordnung erhöht werden, die auf der Annahme einer quadratischen Variation von u mit y basiert (eine Parabel wird an die Variablenwerte im Randpunkt „s" und den Zellzentren P und N angepasst, siehe die linke Seite von Abb. 7.4); für ein äquidistantes Gitter lautet diese Approximation:

$$\left(\frac{\partial u}{\partial y}\right)_s \approx \frac{9u_P - 8u_s - u_N}{6(y_P - y_s)} = \frac{9u_P - 8u_s - u_N}{6(\Delta y/2)}. \tag{7.35}$$

Wenn Randknoten außerhalb des Lösungsgebiets platziert werden, kann die gleiche Zentraldifferenzenapproximation für die Ableitung von u nach y sowohl an der Randfläche „s" als auch an der Innenfläche „n" verwendet werden, d. h.:

$$\left(\frac{\partial u}{\partial y}\right)_s \approx \frac{u_P - u_S}{y_P - y_S} = \frac{u_P - u_S}{\Delta y}. \tag{7.36}$$

Die Randbedingung gibt jedoch $u_s = u_{\text{Wand}}$ vor, und somit muss der Wert von u im Hilfsknoten S durch Extrapolation unter Verwendung des vorgegebenen Randwertes und eines oder mehrerer Werte in internen Zellmitten erhalten werden. Die einfachste Approximation, die auf linearer Extrapolation basiert, führt zu:

$$u_S \approx 2u_s - u_P. \tag{7.37}$$

Eine genauere Approximation wird durch die Verwendung einer quadratischen Extrapolation erreicht (die gleiche, die auch verwendet wurde, um die Approximation der Ableitung in Gl. (7.35) zu erhalten); für ein äquidistantes Gitter erhält man:

$$u_S \approx \frac{8}{3}u_s - 2u_P + \frac{1}{3}u_N. \tag{7.38}$$

In entsprechenden, leicht herleitbaren Ausdrücken für nichtäquidistante Gitter werden die Multiplikatoren der Knotenvariablenwerte zu Funktionen der Gitterabstände.

In einer Symmetrieebene haben wir die umgekehrte Situation: Die Scherspannung ist gleich null, aber die Normalspannung nicht, weil (für die Situation aus Abb. 7.3):

$$\left(\frac{\partial u}{\partial y}\right)_{\text{sym}} = 0; \quad \left(\frac{\partial v}{\partial y}\right)_{\text{sym}} \neq 0. \tag{7.39}$$

Der Diffusionsfluss in der u-Gleichung ist gleich null, und der Diffusionsfluss in der v-Gleichung erfordert eine Approximation der Ableitung von v nach y:

$$F_s^{\text{d}} = \int_{S_s} \tau_{yy}\,\mathrm{d}S = \int_{S_s} 2\mu\frac{\partial v}{\partial y}\,\mathrm{d}S \approx 2\mu_s\left(\frac{\partial v}{\partial y}\right)_s S_s. \tag{7.40}$$

Die Randbedingung gibt $v_s = 0$ vor (kein Durchfluss durch die Symmetrieebene). Die gleichen Approximationen, die oben für $(\partial u/\partial y)_s$ an einer Wand eingeführt wurden, können auf v an der Symmetrieebene angewendet werden.

Bei einem FV-Verfahren mit einem versetzten Gitter ist der Druck an den Rändern nicht erforderlich (außer wenn der Druck an einem Rand vorgegeben ist; dies wird in Kap. 11 behandelt). Dies liegt daran, dass sich das nächstgelegene KV für die Geschwindigkeitskomponente senkrecht zum Rand nur bis zur Mitte des skalaren KV erstreckt, wo der Druck berechnet wird. Bei Verwendung einer nichtversetzten Anordnung von Variablen erstrecken sich alle KV bis zum Rand, und wir benötigen den Randdruck, um die Druckkräfte in den Impulsgleichungen zu berechnen. Wir müssen die Extrapolation aus dem Inneren verwenden, um den Druck an den Rändern zu erhalten. In den meisten Fällen ist die lineare Extrapolation für ein Verfahren 2. Ordnung ausreichend genau, aber die quadratische Extrapolation ist noch besser. Es gibt jedoch Fälle, in denen in der Gleichung für die Normalgeschwindigkeitskomponente ein großer Druckgradient nahe einer Wand benötigt wird, um eine Körperkraft (Auftrieb, Zentrifugalkraft usw.) auszugleichen. Wenn die Druckextrapolation nicht genau ist, kann diese Bedingung nicht erfüllt sein, und es können große Geschwindigkeiten in Richtung senkrecht zum Rand in randnahen Zellen auftreten. Dies kann vermieden werden, indem die Normalgeschwindigkeitskomponente für das erste KV aus der Kontinuitätsgleichung berechnet wird, indem die Druckextrapolation angepasst wird, oder durch lokale Gitterverfeinerung.

Auch die Randbedingungen für die Druckkorrekturgleichung (definiert in Abschn. 7.2.2) verdienen Beachtung. Wenn der Massenfluss durch einen Rand vorgegeben ist, ist die Massenflusskorrektur in der Druckkorrekturgleichung dort gleich null. Diese Bedingung sollte bei der Herleitung der Druckkorrekturgleichung direkt in die Kontinuitätsgleichung implementiert werden. Dies entspricht der Vorgabe einer Neumann-Randbedingung (Nullgradient) für die Druckkorrektur. Eine Diskussion der Randbedingungen für die Druckkorrektur in Teilschrittmethoden ist in Abschn. 8.3.4 enthalten.

Am Ausstrom, wenn die Einstrommassenflüsse vorgegeben sind, kann die Extrapolation der Geschwindigkeit hin zum Rand (Nullgradient, z. B. $u_E = u_P$ am Ostrand) in der Regel für stationäre Strömungen verwendet werden, wenn der Ausstromrand weit von der zu untersuchenden Region entfernt ist und die Reynolds-Zahl groß ist. Die extrapolierte Geschwindigkeit wird dann korrigiert, um genau den gleichen Gesamtmassenstrom am Ausstromrand wie am Einstromrand zu erhalten (dies kann durch keine Extrapolation gewährleistet werden). Die korrigierten Geschwindigkeiten werden dann für die folgende äußere Iteration als vorgegeben betrachtet und die Massenflusskorrektur am Ausstromrand wird in der Kontinuitätsgleichung gleich null gesetzt. Dies führt dazu, dass die Druckkorrekturgleichung Neumann-Bedingungen an allen Rändern aufweist und damit mathematisch singulär wird. Um die Lösung eindeutig zu machen, kann man den Druck in einem Punkt als fixiert annehmen, sodass die in diesem Punkt berechnete Druckkorrektur von Korrekturen in allen Knoten abgezogen wird. Eine weitere Möglichkeit ist es, den mittleren Druck auf einen Wert einzustellen, z. B. gleich null. Praktisch ist es nicht notwendig, diese Schritte zu unternehmen, da die meisten Verfahren jeden Schritt mit einem Startdruck beginnen und das Niveau des tatsächlichen Drucks bei inkompressiblen Strömungen i. Allg. ohne Bedeutung ist, da nur der Gradient zählt. Ist der tatsächliche Druck bekannt oder erforderlich, wird er meist durch die Physik der Situation definiert, z. B. eine Flüssigkeitsströmung mit einer freien Oberfläche und einem bekannten Druck in der Gasphase. Der gesunde Menschenverstand suggeriert in jedem Fall Sorgfalt. Wenn der mittlere Druck im Vergleich zu den Druckunterschieden zwischen den Gitterpunkten im Gradienten sehr groß wird, kann die numerische Genauigkeit sinken, und die oben beschriebene Festlegung des Drucks in einem Punkt verhindert, dass Rundungsfehler Probleme verursachen.

Ein weiterer Fall ergibt sich, wenn die Druckdifferenz zwischen dem Ein- und Ausstromrand vorgegeben wird. Dann können die Geschwindigkeiten an diesen Grenzen nicht vorgegeben werden – sie müssen so berechnet werden, dass der Druckverlust dem vorgegebenen Wert entspricht. Dies kann auf verschiedene Weise realisiert werden. In jedem Fall muss die Randgeschwindigkeit aus den inneren Knoten zum Rand hin extrapoliert (ähnlich der Interpolation für Zellflächen bei nichtversetzter Anordnung der Variablen) und dann korrigiert werden. Ein Beispiel, wie mit dem spezifizierten statischen Druck umgegangen werden kann, wird in Kap. 11 beschrieben.

7.1.7 Illustrative einfache Verfahren

Um mit der eigentlichen Lösung der Navier-Stokes-Gleichungen zu beginnen, beschreiben wir zwei einfache Verfahren. Das erste ist eine explizite Zeitschrittmethode für instationäre Strömungen. Das zweite Verfahren führt uns in die zusätzlichen Merkmale einer impliziten Methode ein. Die detaillierte Untersuchung gängiger Verfahren beginnt dann in Abschn. 7.2.

7.1.7.1 Ein einfaches explizites Zeitschrittverfahren

Betrachten wir zuerst eine Methode für instationäre Strömungen, die veranschaulicht, wie die diskretisierte Poisson-Gleichung für den Druck aufgebaut ist und welche Rolle sie bei der Erzwingung der Kontinuität spielt. Die Wahl der Approximationen für die räumlichen Ableitungen ist hier nicht von Bedeutung, sodass die semidiskretisierten (diskret im Raum, aber nicht in der Zeit) Impulsgleichungen symbolisch geschrieben werden als:

$$\frac{\partial(\rho u_i)}{\partial t} = -\frac{\delta(\rho u_i u_j)}{\delta x_j} - \frac{\delta p}{\delta x_i} + \frac{\delta \tau_{ij}}{\delta x_j} = H_i - \frac{\delta p}{\delta x_i}, \tag{7.41}$$

wobei $\delta/\delta x$ die beliebig diskretisierte räumliche Ableitung darstellt (die in jedem Term mit einer anderen Methode approximiert werden kann) und H_i eine Kurzschreibweise für die Konvektions- und Viskositätsterme ist, deren Behandlung hier ebenfalls keine Rolle spielt.

Der Einfachheit halber nehmen wir an, dass wir Gl. (7.41) mit der expliziten Euler-Methode zur Zeitintegration lösen wollen. In diesem Fall haben wir:

$$(\rho u_i)^{n+1} - (\rho u_i)^n = \Delta t \left(H_i^n - \frac{\delta p^n}{\delta x_i} \right). \tag{7.42}$$

Um diese Methode anzuwenden, wird die Geschwindigkeit beim Zeitschritt n verwendet, um H_i^n zu berechnen, und wenn der Druck verfügbar ist, kann auch $\delta p^n/\delta x_i$ berechnet werden. Dies ergibt eine Abschätzung von ρu_i für den neuen Zeitschritt $n+1$. Im Allgemeinen erfüllt dieses Geschwindigkeitsfeld nicht die Kontinuitätsgleichung, die wir erzwingen wollen:

$$\frac{\delta(\rho u_i)^{n+1}}{\delta x_i} = 0. \tag{7.43}$$

Wir haben ein Interesse an inkompressiblen Strömungen bekundet, aber diese beinhalten Strömungen mit variabler Dichte; dies wird durch die Einbeziehung der Dichte betont. Um zu sehen, wie Kontinuität erzwungen werden kann, nehmen wir die numerische Divergenz (mit den numerischen Operatoren, die zur Approximation der Kontinuitätsgleichung verwendet werden) von Gl. (7.42). Das Ergebnis ist:

$$\frac{\delta(\rho u_i)^{n+1}}{\delta x_i} - \frac{\delta(\rho u_i)^n}{\delta x_i} = \Delta t \left[\frac{\delta}{\delta x_i} \left(H_i^n - \frac{\delta p^n}{\delta x_i} \right) \right]. \tag{7.44}$$

Der erste Term ist die Divergenz des neuen Geschwindigkeitsfeldes, das wir gleich null
haben wollen. Der zweite Term ist gleich null, wenn die Kontinuität beim Zeitschritt n
erzwungen wurde; wir gehen davon aus, dass dies der Fall ist, aber wenn nicht, sollte dieser
Term in der Gleichung belassen werden. Die Beibehaltung dieses Terms ist notwendig,
wenn eine iterative Methode zur Lösung der Poisson-Gleichung für den Druck verwendet
wird und der iterative Prozess nicht vollständig konvergiert ist. Ebenso sollte die Divergenz
der viskosen Komponente von H_i für die konstante Dichte ρ gleich null sein, aber ein Wert
ungleich null ist leicht zu berücksichtigen. Unter Berücksichtigung all dieser Faktoren ergibt
sich die diskrete Poisson-Gleichung für den Druck p^n:

$$\frac{\delta}{\delta x_i}\left(\frac{\delta p^n}{\delta x_i}\right) = \frac{\delta H_i^n}{\delta x_i}. \tag{7.45}$$

Es ist zu beachten, dass der Operator $\delta/\delta x_i$ außerhalb der Klammern den von der Kontinuitätsgleichung geerbten Divergenzoperator darstellt, während $\delta p/\delta x_i$ der Druckgradient
aus der Impulsgleichung ist. Wenn der Druck p^n diese diskrete Poisson-Gleichung erfüllt,
ist das Geschwindigkeitsfeld bei Zeitschritt $n + 1$ divergenzfrei (im Sinne des diskreten
Divergenzoperators, siehe Gl. (7.43). Der Zeitpunkt, zu dem der berechnete Druck gehört,
ist beliebig (zwischen t_n und t_{n+1}). Wäre der Term des Druckgradienten implizit behandelt
worden, hätten wir p^{n+1} anstelle von p^n, aber alles andere bliebe unverändert.

Somit erhalten wir den folgenden Algorithmus für die Zeitfortschreitung der Navier-
Stokes-Gleichungen:

- Beginne mit einem Geschwindigkeitsfeld u_i^n zum Zeitpunkt t_n, das als divergenzfrei angenommen wird (wie bereits erwähnt, wenn es nicht divergenzfrei ist, kann dies korrigiert
werden).
- Berechne die Kombination, H_i^n, der Konvektions- und Viskositätsterme zum Zeitpunkt
t_n und deren Divergenz (beide müssen für die spätere Verwendung gespeichert werden).
- Löse die Poisson-Gleichung (7.45) für den Druck p^n.
- Berechne das Geschwindigkeitsfeld zum neuen Zeitpunkt t_{n+1} aus Gl. (7.42) – es wird
divergenzfrei sein.
- Wiederhole alles für den nächsten Zeitschritt.

Ähnliche Methoden werden häufig verwendet, um die Navier-Stokes-Gleichungen zu lösen,
wenn die genaue Information über die zeitliche Entwicklung der Strömung erforderlich ist.
Die Hauptunterschiede in der Praxis bestehen darin, dass Zeitintegrationsmethoden verwendet werden, die genauer sind als die Euler-Methode 1. Ordnung und dass einige der Terme
implizit behandelt werden können. Einige dieser Methoden werden später beschrieben.

Wir haben gezeigt, wie die Lösung der Poisson-Gleichung für den Druck sicherstellen
kann, dass das Geschwindigkeitsfeld die Kontinuitätsgleichung erfüllt, d. h. divergenzfrei
ist. Auf diesem Ansatz basieren viele Methoden, die zur Lösung der stationären und instationären Navier-Stokes-Gleichungen verwendet werden.

7.1.7.2 Ein einfaches implizites Zeitschrittverfahren

Um zu sehen, welche zusätzlichen Schwierigkeiten entstehen, wenn eine implizite Methode zur Lösung der Navier-Stokes-Gleichungen verwendet wird, stellen wir nun eine solche Methode vor. Da wir daran interessiert sind, bestimmte Themen zu beleuchten, verwenden wir ein Verfahren, das auf der einfachen impliziten Euler-Methode basiert. Wenn wir diese Methode auf Gl. (7.41) anwenden, erhalten wir:

$$(\rho u_i)^{n+1} - (\rho u_i)^n = \Delta t \left(-\frac{\delta(\rho u_i u_j)}{\delta x_j} - \frac{\delta p}{\delta x_i} + \frac{\delta \tau_{ij}}{\delta x_j} \right)^{n+1}. \qquad (7.46)$$

Wir sehen sofort, dass es Schwierigkeiten gibt, die bei der im vorherigen Abschnitt beschriebenen expliziten Methode nicht auftraten. Betrachten wir diese nacheinander.

Erstens gibt es ein Problem mit dem Druck. Die Divergenz des Geschwindigkeitsfeldes zum neuen Zeitpunkt t_{n+1} muss gleich null sein. Dies kann auf die gleiche Weise erreicht werden wie bei der expliziten Methode. Wir nehmen die Divergenz von Gl. (7.46), gehen davon aus, dass das Geschwindigkeitsfeld im Zeitschritt n divergenzfrei ist (dies kann bei Bedarf korrigiert werden) und fordern, dass die Divergenz zum neuen Zeitschritt $n+1$ auch gleich null ist. Daraus ergibt sich die Poisson-Gleichung für den Druck:

$$\frac{\delta}{\delta x_i} \left(\frac{\delta p}{\delta x_i} \right)^{n+1} = \frac{\delta}{\delta x_i} \left(\frac{-\delta(\rho u_i u_j)}{\delta x_j} \right)^{n+1}. \qquad (7.47)$$

Das Problem ist, dass der Term auf der rechten Seite erst berechnet werden kann, wenn die Berechnung des Geschwindigkeitsfeldes zum Zeitpunkt $n+1$ abgeschlossen ist, und umgekehrt. Infolgedessen müssen die Poisson-Gleichung und die Impulsgleichungen gleichzeitig gelöst werden. Das kann nur mit einem iterativen Verfahren erreicht werden.

Auch wenn der Druck bekannt wäre, stellt Gl. (7.46) ein großes System von nichtlinearen Gleichungen dar, die für das Geschwindigkeitsfeld gelöst werden müssen. Die Struktur dieses Gleichungssystems ist ähnlich wie die Struktur der Matrix des diskreten Laplace-Operators aus der Druckgleichung. Da Impulsgleichungen jedoch Beiträge von Konvektionstermen enthalten und Dirichlet-Randbedingungen an einigen Rändern (z. B. Einstrom, Wände, Symmetrieebenen) angewendet werden, ist ihre Lösung meist etwas einfacher als die Lösung der Druck- oder Druckkorrekturgleichung. Dies wird am Ende dieses Kapitels an Beispielen demonstriert.

Wenn man Gl. (7.46) genau lösen will (wie es bei nichtiterativen „Teilschrittmethoden" der Fall ist, die im nächsten Abschnitt vorgestellt werden), ist es am besten, die konvergierten Ergebnisse aus dem vorhergehenden Zeitschritt als erste Abschätzung für das neue Geschwindigkeitsfeld zu übernehmen und dann im neuen Zeitschritt mit der Newton-Iterationsmethode (siehe Abschn. 5.5.1) oder einer für Gleichungssysteme entwickelten Sekantenmethode (siehe Ferziger, 1998 oder Moin, 2010) zur Lösung zu konvergieren.

Nachdem wir gesehen haben, wie sowohl explizite als auch implizite Verfahren aufgebaut werden können, um die Navier-Stokes-Gleichungen zu lösen, werden wir nun einige der gebräuchlichsten Methoden zu ihrer Lösung untersuchen. Unsere Abdeckung ist nicht vollständig und andere Methoden finden sich in der Literatur, z. B. die exakte Projektionsmethode von Chang et al. (2002).

7.2 Berechnungsstrategien für stationäre und instationäre Strömungen

In diesem Abschnitt wird eine Reihe von häufig verwendeten Lösungsmethoden beschrieben. Es werden Methoden gegeben, die sowohl für stationäre als auch für instationäre Strömungen geeignet sind und iterative oder nichtiterative Ansätze verwenden. Alle haben Elemente die denen im vorherigen Abschnitt beschriebenen ähnlich sind. Insbesondere für inkompressible Strömungen werden sowohl stationäre als auch instationäre Probleme mit Schrittmethoden *(marching methods)* gelöst (entweder in der Zeit oder durch eine Reihe von Iterationen). Dies führt zur Notwendigkeit, eine Poisson-Gleichung zu lösen (für Druck, Druckkorrektur oder die Stromfunktion). Ähnliche Methoden werden im Folgenden zusammengefasst.

7.2.1 Teilschrittmethoden

Die Idee, die instationären Navier-Stokes-Gleichungen in der Zeit getrennt zu integrieren, wurde in den wegweisenden Arbeiten von Harlow and Welch (1965) und Chorin (1968) erstmals dokumentiert. Viele der hierin beschriebenen Methoden sind von diesen frühen Werken abgeleitet oder darauf aufgebaut. In der Tat verweisen Patankar und Spalding (1972) auf den Einfluss dieser Veröffentlichungen auf die Entwicklung des SIMPLE-Algorithmus (beschrieben im nächsten Abschnitt). Während SIMPLE eine iterative Methode ist, ist ein solcher Ansatz nicht unbedingt erforderlich und man kann sogar den Druck im Prädiktorschritt ignorieren. Alle Methoden, beschrieben in diesem Abschnitt, und im Wesentlichen auch diejenigen, die folgen, nutzen den Druck in inkompressiblen Strömungen, um die Massenerhaltung zu erzwingen. Armfield (1991, 1994) und Armfield und Street (2002) liefern Grundlagen und Kontext für viele Teilschrittmethoden *(fractional-step methods)*.

Das Grundprinzip der Teilschrittmethode ist es, die Lösung am Ende eines Zeitschritts in drei Teilschritten zu berechnen: (i) Eine genaue Abschätzung des Geschwindigkeitsfeldes im nächsten Zeitschritt unter Verwendung der verfügbaren Druckinformationen (falls gewünscht) und des aktuellen Geschwindigkeitsfeldes zu finden, (ii) eine Poisson-Gleichung für den neuen Druck oder eine Gleichung für eine Korrektur des alten Drucks zu lösen und (iii) den neuen Druck oder den korrigierten Druck zu verwenden, um die abgeschätzten Geschwindigkeiten beim nächsten Zeitschritt auf neue, massenerhaltende Geschwindigkeiten zu aktualisieren. Es wird keine Iteration verwendet, aber sie kann eingeführt werden, und wir werden das später besprechen.

Kim und Moin (1985) erstellten ein Verfahren zur Berechnung von inkompressiblen Strömungen auf einem versetzten Gitter mit einem Teilschrittverfahren, bei dem der Druck nicht im Prädiktorschritt verwendet wurde, sondern im zweiten Teilschritt berechnet und dann im Korrektorschritt zur Korrektur der Geschwindigkeit verwendet wurde. Zang et al. (1994) erweiterten diese Methode auf nichtversetzte Gitter und krummlinige Koordinaten. Sowohl Kim und Moin als auch Zang et al. verwendeten eine approximative Zerlegung nach dem ADI-Prinzip (siehe Abschn. 5.3.5 oder z. B. Beam and Warming 1976) im Prädiktorschritt, um das Geschwindigkeitsfeld durch Lösung von tridiagonalen Matrizen in jede Koordinatenrichtung zu berechnen; der Zerlegungsansatz selbst hat einen Fehler von $O((\Delta t)^3)$, d. h. eine Ordnung kleiner als die erhoffte $O((\Delta t)^2)$ für das Gesamtverfahren. Wichtig in diesen Formulierungen ist die implizite Behandlung der viskosen (oder turbulenten) Terme; dies vermeidet zeitliche Beschränkungen für diffusionsähnliche Terme, die für explizite Verfahren sehr streng sind (siehe Ferziger 1998). Diese Methoden haben sich als beliebt erwiesen und wurden weit verbreitet, und das ADI-Verfahren mit approximativer Zerlegung ist auch bei anderen Teilschrittmethoden üblich. Darüber hinaus verwendeten Zang et al. (1994) einen kompakten Druckrechenstern für die FV-Formulierung und Interpolation der KV-zentrierten Geschwindigkeiten im nichtversetzten Gitter auf die KV-Seiten, um die Anwendung der Kontinuitätsbedingung zu erleichtern. Ye et al. (1999) diskutieren den Wert dieses Ansatzes und Kim und Choi (2000) erweiterten ihn auf unstrukturierte Gitter.

Gresho (1990) prägte die Namen für Teilschrittverfahren und sie sind als Abkürzung nützlich. Die P1-Methode setzt das Druckfeld in der Impulsgleichung, mit dem das neue Geschwindigkeitsfeld abgeschätzt wird, gleich null und die Druck-Poisson-Gleichung wird dann für den neuen Druck gelöst. Die Verfahren von Kim und Moin (1985) und Zang et al. (1994) sind P1-Varianten und berechnen einen Pseudodruck, der mit dem tatsächlichen Druck verwandt ist, der oft weder benötigt noch berechnet wird. Die P2-Methode setzt den Druck in der Impulsgleichung gleich der Lösung des vorherigen Zeitschritts, und die Druck-Poisson-Gleichung wird dann gelöst, um eine Druckkorrektur zu finden. Bei einem P3-Verfahren wird der in der Impulsgleichung verwendete Druck mit einem Verfahren 2. Ordnung aus den Druckfeldern der beiden vorherigen Zeitschritte extrapoliert. Wir werden später auf dieses letzte Verfahren eingehen.

Zuerst werden wir in diesem Abschnitt eine allgemeine Beschreibung eines P2-Verfahrens geben; in Abschn. 8.3 liefern wir einige Details zur Implementierung von Verfahren sowohl für versetzte als auch für nichtversetzte Gitter; und schließlich in Abschn. 8.4 untersuchen wir die Ergebnisse, die für stationäre und instationäre Strömungen in Deckel- und auftriebsgetriebenen Strömungen in rechteckigen Hohlräumen erzielt wurden, einschließlich eines direkten Vergleichs mit alternativen Lösungsmethoden.

Hier beschreiben wir Teilschrittmethoden basierend auf den Veröffentlichungen von Armfield und Street (2000, 2003, 2004). Ein wichtiges Ergebnis (Abb. 7.5) von Armfield and Street (2003) ist, dass mit P2-Verfahren die Genauigkeit der Druckberechnung 2. Ordnung in der Zeit resultiert.[2] Darüber hinaus schreiben wir die Gleichungen in Vektor- und

---

[2]In diesem Fall wird die Extrapolation $p^{n+1} = (3/2)p^{n+1/2} - (1/2)p^{n-1/2}$ verwendet.

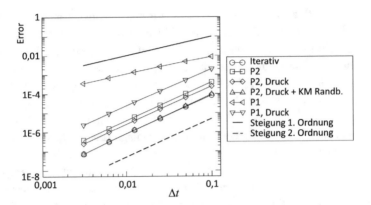

Abb. 7.5 Genauigkeit des mit verschiedenen Methoden berechneten Druckfeldes für natürliche Konvektion in einem Hohlraum (aus Armfield und Street, 2003; Wiedergabe mit Genehmigung)

Operatorform, weil es besonders leicht ist, den Aufbau und Ablauf der Methode zu verstehen, wenn Gleichungen auf diese Weise geschrieben werden.

Die bestimmenden Gleichungen sind die dreidimensionalen Navier-Stokes-Gleichungen für ein inkompressibles Fluid (siehe Abschn. 1.3 und 1.4 und vergleiche Gl. (7.3) und (7.4)):

$$\frac{\partial(\rho\mathbf{v})}{\partial t} + \nabla\cdot(\rho\mathbf{v}\mathbf{v}) = \nabla\cdot\mathsf{S} - \nabla p, \tag{7.48}$$

$$\nabla\cdot(\rho\mathbf{v}) = 0, \tag{7.49}$$

wobei $\mathbf{v} = (u_i)$ die Fluidgeschwindigkeit darstellt, p ist der Druck, und, wie bisher repräsentiert $\mathsf{S} = \mathsf{T} + p\mathsf{I}$ den viskosen Teil des Spannungstensors (siehe Gl. (1.9) und (1.13)). Es ist zu beachten, dass hier die Volumenkräfte wie Schwerkraft vernachlässigt wurden, da sie keinen Einfluss auf die Methodik haben.

Ziel des Verfahrens ist eine Genauigkeit 2. Ordnung in Raum und Zeit. Zu diesem Zweck werden Gl. (7.48) und (7.49) durch die Adams-Bashforth-Methode 2. Ordnung (siehe Abschn. 6.2.2) für die Konvektionsterme und Crank-Nicolson (siehe Abschn. 6.3.2.2) für die viskosen Terme in der Zeit diskretisiert. Somit ist die Methode teilimplizit. Die diskretisierten Gleichungen können wie folgt geschrieben werden:

$$\frac{(\rho\mathbf{v})^{n+1} - (\rho\mathbf{v})^n}{\Delta t} + C(\mathbf{v}^{n+1/2}) = -G(p^{n+1/2}) + \frac{L(\mathbf{v}^{n+1}) + L(\mathbf{v}^n)}{2}, \tag{7.50}$$

$$D(\rho\mathbf{v})^{n+1} = 0, \tag{7.51}$$

wobei die diskreten Terme die Geschwindigkeit $\mathbf{v}$, den Druck p, den Konvektionsoperator $C(\mathbf{v}) = \nabla\cdot(\rho\mathbf{v}\mathbf{v})$, den Gradientenoperator $G() = G_i() = \nabla()$ (Gl. (1.15)), den Divergenzoperator $D() = D_i() = \nabla\cdot()$ (Gl. (1.6)), und den linearen Laplace-artigen Operator für viskose Terme $L(\mathbf{v}) = \nabla \cdot S$ beinhalten. Wenn die üblichen Zentraldifferenzen 2. Ordnung verwendet werden, ist das Verfahren dann 2. Ordnung in Zeit und Raum, wenn es um den Zeitpunkt $n + 1/2$ zentriert wird. Es ist zu beachten, dass die Adams-Bashforth-Approximation Folgendes liefert:

$$C(\mathbf{v}^{n+1/2}) \sim \frac{3}{2} C(\mathbf{v}^n) - \frac{1}{2} C(\mathbf{v}^{n-1}) + O((\Delta t)^2). \tag{7.52}$$

Unsere Teilschrittmethode löst nun die Gl. (7.50) und (7.51) durch

1. Finden einer Abschätzung der neuen Geschwindigkeit $\mathbf{v}^*$ unter Verwendung der alten Werte des Drucks, $p^{n-1/2}$, durch Lösen der folgenden Gleichung:

$$\frac{(\rho\mathbf{v})^* - (\rho\mathbf{v})^n}{\Delta t} + C(\mathbf{v}^{n+1/2}) = -G(p^{n-1/2}) + \frac{L(\mathbf{v}^*) + L(\mathbf{v}^n)}{2}. \tag{7.53}$$

2. Definition einer Druckkorrektur p' gemäß

$$p^{n+1/2} = p^{n-1/2} + p'. \tag{7.54}$$

3. Definition der Korrektur für $\mathbf{v}^*$, indem verlangt wird, dass die korrigierte Geschwindigkeit die folgende Version von Gl. (7.50) erfüllt (in der $\mathbf{v}^{n+1}$ im L-Operator durch $\mathbf{v}^*$ ersetzt wurde, aus Gründen, die bald offensichtlich werden):

$$\frac{(\rho\mathbf{v})^{n+1} - (\rho\mathbf{v})^n}{\Delta t} + C(\mathbf{v}^{n+1/2}) = -G(p^{n+1/2}) + \frac{L(\mathbf{v}^*) + L(\mathbf{v}^n)}{2}. \tag{7.55}$$

Durch Subtraktion der Gl. (7.53) von Gl. (7.55) erhält man den folgenden Ausdruck für die korrigierte Geschwindigkeit:

$$(\rho\mathbf{v})^{n+1} = (\rho\mathbf{v})^* - \Delta t\, G(p'), \tag{7.56}$$

und schließlich

4. das Finden von p' durch Einsetzen von Gl. (7.56) in die Kontinuitätsgleichung (7.51) um

$$D(G(p')) = \frac{D(\rho\mathbf{v})^*}{\Delta t} \tag{7.57}$$

zu erhalten.

Wenn p' bekannt ist, können die endgültige Geschwindigkeit $\mathbf{v}^{n+1}$ und der Druck $p^{n+1/2}$ aus Gl. (7.56) und (7.54) berechnet werden. In einem typischen Fall wird der Konvektionsterm mit dem QUICK-Verfahren im Raum diskretisiert (siehe Abschn. 4.4.3), andere Terme werden mit ZDS diskretisiert, die Gl. (7.53) wird mit der ADI-Methode gelöst (siehe Abschnitte 5.3.5 oder 8.3.2) und die Gl. (7.57) wird mit einem Poisson-Löser gelöst, z. B. dem vorkonditionierten wiederstartenden GMRES-Verfahren (siehe Abschn. 5.3.6.3). Armfield und Street

(1999) berichten, dass 4 Schritte des ADI-Verfahrens ausreichten, um genaue Lösungen für die Fälle, die sie untersucht haben, zu erhalten.

Nachdem die Lösung am Ende des Zeitschritts erhalten wurde, ist es angemessen zu überprüfen, wie groß der Fehler ist. Zuerst schreiben wir Gl. (7.56) in die folgende Form um:

$$(\rho \mathbf{v})^* = (\rho \mathbf{v})^{n+1} + \Delta t \, G(p'), \tag{7.58}$$

und fügen diese nun in die Differenzengleichung (7.55) ein, welche die korrigierte Geschwindigkeit und der korrigierte Druck erfüllen (unter Verwendung der Definition von Gl. (7.54)), um zu erhalten

$$\frac{(\rho \mathbf{v})^{n+1} - (\rho \mathbf{v})^n}{\Delta t} + C(\mathbf{v}^{n+1/2}) = -\, G(p^{n+1/2}) + \frac{L(\mathbf{v}^{n+1}) + L(\mathbf{v}^n)}{2}$$
$$+ \frac{1}{2} \Delta t \, L\left(\frac{1}{\rho} G(p')\right). \tag{7.59}$$

Der Vergleich dieser Gleichung (die wir tatsächlich gelöst haben) mit Gl. (7.50) (die wir lösen wollten) zeigt, dass die gelöste Gleichung einen zusätzlichen Term enthält – der letzte Term in der obigen Gleichung – der den Fehler darstellt, der durch die Nichtkorrektur von $\mathbf{v}^*$ im L-Operator verursacht wurde; wir erinnern uns daran, dass im letzten Term der obigen Gleichung $L = D(G())$. Indem man erkennt, dass die Druckkorrektur ausgedrückt werden kann als

$$p' = p^{n+1/2} - p^{n-1/2} \approx \frac{\partial p}{\partial t} \Delta t, \tag{7.60}$$

sehen wir, dass dieser zusätzliche Term proportional zu $(\Delta t)^2$ und somit konsistent mit der grundlegenden Diskretisierung ist (Armfield and Street, 2002). Zusammenfassend lässt sich sagen, dass das hier beschriebene P2-Verfahren, unabhängig davon, ob die Gitter versetzt oder nichtversetzt sind, keine genaue Lösung der diskreten Gleichungen liefert. Während das Geschwindigkeitsfeld divergenzfrei wird (im Rahmen der Genauigkeit, mit der die Druck-Poisson-Gleichung gelöst wurde), bedeutet dieser Fehler, dass das aktualisierte Geschwindigkeitsfeld und das aktualisierte Druckfeld die diskreten Impulsgleichungen nicht genau erfüllen. Während der Fehler in der Zeit 2. Ordnung ist (d.h. er reduziert sich um den Faktor 4, wenn der Zeitschritt halbiert wird), kann er dennoch signifikant sein, wenn der ausgewählte Zeitschritt nicht klein genug ist. Welcher Zeitschritt klein genug ist, ist leider problemabhängig.

Das oben beschriebene Verfahren stellt nur eine von zahlreichen Wahlmöglichkeiten dar. Natürlich kann man leicht ein anderes explizites Zeitfortschrittsschema für den Konvektionsterm implementieren, ohne die Druckkorrekturgleichung zu verändern. Es ist zu beachten, dass im oben beschriebenen Algorithmus der Druck bei $t_{n+1/2}$ berechnet wird, während die Geschwindigkeiten bei t_{n+1} berechnet werden; wenn beide Größen gleichzeitig benötigt werden, muss man interpolieren. Man kann jedoch das Crank-Nicolson-Verfahren auf den Druckterm anwenden, wie es bei viskosen Termen der Fall war; der einzige Unterschied besteht darin, dass nun die Hälfte des Druckterms (aus dem Zeitniveau t_n) fixiert wird und nur die implizite Hälfte (aus dem Zeitniveau t_{n+1}) korrigiert wird.

Man kann auch viskose Terme mit einem expliziten Verfahren in der Zeit vorantreiben; dies kann akzeptabel sein, wenn es keine extrem kleinen Zellen im Lösungsbereich gibt, sodass die Stabilitätsgrenze für die Zeitschrittweite nicht zu streng ist. In diesem Fall kann die Impulsgleichung (7.50) explizit gelöst werden, ohne dass ein Gleichungssystem gelöst werden muss.

Die Situation wird etwas komplizierter, wenn man sich für ein implizites Zeitintegrationsverfahren sowohl für Konvektions- als auch für Diffusionsterme entscheidet. Dann müssen die nichtlinearen Konvektionsterme linearisiert werden. Ein Picard-Iterationsschema ist die übliche Wahl, aber es gibt noch viele Möglichkeiten, um den als bekannt angenommenen Teil zu approximieren. Dies hängt im Wesentlichen davon ab, ob man innerhalb eines Zeitschritts iterieren will oder ob die Impulsgleichung nur einmal gelöst werden soll. Im ersten Fall ist die Wahl offensichtlich: Man verwendet den Wert aus der vorherigen Iteration:

$$(\rho \mathbf{v} \mathbf{v})^{n+1} \approx (\rho \mathbf{v})^{m-1} \mathbf{v}^m. \tag{7.61}$$

Hier ist m der Iterationszähler. Die Frage ist nur, was man bei der ersten Iteration tun soll? Wenn weitere Iterationen folgen sollen, ist die Wahl nicht kritisch – wenn die Iterationen konvergieren, sind die Werte bei zwei aufeinanderfolgenden Iterationen praktisch gleich. Wenn man ein nichtiteratives Verfahren haben möchte, dann wird die Wahl des expliziten Teils entscheidend. Es sollte eine Approximation 2. Ordnung für die Lösung auf der neuen Zeitebene sein, wenn die Genauigkeit des gesamten Verfahrens von 2. Ordnung erhalten werden soll. Zu diesem Zweck kann man jedes der Adams-Bashforth-Verfahren 2. oder höherer Ordnung verwenden, wie dasjenige, das für den vollständigen Konvektionsterm im oben vorgestellten Algorithmus verwendet wurde. Eigentlich sollten in einer impliziten Methode alle Variablenwerte auf der neuen Zeitebene mit expliziten Zeitintegrationsmethoden 2. Ordnung initialisiert werden, insbesondere wenn das Gitter nicht orthogonal ist und die Diskretisierung verzögerte Korrekturen beinhaltet, die mit den vorläufig als bekannt betrachteten Variablenwerten berechnet werden. Andernfalls ist das Gesamtverfahren 1. Ordnung, wenn nur die Werte des vorherigen Zeitschritts verwendet werden.

Bei den impliziten iterativen Methoden gibt es noch mehr Möglichkeiten: Man kann zunächst nur mit den Impulsgleichung iterieren, um Nichtlinearitäten und verzögerte Korrekturen zu aktualisieren, und dann zu einem einzigen Druckkorrekturschritt übergehen, bei dem die Gleichung für die Druckkorrektur mit einer relativ engen Toleranz gelöst werden muss, um sicherzustellen, dass die Kontinuitätsanforderung ausreichend erfüllt wird. Die andere Möglichkeit besteht darin, die Iterationsschleife zu erweitern, um sowohl die Impuls- als auch die Druckkorrekturgleichung nacheinander wiederholt zu lösen, um sowohl die Nichtlinearitäten als auch die Druck-Geschwindigkeitskopplung zu aktualisieren. Hier ist ein Beispielalgorithmus für ein solches iteratives Verfahren:

1. Bei der m-ten Iteration innerhalb des neuen Zeitschrittes lösen wir die Impulsgleichung der folgenden Form für die Abschätzung der Lösung des neuen Zeitschritts unter Verwendung des vollimpliziten Verfahrens mit drei Zeitebenen für die Zeitintegration (2. Ordnung, siehe Abschn. 6.3.2.4):

$$\frac{3(\rho\mathbf{v})^* - 4(\rho\mathbf{v})^n + (\rho\mathbf{v})^{n-1}}{2\Delta t} + C(\mathbf{v}^*) = L(\mathbf{v}^*) - G(p^{m-1}), \qquad (7.62)$$

wobei $\mathbf{v}^*$ den Prädiktorwert für $\mathbf{v}^m$ darstellt und noch korrigiert werden muss, um die Massenerhaltung zu gewährleisten.

2. Wir fordern, dass die korrigierte Geschwindigkeit und der korrigierte Druck diese Form der Impulsgleichung erfüllen:

$$\frac{3(\rho\mathbf{v})^m - 4(\rho\mathbf{v})^n + (\rho\mathbf{v}^{n-1}}{2\Delta t} + C(\mathbf{v}^*) = L(\mathbf{v}^*) - G(p^m). \qquad (7.63)$$

Durch Subtraktion der Gl. (7.62) von Gl. (7.63) erhalten wir die folgende Beziehung zwischen Geschwindigkeits- und Druckkorrektur:

$$\frac{3}{2\Delta t}\left[(\rho\mathbf{v})^m - (\rho\mathbf{v})^*\right] = -G(p') \quad \Rightarrow \quad (\rho\mathbf{v})' = -\frac{2\Delta t}{3}G(p'). \qquad (7.64)$$

3. Nun fordern wir, dass die korrigierte Geschwindigkeit $\mathbf{v}^m$ die Kontinuitätsanforderung erfüllt,

$$D(\rho\mathbf{v})^m = 0 \quad \Rightarrow \quad D(G(p')) = \frac{3}{2\Delta t}D(\rho\mathbf{v})^*, \qquad (7.65)$$

und lösen die resultierende Druckkorrekturgleichung.

4. Der Iterationszähler m kann nun um 1 erhöht werden und die Schritte 1 bis 3 werden wiederholt, bis die Residuen ausreichend klein sind. Dann setzen wir $\mathbf{v}^{n+1} = \mathbf{v}^m$, $p^{n+1} = p^m$ und fahren mit dem nächsten Zeitschritt fort.

Es ist zu beachten, dass die obige Druckkorrekturgleichung genau so aussieht wie die der Vorgängerversion, Gl. (7.57), mit Ausnahme des 3/2-Multiplikators; die rechte Seite ist jedoch anders, da $\mathbf{v}^*$ aus einer anderen Form der Impulsgleichung stammt. In diesem Fall muss man weder Impuls- noch Druckkorrekturgleichung mit einer sehr engen Toleranz lösen, da die Lösung in der nächsten Iteration fortgesetzt wird; in der Regel genügt es, die Residuen um eine Größenordnung in jeder Iteration zu reduzieren, wenn drei oder mehr Iterationen pro Zeitschritt durchgeführt werden.

Eine nichtiterative Version des obigen Algorithmus lässt sich leicht herleiten; sie verwendet eine explizite Abschätzung der Konvektionsflüsse bei t_{n+1} unter Verwendung des Adams-Bashforth-Verfahrens ähnlich dem von Gl. (7.52), nur dass wir jetzt die Abschätzung bei t_{n+1} statt bei $t_{n+1/2}$ benötigen:

$$C(\mathbf{v}^{n+1}) \approx 2C(\mathbf{v}^n) - C(\mathbf{v}^{n-1}). \qquad (7.66)$$

Die äußere Iterationsschleife entfällt, Impulsgleichungen und die Druckkorrekturgleichung werden nur einmal pro Zeitschritt (aber jetzt mit einer engeren Toleranz) gelöst.

Die oben genannte iterative implizite Teilschrittmethode (die wir oft mit dem Akronym IFSM bezeichnen werden) ist dem im nächsten Abschnitt beschriebenen SIMPLE-Algorithmus sehr ähnlich. Der feine Unterschied wird am Ende des nächsten Abschnitts besprochen. Rechenprogramme, die sowohl den iterativen als auch den nichtiterativen Algorithmus beinhalten, sind verfügbar (siehe Anhang), und einige Ergebnisse aus ihrer Anwendung werden im Abschnitt Beispiele am Ende des nächsten Kapitels gezeigt.

7.2.2 SIMPLE, SIMPLER, SIMPLEC und PISO

Wie in Kap. 6 erwähnt, können viele Methoden für stationäre Probleme als Lösung eines instationären Problems, bis ein stationärer Zustand erreicht ist, angesehen werden. Der wesentliche Unterschied besteht darin, dass bei der Lösung eines instationären Problems der Zeitschritt so gewählt wird, dass eine genaue Historie erhalten wird, während bei der Suche nach einer stationären Lösung große Zeitschritte verwendet werden, um zu versuchen, den stationären Zustand schnell zu erreichen. Implizite Methoden werden für stationäre und langsam-transiente Strömungen bevorzugt, da sie weniger strenge Zeitschrittbeschränkungen haben als explizite Verfahren (eigentlich haben sie oft gar keine!). Sie werden auch häufig zur zeitgenauen Lösung transienter Probleme (insbesondere bei der Verwendung kommerzieller CFD-Programme, die oft keine expliziten Versionen anbieten) eingesetzt, insbesondere wenn das Gitter lokal so verfeinert wird, dass explizite Methoden aus Stabilitätsgründen viel kleinere Zeitschritte erfordern würden, als für eine ausreichende Lösungsgenauigkeit erforderlich wäre.

Viele Lösungsmethoden, die für stationäre inkompressible Strömungen entwickelt wurden, sind implizit; einige der beliebtesten können als Variationen der Methode des vorhergehenden Abschnitts betrachtet werden. Sie verwenden eine Druck- (oder Druckkorrektur-) Gleichung, um die Massenerhaltung bei jedem Zeitschritt oder, in der für iterative Lösung stationärer Probleme bevorzugten Sprache, bei jeder *äußeren Iteration* zu erzwingen. Wir betrachten nun einige dieser Methoden. In diesem Abschnitt geben wir eine allgemeine Beschreibung von SIMPLE und verwandten Verfahren; in Abschnitten 8.1 und 8.2 geben wir Details über die Implementierung von SIMPLE- und IFSM-Verfahren sowohl für versetzte als auch für nichtversetzte Gitter; und schließlich in Abschn. 8.4.1 untersuchen wir die Ergebnisse von SIMPLE- und IFSM-Berechnungen auf beiden Gittertypen.

Wir verwenden eine ähnliche Schreibweise wie im vorherigen Abschnitt, um Ähnlichkeiten und Unterschiede zwischen Teilschritt- und SIMPLE-ähnlichen Methoden zu demonstrieren.

Ausgangspunkt sind Gl. (7.48) und (7.49) aus dem vorherigen Abschnitt. Der Hauptunterschied zwischen SIMPLE-artigen Methoden (zu denen SIMPLEC und PISO gehören, die alle in den meisten kommerziellen CFD-Programmen enthalten sind) und Teilschritt-methoden besteht darin, dass die SIMPLE-artigen Methoden in der Regel vollimplizit sind (aber die Crank-Nicolson-Methode kann ebenfalls verwendet werden). Das bedeutet, dass alle Flüsse und Quellterme auf der neuen Zeitebene berechnet werden; Werte aus früheren Zeitebenen erscheinen nur in der diskretisierten Zeitableitung. Die meisten Programme bieten die Möglichkeit zwischen einem impliziten Euler-Verfahren (1. Ordnung, nicht geeignet für zeitgenaue Simulationen) und einem quadratischen Rückwärtsverfahren (auch Drei-Zeitebenen-Verfahren genannt, siehe Abschn. 6.2.4 und 6.3.2.4; 2. Ordnung in der Zeit und geeignet für zeitgenaue Simulationen). Wenn wir die diskretisierten Impuls- und Konti-nuitätsgleichungen mit der gleichen Operatornotation aus dem vorhergehenden Abschnitt schreiben, lauten die beiden Versionen der diskretisierten Impulsgleichung wie folgt:

$$\frac{(\rho\mathbf{v})^{n+1} - (\rho\mathbf{v})^n}{\Delta t} + C(\mathbf{v}^{n+1}) = L(\mathbf{v}^{n+1}) - G(p^{n+1}), \tag{7.67}$$

$$\frac{3(\rho\mathbf{v})^{n+1} - 4(\rho\mathbf{v})^n + (\rho\mathbf{v})^{n-1}}{2\Delta t} + C(\mathbf{v}^{n+1}) = L(\mathbf{v}^{n+1}) - G(p^{n+1}). \tag{7.68}$$

Da die erste Gleichung das implizite Euler-Verfahren verwendet, ist sie 1. Ordnung in der Zeit (die Approximation der Zeitableitung ist das Rückwärtsschema 1. Ordnung in Bezug auf das Zeitniveau, auf dem alle anderen Terme bewertet werden). Die zweite Gleichung verwendet eine Approximation der Zeitableitung, die auf der Zeitebene, auf der alle anderen Terme ausgewertet werden, eine Genauigkeit 2. Ordnung aufweist; sie wird durch Differenzierung einer quadratischen Interpolation in der Zeit erhalten, die die neue Zeitebene beinhaltet, wie in Abschn. 6.3.2.4 erläutert. Da Konvektions-, Diffusions- und Quellterme immer bei t_{n+1} bewertet werden, ist es einfach, zwischen den beiden Schemata zu wechseln und sie sogar zu kombinieren.

Wir gehen hier davon aus, dass die Strömung inkompressibel ist und dass die Dichte konstant ist; wir zeigen in Kap. 11, wie die Methode auf die kompressible Strömung erweitert werden kann. Unter dieser Annahme gibt es keine Zeitableitung in der Kontinuitätsglei-chung, sodass sie für beide Zeitintegrationsmethoden die gleiche ist wie im vorherigen Abschnitt, siehe Gl. (7.51).

Da alle Terme mit einem vollimpliziten Verfahren diskretisiert werden, müssen wir die nichtlinearen Terme linearisieren und Gleichungen iterativ für $\mathbf{v}^{n+1}$ und p^{n+1} lösen. Wenn wir eine instationäre Strömung berechnen und eine Zeitgenauigkeit erforderlich ist, muss die Iteration in jedem Zeitschritt fortgesetzt werden, bis das gesamte System nichtlinearer Gleichungen innerhalb einer vorgegebenen Toleranz erfüllt ist. Bei stationären Strömun-gen kann die Toleranz viel großzügiger sein; man kann dann entweder einen unendlichen Zeitschritt wählen und iterieren, bis die stationären nichtlinearen Gleichungen erfüllt sind, oder in der Zeit fortschreiten, ohne dass die nichtlinearen Gleichungen zu jedem Zeitschritt vollständig erfüllt sein müssen (in diesem Fall führt man normalerweise nur eine Iteration pro Zeitschritt durch).

Die Iterationen innerhalb eines Zeitschrittes, in dem die nichtlinearen und Kopplungs-
terme aktualisiert werden, werden als *äußere Iterationen* bezeichnet, um sie von den *inneren
Iterationen* zu unterscheiden, die mit linearen Systemen mit festen Koeffizienten durchgeführt werden.

Wir lassen nun das hochgestellte „$n + 1$" fallen und verwenden einen äußeren Iterationszähler m, um die aktuelle Abschätzung der neuen Lösung zu bezeichnen; wenn diese
Iterationen konvergieren, erhalten wir $\mathbf{v}^{n+1} \approx \mathbf{v}^m$. Wir gehen davon aus, dass die Linearisierung mit Hilfe der Picard-Iteration durchgeführt wird, wie in Gl. (7.61) im vorherigen
Abschnitt gezeigt. Bei stationären Problemen und iterativen Zeitschrittverfahren (SIMPLE,
SIMPLEC oder PISO) wird diese fast ausschließlich verwendet. Nur die erste Iteration auf
dem neuen Zeitniveau ist kritisch, wenn zeitgenaue Lösungen effizient berechnet werden
sollen. Nimmt man einfach den Wert aus dem vorhergehenden Zeitschritt, um den ($m = 0$)-
Wert darzustellen, wird die Anzahl der erforderlichen Iterationen innerhalb des Zeitschritts
höher, als wenn eine bessere Abschätzung (z.B. mit expliziten Zeitintegrationsmethoden
2. Ordnung) verwendet wird. Besonders kritisch ist das Thema für den PISO-Algorithmus,
der die Impulsgleichungen nur einmal pro Zeitschritt löst; daher gibt es keine Möglichkeit,
den Anfangsfehler durch Iteration zu verbessern. Auf dieses Thema wird am Ende dieses
Abschnitts noch einmal eingegangen. Quellterme und variable Fluideigenschaften werden
ähnlich behandelt, d.h. Teile dieser Terme werden mit den Werten aus der vorherigen Iteration bewertet.

Linearisierte Impulsgleichungen werden sequentiell gelöst.[3] Wenn alle implizit diskretisierten Terme gruppiert werden, erhalten wir für jede Geschwindigkeitskomponente eine
Matrixgleichung der Form:

$$A^{m-1} u_i^m = Q_i^{m-1} - G_i(p^m), \qquad (7.69)$$

wobei G_i eine Kurzbezeichnung für die i-Komponente des Gradientenoperators ist. Der
Quellterm Q enthält alle Terme, die explizit als Funktion von u_i^{m-1} berechnet werden können, sowie jede Körperkraft oder andere linearisierte oder verzögerte Korrekturterme, die
von u_i^{n+1} oder anderen Variablen auf der neuen Zeitebene (z.B. Temperatur) abhängen
können. Er enthält auch Teile des instationären Terms, die sich auf die Lösung in früheren
Zeitschritten beziehen, siehe Gl. (7.67) und (7.68). Es ist zu beachten, dass die Matrix A
nicht für alle Geschwindigkeitskomponenten gleich sein muss, aber wir werden dies vorerst
ignorieren. Wir gehen hier davon aus, dass die FD-Methode zur Diskretisierung von Gleichungen verwendet wird, aber das gleiche Verfahren gilt auch für die FV-Methode – die
obige Gleichung muss nur mit dem Zellvolumen multipliziert werden. Der Klarheit halber
werden wir das hochgestellte ($m - 1$) für die Matrix A und den Quellterm Q fallen lassen,

---

[3]Gekoppelte (oder monolithische) Löser sind ebenfalls verfügbar und die meisten kommerziellen
Programme bieten sie inzwischen an; die Diskussion über Solver-Alternativen findet man in der
Programmdokumentation und in der Literatur, z.B. Heil et al. (2008) oder Malinen (2012). Siehe
auch Kap. 11 für eine kurze Beschreibung einer solchen Methode.

nachdem wir vermerkt haben, dass diese zwar von der neuen Lösung abhängen, aber mit Werten aus der vorherigen äußeren Iteration berechnet werden.

Eine einzelne Zeile der obigen Gleichung lautet:

$$A_\mathrm{P} u_{i,\mathrm{P}}^m + \sum_k A_k u_{i,k}^m = Q_\mathrm{P} - \left(\frac{\delta p^m}{\delta x_i}\right)_\mathrm{P}. \tag{7.70}$$

Der Druckterm wird in symbolischer Differenzform geschrieben, um die Unabhängigkeit der Lösungsmethode von der Diskretisierungsapproximation für die räumlichen Ableitungen zu betonen. Die Diskretisierungen der räumlichen Ableitungen können von beliebiger Ordnung oder beliebigen Typs sein, wie in Kap. 3 und 4 beschrieben. Es ist zu beachten, dass die Koeffizienten A_k Beiträge von diskretisierten Konvektions- und Diffusionstermen enthalten, während der diagonale Koeffizient A_P zusätzlich Beiträge vom instationären Term enthält (siehe Gl. (7.67) und (7.68)).

Wir kehren nun zur einfacheren Matrixnotation von Gl. (7.69) zurück, teilen aber die Matrix A in einen diagonalen Teil A_D (in dem nur die Hauptdiagonale mit dem Koeffizienten A_P enthalten ist) und den restlichen (*off-diagonal*) Teil A_OD auf, aus Gründen, die in Kürze offensichtlich werden. Wir ersetzen auch den Iterationszähler m, der die Werte aus der aktuellen äußeren Iteration bezeichnet, durch ein oder mehrere Sterne, je nachdem, auf welcher Näherungsstufe wir uns befinden.

Bei der äußeren Iteration m lösen wir diese Gleichung zuerst mit dem Druck aus der vorherigen Iteration:

$$(A_\mathrm{D} + A_\mathrm{OD})u_i^* = Q - G_i(p^{m-1}). \tag{7.71}$$

Das durch die Lösung dieser Gleichung erhaltene Geschwindigkeitsfeld $\mathbf{v}^*$ wird die Kontinuitätsgleichung i. Allg. nicht erfüllen. Wir wollen das erzwingen, indem wir sowohl Druck als auch Geschwindigkeiten korrigieren,

$$p^* = p^{m-1} + p' \quad , \quad u_i^{**} = u_i^* + u_i'. \tag{7.72}$$

Die Beziehung zwischen Geschwindigkeits- und Druckkorrektur ergibt sich aus der Anforderung, dass die korrigierte Geschwindigkeit und der korrigierte Druck die folgende Version von Gl. (7.69) erfüllen:

$$A_\mathrm{D} u_i^{**} + A_\mathrm{OD} u_i^* = Q - G_i(p^*). \tag{7.73}$$

Durch Subtraktion der Gl. (7.71) von Gl. (7.73) erhalten wir nun das folgende Verhältnis zwischen Geschwindigkeits- und Druckkorrekturen:

$$A_\mathrm{D} u_i' = -G_i(p') \quad \Rightarrow \quad u_i' = -(A_\mathrm{D})^{-1} G_i(p'). \tag{7.74}$$

Diese Beziehung ist einfach, da die Diagonalmatrix leicht invertiert werden kann; wenn u_i^{**} auch auf die nichtdiagonale Matrix in Gl. (7.73) angewendet würde, wäre die Beziehung zu kompliziert, um eine Druckkorrekturgleichung herzuleiten. Die Vereinfachung ist dadurch gerechtfertigt, dass mit zunehmender Konvergenz der äußeren Iterationen alle Korrekturen gegen null tendieren, sodass die endgültige Lösung nicht beeinträchtigt wird. Diese Vereinfachung wirkt sich jedoch auf die Konvergenzrate aus, und wir werden später beschreiben, wie dies durch die richtige Auswahl der Unterrelaxationsfaktoren verbessert werden kann.

Wir verlangen nun, dass die korrigierten Geschwindigkeiten u_i^{**} die diskretisierte Kontinuitätsgleichung erfüllen:

$$D(\rho \mathbf{v})^* + D(\rho \mathbf{v}') = 0. \tag{7.75}$$

Indem wir u_i' über p' mit Hilfe von Beziehung (7.74) ausdrücken, erhalten wir die Druckkorrekturgleichung:

$$D(\rho (A_D)^{-1} G(p')) = D(\rho \mathbf{v})^*. \tag{7.76}$$

Diese Gleichung hat die gleiche Form wie Gl. (7.57) aus dem vorherigen Abschnitt; wir werden die Ähnlichkeit und Unterschiede weiter unten diskutieren.

Diese Methode ist im Wesentlichen eine Variation der im vorherigen Abschnitt vorgestellten Methode. Solche Methoden, die zunächst ein Geschwindigkeitsfeld konstruieren, das die Kontinuitätsgleichung nicht erfüllt, und es dann durch Subtraktion von etwas (meist einem Druckgradienten) korrigieren, werden als *Projektionsmethoden* bezeichnet. Aus der Perspektive der Vektormathematik wirkt der Druck durch die Kontinuitätsbedingung als ein Operator, der das divergenzbehaftete Geschwindigkeitsvektorfeld auf ein divergenzfreies Vektorfeld projiziert (siehe Kim und Moin, 1985).

Wenn die Druckkorrektur berechnet ist, können die Geschwindigkeiten und der Druck mit Hilfe von Gl. (7.74) und (7.72) aktualisiert werden. Diese werden als die Lösung für die äußere Iteration m angesehen, und die nächste äußere Iteration kann beginnen. Dieses Verfahren ist bekannt als SIMPLE-Algorithmus (Caretto et al. 1972); SIMPLE ist ein Akronym für „Semi-Implicit Method for Pressure-Linked Equations". Im Folgenden werden wir auf seine Eigenschaften eingehen.

Anstatt die Geschwindigkeitskorrektur im nichtdiagonalen Teil der Matrix zu vernachlässigen, kann man ihre Wirkung approximieren. Dies kann erreicht werden, indem die Geschwindigkeitskorrektur u_i' in einem beliebigen Knoten durch einen gewichteten Mittelwert aus den Nachbarwerten ausgerückt wird, z. B.,

$$u_{i,P}' \approx \frac{\sum_k A_k u_{i,k}'}{\sum_k A_k} \quad \Rightarrow \quad \sum_k A_k u_{i,k}' \approx u_{i,P}' \sum_k A_k. \tag{7.77}$$

Dies ermöglicht es uns, $A_{OD} u_i'$ zu approximieren, das in der Beziehung zwischen Geschwindigkeits- und Druckkorrekturen erscheint, wenn Gl. (7.71) von der folgenden Gleichung (in der u_i^{**} in beiden Teilen der Matrix verwendet wird) statt von Gl. (7.73) abgezogen wird:

$$A_D u_i^{**} + A_{OD} u_i^{**} = Q - G_i(p^*), $$

woraus folgt:

$$A_D u_i' + A_{OD} u_i' = -G_i(p'). \tag{7.78}$$

Durch die Verwendung des Ausdrucks (7.77) erhalten wir eine vereinfachte Version der obigen Gleichung wie folgt (die Vereinfachung ist viel weniger grob als die Vernachlässigung des zweiten Terms auf der linken Seite, wie es im SIMPLE-Algorithmus geschieht):

$$u_i' = -(A_D + \tilde{A}_D)^{-1} G_i(p'), \tag{7.79}$$

wobei $\tilde{A}_D$ die Summe der nichtdiagonalen Matrixelemente darstellt, siehe Gl. (7.77).

Es ist anzumerken, dass bei Verwendung von FV-Methoden der Beitrag von Konvektions- und Diffusionsflüssen zum diagonalen Matrixelement gleich der negativen Summe der Beiträge zu nichtdiagonalen Elementen ist; siehe Abschn. 8.1 für weitere Details. In Abwesenheit anderer Beiträge würde dies $A_D + \tilde{A}_D = 0$ in der obigen Gleichung ergeben. Glücklicherweise ist entweder ein zusätzlicher (positiver) Beitrag des instationären Terms in A_D vorhanden, wenn instationäre Probleme gelöst werden, oder der ursprüngliche Wert von A_D wird durch einen Unterrelaxationsfaktor $\alpha_u < 1$ geteilt, wenn stationäre Probleme gelöst werden; siehe Abschn. 5.4.3 für Details zu dieser Art von Unterrelaxation. Somit ist A_D positiv und immer betragsmäßig größer als die Summe der nichtdiagonalen Elemente in $\tilde{A}_D$ (die normalerweise negativ sind). Allerdings ist die Summe $A_D + \tilde{A}_D$, die in Gl. (7.79) erscheint, viel kleiner als A_D, das in dem entsprechenden Ausdruck von SIMPLE erscheint, siehe Gl. (7.74). Da der Gradient der Druckkorrektur mit dem Kehrwert dieses Terms multipliziert wird, muss bei gleicher Geschwindigkeitskorrektur in beiden Verfahren die Druckkorrektur aus diesem korrigierten Ansatz (genannt SIMPLEC; siehe unten) viel kleiner sein als die von SIMPLE. Deshalb benötigt SIMPLE eine Unterrelaxation der Druckkorrektur (die aufgrund der Vereinfachungen in der Herleitung überbewertet wird), wie im Folgenden erläutert wird.

Im nächsten Schritt wird verlangt, dass korrigierte Geschwindigkeiten die Kontinuitätsgleichung erfüllen, was zu einer Druckkorrekturgleichung der gleichen Form wie Gl. (7.76) führt, mit der Ausnahme, dass A_D durch die Summe $A_D + \tilde{A}_D$ ersetzt wird. Dies wird als SIMPLEC-Algorithmus (SIMPLE-Corrected) bezeichnet (Van Doormal und Raithby, 1984).

Noch eine weitere Methode dieses allgemeinen Typs wird erhalten, wenn der SIMPLE-Schritt als Prädiktor betrachtet wird, gefolgt von einer Reihe von Korrekturschritten. Wir setzen einfach den Prozess der Korrektur von Geschwindigkeiten und Druck fort, indem wir einen weiteren Stern hinzufügen; in der ersten Korrektur nach SIMPLE suchen wir Geschwindigkeiten und Druck, welche diese Form der Impulsgleichung erfüllen:

$$A_D u_i^{***} + A_{OD} u_i^{**} = Q - G_i(p^{**}). \tag{7.80}$$

Durch Subtraktion der Gl. (7.73) von Gl. (7.80) erhalten wir nun die folgende Beziehung zwischen der zweiten Geschwindigkeits- und Druckkorrektur:

$$A_D u_i'' + A_{OD} u_i' = -G_i(p'') \quad \Rightarrow \quad u_i'' = -(A_D)^{-1}(A_{OD} u_i' + G_i(p'')). \tag{7.81}$$

Hier ist u_i' aus dem vorherigen Schritt bekannt. Wir verlangen nun, dass auch u_i^{***} die Kontinuitätsgleichung erfüllt:

$$D(\rho\mathbf{v})^{**} + D(\rho\mathbf{v}'') = 0. \tag{7.82}$$

Indem wir u_i'' durch p'' mit Hilfe der Beziehung (7.81) ausdrücken und erkennen, dass u_i^{**} bereits die Kontinuitätsgleichung erfüllt, erhalten wir die zweite Druckkorrekturgleichung:

$$D(\rho(A_D)^{-1}G(p'')) = D(\rho(A_D)^{-1}A_{OD}u_i'). \tag{7.83}$$

Dieser Prozess kann fortgesetzt werden, indem jedem Term in Gl. (7.80) ein weiterer Stern hinzugefügt wird.

Die Druckkorrekturgleichungen für jeden Schritt haben die gleiche Koeffizientenmatrix, was in einigen Lösern ausgenutzt werden kann (eine Faktorisierung der Matrix kann gespeichert und wieder verwendet werden). Dieses Verfahren wird als PISO-Algorithmus („Pressure Implicit with Splitting of Operators") bezeichnet (Issa, 1986). Einige kommerzielle und frei verfügbaren CFD-Programme bieten diesen Algorithmus zusätzlich zu SIMPLE oder SIMPLEC an. In der Regel werden 3 bis 5 Korrekturschritte durchgeführt.

Schließlich wurde eine weitere ähnliche Methode von Patankar (1980) vorgeschlagen und SIMPLER (SIMPLE-Revised) benannt. Darin wird zunächst die Druckkorrekturgleichung (7.76) gelöst und die Geschwindigkeiten wie in SIMPLE korrigiert. Das neue Druckfeld wird aus der Druckgleichung berechnet, die durch die Divergenz von Gl. (7.69) erhalten wird. Dieser Algorithmus hat keine breite Anwendung gefunden, da er keine wesentlichen Vorteile gegenüber den bisher diskutierten Alternativen bietet.

Wie bereits erwähnt, konvergiert der SIMPLE-Algorithmus aufgrund der Vernachlässigung des Effekts von Geschwindigkeitskorrekturen im nichtdiagonalen Teil der Matrix nicht schnell; wenn sowohl Druck als auch Geschwindigkeiten unter Verwendung der berechneten Druckkorrektur und der oben genannten Gleichungen korrigiert werden, kann es sogar vorkommen, dass er überhaupt nicht konvergiert, es sei denn, der Zeitschritt ist sehr klein. Insbesondere bei stationären Strömungen, die mit einem unendlichen Zeitschritt berechnet werden, hängt die Konvergenzrate stark vom Wert des in den Impulsgleichungen verwendeten Unterrelaxationsparameters ab. Es wurde zunächst durch Ausprobieren festgestellt, dass die Konvergenz verbessert werden kann, wenn man nur einen Teil von p' zu p^{m-1} hinzufügt, d. h. wenn man den Druck (nachdem die Druckkorrekturgleichung gelöst ist), im Gegensatz zur Aussage im Ausdruck (7.72) wie folgt aktualisiert:

$$p^m = p^{m-1} + \alpha_p p', \tag{7.84}$$

wo $0 \leq \alpha_p \leq 1$. SIMPLEC, SIMPLER und PISO benötigen keine Unterrelaxation der Druckkorrektur auf kartesischen Gittern. Wir werden im nächsten Kapitel zeigen, dass die Diskretisierung und Lösung der Druckkorrekturgleichung auf nichtorthogonalen Gittern in jedem Fall eine Unterrelaxation erfordern kann, da der Ansatz der verzögerten Korrektur auf

Terme im Zusammenhang mit der Gitter-Nichtorthogonalität angewendet wird (oder diese Terme werden komplett vernachlässigt).

Ein optimales Verhältnis zwischen den Unterrelaxationsfaktoren für Geschwindigkeit und Druck lässt sich herleiten, indem man von SIMPLE und SIMPLEC verlangt, dass sie die gleiche Geschwindigkeitskorrektur erzeugen, da in SIMPLEC der Effekt von benachbarten Geschwindigkeitskorrekturen approximiert statt vernachlässigt wurde (siehe Gl. (7.79) und (7.74)):

$$
-\frac{1}{A_\mathrm{P}}\left(\frac{\delta p'}{\delta x_i}\right)_\mathrm{P}^{\mathrm{SIMPLE}} = -\frac{1}{A_\mathrm{P} + \sum_k A_k}\left(\frac{\delta p'}{\delta x_i}\right)_\mathrm{P}^{\mathrm{SIMPLEC}}. \tag{7.85}
$$

Dieser Ausdruck kann folgendermaßen umgeschrieben werden:

$$
\left(\frac{\delta p'}{\delta x_i}\right)_\mathrm{P}^{\mathrm{SIMPLEC}} = \frac{A_\mathrm{P} + \sum_k A_k}{A_\mathrm{P}}\left(\frac{\delta p'}{\delta x_i}\right)_\mathrm{P}^{\mathrm{SIMPLE}}. \tag{7.86}
$$

Optimale Unterrelaxation ist entscheidend für stationäre Probleme; in diesem Fall (ohne einen Beitrag des instationären Terms) und beim Fehlen von Beiträgen aus Quelltermen können wir mit Bezug auf Gl. (7.86) schreiben (vgl. Abschn. 5.4.3):

$$
A_\mathrm{P} = \frac{-\sum_k A_k}{\alpha_u}. \tag{7.87}
$$

Wenn diese Beziehung in Gl. (7.86) eingefügt wird, erhalten wir:

$$
\left(\frac{\delta p'}{\delta x_i}\right)_\mathrm{P}^{\mathrm{SIMPLEC}} = (1 - \alpha_u)\left(\frac{\delta p'}{\delta x_i}\right)_\mathrm{P}^{\mathrm{SIMPLE}}, \tag{7.88}
$$

was darauf hindeutet, dass die aus SIMPLE resultierende Druckkorrektur multipliziert werden sollte mit

$$
\alpha_p = 1 - \alpha_u, \tag{7.89}
$$

um die gleiche Geschwindigkeitskorrektur zu erhalten, die sich aus SIMPLEC ergeben würde.[4] Wir werden in Abschn. 8.4 in einem Beispiel zeigen, wie sich Unterrelaxationsfaktoren für Geschwindigkeit und Druck auf die Effizienz von SIMPLE auswirken.

Der Lösungsalgorithmus für diese Klasse von Methoden kann wie folgt zusammengefasst werden (siehe Abb. 7.6):

1. Starte die Berechnung der Felder zum neuen Zeitpunkt t_{n+1} mit der neuesten Lösung u_i^n und p^n als Startabschätzung für u_i^{n+1} und p^{n+1} (eine Extrapolation durch Lösungen zu früheren Zeitpunkten ist auch möglich und eigentlich vorteilhaft).

---

[4]Diese Beziehung wurde zuerst von Raithby und Schneider (1979) hergeleitet und später von Perić (1985) mit unterschiedlichen Argumenten wiederentdeckt.

Abb. 7.6 Flussdiagramm für
SIMPLE-ähnliche Algorithmen

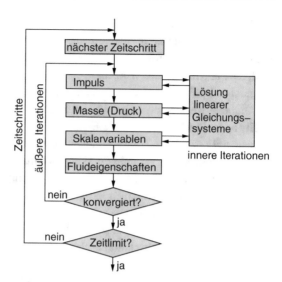

2. Starte die äußere Iterationsschleife mit dem Iterationszähler m.

3. Erstelle und löse die linearisierten algebraischen Gleichungssysteme für die Geschwindigkeitskomponenten (Impulsgleichungen), um u_i^* zu erhalten.

4. Erstelle und löse die Druckkorrekturgleichung, um p' zu erhalten.

5. Korrigiere die Geschwindigkeiten und den Druck, um das Geschwindigkeitsfeld u_i^{**}, das die Kontinuitätsgleichung erfüllt, und den neuen Druck p^* zu erhalten (für SIMPLE und SIMPLEC sind dies die Endwerte für die Iteration m; für SIMPLER ist nur die Geschwindigkeit endgültig).

   Für den PISO-Algorithmus: Löse die zweite Druckkorrekturgleichung und korrigiere die Geschwindigkeiten und den Druck erneut. Wiederhole dies, bis die Korrekturen klein genug sind, und fahre mit dem nächsten Zeitschritt fort.

   Für den SIMPLER-Algorithmus: Löse die Druckgleichung für p^m, nachdem u_i^m oben erhalten wurde.

6. Wenn zusätzliche Transportgleichungen gelöst werden müssen (z. B. für Temperatur, chemische Spezies, Turbulenzgrößen etc.), geschieht dies an dieser Stelle; korrigierte Massenflüsse, Geschwindigkeiten und Druck werden, wo benötigt, verwendet.

7. Wenn die Fluideigenschaften variabel sind, können sie nun mit aktualisierten Variablenwerten in den Zellzentren neu berechnet werden.

8. Kehre zu Schritt 2 zurück und wiederhole, indem u_i^m und p^m als verbesserte Abschätzungen für u_i^{n+1} und p^{n+1} verwendet werden, bis alle Korrekturen vernachlässigbar klein sind.

9. Kehre zu Schritt 1 zurück und beginne die Berechnung für den nächsten Zeitschritt.

Methoden dieser Art sind zur Lösung von stationären Problemen recht effizient; ihre Konvergenz kann durch die Mehrgitterstrategie weiter verbessert werden, wie in Kap. 12 gezeigt wird. Es gibt viele Varianten der oben genannten Methoden, die unterschiedlich benannt sind, aber alle haben ihre Wurzeln in den oben beschriebenen Ideen und werden hier nicht aufgeführt. Im Folgenden wird gezeigt, dass die künstliche Kompressibilitätsmethode auch auf ähnliche Weise interpretiert werden kann.

Ein nettes Merkmal von SIMPLE-ähnlichen Methoden ist, dass sie leicht erweitert werden können, um zusätzliche Transportgleichungen zu lösen, wie in Schritt 6 beschrieben wurde. Außerdem lassen sich variable Fluideigenschaften leicht handhaben: Sie werden während einer äußeren Iteration einfach als konstant angenommen und am Ende der Schleife neu berechnet, wenn alle Variablen aktualisiert wurden. Dies ist in Abb. 7.6 dargestellt; die Schleife der äußeren Iterationen lässt sich leicht erweitern, um jede Nichtlinearität oder verzögerte Korrektur zu aktualisieren oder zusätzliche Gleichungen zu lösen. Dasselbe gilt für die im vorherigen Abschnitt beschriebene implizite iterative Teilschrittmethode, die im Wesentlichen dem gleichen Flussdiagramm folgt.

Wenn man die obige Klasse von Methoden mit den im vorherigen Abschnitt vorgestellten Teilschrittmethoden vergleicht, kann man sehen, dass sie der impliziten Version dieser Methoden sehr ähnlich sind. Der einzige Unterschied besteht darin, dass SIMPLE-ähnliche Methoden bei der Herleitung der Druckkorrekturgleichung die neue Geschwindigkeit nicht nur im instationären Term (wie Teilschrittmethoden), sondern auch im diagonalen Teil der diskreten Konvektions- und Diffusionsflüsse aktualisieren. Dieser Unterschied ist nicht so wichtig, wenn instationäre Strömungen mit kleinen Zeitschritten berechnet werden, aber er wird signifikant, wenn große Zeitschritte verwendet werden, um zu einer stationären Lösung zu gelangen. Wir gehen diesem Thema im folgenden Abschnitt detaillierter nach.

7.2.2.1 SIMPLE vs. implizite Teilschrittmethode

Ein genauerer Blick auf Gl. (7.57) und (7.65) zeigt, dass, wenn der Zeitschritt gegen unendlich strebt, der Quellterm in der Poisson-Gleichung für Druckkorrektur gegen null tendiert. Dies zeigt deutlich, dass die Teilschrittmethode in der gegebenen Form nicht zur Lösung von stationären Problemen eingesetzt werden kann, d. h. wenn der instationäre Term fehlt oder die Zeitschritte zu groß sind.

Wenn wir die Druckkorrekturgleichung von SIMPLE-ähnlichen Methoden untersuchen, sehen wir, dass sie nicht unter diesem Problem leiden, vgl. Gl. (7.76). Dies lässt sich besser analysieren, wenn wir die Druckkorrekturgleichung für einen einzelnen Gitterpunkt für beide Ansätze vergleichen. Für SIMPLE, erhalten wir aus Gl. (7.76):

$$\frac{\delta}{\delta x_i}\left(\frac{\rho}{A_{\mathrm{P}}}\frac{\delta p'}{\delta x_i}\right) = \frac{\delta(\rho u_i^*)}{\delta x_i}. \tag{7.90}$$

Wenn wir annehmen, dass ρ/A_P in der Nähe des Gitterpunktes nicht räumlich variiert (was i. Allg. nicht ganz wahr, aber auch nicht unangemessen für den vorliegenden Zweck ist), können wir die obige Gleichung wie folgt umschreiben:

$$\frac{\delta}{\delta x_i}\left(\frac{\delta p'}{\delta x_i}\right) = \frac{A_P}{\rho}\frac{\delta(\rho u_i^*)}{\delta x_i}. \tag{7.91}$$

Für die Teilschrittmethode liefert Gl. (7.65):

$$\frac{\delta}{\delta x_i}\left(\frac{\delta p'}{\delta x_i}\right) = \frac{3}{2\Delta t}\frac{\delta(\rho u_i^*)}{\delta x_i}. \tag{7.92}$$

Jetzt sehen wir, dass, wenn $3/(2\Delta t) = A_P/\rho$, die beiden Gleichungen im Wesentlichen gleich sind.

Schauen wir nun, was sich hinter A_P aus SIMPLE verbirgt. Aus Gl. (7.68) sehen wir, dass es sicherlich $3\rho/(2\Delta t)$ enthält, plus Beiträge von den diskretisierten Konvektions- und Spannungstermen, die in der Größenordnung von $\rho u_i/\Delta x$ und $\mu/(\Delta x)^2$ liegen (je nachdem, welche Approximationen verwendet wurden, um diese Terme zu diskretisieren). Man kann zeigen, dass dieser Beitrag für inkompressible Strömungen und alle konservativen Verfahren $-\sum_k A_k$ entspricht, wobei A_k nichtdiagonale Elemente aus der Matrix der diskretisierten und linearisierten Impulsgleichung sind (siehe Gl. (8.21)). Daher gilt für die Methode mit drei Zeitebenen:

$$A_P = \frac{3\rho}{2\Delta t} - \sum_k A_k, \tag{7.93}$$

wobei über alle benachbarten Gitterpunkte summiert wird, die im Rechenstern für den Knoten P enthalten sind. Es ist offensichtlich dass, wenn der Beitrag von Konvektion und Diffusion zu A_P in SIMPLE weggelassen wird, wir die implizite Teilschrittmethode erhalten, die im vorherigen Abschnitt beschrieben wurde, weil die Geschwindigkeitskorrekturen dann ebenfalls gleich sind (siehe Gl. (7.56) und (7.81)):

$$u_i' = -\frac{2\Delta t}{3\rho}\frac{\delta p'}{\delta x_i} \quad \text{(IFSM)}, \tag{7.94}$$

$$u_i' = -\frac{1}{A_P}\frac{\delta p'}{\delta x_i} \quad \text{(SIMPLE)}. \tag{7.95}$$

Wenn die Zeitschritte sehr klein sind, wird der Beitrag zu A_P von Nachbarkoeffizienten im Vergleich zu $\rho/\Delta t$ klein, sodass man erwarten kann, dass sich transiente SIMPLE und die iterative implizite Teilschrittmethode ähnlich verhalten würden. Bei größeren Zeitschritten ergeben sich jedoch Unterschiede sowohl durch Unterrelaxation als auch durch Beiträge von Konvektions- und Diffusionsflüssen zum diagonalen Element der Druckkorrekturgleichungsmatrix in SIMPLE, die bei der Teilschrittmethode fehlen. Wir vergleichen die Leistung der beiden Methoden in Abschn. 8.4 für stationäre und instationäre Strömungen.

7.2.2.2 Unterrelaxation und Zeitschritt in SIMPLE

Wenn mit SIMPLE-ähnlichen Methoden stationäre Strömungen berechnet werden, wird der instationäre Term normalerweise weggelassen, bzw. es wird ein unendlich großer Zeitschritt angenommen. Allerdings würde die Methode nicht funktionieren, ohne eine Unterrelaxation einzuführen, wie in Abschn. 5.4.3 erläutert wurde. Es gibt eine starke Ähnlichkeit zwischen den algebraischen Gleichungen, die sich aus der Verwendung von Unterrelaxation bei der Lösung stationärer Probleme ergeben, und denen, die sich aus der Anwendung des impliziten Euler-Verfahrens bei instationären Problemen ergeben. Sowohl die Unterrelaxation als auch die implizite Zeitdiskretisierung führen zu einem zusätzlichen Quellterm und einem Beitrag zum zentralen Koeffizienten A_P.

Wenn wir verlangen, dass der Diagonalkoeffizient aus dem Zeitschrittverfahren in Gl. (7.93) gleich demjenigen ist, der in der stationären Berechnung mit Unterrelaxation verwendet wird, erhalten wir die folgende Beziehung (es ist zu beachten, dass die nichtdiagonalen Koeffizienten typischerweise alle negativ sind):

$$\frac{\rho}{\Delta t} - \sum_k A_k = -\frac{\sum_k A_k}{\alpha_u}, \tag{7.96}$$

wobei k über benachbarte Zellzentren aus dem Rechenstern läuft. Aus dieser Gleichung können wir Ausdrücke für einen äquivalenten Zeitschritt herleiten, der als Funktion des Unterrelaxationsfaktors α_u ausgedrückt wird (bzw. umgekehrt), was zu einem identischen Verhalten der beiden Berechnungsansätze führen würde:

$$\Delta t = \frac{\rho \alpha_u}{-(1 - \alpha_u) \sum_k A_k} \quad \text{oder} \quad \alpha_u = \frac{-\Delta t \sum_k A_k}{-\Delta t \sum_k A_k + \rho}. \tag{7.97}$$

Diese Ausdrücke wurden unter der Annahme hergeleitet, dass die FD-Methode verwendet wird; für die FV-Methoden muss ρ nur durch ρV ersetzt werden, wobei V das Zellvolumen ist.

In der Iteration zum neuen Zeitschritt ist die übliche Anfangsabschätzung die Lösung aus dem vorhergehenden Schritt. Wenn der endgültige stationäre Zustand das einzige Ergebnis von Interesse ist und die Details der Entwicklung von der ersten Abschätzung bis zum endgültigen Ergebnis nicht von Bedeutung sind, genügt es, nur eine äußere Iteration pro Zeitschritt durchzuführen. Dann muss man die alte Lösung nicht speichern – sie wird nur benötigt, um die Matrix- und Quellterme zusammenzusetzen und kann mit der aktualisierten Lösung überschrieben werden.

Der Hauptunterschied zwischen der Verwendung von Zeitschritt und Unterrelaxation besteht darin, dass die Nutzung desselben Zeitschrittes für alle Gitterpunkte der Verwendung eines variablen Unterrelaxationsfaktors entspricht; umgekehrt ist die Nutzung eines konstanten Unterrelaxationsfaktors gleichbedeutend mit der Anwendung eines anderen Zeitschrittes bei jedem Gitterpunkt.

Es ist wichtig zu beachten, dass, wenn nur eine Iteration zu jedem Zeitschritt durchgeführt wird, das Verfahren nicht die gesamte Stabilität der impliziten Euler-Methode behält. Es gibt dann eine Einschränkung des Zeitschrittes, der eingesetzt werden kann. Wird wiederum die Unterrelaxation bei äußeren Iterationen in stationären Berechnungen verwendet, ist auch die Wahl des Parameters α_u begrenzt und muss sicherlich kleiner als 1,0 sein. Typische Werte liegen, je nach Problem und Gitterqualität, zwischen 0,7 und 0,9 (niedriger bei schlechter Gitterqualität und „steifen" Problemen).

Wir haben hier den SIMPLE-Algorithmus verglichen, wenn mit Zeitschritten oder Unterrelaxation stationäre Probleme gelöst werden. Die gleiche Analyse gilt für den Vergleich der iterativen impliziten Teilschrittmethode, die in Abschn. 7.2.1 vorgestellt wurde, und dem SIMPLE-Algorithmus mit Unterrelaxation. Mit einer geeigneten Wahl des Zeitschrittes in einem und des Unterrelaxationsparameters in dem anderen Algorithmus kann erreicht werden, dass beide mehr oder weniger gleich effizient sind.

Es ist zu beachten, dass die Unterrelaxation in SIMPLE-ähnlichen Methoden in der Regel eingeschaltet bleibt, auch wenn instationäre Strömungen berechnet werden, d. h. das diagonale Matrixelement hat immer die Form:

$$A_\mathrm{P} = \frac{\dfrac{\rho}{\Delta t} - \sum_k A_k}{\alpha_u}.$$ (7.98)

Ohne Unterrelaxation würde das Verfahren unter einer Begrenzung der Größe des Zeitschritts leiden, der bei starken Nichtlinearitäts- und Kopplungseffekten verwendet werden könnte (z. B. turbulente Strömungen, die mit den Reynolds-gemittelten Navier-Stokes-Gleichungen berechnet werden, gekoppelt mit einem Turbulenzmodell). Allerdings können bei instationären Strömungen wesentlich höhere Werte für Unterrelaxationsparameter als bei stationären Strömungen gewählt werden (typischerweise 0,8 bis 1,0 für Geschwindigkeiten und 0,4 bis 0,8 für den Druck). Da äußere Iterationen ohnehin innerhalb eines Zeitschrittes durchgeführt werden, ist es in jedem Fall sicherer, eine geringe Menge an Unterrelaxation zuzulassen; nur für sehr kleine Zeitschritte, z. B. in Grobstruktur- (LES) oder direkter Simulation von Turbulenz (DNS), kann der Unterrelaxationsfaktor auf 1,0 gesetzt werden.

7.2.3 Methoden der künstlichen Kompressibilität

Kompressible Strömungen sind in der Strömungsmechanik ein Bereich von großer Bedeutung. Praktische Anwendungen, insbesondere in der Aerodynamik und im Turbomaschinenbau, haben dazu geführt, dass ein großes Augenmerk auf die Entwicklung von Methoden zur numerischen Lösung der Gleichungen für kompressible Strömungen gelegt wurde. Viele Methoden wurden zu diesem Zweck entwickelt. Eine offensichtliche Frage ist, ob sie an die Lösung der inkompressiblen Strömungen angepasst werden können. Wir zeigen hier, wie dies geschehen kann und beschreiben einige der wichtigsten Eigenschaften von Methoden der künstlichen Kompressibilität. Siehe Kwak und Kiris (2011, Kap. 4) für eine ausführliche Diskussion dieser Methode und Louda et al. (2008) für eine aktuelle Anwendung auf turbulente Strömungen unter Verwendung der Reynolds-gemittelten Navier-Stokes-Gleichungen.

Der Hauptunterschied zwischen den Gleichungen für kompressible und inkompressible Strömung besteht in ihrem mathematischen Charakter. Die Gleichungen für kompressible Strömungen sind hyperbolisch, was bedeutet, dass sie reelle Charakteristiken haben, entlang denen sich Störungen mit endlicher Geschwindigkeit ausbreiten; dies spiegelt die Fähigkeit kompressibler Fluide wider, Schallwellen zu unterstützen. Im Gegensatz dazu haben wir gesehen, dass die Gleichungen für inkompressible Strömungen einen gemischten parabolisch-elliptischen Charakter haben. Wenn Verfahren für kompressible Strömung zur Berechnung inkompressibler Strömungen verwendet werden sollen, muss der Charakter der Gleichungen geändert werden.

Der Unterschied im Charakter lässt sich auf das Fehlen eines Zeitableitungsterms in der inkompressiblen Kontinuitätsgleichung zurückführen. Die kompressible Version enthält die Zeitableitung der Dichte. Der einfachste Weg, um den Gleichungen für inkompressible Strömung einen hyperbolischen Charakter zu verleihen, ist also, eine Zeitableitung in die Kontinuitätsgleichung einzuführen. Da die Dichte konstant ist, ist das Hinzufügen von $\partial \rho / \partial t$, d. h. die Verwendung der Gleichung für kompressible Strömung, nicht möglich. Zeitableitungen von Geschwindigkeitskomponenten erscheinen in den Impulsgleichungen, sodass sie keine logische Wahl darstellen. Damit bleibt die zeitliche Ableitung des Drucks die einzige Option.

Das Hinzufügen einer zeitlichen Ableitung des Drucks zur Kontinuitätsgleichung bedeutet, dass wir nicht mehr die Gleichungen für eine wirklich inkompressible Strömung lösen. Infolgedessen kann die berechnete zeitliche Entwicklung der Lösung nicht genau sein, und die Anwendbarkeit künstlicher Kompressibilisierungsmethoden auf instationäre, inkompressible Strömungen ist ein fragwürdiges Unternehmen, obwohl es versucht wurde. Andererseits ist bei Konvergenz hin zum stationären Zustand am Ende die Zeitableitung gleich null und die Lösung erfüllt die Gleichungen für inkompressible Strömung. Dieser Ansatz wurde erstmals von Chorin (1967) vorgeschlagen und eine Reihe von Versionen, die sich hauptsächlich in der zugrundeliegenden Methode zur Berechnung kompressibler Strömung unterscheiden, wurden in der Literatur vorgestellt. Wie bereits erwähnt, ist die wesentliche Idee, der Kontinuitätsgleichung eine zeitliche Ableitung des Drucks hinzuzufügen:

$$\frac{1}{\beta}\frac{\partial p}{\partial t} + \nabla \cdot (\rho \mathbf{v}) = 0, \tag{7.99}$$

wobei β ein künstlicher Kompressibilitätsparameter ist, dessen Wert für die Effizienz dieser Methode entscheidend ist. Es ist offensichtlich, dass je größer der Wert von β ist, desto „inkompressibler" sind die Gleichungen; jedoch machen große Werte von β die Gleichungen numerisch sehr steif. Wir werden nur den Fall der konstanten Dichte betrachten, aber die Methode kann auch auf Strömungen mit variabler Dichte angewendet werden.

Zur Lösung dieser Gleichungen stehen viele Methoden zur Verfügung. Da jede Gleichung nun eine Zeitableitung enthält, können die zu ihrer Lösung verwendeten Verfahren nach denen modelliert werden, die zur Lösung gewöhnlicher Differentialgleichungen verwendet werden, die in Kap. 6 vorgestellt wurden. Da die künstliche Kompressibilitätsmethode hauptsächlich für stationäre Strömungen vorgesehen ist, sollten implizite Methoden bevorzugt werden. Ein weiterer wichtiger Punkt ist, dass die Hauptschwierigkeit der kompressiblen Strömung, nämlich die Möglichkeit des Übergangs von der Unterschallströmung zur Überschallströmung und insbesondere die mögliche Existenz von Stoßwellen, vermieden werden kann. Die beste Wahl für eine Lösungsmethode für 2D- oder 3D-Probleme ist eine implizite Methode, die nicht die Lösung eines vollständigen 2D- oder 3D-Problems zu jedem Zeitpunkt erfordert, was bedeutet, dass eine ADI oder approximative Zerlegungsmethode die beste Wahl ist. Ein Beispiel für ein Verfahren zur Herleitung einer Druckgleichung unter Verwendung künstlicher Kompressibilität wird nachfolgend dargestellt.

Das einfachste Verfahren verwendet eine explizite Diskretisierung 1. Ordnung in der Zeit; es ermöglicht die punktweise Berechnung des Drucks, schränkt aber die Größe des Zeitschritts stark ein. Da die zeitliche Entwicklung des Drucks nicht wichtig ist und wir daran interessiert sind, die stationäre Lösung so schnell wie möglich zu erhalten, ist die implizite Euler-Methode eine bessere Wahl. Um diese Methode mit denen aus vorangegangenen Abschnitten zu verbinden, stellen wir fest, dass das Zwischengeschwindigkeitsfeld $\mathbf{v}^*$, das durch Lösen der Impulsgleichung mit dem alten Druck erhalten wurde, die inkompressible Kontinuitätsgleichung nicht erfüllt, sodass es korrigiert werden muss. Die Geschwindigkeitskorrektur muss mit der Druckkorrektur verknüpft werden. Die Korrekturen sind definiert als:

$$\mathbf{v}^{n+1} = \mathbf{v}^* + \mathbf{v}' \quad \text{und} \quad p^{n+1} = p^n + p'. \tag{7.100}$$

Aus der Impulsgleichung geht hervor, dass die Geschwindigkeitskorrektur proportional zum Gradienten der Druckkorrektur sein muss; geeignete Beziehungen wurden sowohl in Teilschritt- als auch in SIMPLE-ähnlichen Methoden hergeleitet. Wir übernehmen hier die Definition aus der SIMPLE-Methode, siehe Gl. (7.74):

$$\mathbf{v}' = -(A_{\mathrm{D}})^{-1} G(p'), \tag{7.101}$$

wobei A_{D} der diagonale Teil der Koeffizientenmatrix aus der diskretisierten Impulsgleichung ist, und G ist der diskrete Gradientenoperator. Mit den in den beiden obigen Gleichungen eingeführten Definitionen kann die diskretisierte Version der modifizierten Kontinuitätsgleichung (7.99) wie folgt geschrieben werden:

$$\frac{p'}{\beta \, \Delta t} - D\left[\rho(A_{\mathrm{D}})^{-1} G(p')\right] = -D(\rho \mathbf{v}^*), \tag{7.102}$$

wobei D den diskreten Divergenzoperator darstellt.

Diese Gleichung ist die gleiche wie die Druckkorrekturgleichung der SIMPLE-Methode, Gl. (7.76), mit Ausnahme des ersten Terms auf der linken Seite. Er stellt einen zusätzlichen Beitrag zum diagonalen Matrixelement der Druckkorrekturgleichung dar und fungiert somit als Unterrelaxation (siehe Abschn. 5.4.3 für weitere Details zu dieser Art der

Unterrelaxation). Aufgrund dieses zusätzlichen Terms wird auch die korrigierte Geschwindigkeit auf der neuen Zeitebene, $\mathbf{v}^{n+1}$, die inkompressible Kontinuitätsgleichung nicht erfüllen; wenn wir uns jedoch dem stationären Zustand nähern, neigen alle Korrekturen gegen null, und somit wird die richtige Gleichung erfüllt sein.

Es scheint also, dass alle bisher vorgestellten Druckberechnungsmethoden, obwohl sie über leicht unterschiedliche Wege zustandegekommen sind, auf die gleiche grundlegende Methode reduziert werden können. Auch hier ist es wichtig, dass die Druckableitungen in Klammern genauso approximiert werden wie in den Impulsgleichungen, während die äußere Ableitung diejenige aus der Kontinuitätsgleichung ist.

Der entscheidende Faktor für die Konvergenz einer auf künstlicher Kompressibilität basierenden Methode ist die Wahl des Parameters β. Der optimale Wert ist problemabhängig, obwohl einige Autoren ein automatisches Verfahren zur Auswahl vorgeschlagen haben. Ein sehr großer Wert würde ein korrigiertes Geschwindigkeitsfeld erfordern, um die inkompressible Kontinuitätsgleichung zu erfüllen. In der obigen Version der Methode entspricht dies dem SIMPLE-Verfahren ohne Unterrelaxation der Druckkorrektur; das Verfahren würde dann nur für kleine Δt konvergieren. Wenn jedoch nur ein Teil von p' zum Druck hinzugefügt wird, wie in SIMPLE, könnte ein sehr großer Wert für β verwendet werden (im Grenzfall unendlich groß). Tatsächlich könnte der SIMPLE-Algorithmus als eine spezielle Version einer Methode der künstlichen Kompressibilität mit unendlichem β angesehen werden.

Der niedrigste zulässige Wert von β kann durch die Ausbreitungsgeschwindigkeit von Druckwellen bestimmt werden. Die Pseudo-Schallgeschwindigkeit ist:

$$c = \sqrt{v^2 + \beta}.$$

Indem man fordert, dass die Druckwellen viel schneller propagieren als sich die Wirbelstärke ausbreitet, lässt sich für eine einfache Kanalströmung folgendes Kriterium herleiten (siehe Kwak et al. 1986):

$$\beta \gg \left[1 + \frac{4}{\text{Re}} \left(\frac{x_{\text{ref}}}{x_\delta} \right)^2 \left(\frac{x_L}{x_{\text{ref}}} \right) \right]^2 - 1,$$

wobei x_L die Entfernung zwischen Einstrom- und Ausstromrand ist, x_δ ist die Hälfte der Entfernung zwischen zwei Wänden und x_{ref} ist die Referenzlänge. Typische Werte von β, die in verschiedenen Methoden verwendet werden, die auf künstlicher Kompressibilität basieren, liegen im Bereich zwischen 0,1 und 10.

Offensichtlich sollte $1/(\beta \Delta t)$ im Vergleich zu den Koeffizienten klein sein, die sich aus dem zweiten Term in Gl. (7.102) ergeben, wenn das korrigierte Geschwindigkeitsfeld die Kontinuitätsgleichung annähernd erfüllen soll. Dies wäre notwendig, um eine schnelle Konvergenz zu erreichen. Für einige iterative Lösungsmethoden (z. B. diejenigen, welche Gebietszerlegung bei Parallelverarbeitung oder blockstrukturierte Gitter in komplexen Geometrien verwenden) hat es sich als nützlich erwiesen, den A_P-Koeffizienten der Druckkorrekturgleichung in SIMPLE durch einen Faktor kleiner als 1,0 (meistens 0,95 bis 0,99) zu dividieren. Dies entspricht der künstlichen Kompressibilisierungsmethode mit $1/(\beta\Delta t) \approx (0,01 \text{ bis } 0,05)A_P$.

7.2.4 Stromfunktion-Wirbelstärke-Methoden

Für inkompressible 2D Strömungen mit konstanten Fluideigenschaften können die Navier-Stokes-Gleichungen vereinfacht werden, indem die *Stromfunktion* ψ und die *Wirbelstärke* ω als abhängige Variablen eingeführt werden. Diese beiden Größen sind (in 2D) definiert als Funktion der kartesischen Geschwindigkeitskomponenten wie folgt:

$$\frac{\partial\psi}{\partial y} = u_x, \qquad \frac{\partial\psi}{\partial x} = -u_y, \tag{7.103}$$

und

$$\omega = \frac{\partial u_y}{\partial x} - \frac{\partial u_x}{\partial y}. \tag{7.104}$$

Linien der konstanten Stromfunktion ψ sind Stromlinien (Linien, die überall parallel zur Strömungsrichtung verlaufen), die dieser Variablen ihren Namen geben. Die Wirbelstärke ist mit einer Drehbewegung verbunden; Gl. (7.104) ist ein Sonderfall der allgemeineren Definition, der auch in 3D gilt:

$$\boldsymbol{\omega} = \nabla \times \mathbf{v}. \tag{7.105}$$

Bei 2D-Strömungen ist der Wirbelstärkevektor orthogonal zur Strömungsebene und Gl. (7.105) reduziert sich auf Gl. (7.104). Der Hauptgrund für die Einführung der Stromfunktion ist, dass bei Strömungen, in denen ρ, μ und $\mathbf{g}$ konstant sind, die Kontinuitätsgleichung identisch erfüllt ist und nicht explizit behandelt werden muss. Die Substitution von Gl. (7.103) in die Definition der Wirbelstärke (7.104) führt zu einer kinematischen Gleichung, die die Stromfunktion und die Wirbelstärke verbindet:

$$\frac{\partial^2\psi}{\partial x^2} + \frac{\partial^2\psi}{\partial y^2} = -\omega. \tag{7.106}$$

Schließlich erhalten wir durch Differenzierung der x- und der y-Impulsgleichungen nach y bzw. x und Subtraktion der Ergebnisse voneinander die dynamische Gleichung für die Wirbelstärke:

$$\rho\frac{\partial\omega}{\partial t} + \rho u_x\frac{\partial\omega}{\partial x} + \rho u_y\frac{\partial\omega}{\partial y} = \mu\left(\frac{\partial^2\omega}{\partial x^2} + \frac{\partial^2\omega}{\partial y^2}\right). \tag{7.107}$$

Der Druck erscheint in keiner dieser Gleichungen, d.h. er wurde als abhängige Variable eliminiert. So wurden die Navier-Stokes-Gleichungen durch einen Satz von nur zwei partiellen Differentialgleichungen ersetzt, anstelle der drei Gleichungen für die Geschwindigkeitskomponenten und den Druck. Diese Reduzierung der Anzahl abhängiger Variablen und Gleichungen macht diesen Ansatz attraktiv.

Die beiden Gleichungen sind durch das Auftreten von u_x und u_y (die Ableitungen von ψ sind) in der Wirbelstärke-Gleichung und durch die Wirbelstärke ω als Quellterm in der Poisson-Gleichung für ψ gekoppelt. Die Geschwindigkeitskomponenten werden durch Differenzierung der Stromfunktion erhalten. Wenn es erforderlich ist, kann der Druck durch Lösen einer Poisson-Gleichung, wie in Abschn. 7.1.5.1 beschrieben, erhalten werden.

Eine Lösungsmethode für diese Gleichungen ergibt sich wie folgt: Bei einem gegebenen anfänglichen Geschwindigkeitsfeld wird die Wirbelstärke durch Differenzierung berechnet. Die dynamische Wirbelstärke-Gleichung wird dann verwendet, um die Wirbelstärke im neuen Zeitschritt zu berechnen; zu diesem Zweck kann jede beliebige Methode für Zeitintegration verwendet werden. Wenn die Wirbelstärke vorliegt, kann die Stromfunktion zum neuen Zeitpunkt durch Lösen der Poisson-Gleichung berechnet werden; es kann jedes beliebige iterative Verfahren für elliptische Gleichungen verwendet werden. Schließlich, wenn die Stromfunktion vorliegt, lassen sich die Geschwindigkeitskomponenten leicht durch Differenzierung erhalten, und wir sind bereit, die Berechnung für den nächsten Zeitschritt zu starten.

Ein Problem bei diesem Ansatz liegt in den Randbedingungen, insbesondere bei komplexen Geometrien. Da die Strömung parallel zu ihnen verläuft, sind Wände und Symmetrieebenen Flächen mit konstanter Stromfunktion. Die Werte der Stromfunktion an diesen Grenzen können jedoch nur berechnet werden, wenn Geschwindigkeiten bekannt sind. Ein schwierigeres Problem ist, dass in der Regel weder die Wirbelstärke noch ihre Ableitungen an den Rändern im Voraus bekannt sind. Zum Beispiel ist die Wirbelstärke an einer Wand gleich $\omega_{\text{wall}} = -\tau_{\text{wall}}/\mu$, wobei τ_{wall} die Wandschubspannung ist, die normalerweise die Größe ist, die wir bestimmen wollen. Randwerte der Wirbelstärke können aus der Stromfunktion durch Differenzierung unter Verwendung einseitiger finiter Differenzen in der Richtung senkrecht zum Rand berechnet werden, siehe Spotz und Carey (1995) oder Spotz (1998). Dieser Ansatz verlangsamt in der Regel die Konvergenzrate.

Calhoun (2002) stellte eine neuartige Teilschrittmethode für Lösungsgebiete mit stark unregelmäßigen Rändern vor. Sie verwendete eine Methode der eingebetteten (*embedded* oder *immersed*) Ränder. Obwohl Calhoun allgemeine Körperformen innerhalb ihres Lösungsgebiets behandelte, ist die Wirbelstärke an scharfen Ecken eines Randes singulär und erfordert besondere Sorgfalt bei der Behandlung. So sind beispielsweise an den in Abb. 7.7 mit A und B bezeichneten Eckpunkten die Ableitungen $\partial u_y/\partial x$ und $\partial u_x/\partial y$ nicht kontinuierlich, was bedeutet, dass die Wirbelstärke ω dort auch nicht kontinuierlich ist und nicht mit dem oben beschriebenen Ansatz berechnet werden kann. Einige Autoren extrapolieren die Wirbelstärke von Innen bis zum Rand, aber das liefert auch bei A und B kein eindeutiges Ergebnis. Es ist möglich, das Verhalten der Wirbelstärke in der Nähe einer Ecke analytisch herzuleiten und zur Korrektur der Lösung zu verwenden, aber das ist schwierig, da jeder Sonderfall separat behandelt werden muss. Eine einfachere, aber effiziente Möglichkeit, große Fehler zu vermeiden (die stromab konvektiert werden können), besteht darin, das Gitter lokal um Singularitäten zu verfeinern.

Abb. 7.7 FD-Gitter zur Berechnung der Strömung über eine Rippe, das vorstehende Ecken A und B zeigt, wo eine besondere Behandlung erforderlich ist, um die Randwerte der Wirbelstärke zu bestimmen

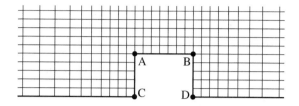

Der Ansatz der Wirbelstärke-Stromfunktion wurde für 2D inkompressible Strömungen häufig genutzt. Die Methode hat in den letzten Jahren an Popularität verloren, weil ihre Ausdehnung auf 3D Strömungen schwierig ist (aber machbar; siehe die Wirbel-Vektorpotential-Methoden auf nichtversetzten Gittern von Weinan und Liu 1997; Wakishima und Saitoh 2004). Sowohl die Wirbelstärke als auch die Stromfunktion werden zu Dreikomponentenvektoren in 3D, sodass man ein System von sechs partiellen Differentialgleichungen anstelle der vier hat, die in einer Geschwindigkeit-Druck-Formulierung notwendig sind. Die 3D Verfahren erben auch die Schwierigkeiten im Umgang mit variablen Fluideigenschaften, Kompressibilität und Randbedingungen, die oben für 2D Strömungen beschrieben wurden.

Literatur

Abe, K., Jang, Y. J. & Leschziner, M. A. (2003). An investigation of wall-anisotropy expressions and length-scale equations for non-linear eddy-viscosity models. *Int. J. Heat Fluid Flow,* **24**, 181-198.

Armfield, S. & Street, R. (1999). The fractional-step method for the Navier-Stokes equations on staggered grids: The accuracy of three variations. *J. Comput. Phys.,* **153**, 660–665.

Armfield, S. & Street, R. (2000). Fractional-step methods for the Navier-Stokes equations on non-staggered grids. *ANZIAM J.,* **42 (E)**, C134–C156.

Armfield, S. & Street, R. (2002). An analysis and comparison of the time accuracy of fractional-step methods for the Navier-Stokes equations on staggered grids. *Int. J. Numer. Methods Fluids,* **38**, 255–282.

Armfield, S. & Street, R. (2003). The pressure accuracy of fractional-step methods for the Navier-Stokes equations on staggered grids. *ANZIAM J.,* **44 (E)**, C20–C39.

Armfield, S.& Street, R. (2004). Modified fractional-step methods for the Navier-Stokes equations. *ANZIAM J.,* **45 (E)**, C364–C377.

Armfield, S. (1991). Finite difference solutions of the Navier-Stokes equations on staggered and non-staggered grids. *Computers Fluids,* **20**, 1–17.

Armfield, S. (1994). Ellipticity, accuracy, and convergence of the discrete Navier-Stokes equations. *J. Comput. Phys.,* **114**, 176–184.

Beam, R. M. & Warming, R. F. (1976). An implicit finite-difference algorithm for hyperbolic systems in conservation-law form. *J. Comput. Phys,* **22**, 87–110.

Calhoun, D. (2002). A Cartesian grid method for solving the two-dimensional streamfunction-vorticity equations in irregular regions. *J. Comput. Phys,* **176**, 231–275.

Caretto, L. S., Gosman, A. D., Patankar, S. V. & Spalding, D. B. (1972). Two calculation procedures for steady three-dimensional flows with recirculation. In *Proc. Third Int. Conf. Numer. Methods Fluid Dyn.* Paris.

Chang, W., Giraldo, F. & Perot, B. (2002). Analysis of an exact fractional-step method. *J. Comput. Phys.,* **180**, 183–199.

Chorin, A. J. (1967). A numerical method for solving incompressible viscous flow problems. *J. Comput. Phys.,* **2**, 12–26.

Chorin, A. J. (1968). Numerical solution of the Navier-Stokes equations. *Math. Comput.,* **22**, 745–762.

Donea, J., Huerta, A., Ponthot, J. P. & Rodríguez-Ferran, A. (2004). Arbitrary Lagrangian-Eulerian methods. Chap. 14 In. *Encyclopedia of Comput. Mech.* (Bd. 1: Fundamentals, S. 413–437).

Ferziger, J. H. (1998). *Numerical methods for engineering application* (2. Aufl.). New York: Wiley-Interscience.

Gresho, P. M. (1990). On the theory of semi-implicit projection methods for viscous incompressible flow and its implementation via a finite element method that also introduces a nearly consistent mass matrix. Part 1: Theory. *Int. J. Numer. Methods Fluids,* **11**, 587–620.

Harlow, F. H. & Welsh, J. E. (1965). Numerical calculation of time dependent viscous incompressible flow with free surface *Phys. Fluids,* **8**, 2182–2189.

Heil, M., Hazel, A. L. & Boyle, J. (2008). Solvers for large-displacement fluid-structure interaction problems: segregated versus monolithic approaches. *Comput. Mech.,* **43**, 91–101.

Hirt, C. W., Amsden, A. A. & Cook, J. L. (1997). An arbitrary Lagrangean-Eulerian computing method for all flow speeds. *J. Comput. Phys,* **135**, 203-216. (Reprinted from **14**, 1974, 227–253)

Issa, R. I. (1986). Solution of implicitly discretized fluid flow equations by operator-splitting. *J. Comput. Phys.,* **62**, 40–65.

Kim, D. & Choi, H. (2000). A second-order time-accurate finite volume method for unsteady incompressible flow on hybrid unstructured grids. *J. Comput. Phys.,* **162**, 411–428.

Kim, J. & Moin, P. (1985). Application of a fractional-step method to incompressible Navier-Stokes equations. *J. Comput. Phys.,* **59**, 308–323.

Kwak, D. & Kiris, C. C. (2011). Artificial compressibility method. Chap. 4. In *Computation of viscous incompressible flows.* Dordrecht: Springer.

Kwak, D., Chang, J. L. C., Shanks, S. P. & Chakravarthy, S. R. (1986). A three-dimensional incompressible Navier-Stokes flow solver using primitive variables. *AIAA J.,* **24**, 390–396.

Louda, P., Kozel, K. & Příhoda, J. (2008). Numerical solution of 2D and 3D viscous incompressible steady and unsteady flows using artificial compressibility method. *Int. J. Numer. Methods Fluids,* **56**, 1399–1407.

Mahesh, K., Constantinescu, G. & Moin, P. (2004). A numerical method for large-eddy simulation in complex geometries. *J. Comput Phys.,* **197**, 215-240.

Malinen, M. (2012). The development of fully coupled simulation software by reusing segregated solvers. *Appl. Parallel and Sci. Comput., Part 1, PARA 2010, LNCS 7133,* 242–248.

Moin, P. (2010). Fundamentals of engineering numerical analysis (2. Aufl.). Cambridge: Cambridge Univ. Press.

Patankar, S. V. & Spalding, D. B. (1972). A calculation procedure for heat, mass and momentum transfer in three-dimensional parabolic flows. *Int. J. Heat Mass Transfer,* **15**, 1787–1806.

Patankar, S. V. (1980). *Numerical heat transfer and fluid flow.* New York: McGraw-Hill.

Perić, M. (1985). *A finite volume method for the prediction of three-dimensional fluid flow in complex ducts* (PhD Dissertation). London: Imperial College.

Raithby, G. D. & Schneider, G. E. (1979). Numerical solution of problems in incompressible fluid flow: treatment of the velocity-pressure coupling. *Numer. Heat Transfer,* **2**, 417–440.

Spotz, W. (1998). Accuracy and performance of numerical wall boundary conditions for steady, 2D, incompressible streamfunction vorticity. *Int. J. Numer. Methods Fluids,* **28**, 737–757.

Spotz, W. F. & Carey, G. F. (1995). High-order compact scheme for the steady stream-function vorticity equations. *Int. J. Numer. Methods Engrg.,* **38**, 3497-3512.

Van Doormal, J. P. & Raithby, G. D. (1984). Enhancements of the SIMPLE method for predicting incompressible fluid flows *Numer. Heat Transfer,***7**, 147–163.

Wakashima, S. & Saitoh, T. S. (2004). Benchmark solutions for natural convection in a cubic cavity using the high-order time-space method. *Int. J. Heat Mass Transfer,***47**, 853-864.

Weinan, E. & Liu, J. g. (1997). Finite difference methods for 3D viscous incompressible flows in the vorticity – vector potential formulation on nonstaggered grids. *J. Comput. Phys.,***138**, 57–82.

Ye, T., Mittal, R., Udaykumar, H. S. & Shyy, W. (1999). An accurate Cartesian grid method for viscous incompressible flows with complex immersed boundaries. *J. Comput. Phys.,***156**, 209–240.

Zang, Y., Street, R. L. & Koseff, J. R. (1994). A non-staggered grid, fractional-step method for time-dependent incompressible Navier-Stokes equations in curvilinear coordinates. *J. Comput. Phys.,***114**, 18–33.

Lösung der Navier-Stokes-Gleichungen: Teil 2

Wir haben Diskretisierungsmethoden für die verschiedenen Terme in den Transportgleichungen beschrieben. Die Verbindung zwischen Druck- und Geschwindigkeitskomponenten in inkompressiblen Strömungen wurde demonstriert und es wurden einige Lösungsmethoden vorgestellt. Viele andere Methoden zur Lösung der Navier-Stokes-Gleichungen können entwickelt werden. Es ist unmöglich, sie alle hier zu beschreiben. Die meisten von ihnen haben jedoch Elemente mit den bereits beschriebenen Methoden gemeinsam. Die Vertrautheit mit diesen Methoden sollte es dem Leser ermöglichen, die anderen zu verstehen.

Im Folgenden werden einige Methoden ausführlich beschrieben, die für eine größere Gruppe von Methoden repräsentativ sind. Zuerst werden implizite Methoden (SIMPLE und iterative implizite Teilschrittmethode) unter Verwendung der Druckkorrekturgleichung und versetzter Gitter so detailliert beschrieben, dass dies als eine Anleitung zum Schreiben eines Rechenprogramms dienen kann. Die entsprechenden Programme mit vielen Kommentaren, die auf entsprechende Gleichungen im Buch hinweisen, sind über das Internet verfügbar; für Details siehe Anhang. In einem ähnlichen Modus beschreiben wir dann diese Methoden für nichtversetzte Gitter, und schließlich diskutieren wir einige zusätzliche Fragen für die Implementierung von Teilschrittmethoden sowohl auf versetzten als auch auf nichtversetzten Gittern. Das Kapitel schließt mit Beispielen für stationäre und instationäre Strömungssimulationen.

8.1   Implizite iterative Methoden auf einem versetzten Gitter

In diesem Abschnitt stellen wir zwei implizite FV-Verfahren vor, die die Druckkorrekturmethode auf einem versetzten zweidimensionalen kartesischen Gitter verwenden. Eines basiert auf dem SIMPLE-Algorithmus und das andere auf der Teilschrittmethode; wir werden das letztere als IFSM-Methode bezeichnen (von *Implicit Fractional-Step-Method*). Mit ihnen

© Springer-Verlag GmbH Deutschland, ein Teil von Springer Nature 2020
J. H. Ferziger et al., *Numerische Strömungsmechanik*,
https://doi.org/10.1007/978-3-662-46544-8_8

können sowohl stationäre als auch instationäre Strömungen berechnet werden. Lösungsmethoden für komplizierte Geometrien werden im nächsten Kapitel beschrieben.

Die Navier-Stokes-Gleichungen in Integralform lauten:

$$\int_S \rho \mathbf{v} \cdot \mathbf{n} \, dS = 0, \tag{8.1}$$

$$pablt \int_V \rho u_i \, dV + \int_S \rho u_i \mathbf{v} \cdot \mathbf{n} \, dS = \int_S \tau_{ij} \mathbf{i}_j \cdot \mathbf{n} \, dS - \int_S p \mathbf{i}_i \cdot \mathbf{n} \, dS + \int_V (\rho - \rho_0) g_i \, dV. \tag{8.2}$$

Der Einfachheit halber wird davon ausgegangen, dass die einzige Körperkraft der Auftrieb ist. Der makroskopische Impulsflussvektor $\mathbf{t}_i$, siehe Gl. (1.18), wird in einen viskosen Beitrag $\tau_{ij} \mathbf{i}_j$ und einen Druckbeitrag $p \mathbf{i}_i$ unterteilt. Wir gehen von konstanter Dichte aus, außer im Auftriebsterm, d. h. wir verwenden die Boussinesq-Approximation. Die mittlere Gravitationskraft wird in den Druckterm einbezogen, wie in Abschn. 1.4 beschrieben wurde.

Typische versetzte Kontrollvolumina sind in Abb. 8.1 dargestellt. Die KV für u_x und u_y werden in Bezug auf das KV für die Kontinuitätsgleichung nach rechts bzw. nach oben verschoben. Bei nichtäquidistanten Gittern befinden sich die Geschwindigkeitsknoten nicht in den Zentren ihrer KV. Die Zellflächen ‚e' und ‚w' für u_x und ‚n' und ‚s' für u_y liegen auf halbem Weg zwischen den Knoten. Der Einfachheit halber werden wir manchmal u anstelle von u_x und v anstelle von u_y verwenden.

Die meisten Diskretisierungs- und Lösungsalgorithmen sind sowohl für SIMPLE als auch für IFSM identisch; die Unterschiede beschränken sich auf die Druckkorrekturgleichung, wo sie betont werden. Wir werden das implizite Drei-Zeitebenen-Verfahren 2. Ordnung, das in Abschn. 6.2.4 beschrieben wurde, für die Zeitintegration verwenden. Dies führt zu folgender Approximation für den instationären Term:

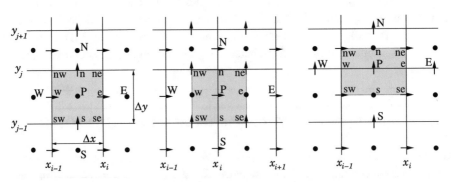

Abb. 8.1 Kontrollvolumen für ein versetztes Gitter: für Massenerhaltung und skalare Größen (links), für x-Impuls (Mitte) und für y-Impuls (rechts)

$$\left[\frac{\partial}{\partial t} \int_V \rho u_i \, dV \right]_P \approx \frac{\rho \, \Delta V}{2 \, \Delta t} \left(3u_i^{n+1} - 4u_i^n + u_i^{n-1} \right)_P = A_P^t u_{i,P}^{n+1} - Q_{u_i}^t, \qquad (8.3)$$

wo

$$A_P^t = \frac{3 \rho \, \Delta V}{2 \Delta t} \quad \text{und} \quad Q_{u_i}^t = \frac{\rho \, \Delta V}{2 \Delta t} \left(4u_i^n - u_i^{n-1} \right)_P. \qquad (8.4)$$

Wir werden von nun an auf das hochgestellte „$n + 1$" verzichten; alle Terme werden zum Zeitpunkt t_{n+1} berechnet, sofern nicht anders angegeben wird. Da das Verfahren implizit ist, erfordern die Gleichungen eine iterative Lösung. Wenn die Zeitschritte so klein sind wie die in expliziten Verfahren, genügen ein oder zwei Iterationen pro Zeitschritt. Für Strömungen die langsam in der Zeit variieren, können wir größere Zeitschritte verwenden und mehr Iterationen pro Zeitschritt sind notwendig. Wie bereits erwähnt, werden diese Iterationen als *äußere Iterationen* bezeichnet, um sie von den *inneren Iterationen* zu unterscheiden, die zur Lösung linearer Gleichungen wie der Druckkorrekturgleichung verwendet werden. Wir gehen davon aus, dass einer der in Kap. 5 beschriebenen Löser für innere Iterationen verwendet wird und konzentrieren uns auf die äußeren Iterationen.

Wir betrachten nun die Approximation der Konvektions- und Diffusionsflüsse und der Quellterme. Das Flächenintegral kann in vier Integrale über die KV-Seiten aufgeteilt werden. Wir konzentrieren uns auf die KV-Seite „e"; die anderen Seiten werden auf die gleiche Weise behandelt, und die für die Ostseite hergeleiteten Ausdrücke können durch Indexsubstitution für andere Seiten leicht umgeschrieben werden. Wir adoptieren die Approximationen mit Zentraldifferenzen 2. Ordnung, die in Kap. 4 beschrieben wurden. Die Flussapproximationen erfolgen unter der Annahme, dass der Wert einer Größe im Zentrum einer KV-Seite den Mittelwert über die Fläche darstellt (Mittelpunktregel-Approximation). Bei der m-ten äußeren Iteration werden alle nichtlinearen Terme durch ein Produkt aus einem „alten" (aus der vorhergehenden äußeren Iteration) und einem „neuen" Wert approximiert. Bei der Diskretisierung der Impulsgleichungen wird also der Massenstrom durch jede KV-Seite anhand des vorhandenen Geschwindigkeitsfeldes ausgewertet und als bekannt angenommen:

$$\dot{m}_e^m = \int_{S_e} \rho \mathbf{v} \cdot \mathbf{n} \, dS \approx (\rho u)_e^{m-1} S_e. \qquad (8.5)$$

Diese Art der Linearisierung ist im Wesentlichen der erste Schritt der Picard-Iteration; andere Linearisierungen für implizite Systeme wurden in Kap. 5 beschrieben. Sofern nicht ausdrücklich anders angegeben, gehören alle Variablen im weiteren Verlauf dieses Abschnitts zur äußeren Iteration m. Die Massenflüsse (8.5) erfüllen die Kontinuitätsgleichung auf dem „skalaren" KV, siehe Abb. 8.1. Die Massenflüsse an den Seiten der Impuls-KV müssen durch Interpolation bestimmt werden; im Idealfall sollen diese Flüsse die Massenerhaltung für das Impuls-KV gewährleisten, aber dies kann nur bis zur Genauigkeit der Interpolation gewährleistet werden. Eine weitere Möglichkeit besteht darin, die Massenflüsse aus den skalaren KV-Seiten zu nutzen. Da die Ost- und die Westseite eines u-KV auf halbem Weg zwischen den Skalar-KV-Seiten liegen, können die Massenflüsse wie folgt berechnet werden:

$$\dot{m}_{\mathrm{e}}^{u} = \frac{1}{2}(\dot{m}_{\mathrm{P}} + \dot{m}_{\mathrm{E}})^{u}; \quad \dot{m}_{\mathrm{w}}^{u} = \frac{1}{2}(\dot{m}_{\mathrm{W}} + \dot{m}_{\mathrm{P}})^{u}. \tag{8.6}$$

Die Massenflüsse durch die Nord- und Südseite des u-KV können als die Hälfte der Summe der Massenflüsse durch die beiden skalaren KV-Seiten, aus denen die u-KV-Seiten bestehen, geschätzt werden:

$$\dot{m}_{\mathrm{n}}^{u} = \frac{1}{2}(\dot{m}_{\mathrm{ne}} + \dot{m}_{\mathrm{nw}})^{u}; \quad \dot{m}_{\mathrm{s}}^{u} = \frac{1}{2}(\dot{m}_{\mathrm{se}} + \dot{m}_{\mathrm{sw}})^{u}. \tag{8.7}$$

Das hochgestellte u bedeutet, dass sich die Indizes auf das u-KV beziehen, siehe Abb. 8.1. Die Summe der vier Massenflüsse für das u-KV ist somit die Hälfte der Summe der Massenflüsse für die beiden benachbarten Skalar-KV. Sie erfüllen somit die Kontinuitätsgleichung für das doppelte Skalar-KV, sodass die Massenflüsse durch die u-KV-Seiten ebenfalls die Masse erhalten. Dieses Ergebnis gilt auch für v-Impuls-KV. Es ist wichtig sicherzustellen, dass die Massenflüsse durch die Impuls-KV die Kontinuitätsgleichung erfüllen, da sonst der Impuls nicht erhalten bleibt.

Der Konvektionsfluss von u_i-Impuls durch die „e"-Seite eines u_i-KV ist dann (siehe Abschn. 4.2 und Gl. (8.5)):

$$F_{i,\mathrm{e}}^{\mathrm{c}} = \int_{S} \rho u_i \mathbf{v} \cdot \mathbf{n}\, \mathrm{d}S \approx \dot{m}_{\mathrm{e}} u_{i,\mathrm{e}}. \tag{8.8}$$

Der in diesem Ausdruck verwendete Wert von u_i an der KV-Seite muss nicht derselbe sein, der zur Berechnung des Massenflusses verwendet wird, obwohl eine Approximation derselben Genauigkeit wünschenswert ist. Die lineare Interpolation ist die einfachste Approximation 2. Ordnung; siehe Abschn. 4.4.2 für Details. Wir nennen das ein Zentraldifferenzenschema (ZDS), obwohl es sich nicht um eine Differenzierung handelt. Dies liegt daran, dass dadurch auf äquidistanten Gittern die gleichen algebraischen Gleichungen erhalten werden wie bei der Verwendung von Zentraldifferenzen für die ersten Ableitungen in einer FD-Methode.

Einige iterative Löser konvergieren nicht, wenn sie auf die algebraischen Gleichungssysteme angewendet werden, die aus Zentraldifferenzenapproximationen von Konvektionsflüssen hergeleitet sind. Dies liegt daran, dass die Matrizen dann möglicherweise nicht diagonal dominant sind; diese Gleichungen lassen sich am besten mit dem in Abschn. 5.6 beschriebenen Ansatz der *verzögerten Korrektur* lösen. Bei diesem Verfahren wird der Fluss ausgedrückt als:

$$F_{i,\mathrm{e}}^{\mathrm{c}} = \dot{m}_{\mathrm{e}} u_{i,\mathrm{e}}^{\mathrm{ADS}} + \dot{m}_{\mathrm{e}} (u_{i,\mathrm{e}}^{\mathrm{ZDS}} - u_{i,\mathrm{e}}^{\mathrm{ADS}})^{m-1}, \tag{8.9}$$

wobei die hochgestellten ZDS und ADS die Approximation durch Zentral- bzw. Aufwinddifferenzen bezeichnen (siehe Abschn. 4.4). Der Term in Klammern wird mit Werten aus der vorherigen äußeren Iteration bewertet, während die Matrix mit der ADS-Approximation berechnet wird. Wenn die Lösung konvergiert, heben sich die ADS-Beiträge auf und hinterlassen eine ZDS-Lösung. Dieses Verfahren konvergiert in der Regel mit ungefähr der Geschwindigkeit, wie sie für eine reine ADS-Approximation erhalten wurde.

Die beiden Verfahren können auch kombiniert werden; dies wird erreicht, indem der explizite Teil (der Term in Klammern in Gl. (8.9)) mit einem Faktor $0 \leq \gamma \leq 1$ multipliziert wird. Diese Praxis kann die mit Zentraldifferenzen erhaltenen Oszillationen auf groben Gittern beseitigen. Es verbessert jedoch die Ästhetik der Ergebnisse auf Kosten der Verringerung der Genauigkeit. Die Mischung kann lokal eingesetzt werden, z. B. um mit ZDS die Berechnung von Strömungen mit Schocks zu ermöglichen; dies ist besser als die Anwendung eines konstanten Wertes für γ im gesamten Lösungsgebiet.

Die Berechnung der Diffusionsflüsse erfordert die Auswertung der Spannungen τ_{xx} und τ_{yx} an der KV-Seite „e". Der nach außen gerichtete Einheitsvektor senkrecht zur dieser KV-Seite ist $\mathbf{n} = \mathbf{i}$; somit erhalten wir (siehe Gl. (8.2)):

$$F_{i,e}^{d} = \int_{S_e} \tau_{ij} \mathbf{i}_j \cdot \mathbf{n} \, dS = \int_{S_e} \tau_{ix} \, dS \approx (\tau_{ix})_e S_e, \tag{8.10}$$

wobei $S_e = y_j - y_{j-1} = \Delta y$ für u-KV und $S_e = \frac{1}{2}(y_{j+1} - y_{j-1})$ für v-KV gilt.

Die Spannungen an der KV-Seite erfordern eine Approximation der Ableitungen; Zentraldifferenzen führen zu:

$$(\tau_{xx})_e = 2\left(\mu \frac{\partial u}{\partial x}\right)_e \approx 2\mu \frac{u_E - u_P}{x_E - x_P}, \tag{8.11}$$

$$(\tau_{yx})_e = \mu\left(\frac{\partial v}{\partial x} + \frac{\partial u}{\partial y}\right)_e \approx \mu \frac{v_E - v_P}{x_E - x_P} + \mu \frac{u_{ne} - u_{se}}{y_{ne} - y_{se}}. \tag{8.12}$$

Es ist zu beachten, dass τ_{xx} auf der „e"-Seite des u-KV und τ_{yx} auf der „e"-Seite des v-KV bewertet wird, sodass sich die Indizes auf Positionen in den entsprechenden KV beziehen, siehe Abb. 8.1. Somit sind u_{ne} und u_{se} im v-KV eigentlich die Knotenwerte der u-Geschwindigkeit und es ist keine Interpolation notwendig.

Bei den anderen KV-Seiten erhalten wir ähnliche Ausdrücke. Für die u-KV müssen wir τ_{xx} an den Seiten „e" und „w", und τ_{xy} an den Seiten „n" und „s" approximieren. Für die v-KV wird τ_{yx} an den Seiten „e" und „w" und τ_{yy} an den Seiten „n" und „s" benötigt.

Die Druckterme werden wie folgt approximiert:

$$Q_u^p = -\int_S p \, \mathbf{i} \cdot \mathbf{n} \, dS \approx -(p_e S_e - p_w S_w)^{m-1} \tag{8.13}$$

für die u-Gleichung und

$$Q_v^p = -\int_S p \, \mathbf{j} \cdot \mathbf{n} \, dS \approx -(p_n S_n - p_s S_s)^{m-1} \tag{8.14}$$

für die v-Gleichung. Es gibt keine Druckkraftbeiträge von den „n"- und „s"-KV-Seiten zur u-Gleichung oder von den „e"- und „w"-Flächen zur v-Gleichung auf einem kartesischen Gitter.

Wenn Auftriebskräfte vorhanden sind, werden diese approximiert durch:

$$Q_{u_i}^{\mathrm{b}} = \int_V (\rho - \rho_0) g_i \, \mathrm{d}V \approx (\rho_{\mathrm{P}}^{m-1} - \rho_0) g_i \, \Delta V, \tag{8.15}$$

wobei $\Delta V = (x_{\mathrm{e}} - x_{\mathrm{w}})(y_{\mathrm{n}} - y_{\mathrm{s}}) = 0,5(x_{i+1} - x_{i-1})(y_j - y_{j-1})$ für das u-KV und $\Delta V = 0,5(x_i - x_{i-1})(y_{j+1} - y_{j-1})$ für das v-KV gilt. Alle anderen Körperkräfte können auf die gleiche Weise approximiert werden.

Die Approximation der vollständigen u_i-Impulsgleichung lautet:

$$A_{\mathrm{P}}^{\mathrm{t}} u_{i,\mathrm{P}} + F_i^{\mathrm{c}} = F_i^{\mathrm{d}} + Q_i^{\mathrm{p}} + Q_i^{\mathrm{b}} + Q_i^{\mathrm{t}}, \tag{8.16}$$

wobei

$$F^{\mathrm{c}} = F_{\mathrm{e}}^{\mathrm{c}} + F_{\mathrm{w}}^{\mathrm{c}} + F_{\mathrm{n}}^{\mathrm{c}} + F_{\mathrm{s}}^{\mathrm{c}} \quad \text{und} \quad F^{\mathrm{d}} = F_{\mathrm{e}}^{\mathrm{d}} + F_{\mathrm{w}}^{\mathrm{d}} + F_{\mathrm{n}}^{\mathrm{d}} + F_{\mathrm{s}}^{\mathrm{d}}. \tag{8.17}$$

Wenn ρ und μ konstant sind, hebt sich ein Teil des Diffusionsflusses aufgrund der Kontinuitätsgleichung auf, siehe Abschn. 7.1. (Es kann sein, dass sich diese Terme in der numerischen Approximation nicht genau aufheben, aber die Gleichungen können vereinfacht werden, indem diese Terme vor der Diskretisierung weggelassen werden). In der u-Gleichung kann beispielsweise der τ_{xx}-Term auf den „e"- und „w"-Seiten um die Hälfte reduziert werden, und in dem τ_{yx}-Term auf den „n"- und „s"-Seiten wird der $\partial v/\partial x$-Beitrag entfernt. Auch wenn ρ und μ nicht konstant sind, trägt die Summe dieser Terme nur geringfügig zu F^{d} bei. Aus diesem Grund wird dieser Beitrag als ein expliziter „Diffusionsquellenterm" behandelt, z. B. für u:

$$Q_u^{\mathrm{d}} = \left[\mu_{\mathrm{e}} S_{\mathrm{e}} \frac{u_{\mathrm{E}} - u_{\mathrm{P}}}{x_{\mathrm{E}} - x_{\mathrm{P}}} - \mu_{\mathrm{w}} S_{\mathrm{w}} \frac{u_{\mathrm{P}} - u_{\mathrm{W}}}{x_{\mathrm{P}} - x_{\mathrm{W}}} \right.$$
$$\left. + \mu_{\mathrm{n}} S_{\mathrm{n}} \frac{v_{\mathrm{ne}} - v_{\mathrm{nw}}}{x_{\mathrm{ne}} - x_{\mathrm{nw}}} - \mu_{\mathrm{s}} S_{\mathrm{s}} \frac{v_{\mathrm{se}} - v_{\mathrm{sw}}}{x_{\mathrm{se}} - x_{\mathrm{sw}}} \right]^{m-1}. \tag{8.18}$$

Dieser Term wird normalerweise mit den Variablenwerten aus der vorherigen äußeren Iteration $m - 1$ berechnet und explizit behandelt. Nur $F^{\mathrm{d}} - Q_u^{\mathrm{d}}$ wird implizit behandelt. Eine Folge dieser Approximation ist, dass auf einem nichtversetzten Gitter die durch Gl. (8.16) implizierte Matrix für alle drei Geschwindigkeitskomponenten identisch ist.

Wenn die Approximationen für alle Flüsse und Quellterme in Gl. (8.16) ersetzt werden, erhalten wir eine algebraische Gleichung der Form:

$$A_{\mathrm{P}}^u u_{\mathrm{P}} + \sum_k A_k^u u_k = Q_{\mathrm{P}}^u, \quad k = \mathrm{E, W, N, S}. \tag{8.19}$$

Die Gleichung für v hat die gleiche Form. Die Koeffizienten hängen von den verwendeten Approximationen ab; für die oben angewandten ADS-Approximationen sind die Koeffizienten der u-Gleichung:

$$A_E^u = \min(\dot{m}_e^u, 0) - \frac{\mu_e S_e}{x_E - x_P}, \quad A_W^u = \min(\dot{m}_w^u, 0) - \frac{\mu_w S_w}{x_P - x_W},$$

$$A_N^u = \min(\dot{m}_n^u, 0) - \frac{\mu_n S_n}{y_N - y_P}, \quad A_S^u = \min(\dot{m}_s^u, 0) - \frac{\mu_s S_s}{y_P - y_S}, \quad (8.20)$$

$$A_P^u = A_P^t - \sum_k A_k^u, \quad k = E, W, N, S.$$

Es ist zu beachten, dass der Beitrag von Konvektions- und Diffusionsflüssen zum zentralen Koeffizienten A_P als negative Summe der Nachbarkoeffizienten ausgedrückt werden kann; eigentlich erhält man, wenn dieser Beitrag aus diskretisierten Flussapproximationen extrahiert wird:

$$A_P^u = A_P^t - \sum_k A_k^u + \sum_k \dot{m}_k. \quad (8.21)$$

Der letzte Term auf der rechten Seite stellt die diskretisierte Kontinuitätsgleichung dar, der für inkompressible Strömungen gleich null ist und daher in Gl. (8.20) weggelassen wird. Dies gilt für alle konservativen FV-Methoden.

Es ist auch zu beachten, dass $\dot{m}_w$ für das um den Knoten P zentrierte KV gleich $-\dot{m}_e$ für das um den Knoten W zentrierte KV ist. Der Quellterm Q_P^u enthält nicht nur die Druck- und Auftriebsterme, sondern auch den Anteil der Konvektions- und Diffusionsflüsse, der sich aus der verzögerten Korrektur ergibt, sowie den Beitrag des instationären Terms, d. h.:

$$Q_P^u = Q_u^p + Q_u^b + Q_u^c + Q_u^d + Q_u^t, \quad (8.22)$$

wobei

$$Q_u^c = \left[(F_u^c)^{ADS} - (F_u^c)^{ZDS} \right]^{m-1}. \quad (8.23)$$

Diese „Konvektionsquelle" wird aus den Geschwindigkeiten der vorherigen äußeren Iteration $m - 1$ berechnet.

Die Koeffizienten in der v-Gleichung werden auf die gleiche Weise erhalten und haben die gleiche Form; die Gitterpositionen „e", „n" usw. haben jedoch unterschiedliche Koordinaten, da sie sich auf das v-KV beziehen, siehe Abb. 8.1.

Die linearisierten Impulsgleichungen werden mit der sequentiellen Lösungsmethode (siehe Abschn. 5.4) unter Verwendung der „alten" Massenflüsse und des Drucks aus der vorherigen äußeren Iteration gelöst. Dies führt zu neuen Geschwindigkeiten u^* und v^*, die nicht unbedingt die Kontinuitätsgleichung erfüllen:

$$\dot{m}_e^* + \dot{m}_w^* + \dot{m}_n^* + \dot{m}_s^* = \Delta\dot{m}_P^*, \quad (8.24)$$

wobei die Massenflüsse gemäß Gl. (8.5) unter Verwendung von u^* und v^* berechnet werden. Da die Anordnung der Variablen versetzt ist, entsprechen die Geschwindigkeiten an den KV-Seiten eines Massen-KV den Knotenwerten der jeweiligen Impuls-KV, sodass keine Interpolation notwendig ist. Die Indizes in den beiden folgenden Abschnitten beziehen sich auf Massen-KV, siehe Abb. 8.1, sofern nicht anderes angegeben ist.

Die Herleitung einer diskreten Druckkorrekturgleichung folgt in SIMPLE und IFSM leicht unterschiedlichen Wegen; wir behandeln zuerst den SIMPLE-Algorithmus.

8.1.1   SIMPLE für versetzte Gitter

Die aus den Impulsgleichungen berechneten Geschwindigkeitskomponenten u^* und v^* können wie folgt ausgedrückt werden (indem man Gl. (8.19) durch A_P teilt und den Druckterm explizit schreibt; man beachte, dass der Index „e" auf einem Massen-KV den Index P auf einem u-KV darstellt):

$$u_e^* = \tilde{u}_e^* - \frac{S_e}{A_P^u}(p_E - p_P)^{m-1}, \tag{8.25}$$

wobei $\tilde{u}_e^*$ eine Kurzbezeichnung ist für

$$\tilde{u}^* = \frac{Q_P^u - Q_u^P - \sum_k A_k^u u_k^*}{A_P}. \tag{8.26}$$

Analog dazu kann v_n^* ausgedrückt werden als:

$$v_n^* = \tilde{v}_n^* - \frac{S_n}{A_P^v}(p_N - p_P)^{m-1}. \tag{8.27}$$

Die Geschwindigkeiten u^* und v^* müssen korrigiert werden, um die Massenerhaltung zu erzwingen. Dies geschieht, wie in Abschn. 7.2.2 beschrieben, durch Korrektur des Drucks, wobei $\tilde{u}$ und $\tilde{v}$ unverändert bleiben. Die korrigierten Geschwindigkeiten (die Endwerte für die m-te äußere Iteration) $u^m = u^* + u'$ und $v^m = v^* + v'$ sollen die linearisierten Impulsgleichungen erfüllen, was nur möglich ist, wenn der Druck korrigiert wird. Also schreiben wir:

$$u_e^m = \tilde{u}_e^* - \frac{S_e}{A_P^u}(p_E - p_P)^m, \tag{8.28}$$

und

$$v_n^m = \tilde{v}_n^* - \frac{S_n}{A_P^v}(p_N - p_P)^m, \tag{8.29}$$

wobei $p^m = p^{m-1} + p'$ der neue Druck ist. Die Indizes beziehen sich auf das Massen-KV. Die Beziehung zwischen Geschwindigkeits- und Druckkorrekturen wird durch Subtraktion der Gl. (8.25) von Gl. (8.28) erhalten:

$$u'_e = -\frac{S_e}{A^u_P}(p'_E - p'_P) = \left(\frac{\Delta V}{A^u_P}\frac{\delta p'}{\delta x}\right)_e.$$
(8.30)

Entsprechend erhält man:

$$v'_n = -\frac{S_n}{A^v_P}(p'_N - p'_P) = \left(\frac{\Delta V}{A^v_P}\frac{\delta p'}{\delta y}\right)_n.$$
(8.31)

Von den korrigierten Geschwindigkeiten wird verlangt, dass sie die Kontinuitätsgleichung erfüllen, also setzen wir u^m und v^m in die Ausdrücke für Massenflüsse ein, Gl. (8.5), und verwenden Gl. (8.24):

$$(\rho S u')_e - (\rho S u')_w + (\rho S v')_n - (\rho S v')_s + \Delta \dot{m}^*_P = 0.$$
(8.32)

Schließlich führt das Einsetzen der Ausdrücke (8.30) und (8.31) für u' und v' in die Kontinuitätsgleichung zur Druckkorrekturgleichung:

$$A^p_P p'_P + \sum_k A^p_k p'_k = -\Delta \dot{m}^*_P,$$
(8.33)

wo die Koeffizienten lauten:

$$A^p_E = -\left(\frac{\rho S^2}{A^u_P}\right)_e, \quad A^p_W = -\left(\frac{\rho S^2}{A^u_P}\right)_w,$$

$$A^p_N = -\left(\frac{\rho S^2}{A^v_P}\right)_n, \quad A^p_S = -\left(\frac{\rho S^2}{A^v_P}\right)_s,$$
(8.34)

$$A^p_P = -\sum_k A^p_k, \quad k = E, W, N, Sw.$$

Nachdem die Druckkorrekturgleichung gelöst ist, werden die Geschwindigkeiten und der Druck korrigiert. Wie in Abschn. 7.2.2 erwähnt, müssen die Impulsgleichungen unterrelaxiert werden, wenn man versucht, stationäre Strömungen mit sehr großen Zeitschritten zu berechnen, wie in Abschn. 7.5.4 beschrieben; ebenso wird nur ein Teil der Druckkorrektur p' zu p^{m-1} addiert. Eine Unterrelaxation ist auch bei der Berechnung instationärer Strömungen erforderlich – es sei denn, die Zeitschritte sind sehr klein (die Unterrelaxationsfaktoren sind dann näher an 1 als bei stationären Strömungen, je nach Zeitschrittgröße).

Die korrigierten Geschwindigkeiten erfüllen die Kontinuitätsgleichung mit der Genauigkeit, mit der die Druckkorrekturgleichung gelöst wird. Sie erfüllen jedoch nicht die nichtlineare Impulsgleichung, da $\tilde{u}$ und $\tilde{v}$ in Gl. (8.28) und (8.29) nicht korrigiert wurden, also müssen wir eine weitere äußere Iteration beginnen. Wenn sowohl die Kontinuitäts- als auch die Impulsgleichungen mit der gewünschten Toleranz erfüllt sind, sind u'_i und p' vernachlässigbar klein und wir können zum nächsten Zeitschritt übergehen. Um die Iterationen mit dem neuen Zeitschritt zu beginnen, liefert die Lösung des vorherigen Zeitschritts die erste

Abschätzung. Dies kann durch Extrapolation verbessert werden; jedes der expliziten Zeitintegrationsverfahrens kann als Prädiktor dienen. Für kleine Zeitschritte ist die Extrapolation ziemlich genau und spart einige Iterationen.

Wenn eine stationäre Strömung berechnet wird, kann man einen einzigen unendlichen Zeitschritt wählen; alle Beiträge, die sich aus dem instationären Term ergeben, fallen weg und man fährt mit äußeren Iterationen fort, bis alle Korrekturen vernachlässigbar werden. Bei der Berechnung instationärer Strömungen liegt die Anzahl der äußeren Iterationen pro Zeitschritt in der Regel im Bereich zwischen 3 (für kleine Zeitschritte und hohe Unterrelaxationsfaktoren) und 10 (für größere Zeitschritte und moderate Unterrelaxationsfaktoren). Einige Beispiele werden in Abschn. 8.4 vorgestellt. Ein Rechenprogramm, das diesen Algorithmus verwendet, ist über das Internet verfügbar; weitere Informationen sind im Anhang zu finden.

Es ist zu beachten, dass die Koeffizienten in der Druckkorrekturgleichung (8.34) proportional zum Quadrat der Fläche der zugehörigen KV-Seite sind. Somit ist das Verhältnis A_E/A_N proportional zum Quadrat des Seitenverhältnisses $a_r = \Delta y/\Delta x$. Bei starker Dehnung der Zellen (z. B. in Wandnähe, wenn die viskose Unterschicht aufgelöst werden soll) kann dies die Druckkorrekturgleichung steif und schwieriger zu lösen machen. Seitenverhältnisse größer als 100 sollten nach Möglichkeit vermieden werden, da die Koeffizienten in einer Richtung (z. B. senkrecht zur Wand im oben genannten Beispiel) dann mehr als 10^4-mal größer sind als in die andere Richtungen.

Der obige Algorithmus lässt sich leicht modifizieren, um die SIMPLEC-Methode zu erhalten, die in Abschn. 7.2.2 beschrieben wurde. Die Druckkorrekturgleichung hat die Form (8.33), aber in den Ausdrücken für die Koeffizienten, Gl. (8.34), werden A_P^u und A_P^v durch $A_P^u + \sum_k A_k^u$ und $A_P^v + \sum_k A_k^v$ ersetzt. Auch die Erweiterung zum PISO-Algorithmus ist unkompliziert. Die zweite Druckkorrekturgleichung hat dieselbe Koeffizientenmatrix wie die erste, aber der Quellterm basiert nun auf $\tilde{u}_i'$. Dieser Beitrag wurde in der ersten Druckkorrekturgleichung vernachlässigt, kann aber nun mit der ersten Geschwindigkeitskorrektur u_i' berechnet werden.

Diskretisierungen höherer Ordnung lassen sich leicht in die obige Lösungsstrategie integrieren. Die Implementierung von Randbedingungen wurde in Abschn. 7.1.6 diskutiert.

8.1.2   IFSM für versetzte Gitter

Der wesentliche Unterschied zwischen SIMPLE und IFSM besteht darin, dass letztere immer endliche Zeitschritte verwendet, auch wenn eine stationäre Strömung berechnet wird. Es ist jedoch keine Unterrelaxation erforderlich, sodass man für jede Anwendung nur einen geeigneten Zeitschritt wählen muss.

Die Beziehung zwischen Geschwindigkeit und Druckkorrektur wird nach Gl. (7.64) hergeleitet, d. h. die Geschwindigkeit wird nur im instationären Term korrigiert, sodass u_i^* sowohl in Konvektions- als auch in Diffusionsflüssen verbleibt:

$$\frac{3\rho\Delta V}{2\Delta t}(u_e^m - u_e^*) = -S_e(p_E' - p_P') \Rightarrow u_e' = -\frac{2\Delta t S_e}{3\rho\Delta V}(p_E' - p_P'). \tag{8.35}$$

Da gilt $\Delta V = S_e(x_E - x_P) = S_n(y_N - y_P)$, erhalten wir:

$$u_e' = -\frac{2\Delta t}{3\rho(x_E - x_P)}(p_E' - p_P') = -\frac{2\Delta t}{3\rho}\left(\frac{\delta p'}{\delta x}\right)_e \tag{8.36}$$

und entsprechend:

$$v_n' = -\frac{2\Delta t}{3\rho(y_N - y_P)}(p_N' - p_P') = -\frac{2\Delta t}{3\rho}\left(\frac{\delta p'}{\delta y}\right)_n. \tag{8.37}$$

Das Einsetzen dieser Ausdrücke in die Kontinuitätsgleichung (8.32) führt zur gleichen Form der Druckkorrekturgleichung wie bei SIMPLE, Gl. (8.33), nur die Koeffizienten sind unterschiedlich; anstelle von Gl. (8.34) haben wir jetzt:

$$A_E^p = -\frac{2\Delta t S_e}{3(x_E - x_P)}, \quad A_W^p = -\frac{2\Delta t S_w}{3(x_P - x_W)},$$

$$A_N^p = -\frac{2\Delta t S_n}{3(y_N - y_P)}, \quad A_S^p = -\frac{2\Delta t S_s}{3(y_P - y_S)}, \tag{8.38}$$

$$A_P^p = -\sum_k A_k^p, \quad k = E, W, N, S.$$

Bei der Berechnung instationärer Strömungen wählt man den Zeitschritt so, dass die Strömungsvariation ausreichend aufgelöst wird (z. B. ca. 100 Zeitschritten pro Periode, wenn die Strömung periodisch ist). Die Anzahl der erforderlichen äußeren Iterationen pro Zeitschritt hängt, wie bei der SIMPLE-Methode, von der Zeitschrittweite ab.

Beim Schreiten hin zum stationären Zustand muss man trotzdem einen endlichen Zeitschritt verwenden, der dann aber relativ groß sein kann. Es ist oft vorteilhaft, zunächst kleinere Zeitschritte zu verwenden, wenn die Änderungen in der Lösung relativ groß sind (insbesondere, wenn die Initialisierung keine gute Näherung der endgültigen Lösung ist); wenn man sich dem stationären Zustand nähert, kann der Zeitschritt schrittweise erhöht werden. Die maximal zulässige Zeitschrittweite ist problemabhängig, wird aber in der Regel auf die CFL-Zahl bezogen:

$$CFL_x = \frac{u\Delta t}{\Delta x} \quad \text{und} \quad CFL_y = \frac{v\Delta t}{\Delta y}. \tag{8.39}$$

Werte zwischen 1 und 100 sind in der Regel angemessen; siehe Abschn. 8.4 für einige Beispiele.

8.2 Implizite iterative Methoden für nichtversetzte Gitter

Es wurde bereits erwähnt, dass eine nichtversetzte Anordnung von Variablen auf einem numerischen Gitter Probleme schafft, die dazu geführt haben, dass diese Anordnung für einige Zeit kaum genutzt wurde. Hier werden wir zunächst zeigen, warum die Probleme auftreten und dann eine Lösung präsentieren.

8.2.1 Behandlung des Drucks bei nichtversetzten Gittern

Wir beginnen mit einem Finite-Differenzen-Schema und der einfachen Zeitintegrationsmethode, die in Abschn. 7.1.7.1 vorgestellt wurde. Dort haben wir die diskrete Poisson-Gleichung für den Druck hergeleitet, die lautet:

$$\frac{\delta}{\delta x_i}\left(\frac{\delta p^n}{\delta x_i}\right) = \frac{\delta H_i^n}{\delta x_i}, \tag{8.40}$$

wobei H_i^n die Kurzschreibweise für die Summe der Konvektions- und Spannungsterme darstellt:

$$H_i^n = -\frac{\delta(\rho u_i u_j)^n}{\delta x_j} + \frac{\delta \tau_{ij}^n}{\delta x_j} \tag{8.41}$$

(die Summierung über j ist impliziert). Das Diskretisierungsschema, das zur Approximation der Ableitungen verwendet wird, ist in Gl. (8.40) nicht wichtig; deshalb wird die symbolische Notation verwendet. Außerdem ist die Gleichung nicht spezifisch für eine Gitteranordnung.

Betrachten wir nun die in Abb. 8.2 dargestellte nichtversetzte Anordnung der Variablen und verschiedene Differenzenmethoden für die Druckgradiententerme in den Impulsgleichungen und für die Divergenz in der Kontinuitätsgleichung. Wir beginnen mit der Betrachtung eines Vorwärtsdifferenzenschemas für Druckterme und eines Rückwärtsdifferenzenschemas für die Kontinuitätsgleichung. Abschn. 7.1.3 zeigt, dass diese Kombination energieerhaltend ist. Der Einfachheit halber gehen wir davon aus, dass das Gitter mit den Abständen Δx und Δy äquidistant ist.

Abb. 8.2 Kontrollvolumen in einem nichtversetzten Gitter und die verwendete Notation

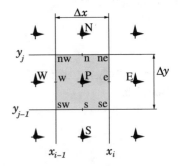

Durch die Approximation des äußeren Differenzoperators $\delta/\delta x_i$ in der Druckgleichung mit dem Rückwärtsdifferenzenschema erhalten wir:

$$\frac{\left(\dfrac{\delta p^n}{\delta x}\right)_{\mathrm{P}} - \left(\dfrac{\delta p^n}{\delta x}\right)_{\mathrm{W}}}{\Delta x} + \frac{\left(\dfrac{\delta p^n}{\delta y}\right)_{\mathrm{P}} - \left(\dfrac{\delta p^n}{\delta y}\right)_{\mathrm{S}}}{\Delta y} = \frac{H_{x,\mathrm{P}}^n - H_{x,\mathrm{W}}^n}{\Delta x} + \frac{H_{y,\mathrm{P}}^n - H_{y,\mathrm{S}}^n}{\Delta y}. \tag{8.42}$$

Wenn wir die rechte Seite als Q_{P}^H bezeichnen und die Vorwärtsdifferenzen-Approximationen für die Druckableitungen verwenden, kommen wir zu folgendem Ergebnis:

$$\frac{\dfrac{p_{\mathrm{E}}^n - p_{\mathrm{P}}^n}{\Delta x} - \dfrac{p_{\mathrm{P}}^n - p_{\mathrm{W}}^n}{\Delta x}}{\Delta x} + \frac{\dfrac{p_{\mathrm{N}}^n - p_{\mathrm{P}}^n}{\Delta y} - \dfrac{p_{\mathrm{P}}^n - p_{\mathrm{S}}^n}{\Delta y}}{\Delta y} = Q_{\mathrm{P}}^H. \tag{8.43}$$

Das System der algebraischen Gleichungen für den Druck nimmt dann die folgende Form an:

$$A_{\mathrm{P}}^p p_{\mathrm{P}}^n + \sum_k A_k^p p_k^n = -Q_{\mathrm{P}}^H, \quad k = \mathrm{E, W, N, S}, \tag{8.44}$$

wobei die Koeffizienten sind:

$$A_{\mathrm{E}}^p = A_{\mathrm{W}}^p = -\frac{1}{(\Delta x)^2}, \quad A_{\mathrm{N}}^p = A_{\mathrm{S}}^p = -\frac{1}{(\Delta y)^2}, \quad A_{\mathrm{P}}^p = -\sum_k A_k^p. \tag{8.45}$$

Man kann nachweisen, dass der FV-Ansatz die Gl. (8.43) reproduziert, wenn das in Abb. 8.2 gezeigte KV sowohl für die Impulsgleichungen als auch für die Kontinuitätsgleichung verwendet wird und wenn die folgenden Approximationen zum Einsatz kommen: $u_{\mathrm{e}} = u_{\mathrm{P}}$, $p_{\mathrm{e}} = p_{\mathrm{E}}$; $v_{\mathrm{n}} = v_{\mathrm{P}}$, $p_{\mathrm{n}} = p_{\mathrm{N}}$; $u_{\mathrm{w}} = u_{\mathrm{W}}$, $p_{\mathrm{w}} = p_{\mathrm{P}}$, $v_{\mathrm{s}} = v_{\mathrm{S}}$, $p_{\mathrm{s}} = p_{\mathrm{P}}$.

Die Druck- oder Druckkorrekturgleichung hat die gleiche Form wie die, die auf einem versetzten Gitter mit Zentraldifferenzen-Approximationen erhalten wurde; dies liegt daran, dass die Approximation einer 2. Ableitung durch ein Produkt aus Vorwärts- und Rückwärtsdifferenzen-Approximationen für 1. Ableitungen die Zentraldifferenzen-Approximation ergibt. Allerdings leiden die Impulsgleichungen jetzt unter der Verwendung einer Approximation 1. Ordnung für den wichtigsten Antriebskraftterm – den Druckgradienten. Es ist besser, Approximationen höherer Ordnung zu verwenden.

Schauen wir nun, was passiert, wenn wir Zentraldifferenzen-Approximationen sowohl für den Druckgradienten in den Impulsgleichungen als auch für die Divergenz in der Kontinuitätsgleichung wählen. Approximiert man den äußeren Differenzenoperator in Gl. (8.40) durch Zentraldifferenzen, erhalten wir:

$$\frac{\left(\dfrac{\delta p^n}{\delta x}\right)_{\mathrm{E}} - \left(\dfrac{\delta p^n}{\delta x}\right)_{\mathrm{W}}}{2\Delta x} + \frac{\left(\dfrac{\delta p^n}{\delta y}\right)_{\mathrm{N}} - \left(\dfrac{\delta p^n}{\delta y}\right)_{\mathrm{S}}}{2\Delta y} = \frac{H_{x,\mathrm{E}}^n - H_{x,\mathrm{W}}^n}{2\Delta x} + \frac{H_{y,\mathrm{N}}^n - H_{y,\mathrm{S}}^n}{2\Delta y}. \tag{8.46}$$

Wir bezeichnen die rechte Seite erneut als Q_P^H; diese Größe ist jedoch nicht gleich der aus Gl. (8.43). Beim Einfügen der Zentraldifferenzen-Approximationen für Druckableitungen erhalten wir wir:

$$\frac{\dfrac{p_{EE}^n - p_P^n}{2\Delta x} - \dfrac{p_P^n - p_{WW}^n}{2\Delta x}}{2\Delta x} + \frac{\dfrac{p_{NN}^n - p_P^n}{2\Delta y} - \dfrac{p_P^n - p_{SS}^n}{2\Delta y}}{2\Delta y} = Q_P^H. \tag{8.47}$$

Das System der algebraischen Gleichungen für den Druck hat die folgende Form:

$$A_P^p p_P^n + \sum_k A_k^p p_k^n = -Q_P^H, \quad k = EE, WW, NN, SS, \tag{8.48}$$

wo die Koeffizienten lauten:

$$A_{EE}^p = A_{WW}^p = -\frac{1}{(2\Delta x)^2}, \quad A_{NN}^p = A_{SS}^p = -\frac{1}{(2\Delta y)^2}, \quad A_P^p = -\sum_k A_k^p. \tag{8.49}$$

Diese Gleichung hat die gleiche Form wie Gl. (8.44), aber sie beinhaltet Knoten, die $2\Delta x$ oder $2\Delta y$ auseinander liegen! Es ist eine diskretisierte Poisson-Gleichung auf einem doppelt so grobem Gitter, und die Gleichungen teilen sich in vier unverbundene Systeme auf, eines mit i und j gerade, eines mit i gerade und j ungerade, eines mit i ungerade und j gerade und eines mit beiden ungerade. Jedes dieser Systeme bietet eine andere Lösung. Für eine Strömung mit einem gleichmäßigen Druckfeld erfüllt die in Abb. 8.3 dargestellte Schachbrettdruckverteilung diese Gleichungen; eine solche Situation könnte entstehen. Der Druckgradient wird von Druckoszillationen nicht beeinflusst und das Geschwindigkeitsfeld kann glatt sein. Es besteht auch die Möglichkeit, dass man keine konvergierte stationäre Lösung erhalten kann.

Ein ähnliches Ergebnis wird mit dem Finite-Volumen-Ansatz erzielt, wenn die Druckwerte an den KV-Seiten durch lineare Interpolation zwischen den beiden Nachbarknoten berechnet werden.

Die Ursache des obigen Problems kann auf die Verwendung von $2\Delta x$-Approximationen der 1. Ableitung zurückgeführt werden. Es wurden verschiedene Lösungen des Problems vorgeschlagen. Bei inkompressiblen Strömungen ist das absolute Druckniveau unwichtig –

Abb. 8.3 Schachbrettdruckverteilung, bestehend aus vier übereinander liegenden gleichmäßigen Feldern im 2Δ-Abstand, das von ZDS als gleichmäßiges Feld interpretiert wird

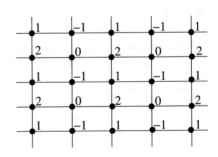

nur die Druckdifferenzen zählen. Wenn der Absolutwert des Drucks nicht irgendwo festgehalten wird, ist die Druckgleichung singulär und hat eine unendliche Anzahl von Lösungen, die sich alle um eine Konstante unterscheiden. Dies ermöglicht eine einfache Lösung: das Herausfiltern der Oszillationen, wie es van der Wijngaart (1990) getan hat.

Wir stellen einen Ansatz für den Umgang mit der Druck-Geschwindigkeitskopplung auf nichtversetzten Gittern vor, der in komplizierten Geometrien breite Anwendung gefunden hat und einfach und effektiv ist. Er wird in fast allen kommerziellen und frei verfügbaren CFD-Programmen verwendet.

Bei versetzten Gittern basieren die Zentraldifferenzen-Approximationen auf Δx-Differenzen, da der Geschwindigkeitsknoten zwischen zwei Druckknoten liegt. Können wir das Gleiche mit der nichtversetzter Anordnung der Variablen machen? Eine Δx-Approximation der äußeren 1. Ableitung in der Druckgleichung (8.40) hat die Form:

$$\frac{\left(\frac{\delta p^n}{\delta x}\right)_e - \left(\frac{\delta p^n}{\delta x}\right)_w}{\Delta x} + \frac{\left(\frac{\delta p^n}{\delta y}\right)_n - \left(\frac{\delta p^n}{\delta y}\right)_s}{\Delta y} = \frac{H_{x,e}^n - H_{x,w}^n}{\Delta x} + \frac{H_{y,n}^n - H_{y,s}^n}{\Delta y}. \quad (8.50)$$

Das Problem ist, dass die Werte der Druckableitung und der Größe H an den KV-Seiten nicht verfügbar sind, sodass wir Interpolation verwenden müssen. Schauen wir, was passiert, wenn wir lineare Interpolation anwenden, welche die gleiche Genauigkeit hat wie die ZDS-Approximation der Ableitungen. Außerdem approximieren wir die inneren Ableitungen des Drucks in Gl. (8.40) durch Zentraldifferenzen. Die lineare Interpolation der Ableitungen in den KV-Zentren führt zu:

$$\left(\frac{\delta p^n}{\delta x}\right)_e \approx \frac{1}{2}\left(\frac{p_E - p_W}{2\,\Delta x} + \frac{p_{EE} - p_P}{2\,\Delta x}\right). \quad (8.51)$$

Mit dieser Interpolation wird die Druckgleichung (8.47) wieder hergestellt.

Wir könnten die Druckableitungen in der Mitte der KV-Seiten anhand von Zentraldifferenzen und Δx-Abstand wie folgt auswerten:

$$\left(\frac{\delta p^n}{\delta x}\right)_e \approx \frac{p_E - p_P}{\Delta x}. \quad (8.52)$$

Wenn diese Approximation auf alle KV-Seiten angewendet wird, ergibt sich die folgende Druckgleichung (die auch für nichtäquidistante Gitter gilt):

$$\frac{\frac{p_E^n - p_P^n}{\Delta x} - \frac{p_P^n - p_W^n}{\Delta x}}{\Delta x} + \frac{\frac{p_N^n - p_P^n}{\Delta y} - \frac{p_P^n - p_S^n}{\Delta y}}{\Delta y} = Q_P^H, \quad (8.53)$$

was der Gl. (8.43) entspricht, mit der Ausnahme, dass die rechte Seite nun durch Interpolation erhalten wird:

$$Q_P^H = \frac{\overline{(H_x^n)}_e - \overline{(H_x^n)}_w}{\Delta x} + \frac{\overline{(H_y^n)}_n - \overline{(H_y^n)}_s}{\Delta y}. \quad (8.54)$$

Die Verwendung dieser Approximation eliminiert die Oszillationen im Druckfeld, aber um dies zu erreichen, haben wir eine Inkonsistenz in der Behandlung des Druckgradienten in den Impuls- und Druckgleichungen eingeführt. Ein Vergleich der beiden Approximationen zeigt, dass sich die linken Seiten von Gl. (8.53) und (8.47) um den folgenden Betrag unterscheiden:

$$R_P^p = \frac{4\,p_E + 4\,p_W - 6\,p_P - p_{EE} - p_{WW}}{4(\Delta x)^2} + \frac{4\,p_N + 4\,p_S - 6\,p_P - p_{NN} - p_{SS}}{4(\Delta y)^2}, \quad (8.55)$$

was eine Zentraldifferenzen-Approximation der Druckableitung 4. Ordnung darstellt:

$$R_P^p = -\frac{(\Delta x)^2}{4}\left(\frac{\partial^4 p}{\partial x^4}\right)_P - \frac{(\Delta y)^2}{4}\left(\frac{\partial^4 p}{\partial y^4}\right)_P. \quad (8.56)$$

Der Ausdruck (8.55) lässt sich leicht erhalten, indem man die Standard-ZDS-Diskretisierung der 2. Ableitung zweimal anwendet, siehe Abschn. 3.4.

Diese Differenz strebt mit Gitterverfeinerung gegen null, und der Fehler hat die gleiche Größenordnung wie sonstige Diskretisierungsfehler. Dabei wird jedoch die energieerhaltende Eigenschaft des Verfahrens zerstört. Tatsächlich haben Ham und Iaccarino (2004) (im Rahmen von nichtiterativen Teilschrittmethoden) gezeigt, dass der Nettoeffekt auf die kinetische Energie dissipativ ist.

Das obige Ergebnis wurde für die ZDS-Diskretisierung 2. Ordnung und die lineare Interpolation hergeleitet. Eine ähnliche Herleitung kann für jedes Diskretisierungsschema und jede Interpolation konstruiert werden. Wir betrachten nun, wie die Implementierung der obigen Idee in implizite Druckkorrekturverfahren mit FV-Diskretisierung realisiert werden kann.

8.2.2   SIMPLE für nichtversetzte Gitter

Die implizite Lösung der mit der FV-Methode auf nichtversetzen Gittern diskretisierten Impulsgleichungen folgt den Linien des vorherigen Abschnitts für die versetzte Anordnung. Man muss nur bedenken, dass die KV jetzt für alle Variablen gleich sind. Die Drücke in den Zentren der KV-Seiten, die keine Knotenpunkte sind, müssen durch Interpolation erhalten werden; die lineare Interpolation ist eine geeignete Approximation 2. Ordnung, aber es können auch Verfahren höherer Ordnung verwendet werden. Die Gradienten im KV-Zentrum, die für die Berechnung der Geschwindigkeiten an den KV-Seiten benötigt werden, können mit dem Satz von Gauß ermittelt werden. Die Druckkräfte in x- und y-Richtung werden über alle KV-Seiten summiert und durch das Zellvolumen dividiert, um die entsprechende mittlere Druckableitung zu erhalten, z. B.:

$$\left(\frac{\delta p}{\delta x}\right)_P = \frac{Q_u^p}{\Delta V}, \quad (8.57)$$

wobei Q_u^p für die Summe der Druckkräfte in der x-Richtung über alle KV-Seiten steht, siehe Gl. (8.13). Auf kartesischen Gittern reduziert sich dies auf die Standard-ZDS-Approximation.

Die Lösung der linearisierten Impulsgleichungen ergibt u^* und v^*. Für die diskretisierte Kontinuitätsgleichung benötigen wir die Geschwindigkeiten an den KV-Seiten, die durch Interpolation berechnet werden müssen; lineare Interpolation ist die naheliegende Wahl. Die Druckkorrekturgleichung des SIMPLE-Algorithmus kann wie in Abschn. 7.2.2 und 8.1 hergeleitet werden. Die in der Kontinuitätsgleichung benötigten interpolierten Geschwindigkeiten an den KV-Seiten beinhalten interpolierte Druckgradienten, sodass ihre Korrektur proportional zum interpolierten Druckkorrekturgradienten ist (siehe Gl. (8.30)):

$$u_e' = -\overline{\left(\frac{\Delta V}{A_P^u} \frac{\delta p'}{\delta x}\right)}_e. \tag{8.58}$$

Auf äquidistanten Gittern entspricht die Druckkorrekturgleichung, hergeleitet mit diesem Ausdruck für die Geschwindigkeitskorrekturen an den KV-Seiten, der Gl. (8.47). Auf nicht-äquidistanten Gittern beinhaltet der Rechenstern der Druckkorrekturgleichung die Knoten P, E, W, N, S, EE, WW, NN und SS. Wie im vorherigen Abschnitt gezeigt, kann diese Gleichung oszillierende Lösungen hervorrufen. Obwohl die Oszillationen herausgefiltert werden können (siehe van der Wijngaart 1990), wird die Druckkorrekturgleichung auf beliebigen Gittern komplex und die Konvergenz des Lösungsalgorithmus kann langsam sein. Eine kompakte Druckkorrekturgleichung, ähnlich wie bei den versetzten Gittern, kann mit dem im vorherigen Abschnitt beschriebenen Ansatz erreicht werden. Die Herleitung dieser Gleichung wird im Folgenden beschrieben.

Im vorangegangenen Abschnitt wurde gezeigt, dass die interpolierten Druckgradienten durch kompakte Zentraldifferenzen-Approximationen an den KV-Seiten ersetzt werden können. Die interpolierte Geschwindigkeit an der KV-Seite wird somit durch die Differenz zwischen dem interpolierten Druckgradienten und dem an der KV-Seite berechneten Gradienten modifiziert (siehe Gl. (8.28) und (8.29)):

$$u_e^* = \overline{(u^*)}_e - \Delta V_e \overline{\left(\frac{1}{A_P^u}\right)}_e \left[\left(\frac{\delta p}{\delta x}\right) - \overline{\left(\frac{\delta p}{\delta x}\right)}\right]_e^{m-1}. \tag{8.59}$$

Diese Korrektur der interpolierten Geschwindigkeit an der KV-Seite ist bekannt geworden als *Rhie-Chow*-Korrektur (Rhie und Chow 1983). Eine Überlinie bezeichnet die Interpolation, und das um eine KV-Seite zentrierte Volumen wird für kartesische Gitter definiert durch

$$\Delta V_e = (x_E - x_P)\,\Delta y.$$

Dieses Verfahren korrigiert die interpolierte Geschwindigkeit und die Korrektur ist proportional zur 3. Ableitung des Drucks multipliziert mit $(\Delta x)^2/4$; die 4. Ableitung für das Zellzentrum resultiert aus der Anwendung des Divergenzoperators. In einem Verfahren 2. Ordnung wird die Druckableitung an der KV-Seite mittels ZDS berechnet, siehe Gl. (8.52).

Wenn die ZDS-Approximation (8.52) auf nichtäquidistante Gittern angewendet wird, sollten die Druckgradienten aus den KV-Zentren mit den Gewichten 1/2 interpoliert werden, da
die ZDS-Approximation des Gradienten an der KV-Seite die Genauigkeit 2. Ordnung nicht
an der KV-Seite sondern in der Mitte zwischen den beiden Druckknoten hat. Somit wird
der Term in den eckigen Klammern in Gl. (8.60) für lineare und quadratische Druckprofile
gleich null.

Die Korrektur ist groß, wenn der Druck schnell oszilliert; die 3. Ableitung ist dann groß
und aktiviert die Druckkorrektur welche den Druck glättet.

Die Korrektur der Zellflächengeschwindigkeit in der SIMPLE-Methode ist nun:

$$u'_e = -\Delta V_e \overline{\left(\frac{1}{A_P^u}\right)_e} \left(\frac{\delta p'}{\delta x}\right)_e = -S_e \overline{\left(\frac{1}{A_P^u}\right)_e} (p'_E - p'_P), \qquad (8.60)$$

mit entsprechenden Ausdrücken an den anderen KV-Seiten. Wenn diese in die diskretisierte
Kontinuitätsgleichung eingefügt werden, ergibt sich wieder die Druckkorrekturgleichung
(8.33). Der einzige Unterschied besteht darin, dass die Koeffizienten $1/A_P^u$ und $1/A_P^v$ an den
KV-Seiten keine Knotenwerte sind, wie bei der versetzten Anordnung, sondern interpolierte
Zellmittelwerte.

Da der Korrekturterm in Gl. (8.60) mit $1/A_P^u$ multipliziert wird, kann der Wert des darin
enthaltenen Unterrelaxationsparameters die Werte der Geschwindigkeit an den KV-Seiten
beeinflussen. Es gibt jedoch wenig Grund zur Sorge, da der Unterschied zwischen zwei
Lösungen, die mit unterschiedlichen Unterrelaxationsparametern erhalten wurden, viel kleiner ist als der Diskretisierungsfehler, wie die folgenden Beispiele zeigen werden. Wir zeigen
auch, dass der implizite Algorithmus mit nichtversetzten Gittern die gleiche Konvergenzrate, Abhängigkeit von Unterrelaxationsfaktoren und Rechenkosten hat wie der Algorithmus
für versetzte Gitter. Darüber hinaus ist auch der Unterschied zwischen Lösungen, die mit
unterschiedlichen Anordnungen von Variablen erhalten wurden, viel kleiner als der Diskretisierungsfehler.

Wir haben die Druckkorrekturgleichung auf nichtversetzten Gittern für Approximationen
2. Ordnung hergeleitet. Das Verfahren kann an Approximationen höherer Ordnung angepasst werden; es ist wichtig, dass die Differentiation und Interpolation derselben Ordnung
erfolgen. Für eine Beschreibung einer Methode 4. Ordnung siehe Lilek und Perić (1995).

8.2.3 IFSM für nichtversetzte Gitter

Die zuvor beschriebene IFSM-Methode für versetzte Gitter lässt sich leicht auf nichtversetzte
Gitter erweitern. Eigentlich ist die Druckkorrekturgleichung in beiden Fällen gleich, siehe
Gl. (8.33) und (8.38). Der einzige Unterschied besteht in der Berechnung der Geschwindigkeiten an den KV-Seiten, die zur Berechnung der Massenflüsse benötigt werden. Bei
versetzten Gittern werden die Geschwindigkeiten an den Seiten des Massen-KV gespeichert, sodass keine Interpolation erforderlich ist. Auf nichtversetzten Gittern müssen die

Geschwindigkeiten an den KV-Seiten aus Knotenwerten mittels Interpolation berechnet werden. Bei der Berechnung instationärer Strömungen mit IFSM funktioniert die lineare Interpolation ohne Rhie-Chow-Korrektur in der Regel gut. In den in Abschn. 8.4 vorgestellten Anwendungen haben wir jedoch die folgende Korrektur auf die linear interpolierten Geschwindigkeiten an den KV-Seiten angewendet:

$$u_e^* = \overline{(u^*)}_e - \frac{\Delta t}{\rho}\left[\left(\frac{\delta p}{\delta x}\right) - \overline{\left(\frac{\delta p}{\delta x}\right)}\right]_e^{m-1}. \tag{8.61}$$

Dieser Ausdruck ist derselbe wie im SIMPLE-Algorithmus, mit Ausnahme eines anderen Multiplikators des Terms in eckigen Klammern, siehe Gl. (8.60) und (8.62). Die folgende Beziehung zwischen Geschwindigkeits- und Druckkorrektur ergibt sich für IFSM nach dem gleichen Ansatz wie in SIMPLE:

$$u_e' = -\frac{\Delta t}{\rho}\left(\frac{\delta p'}{\delta x}\right)_e = -\frac{\Delta t}{\rho(x_E - x_P)}(p_E' - p_P'). \tag{8.62}$$

Analoge Ausdrücke folgen für v_n^* und v_n'. Ein Rechenprogramm, das diesen Algorithmus beinhaltet, ist im Internet verfügbar; siehe Anhang für Details.

8.3   Nichtiterative implizite Methoden für instationäre Strömungen

Nichtiterative implizite Methoden ermöglichen die Verwendung größerer Zeitschritte als bei vollständig expliziten Methoden. Da bei inkompressibler Strömung ohnehin eine Poisson-Gleichung für Druck oder Druckkorrektur gelöst werden muss, werden in der Regel implizite Verfahren bevorzugt. Dies ist besonders wichtig, wenn lokal sehr feine Gitter erzeugt werden (Grenzschicht in Wandnähe, um scharfe Kanten usw.), da Diffusionsbedingungen eine zu strenge Stabilitätsgrenze für die Zeitschrittweite hervorrufen, wenn das Verfahren vollständig explizit ist.

Der Term „nichtiterativ" bedeutet hier, dass die *äußere Iterationsschleife* fehlt: Die Druckkorrekturgleichung und die Impulsgleichungen werden nur einmal pro Zeitschritt gelöst. Viele Versionen der Teilschrittmethode (hier bezeichnet als FSM) fallen in diese Kategorie; PISO kann oder kann nicht als nichtiterativ in diesem Sinne betrachtet werden (er löst die Impulsgleichungen nur einmal, aber eine äußere Iterationsschleife umfasst die Druckkorrekturgleichung und explizite Geschwindigkeitskorrekturen).

Die wesentlichen Unterschiede zwischen der zuvor vorgestellten IFSM und den nichtiterativen Versionen von FSM sind: (i) FSM verwendet explizite Zeitschrittverfahren für alle oder einen Teil der Konvektionsflüsse, und (ii) die linearen Gleichungen werden mit einer kleineren Toleranz als bei iterativen Verfahren gelöst, um sicherzustellen, dass Iterationsfehler klein genug sind und sowohl Kontinuitäts- als auch Impulsgleichungen ausreichend erfüllt sind. Nichtiterative Methoden führen zu einem Zerlegungsfehler (*splitting error*), da sie nur Geschwindigkeiten im instationären Term korrigieren; dieser Fehler ist in der Regel proportional zu $(\Delta t)^2$. Sowohl SIMPLE als auch IFSM eliminieren diesen durch äußere Iterationen. In der Regel kostet ein Zeitschritt in nichtiterativen FSM- oder PISO-Verfahren (in Sinne von Rechenaufwand) so viel wie 2 bis 3 äußere Iterationen in SIMPLE oder IFSM (wo die Konvergenzkriterien für die äußere Iterationen weniger streng sind). Auf diese Tatsache werden wir bei der Darstellung von Beispielrechnungen in Abschn. 8.4 noch einmal hinweisen.

Viele der in den vorangegangenen Abschnitten über SIMPLE und verwandte Methoden beschriebenen Werkzeuge und Algorithmen können in Teilschrittmethoden verwendet werden. Dementsprechend ist dieser Abschnitt nicht so detailliert wie die vorherigen, sondern konzentriert sich auf einige Punkte, die für nichtiterative Teilschrittmethoden typisch sind, um bestimmte Aspekte hervorzuheben. Im Folgenden werden die wichtigsten Schritte der Methode besprochen, beginnend mit der Adams-Bashforth-Diskretisierung der Konvektionsflüsse. Danach folgen: die ADI-Lösungsmethode, die Druck-Poisson-Gleichung und die Anfangs- und Randbedingungen. Schließlich kommentieren wir die Unterschiede in Effizienz und Genauigkeit zwischen einstufigen und iterativen Teilschrittmethoden.

Wie in den vorangegangenen Abschnitten werden sowohl versetzte als auch nichtversetzte Gitter berücksichtigt. Wenn kein Bild zur Hand ist, vergisst man leicht, wo die Variablen platziert sind und welche Kontrollvolumen den versetzten bzw. nichtversetzten Gittern entsprechen. Da sich z. B. die Geschwindigkeitskomponenten auf den Zellflächen im versetzten Gitter befinden, könnte man sich fragen, warum es sinvoll ist, QUICK für die Konvektionsterme auf einem versetzten Gitter einzusetzen. Aus diesem Grund reproduzieren wir hier in Abb. 8.4 die Gitter und die relevanten KV. Für das nichtversetzte Gitter erinnern wir uns nun daran, dass es nur ein Kontrollvolumen für Geschwindigkeiten und Druck gibt und dass alle Variablen im Punkt P dieses Gitters in der FV-Methode, die wir hier verwenden, definiert sind. Daher ist eine Interpolation erforderlich, um Variablenwerte auf den KV-Seiten zu berechnen, denn bei der FV-Methode werden jeweils die *Flüsse durch die KV-Seiten* summiert. In der Kontinuitätsgleichung benötigen wir Geschwindigkeitskomponenten an den KV-Seiten, um Massenflüsse zu berechnen; in allen anderen Transportgleichungen benötigen wir sowohl den *konvektierenden* Massenfluss als auch die *konvektierte* Variable (Geschwindigkeitskomponenten, Temperatur usw.), um die Konvektionsflüsse zu berechnen. Der Druck muss ebenfalls interpoliert werden, um die Druckkraft an jeder KV-Seite zu erhalten.

Andererseits gibt es bei versetzten Gittern getrennte KV für jede Geschwindigkeitskomponente und für die Kontinuitätsgleichung und skalare Variablen (z. B. Temperatur, Druck und Fluideigenschaften werden auch in Knoten gespeichert, die in diesem KV zentriert sind). Im unteren Teil von Abb. 8.4 sind die Geschwindigkeiten bekannt, wo die Pfeile sind, während der Druck bekannt ist, wo die Punkte sind. Für die Kontinuitätsgleichung ist keine Interpolation erforderlich: Da die Geschwindigkeiten an den KV-Seiten gespeichert sind, können Massenflüsse direkt berechnet werden (im Rahmen von Approximationen 2. Ordnung mit Hilfe der Mittelpunktregel). Um Konvektionsflüsse in allen anderen Transportgleichungen zu berechnen, ist jedoch eine Interpolation erforderlich: Für skalare Variablen

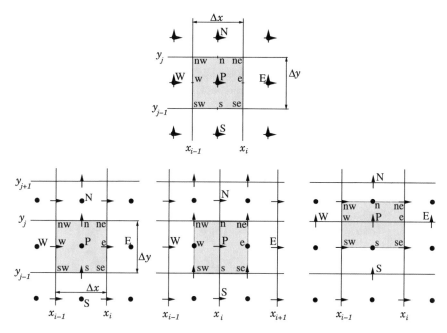

Abb. 8.4 Kontrollvolumen und Notation: für alle Variablen auf nichtversetzten Gittern (oben), für skalare Variablen (unten links), für x-Impuls (unten Mitte) und für y-Impuls (unten rechts) auf versetzten Gittern

(wie die Temperatur) müssen wir die in Zellzentren gespeicherten Variablen interpolieren, um den konvektierten Wert im Zentrum der KV-Seite zu erhalten, während für die Geschwindigkeits-KV eine Interpolation erforderlich ist, um sowohl die konvektierende (Massenfluss) als auch die konvektierte Geschwindigkeit an den KV-Seiten zu berechnen. Um beispielsweise den Konvektionsfluss im Punkt „e" in der x-Impulsgleichung zu erhalten, müssen wir die Geschwindigkeiten interpolieren, während die relevanten Druckkräfte an den Ost- und Westflächen direkt aus den dort gespeicherten Druckwerten berechnet werden können (auf einem kartesischen Gitter sind die Druckkräfte an den „n" und „s"-Seiten des x-Impuls-KV nicht relevant, da sie keine Komponente in x-Richtung haben; dementsprechend sind Druckkräfte an den „e"- und „w"-Seiten des y-Impuls-KV nicht relevant, während Kräfte an den „n"- und „s"-Seiten direkt berechnet werden können).

Es ist zu beachten, dass bei anderen Integralapproximationen als der Mittelpunktregel (z. B. Simpson-Regel), eine Interpolation für jeden Gittertyp und jede Variablenanordnung in jedem Fall erforderlich ist, um die Variablenwerte in den Integrationspunkten zu berechnen.

8.3.1 Räumliche Diskretisierung des Adams-Bashforth-Konvektionsterms

Die in Gl. (7.50) verwendete Adams-Bashforth-Diskretisierung ist typisch für Teilschrittmethoden und entscheidend, weil sie diesen Teil der Gleichung explizit macht und gleichzeitig die Genauigkeit 2. Ordnung in der Zeit beibehält. Sowohl bei versetzten als auch bei nichtversetzten Gittern ist Interpolation notwendig, um die Konvektionsterme zu berechnen. Die Verwendung der konservativen Form des Konvektionsterms erfordert den Impulsfluss auf jeder KV-Seite. Für ein äquidistantes kartesisches Gitter ist die x-Komponente für das x-Impuls-KV in Abb. 8.4 dann $(\rho uu)_e$. Basierend auf Gl. (4.24) und der Annahme, dass u_e positiv ist, erhalten wir:

$$(\rho uu)_e = (\rho u)_e (u_e)_{\text{QUICK}} = (\rho u)_e \left(\frac{6}{8} u_P + \frac{3}{8} u_E - \frac{1}{8} u_W \right)$$

$$= \frac{(\rho u)_E + (\rho u)_P}{2} \left(\frac{6}{8} u_P + \frac{3}{8} u_E - \frac{1}{8} u_W \right). \tag{8.63}$$

Dieses Ergebnis, *das sowohl für versetzte als auch nichtversetzte Gitter gilt*, kann mit Gl. (8.8) in impliziten iterativen Methoden verglichen werden; es ist zu beachten, dass in beiden Fällen die QUICK-Interpolation auf die *konvektierte* Größe angewendet wurde und nicht auf die konvektierende Geschwindigkeit, die den Massenfluss definiert. Letztere wird bei Bedarf in der Regel linear interpoliert (bei nichtversetzten Gittern und bei Impuls-KV auf versetzten Gittern).

Variablenwerte, die in anderen Punkten als Rechenknoten (KV-Zentren) benötigt werden, werden typischerweise durch lineare Interpolation erhalten. Auch andere Interpolationen sind manchmal nützlich, z. B. können die Geschwindigkeiten an den KV-Seiten und/oder druckgewichtete Terme bei der Bildung der Druck-Poisson-Gleichung mit Interpolationen höherer Ordnung approximiert werden (siehe z. B. Rhie und Chow (1983); Armfield (1991); Zang et al. (1994); Ye et al. (1999)). Ebenso kann der QUICK-Term durch alternative Diskretisierungen ersetzt werden, z. B. mit denen, die in Abschn. 4.4 beschrieben wurden (ADS, ZDS, CUI oder TVD).

8.3.2 Ein ADI-Verfahren

Das ADI-Verfahren, oft auch als *approximate-factorization ADI-scheme* bezeichnet, kann konstruiert werden, indem man der Beschreibung aus Abschn. 5.3.5 folgt. Wir transformieren Gl. (7.53) (für kartesische Koordinaten) zu

$$\left(\rho - \frac{\Delta t}{2} L \right) \mathbf{v}^* = \left(\rho + \frac{\Delta t}{2} L \right) \mathbf{v}^n + \Delta t \, [A P], \tag{8.64}$$

wobei AP die bekannten Konvektions- und Druckterme aus früheren Zeitschritten beinhaltet. Wenn wir nun davon ausgehen, dass Dichte und Viskosität konstant sind, können wir diese Gleichung auf die folgende Form umstellen:

$$(1 - A_1 - A_2 - A_3)\mathbf{v}^* = (1 + A_1 + A_2 + A_3)\mathbf{v}^n + \frac{\Delta t}{\rho}[AP], \tag{8.65}$$

wo

$$A_1 = \frac{\mu \Delta t}{2\rho} \frac{\delta^2}{\delta x_1^2}, \quad A_2 = \frac{\mu \Delta t}{2\rho} \frac{\delta^2}{\delta x_2^2}, \quad A_3 = \frac{\mu \Delta t}{2\rho} \frac{\delta^2}{\delta x_3^2}.$$

Die Faktorisierung der Gleichung (8.65) ergibt:

$$(1 - A_1)(1 - A_2)(1 - A_3)\mathbf{v}^* = (1 + A_1)(1 + A_2)(1 + A_3)\mathbf{v}^n$$
$$+ \frac{\Delta t}{\rho}[AP] + O((\Delta t)^2)(\mathbf{v}^* - \mathbf{v}^n). \tag{8.66}$$

Allerdings ist $\mathbf{v}^* - \mathbf{v}^n \sim \Delta t \frac{\partial \mathbf{v}}{\partial t}$, sodass der letzte Term proportional zu $(\Delta t)^3$ ist und für kleine Δt vernachlässigt werden kann. Die Gleichung (8.66) reduziert den Lösungsprozess auf die sequentielle Invertierung tridiagonaler Matrizen in wechselnde Richtungen. Durch die Verwendung der Komponentenschreibweise für die Geschwindigkeiten (vgl. Gl. (5.49) und (5.50)) kann man schreiben:

$$\left(1 - \frac{\mu \Delta t}{2\rho} \frac{\delta^2}{\delta x^2}\right) \overline{v_i}^x = \left(1 + \frac{\mu \Delta t}{2\rho} \frac{\delta^2}{\delta x^2}\right) v_i^n + \frac{\Delta t}{\rho}[AP], \tag{8.67}$$

$$\left(1 - \frac{\mu \Delta t}{2\rho} \frac{\delta^2}{\delta y^2}\right) \overline{v_i}^y = \left(1 + \frac{\mu \Delta t}{2\rho} \frac{\delta^2}{\delta y^2}\right) \overline{v_i}^x. \tag{8.68}$$

$$\left(1 - \frac{\mu \Delta t}{2\rho} \frac{\delta^2}{\delta z^2}\right) v_i^* = \left(1 + \frac{\mu \Delta t}{2\rho} \frac{\delta^2}{\delta z^2}\right) \overline{v_i}^y. \tag{8.69}$$

Jedes dieser Gleichungssysteme hat eine tridiagonale Koeffizientenmatrix und kann daher mit der effizienten TDMA-Methode gelöst werden; dies erfordert keine Iteration. Diese Lösungsmethode ist jedoch nur auf strukturierte Gitter (sowohl kartesische als auch nichtorthogonale) anwendbar; sie kann nicht so einfach und effizient auf unstrukturierte Gitter angewendet werden.

8.3.3 Die Poisson-Gleichung für den Druck

Die Poisson-Gleichung für den Druck kann mit jedem elliptischen Gleichungslöser gelöst werden, z. B. Mehrgitter, ADI, Methoden der konjugierten Gradienten, GMRES usw. (siehe Kap. 5). Wir behandeln hier einige Fragen im Zusammenhang mit der Diskretisierung der Poisson-Gleichung.

1. Für nichtiterative Teilschrittmethoden argumentierten Hirt und Harlow (1967), dass, da eine Poisson-Gleichung bei jedem Schritt iterativ gelöst wird, um die Kontinuität zu erzwingen, darauf geachtet werden sollte, die Häufung von Inkompressibilitätsfehlern zu vermeiden. Ihre Erkenntnis war, dass man entweder (i) die iterative Lösung der Gleichung bis zu einer sehr hohen Genauigkeit vorantreibt, oder (ii) ein selbstkorrigierendes Verfahren anwendet. Interessanterweise wurde für Gl. (7.44) festgestellt, dass die Formulierung der Druck-Poisson-Gleichung mit der Einbeziehung der Divergenz der Geschwindigkeit sowohl beim aktuellen (n) als auch beim zukünftigen ($n + 1$) Zeitschritt beginnt; es kann gezeigt werden, dass die in Abschn. 7.2.1 dargestellte Formulierung tatsächlich das divergenzbehaftete Geschwindigkeitsfeld v^n berücksichtigen kann. Wir schreiben nun die Gl. (7.53) ohne die viskosen Terme (sie spielen in dieser Illustration keine Rolle):

$$(\rho \mathbf{v})^* = (\rho \mathbf{v})^n - \Delta t \left[\frac{3}{2} C(\mathbf{v}^n) - \frac{1}{2} C(\mathbf{v}^{n-1}) \right] - \Delta t \, G(p^{n-1/2}). \tag{8.70}$$

Die Einführung diesen Ausdrucks in die Druck-Poisson-Gleichung (7.57), die hergeleitet wurde, um die Divergenz von $\mathbf{v}^{n+1}$ gleich null zu erzwingen, führt zu folgendem Ergebnis:

$$D(G(p')) = \frac{D(\rho \mathbf{v})^*}{\Delta t}$$

$$= \frac{D(\rho \mathbf{v})^n}{\Delta t} - D \left(\left[\frac{3}{2} C(\mathbf{v}^n) - \frac{1}{2} C(\mathbf{v}^{n-1}) \right] \right) - D(G(p^{n-1/2}))$$

$$= \frac{D(\rho \mathbf{v})^n}{\Delta t} - \cdots . \text{ QED} \tag{8.71}$$

Dementsprechend wird jeder Fehler in der Divergenz aus dem vorherigen Schritt im nächsten Schritt als Korrektur eingeführt. Hirt und Harlow (1967) zeigten, dass dies die Akkumulation von Inkompressibilitätsfehlern reduziert, wenn z. B. die Rechenzeit dadurch gespart wird, dass das Iterieren bei einer niedrigeren Anzahl von Iterationen und damit geringerer Genauigkeit abgebrochen wird.

2. Der Aufbau und die Strategie für versetzte Gitter sind im Wesentlichen die gleichen wie in Abschn. 8.1 beschrieben, sodass wir uns hier nur auf nichtversetzte Gitter konzentrieren. Probleme und Lösungen im Zusammenhang mit der Berechnung des Drucks auf einem nichtversetzten Gitter wurden für SIMPLE und verwandte Verfahren in Abschn. 8.2.1 diskutiert. Das Schachbrettmuster für den Laplace-Operator mit doppelter Gittermaschenweite wurde demonstriert und ein alternativer kompakter Laplace-Operator wurde hergeleitet. Allerdings wurde dort und in Abschnitten 7.1.3 und 7.1.5.1 auf den Verlust der Energieerhaltung bei Verwendung der kompakten Form des Laplace-Operators hingewiesen. Wir beschreiben hier zwei alternative Formulierungen, die zu keiner Entkopplung des Druckfeldes führen; eine verwendet den kompakten Laplace-Operator mit dem damit verbundenen Kontinuitätsfehler und die andere basiert auf einer modifizierten Methode mit dem erweiterten Laplace-Operator.

3. Auf einem nichtversetzten Gitter kann die Druck-Poisson-Gleichung (7.57) unter Verwendung der in Abschn. 7.2.1 beschriebenen Gleichungen auf zwei Arten diskretisiert werden.[1] Wir diskretisieren zunächst die Gleichung in 2D, indem wir ZDS direkt auf den Laplace-Operator anwenden; dies ergibt (vgl. Gl. (8.53)):

$$
\left(\frac{p'_E - 2p'_P + p'_W}{(\Delta x)^2} \right) + \left(\frac{p'_N - 2p'_P + p'_S}{(\Delta y)^2} \right)
$$
$$
= \frac{1}{\Delta t} \left(\frac{(\rho u)_e - (\rho u)_w}{\Delta x} + \frac{(\rho v)_n - (\rho v)_s}{\Delta y} \right)^* .
\tag{8.72}
$$

Andererseits führt die Konstruktion der Gleichung unter Verwendung der diskreten Formen der Divergenz- und Gradientenoperatoren, wie in Abschn. 7.1.5.1 angegeben (siehe Abb. 3.5 für $2\Delta x$-Abstände und Gitterpunkte, nämlich EE, WW, usw.) zu:

$$
\left(\frac{p'_{EE} - 2p'_P + p'_{WW}}{4(\Delta x)^2} \right) + \left(\frac{p'_{NN} - 2p'_P + p'_{SS}}{4(\Delta y)^2} \right)
$$
$$
= \frac{1}{\Delta t} \left(\frac{(\rho u)_e - (\rho u)_w}{\Delta x} + \frac{(\rho v)_n - (\rho v)_s}{\Delta y} \right)^* .
\tag{8.73}
$$

Die Verwendung des kompakten Laplace-Operators von Gl. (8.72) erzeugt tatsächlich einen Fehler in der Kontinuitätsgleichung; dieser beträgt

$$
-\Delta t \left[(\Delta x)^2 \frac{\partial^4 p'}{\partial x^4} + (\Delta y)^2 \frac{\partial^4 p'}{\partial y^4} \right]
$$
$$
= -(\Delta t)^2 \left[(\Delta x)^2 \frac{\partial^5 p}{\partial t \partial x^4} + (\Delta y)^2 \frac{\partial^5 p}{\partial t \partial y^4} \right],
\tag{8.74}
$$

weil $p' \sim \Delta t(\partial p / \partial t)$. Ein äquivalentes Ergebnis wurde in Abschn. 8.2.1 erzielt. Im Gegensatz dazu bietet die FV-Formulierung mit den diskreten Divergenz- und Gradientenformen bei versetzten Gittern sowohl einen kompakten Laplace-Operator als auch keinen Kontinuitätsfehler.

Die Gl. (8.72) hat sich in den *nichtiterativen* Simulationen von Armfield und Street (2000 und 2005) und Armfield et al. (2010) gut bewährt. Dort wurden bei jedem Zeitschritt mit Hilfe der aktuellen p'-Werte die KV-Geschwindigkeiten so korrigiert, dass z. B.,

$$
u_P^{n+1} = u_P^* - \frac{\Delta t}{2\rho \Delta x} (p'_E - p'_W),
\tag{8.75}
$$

---

[1] Beide Diskretisierungen können formal mit FV-Methoden hergeleitet werden, wobei die Unterschiede darin bestehen, wie die Flüsse durch die KV-Seiten definiert werden. Siehe z. B. Ye et al. (1999) und C. A. J. Fletcher (1991), V.I, Abschn. 5.2.

und an jeder KV-Seite wurden die Geschwindigkeiten ebenfalls korrigiert, z. B. entsprechend

$$(\rho u)_e^{n+1} = (\rho u)_e^* - \frac{\Delta t}{\Delta x}(p_E' - p_P'), \tag{8.76}$$

was ein divergenzfreies Feld für diese konvektierenden Geschwindigkeiten ergibt. Es wurde beobachtet, dass Fehler höherer Ordnung im Druck das Wachstum von Fehlern im Druckfeld proportional zur Gittermaschenweite zu begrenzen scheinen. Auch die Rückführung von Kontinuitätsfehlern in den nächsten Zeitschritt (Gl. (8.71)) reduziert die Akkumulation von Kontinuitätsfehlern.

4. Die Verwendung der erweiterten Form (8.73) ist ineffizient und führt zu Druckoszilla-tionen in iterativen Verfahren für nichtversetzte Gitter (siehe Abschn. 8.2.1). Armfield et al. (2010) verbesserten das erweiterte Schema für den nichtiterativen Fall (vgl. die Teilschrittmethode von Choi und Moin (1994) für versetzte Gitter). Das modifizierte Verfahren sieht wie folgt aus (das ursprüngliche Teilschrittverfahren ist in Abschn. 7.2.1 beschrieben):
Löse Gl. (7.50) und (7.51) durch

a. Berechnung einer Abschätzung für die neue Geschwindigkeit $\mathbf{v}^*$ unter Verwendung des alten Drucks $p^{n-1/2}$:

$$\begin{aligned} \frac{(\rho\mathbf{v})^* - (\rho\mathbf{v})^n}{\Delta t} &+ \left[\frac{3}{2}C(\mathbf{v}^n) - \frac{1}{2}C(\mathbf{v}^{n-1})\right] \\ &= -G(p^{n-1/2}) + \frac{L(\mathbf{v}^*) + L(\mathbf{v}^n)}{2}, \end{aligned} \tag{8.77}$$

b. Hinzufügen des alten Druckgradienten zum geschätzten Geschwindigkeitsfeld

$$(\rho\hat{\mathbf{v}})^* = (\rho\mathbf{v})^* + \Delta t\, G(p^{n-1/2}), \tag{8.78}$$

und damit die näherungsweise Aufhebung des Druckgradienten aus der vorherigen Gleichung. Die Aufhebung wäre ohne den impliziten viskosen Term exakt.

c. Definition einer Korrektur für $\hat{\mathbf{v}}^*$ in der Form

$$(\rho\mathbf{v})^{n+1} = (\rho\hat{\mathbf{v}})^* - \Delta t\, G(p^{n+1/2}), \tag{8.79}$$

und schließlich

d. Berechnung von $p^{n+1/2}$ durch Einetzen von Gl. (8.79) in die Kontinuitätsgleichung (7.51), um zu erhalten

$$D(G(p^{n+1/2})) = \frac{D(\rho\hat{\mathbf{v}}^*)}{\Delta t}. \tag{8.80}$$

Die Verwendung des erweiterten Lapplace-Operators (8.73) liefert

$$\left(\frac{p_{EE} - 2p_P + p_{WW}}{4\Delta x^2}\right)^{n+1/2} + \left(\frac{p_{NN} - 2p_P + p_{SS}}{4\Delta y^2}\right)^{n+1/2}$$
$$= \frac{\rho}{\Delta t}\left(\frac{\hat{u}_e^* - \hat{u}_w^*}{\Delta x} + \frac{\hat{v}_n^* - \hat{v}_s^*}{\Delta y}\right). \qquad (8.81)$$

Der Anfangsdruck, der bei jedem Zeitschritt im Poisson-Gleichungslöser verwendet wird, sollte der Druck des vorherigen Zeitschritts sein.

In Abschn. 7.2.1 haben wir die Ergebnisse der Anwendung der Teilschrittmethode verwendet, um in Gl. (7.59) zu zeigen, dass ein $O(\Delta t)^2$ Fehler $(1/2)\Delta t\, L(G(p'))$ gemacht wurde, was jedoch mit der grundlegenden Diskretisierung vereinbar war. Mit der gleichen Vorgehensweise ergibt sich hier genau der gleiche Fehler, d. h.

$$\frac{1}{2}\Delta t\, L(G(p^{n+1/2} - p^{n-1/2})) = \frac{1}{2}\Delta t\, L(G(p')). \qquad (8.82)$$

Das bedeutet, dass der zusätzliche Druckausgleichsschritt in diesem Verfahren den Teilschrittfehler um eine Größenordnung im Vergleich zur P1-Methode reduziert; wir erinnern uns erneut, dass $L = D(G(\ ))$. Die in Armfield et al. (2010) vorgestellten Ergebnisse zeigen, dass dieses Verfahren mit einem erweiterten Operator im Wesentlichen keinen Divergenzfehler aufweist. Ihr kompaktes Druckkorrekturverfahren (das durch direkte Differenzierung der Poisson-Gleichung hergeleitet wurde; siehe Warnungen in Abschn. 7.1.3 oder 7.1.5.1) weist jedoch einen Divergenzfehler auf, der ungefähr gleich groß ist, unabhängig davon, wie gut die Druck-Poisson-Gleichung konvergiert wurde. In Übereinstimmung mit dem Ergebnis für die Fehler der Methoden haben beide Verfahren ungefähr die gleiche Genauigkeit. Mit beiden Verfahren wurden keine Oszillationen proportional zur Gittermaschenweite beobachtet, aber die Lösung für einen neuen Druck im modifizierten Verfahren verhindert in jedem Fall, dass sich Oszillation akkumulieren.

8.3.4 Anfangs- und Randbedingungen

Die Anfangsbedingung für die Geschwindigkeit sollte divergenzfrei sein. Die meisten der Teilschrittmethoden verwenden das Adams-Bashforth-Verfahren für die Konvektion. Da es sich bei den Adams-Bashforth-Verfahren um Methoden handelt, welche Lösungen aus mehreren Zeitschritten verwenden, kann die Berechnung nicht gestartet werden, wenn nur eine Anfangslösung vorliegt. Man muss andere Methoden verwenden, um die Berechnung zu starten, z. B. die Crank-Nicolson-Methode mit Iteration für den Druck; siehe Abschn. 6.2.2. Häufig beinhaltet das im ersten Schritt berechnete Druckkorrekturfeld einen Zeitfehler 1. Ordnung, da der Anfangsdruck überall gleich null ist und zum falschen Zeitpunkt, d. h. nicht auf einem 1/2-Zeitniveau, vorgegeben ist; Fringer et al. (2003) geben ein Beispiel. Dieses Problem tritt jedoch nicht auf, wenn ein mehrstufiger Start verwendet wird, da der

volle Druck zum richtigen Zeitpunkt, d. h. in der Mitte des Zeitschritts, berechnet wird, bis
genügend zeitliche Daten gesammelt werden, um die reguläre Methode anzuwenden.

Randbedingungen sind ein komplexeres Thema. Für die ursprünglichen P1-Verfahren
waren nach dem ersten Schritt der Abschätzung der neuen Geschwindigkeit spezielle Zwi-
schenrandbedingungen erforderlich (Kim und Moin 1985; Zang et al. (1994)). Im Allgemeinen können jedoch die physikalischen Randbedingungen für Geschwindigkeiten und
Skalare verwendet werden, während für den Druck die erforderlichen Bedingungen wie
folgt von der Methode abhängen:

1 Für versetzte Gitter ist keine Druckrandbedingung erforderlich, aber das Setzen des
   Gradienten der Druckkorrektur (oder des Pseudodrucks in P1-Schemata) senkrecht zum
   Rand gleich null ist angebracht.[2]

2. Für Verfahren mit nichtversetzten Gittern, die Hilfsknoten außerhalb des Lösungsgebiets verwenden, erfordert die Impulsgleichung für die Richtung senkrecht zum Rand
   im unmittelbaren inneren Knoten den Druck im unmittelbaren äußeren Knoten, sodass
   eine Extrapolation höherer Ordnung aus dem Inneren verwendet wird. Auch hier ist es
   angebracht, den Gradienten der Druckkorrektur (oder des Pseudodrucks in P1-Verfahren)
   senkrecht zum Rand gleich null zu setzen.[3]

3. Für die Tangentialgeschwindigkeit an einer Wand ist anzumerken, dass, obwohl im
   Geschwindigkeitsabschätzungsschritt des Verfahrens eine Randbedingung für die abgeschätzte Geschwindigkeit eingesetzt werden kann, der Projektionsschritt, der im Wesentlichen ein rotationsfreier Schritt ist, die Tangentialgeschwindigkeitskorrektur nicht
   erzwingen kann; daher wird ein kleiner Fehler gemacht (Armfield und Street 2002). Der
   Fehler ist geringer für Verfahren mit einem kleinen Teilschrittfehler (siehe Gl. (7.59)
   und (8.82)), d. h. wenn die Korrektur durch die Divergenzbedingung klein ist, weil die
   ursprüngliche Geschwindigkeitsabschätzung besser ist.

8.3.5 Iterative vs. nichtiterative Verfahren

Es stellt sich immer die Frage, ob es nützlich ist, die Iteration in der Teilschrittmethode zu
verwenden, d. h. nach Abschluss der Druckkorrektur- und Geschwindigkeitsaktualisierung
zurückzukehren, um diese Informationen in einem zweiten (oder dritten, …) Durchgang
durch den Prozess zu verwenden. Zwei Probleme treten auf: Genauigkeit und Effizienz. Es
ist zu beachten, dass sich diese Diskussion auf klassische Teilschrittmethoden bezieht, bei

---

[2]Dies trifft zu, wo Dirichlet-Randbedingungen für *Geschwindigkeit* gelten; am Ausstromrand, wo
die Geschwindigkeit eine Neumann-Randbedingung hat, gibt es je nach Strömung eine Reihe von
Optionen für Druckrandbedingungen. Die Dokumentation von professionellen Rechenprogrammen
beschreibt in der Regel diese Optionen. Siehe auch Sani et al. (2006).

[3]Ditto

denen Konvektionsterme mit expliziten Adams-Bashforth-Methoden approximiert werden; iterative vollimplizite Verfahren wurden im vorherigen Abschnitt beschrieben.

Iterative Verfahren wurden im Zusammenhang mit versetzten und nichtversetzten Gittern von Armfield und Street untersucht (2000, 2002, 2003, 2004). Die Ergebnisse unterscheiden sich wegen des Gittertyps nicht signifikant, sondern variieren je nach Verfahren. In allen Tests waren die iterativen Verfahren weniger effizient, da sie mehr Rechenzeit benötigen, um ein vorgegebenes Genauigkeitsniveau zu erreichen, aber weil sie den Zerlegungsfehler $(1/2)\Delta t\, L(G(p'))$ beseitigen, indem sie die Druckkorrektur oder Druckdifferenz in aufeinanderfolgenden Iterationen gegen null treiben, sind die iterativen Methoden auf einem bestimmten Gitter und für einen bestimmten Zeitschritt genauer.

Armfield and Street (2004) untersuchten iterative, P2- und P3-Verfahren sowie ein neues „Druck"-Verfahren auf versetzten Gittern unter Verwendung des grundlegenden Gleichungssatzes (7.50) und (7.51).

P2-Methode: Die P2-Methode ist die von Gl. (7.53 bis 7.57) beschriebene Methode, um $\mathbf{v}^{n+1}$ und $p^{n+1/2}$ mit dem festen Projektionsfehler zu erhalten, der gerade oben erwähnt und in Gl. (7.59) angegeben wurde.

Iterative Methode: Die iterative Methode wiederholt einfach das Lösen aller Gleichungen bis die Druckkorrektur vernachlässigbar wird und die Lösung sowohl die Kontinuitäts- als auch die Impulsgleichungen erfüllt. Es ist zu beachten, dass die Stabilitätsgrenze der iterativen Methode im Vergleich zur nichtiterativen Version des gleichen Algorithmus nicht signifikant verbessert ist, da die Grenze durch die explizite Adams-Bashforth-Behandlung der Konvektion vorgegeben ist.

P3 Methode: Die P3-Methode ist nicht iterativ. Eine ähnliche Methode wurde von Gresho (1990) vorgeschlagen, aber anscheinend aus Stabilitätsgründen nicht implementiert. Die Grundidee ist, eine bessere Abschätzung des Drucks im ersten Schritt des Verfahrens im neuen Zeitschritt zu erhalten, indem man eine Extrapolation 2. Ordnung verwendet:

$$\tilde{p}^{n+1/2} = 2p^{n-1/2} - p^{n-3/2}. \tag{8.83}$$

Dadurch wird Gl. (7.53) zu:

$$\frac{(\rho\mathbf{v})^* - (\rho\mathbf{v})^n}{\Delta t} + \left[\frac{3}{2}C(\mathbf{v}^n) - \frac{1}{2}C(\mathbf{v}^{n-1})\right] = -G(\tilde{p}^{n+1/2}) + \frac{L(\mathbf{v}^*) + L(\mathbf{v}^n)}{2}, \tag{8.84}$$

und die Druckkorrektur erfolgt durch

$$p^{n+1/2} = \tilde{p}^{n+1/2} + p'. \tag{8.85}$$

Der Druck in der Impulsgleichung wird nun mit 2. Ordnung in der Zeit approximiert und der feste Projektionsfehler ist 3. Ordnung, sodass die Lösung genauer ist als die von P2. Aufgrund der Extrapolation 2. Ordnung für den Druck und den Konvektionsterm müssen die ersten beiden Schritte des Verfahrens eine andere Methode verwenden; Kirkpatrick und

Armfield (2008) verwendeten Crank-Nicolson für alle Terme in der Impulsgleichung und Iterationen für den Druck.

Druckmethode: Die Idee hier ist, zuerst direkt für die Druckkorrektur zu lösen, für gegebenen Druck $p^{n-1/2}$, über die Divergenz der Impulsgleichungen als

$$D(G(p')) = \frac{D(\rho\mathbf{v})^n}{\Delta t} - D(1.5\,C(\mathbf{v}^n) - 0.5\,C(\mathbf{v}^{n-1}))$$
$$+ D(L(1.5\,\mathbf{v}^n - 0.5\,\mathbf{v}^{n-1})) - D(G(p^{n-1/2})). \qquad (8.86)$$

Der Druck $p^{n+1/2} = p^{n-1/2} + p'$ wird dann in den Impulsgleichungen verwendet, um die neue Geschwindigkeit zu finden. Damit ist der Zeitschritt abgeschlossen.

Jedes der oben genannten Verfahren wurde mit den oben beschriebenen Werkzeugen gelöst, darunter QUICK, ADI (mit 4 Durchgängen durch das gesamte System) und GMRES. Die hier vorgestellten Ergebnisse stammen aus einem Testfall der natürlichen Konvektion in einem zweidimensionalen quadratischen Hohlraum mit Ra $= 6 \times 10^5$ und Pr $= 7,5$ (siehe Abschn. 8.4); die Strömungsentwicklung vom Ausgangszustand (Fluid in Ruhe mit konstanter Temperatur) zum Zustand bei $t = 2$ wurde simuliert. Der Zeitschritt wurde variiert, um die Konvergenz zu untersuchen, aber das äquidistante Gitter wurde bei 50×50 KV festgehalten. Die Simulation wurde von einer dimensionslosen Zeit $t = 0$ bis 2 mit variablen Zeitschritten von 0,003125 bis 0, 1 ausgeführt. Eine Referenzlösung wurde mit dem Zeitschritt $\Delta t = 7,8125 \times 10^{-4}$ berechnet, um die Bewertung des Fehlers als L_2-Norm für die Differenz zwischen einer Lösung und der Referenzlösung zu ermöglichen. Während die ADI-Schritte begrenzt waren, hing die Anzahl der GMRES-Iterationen vom Fall ab; bis zu 100 für die engsten Konvergenzkriterien bei den nichtiterativen Fällen und nur fünf Löseriterationen pro iterativem Schritt. Weitere Details sind in der Veröffentlichung verfügbar. Die Grundlagen der Physik der natürlichen Konvektion werden im folgenden Abschnitt erläutert.

Abb. 8.5 zeigt den Fehler als Funktion der Zeitschrittweite für die vier Verfahren, wobei der Fehler den Durchschnitt der Druck-, Geschwindigkeits- und Temperaturfehler bezeichnet. Es ist klar, dass die Beseitigung des Projektionsfehlers in den P3- und Druckverfahren die Reduktion ihrer Fehler auf das Niveau der iterativen Verfahren ermöglicht. Andererseits zeigt Abb. 8.6, dass das iterative Verfahren am langsamsten ist, während das P3- und das Druckverfahren am effizientesten sind. Da das P3- und das Druckverfahren nichtiterativ sind, wird der Aufwand zur Erreichung eines bestimmten Genauigkeitsniveaus deutlich reduziert, d. h. für eine gegebene Genauigkeit benötigen sie nur 50 % der Rechenzeit des iterativen Verfahrens und 60 % der Zeit des P2-Verfahrens. Shen (1993) berichtete, dass eine P3-ähnliche Methode zu zeitlich unbegrenzten Lösungen führen könnte; dieses Verhalten wurde in keinem dieser Tests und auch nicht in den umfangreicheren Tests von Kirkpatrick und Armfield (2008) beobachtet.

Die Schlussfolgerung aus diesem Testfall (instationäre Strömung, die sich von einem Ausgangszustand zu einem stationären Zustand entwickelt) kann nicht repräsentativ für alle instationäre Strömungen sein. Es ist jedoch anzumerken, dass die nichtiterativen

Abb. 8.5 Vergleich der Genauigkeit für 4 Teilschrittmethoden auf versetzten Gittern (aus Armfield and Street, 2004; Wiedergabe mit Genehmigung)

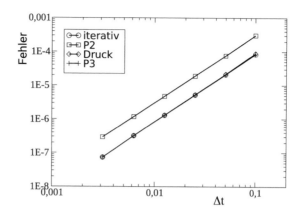

Abb. 8.6 Vergleich der Effizienz für 4 Teilschrittmethoden auf versetzten Gittern (aus Armfield and Street, 2004; Wiedergabe mit Genehmigung)

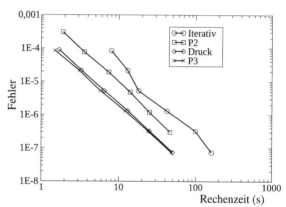

Versionen der Teilschrittmethode bei gleicher Zeitschrittweite typischerweise die Hälfte der Rechenzeit der iterativen Version benötigen. Die im vorherigen Abschnitt beschriebenen impliziten iterativen Methoden erlauben es, wesentlich größere Zeitschritte zu verwenden als Methoden, bei denen Konvektionsterme explizit behandelt werden (egal ob iterativ oder nichtiterativ); wir stellen im nächsten Abschnitt einige Ergebnisse sowohl aus der impliziten iterativen Methode als auch aus einer Version der nichtiterativen P2-Methode vor.

8.4 Beispiele

In diesem Abschnitt werden Berechnungen mit drei verschiedenen Lösungstechniken für zwei Beispiele vorgestellt: SIMPLE und IFSM für stationäre Strömungen sowie SIMPLE, IFSM und eine Version der P2 nichtiterativen Teilschrittmethode für instationäre Strömungen. Zuerst betrachten wir – unter Verwendung von versetzten und nichtversetzten Gittern – stationäre Strömungen in einem quadratischen 2D Lösungsgebiet für zwei Konfigurationen. Wir beginnen mit der deckelgetriebenen Strömung und untersuchen danach einen Fall, in dem der Auftrieb die treibende Kraft ist. Im Abschn. 8.4.2 verwenden wir nichtversetzte Gitter, um die Eigenschaften instationärer, periodischer Strömungen zu untersuchen, die von einem oszillierenden Deckel oder einer oszillierenden Warmwandtemperatur angetrieben werden. Wir analysieren sowohl Iterations- und Diskretisierungsfehler als auch die Auswirkungen verschiedener anderer Parameter auf Genauigkeit und Effizienz (z. B. Unterrelaxationsfaktoren in SIMPLE und Zeitschrittgröße in Teilschrittmethoden, versetzte vs. nichtversetzte Anordnung usw.).

8.4.1 Stationäre Strömungen in Hohlräumen

In diesem Abschnitt demonstrieren wir die Anwendung impliziter iterativer Lösungsmethoden zur Berechnung laminarer stationärer Strömungen. Rechenprogramme, die zur Erlangung der vorgestellten Lösungen verwendet wurden, stehen zusammen mit den erforderlichen Eingabedaten zum Herunterladen zur Verfügung; Einzelheiten findet man im Anhang. Als Testfälle haben wir zwei Strömungen in quadratischen Hohlräumen gewählt; eine Strömung wird durch einen beweglichen Deckel und die andere durch den Auftrieb angetrieben. Die Geometrie und die Randbedingungen sind in Abb. 8.7 schematisch dargestellt. Beide Testfälle wurden von vielen Autoren untersucht und genaue Lösungen sind in der Literatur verfügbar, z. B. siehe Ghia et al. (1982) und Hortmann et al. (1990). Wir vergleichen die Leistung von SIMPLE und IFSM und zeigen insbesondere, wie Iterations- und Diskretisierungsfehler abgeschätzt werden können. Es werden sowohl versetzte als auch nichtversetzte Gitter verwendet.

Wir betrachten zuerst die deckelgetriebene Hohlraumströmung, die ein beliebter Testfall ist; siehe Erturk (2009) für einen aufschlussreichen Überblick. Der bewegliche Deckel erzeugt einen starken Wirbel und eine Reihe von schwächeren Wirbeln in den unteren beiden

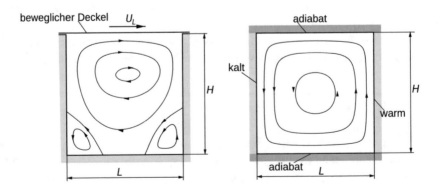

Abb. 8.7 Geometrie und Randbedingungen von 2D Testfällen für stationäre Strömungen: deckelgetriebene (links) und auftriebsgetriebene (rechts) Hohlraumströmung

Ecken (Simulationen bei höheren Reynolds-Zahlen zeigen, dass sich auch in der oberen linken Ecke ein dritter Wirbel bildet). Ein nichtäquidistantes Beispielgitter und die Stromlinien für die Reynolds-Zahl, basierend auf der Hohlraumhöhe H und der Deckelgeschwindigkeit U_L, Re $= U_L H / \nu = 1000$, werden in Abb. 8.8 dargestellt; die Berechnungen wurden auf einem feineren nichtäquidistanten Gitter wie angegeben durchgeführt.

Nun können wir uns die Abschätzung von Iterationsfehlern ansehen. Mehrere Methoden wurden in Abschn. 5.7 vorgestellt. Zunächst wurde eine genaue Referenzlösung erhalten, indem iteriert wurde, bis die Residuen vernachlässigbar klein wurden (in der Größenordnung des Rundungsfehlers in doppelter Genauigkeit). Dann wurde die Berechnung wiederholt und der Iterationsfehler als Differenz zwischen der zuvor erhaltenen Referenzlösung und der Zwischenlösung berechnet.

Abb. 8.9 zeigt die Norm des Iterationsfehlers, die aus Gl. (5.89) bzw. (5.96) erhaltene Abschätzung, die Differenz zwischen Lösungen zu zwei Iterationen und die Residuennorm. Die Berechnung erfolgte auf einem Gitter mit 32×32 KV mit Unterrelaxationsfaktoren 0,7 für die Geschwindigkeit und 0,3 für den Druck (nicht optimiert für die Effizienz). Da der Algorithmus viele Iterationen benötigt, um zu konvergieren, wurden die zur Fehlervorhersage benötigten Eigenwerte über die letzten 50 Iterationen gemittelt. Die Felder wurden durch Interpolation der Lösung aus dem nächstgröberen Gitter initiiert, weshalb der Anfangsfehler relativ gering ist.

Diese Abbildung zeigt, dass die Fehlerabschätzungstechnik gute Ergebnisse für das nichtlineare Strömungsproblem liefert. Die Abschätzung ist nur zu Beginn des Lösungsprozesses, bei dem der Fehler groß ist, nicht gut. Die Verwendung des absoluten Niveaus der Differenz zwischen Lösungen zu zwei Iterationen oder der Residuen ist kein zuverlässiges Maß für den

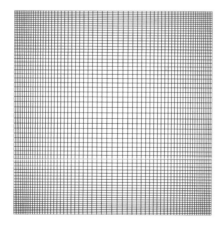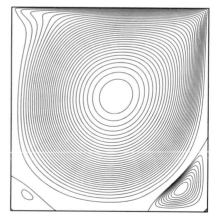

Abb. 8.8 Ein nichtäquidistantes Gitter mit 64×64 KV, das zur Berechnung von Hohlraumströmungen verwendet wurde (links), und die Stromlinien für die deckelgetriebene Strömung bei Re $= 1000$ (rechts), berechnet auf dem nichtäquidistanten Gitter mit 256×256 KV (der Massenstrom zwischen zwei benachbarten Stromlinien in einem Wirbel ist konstant)

Abb. 8.9 Vergleich der
Normen des genauen und
geschätzten Iterationsfehlers
für die SIMPLE-Methode, der
Differenz zwischen zwei
Iterationen und der Residuen
für die Lösung der
deckelgetriebenen
Hohlraumströmung bei Re =
10^3 auf einem
nichtäquidistanten Gitter mit
32×32 KV, mit
ZDS-Diskretisierung für
Konvektion und Diffusion

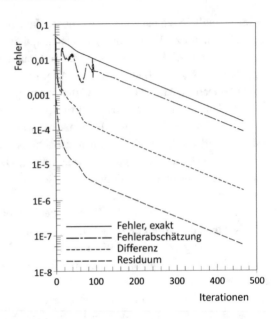

Iterationsfehler. Diese Größen nehmen zwar mit der gleichen Rate wie der Fehler ab, müssen aber richtig normiert werden, um den Iterationsfehler quantitativ darzustellen. Außerdem fallen sie anfänglich sehr schnell, während die Fehlerreduzierung viel langsamer ist. Nach einer Weile werden jedoch alle Kurven nahezu parallel, und wenn man die Größenordnung des Anfangsfehlers kennt (es ist die Lösung selbst, wenn man mit einem Nullanfangsfeld beginnt), dann kann ein zuverlässiges Kriterium zum Stoppen der Iterationen auch anhand der Reduktion der Norm der Differenz zwischen den Lösungen zu zwei Iterationen oder der Norm der Residuen definiert werden. Maßgebend ist die Steigung der Linie in der zweiten Hälfte des Iterationsprozesses, da die anfängliche steile Reduktion der Norm der betrachteten Größen nicht der Reduktionsrate des Fehlers entspricht. Man kann z. B. die Linien in Abb. 8.9 mit der o. g. Steigung zur Iteration 0 rückwärts extrapolieren und fordern, dass eine Differenz in Niveaus zwischen drei und vier Größenordnungen erreicht wird. Ähnliche Ergebnisse wie in Abb. 8.9 werden auf anderen Gittern und für andere Strömungsprobleme erzielt.

Wir wenden uns nun der Abschätzung der Diskretisierungsfehler zu. Wir führten Berechnungen auf fünf Gittern mit ZDS- und ADS-Diskretisierung durch; das gröbste hatte 16×16 KV und das feinste 256×256 KV. Es wurden sowohl äquidistante als auch nichtäquidistante nichtversetzte Gitter verwendet, und es wurden sowohl SIMPLE- als auch IFSM-Methode angewendet. Die Stärke des primären Wirbels, ψ_{min}, der den Massenstrom zwischen dem Wirbelzentrum und dem Rand repräsentiert, und die Stärke des größeren sekundären Wirbels, ψ_{max}, wurden auf allen Gittern ermittelt und verglichen. Diese Werte wurden berechnet, indem der Maximal- und der Minimalwert der Stromfunktion in den Zelleckpunkten bestimmt wurden. Die Stromfunktionswerte wurden bestimmt, indem Volumenflüsse durch KV-Seiten aufsummiert wurden: Wir setzen den Wert im linken unteren Eckpunkt gleich null und berechnen den Wert in den benachbarten KV-Eckpunkten, indem wir den Volumenstrom durch die KV-Seite, die die beiden Eckpunkte verbindet, addieren. Abb. 8.10 zeigt die Variation der berechneten Stärken des primären und des sekundären Wirbels beim Verfeinern des Gitters. Die Ergebnisse auf den vier feinsten Gittern zeigen eine monotone Konvergenz beider Größen in Richtung der gitterunabhängigen Lösung. Die Ergebnisse auf den nichtäquidistanten Gittern sind offensichtlich wesentlich genauer als die Ergebnisse auf den äquidistanten Gittern. Das Expansionsverhältnis für das Zellwachstum von der Wand zum Hohlraumzentrum betrug 1,17166 auf dem gröbsten und 1,01 auf dem feinsten Gitter; der Wert auf dem nächstfeineren Gitter entspricht der Quadratwurzel des Wertes aus dem nächstgröberen Gitter, um sicherzustellen, dass die Gitterlinien aus dem gröberen Gitter im feineren Gitter erhalten bleiben (d. h. jedes Grobgitter-KV enthält genau 4 Feingitter-KV).

Um eine quantitative Fehlerabschätzung zu ermöglichen, wurde die gitterunabhängige Lösung mit den Ergebnissen der beiden feinsten Gitter und der Richardson-Extrapolation abgeschätzt (siehe Abschn. 3.9). Diese Werte sind: $\psi_{\min} = -0,11893$ und $\psi_{\max} = 0,00173$. Es ist zu beachten, dass die Richardson-Extrapolation von Lösungen, die auf äquidistanten und nichtäquidistanten Gittern unter Verwendung von sowohl SIMPLE als auch IFSM erhalten wurden, Abschätzungen liefert, die auf vier signifikanten Ziffern identisch waren. Die Abschätzungen unterschieden sich um 0,007 % für den primären und 0,027 % für den sekundären Wirbel (dies gilt für die ZDS-Diskretisierung). Durch Subtraktion der Ergebnisse auf einem bestimmten Gitter von der geschätzten gitterunabhängigen Lösung erhält man eine Fehlerabschätzung. Die Fehler sind in Abb. 8.11 als Funktion der durchschnittlichen Gittermaschenweite dargestellt. Für beide Größen wurden sowohl auf äquidistanten als

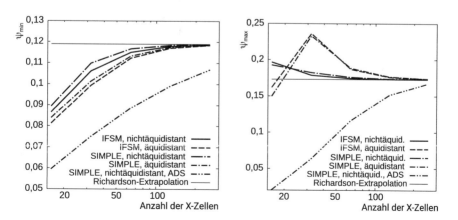

Abb. 8.10 Variation der Stärke vom primären ($\psi_{\min}$; links) und sekundären ($\psi_{\max}$; rechts) Wirbel in einer deckelgetriebenen Hohlraumströmung bei Re = 1000, berechnet mit SIMPLE- und IFSM-Lösungsmethoden auf sowohl äquidistanten als auch nichtäquidistanten Gittern

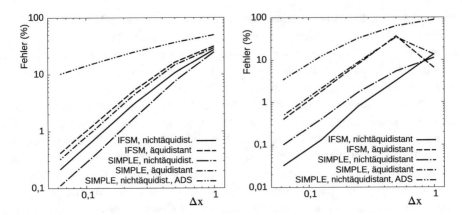

Abb. 8.11 Geschätzte Diskretisierungsfehler in Lösungen für die Stärke des primären (ψ_{min}; links) und des sekundären (ψ_{max}; rechts) Wirbels in einer deckelgetriebenen Hohlraumströmung bei Re = 1000, berechnet mit SIMPLE und IFSM-Lösungsmethoden auf sowohl äquidistanten als auch nichtäquidistanten Gittern

auch auf nichtäquidistanten Gittern bei der ZDS-Diskretisierung die von einem Verfahren 2. Ordnung erwarteten Fehlerreduzierungsraten erreicht; bei ADS nähert sich die Fehlerreduzierungsrate der asymptotischen Konvergenz 1. Ordnung, da die Fehler noch viel zu groß sind. Die Fehler sind bei nichtäquidistanten Gittern kleiner, insbesondere bei ψ_{max}; da der sekundäre Wirbel auf eine Ecke beschränkt ist, liefert das nichtäquidistante Gitter, das dort viel feiner ist, eine höhere Genauigkeit. Da diese Größe jedoch zwei Größenordnungen kleiner ist als ψ_{min}, sind Fehlerabschätzungen weniger zuverlässig (man müsste zu einer viel engeren Toleranz iterieren, um genaue Werte von ψ_{max} zu erhalten).

Die Fehler, die sich aus der Verwendung der Aufwinddiskretisierung 1. Ordnung für Konvektion ergeben, sind offensichtlich viel größer als die Fehler in Lösungen, die mit ZDS erhalten wurden. Selbst auf dem Gitter mit 256×256 KV (was als sehr fein angesehen werden kann) beträgt der Fehler für ψ_{min} bei Verwendung von ADS etwa 10 %, was fast zwei Größenordnungen größer ist als Fehler, die sich aus der Verwendung von ZDS ergeben; siehe Abb. 8.11.

Die mit SIMPLE und IFSM erzielten Ergebnisse können nur auf den beiden gröbsten Gittern unterschieden werden; für alle feineren Gittern sind die Unterschiede zu klein, um in Diagrammen sichtbar zu sein. Dies wurde erwartet, da in beiden Fällen die gleiche Diskretisierung verwendet wird; die beiden Verfahren unterscheiden sich nur in der Druckkorrekturgleichung, die nur die Konvergenzrate des iterativen Lösungsprozesses und nicht die Lösung selbst beeinflussen soll. Wir präsentieren daher in Abb. 8.12 nur Mittelliniengeschwindigkeitsprofile, die mit IFSM erhalten wurden. Die Verwendung von ZDS 2. Ordnung führt zu einer monotonen Konvergenz; die Unterschiede in den Lösungen von aufeinanderfolgenden Gittern reduzieren sich, wie erwartet, um den Faktor 4. Die Geschwindigkeitsprofile für die beiden feinsten Gitter sind kaum voneinander zu unterscheiden.

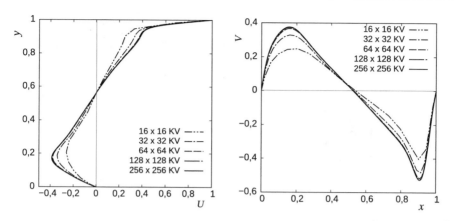

Abb. 8.12 Profile der u_x-Geschwindigkeit entlang der vertikalen Mittellinie (links) und der u_y-Geschwindigkeit entlang der horizontalen Mittellinie (rechts) in einer deckelgetriebenen Hohlraumströmung bei Re = 1000, berechnet auf 5 nichtäquidistanten Gittern mit der IFSM-Methode

Als nächstes untersuchen wir den Unterschied zwischen Lösungen, die auf äquidistanten versetzten und nichtversetzten Gittern mit ZDS-Diskretisierung erhalten wurden. Da sich die Geschwindigkeitsknoten an verschiedenen Stellen auf den beiden Gittern befinden, wurden versetzte Werte linear auf die Zellmittelpunkte interpoliert (eine Interpolation höherer Ordnung wäre besser gewesen, aber eine lineare Interpolation ist für den beabsichtigten Zweck gut genug). Die mittlere Differenz für jede Variable ($\phi = (u_x, u_y, p)$) wurde ermittelt als:

$$\epsilon = \frac{\sum_{i=1}^{N} |\phi_i^{\text{ver}} - \phi_i^{\text{nver}}|}{N}, \tag{8.87}$$

wobei N die Anzahl der KV, „ver" das versetzte Gitter und „nver" das nichtversetzte Gitter bezeichnen. Sowohl für u_x als auch für u_y war ϵ auf jedem Gitter eine Größenordnung kleiner als der Diskretisierungsfehler auf demselben Gitter. Die Druckunterschiede waren etwas geringer (keine Interpolation war notwendig).

Als nächstes werden die Konvergenzeigenschaften der SIMPLE- und der IFSM-Methode mit ZDS und nichtversetzten nichtäquidistanten Gittern untersucht. Der SIMPLE-Algorithmus hat zwei einstellbare Parameter: Unterrelaxation für Geschwindigkeiten und Unterrelaxation für Druck. IFSM benötigt keine Unterrelaxation und hat nur einen Parameter – den Zeitschritt (normalerweise ausgedrückt in dimensionsloser Form als CFL-Zahl, $\text{CFL}_x = u_x \Delta t / \Delta x$ oder $\text{CFL}_y = u_y \Delta t / \Delta y$). Zuerst untersuchen wir den Effekt des Unterrelaxationsparameters für den Druck, α_p, siehe Gl. (7.84), auf die Konvergenz von SIMPLE unter Verwendung verschiedener Unterrelaxationsparameter für die Geschwindigkeit. Abb. 8.13 zeigt die Anzahl der äußeren Iterationen, die erforderlich ist, um die Residuenniveaus in allen Gleichungen um drei Größenordnungen zu reduzieren, wobei verschiedene

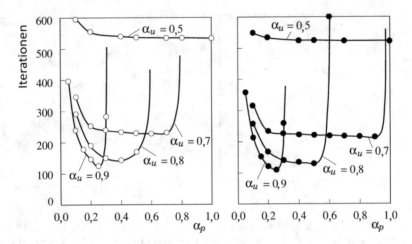

Abb. 8.13 Anzahl der äußeren Iterationen, die erforderlich ist, um die Residuenniveaus in allen Gleichungen um drei Größenordnungen zu reduzieren, unter Verwendung des SIMPLE-Algorithmus mit verschiedenen Kombinationen von Unterrelaxationsparametern und einem 32 × 32 KV äquidistantem Gitter mit versetzter (links) und nichtversetzter (rechts) Anordnung der Variablen (deckelgetriebene Hohlraumströmung bei Re = 1000)

Kombinationen von Unterrelaxationsparametern und ein 32 × 32 KV äquidistantes Gitter verwendet wurden.

Diese Abbildung zeigt, dass die Abhängigkeit vom Unterrelaxationsparameter α_p für die beiden Arten von Variablenanordnungen nahezu gleich ist, obwohl der Bereich der guten Werte für das nichtversetzte Gitter etwas größer ist. Wenn die Geschwindigkeit stärker unterrelaxiert ist, können wir jeden Wert von α_p zwischen 0,1 und 1,0 verwenden, aber die Methode konvergiert langsam. Bei größeren Werten von α_u ist die Konvergenz schneller, aber der Nutzbereich von α_p ist eingeschränkt. Der von Gl. (7.89) vorgeschlagene Wert von α_p ist nahezu optimal; $\alpha_p = 1,1 - \alpha_u$ liefert die besten Ergebnisse für diese Strömung. Normalerweise variiert man einen der beiden Parameter und bestimmt den anderen aus der obigen Beziehung.

In Abb. 8.14 zeigen wir den Effekt des Unterrelaxationsfaktors für die Geschwindigkeit, α_u, auf die Konvergenzrate von SIMPLE und den Effekt der CFL-Zahl auf die Konvergenz von IFSM für die nichtversetzte Anordnung von Variablen und nichtäquidistante Gitter, im Falle der deckelgetriebenen Hohlraumströmung bei Re = 1000. Ähnliche Diagramme werden auch für die versetzte Anordnung von Variablen und für äquidistante Gitter erhalten. Bei beiden Lösungsmethoden steigt die Anzahl der erforderlichen Iterationen mit zunehmender Verfeinerung des Gitters. Im Falle von SIMPLE liegt der optimale Wert der Unterrelaxation nahe, aber kleiner als 1; die Iterationen divergieren für $\alpha_u = 0,99$ auf allen Gittern und auch für $\alpha_u = 0,98$ auf den beiden feinsten Gittern. Je feiner das Gitter, desto steiler ist der Anstieg der erforderlichen Anzahl an Iterationen, wenn α_u unter dem Optimum liegt.

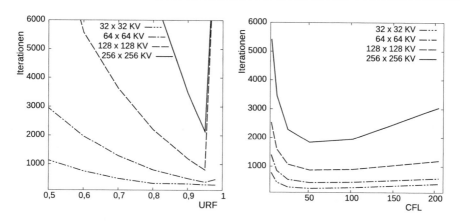

Abb. 8.14 Anzahl der äußeren Iterationen, die erforderlich sind, um die Residuenniveaus in allen Gleichungen um vier Größenordnungen zu reduzieren, in Abhängigkeit vom Unterrelaxationsfaktor α_u in SIMPLE (links) oder von der CFL-Zahl in IFSM (rechts); deckelgetriebene Hohlraumströmung bei Re = 1000

IFSM scheint etwas weniger empfindlich auf den Wert der CFL-Zahl in einem angemessenen Bereich zu reagieren: Viele Iterationen sind erforderlich, wenn die CFL unter 10 liegt, aber zwischen 20 und 200 ist der Anstieg moderat, insbesondere bei gröberen Gittern. Wir zeigen in Kap. 12, wie man die Effizienz von Berechnungen auf feinen Gittern mit Hilfe von Mehrgittermethoden verbessern kann.

Als nächstes untersuchen wir den Einfluss des Unterrelaxationsparameters für die Geschwindigkeit in SIMPLE und der CFL-Zahl in IFSM, auf die Lösung für die nichtversetzte Anordnung von Variablen auf nichtäquidistanten Gittern. Wir vergleichen Lösungen, die mit $\alpha_u = 0{,}95$ und $\alpha_u = 0{,}6$ in SIMPLE und für CFL=6,4 und CFL=102,4 in IFSM erhalten wurden (die CFL-Zahl wurde mit Deckelgeschwindigkeit und durchschnittlicher Gittermaschenweite bestimmt, wie es bei einem äquidistanten Gitter der Fall wäre; für die verwendeten nichtäquidistanten Gitter lag die maximale CFL-Zahl im Lösungsgebiet etwa 50 % höher). Der Unterschied in den Lösungen (nachdem die Residuen mehr als vier Größenordnungen reduziert wurden, um den Effekt von Iterationsfehlern zu minimieren) wurde mit dem Ausdruck (8.87) ausgewertet. Für SIMPLE haben wir für die Geschwindigkeiten ϵ-Werte um 5×10^{-4} auf einem Gitter mit 32×32 KV, 8×10^{-5} auf einem Gitter mit 64×64 KV und $1{,}5 \times 10^{-5}$ auf einem Gitter mit 128×128 KV erhalten. Für IFSM waren die Unterschiede in den Lösungen größer; wir erhielten für Geschwindigkeiten ϵ-Werte um 2×10^{-2} auf einem Gitter mit 32×32 KV, 6×10^{-3} auf einem Gitter mit 64×64 KV, und $1{,}4 \times 10^{-3}$ auf einem Gitter mit 128×128 KV. Diese Unterschiede sind viel kleiner als die Diskretisierungsfehler auf den entsprechenden Gittern (etwa 10 %, 2,5 % bzw. 0,6 %) und reduzieren sich mit der Gitterverfeinerung mit gleicher Rate, mit der die Diskretisierungsfehler reduziert werden und können daher vernachlässigt werden.

Die Abhängigkeit der stationären Lösung von Unterrelaxationsparametern oder Zeitschrittweiten ergibt sich aus der Tatsache, dass diese Parameter die Korrektur von interpolierten Geschwindigkeiten beeinflussen, die zur Berechnung von Massenflüssen durch die KV-Seiten bei Verwendung der nichtversetzten Anordnung von Variablen verwendet werden. Die Korrektur nach Rhie und Chow (1983) ist mehr oder weniger der Standardansatz zur Vermeidung der Druck-Geschwindigkeits-Entkopplung und wurde auch in den oben vorgestellten Berechnungen verwendet. Es gibt jedoch noch andere Ansätze, um Druck- oder Geschwindigkeitsoszillationen auf nichtversetzten Gittern zu vermeiden (siehe Armfield and Street, 2005). Außerdem ist es möglich, die Interpolation so festzulegen, dass sie immer dem Fall ohne Unterrelaxation entspricht und unabhängig von der Zeitschrittweite ist; siehe Pascau (2011) für eine detaillierte Diskussion und einen Lösungsansatz, und Tuković et al. (2018) für die Erweiterung auf bewegliche Gitter. In den meisten Anwendungen verursacht eine solche Abhängigkeit keine Probleme, da sie kleiner als der Diskretisierungsfehler ist; wenn jedoch sehr kleine Zeitschritte verwendet werden, während sich die Strömung in der Zeit kaum ändert, können Probleme auftreten und eine der in den zitierten Referenzen dargestellten Behandlungen kann notwendig werden.

Als nächstes betrachten wir die 2D auftriebsgetriebene Strömung in einem quadratischen Hohlraum, wie in Abb. 8.15 dargestellt. Wir müssen jetzt die Energiegleichung lösen, die mit Navier-Stokes-Gleichungen gekoppelt ist, da das Geschwindigkeitsfeld von der Temperaturverteilung innerhalb des Lösungsbereichs abhängt. Die hier betrachtete Energiegleichung für ein inkompressibles Fluid wird durch die generische skalare Transportgleichung dargestellt, die wir bisher betrachtet haben; wir brauchen nur die Diffusionsfähigkeit gleich dem Verhältnis von Viskosität und Prandtl-Zahl zu setzen. Die Impulsgleichung für die Geschwindigkeitskomponente in Richtung der Schwerkraft erhält einen zusätzlichen Quellterm; mit

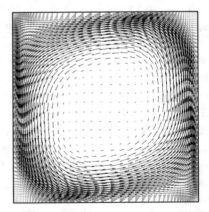

Abb. 8.15 Isothermen (links) und Geschwindigkeitsvektoren (rechts) in auftriebsgetriebener Hohlraumströmung bei Rayleigh-Zahl Ra = 10^5 und Prandtl-Zahl Pr = 0,1 (die Temperaturunterschiede zwischen zwei benachbarten Isothermen sind gleich)

der in diesem Beispiel verwendeten Bousinesq-Approximation lautet dieser Quellterm (siehe eine Erklärung am Ende von Abschn. 1.4):

$$q_i = \beta \rho_{\text{ref}} g_i (T - T_{\text{ref}}),$$ (8.88)

wobei β der volumetrische Ausdehnungskoeffizient ist, g_i ist die Schwerkraftkomponente in i-Richtung und T_{ref} ist die Referenztemperatur, bei der die Dichte ρ_{ref} als Funktion der Temperatur berechnet wird. Die Dichte wird dann als konstant betrachtet, während der obige Quellterm in den Impulsgleichungen den Effekt der (linearisierten) Dichtevariation um ρ_{ref} darstellt. Es ist zu beachten, dass eine solche Annäherung nur dann sinnvoll ist, wenn die Dichteänderung nahezu linear ist; dies kann nur für einen relativ kleinen Temperaturbereich angenommen werden, wenn die Strömung in Flüssigkeiten simuliert wird.

Dieselben fünf Gitter, die für die Berechnung der deckelgetriebene Hohlraumströmung verwendet wurden, werden in diesem Testfall wieder verwendet. Die kalte und die warme Wand haben jeweils konstante Temperatur. Das erwärmte Fluid steigt entlang der warmen Wand auf, während das gekühlte Fluid entlang der kalten Wand fällt. Die Prandtl-Zahl ist 0,1 (d. h. die Wärmeleitfähigkeit dominiert), und die Temperaturdifferenz und andere Fluideigenschaften werden so gewählt, dass die Rayleigh-Zahl wie folgt lautet:

$$\text{Ra} = \frac{\rho^2 g \beta (T_{\text{warm}} - T_{\text{kalt}}) H^3}{\mu^2} \, \text{Pr} = 10^5.$$ (8.89)

Dabei wurden die folgenden Werte verwendet: $T_{\text{warm}} = 10$, $T_{\text{kalt}} = 0$, $\rho = 1$, $\beta = 0,01$, $g = 10$, $\mu = 0,001$ und $H = 1$ (SI-Einheiten durchgehend verwendet). Für jedes Gitter beginnen die Berechnungen mit den Anfangsfeldern $u_x = 0$, $u_y = 0$ und $T = 6$.

Die vorhergesagten Geschwindigkeitsvektoren und Isothermen sind in Abb. 8.15 dargestellt. Die Strömungsstruktur hängt stark von der Prandtl-Zahl ab. Im zentralen Bereich des Hohlraums bildet sich ein großer Kern aus nahezu stagnierendem, stabil geschichtetem Fluid. Die Isothermen enden im rechten Winkel an den adiabaten (oberen und unteren) Wänden; dies muss an jedem Rand der Fall sein, an dem der Wärmefluss gleich null ist (normalerweise adiabate Wände und Symmetrieebenen). Bei der Prüfung numerischer Lösungen auf Plausibilität ist dies eines der zu prüfenden Merkmale. Wir haben (auch in Fachzeitschriften) Ergebnisse gesehen, die gegen diese Bedingung verstoßen haben. Bei dichteren Isothermen ist der Temperaturgradient in Richtung normal zu den Isothermen höher und damit auch der Wärmefluss durch Leitung. Dies ist in Abb. 8.16 sichtbar, welche die Variation des lokalen Wärmeflusses pro Flächeneinheit entlang der Kaltwand zeigt: Der Wärmeübergang ist viel intensiver, wenn warmes Fluid auf die Kaltwand nahe der Oberseite trifft (siehe auch Isothermen und Geschwindigkeitsvektoren in Abb. 8.15) als nahe der Unterseite, wo abgekühltes Fluid die Kaltwand verlässt.

Abbildung 8.16 zeigt die Abhängigkeit der Lösung von der Gitterfeinheit. Die Linien, die Lösungen auf den beiden feinsten Gittern darstellen, lassen sich optisch nicht voneinander unterscheiden, was auf eine hohe Genauigkeit hindeutet. Eine Abschätzung der Diskretisierungsfehler wird im Folgenden vorgestellt.

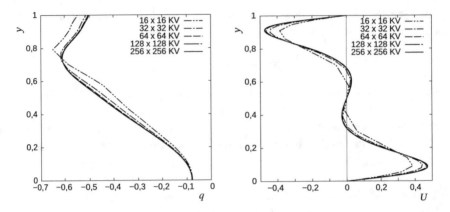

Abb. 8.16 Vorhergesagte Variation des lokalen Wärmeflusses pro Flächeneinheit entlang der Kaltwand (links) und der Geschwindigkeit u_x entlang der vertikalen Mittellinie (rechts) in der auftriebsgetriebenen Hohlraumströmung bei Ra $= 10^5$, berechnet auf fünf nichtäquidistanten Gittern mit IFSM

Es ist zu erwarten, dass nichtäquidistante Gitter genauere Ergebnisse liefern als äquidistante Gitter. Das ist in der Tat so. Abb. 8.17 zeigt den gesamten Wärmefluss durch die isothermen Wände und die geschätzten Diskretisierungsfehler unter Verwendung der Richardson-Extrapolation als Funktion der Gitterfeinheit für äquidistante und nichtäquidistante Gitter, die entweder mit der SIMPLE oder der IFSM-Lösungsmethode berechnet wurden. Die Richardson-Extrapolation liefert die gleiche Abschätzung des gitterunabhängigen Wertes an fünf signifikanten Stellen, wenn sie auf die Ergebnisse der zwei feinsten Gitter für beide Gittertypen und Lösungsverfahren angewendet wird. Diese Abschätzung ist $Q = 0,39248$. Wenn dieser Wärmefluss durch den Wärmefluss für reine Wärmeleitung $Q_{cond} = 0,1$ normiert wird, ergibt sich die Nusselt-Zahl Nu = 3,9248. Durch Subtraktion der Lösungen auf allen Gittern von der abgeschätzten gitterunabhängigen Lösung erhalten wir eine Abschätzung der Diskretisierungsfehler. Die Fehler des vorhergesagten Gesamtwärmeflusses sind in Abb. 8.17 dargestellt. Alle Fehler tendieren asymptotisch zu der für Verfahren 2. Ordnung erwarteten Steigung (wenn der Gitterabstand um eine Größenordnung reduziert wird, wird der Fehler um zwei Größenordnungen reduziert). Der Fehler im Wärmefluss ist bei nichtäquidistanten Gittern wesentlich geringer als bei äquidistanten Gittern, da diese Gitter die Grenzschicht besser auflösen.

Es ist zu beachten, dass für ein gegebenes Gitter der Fehler in der Stärke des primären Wirbels in der deckelgetriebenen Strömung für IFSM größer ist als bei SIMPLE (siehe Abb. 8.11), während im Falle der auftriebsgetriebenen Strömung der Fehler im Gesamtwärmefluss für IFSM kleiner ist als für SIMPLE (siehe Abb. 8.17). Der Unterschied zwischen den mit beiden Verfahren erhaltenen Lösungen ist jedoch in beiden Fällen relativ gering.

Wir überprüfen erneut für die beiden Lösungsmethoden die Effizienz und ihre Abhängigkeit von Unterrelaxationsfaktoren (in SIMPLE) bzw. CFL-Zahl (in IFSM). Wie bei der

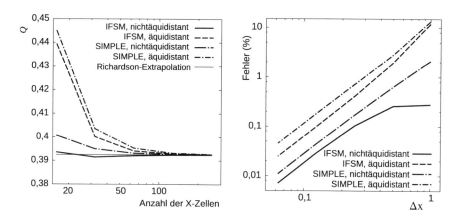

Abb. 8.17 Wärmefluss durch isotherme Wände, Q, (links) und der damit verbundene Diskretisierungsfehler (rechts) in einer auftriebsgetriebenen Hohlraumströmung bei der Rayleigh-Zahl Ra = 10^5 und Prandtl-Zahl Pr = 0,1 in Abhängigkeit von der Gitterfeinheit (Berechnung mittels ZDS und sowohl SIMPLE- als auch IFSM-Lösungsmethode auf äquidistanten und nichtäquidistanten Gittern)

deckelgetriebenen Hohlraumströmung wurde der Unterrelaxationsfaktor für die Geschwindigkeit in SIMPLE zwischen 0,5 und 0,98 variiert. Bei IFSM ist die Wahl der Zeitschritte weniger offensichtlich, da wir nicht im Voraus wissen, wie hoch die Geschwindigkeiten sein werden und welche CFL-Zahlen sich ergeben. Interessanterweise wurden die gleichen Zeitschritte wie bei der deckelgetriebenen Hohlraumströmung verwendet und die höchste Effizienz (d. h. die geringste Anzahl an erforderlichen Iterationen) für die gleichen Zeitschritte erreicht, obwohl die berechneten CFL-Zahlen etwa dreimal kleiner waren. Dies ist darauf zurückzuführen, dass in beiden Fällen die gleichen Fluideigenschaften (Dichte und Viskosität) und die gleiche Größe des Lösungsgebiets verwendet wurden. Wir haben in Gl. (7.94) gesehen, dass die Geschwindigkeitskorrektur proportional ist zum Verhältnis von Zeitschritt und Dichte, multipliziert mit dem Druckkorrekturgradienten; daher kann man erwarten, dass sich das Verfahren bei gleichem Zeitschritt, gleicher Dichte und gleicher Gittermaschenweite ähnlich verhalten wird. Eine Ausnahme bildet der größte Zeitschritt für die groben Gitter: Für den Zeitschritt von 6,4 s konnten wir keine Lösung für die auftriebsgetriebene Strömung finden, während dies für die deckelgetriebene Hohlraumströmung möglich war.

Abb. 8.18 zeigt das Ergebnis der Effizienzanalyse. Da IFSM keine Unterrelaxation verwendet, bleibt der Zeitschritt (CFL-Zahl) der einzige Parameter; andererseits erscheint in SIMPLE ein weiterer Faktor – der Unterrelaxationsfaktor für die Temperatur. Wenn er gleich dem Unterrelaxationsfaktor für die Geschwindigkeit eingestellt ist, wird die Konvergenz sehr langsam. Aus Erfahrung wissen wir jedoch, dass sich die Energiegleichung in laminaren Strömungen gut verhält und in der Regel nur sehr wenig oder gar keine Unterrelaxation erfordert. Deshalb haben wir hier den Unterrelaxationsfaktor für die Energiegleichung auf 0,99 gesetzt; mit diesem Wert ist die Effizienz von SIMPLE mit der von IFSM vergleichbar.

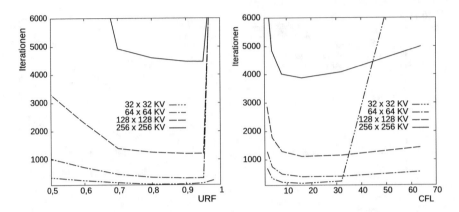

Abb. 8.18 Anzahl der äußeren Iterationen, die erforderlich sind, um das Residuenniveau in allen Gleichungen um vier Größenordnungen zu reduzieren, als Funktion des Unterrelaxationsfaktors α_u in SIMPLE (links) bzw. CFL-Zahl in IFSM (rechts); auftriebsgetriebene Hohlraumströmung bei $Ra = 10^5$

Die Effizienz der Berechnung stationärer inkompressibler Strömungen mit impliziten Methoden wie SIMPLE oder IFSM kann erheblich verbessert werden, durch die Verwendung der Mehrgittermethode für äußere Iterationen sowie durch den Start von Berechnungen auf feineren Gittern mit der Lösung, die aus einem gröberen Gitter interpoliert wurde, anstatt mit erratenen Anfangsfeldern zu beginnen, wie es hier geschehen ist. Dies wird in Kap. 12 für die beiden hier untersuchten Testfälle demonstriert.

8.4.2   Instationäre Strömungen in Hohlräumen

In diesem Abschnitt konzentrieren wir uns auf die Vorhersage instationärer Strömungen. Beim Schreiten in Richtung stationärer Strömung konnten wir große Zeitschritte verwenden und nur eine Iteration pro Zeitschritt durchführen, da Zwischenlösungen keine Rolle spielten, so lange der Iterationsprozess konvergierte. Bei der Berechnung instationärer Strömungen müssen wir jedoch sicherstellen, dass alle Gleichungen in ausreichendem Maße erfüllt sind, bevor wir mit dem nächsten Zeitschritt fortfahren. Das bedeutet, dass wir einerseits einen geeigneten Zeitschritt wählen müssen, der die zeitliche Variation der Variablen angemessen auflöst, und andererseits eine ausreichende Anzahl von äußeren Iterationen pro Zeitschritt durchführen müssen, um sicherzustellen, dass Iterationsfehler klein genug sind.

Für zeitgenaue Strömungssimulationen sollte das Zeitintegrationsverfahren von mindestens 2. Ordnung sein. Das implizite Euler-Verfahren 1. Ordnung ist nützlich für das Schreiten zum stationären Zustand (z. B. in IFSM), aber in periodischen Strömungen benötigt es zu kleine Zeitschritte, um eine zufriedenstellende Genauigkeit zu erreichen. Gute Wahlmöglichkeiten sind die Crank-Nicolson-Methode (die fast ausschließlich in Teilschrittmethoden verwendet wird) und die vollimplizite Drei-Zeitebenen-Methode (die fast ausschließlich in SIMPLE-artigen Verfahren verwendet wird). Zentraldifferenzen werden sowohl für Konvektions- als auch für Diffusionsterme genutzt.

Die hier verwendete nichtiterative Teilschrittmethode unterscheidet sich leicht von der in Abschn. 7.2.1 beschriebenen Methode dadurch, dass sie auf der vollimpliziten Drei-Zeitebenen-Methode und nicht auf der üblichen Crank-Nicolson-Methode basiert (das Rechenprogramm ist im Internet verfügbar; siehe Anhang für Details):

$$\frac{3(\rho\mathbf{v})^{n+1} - 4(\rho\mathbf{v})^n + (\rho\mathbf{v})^{n-1}}{2\Delta t} + C(\mathbf{v}^{n+1}) = L(\mathbf{v}^{n+1}) - G(p^{n+1}). \qquad (8.90)$$

Damit die Methode auf äußere Iterationen verzichten kann, werden die nichtlinearen Konvektionsterme zum Zeitpunkt t_{n+1} mit der Adams-Bashforth-Methode vorhergesagt; der Ausdruck ist etwas anders als in Gl. (7.52):

$$C(\mathbf{v}^{n+1}) \sim 2C(\mathbf{v}^n) - C(\mathbf{v}^{n-1}) + O(\Delta t^2). \qquad (8.91)$$

Der Rest des Algorithmus bleibt wie in Abschn. 7.2.1 beschrieben.

Der erste Testfall ist die deckelgetriebene Hohlraumströmung mit einem oszillierenden Deckel; er bewegt sich mit der Geschwindigkeit

$$u_{\mathrm{L}} = u_{\max}\sin(\omega t), \qquad (8.92)$$

wobei $\omega = 2\pi/P$; P ist die Periode der Oszillation. Wir setzen hier $u_{\max} = 1$ und $P = 10$; die Hohlraumhöhe ist 1 und die Viskosität ist auf $\mu = 0,001$ (SI-Einheiten werden durchgehend verwendet) gesetzt, was dazu führt, dass die Reynolds-Zahl zwischen 0 und 1000 variiert. Die Lösung wird mit Nullwerten für Geschwindigkeiten und Druck (Fluid im Ruhezustand) initialisiert. Es wurde ein nichtäquidistantes Gitter mit 128×128 KV verwendet (das gleiche Gitter wurde im vorherigen Abschnitt zur Analyse stationärer Strömungen verwendet).

Wir analysieren zunächst die zeitliche Genauigkeit impliziter Euler- und Drei-Zeitebenen-Methoden (die wir hier mit TTL bezeichnen werden, von „three-time-levels"), indem wir das erste Quartal der Deckeloszillation (von $t = 0$ bis $t = 2,5$ s, entsprechend $\omega t = \pi/2$) mit unterschiedlichen Zeitschrittweiten berechnen. Vollimplizite Methoden (SIMPLE und IFSM) ermöglichen die Verwendung großer Zeitschritte, und wir beginnen daher mit $\Delta t = 0,125 s$ (entsprechend 80 Zeitschritten pro Oszillationsperiode von 10 s) und halbieren sie 4-mal. Der feinste Zeitschritt ($\Delta t = 0,0078125$ s) entspricht dann 1280 Zeitschritten pro Oszillationsperiode. Die nichtiterative Teilschrittmethode (die wir hier EFSM genannt haben, weil sie explizit für Konvektionsflüsse ist) kann nicht mit Zeitschritten größer als 0,0125 s arbeiten, sodass wir bei dieser Methode die Zeitschritte 0,0125 s, 0,00625 s und 0,003125 s verwendet haben.

Für die Beurteilung von Diskretisierungsfehlern ist es sinnvoll, eine integrale Größe zu verwenden. Wir haben uns hier dafür entschieden, die Unterschiede in der Stärke des

Hauptwirbels, der durch den beweglichen Deckel erzeugt wird, bei $t = 2,5$ s zu bewerten. Die Stärke des Wirbels wird berechnet, indem Massenflüsse integriert werden, um Stromfunktionswerte in Zelleckpunkten zu erhalten (beginnend mit dem Wert 0 im unteren linken Eckpunkt); der Minimalwert im Lösungsgebiet stellt die Stärke des Wirbels für die gegebene Richtung der Deckelbewegung dar. Der gitterunabhängige Wert wurde mittels Richardson-Extrapolation und den berechneten Werten mit den beiden kleinsten Zeitschritten geschätzt; alle Methoden kommen auf denselben Wert $\psi_{min} = -0{,}043682$. Durch Subtraktion von Werten, die mit verschiedenen Methoden und Zeitschritten berechnet wurden, von diesem Referenzwert wurden die zeitlichen Diskretisierungsfehler abgeschätzt.

Abb. 8.19 zeigt die Variation der vorhergesagten Stärke des Wirbels und der damit verbundenen zeitlichen Diskretisierungsfehler als Funktion der Zeitschrittweite und der verwendeten Methode. In diesem Beispiel scheint es, dass die mit SIMPLE erhaltenen Ergebnisse etwas genauer sind als die mit IFSM für jeden Zeitschritt; dies ist jedoch nicht immer der Fall – als wir diese Übung für die 10-mal höhere Viskosität (Reynolds-Zahl 10-mal kleiner) wiederholten, waren die Fehler bei IFSM kleiner. Beide Methoden zeigen mit beiden Zeitintegrationsverfahren das gleiche Verhalten. Offensichtlich führt das implizite Euler-Verfahren 1. Ordnung (hier mit IE bezeichnet) zu Fehlern, die um eine Größenordnung höher liegen als bei der Verwendung des Verfahrens 2. Ordnung mit drei Zeitebenen. Die Fehler werden bei IE halbiert, wenn der Zeitschritt halbiert wird; beim TTL-Verfahren werden sie um den Faktor vier reduziert.

Wir haben erzwungen, dass die Residuen in jedem Zeitschritt um vier bis fünf Größenordnungen reduziert werden, um sicherzustellen, dass Iterationsfehler vernachlässigbar sind; dies ist weitaus mehr, als man normalerweise tun würde, insbesondere wenn die Zeitschritte klein sind, und deshalb haben wir der Effizienz der Berechnung nicht viel Aufmerksamkeit geschenkt. Man kann jedoch feststellen, dass IFSM etwas weniger Rechenzeit pro Zeitschritt benötigte als SIMPLE, um das gleiche Niveau der Residuen zu erreichen. Bei gleichem Zeitschritt benötigte EFSM weniger Rechenzeit als die iterativen Methoden, aber der benötigte Rechenaufwand, um die vorgeschriebene Genauigkeit zu erreichen, war bei IFSM am geringsten. Es ist zu beachten, dass IFSM und SIMPLE bereits einen Diskretisierungsfehler von etwa 0,1 % mit Zeitschritten erreichen, für die EFSM aus Stabilitätsgründen nicht funktionieren würde.

Abb. 8.20 zeigt die Geschwindigkeitsvektoren zu Zeitpunkten, die $\omega t = \pi/2$ ($u_L = 1$), $\omega t = \pi$ ($u_L = 0$), $\omega t = 3\pi/2$ ($u_L = -1$) und $\omega t = 2\pi$ ($u_L = 0$) entsprechen, die während der fünften Oszillationsperiode nach dem Start der Simulation erstellt wurden. Zu diesem Zeitpunkt ist die Strömung vollständig periodisch, was an der perfekten Symmetrie der Lösungen zu erkennen ist, die in der Phase um π verschoben sind. Offensichtlich findet eine sehr komplizierte Änderung des Strömungsmusters während einer Periode statt, und die numerische Methode muss diese Änderungen genau erfassen.

Die in Abb. 8.19 dargestellte Fehleranalyse deutet darauf hin, dass ausreichend genaue Lösungen durch implizite iterative Verfahren (SIMPLE und IFSM) mit ca. 100 Zeitschritten pro Oszillationsperiode erzeugt werden. In der Tat ändert sich, wie in Abb. 8.21 zu sehen

Abb. 8.19 Stärke des Primärwirbels bei $t = 2{,}5$ s (oben) und zeitliche Diskretisierungsfehler (unten) in Abhängigkeit von der Zeitschrittweite, in der deckelgetriebenen Hohlraumströmung mit oszillierender Deckelbewegung

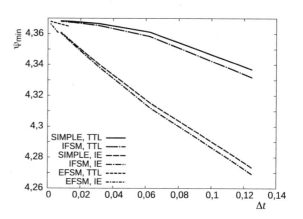

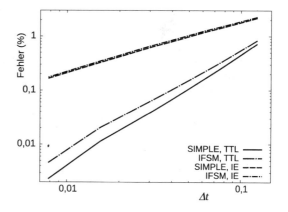

ist, die Lösung nur an den scharfen Spitzen leicht, wenn der Zeitschritt reduziert wird. Die Lösung, die das implizite Euler-Verfahren 1. Ordnung liefert, zeigt wie erwartet eine erhebliche Abweichung von den Lösungen, die mit dem Verfahren 2. Ordnung mit drei Zeitebenen erhalten wurden. Es ist jedoch bemerkenswert, dass das Verfahren 2. Ordnung eine so komplexe zeitliche Variation in der Lösung mit ca. 60 Zeitschritten pro Oszillationsperiode ziemlich gut reproduziert.

Die zweite instationäre Strömung, die wir kurz erläutern, ist die auftriebsgetriebene Hohlraumströmung aus dem vorherigen Abschnitt, jedoch mit einer sinusförmig variierenden Warmwandtemperatur:

$$T_H = T_0 + T_a \sin(\omega t), \tag{8.93}$$

wobei $T_0 = 10$ die mittlere Warmwandtemperatur ist, $T_a = 5$ ist die Amplitude der Temperaturschwankung, $\omega = 2\pi/P$ und $P = 10$ s ist die Periode der Temperaturschwankung. Das Fluid befindet sich zunächst in Ruhe und die Temperatur wurde auf 5,1 eingestellt, wobei die Kaltwandtemperatur $T_C = 0$ und die Warmwandtemperatur $T_H = 10$ betragen. Die mittlere Rayleigh-Zahl ist die gleiche wie in der stationären Strömung im vorherigen

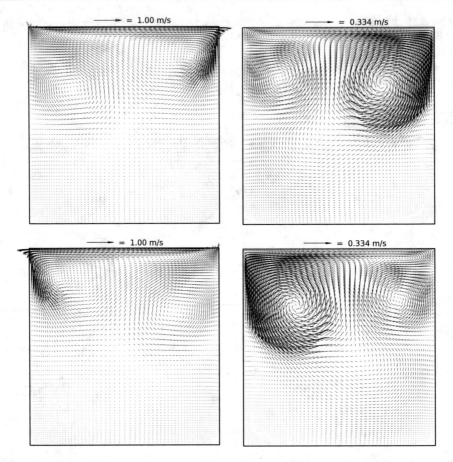

Abb. 8.20 Geschwindigkeitsvektoren in der deckelgetriebenen Hohlraumströmung mit einer oszil-lierenden Deckelbewegung bei einer viertel, halben, dreiviertel und vollen Periode (von links nach rechts, von oben nach unten)

Abschnitt, aber aufgrund der periodisch variierenden Warmwandtemperatur ändert sich das Strömungsmuster im Laufe der Zeit erheblich. Nach einigen Perioden „vergisst" die Strö-mung die Auswirkungen der Initialisierung und wird vollständig periodisch.

Abb. 8.22 zeigt Geschwindigkeitsvektoren und Abb. 8.23 Isothermen zu Zeitpunkten, die $\omega t = \pi/2$ ($T_H = 15$), $\omega t = \pi$ ($T_H = 10$), $\omega t = 3\pi/2$ ($T_H = 5$) und $\omega t = 2\pi$ ($T_H = 10$) entsprechen, entstanden nachdem die Strömung vollständig periodisch wurde. Sie ist nicht symmetrisch (wie es bei der deckelgetriebenen Strömung der Fall war), da hier nur die Warmwandtemperatur oszilliert, doch die Lösungen bei t und $t + P$ sind gleich. Eine komplizierte Änderung des Strömungsmusters findet während einer Periode statt, was die Vorhersage zu einer nicht trivialen Aufgabe macht.

Abb. 8.21 Zeitverlauf der u_x-Geschwindigkeit am Monitoringpunkt ($x = 0{,}08672$, $y = 0{,}90763$) während zwei Oszillationsperioden: Abhängigkeit der Lösung von der Zeitschrittweite (oben; IFSM) und vom Verfahren, bei der Berechnung mit dem größten Zeitschritt (unten; 62,5 Zeitschritte pro Oszillationsperiode)

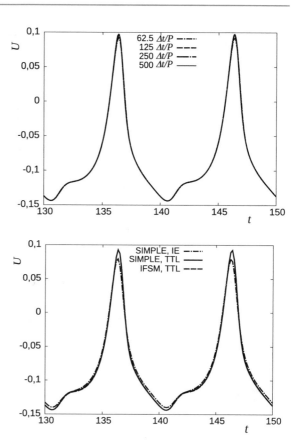

Es ist zu beachten, dass die Isothermen immer orthogonal zur adiabaten oberen und unteren Wand bleiben, wie es für eine Null-Wärmefluss-Randbedingung erforderlich ist. Der wechselnde Abstand zwischen den Isothermen zeigt, wie sich der Wärmefluss lokal ändert: Dichte Isothermen zeigen einen hohen Temperaturgradienten in Richtung normal zu den Isothermen an. Bei stationärer Strömung mit konstanter Warm- und Kaltwandtemperatur war der Nettowärmefluss an beiden isothermen Wänden gleich. Hier variiert der Wärmefluss mit der Zeit und ist an den beiden Wänden unterschiedlich, da das Fluid über einen Teil der Periode die Wärme speichert und im restlichen Teil abgibt. Normalerweise kommt Wärme durch die warme Wand herein, aber aufgrund der oszillierenden Änderung der Temperatur der warmen Wand gibt es eine kurze Zeit, in der das entlang der warmen Wand strömende Fluid tatsächlich wärmer ist als die Wand selbst, sodass der Netto-Wärmefluss das Vorzeichen ändert – der Hohlraum verliert Wärme durch beide Wände. Dies ist in Abb. 8.24 ersichtlich, die die Variation des Gesamtwärmeflusses durch die warme Wand über zwei Perioden zeigt: Über einen kurzen Zeitraum ist der Wärmefluss positiv und zeigt den ausgehenden Fluss an. Es ist auch zu beachten, dass der maximale Wärmefluss durch die warme Wand auftritt,

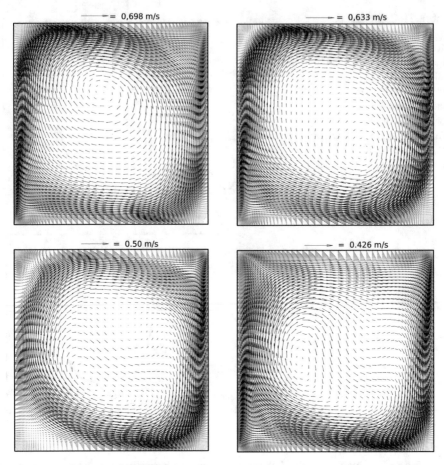

Abb. 8.22 Geschwindigkeitsvektoren in auftriebsgetriebener Hohlraumströmung mit einer oszillierenden Warmwandtemperatur bei einem Viertel, der Hälfte, Dreiviertel und einer vollen Periode (von links nach rechts, von oben nach unten)

bevor die Temperatur das Maximum erreicht (was zum Viertel der Schwingungsperiode geschieht, hier bei $t = 182{,}5$ und $t = 192{,}5$ s): Es gibt eine Phasenverschiebung zwischen Geschwindigkeits- und Temperaturfeldvariation.

Abb. 8.24 zeigt auch, dass das Zeitintegrationsverfahren 2. Ordnung bereits mit 62,5 Zeitschritten pro Oszillationsperiode eine sehr genaue Lösung ergibt: Die drei Kurven, welche drei verschiedenen Zeitschritten entsprechen, sind im Diagramm nicht zu unterscheiden. Dies wird in Abb. 8.25 bestätigt, wo die u_x-Geschwindigkeit in einem Beobachtungspunkt über zwei Perioden dargestellt ist, berechnet mit dem größten Zeitschritt mit drei Methoden. Man kann sehen, dass es einen signifikanten Unterschied zwischen Lösungen gibt, die mit dem impliziten Euler-Verfahren 1. Ordnung und dem TTL-Verfahren 2. Ordnung erhalten

Abb. 8.23 Isothermen in auftriebsgetriebener Hohlraumströmung mit einer oszillierenden Warm-wandtemperatur bei einer viertel, halben, dreiviertel und einer vollen Periode (von links nach rechts, von oben nach unten)

Abb. 8.24 Wärmefluss durch die warme Wand als Funktion der Zeit während zweier Oszillationsperioden, berechnet unter Verwendung von IFSM und Drei-Zeitebenen-Methode 2. Ordnung mit drei verschiedenen Zeitschritten (angegeben ist die Anzahl der Zeitschritte pro Oszillationsperiode)

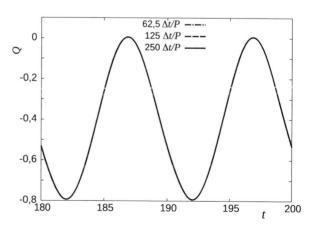

Abb. 8.25 Zeitverlauf der u_x-Geschwindigkeit im Beobachtungspunkt ($x = 0,15479$, $y = 0,83722$) während zweier Oszillationsperioden: Abhängigkeit der Lösung vom Zeitintegrationsverfahren bei der Berechnung mit dem größten Zeitschritt (62,5 Zeitschritte pro Oszillationsperiode)

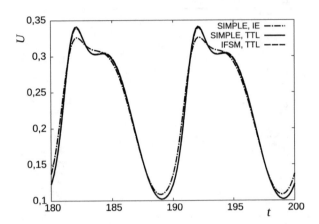

wurden: Das erstere verschmiert Spitzenwerte und erreicht aufgrund seines Fehlers 1. Ordnung, der eine numerische Diffusion in der Zeit verursacht, nicht den niedrigsten Wert. Der Unterschied zwischen SIMPLE und IFSM bei Verwendung der TTL-Methode 2. Ordnung ist vernachlässigbar; er wird für kleinere Zeitschritte noch kleiner.

Bisher haben wir uns nur mit rechteckigen Lösungsgebieten und kartesischen Gittern beschäftigt. Echte technische Probleme sind selten so einfach; in den meisten Fällen findet Strömungs- und Wärmeübertragung in recht komplizierten Geometrien statt. Im nächsten Kapitel wird erläutert, wie die bisher beschriebenen Methoden auf nichtkartesische, strukturierte oder beliebig unstrukturierte Gitter erweitert werden können, die bei komplexeren Lösungsgebieten Anwendung finden.

Literatur

Abe, K., Jang, Y. J. & Leschziner, M. A. (2003). An investigation of wall-anisotropy expressions and length-scale equations for non-linear eddy-viscosity models. *Int. J. Heat Fluid Flow,* **24**, 181-198.

Armfield, S. & Street, R. (2000). Fractional-step methods for the Navier-Stokes equations on non-staggered grids. *ANZIAM J.,* **42 (E)**, C134-C156.

Armfield, S. & Street, R. (2003). The pressure accuracy of fractional-step methods for the Navier-Stokes equations on staggered grids. *ANZIAM J.,* **44 (E)**, C20-C39.

Armfield, S. & Street, R. (2004). Modified fractional-step methods for the Navier-Stokes equations *ANZIAM J.,* **45 (E)**, C364-C377.

Armfield, S. & Street, R. (2005). A comparison of staggered and non-staggered grid Navier-Stokes solutions for the 8:1 cavity natural convection flow. *ANZIAM J.,* **46 (E)**, C918-C934.

Armfield, S., Williamson, N., Kirkpatrick, M. und Street, R. (2010). A divergence free fractional-step method for the Navier-Stokes equations on non-staggered grids. *ANZIAM J.,* **51 (E)**, C654-C667.

Armfield, S. (1991). Finite difference solutions of the Navier-Stokes equations on staggered and non-staggered grids. *Computers Fluids,* **20**, 1-17.

Armfield, S. & Street, R. (2002). An analysis and comparison of the time accuracy of fractional-step methods for the Navier-Stokes equations on staggered grids. *Int. J. Numer. Methods Fluids,* **38**, 255-282.

Choi, H. & Moin, P. (1994). Effects of the computational time step on numerical solutions of turbulent flow. *J. Comput. Phys.,* **113**, 1-4.

Erturk, E. (2009). Discussions on driven cavity flow. *Int. J. Numer. Methods Fluids,* **60**, 275-294.

Fletcher, C. A. J. (1991). *Computational techniques for fluid dynamics* (2. Aufl., Bd. I & II). Berlin: Springer.

Fringer, O. B., Armfield, S. W. & Street, R. L. (2003). A nonstaggered curvilinear grid pressure correction method applied to interfacial waves In *Second Inter. Conf. Heat Transfer, Fluid Mech., and Thermodyn., HEFAT 2003,* Paper FO1. (6 pages)

Ghia, U., Ghia, K. N. & Shin, C. T. (1982). High-Re solutions for incompressible flow using the Navier-Stokes equations and a multigrid method. *J. Comput. Phys.,* **48**, 387-411.

Gresho, P. M. (1990). On the theory of semi-implicit projection methods for viscous incompressible flow and its implementation via a finite element method that also introduces a nearly consistent mass matrix. Part 1: Theory *Int. J. Numer. Methods Fluids,* **11**, 587-620.

Ham, F. & Iaccarino, G. (2004). Energy conservation in collocated discretization schemes on unstructured grids. *Ann. Research Briefs.* Stanford, CA: Center for Turbulence Research.

Hirt, C. W. & Harlow, F. H. (1967). A general corrective procedure for the numerical solution of initial-value problems. *J. Comput. Phys.,* **2**, 114-119.

Hortmann, M., Perić, M. & Scheuerer, G. (1990). Finite volume multigrid prediction of laminar natural convection: bench-mark solutions. *Int. J. Numer. Methods Fluids,* **11**, 189-207.

Kim, J. & Moin, P. (1985). Application of a fractional-step method to incompressible Navier-Stokes equations. *J. Comput. Phys.,* **59**, 308-323.

Kirkpatrick, M. P. & Armfield, S. W. (2008). On the stability and performance of the projection-3 method for the time integration of the Navier-Stokes equations. *ANZIAM J.,* **49**, (EMAC2007), C559-C575.

Lilek, Ž. & Perić, M. (1995). A fourth-order finite volume method with colocated variable arrangement. *Computers Fluids,* **24**, 239-252.

Lu, H. & Porté-Agel, F. (2011). Large-eddy simulation of a very large wind farm in a stable atmospheric boundary layer. *Phys. Fluids,* **23**, 065101).

Pascau, A. (2011). Cell face velocity alternatives in a structured colocated grid for the unsteady Navier-Stokes equations. *Int. J. Numer. Methods Fluids,* **65**. 812–833.

Rhie, C. M. & Chow, W. L. (1983). A numerical study of the turbulent flow past an isolated airfoil with trailing edge separation. *AIAA J.,* **21**, 1525-1532.

Sani, R. L., Shen, J., Pironneau, O. & Gresho, P. M. (2006). Pressure boundary condition for the time-dependent incompressible Navier-Stokes equations. *Int. J. Numer. Methods Fluids,* **50**, 673-682.

Shen, J. (1993). A remark on the Projection-3 method. *Int. J. Numer. Methods Fluids,* **16**, 249-253.

Tuković, Ž., Perić, M. & Jasak, H. (2018). Consistent second-order time-accurate non-iterative PISO algorithm. *Computers Fluids,* **166**, 78-85.

van der Wijngaart, R. F. (1990). *Composite-grid techniques and adaptive mesh refinement in computational fluid dynamics* (PhD Dissertation). Stanford CA, Stanford University.

Ye, T., Mittal, R., Udaykumar, H. S. et al. Shyy, W. (1999). An accurate Cartesian grid method for viscous incompressible flows with complex immersed boundaries. *J. Comput. Phys.,* **156**, 209-240.

Zang, Y., Street, R. L.& Koseff, J. R. (1994). A non-staggered grid, fractional-step method for time-dependent incompressible Navier-Stokes equations in curvilinear coordinates. J. Comput. Phys., **114**, 18-33.

Strömungen in komplexen Geometrien

Die meisten Strömungen in der Ingenieurpraxis beinhalten komplexe Geometrien, die nicht ohne weiteres mit kartesischen Gittern kompatibel sind. Obwohl die zuvor beschriebenen Prinzipien der Diskretisierung und Lösungsverfahren für algebraische Systeme weiterhin gültig sind, gibt es viele verschiedene Möglichkeiten zu deren Realisierung, wenn die Geometrie nicht rechtwinklig ist. Die Eigenschaften des Lösungsalgorithmus hängen von der Wahl des Gitters, der Vektor- und Tensorkomponenten und der Anordnung der Variablen im Gitter ab. Diese Themen werden in diesem Kapitel behandelt.

9.1   Die Wahl des Gitters

Wenn die Geometrie regelmäßig ist (z. B. rechteckig oder kreisförmig), ist die Wahl des Gitters einfach: Die Gitterlinien folgen in der Regel den durch Ränder definierten Richtungen, die mit den entsprechenden Koordinatenrichtungen übereinstimmen. Bei komplizierten Geometrien ist die Wahl keineswegs trivial. Das Gitter unterliegt den Einschränkungen der Diskretisierungsmethode. Wenn der Algorithmus für krummlinige orthogonale Gitter ausgelegt ist, können keine nichtorthogonalen Gitter verwendet werden; wenn die KV Vierecke oder Hexaeder sein müssen, können Gitter aus Dreiecken und Tetraedern nicht verwendet werden usw. Wenn die Geometrie komplex ist und die Einschränkungen nicht erfüllt werden können, müssen Kompromisse eingegangen werden. Sind jedoch sowohl die Diskretisierungs- als auch die Lösungsmethode für beliebige polyederförmige KV ausgelegt, kann jeder Gittertyp verwendet werden.

© Springer-Verlag GmbH Deutschland, ein Teil von Springer Nature 2020
J. H. Ferziger et al., *Numerische Strömungsmechanik,*
https://doi.org/10.1007/978-3-662-46544-8_9

9.1.1   Stufenweise Approximation bei gekrümmten Rändern

Die einfachsten Berechnungsmethoden sind diejenigen, die orthogonale Gitter (kartesisch oder polar-zylindrisch) verwenden. Um ein solches Gitter jedoch auf Lösungsgebiete mit geneigten oder gekrümmten Rändern anzuwenden, sind zusätzliche Approximationen notwendig: Entweder müssen die Ränder durch treppenartige Stufen angenähert werden, oder das Gitter erstreckt sich über die Ränder hinaus und für die Zellen in ihrer Umgebung müssen spezielle Approximationen verwendet werden.

Der erste Ansatz wird auch heute noch manchmal angewandt, wirft aber zwei Arten von Problemen auf:

- Die Anzahl der Gitterpunkte (oder KV) pro Gitterlinie ist nicht konstant, wie in einem vollständig regelmäßigen Gitter. Deshalb geht der große Vorteil der regulären Gitter, obwohl die Zellen regelmäßig sind, verloren, da eine Art indirekte Adressierung oder spezielle Felder, die den Indexbereich für jede Gitterlinie begrenzen, verwendet werden müssen. Das Rechenprogramm muss in der Regel für jedes neue Problem geändert werden.

- Die stufenweise Approximation einer glatten Wand führt zu Fehlern in der Lösung, insbesondere, wenn das Gitter grob ist. Auch die Behandlung der Randbedingungen an Wänden erfordert besondere Aufmerksamkeit, da die Fläche einer durch Stufen approximierten Wand viel größer ist als die tatsächliche Fläche der glatten Wand.

Ein Beispiel für ein solches Gitter ist in Abb. 9.1 dargestellt. Wenn die Scherkräfte oder die Wärmeübertragung an den Wänden eine wichtige Rolle spielen (z. B. an Tragflächen, Flugzeug- oder Schiffsrümpfen, aerodynamischen Körpern, Turbinenschaufeln usw.), kann ein solcher Ansatz zu großen Fehlern führen. Er wird nicht empfohlen, außer wenn der Lösungsalgorithmus eine lokale Gitterverfeinerung in Wandnähe zulässt (siehe Kap. 12 für Details zu lokalen Gitterverfeinerungsverfahren) und die Druckkräfte dominieren. Dies gilt insbesondere für stumpfe Körper und wenn die Versperrungseffekte im von vielen Körpern belegten Raum für die Strömungsanalyse wichtiger sind als die Schubspannungskräfte an einzelnen Körpern. Dies kann in der Bau- und Umwelttechnik der Fall sein (z. B. bei der Untersuchung von Strömungen in und um Gebäude, in Flüssen und Seen, in der Atmosphäre usw.). Theoretisch kann die stufenweise Approximation zu genauen Ergebnissen führen, wenn der Gitterabstand an der Wand in der Größenordnung der natürlichen Wandrauheit liegt.

Ein weiterer möglicher Grund für die Anwendung dieses Ansatzes ist, wenn eine bestehende Lösungsmethode, die viele physikalische Modelle enthält (z. B. Verbrennung, Mehrphasenströmung, Phasenänderung usw.), nicht an ein randangepasstes Gitter adaptiert werden kann, oder wenn eine exakte Darstellung der Wand nicht zwingend erforderlich ist (z. B. bei sehr rauen Oberflächen). Tatsächlich nutzten einige Autoren die lokal verfeinerte stufenweise Approximation, um Rauheitseffekte an der Wand zu modellieren. Beispiele sind

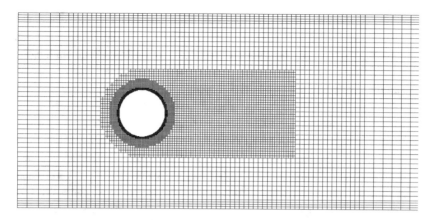

Abb. 9.1 Ein Beispiel für ein Gitter mit stufenweiser Approximation einer gekrümmten Wand, mit lokaler Verfeinerung zur Reduzierung der Stufenhöhen

die Grobstruktursimulation der Turbulenz in der Strömung über eine an der Wand montierte Halbkugel von Manhart und Wengle (1994) und die Simulation des Wasserein- und -austritts eines Kreiszylinders von Xing-Kaeding (2006).

Wie bereits erwähnt, entfernt die Verwendung lokaler Verfeinerung eines der attraktivsten Merkmale kartesischer Gitter, nämlich die Einfachheit der Nachbarschaftsverbindungen. Entweder müssen nichtverfeinerte Zellen an einer Verfeinerungsschnittstelle als Polyeder behandelt werden, oder man muss sogenannte „Geisterknoten" (auch „hängende Knoten" genannt) verwenden. Diese werden wie bei nichtkonformen oder Gleitblockschnittstellen behandelt, was in Abschn. 9.6.1 ausführlich erläutert wird.

9.1.2 „Immersed-Boundary"-Methoden

„Immersed-boundary"-Methoden (Methoden der „getauchten Ränder") verwenden regelmäßige (meist kartesische) Gitter und behandeln unregelmäßige Wände, indem sie die Zellen, durch die eine Wand verläuft, teilweise blockieren. Die erste Veröffentlichung eines solchen Ansatzes ist vermutlich der Artikel von Peskin (1972); in den letzten Jahren wurden viele Varianten dieser Methode entwickelt. Eine der Motivationen ist die Untersuchung von Strömungen um sich bewegende oder deformierende Körper, wobei dieser Ansatz als flexibler angesehen wird als das Bewegen und Deformieren von körperangepassten Gittern.

Es gibt verschiedene Varianten des Ansatzes und da sich die Details nur auf die Behandlung von Wandrandbedingungen beziehen, während der Rest der Methode normalerweise einer der hier beschriebenen Methoden entspricht, werden wir nicht auf diese Details eingehen. Grundsätzlich muss man zunächst Zellen identifizieren, die von Wänden durchschnitten werden (und möglicherweise auch deren unmittelbaren Nachbarn). Zu diesem Zweck wird in der Regel eine triangulierte (Stereolithographie, STL) Beschreibung der Ränder und nicht deren CAD-Beschreibung verwendet. Das größte Problem ist die Realisierung korrekter Wandrandbedingungen an den richtigen Stellen. Meistens wird die Geschwindigkeit entweder in der geschnittenen Zelle oder in der Geisterzelle im Inneren des Körpers so festgelegt, dass das an die Werte einer bestimmten Anzahl von Knoten angepasste Interpolationspolynom die vorgegebene Wandgeschwindigkeit an der tatsächlichen Wandposition ergibt. Wenn sich die Wände bewegen, muss die Identifizierung von geschnittenen Zellen und Zellen außerhalb des Lösungsgebiets in jedem Zeitschritt neu durchgeführt werden.

Wenn das Gitter fein genug ist, liefern die Methoden oft ausreichend genaue Ergebnisse. Werden jedoch Strömungen mit hoher Reynolds-Zahl um Flügel, Turbinenschaufeln oder andere leicht gekrümmte Wände untersucht, liefern randangepasste Gitter mit Prismenschichten entlang der Wände normalerweise deutlich genauerer Ergebnisse. Insbesondere bei der Verwendung von Turbulenzmodellen mit der sogenannten „Niedrig-Re"-Formulierung, die einen sehr kleinen Gitterabstand in wandnormale Richtung erfordern (siehe Abschn. 10.3.5.5), werden „Immersed-boundary"-Methoden ineffizient, da sie das Gitter letztlich auch in wandtangentialer Richtung verfeinern müssen.

Für weitere Details zu diesen Methoden siehe den Übersichtsartikel von Peskin (2002) und andere Publikationen, z. B. Tseng und Ferziger (2003), Mittal und Iaccarino (2005), Taira und Colonius (2007), Lundquist et al. (2012). Sehr detaillierte Beschreibungen sind in Dissertationen verfügbar, z. B. von Peller (2010) und Hylla (2013).

9.1.3 Überlappende Gitter

Wenn die Geometrie kompliziert ist, besteht bei strukturierten oder blockstrukturierten, randangepassten Gittern das Problem darin, dass sich die Gitterqualität in der Regel in der Nähe der Wand verschlechtert, wo die Genauigkeit am höchsten sein sollte. Überlappende Gitter können dazu beitragen, eine hohe Gitterqualität in Wandnähe zu erreichen, indem sie das beste randangepasste, prismatische Gitter in Wandnähe und ein einfaches (meist kartesisches) Gitter in größerer Entfernung von der Wand verwenden. Methoden dieser Art werden in der Literatur oft mit Namen wie *Chimära-Gitter* (die Chimäre ist ein mythologisches Wesen mit Löwenkopf, Ziegenkörper und Schlangenschwanz) oder *Verbundgittern* assoziiert. Dieser Ansatz ist besonders attraktiv, wenn man die Umströmung von Körpern studiert, entweder in einer festen Position oder in Bewegung. Normalerweise erzeugt man ein *Hintergrundgitter* ohne Rücksicht auf Festkörper, das nur an äußeren Rändern (Einstrom-, Ausstrom-, Symmetrie- oder Fernfeldrand usw.) angepasst ist und sich normalerweise nicht bewegt. Gitter um Körper erstrecken sich bis zu einem gewissen Abstand von der Wand und überlappen das Hintergrundgitter. Wenn sich Körper bewegen, bewegen sich auch die an ihnen befestigten Gitter (siehe „NASA Chimera Grid Tools User's Manual" (NASA CGTUM 2010)).

Abb. 9.2 Zur Definition von Akzeptor- und Donatorzellen in überlappenden Gittern

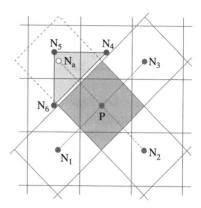

Ein Teil des Hintergrundgitters, der vom Körper und dem Überlappungsgitter bedeckt ist, wird deaktiviert, außer über eine schmale Überlappungszone, in der beide Gitter aktiv sind. Diskretisierungs- und Lösungsmethoden sind in der Regel eine der hier beschriebenen; nur die Kopplung von Lösungen auf einzelnen Gittern ist spezifisch für überlappende Gitter. Eine Möglichkeit besteht darin, die Außenfläche des überlappenden Gitters und die Oberfläche des Lochs, das durch die Deaktivierung einiger Zellen im Hintergrundgitter erzeugt wird, als Ränder des Lösungsgebiets zu behandeln. Auf dem Teil dieser Ränder, auf dem die Strömung in das Gitter eintritt, werden Einstrombedingungen (Dirichlet) vorgeschrieben, während auf dem Teil, auf dem die Strömung das Gitter verlässt, der Druck vorgegeben wird. Die vorzugebenden Randwerte werden durch Interpolation aus dem anderen Gitter erhalten. Die Aktualisierung dieser Randbedingungen kann nach jeder inneren oder nach jeder äußeren Iteration durchgeführt werden; die erste Variante ist impliziter (wie bei der parallelen Berechnung) und führt zu besseren Konvergenzeigenschaften.

Eine weitere Möglichkeit besteht darin, die Kopplung von Gittern in die Matrix A des linearen Gleichungssystems für jede gelöste Gleichung einzubauen, sodass die Lösung auf allen Gittern gleichzeitig erhalten wird. Wie dies geschehen kann, wird am Beispiel von Abb. 9.2 und der darin enthaltenen Notation erläutert. Die Abbildung zeigt aktive Zellen auf zwei Gittern, die sich überlappen. Akzeptor- (Geister-, Hängende-) Knoten sind so definiert, dass die Diskretisierung so durchgeführt werden kann, als wären auch Nachbarzellen aktiv. Variablenwerte in *Akzeptorzellen* werden durch Interpolation aus einem ausgewählten Satz von *Donatorzellen* aus dem anderen Gitter erhalten. Dies ist in Abb. 9.2 veranschaulicht: Die diskretisierte Gleichung für die mit P beschriftete Zelle bezieht sich auf eine Akzeptor-Nachbarzelle N_a, die durch einen offenen Kreis markiert ist, über Flüsse durch die Fläche zwischen P und N_a. Wo immer in den diskretisierten Flüssen auf den Variablenwert in der Mitte der Akzeptorzelle verwiesen wird, wird dieser durch einen Interpolationsausdruck ersetzt:

$$\phi_{N_a} = \alpha_4 \phi_{N_4} + \alpha_5 \phi_{N_5} + \alpha_6 \phi_{N_6}. \tag{9.1}$$

Hier sind α_4, α_5 und α_6 Interpolationsfaktoren, deren Summe 1 ergibt, und die durch Anpassung einer linearen Formfunktion an die drei nächstgelegenen Nachbarn aus dem anderen Gitter erhalten werden. So wird es in den Gleichungen für Zelle P sechs Koeffizienten jenseits der Diagonalen in der Matrix des linearen Gleichungssystems geben: Drei Nachbarn kommen aus dem gleichen Gitter (N_1, N_2 und N_3) und drei Nachbarn kommen aus dem überlappenden Gitter (N_4, N_5 und N_6). Abhängig vom verwendeten Löser für lineare Gleichungssysteme können weitere Modifikationen des Algorithmus erforderlich sein. Außerdem gibt es viele verschiedene Möglichkeiten der Interpolation zwischen Donatorzellen und deren Anzahl. Eine Möglichkeit ist auch, nur den Variablenwert und den Gradienten vom nächsten Nachbarn der Akzeptorzelle zu verwenden. Um den Beitrag des Gradienten zu berücksichtigen, ist dann der Ansatz der verzögerten Korrektur erforderlich, der jedoch keine große Komplikation darstellt.

Die Hauptvorteile von überlappenden Gittern sind:

- Man kann die Gitterqualität in Wandnähe besser optimieren, als wenn ein einzelnes Gitter verwendet wird.
- Die Gitterqualität in der Wandnähe bleibt erhalten, wenn sich der Körper bewegt.
- Parametrische Studien mit Körpern bei verschiedenen Anstellwinkeln können leicht realisiert werden, ohne das Gitter oder die Randbedingungen zu ändern – man dreht einfach das überlappende Gitter.
- Mit überlappenden Gittern können beliebige Körperbewegungen berücksichtigt werden, was sonst mit anderen Methoden nicht möglich wäre.

Es ist zu beachten, dass bei überlappenden Gittern eine spezielle Interpolation in größerer Entfernung von der Wand erfolgt, wo die Variation der Variablen nicht zu stark ist. Bei den „Immersed-Boundary"-Verfahren wird dagegen eine spezielle Interpolation direkt an der Wand durchgeführt, wo die höchste Genauigkeit erforderlich ist.

In der Vergangenheit wurden überlappende Gitter häufig in Forschungsprogrammen verwendet, und seit kurzem ist diese Funktion auch in kommerziellen CFD-Programmen verfügbar. Seit 1992 findet alle zwei Jahre ein spezielles Symposium zum Thema überlappende Gitter statt, siehe offizielle Internetseite www.oversetgridsymposium.org für weitere Informationen. Eine detaillierte Beschreibung einiger Methoden findet man z. B. in Dissertationen von Hadžić (2005) und Hanaoka (2013); beide Dissertationen kann man im Internet herunterladen. Beispiele für eine Anwendung von überlappenden Gittern werden in Abschn. 13.4 und 13.10.1 vorgestellt.

9.1.4 Randangepasste nichtorthogonale Gitter

Randangepasste nichtorthogonale Gitter werden am häufigsten zur Berechnung von Strömungen in komplexen Geometrien verwendet (die meisten kommerziellen Rechenprogramme erzeugen und verwenden solche Gitter). Sie können strukturiert, blockstrukturiert oder unstrukturiert sein. Die Vorteile dieser Gitter sind, (i) dass sie an jede Geometrie angepasst werden können und (ii) dass optimale Eigenschaften leichter zu erreichen sind als bei orthogonalen krummlinigen Gittern. Da KV-Seiten auf Ränder des Lösungsgebiets fallen, sind die Randbedingungen einfacher zu implementieren als bei der stufenweisen Approximation von gekrümmten Rändern. Das Gitter kann auch an die Strömung angepasst werden, d. h. es kann ein Satz von Gitterlinien so gewählt werden, dass sie den Stromlinien folgen (was die Genauigkeit erhöht) und der Abstand kann in Bereichen mit starker Variation von Variablen verkleinert werden, insbesondere wenn blockstrukturierte oder unstrukturierte Gitter verwendet werden.

Nichtorthogonale Gitter haben auch einige Nachteile. Bei Verwendung einer FD-Methode enthalten die transformierten Gleichungen mehr Terme, die approximiert werden müssen, was sowohl den Programmieraufwand als auch den Rechenaufwand pro Zelle für die Lösung der Gleichungen erhöht. Wenn eine FV-Methode verwendet wird, muss man KV von akzeptabler Qualität erstellen, was eine nichttriviale Aufgabe ist. Die Nichtorthogonalität des Gitters kann unter bestimmten Bedingungen Konvergenzprobleme oder unphysikalische Lösungen verursachen. Die Wahl der Geschwindigkeitskomponenten und die Anordnung der Variablen auf dem Gitter beeinflusst die Genauigkeit und Effizienz des Algorithmus. Diese Fragen werden im Folgenden näher erläutert.

Im weiteren Verlauf dieses Buches werden wir davon ausgehen, dass das Gitter nichtorthogonal und unstrukturiert ist. Die Prinzipien der Diskretisierung und der Lösungsmethoden, die wir vorstellen werden, gelten auch für orthogonale Gitter, da sie als Sonderfall eines nichtorthogonalen Gitters angesehen werden können. Ein Abschnitt befasst sich mit der Behandlung von blockstrukturierten Gittern, da der gleiche Ansatz für nichtkonforme Schnittstellen in unstrukturierten Gittern, z. B. an Gleitschnittstellen, angewendet wird.

9.2 Gittererzeugung

Die Erzeugung von Gittern für komplexe Geometrien ist ein Thema, das zu viel Platz erfordert, um hier sehr detailliert behandelt zu werden. Wir stellen nur einige Grundideen und die Eigenschaften vor, die ein Gitter haben sollte. Weitere Details zu den verschiedenen Methoden der Gittergenerierung sind in Büchern und Konferenzberichten zu diesem Thema zu finden, z. B. Thompson et al. (1985) und Arcilla et al. (1991).

Auch wenn es erforderlich ist, dass das Gitter in komplexen Geometrien in der Regel nichtorthogonal ist, ist es wichtig, starke Nichtorthogonalität zu vermeiden. Bei FV-Methoden ist die Orthogonalität der Gitterlinien an KV-Eckpunkten unwichtig – auf den Winkel zwischen der Normalen zur KV-Seite und der Linie, die die KV-Zentren auf beiden Seiten verbindet kommt es an. Ein 2D-Gitter aus gleichseitigen Dreiecken entspricht also einem orthogonalen Gitter, da die Linien, die die Zellmittelpunkte verbinden, orthogonal zu den KV-Seiten sind. Darüber wird weiter in Abschn. 9.7.2 diskutiert.

Auch die Zelltopologie ist wichtig. Wenn die Mittelpunktregel zur Approximation der Integralen, die lineare Interpolation und die Zentraldifferenzen verwendet werden, um die Gleichungen zu diskretisieren, dann ist die Genauigkeit höher, wenn die KV Vierecke in 2D und Hexaeder in 3D sind, als wenn wir Dreiecke bzw. Tetraeder verwenden. Der Grund dafür ist, dass sich Teile der Fehler, die an gegenüberliegenden KV-Seiten bei der Diskretisierung von Diffusionstermen entstehen, bei Vierecken und Hexaedern teilweise aufheben (wenn KV-Seiten parallel und gleich groß sind, heben sie sich vollständig auf). Um die gleiche Genauigkeit bei Dreiecken und Tetraedern zu erreichen, müssen komplexere Interpolations- und Gradientenapproximationen verwendet werden. Besonders in der Nähe von festen Wänden ist es wünschenswert, Vierecke oder Hexaeder (Prismenschicht; siehe Abschn. 9.2.3 u. f.) zu haben, da dort alle Größen stark variieren und die Genauigkeit in diesem Bereich besonders wichtig ist.

Die Genauigkeit wird auch verbessert, wenn ein Satz von Gitterlinien den Stromlinien der Strömung folgt, insbesondere für die Konvektionsterme. Dies kann nicht erreicht werden, wenn Dreiecke oder Tetraeder verwendet werden, ist aber mit Vierecken und Hexaedern möglich.

Nichtäquidistante Gitter sind eher die Regel als die Ausnahme, wenn es um die Behandlung komplexer Geometrien geht. Allerdings wird die Gitterqualität zu einem wichtigen Thema, und wir haben ihr in Kap. 12 einen ganzen Abschnitt gewidmet.

Ein erfahrener Benutzer kann wissen, wo eine starke Variation von Geschwindigkeit, Druck, Temperatur usw. zu erwarten ist; das Gitter sollte in diesen Bereichen fein sein, da die Fehler dort höchstwahrscheinlich groß sind. Aber auch ein erfahrener Anwender wird gelegentlich auf Überraschungen stoßen, und ausgefeiltere Methoden sind in jedem Fall nützlich. Fehler werden konvektiert und über das Lösungsgebiet verbreitet, wie in Abschn. 3.9 beschrieben, sodass es unerlässlich ist, eine möglichst einheitliche Verteilung des Abbruchsfehlers zu erreichen. Es ist jedoch möglich, mit einem groben Gitter zu beginnen und es später lokal nach einer Abschätzung des Diskretisierungsfehlers zu verfeinern; Methoden dazu werden als lösungsadaptive Gitterverfeinerungsmethoden bezeichnet und werden in Kap. 12 beschrieben.

Schließlich gibt es noch die Frage der Gittergenerierung. Wenn die Geometrie komplex ist, verbraucht der Benutzer für diese Aufgabe in der Regel die meiste Zeit; es ist nicht ungewöhnlich, dass ein Ingenieur eine Woche damit verbringt, ein einzelnes Gitter zu erzeugen, während die Lösung auf einem Parallelrechner nur wenige Stunden dauert. Da die Genauigkeit der Lösung sowohl von der Gitterqualität als auch von den Approximationen in der Diskretisierung der Gleichungen abhängt, ist die Gitteroptimierung eine lohnende Zeitinvestition.

Es gibt viele kommerzielle und frei verfügbare Rechenprogramme für die Gittergenerierung. Die Automatisierung des Gittergenerierungsprozesses mit dem Ziel, die Benutzerzeit zu reduzieren und den Prozess zu beschleunigen, ist das Hauptziel in diesem Bereich. Es ist manchmal einfacher, eine Reihe von überlappenden Gittern guter Qualität zu erzeugen als ein einzelnes blockstrukturiertes oder unstrukturiertes Gitter, aber in wirklich komplexen

Geometrien ist dieser Ansatz schwierig, da zu viele unregelmäßige Teile vorhanden sind und zu viele Gitterblöcke verwendet werden müssen. In Publikationen finden sich jedoch Beispiele, bei denen mehr als hundert Gitterblöcke verwendet werden (z. B. zur Berechnung der Strömung um ein Militärflugzeug).

Die Generierung von Dreiecks- und Tetraeder-Gittern ist einfacher zu automatisieren als bei Gittern bestehend aus anderen KV-Typen, was einer der Gründe für ihre Beliebtheit ist. In den meisten kommerziellen CFD-Programmen werden jedoch meistens Gitter bestehend aus (teilweise getrimmten) Hexaedern oder Polyedern verwendet. Wenn Polyedergitter erzeugt werden, besteht der erste Schritt in der Regel darin, ein Tetraedergitter zu erzeugen und es dann in ein Polyedergitter umzuwandeln. Der Gittergenerierungsprozess in industriellen Anwendungen umfasst mehrere weitere Schritte, die in den folgenden Unterabschnitten beschrieben werden.

9.2.1 Definition des Strömungsgebietes

Für eine automatische Gittergenerierung benötigt man als Ausgangspunkt eine geschlossene Oberfläche des Lösungsgebiets. In den meisten Fällen ist die Oberfläche in einem der CAD-Formate definiert. Häufig erhält man jedoch CAD-Daten für Festkörper und muss das vom Fluid eingenommene Volumen innerhalb, außerhalb oder zwischen festen Körpern extrahieren. Die meisten kommerziellen Softwarepakete zur Gittergenerierung enthalten Werkzeuge, die boolesche Operationen mit Körpern und die Extraktion des Fluidvolumens ermöglichen; manchmal sind zusätzliche Schritte erforderlich, wie z. B. die Erstellung von Randflächen für Ein- und Ausstromquerschnitte. Ein Beispiel ist in Abb. 9.3 dargestellt: Die CAD-Daten enthalten das Kugelventil, den Griff und das Gehäuse. Wenn nur die Strömung durch das Ventil berechnet werden soll, muss das mit Fluid gefüllte Volumen im Inneren des Ventils extrahiert und durch die Einführung von Ein- und Austrittsrohrquerschnittsflächen verschlossen werden; die Festkörper können dann verworfen werden. Es ist auch wünschenswert, die Ausstromränder weiter stromabwärts vom Ventil zu verschieben; wenn die Austrittsrohre nicht im CAD-Modell enthalten sind, kann man die Ausstromränder in axiale Richtung extrudieren und so geeignete Rohrstücke erzeugen, wie in Abb. 9.3 dargestellt.

Für den Fall, dass die Wärmeübertragung von heißem Fluid im Rohr auf die Umgebung von Interesse ist, würde man die Festkörperteile behalten und noch einen größeren Kasten um das Ventilgehäuse herum anbringen, um die Wärmeübertragung von der Außenwand in die Umgebung zu berechnen. Dies kann durch Subtraktion des kompletten Ventils von dem Kasten erreicht werden. Das Gitter muss dann sowohl in den Fluidbereichen als auch in allen Festkörpern erzeugt werden. Es ist wünschenswert, konforme Gitter an Fest-Fluid-Randflächen zu haben; dies wird in Kap. 12 näher erläutert, wenn die Gitterqualität diskutiert wird.

Bei sehr komplexen Geometrien, die Hunderte oder gar Tausende Festkörper enthalten (z. B. bei der Untersuchung des Wärmemanagements in einem Fahrzeug, was erfordert,

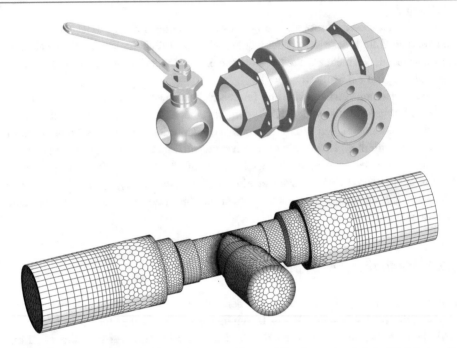

Abb. 9.3 Ein Beispiel für die Fluidvolumenextraktion und Randextrusion bei der Simulation der Strömung in einem Ventil: importierte CAD-Teile (oben) und das extrahierte Strömungsgebiet mit extrudierten Ausstromrändern und einem Polyedergitter mit Prismenschichten an den Wänden (unten)

dass die Strömung um das Fahrzeug herum, im Motorraum, im Fahrgastraum usw. sowie die Wärmeleitung durch Festkörper berechnet wird), kann es zu kompliziert sein, die Berandung des Strömungsgebiets durch boolesche Operationen und das Prägen von Festkörpern zu bilden. Dies gilt insbesondere dann, wenn der Zusammenbau von CAD-Teilen Lücken, Überschneidungen oder Überlappungen von Oberflächen enthält, die eine manuelle Reparatur erfordern würden, oder wenn die importierte Geometrie zu viele Details enthält, die für die Strömung nicht wichtig sind und deren Einbeziehung die Zellenanzahl im Gitter unnötig erhöhen würde. In solchen Situationen können die sogenannten „Surface-Wrapping"-Werkzeuge bevorzugt werden. Diese Werkzeuge wickeln eine Fläche um alle festen Teile, wie das Aufblasen eines Ballons, bis er fest an allen Wänden haftet. Die daraus resultierende geschlossene Oberfläche wird in diskreter Form (meist trianguliert) bereitgestellt.

„Surface-Wrapping"-Werkzeuge bieten dem Anwender in der Regel die Möglichkeit, die Detailtreue der resultierenden geschlossenen Oberfläche zu kontrollieren (z. B. Erhaltung von Merkmalslinien wie scharfe Kanten oder Materialschnittstellen, Auflösung der Oberflächenkrümmung, Erhaltung von Lücken zwischen den Teilen usw.). So ist es möglich, die Geometrie zu vereinfachen, d. h. die unerwünschten Details zu entfernen (z. B. Löcher und Spalten schließen, Kleinteile entfernen usw.). Bei engen Toleranzen kann eine genaue Darstellung der Geometrie ohne wesentlichen Verlust der Detailtreue erreicht werden.

9.2.2 Erzeugung eines Oberflächengitters

Diskrete Oberflächendarstellungen, die durch die Tesselation einer CAD-Darstellung der Geometrie erhalten werden, eignen sich nicht als Ausgangspunkt für die Gittergenerierung: Die Dreiecke stellen die Geometrie genau dar, variieren aber in der Regel sowohl in Form als auch in Größe wesentlich stärker, als es für das zur Simulation der Fluidströmung verwendete Gitter akzeptabel ist. Aus diesem Grund erzeugen Vernetzungswerkzeuge in der Regel zunächst ein geeignetes Oberflächengitter, das die Geometrie angemessen darstellt, dabei moderate Wachstumsraten liefert und so nah wie möglich an den optimalen gleichseitigen Dreiecken liegt (zumindest die Delaunay-Bedingung sollte erfüllt sein, d. h. der durch die Eckpunkte eines jeden Dreiecks gelegte Kreis sollte keinen anderen Eckpunkt beinhalten – eine Bedingung, die den Minimalwinkel aller Dreiecke maximiert). Auf Einzelheiten zur Erzeugung von Oberflächengittern werden wir hier nicht eingehen; interessierte Leser werden gebeten, Literatur zu diesem Thema zu konsultieren (z. B. Frey und George, Kap. 7, 2008). Wir möchten nur unterstreichen, dass viele Algorithmen zur Erzeugung eines Volumengitters als Ausgangspunkt eine geschlossene Oberfläche des Lösungsgebiets erfordern, die durch ein adäquates dreieckiges Oberflächengitter diskretisiert wird. Abb. 9.4 zeigt ein Beispiel für die anfängliche Oberflächentriangulation und die neu vernetzte Oberfläche.

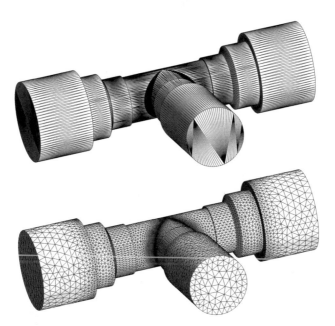

Abb. 9.4 Ein Beispiel für die anfängliche Tesselation der CAD-Beschreibung des Strömungsgebiets im Ventil aus Abb. 9.3 (oben) und die neu vernetzte Oberfläche durch Triangulation, die als Ausgangspunkt für die Volumengittererzeugung dient (unten)

9.2.3 Erzeugung eines Volumengitters

Die meisten Werkzeuge für die Erzeugung von Tetraedergittern beginnen mit einem dreieckigen Oberflächengitter an den Rändern des Lösungsgebiets. Tetraeder, die eine Basis
auf der Oberfläche haben, werden zuerst erzeugt und der Prozess wird als „Marschfront"
nach innen fortgesetzt; der gesamte Prozess ähnelt dem Lösen einer Gleichung durch ein
Schrittverfahren und in der Tat basieren einige Gittererzeugungsmethoden auf der Lösung
von elliptischen oder hyperbolischen partiellen Differentialgleichungen.

Tetraederzellen sind in der Nähe von Wänden nicht wünschenswert, wenn die Grenzschicht aufgelöst werden muss, da der erste Gitterpunkt sehr nah an der Wand liegen muss,
während relativ große Gitterabstände in den Richtungen parallel zur Wand verwendet werden können. Diese Anforderungen führen zu langen dünnen Tetraedern, was zu Problemen
bei der Approximation von Diffusionsflüssen führt. Aus diesem Grund erzeugen die meisten Gittergenerierungsmethoden zunächst Prismenschichten an den Wänden, beginnend mit
einer dreieckigen Diskretisierung der Oberfläche und dem „Extrudieren" von Dreiecken in
Richtung orthogonal zum Rand. Normalerweise wird eine gewisse Expansion der Prismenschichten angewendet; Faktoren größer als 1,5 sollten vermieden werden, während Werte
bis 1,2 in der Regel gute Ergebnisse liefern. Von der Oberfläche der Prismenschicht wird
im restlichen Teil des Lösungsgebiets automatisch ein Tetraedernetz erzeugt. Ein Beispiel
für ein solches Gitter ist in Abb. 9.5 dargestellt. Wie viele Prismenschichten erzeugt werden
sollen, hängt von der Modellierung der Grenzschicht ab; weitere Details werden im nächsten
Kapitel erläutert.

Dieser Ansatz verbessert die Gitterqualität in der Nähe von Wänden und führt sowohl
zu genaueren Lösungen als auch zu einer besseren Konvergenz numerischer Lösungsmethoden; er kann jedoch nur dann eingesetzt werden, wenn das Lösungsverfahren gemischte
Kontrollvolumentypen zulässt. Grundsätzlich kann jede Art von Methode (FD, FV, FE) an
diese Art von Gittern angepasst werden.

Ein weiterer Ansatz zur automatischen Gittergenerierung besteht darin, das Lösungsgebiet mit einem kartesischen Gitter abzudecken und die von Lösungsgebietsrändern geschnittenen Zellen an die Ränder anzupassen. Dies kann erreicht werden, indem entweder die

Abb. 9.5 Ein Beispiel für ein
Gitter, das aus Prismen in der
Nähe von Wänden und
Tetraedern im verbleibenden
Teil des Lösungsgebiets besteht

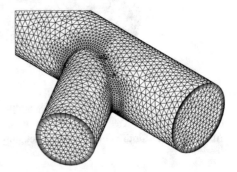

Eckpunkte von geschnittenen Zellen, die außerhalb des Lösungsgebiets liegen, an den Rand projiziert werden, oder indem geschnittene Zellen so akzeptiert werden, wie sie sind (polyederförmige KV). Der letztgenannte Ansatz erfordert, dass die Diskretisierungs- und Lösungsmethode mit beliebigen polyederförmigen Zellen umgehen kann. Das Problem bei diesem Ansatz ist, dass in der Nähe von Wänden unregelmäßige Zellen mit schlechtester Qualität entstehen, wo eigentlich die höchste Gitterqualität gewünscht ist. Wenn dies auf einem sehr groben Niveau geschieht und das Gitter dann mehrmals verfeinert wird, ist die Unregelmäßigkeit auf wenige Stellen beschränkt und kann die Genauigkeit nicht wesentlich beeinträchtigen; komplexe Geometrien setzen jedoch in der Regel Grenzen, wie grob das Ausgangsgitter sein kann.

Um die unregelmäßig getrimmten Zellen etwas ferner von den Wänden zu halten, kann man zunächst Prismenschichten entlang der Wände erzeugen; das regelmäßige kartesische Gitter wird dann von der Außenfläche der wandnahen Prismenschicht geschnitten. Ein Beispiel für ein solches Gitter ist in Abb. 9.6 dargestellt. Dieser Ansatz ermöglicht eine schnelle Gittergenerierung, erfordert aber einen Löser, der mit polyederförmigen Zellen umgehen kann, die durch das Schneiden von normalen Zellen mit einer beliebigen Oberfläche entstehen. Auch die Gitterqualität ist ein Problem, da geschnittene Zellen sowohl klein als auch von eher unregelmäßiger Form sein können. Sehr kleine Zellen zwischen viel größeren Zellen sind ungünstig (zu hohe Expansionsrate). Auch hier können prinzipiell alle Methoden an diese Gitterart angepasst werden.

Wenn die Diskretisierungs- und Lösungsmethode die Verwendung eines unstrukturierten Gitters mit Zellen beliebiger Topologie (allgemeine Polyeder) zulässt, unterliegt das Gittererzeugungsprogramm wenigen Einschränkungen. Heutzutage können die meisten kommerziellen Programme für die Strömungssimulation Gitter mit beliebigen polyederförmigen KV erzeugen und verwenden. Solche Gitter können, wie bereits erwähnt, aus Tetraedergittern erzeugt werden; dies ist in der Regel der erste Schritt bei der Erzeugung eines Polyedergitters. Da Polyedergitter jedoch keine topologischen Einschränkungen setzen (d. h. die Anzahl der Zellflächen und Nachbarzellen ist beliebig), folgen in der Regel mehrere Optimierungsschritte. Eine einzelne Zelle oder eine Gruppe von Polyederzellen kann auf vielfältige Weise modifiziert werden, um die Gitterqualität zu verbessern; dies beinhaltet Bewegung von Eck-

Abb. 9.6 Ein Beispiel für ein getrimmtes Gitter, das durch die Kombination von Prismenschichten in Wandnähe und einem regelmäßigen kartesischen Gitter im Rest des Lösungsgebiets entstanden ist, mit unregelmäßigen polyederförmigen Zellen entlang der Trimmfläche

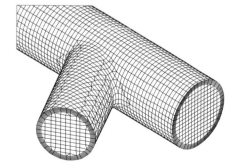

Abb. 9.7 Ein Beispiel für ein
Gitter aus polygonalen
Prismenschichten in Wandnähe
und beliebigen Polyedern im
Großteil des Lösungsgebietes

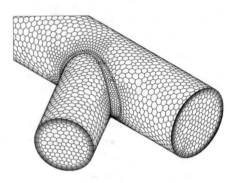

punkten, das Aufteilen oder Zusammenführen von Flächen oder Zellen usw. Ein Beispiel
für ein Polyedergitter ist in Abb. 9.7 dargestellt.

Eine polyederförmige Zelle entsteht auch durch die zellenweise lokale Gitterverfeinerung. Eine nicht verfeinerte Nachbarzelle, die zwar ihre ursprüngliche Form beibehält (z. B.
ein Hexaeder), wird zu einem logischen Polyeder, da eine oder mehrere Flächen durch einen
Satz von Unterflächen ersetzt werden.

Das Lösungsgebiet kann zunächst auch in Blöcke unterteilt werden, in denen Gitter mit
guten Eigenschaften leichter erstellt werden können, als dies für das gesamte Lösungsgebiet
der Fall wäre. Man hat die Freiheit, für jeden Block die beste Gittertopologie (strukturiertes
H-, O- oder C-Gitter oder unstrukturiertes Tetraeder-, Hexader- oder Polyedergitter) auszuwählen. Die Gitter an Blockschnittstellen müssen dann aufeinander aufgeprägt werden;
die in der Schnittstelle liegenden Originalflächen werden durch mehrere kleinere Flächen
ersetzt, die eindeutig als gemeinsame Fläche für zwei Nachbarzellen auf beiden Seiten der
Schnittstelle definiert sind. Die Zellen entlang der Blockschnittstellen (auf beiden Seiten)
haben dann unregelmäßig geformte KV-Seiten und müssen wie Polyeder behandelt werden.
Ein Beispiel ist in Abb. 9.8 zu sehen, das einen plötzlichen Übergang von einem Kanal
mit rechteckigem Querschnitt zu einem Rohr mit kreisförmigem Querschnitt zeigt. Offensichtlich stellt ein kartesisches Gitter das Optimum für den Rechteckkanal dar, während
ein randangepasstes O-Gitter für das Rundrohr am besten geeignet ist. Abb. 9.8 zeigt die
Blockschnittstelle, an der die beiden Gitter aufeinander aufgeprägt sind, was zu unregelmäßigen Zellflächen führt. Alternative Strategien zur Kopplung nichtkonformer Gitterblöcke
sind ebenfalls möglich; einige werden in Abschn. 9.6.1 beschrieben.

Die blockweise Erzeugung von nichtkonformen Gittern in einer komplexen Geometrie
ist besonders attraktiv, wenn Teile der Geometrie innerhalb einer Parameterstudie (z. B.
Formoptimierung) variiert werden sollen. In diesem Fall kann das Gitter in dem Teil der
Geometrie, der sich nicht ändert, gleich bleiben und man muss das Gitter nur in einem kleinen
Bereich und nicht im ganzen Lösungsgebiet neu generieren. Dieser Ansatz ermöglicht oft
eine bessere Optimierung der Gittereigenschaften als die Erzeugung eines monolithischen
Gitters.

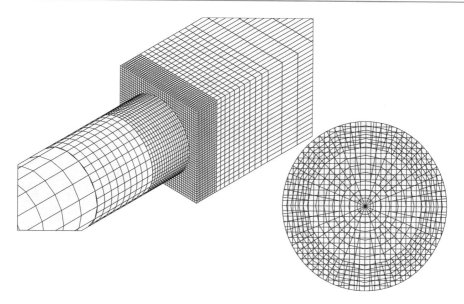

Abb. 9.8 Ein Gitter, das durch die Kombination von zwei Blöcken mit einer nichtkonformen Schnitt-stelle und zellenweiser lokaler Verfeinerung erstellt wurde; das Gitter an der Schnittstelle mit unre-gelmäßigen Zellflächen ist separat dargestellt worden

Wenn die Lösungsmethode erfordert, dass alle KV von einem bestimmten Typ sind, kann die Erzeugung von Gittern für komplexe Geometrien schwierig sein. Es ist nicht ungewöhn-lich, dass der Prozess der Gittergenerierung bei einigen industriellen CFD-Anwendungen Tage oder sogar Wochen in Anspruch nimmt. Ein leistungsfähiger, automatischer Gitter-generator ist ein wesentlicher Bestandteil jeder CFD-Software im industriellen Umfeld. Die Existenz von Werkzeugen zur automatischen Gittergenerierung war wahrscheinlich der Hauptgrund dafür, dass sich CFD in vielen Branchen so gut verbreitet hat, denn diese Werk-zeuge ermöglichen die Automatisierung des gesamten Prozesses und die Verkürzung der Verarbeitungszeit auf ein erschwingliches Maß.

Ein Beispiel für eine komplexe industrielle CFD-Anwendung ist in Abb. 9.9 dargestellt, wo ein Schnitt durch ein getrimmtes Gitter gezeigt wird, das für die Analyse des Fahrzeug-wärmemanagements verwendet wurde. Ein großer Teil des Rechenaufwands im Automo-bilbau wird darauf verwendet, um sicherzustellen, dass sich keine Fahrzeugteile im Betrieb überhitzen, da dies zu Ausfällen führen kann. Während die Aerodynamik des Autos mehr vom Designer als von Ingenieuren beeinflusst wird, sind der Motorraum und der Unterboden die Bereiche, in denen die Ingenieure die Freiheit haben, Formen und Positionen innerhalb räumlicher Grenzen zu optimieren. Abb. 9.9, die im Jahr 2014 erstellt wurde, zeigt die geo-metrische Komplexität von Lösungsgebieten in technischen Anwendungen von CFD. Bei einer durchschnittlichen Zellenzahl von ca. 20 bis 50 Mio. können alle relevanten Details der Geometrie aufgelöst werden. In der Regel erstellt der Anwender für bestimmte Anwendun-

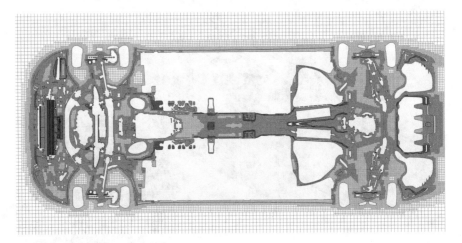

Abb. 9.9 Ein Beispiel für ein getrimmtes kartesisches Gitter mit lokalen Verfeinerungen aus einer industriellen Anwendung – Fahrzeugwärmemanagement-Analyse; horizontaler Schnitt durch das Volumengitter. (Quelle: Daimler AG)

gen Vorlagen für den Gitterentwurf (einschließlich lokaler Gitterverfeinerungen), wodurch die Vorbereitungszeit für die anschließenden Analysen nach dieser sorgfältigen Erarbeitung der ersten Vorlage reduziert wird.

9.3   Die Wahl der Geschwindigkeitskomponenten

In Kap. 1 diskutierten wir Fragen im Zusammenhang mit der Wahl der Komponenten des Impulses. Wie in Abb. 1.1 dargestellt, führt nur die Auswahl der Komponenten in einer festen Vektorbasis zu einer vollkonservativen Form der Impulsgleichungen. Um die Impulserhaltung zu gewährleisten, ist es wünschenswert, eine solche Basis zu verwenden, und die einfachste ist die kartesische Basis. Wenn die Strömung dreidimensional ist, gibt es keine Vorteile bei der Verwendung anderer Basisvektoren (z. B. gitterorientiert, kovariant oder kontravariant). Erst wenn die Wahl einer anderen Vektorbasis zur Vereinfachung des Problems führt – z. B. durch Reduzierung der Dimension des Problems – lohnt es sich, auf den Einsatz kartesischer Komponenten zu verzichten. Ein Beispiel für einen solchen Fall ist die Strömung in einem Rohr oder einer anderen achsensymmetrischen Geometrie. Wenn die Strömung in Umfangsrichtung nicht variiert, hat der Geschwindigkeitsvektor nur zwei von null unterschiedliche Komponenten in der polar-zylindrischen Basis, aber drei kartesische Komponenten die ungleich null sind. Das Problem hat daher drei abhängige Variablen in Bezug auf die kartesischen Komponenten, aber nur zwei, wenn die polar-zylindrischen Komponenten verwendet werden, was eine wesentliche Vereinfachung darstellt. Ändert sich die Strömung in Umfangsrichtung, ist das Problem in jedem Fall dreidimensional. Während es einen scheinbaren Vorteil bei der Verwendung polarzylindrischer Komponenten in achsensymmetrischen Geometrien gibt, weil die Koordinaten den Rändern des Strömungsgebiets folgen, ist die kartesische Option überlegen, weil die Gleichungen in streng konservativer Form sind. Wir haben z. B. in Abb. 9.5 gezeigt, wie man diese Art von Geometrie behandeln kann.

9.3.1   Gitterorientierte Geschwindigkeitskomponenten

Bei Verwendung von gitterorientierten Geschwindigkeitskomponenten erscheinen in den Impulsgleichungen nichtkonservative Quellterme. Diese sorgen für Umverteilung des Impulses zwischen den Komponenten. Wenn beispielsweise polar-zylindrische Komponenten verwendet werden, führt die Divergenz des Konvektionstensors $\rho\mathbf{vv}$ zu zwei derartigen Quelltermen:

- In der Impulsgleichung für die r-Komponente gibt es einen Term $\rho v_\theta^2/r$, der die scheinbare *Zentrifugalkraft* repräsentiert. Dies ist nicht die Zentrifugalkraft, die in Strömungen zu finden ist, die in einem rotierenden Koordinatensystem analysiert werden (z. B. Pumpen- oder Turbinenpassagen) – sie ist allein auf den Übergang von kartesischen zu polar-zylindrischen Koordinaten zurückzuführen. Dieser Term beschreibt den Übergang vom θ-Impuls in den r-Impuls aufgrund der Richtungsänderung von v_θ.
- In der Impulsgleichung für die θ-Komponente gibt es einen Term $-\rho v_r v_\theta/r$, der die scheinbare *Corioliskraft* repräsentiert. Dieser Term ist eine Quelle oder Senke des θ-Impuls, abhängig von den Vorzeichen der Geschwindigkeitskomponenten.

Ein Beispiel für die Wirkung von Krümmungstermen in den Impulsgleichungen ist in Abb. 9.10 zu sehen. Sie zeigt, wie sich radiale und tangentiale Komponenten des Geschwindigkeitsvektors entlang von Gitterlinien ändern, obwohl das Geschwindigkeitsfeld gleichmäßig ist, d. h. der Geschwindigkeitsvektor ist im gesamten Gebiet konstant. Diese Änderung der Geschwindigkeitskomponenten erfolgt nur durch die Änderung der Gitterlinienausrichtung und hat nichts mit Strömungsphysik zu tun. Während alle Formen der geltenden Gleichungen mathematisch äquivalent sind, stellen einige offensichtlich mehr Schwierigkeiten dar, wenn man versucht, sie numerisch zu lösen. Es ist klar, dass numerische Fehler die Gleichmäßigkeit des Geschwindigkeitsfeldes im Beispiel von Abb. 9.10 stören würden, wenn polar-zylindrische oder sphärische Koordinaten verwendet würden, während es trivial ist, die exakte Lösung zu halten, wenn kartesische Komponenten verwendet würden.

Im Allgemeinen gibt es mehr solcher Quellterme (siehe Bücher von Sedov 1971; Truesdell 1991, usw.). Dabei handelt es sich um Christoffel-Symbole (Krümmungsterme, Koordinatenableitungen höherer Ordnung), deren Diskretisierung oft eine erhebliche Quelle für numerische Fehler darstellt. Das Gitter muss glatt sein – die Änderung der Gitterrichtung von Punkt zu Punkt muss klein und kontinuierlich sein. Insbesondere bei unstrukturierten

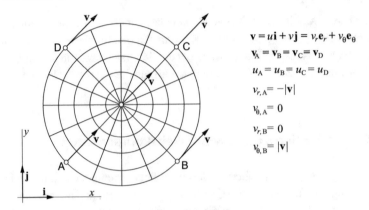

$$\mathbf{v} = u\mathbf{i} + v\mathbf{j} = v_r\mathbf{e}_r + v_\theta\mathbf{e}_\theta$$
$$\mathbf{v}_A = \mathbf{v}_B = \mathbf{v}_C = \mathbf{v}_D$$
$$u_A = u_B = u_C = u_D$$
$$v_{r,A} = -|\mathbf{v}|$$
$$v_{\theta,A} = 0$$
$$v_{r,B} = 0$$
$$v_{\theta,B} = |\mathbf{v}|$$

Abb. 9.10 Ein Beispiel für ein gleichmäßiges Geschwindigkeitsfeld und ein polares Gitter, das die Variation von radialen und Umfangskomponenten des Geschwindigkeitsvektors in Abhängigkeit von der Position im Gitter zeigt

Gittern, bei denen Gitterlinien nicht mit Koordinatenrichtungen verknüpft sind, ist diese Basis schwierig zu verwenden.

9.3.2 Kartesische Geschwindigkeitskomponenten

In diesem Buch werden wir ausschließlich kartesische Vektor- und Tensorkomponenten verwenden. Die Diskretisierungs- und Lösungstechniken bleiben unverändert, wenn andere Komponenten verwendet werden, aber es gibt dann mehr Terme zu approximieren. Die Erhaltungsgleichungen in Bezug auf kartesische Komponenten wurden in Kap. 1 angegeben.

Bei der Anwendung der FD-Methode muss man nur die entsprechenden Formen der Divergenz- und Gradientenoperatoren für nichtorthogonale Koordinaten verwenden (oder alle Ableitungen nach kartesischen Koordinaten in die nichtorthogonalen Koordinaten transformieren). Dies führt zu einer erhöhten Anzahl von Termen, aber die Erhaltungseigenschaften der Gleichungen bleiben die gleichen wie in kartesischen Koordinaten, wie unten gezeigt wird.

Bei FV-Methoden sind keine Koordinatentransformationen erforderlich. Wenn der Gradient normal zur KV-Oberfläche approximiert wird, kann man eine lokale Koordinatentransformation oder Hilfsknoten auf der Linie orthogonal zur Zellfläche verwenden, wie im Folgenden gezeigt wird.

9.4 Die Wahl der Variablenanordnung

In Kap. 7 haben wir erwähnt, dass neben der nichtversetzten Variablenanordnung auch verschiedene versetzte Anordnungen möglich sind. Während es für die einen oder anderen keine offensichtlichen Vorteile bei kartesischen Gittern gab, ändert sich die Situation bei der Verwendung von nichtorthogonalen Gittern erheblich.

9.4.1 Versetzte Anordnung

Die versetzte Anordnung, die in Kap. 7 für kartesische Gitter dargestellt wurde, ist bei nichtorthogonalen Gittern nur dann anwendbar, wenn die gitterorientierten Geschwindigkeitskomponenten verwendet werden. In Abb. 9.11 sind Teile von solchen Gittern dargestellt, in denen die Gitterlinien die Richtung um 90° ändern. In einem Fall werden die kontravarianten und im anderen Fall die kartesischen Geschwindigkeitskomponenten an den versetzten Stellen dargestellt. Es sei daran erinnert, dass die versetzte Anordnung eingeführt wurde, um eine starke Kopplung zwischen den Geschwindigkeiten und dem Druckgradienten zu erreichen. Ziel war es, die Geschwindigkeitskomponente senkrecht zur KV-Seite zwischen den Druckknoten auf beiden Seiten dieser Fläche zu positionieren, siehe Abb. 8.1. Bei kontravarianten oder kovarianten gitterorientierten Komponenten wird dieses Ziel auch bei nichtorthogonalen Gittern erreicht, siehe Abb. 9.11(a). Für kartesische Komponenten, wenn die Gitterlinien die Richtung um 90° ändern, entsteht eine Situation wie die in Abb. 9.11(b): Die an der KV-Seite gespeicherte Geschwindigkeitskomponente trägt nicht zum Massenfluss durch diese Fläche bei, da sie parallel zur Fläche orientiert ist. Um Massenflüsse durch solche KV-Seiten zu berechnen, muss man interpolierte Geschwindigkeiten aus umliegenden Zellen verwenden. Dies erschwert die Herleitung der Druckkorrekturgleichung und gewährleistet nicht die korrekte Kopplung von Geschwindigkeiten und Druck – es können Oszillationen in beiden Feldern auftreten.

Da in technischen Strömungen die Gitterlinien oft ihre Richtung um 180° oder mehr ändern, insbesondere wenn unstrukturierte Gitter verwendet werden, ist die versetzte Anordnung schwierig zu verwenden. Einige dieser Probleme können überwunden werden, wenn alle kartesischen Komponenten an jeder KV-Seite gespeichert werden. Dies wird jedoch in 3D kompliziert, insbesondere wenn KV beliebiger Form erlaubt sind. Um zu sehen, wie dies geschehen kann, sollten interessierte Leser einen Blick auf den Artikel von Maliska und Raithby (1984) werfen.

9.4.2 Nichtversetzte Anordnung

Es wurde in Kap. 7 gezeigt, dass die nichtversetzte Anordnung die einfachste ist, da für alle Variablen dasselbe KV benutzt wird, aber sie erfordert mehr Interpolation. Sie ist nicht

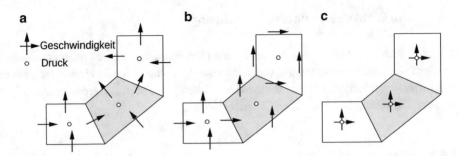

Abb. 9.11 Anordnungen von Variablen auf einem nichtorthogonalen Gitter: **a** – versetzte Anordnung mit kontravarianten Geschwindigkeitskomponenten, **b** – versetzte Anordnung mit kartesischen Geschwindigkeitskomponenten, **c** – nichtversetzte Anordnung mit kartesischen Geschwindigkeitskomponenten

komplizierter als andere Anordnungen, wenn das Gitter nichtorthogonal ist, wie aus Abb. 9.11(c) ersichtlich ist. Der Massenfluss durch eine beliebige KV-Seite kann durch Interpolation der Geschwindigkeiten aus zwei Knoten auf beiden Seiten der Fläche berechnet werden; das Verfahren ist das gleiche wie bei regulären kartesischen Gittern. Die meisten kommerziellen CFD-Programme verwenden kartesische Geschwindigkeitskomponenten und die nichtversetzte Anordnung der Variablen. Wir werden uns auf diese Anordnung konzentrieren.

Im Folgenden werden die neuen Merkmale der Diskretisierung auf nichtorthogonalen Gittern beschrieben, die auf dem aufbauen, was in den vorangegangenen Kapiteln für kartesische Gitter beschrieben wurde.

9.5   Finite-Differenzen-Methoden

Finite-Differenzen-Methoden sind in der CFD für technische Anwendungen nicht weit verbreitet, spielen aber in der Forschung und in einigen geophysikalischen Anwendungen eine Rolle (siehe Abschn. 13.7). Für diese Fälle sind die Methoden aus Kap. 3 nützlich. Im Allgemeinen ist es einfacher, Methoden höherer Ordnung (wie bei vielen geophysikalischen Problemen erwünscht) mit dem FD-Ansatz zu entwickeln als mit dem FV-Ansatz, aber letzterer ist gut geeignet für beliebige polyederförmige KV, wenn Approximationen bis zur 2. Ordnung verwendet werden. Bei Methoden mit einer Ordnung höher als 2. nimmt die Komplexität erheblich zu, wie in einem separaten Abschnitt später in diesem Kapitel gezeigt wird. Wir geben hier nur eine kurze Einführung in die FD-Methoden für nichtorthogonale Gitter und widmen uns danach den FV-Methoden für komplexe Geometrien.

9.5.1 Methoden basierend auf Koordinatentransformation

Die FD-Methode wird in der Regel nur in Verbindung mit strukturierten Gittern verwendet, wobei in diesem Fall jede Gitterlinie eine Linie mit konstanter Koordinate ξ_i darstellt. Die Koordinaten werden durch die Transformation $x_i = x_i(\xi_j)$, $j = 1, 2, 3$ definiert, die durch die Jacobi-Matrix J gekennzeichnet ist:

$$J = \det\left(\frac{\partial x_i}{\partial \xi_j}\right) = \begin{vmatrix} \dfrac{\partial x_1}{\partial \xi_1} & \dfrac{\partial x_1}{\partial \xi_2} & \dfrac{\partial x_1}{\partial \xi_3} \\[2mm] \dfrac{\partial x_2}{\partial \xi_1} & \dfrac{\partial x_2}{\partial \xi_2} & \dfrac{\partial x_2}{\partial \xi_3} \\[2mm] \dfrac{\partial x_3}{\partial \xi_1} & \dfrac{\partial x_3}{\partial \xi_2} & \dfrac{\partial x_3}{\partial \xi_3} \end{vmatrix}. \tag{9.2}$$

Da wir die kartesischen Vektorkomponenten verwenden, müssen wir nur die Ableitungen nach kartesischen Koordinaten in die generalisierte Koordinaten transformieren:

$$\frac{\partial \phi}{\partial x_i} = \frac{\partial \phi}{\partial \xi_j}\frac{\partial \xi_j}{\partial x_i} = \frac{\partial \phi}{\partial \xi_j}\frac{\beta^{ij}}{J}, \tag{9.3}$$

wobei β^{ij} den Kofaktor von $\partial x_i / \partial \xi_j$ in der Jacobi-Matrix J darstellt. In 2D führt dies zu:

$$\frac{\partial \phi}{\partial x_1} = \frac{1}{J}\left(\frac{\partial \phi}{\partial \xi_1}\frac{\partial x_2}{\partial \xi_2} - \frac{\partial \phi}{\partial \xi_2}\frac{\partial x_2}{\partial \xi_1}\right). \tag{9.4}$$

Die generische Erhaltungsgleichung, die in kartesischen Koordinaten lautet:

$$\frac{\partial(\rho\phi)}{\partial t} + \frac{\partial}{\partial x_j}\left(\rho u_j \phi - \Gamma\frac{\partial \phi}{\partial x_j}\right) = q_\phi, \tag{9.5}$$

wird transformiert zu:

$$J\frac{\partial(\rho\phi)}{\partial t} + \frac{\partial}{\partial \xi_j}\left[\rho U_j \phi - \frac{\Gamma}{J}\left(\frac{\partial \phi}{\partial \xi_m}B^{mj}\right)\right] = Jq_\phi, \tag{9.6}$$

wobei

$$U_j = u_k \beta^{kj} = u_1 \beta^{1j} + u_2 \beta^{2j} + u_3 \beta^{3j} \tag{9.7}$$

proportional zur Geschwindigkeitskomponente normal zur Koordinatenfläche ξ_j =const. ist. Die Koeffizienten B^{mj} sind definiert als:

$$B^{mj} = \beta^{kj}\beta^{km} = \beta^{1j}\beta^{1m} + \beta^{2j}\beta^{2m} + \beta^{3j}\beta^{3m}. \tag{9.8}$$

Die transformierten Impulsgleichungen enthalten mehrere zusätzliche Terme, die entstehen, weil die Diffusionsterme in den Impulsgleichungen eine Ableitung enthalten, die nicht in der generischen Erhaltungsgleichung vorhanden ist, siehe Gl. (1.16), (1.18) und (1.19). Diese Terme haben die gleiche Form wie die oben gezeigten und werden hier nicht aufgeführt.

Die Gl. (9.6) hat die gleiche Form wie Gl. (9.5), aber jeder Term in Gl. (9.5) wird durch eine Summe von drei Termen in Gl. (9.6) ersetzt. Wie oben dargestellt, enthalten diese Terme die 1. Ableitungen der Koordinaten als Koeffizienten. Diese sind numerisch nicht schwer zu berechnen (im Gegensatz zu 2. Ableitungen). Die Besonderheit nichtorthogonaler Gitter besteht darin, dass gemischte Ableitungen in den Diffusionstermen auftreten. Um dies deutlich zu machen, schreiben wir die Gl. (9.6) in der erweiterten Form:

$$
\begin{aligned}
J\frac{\partial(\rho\phi)}{\partial t} + \frac{\partial}{\partial \xi_1}&\left[\rho U_1\phi - \frac{\Gamma}{J}\left(\frac{\partial\phi}{\partial\xi_1}B^{11} + \frac{\partial\phi}{\partial\xi_2}B^{21} + \frac{\partial\phi}{\partial\xi_3}B^{31}\right)\right]\\
+ \frac{\partial}{\partial \xi_2}&\left[\rho U_2\phi - \frac{\Gamma}{J}\left(\frac{\partial\phi}{\partial\xi_1}B^{12} + \frac{\partial\phi}{\partial\xi_2}B^{22} + \frac{\partial\phi}{\partial\xi_3}B^{32}\right)\right] \qquad (9.9)\\
+ \frac{\partial}{\partial \xi_3}&\left[\rho U_3\phi - \frac{\Gamma}{J}\left(\frac{\partial\phi}{\partial\xi_1}B^{13} + \frac{\partial\phi}{\partial\xi_2}B^{23} + \frac{\partial\phi}{\partial\xi_3}B^{33}\right)\right] = Jq_\phi.
\end{aligned}
$$

Alle drei Ableitungen von ϕ, die vom Gradientenoperator stammen, erscheinen innerhalb jeder der äußeren Ableitungen, die vom Divergenzoperator stammen, siehe Gl. (1.27). Die gemischten Ableitungen von ϕ werden mit den Koeffizienten B^{mj} mit ungleichen Indizes multipliziert; sie werden gleich null, wenn das Gitter orthogonal ist, unabhängig davon ob es geradlinig oder krummlinig ist. Wenn das Gitter nichtorthogonal ist, hängen die Beträge dieser Koeffizienten im Verhältnis zu den diagonalen Elementen B^{ii} von den Winkeln zwischen den Gitterlinien und dem Gitterseitenverhältnis ab. Wenn der Winkel zwischen den Gitterlinien klein und das Seitenverhältnis groß ist, können die Koeffizienten, welche die gemischte Ableitungen multiplizieren, größer sein als die diagonalen Koeffizienten, was zu numerischen Problemen führen kann (schlechte Konvergenz, Oszillationen in der Lösung usw.). Wenn die Nichtorthogonalität und das Seitenverhältnis moderat sind, sind diese Terme viel kleiner als die diagonalen und stellen keine Probleme dar. Die Terme mit gemischten Ableitungen werden in der Regel explizit behandelt, da ihre Einbeziehung in den impliziten Rechenstern diesen groß und die Lösung teurer machen würde. Die explizite Behandlung erhöht in der Regel die Anzahl der äußeren Iterationen, aber die Einsparungen, die sich aus einfacheren und kostengünstigeren inneren Iterationen ergeben, sind viel bedeutender.

Abb. 9.12 Zur Koordinatentransformation auf nichtorthogonalen Gittern

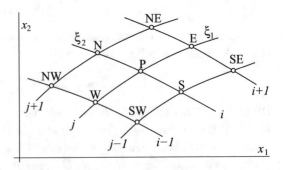

Die Ableitungen in Gl. (9.6) können mit einem der in Kap. 3 beschriebenen FD-Ansätzen approximiert werden, siehe Abb. 9.12. Die Ableitungen entlang gekrümmter Koordinaten werden auf gleiche Weise approximiert wie die entlang gerader Linien.

Koordinatentransformationen werden oft als Mittel zur Umwandlung eines komplizierten nichtorthogonalen Gitters in ein einfaches, äquidistantes kartesisches Gitter dargestellt (der Abstand im transformierten Raum ist beliebig, aber man nimmt normalerweise $\Delta \xi_i = 1$ an). Einige Autoren behaupten, dass die Diskretisierung einfacher wird, da das Gitter im transformierten Raum einfacher erscheint. Diese Vereinfachung ist jedoch illusorisch: Die Strömung findet in einer komplexen Geometrie statt und diese Tatsache kann nicht durch eine geschickte Koordinatentransformation verborgen werden. Obwohl das transformierte Gitter einfacher aussieht als das nicht transformierte, sind die Informationen über die Komplexität in den metrischen Koeffizienten enthalten. Während die Diskretisierung auf dem äquidistanten transformierten Gitter einfach und genau ist, ist die Berechnung der Jacobi-Matrix und anderer geometrischer Informationen nicht trivial und führt zu zusätzlichen Diskretisierungsfehlern, d. h. die eigentliche Schwierigkeit wurde einfach hierher verschoben.

Der Gitterabstand $\Delta \xi_i$ muss nicht explizit angegeben werden. Das Volumen im physikalischen Raum, ΔV, ist definiert als:

$$\Delta V = J \Delta \xi_1 \Delta \xi_2 \Delta \xi_3. \tag{9.10}$$

Wenn wir die ganze Gleichung mit $\Delta \xi_1 \Delta \xi_2 \Delta \xi_3$ multiplizieren und $J \Delta \xi_1 \Delta \xi_2 \Delta \xi_3$ überall durch ΔV ersetzen, dann verschwinden die Gitterabstände $\Delta \xi_i$ in allen Termen. Wenn Zentraldifferenzen zur Approximation der Koeffizienten β^{ij} verwendet werden, z. B. in 2D (siehe Abb. 9.12):

$$
\begin{aligned}
\beta_{\mathrm{P}}^{11} &= \left(\frac{\partial x_2}{\partial \xi_2} \right)_{\mathrm{P}} \approx \frac{x_{2,\mathrm{N}} - x_{2,\mathrm{S}}}{2 \, \Delta \xi_2}, \\
\beta_{\mathrm{P}}^{12} &= -\left(\frac{\partial x_2}{\partial \xi_1} \right)_{\mathrm{P}} \approx \frac{x_{2,\mathrm{E}} - x_{2,\mathrm{W}}}{2 \, \Delta \xi_1},
\end{aligned}
\tag{9.11}
$$

beinhalten die endgültigen diskretisierten Terme nur die Differenzen in den kartesischen Koordinaten zwischen benachbarten Knoten und die Volumen der imaginären Zellen um jeden Knoten. Daher müssen wir nur solche nichtüberlappende Zellen um jeden Gitterknoten konstruieren und ihr Volumen berechnen – den Koordinaten ξ_i muss kein Wert zugewiesen werden und die Koordinatentransformation wird ausgeblendet.

9.5.2 Methoden basierend auf Formfunktionen

Obwohl wir nicht wissen, ob es jemand bereits ausprobiert hat, aber die FD-Methode kann auch auf beliebige unstrukturierte Gitter angewendet werden. Man müsste eine differenzierbare Formfunktion (wahrscheinlich ein Polynom) vorgeben, die die Variation der Variablen

ϕ in der Nähe eines bestimmten Gitterpunktes approximiert. Die Koeffizienten des Polynoms würde man durch Anpassen der Formfunktion an die Werte von ϕ in einer Reihe von umgebenden Knoten erhalten. Es wäre nicht notwendig, Terme in der Gleichung zu transformieren, sodass die einfachste kartesische Form verwendet werden kann. Die Formfunktion kann analytisch differenziert werden, um Ausdrücke für die 1. und 2. Ableitung nach kartesische Koordinaten im Gitterpunkt als Funktion der Variablenwerte in den umgebenden Knoten und geometrische Parameter zu erhalten. Die resultierende Koeffizientenmatrix wäre dünn besetzt, hätte aber keine diagonale Struktur, wenn das Gitter nicht strukturiert ist.

Man kann auch die Verwendung verschiedener Formfunktionen zulassen, abhängig von der lokalen Gittertopologie. Dies würde zu einer unterschiedlichen Anzahl von Nachbarn in Rechensternen führen, aber ein Löser, der mit dieser Komplexität umgehen kann, kann leicht entwickelt werden (z. B. eine algebraische Mehrgittermethode oder eine Methoden der konjugierten Gradienten).

Man kann auch eine FD-Methode entwickeln, die überhaupt kein Gitter benötigt: Eine Reihe von diskreten Punkten, die auf geeignete Weise über das Lösungsgebiet verteilt sind, ist alles, was benötigt wird. Man würde dann eine bestimmte Anzahl von nahen Nachbarn eines jeden Punktes identifizieren, an die man eine geeignete Formfunktion anpassen könnte; die Formfunktion könnte dann differenziert werden, um Approximationen der Ableitungen in diesem Punkt zu erhalten. Es wäre am besten geeignet, die nichtkonservative Form der Differentialgleichung zu verwenden (siehe Gl. 1.20), da sie einfacher zu diskretisieren ist. Die Methode kann auf keinen Fall vollständig konservativ sein, aber das ist kein Problem, wenn die Punkte, da wo nötig, ausreichend dicht beieinander liegen.

Es scheint einfacher zu sein, Punkte im Raum zu verteilen, als geeignete Kontrollvolumen oder Elemente von guter Qualität zu erzeugen. Eines der größten Probleme für FV-Methoden ist die Erzeugung einer geschlossenen Oberfläche des Lösungsgebiets, wie oben erläutert. Die FD-Methode ist Fehler verzeihend; jeder Abstand zwischen zwei Gitterpunkten ist einfach unsichtbar. Darüber hinaus sollten Zellen bestimmte Mindestqualitätsanforderungen erfüllen, da sonst entweder Konvergenzprobleme oder nichtphysikalische Lösungen oder beides auftreten können. Die Optimierung der KV-Form ist kompliziert und viele Operationen (wie das Prägen von Oberflächen mit nichtkonformen Gitterschnittstellen) sind toleranzempfindlich. Andererseits ist es einfacher, einzelne Punkte im Raum zu verschieben oder neue einzuführen, da nur Abstände zwischen ihnen eine Rolle spielen – die Toleranzen sind kein Thema.

Der erste Schritt wäre, Punkte auf die Oberfläche zu setzen und dann Punkte in kurzer Entfernung in Richtung senkrecht zur Oberfläche hinzuzufügen, wie bei der Erzeugung von Prismenschichten in FV-Gittern. Ein zweiter Satz von Punkten könnte regelmäßig im Lösungsgebiet verteilt werden (z. B. ein kartesisches Gitter), mit höherer Dichte nahe der Rändern (wie bei der zellenweisen lokalen Verfeinerung). Anschließend können die beiden Punktesätze auf Überlappung überprüft und, wenn die Punkte zu nahe beieinander liegen, verschoben, gelöscht oder zusammengeführt werden. Ebenso können bei vorhandenen Lücken leicht neue Punkte eingefügt werden. Die lokale Verfeinerung ist sehr einfach, man muss nur noch weitere Punkte zwischen die bestehenden einfügen. Wenn sich die Ränder des Lösungsgebiets bewegen, würde man Gitterpunkte in einem bestimmten Abstand vom Rand zusammen mit ihm verschieben, während die restlichen Punkte dort bleiben könnten, wo sie sind.

Die einzige Schwierigkeit wäre die Herleitung einer geeigneten Druck- oder Druckkorrekturgleichung; dies kann jedoch mit den in den folgenden Abschnitten vorgestellten Verfahren erreicht werden. Wir hoffen, dass wir solche Methoden in zukünftigen Ausgaben dieser Arbeit sehen werden.

Die oben beschriebenen Prinzipien gelten für alle Gleichungen. Auf die Besonderheiten bei der Herleitung der Druck- oder Druckkorrekturgleichung oder der Implementierung der Randbedingungen in FD-Methoden auf nichtorthogonalen Gittern wird hier nicht näher eingegangen, da die Erweiterung der bisher gegebenen Techniken einfach ist.

9.6 Finite-Volumen-Methoden

Die FV-Methode geht von der Erhaltungsgleichung in Integralform aus, z. B. für die generische Erhaltungsgleichung:

$$\frac{\partial}{\partial t} \int_V \rho \phi \, dV + \int_S \rho \phi \mathbf{v} \cdot \mathbf{n} \, dS = \int_S \Gamma \text{grad} \phi \cdot \mathbf{n} \, dS + \int_V q_\phi \, dV. \tag{9.12}$$

Die Prinzipien der FV-Methoden wurden in Kap. 4 vorgestellt, wo rechteckige KV verwendet wurden, um die häufig verwendeten Ansätze für verschiedene Approximationen zu veranschaulichen. Hier verweisen wir auf Besonderheiten bei der Anwendung dieser Approximationen auf KV mit einer beliebigen Polyederform.

Bei der Verwendung kartesischer Basisvektoren enthalten die geltenden Gleichungen keine Krümmungsterme und daher können KV durch Eckpunkte verbunden mit geraden Linien definiert werden. Die tatsächliche Form der Zellfläche ist nicht wichtig; da sie durch gerade Liniensegmente begrenzt ist, sind ihre Projektionen auf kartesische Koordinatenflächen (welche die Flächenvektorkomponenten darstellen) unabhängig von der Form der Fläche.

Wir werden uns mit blockstrukturierten und unstrukturierten Gitteren befassen und zunächst beschreiben, wie die notwendigen Gitterdaten organisiert werden können.

9.6.1 Blockstrukturierte Gitter

Es ist schwierig, manchmal sogar unmöglich, strukturierte Gitter für komplexe Geometrien zu erzeugen. Um beispielsweise die Strömung um einen runden Zylinder in einem freien Strom zu berechnen, kann man leicht ein strukturiertes O-Gitter um ihn herum erzeugen, aber wenn sich der Zylinder in einem engen Kanal befindet, ist dies nicht mehr möglich. In einem solchen Fall bieten blockstrukturierte Gitter einen nützlichen Kompromiss zwischen (i) der Einfachheit und Vielfalt der für strukturierte Gitter verfügbaren Löser und (ii) der Fähigkeit, komplexe Geometrien zu handhaben, wie es die unstrukturierten Gitter erlauben.

Die Idee ist, eine reguläre Datenstruktur (lexikographische Ordnung) innerhalb eines jeden Blocks zu verwenden, während die Blöcke so erstellt werden, als ob man das unregelmäßige Gebiet mit einem sehr groben unstrukturierten Gitter abdecken möchte (jeder Block repräsentiert eine Zelle).

Viele Ansätze sind möglich. Einige verwenden überlappende Blöcke (z. B. Hinatsu und Ferziger 1991; Perng und Street 1991; Zang und Street 1995; Hubbard und Chen 1994, 1995). Andere stützen sich auf nichtüberlappende Blöcke (z. B. Coelho et al. 1991; Lilek et al. 1997b). Wir werden einen Ansatz beschreiben, der nichtüberlappende Blöcke verwendet. Er eignet sich auch gut für den Einsatz auf Parallelrechnern (siehe Kap. 12); normalerweise ist die Berechnung für jeden Block einem separaten Prozessor zugeordnet.

Das Lösungsgebiet wird zunächst in mehrere Teilgebiete unterteilt, sodass jedes Teilgebiet mit einem strukturierten Gitter mit guten Eigenschaften (nicht zu nichtorthogonal, KV-Seitenverhältnisse nicht zu groß) versehen werden kann. Ein Beispiel ist in Abb. 2.2 dargestellt. Innerhalb jedes Blocks werden die Indizes i und j verwendet, um die KV zu identifizieren, aber wir benötigen auch eine Blockkennung. Die Daten werden in einem eindimensionalen Feld gespeichert. Der Index des Knotens (i, j) in Block 3 innerhalb dieses eindimensionalen Felds ist (siehe Tab. 3.2):

$$l = O_3 + (i - 1)N_j^3 + j,$$

wobei O_3 der Offset für Block 3 ist (die Anzahl der Rechenknoten in allen vorhergehenden Blöcken, d. h. $N_i^1 N_j^1 + N_i^2 N_j^2$) und N_i^m und N_j^m sind die Anzahl der Knoten in den Richtungen i und j im Block m.

Die Gitter in zwei benachbarten Blöcken müssen nicht an der Schnittstelle übereinstimmen; ein Beispiel ist in Abb. 2.3 dargestellt. Details zu einer nichtkonformen Schnittstelle sind in den Abb. 9.13 und 9.14 dargestellt. Diese Situation kann aus zwei Gründen entstehen: (i) das Gitter ist in einem Block aufgrund von Genauigkeitsanforderungen feiner als im Nachbarblock; (ii) das Gitter in einem Block bewegt sich relativ zum anderen Block (sogenannte Gleitschnittstelle, die typischerweise bei der Simulation von Strömungen um rotierende Teile zum Einsatz kommt).

Eine Möglichkeit, eine solche Situation zu handhaben, besteht darin, Hilfsknoten auf der anderen Seite der Schnittstelle zu verwenden (auch „Geister"- oder „hängende" Knoten genannt), als ob das Gitter mit der gleichen Struktur über die Schnittstelle hinweg fortgesetzt worden wäre, siehe Abb. 9.13. Die Variablenwerte in diesen Knoten werden dann durch Interpolation aus umliegenden Knoten des Nachbargitters berechnet. So kann beispielsweise der Variablenwert im Hilfsknoten E für die Zelle aus Block A in Abb. 9.13 erhalten werden, indem der Variablenwert und der Gradient aus dem nächstliegenden Nachbarknoten in Block B verwendet werden:

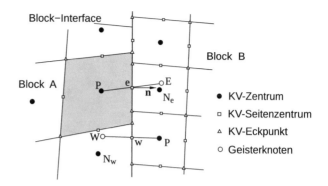

Abb. 9.13 Schnittstelle zwischen zwei Blöcken mit nichtkonformen Gittern: nichtkonservative Behandlung mit hängenden Knoten

$$\phi_E = \phi_{N_e} + (\boldsymbol{\nabla}\phi)_{N_e} \cdot (\mathbf{r}_E - \mathbf{r}_{N_e}). \qquad (9.13)$$

Die gleiche Behandlung kann am Hilfsknoten W für die Zelle aus Block B angewendet werden. Diese Werte werden entweder nach jeder inneren oder nach jeder äußeren Iteration aktualisiert; die Behandlung ähnelt der Behandlung von Teilgebietsschnittstellen beim parallelen Rechnen mit Gebietszerlegung; siehe Abschn. 12.6.2 in Kap. 12 für weitere Details. Eine weitere Möglichkeit besteht darin, den Knotenwert auf der rechten Seite von Gl. (9.13) nach jeder inneren Iteration und den verbleibenden Teil nach jeder äußeren Iteration zu aktualisieren. Es gibt eine zusätzliche Buchhaltung, die umgesetzt werden muss, aber wir werden uns hier nicht damit befassen.

Das einzige Problem bei diesem Ansatz ist, dass er nicht völlig konservativ ist: Die Summe der Flüsse durch die Blockschnittstelle berechnet über die KV-Seiten in Block A auf der einen Seite wird i. Allg. nicht gleich der Summe durch die KV-Seiten in Block B auf der anderen Seite sein. Man kann jedoch eine Korrektur zur Erzwingung der Erhaltung vornehmen (z. B. Zang und Street 1995).

Ein weiterer Ansatz, der völlig konservativ ist, besteht darin, den KV entlang der Blockschnittstelle mehr als vier (in 2D) oder mehr als sechs (in 3D) Seiten zu erlauben, d. h. sie als beliebige polygonale oder polyederförmige Zellen zu behandeln. Zu diesem Zweck muss man Teile der Schnittstellenfläche identifizieren, die eindeutig zwei Zellen auf beiden Seiten der Schnittstelle gemeinsam sind. Die ursprünglichen KV-Seiten, die in der Schnittstelle liegen, werden nicht für Flussapproximation verwendet – sie werden nur für die Prägung von Zellflächen aufeinander verwendet, die für die Identifizierung von Zellflächen erforderlich ist. So wird beispielsweise die Ostfläche der schattierten Zelle im Block A in Abb. 9.14 bei der Arbeit im Block A nicht berücksichtigt. Die Koeffizientenmatrix und der Quellterm für dieses KV sind somit unvollständig, da der Beitrag von seiner Ostseite fehlt; insbesondere der Koeffizient A_E wird gleich null sein.

Da das schattierte KV im Block A von Abb. 9.14 drei Nachbarn auf seiner Ostseite hat (welche in drei Schnittstellenflächen unterteilt ist), können wir hier nicht die übliche Notation für strukturierte Gitter verwenden. Um die unregelmäßigen Zellflächen an Blockschnittstellen zu behandeln, müssen wir eine andere Art von Datenstruktur verwenden – eine ähnlich

Abb. 9.14 Schnittstelle zwischen zwei Blöcken mit nichtkonformen Gittern: konservative Behandlung mit einer neuen Datenstruktur

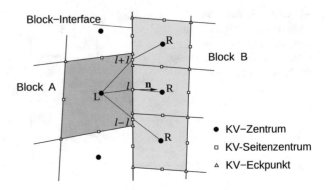

der, die verwendet wird, wenn das gesamte Gitter unstrukturiert ist. Jedes Stück der Schnittstelle, das zwei KV gemeinsam ist, muss identifiziert (durch einen geeigneten Algorithmus) und zusammen mit allen Informationen, die zur Approximation der Oberflächenintegrale erforderlich sind, in eine Schnittstellenliste eingetragen werden:

- die Indizes der linken (L) und rechten (R) Nachbarzelle,
- den Flächenvektor (der von L nach R zeigt) und
- die Koordinaten des Schwerpunkts der Fläche.

Mit diesen Informationen kann man die im Inneren von jedem Block verwendete Methode einsetzen, um die Flüsse durch diese Flächen zu approximieren. Der gleiche Ansatz kann bei den „Schnitten" verwendet werden, die in O- und C-Gittern auftreten; in diesem Fall handelt es sich um eine Schnittstelle zwischen zwei Seiten desselben Blocks (d. h. A und B sind derselbe Block, aber die Gitter sind möglicherweise nicht konform an der Schnittstelle).

Jede Interface-Zellfläche trägt zu den Quelltermen für die benachbarten KV bei (explizite Beiträge zu den Konvektions- und Diffusionsflüssen, die durch verzögerte Korrektur behandelt werden), zum Hauptdiagonalenkoeffizienten (A_P) dieser zwei KV und zu zwei nichtdiagonalen Koeffizienten: A_L für den Knoten R und A_R für den Knoten L. Das Problem der Unregelmäßigkeit der Datenstruktur aufgrund von drei Ostnachbarn wird somit überwunden, indem die Beiträge zur globalen Koeffizientenmatrix nicht zu den KV, sondern zu den Zellflächen im Interface (die immer nur zwei Nachbarzellen haben) gehören. Dabei ist es unerheblich, wie die Blöcke relativ zueinander angeordnet sind (die Ostseite eines Blocks kann mit einer beliebigen Seite des anderen Blocks verbunden werden): Man muss nur die Indizes der Nachbar-KV den Interface-Zellflächen zur Verfügung stellen.

Die Beiträge der Zellenflächen aus dem Interface, nämlich A_L und A_R, machen die globale Koeffizientenmatrix A unregelmäßig: Weder die Anzahl der Elemente pro Zeile noch die Bandbreite sind konstant. Dies ist jedoch leicht zu beheben. Alles, was wir tun müssen, ist, die Iterationsmatrix M (siehe Kap. 5) so zu modifizieren, dass sie die Elemente, die von den Flächen auf den Blockschnittstellen stammen, nicht enthält. Dies ist derselbe

Ansatz, der auch für Teilgebietsschnittstellen beim Parallelrechnen verwendet wird – die Beiträge der Schnittstellenflächen hinken eine Iteration hinterher.

Wir werden einen Lösungsalgorithmus beschreiben, der auf einem ILU-Typ-Löser basiert; er lässt sich leicht an andere lineare Gleichungslöser anpassen:

1. Berechne die Elemente der Matrix A und den Quellterm Q in jedem Block und ignoriere die Beiträge von Blockschnittstellen.

2. Durchlaufe die Liste der Interface-Zellflächen, aktualisiere A_P und Q_P in den Knoten L und R, und berechne die an den Zellflächen gespeicherten Matrixelemente, A_L und A_R.

3. Berechne die Elemente der Matrizen L und U in jedem Block ohne Rücksicht auf benachbarte Blöcke, d.h. als ob sie alleine wären.

4. Berechne die Residuen in jedem Block unter Verwendung des regulären Teils der Matrix A (A_E, A_W, A_N, A_S, A_P und Q_P); die Residuen für die KV entlang der Blockschnittstellen sind unvollständig, da die Koeffizienten, die sich auf Nachbarblöcke beziehen, gleich null sind.

5. Durchlaufe die Liste der Interface-Zellflächen und aktualisiere die Residuen in den Knoten L und R durch Hinzufügen der Produkte $A_R\phi_R$ und $A_L\phi_L$; sobald alle Flächen besucht wurden, sind alle Residuen vollständig.

6. Berechne die Korrektur der Variablen in jedem Knoten für jeden Block und kehre zu Schritt 1 zurück.

7. Wiederhole diese Schritte, bis das Konvergenzkriterium erfüllt ist.

Da die Matrixelemente, die sich auf Knoten in Nachbarblöcken beziehen, nicht zur Iterationsmatrix M beitragen, wird erwartet, dass die Anzahl der zur Konvergenz erforderlichen Iterationen größer sein wird als im Einzelblockfall. Dieser Effekt kann untersucht werden, indem man ein strukturiertes Gitter künstlich in mehrere Blöcke aufteilt und und dann als blockstrukturiertes Gitter behandelt. Wie bereits erwähnt, geschieht dasselbe, wenn implizite Methoden durch die Verwendung von Gebietszerlegung im Raum parallelisiert werden (siehe Kap. 12); die Verschlechterung der Konvergenzrate des linearen Gleichungslösers wird dann durch *numerische Effizienz* gemessen.

Schreck und Perić (1993) und Seidl et al. (1996) haben unter anderem zahlreiche Tests durchgeführt und festgestellt, dass die Performance – insbesondere bei Verwendung von Methoden der konjugierten Gradienten- und Mehrgitterlösern – auch für eine relativ große Anzahl von Teilgebieten sehr gut bleibt. Wenn ein gutes strukturiertes Gitter aufgebaut werden kann, sollte es verwendet werden. Die Blockstrukturierung erhöht den Rechenaufwand, ermöglicht aber die Lösung komplexerer Probleme und erfordert sicherlich einen komplexeren Algorithmus.

Ein Beispiel für die Anwendung dieses Ansatzes an einer konformen Schnittstelle in einem O-Gitter ist in Abschn. 9.12 dargestellt. Eine Implementierung des Algorithmus für O- und C-Gitter findet sich im Programm `caffa.f` im Verzeichnis `2dgl`; siehe Anhang

A.1. Weitere Details zur Implementierung für blockstrukturierte nichtkonforme Gitter finden man in Lilek et al. (1997b).

Wenn sich das Gitter in einem Block bewegt während es im anderen Block fixiert ist (d. h. wir haben es mit einer Gleitschnittstelle zu tun), führt dies zu Änderungen an Nachbarschaftsverbindungen, unabhängig davon, ob das Gitter in jedem Block strukturiert oder unstrukturiert ist. Bei Verwendung des oben genannten konservativen Ansatzes muss die Zuordnung von Flächen an der Schnittstelle zu jedem Zeitschritt neu durchgeführt werden; die Schnittstellenliste aus dem vorherigen Zeitschritt wird gelöscht und die neue wird erstellt. Bei Verwendung des Hängeknotenansatzes müssen auch die „Donatorzellen" und die Interpolationsvorschriften bei jedem Zeitschritt neu definiert werden.

9.6.2 Unstrukturierte Gitter

Unstrukturierte Gitter ermöglichen eine große Flexibilität bei der Anpassung an die Ränder des Lösungsgebiets. Im Allgemeinen können KV beliebiger Form, d. h. mit beliebig vielen KV-Seiten, verwendet werden. Frühe Versionen unstrukturierter Gitter, die in der CFD verwendet wurden, bestanden aus Zellen mit bis zu sechs Flächen, d. h. es konnten Tetraeder, Prismen, Pyramiden und Hexaeder als KV verwendet werden. Sie alle können als Sonderfälle von Hexaedern betrachtet werden, sodass Gitter basierend nominell auf Hexaedern auch KV mit weniger als sechs Seiten beinhalten könnten. Jedes KV wurde durch acht Eckpunkte definiert, sodass die Liste der KV auch eine Liste der zugehörigen Eckpunkte enthielt. Die Reihenfolge der Punkte in der Liste stellt die relativen Positionen der Zellflächen dar; z. B. definieren die ersten vier Punkte die Unterseite und die letzten vier die Oberseite, siehe Abb. 9.15. Die Positionen der sechs Nachbar-KV sind ebenfalls implizit definiert; z. B. ist die durch die Punkte 1, 2, 3 und 4 definierte Unterseite mit dem Nachbar-KV-Nummer 1 gemeinsam usw. Dieser Weg wurde gewählt, um die Anzahl der Felder zu reduzieren, die für die Definition der Konnektivität zwischen KV erforderlich sind.

Ende der 90er Jahre wurden Polyedergitter in CFD eingeführt; dies erforderte eine Änderung der Datenstruktur, da weder die Anzahl der Flächen pro KV noch die Anzahl der Ecken auf einer Seite konstant bzw. begrenzt ist. Moderne CFD-Programme verwenden in der Regel

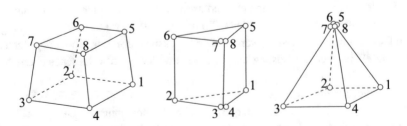

Abb. 9.15 Definition von nominellen Hexaheder-KV mit der Liste der 8 Eckpunkte

eine Datenstruktur, die der nachfolgend beschriebenen ähnelt, für alle Zellen im Gitter, auch wenn sie kartesisch sind. Alle Daten sind in Eckpunkte-, Flächen- und Volumenlisten organisiert.

Zunächst werden alle Eckpunkte mit ihrem Index und drei kartesischen Koordinaten aufgelistet. Dann wird eine Flächenliste erstellt, in der jede KV-Seite durch ihren Index und die Indexe der Eckpunkten definiert ist, die ein geschlossenes Polygon definieren (Die Eckpunkte werden durch gerade Liniensegmente in der Reihenfolge ihrer Auflistung verbunden, wobei der letzte Punkt mit dem ersten verbunden wird, um das Polygon zu schließen). Schließlich wird eine Liste von Zellen erstellt, mit Zellindex und der Liste der Seiten, die sie umschließen.

In der Liste der KV-Seiten sind folgende Informationen enthalten:

- Flächenvektorkomponenten (Flächenprojektionen auf kartesische Koordinatenflächen),
- Koordinaten des Flächenschwerpunktes,
- Indizes der Zellen auf beiden Seiten der Fläche (die Konvention ist in der Regel, dass der Flächenvektor von der ersten auf die zweite aufgelistete Zelle zeigt),
- Koeffizienten der Matrix A für Zellen auf jeder Seite, die benachbarte Zellvariablenwerte multiplizieren.

Zu den Informationen, die in der Zellenliste gespeichert sind, gehören unter anderem:

- Zellvolumen,
- Koordinaten des Zellschwerpunktes,
- Variablenwerte und Fluideigenschaften,
- Koeffizient A_P für die Matrix A und der Quellterm Q_P.

In den letzten Jahren sind Polyedergitter populär geworden. Polyeder werden in der Regel durch die Erzeugung von Kontrollvolumen um die Eckpunkte eines Tetraedergitters erhalten, das zuerst erzeugt wird (aber es gibt auch andere Ansätze). Dies ist in 2D auf der rechten Seite in Abb. 9.16 dargestellt. Tetraeder werden in vier Hexaeder aufgeteilt, indem Mittelpunkte an Kanten mit KV-Schwerpunkt und Schwerpunkten von KV-Seiten verbunden werden. Das KV um einen Tetraedereckpunkt wird definiert, indem einfach alle Hexaederteile, die durch die Zerlegung von Tetraedern entstehen, die denselben Eckpunkt enthalten, zusammengelegt werden; bei diesem Prozess verschwinden die von zwei Hexaedern geteilten Flächen im Polyeder. Alle Teilflächen, die zwei KV gemeinsam sind, werden zu einer Polyederfläche zusammengeführt. Der Rechenknoten wird in den KV-Schwerpunkt gelegt; das Tetraedergitter wird dann verworfen. Dadurch wird die Anzahl der Flächen von Polyeder-KV minimiert. Normalerweise folgen einige Optimierungsschritte: Eckpunkte von Polyeder-KV können verschoben werden, KV-Seiten oder sogar die ganzen KV können aufgeteilt oder zusammengelegt werden, um Zellen mit besseren Eigenschaften zu erhalten.

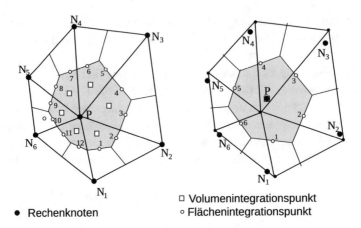

● Rechenknoten

□ Volumenintegrationspunkt
○ Flächenintegrationspunkt

Abb. 9.16 Zur Erstellung von Polyeder-KV aus Tetraeder-KV (2D Illustrationsbeispiele)

Ein weiterer Ansatz zur Umwandlung eines Tetraedergitters in ein Polyedergitter besteht darin, die Kanten von jedem Tetraeder mit einer Ebene senkrecht zur Kante zu schneiden; der Schnittpunkt kann – aber muss nicht – die Linienmitte sein. Die Vor- und Nachteile verschiedener KV-Typen werden in Kap. 12 diskutiert, wo Fragen der Gitterqualität behandelt werden.

9.6.3 Gitter für KV-basierte Finite-Elemente-Methoden

Wir geben hier nur eine kurze Beschreibung der hybriden FE/FV-Methode mit Dreieckselementen und linearen Formfunktionen. Für Details zu den richtigen Finite-Elemente-Methoden und deren Anwendung auf Navier-Stokes-Gleichungen siehe die Bücher von Oden (2006), Zienkiewicz et al. (2005) oder Fletcher (1991).

Für dieses Verfahren werden unstrukturierte Gitter aus Dreiecken (2D) oder Tetraedern (3D) verwendet, aber die gleichen Prinzipien gelten auch für Gitter aus Vierecken und Hexaedern (einschließlich Prismen und Pyramiden als Sonderfälle). Das Gitter repräsentiert *Elemente,* die verwendet werden, um die Variation der Variablen zu beschreiben, d. h. um die Formfunktionen zu definieren. Die Rechenknoten befinden sich in den Elementecken. Normalerweise wird angenommen, dass die Variable ϕ innerhalb des Elements linear variiert, d. h. ihre Formfunktion ist (in 2D):

$$\phi = a_0 + a_1 x + a_2 y. \tag{9.14}$$

Die Koeffizienten a_0, a_1 und a_2 werden durch Anpassung der Funktion an die Knotenwerte in den Eckpunkten des Elements bestimmt. Sie sind also Funktionen von Koordinaten und Variablenwerten in den Knoten.

In 2D werden die Kontrollvolumen um jeden Elementknoten gebildet, indem die Schwerpunkte der Elemente und die Mittelpunkte an den Elementkanten verbunden werden, wodurch vierseitige Unterelemente um jeden Berechnungsknoten herum erzeugt werden, wie auf der linken Seite in Abb. 9.16 dargestellt. In 3D werden hexaederförmige Unterelemente durch Zerlegung von Tetraedern mit Volumen-, Flächen- und Kantenmittelpunkten erzeugt, wie vorstehend über die Umwandlung eines Tetraedergitters in ein Polyedergitter erläutert wurde. Der wesentliche Unterschied besteht darin, dass der Berechnungspunkt der Eckpunkt des Startgitters bleibt, der nicht dem Schwerpunkt des KV entspricht, wie bei der im vorherigen Abschnitt vorgestellten Methode, siehe rechte Seite von Abb. 9.16. Außerdem wird jede Teilfläche, die durch die Zerlegung von Tetraedern entstanden ist und sich auf der Oberfläche des KV befindet, als KV-Seite beibehalten, wobei der Integrationspunkt für Flächenintegrale in ihrem Schwerpunkt liegt.

Die Erhaltungsgleichungen in Integralform werden auf diese KV mit unregelmäßiger Polyederform und vielen Seiten (ca. 10 in 2D und ca. 50 in 3D) angewendet. Die Flächen- und Volumenintegrale werden unter Verwendung von für jedes Element definierten Formfunktionen berechnet: Für das in Abb. 9.16 dargestellte 2D-KV besteht die KV-Oberfläche aus 12 Teilflächen und sein Volumen aus sechs Teilvolumen (aus sechs Elementen, die den gleichen Eckpunkt teilen und somit zum KV beitragen). Da die Variation von Variablen über ein Element in Form einer analytischen Funktion vorgeschrieben ist, können die Integrale leicht berechnet werden. Oft wird die Formfunktion nur verwendet, um den Variablenwert im Schwerpunkt des Teil-KV oder der Teilflächen zu berechnen, und die Mittelpunktregel-Approximation wird verwendet, um Flächen- und Volumenintegrale zu berechnen, wie im Folgenden beschrieben wird.

Die algebraische Gleichung für ein KV beinhaltet den Knoten P und seine unmittelbaren Nachbarn (N_1 bis N_6 in Abb. 9.16). Auch wenn das in dieser Abbildung gezeigte 2D-Gitter nur aus Dreiecken besteht, variiert die Anzahl der Nachbarn i. Allg. von KV zu KV, je nachdem, wie viele Dreiecke einen Eckpunkt gemeinsam haben; dies führt zu einer unregelmäßigen Matrixstruktur, was die Auswahl der verwendbaren Löser einschränkt. In der Regel werden Methode der konjugierten Gradienten und Gauß-Seidel-Löser, allein oder innerhalb der algebraischen Mehrgittermethode, eingesetzt.

Dieser Ansatz verwendet daher polyederförmige KV, obwohl sie nie explizit gezeigt werden; die Ergebnisse werden auf den durch das Ausgangsgitter definierten Elementen dargestellt. Wesentliche Unterschiede zu klassischen FV-Methoden, die auf Polyeder-KV angewendet werden – auf die wir im weiteren Verlauf dieses Kapitels eingehen werden – sind:

- Selbst wenn in beiden Fällen die Mittelpunktregel-Approximation für Flächen- und Volumenintegrale verwendet wird, ist die Anzahl der Integrationspunkte unterschiedlich: Bei der klassischen Methode haben zwei benachbarte KV nur eine gemeinsame KV-Seite und in jedem KV gibt es nur einen Volumenintegrationspunkt – das KV-Zentrum. Die vorliegende Methode erzeugt mehrere Flächen die zwei Nachbar-KV gemeinsam sind, und Volumenintegrale werden für jedes Teilvolumen ausgewertet. Damit ist der Rechen-aufwand pro Iteration und der Speicherbedarf pro KV bei der klassischen FV-Methode geringer.

- Man könnte erwarten, dass die Genauigkeit der obigen Methode etwas höher sein könnte, weil die Integration mit einer größeren Anzahl kleinerer Flächen und Volumen durchge-führt wird, aber das ist fraglich, da die Daten mit der gleichen Anzahl an Rechenpunkten und Approximationen gleicher Art interpoliert werden.

- Bei der vorliegenden Methode werden auch KV um Knoten aus dem ursprünglichen Gitter erzeugt, die auf Lösungsgebietsrändern liegen. Diese KV bedürfen einer besonderen Behandlung, da dort keine Gleichung zu lösen ist, wenn Randwerte vorgegeben sind.

Dieser Ansatz wurde verfolgt – wenn auch nur in 2D und mit Approximationen 2. Ordnung – von Baliga und Patankar (1983), Schneider und Raw (1987), Masson et al. (1994), Baliga (1997) und anderen. Eine 3D-Version wurde von Raw (1985) vorgestellt.

9.6.4 Berechnung der Gitterparameter

In 3D sind die KV-Seiten nicht unbedingt eben. Um Zellvolumen und Flächenvektoren der KV-Seiten zu berechnen, sind geeignete Approximationen erforderlich. Eine einfache Methode besteht darin, die Zellfläche durch eine Reihe von Dreiecken darzustellen. Für Hexaeder, die in strukturierten Gittern verwendet werden, schlugen Kordula und Vinokur (1983) vor, jedes KV in acht Tetraeder zu zerlegen (wobei jede KV-Fläche in zwei Dreiecke unterteilt ist), sodass keine Überlappungen auftreten.

Eine weitere Möglichkeit, Zellvolumen für beliebige KV zu berechnen, basiert auf dem Gauß-Satz. Durch die Verwendung der Identität $1 = \text{div}(x\,\mathbf{i})$ kann man das Volumen berech-nen als:

$$\Delta V = \int_V \mathrm{d}V = \int_V \text{div}(x\,\mathbf{i})\,\mathrm{d}V = \int_S x\,\mathbf{i}\cdot\mathbf{n}\,\mathrm{d}S \approx \sum_c x_k\,S_k^x, \qquad (9.15)$$

wobei k die KV-Seiten bezeichnet, und S_k^x die x-Komponente des Flächenvektors der KV-Seite ist (siehe Abb. 9.17):

$$\mathbf{S}_k = S_k\,\mathbf{n} = S_k^x\,\mathbf{i} + S_k^y\,\mathbf{j} + S_k^z\,\mathbf{k}. \qquad (9.16)$$

Anstelle von $x\,\mathbf{i}$ kann man auch $y\,\mathbf{j}$ oder $z\,\mathbf{k}$ verwenden; in diesen Fällen muss man die Produkte von $y_k\,S_k^y$ oder $z_k\,S_k^z$ summieren. Wenn jede KV-Seite für beide KV, für die sie gemeinsam ist, gleich definiert ist, stellt das Verfahren sicher, dass es zu keiner Überlappung kommt und die Summe aller KV-Volumen dem Volumen des Lösungsgebiets entspricht.

Ein wichtiges Thema ist die Definition der Flächenvektoren an den KV-Seiten. Der ein-fachste Ansatz ist, die KV-Seite in Dreiecke mit einem gemeinsamen Eckpunkt zu zerlegen;

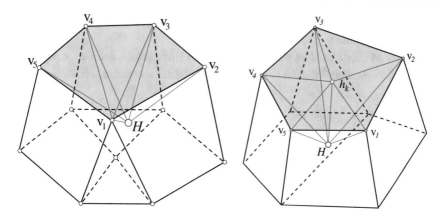

Abb. 9.17 Zur Berechnung von KV-Volumen und Flächenvektoren für beliebige KV: zwei alternative Ansätze

siehe linken Teil von Abb. 9.17. Die Fläche und die Flächenvektoren von Dreiecken lassen sich leicht berechnen. Der Flächenvektor für die gesamte KV-Seite ist dann gleich der Summe der Flächenvektoren aller Dreiecke (siehe Fläche k in Abb. 9.17):

$$\mathbf{S}_k = \frac{1}{2} \sum_{i=3}^{N_k^v} \left[(\mathbf{r}_{i-1} - \mathbf{r}_1) \times (\mathbf{r}_i - \mathbf{r}_1) \right], \qquad (9.17)$$

wobei N_k^v die Anzahl der Eckpunkte auf der KV-Seite und $\mathbf{r}_i$ der Positionsvektor des Eckpunktes i ist. Es ist zu beachten, dass es $N_k^v - 2$ Dreiecke gibt. Der obige Ausdruck ist korrekt, auch wenn die Zellfläche verdreht oder konvex ist. Die Wahl des gemeinsamen Eckpunktes ist nicht wichtig.

Der Schwerpunkt der KV-Seite kann durch Mittelung der Koordinaten der Schwerpunkte von jedem Dreieck (die selbst dem Mittelwert ihrer Eckpunkte entsprechen), gewichtet mit der Dreiecksfläche, gefunden werden. Die Fläche der KV-Seite entspricht dem Betrag ihres Flächenvektors, z. B.:

$$S_k = |\mathbf{S}_k| = \sqrt{(S_k^x)^2 + (S_k^y)^2 + (S_k^z)^2}. \qquad (9.18)$$

Es ist zu beachten, dass nur Projektionen der Zellenfläche auf kartesische Koordinatenebenen erforderlich sind. Diese sind exakt, wenn die KV-Kanten gerade sind, wie es hier angenommen wird.

Wenn neben der Fluidströmung auch die Bewegung von Partikeln berechnet werden soll, muss sichergestellt werden, dass die Triangulation von KV-Seiten so durchgeführt wird, dass die Flächenvektoren aller Dreiecke nach außen zeigen (d. h. die Skalarprodukte der einzelnen Flächenvektoren aller Dreiecke müssen positiv sein). Dies wird durch die oben dargestellte Methode nicht gewährleistet. Eine robustere Methode zur Berechnung der Daten der KV-Seiten wird im rechten Teil von Abb. 9.17 vorgestellt; sie erzeugt aber mehr Dreiecke und führt somit zu einem größeren Rechenaufwand.

Bei dieser Methode wird an jeder KV-Seite k ein Hilfspunkt h definiert, dessen Koordinaten z. B. die durchschnittlichen Koordinaten aller Seiteneckpunkte sein können:

$$\mathbf{r}_{h,k} = \frac{1}{N_k^{\mathrm{v}}} \sum_{i=1}^{N_k^{\mathrm{v}}} \mathbf{r}_{v_i}, \tag{9.19}$$

wobei $\mathbf{r}_{v_i}$ der i-te Eckpunkt auf der KV-Seite k in der Liste der Eckpunkte, die die Seite definieren, darstellt.

Die KV-Seite wird dann in N_k^{v} Dreiecke unterteilt, indem jede Ecke mit dem Hilfspunkt h verbunden wird. Der Flächenvektor für das m-te Dreieck kann wie folgt ausgedrückt werden:

$$\mathbf{S}_{k,m} = \frac{1}{2}(\mathbf{r}_{v_{m-1}} - \mathbf{r}_{h,k}) \times (\mathbf{r}_{v_m} - \mathbf{r}_{h,k}). \tag{9.20}$$

Der Flächenvektor für die gesamte KV-Seite entspricht der Summe der Flächenvektoren aller Dreiecke:

$$\mathbf{S}_k = \sum_{m=1}^{N_k^{\mathrm{v}}} \mathbf{S}_{k,m}. \tag{9.21}$$

Die Koordinaten des Schwerpunkts des Dreiecks m, $\mathbf{r}_{k,m}$, sind wie folgt definiert:

$$\mathbf{r}_{k,m} = \frac{1}{3}(\mathbf{r}_{h,k} + \mathbf{r}_{v_m} + \mathbf{r}_{v_{m-1}}). \tag{9.22}$$

Die Koordinaten des Schwerpunktes der KV-Seite, die für die Verwendung im Diskretisierungsprozess gespeichert werden, sind:

$$\mathbf{r}_k = \frac{\sum_{m=1}^{N_k^{\mathrm{v}}} |\mathbf{S}_{k,m}| \mathbf{r}_{k,m}}{\sum_{m=1}^{N_k^{\mathrm{v}}} |\mathbf{S}_{k,m}|}. \tag{9.23}$$

Um das Zellvolumen zu berechnen, ist es sinnvoll, einen weiteren Hilfspunkt H zu definieren; die Koordinaten dieses Punktes können als Mittelwert der Koordinaten aller KV-Eckpunkte definiert werden. Man kann nun die Eckpunkte von jedem Dreieck in jeder KV-Seite mit dem Hilfspunkt H verbinden und so ein Tetraeder erzeugen, dessen Volumen leicht berechnet werden kann:

$$V_{k,m} = \frac{1}{3}\mathbf{S}_{k,m} \cdot (\mathbf{r}_{h,k} - \mathbf{r}_H). \tag{9.24}$$

Das Zellvolumen kann nun berechnet werden, indem man die Volumen aller oben definierter Tetraeder summiert, die von Dreiecken an allen KV-Seiten ausgehen:

$$V_{\mathrm{P}} = \sum_{k=1}^{N_{\mathrm{P}}^{\mathrm{f}}} \sum_{m=1}^{N_k^{\mathrm{v}}} V_{k,m}, \tag{9.25}$$

wobei $N_{\mathrm{P}}^{\mathrm{f}}$ die Anzahl der KV-Seiten darstellt, die die Zelle um den Knoten P umschließen. Die Koordinaten des Zellschwerpunktes P können durch Gewichtung der Koordinaten eines jeden Tetraeders mit seinem Volumen berechnet werden:

$$\mathbf{r}_{\mathrm{P}} = \frac{\sum_{k=1}^{N_{\mathrm{P}}^{\mathrm{f}}} \sum_{m=1}^{N_k^{\mathrm{v}}} (\mathbf{r}_{C,m})_k V_{k,m}}{V_{\mathrm{P}}}, \tag{9.26}$$

wobei die Koordinaten der Tetraederschwerpunkte als die Mittelwerte der Koordinaten ihrer Eckpunkte definiert sind:

$$(\mathbf{r}_{C,m})_k = \frac{1}{4}(\mathbf{r}_{h,k} + \mathbf{r}_{v_m} + \mathbf{r}_{v_{m-1}} + \mathbf{r}_H). \tag{9.27}$$

9.7 Approximation der Fluss- und Quellterme

9.7.1 Approximation der Konvektionsflüsse

Wir verwenden ausschließlich die Mittelpunktregel-Approximation der Flächen- und Volumenintegrale; sie ist die einzige Approximation 2. Ordnung, die für Integrationsgebiete beliebiger Form gilt. Man muss nur die Koordinaten des Flächen- bzw. Volumenschwerpunktes kennen; wie diese für beliebige Polygone bzw. Polyeder berechnet werden können, wurde im vorherigen Abschnitt beschrieben. Die notwendigen Schritte zur Entwicklung von Methoden höherer Ordnung werden in Abschn. 9.10 beschrieben.

Wir betrachten zunächst die Berechnung der Massenflüsse. Nur eine KV-Seite, bezeichnet mit dem Index k in den KV in Abb. 9.18, wird berücksichtigt; der gleiche Ansatz gilt für andere KV-Seiten – nur die Indizes müssen ersetzt werden. Das KV kann beliebig viele Seiten haben.

Die Mittelpunktregel-Approximation des Massenflusses durch die Seite k führt zu:

$$\dot{m}_k = \int_{S_k} \rho \, \mathbf{v} \cdot \mathbf{n} \, \mathrm{d}S \approx (\rho \, \mathbf{v} \cdot \mathbf{n} \, S)_k. \tag{9.28}$$

Der Einheitsvektor senkrecht zur Fläche k wird durch den Flächenvektor $\mathbf{S}_k$ und die Fläche S_k definiert, deren Projektionen auf kartesische Koordinatenebenen S_k^i sind:

$$\mathbf{S}_k = \mathbf{n}_k S_k = S_k^i \, \mathbf{i}_i, \tag{9.29}$$

und die Fläche, S_k, ist:

$$S_k = \sqrt{\sum_i (S_k^i)^2}. \tag{9.30}$$

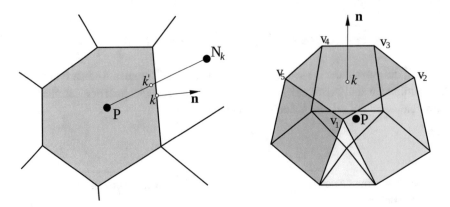

Abb. 9.18 Allgemeines 2D- und 3D-Kontrollvolumen und die verwendete Notation

Siehe Abschn. 9.6.4 für Details dazu, wie Flächenvektorkomponenten für beliebige Polyeder-KV berechnet werden.

Mit diesen Definitionen wird der Ausdruck für den Massenfluss:

$$\dot{m}_k = \rho_k \sum_i S_k^i u_k^i = \rho_k S_k v_k^n, \tag{9.31}$$

wobei u_k^i die kartesischen Geschwindigkeitskomponenten sind, die auf den Flächenschwerpunkt k interpoliert werden und v_k^n die Geschwindigkeitskomponente orthogonal zur KV-Seite k ist.

Der Unterschied zwischen einem kartesischen und einem beliebigen Polyedergitter besteht darin, dass im letzteren Fall der Flächenvektor Komponenten in mehr als eine kartesische Richtung aufweist und alle kartesischen Geschwindigkeitskomponenten zum Massenfluss beitragen. Jede kartesische Geschwindigkeitskomponente wird mit der entsprechenden Flächenvektorkomponente multipliziert (Projektion der Zellfläche auf eine kartesische Koordinatenebene), siehe Gl. (9.31).

Der Konvektionsfluss einer beliebigen konvektierten Größe wird in der Regel unter der Annahme berechnet, dass der Massenfluss bekannt ist, was bei der Approximation mit der Mittelpunktregel zu folgendem Ausruck führt:

$$F_k^c = \int_{S_k} \rho \phi\, \mathbf{v} \cdot \mathbf{n}\, \mathrm{d}S \approx \dot{m}_k \phi_k, \tag{9.32}$$

wobei ϕ_k der Wert von ϕ im Zentrum der KV-Seite k ist. Dies stellt eine Linearisierung basierend auf der Picard-Iteration dar, wie in Kap. 5 beschrieben.

Der Variablenwert im Schwerpunkt der KV-Seite muss durch eine geeignete Interpolation durch Knotenwerte ausgedrückt werden. In Kap. 4 wurden mehrere Möglichkeiten vorgestellt, die sich aber nicht alle ohne weiteres auf beliebige Polyedergitter anwenden lassen, da Rechenpunkte (KV-Zentren) nicht auf Linien liegen, entlang derer die Interpolation leicht durchgeführt werden kann. Für die Interpolation höherer Ordnung werden mehrdimensionale Formfunktionen benötigt.

Eine einfache Methode 2. Ordnung für beliebige Polyeder-KV kann jedoch leicht durch einfache geometrische Daten und Vektoroperationen konstruiert werden. Betrachten wir die zwei beliebigen KV in Abb. 9.18. Der folgende Vektor wird basierend auf den Koordinaten der Zellschwerpunkte definiert:

$$\mathbf{d}_k = \mathbf{r}_{N_k} - \mathbf{r}_P. \tag{9.33}$$

Wir definieren auch den linearen Interpolationsfaktor entlang der Linie zwischen dem Zellzentrum P und dem Zentrum der Nachbarzelle N_k wie folgt:

$$\xi_k = \frac{(\mathbf{r}_k - \mathbf{r}_P) \cdot \mathbf{d}}{\mathbf{d} \cdot \mathbf{d}}. \tag{9.34}$$

Durch Projizieren des Vektors $(\mathbf{r}_k - \mathbf{r}_P)$ auf die Verbindungslinie zwischen den Zellzentren wird der Hilfspunkt k' auf dieser Linie definiert als:

$$\mathbf{r}_{k'} = \mathbf{r}_{N_k}\xi_k + \mathbf{r}_P(1 - \xi_k). \tag{9.35}$$

Die lineare Interpolation zwischen den Zellmittelpunkten auf zwei Seiten der Fläche k ist die einfachste Approximation 2. Ordnung, führt aber zum Variablenwert an der Stelle k', der nicht dem Schwerpunkt der KV-Seite entspricht:

$$\phi_{k'} = \phi_{N_k}\xi_k + \phi_P(1 - \xi_k). \tag{9.36}$$

Wenn der durch diese Interpolation erhaltene Wert als Approximation des Mittelwerts über die KV-Seite angenommen wird, ist die Genauigkeit der Approximation nicht 2. Ordnung, es sei denn, die Punkte k' und k stimmen fast überein.

Eine Interpolation 2. Ordnung für die Position k kann durch Verwendung des Variablenwerts und des Gradienten im Punkt k' wie folgt erreicht werden:

$$\phi_k = \phi_{k'} + (\mathbf{\nabla}\phi)_{k'} \cdot (\mathbf{r}_k - \mathbf{r}_{k'}). \tag{9.37}$$

Der erste Term auf der rechten Seite, ausgedrückt über Gl. (9.36), liefert Beiträge zur Koeffizientenmatrix A; der zweite Term wird explizit als verzögerte Korrektur behandelt. Der Gradient im Punkt k' kann durch Interpolation der Werte in KV-Zentren gemäß Ausdruck (9.36) berechnet werden. Wenn der Vektor $\mathbf{d}$ durch den Schwerpunkt der KV-Seite k verläuft, ist die verzögerte Korrektur mit Gradienten gleich null, da k' und k dann übereinstimmen; der Wert im Punkt k wird dann ausschließlich aus den Werten in den benachbarten KV-Zentren berechnet, wie bei einem kartesischen Gitter.

Eine weitere Möglichkeit besteht darin, eine Extrapolation von der KV-Mitte zur Mitte der KV-Seite von beiden Seiten durchzuführen und dann eine Gewichtung zu verwenden, gemäß Entfernung vom Punkt k (entspricht einer Zentraldifferenzen-Approximation) oder Strömungsrichtung (Aufwind 2. Ordnung) oder einem anderen Kriterium:

$$\phi_{k1} = \phi_P + (\nabla\phi)_P \cdot (\mathbf{r}_k - \mathbf{r}_P), \quad \phi_{k2} = \phi_{N_k} + (\nabla\phi)_{N_k} \cdot (\mathbf{r}_k - \mathbf{r}_{N_k}). \tag{9.38}$$

Im Falle der Entfernungsgewichtung erhalten wir:

$$\phi_k = \phi_{k2}\xi_k + \phi_{k1}(1 - \xi_k). \tag{9.39}$$

Die Einzelwerte ϕ_{k1} und ϕ_{k1} aus Gl. (9.38) stellen Approximationen 2. Ordnung dar. Übernimmt man den durch Extrapolation von der stromaufwärts liegenden Seite erhaltenen Wert, so erhält man die lineare Aufwindapproximation, die in den meisten kommerziellen CFD-Programmen verfügbar ist.

Wir können auch zwei zusätzliche Hilfspunkte auf der Linie, die senkrecht zur Zellfläche durch ihren Schwerpunkt verläuft, definieren. Zuerst bestimmen wir die Projektionen von Vektoren, die Zellzentren mit dem Schwerpunkt der gemeinsamen KV-Seite verbinden, auf die Normale, und identifizieren die kleinere der beiden Projektionen:

$$a = \min((\mathbf{r}_k - \mathbf{r}_P) \cdot \mathbf{n}, (\mathbf{r}_{N_k} - \mathbf{r}_k) \cdot \mathbf{n}). \tag{9.40}$$

Die Hilfspunkte P' und N'_k sind nun so definiert, dass sie in der Entfernung a vom Schwerpunkt der KV-Seite k liegen (ein Punkt liegt in der Projektion des KV-Zentrums auf die Normale und der andere wird näher an die KV-Seite herangeführt, sodass beide gleich weit vom Zentrum der KV-Seite entfernt sind, siehe Abb. 9.19):

$$\mathbf{r}_{P'} = \mathbf{r}_k - a\mathbf{n}, \quad \mathbf{r}_{N'_k} = \mathbf{r}_k + a\mathbf{n}. \tag{9.41}$$

Der Variablenwert im Schwerpunkt der KV-Seite kann nun als Mittelwert der Werte in den Hilfspunkten P' und N'_k berechnet werden (da diese sich in gleichem Abstand vom Punkt k befinden); diese können wie folgt berechnet werden:

$$\phi_{P'} = \phi_P + (\nabla\phi)_P \cdot (\mathbf{r}_{P'} - \mathbf{r}_P), \quad \phi_{N'_k} = \phi_{N_k} + (\nabla\phi)_{N_k} \cdot (\mathbf{r}_{N'_k} - \mathbf{r}_{N_k}). \tag{9.42}$$

$$\phi_k = \frac{1}{2}(\phi_{P'} + \phi_{N'_k}). \tag{9.43}$$

Alle drei Optionen sind Approximationen 2. Ordnung, die einen Teil enthalten, der sich auf Variablenwerte in Zellzentren auf beiden Seiten der Fläche bezieht (der zu den Matrixkoeffizienten beitragen kann) und einen Teil, der von Gradienten in den Zellzentren abhängt (der normalerweise mit dem Ansatz der verzögerten Korrektur behandelt wird). Die erste Option reduziert sich auf die standardmäßige Zentraldifferenzenapproximation (lineare Interpolation) auf kartesischen Gittern. Die zweite und dritte Option würden sich auf die gleiche Approximation reduzieren, wenn die Gradienten in beiden Zellzentren gleich wären;

andernfalls bleibt ein Term proportional zur Differenz der Gradienten erhalten, auch wenn das Gitter kartesisch ist.

Die quadratische (3. Ordnung) und kubische (4. Ordnung) Interpolation kann leicht durch die Verwendung von Variablenwerten und Gradienten in den Knoten P und N_k, wie in Kap. 4 beschrieben, konstruiert werden, führt aber nur an der Stelle k' zu genaueren Approximationen. Sie würde immer noch zu genaueren Lösungen führen, wenn die Gitter ausreichend fein sind, aber aufgrund der Tatsache, dass die Korrektur im Ausdruck (9.37) und die Integralapproximation beide 2. Ordnung sind, kann die Gesamtordnung der Approximation des Konvektionsflusses nicht über die 2. Ordnung hinaus verbessert werden; siehe Abschn. 4.7.1 für weitere Details zu diesem Thema.

Die Aufwindapproximation 1. Ordnung ist einfach zu implementieren, siehe Abschn. 4.4.1; aufgrund ihrer extremen numerischen Diffusion wird sie jedoch normalerweise nur verwendet, wenn Approximationen 2. Ordnung aufgrund extrem schlechter Gittereigenschaften fehlschlagen. Ein weiterer Bereich, in dem Aufwindapproximation 1. Ordnung verwendet werden könnte, ist die Stabilisierung von Verfahren höherer Ordnung in Situationen, in denen sie oszillierende Lösungen erzeugen. Dies wird durch die Mischung von zwei Methoden erreicht, wie in Abschn. 5.6 beschrieben; der Mischungskoeffizient kann entweder vom Benutzer vorgegeben oder durch das Programm nach bestimmten Kriterien bestimmt werden.

9.7.2 Approximation der Diffusionsflüsse

Die Anwendung der Mittelpunktregel bei der Integration des Diffusionsflusses ergibt:

$$F_k^{\mathrm{d}} = \int_{S_k} \Gamma \, \nabla \phi \cdot \mathbf{n} \, \mathrm{d}S \approx (\Gamma \, \nabla \phi \cdot \mathbf{n})_k S_k = \left(\Gamma \frac{\partial \phi}{\partial n} \right)_k S_k. \qquad (9.44)$$

Der Gradient von ϕ im Zentrum der KV-Seite kann entweder durch die Ableitungen in Bezug auf die globalen kartesischen Koordinaten x_i oder die lokalen orthogonalen Koordinaten (n, t, s) ausgedrückt werden:

$$\nabla \phi = \frac{\partial \phi}{\partial x_i} \, \mathbf{i}_i = \frac{\partial \phi}{\partial n} \, \mathbf{n} + \frac{\partial \phi}{\partial t} \, \mathbf{t} + \frac{\partial \phi}{\partial s} \, \mathbf{s}, \qquad (9.45)$$

wobei n, t und s Koordinatenrichtungen normal bzw. tangential zur Fläche darstellen; $\mathbf{n}$, $\mathbf{t}$ und $\mathbf{s}$ sind die entsprechenden Einheitsvektoren für jede Koordinatenrichtung. Es ist zu beachten, dass das Koordinatensystem (n, t, s) auch ein kartesisches System ist, aber es wird so gedreht, dass seine eine Koordinate normal und die beiden anderen tangential zur KV-Seite liegen.

Es gibt viele Möglichkeiten, die Ableitung in Richtung der Normalen zur KV-Seite oder den Gradientenvektor in der Zellmitte zu approximieren; wir werden nur wenige davon beschreiben. Wenn die Variation von ϕ in der Nähe der KV-Seite durch eine Formfunktion

Abb. 9.19 Zur Approximation
der Diffusionsflüsse für
beliebige Polyeder-KV

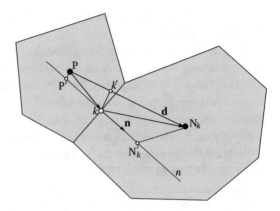

beschrieben wird, ist es möglich, diese Funktion im Punkt k abzuleiten, um die Ableitungen in Bezug auf die kartesischen Koordinaten zu finden. Der Diffusionsfluss ist dann:

$$F_k^{\mathrm{d}} = \Gamma_k \sum_i \left(\frac{\partial \phi}{\partial x_i} \right)_k S_k^i. \tag{9.46}$$

Dies *explizit* zu implementieren ist einfach, eine implizite Version kann kompliziert sein, abhängig von der Ordnung der Formfunktion und der Anzahl der beteiligten Knoten.

Eine einfache Möglichkeit, eine Approximation des Diffusionsflusses 2. Ordnung herzuleiten, bietet die Verwendung von Variablenwerten aus den im vorangegangenen Abschnitt vorgestellten Hilfsknoten P' und N'_k; siehe Abb. 9.19. Die Zentraldifferenzen-Approximation der Ableitung nach n ist einfach:

$$\left(\frac{\partial \phi}{\partial n} \right)_k \approx \frac{\phi_{N'_k} - \phi_{P'}}{|\mathbf{r}_{N'_k} - \mathbf{r}_{P'}|}. \tag{9.47}$$

Mit Bezug auf Ausdrücke (9.42) kann man die obige Gleichung wie folgt umschreiben:

$$\left(\frac{\partial \phi}{\partial n} \right)_k \approx \frac{\phi_{N_k} - \phi_P}{|\mathbf{r}_{N'_k} - \mathbf{r}_{P'}|} + \frac{(\nabla\phi)_{N_k} \cdot (\mathbf{r}_{N'_k} - \mathbf{r}_{N_k}) - (\nabla\phi)_P \cdot (\mathbf{r}_{P'} - \mathbf{r}_P)}{|\mathbf{r}_{N'_k} - \mathbf{r}_{P'}|}. \tag{9.48}$$

Der erste Term auf der rechten Seite stellt den impliziten Teil dar (der zur Koeffizientenmatrix beiträgt), während der zweite Term den expliziten Teil darstellt, berechnet aus Werten der vorherigen Iteration (verzögerte Korrektur).

Wenn die Flächennormale auf beiden Seiten durch Zellmittelpunkte verläuft und beide gleich weit von der KV-Seite entfernt sind, verschwindet die verzögerte Korrektur mit Gradienten; die Ableitung in Richtung der Normalen wird dann ausschließlich mit Variablenwerten aus Zellmittelpunkten berechnet, wie dies bei einem äquidistanten kartesischen Gitter der Fall ist. Wenn das Gitter jedoch nichtäquidistant ist, würde die obige Approximation

(9.48) einen Korrekturterm enthalten, der ihr die Genauigkeit 2. Ordnung im Schwerpunkt der KV-Seite k verleiht.

Eine weitere Möglichkeit, Ableitungen an der KV-Seite zu berechnen, besteht darin, sie zuerst in KV-Zentren zu berechnen und dann zum Punkt k zu interpolieren, wie es für ϕ_k gemacht wird. Dies kann jedoch zu oszillierenden Lösungen führen, und es muss dann eine ähnliche Korrektur wie bei der Vermeidung von oszillierenden Drücken auf nichtversetzten Gittern vorgenommen werden. Zuerst beschreiben wir, wie Gradienten in Zellzentren berechnet werden können.

Eine einfache Möglichkeit bietet das Gauß-Theorem: Wir approximieren die Ableitung im KV-Zentrum durch ihren Mittelwert über die Zelle:

$$\left(\frac{\partial \phi}{\partial x_i}\right)_P \approx \frac{\int_V \frac{\partial \phi}{\partial x_i}\, dV}{\Delta V}. \tag{9.49}$$

Dann können wir die Ableitung $\partial \phi / \partial x_i$ als die Divergenz des Vektors $\phi\, \mathbf{i}_i$ betrachten und das Volumenintegral in der obigen Gleichung mit Hilfe des Gauß-Theorems in ein Flächenintegral transformieren:

$$\int_V \frac{\partial \phi}{\partial x_i}\, dV = \int_S \phi\, \mathbf{i}_i \cdot \mathbf{n}\, dS \approx \sum_k \phi_k S_k^i. \tag{9.50}$$

Hier wurden die Flächenintegrale über die einzelnen KV-Seiten durch Mittelpunktregel approximiert. Dies zeigt, dass man die Ableitung von ϕ nach x im KV-Zentrum berechnen kann, indem man die Produkte von ϕ mit den x-Komponenten der Flächenvektoren auf allen Seiten des KV summiert und die Summe durch das KV-Volumen dividiert:

$$\left(\frac{\partial \phi}{\partial x_i}\right)_P \approx \frac{\sum_k \phi_k S_k^i}{\Delta V}. \tag{9.51}$$

Für ϕ_k können wir dieselben Werte verwenden, die zur Berechnung der Konvektionsflüsse verwendet wurden, obwohl man nicht unbedingt die gleiche Näherung für beide Terme verwenden muss. Für kartesische Gitter und lineare Interpolation liefert die obige Approximation die übliche Zentraldifferenz (nur die Ost- und Westfläche tragen zur Ableitung in x-Richtung bei, da die x-Komponenten von Flächenvektoren an anderen Flächen gleich null sind; das Zellvolumen kann als $\Delta V = S_e \Delta x$ ausgedrückt werden):

$$\left(\frac{\partial \phi}{\partial x_i}\right)_P \approx \frac{\phi_E - \phi_W}{2\,\Delta x}. \tag{9.52}$$

Gradienten im Zellzentrum können auch mit 2. Ordnung durch lineare Formfunktionen approximiert werden; wenn wir von einer linearen Variation von ϕ zwischen zwei benachbarten Zellzentren ausgehen, z. B. P und N_k, können wir schreiben:

$$\phi_{N_k} - \phi_P = (\nabla\phi)_P \cdot (\mathbf{r}_{N_k} - \mathbf{r}_P). \tag{9.53}$$

Wir können so viele solcher Gleichungen schreiben, wie es Nachbarn für die Zelle um den Knoten P gibt; jedoch müssen wir nur drei Ableitungen $\partial\phi/\partial x_i$ berechnen. Mit Hilfe der Methode der kleinsten Quadrate können die Ableitungen explizit aus einem derartigen überbestimmten System für beliebige KV-Formen berechnet werden; siehe Demirdžić und Muzaferija (1995) für weitere Details.

Die so berechneten Ableitungen können auf die KV-Seite interpoliert und der Diffusionsfluss mit Gl. (9.46) berechnet werden. Das Problem bei diesem Ansatz ist, dass im Laufe des Iterationsverfahrens eine oszillierende Lösung entstehen kann und die Oszillationen nicht erkannt werden. Wie dies vermieden werden kann, wird im Folgenden beschrieben.

Für explizite Methoden ist dieser Ansatz sehr einfach zu implementieren. Er ist jedoch nicht für die Implementierung in eine implizite Methode geeignet, da er große Rechensterne erzeugt. Der in Abschn. 5.6 beschriebene Ansatz der verzögerten Korrektur bietet eine Möglichkeit, dieses Problem zu umgehen, hilft aber nicht unbedingt, die Oszillationen in der Lösung zu beseitigen.

In den letzten 20 Jahren wurde eine Vielzahl von Methoden entwickelt, um dieses Problem zu lösen; Demirdžić (2015) gibt einen Überblick und weist auf die beste hin, die ähnlich der Diskretisierung des Diffusionsterms in nichtorthogonalen Koordinaten ist:

$$F_k^{\mathrm{d}} \approx \Gamma_{\phi,k} S_k \frac{\phi_{N_k} - \phi_P}{(\mathbf{r}_{N_k} - \mathbf{r}_P) \cdot \mathbf{n}_k} + \Gamma_{\phi,k} S_k \left[(\nabla\phi)_k \cdot \mathbf{n}_k - \overline{(\nabla\phi)}_k \cdot \frac{\mathbf{r}_{N_k} - \mathbf{r}_P}{(\mathbf{r}_{N_k} - \mathbf{r}_P) \cdot \mathbf{n}_k} \right]. \tag{9.54}$$

Der erste Term auf der rechten Seite wird implizit behandelt, d. h. er trägt zur Koeffizientenmatrix A bei; der unterstrichene Term wird aus den aktuellen Werten der Variablen berechnet und als weitere verzögerte Korrektur behandelt. In diesem Term wird $(\nabla\phi)_k$ durch Interpolieren der Gradienten aus den beiden KV-Zentren entsprechend ihrem Abstand von der KV-Seite erhalten, während $\overline{(\nabla\phi)}_k$ den Mittelwert der Gradienten in P und N_k darstellt. Der Grund für diese Unterscheidung liegt darin, dass der erste Term auf der rechten Seite, der die Zentraldifferenzen-Approximation darstellt, eine Genauigkeit 2. Ordnung im Mittelpunkt zwischen den Knoten P und N_k besitzt, und der letzte Term auf der rechten Seite den ersten Term aufheben sollte, wenn die Variation von ϕ glatt ist; deshalb sollen die Gradienten für diesen Term gemittelt und nicht für den Schwerpunkt der KV-Seite interpoliert werden.

Es ist zu beachten, dass alle Terme auf der rechten Seite der obigen Gleichung eigentlich Approximationen im Punkt k' statt k liefern. Wenn also die Entfernung von k' bis k signifikant ist, ist die Genauigkeit der Flussapproximation nicht 2. Ordnung. Bemerkenswert ist auch, dass die Approximation der Ableitung in Richtung der Normalen aus Gl. (9.54) ähnlich ist wie die, die mit den Hilfsknoten P' und N_k' erhalten wurde, Gl. (9.48), obwohl sie mit einem anderen Ansatz hergeleitet wurde. Die Approximation aus Gl. (9.48) ist im Punkt k 2. Ordnung genau, auch wenn die Gerade, die die Zellzentren P und N_k verbindet, nicht durch den Schwerpunkt der KV-Seite verläuft.

In den Impulsgleichungen enthält der Diffusionsfluss mehr Terme als der entsprechende Term in der generischen Erhaltungsgleichung, z. B. für u_i:

$$F_k^d = \int_{S_k} \mu \, \boldsymbol{\nabla} u_i \cdot \mathbf{n} \, dS + \underline{\int_{S_k} \mu \frac{\partial u_j}{\partial x_i} \mathbf{i}_j \cdot \mathbf{n} \, dS}. \qquad (9.55)$$

Der unterstrichene Term fehlt in der generischen Erhaltungsgleichung. Wenn ρ und μ konstant sind, ist die Summe der unterstrichenen Terme über alle KV-Flächen aufgrund der Kontinuitätsgleichung gleich null, siehe Abschn. 7.1. Wenn ρ und μ nicht konstant sind, variieren sie – mit Ausnahme der Stößnähe – glatt und das Integral des unterstrichenen Terms über die gesamte KV-Oberfläche ist kleiner als das Integral des Hauptterms. Aus diesem Grund wird der unterstrichene Term in der Regel explizit behandelt. Wie oben gezeigt, werden die Ableitungen an der KV-Seite einfach mit Hilfe der Gradientenvektoren aus den KV-Zentren berechnet. Dieser Term verursacht keine Schwingungen und kann mit interpolierten Gradienten berechnet werden.

9.7.3 Approximation der Quellterme

Die Mittelpunktregel approximiert das Volumenintegral durch das Produkt aus dem Wert des Integranden im KV-Zentrum und dem KV-Volumen:

$$Q_P^\phi = \int_V q_\phi \, dV \approx q_{\phi,P} \, \Delta V. \qquad (9.56)$$

Diese Approximation ist unabhängig von der KV-Form und hat eine Genauigkeit 2. Ordnung.

Betrachten wir nun die Druckterme in den Impulsgleichungen. Sie können entweder als konservative Kräfte auf der KV-Oberfläche oder als nichtkonservative Körperkräfte behandelt werden. Im ersten Fall gilt (in der Gleichung für u_i):

$$Q_P^p = -\int_S p \, \mathbf{i}_i \cdot \mathbf{n} \, dS \approx \sum_k p_k S_k^i. \qquad (9.57)$$

Im zweiten Fall erhalten wir:

$$Q_P^p = -\int_V \frac{\partial p}{\partial x_i} \, dV \approx -\left(\frac{\partial p}{\partial x_i}\right)_P \Delta V. \qquad (9.58)$$

Der erste Ansatz ist vollkonservativ. Der zweite ist konservativ (und äquivalent zum ersten), wenn die Ableitung $\partial p/\partial x_i$ unter Verwendung des Gauß-Satzes berechnet wird. Werden Druckableitungen im KV-Zentrum durch Ableitung einer Formfunktion berechnet, ist dieser Ansatz i. Allg. nicht konservativ.

Andere volumetrische Quellterme werden auf die gleiche Weise approximiert: Man berechnet zunächst den Quellterm im Zellschwerpunkt und multipliziert ihn dann einfach mit dem Zellvolumen. Nichtlineare Quellterme müssen linearisiert werden; dies geschieht mit Hilfe von Ansätzen, die in Abschn. 5.5 beschrieben sind.

9.8   Druckkorrekturgleichung

Der SIMPLE-Algorithmus (siehe Abschn. 8.2.1) muss geändert werden, wenn das Gitter nichtorthogonal und/oder unstrukturiert ist. Der Ansatz wird in diesem Abschnitt beschrieben. Die Erweiterung der im vorherigen Kapitel vorgestellten impliziten Teilschrittmethode erfolgt auf die gleiche Weise und wird hier nicht vorgestellt, da der Unterschied zwischen den beiden Methoden klein ist und in Abschn. 8.2.3 ausführlich beschrieben wurde.

Für jeden Gittertyp haben die diskretisierten Impulsgleichungen die folgende Form:

$$A_{\mathrm{P}}^{u_i} u_{i,\mathrm{P}} + \sum_k A_k^{u_i} u_{i,k} = Q_{i,\mathrm{P}}. \tag{9.59}$$

Es ist zu beachten, dass der Index k hier die Zellzentren N_k bezeichnet und nicht die Zentren der KV-Seiten.

Der Quellterm $Q_{i,\mathrm{P}}$ enthält den diskretisierten Druckgradiententerm. Unabhängig davon, wie dieser Term approximiert wird, kann man schreiben:

$$Q_{i,\mathrm{P}} = Q_{i,\mathrm{P}}^* + Q_{i,\mathrm{P}}^p = Q_{i,\mathrm{P}}^* - \left(\frac{\delta p}{\delta x_i}\right)_{\mathrm{P}} \Delta V, \tag{9.60}$$

wobei $\delta p/\delta x_i$ die diskretisierte Druckableitung nach der kartesischen Koordinate x_i darstellt. Wenn der Druckterm konservativ (als Summe der Oberflächenkräfte) approximiert wird, kann der mittlere Druckgradient über dem KV ausgedrückt werden als:

$$Q_{i,\mathrm{P}}^p = - \int_S p\, \mathbf{i}_i \cdot \mathbf{n}\, \mathrm{d}S = - \int_V \frac{\partial p}{\partial x_i}\, \mathrm{d}V \quad \Rightarrow \quad \left(\frac{\delta p}{\delta x_i}\right)_{\mathrm{P}} = -\frac{Q_{i,\mathrm{P}}^p}{\Delta V}. \tag{9.61}$$

Wie immer erfolgt die Korrektur in Form eines Druckgradienten, und der Druck wird aus einer Poisson-ähnlichen Gleichung hergeleitet, die durch Erzwingung der Kontinuitätsbedingung erhalten wird. Ziel ist es, die Kontinuität zu gewährleisten, d. h. der Nettomassenfluss in jedem KV muss gleich null sein. Um den Massenfluss zu berechnen, benötigen wir Geschwindigkeiten in den Zentren der KV-Seiten. In einer versetzten Anordnung liegen diese vor; auf nichtversetzten Gittern werden sie durch Interpolation berechnet.

Es wurde in Kap. 7 gezeigt, dass, wenn interpolierte Geschwindigkeiten an Zellflächen verwendet werden um die Druckkorrekturgleichung herzuleiten, ein großer Rechenstern entsteht, ebenso wie Oszillationen im Druck und/oder in den Geschwindigkeiten. Wir haben eine Möglichkeit beschrieben, die interpolierte Geschwindigkeit zu modifizieren, welche eine kompakte Druckkorrekturgleichung ergibt und oszillierende Lösungen vermeidet. Wir werden kurz die Erweiterung des in Abschn. 8.2.1 vorgestellten Ansatzes auf nichtorthogonale Gitter beschreiben. Die im Folgenden beschriebene Methode gilt sowohl für die konservative als auch für die nichtkonservative Behandlung der Druckterme in den Impulsgleichungen und kann mit einer kleinen Modifikation auf FD-Verfahren auf nichtorthogonalen Gittern angewendet werden. Sie gilt auch für beliebig geformte KV; wir werden im Folgenden die KV-Seite k betrachten, siehe Abb. 9.19.

Gemäß dem in Abschn. 8.2.1 beschriebenen Ansatz wird die zur KV-Seite interpolierte Geschwindigkeit korrigiert, indem die Differenz zwischen dem an der KV-Seite berechneten Druckgradienten und dem interpolierten Gradienten subtrahiert wird:

$$u_{i,k}^* = \overline{(u_i^*)}_k - \Delta V_k \overline{\left(\frac{1}{A_P^{u_i}}\right)}_k \left[\left(\frac{\delta p}{\delta x_i}\right)_k - \overline{\left(\frac{\delta p}{\delta x_i}\right)}_k\right]^{m-1}, \tag{9.62}$$

wobei $*$ die Geschwindigkeiten in der äußeren Iteration m bezeichnet, die durch Lösen der Impulsgleichungen unter Verwendung des Drucks der vorherigen äußeren Iteration vorhergesagt wurden. In Abschn. 8.2.1 wurde gezeigt, dass die Korrektur der interpolierten Geschwindigkeit bei einem 2D äquidistanten Gitter einer Zentraldifferenzen-Approximation der 3. Druckableitung multipliziert mit $(\Delta x)^2$ entspricht; sie erkennt Oszillationen und glättet sie. Der Korrekturterm kann klein sein und seine Rolle nicht erfüllen, wenn A_P zu groß ist. Dies kann passieren, wenn instationäre Probleme mit sehr kleinen Zeitschritten gelöst werden, da $\Delta V / \Delta t$ in A_P enthalten ist, aber dieses Problem tritt selten auf. Der Korrekturterm kann mit einer Konstanten multipliziert werden, ohne die Konsistenz der Approximation zu beeinträchtigen. Dieser Ansatz zur Druck-Geschwindigkeitskopplung auf nichtversetzten Gittern wurde Anfang der 80er Jahre entwickelt und wird in der Regel Rhie und Chow (1983) zugeschrieben. Es ist weit verbreitet und wird in den meisten kommerziellen CFD-Programmen verwendet.

Nur die Geschwindigkeitskomponente senkrecht zur KV-Seite trägt zum Massenfluss durch diese Seite bei. Sie ist abhängig von der Druckableitung in Richtung der Normalen zur KV-Seite. Dies erlaubt es uns, den folgenden Ausdruck für die Normalgeschwindigkeitskomponente $v_n = \mathbf{v} \cdot \mathbf{n}$ auf einer KV-Seite zu schreiben (obwohl wir keine Gleichung für diese Komponente lösen):

$$v_{n,k}^* = \overline{(v_n^*)}_k - \Delta V_k \overline{\left(\frac{1}{A_P^{v_n}}\right)}_k \left[\left(\frac{\delta p}{\delta n}\right)_k - \overline{\left(\frac{\delta p}{\delta n}\right)}_k\right]^{m-1}. \tag{9.63}$$

Da $A_P^{u_i}$ für alle Geschwindigkeitskomponenten in einem gegebenen KV gleich ist (außer in der Nähe einiger Ränder), kann man $A_P^{v_n}$ durch $A_P^{u_i}$ ersetzen.

Man kann die Ableitung des Drucks in Richtung der Normalen im Zentrum der KV-Seite k berechnen, indem man sie zuerst in den benachbarten KV-Zentren berechnet und dann für den Punkt k auf der KV-Seite interpoliert. Die Berechnung der Ableitung direkt an der KV-Seite würde eine Koordinatentransformation erfordern, wie sie bei strukturierten Gittern üblich ist. Bei der Verwendung von KV beliebiger Form möchten wir auf die Verwendung von

Koordinatentransformationen verzichten. Die Verwendung von Formfunktionen ist möglich, führt aber zu einer komplexen Druckkorrekturgleichung. Um die Komplexität zu reduzieren, könnte der Ansatz der verzögerten Korrektur verwendet werden.

Ein weiterer Ansatz kann unter Verwendung von Hilfspunkten auf der Flächennormalen, die in Abb. 9.19 dargestellt sind, hergeleitet werden. Dies wurde in Abschn. 9.7.2 für Diffusionsflüsse beschrieben. Die Druckableitung nach n kann wie folgt durch eine Zentraldifferenz approximiert werden:

$$\left(\frac{\delta p}{\delta n}\right)_k \approx \frac{p_{N_k'} - p_{P'}}{|\mathbf{r}_{N_k'} - \mathbf{r}_{P'}|}. \tag{9.64}$$

Die Druckwerte in den beiden Hilfspunkten können mithilfe von Werten und Gradienten in den KV-Zentren berechnet werden:

$$\begin{aligned} p_{P'} &\approx p_P + (\nabla p)_P \cdot (\mathbf{r}_{P'} - \mathbf{r}_P), \\ p_{N_k'} &\approx p_{N_k} + (\nabla p)_{N_k} \cdot (\mathbf{r}_{N_k'} - \mathbf{r}_{N_k}). \end{aligned} \tag{9.65}$$

Mit diesen Ausdrücken wird Gl. (9.64) zu:

$$\left(\frac{\delta p}{\delta n}\right)_k \approx \frac{p_{N_k} - p_P}{|(\mathbf{r}_{N_k'} - \mathbf{r}_{P'})|} + \frac{(\nabla p)_{N_k} \cdot (\mathbf{r}_{N_k'} - \mathbf{r}_{N_k}) - (\nabla p)_P \cdot (\mathbf{r}_{P'} - \mathbf{r}_P)}{|(\mathbf{r}_{N_k'} - \mathbf{r}_{P'})|}. \tag{9.66}$$

Der zweite Term auf der rechten Seite verschwindet, wenn die Gerade, die die Knoten P und N_k verbindet, orthogonal zur KV-Seite ist und durch ihre Mitte verläuft, d. h. wenn P und P' sowie N_k und N_k' zusammenfallen. Wenn es nur darum geht, Druckoszillationen auf nichtversetzten Gittern zu verhindern, genügt es, nur den ersten Term auf der rechten Seite von Gl. (9.66) zu verwenden, d. h. man kann Gl. (9.63) wie folgt approximieren:

$$v_{n,k}^* = \overline{(v_n^*)}_k - \frac{\Delta V_k}{|(\mathbf{r}_{N_k'} - \mathbf{r}_{P'})|}\overline{\left(\frac{1}{A_P^{v_n}}\right)}_k \left[(p_{N_k} - p_P) - \overline{(\nabla p)}_k \cdot (\mathbf{r}_{N_k} - \mathbf{r}_P)\right]. \tag{9.67}$$

Der Korrekturterm in eckigen Klammern stellt somit die Differenz zwischen der Druckdifferenz $p_{N_k} - p_P$ und deren Näherung berechnet unter Verwendung des interpolierten Druckgradienten, $\overline{(\nabla p)}_k \cdot (\mathbf{r}_{N_k} - \mathbf{r}_P)$ dar. Für eine gleichmäßige Druckverteilung ist dieser Korrekturterm klein und neigt bei der Verfeinerung des Gitteres zu null. Der Druckgradient in den KV-Zentren steht zur Verfügung, wie er für die Verwendung in den Impulsgleichungen berechnet wurde.

Es ist zu beachten, dass der interpolierte Druckgradient auf der KV-Seite aus den Werten in den beiden Zellmittelpunkten berechnet werden sollte, die mit 1/2 gewichtet sind, anstatt nach Abständen zur Zellfläche interpoliert zu werden. Der Grund dafür ist, dass der an der KV-Seite berechnete Gradient (die Zentraldifferenz) nicht im Punkt k, sondern auf halbem Weg zwischen den Zellmittelpunkten die Genauigkeit 2. Ordnung hat; um sicherzustellen, dass sich die Korrekturterme bei glatter Druckvariation aufheben, sollten Gradienten aus den Zellmittelpunkten an die gleiche Stelle interpoliert, d. h. einfach gemittelt werden.

Die Massenflüsse, die mit den interpolierten Geschwindigkeiten berechnet wurden,

$$\dot{m}_k^* = (\rho v_n^* S)_k, \qquad (9.68)$$

erfüllen die diskretisierte Kontinuitätsgleichung nicht – ihre Summe über alle KV-Seiten ergibt eine Massenquelle:

$$\sum_k \dot{m}_k^* = \Delta \dot{m}, \qquad (9.69)$$

die auf null reduziert werden muss. Die Geschwindigkeiten müssen so korrigiert werden, dass die Massenerhaltung in jedem KV erfüllt ist. Bei einer impliziten Methode ist es nicht notwendig, die Massenerhaltung am Ende jeder äußeren Iteration genau zu erfüllen. Nach dem zuvor beschriebenen Verfahren korrigieren wir die Massenflüsse, indem wir die Geschwindigkeitskorrektur durch den Gradienten der Druckkorrektur ausdrücken:

$$
\begin{aligned}
\dot{m}_k' = (\rho v_n' S)_k &\approx -(\rho \, \Delta V \, S)_k \overline{\left(\frac{1}{A_{\mathrm{P}}^{v_n}}\right)}_k \left(\frac{\delta p'}{\delta n}\right)_k \\
&\approx -(\rho \, \Delta V \, S)_k \overline{\left(\frac{1}{A_{\mathrm{P}}^{v_n}}\right)}_k \left[\frac{p_{\mathrm{N}_k'} - p_{\mathrm{P}}'}{|(\mathbf{r}_{\mathrm{N}_k'} - \mathbf{r}_{\mathrm{P}'})|} \right. \\
&\quad \left. - \frac{(\boldsymbol{\nabla} p')_{\mathrm{N}_k} \cdot (\mathbf{r}_{\mathrm{N}_k'} - \mathbf{r}_{\mathrm{N}_k}) - (\boldsymbol{\nabla} p')_{\mathrm{P}} \cdot (\mathbf{r}_{\mathrm{P}'} - \mathbf{r}_{\mathrm{P}})}{|(\mathbf{r}_{\mathrm{N}_k'} - \mathbf{r}_{\mathrm{P}'})|} \right].
\end{aligned}
\qquad (9.70)
$$

Wenn die gleiche Approximation an den anderen KV-Seiten angewendet wird und es gefordert wird, dass die korrigierten Massenflüsse die Kontinuitätsgleichung erfüllen:

$$\sum_k \dot{m}_k' + \Delta \dot{m} = 0, \qquad (9.71)$$

erhalten wir die Druckkorrekturgleichung.

Der letzte Term auf der rechten Seite von Gl. (9.70) führt zu einem erweiterten Rechenstern in der Druckkorrekturgleichung. Da dieser Term klein ist, wenn die Nichtorthogonalität nicht schwerwiegend ist, ist es üblich, ihn zu vernachlässigen. Wenn die Lösung konvergiert, wird die Druckkorrektur gleich null, sodass das Weglassen dieses Terms die Lösung nicht beeinflusst, sondern nur die Konvergenzrate. Für stark nichtorthogonale Gitter muss man einen kleineren Unterrelaxationsparameter α_p verwenden, siehe Gl. (7.84).

Bei Verwendung der obigen Approximation hat die Druckkorrekturgleichung die übliche Form; außerdem ist ihre Koeffizientenmatrix symmetrisch, sodass spezielle Löser für symmetrische Matrizen verwendet werden können (z. B. der ICCG-Solver aus der Familie der Methoden der konjugierten Gradienten; siehe Kap. 5 und das Verzeichnis `solvers` in der Programmablage; siehe Anhang A.1).

Nach dem Lösen der Druckkorrekturgleichung werden die Massenflüsse durch die KV-Seiten gemäß Gl. (9.70) korrigiert, was zum Endwert bei der äußeren Iteration m führt:

$$\dot{m}_k^m = \dot{m}_k^* + \dot{m}_k'.$$ (9.72)

Die Geschwindigkeiten und der Druck im Zellzentrum werden korrigiert durch:

$$u_{i,\mathrm{P}}^m = u_{i,\mathrm{P}}^* - \frac{\Delta V}{A_\mathrm{P}^{u_i}} \left(\frac{\delta p'}{\delta x_i} \right)_\mathrm{P} \quad \text{und} \quad p_\mathrm{P}^m = p_\mathrm{P}^{m-1} + \alpha_p\, p_\mathrm{P}'.$$ (9.73)

Die Nichtorthogonalität des Gitters kann in der Druckkorrekturgleichung iterativ, d. h. unter Verwendung des Prädiktor-Korrektor-Verfahrens, berücksichtigt werden. Man löst zuerst die Gleichung für p', in der die Nichtorthogonalitätsterme in Gl. (9.70) vernachlässigt werden. Im zweiten Schritt korrigiert man den im ersten Schritt aufgetretenen Fehler durch Hinzufügen einer weiteren Korrektur:

$$\dot{m}_k' + \dot{m}_k'' = -(\rho\,\Delta V\,S)_k \overline{\left(\frac{1}{A_\mathrm{P}^{v_n}} \right)}_k \left(\frac{\delta p'}{\delta n} + \frac{\delta p''}{\delta n} \right)_k ,$$ (9.74)

was – unter Vernachlässigung der Nichtorthogonalitätsterme in der zweiten Korrektur für p'', aber unter Berücksichtigung derselben bei der ersten Korrektur p', da p' jetzt verfügbar ist – zu folgendem Ausdruck für die zweite Massenflusskorrektur führt:

$$\dot{m}_k'' = -(\rho\,\Delta V\,S)_k \overline{\left(\frac{1}{A_\mathrm{P}^{v_n}} \right)}_k \left[\frac{p_{\mathrm{N}_k}'' - p_\mathrm{P}''}{|(\mathbf{r}_{\mathrm{N}_k'} - \mathbf{r}_{\mathrm{P}'})|} - \right.$$
$$\left. \frac{(\nabla p')_{\mathrm{N}_k} \cdot (\mathbf{r}_{\mathrm{N}_k'} - \mathbf{r}_{\mathrm{N}_k}) - (\nabla p')_\mathrm{P} \cdot (\mathbf{r}_{\mathrm{P}'} - \mathbf{r}_\mathrm{P})}{|(\mathbf{r}_{\mathrm{N}_k'} - \mathbf{r}_{\mathrm{P}'})|} \right].$$ (9.75)

Der zweite Term auf der rechten Seite kann nun explizit berechnet werden, da p' verfügbar ist.

Da die korrigierten Flüsse $\dot{m}^* + \dot{m}'$ bereits gezwungen waren, die Kontinuitätsgleichung zu erfüllen, folgt daraus, dass $\sum_c \dot{m}_c'' = 0$ nun erzwungen werden sollte. Dies führt zu einer Gleichung für die zweite Druckkorrektur p'', die die gleiche Matrix A wie die Gleichung für p' hat, aber eine andere rechte Seite. Dies kann in einigen Lösern ausgenutzt werden. Der Quellterm der zweiten Druckkorrektur beinhaltet die Divergenz der expliziten Teile von $\dot{m}''$.

Das Korrekturverfahren kann fortgesetzt werden, indem man dritte, vierte usw. Korrekturen einführt. Die zusätzlichen Korrekturen tendieren gegen null; es ist selten notwendig, über die beiden bereits beschriebenen hinauszugehen, da die Druckkorrekturgleichung im SIMPLE-Algorithmus viel gröbere Approximationen beinhaltet als die ungenaue Behandlung der Auswirkungen der Gitternichtorthogonalität.

Die Einbeziehung der zweiten Druckkorrektur hat einen geringen Einfluss auf die Konvergenz des iterativen Verfahrens, wenn das Gitter nahezu orthogonal ist. Wenn jedoch der Winkel zwischen $\mathbf{n}$ und $\mathbf{d}$ (siehe Abb. 9.19) in einem Großteil des Lösungsgebiets größer als $45°$ ist, kann die Konvergenz mit nur einer Korrektur langsam sein. Starke Unterrelaxation

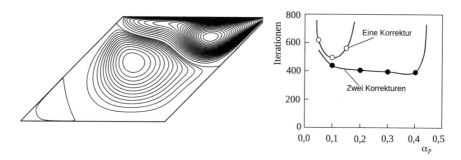

Abb. 9.20 Geometrie und vorhergesagte Stromlinien in einer deckelgetriebenen Hohlraumströmung mit Seitenwänden, die um 45° geneigt sind, bei Re = 1000 (links), und die Anzahl an benötigten Iterationen mit $\alpha_u = 0{,}8$ und einem oder zwei Druckkorrekturschritten, in Abhängigkeit von α_p (rechts)

(nur 5–10 % von p' addiert zu p^{m-1}) und die Reduzierung der Unterrelaxationsfaktoren für die Geschwindigkeit können helfen, aber auf Kosten der Effizienz. Mit zwei Druckkorrekturstufen wird die Konvergenzrate wie bei orthogonalen Gittern auch für nichtorthogonale Gitter erhalten.

Ein Beispiel für Leistungseinbußen bei nichtorthogonalen Gittern ohne die zweite Korrektur ist in Abb. 9.20 dargestellt. Die deckelgetriebene Strömung in einem Hohlraum mit 45° geneigten Seitenwänden wurde bei Re = 1000 berechnet; Abb. 9.20 zeigt auch die Geometrie und die berechneten Stromlinien. Die Gitterlinien verlaufen parallel zu den Wänden. Mit der zweiten Druckkorrektur sind die Anzahl der für die Konvergenz erforderlichen Iterationen und deren Abhängigkeit vom Unterrelaxationsparameter für den Druck, α_p, ähnlich wie bei orthogonalen Gittern; siehe Abb. 8.13. Wenn die zweite Korrektur nicht enthalten ist, ist der Bereich des verwendbaren Parameters α_p sehr eng und es sind mehr Iterationen erforderlich. Ähnliche Ergebnisse werden für andere Werte des Unterrelaxationsfaktors für die Geschwindigkeit α_u erzielt, wobei die Unterschiede bei größeren Werten von α_u größer sind. Der Bereich von α_p, für den die Konvergenz erreicht wird, wird enger, wenn der Winkel zwischen den Gitterlinien reduziert und nur eine Druckkorrektur berechnet wird.

Die hier beschriebene Methode ist im Programm implementiert, das sich im Verzeichnis 2dgl befindet, siehe Anhang.

Auf strukturierten Gittern kann man die Ableitung in Richtung der Normalen zur KV-Seite in eine Kombination von Ableitungen entlang der Gitterlinienrichtungen transformieren und eine Druckkorrekturgleichung erhalten, die gemischte Ableitungen einbezieht; siehe Abschn. 9.5. Werden die Kreuzableitungen implizit behandelt, enthält der Rechenstern der Druckkorrekturgleichung mindestens neun Knoten in 2D und neunzehn Knoten in 3D. Das oben genannte zweistufige Verfahren führt zu ähnlichen Konvergenzeigenschaften wie die Verwendung implizit diskretisierter Kreuzableitungen (siehe Perić 1990), ist aber rechnerisch effizienter, insbesondere in 3D.

9.9   Achsensymmetrische Probleme

Achsensymmetrische Strömungen sind dreidimensional in Bezug auf kartesische Koordinaten, d. h. die Geschwindigkeitskomponenten sind Funktionen aller drei Koordinaten; sie sind jedoch nur zweidimensional in einem zylindrischen Koordinatensystem (alle Ableitungen in Bezug auf die Umfangsrichtung sind gleich null, und alle drei Geschwindigkeitskomponenten sind Funktionen nur der axialen und radialen Koordinaten z und r). In Fällen ohne Drall ist die Umfangsgeschwindigkeitskomponente ebenfalls überall gleich null. Da es viel einfacher ist, mit zwei unabhängigen Variablen als mit drei zu arbeiten, ist es sinnvoll, bei achsensymmetrischen Strömungen ein zylindrisches Koordinatensystem zu benutzen anstatt eines kartesischen.

In Differentialform lauten die 2D-Erhaltungsgleichungen für Masse und Impuls, geschrieben in einem zylindrischen Koordinatensystem (siehe z. B. Bird et al. 2006):

$$\frac{\partial \rho}{\partial t} + \frac{\partial (\rho v_z)}{\partial z} + \frac{1}{r}\frac{\partial (\rho r v_r)}{\partial r} = 0, \tag{9.76}$$

$$\frac{\partial (\rho v_z)}{\partial t} + \frac{\partial (\rho v_z v_z)}{\partial z} + \frac{1}{r}\frac{\partial (\rho r v_r v_z)}{\partial r} = -\frac{\partial p}{\partial z} + \frac{\partial \tau_{zz}}{\partial z} + \frac{1}{r}\frac{\partial (r\tau_{zr})}{\partial r} + \rho b_z, \tag{9.77}$$

$$\frac{\partial (\rho v_r)}{\partial t} + \frac{\partial (\rho v_z v_r)}{\partial z} + \frac{1}{r}\frac{\partial (\rho r v_r v_r)}{\partial r} = -\frac{\partial p}{\partial r} + \frac{\partial \tau_{rz}}{\partial z} + \frac{1}{r}\frac{\partial (r\tau_{rr})}{\partial r}$$
$$+ \frac{\tau_{\theta\theta}}{r} + \frac{\rho v_\theta^2}{r} + \rho b_r, \tag{9.78}$$

$$\frac{\partial (\rho v_\theta)}{\partial t} + \frac{\partial (\rho v_z v_\theta)}{\partial z} + \frac{1}{r}\frac{\partial (\rho r v_r v_\theta)}{\partial r} = -\frac{\rho v_r v_\theta}{r} + \frac{\partial \tau_{\theta z}}{\partial z}$$
$$+ \frac{1}{r^2}\frac{\partial (r^2 \tau_{r\theta})}{\partial r} + \rho b_\theta, \tag{9.79}$$

wobei die von null unterschiedlichen Komponenten des Spannungstensors sind:

$$\tau_{zz} = 2\mu\frac{\partial v_z}{\partial z} - \frac{2}{3}\mu\,\boldsymbol{\nabla}\cdot\mathbf{v}, \quad \tau_{rr} = 2\mu\frac{\partial v_r}{\partial r} - \frac{2}{3}\mu\,\boldsymbol{\nabla}\cdot\mathbf{v},$$

$$\tau_{\theta\theta} = -2\mu\frac{v_r}{r} - \frac{2}{3}\mu\,\boldsymbol{\nabla}\cdot\mathbf{v}, \quad \tau_{rz} = \tau_{zr} = \mu\left(\frac{\partial v_z}{\partial r} + \frac{\partial v_r}{\partial z}\right), \tag{9.80}$$

$$\tau_{\theta r} = \tau_{r\theta} = \mu r\frac{\partial}{\partial r}\left(\frac{v_\theta}{r}\right), \quad \tau_{\theta z} = \tau_{z\theta} = \mu\frac{\partial v_\theta}{\partial z}.$$

Wie in Abschn. 9.3.1 besprochen, enthalten die obigen Gleichungen zwei Terme, die in kartesischen Koordinaten kein Analogon haben: Die scheinbare *Zentrifugalkraft* $\rho v_\theta^2/r$ in der Gleichung für v_r, und die scheinbare *Corioliskraft* $\rho v_r v_\theta/r$ in der Gleichung für v_θ. Diese Terme ergeben sich aus der Koordinatentransformation und sind nicht zu verwechseln mit den Zentrifugal- und Corioliskräften, die in einem rotierenden Koordinatenrahmen auftreten. Wenn die Drallgeschwindigkeit v_θ gleich null ist, sind die scheinbaren Kräfte gleich null und die dritte Gleichung entfällt.

Wenn eine FD-Methode verwendet wird, werden die Ableitungen in Bezug auf axiale und radiale Koordinaten auf die gleiche Weise approximiert wie in kartesischen Koordinaten; es kann jede in Kap. 3 beschriebene Methode verwendet werden.

FV-Methoden erfordern einige Sorgfalt. Die zuvor gegebenen Erhaltungsgleichungen in Integralform (z. B. (8.1) und (8.2)) bleiben unverändert, mit der Addition von Scheinkräften als Quellterme. Diese werden über das Volumen integriert, wie in Abschn. 4.3 beschrieben. Das KV erstreckt sich in θ-Richtung um einen Radiant. Vorsicht ist geboten, wenn es um Druckterme geht. Wenn diese als Körperkräfte behandelt werden und die Druckableitungen in z- und r-Richtung über das Volumen integriert werden, wie in Gl. (9.58) dargestellt, sind keine zusätzlichen Schritte erforderlich. Wenn der Druck jedoch wie in Gl. (9.57) über die KV-Oberfläche integriert wird, reicht es nicht aus, nur über die Nord-, Süd-, West- und Ostzellfläche zu integrieren, wie es bei ebenen 2D-Problemen der Fall war – man muss die radiale Komponente der Druckkräfte auf die Vorder- und Rückseite des KV berücksichtigen.

Daher müssen wir diese Kräfte, die in ebenen 2D-Problemen nicht vorkommen, zur Impulsgleichung für v_r hinzufügen:

$$Q^r = -\frac{2\mu\,\Delta V}{r_P^2} v_{r,P} + p_P \Delta S + \left(\frac{\rho v_\theta^2}{r}\right)_P \Delta V, \qquad (9.81)$$

wobei ΔS die Fläche der Vorderseite ist.

Will man die Gleichung für v_θ lösen, muss man den Quellterm (die scheinbare Corioliskraft) einfügen:

$$Q^\theta = -\left(\frac{\rho v_r v_\theta}{r}\right)_P \Delta V. \qquad (9.82)$$

Der einzige weitere Unterschied zu ebenen 2D-Problemen besteht in der Berechnung von Zellflächen und -volumen. Die Flächen der KV-Seiten „n", „e", „w" und „s" werden wie in der ebenen Geometrie berechnet, siehe Gl. (9.29), multipliziert mit r_k (wobei k das Zentrum der KV-Seite bezeichnet). Die Flächen der Vorder- und Rückseite werden auf die gleiche Weise berechnet wie das Volumen in ebener Geometrie (wo die dritte Dimension 1 m beträgt). Das Volumen der achsensymmetrischen KV mit beliebig vielen Seiten kann wie folgt berechnet werden:

$$\Delta V = \frac{1}{6}\sum_{i=1}^{N_v}(z_{i-1} - z_i)(r_{i-1}^2 + r_i^2 + r_i\,r_{i-1}), \qquad (9.83)$$

wobei N_v die Anzahl der gegen den Uhrzeigersinn gezählten Eckpunkte bezeichnet, wobei $i = 0$ und $i = N_v$ denselben Eckpunkt bezeichnen.

Ein wichtiges Thema bei achsensymmetrischen Drallströmungen ist die Kopplung von Radial- und Umfangsgeschwindigkeitskomponenten. Die Gleichung für v_r enthält v_θ^2, und die Gleichung für v_θ enthält das Produkt von v_r und v_θ als Quellterm; siehe oben. Die Kombination aus dem sequentiellen (entkoppelten) Lösungsverfahren und der Picard-Linearisierung kann sich als ineffizient erweisen. Die Kopplung kann durch die Verwendung der Mehrgittermethode für die äußeren Iterationen, siehe Kap. 12, durch eine gekoppelte Lösungsmethode oder durch die Verwendung impliziterer Linearisierungsmethoden, siehe Abschn. 5.5, verbessert werden.

Werden die Koordinaten z und r des zylindrischen Koordinatensystems durch x und y ersetzt, wird die Analogie mit den Gleichungen in kartesischen Koordinaten deutlich. Wenn r auf eins gesetzt wird und v_θ und $\tau_{\theta\theta}$ auf null gesetzt werden, werden diese Gleichungen identisch mit denen in kartesischen Koordinaten, mit $v_z = u_x$ und $v_r = u_y$. Somit kann dasselbe Rechenprogramm sowohl für ebene als auch für achsensymmetrische 2D-Strömungen verwendet werden; für achsensymmetrische Probleme setzt man $r = y$ und aktiviert $\tau_{\theta\theta}$ und, wenn die Drallkomponente ungleich null ist, die v_θ Gleichung.

9.10 FV-Methoden höherer Ordnung

Es ist anzumerken, dass die Herleitung von FV-Methoden hoher Ordnung schwieriger ist als die Konstruktion von FD-Methoden hoher Ordnung. Bei FD-Methoden müssen wir nur die 1. und die 2. Ableitung in einem Gitterpunkt mit Approximationen höherer Ordnung annähern, was bei strukturierten Gittern relativ einfach ist (siehe Kap. 3). In FV-Methoden gibt es drei Arten von Approximationen:

- Approximation von Flächen- und Volumenintegralen,
- Interpolation von Variablenwerten an anderen Stellen als dem KV-Zentrum (z. B. Zentren von KV-Seiten für Konvektionsflüsse),
- Approximation der ersten Ableitung im Zellzentrum und an allen KV-Seiten (für Quell-terme und Diffusionsflüsse).

Die Genauigkeit 2. Ordnung der Mittelpunktregel ist die höchste Genauigkeit, die bei einem Integrationspunkt erreichbar ist. Jedes FV-Verfahren höherer Ordnung erfordert eine Inter-polation höherer Ordnung in mehr als einem Punkt in KV-Seiten sowie komplexere Inte-gralapproximationen mit mehreren Stützpunkten zur Berechnung von Konvektionsflüssen. Für Diffusionsflüsse muss man zusätzlich die Ableitungen an mehreren Stellen innerhalb der KV-Seiten mit höherer Ordnung approximieren. Dies ist bei strukturierten Gittern mach-bar, bei unstrukturierten Gittern, insbesondere bei solchen aus beliebigen Polyeder-KV, jedoch eher schwierig. Wegen der Einfachheit der Implementierung, Erweiterung, Fehler-suche und Wartung scheint die 2. Ordnung der Mittelpunktregel der beste Kompromiss zwischen Genauigkeit und Effizienz zu sein.

Nur wenn eine sehr hohe Genauigkeit erforderlich ist (Diskretisierungsfehler unter 1 %), werden Methoden höherer Ordnung kostengünstig. Man muss auch bedenken, dass Methoden höherer Ordnung nur dann genauere Ergebnisse liefern als eine Methode 2. Ordnung, wenn das Gitter *ausreichend fein* ist. Wenn das Gitter nicht fein genug ist, können Verfahren höherer Ordnung oszillierende Lösungen erzeugen, und der durchschnittliche Fehler kann höher sein als bei einem Verfahren 2. Ordnung. Methoden höherer Ordnung benötigen auch mehr Speicher und Rechenzeit pro Gitterpunkt als Verfahren 2. Ordnung. Für industrielle Anwendungen, bei denen Fehler in der Größenordnung von 1 % akzeptabel sind, bietet ein Verfahren 2. Ordnung in Verbindung mit lokaler Gitterverfeinerung die beste Kombination aus Genauigkeit, Einfachheit der Programmierung und Programmpflege, Robustheit und Effizienz.

Wie bereits erwähnt, können Methoden höherer Ordnung mit dem FD- oder FE-Ansatz einfacher realisiert werden als mit der FV-Methode. FE-Methoden hoher Ordnung sind in der Strukturmechanik weit verbreitet, insbesondere bei linearen Problemen. Die Kontinuitätsgleichung für inkompressible Strömungen verursacht Probleme, weshalb FE-Methoden für CFD in der Regel eine ungleiche Ordnung von Approximationen für Kontinuitäts- und Impulsgleichungen verwenden. FD-Methoden für unstrukturierte Gitter sind auch heute noch nicht üblich, aber wir erwarten, dass es in naher Zukunft solche Methoden höherer Ordnung geben wird.

9.11 Implementierung der Randbedingungen

Die Implementierung von Randbedingungen auf nichtorthogonalen Gittern erfordert besondere Aufmerksamkeit, da die Ränder in der Regel nicht nach den kartesischen Geschwindigkeitskomponenten ausgerichtet sind. Das FV-Verfahren verlangt, dass die Randflüsse entweder bekannt sind oder durch bekannte Größen und innere Knotenwerte der Variablen ausgedrückt werden. Natürlich muss die Anzahl der KV mit der Anzahl der Unbekannten übereinstimmen.

Wir werden uns oft auf ein lokales Koordinatensystem (n, t, s) beziehen, das ein gedrehtes kartesisches System ist, wobei n die äußere Normale zum Rand ist und t und s tangential zum Rand verlaufen.

9.11.1 Einstromrand

In der Regel müssen an einem Einstromrand alle Größen vorgegeben werden. Wenn die Bedingungen am Einstromrand nicht bekannt sind und Variablenprofile approximiert werden müssen, ist es sinnvoll, den Rand so weit wie möglich von der zu untersuchenden Region stromaufwärts zu verschieben. Da die Geschwindigkeit und andere Größen vorgegeben werden müssen, können alle Konvektionsflüsse direkt berechnet werden. Die Diffusionsflüsse sind in der Regel nicht bekannt, können aber mit bekannten Randwerten der Variablen und einseitigen FD-Approximationen für die Gradienten approximiert werden.

Wenn die Geschwindigkeit an einem Rand vorgegeben ist, dann muss sie während der Iterationen nicht korrigiert werden. Wenn die Geschwindigkeitskorrektur an einem Rand gleich null ist, entspricht das der Nullgradientenbedingung für die Druckkorrektur im SIMPLE-Algorithmus; siehe Gl. (9.70). Somit hat die Druckkorrekturgleichung Neumann-Randbedingungen an allen Rändern, an denen die Geschwindigkeit vorgegeben ist.

9.11.2 Ausstromrand

Am Ausstromrand wissen wir in der Regel wenig über die Strömung. Aus diesem Grund sollten diese Ränder so weit wie möglich stromabwärts von der zu untersuchenden Region sein. Andernfalls können sich Fehler im Vorfeld ausbreiten. Das Fluid sollte über den gesamten Ausstromquerschnitt aus dem Lösungsgebiet herausfließen; die Stromlinien sollten möglichst parallel sein und orthogonal zum Ausstromrand verlaufen. In Strömungen bei hohen Reynolds-Zahlen ist die stromaufwärts gerichtete Ausbreitung von Fehlern – zumindest in stationären Strömungen – schwach, sodass es leicht ist, geeignete Näherungen für Randbedingungen zu finden. Normalerweise extrapoliert man entlang der Gitterlinien von Innen zum Rand (oder, noch besser, entlang der Stromlinien). Die einfachste Approximation ist die des Nullgradienten entlang der Gitterlinien. Für den Konvektionsfluss bedeutet dies, dass eine Aufwindapproximation 1. Ordnung verwendet wird. Die Bedingung des Nullgradienten entlang einer Gitterlinie lässt sich leicht implizit umsetzen. So ergibt beispielsweise die Rückwärtsapproximation 1. Ordnung an der Ostseite eines strukturierten 2D-Gitters $\phi_E = \phi_P$. Wenn wir diesen Ausdruck in die diskretisierte Gleichung für das randnächste KV einfügen, erhalten wir:

$$(A_P + A_E)\phi_P + A_W\phi_W + A_N\phi_N + A_S\phi_S = Q_P, \tag{9.84}$$

sodass der Randwert ϕ_E nicht in der Gleichung erscheint. Dies bedeutet nicht, dass der Diffusionsfluss am Ausstromrand gleich null ist, außer wenn das Gitter orthogonal zum Rand ausgerichtet ist.

Wenn eine höhere Genauigkeit erforderlich ist, muss man einseitige FD-Approximationen höherer Ordnung für die Ableitungen am Ausstromrand verwenden. Sowohl Konvektions- als auch Diffusionsflüsse müssen durch Variablenwerte in inneren Knoten ausgedrückt werden.

Wenn Geschwindigkeiten zum Ausstromrand hin extrapoliert werden, korrigiert man sie in der Regel – wenn die Strömung als inkompressibel angenommen wird – sodass der Massenfluss durch den Ausstromrand dem Massenfluss durch den Einstromrand entspricht. Die Kontinuitätsgleichung wird dann global erfüllt, d. h. wenn Massenerhaltungsgleichungen für alle KV summiert werden, heben sich die Massenflüsse über alle inneren KV-Seiten auf und wenn die Flüsse durch die Ränder übereinstimmen, ist der Nettomassenfluss gleich null.

Eine Folge dieser Korrektur von Randgeschwindigkeiten ist, dass sie für die aktuelle äußere Iteration als vorgegeben betrachtet werden können und somit zur Nullgradientenbedingung für die Druckkorrekturgleichung führen. Wenn Neumann-Bedingungen an allen Rändern gelten, muss man sicherstellen, dass die algebraische Summe der Quellterme in der Druckkorrekturgleichung gleich null ist – sonst ist die Formulierung nicht gut aufgestellt. Die oben beschriebene Korrektur der Ausstromgeschwindigkeiten garantiert, dass diese Bedingung erfüllt ist. Wenn die Neumann-Bedingungen jedoch für alle Ränder gelten, ist die Lösung der Druckkorrekturgleichung nicht eindeutig – man kann eine Konstante zu allen Werten addieren und die Gleichung ist trotzdem erfüllt. Aus diesem Grund hält man in der Regel den Druck an einer Referenzstelle fest und korrigiert den Druck an anderen Stellen, indem man die Differenz zwischen der berechneten Druckkorrektur und der Druckkorrektur an der Referenzstelle addiert.

Wenn die Strömung instationär ist, insbesondere bei direkter Simulation von Turbulenz, muss darauf geachtet werden, dass Fehler am Ausstromrand nicht reflektiert werden. Diese Themen werden in den Abschn. 10.2 und 13.6 diskutiert.

9.11.3 Undurchlässige Wände

Bei einer undurchlässigen Wand gilt die folgende Bedingung (die sog. *Haftbedingung*):

$$u_i = u_{i,\text{Wand}}. \tag{9.85}$$

Diese Bedingung ergibt sich daraus, dass viskoses Fluid an festen Rändern haftet.

Da es keine Strömung durch die Wand gibt, sind die Konvektionsflüsse aller Größen gleich null. Diffusionsflüsse erfordern einige Aufmerksamkeit. Für skalare Größen, wie z. B. Wärmeenergie, können sie gleich null sein (adiabate Wände), sie können vorgegeben werden (vorgeschriebener Wärmefluss) oder der Wert des Skalars kann vorgegeben werden (isotherme Wände). Ist der Fluss bekannt, kann er in die Erhaltungsgleichung für die wandnahen KV eingefügt werden, z. B. für die mit „s" bezeichnete Randfläche:

$$F_s^{\text{d}} = \int_{S_s} \Gamma \, \nabla \phi \cdot \mathbf{n} \, dS = \int_{S_s} \Gamma \left(\frac{\partial \phi}{\partial n} \right) dS = \int_{S_s} f \, dS \approx f_s S_s, \tag{9.86}$$

wobei f der vorgegebene Fluss pro Flächeneinheit ist. Wenn der Wert von ϕ an der Wand vorgegeben wird, müssen wir die Ableitung von ϕ nach n mit einseitigen Differenzen approximieren. Aus einer solchen Näherung können wir auch den Wert von ϕ an der Wand berechnen, wenn der Fluss vorgegeben ist. Es gibt viele Möglichkeiten; eine davon ist, den Wert von ϕ in einem Hilfspunkt P' zu berechnen, der sich auf der Normalen n befindet, siehe Abb. 9.21, und die folgende Approximation zu verwenden:

$$\left(\frac{\partial \phi}{\partial n} \right)_s \approx \frac{\phi_{P'} - \phi_S}{\delta n}, \tag{9.87}$$

Abb. 9.21 Zur
Implementierung von
Randbedingungen an einer
Wand

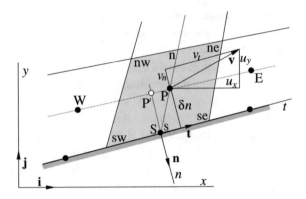

wobei $\delta n = (\mathbf{r}_S - \mathbf{r}_{P'}) \cdot \mathbf{n}$ die Entfernung zwischen den Punkten P' und S ist. Wenn die Nichtorthogonalität nicht schwerwiegend ist, kann man ϕ_P anstelle von $\phi_{P'}$ verwenden. Auch Formfunktionen oder extrapolierte Gradienten aus Zellzentren können verwendet werden. Der Fluss kann dann mit der Mittelpunktregel wie folgt approximiert werden:

$$F_s^d \approx \Gamma_s \left(\frac{\partial \phi}{\partial n}\right)_s S_s \approx \Gamma_s \frac{\phi_{P'} - \phi_S}{\delta n} S_s. \tag{9.88}$$

Diffusionsflüsse in den Impulsgleichungen erfordern besondere Aufmerksamkeit. Wenn wir für die Geschwindigkeitskomponenten v_n, v_t und v_s lösen würden, könnten wir den in Abschn. 7.1.6 beschriebenen Ansatz verwenden. Die viskosen Spannungen an einer Wand sind:

$$\tau_{nn} = 2\mu \left(\frac{\partial v_n}{\partial n}\right)_{\text{Wand}} = 0, \quad \tau_{nt} = \mu \left(\frac{\partial v_t}{\partial n}\right)_{\text{Wand}}. \tag{9.89}$$

Hier gehen wir davon aus, dass die Koordinate t in Richtung der Scherkraft an der Wand verläuft, also $\tau_{ns} = 0$. Diese Kraft ist parallel zur Projektion des Geschwindigkeitsvektors auf die Wand (s ist orthogonal dazu). Dies entspricht der Annahme, dass der Geschwindigkeitsvektor seine Richtung zwischen dem ersten Rechenknoten (KV-Zentrum) und der Wand nicht ändert, was nicht ganz wahr ist, aber eine vernünftige Approximation darstellt, die mit abnehmendem Abstand des ersten Rechenknotens zur Wand immer genauer wird.

Sowohl v_t als auch v_n können leicht im Knoten P berechnet werden. In 2D lässt sich der Einheitenvektor $\mathbf{t}$ aus den Koordinaten der Eckpunkte „se" und „sw" bestimmen, siehe Abb. 9.21. In 3D müssen wir die Richtung des Vektors $\mathbf{t}$ bestimmen. Aus der Geschwindigkeit parallel zur Wand können wir den Einheitenvektor $\mathbf{t}$ wie folgt definieren:

$$\mathbf{v}_t = \mathbf{v} - (\mathbf{v} \cdot \mathbf{n})\mathbf{n} \quad \Rightarrow \quad \mathbf{t} = \frac{\mathbf{v}_t}{|\mathbf{v}_t|}. \tag{9.90}$$

Die Geschwindigkeitskomponenten, die zur Approximation der Spannungen benötigt werden, sind dann:

$$v_n = \mathbf{v} \cdot \mathbf{n} = un_x + vn_y + wn_z, \quad v_t = \mathbf{v} \cdot \mathbf{t} = ut_x + vt_y + wt_z. \tag{9.91}$$

Die Ableitungen können wie in Gl. (9.87) berechnet werden.

Man könnte den Stress τ_{nt} transformieren, um τ_{xx}, τ_{xy} etc. zu erhalten, aber das ist nicht notwendig. Das Flächenintegral von τ_{nt} ergibt eine Kraft:

$$\mathbf{f}_{\text{Wand}} = \int_{S_s} \mathbf{t}\tau_{nt}\, dS \approx (\mathbf{t}\tau_{nt} S)_s, \tag{9.92}$$

deren x-, y- und z-Komponenten den Integralen entsprechen, die in den diskretisierten Impulsgleichungen benötigt werden, z. B. in der Gleichung für u_x:

$$f_x = \int_{S_s} (\tau_{xx}\mathbf{i} + \tau_{yx}\mathbf{j} + \tau_{zx}\mathbf{k}) \cdot \mathbf{n}\, dS = \mathbf{i} \cdot \mathbf{f}_{\text{Wand}} \approx (t_x \tau_{nt} S)_s. \tag{9.93}$$

Alternativ können wir die Geschwindigkeitsgradienten in Zellmittelpunkten verwenden (berechnet, z. B. mit dem Gauß-Theorem, siehe Gl. (9.49)), sie auf die Mitte der Wandzellfläche extrapolieren, die Spannungen τ_{xx}, τ_{xy} usw. berechnen und die Scherkraftkomponenten aus dem obigen Ausdruck berechnen.

Wir ersetzen also die Diffusionsflüsse in den Impulsgleichungen an Wänden durch die Scherkraft. Wird diese Kraft explizit mit Werten aus der vorherigen Iteration berechnet, kann die Konvergenz beeinträchtigt werden. Wird die Kraft in Abhängigkeit von kartesischen Geschwindigkeitskomponenten im Knoten P ausgedrückt, kann ein Teil davon implizit behandelt werden. In diesem Fall sind die Koeffizienten A_P nicht für alle Geschwindigkeitskomponenten gleich (wie bei den inneren Zellen). Dies ist unerwünscht, da die Koeffizienten A_P in der Druckkorrekturgleichung benötigt werden und wenn sie sich unterscheiden, müssten wir alle drei Werte speichern. Daher ist es am besten, wie im Innenbereich den Ansatz der verzögerten Korrektur zu verwenden; wir approximieren

$$f_i^{\text{i}} = \mu S \frac{\delta u_i}{\delta n} \tag{9.94}$$

implizit und addieren die Differenz zwischen der impliziten Approximation und der mit einem der oben genannten Ansätze berechneten Kraft auf der rechten Seite der Gleichung. Hier ist δn der Abstand des Knotens P von der Wand. Der Koeffizient A_P ist dann für alle Geschwindigkeitskomponenten gleich, und die expliziten Terme werden teilweise aufgehoben. Die Konvergenzrate ist nahezu unbeeinflusst.

Da Geschwindigkeiten an den Wänden vorgegeben sind, hat die Druckkorrekturgleichung Neumann-Bedingungen an den Wandrändern.

9.11.4 Symmetrieebenen

In vielen Strömungen gibt es eine oder mehrere Symmetrieebenen. Wenn die Strömung stationär ist, gibt es eine Lösung die symmetrisch zu dieser Ebene ist (in vielen Fällen, z. B. Diffusoren oder Kanäle mit plötzlichen Erweiterungen, gibt es auch asymmetrische stationäre Lösungen, die in der Regel stabiler sind als die symmetrische Lösung). Die symmetrische Lösung kann erhalten werden, indem das Problem nur in einem Teil des Strömungsgebiets unter Verwendung von Symmetriebedingungen gelöst wird.

In einer Symmetrieebene sind die Konvektionsflüsse aller Größen gleich null. Auch die Ableitungen in Richtung der Normalen von Geschwindigkeitskomponenten parallel zur Symmetrieebene und aller skalaren Größen sind dort gleich null. Somit sind die Diffusionsflüsse aller skalaren Größen durch Symmetrieebenen gleich null. Die Geschwindigkeitskomponente in Richtung der Normalen ist gleich null, aber ihre Ableitung in Richtung der Normalen ist es nicht; daher ist die Normalspannung τ_{nn} ungleich null. Das Flächenintegral von τ_{nn} ergibt eine Kraft:

$$\mathbf{f}_{\text{sym}} = \int_{S_s} \mathbf{n}\tau_{nn}\, \mathrm{d}S \approx (\mathbf{n}\tau_{nn} S)_s. \tag{9.95}$$

Wenn der Symmetrierand nicht mit einer kartesischen Koordinatenebene übereinstimmt, sind die Diffusionsflüsse aller drei kartesischen Geschwindigkeitskomponenten ungleich null. Diese Flüsse können berechnet werden, indem zuerst die resultierende Normalkraft aus Gl. (9.95) und einer Approximation der Ableitung in Richtung der Normalen, wie im vorherigen Abschnitt beschrieben, berechnet wird. Diese Kraft kann dann in ihre kartesischen Komponenten zerlegt werden. Alternativ kann man die Geschwindigkeitsgradienten vom Inneren zum Rand extrapolieren und einen ähnlichen Ausdruck wie (9.93) verwenden, z. B. für die u_x-Komponente an der Fläche „s" (siehe Abb. 9.21):

$$f_x = \int_{S_s} (\tau_{xx}\mathbf{i} + \tau_{yx}\mathbf{j} + \tau_{zx}\mathbf{k}) \cdot \mathbf{n}\, \mathrm{d}S = \mathbf{i} \cdot \mathbf{f}_{\text{sym}} \approx (n_x \tau_{nn} S)_s. \tag{9.96}$$

Wie bei Wandrändern kann man die Diffusionsflüsse an einem Symmetrierand in einen impliziten Teil aufteilen, in dem die Geschwindigkeitskomponenten im KV-Zentrum eine dominante Rolle spielen (was zum Koeffizienten A_P beiträgt), und die versetzte Korrektur für den restlichen Teil verwenden, um A_P für alle Geschwindigkeitskomponenten gleich zu halten.

Die Druckkorrekturgleichung hat Neumann-Randbedingungen auch an den Symmetrierändern, da die Normalgeschwindigkeitskomponente vorgegeben ist und nicht korrigiert wird.

9.11.5 Vorgegebener Druck

Bei inkompressiblen Strömungen gibt man in der Regel den Massenfluss am Einstromrand vor und verwendet eine Extrapolation am Ausstromrand. Es gibt jedoch Situationen, in denen der Massenfluss nicht bekannt ist, aber der Druckabfall zwischen Ein- und Ausstromrand vorgegeben ist. Außerdem wird manchmal der Druck an einem Fernfeldrand vorgegeben.

Wenn der Druck an einem Rand vorgegeben ist, kann die Geschwindigkeit nicht vorgegeben werden – sie muss aus dem Inneren mit dem gleichen Ansatz wie bei KV-Seiten zwischen zwei KV extrapoliert werden, siehe Gl. (9.63); der einzige Unterschied besteht darin, dass nun die Positionen der Mitte der Rand-KV-Seite und eines Nachbarknotens (Randknoten) übereinstimmen. Der Druckgradient am Rand wird durch einseitige Differenzen approximiert; zum Beispiel kann man an der „e"-Seite den folgenden Ausdruck verwenden, der eine Rückwärtsdifferenz 1. Ordnung darstellt:

$$\left(\frac{\partial p}{\partial n}\right)_e \approx \frac{p_E - p_P}{(\mathbf{r}_E - \mathbf{r}_P) \cdot \mathbf{n}}. \tag{9.97}$$

Die so bestimmten Randgeschwindigkeiten müssen korrigiert werden, um die Massenerhaltung zu erfüllen; die Massenflusskorrekturen $\dot{m}'$ sind an Rändern, an denen der Druck vorgegeben ist, nicht gleich null. Der Randdruck wird jedoch nicht korrigiert, d. h. $p' = 0$ am Rand. Dies wird als Dirichlet-Randbedingung in der Druckkorrekturgleichung verwendet. Weitere Details zur Implementierung von Randbedingungen, wenn der statische Druck an einem Rand vorgegeben ist, sind in Kap. 11 zu finden.

Wenn die Reynolds-Zahl hoch ist, konvergiert der Lösungsprozess mit dem oben genannten Ansatz langsam, wenn der Ein- und der Ausstromdruck vorgegeben sind. Eine weitere Möglichkeit besteht darin, zunächst den Massenfluss am Einlass zu erraten und ihn für eine äußere Iteration als vorgegeben zu behandeln und nur am Ausstromrand den vorgebenden Druck festzuhalten. Die Einstromgeschwindigkeiten sollten dann korrigiert werden, indem versucht wird, den extrapolierten Druck am Einstromrand an den vorgegebenen Druck anzupassen. Mit einem iterativen Korrekturverfahren wird die Differenz zwischen den beiden Drücken gegen null gefahren.

9.12 Beispiele

In diesem Abschnitt stellen wir Beispiele für die Berechnung von laminaren Strömungen in Geometrien vor, die ein randangepasstes Gitter erfordern. Zwei Beispiele befassen sich mit stationären und eines mit instationären Strömungen. In einem Fall wird ein strukturiertes Gitter und ein Rechenprogramm, das aus dem Internet heruntergeladen werden kann, verwendet; in den beiden anderen Beispielen wird eine kommerzielle CFD-Software eingesetzt. Ziel dieser Beispiele ist es, zu zeigen, wie solche Strömungsprobleme gelöst werden können, wie die Genauigkeit von Lösungen analysiert werden kann und wie sich verschiedene Gittertypen auf den Rechenaufwand und die Qualität der Ergebnisse auswirken.

9.12.1 Strömung um einen Kreiszylinder bei Re = 20

Als erstes Beispiel betrachten wir die laminare 2D-Strömung um einen Kreiszylinder in einer unendlichen Umgebung, der einer gleichmäßigen Querströmung entsprechend Reynolds-Zahl Re = 20 ausgesetzt ist. Die Reynolds-Zahl basiert auf der einheitlichen Strömungsgeschwindigkeit U_∞, der Fluidviskosität μ und dem Zylinderdurchmesser D. Das Lösungsgebiet ist endlich und erstreckt sich bis $16D$ Entfernung vom Zylinder, siehe Abb. 9.22, die das gesamte Lösungsgebiet und das für diese Berechnungen verwendete, randangepasste, strukturierte O-Typ-Gitter zeigt. Die beiden verwendeten Rechenprogramme – eines basierend auf dem SIMPLE-Algorithmus und eines auf der impliziten Teilschrittmethode (IFSM) – sind im Internet verfügbar; siehe Anhang A.1 für weitere Informationen.

Fünf systematisch verfeinerte Gitter (d. h. jedes Grobgitter-KV wird in 4 Feingitter-KV aufgeteilt) wurden verwendet, um Diskretisierungsfehler abschätzen zu können; das gröbste Gitter hatte 24 × 16 KV und das feinste 384 × 256 KV (die Anzahl der Zellen um den Zylinder × die Anzahl der Zellen in radiale Richtung). Die Zellen sind gleichmäßig entlang dem Zylinderumfang verteilt, während sie sich in radiale Richtung ausdehnen; der Ausdehnungsfaktor beträgt 1,25 auf dem gröbsten Gitter und für jedes feinere Gitter entspricht der Ausdehnungsfaktor der Quadratwurzel des Ausdehnungsfaktors auf dem vorhergehenden Gitter. So beträgt der Ausdehnungsfaktor im feinsten Gitter nur noch 1,014044, da nun 256

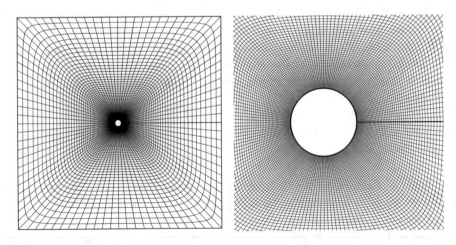

Abb. 9.22 Das Gitter der dritten Verfeinerungsstufe (links) und ein Detail des 4. Gitters um den Zylinder (rechts), das zur Berechnung von stationären und instationären 2D-Strömungen um einen Kreiszylinder verwendet wurde

Zellen für den gleichen Abstand vom Zylinder zum Außenrand verwendet werden. Da die Gitter vom O-Typ sind, haben sie eine Naht, an der sich die West- und Ostgrenze treffen: Sie ist als die dickere Linie hinter dem Zylinder in Abb. 9.22 für das 4. Gitter gezeigt. Am linken Rand wurde die Geschwindigkeit $U_\infty = 1$ m/s vorgegeben (Zylinderdurchmesser ist $D = 1$ m); an der stromabwärts gelegenen Seite werden die Geschwindigkeiten mit Nullgradientenbedingung extrapoliert; am oberen und unteren Rand werden Symmetriebedingungen vorgegeben. Es ist zu beachten, dass im verwendeten O-Gitter alle diese Segmente Teile des Südrandes sind, während die Zylinderfläche den Nordrand darstellt. ZDS 2. Ordnung wurde für räumliche Diskretisierung verwendet.

Die Strömung ist bei dieser Reynolds-Zahl stationär; sie löst sich von der Zylinderwand ab und bildet zwei schwache rezirkulierende Wirbel hinter dem Zylinder, wie in der Darstellung der Stromlinien in Abb. 9.23 und der Geschwindigkeitsvektoren in Abb. 9.24 zu sehen ist. Die gleichmäßige Anströmung wird vom Zylinder in einer großen Zone um ihn herum umgelenkt; der Abstand von $16D$ vom Zylinder zum äußeren Rand des Lösungsgebiets reicht wahrscheinlich nicht aus, um die wirklich ungestörte Fernfeldbedingung der gleichmäßigen Anströmung darzustellen, aber es wird erwartet, dass die Wirkung des äußeren Randes auf die Strömung um den Zylinder nicht zu stark ist. Die Diskretisierungsfehler, die wir nachfolgend bestimmen werden, gelten in jedem Fall nur für die Strömung unter den angegebenen Randbedingungen.

Abb. 9.24 zeigt auch Druckkonturen; sie zeigen deutlich, dass das Vorhandensein des Zylinders auch bei relativ großer Entfernung spürbar ist, da die Druckgradienten ungleich null sind. Der höchste Druck liegt erwartungsgemäß am vorderen Staupunkt. Dichte Isobaren zeigen einen schnellen Druckabfall über den oberen und unteren Teil der Zylinderoberfläche an, bis kurz nach 90° das Minimum erreicht ist. Von dort an steigt der Druck wieder an und dieser positive Druckgradient führt zur Strömungsablösung und Bildung einer Rezirkulationszone hinter dem Zylinder.

In einer nichtviskosen Strömung wären die Druckkonturen um die vertikale Mittellinie vollständig symmetrisch, mit dem Druck am hinteren Staupunkt gleich dem Druck an der Vorderseite, was zu einer Nullwiderstandskraft und keiner Rezirkulation führt. Aufgrund

Abb. 9.23 Berechnete Stromlinien in Zylindernähe bei Re = 20

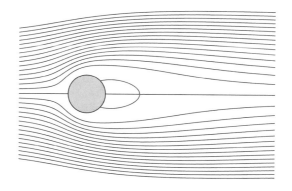

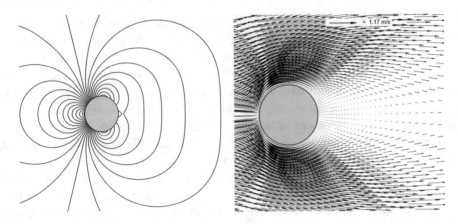

Abb. 9.24 Vorhergesagte Druckkonturen (links) und Geschwindigkeitsvektoren (rechts) in Zylindernähe bei Re = 20; nur jeder vierte Vektor wird dargestellt

der Viskosität des Fluids führen sowohl die Druck- (senkrecht zur Wand) als auch die Scherkräfte (tangential zur Wand), wenn sie über die Zylinderoberfläche integriert werden, zu einer Nettokraftkomponente in Strömungsrichtung die ungleich null ist. Da die stationäre Strömung symmetrisch um die horizontale Mittellinie ist, ist die Auftriebskraft gleich null. Die Konvergenz der Druck- und Scherkraftkomponente zu einer gitterunabhängigen Lösung ist in Abb 9.25 dargestellt.

Auf jedem Gitter wurden äußere Iterationen durchgeführt, bis die Residuennormen (die Summe der Absolutwerte der Residuen in allen KV) um sieben Größenordnungen reduziert wurden; das ist mehr als notwendig, aber wir wollten sicher sein, dass Iterationsfehler bei der Bestimmung von Diskretisierungsfehlern vernachlässigbar sind. Die Ergebnisse sowohl der SIMPLE- als auch der IFSM-Methode konvergieren zur gleichen gitterunabhängigen

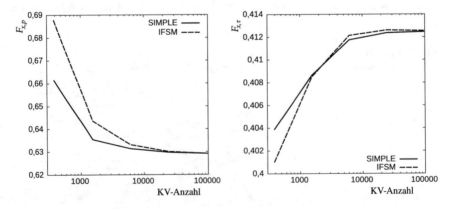

Abb. 9.25 Berechnete Druck- (links) und Scherkraft (rechts) auf den Zylinder bei Re = 20

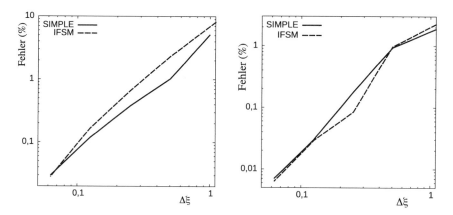

Abb. 9.26 Diskretisierungsfehler in der Druckkraft (links) und in der Scherkraft (rechts) am Zylinder bei Re = 20, abgeschätzt mit der Richardson-Extrapolation

Lösung, aber die Fehler auf groben Gittern sind kleiner, wenn der SIMPLE-Algorithmus verwendet wird. Es ist interessant anhand Abb. 9.25 festzustellen, dass die Druckkraft auf groben Gittern überschätzt wird, während die Scherkraft unterschätzt wird. Der relative Fehler in der Gesamtkraft ist daher geringer als der Fehler in den Komponentenkräften, da diese das entgegengesetzte Vorzeichen haben und sich somit teilweise aufheben. Es ist nicht ungewöhnlich, dass sich Fehler aus verschiedenen Quellen ausgleichen, aber sie können sich auch verstärken. Es ist daher immer wichtig, die Gitterabhängigkeit der Lösung zu überprüfen.

Abb. 9.26 zeigt die durch die Richardson-Extrapolation abgeschätzten Diskretisierungsfehler (siehe Abschn. 3.9 für Details). Wie erwartet, wird eine Konvergenz 2. Ordnung hin zu einer gitterunabhängigen Lösung erreicht. Auf dem gröbsten Gitter sind sowohl Druck- als auch Scherkraft deutlich fehlerhaft (etwa 10 % bzw. 3 %); auf dem feinsten Gitter sind die Fehler recht gering (0,03 % bzw. 0,007 %). Das 4. Gitter liefert Lösungen mit Fehlern in der Größenordnung von 0,1 %, die für die meisten Anwendungen ausreichend klein wären.

Für Strömungen um Körper sind die Widerstands- und Auftriebsbeiwerte definiert als:

$$C_D = \frac{F_x}{\frac{1}{2}\rho U_\infty^2 S}, \quad C_L = \frac{F_y}{\frac{1}{2}\rho U_\infty^2 S}, \tag{9.98}$$

wobei F_x und F_y die x- und y-Komponente der vom Fluid auf den Körper ausgeübten Kraft sind und S die Querschnittsfläche senkrecht zur Strömungsrichtung ist. In einer 2D-Strömungssimulation wird die Dimension in z-Richtung als Einheit angenommen, und da in unserer Simulation $D = 1$ verwendet wurde, ist die Fläche auch gleich 1 m². Die Geschwindigkeit der ungestörten Strömung wurde ebenfalls als $U_\infty = 1$ m/s angenommen. Wenn also die Fluiddichte $\rho = 1\,\text{kg/m}^3$, werden die Widerstands- und Auftriebskoeffizienten erhalten, indem man die berechneten Kräfte einfach mit 2 multipliziert. Der Widerstandsbeiwert, der sich aus der Richardson-Extrapolation der Gesamtkraft ergibt, beträgt 2,083; dies stimmt mit Daten aus experimentellen und numerischen Studien in der Literatur gut überein.

Die Abhängigkeit der erforderlichen Anzahl an äußeren Iterationen (in SIMPLE) oder Zeitschritten (in IFSM), die benötigt werden, um das vorgeschriebene Niveau der Residuen zu erreichen, vom Unterrelaxationsfaktor für Geschwindigkeit (in SIMPLE) oder von der Zeitschrittgröße (in IFSM) ist sehr ähnlich wie bei den stationären Strömungen, die im vorherigen Kapitel vorgestellt wurden, siehe Abb. 8.14 und 8.18. Aus diesem Grund zeigen wir für diesen Fall keine solchen Diagramme, aber man kann sagen, dass bei optimalen Parametern der erforderliche Rechenaufwand in SIMPLE und IFSM ähnlich ist.

Wenn die Reynolds-Zahl steigt, werden die beiden Wirbel hinter dem Zylinder immer länger und stärker; es wird schwierig, beide Wirbel exakt gleich zu halten und um Re = 45, würden selbst kleinste Störungen dazu führen, dass ein Wirbel größer wird und die Strömung ihre Symmetrie verliert. Sobald die Symmetrie gebrochen ist, wird die Strömung instationär; die Wirbel fangen an, sich abwechselnd von jeder Seite des Zylinders zu lösen, was zur bekannten Von-Karman-Wirbelstraße führt. Sowohl Experimente als auch Simulationen zeigen, dass um Re = 200 die Strömung dreidimensional und nicht mehr vollkommen periodisch wird; schließlich wird bei noch höheren Reynolds-Zahlen die Strömung turbulent. Dies ist natürlich nur in 3D-Simulationen zu sehen. Im nächsten Abschnitt werfen wir einen genaueren Blick auf die instationäre Strömung um den Zylinder bei Re = 200.

9.12.2 2D Strömung um einen Kreiszylinder bei Re = 200

Wir stellen hier einige Ergebnisse von Simulationen in 2D für Re = 200 mit dem kommerziellen Strömungslöser *Simcenter STAR-CCM+* auf drei systematisch verfeinerten Gittern vor (in jedem Verfeinerungsschritt wurde der Gitterabstand in beide Richtungen halbiert). Um den Zylinder herum werden 10 Prismenschichten gebildet; die Außenfläche der Prismenschicht schneidet das kartesische Gitter, das den verbleibenden Raum ausfüllt. Das Lösungsgebiet ist gleich groß wie im vorherigen Beispiel: Es ist rechteckig und erstreckt sich über 16 D in positive und negative x- und y-Richtungen von der Zylindermitte weg. Das kartesische Gitter wurde lokal in 4 Schritten verfeinert, sodass die Zellgröße 6,25 % der „Basisgröße" in einer rechteckigen Zone um den Zylinder und in dessen Nachlauf beträgt; Abb. 9.27 zeigt den Teil des gröbsten Gitters, der die feinste Zone beinhaltet. Das gröbste Gitter hatte 6196 KV, das mittlere 21.744 KV und das feinste 109.320 KV. Die Dicke der Prismenschicht war proportional zur Basisgröße und wurde daher bei jeder Verfeinerung des Gitters halbiert. Auf dem feinsten Gitter befanden sich etwa 220 Zellen entlang des Zylinderumfangs. Die Simulationsdatei und ein ausführlicher Bericht über die Simulation stehen im Internet zur Verfügung; Details sind im Anhang zu finden.

Es wurde nur die Zeitdiskretisierung 2. Ordnung (Drei-Zeitebenen-Methode; siehe Abschn. 6.3.2.4) verwendet. In Abschn. 6.4 wurde demonstriert, dass Zeitintegrationsmethoden 1. Ordnung nicht für die Simulation instationärer Probleme geeignet sind, wenn eine

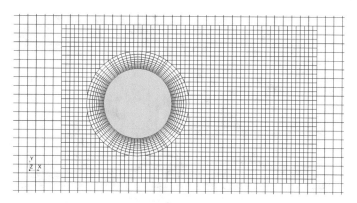

Abb. 9.27 Detail des gröbsten Gitters um den Zylinder zur Simulation der Strömung bei Re = 200

zeitgenaue Lösung erforderlich ist. Vier Zeitschritte wurden verwendet, um die Zeitschritt-abhängigkeit der Lösung zu testen: 0,04 s, 0,02 s, 0,01 s und 0,005 s, was ca. 63, 126, 253 und 506 Zeitschritten pro Periode der Widerstandsschwankung entspricht.

Die Strömung um den Zylinder bei Re = 200 ist sehr instationär, wobei sich starke Wirbel mit regelmäßiger Frequenz vom Zylinder ablösen. Mit dem feinsten Gitter wurde eine Frequenz von $f = 0,1977$ Hz festgestellt, was der dimensionslosen Strouhal-Zahl entspricht (denn in unserem Fall sind sowohl D als auch U_∞ gleich 1):

$$\mathrm{St} = \frac{fD}{U_\infty} = \frac{D}{U_\infty P},\tag{9.99}$$

wobei P die Schwingungsperiode der Auftriebskraft ist, die sich auf 5,059 s beläuft. Dieser Wert entspricht gut den in der Literatur gefundenen Daten. Die Widerstandskraft schwingt mit einer doppelten Frequenz, da sie ein Maximum und ein Minimum pro Wirbelablösung aufweist, während die maximale Auftriebskraft auftritt, wenn sich ein Wirbel auf der einen Seite ablöst und minimale, wenn sich der nächste Wirbel auf der anderen Seite ablöst.

Abbildung 9.28 zeigt momentane Geschwindigkeitsvektoren und Druckkonturen, die beim kleinsten Zeitschritt auf dem feinsten Gitter berechnet wurden. Man sieht einen großen Wirbel, der sich gerade von der Unterseite ablöst; ein weiterer Wirbel beginnt sich an der Oberseite des Zylinders zu bilden, der wachsen wird, während sich der andere Wirbel weg-bewegt.

Die Verteilung der Isobaren auf der Vorderseite des Zylinders ist ähnlich wie bei Re = 20, vgl. Abb. 9.24, mit der Ausnahme, dass sich die Stellen des niedrigsten Drucks nun stromaufwärts bewegt haben und vor dem Äquator liegen, und dass die Verteilung auf der Ober- und Unterseite ders Zylinders nicht symmetrisch ist. Außerdem gibt es mehr Konturen zwischen dem vorderen Staupunkt (wo der maximale Druck herrscht) und dem Ort mit dem minimalen Druck, was auf einen höheren Druckgradienten hindeutet. Tatsächlich ist die Fluidbeschleunigung bei Re = 200 viel stärker als bei Re = 20, wie der Vergleich der Bilder

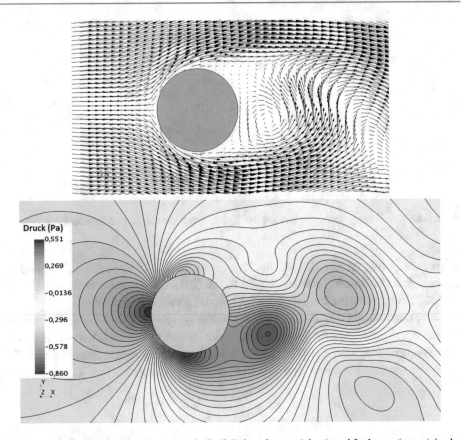

Abb. 9.28 Vorhergesagte Momentangeschwindigkeitsvektoren (oben) und Isobaren (unten) in der instationären Strömung um einen Kreiszylinder bei Re = 200; interpolierte Geschwindigkeitsvektoren werden auf einem einheitlichen Präsentationsgitter dargestellt

mit den Geschwindigkeitsvektoren aus Abb. 9.24 und 9.28 zeigt. Während bei Re = 20 die maximale Geschwindigkeit im Feld 1,17 m/s (17 % höher als die Geschwindigkeit der ungestörten Strömung) betrug, ist bei Re = 200 die maximale Geschwindigkeit 1,47 m/s (47 % höher als die Geschwindigkeit der ungestörten Strömung).

Der SIMPLE-Algorithmus wurde zur Lösung der Navier-Stokes-Gleichungen verwendet. Wie bereits erwähnt, erfordert SIMPLE die Wahl von zwei Unterrelaxationsfaktoren. Für stationäre Strömungen wählt man typischerweise 0,8 für Geschwindigkeiten und 0,2 für den Druck, aber wenn die Strömung instationär ist und kleine Zeitschritte verwendet werden, können beide Unterrelaxationsfaktoren erhöht werden. Um auf der sicheren Seite zu sein, haben wir hier 0,8 für Geschwindigkeiten und 0,5 für Druck auf allen Gittern und für alle Zeitschritte verwendet und das Programm gezwungen, 10 äußere Iterationen pro Zeitschritt durchzuführen. Für die beiden kleinsten Zeitschritte könnte man den Unterrelaxationsfaktor für die Geschwindigkeit auf 0,9 erhöhen und anstelle einer festen Anzahl von äußeren

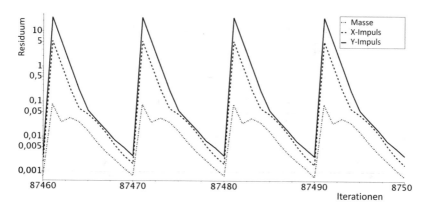

Abb. 9.29 Reduktion von Residuen bei äußeren Iterationen in mehreren Zeitschritten

Iterationen pro Zeitschritt ein geeignetes Kriterium verwenden, um äußere Iterationen zu stoppen, wenn das Kriterium erfüllt ist (z. B. durch Angabe eines Niveaus von Residuen, das erreicht werden soll). Abb. 9.29 zeigt, wie die Residuennormen in den Kontinuitäts- und Impulsgleichungen mit äußeren Iterationen innerhalb von 4 Zeitschritten auf dem feinsten Gitter beim kleinsten Zeitschritt variierten. Es ist zu beachten, dass Residuen in Impulsgleichungen mehr als 3 Größenordnungen in 10 Iterationen fallen, während sich die Residuennorm in der Kontinuitätsgleichung etwa 2 Größenordnungen reduziert. Der Grund dafür ist, dass Impulsgleichungen nichtlinear sind und beim Übergang zum nächsten Zeitschritt eine größere Störung des Gleichgewichts auftritt als in der linearen Massenerhaltungsgleichung.

Die Analyse von Diskretisierungsfehlern bei der Berechnung instationärer Strömungen ist schwieriger als bei stationären Strömungen. Wenn die Instationarität durch Randbedingungen auferlegt wird, wie in den im vorherigen Kapitel untersuchten Fällen (siehe Abschn. 8.4.2), ist die Situation einfacher, da die Dauer der Schwingung vorgeschrieben ist. Im vorliegenden Fall sind die Randbedingungen konstant und die Strömungsinstationarität resultiert ausschließlich aus der inhärenten Instabilität; außerdem ist die Zylinderoberfläche glatt und die Strömungsablösungsstelle nicht festgelegt, wie dies bei einem Zylinder mit rechteckigem Querschnitt der Fall wäre. Somit führt die Variation von Zeitschritt und Gittergröße zu Veränderungen in allen Strömungseigenschaften.

Abb. 9.30 zeigt die Abhängigkeit der vorhergesagten Widerstands- und Auftriebskraft von der Gitterfeinheit. Es werden Ergebnisse für alle drei Gitter dargestellt; der Zeitschritt wurde bei 0,01 s konstant gehalten (ca. 253 Zeitschritte pro Periode der Widerstandsschwingung). Aus dieser Abbildung ist ersichtlich, dass der Unterschied zwischen Lösungen vom groben und vom mittleren Gitter viel größer ist als der Unterschied zwischen Lösungen vom mittleren und vom feinen Gitter. Man erwartet, dass sich bei einer Diskretisierung 2. Ordnung der Unterschied zwischen Lösungen auf aufeinanderfolgenden Gittern um den Faktor 4 verringert, wenn der Gitterabstand halbiert wird, was hier der Fall ist.

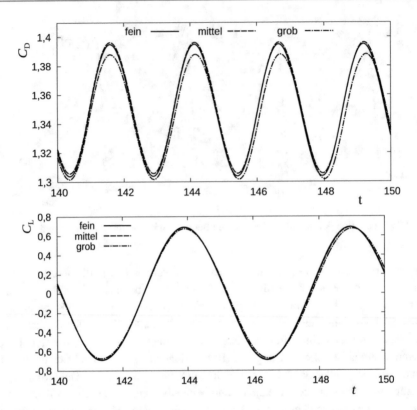

Abb. 9.30 Gitterabhängigkeitsanalyse: Variation von Widerstand (oben) und Auftrieb (unten) über zwei Perioden der Auftriebskraftschwingung, berechnet auf drei Gittern mit dem gleichen Zeitschritt, $\Delta t = 0{,}01s$

Abb. 9.31 zeigt die Abhängigkeit der Lösung von der Zeitschrittweite für das feinste Gitter. Die Simulation wurde mit dem größten Zeitschritt (0,04 s) bis zum Erreichen eines periodischen Zustands durchgeführt, dann gespeichert und als Ausgangspunkt für nachfolgende Simulationen über 10 Perioden der Auftriebskraftschwingung mit allen vier Zeitschritten verwendet. Nach einigen Perioden hat sich die Strömung an die neue Zeitschrittweite angepasst und es wurde wieder ein periodischer Zustand erreicht. Die Abbildung zeigt deutlich, dass eine Konvergenz 2. Ordnung zu einer zeitschrittunabhängigen Lösung erreicht wird: Die beiden Kurven, die den beiden kleinsten Zeitschritten entsprechen, können nicht voneinander unterschieden werden, wobei sich der Unterschied zum nächstgröberen Gitter um den Faktor 4 erhöht, wie es von einem Zeitdiskretisierungsschema 2. Ordnung erwartet wird.

Die Analyse von Diskretisierungsfehlern in instationären Strömungssimulationen erfordert die Wahl eines geeigneten Anfangsgitters und einer geeigneten Zeitschrittweite (basierend auf der schrittweisen Variation) und dann die gleichzeitige Verfeinerung von Gitter und Zeitschrittweite.

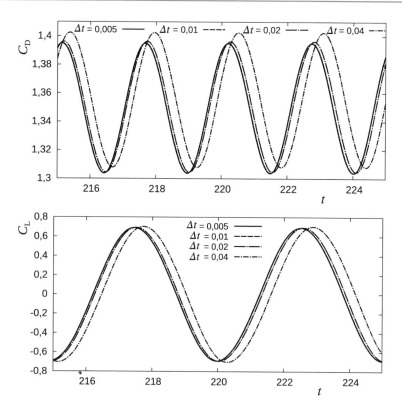

Abb. 9.31 Zeitschrittabhängigkeitsanalyse: Variation von Widerstand (oben) und Auftrieb (unten) über zwei Perioden der Auftriebskraftschwingung, berechnet auf dem feinsten Gitter mit vier verschiedenen Zeitschritten

9.12.3 3D Strömung um einen Kreiszylinder in einem Kanal bei Re = 200

Wir haben auch Berechnungen der 3D laminaren Strömung um einen kreisförmigen Zylinder durchgeführt, der zwischen zwei Wänden in einem Kanal mit quadratischem Querschnitt montiert ist. Obwohl es noch möglich wäre, ein ordentliches blockstrukturiertes Gitter für diese Geometrie zu erzeugen, zeigen wir an diesem Beispiel den Einsatz von unstrukturierten Gittern und kommerzieller Software sowohl für die Gittergenerierung als auch für die Strömungsberechnung. Drei Gittertypen werden erstellt und für die Strömungsanalyse verwendet: getrimmte kartesische (wie im vorherigen Beispiel), Tetraeder- und Polyedergitter. Prismenschichten entlang von Zylinder- und Kanalwänden wurden in allen drei Fällen analog erzeugt. Die Kanalachse zeigt in x-Richtung und die Zylinderachse in y-Richtung (horizontal).

Abb. 9.32 zeigt die Geometrie des Lösungsgebiets und das grobe Polyedergitter an den Rändern; Abb. 9.33 zeigt einen Längsschnitt bei $y = 0$ durch alle drei Arten von Gittern.

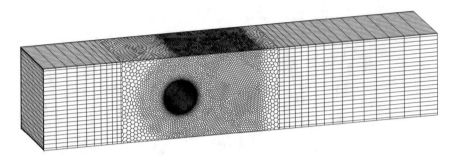

Abb. 9.32 Zylinder in einem Kanal: Geometrie und ein grobes Polyedergitter an den Rändern des Lösungsgebiets

Die Kanalabmessungen sind (in Metern): $-1{,}75 \leq x \leq 3{,}25$, $-0{,}5 \leq y \leq 0{,}5$ und $-0{,}5 \leq z \leq 0{,}5$; der Zylinder befindet sich am Koordinatenursprung und hat einen Durchmesser von 0,4 m. Der Zylinder blockiert somit 40 % des Kanalquerschnitts. Das hypothetische Fluid hat eine Dichte von 1 kg/m^3 und eine Viskosität von 0,005 Pa·s. Am Einstromrand ($x = $ -1,75 m) wurde ein gleichmäßiges Geschwindigkeitsfeld mit $u_x = 1$ m/s angegeben, während am Ausstromrand ($x = 3{,}25$ m) ein konstanter Druck vorgegeben wurde. Die Reynolds-Zahl bezogen auf die Kanalhöhe ist Re = 200. Das Geschwindigkeitsfeld wurde mit einer konstanten Geschwindigkeit in x-Richtung initialisiert, die der Eintrittsgeschwindigkeit entspricht. Wie im vorherigen Beispiel gezeigt, wäre die Strömung um einen Zylinder in einer unendlichen Umgebung unter den gleichen Bedingungen instationär, aber aufgrund der Begrenzung durch Seitenwände im Kanal ist die laminare Strömung in diesem Fall immer noch stationär.

Wir haben die drei Arten von Gittern in einem kürzeren Kanalsegment um den Zylinder erzeugt und führten die sogenannte *Gitterextrusion* entlang der Kanalachse durch, sowohl aus dem stromaufwärts als auch aus dem stromabwärts gelegenen Kanalquerschnitt. Dies führt zu prismatischen Zellen in den Abschnitten des Kanals stromabwärts des Einlasses und stromaufwärts des Auslasses, in denen eine allmähliche Expansion oder Kontraktion der Zellen in x-Richtung erreicht wird, wie in Abb. 9.32 zu sehen ist, wo Prismen mit einer Polygonbasis erzeugt werden. Beim Tetraedergitter bestehen die extrudierten Abschnitte aus Prismen mit dreieckiger Basis, während beim getrimmten Hexaedergitter die extrudierten Bereiche längliche Hexaeder enthalten. Die lokale Gitterverfeinerung um den Zylinder herum und teilweise stromabwärts wurde durch die Vorgabe von zwei Volumenformen erreicht (eine größere zylindrische Form um den Zylinder und ein Block auf der stromabwärts gelegenen Seite), für die eine kleinere Zellgröße erzwungen wurde. Die Gittergenerierungssoftware erzeugt in regelmäßigen Verfeinerungszonen reguläre Polyeder (Dodekaeder) und Tetraeder, wie in Abb. 9.33 zu sehen ist.

Die Berechnungen wurden mit der Software *Simcenter STAR-CCM+* von Siemens durchgeführt; sie basiert auf der FV-Methode und den Mittelpunktregel-Approximationen aller

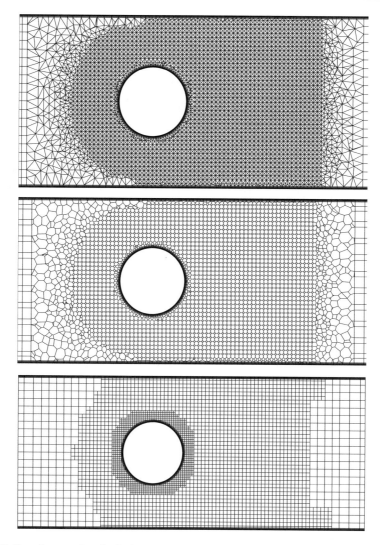

Abb. 9.33 Berechnungsgitter in der Längssymmetrieebene $y = 0$: Tetraedergitter (oben), Polyedergitter (Mitte) und getrimmtes Hexaedergitter (unten)

Integrale. Für die Konvektion wird eine Aufwindmethode 2. Ordnung verwendet (lineare Extrapolation zum Zentrum der KV-Seite unter Verwendung des Variablenwertes und des Gradienten im stromaufwärts gelegenen KV-Zentrum), während lineare Formfunktionen zur Approximation von Gradienten verwendet werden (was zu Zentraldifferenzen auf kartesischen Gittern führt). Der SIMPLE-Algorithmus wird bei Unterrelaxationsfaktoren von 0,8 für Geschwindigkeiten und 0,2 für Druck verwendet. Abb. 9.34 zeigt die Variation der Residuen mit äußeren Iterationen auf dem mittleren Polyedergitter (ca. 1,9 Mio. Zellen).

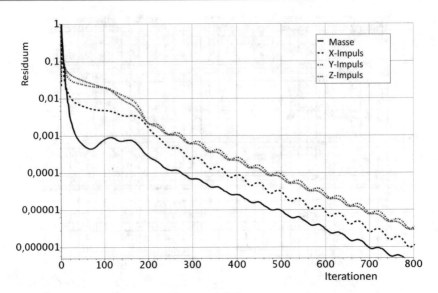

Abb. 9.34 Variation von Residuen mit zunehmender Anzahl von äußeren Iterationen im SIMPLE-Algorithmus für die 3D-Laminarströmung um einen kreisförmigen Zylinder in einem Kanal

Die Residuen fallen sehr schnell um eine Größenordnung, aber Iterationsfehler folgen den Residuen in der Regel nicht von Anfang an (siehe Abb. 8.9 im vorherigen Kapitel). Eine sichere Möglichkeit, Iterationsfehler aus einem Residuendiagramm abzuschätzen, besteht darin, aus dem Endzustand rückwärts zu extrapolieren. Wir sehen z. B. in Abb. 9.34, dass die Residuumsnorm für die u_x-Geschwindigkeit bei Iteration 800 etwa 1E-6 beträgt. Wenn wir entlang der mittleren Steigung nach hinten projizieren, erreichen wir die Iteration 0 auf dem Niveau von etwa 0,01; dies deutet darauf hin, dass die wahre Reduktion der Iterationsfehler etwa 4 Größenordnungen beträgt. Tatsächlich zeigt ein genauerer Blick auf die Werte von Geschwindigkeiten und Druck in einem Punkt hinter dem Zylinder keine Abweichung in den ersten 4 signifikanten Ziffern, was eine weitere nützliche Überprüfung ist, um sicherzustellen, dass die Lösung wirklich auskonvergiert ist.

Abb. 9.35 zeigt Geschwindigkeitsvektoren in den beiden Längssymmetrieebenen, berechnet auf dem getrimmten Hexaedergitter. Man kann in der horizontalen Ebene ($z = 0$) sehen, wie Geschwindigkeitsvektoren an beiden Zylinderenden nach hinten drehen; das deutet auf die Bildung eines Hufeisenwirbels hin. Der vertikale Querschnitt zeigt eine starke Beschleunigung der Strömung beim Passieren des Zylinders; die Geschwindigkeitsvektoren verdoppeln sich im Vergleich zu ihrer Größe stromaufwärts des Zylinders. Hinter dem Zylinder bildet sich eine Rezirkulationszone, die fast zwei Zylinderdurchmesser lang ist. Da die Strömung stationär ist, ist das Geschwindigkeitsfeld aufgrund der geometrischen Symme-

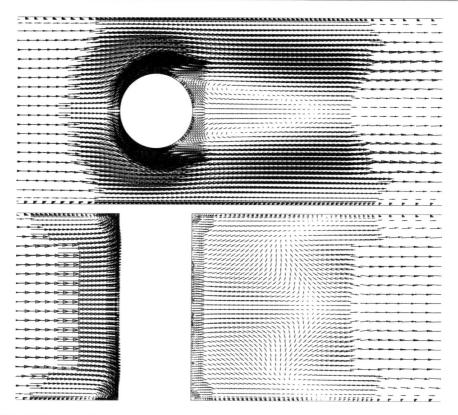

Abb. 9.35 Geschwindigkeitsvektoren in zwei Längssymmetrieebenen, berechnet auf dem feinsten getrimmten Hexaedergitter: $y = 0$ (oben) und $z = 0$ (unten)

trie in beiden Schnittebenen symmetrisch.[1] Es ist jedoch zu beachten, dass die Länge der Rezirkulationszone hinter dem Zylinder in Querrichtung variiert: Sie ist am längsten in der Mitte, wird kleiner, wenn man sich zu den Seitenwänden bewegt, steigt dann aber wieder in der Nähe der Wände an. Dreidimensionale Effekte beschränken sich also nicht nur auf die Zylinderenden, wo sie auf die Seitenwände treffen – die Wirkung der Seitenwände ist über die gesamte Zylinderlänge sichtbar.

Abb. 9.36 zeigt die Druckverteilung in der vertikalen Symmetrieebene. Die Isobaren um den Zylinder herum ähneln denen in 2D-Berechnungen für einen Zylinder in unendlicher Umgebung: Der höchste Druck liegt am vorderen Staupunkt, wo die Strömung auf die Zylinderwand trifft, und der niedrigste Druck liegt an den Zylinderseiten. Der Druck erholt sich

---

[1]Die stationäre Strömung muss nicht symmetrisch sein, wenn die Geometrie symmetrisch ist; in einigen symmetrischen Geometrien – wie Diffusoren und plötzliche Kanalerweiterungen – kann eine asymmetrische stationäre Strömung sowohl in Experimenten als auch in Simulationen erhalten werden.

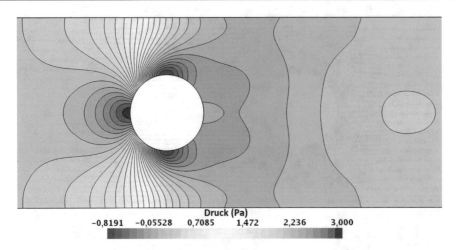

Druck (Pa)
−0,8191   −0,05528   0,7085   1,472   2,236   3,000

Abb. 9.36 Druckverteilung in der Längssymmetrieebene $y = 0$, berechnet auf dem feinsten getrimmten Hexaedergitter. (Strömung von links nach rechts)

auf der stromabwärts gelegenen Seite teilweise, ist aber aufgrund von viskosen Verlusten am stromabwärts gelegenen Staupunkt viel niedriger als auf der Gegenseite. Eine geschlossene Druckkontur stromabwärts des Zylinders zeigt das Ende der Rezirkulationszone an: Hier treffen zwei Ströme (von oben und unten) aufeinander, was zu einem lokalen Druckanstieg führt.

Mit jedem Gittertyp haben wir Berechnungen mit einer Reihe von drei systematisch verfeinerten Gittern durchgeführt, um die Gitterabhängigkeit von Lösungen zu überprüfen. Abb. 9.37 zeigt die Profile der u_x Geschwindigkeit entlang einer Linie in der vertikalen Symmetrieebene $0,875\,D$ stromabwärts vom Zylinder und entlang einer Linie in der horizontalen Symmetrieebene $1,875\,D$ stromabwärts vom Zylinder. Die Ergebnisse für drei systematisch verfeinerte getrimmte Hexaedergitter mit fünf Prismenschichten entlang aller Wände sind dargestellt: Das grobe Gitter hatte 377.006 KV, das mittlere 1.611.904 KV und das feine 8.952.321 KV (der Gitterabstand wurde mit jeder Verfeinerung halbiert). Für das Profil entlang der vertikalen Linie sind die Unterschiede zwischen den Lösungen auf allen drei Gittern sehr klein; die Spitzenwerte werden durch das grobe Gitter um ca. 2 % unterschritten, während die Profile aus Mittel- und Feingitter in der Grafik kaum zu unterscheiden sind. Im horizontalen Schnitt weiter stromabwärts vom Zylinder sind die Unterschiede besser sichtbar: Die Spitzenwerte sind hier um eine Größenordnung kleiner als die mittlere Geschwindigkeit im Kanal und somit sind noch kleinere Unterschiede deutlich erkennbar. Die Differenz zwischen den Profilen berechnet auf dem groben und dem mittleren Gitter ist etwa viermal größer als die Differenz zwischen Profilen berechnet auf dem mittleren und dem feinen Gitter, wie von einem Verfahren 2. Ordnung erwartet. Man kann also abschätzen, dass der durchschnittliche Diskretisierungsfehler auf dem feinsten Gitter in der Größenordnung von 0,1 % der mittleren Kanalgeschwindigkeit liegt.

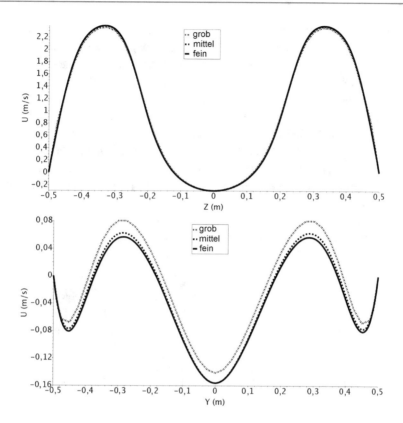

Abb. 9.37 Profile der u_x-Geschwindigkeit stromabwärts des Zylinders, berechnet auf drei systematisch verfeinerten getrimmten Hexaedergittern: $x = 0{,}35$, $y = 0$ (oben) und $x = 0{,}75$, $z = 0$ (unten)

Abb. 9.38 zeigt den Vergleich der gleichen Geschwindigkeitsprofile, die auf feinen Gittern unterschiedlicher Art berechnet wurden. Die Unterschiede sind kleiner als der Unterschied zwischen mittleren und feinen Gittern des gleichen Typs, siehe Abb. 9.37. Dies bestätigt, dass, wenn das Gitter ausreichend fein ist, die gleiche gitterunabhängige Lösung erhalten wird, unabhängig davon, welche Art von Rechengitter verwendet wird. Der Unterschied besteht in dem Aufwand, der erforderlich ist, um das Gitter zu erzeugen und die Navier-Stokes-Gleichungen zu lösen.

Bei der Verwendung kommerzieller Software wie es hier der Fall war, ist der Aufwand, um das gleiche Niveau von Diskretisierungsfehlern zu erreichen, im Allgemeinen am geringsten, wenn getrimmte Hexaedergitter verwendet werden. Am wenigsten effizient sind Tetraedergitter: Man benötigt mehr Zellen, um das gleiche Niveau von Diskretisierungsfehlern zu erreichen, als wenn Polyeder- oder Hexaedergitter verwendet werden. Auf einem Gitter mit der gleichen KV-Anzahl ist auch die Konvergenz der Iterationen unter gleichen

Bedingungen (Anzahl der inneren Iterationen pro äußerer Iteration bei der Lösung lineari-
sierter Gleichungssysteme, Unterrelaxationsfaktoren usw.) bei Tetraedergittern langsamer.

Es ist zu beachten, dass die obigen Aussagen gültig sind, wenn für alle Gitter die gleiche
Art von Approximationen angewendet wird (hier: Mittelpunktregel für Integralapproximationen, lineare Interpolation oder Extrapolation, lineare Formfunktionen für Gradientenapproximation). Die Verhältnisse können unterschiedlich sein, wenn man Diskretisierungen
anwendet, die speziell auf einen bestimmten Gittertyp abgestimmt sind.

Auf einen quantitativen Vergleich der Rechenzeiten wird hier verzichtet, da wir die Gitter
nicht variiert haben, um das gleiche Niveau von Diskretisierungsfehlern zu gewährleisten,
und weil die Verhältnisse problemabhängig sind; die oben genannten Aussagen basieren auf
Erfahrungen aus vielen industriellen Anwendungen der CFD. Der Vergleich hängt auch von
der Art der finiten Approximationen, die im Diskretisierungsprozess verwendet werden, und
vom verwendeten linearen Gleichungslöser ab.

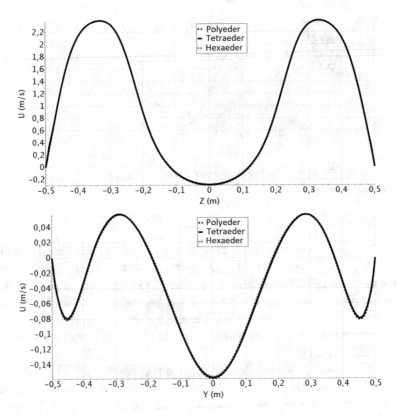

Abb. 9.38 Profile der u_x-Geschwindigkeit stromabwärts vom Zylinders, berechnet auf drei verschiedenen Gittertypen: $x = 0{,}35$, $y = 0$ (oben) und $x = 0{,}75$, $z = 0$ (unten)

Dreidimensionale Strömungen sind viel schwieriger zu visualisieren als 2D-Strömungen. Geschwindigkeitsvektoren und Stromlinien, die häufig in 2D verwendet werden, sind bei 3D-Problemen schwer zu zeichnen und zu interpretieren. Die Darstellung von Konturen und Vektorprojektionen auf ausgewählten Oberflächen (Ebenen, Iso-Oberflächen einiger Größen, Randflächen usw.) und die Möglichkeit, sie aus verschiedenen Richtungen zu betrachten, ist vielleicht die beste Möglichkeit, 3D-Strömungen zu analysieren. Instationäre Strömungen erfordern eine Animation der Ergebnisse. Wir werden uns hier nicht weiter mit diesen Fragen befassen, sondern wollen nur ihre Bedeutung hervorheben.

Literatur

Arcilla, A. S., Häuser, J., Eiseman, P. R. & Thompson, J. F. (Hrsg.). (1991). *Numerical grid generation in computational fluid dynamics and related fields*. Amsterdam, Holland: North-Holland.

Baliga, B. R. & Patankar, S. V. (1983). A control-volume finite element method for two-dimensional fluid flow and heat transfer. *Numer. Heat Transfer* **6**, 245–261.

Baliga, B. R. (1997). Control-volume finite element method for fluid flow and heat transfer. In W. J. Minkowycz& E. M. Sparrow (Hrsg.), *Advances in Numerical Heat Transfer* (Bd. **1**, S. 97–135). New York: Taylor and Francis,.

Bird, R. B., Stewart, W. E.& Lightfoot, E. N. (2006). *Transport phenomena* (Revised 2) Aufl.). New York: Wiley.

Coelho, P., Pereira, J. C. F. & Carvalho, M. G. (1991). Calculation of laminar recirculating flows using a local non-staggered grid refinement system. *Int. J. Numer. Methods Fluids***12**, 535–557.

Demirdžić, I. & Muzaferija, S. (1995). Numerical method for coupled fluid flow, heat transfer and stress analysis using unstructured moving meshes with cells of arbitrary topology. *Comput. Methods Appl. MechEngrg*. **125**, 235–255.

Demirdžić, I. (2015). On the discretization of the diffusion term in finite-volume continuum mechanics. *Numer. Heat Transfer* **68**, 1–10.

Fletcher, C. A. J. (1991). *Computational techniques for fluid dynamics* (2. Aufl., Bd. I & II). Berlin: Springer.

Frey, P. J. & George, P. l. (2008). *Mesh generation: Application to finite elements* (2. Aufl.). New Jersey: Wiley-ISTE.

Hadžić, H. (2005). *Development and application of a finite volume method for the computation of flows around moving bodies on unstructured, overlapping grids* (PhD Dissertation). Technische Universität Hamburg-Harburg.

Hanaoka, A. (2013). *An overset grid method coupling an orthogonal curvilinear grid solver and a Cartesian grid solver* (PhD Dissertation). University of Iowa, Iowa City, IA.

Hinatsu, M. & Ferziger, J. H. (1991). Numerical computation of unsteady incompressible flow in complex geometry using a composite multigrid technique. *Int. J. Numer. Methods Fluids* **13**, 971–997.

Hubbard, B. J. & Chen, H. C. (1994). A Chimera scheme for incompressible viscous flows with applications to submarine hydrodynamics. In *25th AIAA Fluid Dynamics Conference*. AIAA Paper 94–2210

Hubbard, B. J. & Chen, H. C. (1995). Calculations of unsteady flows around bodies with relative motion using a Chimera RANS method. In *Proc. 10th ASCE Engineering Mechanics Conference*. Boulder, CO: Univ. of Colorado at Boulder.

Hylla, E. A. (2013). *Eine Immersed Boundary Methode zur Simulation von Strömungen in komplexen und bewegten Geometrien* (PhD Dissertation). Technische Universität Berlin, Berlin, Germany.

Kordula, W. & Vinokur, M. (1983). Efficient computation of volume in flow predictions. *AIAA J.* **21**, 917–918.

Lilek, Ž., Muzaferija, S., Perić, M. & Seidl, V. (1997b). An implicit finite-volume method using non-matching blocks of structured grid *Numer. Heat Transfer, Part B* **32**, 385–401.

Lundquist, K. A., Chow, F. K. & Lundquist, J. K. (2012). An immersed boundary method enabling large-eddy simulations of flow over complex terrain in the WRF model. *Monthly Wea. Review* **140** 3936–3955.

Maliska, C. R. & Raithby, G. D. (1984). A method for computing three-dimensional lows using non-orthogonal boundary-fitted coordinates. *Int. J. Numer. Methods Fluids,* **4**, 518–537.

Manhart, M. & Wengle, H. (1994) Large-eddy simulation of turbulent boundary layer over a hemisphere. P. Voke, L. Kleiser& J. P. Chollet (Hrsg.), *Proc. 1st ERCOFTAC Workshop on Direct and Large Eddy Simulation* (S. 299–310). Dordrecht: Kluwer Academic Publishers.

Masson, C., Saabas, H. J. & Baliga, R. B. (1994). Co-located equal-order control-volume finite element method for two-dimensional axisymmetric incompressible fluid flow. *Int. J. Numer. Methods Fluids* **18**, 1–26.

Mittal, R. & Iaccarino, G. (2005). Immersed boundary methods. *Annu. Rev. Fluid Mech.* **37**,239–261.

NASA CGTUM. (2010). *Chimera Grid Tools User's Manual, Ver. 2.1.* NASA Advanced Supercomputing Division. Zugriff auf https://www.nas.nasa.gov/-publi-cations/-software/-docs/-chimera/index.html

Oden, J. T. (2006). *Finite elements of non-linear continua.* Mineola, NY: Dover Publications.

Peller, N. (2010). *Numerische Simulation turbulenter Strömungen mit Immersed Boundaries* (PhD Dissertation). Technische Universität München, Fachgebiet Hydromechanik, Mitteilungen.

Perić, M. (1990). Analysis of pressure-velocity coupling on non-orthogonal grids. *Numerical Heat Transfer, Part B (Fundamentals)* **17**, 63–82.

Perng, C. Y. & Street, R. L. (1991). A coupled multigrid–domain-splitting technique for simulating incompressible flows in geometrically complex domains. *Int. J. Numer. Methods Fluids* **13**, 269–286.

Peskin, C. S. (1972). *Flow patterns around heart valves: a digital computer method for solving the equations of motion* (PhD Dissertation). Albert Einstein College of Medicine, Yeshiva University.

Peskin, C. S. (2002). The immersed boundary method. *Acta Numerica* **11**, 479–517.

Raw, M. J. (1985). *A new control-volume-based finite element procedure for the numerical solution of the fluid flow and scalar transport equations* (PhD Dissertation). Waterloo, Canada: University of Waterloo.

Rhie, C. M. & Chow, W. L. (1983). A numerical study of the turbulent flow past an isolated airfoil with trailing edge separation. *AIAA J.* **21**, 1525–1532.

Schneider, G. E. & Raw, M. J. (1987). Control-volume finite-element method for heat transfer and fluid flow using colocated variables. 1. Computational procedure. *Numer. Heat Transfer* **11**, 363–390.

Schreck, E. & Perić, M. (1993). Computation of fluid flow with a parallel multigrid solver. *Int. J. Numer. Methods Fluids* **16**, 303–327.

Sedov, L. (1971). *A course in continuum mechanics, Vol.* **1** Groningen: Wolters-Noordhoft Publishing.

Seidl, V., Perić, M. & Schmidt, S. (1996). Space- and time-parallel Navier-Stokes solver for 3D block-adaptive Cartesian grids. In A. Ecer, J. Periaux, N. Satofuka& S. Taylor (Hrsg.), *Parallel Computational Fluid Dynamics 1995: Implementations and results using parallel computers* (S. 577–584). North Holland – Elsevier.

Taira, K. & Colonius, T. (2007). The immersed boundary method: A projection approach. *J. Compt. Phys.* **225**,2118–2137.

Thompson, J. F., Warsi, Z. U. A. & Mastin, C. W. (1985). *Numerical grid generation – foundations and applications*. New York: Elsevier.

Truesdell, C. (1991). *A first course in rational continuum mechanics* (2. Aufl., Bd. **1**). Boston: Academic Press.

Tseng, Y. H. & Ferziger, J. H. (2003). A ghost-cell immersed boundary method for flow in complex geometry A ghost-cell immersed boundary method for flow in complex geometry. J. Comput. Phys., **192** 593–623.

Xing-Kaeding, Y. (2006). *Unified approach to ship seakeeping and maneuvering by a RANSE method* (PhD Dissertation, TU Hamburg-Harburg, Hamburg). Zugriff auf http://doku.b.tu-harburg.de/volltexte/2006/303/pdf/Xing-Kaeding-thesis.pdf

Zang, Y. & Street, R. L. (1995). A composite multigrid method for calculating unsteady incompressible flows in geometrically complex domains. *Int. Numer. Methods Fluids* **20**, 341–361.

Zienkiewicz, O. C., Taylor, R. L. & Nithiarasu, P. (2005). *The finite element method for fluid dynamics* (6. Aufl.). Burlington, MA: Butterworth- Heinemann (Elsevier).

Turbulente Strömungen 10

10.1 Einführung

Die meisten in der technischen Praxis auftretenden Strömungen sind turbulent (Pope 2000; Jovanović 2004) und erfordern daher eine andere Behandlung als die bisher untersuchten laminaren Strömungen. Turbulente Strömungen sind durch die folgenden Eigenschaften gekennzeichnet:

- Turbulente Strömungen sind stark instationär. Eine Variation der Geschwindigkeit als Funktion der Zeit an den meisten Stellen in der Strömung erscheint einem mit diesen Strömungen nicht vertrauten Beobachter als zufällig. Das Wort „chaotisch" könnte verwendet werden, aber es wurde in den letzten Jahren anders definiert.
- Sie sind dreidimensional. Die zeitgemittelte Geschwindigkeit kann eine Funktion von nur zwei Koordinaten sein, aber das momentane Feld schwankt schnell in allen drei Raumdimensionen.
- Sie enthalten eine große Menge an Wirbelstärke. Tatsächlich ist die Wirbeldehnung einer der Hauptmechanismen, durch den die Intensität der Turbulenz erhöht wird.
- Turbulenz erhöht die Rate, mit der die erhaltenen Größen in der Strömung gerührt werden. Rühren ist ein Prozess, bei dem Fluidteilchen mit unterschiedlichen Konzentrationen von mindestens einer der erhaltenen Eigenschaften in Kontakt gebracht werden. Die eigentliche *Vermischung* erfolgt durch Diffusion. Dennoch wird dieser Prozess oft als *turbulente Diffusion* bezeichnet.
- Durch die eben genannten Prozesse bringt die Turbulenz Fluidteilchen mit unterschiedlichem Impulsgehalt in Kontakt. Die Reduzierung der Geschwindigkeitsgradienten durch die Wirkung der Viskosität reduziert die kinetische Energie der Strömung. Mit anderen Worten: Das Mischen ist ein *dissipativer* Prozess. Die verlorene kinetische Energie wird irreversibel in innere Energie des Fluids umgewandelt.

© Springer-Verlag GmbH Deutschland, ein Teil von Springer Nature 2020
J. H. Ferziger et al., *Numerische Strömungsmechanik*,
https://doi.org/10.1007/978-3-662-46544-8_10

- Es hat sich in den letzten Jahren gezeigt, dass turbulente Strömungen *kohärente Strukturen* – wiederholbare und im Wesentlichen deterministische Ereignisse enthalten, die für einen großen Teil des Rührens verantwortlich sind. Die zufällige Komponente turbulenter Strömungen bewirkt jedoch, dass sich diese Ereignisse in Größe, Stärke und Zeitabstand zwischen den Erscheinungen voneinander unterscheiden, was das Studium dieser Ereignisse sehr schwierig macht.
- Turbulente Strömungen schwanken auf einem breiten Spektrum von Längen- und Zeitskalen. Diese Eigenschaft macht die direkte numerische Simulation turbulenter Strömungen sehr schwierig (siehe unten).

Alle diese Eigenschaften sind wichtig. Die durch Turbulenz verursachten Effekte können je nach Anwendung wünschenswert sein oder auch nicht. Intensives Rühren ist nützlich, wenn chemische Vermischung oder Wärmeübertragung erforderlich sind; beide können durch Turbulenz um Größenordnungen erhöht werden. Andererseits führt eine erhöhte Vermischung des Impulses zu erhöhten Reibungskräften und damit zu einer Erhöhung des Leistungsbedarfs für das Pumpen eines Fluids oder Antreiben eines Fahrzeugs; auch hier ist eine Erhöhung um eine Größenordnung nicht ungewöhnlich. Ingenieure müssen in der Lage sein, diese Auswirkungen zu verstehen und vorherzusagen, um gute Designs zu erzielen. In einigen Fällen ist es möglich, die Turbulenz zumindest teilweise zu kontrollieren.

In der Vergangenheit war der primäre Ansatz zur Untersuchung turbulenter Strömungen experimentell. Integralgrößen wie der zeitgemittelte Widerstand oder die Wärmeübertragung sind relativ einfach zu messen, aber mit zunehmender Komplexität der technischen Geräte steigen auch der Detaillierungsgrad und die erforderliche Genauigkeit, sowie die Kosten, der Aufwand und die Schwierigkeit der Messungen. Um ein Design zu optimieren, ist es in der Regel notwendig, die Ursache der unerwünschten Effekte zu verstehen; dies erfordert detaillierte Messungen, die kostspielig und zeitaufwändig sind. Einige Arten von Messungen, wie z. B. des schwankenden Drucks innerhalb einer Strömung, sind derzeit fast unmöglich durchzuführen. Andere können nicht mit der erforderlichen Präzision durchgeführt werden. Infolgedessen spielen numerische Methoden eine wichtige Rolle, und diese Rolle ist vielleicht nirgendwo weiter fortgeschritten als beim Entwurf und der Optimierung von zivilen und militärischen Flugzeugen und Schiffen. Dort wird routinemäßig eine CFD-Analyse für Komponenten (z. B. Tragflächen, Propeller, Turbinen usw.) sowie für komplette Systemkonfigurationen durchgeführt. Allerdings variieren die Anforderungen an die numerische Methode je nachdem, was man in der Strömung analysieren möchte; wir werden auf dieses Prinzip in Abschn. 12.1.1 zurückkommen. So stellt beispielsweise die Bestimmung von Kräften, Wärmeflüssen usw. in zeitgemittelter Strömung weniger strenge Anforderungen, als wenn man sich die Reynolds-Spannungen ansehen will oder wenn auch die problematischeren dreifachen Korrelationen von Interesse sind (sowohl in Bezug auf die Genauigkeit als auch auf die Dauer der Simulation).

Bevor wir zur Diskussion der numerischen Methoden für diese Strömungen kommen, ist es hilfreich, die Ansätze zur Vorhersage turbulenter Strömungen zusammenzufassen.

Bardina et al. (1980) hatten eine Liste von sechs Kategorien erstellt, auf denen unsere Zusammenfassung basiert:

- Der erste Ansatz besteht in der Verwendung von *Korrelationen,* die beispielsweise den Reibungsbeiwert als Funktion der Reynolds-Zahl oder die Nusselt-Zahl der Wärmeübertragung als Funktion der Reynolds- und Prandtl-Zahl angeben. Diese Methode, die in der Regel in Einführungskursen gelehrt wird, ist sehr nützlich, beschränkt sich aber auf einfache Arten von Strömungen, die sich durch wenige Parameter charakterisieren lassen. Da ihre Verwendung keine CFD erfordert, werden wir hier nicht weiter darauf eingehen.
- Der zweite Ansatz verwendet *Integralgleichungen,* die aus den Bewegungsgleichungen durch Integration über eine oder mehrere Koordinaten hergeleitet werden können. In der Regel reduziert dies das Problem auf eine oder mehrere gewöhnliche Differentialgleichungen, die leicht zu lösen sind. Die zur Lösung dieser Gleichungen verwendeten Methoden wurden in Kap. 6 beschrieben.
- Der dritte Ansatz basiert auf Gleichungen, die durch Zerlegung der Bewegungsgleichungen in mittlere und in schwankende Komponenten erhalten wurden (Pope 2000). Leider bilden diese zerlegten Gleichungen keinen geschlossenen Satz (siehe Abschn. 10.3.5.1), sodass diese Methoden die Einführung von Approximationen *(Turbulenzmodelle)* erfordern. Einige der heute gebräuchlichen Turbulenzmodelle und eine Diskussion über die Probleme im Zusammenhang mit der numerischen Lösung von Gleichungen mit Turbulenzmodellen werden später in diesem Kapitel vorgestellt. Dort werden wir uns auf die sogenannte *Einpunktschließung* konzentrieren.[1]
Der tatsächliche Ansatz für den Umgang mit den Turbulenzmodellen wird durch die Art des Prozesses bestimmt, mit dem die mittleren und schwankenden Gleichungen erhalten werden, was zu Unterkategorien dieses dritten Ansatzes wie folgt führt:
  - Wir erhalten einen Satz von partiellen Differentialgleichungen, die als *Reynoldsgemittelte Navier-Stokes* (oder RANS)-Gleichungen bezeichnet werden, wenn der Prozess zur Bildung des Mittelwerts die Bewegungsgleichungen über die Zeit oder über ein Ensemble von Realisierungen (ein imaginärer Satz von Strömungen, in dem alle steuerbaren Faktoren festgelegt bleiben) mittelt. Die resultierenden Gleichungen können entweder eine zeitabhängige oder eine stationäre Strömung darstellen, wie wir im Folgenden erläutern werden.
  - Wir erhalten einen Satz von Gleichungen, die als *Grobstruktursimulation* (bekannt als *„large-eddy simulation"* oder LES)-Gleichungen bezeichnet werden, wenn der Mittelwert durch Mittelung (oder Filterung) über endliche Volumen im Raum erreicht

---

[1]Es gibt auch *Zweipunkteschließungen,* die Gleichungen für die Korrelation der Geschwindigkeitskomponenten in zwei räumlichen Punkten oder, noch häufiger, die Fourier-Transformation dieser Gleichungen verwenden. Diese Methoden sind in der Praxis nicht weit verbreitet (Leschziner 2010) und werden am häufigsten in der Grundlagenforschung eingesetzt, sodass wir sie nicht weiter berücksichtigen werden. Lesieur (2010, 2011) präsentiert jedoch einen charmanten Rückblick mit gutem Einblick in ihre Geschichte und ihren Stand der Technik.

wird.[2] LES berechnet dann eine genaue Darstellung der Bewegungen auf den größten Skalen der Strömung während kleinskaligen Bewegungen approximiert oder modelliert werden. Es kann als eine Art Kompromiss zwischen RANS (siehe oben) und direkter numerischer Simulation (siehe unten) betrachtet werden.

- Schließlich ist der vierte Ansatz die *direkte numerische Simulation (DNS)*, in der die Navier-Stokes-Gleichungen für alle Bewegungen (d. h. auf allen räumlichen und zeitlichen Skalen) in einer turbulenten Strömung gelöst werden.

Wenn man in dieser Liste von oben nach unten wandert, werden immer mehr der turbulenten Bewegungen berechnet und immer weniger durch Modelle approximiert. Dadurch werden die Methoden zum Schluss genauer, aber die Rechenzeit wird erheblich erhöht.

Alle in diesem Kapitel beschriebenen Methoden erfordern die Lösung einer Form der Erhaltungsgleichungen für Masse, Impuls, Energie oder chemische Spezies. Die Hauptschwierigkeit besteht darin, dass turbulente Strömungen Variationen in einem viel größeren Längen- und Zeitskalenbereich enthalten als laminare Strömungen. Auch wenn sie den laminaren Strömungsgleichungen ähnlich sind, sind die Gleichungen, die turbulente Strömungen beschreiben, in der Regel viel schwieriger und teurer zu lösen.

10.2   Direkte numerische Simulation (DNS)

10.2.1 Überblick

Der genaueste Ansatz für die Turbulenzsimulation besteht darin, die Navier-Stokes-Gleichungen ohne Mittelung oder Approximation zu lösen, mit Ausnahme von numerischer Diskretisierung, deren Fehler geschätzt und kontrolliert werden können. Dies ist auch aus konzeptioneller Sicht der einfachste Ansatz. In solchen Simulationen werden alle in der Strömung enthaltenen Bewegungen aufgelöst. Das erhaltene berechnete Strömungsfeld entspricht einer einzelnen Realisierung einer Strömung oder einem kurzzeitigen Laborexperiment; wie bereits erwähnt, wird dieser Ansatz als direkte numerische Simulation (DNS) bezeichnet.

Um sicherzustellen, dass alle wesentlichen Strukturen der Turbulenz erfasst wurden, muss in einer direkten numerischen Simulation das Gebiet, in dem die Berechnung durchgeführt wird, mindestens so groß sein wie das zu betrachtende physikalische Strömungsgebiet oder der größte turbulente Wirbel. Ein nützliches Maß für die letztgenannte Skala ist der Integralmaßstab (L) der Turbulenz, der im Wesentlichen die Entfernung ist, über die die schwankende Komponente der Geschwindigkeit korreliert bleibt. Somit muss jede lineare Dimension des Gebiets mindestens das Mehrfache des Integralmaßstabs betragen.

---

[2]Durch Mittelung über „relativ" große Volumen im Raum erhält man *very large-eddy simulation (VLES)*. Wir werden später diskutieren (Abschn. 10.3.1 und 10.3.7), wie man „relativ" definiert.

Eine gültige Simulation muss auch die gesamten Verluste der kinetischen Energie erfassen. Dies geschieht auf den kleinsten Skalen, denjenigen, auf denen die Viskosität aktiv ist, sodass die Größe des Gitters in der Größenordnung eines von der Viskosität bestimmten Maßstabs liegen muss, der Kolmogoroff-Maßstab genannt wird, η. In der Regel wird die Auflösungsanforderung wie folgt angegeben:

$$k_{max}\eta = \frac{\pi}{\Delta}\eta \geq 1{,}5, \tag{10.1}$$

also die Maschenweite sollte $\Delta \leq 2\eta$ sein. Schumacher et al. (2005) weisen darauf hin, dass die Dissipation über einen Bereich von Skalen erfolgt (der Höhepunkt des Dissipationsspektrums liegt bei $k\eta \sim 0{,}2$), und dass lokal Skalen kleiner als η in der Strömung vorkommen. Um diese Skalen aufzulösen wurden Simulationen mit $k_{max}\eta$ bis zu 34 durchgeführt. Zur Erfassung der Essenz ihrer Strömungen verwendeten Kaneda und Ishihara (2006) und Bermejo-Moreno et al. (2009) Werte für $k_{max}\eta$ von bis zu 2 bzw. 4.

Für die homogene isotrope Turbulenz, die einfachste Art der Turbulenz, gibt es keinen Grund, etwas anderes als ein äquidistantes Gitter zu verwenden. In diesem Fall zeigt das gerade gegebene Argument, dass die Anzahl der Gitterpunkte in jede Richtung in der Größenordnung von L/η liegen muss; es kann gezeigt werden (Tennekes und Lumley 1976), dass dieses Verhältnis proportional zu $\text{Re}_L^{3/4}$ ist.[3] Hier ist Re_L eine Reynolds-Zahl, die auf dem Betrag der Geschwindigkeitsschwankungen und dem Integralmaßstab basiert; dieser Parameter ist typischerweise etwa das 0,01-fache der makroskopischen Reynolds-Zahl, die Ingenieure zur Beschreibung einer Strömung verwenden. Da diese Anzahl von Punkten in jeder der drei Koordinatenrichtungen verwendet werden muss und der Zeitschritt auf die Gittermaschenweite bezogen ist, sind die Kosten für eine Simulation proportional zu Re_L^3. In Bezug auf die Reynolds-Zahl, mit der ein Ingenieur die Strömung beschreiben würde, kann die Skalierung der Kosten etwas anders ausfallen.

Da die Anzahl der Gitterpunkte, die in einer Berechnung verwendet werden können, durch die Verarbeitungsgeschwindigkeit und den Speicher des Rechners, auf dem sie ausgeführt wird, begrenzt ist, wird DNS typischerweise in geometrisch einfachen Gebieten durchgeführt. Auf vorhandenen Rechnern ist es möglich, DNS homogener Strömungen bei „turbulenten" Reynolds-Zahlen bis in die Größenordnung von 10^5 mit bis zu 4096^3 Gitterpunkten durchzuführen (Ishihara et al. 2009). Wie im vorhergehenden Absatz erwähnt, entspricht dies den globalen Reynolds-Zahlen die etwa zwei Größenordnungen größer sind; somit erreicht DNS das untere Ende des Bereichs der Reynolds-Zahlen von technischem Interesse, was DNS in einigen Fällen zu einer nützlichen Methode macht. In anderen Fällen

---

[3] Es könnte schlimmer sein! Der NSF Bericht über simulationbasierte Ingenieurwissenschaften (2006) stellt tatsächlich fest, dass die *Tyrannei der Skalen* die Simulationsbemühungen in vielen Bereichen dominiert, einschließlich der Strömungsmechanik. Also, selbst für $\text{Re}_L \sim 10^7$ liegt das Längenskalenverhältnis in der Größenordnung von 2×10^5. Sie weisen jedoch darauf hin, dass für die Proteinfaltung das Zeitskalenverhältnis $\sim 10^{12}$ ist, während für fortgeschrittenes Materialdesign das räumliche Skalenverhältnis $\sim 10^{10}$ beträgt!

kann es möglich sein, von der Reynolds-Zahl der Simulation auf die Reynolds-Zahl vom tatsächlichen Interesse zu extrapolieren. Für weitere Details zu DNS siehe Pope (2000) und Moin und Mahesh (1998) für Übersichten und die spezifischen Veröffentlichungen von Ishihara et al. (2009), die eine Fourier-Spektralmethode (siehe Abschn. 3.11) verwenden, um isotrope Strömungen zu untersuchen, und Wu und Moin (2009), die eine Teilschrittmethode (Abschn. 7.2.1) verwenden, um einen Grenzschichtströmung zu untersuchen.

10.2.2 Diskussion

Die Ergebnisse einer DNS enthalten sehr detaillierte Informationen über die Strömung. Dies kann sehr nützlich sein, aber einerseits sind es weit mehr Informationen als ein Ingenieur benötigt und andererseits ist DNS teuer und kann nicht als Entwurfswerkzeug verwendet werden. Man muss sich dann fragen, wofür man DNS nutzen kann. Wir können damit detaillierte Informationen über die Geschwindigkeit, den Druck und jede andere interessante Variable in einer großen Anzahl von Gitterpunkten erhalten. Diese Ergebnisse entsprechen den experimentellen Daten und können zur Erzeugung statistischer Informationen oder zur Erstellung einer „numerischen Strömungsvisualisierung" verwendet werden. Von letzteren kann man zum Beispiel sehr viel über die kohärenten Strukturen lernen, die in der Strömung existieren (Abb. 10.1). Diese Fülle von Informationen kann dann genutzt werden, um ein tieferes Verständnis der Strömungsphysik zu entwickeln oder ein quantitatives Modell zu konstruieren, vielleicht vom Typ RANS oder LES, das es ermöglicht, andere, ähnliche Strömungen mit geringeren Kosten zu berechnen, was solche Modelle nützlich als technische Entwurfswerkzeuge macht.

Abb. 10.1 „Haarnadelwälder" im vollturbulenten Bereich der Grenzschicht an einer ebenen Platte. Gezeigt sind Isoflächen der zweiten Invariante des Geschwindigkeitsgradiententensors; Flächen eingefärbt gemäß lokalem dimensionslosen Wandabstand. Werte größer als 300 sind rot markiert (Strömung von links nach rechts). (Aus: Wu und Moin 2011)

Einige Beispiele für Nutzungsarten, für die DNS verwendet wurde, sind:

- Verständnis des Prozesses für den Übergang von laminarer zu turbulenter Strömung sowie der Mechanismen der Turbulenzerzeugung, Energieübertragung und Dissipation in turbulenten Strömungen;
- Simulation der Entstehung von aerodynamischen Geräuschen;
- Verständnis der Auswirkungen der Kompressibilität auf die Turbulenz;
- Verständnis der Wechselwirkung zwischen Verbrennung und Turbulenz;
- Kontrolle und Reduzierung des Strömungswiderstands an einer festen Wand.

Andere Anwendungen von DNS wurden bereits realisiert, und viele weitere werden zweifellos in Zukunft dazukommen.

Die zunehmende Rechengeschwindigkeit der Computer hat es ermöglicht, DNS einfacher Strömungen bei niedrigen Reynolds-Zahlen auf Workstations durchzuführen. Unter einfachen Strömungen verstehen wir jede homogene turbulente Strömung (es gibt viele), Kanalströmungen, freie Scherströmungen und einige andere. Auf großen Parallelrechnern wird DNS, wie oben erwähnt, mit 4096^3 ($\sim 6,9 \times 10^{10}$) oder mehr Gitterpunkten durchgeführt. Die Rechenzeit hängt vom Rechner und der Anzahl der verwendeten Gitterpunkte ab, sodass keine sinnvolle Schätzung vorgenommen werden kann. Tatsächlich wählt man in der Regel die zu simulierende Strömung und die Anzahl der Gitterpunkte entsprechend den verfügbaren Rechenkapazitäten. Eine vollständige Simulation nach dem neuesten Stand der Technik kann Hunderttausende von Kernen auf einem Parallelrechner verwenden und Millionen von Kernstunden verbrauchen. Da Computer schneller und Speicherplatz größer werden, werden Strömungen mit immer höherer Komplexität und Reynolds-Zahl simuliert.

Eine Vielzahl von numerischen Methoden kann in DNS und LES eingesetzt werden. Fast jede in diesem Buch beschriebene Methode kann verwendet werden; für richtig große Berechnungen auf Parallelrechnern werden jedoch im Wesentlichen explizite Methoden auf der Grundlage von Zentraldifferenzen oder Spektralverfahren verwendet; wir weisen unten darauf hin, dass in einigen Fällen implizite Methoden für bestimmte Terme in den Gleichungen verwendet werden. Da diese Methoden in früheren Kapiteln vorgestellt wurden, werden wir hier nicht sehr ausführlich darauf eingehen. Es gibt jedoch wichtige Unterschiede zwischen DNS und LES und Simulationen von stationären Strömungen, und es ist wichtig, diese zu diskutieren.

Die wichtigsten Anforderungen an numerische Methoden für DNS und LES ergeben sich aus der Notwendigkeit, eine Strömung mit einem breiten Spektrum an Längen- und Zeitskalen präzise zu realisieren. Da eine genaue Zeithistorie erforderlich ist, sind Techniken, die für stationäre Strömungen ausgelegt sind, ineffizient und sollten nicht ohne wesentliche Änderungen eingesetzt werden. Der Genauigkeitsbedarf erfordert, dass der Zeitschritt klein ist und natürlich muss die Zeitintegrationsmethode für den gewählten Zeitschritt stabil sein. In den meisten Fällen stehen explizite Methoden zur Verfügung, die für den von der Genauigkeitsanforderung geforderten Zeitschritt stabil sind, sodass es keinen Grund gibt, den zusätzlichen Aufwand für implizite Methoden zu tragen; in den meisten Simulationen wurden daher explizite Zeitintegrationsmethoden verwendet. Eine bemerkenswerte (aber nicht die einzige) Ausnahme tritt in der Nähe von Wänden auf. Die wichtigen Strukturen in diesen Regionen sind sehr klein und es müssen sehr feine Gitter verwendet werden, insbesondere in Richtung senkrecht zur Wand. Numerische Instabilität kann sich aus den viskosen Termen, die Ableitungen in Richtung der Wandnormalen beinhalten, ergeben, sodass diese oft implizit behandelt werden. In komplexen Geometrien kann es notwendig sein, noch mehr Terme implizit zu behandeln, da dort oft lokale Gitterverfeinerungen um Ecken und Kanten eingesetzt werden.

Die in DNS und LES am häufigsten verwendeten Zeitintegrationsmethoden sind 2. bis 4. Ordnung; Runge-Kutta-Methoden wurden am häufigsten verwendet, aber auch andere, wie die Adams-Bashforth- und Leapfrog-Methode. Die Runge-Kutta-Methoden erfordern i. Allg. für eine bestimmte Genauigkeitsordnung mehr Rechenoperationen pro Zeitschritt. Dennoch werden sie bevorzugt, weil ihre Fehler für einen bestimmten Zeitschritt wesentlich kleiner sind als bei den konkurrierenden Verfahren. In der Praxis erlauben sie also einen größeren Zeitschritt bei gleicher Genauigkeit, was den erhöhten Rechenaufwand mehr als ausgleicht. Die Crank-Nicolson-Methode wird häufig auf die Terme angewendet, die implizit behandelt werden müssen, z. B. viskose Terme oder wandnormale Konvektionsterme.

Eine Schwierigkeit bei Zeitintegrationsmethoden besteht darin, dass bei Genauigkeitsordnung höher als der 1. die Speicherung von Daten in mehr als einem Zeitschritt (einschließlich Zwischenschritten) erforderlich ist. Daher ist es von Vorteil, Methoden zu entwickeln und einzusetzen, die relativ wenig Speicherplatz beanspruchen. Leonard und Wray (1982) präsentierten eine Runge-Kutta-Methode 3. Ordnung, die weniger Speicherplatz benötigt als die Standard-Runge-Kutta-Methode dieser Genauigkeit (siehe eine Anwendung dieser Methode in Bhaskaran, 2010). Andererseits sind für die kompressible Strömungen und Akustiksimulation unterschiedliche Eigenschaften erwünscht, z. B. dissipations- und dispersionsarme Runge-Kutta-Methoden (Hu et al. 1996, wie in Bhagatwala und Lele 2011).

Ein weiteres wichtiges Thema in DNS ist die Notwendigkeit, eine Vielzahl von Längenskalen zu behandeln; dies erfordert eine Änderung in der Art und Weise, wie man Diskretisierungsmethoden betrachtet. Der gebräuchlichste Indikator der Genauigkeit einer räumlichen Diskretisierungsmethode ist ihre Ordnung, eine Zahl, die die Rate beschreibt, mit der der Diskretisierungsfehler abnimmt, wenn die Gittergröße reduziert wird. Zurückkommend auf die Diskussion in Kap. 3 ist es sinnvoll, die Fourier-Zerlegung des Geschwindigkeitsfeldes zu betrachten. Wir zeigten (Abschn. 3.11), dass das Geschwindigkeitsfeld auf einem äquidistanten Gitter durch eine Fourier-Reihe dargestellt werden kann:

$$u(x) = \sum \tilde{u}(k)\, \mathrm{e}^{ikx}. \tag{10.2}$$

Die höchste Wellenzahl k, die in einem Gitter mit der Maschenweite Δx aufgelöst werden kann, ist $\pi/\Delta x$, sodass wir nur $0 < k < \pi/\Delta x$ berücksichtigen. Die Reihe (10.2) kann Term für Term differenziert werden. Die exakte Ableitung von e^{ikx}, $ik\mathrm{e}^{ikx}$ wird ersetzt durch $ik_{\mathrm{eff}}\mathrm{e}^{ikx}$, wobei k_{eff} die effektive Wellenzahl bezeichnet, die in Abschn. 3.11

definiert ist, wenn eine Finitedifferenzenapproximation verwendet wird. Die Darstellung von k_{eff} in Abb. 3.12 zeigt, dass Zentraldifferenzen nur für $k < \pi/2\Delta x$, der ersten Hälfte des Wellenzahlenbereichs von Interesse, genau sind.

Die Schwierigkeit bei der Simulation turbulenter Strömungen, die bei stationären Strömungssimulationen nicht vorkommt, besteht darin, dass Turbulenz-Spektren (die Verteilung der Turbulenzenergie über die Wellenzahl oder das inverse Längenmaß) in der Regel über einen signifikanten Teil des Wellenzahlenbereichs $\{0, \pi/\Delta x\}$ groß sind, sodass die Ordnung der Methode und ihr Verhalten im Kontext von Abb. 3.12 signifikant werden können. In dieser Abbildung sehen wir, dass die numerische Methode im Idealfall eine effektive Wellenzahl haben soll, die sich der exakten und spektralen Linie nähert. Die ZDS. 4. Ordnung ist sicherlich eine Verbesserung, aber keineswegs ideal. Kompakte Methoden (Lele 1992; Mahesh 1998; siehe Abschn. 3.3.3) können Verfahren höherer Ordnung ergeben, die spektral-ähnlich sind. In Simulationen kompressibler Strömungen und der numerischen Aeroakustik sind solche Verfahren beliebt, siehe z. B. die kompakten Methoden 4. Ordnung von Kim (2007) oder die Implementierung eines Verfahrens 6. Ordnung durch Kawai und Lele (2010). Da die Gitterauflösung jedoch entscheidend für die Definition der kleinsten in DNS auflösbaren Strukturen ist, können bei ausreichender Feinheit des Gitters auch mit ZDS. 2. Ordnung beeindruckende Ergebnisse erzielt werden (Wu und Moin 2009).

Es ist auch nützlich, die Bedeutung der Verwendung einer energieerhaltenden räumlichen Diskretisierung zu betonen. Viele Methoden, einschließlich aller Aufwindvarianten, sind dissipativ, d. h. sie beinhalten als Teil des Abbruchfehlers einen Diffusionsterm, der die Energie in einer zeitabhängigen Berechnung dissipiert. Ihre Verwendung wurde befürwortet, weil die von ihnen eingeführte Dissipation oft die numerischen Methoden stabilisiert. Wenn diese Methoden bei stationären Problemen angewendet werden, ist der dissipative Fehler im stationären Ergebnis meistens nicht zu groß (obwohl wir in früheren Kapiteln gezeigt haben, dass diese Fehler auch recht groß sein können). Wenn diese Methoden in DNS verwendet werden, ist die erzeugte Dissipation oft viel größer als diejenige aufgrund der physikalischen Viskosität, und es kann sein, dass die erhaltenen Ergebnisse wenig Verbindung zur Physik des Problems haben. Für eine Diskussion über die Energieerhaltung siehe Abschn. 7.1.3. Wie in Kap. 7 gezeigt wurde, verhindert die Energieerhaltung, dass die Geschwindigkeit grenzenlos wächst und schafft somit die Stabilität.

Die Methoden und Schrittgrößen in Raum und Zeit müssen in Beziehung zueinander stehen. Die Fehler bei den räumlichen und zeitlichen Diskretisierungen sollten so weit wie möglich gleich sein, d. h. sie sollten ausgeglichen werden. Dies ist nicht Punkt für Punkt und in jedem Zeitschritt erreichbar, aber wenn diese Bedingung im durchschnittlichen Sinne nicht erfüllt ist, verwendet man einen zu feinen Schritt in einer der unabhängigen Variablen und die Simulation könnte mit einem geringen Genauigkeitsverlust kostengünstiger durchgeführt werden.

Die Genauigkeit ist in DNS und LES schwer zu messen. Der Grund dafür liegt in der Natur der turbulenten Strömungen. Eine kleine Änderung im Anfangszustand einer turbulenten Strömung wird exponentiell in der Zeit verstärkt und nach relativ kurzer Zeit ähnelt

die gestörte Strömung kaum noch der ursprünglichen. Dies ist ein physikalisches Phänomen, das nichts mit der numerischen Methode zu tun hat. Da jede numerische Methode einen
Fehler verursacht und jede Änderung der Methode oder der Parameter diesen Fehler ändert,
ist ein direkter Vergleich zweier Lösungen mit dem Ziel, den Fehler zu bestimmen, nicht
möglich. Stattdessen kann man die Simulation mit einem anderen Gitter wiederholen (das
sich erheblich vom ursprünglichen unterscheiden sollte) und die statistischen Eigenschaften der beiden Lösungen vergleichen. Aus der Differenz lässt sich eine Abschätzung des
Fehlers herleiten. Leider ist es schwierig zu wissen, wie sich der Fehler mit der Gittergröße
ändert, sodass diese Art der Abschätzung nur eine Approximation sein kann. Ein einfacherer Ansatz, der von den meisten Forschern, die einfache turbulente Strömungen berechnen,
verwendet wird, ist die Betrachtung des Spektrums der Turbulenz. Wenn die Energie in den
kleinsten Skalen ausreichend kleiner ist als die an der Spitze des Energiespektrums, kann
man wahrscheinlich davon ausgehen, dass die Strömung gut aufgelöst ist.

Die Genauigkeitsanforderung führt dazu, das Spektralmethoden in DNS und LES verwendet werden, wann immer die Konfiguration des Lösungsgebiets und die Randbedingungen dies zulassen. Diese Methoden wurden zuvor kurz in Abschn. 3.11 beschrieben. Im
Wesentlichen verwenden sie die Fourier-Reihe als Mittel zur Berechnung von Ableitungen.
Die Verwendung von Fourier-Transformationen ist nur möglich, weil der „Fast-Fourier-
Transform"-Algorithmus (FFT; Cooley und Tukey 1965; Brigham 1988) die Kosten für
die Berechnung einer Fourier-Transformation auf $n \log_2 n$ Operationen reduziert. Leider ist
dieser Algorithmus nur für äquidistante Gitter und einige andere Sonderfälle anwendbar.
Eine Reihe von spezialisierten Methoden dieser Art wurden zur Lösung der Navier-Stokes-
Gleichungen entwickelt; weitere Details zu den spektralen Methoden sind in Abschn. 3.11
und in Canuto et al. (2007) enthalten.

Anstatt die Navier-Stokes-Gleichungen direkt anzunähern, ist eine faszinierende Anwendung der Spektralmethode, sie mit einer Folge von „Test"- oder „Basisfunktionen" zu multiplizieren, über das gesamte Lösungsgebiet zu integrieren und dann eine Lösung zu finden,
die die resultierenden Gleichungen erfüllt (siehe Abschn. 3.11.2.1). Funktionen, die dieser Form der Gleichungen entsprechen, werden als „schwache Lösungen" bezeichnet. Man
kann die Lösung der Navier-Stokes-Gleichungen als eine Reihe von Vektorfunktionen darstellen, von denen jede divergenzfrei ist. Diese Wahl entfernt den Druck aus der Integralform
der Gleichungen und reduziert so die Anzahl der abhängigen Variablen, die berechnet und
gespeichert werden müssen. Der Satz abhängiger Variablen kann weiter reduziert werden,
wenn man berücksichtigt, dass bei einer divergenzfreien Funktion ihre dritte Komponente
aus den beiden anderen berechnet werden kann. Das Ergebnis ist, dass nur zwei Sätze abhängiger Variablen berechnet werden müssen, was den Speicherbedarf um die Hälfte reduziert.
Da diese Methoden sehr speziell sind und ihre Beschreibung viel Platz beansprucht, werden
sie hier nicht im Detail erläutert; der interessierte Leser wird auf den Artikel von Moser
et al. (1983) oder auf Abschn. 3.4.2 von Canuto et al. (2007) verwiesen.

10.2.3 Anfangs- und Randbedingungen

Eine weitere Schwierigkeit in DNS ist die Generierung der Anfangs- und Randbedingungen. Erstere müssen alle Details des anfänglichen dreidimensionalen Geschwindigkeitsfeldes enthalten. Da kohärente Strukturen ein wichtiger Bestandteil der Strömung sind, ist es schwierig, ein solches Feld aufzubauen. Außerdem „erinnert" sich die Strömung für eine gewisse Zeit an die Anfangsbedingungen, in der Regel für einige „Wirbelumlaufzeiten". Die Wirbelumlaufszeit („eddy-turnover time") ist im Wesentlichen das integrale Zeitmaß der Strömung oder das integrale Längenmaß geteilt durch den quadratischen Mittelwert („root-mean-square" oder rms) der Geschwindigkeit (q). Somit haben die Anfangsbedingungen einen signifikanten Einfluss auf die Ergebnisse. Häufig muss der erste Teil einer Simulation, der mit künstlich konstruierten Anfangsbedingungen gestartet wird, verworfen werden, da er nicht der Physik entspricht. Die Frage, wie man die Anfangsbedingungen auswählt, ist so viel Kunst wie Wissenschaft, und es können keine eindeutigen Vorschriften gegeben werden, die für alle Strömungen gelten, aber wir werden einige Beispiele nennen.

Für homogene isotrope Turbulenz (den einfachsten Fall) werden periodische Randbedingungen verwendet, und es ist am einfachsten, die Anfangsbedingungen im Fourier-Raum zu konstruieren, d. h. wir müssen $\hat{u}_i(\mathbf{k})$ erzeugen. Dies geschieht durch Angabe des Spektrums, das die Amplitude des Fourier-Modus einstellt, d. h. $|\hat{u}_i(\mathbf{k})|$. Die Anforderung der Kontinuität $\mathbf{k} \cdot \hat{u}_i(\mathbf{k})$ setzt eine weitere Einschränkung für diesen Modus. Es bleibt nur noch eine Zufallszahl übrig, um $\hat{u}_i(\mathbf{k})$ vollständig zu definieren; es handelt sich normalerweise um einen Phasenwinkel. Die Simulation muss dann etwa für zwei Wirbelumlaufszeiten durchgeführt werden, bevor man annehmen kann, dass sie reale Turbulenz repräsentiert.

Die besten Anfangsbedingungen für andere Strömungen ergeben sich aus den Ergebnissen früherer Simulationen. So können beispielsweise für eine homogene Turbulenz unter Dehnung die Anfangsbedingungen aus der entwickelten isotropen Turbulenz übernommen werden. Für die Kanalströmung hat sich eine Mischung aus mittlerer Geschwindigkeit, Instabilitätsmodi (die fast die richtige Struktur haben) und Rauschen als die beste Wahl erwiesen. Für einen gekrümmten Kanal kann man die Ergebnisse einer vollentwickelten ebenen Kanalströmung als Anfangsbedingung nehmen.

Ähnliche Überlegungen gelten für die Randbedingungen, bei denen die Strömung in das Lösungsgebiet eintritt (Einstrombedingungen). Die richtigen Bedingungen müssen das gesamte Geschwindigkeitsfeld einer turbulenten Strömung auf einer Ebene (oder einer anderen Fläche) bei jedem Zeitschritt enthalten, was schwer zu konstruieren ist. Als Beispiel kann dies für die sich entwickelnde Strömung in einem gekrümmten Kanal durch die Verwendung von Ergebnissen für die Strömung in einem geraden Kanal erfolgen. Es wird die Simulation einer ebenen Kanalströmung durchgeführt (entweder gleichzeitig oder im Voraus) und die Geschwindigkeitskomponenten auf einer Ebene senkrecht zur Hauptströmungsrichtung liefern die Einstrombedingung für den gekrümmten Kanal. Chow und Street (2009) haben eine solche Strategie verwendet, um die Einstrombedingung für die Simulation einer Strömung über einen Hügel in Schottland mit einem Rechenprogramm zur Vorhersage atmosphärischer mesoskaliger Strömungen bereitzustellen.[4]

Wie bereits erwähnt, kann man für Strömungen, die in einer bestimmten Richtung nicht (im statistischen Sinne) variieren, periodische Randbedingungen in dieser Richtung verwenden. Diese sind einfach zu bedienen, passen besonders gut zu Spektralmethoden und bieten realistische Bedingungen am durchströmten Rand.

Ausstromränder sind weniger schwierig zu handhaben. Eine Möglichkeit besteht darin, Extrapolationsbedingungen zu verwenden, die verlangen, dass die Ableitungen aller Größen in Richtung senkrecht zum Rand gleich null sind:

$$\frac{\partial \phi}{\partial n} = 0, \tag{10.3}$$

wobei ϕ eine der abhängigen Variablen ist. Dieser Zustand wird häufig bei stationären Strömungen verwendet, ist aber bei instationären Strömungen nicht zufriedenstellend. Für letztere ist es besser, diese Bedingung durch eine instationäre Konvektionsbedingung zu ersetzen. Eine Reihe solcher Bedingungen wurden ausprobiert; eine, die gut zu funktionieren scheint, ist auch eine der einfachsten:

$$\frac{\partial \phi}{\partial t} + U \frac{\partial \phi}{\partial n} = 0, \tag{10.4}$$

wobei U eine Geschwindigkeit ist, die unabhängig von der Lage auf der Ausstromfläche ist und so gewählt ist, dass die Gesamterhaltung gewährleistet bleibt, d. h. es ist die Geschwindigkeit, die erforderlich ist, damit der Ausstrommassenfluss gleich dem Einstrommassenfluss ist. Diese Bedingung scheint das Problem der Reflektion von Druckstörungen vom Ausstromrand zurück ins Innere des Lösungsgebiets zu vermeiden. Eine weitere Möglichkeit besteht darin, die in Abschn. 13.6 beschriebene Zwangsmethode zu verwenden, um Geschwindigkeitsschwankungen in Richtungen senkrecht zur mittleren Strömungsrichtung über eine gewisse Entfernung zum Ausstromrand zu dämpfen. Auf diese Weise verschwinden alle Wirbel, bevor die Grenze erreicht ist, und Reflexionen werden vermieden. Es bleibt jedoch die Frage der Bestimmung des optimalen Zwangsparameters; dieses Thema wird in Abschn. 13.6 näher erläutert.

An glatten Wänden können Haftbedingungen verwendet werden, die in Kap. 8 und 9 beschrieben sind. Man muss bedenken, dass an solchen Rändern die Turbulenz kleine, aber sehr wichtige Strukturen („Streifen") entwickelt, die sehr feine Gitter erfordern, insbesondere in Richtung senkrecht zur Wand und in geringerem Maße in der Querrichtung (senkrecht zur Wand und zur Hauptströmungsrichtung). Ein alternativer Ansatz ist der Einsatz einer „Immersed-Boundary"-Methode (IBM) für komplexe Geometrie (Kang et al. 2009; Fadlun et al. 2000; Kim et al. 2001; Ye et al. 1999) oder der Annahme, dass die Wände

---

[4] „Mesoskala" bezieht sich auf Wettersysteme mit horizontalen Abmessungen, die im Allgemeinen von etwa 5 km bis zu mehreren hundert oder sogar 10^3 km reichen.

rau sind (Leonardi et al. 2003; Orlandi und Leonardi 2008). Bei solchen Verfahren werden die geltenden Gleichungen auf einem regulären Gitter diskretisiert und gelöst, aber die Erfüllung der korrekten Randbedingung verlangt eine spezielle Behandlung. Meistens werden Volumenkräfte (Zwangsterme) in Gitterpunkten in Wandnähe verwendet. Außerdem können Geschwindigkeiten in Gitterpunkten jenseits der Wand so festgelegt werden, dass an der tatsächlichen Wandposition eine geeignete Interpolation den richtigen Randwert ergibt. Die Massenerhaltung muss in jedem Fall gewährleistet werden. Die meisten dieser IBM-Methoden verwenden eine Teilschrittmethode (vgl. Abschnitte 7.2.1 und 8.3); Kim und Ye verwenden in ihren Werken FV-, während die anderen FD-Methoden verwenden.

Symmetrierandbedingungen, die häufig in RANS-Berechnungen zur Reduzierung der Größe des Lösungsgebiets verwendet werden, sind in der Regel in DNS oder LES nicht anwendbar, da, obwohl die gemittelte Strömung um eine bestimmte Ebene symmetrisch sein kann, die momentane Strömung es nicht ist und wichtige physikalische Effekte durch Anwendung derartiger Bedingungen verloren gehen können. Symmetriebedingungen wurden jedoch verwendet, um freie Oberflächen zu repräsentieren.

Trotz aller Versuche, die Anfangs- und Randbedingungen so realistisch wie möglich zu gestalten, muss eine Simulation eine Zeit lang durchgeführt werden, bevor die Lösung alle richtigen Eigenschaften der physikalischen Strömung entwickelt. Diese Situation ergibt sich aus der Physik turbulenter Strömungen, sodass man wenig tun kann, um den Prozess zu beschleunigen; eine Möglichkeit wird unten erläutert. Wie wir bereits erwähnt haben, ist das Zeitmaß der Wirbelumlaufzeit das Schlüsselzeitmaß des Problems. In vielen Strömungen kann es auf ein für die Strömung als Ganzes charakteristischen Zeitmaß zurückgeführt werden, d. h. Zeitmaß der gemittelten Strömung. In abgelösten Strömungen gibt es jedoch Regionen, die mit dem Rest der Strömung auf einer sehr langen Zeitskala kommunizieren, und der Entwicklungsprozess kann sehr langsam sein, was sehr lange Simulationszeiten erforderlich macht.

Der beste Weg, um sicherzustellen, dass die Strömungsentwicklung abgeschlossen ist, ist die Beobachtung einer bestimmten Größe, welche vorzugsweise empfindlich auf die Teile der Strömung reagiert, die sich langsam entwickeln; die Wahl hängt von der zu simulierenden Strömung ab. Als Beispiel könnte man einen räumlichen Mittelwert der Wandreibungskraft im Rezirkulationsgebiet einer abgelösten Strömung als Funktion der Zeit beobachten. Zunächst erfolgt in der Regel ein systematischer Anstieg oder Rückgang der beobachteten Größe; nachdem sich die Strömung vollständig entwickelt hat, zeigt die Größe statistische Schwankungen in der Zeit um einen Mittelwert. Nach diesem Zeitpunkt können statistische Mittelwerte (z. B. für die mittlere Geschwindigkeit oder deren Schwankungen) durch Mittelung über die Zeit und/oder eine statistisch homogene Koordinate in der Strömung erhalten werden. Da Turbulenz nicht rein zufällig ist, ist es dabei wichtig zu beachten, dass die Probengröße nicht der Anzahl der für die Mittelwertbildung verwendeten Punkte entspricht. Als eine konservative Schätzung kann man annehmen, dass jedes Volumen, dessen Durchmesser dem integralen Längenmaß entspricht (und jede Zeitspanne, die dem integralen Zeitmaß entspricht), nur eine einzige Probe darstellt.

Der Entwicklungsprozess kann beschleunigt werden, indem zunächst ein gröberes Gitter verwendet wird. Wenn sich die Strömung auf diesem Gitter entwickelt hat, kann das feinere Gitter eingeführt werden. Auch in diesem Fall muss man abwarten, bis sich die Strömung auf dem Feingitter entwickelt hat, aber dies geschieht viel schneller, als wenn das Feingitter während der gesamten Simulation verwendet worden wäre.

Das Artikel von Wu und Moin (2009) über Grenzschichtsimulationen ohne Druckgradient ist eine *tour de force* über das Einrichten von Anfangs- und Randbedingungen für ein Problem, das sehr empfindlich auf sie reagiert, und wie die Physik der Strömung ein guter Leitfaden für das weitere Vorgehen sein kann.

10.2.4 Beispiele für DNS-Anwendung

10.2.4.1 Räumliches Abklingen der Gitterturbulenz

Als ein anschauliches Beispiel dafür, was mit DNS erreicht werden kann, nehmen wir eine täuschend einfachen Strömung, die durch ein oszillierendes Gitter in einem großen Volumen ruhendes Fluids erzeugt wird.[5] Die Oszillation des Gitters erzeugt Turbulenz, deren Intensität mit der Entfernung vom Gitter abnimmt. Dieser Prozess der Energieübertragung weg vom oszillierenden Gitter wird gewöhnlich *turbulente Diffusion* genannt; die Energieübertragung durch Turbulenz spielt bei vielen Strömungen eine wichtige Rolle, sodass ihre Vorhersage wichtig ist, aber sie ist überraschend schwierig zu modellieren. Briggs et al. (1996) führten Simulationen dieser Strömung durch und erzielten eine gute Übereinstimmung mit der experimentell bestimmten Abklingrate der Turbulenz mit der Entfernung vom Gitter. Die Energie klingt ungefähr als $x^{-\alpha}$ ab, mit $2 < \alpha < 3$; die Bestimmung des Exponenten α ist sowohl experimentell als auch rechnerisch schwierig, da der schnelle Zerfall keinen ausreichend großen Bereich liefert, um seinen Wert genau zu bestimmen.

Briggs et al. (1996) zeigten anhand von Visualisierungen, die auf Simulationen dieser Strömung basieren, dass der dominante Mechanismus der turbulenten Diffusion in dieser Strömung die Bewegung von energiereichen „Fluidpaketen" durch das ungestörte Fluid ist. Dies mag als eine einfache und logische Erklärung erscheinen, steht aber im Widerspruch zu früheren Erklärungen. Abb. 10.2 zeigt die Konturen der kinetischen Energie in einer Ebene in dieser Strömung. Man sieht, dass die großen energiereichen Bereiche in der gesamten Strömung etwa gleich groß sind, aber es gibt wenigere von ihnen mit steigendem Abstand vom Gitter. Die Gründe dafür sind, dass sich die Päckchen, die sich parallel zum Gitter bewegen, nicht sehr weit in die Richtung senkrecht zum Gitter ausbreiten, und dass kleinere „Klumpen" von energiereichem Fluid durch die Wirkung der viskosen Diffusion schnell zerstört werden.

---

[5]Achtung: Hier ist die Rede von einem Metallgitter, das im Fluid bewegt wird – man darf dieses Gitter nicht mit dem Rechengitter verwechseln!

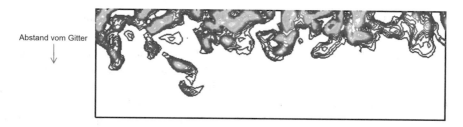

Abb. 10.2 Konturen der kinetischen Energie in einer Ebene in der Strömung, die durch ein oszillierendes Gitter in einem ruhenden Fluid erzeugt wird; das Gitter befindet sich ganz oben im Bild. Energiereiche „Fluidpakete" tragen die Energie weg vom Gitter. (Aus Briggs et al. 1996)

Die Ergebnisse wurden zum Testen von Turbulenzmodellen verwendet. Ein typisches Beispiel für einen solchen Test ist in Abb. 10.3 dargestellt, in der das Profil des Flusses der turbulenten kinetischen Energie gezeigt und mit den Vorhersagen einiger gängiger Turbulenzmodelle verglichen wird. Es ist klar, dass die Modelle auch in einer so einfachen Strömung wie dieser nicht sehr gut funktionieren. Der wahrscheinliche Grund dafür ist, dass die Modelle entworfen wurden, um die Turbulenz erzeugt durch Scherung vorherzusagen, welche einen ganz anderen Charakter hat als die Turbulenz erzeugt durch ein oszillierendes Gitter.

Für diese Untersuchung wurde ein Rechenprogramm verwendet, das für die Simulation homogener Turbulenz entwickelt wurde (Rogallo 1981). Periodische Randbedingungen werden in alle drei Richtungen angewendet; dies bedeutet, dass es tatsächlich eine periodische Anordnung von Gittern gibt, was jedoch kein Problem darstellt, solange der Abstand zwischen benachbarten Gittern ausreichend größer ist als der für das Abklingen der Turbulenz

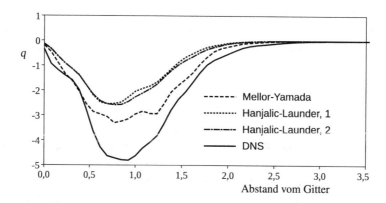

Abb. 10.3 Das Profil des Flusses der turbulenten kinetischen Energie, q, im Vergleich zu den Vorhersagen einiger gängiger Turbulenzmodelle (Mellor und Yamada 1982; Hanjalić und Launder 1976; 1980); von Briggs et al. (1996)

erforderliche Abstand. Das Programm verwendet die Fourier-Spektralmethode und eine Runge-Kutta-Methode 3. Ordnung in der Zeit.

Diese Ergebnisse veranschaulichen einige wichtige Eigenschaften der DNS. Das Verfahren ermöglicht es, statistische Größen zu berechnen, die mit experimentellen Daten verglichen werden können, um die Ergebnisse zu validieren. Es ermöglicht auch die Berechnung von Größen, die im Labor schwer zu messen sind und die für die Beurteilung von Modellen nützlich sind. Gleichzeitig liefert das Verfahren Visualisierungen der Strömung, die einen Einblick in die Physik der Turbulenz geben können. In den seltensten Fällen ist es möglich, sowohl statistische Daten als auch Visualisierungen derselben Strömung in einem Labor zu erhalten. Wie das obige Beispiel zeigt, kann die Kombination sehr wertvoll sein.

In DNS kann man die externen Variablen auf eine Weise steuern, wie es im Labor nur schwer oder gar unmöglich zu implementieren wäre. Es gab mehrere Fälle, in denen die Ergebnisse von DNS mit denen von Experimenten nicht übereinstimmten und sich herausstellte, dass erstere genauer waren. Ein Beispiel ist die Verteilung von Turbulenzstatistiken in Wandnähe in einer Kanalströmung; die Ergebnisse von Kim et al. (1987) erwiesen sich als genauer als die Experimente, wenn beide mit größerer Sorgfalt wiederholt wurden. Ein früheres Beispiel lieferten Bardina et al. (1980), die einige scheinbar abnormale Ergebnisse in einem Experiment über die Auswirkungen der Rotation auf die isotrope Turbulenz erklärten.

DNS ermöglicht es, bestimmte Effekte viel genauer zu untersuchen, als es sonst möglich wäre. Es ist auch möglich, Kontrollmethoden auszuprobieren, die experimentell nicht realisierbar sind. Dabei geht es darum, einen Einblick in die Physik der Strömung zu gewinnen und damit Möglichkeiten aufzuzeigen, die realisierbar sein könnten (und die Richtung hin zu realisierbaren Ansätzen zu zeigen). Ein Beispiel ist die von Choi et al. (1994) durchgeführte Studie zur Reduzierung und Kontrolle des Widerstandes auf einer ebenen Platte. Sie zeigten, dass durch kontrolliertes Blasen und Saugen durch die Wand (oder eine pulsierende Wandoberfläche) der turbulente Widerstand einer ebenen Platte um 30 % reduziert werden könnte. Bewley et al. (1994) nutzten die Methoden der optimalen Kontrolle, um zu zeigen, dass die Strömung bei niedriger Reynolds-Zahl zur Relaminarisierung gezwungen werden könnte und dass bei hohen Reynolds-Zahlen eine Reduzierung der Wandreibung möglich ist.

10.2.4.2 Strömung um eine Kugel bei Re = 5000

Die Kugel ist ein Körper mit sehr einfacher Form, aber die Fluidströmung um sie herum ist sehr kompliziert. DNS einer solchen Strömung ist bei moderaten Reynoldszahlen möglich; Seidl et al. (1998) präsentierten eine solche Simulation unter Verwendung von unstrukturierten Hexaedergittern mit lokaler Verfeinerung und Diskretisierung 2. Ordnung in Zeit und Raum. Auf die Strömungsphysik werden wir an dieser Stelle nicht näher eingehen (mehr wird nach der Beschreibung des LES-Ansatzes folgen), aber wir möchten eine Methode vorstellen, um die Realisierbarkeit der Simulation zu testen und die Variation der Turbulenzstruktur in verschiedenen Zonen der Strömung zu analysieren.

Abb. 10.4 zeigt das Strömungsmuster aus Simulation und Experiment. Obwohl die Farbverteilung (aus zwei Löchern kommend, einem auf der Vorderseite der Kugel vor der Ablöselinie und einem auf der Rückseite, nach der Ablösung) nicht genau der azimutalen Komponente der Wirbelstärke entspricht, ist es offensichtlich, dass beide Bilder übereinstimmen, wenn es darum geht, die Hauptmerkmale der Strömung zu identifizieren. Die Strömungsablösung findet kurz vor dem Äquator statt; die Scherschicht wird instabil und rollt sich auf, wodurch Wirbelringe entstehen, die sich schließlich in isotrope Turbulenz weiter stromabwärts auflösen. Die Rückströmung innerhalb der Rezirkulationszone ist turbulent, wie Experiment und Simulation zeigen.

Eine weitere interessante Möglichkeit, die Strömungsstruktur zu analysieren und gleichzeitig die Realisierbarkeit der Lösung zu überprüfen, besteht darin, die Invarianten des an verschiedenen Stellen im Strömungsfeld berechneten Anisotropietensors in einer erstmals von Lumley (1979) vorgestellten Karte darzustellen. Die Komponenten des Anisotropietensors sind wie folgt definiert (siehe Jovanović 2004):

$$b_{ij} = \frac{\overline{u_i u_j}}{q} - \frac{1}{3}\delta_{ij}, \tag{10.5}$$

wobei u_i die Schwankungskomponenten des Geschwindigkeitsvektors sind, q für die Turbulenzintensität steht, $q = \overline{u_i u_i}$ und δ_{ij} das Kronecker-Delta ist. Die beiden von null unterschiedlichen Invarianten dieses Tensors, II und III, sind:

$$II = -\frac{1}{2}b_{ij}b_{ji} \quad \text{und} \quad III = \frac{1}{3}b_{ij}b_{jk}b_{ki}. \tag{10.6}$$

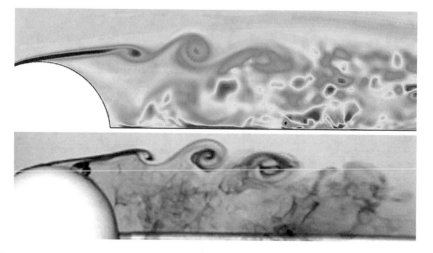

Abb. 10.4 Vergleich des Strömungsmusters von DNS und Experiment: azimutale Komponente der berechneten momentanen Wirbelstärke (oben) und die Momentaufnahme der Farbverteilung in einem Experiment. (Aus Seidl et al. 1998)

Lumley (1979) zeigte, dass die möglichen Turbulenzzustände im Parameterraum von $-II$ und III durch drei Linien begrenzt sind, wie in Abb. 10.5 dargestellt. Die obere rechte Ecke repräsentiert die Einkomponententurbulenz, die untere Ecke die isotrope Turbulenz, während die Ecke auf der linken Seite die isotrope Zweikomponententurbulenz repräsentiert. Die beiden Begrenzungslinien, die aus der unteren Ecke herausragen, stellen einen achsensymmetrischen Turbulenzzustand dar, und die dritte Linie repräsentiert die ebene Zweikomponententurbulenz. Abb. 10.5 zeigt die Werte der beiden Invarianten in der Karte für einen Satz von Punkten, die entlang einer geschlossenen Stromlinie der stationären gemittelten Strömung ausgewählt wurden. Aus der Karte ist ersichtlich, dass der Zustand der Turbulenz entlang der gewählten Stromlinie stark variiert. Der Startpunkt (markiert durch ein größeres Symbol) liegt relativ nahe am rechten oberen Eckpunkt, was darauf hindeutet, dass eine Komponente der Reynolds-Spannung dominiert. Entlang der Außenseite gehend, bewegen wir uns nahe an der achsensymmetrischen Grenze in Richtung vollständiger Isotropie, d. h. dem Zustand, der in der Nähe des Wiederanlegepunktes und im größten Teil der Rezirkulationszone herrscht. Der letzte Teil, der den Punkten näher an der Kugeloberfläche entspricht, zeigt an, dass der Zustand der Turbulenz von zwei Komponenten dominiert wird.

Alle Punkte der Stromlinie liegen im durch die Grenzlinien begrenzten Dreieck, was darauf hindeutet, dass die Simulation nicht gegen physikalische Gesetze verstoßen hat – die Lösung ist realisierbar. Da die Strömung stromaufwärts der Kugel laminar ist und die Rezirkulationszone dahinter nicht geschlossen ist (d. h. „frisches" Fluid tritt in diese Zone ein und „älteres" Fluid verlässt sie kontinuierlich), stellt sich eine interessante Frage: Wie gelangt ein Fluidelement aus einer nichtturbulenten stromaufwärts gelegenen Zone in den

Abb. 10.5 Punkte auf einer mittleren Stromlinie, an der die Invarianten des Anisotropietensors bewertet werden (oben) und die Positionen dieser Punkte in der Invariantenkarte (unten). (Aus Seidl et al. 1998)

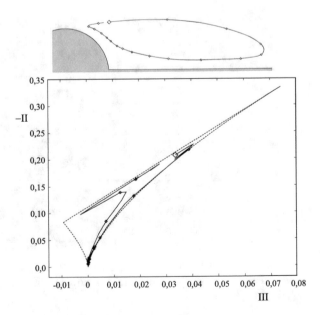

turbulenten Zustand innerhalb der Invariantenkarte? Aus Abb. 10.5 (unterer Teil) scheint die einzige Möglichkeit im oberen Eckpunkt des Dreiecks zu liegen: Fluidelemente in der Nähe der Ablösung erfahren zuerst eindimensionale Schwankungen, bevor diese zu mehr-dimensionaler Turbulenz anwachsen. Fluidelemente, die die Rezirkulationszone verlassen, bleiben im turbulenten Nachlauf, wo die Turbulenz weiter stromabwärts langsam abklingt.

10.2.5 Weitere DNS-Anwendungen

Die Strömung hinter einer Kugel ist ein herausforderndes Forschungsthema, da sie alle Arten von Turbulenzzuständen enthält: Im turbulenten Nachlauf findet man Punkte, die allen Positionen innerhalb der Invariantenkarte entsprechen. Viele andere Strömungen, die üblicherweise mit DNS untersucht werden – wie z. B. vollentwickelte Strömungen in einem ebenen Kanal oder in einem Rohr – decken nur einen kleinen Teil der Karte ab. Da man jedoch nur innerhalb der turbulenten Zone ein sehr feines Gitter benötigt, sind Lösungsver-fahren wünschenswert, die eine lokale Gitterverfeinerung ermöglichen. Solche Verfahren basieren in der Regel auf der Finite-Volumen-Methode und verwenden unstrukturierte Gitter mit Diskretisierung 2. Ordnung. Deshalb sind feinere Gitter erforderlich, um eine zufrieden-stellende Genauigkeit zu erreichen, als bei Methoden höherer Ordnung, die für einfachere Geometrien verwendet werden. Mit strukturierten Gittern, wie sie von Pal et al. (2017) in ihrer Studie über eine stratifizierte Strömung um eine Kugel bei einer unterkritischen[6] Reynolds-Zahl von 3700 und moderaten Froude-Zahl verwendet wurden, verschwendet man viele Gitterpunkte in Zonen, in denen kein feines Gitter benötigt wird; dies wird besonders bei höheren Reynoldszahlen kritisch.

Der Vorteil spezieller Lösungsverfahren für einfache Geometrien besteht darin, dass sie es ermöglichen, Strömungen bei höheren Reynolds-Zahlen ausreichend aufzulösen. Lee und Moser (2015) erreichten in ihrer DNS der ebenen Kanalströmung Re = $2{,}5 \times 10^5$, basierend auf mittlerer Geschwindigkeit und Kanalbreite. Die untersuchte Strömung weist Merkmale wandgebundener turbulenter Strömungen bei hohen Reynolds-Zahlen auf und ermöglicht eine detailliertere Analyse der Grenzschicht, die wertvolle Informationen für die Entwicklung neuer oder die Optimierung bestehender Turbulenzmodelle liefert. Siehe Abschn. 10.3.5.5 für eine Diskussion über Wandfunktionen, die sich auf das sogenannte Log-Gesetz stützen, wo DNS suggeriert, dass einige der „Gesetz"-Parameter nicht so universell sind, wie bisher angenommen.

Mit fortschreitender Computertechnologie wird DNS weiterhin auf komplexere Geome-trien und höhere Reynolds-Zahlen angewendet, und so Daten liefern, die entweder gar nicht oder nicht mit der gewünschten Genauigkeit gemessen werden können, die aber sowohl in der Wissenschaft als auch in der Technik äußerst nützlich sind.

---

[6]Unterkritische Strömung um eine Kugel findet bei relativ niedrigen Reynolds-Zahlen statt, wenn der Widerstandsbeiwert keine Funktion der Reynolds-Zahl ist und die Grenzschicht vor der Ablösung laminar ist.

10.3   Simulation von Turbulenz mithilfe von Modellen

10.3.1 Modellkategorien

Wie bereits erwähnt wurde, sind die Navier-Stokes-Gleichungen, wenn sie auf irgendeine Weise gemittelt werden, danach aufgrund der nichtlinearen Konvektionsterme nicht mehr geschlossen. Das bedeutet, dass die gemittelten Gleichungen nichtlineare Korrelationsterme enthalten, die auf den unbekannten Fluktuationen der Variablen basieren. Für diese Korrelationen kann man exakte Gleichungen herleiten, aber sie enthalten noch komplexere unbekannte Korrelationsterme, die nicht aus gemittelten Variablen und den Termen, für die die Gleichungen geschrieben werden, bestimmbar sind. Daher muss man für diese unbekannten Korrelationen *Modelle,* d. h. approximative Ausdrücke oder Gleichungen, bereitstellen. Leschziner (2010) stellt eine nützliche Liste von Einschränkungen und wünschenswerten Eigenschaften für Modelle vor; wir listen sie im Folgenden auf. Modelle sollten:

- auf rationalen Prinzipien und Konzepten der Physik, und nicht auf Intuition, basieren;
- aufgrund von geeigneten mathematischen Prinzipien, wie dimensionaler Homogenität, Konsistenz und Invarianz bezüglich der Wahl des Koordinatensystems aufgebaut sein;
- so formuliert sein, dass sie ein physikalisch realisierbares Verhalten zeigen;
- breit anwendbar sein;
- mathematisch einfach sein;
- aus Variablen mit zugänglichen Randbedingungen bestehen;
- rechnerisch stabil sein.

Dieser und die folgenden Abschnitte befassen sich mit Methoden zur Modellbildung. Wir können die Methoden wie folgt kategorisieren:

1. RANS, instationäre RANS (URANS) und transiente RANS (TRANS): Als Osborne Reynolds (1895) die später genannten Reynolds-gemittelten Navier-Stokes-Gleichungen präsentierte, wurden sie über ein räumliches Volumen und nicht über die Zeit gemittelt. Allerdings erfolgt die traditionelle Mittelung in der Literatur über Zeit oder Ensembles.

   a) Mittelwertbildung über den gesamten Zeitraum: Wenn der Mittelwert über den gesamten untersuchten Zeitraum gebildet wird, dann sind die resultierenden Gleichungen die traditionellen *stationären* RANS-Gleichungen, d. h. die durch solche Mittelwerte definierte Strömung ist stationär.

   b) Mittelung über Zeitintervalle, die *im Vergleich zum integralen Zeitmaß der Turbulenz lang sind* (siehe Chen und Jaw 1998): Wenn die Mittelung über ein Zeitintervall erfolgt, das im Vergleich zu den Zeitskalen der Turbulenz lang ist, dann sind die resultierenden Gleichungen instationär, da es sich um eine temporäre Tiefpassfilterung der ursprünglichen Gleichungen handelt. Dieser Ansatz wird selten, wenn überhaupt, tatsächlich angewendet, teilweise da dann das Modell für die hochfrequente Turbulenz von der Filterskala abhängen müsste, wie nachfolgend erläutert.

c) Mittelung über Ensembles: Wenn die Gleichungen über Ensembles gemittelt werden (eine Reihe statistisch identischer Realisierungen), dann entfernt die Mittelung alle turbulenten (zufälligen) Wirbel, weil sie zufällige Phasen zwischen verschiedenen Mitgliedern des Ensembles haben. Wenn die Ensembles statistisch stationär sind, dann ist auch die mittlere Strömung stationär. Die resultierenden mittleren Strömungsgleichungen können jedoch instationär sein, wenn kohärente, deterministische Elemente in den untersuchten Strömungen vorhanden sind[7], d. h. die Ensembles sind nicht stationär. Ein Beispiel sind Strömungen, die durch eine periodische Bewegung von Rändern angetrieben werden, z. B. eine Strömung in einem Zylinder eines Verbrennungsmotors, angetrieben durch die Bewegung des Kolbens und der Ventile mit einem wiederholten Muster. Dann werden die Gleichungen oft als instationäre RANS oder URANS (Durbin 2002; Iaccarino et al. 2003; Wegner et al. 2004) bezeichnet. Hanjalić (2002) präsentiert ein ähnliches Konstrukt, das er transiente RANS (TRANS) nennt (siehe Abschn. 10.3.7). In beiden Fällen sind die gemittelten Gleichungen immer noch nicht geschlossen, sodass Modelle für die Turbulenzeffekte benötigt werden. Wyngaard (2010) erinnert uns daran, dass als Folge des Mittelwertbildungsprozesses „das ensemble-gemittelte Feld wahrscheinlich bei keiner Realisierung der turbulenten Strömung, auch nicht für nur einen Moment, existieren wird".

Die Literatur ist oft unpräzise bezüglich des Mittelungs- oder Filterprozesses. In der Realität wird bei allen hier aufgeführten Methoden die Mittelung oder Filterung selten explizit durchgeführt; weder die Mittelungszeit noch die Anzahl der benötigten Ensembles ist definiert. Somit sehen die gemittelten Gleichungen im Wesentlichen in allen Fällen gleich aus, und es werden typischerweise die gleichen Turbulenzmodelle angewendet. Dieser Ansatz ist wahrscheinlich für RANS und für die Gleichungen aus der Ensemble-Mittelwertbildung (URANS und TRANS) richtig, da in diesen Fällen davon ausgegangen wird, dass die gesamte Turbulenz (die Zufallsbewegungen) gemittelt wurde. Dann wird erwartet, dass das Turbulenzmodell die Auswirkung der fehlenden Teile auf die verbleibende mittlere Strömung darstellt, auch wenn sie instationär ist und z. B. deterministische Bewegungen unterstützt. Andererseits lösen die zeitlich gefilterten RANS-Gleichungen die niederfrequenten Bewegungen der Strömung auf, während die hochfrequenten oder kleinzeitskaligen Bewegungen modelliert werden. Dementsprechend muss in einer solchen Simulation das Turbulenzmodell vom Zeitmaß der höchsten aufgelösten Frequenz, ähnlich wie beim LES-Ansatz (unten), abhängen; nur wenige Studien, wenn überhaupt, nutzen tatsächlich diesen Ansatz, sodass praktisch alle auf gemittelten Gleichungen basierende Simulationen entweder RANS (langzeitgemittelt und stationär) oder

---

[7]Chen und Jaw (1998) veranschaulichen die Bildung eines Ensemble-Mittelwerts in ihrer Abb. 1.8.

URANS/TRANS (ensemble-gemittelt und vielleicht instationär) Simulationen sind, aber kein Teil des Turbulenzspektrums aufgelöst wird.

2. LES, VLES: Für „Large-Eddy"-Simulationen (LES) und „Very-Large-Eddy"-Simulationen (VLES) werden die Navier-Stokes- und Skalargleichungen über den Raum gefiltert (gemittelt). Die resultierenden Gleichungen sind im Wesentlichen identisch mit den URANS-Gleichungen, mit der Ausnahme, dass die Modelle für die nicht geschlossenen Terme eine andere Bedeutung und (vielleicht) Form haben; es ist wichtig zu beachten, dass *während der größte Teil der turbulenten Energie in der Subfilterskala für URANS liegt, LES den größten Teil der Turbulenzenergie auflöst*. LES und VLES lösen alle instationären Strukturen auf, die größer als das Filtermaß sind, während die kleinräumigen (Subfilterskalen) Strukturen modelliert werden. Es gibt verschiedene Überlegungen zu den beteiligten Skalen. Pope (2000) bietet einige Richtlinien, d. h. die Simulation ist LES, wenn „der Filter und das Gitter ausreichend fein sind, um 80 % der Energie überall aufzulösen". Die Definition hat Vorbehalte in der Nähe von Wänden. Die Simulation ist VLES, wenn „der Filter und das Gitter zu grob sind, um 80 % der Energie aufzulösen." Dadurch wird vom Subfiltermodell verlangt, das es so viel Physik wie möglich enthält. Sowohl Bryan et al. (2003) als auch Wyngaard (2004) betonen, dass das Gittermaß einer LES viel kleiner sein sollte als das Längenmaß entsprechend der Spitze des Energiespektrums. Matheou und Chung (2014) nutzten das Kolmogorov-Energiespektrum, um diese Kriterien für Strömungen in der atmosphärischen Grenzschicht zu quantifizieren. Sie postulieren, dass zur Auflösung von 80 % der turbulenten kinetischen Energie (TKE) die Gitterabstände kleiner als 1/12-tel des Längenmaßes der Spektrumspitze sein sollte, während zur Auflösung von 90 % der TKE die Gitterabstände kleiner als 1/32-tel des Längenmaßes der Spektrumspitze sein sollte. Ihre Erfahrung war, dass das 90 %-Niveau für eine angemessene Konvergenz erforderlich ist.

3. ILES: Diese Methode generiert eigentlich die Modelle implizit, und so wird sie als „implizite Large-Eddy-Simulation" bezeichnet. Wir beginnen mit ihr im nächsten Abschnitt.

10.3.2 Implizite Large-Eddy-Simulation (ILES)

Die *implizite Large-Eddy-Simulation (ILES)* arbeitet nach dem Konzept, dass man eine numerische Methode direkt auf die Navier-Stokes-Gleichungen anwenden und dann die Diskretisierungsmethode so anpassen kann, dass sie sowohl wirbelauflösend als auch adäquat dissipativ ist, d. h., es handelt sich um eine Large-Eddy-Simulation, aber ohne explizites Modell für die Schwankungen unter dem Gittermaß; solche Schwankungen können in der Lösung nicht dargestellt werden, da das Gitter ein räumlicher Filter ist (die höchste Wellenzahl, die auf einem Gitter aufgelöst werden kann, ist $\pi/\Delta x$).

Ein einfacher Weg, das Konzept von ILES zu verstehen, ist die Verwendung des modifizierten Gleichungsansatzes (siehe Abschn. 6.3.2.2), wobei wir versuchen, die Abbruchfehlerterme in der numerischen Methode zu untersuchen. Rider (2007) führt diese Analyse für kompressible Turbulenz durch, und man kann aus der Analyse ersehen, was die Abbruchs-terme sind und wie sie ein effektives Feinstrukturmodell („subgrid-scale model") bilden. Die von Grinstein et al. (2007) herausgegebene Monographie bietet einen breiten Über-blick sowie eine Reihe konkreter Beispiele zur ILES-Implementierung. In diesem Buch liefern Smolarkiewicz und Margolin (2007) überzeugende Beweise dafür, dass ihr auf dem ILES-Ansatz basierendes Rechenprogramm MPDATA die geophysikalischen Strömungen, insbesondere atmosphärische Zirkulation und Grenzschichtbewegungen, ausreichend genau simulieren kann. Das Herzstück von MPDATA ist eine iterative FD-Approximation für die Konvektionsterme; sie ist konservativ und 2. Ordnung. Die Iteration verwendet zunächst vor-geschaltete Aufwinddifferenzen, gefolgt von einem zweiten Durchgang, um die Genauigkeit zu erhöhen. Die Autoren behaupten, dass MPDATA in der Klasse der nichtoszillierenden Lax-Wendroff-Schemata liegt.

Aspden et al. (2008) geben einen anderen und aufschlussreichen Einblick in ILES auf der Grundlage einer Skalierungsanalyse. Für die Berechnung verwenden sie das CCSE IAMR-Rechenprogramm des Lawrence Berkeley National Laboratory, ein inkompressibles FV-Teilschrittverfahren für variable Dichte, 2. Ordnung im Raum und in der Zeit; es verwendet die Godunov-Methode (Colella 1990) und eine monotonitätslimitierte ZDS. 4. Ordnung für die Approximation der Gradienten (Colella 1985).

Jede derartige Methode sollte folgende Anforderung erfüllen: Wenn wir das Gitter weiter verfeinern, sollte mehr von der Turbulenz aufgelöst und weniger modelliert werden, bis wir die Gitterfeinheit erreichen, bei der die gesamte Turbulenz aufgelöst wird (d. h. wir haben die DNS) und der Beitrag des Feinstrukturmodells vernachlässigbar wird. ILES erfüllt offensichtlich diese Anforderung.

10.3.3 Grobstruktursimulation (LES)

10.3.3.1 LES-Gleichungen

Turbulente Strömungen enthalten einen weiten Bereich von Längen- und Zeitskalen; die Bandbreite der Wirbelgrößen, die in einer Strömung vorkommen können, ist schematisch auf der linken Seite von Abb. 10.6 dargestellt. Die rechte Seite dieser Abbildung zeigt die zeitliche Variation einer typischen Geschwindigkeitskomponente in einem Punkt in der Strömung; der Skalenbereich, in dem Schwankungen auftreten, ist offensichtlich.

Die großskaligen Bewegungen sind i. Allg. viel energiereicher als die kleinskaligen; ihre Größe und Stärke machen sie mit Abstand zu den effektivsten Transportern der erhalte-nen Größen. Die kleinen Skalen sind in der Regel viel schwächer und tragen wenig zum Transport dieser Größen bei. Eine Simulation, die die großen Wirbel genauer behandelt als die kleinen, kann sinnvoll sein; die Grobstruktursimulation ist genau ein solcher Ansatz. *Grobstruktursimulationen sind dreidimensional und zeitabhängig.* Obwohl sie teuer sind, sind sie viel kostengünstiger als DNS der gleichen Strömung. Weil sie genauer ist, ist DNS i. Allg. die bevorzugte Methode, wann immer es möglich ist. LES ist die bevorzugte Methode für Strömungen, bei denen die Reynolds-Zahl zu hoch oder die Geometrie zu komplex ist,

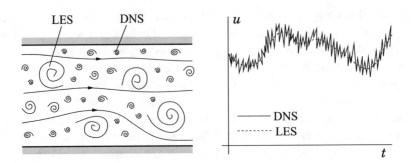

Abb. 10.6 Schemische Darstellung der turbulenten Bewegung (links) und der Zeitabhängigkeit einer Geschwindigkeitskomponente an einem Punkt (rechts)

um die Anwendung von DNS zu ermöglichen (siehe z. B. Rodi et al. 2013 oder Sagaut 2006). So ist LES beispielsweise zu einem dominierenden Werkzeug in den Atmosphären-wissenschaften geworden, das zur Simulationen mit Wolken, Niederschlag, dem Transport von Schadstoffen, Windströmungen in Tälern usw. verwendet wird (siehe z. B. Chen et al. 2004b; Chow et al. 2006; Shi et al. 2018a, Shi et al. 2018b). In der Gemeinschaft, die sich mit der Simulation von Planetengrenzschichten beschäftigen, wird LES zur Behandlung von physikalischen Prozessen, welche Auftrieb, Rotation, Aufströmen, Kondensation und Interaktion mit den rauen Boden- und Meeresoberflächen beinhalten, genutzt (Moeng und Sullivan 2015). LES wird sogar im Entwurf von Hochdruckgasturbinen eingesetzt (Bhaska-ran und Lele 2010) und spielt eine dominante Rolle in aeroakustischen Simulationen (z. B. Bodony und Lele 2008; Brès et al. 2017).

Es ist wichtig, die zu berechnenden Größen genau zu definieren. Wir brauchen ein Geschwindigkeitsfeld, das nur die großskaligen Komponenten des Gesamtfeldes enthält. Dies lässt sich am besten durch Filtern des Geschwindigkeitsfeldes erreichen (Leonard, 1974); bei diesem Ansatz ist das Grobstruktur- bzw. aufgelöste Feld, das zu simulieren ist, im Wesentlichen eine lokale Mittelung des gesamten Feldes. Wir werden die eindimen-sionale Notation verwenden; die Verallgemeinerung auf drei Dimensionen ist einfach. Die gefilterte Geschwindigkeit wird definiert durch:

$$\overline{u}_i(x) = \int G(x, x')\, u_i(x')\, \mathrm{d}x', \tag{10.7}$$

wobei $G(x, x')$, der Filterkernel, eine lokalisierte Funktion ist[8]. Filterkernel, die in LES verwendet wurden, beinhalten den Gauß-, den Rechteck- (ein einfacher lokaler Mittelwert)

[8] Der Leser mag bemerken, dass das Gitter hier nicht erwähnt wird. Die Filtergröße ist mindestens so groß wie das Gittermaß und oft deutlich größer. In traditionellen LES wird die Filterbreite gleich der Gittermaschenweite angenommen, und wir werden vorerst dieser Praxis folgen. In den Abschnitten 10.3.3.4 und 10.3.3.7 werden wir den Zusammenhang zwischen Gitter- und Filterweiten und wie sich das auf die Modellierung auswirkt untersuchen.

und einen Cutoff-Filter (ein Filter, der alle Fourier-Koeffizienten von Wellenzahlen über einem bestimmten Wert eliminiert). Jedem Filter ist ein Längenmaß zugeordnet, Δ. Grob gesagt, Wirbel größer als Δ sind große Wirbel, während die kleineren als Δ kleine Wirbel sind; diejenigen, die modelliert werden müssen.

Wenn die Navier-Stokes-Gleichungen mit konstanter Dichte (inkompressible Strömung) gefiltert werden,[9] erhält man einen Satz von Gleichungen, die den URANS-Gleichungen sehr ähnlich sind:

$$\frac{\partial(\rho\overline{u}_i)}{\partial t} + \frac{\partial(\rho\overline{u_i u_j})}{\partial x_j} = -\frac{\partial\overline{p}}{\partial x_i} + \frac{\partial}{\partial x_j}\left[\mu\left(\frac{\partial\overline{u}_i}{\partial x_j} + \frac{\partial\overline{u}_j}{\partial x_i}\right)\right]. \tag{10.8}$$

Da die Kontinuitätsgleichung linear ist, ändert die Filterung nichts daran:

$$\frac{\partial(\rho\overline{u}_i)}{\partial x_i} = 0. \tag{10.9}$$

Es ist wichtig zu beachten, dass, weil

$$\overline{u_i u_j} \neq \overline{u}_i \overline{u}_j \tag{10.10}$$

und die Größe auf der linken Seite dieser Ungleichheit nicht leicht zu berechnen ist, eine Modellierungsnäherung für die Differenz zwischen den beiden Seiten dieser Ungleichheit,

$$\tau_{ij}^s = -\rho(\overline{u_i u_j} - \overline{u}_i \overline{u}_j) \tag{10.11}$$

eingeführt werden muss. Die in LES gelösten Impulsgleichungen sind dementsprechend:

$$\frac{\partial(\rho\overline{u}_i)}{\partial t} + \frac{\partial(\rho\overline{u}_i\overline{u}_j)}{\partial x_j} = \frac{\partial\tau_{ij}^s}{\partial x_j} - \frac{\partial\overline{p}}{\partial x_i} + \frac{\partial}{\partial x_j}\left[\mu\left(\frac{\partial\overline{u}_i}{\partial x_j} + \frac{\partial\overline{u}_j}{\partial x_i}\right)\right]. \tag{10.12}$$

Im Kontext von LES wird τ_{ij}^s als die *Feinstruktur-Reynolds-Spannung* bezeichnet. Die Bezeichnung „Spannung" stammt von der Art und Weise, wie der Term behandelt wird, und nicht von seiner physikalischen Natur. Dieser Term stellt in Wirklichkeit den Grobstrukturimpulsfluss dar, der durch die Wirkung der unaufgelösten Feinstrukturen verursacht wird.

---

[9]Die Filteroperation wird definiert, aber die Gleichungen werden i. Allg. nicht explizit gefiltert, wie auch im Fall von oben beschriebener Zeit- und Ensemblemittelung. In traditionellen LES sind die Gleichungen im Wesentlichen das Ergebnis eines impliziten und unbekannten Filters. Bose et al. (2010) haben den Wert der expliziten Filterung gezeigt.

Die Breite des Filters, Δ, muss nichts mit der Gittermaschenweite, h, zu tun haben, außer der offensichtlichen Bedingung, dass $\Delta \geq h$, wie zuvor erwähnt. Traditionell haben die Autoren von Publikationen eine solche Verbindung hergestellt und ihre Nomenklatur ist festgefahren. Daher werden Modelle, die zur Approximation der Feinstruktur-Reynolds-Spannung (10.11) verwendet werden, in englischsprachiger Literatur als *subgrid-scale (SGS)* oder *subfilter-scale (SFS)*-Modelle bezeichnet; in Deutsch wird meistens die Bezeichnung Feinstrukturmodell verwendet.

Die Feinstruktur-Reynolds-Spannung enthält lokale Mittelwerte des Feinstrukturfeldes, sodass Modelle dafür auf dem lokalen Geschwindigkeitsfeld oder vielleicht auf der Vorgeschichte der lokalen Fluidbewegungen basieren sollten. Letzteres kann durch die Verwendung eines Modells erreicht werden, das partielle Differentialgleichungen löst, um die Parameter zu erhalten, die zum Bestimmen der Feinstruktur-Reynolds-Spannung erforderlich sind.

10.3.3.2 Smagorinsky und verwandte Modelle

Das früheste und am häufigsten verwendete Feinstrukturmodell wurde von Smagorinsky (1963) vorgeschlagen. Es handelt sich um ein Wirbelviskositätsmodell. Alle diese Modelle basieren auf der Vorstellung, dass die Haupteffekte der Feinstruktur-Reynolds-Spannung ein erhöhter Transport und eine erhöhte Dissipation sind. Da diese Phänomene in laminaren Strömungen auf die Viskosität zurückzuführen sind, erscheint es sinnvoll, davon auszugehen, dass ein praktikables Modell wie folgt aussehen könnte:

$$\tau_{ij}^{s} - \frac{1}{3}\tau_{kk}^{s}\delta_{ij} = \mu_{t}\left(\frac{\partial \overline{u}_i}{\partial x_j} + \frac{\partial \overline{u}_j}{\partial x_i}\right) = 2\mu_t \overline{S}_{ij}, \tag{10.13}$$

wobei μ_t die Wirbelviskosität und $\overline{S}_{ij}$ die Dehnungsrate des Grobstruktur- bzw. aufgelösten Feldes ist. Wyngaard (2010) zeigt, wie Lilly 1967 dieses Modell unter Verwendung der Evolutionsgleichung für τ_{ij}^{s} formal hergeleitet hat. Ähnliche Modelle werden auch häufig in Verbindung mit den RANS-Gleichungen verwendet, siehe unten.

Die Form der Feinstrukturwirbelviskosität kann durch dimensionale Argumente hergeleitet werden und ist:

$$\mu_t = C_S^2 \rho \Delta^2 |\overline{S}|, \tag{10.14}$$

wobei C_S ein zu bestimmender Modellparameter ist, Δ ist das Filterlängenmaß und $|\overline{S}| = (\overline{S}_{ij}\overline{S}_{ij})^{1/2}$. Diese Form für die Wirbelviskosität kann auf verschiedene Weise hergeleitet werden. Theorien liefern Schätzungen des Parameters. Die meisten dieser Methoden gelten nur für isotrope Turbulenz. In diesem Fall ergeben alle Methoden, dass $C_S \approx 0{,}2$ sein sollte. Leider ist C_S keine Konstante: Es kann eine Funktion der Reynolds-Zahl und/oder anderer dimensionsloser Parameter sein und unterschiedliche Werte in verschiedenen Strömungen annehmen.

Das Smagorinsky-Modell ist zwar relativ erfolgreich, aber nicht ohne Probleme, und seine Verwendung ist zugunsten der im Folgenden beschriebenen komplexeren Modelle zurückgegangen. Es wird nicht empfohlen, wird aber wegen seiner Einfachheit immer noch viel verwendet. Um eine Kanalströmung damit zu simulieren, sind mehrere Modifikationen erforderlich. Der Wert des Parameters C_S muss von $0{,}2$ auf ca. $0{,}065$ reduziert werden, was die Wirbelviskosität um fast eine Größenordnung reduziert. Änderungen dieser Größenordnung sind in allen Scherströmungen erforderlich. In Wandnähe muss der Wert noch weiter reduziert werden. Ein erfolgreiches Rezept ist die Anwendung der Van-Driest-Dämpfung, die seit langem zur Reduzierung der wandnahen Wirbelviskosität in RANS-Modellen eingesetzt wird:

$$C_S = C_{S.0} \left(1 - e^{-n^+/A^+}\right)^2, \qquad (10.15)$$

wobei n^+ den Wandabstand in viskosen „Wandeinheiten" bezeichnet ($n^+ = nu_\tau/\nu$, wobei u_τ die Schubspannungsgeschwindigkeit ist, $u_\tau = \sqrt{\tau_{\text{Wand}}/\rho}$, und τ_{Wand} ist die Wandschubspannung) und A^+ ist eine Konstante, die normalerweise ca. 25 beträgt. Obwohl diese Änderung zu den gewünschten Ergebnissen führt, ist es schwierig, sie im Rahmen von LES zu rechtfertigen.

Ein weiteres Problem besteht darin, dass die Strömungsstruktur in der Nähe einer Wand sehr anisotrop ist. Es werden Bereiche von Fluid mit niedriger und hoher Geschwindigkeit (Streifen; Englisch „streaks") erzeugt; sie sind etwa 1000 viskose Wandeinheiten lang und 30–50 breit, sowohl in Quer- als auch in wandnormale Richtung. Die Auflösung dieser Streifen erfordert ein hochgradig anisotropes Gitter und die Wahl des Längenmaßes Δ, das im Feinstrukturmodell verwendet wird, ist nicht offensichtlich. Die übliche Wahl ist $(\Delta_1 \Delta_2 \Delta_3)^{1/3}$, aber $(\Delta_1^2 + \Delta_2^2 + \Delta_3^2)^{1/2}$ ist auch möglich und andere sind leicht zu konstruieren; hier ist Δ_i die Breite, die dem Filter in der i-ten Koordinatenrichtung zugeordnet ist.

In einem stabil geschichteten Fluid ist es notwendig, den Smagorinsky-Parameter zu reduzieren. Stratifizierung ist in geophysikalischen Strömungen üblich; es ist gängige Praxis, den Parameter zu einer Funktion der Richardson- oder Froude-Zahl zu machen. Dies sind verwandte dimensionslose Parameter, die die relative Bedeutung von Schichtung und Scherung darstellen. Ähnliche Effekte treten bei Strömungen auf, bei denen Rotation und/oder Krümmung eine wichtige Rolle spielen. Typischerweise basiert die Richardson-Zahl auf den Eigenschaften des mittleren Strömungsfeldes. In einigen Rechenprogrammen wird der Transport der turbulenten kinetischen Energie in Feinstrukturen, $k = \frac{1}{2}\overline{u_i' u_i'}$ (wobei $u_i' = u_i - \bar{u}_i$), berechnet (Pope 2000) und zur Definition des Koeffizienten wird der folgende Ausdruck verwendet:

$$\mu_{t,j} \sim k^{\frac{1}{2}} l_j \,,$$

wobei die vertikale Komponente der Turbulenzlängenskala l_3 für Auftrieb angepasst ist; $l_1 = l_2 = \Delta$ oder h (d. h. nominal gleich dem Gitter- bzw. Filtermaß); siehe z. B. Xue (2000).

Daher gibt es viele Schwierigkeiten mit dem Smagorinsky-Modell. Wenn wir Strömungen simulieren wollen, die komplex sind und/oder hohe Reynolds-Zahlen aufweisen, kann es wichtig sein, ein genaueres Modell zu haben (siehe z. B. Shi et al. 2018a, Shi et al. 2018b). Tatsächlich zeigen detaillierte Tests, die auf Ergebnissen von DNS-Daten basieren, dass das Smagorinsky-Modell ziemlich schlecht in der Darstellung der Details der Feinstrukturspannungen ist. Insbesondere zwingt das Wirbelviskositätsmodell die Spannung τ_{ij}^s dazu, die Ausrichtung der Dehnungsrate $\overline{S}_{ij}$ anzunehmen, was in Wirklichkeit nicht der Fall ist!

10.3.3.3 Dynamische Modelle

Die kleinsten Strukturen, die in einer Simulation aufgelöst werden, sind in vielerlei Hinsicht ähnlich wie die etwas kleineren Strukturen, die modelliert werden. Diese Idee führt zu einem alternativen Feinstrukturmodell, dem *Skalenähnlichkeitsmodell* (Bardina et al. 1980). Das Hauptargument ist, dass die wichtigen Wechselwirkungen zwischen den aufgelösten und den nichtaufgelösten Strukturen die kleinsten Wirbel der ersten und die größten Wirbel der zweiten Gruppe betreffen, d. h. Wirbel, die etwas größer oder etwas kleiner sind als das dem Filter zugeordnete Längenmaß Δ. Argumente, die auf diesem Konzept basieren, führen zu folgendem Modell:

$$\tau_{ij}^s = -\rho \left(\overline{\overline{u}_i \overline{u}_j} - \overline{\overline{u}}_i \overline{\overline{u}}_j \right), \tag{10.16}$$

wobei die doppelte Überlinie eine Größe bezeichnet, die zweimal gefiltert wurde. Dieses Modell korreliert sehr gut mit den tatsächlichen Feinstruktur-Reynolds-Spannungen, dissipiert aber kaum Energie und kann nicht als „eigenständiges" Feinstrukturmodell dienen. Es überträgt Energie mehr oder weniger gleichmäßig von den größeren zu den kleinsten Skalen *(Vorwärtsstreuung)* und von den kleinsten aufgelösten zu den größeren Skalen *(Rückstreuung),* was nützlich ist. Um das Fehlen der Dissipation zu korrigieren, kann man das Smagorinsky- mit dem Skalenähnlichkeitsmodell kombinieren, um ein „Mischmodell" zu erhalten. Dieses Modell verbessert die Qualität der Simulationen. Für weitere Details siehe Sagaut (2006).

Das Konzept, das dem Skalenähnlichkeitsmodell zugrunde liegt, nämlich dass die Bewegung der kleinsten aufgelösten Strukturen Informationen liefern können, die zur Modellierung der Bewegung von größten Feinstrukturen verwendet werden können, kann einen Schritt weiter hin zum dynamischen Modell oder Verfahren führen (Germano et al. 1991). Dieses Verfahren basiert auf der Annahme, dass eines der oben beschriebenen Modelle die Feinstrukturen akzeptabel repräsentiert.

Die Essenz des zukunfsträchtigen Germano-Verfahrens liegt in der Idee der Skaleninvarianz (Meneveau und Katz 2000): „Skaleninvarianz bedeutet, dass bestimmte Merkmale der Strömung auf verschiedenen Bewegungsskalen gleich bleiben". Dabei wird davon ausgegangen, dass der Koeffizient in und die Form eines Feinstrukturmodells auf dem Gittermaßstab und auf Skalen, die ein Vielfaches des Gittermaßstabs betragen, gleich bleiben. Die oben vorgestellte ursprüngliche Filterung mit dem Maßstab Δ führt zu folgendem Ergebnis:

$$\tau_{ij}^{\mathrm{s}} = -\rho \left(\overline{u_i u_j} - \overline{u}_i \overline{u}_j \right),$$

und nach dem Smagorinsky-Modell zu

$$\tau_{ij}^{\mathrm{s}} - \frac{1}{3}\tau_{kk}^{\mathrm{s}}\delta_{ij} = 2C_S^2\rho\Delta^2|\overline{S}|\overline{S}_{ij}.$$

Eine nochmalige Filterung der gefilterten Gleichungen (10.8) mit einem „Testfilter"-Maßstab $\hat{\Delta}$ führt zu

$$T_{ij}^{\mathrm{s}} = -\rho \left(\widehat{\overline{u_i u_j}} - \hat{\overline{u}}_i \hat{\overline{u}}_j \right),$$

und nach dem Smagorinsky-Modell zu

$$T_{ij}^{\mathrm{s}} - \frac{1}{3}T_{kk}^{\mathrm{s}}\delta_{ij} = 2C_S^2\rho\hat{\Delta}|\hat{\overline{S}}|\hat{\overline{S}}_{ij}.$$

Das Verhältnis $\hat{\Delta}/\Delta$ wird nun zu einer anpassbaren Konstante der Methode; es gibt verschiedene Wahlmöglichkeiten, aber typischerweise wird ein Verhältnis von ~ 2 verwendet. Germano definierte, was heute als „Germano-Identität" bekannt ist, $\mathcal{L}_{ij} = T_{ij}^s - \hat{\tau}_{ij}^s$, mittels derer es einfach ist zu zeigen, dass die folgende Beziehung gilt:

$$\mathcal{L}_{ij} = \rho \left(\widehat{\overline{u}_i\,\overline{u}_j} - \hat{\overline{u}}_i\hat{\overline{u}}_j \right) = 2C_S^2\rho \left(\hat{\Delta}|\hat{\overline{S}}|\hat{\overline{S}}_{ij} - \Delta^2\widehat{|\overline{S}|\overline{S}_{ij}} \right) + \frac{1}{3}\delta_{ij}\mathcal{L}_{kk}, \qquad (10.17)$$

wobei $\mathcal{L}_{kk}$ die isotropen Terme enthält.[10] In dieser Gleichung (10.17) ist der Koeffizient C_S^2 die einzige Unbekannte und kann auf verschiedene Weise bestimmt werden. Die isotropen Terme heben sich auf, weil $S_{ii} = 0$ in einer inkompressiblen Strömung und die isotropen Terme in der eigentlichen Lösungsmethode in Form von $S_{ij}\delta_{ij}\mathcal{L}_{kk}$ erscheinen; siehe z. B. Sagaut (2006), Lele (1992) oder Germano et al. (1991).

Die wesentlichen Bestandteile des dynamischen Modells sind (i), dass es Informationen aus den kleinsten Wirbeln im aufgelösten Feld verwendet, um den Koeffizienten zu berechnen, und (ii) die Annahme, dass das gleiche Modell mit dem gleichen Wert des Koeffizienten sowohl für die tatsächliche LES als auch für die gröber gefilterten Gleichungen gilt. Der dynamische Prozess gibt den Modellkoeffizienten als Verhältnis von zwei Größen an, und der Koeffizient wird bei jedem räumlichen Gitterpunkt und zu jedem Zeitschritt direkt aus den aktuell aufgelösten Variablen berechnet. Wir werden den eigentlichen Prozess hier nicht darstellen; es ist jedoch zu beachten, dass Gl. (10.17) sechs Gleichungen für eine Unbekannte produziert und somit überbestimmt ist. Der dynamische Prozess ist so aufgebaut, um den Fehler zu minimieren:

---

[10]Der anspruchsvolle Leser wird feststellen, dass wir den Koeffizienten C_S^2, der eine Funktion von Raum und Zeit ist, still und leise aus der Testfiltermittelung in Gl. (10.17) herausgenommen haben; dies entspricht der Annahme, dass er über das Volumen des Testfilters konstant ist. Dies ist eine bequeme Wahl, aber nicht die einzig mögliche.

$$\varepsilon_{ij} = \mathcal{L}_{ij} - 2C_S^2\rho\left(\hat{\Delta}|\hat{\bar{S}}|\hat{\bar{S}}_{ij} - \Delta^2\widehat{|\bar{S}|\bar{S}_{ij}}\right) - \frac{1}{3}\delta_{ij}\mathcal{L}_{kk}.\tag{10.18}$$

Germano et al. (1991) kontrahierten den Fehler mit der Dehnungsrate, d. h. $\varepsilon_{ij}\bar{S}_{ij}$ erzeugt eine einzelne Gleichung für C_S^2. Zwei wesentliche Verbesserungen des von Germano et al. (1991) vorgeschlagenen Originalmodells waren (i) das Verfahren der kleinsten Quadrate zur Berechnung des Koeffizienten, vorgeschlagenen von Lilly (1992), und (ii) die Einführung eines neuen Basismodells durch Wong und Lilly (1994) als Ersatz für das Smagorinsky-Modell; ihr Modell basiert auf der Kolomogorov-Skalierung und erfordert keine Berechnung der Dehnungsrate beim dynamischen Verfahren, wodurch die Wandrandbedingungen weniger kritisch werden. Ihre Wirbelviskosität ist definiert als

$$\mu_t = C^{2/3}\rho\Delta^{4/3}\varepsilon^{1/3} = C_\varepsilon\rho\Delta^{4/3}.\tag{10.19}$$

C_ε ist der im dynamischen Prozess bestimmte Koeffizient, und es gibt keine Anforderung, dass die Dissipationsrate gleich der Produktionsrate der Feinstrukturenergie sein muss.

Das dynamische Verfahren mit dem Smagorinsky- oder Wong-Lilly-Modell als Grundlage beseitigt viele der zuvor beschriebenen Schwierigkeiten:

- In Scherströmungen muss der Parameter des Smagorinsky-Modells viel kleiner sein als in isotroper Turbulenz. Das dynamische Modell erzeugt diese Änderung automatisch.
- Der Modellparameter muss in Wandnähe noch weiter reduziert werden. Das dynamische Modell verringert den Parameter automatisch in Wandnähe auf die richtige Weise.
- Die Definition des Längenmaßes für anisotrope Gitter oder Filter ist unklar. Dieses Problem wird mit dem dynamischen Modell hinfällig, da das Modell jeden Fehler im Längenmaß durch die Änderung des Wertes des Parameters kompensiert.

Obwohl es eine erhebliche Verbesserung gegenüber dem Smagorinsky-Modell ist, gibt es auch mit dem dynamischen Verfahren einige Probleme. Der Modellparameter, den es erzeugt, ist eine schnell variierende Funktion der räumlichen Koordinaten und der Zeit, sodass die Wirbelviskosität große Werte beider Vorzeichen annimmt. Obwohl eine negative Wirbelviskosität vorgeschlagen wurde, um den Energietransfer von den kleinen zu den großen Skalen darzustellen (dieser Prozess wird als Rückstreuung bezeichnet), kann und wird numerische Instabilität auftreten, wenn die Wirbelviskosität über einen zu großen räumlichen Bereich oder für zu lange Zeit negativ ist. Eine Möglichkeit dies zu umgehen ist, jede Wirbelviskosität $\mu_t < -\mu$ auf gleich $-\mu$ zurückzusetzen, d. h. gleich dem Negativwert der molekularen Viskosität; dies wird als *Begrenzung (clipping)* bezeichnet. Eine weitere nützliche Alternative ist die Verwendung der Mittelung in Raum oder Zeit; für Details siehe die oben genannten Veröffentlichungen. Diese Techniken führen zu weiteren Verbesserungen, sind aber immer noch nicht ganz zufriedenstellend; die Suche nach robusteren Feinstrukturmodellen ist Gegenstand aktueller Forschung, wie unten gezeigt.

Die Argumente, auf denen das dynamische Modell basiert, sind nicht auf das Smagorinsky-Modell beschränkt. Man könnte stattdessen das gemischte Smagorinsky-Skalenähnlichkeitsmodell verwenden. Das Mischmodell wurde von Zang et al. (1993) und Shah und Ferziger (1995) mit großem Erfolg eingesetzt.

Schließlich möchten wir erwähnen, dass andere Versionen des dynamischen Verfahrens entwickelt wurden, um die Schwierigkeiten mit der einfachsten Form des Modells zu überwinden. Eines der besseren davon ist das dynamische Lagrange-Modell von Meneveau et al. (1996). In diesem Modell werden die Terme im Zähler und Nenner des Ausdrucks für den Modellparameter des dynamischen Verfahrens entlang von Strömungstrajektorien gemittelt. Dies geschieht durch die Lösung partieller Differentialgleichungen für die Integrale der Terme über die Lagrange-Bahnen. Eine Anwendung dieses Modells ist in Abschn. 10.3.4.3 beschrieben.

10.3.3.4 Modelle mit Rekonstruktion von Subfilterskalen

Carati et al. (2001) leiteten die LES-Gleichungen her, die natürlich sowohl zu SFS- („sub-filter-scale") als auch SGS- („sub-grid-scale") Mischmodellen führen und zwischen expliziter Filterung der Navier-Stokes-Gleichungen und Diskretisierung für die numerische Berechnung unterscheiden. Während der explizite Filter für LES durch Gl. (10.7) definiert ist, stellt der Effekt der Diskretisierung leider einen unbekannter Filter dar (vgl. die ILES-Methode in Abschn. 10.3.2). Die bestimmenden Gleichungen auf einem diskreten Gitter können durch Anwendung eines expliziten Filters (bezeichnet mit Überlinie) und eines Diskretisierungsoperators (bezeichnet mit Tilde) auf die inkompressiblen Kontinuitäts- und Navier-Stokes-Gleichungen mit konstanter Dichte erhalten werden; dies führt zu:

$$\frac{\partial(\overline{\tilde{u}_i})}{\partial t} + \frac{\partial(\overline{\widetilde{\tilde{u}_i\tilde{u}_j}})}{\partial x_j} = -\frac{1}{\rho}\frac{\partial \overline{\tilde{p}}}{\partial x_i} + \frac{\partial}{\partial x_j}\left[\nu\left(\frac{\partial \overline{\tilde{u}_i}}{\partial x_j} + \frac{\partial \overline{\tilde{u}_j}}{\partial x_i}\right)\right] - \frac{\partial}{\partial x_j}\left[\frac{\tilde{\tau}_{ij}}{\rho}\right] \tag{10.20}$$

und

$$\frac{\partial(\overline{\tilde{u}_i})}{\partial x_i} = 0. \tag{10.21}$$

Die gesamte SFS-Spannung[11] ist definiert als

$$\tau_{ij} = \rho(\overline{u_iu_j} - \overline{\tilde{u}_i\tilde{u}_j}), \tag{10.22}$$

was direkt zu einer sehr aufschlussreichen Zerlegung führt, nämlich,

$$\tau_{\mathrm{SFS}} = \tau_{ij} = \rho\left(\overline{u_iu_j} - \overline{\tilde{u}_i\tilde{u}_j}\right) + \rho\left(\overline{\tilde{u}_i\tilde{u}_j} - \overline{\tilde{u}_i\tilde{u}_j}\right) = \tau_{\mathrm{SGS}} + \tau_{\mathrm{RSFS}}. \tag{10.23}$$

---

[11]Es ist zu beachten, dass Carati et al. (2001) und Chow et al. (2005), sowie viele andere, die Spannungsdefinition als Geschwindigkeitsprodukt verwenden, ohne die Dichte einzubeziehen.

Wir beobachten nun, dass das Strömungsfeld effektiv in drei Beiträge unterteilt ist: das aufgelöste Feld $\overline{\tilde{u}}_i$, das aufgelöste SFS-Feld (RSFS) $(\tilde{u}_i - \overline{\tilde{u}}_i)$ und das SGS-Feld $(u_i - \tilde{u}_i)$. Das aufgelöste Feld ist dasjenige, das durch das Rechenprogramm berechnet wird; das RSFS-Feld existiert auf dem Gitter und kann daher tatsächlich bis zu einer gewissen Approximationsstufe aus den aufgelösten Daten rekonstruiert werden, wie es von Stoltz et al. (Stolz et al. 2001) und Chow et al. (2005) getan wurde; und die Effekte des SGS-Feldes müssen modelliert werden. Wir können sehen, wie sich dies in den SFS-Spannungstermen auswirkt, die, sobald sie einmal definiert sind, zum „Modell" werden, das im LES verwendet wird.

Die aufgelösten SFS-Spannungen (RSFS)

Die RSFS-Spannungen können eigentlich ohne Modellierung mithilfe der Dekonvolutionsmethode von Stolz et al. (Stolz et al. 2001) berechnet werden, die das ursprüngliche Geschwindigkeitsfeld aus dem aufgelösten Feld annähernd rekonstruiert (siehe auch Carati et al. 2001; Chow et al. 2005). Die Rekonstruktion verwendet die Van-Cittert-Methode der iterativen Reihenerweiterung und liefert eine Abschätzung der ungefilterten Geschwindigkeit $(\tilde{u}_i)$ als Funktion der gefilterten Geschwindigkeit $(\overline{\tilde{u}}_i)$ als

$$\tilde{u}_i^\star \sim \overline{\tilde{u}}_i + (I - G) * \overline{\tilde{u}}_i + (I - G) * [(I - G) * \overline{\tilde{u}}_i] + \dots, \qquad (10.24)$$

wobei I der Identitätsoperator ist, G ist der Filter in Gl. (10.7) und $*$ eine Faltung bedeutet. Dann berücksichtigen wir, dass die Geschwindigkeitsapproximation $\tilde{u}_i^\star$ in den ersten Term der RSFS-Spannung eingesetzt werden kann, wodurch es möglich wird, die Spannung ohne Modell zu berechnen, d. h.,

$$\tau_{\mathrm{RSFS}} = \rho \left(\overline{\tilde{u}_i \tilde{u}_j} - \overline{\tilde{u}}_i \overline{\tilde{u}}_j \right) \approx \rho \left(\overline{\tilde{u}_i^\star \tilde{u}_j^\star} - \overline{\tilde{u}}_i \overline{\tilde{u}}_j \right). \qquad (10.25)$$

Die Geschwindigkeit $\tilde{u}_i^\star$ kann auch in den anderen RSFS-Term eingesetzt werden, was aber nicht unbedingt notwendig ist; es ist zu beachten, dass der RSFS-Term $\rho \overline{\tilde{u}_i^\star \tilde{u}_j^\star}$ in der Berechnung tatsächlich explizit gefiltert werden muss (Chow et al. 2005; Gullbrand und Chow 2003). Der Benutzer kann den Grad der Rekonstruktion wählen. Ebene 0 verwendet einen Term und ergibt eine Approximation, die im Wesentlichen dem Skalenähnlichkeitsmodell von Bardina et al. (1980) entspricht; Ebene 1 verwendet zwei Terme, hat einen signifikanten Einfluss auf die Ergebnisse und ist wahrscheinlich ein nützlicher Kompromiss zwischen Kosten und Physik in Mischmodellen.[12] Stoltz et al. (Stolz et al. 2001) verwendeten diese Rekonstruktion als vollständiges Modell und vernachlässigten faktisch den SGS-Anteil der Spannung; der Rekonstruktionsterm musste jedoch durch einen Energieabzugsterm ergänzt werden, der auf der rechten Seite der gefilterten Navier-Stokes-Gleichungen hinzugefügt wurde. Die Rekonstruktionsterme erlauben eine Rückstreuung der Energie vom Subfilter zu den aufgelösten Skalen (siehe Chow et al. 2005).

---

[12]Dementsprechend hat die n-Ebene $n + 1$ Terme aus der Entwicklung (10.24); siehe den Anhang von Shi et al. (2018a) für eine Diskussion und eine Anwendung.

Die SGS-Spannungen

Die SGS-Spannung

$$\tau_{SGS} = \rho \left(\overline{u_i u_j} - \overline{\tilde{u}_i \tilde{u}_j} \right) \tag{10.26}$$

enthält eine Korrelation der exakten (ungefilterten) Geschwindigkeiten und muss daher modelliert werden. Es kann jedes SGS-Modell verwendet werden, einschließlich der oben genannten und der unten beschriebenen algebraischen Spannungsmodelle.

Der Ansatz von Carati et al. (2001) führt dann zu einem gemischten Ausdruck für die gesamte SFS-Spannung. Chow et al. (2005) schufen ein dynamisches Rekonstruktionsmodell (DRM) unter Verwendung von Rekonstruktion plus einem dynamischen SGS-Modell (Wong und Lilly (1994), dynamisches Modell), zusammen mit einem wandnahen Modell (das eine ähnliche Rolle wie das in Abschn. 10.3.3.2 beschriebene Van-Driest-Modell hat); Ludwig et al. (2009) verglichen die Ergebnisse von diesem Modell mit anderen und fanden heraus, dass das DRM den Smagorinsky- und TKE-Modellen überlegen war. Zhou und Chow (2011) wandten die DRM-Strategie auf die stabile atmosphärische Grenzschicht an.

Andererseits kann man entweder die RSFS- oder SGS-Terme vernachlässigen und ein Funktionsmodell erstellen, z. B. die Stoltz et al. (Stolz et al. 2001) approximative Dekonvolution mit nur RSFS-Termen und einer Energiesenke; ein dynamisches Smagorinsky-Modell allein; oder das nachfolgend beschriebene algebraische Spannungsmodell von Enriquez et al. (2010). Eine Begründung für die eigenständigen SGS-Modelle ist die Annahme, dass die Filterbreite Δ und die Gittermaschenweite h gleich sind, sodass die RSFS-Zone verschwindet. Dies ist nicht ganz korrekt, da die expliziten und (impliziten) Gitterfilter unterschiedlich sind, aber es genügt. Im Allgemeinen setzt man für die gemischten Modelle nach dem Rat von Chow und Moin (2003) bezüglich Fehler und Größe der SGS-Kraft $2 \leq \Delta/h \leq 4$.

10.3.3.5 Explizite algebraische Reynolds-Spannungsmodelle (EARSM)

Eines der Probleme mit den oben genannten SGS-Modellen besteht darin, dass sie nicht die Anisotropie der Normalspannungen berücksichtigen, die in der Nähe des Bodens bzw. der Wände in Experimenten und Feldstudien beobachtet wird (siehe Sullivan et al. 2003). Alternativen beinhalten:

- Nichtlineare SGS-Modelle wie das von Kosović (1997), das eine Rückstreuung von Energie und die Anisotropie der SGS-Normalspannungen erlaubt (vgl. Rekonstruktionsmodelle, die auch eine Rückstreuung ermöglichen und bezüglich RSFS anisotrop sind).

- Herleitung der Transportgleichungen für die SGS-Spannungen und anschließende Beibehaltung zusätzlicher Terme über die hinaus, die das Smagorinsky-Modell ergeben. Wyngaard (2004) und Hatlee und Wyngaard (2007) erläutern diese Gleichungen und schlagen neue anisotrope SGS-Modelle mit verbesserter Leistung vor. Ramachandran und Wyngaard (2010) erweiterten diesen Ansatz und lösten eine verkürzte Version der partiellen Differentialtransportgleichungen für die SGS-Spannungen. Sie taten dies für die mäßig konvektive atmosphärische Grenzschicht, die den in Sullivan et al. (2003) berichteten HATS-Experimenten entspricht.

- Generierung algebraischer Spannungsmodelle aus den SGS-Spannungstransportglei-chungen zur Erfassung neuer Physik zu moderaten Kosten. Wir kommentieren kurz zwei algebraische Spannungsmodelle.

Im Allgemeinen zielen explizite algebraische Spannungsansätze darauf ab, ein Modell zu erzeugen, das keine Lösung von Differentialgleichungen erfordert und auf die Wirbelviskosi-tät verzichtet. Rodi (1976) schuf ein solches Modell für URANS, welches Wallin und Johans-son (2000) erweitert haben (siehe Abschn. 10.3.5.4). Marstorp et al. (2009) haben dann ein EARSM für LES von rotierenden Kanalströmungen entwickelt. In Anlehnung an Wallin und Johansson kürzen oder modellieren sie die Terme in den Transportgleichungen für den SGS-Spannungsanisotropietensor; sie erhalten ein explizites algebraisches Modell für die SGS-Spannung mit zwei Modellparametern, nämlich der SGS kinetischen Energie und dem SGS-Zeitmaß. Sie bieten ein dynamisches und ein nichtdynamisches Verfahren, um sie zu berechnen. Ihre Simulationsergebnisse stimmen gut mit den DNS-Daten überein und sowohl die aufgelöste Reynolds-Spannungsanisotropie als auch die SGS-Spannungsanisotropie werden durch die Vermeidung der Verwendung einer Wirbelviskosität verbessert.

Zuletzt kombinierten Rasam et al. (2013) das explizite algebraische Skalarflussmodell von Wikstrom et al. (2000) und das EARSM für LES von Marstorp et al. (2009), was ein Modell ergab, das in der Lage ist, SGS-Skalarflussanisotropie zu erzeugen und skalare Profile im Vergleich zu gefilterten DNS-Daten einigermaßen gut vorherzusagen.

Findikakis und Street (1979) beschrieben ein EARSM für die SGS-Terme in einer LES, die auf Ideen aus den RANS-Turbulenzmodellen von Launder et al. (1975) basieren; siehe Abschn. 10.3.5.4 unten. Enriquez et al. (2001) bauten im Rahmen der oben beschriebe-nen Zerlegung von Carati et al. (2001) basierend auf der Arbeit von Findikakis und Street (1979) und Chow et al. (2005) ein lineares algebraisches SGS-Spannungsmodell in Kom-bination mit der Rekonstruktion der RSFS-Spannungen zur Anwendung auf die neutrale atmosphärische Grenzschicht auf. Die Transportgleichungen für die SGS-Spannungen wur-den vereinfacht, sodass sie nur die Produktions-, Dissipations- und Druckumverteilungs-terme enthielten, was zu einem Satz von sechs linearen algebraischen Gleichungen führte, die in jedem Gitterpunkt zu jedem Zeitschritt invertiert werden. Es sind keine Parameter zu bestimmen, die über die Konstanten hinausgehen, die in den angenommenen Modellen von Launder et al. (1975) impliziert sind. Dieses Modell wurde in das ARPS Mesoskalen-LES-Rechenprogramm eingebettet (Xue 2000; Chow et al. 2005). Konvektion, Diffusion und Viskosität werden in den SGS Reynolds-Spannungsgleichungen vernachlässigt, aber die Dissipation wird in den Normalspannungsgleichungen modelliert und die turbulente kine-tische Energie wird aus der Lösung einer partiellen Differentialtransportgleichung gewon-nen. Die berichteten Ergebnisse zeigen, dass dieses EARSM bei Verwendung ohne Rekon-struktion Ergebnisse liefert, die den Smagorinsky-Simulationen überlegen sind und den dynamischen Wong-Lilly-Ergebnissen entsprechen, und es reproduziert die beobachtete Normalspannungsanisotropie. Anwendungen für neutrale, stabile und konvektive atmosphärische Grenzschichten sind in Enriquez (2013) enthalten.

10.3.3.6 Randbedingungen für LES

Die für LES verwendeten Randbedingungen und numerischen Methoden sind denjenigen der DNS sehr ähnlich. Der wichtigste Unterschied besteht darin, dass bei der Anwendung von LES auf Strömungen in komplexen Geometrien einige numerische Verfahren (z. B. Spektralverfahren) schwer anwendbar sind. In diesen Fällen ist man gezwungen, FD-, FV- oder FE-Methoden zu verwenden. Im Prinzip könnte jede zuvor in diesem Buch beschriebene Methode verwendet werden, aber es ist wichtig zu bedenken, dass Strukturen, die vom Gitter aufgelöst werden sollen, fast überall in der Strömung existieren können. Aus diesem Grund ist es wichtig, Methoden mit der höchstmöglichen Genauigkeit einzusetzen.

Wie wir in Abschnitten 10.2 und 10.3.5.5 vermerkt haben, kann das Verhalten der Strömung in der Nähe von Wänden eine besondere Behandlung der Randbedingungen oder die Nutzung von Wandfunktionen im wandnahen Bereich erfordern. Sagaut (2006) stellt eine Diskussion über Alternativen vor, ebenso wie Rodi et al. (2013), wo auch Alternativen für raue Wände beinhaltet sind. Stoll und Porté-Agel (2006) beschreiben eine Reihe von Modellen für raue Wände. Wir beschreiben hier nur eine der einfachsten Alternativen, da sie für fast alle Fälle geeignet ist. Dieses Modell stammt aus den Gebieten der Atmosphärenwissenschaften und Ozeanographie, wo die Wände oft rau sind und die Haftbedingung nicht angemessen ist, weil entweder die Rauheit nicht aufgelöst werden kann und/oder die Rauheitselemente in die mittlere viskose Unterschicht eindringen und sowohl Druck- als auch viskose Effekte wichtig sind. Anschließend wird eine Schlupfbedingung angewendet, bei der die Geschwindigkeit nicht eingeschränkt wird und eine Beziehung zwischen der Geschwindigkeit und dem Impulsfluss (Wandschubspannung) am Rand hergestellt wird. Dies spiegelt wider, was oft bei RANS-Simulationen mit Wandmodellen gemacht wird (vgl. Abschn. 10.3.5.5), d. h. es wird davon ausgegangen, dass in Wandnähe ein logarithmisches Geschwindigkeitsprofil existiert (oder wenn die Strömung nicht neutral stabil ist, kann das Monin-Obukhov-Ähnlichkeitsprofil verwendet werden (Porté-Agel 2000; Zhou und Chow 2011). Anstatt also die Strömung aufzulösen, was ein sehr feines Gitter senkrecht zur Wand erfordern würde,[13] wird eine Randbedingung verwendet, die dieses logarithmische Verhalten erzwingt (Porté-Agel 2000; Chow et al. 2005; Rodi et al. 2013) und die Wandspannung wird gegeben durch

$$(\tau_x)_{\text{Wand}} = \rho C_D u_1 \sqrt{u_1^2 + v_1^2}, \qquad (\tau_y)_{\text{Wand}} = \rho C_D u_2 \sqrt{u_1^2 + v_1^2}, \qquad (10.27)$$

---

[13]N.B.: Ein feines Gitter ist auch entlang der Wand für DNS erforderlich, aber in LES kann ein deutlich höheres Gitterseitenverhältnis (horizontal zu wandnormal) in der Nähe von Wänden oder dem Boden verwendet werden.

wobei C_D ein Widerstandsbeiwert ist und u_1 und v_1 die Geschwindigkeitskomponenten in Strömungsrichtung und quer dazu im ersten Rechenknoten neben der Wand aus dem Geschwindigkeitsprofil in wandnormale Richtung bezeichnen.[14] Wenn $(\tau_x)_{\text{Wand}} = \rho u_\tau^2$ und das Log-Gesetz für eine raue Wand wie folgt definiert ist:

$$\frac{u_1}{u_\tau} = \frac{1}{\kappa} \ln \frac{z_1 + z_0}{z_0}, \tag{10.28}$$

dann folgt, dass

$$C_D = \left[\frac{1}{\kappa} \ln \left(\frac{z_1 + z_0}{z_0} \right) \right]^{-2}, \tag{10.29}$$

wobei z_0 die Rauheitshöhe und z_1 der Abstand zum ersten Rechenpunkt von der Wand ist; vgl. Gl. (10.63).

In LES ist es möglich, Wandfunktionen wie in der RANS-Modellierung (siehe Abschn. 10.3.5) für glatte Wände zu verwenden, um die sonst erforderlichen feinen Gitter zu vermeiden. Piomelli und Balaras (2002) und dann Piomelli (2008) präsentieren Analysen einer Reihe von Wandschichtmodellen; Piomelli (2008) kommt zum Schluss, dass es „... keine einzelne Methode gibt, die den anderen deutlich überlegen ist."

10.3.3.7 Abbruchfehler und numerische Dissipation

Die Genauigkeit von LES kann unter anderem durch Folgendes beeinflusst werden: die Größe des numerischen Abbruchsfehlers im Vergleich zu den Beiträgen des SGS- bzw. SFS-Modells, die Form der SFS/SGS-Modelle, den numerischen Algorithmus und die numerische Dissipation. Letztere ist ein typisches Merkmal geophysikalischer Strömungssimulationen, bei denen Konvektionsverfahren hoher Ordnung (z. B. 5. und 6.) verwendet werden; in diesem Zusammenhang stellt Xue (2000) fest, „dass die meisten numerischen Modelle numerische Diffusions- oder Dissipationsverfahren verwenden, um kleines (mit Wellenlänge von ca. zwei Gittermaschenweiten) Rauschen zu kontrollieren, die durch numerische Dispersion, nichtlineare Instabilität, diskontinuierliche physikalische Prozesse und externe Kräfte entstehen können".

Die folgenden Abschnitte enthalten einige Hinweise auf Fehler, Dissipationseffekte und Simulationsqualität.

Fehler und Genauigkeit: Chow und Moin (2003) führten eine Studie über das Gleichgewicht zwischen numerischen Fehlern und SFS-Termen durch. Unter Verwendung eines Datensatzes aus einer DNS mit stabil geschichteter Scherströmung zur Durchführung von *a priori* Tests vergleichen Chow und Moin (2003) den numerischen Fehler von mehreren FD-Verfahren mit den Beträgen der SFS-Terme. Um sicherzustellen, dass die SFS-Terme

---

[14]Bei Coriolis-beeinflussten Strömungen dreht sich der Geschwindigkeitsvektor mit Abstand von der Wand, und beide Komponenten können ungleich null sein, selbst wenn die Strömung weit von der Wand entfernt unidirektional ist; siehe Abschn. 10.3.4.3.

größer sind als die numerischen Fehler, die im numerischen Verfahren für die nichtlinearen Konvektionsterme enthalten sind, haben sie Folgendes festgestellt:

1. Für ein FD-Verfahren 2. Ordnung sollte die Filtergröße mindestens das Vierfache des Gitterabstandes betragen;
2. Für ein Padé-Schema 6. Ordnung, muss die Filtergröße nur mindestens doppelt so groß sein wie der Gitterabstand.

Celik et al. (2009) argumentieren jedoch, dass dies bei LES-Ingenieuranwendungen fast unmöglich zu erreichen sei. Die Folge der Nichterfüllung der obigen Kriterien ist, dass LES dann neben den modellierten SGS-Spannungen auch einen unbekannten – aber möglicherweise signifikanten – Beitrag von numerischen Fehlern enthält.

Dissipationseffekte: Die numerischen Dissipationsterme sind typischerweise Hyperviskositätsterme 4. oder höherer Ordnung, die in Impuls- und Skalartransportgleichungen eingeführt werden. Für kommerzielle oder professionell entwickelte Rechenprogramme schlagen Leitlinien Koeffizientenwerte vor, um die für die Stabilität erforderliche Mindestdissipation zu erreichen. Dies kann jedoch immer noch erhebliche Auswirkungen auf die Ergebnisse haben. Der Testfall von Bryan et al. (2003) (siehe deren Anhang) mit Konvektion 6. Ordnung und einem expliziten Filter 6. Ordnung zeigte, dass für Energiespektren nur Informationen bei Wellenlängen größer als das Sechsfache des Gitterabstandes eine physikalische Lösung darstellen und dass es möglich ist, durch Änderung des rechnerischen Dissipationskoeffizienten eine beliebige spektrale Steigung für Skalen kleiner als das Sechsfache der Gittergröße zu erzeugen. Michioka und Chow (2008) führten mit Hilfe eines mesoskaligen Rechenprogramms eine hochauflösende LES des skalaren Transports über komplexes Gelände durch und zeigten Folgendes:

1. Große numerische Dissipationskoeffizienten verändern nicht unbedingt die simulierten mesoskaligen Strömungsfelder dramatisch (da die numerische Dissipation nur in der Nähe von Rauschen im Gittermaßstab dämpft).
2. Numerische Dissipation kann turbulente Schwankungen und das bodennahe Geschwindigkeitsprofil in hochauflösenden Simulationen spürbar beeinflussen, da kleinskalige Bewegungen Teil des aufgelösten turbulenten Strömungsfeldes sind.
3. Die Verwendung des kleinstmöglichen numerische Dissipationskoeffizienten ist unerlässlich, um eine gute Übereinstimmung zwischen Simulation und Messdaten für die maximale Bodenkonzentration des Skalars zu erreichen.

Qualität der Simulation: Die Verifikation und/oder Validierung von LES ist schwierig, da z. B. durch die Reduzierung der Gittergröße sowohl der numerische Abbruchsfehler als auch die SGS- oder SFS-Modellfehler abnehmen und der Anteil der aufgelösten Strömung sich ändert. So konvergiert die LES in gewisser Weise zur DNS, und wie Celik et al. (2009) erklären, gibt es keine gitterunabhängige LES. Es ist natürlich sinnvoll, eine Folge von systematisch verfeinerten Gittern zu verwenden, um die Konvergenz zu testen (womit gemeint ist, dass die Strömungsänderungen von einem Gitter zum anderen klein genug für den gewünschten Zweck sind). Sullivan und Patton (2011) stellen eine detaillierte Bewertung der Konvergenz mit Gitterverfeinerung vor und stellen fest, dass nicht alle Größen mit gleicher Rate konvergieren und dass sich bei der Reduzierung der Gittermaschenweite die Auflösung der Physik an Interfaces und in anderen Zonen mit starken Gradienten ändert.

Meyers et al. (2007) führten die Fehlerbewertung der LES einer homogenen isotropen Strömung durch, um ein Verfahren zu demonstrieren, bei dem sie systematisch den Smagorinsky-Koeffizienten ändern und verschiedene Diskretisierungen verwenden, um so zu versuchen, die Auswirkungen von numerischen und Modellfehlern zu isolieren. Nach einer Reihe vorheriger Veröffentlichungen präsentieren Celik et al. (2009) Strategien zur Bewertung von technischen LES-Anwendungen. Auch sie schlagen systematische Gitter- und Modellvariationen vor, die mehrfache Wiederholung der Simulation erfordern, und wenden diese Vorgehensweise in einer Reihe von Fällen an, wobei sie grafische Beweise präsentieren. Sullivan und Patton (2011) warnen jedoch davor, da sich Celik et al. (2009) oft auf DNS als Testbasis stützen, dass jedoch solche Daten für planetarische Grenzschichten mit hoher Reynolds-Zahl nicht verfügbar sind.

10.3.4 Beispiele für LES-Anwendung

10.3.4.1 Strömung über einen Würfel an einer Wand

Als Beispiel für die Anwendung von LES betrachten wir zuerst die Strömung um einen Würfel an einer Wand in einem Kanal mit rechteckigem Querschnitt. Die Geometrie ist in Abb. 10.7 dargestellt. Für diese Simulation, die von Shah und Ferziger (1997) durchgeführt wurde, beträgt die Reynolds-Zahl – bezogen auf die maximale Geschwindigkeit am Einstromrand und die Würfelhöhe – 3200. Am Einstromrand wird eine vollentwickelte Kanalströmung angenommen (die Daten wurden einer separaten Simulation dieser Strömung entnommen); die konvektive Ausstrombedingung war durch Gl. (10.4) vorgegeben.

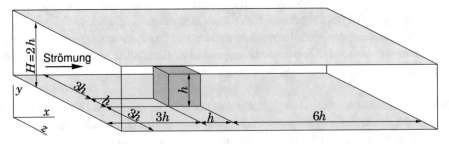

Abb. 10.7 Das Lösungsgebiet für die Strömung über einen an einer Kanalwand montierten Würfel. (Aus Shah und Ferziger (1997))

Es wurden periodische Randbedingungen in Spannweitenrichtung und die Haftbedingung an allen Wandflächen verwendet.

Für diese LES wurde ein Gitter mit $240 \times 128 \times 128$ KV verwendet; die räumliche Diskretisierung war 2. Ordnung. Die Zeitintegrationsmethode war eine Teilschrittmethode. Die Konvektionsterme wurden mit einer Runge-Kutta-Methode 3. Ordnung explizit behandelt, während für die viskosen Terme eine implizite Methode verwendet wurde. Es handelte sich dabei um eine approximative Faktorisierung der Crank-Nicolson-Methode. Der Druck wurde durch Lösen einer Poisson-Gleichung mit der Mehrgittermethode ermittelt.

Abb. 10.8 zeigt die Stromlinien der zeitgemittelten Strömung in Wandnähe; viele Informationen über die Strömung sind aus dieser Darstellung ersichtlich. Die Strömung löst sich nicht im herkömmlichen Sinne von der Wand ab, sondern erreicht einen Stau- bzw. Sattelpunkt (in der Abbildung durch A gekennzeichnet) und geht um den Körper herum. Ein Teil der Strömung weiter oberhalb der unteren Wand trifft auf die Vorderseite des Würfels; etwa die Hälfte davon fließt nach unten und erzeugt den Bereich der umgekehrten Strömung vor dem Körper. Während sich die Strömung an der Vorderseite des Würfels der unteren Wand

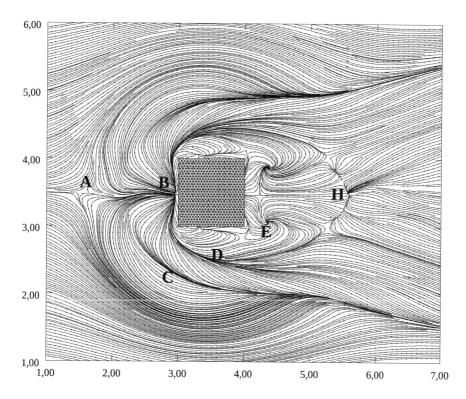

Abb. 10.8 Die Stromlinien in der Nähe der unteren Kanalwand in der Strömung um einen an dieser Wand montierten Würfel; von Shah und Ferziger (1997)

nähert, gibt es eine sekundäre Ablösungs- und eine Wiederanlegelinie (in der Abbildung durch B gekennzeichnet) unmittelbar vor dem Würfel. Auf jeder Seite des Würfels findet man eine Region mit konvergierenden Stromlinien (markiert als C) und eine weitere mit divergierenden Stromlinien (markiert als D); dies sind die Spuren des Hufeisenwirbels (zu dem weiter unten mehr gesagt wird). Hinter dem Körper findet man zwei Bereiche wirbelnder Strömung (markiert mit E), die die Fußspuren eines Bogenwirbels sind. Schließlich gibt es eine Wiederanlegelinie (markiert mit H) weiter stromab vom Körper.

Abb. 10.9 zeigt die Stromlinien der zeitgemittelten Strömung in der Mittelebene des Lösungsgebiets. Viele der oben beschriebenen Merkmale sind deutlich zu erkennen, darunter die Trennzone in der stromaufwärts gelegenen Ecke (F), die auch den Kopf des Hufeisenwirbels darstellt, der Kopf des Bogenwirbels (G), die Wiederanlegelinie (H) und die Rezirkulationszone (I) über dem Körper, die auf der Oberseite nicht wieder anlegt.

Schließlich gibt Abb. 10.10 eine Projektion der Stromlinien der zeitgemittelten Strömung auf eine Ebene parallel zur Rückseite des Würfels direkt stromabwärts vom Körper. Der Hufeisenwirbel (J) ist deutlich zu sehen, ebenso wie kleinere Eckwirbel.

Es ist wichtig zu beachten, dass die momentane Strömung sehr anders aussieht als die zeitgemittelte Strömung. Beispielsweise existiert der Bogenwirbel nicht im momentanen Sinne; es gibt Wirbel in der Strömung, aber sie sind fast immer asymmetrisch auf beiden Seiten des Würfels. Tatsächlich ist die nahezu symmetrische Darstellung von Abb. 10.8 ein Hinweis darauf, dass die Mittelungszeit (fast) lang genug war.

Aus diesen Ergebnissen geht hervor, dass eine LES (oder DNS für Strömungen bei niedrigeren Reynolds-Zahlen) eine Vielzahl von Informationen über die Strömung liefert. Die Durchführung einer solchen Simulation hat mehr mit der Durchführung eines Experiments zu tun als mit den in Abschn. 10.3.5 beschriebenen Arten von Berechnungen, und die daraus gewonnenen qualitativen Informationen können äußerst wertvoll sein.

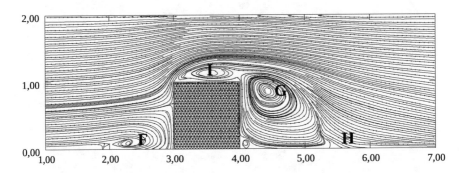

Abb. 10.9 Die Stromlinien in der vertikalen Mittelebene der Strömung über einen an der Wand montierten Würfel; von Shah und Ferziger (1997)

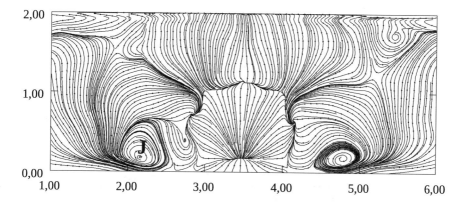

Abb. 10.10 Die Projektion von Stromlinien auf eine zur Rückseite parallele Ebene, 0,1 Stufenhöhen hinter dem Würfel; von Shah und Ferziger (1997)

10.3.4.2 Strömung um eine Kugel bei Re = 50.000

In Abschn. 10.2.4.2 diskutierten wir kurz eine DNS der Strömung um eine glatte Kugel bei Re = 5000; für eine Strömung bei Re = 50.000 bräuchte man ein extrem feines Gitter, um eine korrekte DNS durchführen zu können. Der logische Schritt ist die Umstellung auf LES, welche die Grobstrukturen auflöst und die Feinstrukturturbulenz modelliert. Selbst für LES mussten wir ein feineres Gitter erstellen als für DNS bei der 10-mal niedrigeren Reynolds-Zahl: Rund 40 Mio. KV wurden verwendet. Das unstrukturierte Gitter bestand aus kartesischen Zellen mit lokaler Verfeinerung im Nachlauf, getrimmt durch eine Prismenschicht entlang der Wände. Abb. 10.11 zeigt die Struktur des Gitters im Kugelnachlauf; das dargestellte Gitter ist halb so fein wie das Gitter, das für die unten dargestellten Ergebnisse verwendet wurde, damit die Gitterstruktur besser sichtbar wird.

Die Strömung um die Kugel bei Re = 50.000 wurde experimentell von Bakić (2002) untersucht; er benutzte eine Billardkugel mit einem Durchmesser von $D = 61,4$ mm, die von einem Stock mit einem Durchmesser von $d = 8$ mm in einem kleinen Windkanal mit einem rechteckigen Querschnitt von 300×300 mm gehalten wurde. Er führte auch Messungen für eine Kugel mit einem Stolperdraht durch, der in Umfangsrichtung an einer Stelle $75°$ vom vorderen Staupunkt befestigt war; der Durchmesser des Stolperdrahtes betrug 0,5 mm.

Das Lösungsgebiet in der Simulation entspricht der experimentellen Geometrie, wobei der Einstromrand 300 mm stromaufwärts und der Ausstromrand 300 mm stromabwärts vom Kugelmittelpunkt liegt. Am Einstromrand wurde eine gleichmäßige Geschwindigkeit von 12,43 m/s vorgegeben; das Fluid war Luft mit der Dichte $\rho = 1,204$ kg/m^3 und der Viskosität $\mu = 1,837 \times 10^{-5}$ Pa·s. Es wurden Simulationen sowohl für eine glatte Kugel als auch für eine Kugel mit Stolperdraht durchgeführt. Die Gittermaschenweite hinter der glatten Kugel (siehe Abb. 10.11) betrug 0,265 mm in alle drei Richtungen, was etwa $D/232$ entspricht;

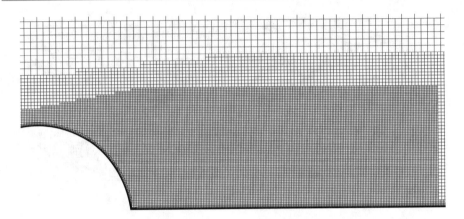

Abb. 10.11 Die Gitterstruktur um die Kugel im Längsschnitt durch das Lösungsgebiet bei $y = 0$ (für die glatte Kugel; im feinsten Gitter ist der Abstand in alle Richtungen halb so groß)

diese KV-Größe wurde über eine Länge von ca. $1, 7D$ stromabwärts vom hinteren Staupunkt eingehalten und der Durchmesser der feinsten Gitterzone betrug fast $1,5D$. Das Gitter wurde in mehreren Schritten mit steigendem Abstand von der in Abb. 10.11 gezeigten feinsten Zone vergröbert; es wurde kein Versuch unternommen, die entlang der Windkanalwände wachsenden Grenzschichten aufzulösen, aber Prismenschichten entlang der Kugel und des Haltestabs starteten mit einer Dicke der wandnächsten Zelle von 0,03 mm ($D/2407$).

Für den Fall mit Stolperdraht musste das Gitterdesign geändert werden. Um die Ablösung der laminaren Grenzschicht an der Stolperdrahtoberfläche zu erfassen, betrug die Zellengröße in der Zone, die sich über einen halben Stolperdrahtdurchmesser stromaufwärts und über dem Draht sowie über 4 Durchmesser stromabwärts erstreckt, 0,041667 mm ($D/1474$). Die Zone mit dem doppelten Abstand erstreckte sich entlang der Kugeloberfläche bis zur Ablösung der turbulenten Grenzschicht auf der stromabwärts gelegenen Seite der Kugel; siehe Abb. 10.12, die das Detail des tatsächlichen Gitters um den Stolperdraht und im unmittelbaren Nachlauf der Kugel zeigt. Im größten Teil des Kugelnachlaufs betrug die Gittergröße 0,3333 mm ($D/184$). Die Dicke der ersten Prismenschicht neben der Wand betrug 0,02 mm ($D/3070$). Der Nachlauf ist mit Stolperdraht viel schmaler, sodass die Feingitterzone hinter der Kugel entsprechend kleiner war als bei einer glatten Kugel.

Der Zeitschritt betrug in beiden Fällen 10 μs, was zu einer durchschnittlichen Courant-Zahl von 0,5 führte, basierend auf der mittleren Geschwindigkeit und dem Gitterabstand in der feinsten Zone für die glatte Kugel. Die Courant-Zahlen waren im feinsten Gitter um den Stolperdraht höher. Die kommerzielle Software *Simcenter STAR-CCM+* mit Verfahren 2. Ordnung sowohl für räumliche als auch für zeitliche Diskretisierung wurde verwendet (Zentraldifferenzierung für Konvektion und Diffusion und quadratische Rückwärtsinterpolation in der Zeit). Das Berechnungsverfahren ist vollständig implizit in der Zeit, d. h. Konvektionsflüsse, Diffusionsflüsse und Quellterme werden auf dem neuen Zeitniveau berech-

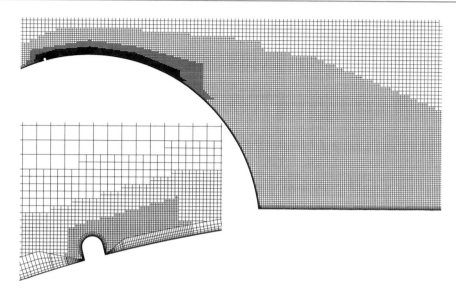

Abb. 10.12 Längsschnitt durch das Lösungsgebiet bei $y = 0$ für die Kugel mit einem Stolperdraht; gezeigt wird die Gitterstruktur um die Kugel und den Stolperdraht

net; der SIMPLE-Algorithmus wird für die Druck-Geschwindigkeits-Kopplung verwendet; die Strömung wird als inkompressibel angenommen. Die Unterrelaxationsparameter waren 0,95 für die Geschwindigkeit und 0,75 für den Druck, wobei 5 äußere Iterationen pro Zeitschritt durchgeführt wurden, um die nichtlinearen Terme zu aktualisieren. Die Simulationen wurden ebenfalls auf einem gröberen Gitter und mit drei verschiedenen Feinstrukturmodellen durchgeführt; dies ist Teil einer laufenden Studie, auf die wir hier nicht näher eingehen werden. Die eine wichtige Botschaft ist, dass wir durch die Verwendung eines lokal verfeinerten unstrukturierten Gitters (das auch aus Polyedern hätte bestehen können) den turbulenten Nachlauf auflösen können, ohne Zellen in Zonen zu verschwenden, in denen die Strömung nicht turbulent ist und die Variablen im Raum nicht so schnell variieren. Eine visuelle Inspektion der Wirbelstrukturen in Abb. 10.13 und 10.14 deutet darauf hin, dass das verwendete Gitter für LES eine angemessene Auflösung aufweisen könnte, da die Strukturen wesentlich größer sind als die feine Gittermaschenweite.

Diese unterkritische Strömung kann mit RANS-Modellen nicht gut vorhergesagt werden; wir werden keine Ergebnisse solcher Berechnungen zeigen, sondern nur feststellen, dass alle getesteten Modelle den Widerstand signifikant unterschätzen und die Länge der Rezirkulationszone hinter der Kugel überschätzen (signifikant bedeutet um 25 % oder mehr). LES mit einem dynamischen Smagorinsky-Feinstrukturmodell liefert jedoch für den mittleren Widerstandsbeiwert für die glatte Kugel Werte um 0,48 bei Re = 50.000, was in etwa den experimentellen Daten aus der Literatur entspricht. Es wurde erwartet, dass der Stolperdraht die Ablösung der Strömung verzögert und die Größe der Rezirkulationszone hinter

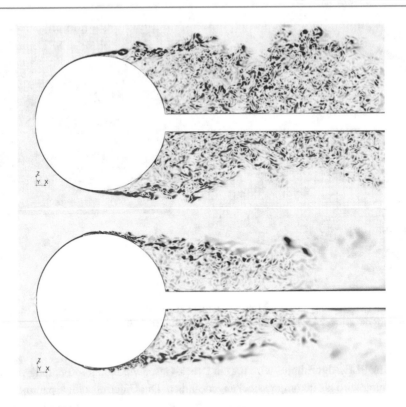

Abb. 10.13 Konturen der momentanen Wirbelstärkenkomponente ω_y in der Ebene $y = 0$ für die glatte Kugel (oben) und für die Kugel mit Stolperdraht (unten)

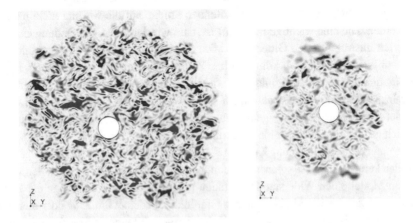

Abb. 10.14 Konturen der momentanen Wirbelstärkenkomponente ω_x in der Ebene $x/D = 1$ für die glatte Kugel (links) und für die Kugel mit Stolperdraht (rechts)

der Kugel reduziert, was zu einem deutlich geringeren Widerstand führen sollte, was in der Tat der Fall war. Wie in Abb. 10.15 gezeigt, schwankt der vorhergesagte Widerstand um einen Wert nahe 0,175 bei der Kugel mit Stolperdraht, was fast dreimal niedriger ist als bei einer glatten Kugel. Dies zeigt die Leistungsfähigkeit von CFD: Bei Verwendung eines geeigneten Gitter- und Turbulenzmodellierungsansatzes kann man die Auswirkungen kleiner Geometrieänderungen auf die Strömung vorhersagen.

LES bietet Einblicke in das Strömungsverhalten, was für Ingenieure wichtig ist, die möglicherweise das Design verbessern müssen. Eine Animation der Strömung kann leicht mit Bildern aus LES, erstellt nach vorgegebenen Zeitintervallen, realisiert werden; wir können in diesem Buch keine Animation reproduzieren, aber wir zeigen in Abb. 10.13, 10.14 und 10.16 die momentanen Strömungsmuster für die Kugel sowohl mit glatter Oberfläche als auch mit oberflächenmontiertem Stolperdraht, die Details über Strömungsablösung und Nachlaufverhalten zeigen. Diese Bilder zeigen deutlich die Wirkung des Stolperdrahtes auf die Strömung: Die Grenzschicht wird nach der Ablösung vom Stolperdraht turbulent, was zu einer verzögerten Hauptablösung und einem viel schmaleren Nachlauf führt. Jeder Ingenieur würde sofort wissen, dass die Folge einer solchen Änderung des Strömungsverhaltens zu einer deutlichen Reduzierung des Widerstands führt.

Ingenieure sind oft an mittleren Größen und rms-Werten (root-mean-square) ihrer Fluktuation interessiert. Diese Informationen können leicht für integrale Größen wie den

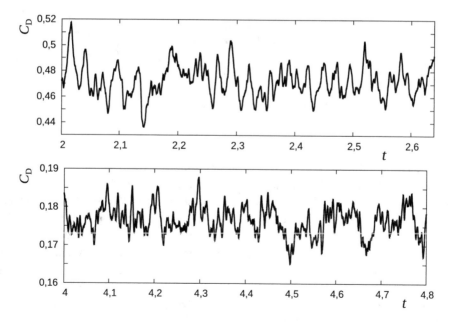

Abb. 10.15 Variation des Widerstandsbeiwerts für die glatte Kugel (oben) und für die Kugel mit Stolperdraht (unten) während der letzten 65.000 Zeitschritte

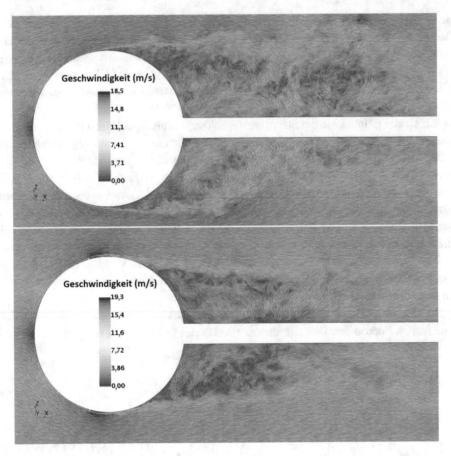

Abb. 10.16 Momentane Strömungsmuster für die glatte Kugel (oben) und für die Kugel mit Stolperdraht (unten)

Widerstand eines Körpers gewonnen werden, z. B. durch die Verarbeitung von Signalen wie in Abb. 10.15 dargestellt. Das Erhalten der mittleren Geschwindigkeits- und Druckverteilung ist weniger trivial. In LES von Kanal- oder Rohrströmungen wird die Mittelwertbildung in der Regel sowohl zeitlich als auch räumlich (in Spannweitenrichtung für den Kanal und in Umfangsrichtung für das Rohr) durchgeführt, was es ermöglicht, stationäre Werte mit einer geringeren Anzahl von Proben zu erhalten. In komplexen Geometrien ist eine räumliche Mittelung in der Regel nicht möglich; im vorliegenden Fall ist die Strömung, da die Kugel in einem Windkanal mit rechteckigem Querschnitt montiert ist, sicherlich nicht im gesamten Querschnitt achsensymmetrisch (obwohl sie in der Nähe der Kugel und des sie haltenden Stabs achsensymmetrisch sein kann). Hier treten drei Probleme auf:

- Ohne räumliche Mittelung wird die erforderliche Anzahl von Proben für den Erhalt der stationären zeitgemittelten Strömung sehr groß. In den vorliegenden Simulationen wurde die Mittelung über die letzten 65.000 (glatte Kugel) bzw. 70.000 Proben (Kugel mit Stolperdraht) durchgeführt, aber die zeitgemittelte Strömung ist nicht achsensymmetrisch; viel mehr Proben wären erforderlich, um die perfekte Symmetrie der gemittelten Geschwindigkeitsprofile zu erreichen. In Experimenten geht man oft von einer Achsensymmetrie aus und misst die Profile entlang einer Linie von der Symmetrieachse zum Außenradius.

- Bei der Verwendung unstrukturierter Gitter ist die räumliche Mittelung nicht einfach durchzuführen. Im vorliegenden Fall sind die Zellen kartesisch mit unterschiedlichen Größen; um die Lösung in Umfangsrichtung zu mitteln, müssten wir ein strukturiertes, polar-zylindrisches Gitter erstellen, die zeitgemittelte Lösung auf dieses Gitter interpolieren, aus kartesischen Geschwindigkeitskomponenten die axialen, radialen und Umfangskomponenten auf dem strukturierten Gitter berechnen und diese dann in Umfangsrichtung mitteln.

- Die Annahme, dass die mittlere Strömung achsensymmetrisch ist, kann falsch sein, auch wenn die Geometrie vollständig achsensymmetrisch ist. Tatsächlich gibt es Belege – sowohl aus Simulationen (z. B. von Constantinescu und Squires, 2004) als auch aus Experimenten (z. B. Taneda 1978) – dass der Nachlauf einer Kugel in Bezug auf die Strömungsrichtung tendenziell kippt. Die Erzwingung der Achsensymmetrie durch Umfangsmittelung würde die Ergebnisse verfälschen.

Wir zeigen die zeitgemittelten Strömungsmuster für beide Kugeln in Abb. 10.17. Während das mittlere Strömungsfeld für die glatte Kugel nahezu symmetrisch erscheint, ist das Strömungsmuster für die Kugel mit Stolperdraht nur in der Ebene $z = 0$ nahezu symmetrisch; in der Ebene $y = 0$ ist die Strömung stark asymmetrisch. Wie wir in Abschn. 10.3.6 zeigen werden, prognostizieren einige RANS-Modelle ebenfalls eine asymmetrische stationäre Strömung um eine glatte Kugel, sodass dies eher das Merkmal der Strömung als ein Mangel der Simulation zu sein scheint. Die Länge der Rezirkulationszone stimmt in beiden Fällen gut mit den Experimenten von Bakić überein; er stellte fest, dass die Rezirkulationszone bei $x/D = 1{,}43$ für die glatte Kugel und bei $x/D = 1$ für die Kugel mit dem Stolperdraht endet.

Wir erinnern erneut daran, dass die zeitgemittelte Strömung nur ein Konstrukt ist, das durch die Mittelung von Strömungsrealisierungen zu verschiedenen Zeiten erhalten wird: Es existiert in der Realität nie, nicht einmal für einen Moment. Es kann zwar durch Mittelung von Mess- und Simulationsdaten gewonnen werden, ist aber in der Natur nicht beobachtbar. Eine Langzeitbelichtung in einem Experiment würde ein anderes Bild ergeben, da die Streuung um den Mittelwert positive und negative Werte nicht ausgleicht, wie dies bei einer mathematischen Mittelung der Fall ist. Interessanterweise erscheint die augenblickliche Darstellung der Wirbelkomponente ω_x in der Ebene bei $x/D = 1$ in Abb. 10.14 für die Kugel

Abb. 10.17 Zeitgemittelten Stromlinien für die glatte Kugel in der Ebene $y = 0$ (oben) und für die Kugel mit einem Stolperdraht in der Ebene $y = 0$ (Mitte) und $z = 0$ (unten)

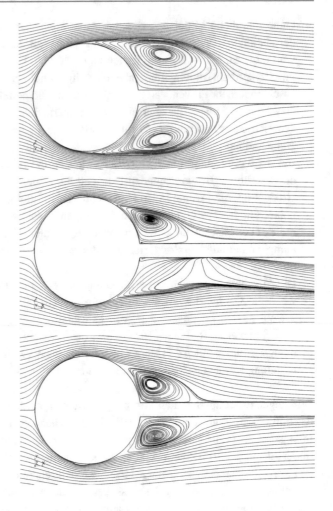

mit Stolperdraht fast symmetrisch, während das Bild für die glatte Kugel stark asymmetrisch ist – im Gegensatz zu den Ergebnissen für die mittlere Strömung.

Ein Vergleich von vorhergesagter mittlerer Geschwindigkeit und Reynolds-Spannungen mit den experimentellen Daten von Bakić (2002) zeigt auch eine recht gute Übereinstimmung. Wir zeigen in Abb. 10.18 nur die Profile der Axialgeschwindigkeitskomponente U_x und deren Varianz $(u'_x)^2$ bei $x/D = 1$. Die zeitgemittelten Werte werden entlang von 4 Linien dargestellt, beginnend mit der Stabachse und dann in Richtung der positiven y-, negativen y-, positiven z-, und negativen z-Koordinate.

Wenn die Strömung achsensymmetrisch und die Mittelungszeit lang genug wären, dann würden alle diese 4 Profile zusammenfallen; hier ist dies nicht der Fall. Die mittleren Geschwindigkeitsprofile für die glatte Kugel sind relativ nah beieinander, aber die Varianz zeigt eine signifikante Variation zwischen allen 4 Profilen um den Spitzenwert herum;

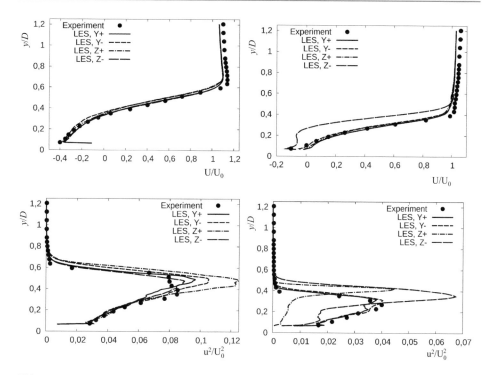

Abb. 10.18 Vergleich der Profile der zeitgemittelten axialen Geschwindigkeitskomponente (oben) und ihrer Varianz (unten) bei $x/D = 1$ entlang 4 radialer Linien (positive y-, negative y-, positive z- und negativ z-Koordinate) mit experimentellen Daten von Bakić (2002) für die glatte Kugel (links) und für die Kugel mit einem Stolperdraht (rechts)

die Differenz zwischen dem höchsten und dem niedrigsten Wert beträgt etwa 30 %. Diese Differenz könnte sich mit einer längeren Mittelungszeit (mehr Proben) verringern. Im Falle einer Kugel mit Stolperdraht unterscheidet sich das mittlere Geschwindigkeitsprofil entlang der negativen z-Koordinate erheblich von den anderen drei Profilen, die fast übereinander liegen. Die Varianzprofile kollabieren jedoch nur entlang der y-Koordinatenrichtung (und stimmen sehr gut mit den Messdaten überein); beide Profile entlang der z-Koordinate unterscheiden sich voneinander und von den beiden anderen Profilen. Hier scheint die Strömung einen geneigten Nachlauf zu haben, wie vorstehend erläutert.

Weitere Details aus diesen Simulationen (einschließlich Gitter- und SGS-Modellabhängigkeit sowie experimentelle Daten) werden in zukünftigen Publikationen vorgestellt.

10.3.4.3 Simulation für erneuerbare Energie: Großer Windkraftanlagenpark

Jacobson und Delucchi (2009) skizzierten „einen Weg zu nachhaltiger Energie bis 2030". Ihr Plan sah Solar-, Wasser-, Geothermie- und windbasierten Quellen vor; darunter sollten 3,8 Mio. große Windturbinen sein. Tatsächlich ist die Windenergie bereits eine schnell wachsende Stromquelle (in 2019 wurden z. B. 21,1 % aller verbrauchten elektrischen Energie in Deutschland von Windkraftanlagen erzeugt, Tendenz steigend). Sta. Maria und Jacobson (2009) geben einen Überblick und eine grundlegende Analyse der Auswirkungen großer Gruppen von Windturbinen (d. h. *Windparks*) auf die Energie in der Atmosphäre. Erhöhte oberflächennahe Turbulenz durch einen Windpark (durch Turbulenz stromabwärts der Rotoren) kann dort die Wärme- und Dampfflüsse beeinflussen, und einige Studien haben eine erhöhte Vermischung in der Grenzschicht gezeigt. Darüber hinaus interagieren die Anlagen in Windparks untereinander.

Aktuelle und zukünftige Technologien deuten auf Windkraftanlagen mit Rotordurchmessern von mehr als 150 m, Nabenhöhen (das Achsenniveau des Rotors an der Spitze des tragenden Masts) von rund 200 m und Leistungen von rund 10 MW hin. Lu und Porté-Agel (2011) führten eine dreidimensionale LES der Strömung in einem sehr großen Windpark in einer stabilen atmosphärischen Grenzschicht durch. Der Rotordurchmesser betrug 112 m bei einer Nabenhöhe von 119 m. Die Studie ist nachfolgend zusammengefasst.

Strömungsgebiet: Das Lösungsgebiet und der physikalische Aufbau wurden einer bekannten stabilen Grenzschicht (SBL – *stable boundary layer*) mit einer Grenzschichthöhe von ca. 175 m entnommen, d. h. der Vergleichsstudie von Beare et al. (2006) basierend auf der *Global Energy and Water Cycle Experiment Atmospheric Boundary Layer Study* (GABLS). Somit wurden der Strömungsbereich und die Simulation vollständig getestet und das numerische Programm für die Strömung ohne die Windturbinen verifiziert, sodass die Turbinenauswirkungen leicht beobachtet und die Bewertungen quantifiziert werden können.

Abb. 10.19 zeigt das Lösungsgebiet auf der linken Seite. Die Grundidee ist, dass eine einzelne Windturbine in ein Lösungsgebiet mit periodischen seitlichen Randbedingungen platziert wird, wodurch ein unendlicher Windpark mit festgelegten Turbinenplatzierungen entsteht. Die Dimensionen des Gebiets sind: Höhe $L_z = 400$ m und Breite $L_y = 5D = 560$ m, wobei $D = 112$ m der oben genannte Rotordurchmesser ist. Es gibt zwei Simulationskonfigurationen, eine mit $L_x = 5D$ (der 5D-Fall) und eine mit $L_x = 8D$ (der 8D-Fall). Bei dieser Konfiguration wird eine gegebene Turbine von ihren Nachbarn beeinflusst und umgekehrt, wie in einem echten Windpark.

Windkraftanlage: Abb. 10.19 zeigt auf der rechten Seite den Rotor mit drei Flügeln. Er befindet sich $x_c = 80$ m entfernt vom Einstromrand, auf der Höhe $z_c = 119$ m und seitlich in der Mitte des Gebiets (bei $y_c = 260$ m). Die Turbinen sind in einem Abstand von 5 oder 8 Durchmessern in Strömungsrichtung und 5 Durchmessern seitlich angeordnet. Diese gelten als typische Windparkabstände. Die Turbine dreht sich mit 8 U/min, entsprechend der gewählten Turbine, ihrer Stromerzeugung, den Flügeln usw.

In der Berechnung wird die Turbine mit der *Actuator-Line Methode* (ALM) parametrisiert, bei der die tatsächliche Bewegung der Flügel berücksichtigt wird (Ivanell et al. 2009).

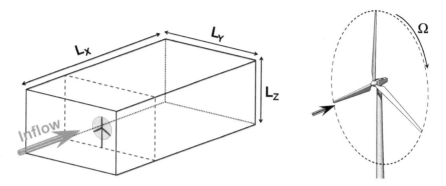

Abb. 10.19 Lösungsgebiet mit skizzierter Turbine (links) und dem Rotor mit drei Flügeln, dem Generator und dem Mast (rechts) in Lu und Porté-Agel (2011) (Reproduziert mit Genehmigung von AIP Publishing)

Die Kräfte auf die Flügel werden auf Linien entlang der Flügelachse dargestellt. Körperkräfte (verursacht durch Auftrieb und Widerstand an jedem Punkt entlang der Linie, an jedem Flügel und zu jedem Zeitschritt) werden unter Verwendung des lokalen Anstellwinkels des Flügels berechnet, der von der Schaufelform, der momentanen aufgelösten Strömungsgeschwindigkeit und den tatsächlich gemessenen Leistungsdaten des Flügels abhängt. Dadurch entstehen instationäre, räumlich variierende Kräfte in der Ebene der Turbine, die über eine Gauß-Glättung in die Strömungsimpulsgleichungen übertragen werden, um sie auf die benachbarten Gitterpunkte zu verteilen. Die Strömungsergebnisse fließen in die ALM-Methode zurück und wirken sich auf den berechneten Auftrieb und den Widerstand entlang der Flügel aus. Die Details finden sich im zitierten ALM-Artikel und im Lu- und Porté-Agel-Artikel und dort aufgeführten Referenzen.

Das LES-Programm und das Modell: Bei dem verwendeten Rechenprogramm handelt es sich um eine modifizierte Version des LES-Programms von Porté-Agel (2000), das in der Horizontalen pseudospektral ist und ZDS. 2. Ordnung auf einem versetzten Gitter in vertikale Richtung verwendet. Die Kontinuitätsgleichung, Impulserhaltungsgleichungen mit einem wind-induzierten Quellterm aus der ALM und eine Transportgleichung für die Potenzialtemperatur[15] werden für die inkompressible Strömung mit der Boussinesq-Approximation (Abschn. 1.7.5) gelöst und beinhalten Coriolis-Kräfte. Am oberen Rand des Lösungsgebiets wird eine spannungsfreie/Nullgradienten-Randbedingung verwendet. Am Boden steht die momentane Wandschubspannung im Zusammenhang mit den horizontalen Geschwindigkeiten am ersten randnahen vertikalen Knoten durch die Anwendung der Monin-Obukhov-Ähnlichkeitstheorie für raue Wände, die anwendbar ist, weil die Strömung geschichtet ist

---

[15]Die Potenzialtemperatur wird in der Meteorologie oft verwendet, weil sie sich zur Untersuchung der geschichteten Strömung in einem kompressiblen Medium (Luft) eignet; es ist die Temperatur, die ein Luftteilchen in einer Höhe z hätte, nachdem es zu Boden gebracht wurde, ohne Wärme mit seiner Umgebung auszutauschen (adiabat), d. h. $\Theta(z) = T(z)[p_{\text{Boden}}/p(z)]^{0,286}$.

(siehe Gl. (10.27) und (10.29) oben). Eine ähnliche Randbedingung wird für den Wärmefluss verwendet.

Das Gitter hat gleichmäßig verteilte Punkte mit einem Gitterabstand von $\sim 3{,}3$m, mit $270 \times 168 \times 120$ Punkten für den 8D-Fall und $168 \times 168 \times 120$ Punkten für den 5D-Fall. Es wurden mehrere Tests durchgeführt, um diese Auswahl zu validieren. Ein Courant-Limit von $C = 0{,}06$ wurde mit einem Adams-Bashforth-Zeitintegrationsverfahren 2. Ordnung verwendet. Die Aliasingeffekte in den Spektralergebnissen wurden nach der üblichen 3/2-Regel beseitigt. Bevor Daten gesammelt werden, wird gerechnet, bis quasi-statistisch-stationäre Bedingungen erreicht sind; man soll bedenken, dass diese Strömung dreidimensional und instationär ist, sowohl mit Bezug auf die aufgelösten turbulenten Bewegungen als auch kohärenten Bewegungen, die von den Turbinen induziert werden.

Das SGS-Modell für Impuls- und Wärmeflüsse ist eine Variante des dynamischen Modells von Abschn. 10.3.3.3 und ist in Stoll und Porté-Agel (2008), Porté-Agel (2000) und nachfolgenden Arbeiten beschrieben. Zwei wichtige Funktionen wurden hinzugefügt, die das Verhalten der dynamischen Methode deutlich verbessern: (i) Um den Fehler des dynamischen Prozesses zu minimieren, wird der zu minimierende Gesamtfehler durch Akkumulation des lokalen Fehlers entlang Lagrange-Bahnen (Bahnlinien von Fluidteilchen in der Strömung) erzeugt (Meneveau et al. 1996) und (ii) die Skalenähnlichkeit wird relaxiert, sodass die Modellform und der Koeffizient skalenabhängig sind. Die Filtergröße wird als $(\Delta x \Delta y \Delta z)^{1/3}$ berechnet. Der Gitterfilter und die beiden Testfilter sind zweidimensionale Tiefpassfilter in horizontale Richtung; in vertikale FD-Richtung gibt es keine Filterung. Die Variablen werden im Fourier-Raum mit einem scharfen Abbruchfilter gefiltert, der alle Wellenzahlen entfernt, die größer als die Filterskala sind. Die Struktur der dynamischen Gleichungen ist im Wesentlichen die gleiche wie oben; da jedoch keine Skaleninvarianz erzwungen wird, wird eine Form zur Änderung des Koeffizienten mit Gitterabstand angenommen und es werden zwei Testfilter verwendet, einer entsprechend der doppelten Gittermaschenweite und einer entsprechend der vierfachen Gittermaschenweite. Anschließend können mit der gleichen Minimierungsstrategie wie im traditionellen dynamischen Modell die Unbekannten bestimmt werden. Natürlich gibt es hier auch ein dynamisches Verfahren für die SGS-Potenzialtemperatur. Da der dynamische Prozess die kleinsten aufgelösten Skalen verwendet, ist es nicht notwendig, eine Stabilitätskorrektur in das SGS-Modell aufzunehmen, da dieser Effekt bereits in den kleinen aufgelösten Skalen enthalten ist (vgl. Abschn. 10.3.3.2).

Simulationsergebnisse: Im Maßstab des Windparks und aufgrund der stabilen (thermisch geschichteten) Bedingungen ändert sich die vertikale Scherung wegen der Änderung des Geschwindigkeitsprofils mit der Höhe, ebenso wie die horizontale Scherung aufgrund der Corioliskrafteffekte (Abb. 10.20). Diese führen zu erheblichen asymmetrischen Belastungen der Turbinen. Hier sehen wir die Stärke der LES, da sie die Spitzenwirbel der beweglichen Turbinenflügeln tatsächlich auflöst. Außerdem verursacht die Corioliskraft nicht nur zusätzliche seitliche Scherbelastungen an Windkraftanlagen, sondern treibt auch einen Teil der Turbulenzenergie aus dem Zentrum des Windturbinennachlaufs heraus. Die Bewegungen

Abb. 10.20 Visualisierung der Spitzenwirbel, verursacht durch Flügelbewegung, bei $t = 150\,\mathrm{s}$ unter Verwendung von Iso-Oberflächen der Wirbelstärke $\omega(\sim 0,3|\omega|)$. (Reproduziert aus Lu und Porté-Agel (2011) mit Genehmigung von AIP Publishing)

der Windturbine erhöhen die vertikale Vermischung der Wärme, was zu erhöhten Lufttemperaturen im Nachlauf der Windkraftanlagen und einem geringeren Oberflächenwärmefluss führt, was sich auf den Wärmeenergiehaushalt auswirkt.

Wir zeigen drei Bilder aus der Studie. Abb. 10.21 zeigt deutlich, dass die mittleren vertikalen Profile der horizontalen Geschwindigkeitskomponenten und der Potentialtemperatur (gemittelt über Raum und Zeit) durch das Vorhandensein der Turbine stark beeinflusst werden. Der Strahl am oberen Rand der Grenzschicht wird durch die Energiegewinnung der Turbine entfernt, und der Coriolis-Effekt wird bei Vorhandensein der Turbine verändert. Der Unterschied zwischen den beiden $S_x = L_x/D$ Fällen ist nicht groß. Die Zunahme der Tiefe der Mischungsschicht zeigt sich in der Potentialtemperatur.

Abb. 10.22 zeigt die Entwicklung des Profils der gemittelten Geschwindigkeitskomponente in Strömungsrichtung bei verschiedenen Abständen vom Einstromrand; die Turbine befindet sich bei $x_c \sim 0,7\,D$. Der Strömung wird mehr Energie entzogen, wenn die Turbinen näher beieinander stehen.

Schließlich sehen wir den Einfluss der Turbine auf die Energiespektren der Strömung in Abb. 10.23. **N** ist die Brunt-Väisälä oder *Stratifikationsfrequenz* der natürlichen Oszillationen in der stabilen Schichtung. Abgesehen von der offensichtlichen Zunahme der turbulenten Energie stromab von der hier gezeigten Turbine, liefert der Aktikel eine ausführliche

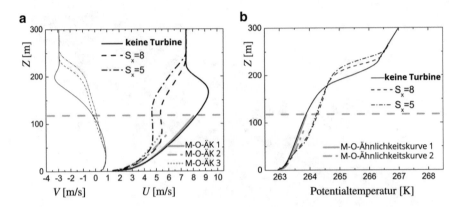

Abb. 10.21 Vertikale gemittelte Profile von Geschwindigkeit und Potentialtemperatur. Gestrichelte horizontale Linie ist die Nabenhöhe der Turbine; leichte Linien im Hintergrund auf Kurven sind M-O-Ähnlichkeitskurven. (Reproduziert aus Lu und Porté-Agel (2011) mit Genehmigung von AIP Publishing)

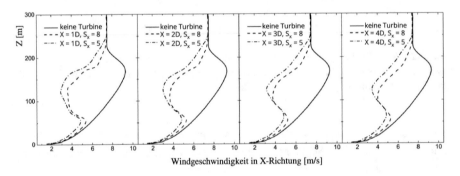

Abb. 10.22 Variation des Profils der axialen Geschwindigkeitskomponente entlang der Mittellinie des Lösungsgebiets. (Reproduziert aus Lu und Porté-Agel (2011) mit Genehmigung von AIP Publishing)

Diskussion über turbulente Flüsse unter dem Einfluss der Turbine und interpretiert sie für meteorologische Situationen.

Lu und Porté-Agel erklären, dass ihre Ergebnisse zeigen, dass „die LES wertvolle 3D hochauflösende Geschwindigkeits- und Temperaturfelder liefern kann, die für die quantitative Beschreibung des Nachlaufs von Windkraftanlagen und deren Auswirkungen auf die turbulenten Flüsse von Wärme und Impuls innerhalb und außerhalb von Windparks benötigt werden". Hier wurden der Oberflächenimpulsfluss um mehr als 30 % und der Oberflächenwärmefluss um mehr als 15 % reduziert. Der Windpark hatte einen starken Einfluss auf die vertikalen turbulenten Flüsse von Impuls und Wärme, die die lokale Meteorologie beeinflussen könnten.

Abb. 10.23 Windturbineneffekt auf die Turbulenzenergiespektren bei $x = 3D$ stromab der Turbinenebene, y_c und $z = z_c + D/2$ (die maximale Höhe der Spitze des Flügels). (Reproduziert aus Lu und Porté-Agel (2011) mit Genehmigung von AIP Publishing)

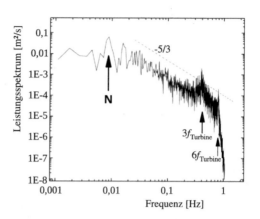

10.3.5 Reynolds-gemittelte Navier-Stokes (RANS) Simulationen

Traditionell sind Ingenieure meistens nur an wenigen quantitativen Eigenschaften einer turbulenten Strömung interessiert, wie z. B. die durchschnittlichen Kräfte auf einen Körper (und vielleicht deren Verteilung), den Grad der Vermischung zwischen zwei ankommenden Fluidströmen oder die Menge einer Substanz, die reagiert hat. Die Verwendung der oben beschriebenen Methoden zur Berechnung dieser Größen wäre verschwenderisch und nicht immer praktikabel. Die Dinge haben sich jedoch geändert und die heutigen Probleme sind komplexer, die Designs ändern sich schneller und die Prozesse hängen mehr von den Details des Geschehens ab. Dadurch wird es unerlässlich, die in den oben beschriebenen DNS- und LES-Verfahren enthaltenen Methoden wenn möglich zu verwenden oder sonst die in diesem Abschnitt beschriebene RANS-Methoden sinnvoll zu nutzen.

Wie bereits erwähnt, werden die Methoden dieses Abschnitts aufgrund von Arbeiten von Osborne Reynolds vor über einem Jahrhundert als die *Reynolds-gemittelten* Methoden bezeichnet. Leschziner (2010) schrieb „..., zum Zeitpunkt des Schreibens basiert die große Mehrheit der rechnerischen Vorhersagen von industriellen Strömungen auf den RANS-Gleichungen.". In Reynolds-gemittelten Ansätzen zur Turbulenz werden die geltenden Gleichungen auf irgendeine Weise gemittelt, wie in Abschn. 10.2.5 beschrieben. Wenn wir uns die verschiedenen Segmente im Folgenden ansehen, müssen wir auf die Auswirkungen dieser Mittelungsstrategien achten. Zur Erinnerung, die praktischen Strategien waren:

1. **Stationäre Strömung:** Die komplette Instationarität wird weggemittelt, d. h. alle zeitabhängigen Variationen der Variablen werden als Teil der Turbulenz betrachtet. Das Ergebnis ist, dass die gemittelten Strömungsgleichungen stationär sind. Das sind dann die *Reynolds-gemittelten Navier-Stokes* (RANS) Gleichungen.

2. **Instationäre Strömung:** Die Gleichungen werden über einen vollständigen Satz statistisch identischer Realisierungen der Strömung (Ensembles) gemittelt.[16] Infolgedessen werden alle zufälligen Schwankungen weggemittelt und sind somit implizit Teil der „Turbulenz". Wenn es jedoch deterministische und kohärente Strukturen in der Strömung gibt, sollten sie die Mittelung überleben. Diese ensemble-gemittelten Gleichungen können somit eine instationäre Lösung haben. Solche Strömungen wurden oben definiert als instationäre RANS oder URANS (Durbin 2002) bzw. transiente RANS oder TRANS (Hanjalić 2002).

Auch hier erinnern wir daran, dass die Nichtlinearität der Navier-Stokes-Gleichungen bei der Mittelung zu Termen führt, die modelliert werden müssen, wie es bereits im vorherigen Abschnitt der Fall war. Die Komplexität der Turbulenz, die kurz oben diskutiert wurde, macht es unwahrscheinlich, dass ein einzelnes Reynolds-gemitteltes Modell in der Lage sein wird, alle turbulenten Strömungen gut darzustellen, weshalb Turbulenzmodelle eher als ingenieurmäßige Approximationen statt als wissenschaftliche Gesetze betrachtet werden sollten. Hanjalić et al. (2004) stellt einen umfassenden Überblick über RANS-Methoden und ihre Turbulenzmodelle vor.

10.3.5.1 Reynolds-gemittelte Navier-Stokes (RANS) Gleichungen

In einer statistisch stationären Strömung kann jede Variable als Summe aus einem zeitgemittelten Wert $\overline{\phi}$ und einer Schwankung um diesen Wert ϕ' ausgedrückt werden:

$$\phi(x_i, t) = \overline{\phi}(x_i) + \phi'(x_i, t), \tag{10.30}$$

wo

$$\overline{\phi}(x_i) = \lim_{T \to \infty} \frac{1}{T} \int_0^T \phi(x_i, t)\, dt. \tag{10.31}$$

Hier ist t die Zeit und T das Mittelungsintervall. Dieses Intervall muss im Vergleich zur typischen Zeitskala der Schwankungen groß sein; daher sind wir an der Grenze von $T \to \infty$ interessiert, siehe Abb. 10.24. Wenn T groß genug ist, hängt $\overline{\phi}$ nicht von der Zeit ab, zu der die Mittelung gestartet wird.

Wenn die Strömung instationär ist, kann der Zeitmittelwert nicht verwendet werden, es sei denn, das Zeitmaß des zugehörigen Turbulenzmodells wird für den Mittelungszeitraum

---

[16]Für Wetterprognosen wird ein endlicher Satz von Simulationen (die nicht unbedingt statistisch identisch sind) ensemble-gemittelt, um verbesserte Vorhersagen zu erzielen.

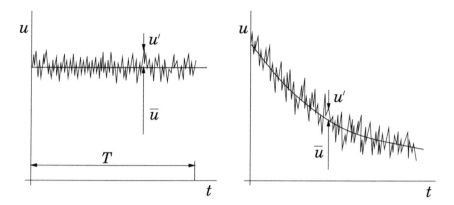

Abb. 10.24 Zeitmittelung für eine statistisch stationäre Strömung (links) und Ensemblemittelung für eine instationäre Strömung (rechts)

$\Delta T < \infty$ angepasst. In den meisten Fällen wird die instationäre Strömung durch Ensemblemittelung behandelt. Dieses Konzept wurde bereits früher diskutiert und ist in Abb. 10.24 dargestellt[17]:

$$\overline{\phi}(x_i, t) = \lim_{N \to \infty} \frac{1}{N} \sum_{n=1}^{N} \phi(x_i, t), \tag{10.32}$$

wobei N die Anzahl der Mitglieder des Ensembles ist und groß genug sein muss, um die Auswirkungen der turbulenten (zufälligen) Schwankungen zu eliminieren. Diese Art der Mittelung kann auf jede beliebige Strömung angewendet werden. Wir verwenden die Bezeichnung *Reynolds-Mittelung* für beide dieser Mittelungsprozesse; die Anwendung auf die Navier-Stokes-Gleichungen ergibt die Reynolds-gemittelte Navier-Stokes (RANS)-Gleichungen für den stationären Fall und URANS oder TRANS für instationäre Fälle.

Aus Gl. (10.31) folgt, dass $\overline{\phi'} = 0$. Die Mittelung eines beliebigen linearen Terms in den Erhaltungsgleichungen ergibt also einfach den gleichen Term für die gemittelte Größe. Aus einem quadratischen nichtlinearen Term erhalten wir zwei Terme, das Produkt der Mittelwerte und die Kovarianz:

$$\overline{u_i \phi} = \overline{(\overline{u_i} + u_i')(\overline{\phi} + \phi')} = \overline{u_i}\,\overline{\phi} + \overline{u_i'\phi'}. \tag{10.33}$$

Der letzte Term ist nur dann gleich null, wenn die beiden Größen unkorreliert sind; dies ist bei turbulenten Strömungen selten der Fall und daher enthalten die Erhaltungsgleichungen Terme wie $\rho\overline{u_i'u_j'}$, genannt die *Reynolds-Spannungen*,[18] und $\rho\overline{u_i'\phi'}$, bekannt als

---

[17]Für den instationären Fall mit persistenten Strukturen muss sich die Strömung nicht unbedingt monoton ändern und das Ergebnis könnte ähnlich aussehen wie in Abb. 10.6, wenn man sich vorstellt, dass die LES-Linie die kohärenten Strukturen in ensemble-gemittelter Strömung darstellt. Siehe Abb. 1.8 in Chen und Jaw (1998).

[18]Die Ähnlichkeit mit den SGS-Reynolds-Spannungen, Gl. 10.11, ist offensichtlich.

turbulenter Skalarfluss. Diese können nicht eindeutig durch die mittleren Größen ausgedrückt werden.

Die gemittelten Kontinuitäts- und Impulsgleichungen können für inkompressible Strömungen ohne Körperkräfte in Tensornotation und kartesischen Koordinaten wie folgt geschrieben werden:

$$\frac{\partial(\rho\bar{u}_i)}{\partial x_i} = 0, \tag{10.34}$$

$$\frac{\partial(\rho\bar{u}_i)}{\partial t} + \frac{\partial}{\partial x_j}\left(\rho\bar{u}_i\bar{u}_j\right) = -\frac{\partial}{\partial x_j}\left(\rho\overline{u_i'u_j'}\right) - \frac{\partial\bar{p}}{\partial x_i} + \frac{\partial\bar{\tau}_{ij}}{\partial x_j}, \tag{10.35}$$

wobei $\bar{\tau}_{ij}$ die mittleren viskosen Spannungstensorkomponenten sind:

$$\bar{\tau}_{ij} = \mu\left(\frac{\partial\bar{u}_i}{\partial x_j} + \frac{\partial\bar{u}_j}{\partial x_i}\right). \tag{10.36}$$

Schließlich kann die Gleichung für den Mittelwert einer skalaren Größe wie folgt geschrieben werden:

$$\frac{\partial(\rho\bar{\phi})}{\partial t} + \frac{\partial}{\partial x_j}\left(\rho\bar{u}_j\bar{\phi}\right) = -\frac{\partial}{\partial x_j}\left(\rho\overline{u_j'\phi'}\right) + \frac{\partial}{\partial x_j}\left(\Gamma\frac{\partial\bar{\phi}}{\partial x_j}\right). \tag{10.37}$$

Das Vorhandensein der Reynolds-Spannungen und der turbulenten skalaren Flüsse in den Erhaltungsgleichungen bedeutet, dass diese Gleichungen nicht geschlossen sind, d. h. sie enthalten mehr Unbekannte als es Gleichungen gibt. Die Schließung erfordert die Verwendung einiger Näherungen, die in der Regel dazu führen, dass Reynolds-Spannungen und turbulente skalare Flüsse durch mittlere Größen ausgedrückt werden.

Es ist möglich, Gleichungen für die Korrelationen höherer Ordnung, z. B. für den Reynolds-Spannungstensor, herzuleiten, aber diese enthalten noch mehr (und von höherer Ordnung) unbekannte Korrelationen, die Modellapproximationen erfordern. Diese Gleichungen werden später vorgestellt, aber der wichtige Punkt ist, dass es unmöglich ist, einen geschlossenen Satz exakter Gleichungen herzuleiten. Die approximativen *Turbulenzmodelle,* die wir im Ingenieurwesen verwenden, werden in den Geowissenschaften oft als *Parametrisierungen* bezeichnet.

10.3.5.2 Einfache Turbulenzmodelle und ihre Anwendung

Um die Gleichungen zu schließen, müssen wir ein Turbulenzmodell einführen. Um zu sehen, was ein vernünftiges Modell sein könnte, erinnern wir uns daran (wie auch im vorangegangenen Abschnitt), dass in laminaren Strömungen die Energiedissipation und der Transport von Masse, Impuls und Energie quer zur Strömungsrichtung durch die Viskosität bewerkstelligt werden; es ist daher naheliegend anzunehmen, dass der Effekt der Turbulenz durch eine erhöhte Viskosität erfasst werden könnte. Dies führt zum Wirbelviskositätsmodell für die Reynolds-Spannung:

$$- \rho \overline{u'_i u'_j} = \mu_t \left(\frac{\partial \overline{u}_i}{\partial x_j} + \frac{\partial \overline{u}_j}{\partial x_i} \right) - \frac{2}{3} \rho \delta_{ij} k, \tag{10.38}$$

und zum Wirbeldiffusionsmodell für einen Skalar:

$$- \rho \overline{u'_j \phi'} = \Gamma_t \frac{\partial \overline{\phi}}{\partial x_j}. \tag{10.39}$$

In Gl. (10.38) ist k die turbulente kinetische Energie:

$$k = \frac{1}{2} \overline{u'_i u'_i} = \frac{1}{2} \left(\overline{u'_x u'_x} + \overline{u'_y u'_y} + \overline{u'_z u'_z} \right), \tag{10.40}$$

wobei μ_t die turbulente bzw. Wirbelviskosität und Γ_t die turbulente Diffusivität bezeichnen. Die Gleichungen sind immer noch nicht geschlossen, aber die Anzahl der zusätzlichen Unbekannten wird von 9 (6 Komponenten des Reynolds-Spannungstensors und 3 Komponenten des turbulenten Flussvektors) auf 2 (μ_t und Γ_t) reduziert.

Der letzte Term in Gl. (10.38) ist erforderlich, um sicherzustellen, dass die Definition der turbulenten kinetischen Energie, Gl. (10.40) erfüllt bleibt, wenn die rechte Seite durch die normalen Reynolds-Spannungen ausgedrückt wird. Obwohl die Wirbelviskositätshypothese im Detail nicht korrekt ist, ist sie einfach zu implementieren und kann bei sorgfältiger Anwendung für viele Strömungen relativ gute Ergebnisse liefern.

In der einfachsten Beschreibung kann die Turbulenz durch zwei Parameter charakterisiert werden: ihre kinetische Energie, k, oder eine Geschwindigkeit, $q = \sqrt{2k}$, und ein Längenmaß, L. Die Dimensionsanalyse zeigt, dass:

$$\mu_t = C_\mu \rho q L, \tag{10.41}$$

wobei C_μ eine dimensionslose Konstante ist, deren Wert später angegeben wird.

In den einfachsten praktischen Modellen, den Mischungslängenmodellen, wird k aus dem mittleren Geschwindigkeitsfeld unter Verwendung der Approximation $q = L \, \partial u / \partial y$ bestimmt und L ist eine vorgeschriebene Funktion der Koordinaten. Eine genaue Vorgabe von L ist für einfache Strömungen möglich, nicht aber für abgelöste oder stark dreidimensionale Strömungen. Mischungslängenmodelle können daher nur auf relativ einfache Strömungen angewendet werden; sie werden auch als Nullgleichungsmodelle bezeichnet.

Die Schwierigkeit mit der Vorhersage der Turbulenzgrößen suggeriert, dass man partielle Differentialgleichungen verwenden könnte, um sie zu berechnen. Da eine minimale Beschreibung der Turbulenz mindestens ein Geschwindigkeits- und ein Längenmaß erfordert, ist ein Modell, das die benötigten Größen aus zwei solchen Gleichungen herleitet, eine logische Wahl. In fast allen solchen Modellen bestimmt eine Gleichung für die turbulente kinetische Energie, k, das Geschwindigkeitsmaß. Die genaue Gleichung für diese Größe ist nicht schwer herzuleiten:

$$\frac{\partial(\rho k)}{\partial t} + \frac{\partial(\rho \overline{u}_j k)}{\partial x_j} = \frac{\partial}{\partial x_j}\left(\mu \frac{\partial k}{\partial x_j}\right) - \frac{\partial}{\partial x_j}\left(\frac{\rho}{2}\overline{u'_j u'_i u'_i} + \overline{p' u'_j}\right)$$

$$-\rho\overline{u'_i u'_j}\frac{\partial \overline{u}_i}{\partial x_j} - \mu\overline{\frac{\partial u'_i}{\partial x_k}\frac{\partial u'_i}{\partial x_k}}. \tag{10.42}$$

Für Details zur Herleitung dieser Gleichung siehe Pope (2000), Chen und Jaw (1998) oder Wilcox (2006). Die Terme auf der linken Seite dieser Gleichung und der erste Term auf der rechten Seite benötigen keine Modellierung. Der letzte Term stellt das Produkt aus der Dichte ρ und der Dissipation, ε, dar, die Rate, mit der die Turbulenzenergie irreversibel in innere Energie umgewandelt wird. Wir werden eine Gleichung für die Dissipationsrate später in diesem Abschnitt angeben.

Der zweite Term auf der rechten Seite stellt die *turbulente Diffusion* der kinetischen Energie dar (was eigentlich den Transport von Geschwindigkeitsschwankungen durch die Schwankungen selbst darstellt); er wird fast immer unter Verwendung einer Gradientendiffusionsannahme modelliert:

$$-\left(\frac{\rho}{2}\overline{u'_j u'_i u'_i} + \overline{p' u'_j}\right) \approx \frac{\mu_t}{\sigma_k}\frac{\partial k}{\partial x_j}, \tag{10.43}$$

wobei μ_t die oben definierte Wirbelviskosität bezeichnet und σ_k ist die *turbulente Prandtl-Zahl,* deren Wert ungefähr 1,0 ist. Eine der großen Schwächen der Wirbelviskosität ist, dass sie ein Skalar ist, was ihre Fähigkeit, allgemeine turbulente Prozesse wiederzugeben, stark einschränkt. In komplexeren Modellen, die hier nicht beschrieben werden, kann die Wirbelviskosität zu einem Tensor gemacht werden, oder noch besser, das Modell kann ohne Wirbelviskositätsannahme erstellt werden (siehe EARSMs in Abschn. 10.3.5.4 und 10.3.3.5).

Der dritte Term auf der rechten Seite von Gl. (10.42) repräsentiert die *Produktionsrate* für die turbulente kinetische Energie durch die mittlere Strömung, eine Übertragung kinetischer Energie von der mittleren Strömung auf die Turbulenz. Wenn wir die Wirbelviskositätshypothese (10.38) verwenden, um die Reynolds-Spannungen zu approximieren, kann sie geschrieben werden als:

$$P_k = -\rho\overline{u'_i u'_j}\frac{\partial \overline{u}_i}{\partial x_j} \approx \mu_t\left(\frac{\partial \overline{u}_i}{\partial x_j} + \frac{\partial \overline{u}_j}{\partial x_i}\right)\frac{\partial \overline{u}_i}{\partial x_j}, \tag{10.44}$$

und da die rechte Seite dieser Gleichung aus den zu berechnenden Größen bestimmt werden kann, ist die Entwicklung der Gleichung für turbulente kinetische Energie abgeschlossen.

Wie bereits erwähnt, ist eine weitere Gleichung erforderlich, um das Längenmaß der Turbulenz zu bestimmen. Die Wahl ist nicht offensichtlich und es wurden eine Reihe von Gleichungen für diesen Zweck verwendet. Die populärste basiert auf den Beobachtungen, dass die Dissipation in der Energiegleichung benötigt wird, und dass in sogenannten turbulenten Gleichgewichtsströmungen (d. h. solchen, bei denen die Erzeugung und Vernichtung von Turbulenz nahezu ausgeglichen sind) die Dissipationsrate, ε, und k und L in folgender Beziehung stehen:[19]

$$\varepsilon \approx \frac{k^{3/2}}{L}. \tag{10.45}$$

Diese Idee basiert auf der Tatsache, dass es bei hohen Reynolds-Zahlen eine Energiekaskade von den größten zu den kleinsten Skalen gibt und dass die auf die kleinen Skalen übertragene Energie dissipiert wird. Die Gl. (10.45) basiert auf einer Abschätzung des Trägheitsenergietransfers.

Die Gl. (10.45) erlaubt es, eine Gleichung für die Dissipationsrate als Mittel zu verwenden, um sowohl ε als auch L zu erhalten. In Gl. (10.45) wird keine Konstante verwendet, da sie im Gesamtmodell mit anderen Konstanten kombiniert werden kann.

Obwohl sich aus den Navier-Stokes-Gleichungen eine exakte Gleichung für die Dissipationsrate herleiten lässt, ist die darauf angewandte Modellierung so stark, dass es am besten ist, die gesamte Gleichung als Modell zu betrachten. Wir werden daher nicht versuchen, sie herzuleiten. In der am häufigsten verwendeten Form lautet diese Gleichung:

$$\frac{\partial(\rho\varepsilon)}{\partial t} + \frac{\partial(\rho u_j \varepsilon)}{\partial x_j} = C_{\varepsilon 1} P_k \frac{\varepsilon}{k} - \rho C_{\varepsilon 2} \frac{\varepsilon^2}{k} + \frac{\partial}{\partial x_j}\left(\frac{\mu_t}{\sigma_\varepsilon}\frac{\partial\varepsilon}{\partial x_j}\right). \tag{10.46}$$

In diesem Modell wird die Wirbelviskosität ausgedrückt als:

$$\mu_t = \rho C_\mu \sqrt{k} L = \rho C_\mu \frac{k^2}{\varepsilon}, \tag{10.47}$$

wobei Gl. (10.45) verwendet wurde, um L zu bestimmen.

Das auf Gl. (10.42) und (10.46) basierende Modell wird als k–ε-Modell bezeichnet und ist weit verbreitet. Dieses Modell enthält fünf Parameter; die am häufigsten verwendeten Werte für sie sind:

$$C_\mu = 0,09; \quad C_{\varepsilon 1} = 1,44; \quad C_{\varepsilon 2} = 1,92; \quad \sigma_k = 1,0; \quad \sigma_\varepsilon = 1,3. \tag{10.48}$$

Dieses Modell kann relativ einfach in ein Rechenprogramm implementiert werden. Die RANS-Gleichungen haben die gleiche Form wie die Gleichungen für die laminare Strömung, vorausgesetzt, die molekulare Viskosität, μ, wird durch die effektive Viskosität $\mu_{\text{eff}} = \mu + \mu_t$ ersetzt. Der wichtigste Unterschied besteht darin, dass zwei neue partielle Differentialgleichungen gelöst werden müssen und dass μ_t normalerweise um mehrere Größenordnungen innerhalb des Strömungsgebiets variiert. Da die mit der Turbulenz verbundenen Zeitskalen viel kürzer sind als die mit der mittleren Strömung, sind die Gleichungen mit dem k–ε-Modell (oder einem anderen Turbulenzmodell) viel steifer als die Gleichungen für die laminare Strömung. Somit gibt es wenig Schwierigkeiten bei der Diskretisierung dieser

---

[19] Diese Beziehung spielt eine große Rolle in LES unter Verwendung eines TKE-basierten SGS-Modells; in diesem Fall wird $L = \Delta$ und es wird eine Proportionalitätskonstante in der Größenordnung von 1 verwendet.

Gleichungen (außer einer, die im Folgenden diskutiert werden soll), aber die Lösungsmethode muss die erhöhte Steifigkeit berücksichtigen.

Aus diesem Grund führt man im numerischen Lösungsverfahren zunächst eine äußere Iteration der Impuls- und Druckkorrekturgleichungen durch, bei der der Wert der Wirbelviskosität auf den Werten von k und ε am Ende der vorangegangenen Iteration basiert und temporär als vorgegeben betrachtet wird. Nach der Lösung der Impulsgleichungen wird eine äußere Iteration für die turbulente kinetische Energie und Dissipationsrate durchgeführt. Da diese Gleichungen stark nichtlinear sind, müssen sie vor der Iteration linearisiert werden. Nach der Lösung der Turbulenzmodellgleichungen kann die Wirbelviskosität neu berechnet und eine neue äußere Iteration für alle Gleichungen gestartet werden.

Die Steifigkeit von Gleichungen, die Wirbelviskositätsmodelle verwenden, erfordert entweder Zeitschritte oder Unterrelaxation, um konvergierte stationäre Lösungen zu erreichen. Ein zu großer Zeitschritt (oder Unterrelaxationsfaktoren in einer iterativen Methode) kann zu negativen Werten von entweder k oder ε (insbesondere in der Nähe von Wänden) und damit zu numerischer Instabilität führen. Selbst bei der Verwendung von Zeitschritten kann eine Unterrelaxation notwendig sein, um die numerische Stabilität zu erhöhen. Die typischen Werte der Unterrelaxationsparameter ähneln denen der Impulsgleichungen (0,6 bis 0,9, je nach Zeitschrittgröße, Gitterqualität und Strömungsproblem; höhere Werte gelten für Gitter mit hoher Qualität, und kleine Zeitschritte).

Es wurden eine Reihe weiterer Zweigleichungsmodelle vorgeschlagen; wir werden nur eines davon beschreiben. Eine naheliegende Idee ist es, eine Differentialgleichung für das Längenmaß selbst zu schreiben; dies wurde versucht, aber ohne große Erfolge. Das zweithäufigste Modell ist das k–ω-Modell, das ursprünglich von Saffman eingeführt, aber von Wilcox populär gemacht wurde. In diesem Modell wird eine Gleichung für ein inverses Zeitmaß ω verwendet; diese Größe kann mit verschiedenen Interpretationen versehen werden, aber sie sind nicht sehr aufschlussreich, sodass sie hier weggelassen werden. Das k–ω-Modell verwendet die turbulente kinetische Energiegleichung (10.42), welche aber etwas modifiziert werden muss:

$$\frac{\partial(\rho k)}{\partial t} + \frac{\partial(\rho \overline{u}_j k)}{\partial x_j} = P_k - \rho \beta^* k \omega + \frac{\partial}{\partial x_j}\left[\left(\mu + \frac{\mu_t}{\sigma_k^*}\right)\frac{\partial \omega}{\partial x_j}\right]. \tag{10.49}$$

Fast alles, was oben über diese Gleichung gesagt wurde, gilt auch hier. Die ω-Gleichung, wie sie von Wilcox (2006) angegeben wurde, lautet:

$$\frac{\partial(\rho \omega)}{\partial t} + \frac{\partial(\rho \overline{u}_j \omega)}{\partial x_j} = \alpha \frac{\omega}{k} P_k - \rho \beta \omega^2 + \frac{\partial}{\partial x_j}\left[\left(\mu + \frac{\mu_t}{\sigma_\omega^*}\right)\frac{\partial \omega}{\partial x_j}\right]. \tag{10.50}$$

In diesem Modell wird die Wirbelviskosität ausgedrückt als:

$$\mu_t = \rho \frac{k}{\omega}. \tag{10.51}$$

Die Koeffizienten, die in dieses Modell eingehen, sind etwas komplizierter als die im k–ε-Modell; sie sind:

$$\alpha = \frac{5}{9}, \quad \beta = 0{,}075, \quad \beta^* = 0{,}09, \quad \sigma_k^* = \sigma_\omega^* = 2, \quad \varepsilon = \beta^* \omega k. \qquad (10.52)$$

Das numerische Verhalten dieses Modells ähnelt dem des k–ε-Modells.

Der Leser, der mehr über diese Modelle erfahren möchte, wird auf das Buch von Wilcox (2006) verwiesen. Eine beliebte Variante dieses Modells wurde 1993 von Menter eingeführt (Menter 1994); sein Scherspannungstransport-Turbulenzmodell wird (manchmal zusammen mit DES; siehe Abschn. 10.3.7) in aerodynamischen Studien an Flugzeugen, Fahrzeugen usw. (Menter et al. 2003) verwendet.[20]

10.3.5.3 Das v2f-Modell

Ein großes Problem bei Turbulenzmodellen besteht darin, dass die richtigen Bedingungen, die in Wandnähe angewendet werden sollen, nicht bekannt sind. Die Schwierigkeit liegt darin, dass wir einfach nicht wissen, wie sich einige dieser Größen in der Nähe einer Wand verhalten. Außerdem variieren die turbulente kinetische Energie und, noch mehr, die Dissipationsrate in Wandnähe sehr stark. Dies deutet darauf hin, dass es keine gute Idee ist, zu versuchen, die Bedingungen für diese Größen in dieser Region festzulegen. Ein weiteres wichtiges Problem ist, dass trotz jahrelanger Bemühungen, die in die Entwicklung von sog. Niedrig-Reynolds-Zahl-Modellen zur Behandlung der wandnahen Region investiert wurden, relativ wenig Erfolg erzielt wurde.

Durbin (1991) suggerierte, dass das Problem nicht darin besteht, dass die turbulente Reynolds-Zahl in der Nähe einer Wand niedrig ist (obwohl viskose Effekte sicherlich wichtig sind). Viel wichtiger ist die Undurchlässigkeitsbedingung (Normalkomponente der Geschwindigkeit an der Wand gleich null). Dies deutet darauf hin, dass es vorteilhaft sein könnte, mit einer Größe zu arbeiten, die aufgrund der Undurchlässigkeitsbedingung in Wandnähe sehr klein wird. Eine solche Größe ist die wandnormale Geschwindigkeitskomponente (von Ingenieuren meist mit v bezeichnet, mit Bezug auf eine horizontale Wand in der Ebene $y = 0$) und ihre Schwankungen (v'^2), und so hat Durbin eine Gleichung für diese Größe eingeführt. Es wurde festgestellt, dass das Modell auch eine Dämpfungsfunktion f benötigt, daher der Name v^2–f (oder $v2f$)-Modell. Es scheint verbesserte Ergebnisse bei im Wesentlichen gleichen Kosten wie das k–ε-Modell zu liefern. Iaccarino et al. (2003) verwendeten das $v2f$-Modell in einer sehr erfolgreichen instationären RANS (URANS)-Simulation einer instationären abgelösten Strömung.

---

[20]Die *NASA Turbulence Modeling Resource* (NASA TMR) bietet Dokumentation für RANS-Turbulenzmodelle, einschließlich der neuesten (oft korrigierten) Versionen von Spalart-Allmaras, Menter, Wilcox und anderen Modellen sowie Verifikations- und Validierungstestfälle, Gitter und Datenbanken.

Um die Probleme in Wandnähe zu beheben, schlug Durbin die Verwendung einer elliptischen Relaxation vor. Die Idee ist die folgende: Angenommen, ϕ_{ij} ist eine Größe, die
modelliert wird, und der vom Modell vorhergesagte Wert ist ϕ_{ij}^{m}. Anstatt diesen Wert für die
Verwendung im Modell zu akzeptieren, lösen wir die Gleichung:

$$\nabla^2 \phi_{ij} - \frac{1}{L^2} \phi_{ij} = \phi_{ij}^{\mathrm{m}}, \tag{10.53}$$

wobei L das Längenmaß der Turbulenz ist, das normalerweise als $L \approx k^{3/2}/\varepsilon$ angenommen wird. Die Einführung dieses Verfahrens scheint einen Großteil der Schwierigkeiten zu
reduzieren. Weitere Details zu diesen und anderen ähnlichen Modellen findet man in einem
aktuellen Buch von Durbin und Pettersson Reif (2011); siehe auch Durbin (2009).

10.3.5.4 Reynolds-Spannungs- und algebraische Reynolds-Spannungsmodelle

Wirbelviskositätsmodelle haben erhebliche Mängel; einige sind Folgen der Annahme der
Wirbelviskosität, Gl. (10.38), die nicht gültig ist. In 2D gibt es immer eine Wahl der Wirbelviskosität, die es dieser Gleichung ermöglicht, das richtige Profil der Scherspannung (z. B.
die τ_{12}-Komponente des Spannungstensors, wenn die Wand in der Ebene $y = 0$ liegt) zu
erhalten. In 3D-Strömungen ist die Beziehung zwischen der Reynolds-Spannung und der
Dehnungsrate nicht so einfach. Das bedeutet, dass die Wirbelviskosität nicht mehr eine Ska-
largröße sein kann; tatsächlich zeigen sowohl Messungen als auch Simulationen, dass sie
eine Tensorgröße sein müsste.

Anisotrope (Tensor-)Modelle, die auf der Verwendung der Gleichungen für k und ε basieren, wurden vorgeschlagen. Abe et al. (2003) beschreiben ein nichtlineares Wirbelviskositätsmodell, das besonders erfolgreich bei der Erfassung der hochanisotropen Turbulenz in
der Nähe von Wänden ist. Leschziner (2010) beschreibt eine breite Palette von Modellen, darunter lineare Wirbelviskositäts-, nichtlineare Wirbelviskositäts- und Reynolds-Spannungsmodelle.

Die komplexesten Modelle, die heute gebräuchlich sind, sind Reynolds-Spannungsmodelle, die auf dynamischen Gleichungen für die Komponenten des Reynolds-Spannungstensors $\tau_{ij} = \rho \overline{u'_i u'_j}$ selbst basieren. Diese Gleichungen können aus den Navier-Stokes-
Gleichungen hergeleitet werden und lauten:

$$\frac{\partial \tau_{ij}}{\partial t} + \frac{\partial (\overline{u}_k \tau_{ij})}{\partial x_k} = -\left(\tau_{ik} \frac{\partial \overline{u}_j}{\partial x_k} \tau_{jk} \frac{\partial \overline{u}_i}{\partial x_k} \right) + \rho \varepsilon_{ij} - \prod_{ij} +$$

$$+ \frac{\partial}{\partial x_k} \left(\nu \frac{\partial \tau_{ij}}{\partial x_k} + C_{ijk} \right). \tag{10.54}$$

Da der Tensor symmetrisch ist, müssen nur sechs Gleichungen gelöst werden. Die ersten
beiden Terme auf der rechten Seite sind die Produktionsterme; sie erfordern keine Approximation oder Modellierung.

Die anderen Terme sind:

$$\prod_{ij} = \overline{p'\left(\frac{\partial u_i'}{\partial x_j} + \frac{\partial u_j'}{\partial x_i}\right)}, \tag{10.55}$$

der oft als Druck-Dehnungsterm bezeichnet wird. Er verteilt die turbulente kinetische Energie zwischen den Komponenten des Reynolds-Spannungstensors um, verändert aber nicht die gesamte kinetische Energie. Der nächste Term ist:

$$\rho\varepsilon_{ij} = 2\mu\overline{\frac{\partial u_i'}{\partial x_k}\frac{\partial u_j'}{\partial x_k}}, \tag{10.56}$$

der den Dissipationstensor darstellt. Der letzte Term ist:

$$C_{ijk} = \rho\overline{u_i'u_j'u_k'} + \overline{p'u_i'}\delta_{jk} + \overline{p'u_j'}\delta_{ik} \tag{10.57}$$

und wird oft als die *turbulente Diffusion* bezeichnet.

Die Dissipations-, Druck-Dehnungs- und turbulenten Diffusionsterme können in den Gleichungen nicht exakt durch die anderen Terme ausgedrückt und müssen daher modelliert werden. Das einfachste und häufigste Modell für den Dissipationsterm behandelt ihn als isotrop:

$$\varepsilon_{ij} = \frac{2}{3}\varepsilon\delta_{ij}. \tag{10.58}$$

Das bedeutet, dass eine Gleichung für die Dissipationsrate zusammen mit den Reynolds-Spannungsgleichungen gelöst werden muss. Typischerweise wird die im k–ε-Modell verwendete Dissipationsgleichung verwendet. Es wurden physikalisch anspruchsvollere (und damit komplexere) Modelle entwickelt.

Das einfachste Modell für den Druck-Dehnungsterm geht davon aus, dass die Funktion dieses Terms darin besteht, zu versuchen, die Turbulenz isotroper zu machen. Dieses Modell war nicht sehr erfolgreich. Die erfolgreichsten Modelle basieren auf der Zerlegung des Druck-Dehnungsterms in einen „schnellen" Teil, der Wechselwirkungen zwischen der Turbulenz und den mittleren Strömungsgradienten beinhaltet, und einen „langsamen" Teil, der nur Wechselwirkungen zwischen turbulenten Größen beinhaltet (dieser Teil wird typischerweise mit einem „zurück-zu-Isotropie-Term" modelliert). Siehe Launder et al. (1975) oder Pope (2000) für weitere Details.

Die turbulenten Diffusionsterme werden in der Regel mit Hilfe einer Gradienten-Diffusionsapproximation modelliert. Im einfachsten Fall wird der Diffusionskoeffizient als isotrop angenommen und ist einfach proportional zur Wirbelviskosität aus den zuvor diskutierten Modellen. In den letzten Jahren wurden anisotrope und nichtlineare Modelle vorgeschlagen. Auch hier wird nicht versucht, sie im Detail zu diskutieren.

In 3D erfordern Reynolds-Spannungsmodelle neben den Gleichungen für die mittlere Strömung die Lösung von sieben zusätzlichen partiellen Differentialgleichungen. Noch mehr Gleichungen sind notwendig, wenn skalare Größen vorhergesagt werden müssen. Diese

Gleichungen werden auf eine ähnliche Weise wie beim k–ε-Modell gelöst. Das einzige zusätzliche Problem ist, dass, wenn die Reynolds-gemittelten Navier-Stokes-Gleichungen zusammen mit einem Reynolds-Spannungsmodell gelöst werden, sie sogar steifer sind als im Fall des k–ε-Modells. Noch mehr Sorgfalt ist bei ihrer Lösung erforderlich und die Berechnungen konvergieren normalerweise langsamer. Der übliche Ansatz in der Anwendung ist, zunächst die Strömung mit dem k–ε-Turbulenzmodell zu berechnen, die Anfangswerte der Reynolds-Spannungskomponenten aus der Wirbelviskositätshypothese abzuschätzen und dann die Berechnung mit dem Reynolds-Spannungsmodell fortzusetzen. Dies hilft in der Regel, da somit sinnvollere Startfelder für alle Variablen erhalten werden, als wenn man die Berechnung mit dem Reynolds-Spannungsmodell und einer einfachen Initialisierung der Variablen starten würde. Gleichzeitig erhält man auf diese Weise Lösungen mit zwei Turbulenzmodellen und der Vergleich der beiden Lösungen stellt ebenfalls eine nützliche Information dar.

Die Reynolds-Spannungsmodelle sind in der Lage, durch Eliminierung der Wirbelviskosität die Anisotropie aufzulösen, benötigen aber die Lösung zusätzlicher Differentialgleichungen, was die Kosten erhöht. Aber es besteht kein Zweifel, dass Reynolds-Spannungsmodelle turbulente Strömungsphänomene korrekter darstellen können als die Zweigleichungsmodelle (siehe Hadžić, 1999, für einige illustrative Beispiele). Besonders gute Ergebnisse wurden für einige Strömungen erzielt, bei denen k–ε-Modelle schlecht abschneiden (z. B. drallbehaftete Strömungen, Strömungen mit Staupunkten oder Linien, Strömungen mit starker Krümmung und mit Ablösung von gekrümmten Oberflächen usw.). Welches Modell für welche Art von Strömung am besten geeignet ist (von keinem wird erwartet, dass es für alle Strömungen gut ist), ist noch nicht klar; Leschziner (2010) gibt jedoch einen guten Überblick darüber, was verfügbar ist, während Hanjalić et al. (2004) viele der Details abdeckt. Da man sich nicht immer bezüglich der Wahl und/oder Leistung eines Turbulenzmodells sicher sein kann, ist es wichtig sicherzustellen, dass Unterschiede zwischen den Lösungen auf Modellunterschiede und nicht auf numerische Fehler zurückzuführen sind. Dies ist ein Grund, warum in diesem Buch die numerische Genauigkeit betont wird; ihre Bedeutung kann nicht überbetont werden und erfordert ständige Aufmerksamkeit.

Wie bereits in Abschn. 10.3.3.5 für LES erwähnt, sind explizite algebraische Reynolds-Spannungsmodelle (EARSM) eine attraktive Alternative, bei der die Differentialgleichungslast der Reynolds-Spannungsmodelle reduziert wird, aber die wesentliche Fähigkeit, Anisotropie und vielleicht andere wichtige Physik aufzulösen, erhalten bleibt. Das EARSM von Wallin und Johansson (2000), das sowohl auf inkompressible als auch auf kompressible, rotierende Strömungen abzielt, beschreibt die Anisotropie über die mittlere Dehnungsrate und die mittleren Rotationsratentensoren. Es verwendet das Postulat von Rodi (1976), dass die Konvektion und Diffusion der Reynolds-Spannung durch die Reynolds-Spannung, die Produktion und die Dissipation der turbulenten kinetischen Energie ausgedrückt werden können. Dies führt zu einem nichtlinearen impliziten Modell, das vereinfacht wird, um ein EARSM zu erhalten. Das Verfahren erfordert Transportgleichungen für die turbulente kinetische Energie und die Dissipationsrate und die Lösung eines linearen Gleichungssatzes und eine nichtlineare algebraische Gleichung für das Verhältnis von Produktion zu Dissipation. Dieses EARSM berücksichtigt die Rotation korrekt und hat sich gegenüber klassischen Modellen auf Wirbelviskositätsbasis als überlegen erwiesen.

Es gibt viele Versionen aller oben beschriebenen Modelle. Die Modifikationen zielen darauf ab, verschiedene Mängel der Basismodelle zu korrigieren, wie z. B. die Nichtbeachtung der Anisotropie von Turbulenz, die unzureichende Modellierung der Auswirkungen von Stagnation oder Ablösung, positiver oder negativer Druckgradienten, Stromlinienkrümmung, Turbulenzschwächung in der Nähe von Wänden oder den Übergang von laminarer zu turbulenter Strömung. Es geht über den Rahmen dieses Buches hinaus, auf all diese Details hier einzugehen; interessierte Leser finden ausreichende Informationen in den oben genannten Referenzen und insbesondere in Patel et al. (1985) und Wilcox (2006). Bei kommerziellen CFD-Programmen stehen in der Regel mehr als 20 Turbulenzmodellversionen zur Auswahl. Fast alle Modelle gibt es in zwei Varianten, je nachdem, wie die Wandrandbedingungen behandelt werden: „Hoch-Re"-Version, die davon ausgeht, dass sich alle Berechnungspunkte innerhalb des turbulenten Teils der Grenzschicht befinden, und „Niedrig-Re"-Version, die davon ausgeht, dass das wandnahe Gitter die viskose Unterschicht auflöst und die Turbulenz in diesem Bereich dämpft. Die Wandbehandlung wird im nächsten Abschnitt näher beschrieben.

10.3.5.5 Randbedingungen für RANS-Berechnungen

Die Anwendung von Randbedingungen in der Einstrom-, Ausstrom- und Symmetrieebene bleibt für RANS-Berechnungen gleich wie bei laminaren Strömungen, sodass wir hier keine Details wiederholen werden; weitere Informationen findet man im Abschn. 9.11. Es ist jedoch anzumerken, dass am Einstromrand k und ε oft nicht bekannt sind; wenn sie verfügbar sind, sollten die bekannten Werte natürlich auf die gleiche Weise verwendet werden, wie in den vorherigen Kapiteln für die generische skalare Variable beschrieben. Wenn k nicht bekannt ist, wird es normalerweise aus einer angenommenen Turbulenzintensität $I_t = \sqrt{\overline{u'^2}}/\overline{u}$ geschätzt. Wenn man zum Beispiel $I_t = 0{,}01$ (geringe Turbulenzintensität von 1 %) angibt und davon ausgeht, dass $\overline{u_x'^2} = \overline{u_y'^2} = \overline{u_z'^2} = I_t^2 \overline{u}^2$, erhält man $k = \frac{3}{2} I_t^2 \overline{u}^2 = 1{,}5 \times 10^{-4} \overline{u}^2$. Der Wert von ε sollte so gewählt werden, dass das aus Gl. (10.45) abgeleitete Längenmaß etwa ein Zehntel der Breite einer Scherschicht oder der Kanalbreite beträgt. Wenn die Reynolds-Spannungen und mittleren Geschwindigkeiten am Einstromrand gemessen werden, kann ε unter der Annahme des lokalen Gleichgewichts geschätzt werden; dies führt zu (in einem Querschnitt $x = \text{const.}$):

$$\varepsilon \approx -\overline{uv}\frac{\partial \overline{u}}{\partial y}. \tag{10.59}$$

Das Geschwindigkeitsfeld selbst ist am Einstromrand oft nicht genau bekannt (insbesondere bei internen Strömungen). Die Durchflussrate ist in der Regel bekannt, und wenn der Einstromquerschnitt bekannt ist, kann man die mittlere Geschwindigkeit berechnen. Die einfachste Approximation ist die Vorgabe einer konstanten Geschwindigkeit am Einstromrand. Wenn es möglich ist, eine vernünftige Approximation der Geschwindigkeitsvariation über die Einstromfläche vorzunehmen, dann sollte sie verwendet werden. Wenn der Einstromrand beispielsweise den Querschnitt eines Kanals, eines Rohrs oder eines Ringspalts darstellt, kann man Geschwindigkeitsprofile für eine vollentwickelte Strömung in einer solchen Geometrie vorgeben. Die vollentwickelte Strömung kann leicht berechnet werden, indem man eine einzelne Zellschicht verwendet und periodische Randbedingungen mit vorgegebener Durchflussrate am Ein- und Ausstromrand anwendet; das Ergebnis einer solchen Berechnung kann dann verwendet werden, um die Variablenwerte am Einstromrand eines komplexeren Lösungsgebiets vorzugeben.

Wenn die Verteilung der Variablenwerte am Einstromrand approximiert werden muss, sollte man versuchen, den Einstromrand so weit wie möglich stromaufwärts von der untersuchten Region zu verschieben. Wenn die Geometrie des stromaufwärts liegenden Strömungsweges nicht verfügbar ist, kann man als Näherung den Einstromquerschnitt stromaufwärts „extrudieren", damit sich die am Einstromrand vorgenommenen Näherungen bis zum Erreichen der Untersuchungszone zu vernünftigen Profilen entwickeln können. Die meisten kommerziellen Gittergenerierungswerkzeuge ermöglichen solche Extrusionen sowohl am Ein- als auch am Ausstromrand. Es ist auch ratsam, den Austrittsquerschnitt so weit wie möglich stromabwärts von der zu untersuchenden Region zu verschieben, um den Einfluss von dort vorgenommenen Approximationen auf die Strömung im wichtigen Teil des Lösungsgebiets zu minimieren. Darüber hinaus verwendet man in der Regel gröbere Gitter oder reduziert allmählich die Ordnung der Approximation für Konvektionsterme in Richtung Ausstromrand, um die numerische Diffusion zu erhöhen und die Reflexion von Störungen am Ausstromrand zu vermeiden.

Bevor wir die Wandrandbedingungen für die RANS-Berechnung turbulenter Strömungen beschreiben, erkennen wir zunächst, dass die Auswirkungen von Turbulenz unmittelbar neben einer Wand relativ gering sind und die Strömung dort im Wesentlichen laminar ist. Dieser Teil der Wandgrenzschicht wird als *viskose Unterschicht* bezeichnet, und sowohl Experimente als auch DNS zeigen, dass die Geschwindigkeitskomponente parallel zur Wand dort linear mit dem Wandabstand variiert (was wir hier mit der lokalen Koordinate in wandnormale Richtung, n, bezeichnen; siehe Abb. 9.21). Wenn diese Unterschicht durch das numerische Gitter aufgelöst wird, dann sind die Randbedingungen für Impulsgleichungen die gleichen wie bei laminaren Strömungen; siehe Abschn. 9.11 für Details. Wir erinnern daran, dass die normale viskose Spannung τ_{nn} gleich null ist, weil die Ableitung der Wandnormalgeschwindigkeitskomponente v_n nach n an der Wand gleich null sein muss, und dass die Schubspannung gleich dem Produkt aus molekularer Viskosität und der Ableitung der wandparallelen Geschwindigkeitskomponente v_t nach n ist:

$$\tau_{nn} = 2\mu \left(\frac{\partial v_n}{\partial n} \right)_{\text{Wand}} = 0, \quad \tau_{nt} = \mu \left(\frac{\partial v_t}{\partial n} \right)_{\text{Wand}}. \tag{10.60}$$

Da das Profil von v_t nahe der Wand linear ist, ist selbst die einfachste einseitige Vorwärts-
oder Rückwärtsdifferenz über die halbe Zelle genau.

Das Problem ist, dass, wenn man die viskose Unterschicht bei 3D-Strömungen und hoher
Reynolds-Zahl auflösen möchte, die wandnahen Zellen extrem dünn sein müssen. Dies
erfordert einerseits viele prismatische Zellschichten neben einer Wand, andererseits ist das
Seitenverhältnis der Zellen sehr hoch. Da die Koeffizienten, die sich aus dem diskretisierten
Laplace-Operator ergeben (Diffusionsterme in Transportgleichungen, die entsprechenden
Terme in der Druck- oder Druckkorrekturgleichung), proportional zum Quadrat des Seitenverhältnisses sind, bedeutet dies, dass die Koeffizienten in wandnormale Richtung um
mehrere Größenordnungen größer sind als in andere Richtungen. Dies macht die Gleichungen steif, erfordert eine höhere arithmetische Genauigkeit und erschwert die Lösung
diskreter Gleichungen. Darüber hinaus können sich bei gekrümmter Wand dünne Zellen
neben der Wand zu stark verziehen, es sei denn, das Gitter wird ebenfalls in tangentiale
Richtung wesentlich verfeinert. Aus diesem Grund werden die sogenannten „Niedrig-Re"-
Turbulenzmodelle mit Gittern, die die viskose Unterschicht auflösen, nur für Strömungen mit
moderaten Reynolds-Zahlen verwendet (z. B. für Vergleiche mit Experimenten im Modell-
maßstab). Für Strömungen mit sehr hohen Reynolds-Zahlen, z. B. um ein Schiff, ein Flugzeug oder andere große Objekte, benötigen wir einen alternativen, kostengünstigeren Ansatz.

Ingenieure versuchen immer, verallgemeinerte Skalierungsgesetze zu finden, und es
wurde schon vor ca. 100 Jahren erkannt, dass die Geschwindigkeitsprofile quer zu einer
Grenzschicht bei verschiedenen Reynolds-Zahlen zum Überlappen gebracht werden können, wenn die sogenannte *Schubspannungsgeschwindigkeit* u_τ (auch genannt *Reibungsge-
schwindigkeit*) für die Skalierung wie folgt verwendet wird:

$$u_\tau = \sqrt{\frac{\tau_{\text{Wand}}}{\rho}}, \tag{10.61}$$

wobei τ_{Wand} der Betrag der Wandschubspannung ist (wenn die lokale Wandtangentialkoordi-
nate t mit der Richtung des Schubspannungsvektors ausgerichtet ist, dann ist $\tau_{\text{Wand}} = |\tau_{nt}|$).
Die Geschwindigkeit wird mit u_τ skaliert, um u^+ zu erhalten, und wie in Abb. 10.25 gezeigt
gegen den dimensionslosen Abstand von der Wand, n^+, aufgetragen:

$$u^+ = \frac{\overline{v}_t}{u_\tau}, \quad n^+ = \frac{\rho u_\tau n}{\mu}. \tag{10.62}$$

Traditionell wird y^+ in der Literatur verwendet, um den dimensionslosen Wandabstand zu
bezeichnen, da frühe Berechnungen zweidimensional waren und y die Koordinate normal
zur Wand war. Dies ist jedoch in komplexen Geometrien bedeutungslos, und wir ziehen es
daher vor, den Wandabstand mit n zu bezeichnen, was eine lokale Koordinate senkrecht zur
Wandoberfläche ist.

Abb. 10.25 zeigt skalierte Geschwindigkeitsprofile für drei verschiedene turbulente Strömungen bei unterschiedlichen Reynolds-Zahlen (das sind 2D-Strömungen in x-Richtung,
also $n^+ = y^+$); sie fallen tatsächlich aufeinander, außer weiter von der Wand entfernt. Es

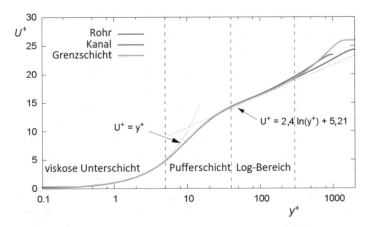

Abb. 10.25 Skalierte Geschwindigkeitsprofile über eine Grenzschicht für turbulente Strömungen in einem ebenen Kanal, einem Rohr mit kreisförmigem Querschnitt und der Grenzschicht auf einer ebenen Platte, erhalten aus DNS-Daten von Lee und Moser (2015), El Khoury et al. (2013) und Schlatter und Örlü (2010)

lassen sich drei verschiedene Bereiche unterscheiden: Neben der bereits erwähnten viskosen Unterschicht unmittelbar neben der Wand gibt es einen wichtigen Teil mit einer logarithmischen Variation und eine Pufferschicht zwischen linearer und logarithmischer Zone. Wenn die Reynolds-Zahl erhöht wird, erstreckt sich der logarithmische Bereich auf höhere Werte von n^+; siehe z. B. Wosnik et al. (2000) oder Lee und Moser (2015).

Das sogenannte *logarithmische Wandgesetz* wurde sowohl experimentell als auch durch DNS-Daten bestätigt; neueste Forschungsarbeiten deuten jedoch darauf hin, dass das Gesetz nicht so universell ist, wie einst angenommen wurde. Es gibt scheinbar wichtige Unterschiede, abhängig von der Reynolds-Zahl und der Geometrie des Strömungsgebiets, aber wir werden nicht auf diese Details eingehen; interessierte Leser können aktuelle Literatur zu diesem Thema konsultieren, z. B. Smits et al. (2011) und Smits und Marusic (2013). Da der Zweck dieses Abschnitts darin besteht, zu demonstrieren, wie Turbulenzmodelle in ein CFD-Programm implementiert werden können, werden wir uns an die klassische Methode halten, die das Geschwindigkeitsprofil im logarithmischen Bereich beschreiben als:

$$u^+ = \frac{1}{\kappa} \ln n^+ + B, \qquad (10.63)$$

wobei κ die Von-Karman-Konstante genannt wird und B eine weitere empirische Konstante ist. Es wird normalerweise angenommen, dass $\kappa = 0{,}41$ und $B \approx 5{,}2$ betragen, aber diese Konstanten sind nicht so universell, wie es früher angenommen wurde. Lee und Moser (2015) leiteten mit ihrer DNS der ebenen Kanalströmung bei Re $= 2{,}5 \times 10^5$ (basierend auf mittlerer Geschwindigkeit und Kanalbreite) niedrigere Werte ab, nämlich $\kappa = 0{,}384$ und

$B = 4,27$; für raue Wände werden kleinere Werte für B erhalten, was bedeutet, dass das Profil, wie in Abb. 10.25 dargestellt, nach unten verschoben wird.

Der Rechenaufwand kann erheblich reduziert werden, wenn der erste Rechenpunkt nicht in der viskosen Unterschicht, sondern im logarithmischen Bereich platziert werden kann. Wir benötigen den Geschwindigkeitsgradienten an der Wand, um die Wandschubspannung zu berechnen, aber man kann ihn nicht mit ausreichender Genauigkeit aus Polynomen höherer Ordnung erhalten, wie im Falle einer laminaren Strömung. Aus dem Log-Gesetz und einigen anderen Annahmen lässt sich jedoch ein Zusammenhang zwischen der Wandschubspannung und der Geschwindigkeit an einem Punkt im logarithmischen Teil des Profils ableiten. Das ist, was die sogenannten *Wandfunktionen* tun.

Launder und Spalding (1974) schlugen dies vor, was als „Hoch-Re"-Wandfunktionen bekannt wurde.[21] Neben einem logarithmischen Geschwindigkeitsprofil werden zwei weitere Annahmen getroffen:

- Es wird angenommen, dass sich die Strömung in lokalem Gleichgewicht befindet, was bedeutet, dass die Produktion und Dissipation von Turbulenz nahezu gleich sind.
- Die gesamte Scherspannung (d. h. die Summe aus Viskositäts- und Turbulenzbeitrag) ist zwischen der Wand und dem ersten Rechenpunkt konstant und entspricht der Wandschubspannung τ_{Wand}.

Abb. 10.26 zeigt die Variation der skalierten Produktion und Dissipation turbulenter kinetischer Energie über die Grenzschicht in einem ebenen Kanal, einem Rohr und einer ebenen Plattengrenzschichtströmung, erhalten aus DNS-Daten. Diese Daten sowie zahlreiche Messungen deuten darauf hin, dass innerhalb des logarithmischen Bereichs die Produktion und die Dissipation tatsächlich nahezu ausgeglichen sind, zumindest in diesen relativ einfachen Strömungen. Die zweite Annahme wird auch durch DNS und Messdaten unterstützt: In Wandnähe, wo die Geschwindigkeit linear variiert, ist die viskose Spannung offensichtlich konstant und über die Pufferschicht hinweg reduziert sich der viskose Anteil, während der turbulente Anteil zunimmt und die Summe nahezu konstant bleibt.

Unter diesen Annahmen kann man zeigen, dass die folgende Beziehung gilt:

$$u_\tau = C_\mu^{1/4} \sqrt{k}. \tag{10.64}$$

Aus dieser Gleichung und Gl. (10.63) können wir einen Ausdruck herleiten, der die Geschwindigkeit am ersten Berechnungspunkt über der Wand und die Wandschubspannung verbindet[22]:

---

[21]Es ist zu beachten, dass die Bezeichnungen „Hoch-Re" und „Niedrig-Re" nichts mit der tatsächlichen Reynolds-Zahl für das jeweilige Strömungsproblem zu tun haben – sie hängen damit zusammen, wie nah an der Wand die Berechnungspunkte liegen und wie die Wandschubspannung berechnet wird.

[22]Wenn die Wand rau ist, können wir die in Abschn. 10.3.3.3 hergeleitete und in Gl. (10.27) und (10.29) gegebene Bedingungen anwenden.

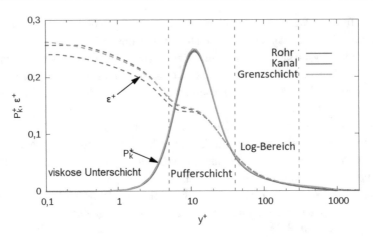

Abb. 10.26 Die Variation der skalierten Produktion und Dissipation turbulenter kinetischer Energie über die Grenzschicht in einem ebenen Kanal, einem Rohr und einer flachen Plattengrenzschichtströmung. (Quellen wie in Abb. 10.25)

$$\tau_{\mathrm{w}} = \rho u_\tau^2 = \rho C_\mu^{1/4} \kappa \sqrt{k}\, \frac{\bar{v}_t}{\ln(n^+ E)}, \tag{10.65}$$

wobei $E = e^{\kappa B}$. Dies ermöglicht die Berechnung der Wandschubspannung aus den Werten der wandparallelen Geschwindigkeitskomponente und der turbulenten kinetischen Energie im Zentrum des wandnahen KV. Das Produkt aus Wandschubspannung und Seitenfläche liefert eine Kraft, die, wenn sie auf die kartesischen Koordinatenrichtungen projiziert wird, die notwendigen Beiträge zu den diskretisierten Impulsgleichungen für das wandnahe KV liefert, wie es in Abschn. 9.11 für laminare Strömungen beschrieben wurde.

Abb. 10.27 zeigt Geschwindigkeitsvektoren nahe der unteren Wand eines ebenen Kanals bei der Reynolds-Zahl 5×10^5 für die Berechnung mit Wandfunktionen auf einem gröberen Gitter und mit aufgelöster viskoser Unterschicht mit einem feinen Gitter. Der Kanal ist 100 mm breit, und bei Wandfunktionen war die Zelle neben der Wand 0,315 mm dick ($n^+ = 31$ in der Zellenmitte). Neben der Wand befanden sich 15 Prismenschichten bis zu einem Abstand von 10 mm, die sich mit einem Faktor von 1,1 ausdehnten. Für den „Niedrig-Re"-Ansatz gab es 40 Prismenschichten über den gleichen Abstand, der Ausdehnungsfaktor war ebenfalls derselbe, und die erste Zelle neben der Wand war 0,013 mm dick (23,4 mal dünner als bei den Wandfunktionen; $n^+ = 1,32$ in der Zellenmitte). Offensichtlich gibt es keine Probleme mit sehr dünnen Zellen im Falle einer ebenen Kanalwand, aber wenn die Wand gekrümmt wäre, müsste man auch in tangentialer Richtung verfeinern, um übermäßiges Zellverziehen zu vermeiden (siehe Kap. 12 für eine Diskussion über Fragen der Gitterqualität). Diese Abbildung verdeutlicht die erhebliche Variation der Geschwindigkeit zwischen der Wand und dem ersten Berechnungspunkt, welche von den Wandfunktionen „überbrückt" werden muss.

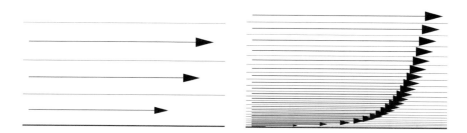

Abb. 10.27 Geschwindigkeitsvektoren in Wandnähe in einer Kanalströmung bei Reynolds-Zahl 5×10^5 (basierend auf der mittleren Geschwindigkeit und dem Abstand zwischen den Kanalwänden), berechnet mit Wandfunktionen und einem gröberen Gitter nahe der Wand (links) und einer vollständig aufgelösten Grenzschicht (rechts); dünne Linien zwischen den Vektoren repräsentieren die KV-Grenzen (Gitterlinien)

In vielen praktischen Anwendungen von CFD ist es schwierig, die Berechnungspunkte neben der Wand innerhalb der viskosen Unterschicht überall und jederzeit (für die „Niedrig-Re"-Wandbehandlung) oder im logarithmischen Bereich (für „Hoch-Re"-Wandfunktionen) zu halten. Das Vorhandensein von Strömungsablösungen, Stagnations- und Wiederanlegezonen führt zwangsläufig zu einer großen Variation der Wandschubspannung und zu Stellen, an denen sie praktisch gleich null wird. Die Annahmen, auf denen die Wandfunktionen basieren, sind möglicherweise nicht gültig, oder Berechnungspunkte können lokal außerhalb der viskosen Unterschicht liegen. Viele Forscher versuchten daher, allgemeinere Versionen der Wand-Randbedingungen für turbulente Strömungen zu entwickeln. Jakirlić und Jovanović (2010) schlugen einen Ansatz vor, der es ermöglicht, dass der erste Berechnungspunkt nahe am Rand der viskosen Unterschicht liegt, wodurch die Anforderungen an die wandnahe Gitterfeinheit der üblichen „Niedrig-Re" Wandbehandlung gelockert werden. Andere Forscher nutzten Modifikationen des Reichardt-Gesetzes (Reichardt 1951), um die sogenannte „Alle-y^+"-Wandbehandlung bereitzustellen: Wenn das Gitter fein genug ist, wird ein lineares Geschwindigkeitsprofil angenommen, und wenn sich der wandnahe Berechnungspunkt innerhalb der logarithmischen Schicht befindet, werden Standardwandfunktionen angewendet. Wenn sich der Berechnungspunkt dazwischen befindet, werden die beiden Ansätze gemischt. Auf weitere Details werden wir an dieser Stelle nicht näher eingehen; in Kap. 13 wird dieses Thema aus Sicht der praktischen Anwendung noch einmal behandelt.

Die Profile der turbulenten kinetischen Energie und ihrer Dissipationsrate haben in der Regel in der Nähe der Wand ausgeprägte Extremwerte, im Gegenteil zum mittleren Geschwindigkeitsprofil. Diese Höchstwerte sind schwer zu erfassen; man sollte wahrscheinlich ein feineres Gitter für die Turbulenzgrößen verwenden als für die mittlere Strömung, aber das wird selten getan. Wenn für alle Größen das gleiche Gitter verwendet wird, kann die Auflösung für die Turbulenzgrößen unzureichend sein und es besteht die Möglichkeit, dass die Lösung bei Verwendung von Verfahren höherer Ordnung Oszillationen enthält, was zu negativen Werten dieser Größen in diesem Bereich führen kann. Diese Möglichkeit kann vermieden werden, indem z. B. ZDS lokal mit Aufwinddiskretisierung 1. Ordnung für die Konvektionsterme in den Gleichungen für k und ε kombiniert wird. Dies verringert natürlich die Genauigkeit, mit der diese Größen berechnet werden, ist aber notwendig, wenn das Gitter nicht fein genug ist.

Auch die Wandrandbedingungen für die Modellgleichungen erfordern besondere Aufmerksamkeit. Eine Möglichkeit ist es, die Gleichungen genau bis zur Wand zu lösen, wenn das Gitter die viskose Unterschicht auflöst. Im k–ε-Modell ist es angebracht, $k = 0$ an der Wand zu setzen, aber die Dissipationsrate ist dort nicht gleich null, sondern man kann die folgende Bedingung verwenden:

$$\varepsilon = \nu \left(\frac{\partial^2 k}{\partial n^2} \right)_{\text{Wand}} \quad \text{oder} \quad \varepsilon = 2\nu \left(\frac{\partial k^{1/2}}{\partial n} \right)^2_{\text{Wand}}. \tag{10.66}$$

Wie bereits erwähnt, ist es notwendig, das Modell selbst in der Nähe der Wand zu modifizieren, da ihr Vorhandensein turbulente Schwankungen dämpft und zur Existenz der praktisch laminaren viskosen Unterschicht führt.

Wenn eine *Wandfunktion* als Randbedingung verwendet wird, wird der Diffusionsfluss von k durch die Wand normalerweise als gleich null angenommen, was die Randbedingung ergibt, dass die wandnormale Ableitung von k gleich null ist. Die Randbedingung für die Dissipationsrate ergibt sich aus der Annahme des Gleichgewichts, d. h. der Gleichheit von Produktion und Dissipation im wandnahen Bereich. Die Produktion im Wandbereich wird berechnet aus:

$$P_k \approx \tau_{\text{w}} \frac{\partial \overline{v}_t}{\partial n}, \tag{10.67}$$

was eine Approximation durch den dominanten Term von Gl. (10.44) darstellt; sie gilt in Wandnähe, weil die Schubspannung in diesem Bereich nahezu konstant ist und Geschwindigkeitsableitungen in Richtungen parallel zur Wand viel kleiner sind als die Ableitung in Richtung senkrecht zur Wand. Die in der obigen Gleichung erforderliche Geschwindigkeitsableitung im Zellzentrum kann aus dem logarithmischen Geschwindigkeitsprofil (10.63) hergeleitet werden:

$$\left(\frac{\partial \overline{v}_t}{\partial n} \right)_{\text{P}} = \frac{u_\tau}{\kappa n_{\text{P}}} = \frac{C_\mu^{1/4} \sqrt{k_{\text{P}}}}{\kappa n_{\text{P}}}. \tag{10.68}$$

Wenn die obigen Approximationen verwendet werden, wird die diskretisierte Gleichung für ε im Kontrollvolumen neben der Wand nicht angewendet, sondern ε wird in der KV-Mitte auf folgenden Wert festgesetzt:

$$\varepsilon_{\text{P}} = \frac{C_\mu^{3/4} k_{\text{P}}^{3/2}}{\kappa n_{\text{P}}}. \tag{10.69}$$

Dieser Ausdruck wird aus Gl. (10.45) unter Verwendung der folgenden Approximation für das Längenmaß hergeleitet,

$$L = \frac{\kappa}{C_\mu^{3/4}} n \approx 2{,}5 \, n. \tag{10.70}$$

Unter den Bedingungen, die zur Herleitung der Wandfunktionen verwendet werden, ist diese Approximation in Wandnähe gültig.

Es ist zu beachten, dass die obigen Randbedingungen gültig sind, wenn der erste Gitterpunkt innerhalb der logarithmischen Region liegt, d. h. wenn $n_P^+ > 30$. Probleme entstehen bei abgelösten Strömungen; innerhalb der Rezirkulationszone und insbesondere in den Ablöse- und Wiederanlegebereichen sind die oben genannten Bedingungen nicht erfüllt. In der Regel wird die Möglichkeit, dass Wandfunktionen in diesen Bereichen nicht gültig sind, ignoriert, und sie werden überall angewendet. Werden jedoch die oben genannten Bedingungen über einen großen Teil der Wandränder verletzt, können schwerwiegende Modellfehler auftreten. Alternative Wandfunktionen und sogenannte „Alle-y^+"-Modelle wurden vorgeschlagen und sind in den meisten kommerziellen Programmen verfügbar; sie können Modellfehler nicht vollständig eliminieren, können aber helfen, sie zu minimieren.

Drei Artikel, die bei der Entwicklung von Wandbehandlungsmethoden nützlich sein können, werden hier erwähnt. Erstens bietet Durbin (2009) einen aufschlussreichen Überblick über die angewandte Turbulenzmodellierung an Wänden, einschließlich einiger Bedingungen, Wandfunktionen und eines elliptischen Relaxationsmodells. Zweitens, präsentieren Popovac und Hanjalić (2007) die Wandrandbedingungen für turbulente Strömungen und Wärmeübertragung. Drittens stellen Billard et al. (2015) eine robuste Formulierung von adaptiven Wandfunktionen für den Einsatz in Wärmeübertragungsberechnungen im Kontext eines wandnahen Wirbelviskositätsmodells mit elliptischer Vermischung vor.

An Rändern des Lösungsgebiets fern von Wänden (Fernfeld- oder Freistromränder) können die folgenden Randbedingungen verwendet werden:

- Wenn die umgebende Strömung turbulent ist:

$$\bar{u}\frac{\partial k}{\partial x} = -\varepsilon; \quad \bar{u}\frac{\partial \varepsilon}{\partial x} = -C_{\varepsilon 2}\frac{\varepsilon^2}{k}. \tag{10.71}$$

- In einer freien Strömung:

$$k \approx 0; \quad \varepsilon \approx 0; \quad \mu_t = C_\mu \rho \frac{k^2}{\varepsilon} \approx 0. \tag{10.72}$$

Die Randbedingungen für Reynolds-Spannungen sind noch komplizierter. Wir werden hier nicht ins Detail gehen, sondern darauf hinweisen, dass das Modell i. Allg. eine Approximation der Variation jeder Variablen in der Nähe von jedem Randtyp liefern muss. In den meisten Fällen reduzieren sich die Bedingungen auf den vorgegebenen Randwert (Dirichlet-Bedingung) oder den vorgegebenen Gradienten in randnormale Richtung (Neumann-Bedingung). Diese Bedingungen können in die diskretisierten Gleichungen für Zellen neben dem Rand mit Methoden implementiert werden, die für die generische skalare Variable für laminare Strömungen beschrieben wurden; siehe Abschn. 9.11 für weitere Informationen.

10.3.6 Beispiel einer RANS-Anwendung: Strömung um eine Kugel bei Re = 500.000

Wir haben bereits erwähnt, dass RANS-Modelle die Strömung um eine Kugel bei den unterkritischen Reynolds-Zahlen, wo auf eine laminare Ablösung ein turbulenter Nachlauf folgt, nicht gut vorhersagen; LES ist ideal für diese Klasse von Strömungen geeignet. Bei überkritischen Reynolds-Zahlen würde LES ein sehr feines Gitter und kleine Zeitschritte erfordern, was die Simulation sehr teuer macht. Für diese Klasse von Strömungen wird in der Regel ein RANS- oder URANS-Ansatz verwendet. Wir betrachten hier die Strömung um eine Kugel bei einer Reynolds-Zahl Re = 500.000. Da die Reynoldszahl nicht zu hoch ist (wie bei einer Umströmung eines Fahrzeugs, Schiffes oder Flugzeugs), können wir es uns leisten, die Grenzschicht aufzulösen und so ein Gitter mit 15 Prismenschichten zu erzeugen, wobei die erste Schicht neben der Wand 0,01 mm dick ist; außerhalb der Prismenschichten beträgt die Gittermaschenweite im Nachlauf 0,4375 mm ($D/140$). Es wurde die gleiche Art von Gitter (getrimmt kartesisch mit lokaler Verfeinerung) wie im LES-Fall bei 10-mal niedrigerer Reynolds-Zahl und dasselbe kommerzielle Rechenprogramm (Simcenter STAR-CCM+) verwendet. Das Gitter um die Kugel und in ihrem Nachlauf ist in Abb. 10.28 dargestellt. Auch die Geometrie des Lösungsgebiets ist gleich wie im LES-Beispiel – eine glatte Kugel mit einem Durchmesser $D = 61,4$ mm, die von einem Stab mit einem Durchmesser $d = 8$ mm in einem Windkanal mit einem Querschnitt von 300×300 mm gehalten wird. In der Simulation wurden die gleiche Geschwindigkeit und Viskosität wie im LES-Fall verwendet, nur die Dichte wurde um den Faktor 10 erhöht (von 1,204 auf 12,04 kg/m^3), um die 10-mal höhere Reynolds-Zahl zu erhalten.

Die Strömung um die Kugel hat mehrere Merkmale, mit denen RANS-Modelle in der Regel nicht gut umgehen; das Wichtigste ist die Ablösung von einer glatten, gekrümmten Oberfläche. Wir haben hier vier RANS-Modelle ausprobiert, von denen viele Versionen im kommerziellen Rechenprogramm verfügbar sind: (i) die Standard-Niedrig-Re-Version des

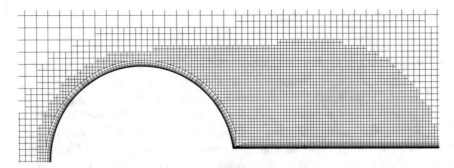

Abb. 10.28 Das grobe Gitter um eine Kugel und in ihrem Nachlauf, das für die RANS-Berechnung der Strömung bei Re = 500.000 verwendet wurde (der Gitterabstand wurde bei jeder Verfeinerung des Gitters um den Faktor 1,5 reduziert)

k–ε-Modells; (ii) die SST-Version des k–ω-Modells; (iii) das „Lag-EB" k–ε-Modell; (iv) das Reynolds-Spannungsmodell. Nur das „Lag-EB" k–ε-Modell lieferte Ergebnisse, die den experimentellen Daten aus der Literatur nahekommen; alle anderen Modelle führten zu viel zu hohem Widerstand und einer zu großen Rezirkulationszone.

Das „Lag-EB" k–ε-Modell ist eine relativ neue Ergänzung der Klasse der k–ε-Modelle im Rechenprogramm; Details findet man in Lardeau (2018). „Lag" im Namen bedeutet, dass das Modell die Tatsache berücksichtigt, dass die mittlere Spannung und Dehnung nicht immer gleich ausgerichtet sind (eine bleibt hinter der anderen zurück); „EB" steht für elliptische Vermischung *(elliptic blending)*. Neben k und ε werden Transportgleichungen für zwei zusätzliche Variablen gelöst. Die Berechnungen mit diesem Modell wurden auf drei Gittern durchgeführt; die erste Prismenschicht neben der Wand war für alle drei Gitter gleich, ebenso die Gesamtdicke aller Prismenschichten; im groben Gitter gab es jedoch 10 Prismenschichten, im mittleren Gitter 12 und im feinsten Gitter 15. Außerhalb der Prismenschicht wurde der Gitterabstand von fein auf mittel und von mittel auf grob um den Faktor 1,5 vergrößert; die Feingitterwerte wurden oben angegeben. Das grobe Gitter hatte 728.923 KV, das mittlere 2.131.351 und das feine 6.591.260. Die berechneten Widerstandswerte waren: 0,0679 auf dem groben, 0,0638 auf dem mittleren und 0,0619 auf dem feinen Gitter. Die Richardson-Extrapolation führt zu einer Abschätzung des gitterunabhängigen Wertes von 0,0604, was nahe an Daten aus der Literatur liegt. Andere Turbulenzmodelle wurden nur mit dem feinsten Gitter verwendet.

Das „Niedrig-Re" k–ε-Modell konvergiert nicht zu einer stationären Lösung; wenn die Berechnung im transienten Modus fortgesetzt wird, schwankt der Widerstandsbeiwert zwischen 0,108 und 0,146, was wesentlich höher ist als die Werte aus Experimenten in der Literatur (z. B. Achenbach 1972). Das SST k–ω- und das „Lag-EB" k–ε-Modell konvergieren zu einer fast stationären Lösung; Abb. 10.29 zeigt Residuen aus der Berechnung mit dem Lag-EB k–ε-Modell. Die Residuen fallen um fast fünf Größenordnungen und bleiben dann

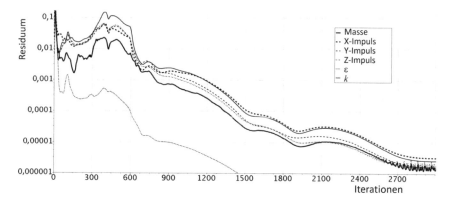

Abb. 10.29 Residuenverlauf für die Berechnung der Strömung um eine Kugel bei Re = 500.000 auf dem Feingitter mit dem „Lag-EB" k-ε-Modell

mit kleinen Schwingungen auf diesem Niveau; der Widerstandsbeiwert ändert sich an den fünf wichtigsten Stellen nicht mehr. Die Fortsetzung der Berechnung im transienten Modus führt nicht zu einer signifikanten Änderung des Strömung; für praktische Zwecke kann sie als konvergent zu einem stationären Zustand betrachtet werden. Der bei der Berechnung mit dem SST k–ω-Modell erhaltene Widerstandsbeiwert ist etwa doppelt so hoch wie in Experimenten (0,146). Die Berechnungen mit dem Reynolds-Spannungsmodell wurden von der Lösung des Lag-EB k–ε-Modells gestartet; die Konvergenz war oszillierend und sehr langsam, aber der Widerstandsbeiwert variierte nicht stark und tendierte zu einem Mittelwert von ca. 0,108 (ebenfalls wesentlich höher als in Experimenten).

Lele (1992) gibt die Länge der Rezirkulationszone hinter der Kugel für Reynolds-Zahlen zwischen 150.000 und 300.000 als konstant bei etwa 0,2D an. Alle Berechnungen prognostizieren längere Rezirkulationszonen; der kleinste Wert ergibt sich aus Berechnungen mit dem „Lag-EB" k–ε-Modell (etwas länger als 0,4 D). Abb. 10.30 zeigt Strömungsmuster in Schnittebenen bei $y = 0$ und $z = 0$ für das SST k–ω- und „Lag-EB" k–ε-Modell. Man kann sehen, dass, obwohl die Lösung praktisch stationär ist, die Strömung nicht achsensymmetrisch ist; insbesondere die mit dem SST k–ω-Modell erhaltene Lösung ist stark asymmetrisch. Wie bereits erwähnt wurden asymmetrische Nachläufe auch in anderen numerischen und experimentellen Studien beobachtet (Constantinescu und Squires 2004; Taneda 1978).

Obwohl die Geometrie des Strömungsgebiets recht einfach ist, ist die Strömung um die Kugel mit RANS-Modellen nur sehr schwer vorherzusagen. Wie in den folgenden Kapiteln gezeigt wird, ergibt sich in den meisten industriell relevanten Strömungen eine wesentlich bessere Übereinstimmung zwischen Experimenten und RANS-Berechnungen als im vorliegenden Testfall (z. B. wird der Schiffswiderstand in der Regel innerhalb von 2 % des

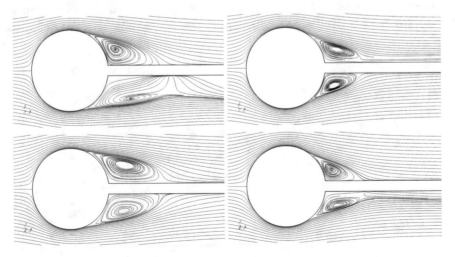

Abb. 10.30 Das Strömungsmuster in Schnittebenen bei $y = 0$ (oben) und $z = 0$ (unten), berechnet mit dem SST k-ω-Modell (links) und dem „Lag-EB" k-ε-Modell (rechts)

Versuchswertes vorhergesagt; in vielen Fällen ist die Übereinstimmung sogar noch besser, und nur selten ist die Abweichung größer als 2 %). Der Grund dafür ist, dass bei einer Kugel Strömungsmerkmale dominieren, bei denen RANS-Modelle nicht so gut sind; bei einer komplexeren Geometrie kommen andere Strömungseigenschaften ins Spiel, die RANS-Modelle viel besser vorhersagen können.

10.3.7 Very-Large-Eddy Simulation/TRANS/DES

In der Regel ist das Ziel einer Strömungssimulation, bei minimalen Kosten Informationen über bestimmte Eigenschaften der Strömung zu erhalten. Es ist ratsam, das einfachste Werkzeug zu verwenden, das die gewünschten Ergebnisse liefert, aber es ist nicht einfach, im Voraus zu wissen, wie gut jede Methode funktionieren wird. Wir haben es mit einer Hierarchie zu tun, von einfach bis komplex, nämlich stationäre RANS, instationäre RANS, VLES, LES und DNS. Wir fügen zu diesem Set eine interessante Mischung aus LES und URANS hinzu, genannt *Detached Eddy Simulation* (DES), verfügbar in mehreren Varianten unter den Abkürzungen DDES oder IDDES.

Wenn RANS-Methoden erfolgreich sind, gibt es natürlich keinen Grund, teurere Methoden wie LES usw. zu verwenden. Andererseits, wenn eine RANS-Variante nicht funktioniert, kann es eine gute Idee sein, eine Simulation vom Typ URANS oder LES auszuprobieren. Man soll jedoch bedenken, dass URANS ein Ensemble-Konstrukt ist, sodass wahrscheinlich die gesamte Turbulenzenergie in den modellierten Skalen liegt. LES hingegen löst einen großen Teil der Turbulenzenergie auf.

Eine Möglichkeit, Simulationsmethoden zu verwenden, besteht darin, instationäre RANS, LES und/oder DNS von „Bausteinströmungen" durchzuführen, die strukturell denen von tatsächlichem Interesse ähnlich sind. Aus den Ergebnissen können RANS-Modelle, die auf komplexere Strömungen anwendbar sind, validiert und verbessert werden. RANS-Berechnungen können dann das alltägliche Werkzeug sein. LES müsste nur dann durchgeführt werden, wenn sich das Design wesentlich ändert. Es gibt jedoch Simulationsbereiche, in denen der Einsatz von LES dominiert, z. B. mesoskalige und atmosphärische Grenzschichtsimulationen für die Forschung und zur Wettervorhersage oder aeroakustische Simulationen im Maschinenbau.

Es scheint, dass wir entweder RANS verwenden müssen, was erschwinglich ist, oder LES, was genauer, aber ziemlich teuer ist. Es ist verständlich zu fragen, ob es Methoden gibt, die die Vorteile von sowohl RANS als auch LES bieten und gleichzeitig die Nachteile vermeiden?

Eine Vorgehensweise wäre, die Definition der Einsatzgebiete von LES in Abschn. 10.2.5 zu untersuchen. Durch die Vergrößerung der Gittermaschenweite in einem bestimmten Strömungsgebiet für eine bestimmte Strömung reduzieren wir den Energiebetrag in der aufgelösten Strömung unter das nominale Niveau von 80 % und wir erhalten eine „*very-large-eddy*" *Simulation* (VLES). Dementsprechend verwendet man in VLES ein LES-Rechenprogramm zur Berechnung der instationären Strömung, verwendet aber ein grobes Gitter und vielleicht ein ausgefeiltes Turbulenzmodell, um die modellierten Bewegungen korrekt darzustellen, z. B. Reynolds-Spannungsmodell oder algebraische Reynolds-Spannungsmodelle (Abschn. 10.3.5.4). Anwendungsbeispiele sind unter anderem:

- VLES der instationären Strömung in Saugrohren von Wasserkraftwerken (Gyllenram und Nilsson 2006);
- VLES der Strömung in einer Direkteinspritzbrennkammer (Shih und Liu 2009);
- VLES von Turbulenz induziert durch Brechen von Gravitationswellen in einer tiefen Atmosphäre. Smolarkiewicz und Prusa (2002) verwenden eine nichtoszillierende *Vorwärts-in-Zeit*-Methode (NFT – eine ILES) als VLES und berechnen so explizit die großen kohärenten Wirbel, die im Gitter auflösbar sind.

Andererseits erzeugen Strömungen um stumpfe Körper in der Regel starke Wirbel in ihrem Nachlauf. Diese Wirbel erzeugen Schwankung, sowohl in Strömungs- als auch in Querrichtung, der auf den Körper wirkenden Kräfte, deren Vorhersage sehr wichtig ist. Dazu gehören unter anderem Strömungen um Gebäude (Windtechnik), Offshoreplattformen und Fahrzeuge. Wenn die Wirbel ausreichend groß sind im Vergleich zum Großteil der Bewegungen, die die „Turbulenz" bilden, kann das Turbulenzmodell nur die kleineren Bewegungen entfernen, und man kann eine aperiodische Strömung in eine periodische umwandeln, was erhebliche Folgen haben kann. Durbin (2002), Iaccarino et al. (2003) und Wegner et al. (2004) zeigen, dass der übliche URANS-Ansatz basierend auf Ensemblemittelung dieses Ziel erreicht, wenn die übrigen Strukturen periodisch sind; wenn nicht, wird eine Langzeitsimulation zu einer stationären Strömung führen. Iaccarino et al. (2003) zeigen, dass URANS sowohl quantitative als auch qualitative Übereinstimmung mit experimentellen Daten für Strömungen liefern kann, die nicht statistisch stationär sind.

Bei dominantem Auftrieb war z. B. auch ein Konstrukt namens transiente RANS (TRANS) (Hanjalić und Kenjereš 2001; Kenjereš und Hanjalić 1999) erfolgreich. In ihrer TRANS-Simulation der kohärenten Wirbelstrukturen in Strömungen, die durch den thermischen Auftrieb und die Lorentz-Kraft angetrieben werden, verwendeten sie eine explizite Dreifachzerlegung der Fluidbewegungen in (i) einen stationären Langzeitmittelwert, (ii) eine quasi-periodische Komponente (kohärente Strukturen) und (iii) zufällige (stochastische) Schwankungen. Die großen kohärenten Wirbelstrukturen werden durch die zeitliche Integration der dreidimensionalen ensemble-gemittelten Navier-Stokes-Gleichungen vollständig aufgelöst. Der inkohärente Teil wird durch eine Schließung vom RANS-Typ modelliert. In diesem speziellen Fall gab es eine starke Auftriebskraft, die klar definierte Strukturen hervorbrachte, die nur pseudoperiodisch waren; die Autoren adoptierten das Konzept eines spektralen Spaltes, um die Dekomposition der Strömung zu ermöglichen. Hanjalić (2002) zeigt ein überzeugendes Ergebnis für die Rayleigh-Bénard Konvektion und Kenjereš und Hanjalić (2002) verwenden ihre Methode, um die Auswirkungen von Gelände und thermischer Schichtung bei der mesoskaligen Modellierung von Tageszyklen in der atmosphärischen Grenzschicht darzustellen. Starke destabilisierende Kräfte oder periodisches Forcieren scheinen die TRANS-Simulationen von den oben beschriebenen URANS-Simulationen zu unterscheiden (siehe Durbin 2002).

Die 1997 entstandene „Detached-Eddy"-Simulation (DES) zielte darauf ab, massiv abgelöste Strömungen vorherzusagen. Spalart et al. (2006) haben eine neue Version namens „Delayed DES" (DDES) vorgestellt, die einige Fehler des Originals korrigiert. In ihrem Hauptanwendungsgebiet der abgelösten Strömungen ist die Genauigkeit der DES-Vorhersagen typischerweise höher als bei stationären oder instationären RANS-Verfahren. In DES sind die „mittleren" Strömungsgleichungen im gesamten Strömungsbereich gleich; im wandnahen Bereich reduziert sich das Turbulenzmodell jedoch auf eine RANS-Formulierung, während abseits der Wand ein LES-SGS-Modell angewendet wird. Die Übergangsstrecke wird vom Algorithmus nach bestimmten Regeln bestimmt. Die meisten Formulierungen verwenden das RANS-Modell von Spalart und Allmaras (1994) oder sind davon abgeleitet. Es wurden eine Reihe interessanter Anwendungen, insbesondere im Bereich des technischen Entwurfs, realisiert. Hier sind einige Beispiele:

1. Viswanathan et al. (2008) nutzten DES, um die massiv abgelöste Strömung um einen aerodynamischen Körper bei einem Anstellwinkel unter Verwendung einer FV-Methode und unstrukturierten Gittern mit einer Genauigkeit 2. Ordnung in Zeit und Raum zu untersuchen. Der Körper konnte sich auch bewegen.
2. Konan et al. (2011) wandten DES und Lagrange-Partikelverfolgung in der turbulenten Kanalströmung an, um den Einfluss der Wandrauheit auf die disperse Phase in der Strömung zu untersuchen.

Heutzutage bieten die meisten kommerziellen CFD-Programme alle Arten von Ansätzen zur Berechnung turbulenter Strömungen, von RANS, über URANS und DES bis hin zu LES und sogar DNS. Obwohl sich die Diskretisierungsmethoden in kommerziellen Programmen in der Regel auf die 2. Ordnung in Raum und Zeit beschränken (mit möglicherweise höherwertiger Interpolation für Konvektionsterme), wurden für eine Reihe von praktischen Anwendungen relativ gute Ergebnisse berichtet.

Literatur

Abe, K., Jang, Y.-J. & Leschziner, M. A. (2003). An investigation of wall-anisotropy expressions and length-scale equations for non-linear eddy-viscosity models. *Int. J. Heat Fluid Flow*, **24**, 181–198.

Achenbach, E. (1972). Experiments on the flow past spheres at very high Reynolds numbers. *J. Fluid Mech.*, **54**, 565–575.

Aspden, A., Nikiforakis, N., Dalziel, S. & Bell, J. (2008). Analysis of implicit LES methods. *Comm. App. Math. and Comp. Sci.*, **3**, 103–126.

Bakić, V. (2002). *Experimental investigation of turbulent flows around a sphere* (PhD Dissertation). Technical University of Hamburg-Harburg, Germany.

Bardina, J., Ferziger, J. H. & Reynolds, W. C. (1980). Improved subgrid models for large-eddy simulation. In *13th Fluid and Plasma Dynamics Conf.* (AIAA Paper 80-1357)

Beare, R. J., MacVean, M. K., Holtslag, A. A. M., Cuxart, J., Esau, I., Golaz, J. C. & Sullivan, P. (2006). An intercomparison of large-eddy simulations of the stable boundary layer. Boundary-Layer Meteorol., **118**, 247–272.

Bermejo-Moreno, I., Pullin, D. I. & Horiuti, K. (2009). Geometry of enstrophy and dissipation, grid resolution effects and proximity issues in turbulence. *J. Fluid Mech.*, **620**, 121-166.

Bewley, T., Moin, P. & Temam, R. (1994). Optimal control of turbulent channel flows. In *Active control of vibration and noise* (Bd. DE **75**, S. 221–227). New York: Amer. Soc. Mech. Eng., Design Eng. Div.

Bhagatwala, A. & Lele, S. K. (2011). Interaction of a Taylor blast wave with isotropic turbulence. *Phys. Fluids*, **23**, 035103.

Bhaskaran, R. & Lele, S. K. (2010). Large-eddy simulation of free-stream turbulence effects on heat transfer to a high-pressure turbine cascade. *J. Turbulence*, **11**, N6.

Billard, F., Laurence, D.& Osman, K. (2015). Adaptive wall functions for an elliptic blending eddy-viscosity model applicable to any mesh topology. *Flow Turb. Combust.*, **94**, 817–842.

Bodony, D. J. & Lele, S. K. (2008). Current status of jet noise predictions using large-eddy simulation. *AIAA J.*, **46**, 364–380.

Bose, S. T., Moin, P. & You, D. (2010). Grid-independent large-eddy simulation using explicit filtering. *Phys. Fluids*, **22**, 105103.

Brès, G. A., Ham, F. E., Nichols, J. W. & Lele, S. K. (2017). Unstructured large-eddy simulations of supersonic jets. *AIAA J.*, **55**, 1164–1184.

Briggs, D. R., Ferziger, J. H., Koseff, J. R. & Monismith, S. G. (1996). Entrainment in a shear free mixing layer. *J. Fluid Mech.*, **310**, 215–241.

Brigham, E. O. (1988). *The fast Fourier transform and its applications*. Englewood Cliffs, NJ: Prentice Hall.

Bryan, G. H., Wyngaard, J. C. & Fritsch, J. M. (2003). Resolution requirements for the simulation of deep moist convection. *Mon. Weather Rev.*, 131, 2394—2416.

Canuto, C., Hussaini, M. Y., Quarteroni, A. & Zang, T. A. (2007). *Spectral methods: Evolution to complex geometries and applications to fluid dynamics*. Berlin: Springer.

Carati, D., Winckelmans, G. S. & Jeanmart, H. (2001). On the modelling of the subgrid-scale and filtered-scale stress tensors in large-eddy simulation. *J. Fluid Mech.*, **441**, 119–138.

Celik, I., Klein, M. & Janicka, J. (2009). Assessment measures for engineering LES applications. *J. Fluids Engrg.*, **131**, 031102.

Chen, C. J. & Jaw, S. Y. (1998). Fundamentals of turbulence modeling. Washington, D. C: Taylor & Francis.

Chen, Y., Ludwig, F. L. & Street, R. L. (2004b). Stably stratified flows near a notched transverse ridge across the salt lake valley. *J. Appl. Meteor.*, **43**, 1308–1328.

Choi, H. & Moin, P. (1994). Effects of the computational time step on numerical solutions of turbulent flow. *J. Comput. Phys.*, **113**, 1-4.

Choi, H., Moin, P. & Kim, J. (1994). Active turbulence control for drag reduction in wall-bounded flows. *J. Fluid Mech.*, **262**, 75-110.

Chow, F. K. & Moin, P. (2003). A further study of numerical errors in large-eddy simulations. *J. Comput. Phys.*, **184**, 366–380.

Chow, F. K. & Street, R. L. (2009). Evaluation of turbulence closure models for large-eddy simulation over complex terrain: Flow over Askervein Hill. *J. Appl. Meteor. and Climatology*, **48**, 1050–1065.

Chow, F. K., Street, R. L., Xue, M. & Ferziger, J. (2005). Explicit filtering and reconstruction turbulence modeling for large-eddy simulation of neutral boundary layer flow. *J. Atmos. Sci.* **62**, 2058–2077.

Chow, F. K., Weigel, A. P., Street, R. L., Rotach, M. W. & Xue, M. (2006). High-resolution large-eddy simulations of flow in a steep Alpine valley. part i: Methodology, verification, and sensitivity experiments. *J. Appl. Meteor. and Climatology*, **45**, 63–86.

Colella, P. (1985). A direct Eulerian MUSCL scheme for gas dynamics. *SIAM J. Sci. Stat. Comput*, **6**, 104–117.

Colella, P. (1990). Multidimensional upwind methods for hyperbolic conservation laws. *J. Comput. Phys.*, **87**, 171–200.

Constantinescu, G. & Squires, K. (2004). Numerical investigations of flow over a sphere in the subcritical and supercritical regimes. *Physics Fluids*, **16**, 1449–1466.

Cooley, J.W. & Tukey, J.W. (1965). An algorithm for the machine calculation of complex Fourier series. *Math. Comput.*, **19**, 297–301.

Durbin, P. A. (2002). A perspective on recent developments in RANS modeling. In W. Rodi & N. Furyo (Hrsg.),*Engrg. turbulence modelling and exp.* (Bd. **5**, S. 3–16).

Durbin, P. A. (1991). Near-wall turbulence closure modeling without 'damping functions'. *Theoret. Comput. Fluid Dynamics*, **3**, 1–13.

Durbin, P. A. (2009). Limiters and wall treatments in applied turbulence modeling. *Fluid Dyn. Res.*, **41**, 012203.

Durbin, P. A. & Pettersson Reif, B. A. (2011). *Statistical theory and modeling for turbulent flows* (2. Aufl.). Chichester, England: Wiley.

El Khoury, G. K., Schlatter, P., Noorani, A., Fischer, P. F., Brethouwer, G. & Johansson, A. V.(2013). Direct numerical simulation of turbulent pipe flow at moderately high Reynolds numbers. *Flow Turbul. Combust.*, **91**,475–495.

Enriquez, R. M., Chow, F. K., Street, R. L. & Ludwig, F, L. (2010). Examination of the linear algebraic subgrid-scale stress [LASS] model, combined with reconstruction of the subfilterscale stress, for large-eddy simulation of the neutral atmospheric boundary layer. In *19th Conference on Boundary Layers and Turbulence, AMS*, Paper 3A. (8 pages)

Enriquez, R. M. (2013). *Subgrid-scale turbulence modeling for improved large-eddy simulation of the atmospheric boundary layer* (PhD Dissertation). Stanford University, Stanford, CA.

Fadlun, E. A., Verzicco, R., Orlandi, P. & Mohd-Yusof, J. (2000). Combined immersed-boundary finite-difference methods for three-dimensional complex flowsimulations. *J. Comput. Phys.*, **161**, 35–60.

Findikakis, A. N. & Street, R. L. (1979). An algebraic model for subgrid-scale turbulence in stratified flows. *J. Atmos. Sci.*, **36**, 1934–1949.

Germano, M., Piomelli, U., Moin, P. & Cabot, W. H. (1991). A dynamic subgrid-scale eddyviscosity model. *Phys. Fluids A*, **3**, 1760–1765.

Grinstein, F. F., Margolin, L. G. & Rider, W. J. (Hrsg.). (2007). *Implicit large-eddy simulation: Computing turbulent fluid dynamics*. Cambridge: Cambridge U. Press.

Gullbrand, J. & Chow, F. K. (2003). The effect of numerical errors and turbulence models in large-eddy simulations of channel flow, with and without explicit filtering. *J. Fluid Mech.*, **495**, 323–341.

Gyllenram, W. & Nilsson, H. (2006). Very large-eddy simulation of draft tube flow. In *23rd IAHR Symp*. Yokohama. (10 pages)

Hadžić, I. (1999). *Second-moment closure modelling of transitional and unsteady turbulent flows* (PhD Dissertation). Delft University of Technology.

Hanjalić, K. (2002). One-point closure models for buoyancy-driven turbulent flows. *Ann. Rev. Fluid Mech.*, **34**, 321–347.

Hanjalić, K. (2004). *Closure models for incompressible turbulent flows* (Bericht). Brussels, Belgium: Lecture Notes at the von Karman Institute for Fluid Dynamics.

Hanjalić, K. & Kenjereš, S. (2001). T-RANS simulation of deterministic eddy structure in flows driven by thermal buoyancy and Lorentz force. *Flow Turbulence and Combustion*, **66**, 427–451.

Hanjalić, K. & Launder, B. E. (1976). Contribution towards a Reynolds-stress closure for low Reynolds number turbulence. *J. Fluid Mech.*, **74**, 593–610.

Hanjalić, K. & Launder, B. E. (1980). Sensitizing the dissipation equation to irrotational strains. *J. Fluids Engrg.*, **102**, 34–40.

Hatlee, S. C. & Wyngaard, J. C. (2007). Improved subfilter-scale models from the HATS field data. *J. Atmos. Sci.*, **64**, 1694-1705.

Hu, F. Q., Hussaini, M. Y. & Manthey, J. L. (1996). Low-dissipation and low-dispersion Runge- Kutta schemes for computational acoustics. *J. Comput. Phys.*, **124**, 177–191.

Iaccarino, G., Ooi, A., Durbin, P. A. & Behnia, M. (2003). Reynolds averaged simulation of unsteady separated flow. *Int. J. Heat and Fluid Flow*, **24**, 147–156

Ishihara, T., Gotoh, T. & Kaneda, Y. (2009). Study of high-Reynolds number isotropic turbulence by direct numerical simulation. *Annu. Rev. Fluid Mech.*, **41**, 165–180.

Ivanell, S., Sørensen, J., Mikkelsen, R. & Henningson, D. (2009). Analysis of numerically generated wake structures. *Wind Energy*, **12**, 63–80.

Jacobson, M. Z. & Delucchi, M. A. (2009). A path to sustainable energy by 2030. *Scientific American*, **301**, 58–65.

Jakirlić, S. & Jovanović, J. (2010). On unified boundary conditions for improved predictions of near-wall turbulence. *J. Fluid Mech.*, **656**, 530–539.

Jovanović, J. (2004). The statistical dynamics of turbulence. Berlin: Springer.

Kaneda, Y. & Ishihara, T. (2006). High-resolution direct numerical simulation of turbulence. *J. Turbulence*, **7**, N20.

Kang, S., Iaccarino, G., Ham, F. & Moin, P. (2009). Prediction of wall-pressure fluctuation in turbulent flows with an immersed boundary method. *J. Comput. Phys.*, **228**, 6753–6772.

Kawai, S. & Lele, S. K. (2010). Large-eddy simulation of jet mixing in supersonic crossflows. *AIAA J.*, **48**, 2063–2083.

Kenjereš, S. & Hanjalić, K. (1999). Transient analysis of Rayleigh-Bénard convection with a RANS model. *Int. J. Heat Fluid Flow*, **20**, 329–340.

Kenjereš, S. & Hanjalić, K. (2002). Combined effects of terrain orography and thermal stratification on pollutant dispersion in a town valley: a T-RANS simulation. *J. Turbulence*, **3**, N26.

Kim, J. W. (2007). Optimised boundary compact finite difference schemes for computational aeroacoustics. *J. Comput. Phys.*, **225**, 995–1019.

Kim, J., Moin, P. & Moser, R. D. (1987). Turbulence statistics in fully developed channel flow at low Reynolds number. *J. Fluid Mech.*, **177**, 133–166.

Kim, J., Kim, D. & Choi, H. (2001). An immersed-boundary finite-volume method for simulations of flow in complex geometries. *J. Comput. Phys.*, **171**, 132–150.

Konan, N. A., Simonin, O. & Squires, K. D. (2011). Detached-eddy simulations and particle Lagrangian tracking of horizontal rough wall turbulent channel flow. *J. Turbulence*, **12**, N22.

Kosović, B. (1997). Subgrid-scale modelling for the large-eddy simulation of high-Reynolds-number boundary layers. *J. Fluid Mech.*, **336**, 151–182.

Lardeau, S. (2018). Consistent strain/stress lag eddy-viscosity model for hybrid RANS/LES. In Y. Hoarau, S. H. Peng, D. Schwamborn & A. Revell (Hrsg.), *Progress in Hybrid RANS-LES Modelling* (S. 39-51). Springer, Cham.

Launder, B. E. & Spalding, D. B. (1974). The numerical computation of turbulent flows. *Comput. Meth. Appl. Mech. and Engr.*, **3**, 269–289.

Launder, B. E., Reece, G. J. & Rodi, W. (1975). Progress in the development of a Reynolds-stress turbulence closure. *J. Fluid Mech.*, **68**, 537–566.

Leder, A. (1992). Abgelöste Strömungen. Physikalische Grundlagen. Wiesbaden, Germany: Vieweg.

Lee, M. & Moser, R. D. (2015). Direct numerical simulation of turbulent channel flow up to Ret ≈ 5200. *J. Fluid Mech.*, **774**, 395–415.

Lele, S. J. (1992). Compact finite difference schemes with spectral-like resolution. *J. Comput. Phys.*, **3**, 16–42.

Leonard, A. & Wray, A. A. (1982). Anewnumerical method for the simulation of three dimensional flow in a pipe. In E. Krause (Hrsg.), *Eighth International Conference on Numerical Methods in Fluid Dynamics. Lecture Notes in Physics*, (Bd. **170**). Berlin: Springer.

Leonardi, S., Orlandi, P., Smalley, R. J., Djenidi, L. & Antonia, R. A. (2003). Direct numerical simulations of turbulent channel flow with transverse square bars on one wall. *J. Fluid Mech.*, **491**, 229–238.

Leschziner, M. A. (2010). Reynolds-averaged Navier-Stokes methods. In R. Blockley & W. Shyy (Hrsg.), *Encyclopedia of aerospace engineering* (S. 1–13).

Lesieur, M. (2010). Two-point closure based on large-eddy simulations in turbulence, Part 2: Inhomogeneous cases. *Discrete Contin. Dyn. Sys.*, **28**.

Lesieur, M. (2011). Two-point closure based on large-eddy simulations in turbulence, Part 1: Isotropic turbulence. *Discrete Contin. Dyn. Sys., Ser. S*, **4**, 155–168.

Lilly, D. K. (1992). A proposed modification of the Germano subgrid-scale closure method. *Phys. Fluids A*, **4**, 633–635.

Louda, P., Kozel, K. & Příhoda, J. (2008). Numerical solution of 2D and 3D viscous incompressible steady and unsteady flows using artificial compressibility method. *Int. J. Numer. Methods Fluids*, **56**, 1399–1407.

Lu, H. & Porté-Agel, F. (2011). Large-eddy simulation of a very large wind farm in a stable atmospheric boundary layer. *Phys. Fluids*, **23**, 065101.

Ludwig, F. L., Chow, F. K. & Street, R. L. (2009). Effect of turbulence models and spatial resolution on resolved velocity structure and momentum fluxes in large-eddy simulations of neutral boundary layer flow. *J. Appl. Meteor. and Climatology*, **48**, 1161–1180.

Lumley, J. L. (1979). Computational modeling of turbulent flows. *Advances Appl. Mech.*, **18**, 123–176.

Mahesh, K. (1998). A family of high order finite difference schemes with good spectral resolution. *J. Comput. Phys.*, **145**, 332–358.

Marstorp, L., Brethouwer, G., Grundestam, O. & Johansson, A. V. (2009). Explicit algebraic subgrid stress models with application to rotating channel flow. *J. Fluid Mech.*, **639**, 403–432.

Matheou, G. & Chung, D. (2014). Large-eddy simulation of stratified turbulence. Part II: Application of the stretched-vortex model to the atmospheric boundary layer. *J. Atmos. Sci.*, **71**, 4439–4460.

Mellor, G. L. & Yamada, T. (1982). Development of a turbulence closure model for geophysical fluid problems. *Rev. Geophysics*, **20**, 851–875.

Meneveau, C. & Katz, J. (2000). Scale-invariance and turbulence models for large-eddy simulation. *Annu. Rev. Fluid Mech.*, **32**, 1–32.

Meneveau, C., Lund, T. S. & Cabot, W. H. (1996). A Lagrangian dynamic subgrid-scale model of turbulence. *J. Fluid Mech.*, **319**, 353–385.

Menter, F. R., Kuntz, M. & Langtry, R. (2003). Ten years of industrial experience with the SST turbulence model. In K. Hanjalic, Y. Nagano & M. Tummers (Hrsg.), *Turbulence, heat and mass transfer*, 4 (S. 625-632). (Proc. 4th Int. Symp. Turb., Heat and Mass Trans., Begell House, Inc)

Menter, F. R. (1994). Two-equation eddy-viscosity turbulence models for engineering applications. *AIAA J.*, **32**, 1598–1605.

Meyers, J., Geurts, B. J. & Sagaut, P. (2007). A computational error-assessment of central finite-volume discretizations in large-eddy simulation using a Smagorinsky model. *J. Comput. Phys.*, **227**, 156-173.

Michioka, T. & Chow, F. K. (2008). High-resolution large-eddy simulations of scalar transport in atmospheric boundary layer flow over complex terrain. *J. Appl. Meteor. and Climatology*, **47**, 3150–3169.

Moeng, C.-H. & Sullivan, P. P. (2015). Large-eddy simulation. In *Encyclop. Atmos. Sci.* (2. Aufl., Bd. **4**, S. 232–240). Academic Press.

Moin, P. & Mahesh, K. (1998). Direct numerical simulation: A tool in turbulence research. *Annu. Rev. Fluid Mech.*, **30**, 539–578.

Moser, R. D., Moin, P. & Leonard, A. (1983). A spectral numerical method for the Navier-Stokes equations with applications to Taylor-Couette flow. *J. Comput. Phys.*, **52**, 524–544.

NASA TMR. (o. J.). *Turbulence modeling resource.* Langley Research Center. Zugriff auf https:// turbmodels.larc.nasa.gov/index.html

NSF. (2006). Simulation-based engineering science. Zugriff auf http://www.nsf.gov/-pubs/reports/ sbes_final_report.pdf

Orlandi, P. & Leonardi, S. (2008). Direct numerical simulation of three-dimensional turbulent rough channels: parameterization and flow physics. *J. Fluid Mech.*, **606**, 399–415.

Pal, A., Sarkar, S., Posa, A. & Balaras, E. (2017). Direct numerical simulation of stratified flow past a sphere at a subcritical Reynolds number of 3700 and moderate Froude number. *J. Fluid Mech.*, **826**, 5–31.

Patel, V. C., Rodi, W. & Scheuerer, G. (1985). Turbulence models for near-wall and low-Reynolds number flows: a review. *AIAA J.*, **23**, 1308–1319.

Piomelli, U. (2008). Wall-layer models for large-eddy simulations. *Progress in Aerospace Sci.*, **44**, 437-446.

Piomelli, U. & Balaras, E. (2002). Wall-layer models for large-eddy simulations. *Annu. Rev. Fluid Mech.*, **34**, 349–374.

Pope, S. B. (2000). *Turbulent flows.* Cambridge: Cambridge Univ. Press.

Popovac, M. & Hanjalić, K. (2007). Compound wall treatment for RANS computation of complex turbulent flows and heat transfer. Flow Turb. Combust., **78**, 177–202.

Porté-Agel, F., Meneveau, C. & Parlange, M. B. (2000). A scale-dependent dynamic model for large-eddy simulation: application to a neutral atmospheric boundary layer. *J. Fluid Mech.*, **415**, 261–284.

Ramachandran, S. & Wyngaard, J. C. (2010). Subfilter-scale modelling using transport equations: Large-eddy simulation of the moderately convective atmospheric boundary layer. *Boundary-Layer Meteorol.*, DOI doi: https://doi.org/10.1007/s10546-010-9571-3.

Rasam, A., Brethouwer, G. & Johansson, A. V. (2013). An explicit algebraic model for the subgrid-scale passive scalar flux. *J. Fluid Mech.*, **721**, 541–577.

Reichardt, H. (1951). Vollständige Darstellung der turbulenten Geschwindigkeitsverteilung in glatten Leitungen. *Z. Angew. Math. Mech.*, **31**, 208–219.

Reynolds, O. (1895). On the dynamical theory of incompressible viscous fluids and the determination of the criterion. *Phil. Trans. Roy. Soc. London, Ser. A*, **186**, 123–164.

Rider, W. J. (2007). Effective subgrid modeling from the ILES simulation of compressible turbulence. *J. Fluids Engrg.*, **129**, 1493–1496.

Rodi, W. (1976). A new algebraic relation for calculating the Reynolds stress. *ZAMM*, **56**, T219–T221.

Rodi, W., Constantinescu, G. & Stoesser, T. (2013). *Large-eddy simulation in hydraulics.* London: Taylor & Francis.

Rogallo, R. S. (1981). *Numerical experiments in homogeneous turbulence* (Bericht Nr. 81315). Ames Research Center, CA: NASA.

Sagaut, P. (2006). *Large-eddy simulation for incompressible flows: An introduction* (3. Aufl.). Berlin: Springer.

Schlatter, P. & Örlü, R. (2010). Assessment of direct numerical simulation data of turbulent boundary layers. *J. Fluid Mech.*, **659**, 116–126.

Schumacher, J., Sreenivasan, K. & Yeung, P. (2005). Very fine structures in scalar mixing. *J. Fluid Mech.*, **531**, 113-122.

Seidl, V., Muzaferija, S. & Peric, M. (1998). Parallel DNS with local grid refinement. *App. Sci. Res.*, **59**, 379-394.

Shah, K. B.& Ferziger, J. H. (1995). Large-eddy simulations of flow past a cubic obstacle. In *Ann. Research Briefs*. Stanford, CA:Center for Turbulence Research.

Shah, K. B. & Ferziger, J. H. (1997). A fluid mechanicians view of wind engineering: Large-eddy simulation of flow over a cubical obstacle. *J. Wind Engrg. Industrial Aerodyn.*, **67 & 68**, 211–224.

Shi, X., Hagen, H. L., Chow, F. K., Bryan, G. H. & Street, R. L. (2018a). Large-eddy simulation of the stratocumulus-capped boundary layer with explicit filtering and reconstruction turbulence modeling. *J. Atmos. Sci.*, **75**, 611–637.

Shi, X., Chow, F. K., Street, R. L. & Bryan, G. H. (2018b). An evaluation of LES turbulence models for scalar mixing in the stratocumulus-capped boundary layer. *J. Atmos. Sci.*, **75**, 1499–1507.

Shih, T. H. & Liu, N. S. (2009). *A very-large-eddy simulation of the nonreacting flow in a single element lean direct injection combustor using PRNS with a nonlinear subscale model* (Bericht Nr. 2009-21564). Cleveland, OH: NASA Glenn Research Center.

Smagorinsky, J. (1963). General circulation experiments with the primitive equations. Part I: The basic experiment. *Monthly Weather Rev.*, **91**, 99–164.

Smits, A. J. & Marusic, I. (2013). Wall-bounded turbulence. *Physics Today*, **66**, 25–30.

Smits, A. J., McKeon, B. J. & Marusic, I. (2011). High-Reynolds number wall turbulence. *Annu. Rev. Fluid Mech.*, **43**, 353–375.

Smolarkiewicz, P. K. & Margolin, L. G. (2007). Studies in geophysics. In F. Grinstein, L. Margolin & W. Rider (Hrsg.), *Implicit large-eddy simulation: Computing turbulent fluid dynamics* (Kap. 14). Cambridge: Cambridge U. Press.

Smolarkiewicz, P. K. & Prusa, J. M. (2002). VLES modelling of geophysical fluids with nonoscillatory forward-in-time schemes. *Int. J. Numer. Methods Fluids*, **39**, 799–819.

Spalart, P. R. & Allmaras, S. R. (1994). A one-equation turbulence model for aerodynamic flows. *La Recherche Aerospatiale*, **1**, 5–21.

Spalart, P. R., Deck, S., Shur, M. L., Squires, K. D., Strelets, M. K. & Travin, A. (2006). A new version of detached-eddy simulation, resistant to ambiguous grid densities. *Theor. Comput. Fluid Dyn.*, **20**, 181–195.

Sta. Maria, M. & Jacobson, M. (2009). Investigating the effect of large wind farms on the energy in the atmosphere. *Energies*, **2**, 816–838.

Stoll, R. & Porté-Agel, F. (2006). Effect of roughness on surface boundary conditions for large-eddy simulation. *Boundary-Layer Meteorol.*, **118**, 169–187.

Stoll, R. & Porté-Agel, F. (2008). Large-eddy simulation of the stable atmospheric boundary layer using dynamic models with different averaging schemes. *Boundary-Layer Meteorol.*, **126**, 1–28.

Stolz, S., Adams, N. A. & Kleiser, L. (2001). An approximate deconvolution model for large-eddy simulation with application to incompressible wall-bounded flows. *Phys. Fluids.*, **13**, 997–1015.

Sullivan, P. P. & Patton, E. G. (2011). The effect of mesh resolution on convective boundary layer statistics and structures generated by large-eddy simulation. *J. Atmos. Sci.*, **68**, 2395–2415.

Sullivan, P. P., Horst, T. W., Lenschow, D. H., Moeng, C. H. & J.C., W. (2003). Structure of subfilter-scale fluxes in the atmospheric surface layer with application to large-eddy simulation modelling. *J. Fluid Mech.* **482**, 101–139.

Taneda, S. (1978). Visual observations of the flow past a sphere at Reynolds numbers between 10^4 and 10^6. *J. Fluid Mech.*, **85**, 187–192.

Tennekes, H. & Lumley, J. L. (1976). *A first course in turbulence*. Cambridge, MA: MIT Press.

Viswanathan, A. K., Squires, K. D. & Forsythe, J. R. (2008). Detached-eddy simulation around a forebody with rotary motion. *AIAA J.*, **46**, 2191–2201.

Wallin, S. & Johansson, A. V. (2000). An explicit algebraic Reynolds stress model for incompressible and compressible turbulent flows. *J. Fluid Mech.*, **403**, 89–132.

Wegner, B., Maltsev, A., Schneider, C., Sadiki, A., Dreizler, A. & Janicka, J. (2004). Assessment of unsteady RANS in predicting swirl flow instability based on LES and experiments. *Int. J. Heat and Fluid Flow*, **25**, 528–536.

Wikstrom, P. M., Wallin, S. & Johansson, A. V. (2000). Derivation and investigation of a new explicit algebraic model for the passive scalar flux. *Physics of Fluids*, **12**, 688–702.

Wilcox, D. C. (2006). *Turbulence modeling for CFD* (3. Aufl.). La Cañada, CA: DCW Industries, Inc.

Wong, V. C. & Lilly, D. K. (1994). A comparison of two dynamic subgrid closure methods for turbulent thermal convection. *Phys. Fluids*, **6**, 1016–1023.

Wosnik, M., Castillo, L. & George, W. K. (2000). A theory for turbulent pipe and channel flows. *J. Fluid Mech.*, **412**, 115–145.

Wu, X.& Moin, P. (2011). Evidence for the persistence of hairpin forest in turbulent, zero-pressuregradient flat-plate boundary layers. In *7th int. symp. on turbulence and shear flow phenom.* (TSFP-7), Paper 6A4P. Ottawa, Canada.

Wu, X. & Moin, P. (2009). Direct numerical simulation of turbulence in a nominally zero-pressuregradient flat-plate boundary layer. *J. Fluid Mech.*, **630**, 5–41.

Wyngaard, J. C. (2004). Toward numerical modeling in the „Terra Incognita". *J. Atmos. Sci.*, **61**, 1816–1826.

Wyngaard, J. C. (2010). *Turbulence in the atmosphere*. Cambridge: Cambridge Univ. Press.

Xue, M. (2000). High-order monotonic numerical diffusion and smoothing. *Mon. Weather Rev.*, **128**, 2853-2864.

Xue, M., Drogemeier, K. K. & Wong, V. (2000). The advanced regional prediction system (ARPS) – a multi-scale nonhydrostatic atmospheric simulation and prediction model. Part I: Model dynamics and verification. *Meteorol. Atmos. Phys.*, **75**, 161-193.

Ye, T., Mittal, R., Udaykumar, H. S. & Shyy, W. (1999). An accurate Cartesian grid method for viscous incompressible flows with complex immersed boundaries. *J. Comput. Phys.*, **156**, 209–240.

Zang, Y., Street, R. L. & Koseff, J. R. (1993). A dynamic mixed subgrid-scale model and its application to turbulent recirculating flows. *Phys. Fluids A*, **5**, 3186–3196.

Zhou, B. & Chow, F. K. (2011). Large-eddy simulation of the stable boundary layer with explicit filtering and reconstruction turbulence modeling. *J. Atmos. Sci.* **68**, 2142–2155.

Kompressible Strömungen 11

11.1   Einführung

Kompressible Strömungen sind unter anderem in der Aerodynamik und in Turbomaschinen wichtig. Bei Hochgeschwindigkeitsströmungen um Flugzeuge sind die Reynolds-Zahlen extrem hoch und Turbulenzeffekte auf dünne Grenzschichten beschränkt. Der Widerstand besteht aus zwei Komponenten, dem Reibungswiderstand durch die Grenzschicht und dem Druck- oder Formwiderstand, der im Wesentlichen nichtviskos ist; es kann auch einen Wellenwiderstand durch Stöße geben, der auch ohne Berücksichtigung der Viskosität berechnet werden kann, vorausgesetzt es wird sichergestellt, dass der 2. Hauptsatz der Thermodynamik eingehalten wird. Wenn der Reibungswiderstand ignoriert wird, können diese Strömungen unter Verwendung der Euler-Gleichungen berechnet werden.

Aufgrund der Bedeutung der Kompressibilität in zivilen und militärischen Anwendungen wurden viele Methoden zur Berechnung kompressibler Strömungen entwickelt. Unter diesen sind spezielle Methoden für die Euler-Gleichungen wie die Methode der Charakteristiken und zahlreiche Methoden, die auch auf viskose Strömungen erweitert werden können. Die meisten dieser Methoden sind speziell für kompressible Strömungen ausgelegt und werden sehr ineffizient, wenn sie auf inkompressible Strömungen angewendet werden. Eine Reihe von verschiedenen Gründen dafür können angegeben werden. Zum einen enthält die Kontinuitätsgleichung in kompressiblen Strömungen eine Zeitableitung, die im inkompressiblen Grenzfall fehlt. Dadurch werden die Gleichungen bei nur schwacher Kompressibilität extrem steif, was den Einsatz von sehr kleinen Zeitschritten oder impliziten Methoden erfordert. Ein weiteres Argument ist, dass die kompressiblen Gleichungen Schallwellen unterstützen, denen eine bestimmte Geschwindigkeit zugeordnet ist. Da sich einige Informationen mit der Strömungsgeschwindigkeit ausbreiten, bestimmt die größere der beiden Geschwindigkeiten den zulässigen Zeitschritt in einem expliziten Verfahren. Im Fall von niedrigen Geschwindigkeiten ist man gezwungen, für jede Strömungsgeschwindigkeit einen Zeitschritt umgekehrt

© Springer-Verlag GmbH Deutschland, ein Teil von Springer Nature 2020
J. H. Ferziger et al., *Numerische Strömungsmechanik,*
https://doi.org/10.1007/978-3-662-46544-8_11

proportional zur Schallgeschwindigkeit zu nehmen; diese Schrittweite kann viel kleiner sein als diejenige, die ein Verfahren für inkompressible Strömungen erlauben würde.

Die Diskretisierung und Lösung der kompressiblen Strömungsgleichungen kann mit den bereits beschriebenen Methoden durchgeführt werden. Um beispielsweise die zeitabhängigen Gleichungen zu lösen, kann man jede der in Kap. 6 beschriebenen Methoden zur Zeitintegration verwenden. Da der Diffusionseffekt in kompressiblen Strömungen aufgrund der hohen Reynolds-Zahlen meist gering ist, kann es zu Diskontinuitäten, z. B. Stößen, in der Strömung kommen. Spezielle Verfahren wurden entwickelt, um glatte Lösungen in der Nähe von Stößen zu erhalten. Dazu gehören einfache Aufwindverfahren, Flussmischungsverfahren, im Wesentlichen nichtoszillierende (ENO) Verfahren und *Total-Variation-Diminishing*-(TVD)-Verfahren. Diese sind bzw. werden in Abschn. 4.4.6 und 11.3 beschrieben und können in einer Reihe anderer Bücher gefunden werden, z. B. Tannehill et al. (1997) und Hirsch (2007).

Im nächsten Abschnitt beschreiben wir zunächst, wie Methoden, die ursprünglich für inkompressible Strömungen konzipiert und in Kap. 7, 8 und 9 vorgestellt wurden, erweitert werden können, um auch kompressible Strömung zu handhaben. In Abschn. 11.3 diskutieren wir dann einige Aspekte von Methoden, die speziell für die Berechnung kompressibler Strömungen entwickelt wurden, einschließlich der Erweiterung in die andere Richtung – von kompressiblen zu inkompressiblen Strömungen.

11.2 Druckkorrekturmethoden für beliebige Mach-Zahlen

Um kompressible Strömungen zu berechnen, ist es notwendig, nicht nur die Kontinuitäts- und Impulsgleichungen, sondern auch eine Erhaltungsgleichung für die thermische Energie (oder eine für die Gesamtenergie) und eine Zustandsgleichung zu lösen. Letztere ist eine thermodynamische Beziehung, die Dichte, Temperatur und Druck verbindet. Die Energiegleichung wurde in Kap. 1 angegeben; für inkompressible Strömungen reduziert sie sich auf eine skalare Transportgleichung für die Temperatur, weshalb nur die Konvektion und Wärmeleitung wichtig sind. In kompressiblen Strömungen kann die viskose Dissipation eine bedeutende Wärmequelle sein, und die Umwandlung von innerer Energie in kinetische Energie (und umgekehrt) durch Strömungsdilatation ist ebenfalls wichtig. Alle Terme in den Gleichungen müssen dann beibehalten werden. In Integralform lautet die Energiegleichung:

$$\frac{\partial}{\partial t} \int_V \rho h \, dV + \int_S \rho h \mathbf{v} \cdot \mathbf{n} \, dS = \int_S k \nabla T \cdot \mathbf{n} \, dS +$$
$$\int_V \left[\mathbf{v} \cdot \nabla p + \mathsf{S} : \nabla \mathbf{v} \right] dV + \frac{\partial}{\partial t} \int_V p \, dV \, . \tag{11.1}$$

Hier ist h die Enthalpie pro Masseneinheit, T ist die absolute Temperatur (K), k ist die Wärmeleitfähigkeit und S ist der viskose Teil des Spannungstensors, $\mathsf{S} = \mathsf{T} + p\mathsf{I}$. Für ein perfektes Gas mit konstanten spezifischen Wärmen, c_p und c_v, wird die Enthalpie $h = c_p T$, sodass die Energiegleichung als Temperaturgleichung geschrieben werden kann. Darüber hinaus lautet die Zustandsgleichung unter diesen Annahmen:

$$p = \rho R T,\qquad\qquad(11.2)$$

wobei R die Gaskonstante ist. Der Satz von Gleichungen wird ergänzt durch Hinzufügen der Kontinuitätsgleichung:

$$\frac{\partial}{\partial t}\int_V \rho \, dV + \int_S \rho \mathbf{v} \cdot \mathbf{n} \, dS = 0 \qquad\qquad(11.3)$$

und der Impulsgleichung:

$$\frac{\partial}{\partial t}\int_V \rho \mathbf{v} \, dV + \int_S \rho \mathbf{v}\mathbf{v} \cdot \mathbf{n} \, dS = \int_S \mathsf{T} \cdot \mathbf{n} \, dS + \int_V \rho \mathbf{b} \, dV, \qquad(11.4)$$

wobei T der Spannungstensor ist (einschließlich der Druckterme) und $\mathbf{b}$ die Körperkräfte pro Masseneinheit darstellt; siehe Kap. 1 für eine Diskussion verschiedener Formen dieser Gleichungen.

Es ist natürlich, die Kontinuitätsgleichung zu verwenden, um die Dichte zu berechnen und die Temperatur aus der Energiegleichung zu bestimmen. Dies überlässt der Zustandsgleichung die Rolle der Bestimmung des Drucks. Wir sehen also, dass die Rollen der verschiedenen Gleichungen ganz anders sind als die, die sie in inkompressiblen Strömungen spielen. Es ist auch zu beachten, dass die Natur des Drucks völlig anders ist. Bei inkompressiblen Strömungen gibt es nur den dynamischen Druck, dessen Absolutwert keine Rolle spielt; bei kompressiblen Strömungen ist es der thermodynamische Druck, dessen Absolutwert von entscheidender Bedeutung ist.

Die Diskretisierung der Gleichungen kann mit den in Kap. 3 und 4 beschriebenen Methoden durchgeführt werden. Die einzigen erforderlichen Änderungen betreffen:

- die Randbedingungen (die unterschiedlich sein müssen, weil die kompressiblen Gleichungen hyperbolischen Charakter haben),
- die Art und Behandlung der Kopplung zwischen Dichte und Druck,
- die Tatsache, dass Stoßwellen (die sehr dünne Bereiche mit extrem großer Variation in vielen der Variablen darstellen) in kompressiblen Strömungen existieren können.

Im Folgenden werden wir die Druckkorrekturmethoden auf Strömungen mit beliebiger Mach-Zahl erweitern, wobei wir dem Ansatz von Demirdžić et al. (1993) folgen. Ähnliche Methoden wurden von Issa und Lockwood (1977), Karki und Patankar (1989) und Van Doormal et al. (1987) veröffentlicht.

Wie bereits erwähnt, erfolgt die Diskretisierung der kompressiblen Impulsgleichungen im Wesentlichen mit denselben Methoden, die für die inkompressiblen Gleichungen verwendet werden, siehe Kap. 7 und 8, daher werden wir sie hier nicht wiederholen. Wir beschränken die Diskussion auf die in Kap. 7 beschriebenen impliziten Druckkorrekturmethoden, aber die Ideen können auch auf andere Verfahren übertragen werden.

Um die Lösung auf der neuen Zeitebene mit einer impliziten Methode zu erhalten, werden mehrere äußere Iterationen durchgeführt; siehe Abschn. 7.2.1 und 7.2.2 für eine detaillierte Beschreibung des Teilschritt- und SIMPLE-Verfahrens für inkompressible Strömungen. Wenn der Zeitschritt klein ist, sind nur wenige äußere Iterationen pro Zeitschritt notwendig. Bei stationären Problemen kann der Zeitschritt unendlich groß sein und der Unterrelaxationsparameter wirkt wie ein Pseudo-Zeitschritt. Wir betrachten nur die sequentielle Lösungsmethode, bei der die linearisierten (um Werte aus der vorherigen äußeren Iteration) Gleichungen für Geschwindigkeitskomponenten, Druckkorrektur, Temperatur und andere skalare Variablen nacheinander gelöst werden. Beim Lösen für eine Variable werden andere Variablen als bekannt behandelt. Die Schritte, die notwendig sind, um die in Abschn. 7.2.1 und 7.2.2 beschriebenen Methoden zu erweitern, um Strömungen mit einer beliebigen Mach-Zahl berechnen zu können, werden in den folgenden beiden Abschnitten beschrieben.

11.2.1 Implizite Teilschrittmethode für alle Mach-Zahlen

Die Behandlung von Impulsgleichungen ist im Wesentlichen gleich wie bei inkompressiblen Strömungen, vgl. Gl. (7.62) bis (7.64); man muss nur beachten, dass die Dichte in Termen, die bei der äußeren Iteration m der neuen Zeitebene berechnet werden, von der vorherigen Iteration, $m - 1$, genommen wird. Die Kontinuitätsgleichung stellte nur eine Bedingung für das Geschwindigkeitsfeld in inkompressiblen Strömungen dar (es muss jederzeit divergenzfrei sein); sie enthält nun eine Zeitableitung und muss konsistent mit anderen Transportgleichungen behandelt werden. Der Vollständigkeit halber geben wir hier alle Schritte an, auch die, die keine Änderungen erfordern. Der Algorithmus, der sowohl für kompressible als auch für inkompressible Strömungen gilt, ist wie folgt:

1. Bei der m-ten Iteration innerhalb des neuen Zeitschritts löst man die Impulsgleichung in folgender Form für die Abschätzung der neuen Lösung unter Verwendung des vollimpliziten Verfahrens 2. Ordnung mit drei Zeitebenen für die Zeitintegration (siehe Abschn. 6.3.2.4):

$$\frac{3(\rho^{m-1}\mathbf{v}^*) - 4(\rho\mathbf{v})^n + (\rho\mathbf{v})^{n-1}}{2\Delta t} + C(\rho^{m-1}\mathbf{v}^*) = L(\mathbf{v}^*) - G(p^{m-1}), \qquad (11.5)$$

wobei $\mathbf{v}^*$ den Prädiktorwert für $\mathbf{v}^m$ darstellt; er muss korrigiert werden, um die Kontinuität zu gewährleisten. Da es hier nicht wichtig ist, welche räumliche Diskretisierungsmethode eingesetzt wird, verwenden wir die symbolische Notation für Konvektionsflüsse (C), Diffusionsflüsse (L) und den Gradientenoperator (G). Es ist zu beachten, dass die Dichte aus der vorherigen äußeren Iteration in Konvektionstermen verwendet wird; wenn die Viskosität von der Temperatur oder anderen Variablen abhängt, verwenden wir in viskosen Termen die Werte aus der vorherigen Iteration.

2. Die korrigierte Geschwindigkeit und der Druck sollen die folgende Gleichung erfüllen:

$$\frac{3(\rho^{m-1}\mathbf{v}^m) - 4(\rho\mathbf{v})^n + (\rho\mathbf{v}^{n-1})}{2\Delta t} + C(\rho^{m-1}\mathbf{v}^*) = L(\mathbf{v}^*) - G(p^m). \tag{11.6}$$

Durch Subtraktion der Gl. (11.5) von Gl. (11.6) erhalten wir die folgende Beziehung zwischen Geschwindigkeit- und Druckkorrektur:

$$\frac{3}{2\Delta t}\left[(\rho^{m-1}\mathbf{v}')\right] = -G(p') \quad \Rightarrow \quad \rho^{m-1}\mathbf{v}' = -\frac{2\Delta t}{3}G(p'). \tag{11.7}$$

Hier gilt: $\mathbf{v}' = \mathbf{v}^m - \mathbf{v}^*$ und $p' = p^m - p^{m-1}$.

3. Die diskretisierte Kontinuitätsgleichung wird mit ρ^{m-1} und $\mathbf{v}^*$ nicht erfüllt sein – es ergibt sich ein Massenungleichgewicht:

$$\frac{3\rho^{m-1} - 4\rho^n + \rho^{n-1}}{2\Delta t} + D(\rho^{m-1}\mathbf{v}^*) = \Delta\dot{m}. \tag{11.8}$$

4. Die Kontinuitätsgleichung soll durch die korrigierten Dichte- und Geschwindigkeitsfelder, ρ^* und $\mathbf{v}^m$, erfüllt sein:

$$\frac{3\rho^* - 4\rho^n + \rho^{n-1}}{2\Delta t} + D(\rho^*\mathbf{v}^m) = 0. \tag{11.9}$$

Hier ist ρ^* eine Schätzung der Dichte bei der Iteration m; der endgültige Wert wird am Ende aus der Zustandsgleichung berechnet, nachdem T^m berechnet wurde. Wir führen die Dichtekorrektur $\rho' = \rho^* - \rho^{m-1}$ ein und entfalten das Produkt aus korrigierter Dichte und Geschwindigkeit wie folgt:

$$\rho^*\mathbf{v}^m = (\rho^{m-1} + \rho')(\mathbf{v}^* + \mathbf{v}') = \rho^{m-1}\mathbf{v}^* + \rho^{m-1}\mathbf{v}' + \rho'\mathbf{v}^* + \underline{\rho'\mathbf{v}'}. \tag{11.10}$$

Der unterstrichene Term, als Produkt zweier Korrekturen, strebt schneller gegen null als andere Terme und wird von nun an vernachlässigt. Mit Gl. (11.8) und (11.10) können wir Gl. (11.9) neu schreiben als:

$$\frac{3\rho'}{2\Delta t} + \Delta\dot{m} + D(\rho^{m-1}\mathbf{v}') + D(\rho'\mathbf{v}^*) = 0. \tag{11.11}$$

5. Um eine Druckkorrekturgleichung aus Gl. (11.11) zu erhalten, müssen wir Geschwindigkeits- und Dichtekorrekturen durch die Druckkorrektur ausdrücken. Bei der Geschwindigkeitskorrektur geschah dies bereits in Gl. (11.7): Sie ist proportional zum Gradienten der Druckkorrektur, wie es bei inkompressiblen Strömungen der Fall ist. Für die Verbindung zwischen Dichtekorrektur und Druckkorrektur müssen wir die Zustandsgleichung benutzen:

$$\rho = f(p, T) \quad \Rightarrow \quad \rho' = \frac{\partial \rho}{\partial p} p' = \frac{\partial f(p, T)}{\partial p} p' = C_\rho p'. \tag{11.12}$$

Mit diesen Ausdrücken kann man Gl. (11.11) als Druckkorrekturgleichung für alle Strömungsgeschwindigkeiten umschreiben:

$$\frac{3C_\rho p'}{2\Delta t} + D(C_\rho \mathbf{v}^* p') = \frac{2\Delta t}{3} D(G(p')) - \Delta \dot{m}. \tag{11.13}$$

6. Nach dem Lösen der obigen Druckkorrekturgleichung werden Geschwindigkeit, Druck und Dichte korrigiert, um $\mathbf{v}^m$, p^m und ρ^* zu erhalten; diese Werte werden im nächsten Schritt zur Lösung der Energiegleichung verwendet, aus der die aktualisierte Temperatur T^m gewonnen wird. Schließlich wird die neue Dichte aus der Zustandsgleichung $\rho^m = f(p^m, T^m)$ berechnet. Nachdem eine ausreichende Anzahl von Iterationen durchgeführt wurde, werden alle Korrekturen vernachlässigbar klein sein und man kann $\mathbf{v}^{n+1} = \mathbf{v}^m$, $p^{n+1} = p^m$, $T^{n+1} = T^m$ und $\rho^{n+1} = \rho^m$ setzen und zum nächsten Zeitschritt übergehen.

Im Falle einer inkompressiblen Strömung wird die linke Seite der Druckkorrekturgleichung (11.13) gleich null und wir erhalten die Poisson-Gleichung, die wir früher hatten, als die implizite Teilschrittmethode in Abschn. 7.2.1 eingeführt wurde. Im Falle der kompressiblen Strömung sieht die Druckkorrekturgleichung (11.13) wie jede andere Transportgleichung aus: Sie hat den Zeitableitungs- und Konvektionsterm auf der linken Seite und den Diffusions- und Quellterm auf der rechten Seite. Die Eigenschaften dieser Gleichung werden im Folgenden näher erläutert, nachdem die gleiche Art von Modifikation in den SIMPLE-Algorithmus eingeführt wurde.

11.2.2 SIMPLE-Methode für alle Strömungsgeschwindigkeiten

Wie in Abschn. 7.2.2 gezeigt, besteht der einzige wichtige Unterschied zwischen der impliziten Teilschrittmethode und SIMPLE darin, dass erstere die Geschwindigkeit nur im transienten Term korrigiert, während die SIMPLE-Methode die Korrektur auf alle Terme anwendet, die zur Hauptdiagonalen der Koeffizientenmatrix beitragen (transienter Term und Teile der Konvektions- und Diffusionsterme). Wir fassen daher die Schritte der SIMPLE-Methode, die auf alle Strömungsgeschwindigkeiten ausgedehnt ist, nur kurz zusammen.

1. Im ersten Schritt der neuen äußeren Iteration m wird die Impulsgleichung für $\mathbf{v}^*$ gelöst, wobei Dichte, Druck und alle Fluideigenschaften aus der vorherigen Iteration $m - 1$ übernommen werden (der hochgestellte Zähler, der dies anzeigt, wird zur besseren Übersichtlichkeit weggelassen, außer wenn nötig). Die Koeffizientenmatrix ist aufgeteilt in die Hauptdiagonale A_{D} und den restlichen Teil, $A_{\mathrm{OD}} = A - A_{\mathrm{D}}$:

$$(A_{\mathrm{D}} + A_{\mathrm{OD}})u_i^* = Q - G_i(p^{m-1}),$$ (11.14)

wobei G den diskretisierten Gradientenoperator bezeichnet; das jeweilige Diskretisierungsverfahren ist hier nicht wichtig, weshalb wir die symbolische Notation verwenden. Das durch die Lösung dieser Gleichung erhaltene Geschwindigkeitsfeld $\mathbf{v}^*$ erfüllt im Allgemeinen nicht die Kontinuitätsgleichung; dafür müssen die Dichte und der Druck aktualisiert werden. Zuerst wird jedoch eine Geschwindigkeitskorrektur aufgrund der Druckkorrektur eingeführt, wobei die Dichte auf dem vorherigen Iterationsniveau beibehalten wird:

$$p^* = p^{m-1} + p', \quad u_i^{**} = u_i^* + u_i'.$$ (11.15)

2. Die Beziehung zwischen Geschwindigkeits- und Druckkorrektur wird dadurch hergestellt, dass die korrigierte Geschwindigkeit und der korrigierte Druck die folgende vereinfachte Version von Gl. (11.14) erfüllen müssen:

$$A_{\mathrm{D}}u_i^{**} + A_{\mathrm{OD}}u_i^* = Q - G_i(p^*).$$ (11.16)

Durch Subtraktion der Gl. (11.14) von Gl. (11.16) erhalten wir nun das folgende Verhältnis zwischen Geschwindigkeits- und Druckkorrekturen:

$$A_{\mathrm{D}}u_i' = -G_i(p') \quad \Rightarrow \quad u_i' = -(A_{\mathrm{D}})^{-1}G_i(p').$$ (11.17)

3. Wir wenden uns nun der Massenerhaltungsgleichung zu. Die folgenden beiden Schritte sind identisch mit den Schritten 3 und 4 in der gerade beschriebenen impliziten Teilschrittmethode (vorausgesetzt, dass das gleiche Zeitintegrationsschema verwendet wird – hier die vollimplizite Methode mit drei Zeitebenen), sodass wir sie hier nicht wiederholen werden; siehe Gl. (11.8) bis (11.11).

4. Das Verhältnis zwischen Dichte- und Druckkorrektur ist das gleiche wie zuvor, vgl. Gl. (11.12); das Verhältnis zwischen Geschwindigkeit und Druckkorrektur ist durch Gl. (11.17) gegeben. Durch Einfügen dieser Beziehungen in Gl. (11.11) erhält man die folgende Form der Druckkorrekturgleichung:

$$\frac{3C_\rho p'}{2\Delta t} + D(C_\rho \mathbf{v}^* p') = D[\rho^{m-1}(A_{\mathrm{D}})^{-1}G(p')] - \Delta \dot{m}.$$ (11.18)

Der Einfachheit halber haben wir hier angenommen, dass der Hauptdiagonalenkoeffizient für alle drei Geschwindigkeitskomponenten gleich ist. Dies ist in der Regel der Fall; wenn nicht, kann die Differenz leicht berücksichtigt werden.

Durch den Vergleich der Druckkorrekturgleichungen für SIMPLE, (11.18), mit der entsprechenden Gleichung für IFSM, (11.13), sehen wir, dass nur der erste Term auf der rechten Seite (derjenige, der dem diskreten Laplace-Operator ähnelt) anders ist. Dies liegt an den unterschiedlichen Ausdrücken für den Zusammenhang zwischen Geschwindigkeits- und Druckkorrekturen, vgl. Gl. (11.7) für IFSM und Gl. (11.17) für SIMPLE.

11.2.3 Eigenschaften der Druckkorrekturgleichung

Der Koeffizient C_ρ in Gl. (11.12) wird aus der Zustandsgleichung bestimmt; für ein perfektes Gas gilt:

$$C_\rho = \left(\frac{\partial f(p, T)}{\partial p} \right)_T = \frac{1}{RT}. \tag{11.19}$$

Für andere Gase und wenn Flüssigkeiten als kompressibel betrachtet werden, muss die Ableitung möglicherweise numerisch berechnet werden. Die konvergierte Lösung ist unabhängig von diesem Koeffizienten, da alle Korrekturen dann gleich null sind; nur die Zwischenergebnisse sind betroffen. Es ist wichtig, dass der Zusammenhang zwischen Dichte- und Druckkorrekturen qualitativ korrekt ist; natürlich kann der Koeffizient die Konvergenzrate der Methode beeinflussen.

Die Koeffizienten in der Druckkorrekturgleichung hängen von den Approximationen ab, die für die Gradienten der Druckkorrektur und ihre Werte an den KV-Seiten verwendet werden. Der Teil, der sich aus der Geschwindigkeitskorrektur ergibt, ist identisch mit dem für den inkompressiblen Fall; er erfordert eine Approximation der Ableitung der Druckkorrektur in Richtung senkrecht zur KV-Seite, die auf die gleiche Weise wie die Druckterme in Impulsgleichungen approximiert werden sollte. Der Teil, der aus der Dichtekorrektur stammt, entspricht dem Konvektionsfluss in anderen Erhaltungsgleichungen. Er erfordert eine Approximation der Druckkorrektur im Zentrum der KV-Seite; siehe Kap. 4 und 7 für verschiedene, häufig verwendete Approximationen.

Trotz der Ähnlichkeit im Aussehen mit der Druckkorrekturgleichung für inkompressible Strömungen gibt es wichtige Unterschiede. Die inkompressible Gleichung ist eine diskretisierte Poisson-Gleichung, d. h. die Koeffizienten stellen eine Approximation des Laplace-Operators dar. Im kompressiblen Fall hat die Druckkorrekturgleichung alle Bestandteile, die eine generische Transportgleichung hat: den zeitabhängigen Term, den Konvektionsterm, den Diffusionsterm und den Quellterm. Bei einer inkompressiblen Strömung, wenn der Massenfluss an den Rändern vorgegeben ist, ist das Druckniveau nicht eindeutig – die Addition einer Konstante ändert nichts. Das Vorhandensein von Konvektionstermen in der kompressiblen Druckkorrekturgleichung macht die Lösung einzigartig.

Die relative Bedeutung der aus der Geschwindigkeits- und Dichtekorrektur resultierenden Terme hängt vom Typ der Strömung ab. Das Verhältnis vom Diffusionsterm zum Konvektionsterm hat die Größenordnung $1/Ma^2$, sodass die Mach-Zahl der entscheidende Faktor ist. Bei niedrigen Mach-Zahlen dominiert der Laplace-Term (Diffusion) und wir haben die Poisson-Gleichung. Andererseits dominiert bei hoher Mach-Zahl (hochkompressible Strömung) der Konvektionsterm, der die hyperbolische Natur der Strömung widerspiegelt. Das Lösen der Druckkorrekturgleichung ist dann gleichbedeutend mit dem Lösen der Kontinuitätsgleichung für die Dichte. Somit passt sich das Druckkorrekturverfahren automatisch an die lokale Beschaffenheit der Strömung an und kann auf den gesamten Strömungsbereich angewendet werden, auch wenn es sowohl hohe als auch niedrige Mach-Zahlen enthält (z. B. in einer Strömung um einen stumpfen Körper).

Für die Approximation des Laplace-Operators werden immer Zentraldifferenzen verwendet. Andererseits kann für die Approximation von Konvektionstermen eine Vielzahl von Approximationen verwendet werden, genau wie für die Konvektionsterme in den Impulsgleichungen. Wenn Approximationen höherer Ordnung verwendet werden, kann die Methode der "verzögerten Korrektur" genutzt werden. Auf der linken Seite der Gleichung ist die Matrix auf der Grundlage der Aufwindapproximation 1. Ordnung konstruiert, während die rechte Seite die Differenz zwischen der Approximation höherer Ordnung und der Aufwindapproximation 1. Ordnung enthält, wodurch sichergestellt wird, dass das Verfahren gegen die Lösung konvergiert, die zur Approximation höherer Ordnung gehört; siehe Abschn. 5.6 für Details. Wenn das Gitter stark nichtorthogonal ist, kann auch eine verzögerte Korrektur verwendet werden, um die Druckkorrekturgleichung zu vereinfachen, wie in Abschn. 9.8 beschrieben.

Diese Unterschiede spiegeln sich in der Druckkorrekturgleichung auf eine weitere Weise wider. Da die Gleichung keine reine Poisson-Gleichung mehr ist, ist der zentrale Koeffizient A_P nicht das Negativ der Summe der Nachbarkoeffizienten. Nur wenn div $\mathbf{v} = 0$, wird diese Eigenschaft erhalten. Während die Druckkorrekturgleichung für inkompressible Strömung eine symmetrische Koeffizientenmatrix aufweist, was die Verwendung einiger spezieller Löser ermöglicht, verliert die Gleichung diese Eigenschaft bei kompressiblen Strömungen durch den Beitrag von Konvektionstermen.

11.2.4 Randbedingungen

Für inkompressible Strömungen werden in der Regel die folgenden Randbedingungen angewendet:

- Vorgegebene Geschwindigkeit und Temperatur an den Einstromrändern;
- Nullgradient senkrecht zum Rand für alle skalaren Größen und die Geschwindigkeitskomponente parallel zum Rand an einer Symmetrieebene; Nullgeschwindigkeit in Richtung senkrecht zu einem solchen Rand;
- Haftbedingung (kein Schlupf), Normalspannung gleich null und vorgeschriebene Temperatur oder Wärmefluss an einer Wand;
- Vorgegebener Gradient (normalerweise gleich null) aller Größen an einem Ausstromrand.

Diese Randbedingungen gelten auch für die kompressible Strömung und werden wie bei inkompressiblen Strömungen behandelt. In kompressiblen Strömungen gibt es jedoch weitere mögliche Randbedingungen:

- vorgegebener Totaldruck,
- vorgegebene Totaltemperatur,

- vorgegebener statischer Druck am Ausstromrand,[1]
- an einem Überschallausstromrand werden in der Regel Nullgradienten aller Größen vorgegeben.

Die Implementierung dieser Randbedingungen wird im Folgenden beschrieben.

11.2.4.1 Vorgegebener Totaldruck am Einstromrand

Die Implementierung dieser Randbedingungen wird für den Westrand eines 2D Lösungsgebiets mit Hilfe von Abb. 11.1 beschrieben.

Eine Möglichkeit besteht darin, zu beachten, dass für eine isentrope Strömung eines idealen Gases der Totaldruck wie folgt definiert ist:

$$p_t = p \left(1 + \frac{\gamma - 1}{2} \frac{u_x^2 + u_y^2}{\gamma R T} \right)^{\frac{\gamma}{\gamma - 1}}, \tag{11.20}$$

wobei p der statische Druck ist und $\gamma = c_p/c_v$. Die Strömungsrichtung muss vorgeschrieben sein; sie wird definiert durch:

$$\tan \beta = \frac{u_y}{u_x}, \quad \text{d. h.,} \quad u_y = u_x \tan \beta. \tag{11.21}$$

Diese Randbedingung kann implementiert werden, indem der Druck aus dem Inneren des Lösungsgebiets auf den Rand extrapoliert und dann mit Hilfe von Gl. (11.20) und (11.21) die Geschwindigkeit dort berechnet wird. Diese Geschwindigkeit kann innerhalb einer äußeren Iteration als bekannt behandelt werden. Die Temperatur kann vorgegeben oder aus der Totaltemperatur berechnet werden:

$$T_t = T \left(1 + \frac{\gamma - 1}{2} \frac{u_x^2 + u_y^2}{\gamma R T} \right). \tag{11.22}$$

Diese Behandlung führt zu einer langsamen Konvergenz der iterativen Methode, da es viele Kombinationen von Druck und Geschwindigkeit gibt, die Gl. (11.20) erfüllen. Man muss implizit den Einfluss des Drucks auf die Geschwindigkeit am Einstromrand berücksichtigen. Eine Möglichkeit, dies zu tun, wird im Folgenden beschrieben.

Zu Beginn einer äußeren Iteration müssen die Geschwindigkeiten am Einstromrand (Seite "w" in Abb. 11.1) aus Gl. (11.20 und (11.21) und dem vorhandenen Druck berechnet werden; sie werden dann während der äußeren Iteration der Impulsgleichung als bekannt behandelt. Die Massenflüsse am Einstromrand werden der vorhergehenden äußeren Iteration

---

[1]Für inkompressible Strömungen kann der statische Druck entweder am Ein- oder am Ausstromrand vorgegeben werden. Da der Massenstrom eine Funktion der Druckdifferenz zwischen Ein- und Ausstromrand ist, kann die Geschwindigkeit am Einstromrand nicht vorgegeben werden, wenn der Druck sowohl am Ein- als auch am Ausstromrand vorgegeben ist.

Abb. 11.1 Ein Kontrollvolumen neben einem Einstromrand mit vorgegebener Strömungsrichtung

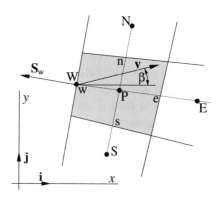

entnommen; sie sollten die Kontinuitätsgleichung erfüllen. Aus der Lösung der Impulsgleichung (u_x^*, u_y^*) werden neue Massenflüsse $\dot{m}^*$ durch alle KV-Seiten berechnet. Am Einstromrand werden die vorher berechneten und als "vorgegeben" betrachteten Geschwindigkeiten zur Berechnung des Massenflüsses benutzt. Im folgenden Korrekturschritt wird der Massenstrom (einschließlich seines Wertes am Einstromrand) korrigiert und die Massenerhaltung erzwungen. Der Unterschied zwischen der Massenflusskorrektur am Rand und an den inneren KV-Seiten besteht darin, dass am Rand nur die Geschwindigkeit (und nicht die Dichte) korrigiert wird. Die Geschwindigkeitskorrektur wird durch die Druckkorrektur (und nicht durch ihren Gradienten) ausgedrückt:

$$u'_{x,\text{w}} = \left(\frac{\partial u_x}{\partial p}\right)_\text{w} p'_\text{w} = C_u p'_\text{w}; \quad u'_{y,\text{w}} = u'_{x,\text{w}} \tan \beta. \tag{11.23}$$

Der Koeffizient C_u wird mit Hilfe von Gl. (11.20) bestimmt:

$$C_u = -\frac{\gamma R T^{m-1}}{p_t u_x^{m*} \gamma \left(1 + \tan^2 \beta\right) \left[1 + \dfrac{\gamma - 1}{2} \dfrac{(u_x^*)^2 (1 + \tan^2 \beta)}{\gamma R T^{m-1}}\right]^{\frac{1-2\gamma}{\gamma-1}}}. \tag{11.24}$$

Die Korrektur des Massenflusses am Einstromrand wird ausgedrückt als:

$$\dot{m}'_\text{w} = [\rho^{m-1} u'_x (S^x + S^y \tan \beta)]_\text{w} = \left[\rho^{m-1} C_u (S^x + S^y \tan \beta)\right]_\text{w} \overline{(p')}_\text{w}. \tag{11.25}$$

Die Druckkorrektur am Rand, $\overline{(p')}_\text{w}$, wird durch Extrapolation aus der Mitte des benachbarten Kontrollvolumens ausgedrückt, d. h. als lineare Kombination von p'_P und p'_E. Aus der obigen Gleichung erhalten wir einen Beitrag zu den Koeffizienten A_P und A_E in der Druckkorrekturgleichung für das Kontrollvolumen neben dem Rand. Da die Dichte am Einstromrand nicht korrigiert wird, gibt es dort keinen Konvektionsbeitrag zur Druckkorrekturgleichung, sodass der Koeffizient A_W gleich null ist.

Nach Lösung der Druckkorrekturgleichung werden die Geschwindigkeitskomponenten und die Massenflüsse im gesamten Bereich einschließlich dem Einstromrand korrigiert. Die korrigierten Massenflüsse erfüllen die Kontinuitätsgleichung innerhalb der Konvergenztoleranz. Diese werden verwendet, um die Koeffizienten in allen Transportgleichungen für die nächste äußere Iteration zu berechnen. Die konvektiven Geschwindigkeiten am Einstromrand werden aus Gl. (11.20) und (11.21) berechnet. Der Druck stellt sich so ein, dass die Geschwindigkeit die Kontinuitätsgleichung und die Randbedingung für den Totaldruck erfüllt. Die Temperatur am Einstromrand wird aus Gl. (11.22) und die Dichte aus der Zustandsgleichung (11.2) berechnet.

11.2.4.2 Vorgegebener statischer Druck

Bei Unterschallströmungen wird der statische Druck in der Regel am Ausstromrand vorgegeben. Dann ist die Druckkorrektur an dieser Grenze gleich null (dies wird als Randbedingung in der Druckkorrekturgleichung verwendet), aber die Massenflusskorrektur ist ungleich null. Die Geschwindigkeitskomponenten werden durch Extrapolation aus den benachbarten Kontrollvolumenzentren erhalten, ähnlich wie bei der Berechnung von Geschwindigkeiten an den KV-Seiten auf nichtversetzten Gittern, z.B. für die "e"-Fläche und die m-te äußere Iteration:

$$v_{n,e}^* = \overline{(v_n^*)}_e - \Delta V_e \overline{\left(\frac{1}{A_P^u}\right)}_e \left[\left(\frac{\delta p^{m-1}}{\delta n}\right)_e - \overline{\left(\frac{\delta p^{m-1}}{\delta n}\right)}_e \right], \qquad (11.26)$$

wobei v_n^* die Geschwindigkeitskomponente in Richtung senkrecht zum Rand ist, die leicht aus kartesischen Komponenten u_i^*, die durch Lösen der Impulsgleichungen gewonnen wurden, und der bekannten Komponenten des Einheitsvektors $\mathbf{n}$ berechnet werden kann, $v_n^* = \mathbf{v}^* \cdot \mathbf{n}$. Der einzige Unterschied zur Berechnung der Geschwindigkeit an den inneren Zellflächen besteht darin, dass die Überlinie hier die Extrapolation aus inneren Zellen und nicht die Interpolation zwischen den Zellzentren auf beiden Seiten der Fläche bezeichnet. Bei hohen Strömungsgeschwindigkeiten, falls der Ausstromrand weit stromabwärts liegt, kann man in der Regel das einfache Aufwindverfahren verwenden, d.h. die Zellenmittelwerte (Knoten P) anstelle von Werten, die durch Überlinie gekennzeichnet sind; verwenden; auch die lineare Extrapolation aus W und P ist auf strukturierten Gittern einfach zu implementieren.

Die aus diesen Geschwindigkeiten gebildeten Massenflüsse erfüllen i. Allg. nicht die Kontinuitätsgleichung und müssen daher korrigiert werden. Normalerweise müssen sowohl die Geschwindigkeit als auch die Dichte korrigiert werden, wie oben beschrieben. Die Geschwindigkeitskorrektur lautet:

$$v_{n,e}' = -\Delta V_e \overline{\left(\frac{1}{A_P^u}\right)}_e \left(\frac{\delta p'}{\delta n}\right)_e . \qquad (11.27)$$

Der Konvektionsbeitrag (aus Dichtekorrektur) zur Massenflusskorrektur am Rand würde sich als gleich null erweisen (weil $\rho'_e = (C_\rho p')_e$, und $p'_e = 0$, weil der Druck vorgegeben ist); obwohl der Druck vorgegeben ist, ist die Temperatur jedoch nicht festgelegt (sie wird von innen extrapoliert), sodass die Dichte korrigiert werden muss. Die einfachste Approximation ist die Aufwindmethode 1. Ordnung, d. h. die Annahme $\rho'_e = \rho'_P$. Die Massenflusskorrektur ist dann:

$$\dot{m}'_e = (\rho^{m-1} v'_n + \rho' v_n^*)_e S_e. \tag{11.28}$$

Es ist zu beachten, dass die Dichtekorrektur nicht zur Korrektur der Dichte am Ausstromrand verwendet wird – sie wird immer aus der Zustandsgleichung berechnet, sobald Druck und Temperatur berechnet wurden. Der Massenfluss hingegen muss mit dem obigen Ausdruck korrigiert werden, denn nur die Korrektur, die zur Herleitung der Druckkorrekturgleichung verwendet wurde, gewährleistet die Massenerhaltung. Da bei der Konvergenz alle Korrekturen verschwinden, ist die oben beschriebene Behandlung der Dichtekorrektur im Einklang mit anderen Approximationen und hat keinen Einfluss auf die Genauigkeit der Lösung, nur auf die Konvergenzrate des iterativen Verfahrens. Der Koeffizient für den Randknoten in der Druckkorrekturgleichung enthält keinen Beitrag des Konvektionsterms (aufgrund von Aufwindapproximation) – dieser Beitrag geht an den zentralen Koeffizienten A_P. Die Druckableitung in Normalrichtung wird in der Regel approximiert als:

$$\left(\frac{\delta p'}{\delta n}\right)_e \approx \frac{p'_E - p'_P}{(\mathbf{r}_E - \mathbf{r}_P) \cdot \mathbf{n}}, \tag{11.29}$$

nach dem in Abschn. 9.8 und Gl. (9.66) beschriebenen Ansatz.

Der Koeffizient A_P in der Druckkorrekturgleichung für das Kontrollvolumen neben dem Rand ändert sich somit im Vergleich zu A_P in inneren KV. Aufgrund des Konvektionsterms in der Druckkorrekturgleichung und der Dirichlet-Randbedingung an den Rändern, wo der statische Druck vorgegeben wird, konvergiert ihre Lösung in der Regel schneller als bei inkompressibler Strömung (wo Neumann-Randbedingungen in der Regel an allen Rändern angewendet werden und die Gleichung voll elliptisch ist).

11.2.4.3 Nichtreflektierende und Freistromränder

An einigen Randabschnitten sind die genauen anzuwendenden Bedingungen möglicherweise nicht bekannt, aber Druckwellen und/oder Stöße sollten den Rand ohne Reflexion passieren können. Normalerweise wird die eindimensionale Theorie verwendet, um die Geschwindigkeit am Rand zu berechnen, basierend auf vorgeschriebenem Druck und Temperatur in der freien Strömung. Wenn die freie Strömung im Überschall ist, können Stöße durch den Rand passieren und man unterscheidet dann zwischen der parallelen Geschwindigkeitskomponente, die einfach auf den Rand extrapoliert wird, und der normalen Komponente, die aus der Theorie berechnet wird. Die Berechnung der normalen Komponente hängt davon ab, ob Kompressions- oder Expansionswellen (Prandtl-Meyer) den Rand erreichen. Der Druck wird in der Regel vom Inneren bis zum Rand extrapoliert, während die Normalgeschwindigkeitskomponente aus dem extrapolierten Druck und der vorgeschriebenen Mach-Zahl in der freien Strömung berechnet wird.

Es gibt viele Verfahren, die darauf abzielen, Reflektionen an den Rändern zu vermeiden. Ihre Herleitung basiert auf den Ausgangscharakteristiken, die mittels eindimensionaler Theorie berechnet werden; die Implementierung hängt von der Diskretisierung und der Lösungsmethode ab. Eine detaillierte Diskussion dieser (*numerischen*) Randbedingungen findet man in Hirsch (2007) und Durran (2010).

Wenn keine Stöße die Freistrom- oder Ausstromränder durchschreiten, kann man dort, wie oben beschrieben, einen statischen Druck vorschreiben und die Lösungszwangsmethode anwenden (siehe Abschn. 13.6), um die Reflexion von Druckwellen an diesen Rändern zu vermeiden. Dies ist besonders praktisch bei schwach kompressiblen Strömungen, in denen akustische Druckwellen erfasst werden (Aeroakustik- oder Hydroakustikanalyse); ihre Reflexion an den Rändern muss vermieden werden. Weitere Details zu diesem Thema findet man in Perić (2019).

11.2.4.4 Überschallausstrom

Wenn die Strömung am Ausstromrand im Überschall ist, müssen alle Variablen am Rand durch Extrapolation aus dem Inneren erhalten werden, d. h. es müssen keine Randinformationen vorgegeben werden. Die Behandlung der Druckkorrekturgleichung ist vergleichbar mit derjenigen, wenn der statische Druck vorgegeben ist. Da der Druck am Rand jedoch nicht vorgegeben sondern extrapoliert wird, muss auch die Druckkorrektur extrapoliert werden – sie ist nicht gleich null wie im obigen Fall. Da p'_E als lineare Kombination von p'_P und p'_W ausgedrückt wird (wenn der Druckgradient vernachlässigt werden kann, kann man auch $p'_E = p'_P$ setzen), kommt der Knoten E nicht in der algebraischen Gleichung vor, also $A_E = 0$. Die Koeffizienten der Knoten, die bei der Approximation der Massenflusskorrektur am Rand auftreten, unterscheiden sich von denen im Innenbereich.

Nachfolgend werden einige Beispiele für die Anwendung des Druckkorrekturverfahrens zur Lösung kompressibler Strömungsprobleme vorgestellt. Weitere Beispiele finden sich in Demirdžić et al. (1993), Lilek (1995) und Riahi et al. (2018).

11.2.5 Beispiele

Nachfolgend werden die Ergebnisse der Lösung der Euler-Gleichungen für eine Strömung über ein kreisbogenförmiges Hindernis dargestellt. Abb. 11.2 zeigt die Geometrie und die vorhergesagten Isolinien der Mach-Zahl für die subsonische, transsonische und supersonische Bedingung. Das Verhältnis von Höhe zur Breite des Hindernisses beträgt 10 % für den sub- und den transsonischen Fall und 4 % für den Überschallfall. Es wird eine gleichmäßige Strömung am Einstromrand bei Machzahlen Ma = 0,5 (Unterschall), 0,675 (transsonisch) und 1,65 (Überschall) vorgegeben. Da Euler-Gleichungen gelöst werden, wird die Visko-

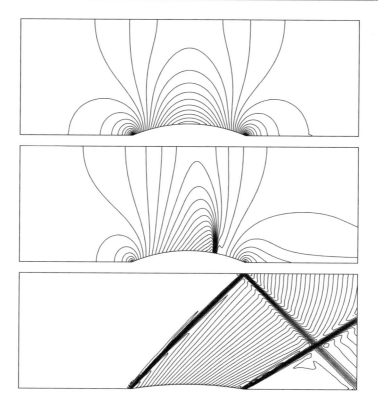

Abb. 11.2 Vorhergesagte Mach-Zahl-Konturen für die nichtviskose Strömung durch einen Kanal mit einem kreisbogenförmigen Hindernis an der unteren Wand: subsonische Strömung bei $Ma_{in} = 0,5$ (oben), transsonische Strömung bei $Ma_{in} = 0,675$ (Mitte) und supersonische Strömung bei $Ma_{in} = 1,65$ (unten); aus Lilek (1995)

sität gleich null gesetzt und an den Wänden Schlupfbedingungen vorgegeben (Strömung tangential zum Rand, wie bei Symmetrieebenen). Diese Probleme waren die Testfälle in einem Workshop 1981 (siehe Rizzi und Viviand 1981) und sie werden oft verwendet, um die Genauigkeit von numerischen Verfahren zu beurteilen.

Da die Geometrie symmetrisch und die Strömung nichtviskos ist, ist die Strömung unter Unterschallbedingungen ebenfalls symmetrisch. Der Totaldruck sollte im gesamten Lösungsgebiet konstant sein, was bei der Beurteilung von numerischen Fehlern hilfreich ist. Im transsonischen Fall erhält man einen Stoß an der unteren Wand. Wenn die ankommende Strömung im Überschall ist, wird ein Stoß am Anfang des Hindernisses erzeugt, da die Strömung dort ihre Richtung ändern muss. Dieser Stoß wird von der oberen Wand reflektiert; er kreuzt einen weiteren Stoß, der am Ende des Hindernisses entsteht, wo eine weitere plötzliche Änderung der Wandneigung stattfindet.

Abb. 11.3 Vorhergesagte
Mach-Zahl-Profile entlang der
unteren und oberen Wand für
die nichtviskose Strömung
durch einen Kanal mit einem
kreisbogenförmigen Hindernis
an der unteren Wand:
Subsonische Strömung bei
$Ma_{in} = 0,5$ (oben; 95 % ZDS,
5 % ADS), transsonische
Strömung bei $Ma_{in} = 0,675$
(Mitte; 90 % ZDS, 10 % ADS)
und supersonische Strömung
bei $Ma_{in} = 1,65$ (unten; 90 %
ZDS, 10 % ADS); aus Lilek
(1995)

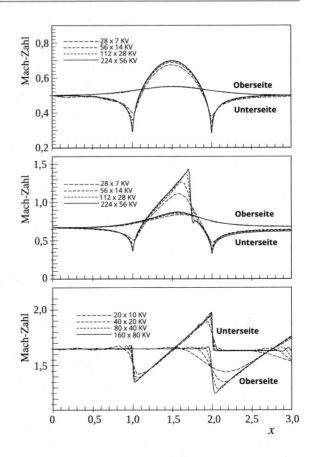

Abb. 11.3 zeigt die Verteilung der Mach-Zahl entlang der unteren und der oberen Wand
für die drei Fälle. Der Lösungsfehler ist beim feinsten Gitter und der Unterschallströmung
sehr niedrig; dies sieht man an den Auswirkungen der Gitterverfeinerung sowie an der Tatsache, dass die Mach-Zahlen an beiden Wänden am Ausstromrand identisch und gleich
dem Wert am Einstromrand sind. Der Totaldruckfehler lag unter 0,25 %. Im transsonischen
und im supersonischen Fall wirkt sich die Gitterverfeinerung nur auf die Steilheit des Stoßes aus; er wird innerhalb von drei Gitterpunkten aufgelöst. Wenn für alle Terme in allen
Gleichungen Zentraldifferenzen verwendet werden, erschweren starke Oszillationen an den
Stößen die Lösung. In den hier vorgestellten Berechnungen wurden 10 % ADS und 90 %
ZDS verwendet, um die Oszillationen in der Lösung zu reduzieren. Sie sind jedoch immer
noch vorhanden, wie aus Abb. 11.3 ersichtlich ist, aber auf zwei Gitterpunkte in der Nähe
des Stoßes beschränkt. Es ist interessant festzustellen, dass sich die Position der Stöße mit
der Gitterverfeinerung nicht ändert – nur die Steilheit wird verbessert (dies wurde in vielen Anwendungen beobachtet). Die Erhaltungseigenschaften der verwendeten FV-Methode

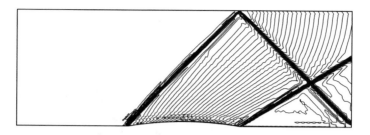

Abb. 11.4 Vorhergesagte Mach-Zahl-Konturen für die supersonische nichtviskose Strömung durch einen Kanal mit einem kreisbogenförmigen Hindernis an der unteren Wand (Gitter mit 160×80 KV, 100 % ZDS-Diskretisierung); aus Lilek (1995)

und die dominante Rolle der ZDS-Approximationen sind wahrscheinlich für dieses Merkmal verantwortlich.

In Abb. 11.4 sind die Mach-Zahl-Konturen für den Überschallfall dargestellt, die mit reinen Zentraldifferenzen (d. h. lineare Interpolation) für alle Größen an den KV-Seiten erhalten wurden. Der Koeffizient A_P wäre in diesem Fall auf einem äquidistanten Gitter gleich null; mit dem Ansatz der verzögerten Korrektur war es möglich, die Lösung für reines ZDS auch bei Vorhandensein von Stößen und fehlenden Diffusionstermen in den Gleichungen zu erhalten. Die Lösung enthält mehr Oszillationen, aber die Stöße sind besser gelöst als im Fall der Beimischung von 10 % ADS, s. Abb. 11.2.

Ein weiteres Beispiel für die Anwendung des Druckkorrekturverfahrens auf Hochgeschwindigkeitsströmungen wird im Folgenden dargestellt. Die Geometrie und die Randbedingungen sind in Abb. 11.5 dargestellt. Es stellt die obere Hälfte eines symmetrischen konvergierenden/divergierenden Kanals dar. Am Einstromrand wurden der Totaldruck und die -enthalpie vorgegeben, am Ausstromrand wurden alle Größen extrapoliert. Die Viskosität wurde gleich null gesetzt, d. h. es wurden die Euler-Gleichungen gelöst. Fünf Gitter wurden verwendet: das gröbste hatte 42×5 KV, das feinste 672×80 KV.

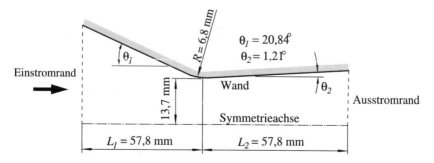

Abb. 11.5 Geometrie und Randbedingungen für die kompressiblen Kanalströmung

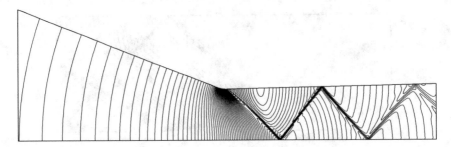

Abb. 11.6 Machzahlenkonturen in der kompressiblen Kanalströmung (vom Minimum Ma = 0,22 am Einstromrand bis maximal Ma = 1,46 mit Schritt 0,02); aus Lilek (1995)

Die Linien der konstanten Mach-Zahl sind in Abb. 11.6 dargestellt. Hinter dem Hals entsteht eine Stoßwelle, da die Strömung aufgrund der Geometrieänderung nicht weiter beschleunigt werden kann. Die Stoßwelle wird von der Wand und der Symmetrieebene zweimal reflektiert, bevor sie durch den Ausstromrand austritt.

In Abb. 11.7 wird die berechnete Druckverteilung entlang der Kanalwand mit experimentellen Daten von Mason et al. (1980) verglichen. Die Ergebnisse von allen Gittern sind dargestellt. Auf dem gröbsten Gitter oszilliert die Lösung, auf allen anderen Gittern ist sie ziemlich glatt. Wie im vorherigen Beispiel ändern sich die Positionen der Stöße mit der Gitterverfeinerung nicht, aber die Steilheit wird mit der Verfeinerung des Gitters verbessert. Der numerische Fehler ist überall gering, außer in der Nähe des Ausstromrandes, wo das Gitter

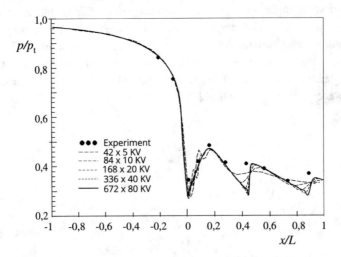

Abb. 11.7 Vergleich der vorhergesagten (Lilek 1995) und gemessenen (Mason et al. 1980) Druckverteilung entlang der Kanalwand

relativ grob ist; die Ergebnisse auf den beiden feinsten Gittern sind kaum zu unterscheiden. Die Übereinstimmung mit den experimentellen Daten ist ebenfalls recht gut.

Die in diesem Abschnitt vorgestellte Lösungsmethode neigt dazu, mit zunehmender Mach-Zahl schneller zu konvergieren (außer wenn der ZDS-Beitrag so groß ist, dass bei den Stößen starke Schwingungen auftreten; in den meisten Anwendungen betrug der ZDS-Anteil etwa 90–95 %). In Abb. 11.8 ist die Konvergenz des Verfahrens bei der Berechnung der laminaren inkompressiblen Strömung bei Re = 100 und der Überschallströmung bei Ma = 1,65 über ein kreisbogenförmiges Hindernis im Kanal (siehe Abb. 11.4) dargestellt. Für beide Strömungen wurden das gleiche Gitter und die gleichen Unterrelaxationsparameter verwendet. Während im kompressiblen Fall die Konvergenzrate nahezu konstant ist, wird sie im inkompressiblen Fall bei niedriger Reynolds-Zahl mit zunehmender Toleranz geringer. Bei sehr hohen Mach-Zahlen steigt die Rechenzeit mit der Anzahl der Gitterpunkte beim Verfeinern des Gitters nahezu linear an (der Exponent beträgt etwa 1,1, bei inkompressiblen Strömungen etwa 1,8). Wie wir jedoch in Kap. 12 demonstrieren werden, kann die Konvergenz der Methode für elliptische Probleme mit dem Mehrgitteransatz wesentlich verbessert werden, was die Methode sehr effizient macht. Die kompressible Version des Verfahrens ist sowohl für stationäre als auch für instationäre Strömungsprobleme geeignet.

Für höchste Genauigkeit sollte man die Gitterverfeinerung lokal in der Nähe der Stöße anwenden, wo sich die Profile plötzlich ändern. Die Methoden zur Anwendung der lokalen Gitterverfeinerung und die Kriterien, wo das Gitter verfeinert werden soll, werden in Kap. 12 beschrieben. Außerdem sollte die Mischung von ZDS und ADS lokal, nur in der Nähe von Stößen und nicht global, wie in den obigen Beispielen, angewendet werden. Die Entscheidungskriterien, wo und wie viel ADS mit ZDS kombiniert werden soll, können auf einer Monotonieanforderung an die Lösung, auf einer Verringerung der Gesamtvariation (TVD, siehe nächsten Abschnitt) oder auf anderen geeigneten Anforderungen basieren.

Abb. 11.8 Konvergenz des Druckkorrekturverfahrens für laminare Strömung bei Re = 100 und für nichtviskose Überschallströmung bei $Ma_{in} = 1,65$ über ein kreisbogenförmiges Hindernis in einem Kanal (Gitter mit 160 × 80 KV); aus Lilek (1995)

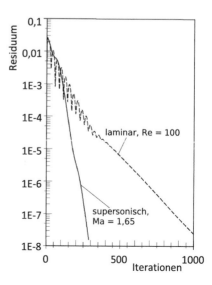

11.3   Methoden, die für kompressible Strömungen entwickelt wurden

11.3.1 Einführung

Das vorstehend beschriebene Verfahren ist eine Anpassung von Verfahren zur Berechnung inkompressibler Strömungen an die Behandlung kompressibler Strömungen. Es wurde in diesem Buch mehrfach erwähnt, dass es Methoden gibt, die speziell für die Berechnung von kompressiblen Strömungen entwickelt wurden. Insbesondere können diese Methoden in Verbindung mit den in Kap. 7 beschriebenen Methoden der künstlichen Kompressibilität verwendet werden. In diesem Abschnitt werden einige dieser Methoden kurz beschrieben. Ziel ist es, genügend Informationen über diese Methoden zu geben, um einen Vergleich mit den oben beschriebenen Methoden zu ermöglichen. Wir werden sie nicht so detailliert darstellen, dass der Leser in der Lage wäre, darauf aufbauende Rechenprogramme zu entwickeln. Dazu wäre ein separates Buch notwendig; Leser, die sich für solche Methoden interessieren, werden auf die Texte von Hirsch (2007) und Tannehill et al. (1997) hingewiesen.

Historisch gesehen verlief die Entwicklung von Methoden zur Berechnung kompressibler Strömungen in Etappen. Zunächst (bis etwa 1970) wurden nur die Gleichungen für die linearisierte Potentialströmung gelöst. Später, als die Rechnerkapazität zunahm, wandte sich das Interesse schrittweise den nichtlinearen Potentialströmungsgleichungen und in den 1980er Jahren den Euler-Gleichungen zu. Methoden für viskose Strömungen oder Navier-Stokes-Gleichungen (in den meisten Fällen die RANS-Gleichungen, da die hohen Reynolds-Zahlen sicherstellen, dass die Strömungen turbulent sind) sind in den letzten 20 Jahren in den Mittelpunkt der Forschung gerückt.

Wenn es einen Leitfaden gibt, der sich durch diese Methoden zieht, dann ist es die ausdrückliche Erkennung, dass die Gleichungen hyperbolisch sind und somit reale Charakteristiken haben, entlang derer sich Informationen über die Lösung mit endlicher Geschwindigkeit ausbreiten. Das andere wesentliche Merkmal (das sich aus der Existenz von Charakteristiken ergibt) ist, dass die kompressiblen Strömungsgleichungen Stoßwellen und andere Arten von Diskontinuitäten in den Lösungen unterstützen. Die Diskontinuitäten sind bei nichtviskosen Strömungen scharf, haben aber eine endliche Breite, wenn die Viskosität ungleich null ist. Die Einhaltung dieser Eigenschaften ist wichtig, daher wird sie bei den meisten Methoden besonders berücksichtigt.

Diese Methoden werden hauptsächlich in der Aerodynamik von Flugzeugen, Raketen und Turbinenschaufeln eingesetzt. Da die Geschwindigkeiten hoch sind, müssten explizite Methoden sehr kleine Zeitschritte verwenden und wären sehr ineffizient. Folglich wären implizite Methoden nützlich und wurden entwickelt. Viele der verwendeten Methoden sind jedoch trotzdem explizit.

11.3.2 Diskontinuitäten

Die Notwendigkeit, Diskontinuitäten zu behandeln, wirft eine weitere Reihe von Fragen auf. Wir haben gesehen, dass Diskretisierungsmethoden beim Versuch, jede Art von schnellen Änderungen in der Lösung zu erfassen, Ergebnisse liefern, die Oszillationen enthalten. Dies gilt insbesondere, wenn nichtdissipative Diskretisierungen (was im Wesentlichen alle Zentraldifferenzenmethoden beinhaltet) verwendet werden. Ein Stoß (oder eine andere Diskontinuität) stellt den Extremfall einer schnell variierenden Lösung und damit die ultimative Herausforderung für Diskretisierungsmethoden dar. Es kann gezeigt werden, dass keine Diskretisierungsmethode höherer Ordnung als der 1. eine monotone Lösung garantieren kann, wenn die Lösung Diskontinuitäten enthält (Hirsch (2007), Abschn. 8.3). Da die Genauigkeit am besten durch die Verwendung von Zentraldifferenzenmethoden (oder deren Äquivalenten bei FV-Methoden) erreicht wird, verwenden viele moderne Methoden für kompressible Strömungen überall Zentraldifferenzen, außer in der Nähe von Diskontinuitäten, wo spezielle Aufwindmethoden angewendet werden.

Dies sind die Fragen, mit denen man sich bei der Entwicklung numerischer Methoden für kompressible Strömungen auseinandersetzen muss. Wir erläutern kurz einige Methoden zur Behandlung von Diskontinuitäten.

Die frühesten Verfahren basierten auf expliziten Methoden und Zentraldifferenzen. Eine der bemerkenswertesten davon ist die noch heute verwendete Methode von MacCormack (2003) (Nachdruck von 1969). Um das Problem der Oszillationen um Stöße bei dieser Art von Verfahren zu vermeiden, ist es notwendig, eine künstliche Dissipation in die Gleichungen aufzunehmen. Die übliche Dissipation 2. Ordnung (entspricht der gewöhnlichen Viskosität) würde die Lösung überall glätten, sodass ein Term benötigt wird, der empfindlicher auf die schnellen Schwankungen beim Stoß reagiert. Ein dissipativer Term 4. Ordnung, d. h. ein hinzugefügter Term, der die 4. Ableitung der Geschwindigkeit enthält, ist die häufigste Addition, aber es wurden auch Terme höherer Ordnung verwendet.

Die ersten effektiven impliziten Methoden wurden von Beam und Warming (1978) entwickelt. Ihre Methode basiert auf der approximativen Faktorisierung der Crank-Nicolson-Methode und kann als Erweiterung der in Kap. 5 und 8 dargestellten ADI-Methode auf kompressible Strömung betrachtet werden. Wie bei der ADI-Methode gibt es bei dieser Methode einen optimalen Zeitschritt für die schnellste Konvergenz zu einer stabilen Lösung. Die Verwendung von Zentraldifferenzen erfordert wiederum die Hinzufügung eines expliziten Dissipationsterms 4. Ordnung zu den Gleichungen.

In jüngster Zeit gab es viel Interesse an Aufwindverfahren von größerer Komplexität. Ziel ist es immer, eine klar definierte Diskontinuität zu erzeugen, ohne eine übermäßige Fehlerquelle in den glatten Teil der Lösung einzuführen. Ein Verfahren dafür ist das *flux-vector-splitting*-Verfahren von Steger und Warming (1981), an dem eine Reihe von Modifikationen und Erweiterungen vorgeschlagen wurden. Die Idee ist, den Fluss lokal aufzuteilen (weil die Anwendung auf die Euler-Gleichungen erfolgt, bedeutet dies den Konvektionsfluss des Impulses), in Komponenten, die entlang der verschiedenen Charakteristiken der Gleichungen fließen. Im Allgemeinen fließen diese Flüsse in verschiedene Richtungen. Jeder Fluss wird dann mit einem für die entsprechende Richtung geeignetem Aufwindverfahren behandelt. Die resultierende Methode ist ziemlich komplex, aber der Aufwind bietet Stabilität und Glättung bei Diskontinuitäten.

11.3.3 Limiter

Als nächstes erwähnen wir eine Klasse von Verfahren, die Limiter verwenden, um glatte und genaue Lösungen zu erhalten. Die früheste davon (und eine der am einfachsten zu erklären) ist die Flusskorrigierte-Transport-Methode (*flux-corrected transport,* FCT) von Boris und Book (1973); siehe auch Kuzmin et al. (2012). In einer eindimensionalen Version des Verfahrens könnte man die Lösung zuerst mit einer einfachen Aufwindmethode 1. Ordnung berechnen. Der Diffusionsfehler in der Lösung kann geschätzt werden (eine Möglichkeit wäre, ein Verfahren höherer Ordnung zu verwenden und die Differenz zu berechnen). Dieser geschätzte Fehler wird dann von der ersten Lösung abgezogen (ein sogenannter Antidiffusionsschritt), aber nur insoweit, als er keine Oszillationen in der korrigierten Lösung erzeugt. In Kuzmin et al. (2012) wird beschrieben, wie Zalesak (1979) FCT auf multidimensionale Form erweitert hat und Parrott und Christie (1986) FCT auf finite Elemente auf unstrukturierten Gittern verallgemeinert haben.

Noch ausgefeiltere Methoden basieren auf ähnlichen Ideen und werden allgemein als *Flusslimiter* bezeichnet; siehe Abschn. 4.4.6, wo wir eine Reihe von Alternativen beschrieben haben. Zur Erinnerung: Das Konzept besteht darin, den Fluss der erhaltenen Größe in ein Kontrollvolumen auf ein Niveau zu begrenzen, damit kein lokales Maximum oder Minimum des Profils dieser Größe in diesem Kontrollvolumen entsteht. In "Total Variation Diminishing" (TVD) Verfahren, eine der beliebtesten Methode dieser Art, ist die Idee, die Gesamtvariation der Größe q zu reduzieren, die wie folgt definiert wird:

$$TV(q^n) = \sum_k |q_k^n - q_{k-1}^n|, \qquad (11.30)$$

durch Begrenzung des Flusses der Größe q durch die Seiten des Kontrollvolumens; k ist dabei ein Gitterpunktindex.

Diese Methoden haben sich als geeignet erwiesen, um bei eindimensionalen Problemen sehr saubere Stöße zu erzeugen. Es liegt nahe, bei multidimensionalen Problemen die eindimensionale Version in jede Richtung anzuwenden. Dieser Ansatz ist aus ähnlichen Gründen nicht ganz zufriedenstellend, aus denen die Aufwindmethoden für inkompressible Strömungen in mehr als einer Dimension weniger genau sind; dieses Thema wurde in Abschn. 4.7 diskutiert.

TVD-Verfahren reduzieren die Ordnung der Approximation in der Nähe einer Diskontinuität. Sie werden zur 1. Ordnung an der Diskontinuität selbst, denn dies ist die einzige Approximation, die garantiert eine monotone Lösung ergibt. Der Charakter des Verfahrens 1. Ordnung bedeutet, dass eine große Menge numerischer Dissipation eingeführt wird. Eine weitere Klasse von Verfahren, genannt *im Wesentlichen nichtoszilliernde* (essentially non-oscillatory – ENO) Verfahren, wurde entwickelt (siehe Kontext in Abschn. 4.4.6). Sie fordern keine Monotonie und verwenden, anstatt die Ordnung der Approximation zu reduzieren, verschiedene Rechensterne oder Formfunktionen in der Nähe einer Diskontinuität; einseitige. Rechensterne werden verwendet, um eine Interpolation über die Diskontinuität zu vermeiden.

In gewichteten ENO-Verfahren („weighted ENO" – WENO) werden mehrere Rechensterne definiert und auf die von ihnen erzeugten Oszillationen überprüft; je nach Art der erfassten Oszillationen werden Gewichtsfaktoren verwendet, um die endgültige Formfunktion zu definieren (meist als *Rekonstruktionspolynom* bezeichnet). Für die rechnerische Effizienz sollten es wenige und kompakte Rechensterne sein, aber um Oszillationen zu vermeiden und gleichzeitig eine hohe Ordnung der Approximation einzuhalten, muss eine große Anzahl von Nachbarn im Verfahren verwendet werden. Studien über atmosphärische Grenzschichtströmungen und Stöße haben gezeigt, dass eine Änderung der Approximation der Konvektionsterme zu signifikanten Veränderungen der Ergebnisse führen kann, da WENO-Verfahren bei Vorhandensein von hohen Gradienten dissipativ sind. Fu et al. (2016) und Fu et al. (2017) gehen dieses Problem mit Methoden für sogenannte "gezielte ENO-Verfahren" an. Diese erzeugen optimierte Verfahren höherer Ordnung (z. B. 6. oder 8. Ordnung) mit geringerer Dissipation und besserer Vorhersage in Stoßnähe.

Ausgefeilte nichtoszilierende Methoden für unstrukturierte adaptive Gitter wurden unter anderem von Abgrall (1994), Liu et al. (1994), Sonar (1997) und Friedrich (1998) beschrieben. Diese Verfahren sind in implizite Methoden schwer zu implementieren; in expliziten Methoden erhöhen sie die Rechenzeit pro Zeitschritt, aber die Genauigkeit und das Fehlen von Oszillationen kompensieren in der Regel die höheren Kosten.

Schließlich erwähnen wir, dass, obwohl sie für die Lösung elliptischer Gleichungen entwickelt wurden, Mehrgitterverfahren mit großem Erfolg auf kompressible Strömungsprobleme angewendet wurden und werden.

11.3.4 Vorkonditionierung

Es wird auch darauf hingewiesen, dass die meisten der kürzlich beschriebenen Methoden explizit sind. Dies bedeutet, dass es Einschränkungen bei den Zeitschritten (oder einem effektiven Äquivalent) gibt, die mit ihnen verwendet werden können. Wie üblich erfolgt die Einschränkung in Form einer Courant-Bedingung, hat aber aufgrund des Vorhandenseins von Schallwellen die modifizierte Form:

$$\frac{|u \pm c|\,\Delta t}{\Delta x} < \alpha, \tag{11.31}$$

wobei c die Schallgeschwindigkeit im Gas und, wie üblich, α ein Parameter ist, der von der jeweils verwendeten Zeitintegrationsmethode abhängt.

Bei Strömungen, die nur leicht kompressibel sind, d. h. $\mathrm{Ma} = u/c \ll 1$, reduziert sich diese Bedingung auf:

$$\frac{c \, \Delta t}{\Delta x} < \alpha, \tag{11.32}$$

was viel restriktiver ist als die Courant-Bedingung:

$$\frac{u \, \Delta t}{\Delta x} < \alpha, \tag{11.33}$$

die in der Regel bei inkompressiblen Strömungen anwendbar ist. So neigen Methoden für kompressible Strömungen dazu, im Grenzfall der leicht kompressiblen Strömung sehr ineffizient zu werden. Die oben vorgestellten Druckkorrekturmethoden scheinen sowohl für inkompressible als auch für kompressible, stationäre und instationäre Strömungen recht effizient zu sein. Aus diesem Grund werden sie hauptsächlich in universellen kommerziellen Rechenprogrammen verwendet, die auf ein breites Anwendungsspektrum von inkompressiblen bis hin zu hochkompressiblen Strömungen ausgerichtet sind.

Es gibt auch Methoden, die ursprünglich für kompressible Strömungen entwickelt und dann erweitert wurden, um auf Strömungen bei allen Machzahlen anwendbar zu sein. Wie in Abschn. 11.1 erwähnt, werden die geltenden Gleichungen bei niedrigen Machzahlen numerisch sehr steif. Um dem entgegenzuwirken, können wir eine Präkonditionierung verwenden (das Konzept wurde in Abschn. 5.3 diskutiert). Wir stellen kurz die Grundgedanken einer solchen Methode vor, die in zwei kommerziellen Programmen implementiert ist; weitere Details finden sich in Weiss und Smith (1995) und Weiss et al. (1999). Das Verfahren verwendet eine Vorkonditionierung der Zeitableitung, um auf inkompressible Strömungen anwendbar zu sein; dieser Ansatz wurde erstmals von Turkel (1987) vorgeschlagen. Das gekoppelte System von Erhaltungsgleichungen wird mit Druck p, den kartesischen Geschwindigkeitskomponenten u_i und der Temperatur T als Lösungsvariablen betrachtet. Die Vorkonditionierungsmatrix K, die die Terme mit einer Zeitableitung im gekoppelten Gleichungssystem multipliziert, ist definiert als:

$$K = \begin{bmatrix} \theta & 0 & 0 & 0 & \dfrac{\partial \rho}{\partial T} \\[2ex] \theta u_x & \rho & 0 & 0 & u_x \dfrac{\partial \rho}{\partial T} \\[2ex] \theta u_y & 0 & \rho & 0 & u_y \dfrac{\partial \rho}{\partial T} \\[2ex] \theta u_z & 0 & 0 & \rho & u_z \dfrac{\partial \rho}{\partial T} \\[2ex] \theta h - \delta & \rho u_x & \rho u_y & \rho u_z & h \dfrac{\partial \rho}{\partial T} + \rho c_p \end{bmatrix}. \tag{11.34}$$

Die Ableitung der Dichte nach der Temperatur wird bei konstantem Druck durchgeführt. Für ein ideales Gas erhält man

$$\left(\frac{\partial \rho}{\partial T}\right)_p = -\frac{p}{RT},\tag{11.35}$$

und δ ist gleich eins, während für ein inkompressibles Fluid beide Größen gleich null gesetzt werden. Der wichtigste Parameter ist θ, der definiert ist als:

$$\theta = \frac{1}{U_r^2} - \frac{\partial \rho/\partial T}{\rho c_p},\tag{11.36}$$

wobei U_r für eine Referenzgeschwindigkeit steht. Sie wird so gewählt, dass die Eigenwerte des Systems in Bezug auf Konvektions- und Diffusionszeitskalen gut konditioniert bleiben, d. h. sie werden neu skaliert, um die Steifigkeit der Gleichungen zu beseitigen. Dies wird erreicht, indem U_r so begrenzt wird, dass sein Wert nirgendwo unter die lokale Konvektions- oder Diffusionsgeschwindigkeit fällt:

$$U_r = \max\left(|\mathbf{v}|, \nu/\Delta x, \varepsilon\sqrt{\delta p/\rho}\right),\tag{11.37}$$

und ein dritter Grenzwert wird aus Gründen der numerischen Stabilität gewählt (insbesondere wegen der Staupunkt-/Linienzonen; ε wird typischerweise auf 10^{-3} gesetzt). Δx ist die lokale Längenskala für die Diffusion basierend auf dem Gitterabstand. Für kompressible Strömungen ist U_r zusätzlich durch die lokale Schallgeschwindigkeit c begrenzt.

Es wird eine FV-Methode mit räumlicher Diskretisierung 2. Ordnung verwendet. Die zellzentrierten Gradienten, mit denen die Variablen zu den Mittelpunkten der KV-Seiten interpoliert werden, werden limitiert, um Oszillationen zu vermeiden; es wird die von Barth und Jespersen (1989) vorgeschlagene Methode verwendet.

Die Vorkonditionierung der Zeitableitung zerstört die Zeitgenauigkeit und das Verfahren ist daher nur bei stationären Problemen anwendbar, bei denen nur die endgültige Lösung von Interesse ist, d. h. wenn die Zeitableitung gleich null wird und die Vorkonditionierung keinen Schaden verursacht. Wenn eine zeitgenaue Lösung für ein transientes Problem benötigt wird, muss man die doppelte Zeitschrittfunktion verwenden. Das Gleichungssystem für instationäre Strömungen hat dann jeweils einen Zeitableitungsterm in Bezug auf die „physikalische Zeit" und eine vorkonditionierte Zeitableitung in Bezug auf eine „Pseudozeit". Für jeden physikalischen Zeitschritt werden mehrere Schritte in der Pseudozeit durchgeführt, bis sich die Lösung nicht mehr ändert (d. h. ein stationärer Zustand in der Pseudozeit wird erreicht, die vorkonditionierte Zeitableitung wird gleich null, und die ursprünglichen Gleichungen werden wieder hergestellt).

Die Schritte in der Pseudozeit entsprechen den äußeren Iterationen im zuvor beschriebenen sequentiellen Druckkorrekturverfahren. Für die Integration in der Pseudozeit wird die implizite Euler-Methode 1. Ordnung verwendet, da sie große Zeitschritte erlaubt und die Genauigkeit in der Pseudozeit nicht erforderlich ist. Bei der Lösung transienter Strömungsprobleme muss die Größe der physikalischen Zeitschritte entsprechend den Genauigkeitsanforderungen gewählt werden; die verwendeten Verfahren sind typischerweise 2. Ordnung, z. B. implizite Rückwärtsmethode mit drei Zeitebenen oder die Crank-Nicolson-Methode.

Stationäre inkompressible Strömungsprobleme, wie sie in Kap. 8 und 9 vorgestellt wurden, können mit diesem gekoppelten Löser sehr effizient gelöst werden, wenn der Schritt in der Pseudozeit so gewählt wird, dass die Courant-Zahl sehr groß ist (zwischen 1000 und 10.000); wenn kleinere Zeitschritte vorgeschrieben sind, ist das Verfahren nicht sehr effizient. Die kommerziellen Programme bieten in der Regel Standardwerte der Courant-Zahl zwischen 1 und 10, was selten optimal ist. Das Problem ist, dass der maximal nutzbare Wert der Courant-Zahl (die in der Regel die höchste Effizienz bietet) problemabhängig ist und um mehrere Größenordnungen variieren kann.

Die Effizienz des oben beschriebenen gekoppelten Lösers (sowohl für inkompressible als auch für kompressible Strömungen) hängt stark von der Verwendung einer algebraischen Mehrgittermethode (siehe Abschn. 12.4) zur Lösung der linearisierten gekoppelten Gleichungen ab. Weitere Details und einige anschauliche Anwendungsbeispiele finden sich in Weiss et al. (1999).

11.4   Kommentare zu Anwendungen

Die Literatur über kompressible Strömungen ist reich an Anwendungen und Veröffentlichungen, die beispielsweise Methoden höherer Ordnung, Grobstruktursimulation, Wandmodellierung usw. behandeln. Wir kommentieren hier einige davon.

Eines der frühesten Werke, das die Grobstruktursimulation einer kompressiblen Strömung mit einer zusätzlichen Skalarvariablen behandelte, ist das von Moin et al. (1991). Zusätzlich zur Verwendung eines dynamischen SGS-Modells (siehe Abschnitt Abschn. 10.3.3.3) wurden die geltenden Gleichungen in Form von Favre-gefilterten (dichtegewichteten) Variablen uminterpretiert. Wie Bilger (1975) betont, „macht diese Mittelung die Kontinuitätsgleichung exakt und eliminiert doppelte Korrelationen mit Dichtefluktuationen aus den turbulenten Flüssen". Eine Favre-gefilterte Variable ist definiert als

$$\overline{u}_i = \frac{\overline{\rho u_i}}{\overline{\rho}}, \tag{11.38}$$

wobei die Überlinie entweder RANS- oder LES-Mittelung bedeutet. Die resultierenden Gleichungen sehen sehr ähnlich aus wie die inkompressiblen RANS- oder LES-Gleichungen, mit Ausnahme des Vorhandenseins der gemittelten Dichte und der Kontinuitätsgleichung mit einer Zeitableitung. Standardlösungsmethoden sind anwendbar und die Ergebnisse für den Zerfall isotroper Turbulenz und Kanalströmung waren ausgezeichnet. Garnier et al. (2009), Abschn. 2.3.6, behandelt die Favre-Filterung (wobei betont wird, dass die meisten Autoren diese Änderung der Variablen verwendet haben), während Moin et al. (1991) die Entwicklung der Impuls- und Skalargleichungen im Detail darstellen.

Ein Bereich der aktiven Forschung ist die Vorhersage von Lärm durch Abgase von Triebwerken. Dies führt akustische Ausbreitung und neue Einschränkungen bei Diskretisierungen und Randbedingungen ein. Bodony und Lele (2008) geben einen Überblick der Vorhersage von Triebwerkslärm mit Hilfe der LES, aber seitdem wurden Verbesserungen erreicht. Brès et al. (2017) wenden LES auf Strömung um Überschallflugzeuge mit einem Rechenprogramm für unstrukturierte Gitter an. Housman et al. (2017) verwenden überlappende Gitter (siehe Abschn. 9.1.3) mit hybriden RANS/LES-Modellen, um Triebwerkslärm als Teil einer gezielten Anstrengung zur Entwicklung eines leisen Überschall-Geschäftsflugzeugs zu untersuchen. Brehm et al. (2017) verwenden implizite LES (siehe Abschn. 10.3.2) und ein modifiziertes stoßerfassendes WENO-Verfahren 6. Ordnung (Abschn. 11.3), um die Geräuschentwicklung vom Wandaufprall supersonischer Gasstrahlen zu untersuchen, als Teil des NASA-Projekts zur Abschirmung von Triebwerkslärm, um den Lärm in der Umgebung zu reduzieren. Übersichtsartikel zur Vorhersage von strömungserzeugtem Schall und numerische Verfahren für Hochgeschwindigkeitsströmungen findet man in Wang et al. (2016) und Pirozzoli (2011).

Schließlich weisen wir auf Le Bras et al. (2017) hin, die wandgebundene kompressible Strömungen untersuchen und numerische Verfahren höherer Ordnung (z. B. kompakte Methoden 6. Ordnung; siehe Abschn. 3.3.3), ein auf Wirbelviskosität basierendes SGS-Modell und ein Wandmodell (mit analytischen Gesetzen von Reichardt (1951) für Geschwindigkeit und Kader (1981) für Temperatur; vgl. Abschn. 10.3.5.5) kombinieren.

Die „NASA Turbulence Modeling Resource" (NASATMR) gibt Hinweise zur Implementierung von Turbulenzmodellen in die kompressiblen RANS-Gleichungen.

Literatur

Abe, K. , Jang, Y.-J. & Leschziner, M. A. (2003). An investigation of wall-anisotropy expressions and length-scale equations for non-linear eddy-viscosity models. *Int. J. Heat Fluid Flow*, **24**, 181–198.

Abgrall, R. (1994). On essentially non-oscillatory schemes on unstructured meshes: Analysis and implementation. *J. Comput. Phys.*, **114**, 45–58.

Barth, T. J. & Jespersen, D. C. (1989). The design and application of upwind schemes on unstructured meshes. In *27th Aerospace Sci. Mtg.* (AIAA Paper 89-0366)

Beam, R. M. & Warming, R. F. (1978). An implicit factored scheme for the compressible Navier-Stokes equations. *AIAA J.*, **16**, 393–402.

Bilger, R. W. (1975). A note on Favre averaging in variable density flows. *Combust. Sci. Technol.*, **11**, 215–217.

Bodony, D. J. & Lele, S. K. (2008). Current status of jet noise predictions using large-eddy simulation. *AIAA J.*, **46**, 364–380.

Boris, J. P. & Book, D. L. (1973). Flux-corrected transport. i. SHASTA, a fluid transport algorithm that works. *J. Comput. Phys.*, **11**, 38–69.

Brehm, C. , Housman, J. A. , Kiris, C. C. , Barad, M. F. & Hutcheson, F. V. (2017). Four-jet impingement: Noise characteristics and simplified acoustic model. *Int. J. Heat and Fluid flow*, **67**, 43–58.

Brès, G. A. , Ham, F. E. , Nichols, J. W. & Lele, S. K. (2017). Unstructured large-eddy simulations of supersonic jets *AIAA J.*, **55**, 1164–1184.

Chow, F. K. & Moin, P. (2003). A further study of numerical errors in large-eddy simulations. *J. Comput. Phys.*, **184** 366–380.

Demirdžić, I. , Lilek, v. & Perić, M. (1993). A colocated finite volume method for predicting flows at all speeds. *Int. J. Numer. Methods Fluids*, **16**, 1029–1050.

Durran, D. R. (2010). *Numerical methods for fluid dynamics with applications to geophysics* (2. Aufl.). Berlin: Springer.

Friedrich, O. 1998. Weighted essentially non-oscillatory schemes for the interpolation of mean values on unstructured grids. *J. Comput. Phys.*, **144**, 194–212.

Fu, L. , Hu, X. Y. & Adams, N. A. (2016). A family of high-order targeted ENO schemes for compressible-fluid simulations. *J. Comput. Phys.*, **305**, 333–359.

Fu, L. , Hu, X. Y. & Adams, N. A. (2017). Targeted ENO schemes with tailored resolution property for hyperbolic conservation laws. *J. Comput. Phys.*, **349**, 97–121.

Garnier, E. , Adams, N. & Sagaut, P. (2009). *Large-eddy simulation for compressible flows*. Berlin: Springer.

Hirsch, C. 2007. *Numerical computation of internal and external flows* (2nd Aufl., Bd. I). Burlington, MA: Butterworth-Heinemann (Elsevier).

Housman, J. A. , Stich, G.-D. & Kiris, C. C. (2017). Jet noise prediction using hybrid RANS/LES with structured overset grids. In *23rd AIAA/CEAS Aeroacoustics Conf.*, AIAA Paper 2017-3213.

Issa, R. I. & Lockwood, F. C. (1977). On the prediction of two-dimensional supersonic viscous interaction near walls. *AIAA J.*, **15**, 182–188.

Kader, B. A. (1981). Temperature and concentration profiles in fully turbulent boundary layers. *Int. J. Heat mass Transfer*, **24**, 1541–1544.

Karki, K. C. & Patankar, S. V. (1989). Pressure based calculation procedure for viscous flows at all speeds in arbitrary configurations. *AIAA J.*, **27**, 1167–1174.

Kuzmin, D. , Löhner, R. & Turek, S. (Hrsg.). (2012). *Flux-corrected transport: Principles, algorithms, and applications* (2. Aufl.). Dordrecht: Springer.

Le Bras, S. , Deniau, H. , Bogey, C. & Daviller, G. (2017). Development of compressible large-eddy simulations combining high-order schemes and wall modeling. *AIAA J.*, **55**, 1152–1163.

Lilek, Ž. (1995). *Ein Finite-Volumen Verfahren zur Berechnung von inkompressiblen und kompressiblen Strömungen in komplexen Geometrien mit beweglichen Rändern und freien Oberflächen* (PhD Dissertation). University of Hamburg, Germany.

Liu, X.-D. , Osher, S. & Chan, T. (1994). Weighted essentially non-oscillatory schemes. *J. Comput. Phys.*, **115**, 200–212.

MacCormack, R.W. (2003). The effect of viscosity in hypervelocity impact cratering. *J. Spacecraft and Rockets*, **40**, 757-763. (Reprinted from AIAA Paper 69-354, 1969)

Mason, M. L., Putnam, L. E. & Re, R. J. (1980). The effect of throat contouring on two-dimensional converging-diverging nozzle at static conditions. *NASA Techn. Paper No. 1704*.

Moin, P. , Squires, K. , Cabot, W. & Lee, S. (1991). A dynamic subgrid-scale model for compressible turbulence and scalar transport. *Phys. Fluids A*, **3**, 2746–2757.

NASA TMR. (o.J.). *Turbulence modeling resource* Langley Research Center. Zugriff auf https://turbmodels.larc.nasa.gov/index.html

Parrott, A. K. & Christie, M. A. (1986). FCT applied to the 2-D finite element solution of tracer transport by single phase flow in a porous medium In K. W. Morton & M. J. Baines (Hrsg.), *Proc. ICFD-conf. num. meth. in fluid dyn.* (S. 609 ff.). Oxford U. Press.

Perić, R. (2019). *Minimierung unerwünschter Wellenreflexionen an den Gebietsrändern bei Strömungssimulationen mit Forcing Zones* (PhD Dissertation). Technische Universität Hamburg, Germany.

Pirozzoli, S. (2011). Numerical methods for high-speed flows. *Annu. Rev. Fluid Mech.*, **43**, 163–194.

Reichardt, H. (1951). Vollständige Darstellung der turbulenten Geschwindigkeitsverteilung in glatten Leitungen. *Z. Angew. Math. Mech.*, **31**, 208–219.

Riahi, H., Meldi, M., Favier, J., Serre, E. & Goncalves, E. (2018). A pressure-corrected immersed boundary method for the numerical simulation of compressible flows. *J. Comput. Phys.*, **374**, 361–383.

Rizzi, A. & Viviand, H. (Hrsg.). (1981). Numerical methods for the computation of inviscid transonic flows with shock waves. Notes on Numerical Fluid mechanics (Bd. **3**). Braunschweig: Vieweg.

Sonar, T. (1997). On the construction of essentially non-oscillatory finite volume approximations to hyperbolic conservation laws on general triangulations: Polynomial recovery, accuracy and stencil selection. *Comput. Methods Appl. Mech. Engrg.*, **140**, 157.

Steger, J. L. & Warming, R. F.(1981). Flux vector splitting of the inviscid gas-dynamic equations with applications to finite difference methods. *J. Comput. Phys.*, **40**, 263–293.

Tannehill, J. C., Anderson, D. A. & Pletcher, R. H. (1997). *Computational fluid mechanics and heat transfer* (2. Aufl.). Penn.: Taylor & Francis.

Turkel, E. 1987. Preconditioned methods for solving the incompressible and low speed compressible equations. *J. Comput. Phys.*, **72**, 277–298.

Van Doormal, J. P. , Raithby, G. D. & McDonald, B. H. (1987). The segregated approach to predicting viscous compressible fluid flows. *ASME J. Turbomachinery*, **109**, 268–277.

Wang, R. , Feng, H. & Huang, C. (2016). A new mapped Weighted Essentially Non-oscillatory method using rational mapping function. *J. Sci. Computing*, **67**, 540–580.

Weiss, J. M. & Smith, W. A. (1995). Preconditioning applied to variable and constant density flows. *AIAA J.*, **33**, 2050–2057.

Weiss, J. M. , Maruszewski, J. P. & Smith, W. A. (1999). Implicit solution of preconditioned Navier-Stokes equations using algebraic multigrid. *AIAA J.*, **37**, 29–36.

Zalesak, S. T. (1979). Fully multidimensional flux-corrected transport algorithms for fluids. *J. Comput. Phys.*, **31**, 335–362.

Steigerung der Effizienz und der Genauigkeit 12

12.1 Einführung

12.1.1 Gitterauflösung und Strömungseigenschaften

Dieses Kapitel behandelt die rechnerische Effizienz und Genauigkeit aus der Sicht der numerischen Methoden. Als Einführung werfen wir einen kurzen Blick auf die Genauigkeit numerischer Lösungen im Kontext der Strömungsphysik, d. h. stellt die numerische Lösung die Strömungsphysik korrekt dar? Es ist wichtig, ein klares Verständnis für das Ziel einer Simulation zu haben, insbesondere, welche Strömungsphysik versucht man darzustellen oder zu reproduzieren? Physikalische Kenntnisse (oft aus der Theorie, Beobachtung der Strömung, Dimensionsanalyse etc.) helfen uns, die erforderliche Gitterauflösung zu definieren. In Kap. 10 stellten wir die Simulation der Strömung um eine Kugel vor. Es war klar, dass der Widerstandsbeiwert für eine bestimmte Konfiguration nicht empfindlich auf die Gitterauflösung reagiert, aber das Hinzufügen eines Stolperdrahtes hatte einen großen Effekt (Reduzierung des Widerstands um den Faktor 3). Andererseits änderten sich die Details der kleinen Wirbel in der Nähe der Strömungsablösung, als das Gitter für die glatte Kugel verfeinert wurde. Wenn wir uns z. B. für Wärmeübertragung interessieren, wären die lokalen Änderungen der Strömung dort vielleicht von Interesse gewesen. Es ist klar, dass wir den Erfolg der Simulation bei der Erfassung der zu untersuchenden Strömungsphysik verstehen müssen.

Die vorhergesagte Strömungsphysik kann durch die Gitterauflösung stark beeinflusst werden. Die Rayleigh-Benard-Konvektion (das zwischen zwei horizontalen Platten eingeschlossene Fluid wird von unten erwärmt) bietet ein Beispiel. In dieser Strömung bezeichnet die kritische Rayleigh-Zahl die anfängliche Instabilität, die zu einem Übergang von der molekularen Leitung zur Konvektion führt, und ihre Wellenlänge ist etwa doppelt so groß wie der Abstand zwischen den Platten in einem Experiment oder einer direkten numerischen Simulation. Wenn die Gitterauflösung jedoch in der Größenordnung des Plattenabstandes liegt,

© Springer-Verlag GmbH Deutschland, ein Teil von Springer Nature 2020
J. H. Ferziger et al., *Numerische Strömungsmechanik*,
https://doi.org/10.1007/978-3-662-46544-8_12

kann die anfängliche Instabilität nicht richtig dargestellt werden. Würden wir mit der linearen Stabilitätstheorie diese anfängliche Wellenlänge abschätzen, so würden wir wahrscheinlich einen Gitterabstand in der Größenordnung eines Zehntels der Wellenlänge wählen. Zhou et al. (2014) untersuchten die konvektive atmosphärische Grenzschicht und zeigten, dass die Größe der anfänglichen Instabilitätsstrukturen und die „kritische" turbulente Rayleigh-Zahl vom „Gitterabstand und nicht vom natürlichen Zustand der Strömung" abhängen. Die Strömungsphysik, die wir in einer Simulation sehen (oder aus ihr interpretieren können), hängt davon ab, wie gut das Gitter die realen Strömungsphänomene auflöst; solange die Auflösung unzureichend ist, unterscheidet sich das, was wir sehen, von dem, was wir in Wirklichkeit sehen würden (Natur oder Experiment).

Eine überzeugende Demonstration des Einflusses der Gittergröße auf die vorhergesagte Strömungsphysik wurde von Bryan (2007) und Bryan et al. (2003) vorgestellt. Sie berichteten über Simulationen von Tieffeucht-Konvektionsströmungen durch eine Sturmwetterfront unter Verwendung eines nichthydrostatischen kompressiblen CFD-Programms (derselbe Löser wie im WRF-Modell – Weather Research and Forecasting) in LES-Modus (vgl. Abschn. 10.3.3); das Lösungsgebiet war 128 km entlang der Front, 512 km quer dazu und 18 km hoch. Für einen Windsprung von 20 m/s durch die Front präsentierten sie die Ergebnisse in Abb. 12.1 für die vertikale Geschwindigkeit bei 5 km über dem Boden und 6 h in die Simulation. Die Ergebnisse sind insofern erstaunlich, als die Anzahl und Größe der Auf- und Abwinde (d. h. der Wolkenbildung) stark von der Gitterauflösung abhängig ist, bis man 125 m erreicht; Bryan zeigt in Energiespektrumdiagrammen (Abb. 12.2), dass die Strömung bei 125 m vernünftig aufgelöst wird. In dieser Abbildung ist es wieder erstaunlich festzustellen, dass bei größerem Gitterabstand die Größe der energiereichsten Wirbel eher von der Gittergröße als von der Strömungsphysik bestimmt wird; in der Tat skaliert die Breite der energiereichsten Aufwinde asymptotisch mit sechsfacher Gittermaschenweite, wenn die Gittermaschenweite zunimmt! Eine Überschlagsanalyse für diesen Fall, die von einem Durchmesser der konvektiven Zellen von 2 km in dieser Situation ausgeht (basierend auf Felddaten), führt zu einem Vorschlag für horizontale Gitterauflösung von ca. 100 m bis 200 m für eine aufgelöste LES, was mit der detaillierten Gitterauflösungsstudie von Bryan übereinstimmt; siehe auch Matheou und Chung (2014).

Zusammenfassend lässt sich sagen, dass die Verfeinerung und Verbesserung eines Gitters für eine Simulation in der Regel zu einer verbesserten Genauigkeit führt. Es kann aber auch in der simulierten Strömungsphysik zu einer radikalen Änderung führen. Ein Verständnis der zu erwartenden Strömungsphysik kann ein Leitfaden für eine korrekte Simulation sein.

12.1.2 Organisation

Das beste Maß für die Effizienz einer Lösungsmethode ist der Rechenaufwand, der erforderlich ist, um die gewünschte Genauigkeit zu erreichen. Es gibt mehrere Methoden zur Verbesserung der Effizienz und Genauigkeit von CFD-Methoden; wir stellen drei vor, die

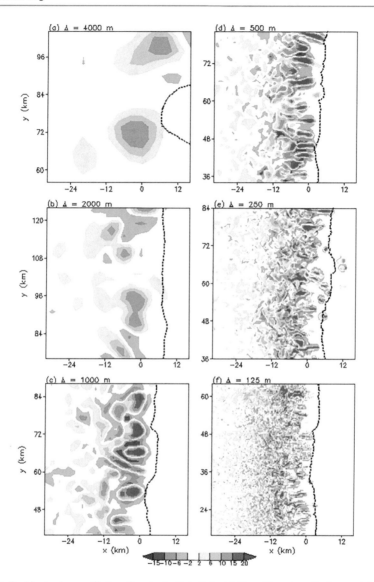

Abb. 12.1 Farbkarte der vertikalen Geschwindigkeit (m/s) 5 km über dem Boden und 6 h in eine Wetterfrontsimulation mit Gitterabständen ($\triangle$) von 4 km bis 125 m. Gestrichelte Kontur markiert die Bodensturmfront. Mit freundlicher Genehmigung von George Bryan, National Center for Atmospheric Research

Abb. 12.2 Vertikale
Geschwindigkeitsspektren
5 km über dem Boden in einer
Wetterfrontsimulation bei
Gitterabständen ($\triangle$) von 8 km
bis 125 m. Hier ist κ die
Wellenzahl. Gestrichelte Linien
enden etwa bei der Wellenlänge
des Gitterabstandes. Mit
freundlicher Genehmigung von
George Bryan, National Center
for Atmospheric Research

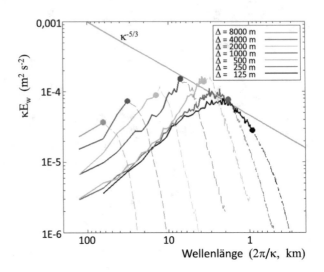

generisch genug sind, um auf jedes der in den vorangegangenen Kapiteln beschriebenen
Lösungsverfahren angewendet zu werden.

12.2 Fehleranalyse und -abschätzung

Die verschiedenen Fehlerarten, die bei der numerischen Lösung von Strömungsproblemen
unvermeidlich sind, wurden in Abschn. 2.5.7 kurz diskutiert. Hier geben wir eine detailliertere Darstellung der verschiedenen Arten von Fehlern und diskutieren, wie diese abgeschätzt
und beseitigt werden können. Auch Fragen der Programm- und Modellvalidierung werden
behandelt.

12.2.1 Beschreibung der Fehler

12.2.1.1 Modellfehler

Die Fluidströmung und verwandte Prozesse werden in der Regel durch integrale oder par-
tielle Differentialgleichungen beschrieben, die grundlegende Erhaltungsgesetze darstellen.
Die Gleichungen können als ein mathematisches Modell des Problems betrachtet werden.
Obwohl die Navier-Stokes-Gleichungen als exakt angesehen werden können, ist es für die
meisten Strömungen im Ingenieurwesen unmöglich, sie zu lösen. Turbulenz stellt enorme
Anforderungen an die Computerressourcen, wenn sie direkt simuliert werden soll; andere
Phänomene wie Verbrennung, Mehrphasenströmung, chemische Prozesse usw. sind schwer
genau zu beschreiben und erfordern zwangsläufig die Einführung von Modellnäherungen.

Die Gesetze von Newton und Fourier sind selbst nur Modelle, obwohl sie solide auf experimentellen Beobachtungen für viele Fluide basieren.

Selbst wenn das zugrunde liegende mathematische Modell nahezu exakt ist, sind einige Eigenschaften des Fluids möglicherweise nicht genau bekannt. Alle Fluideigenschaften hängen stark von der Temperatur, der Spezieskonzentration und eventuell vom Druck ab; diese Abhängigkeit wird oft ignoriert und führt somit zu zusätzlichen Modellfehlern (z. B. die Verwendung der Boussinesq-Approximation für die natürliche Konvektion, die Vernachlässigung von Kompressibilitätseffekten bei niedrigen Mach-Zahlen usw.).

Die Gleichungen erfordern Anfangs- und Randbedingungen. Diese sind oft schwer genau zu spezifizieren. In anderen Fällen ist man aus verschiedenen Gründen gezwungen, sie zu approximieren. Häufig wird das Lösungsgebiet, das unendlich sein sollte, als endlich mit künstlichen Randbedingungen betrachtet. Oft müssen wir Annahmen über die Strömung am Einstromrand sowie an den Seiten- und Ausstromrändern treffen. Selbst wenn die bestimmenden Gleichungen exakt sind, können Approximationen an den Rändern die Lösung beeinflussen.

Schließlich kann die Geometrie schwierig zu repräsentieren sein; oft müssen wir Details vernachlässigen, für die es schwierig ist, Gitter zu erzeugen. Viele Rechenprogramme, die strukturierte oder blockstrukturierte Gitter verwenden, können nicht auf sehr komplexe Probleme angewendet werden, ohne die Geometrie zu vereinfachen.

Selbst wenn wir also die Gleichungen für vorgegebene Randbedingungen genau lösen könnten, würde das Ergebnis aufgrund der Fehler in den Modellannahmen die Strömung nicht genau beschreiben. Wir definieren den *Modellfehler* daher als *die Differenz zwischen der realen Strömung und der genauen Lösung des mathematischen Modells für die spezifizierte Geometrie, die Fluideigenschaften sowie die Anfangs- und Randbedingungen.*

12.2.1.2 Diskretisierungsfehler

Wir sind selten in der Lage, die bestimmenden Gleichungen exakt zu lösen. Jede numerische Methode erzeugt *approximative Lösungen*, da verschiedene Näherungen vorgenommen werden müssen, um ein algebraisches Gleichungssystem zu erhalten, das am Computer gelöst werden kann. Beispielsweise muss man bei FV-Methoden geeignete Approximationen für Flächen- und Volumenintegrale, Variablenwerte an Zwischenstellen und Zeitintegrale verwenden. Je kleiner die räumlichen und zeitlichen diskreten Elemente sind, desto genauer werden diese Näherungen. Die Verwendung besserer Näherungen kann auch die Genauigkeit erhöhen; dies ist jedoch keine triviale Angelegenheit, da genauere Näherungen schwieriger zu programmieren sind, mehr Rechenzeit und Speicherplatz benötigen und bei komplexen Geometrien schwierig anzuwenden sein können. Normalerweise wählt man die Approximationen vor dem Schreiben eines Programms aus, sodass die räumliche und zeitliche Gitterauflösung die einzigen Parameter sind, die dem Benutzer zur Verfügung stehen, um die Genauigkeit zu kontrollieren.

Die gleiche Näherung kann in einem Teil der Strömung sehr genau sein, aber an anderer Stelle ungenau. Gleichmäßige Abstände (sowohl im Raum als auch in der Zeit) sind selten optimal, da die Strömung sowohl im Raum als auch in der Zeit lokal stark variieren kann; bei kleinen Änderungen der Variablen sind auch die Fehler gering. Somit können sich die Fehler in den Ergebnissen bei gleicher Anzahl von diskreten Elementen und gleichen Näherungen um eine Größenordnung oder mehr unterscheiden, je nach Gittergestaltung. Da der Rechenaufwand proportional zur Anzahl der diskreten Elemente ist, ist ihre richtige Verteilung und Größe für die Rechenleistung (die Kosten für das Erreichen der vorgeschriebenen Genauigkeit) unerlässlich.

Wir definieren den *Diskretisierungsfehler* als *den Unterschied zwischen der exakten Lösung der bestimmenden Gleichungen und der exakten Lösung der diskreten Approximation dieser Gleichungen.*

12.2.1.3 Iterationsfehler

Der Diskretisierungsprozess erzeugt normalerweise einen gekoppelten Satz nichtlinearer algebraischer Gleichungen. Diese sind in der Regel linearisiert und die linearisierten Gleichungen werden auch durch ein iteratives Verfahren gelöst, da die direkte Lösung in der Regel zu teuer ist.

Jeder Iterationsprozess muss irgendwann gestoppt werden. Wir müssen daher ein *Konvergenzkriterium* definieren, um zu entscheiden, wann wir den Prozess stoppen. In der Regel wird die Iteration fortgesetzt, bis die Höhe der Residuen um einen bestimmten Betrag reduziert wurde; dies kann als gleichwertig mit der Reduzierung des Fehlers um einen ähnlichen Betrag angesehen werden.

Selbst wenn der Lösungsprozess konvergiert und wir lange genug iterieren, erhalten wir nie die *exakte* Lösung der diskretisierten Gleichungen; Rundungsfehler aufgrund der endlichen arithmetischen Genauigkeit des Computers ergeben die niedrigste Grenze für die Iterationsfehler. Glücklicherweise werden die Rundungsfehler erst dann zum Problem, wenn die Iterationsfehler der arithmetischen Genauigkeit des Computers nahe kommen, und das ist weitaus mehr Genauigkeit, als normalerweise erforderlich ist.

Wir definieren den *Iterationsfehler* als *die Differenz zwischen der exakten und der iterativen Lösung der diskretisierten Gleichungen.* Obwohl diese Fehlerart nichts mit der Diskretisierung selbst zu tun hat, wächst der Aufwand, um den Fehler auf ein bestimmtes Niveau zu reduzieren, mit zunehmender Anzahl der diskreten Elemente. Es ist daher wichtig, ein optimales Niveau des Iterationsfehlers zu wählen – eines, das klein genug ist im Vergleich zu den anderen Fehlern (die sonst nicht bewertet werden könnten), aber nicht kleiner (weil die Kosten größer als nötig wären).

12.2.1.4 Programmier- und Benutzerfehler

Es wird oft gesagt, dass alle Computerprogramme Fehler (sog. „bugs") beinhalten – was wahrscheinlich wahr ist. Es liegt in der Verantwortung des Programmentwicklers, zu versuchen, sie zu beseitigen; ein Thema, das wir hier diskutieren werden. Es ist schwierig, Programmierfehler durch das Studium des Programms zu finden – ein besserer Ansatz ist es, Testprobleme zu entwickeln, bei denen die durch „bugs" verursachten Fehler sichtbar werden. Die Ergebnisse der Testberechnungen müssen sorgfältig geprüft werden, bevor das Rechenprogramm für Routineanwendungen verwendet wird. Man sollte überprüfen, ob Iterationen mit der erwarteten Rate konvergieren, ob die Diskretisierungsfehler mit der Erhöhung der Anzahl der diskreten Elemente in der erwarteten Weise abnehmen, und ob die Lösung mit akzeptierten Lösungen übereinstimmt, die entweder analytisch oder durch ein anderes, bewährtes Rechenprogramm erzeugt werden.

Ein kritischer Teil des Rechenprogramms ist die Implementierung von Randbedingungen. Die Ergebnisse müssen überprüft werden, um festzustellen, ob die angewandte Randbedingung wirklich erfüllt ist; es kann durchaus sein, dass dies nicht der Fall ist. Perić (1993) diskutierte ein solches Problem im Zusammenhang mit adiabaten Rändern in einer Strömung mit natürlicher Konvektion, wo die Isothermen senkrecht zum Rand enden sollen. Eine weitere häufige Problemquelle ist die Inkonsistenz bei Approximationen von eng gekoppelten Termen; z. B. muss bei einer stationären Blase der Druckabfall über die freie Oberfläche durch die Oberflächenspannung ausgeglichen werden. Einfache Strömungen, für die analytische Lösungen bekannt sind, sind sehr nützlich für die Überprüfung von Rechenprogrammen. So kann beispielsweise ein Programm mit beweglichen Gittern untersucht werden, indem das Innengitter unter Beibehaltung der festen Ränder bewegt wird und ruhendes Fluid als Ausgangszustand verwendet wird; das Fluid sollte in Ruhe bleiben und nicht von der Gitterbewegung beeinflusst werden.

Die Genauigkeit einer Lösung hängt nicht nur von der Diskretisierungsmethode und dem Programm ab, sondern auch vom Benutzer des Programms; es ist leicht, auch mit einem guten Programm schlechte Ergebnisse zu erzielen! Obwohl die meisten Benutzerfehler zu Fehlern führen, die in eine der drei oben genannten Kategorien fallen, ist es wichtig, zwischen systematischen Fehlern, die inhärent in der Methode vorhanden sind, und den vermeidbaren Fehlern, die auf Fehler im Programm oder unsachgemäße Verwendung des Programms zurückzuführen sind, zu unterscheiden.

Viele Benutzerfehler haben ihre Ursache in falschen Eingabedaten; oft wird der Fehler erst nach vielen Berechnungen gefunden – und manchmal wird er nie gefunden! Häufig hängen Fehler mit Geometrieskalierung oder Parameterauswahl zusammen, wenn die dimensionslose Form der Gleichungen verwendet wird. Eine andere Art von Benutzerfehler ist auf ein schlechtes numerisches Gitter zurückzuführen (eine unzulängliche Verteilung der Gitterpunkte kann die Fehler um eine Größenordnung oder mehr erhöhen – oder verhindern, dass man überhaupt eine Lösung erhält).

12.2.2 Fehlerabschätzung

Jede numerische Lösung enthält Fehler; wichtig ist zu wissen, wie groß die Fehler sind und ob ihr Niveau für die jeweilige Anwendung akzeptabel ist. Das akzeptable Fehlerniveau kann sehr unterschiedlich sein. Was in einer Optimierungsstudie in der frühen Designphase eines neuen Produkts, bei der nur die qualitative Analyse und die Reaktion des Systems auf Designänderungen wichtig sind, ein akzeptabler Fehler sein kann, könnte in einer anderen Anwendung katastrophal sein.

Es ist nicht nur wichtig, die Lösung zu erhalten – ebenso wichtig ist es zu wissen, wie gut die Lösung für die jeweilige Anwendung ist. Insbesondere bei der Verwendung von kommerziellen Programmen sollte sich der Nutzer auf eine sorgfältige Analyse der Ergebnisse und auf die Abschätzung der Fehler konzentrieren, soweit dies möglich ist. Dies mag für einen Anfänger eine große Belastung sein, aber ein erfahrener CFD-Praktiker wird dies routinemäßig tun.

Die Fehleranalyse sollte in umgekehrter Reihenfolge als in obiger Fehlerbeschreibung durchgeführt werden. Das heißt, man sollte damit beginnen, die Iterationsfehler (was innerhalb einer einzigen Berechnung durchgeführt werden kann), dann die Diskretisierungsfehler (was mindestens zwei Berechnungen auf verschiedenen Gittern erfordert) und schließlich die Modellfehler (was Referenzdaten und möglicherweise viele Berechnungen erfordert) abzuschätzen. Jeder dieser Fehler sollte eine Größenordnung kleiner als der nachfolgende sein, da sonst die Abschätzung der späteren Fehler nicht ausreichend genau ist.

12.2.2.1 Abschätzung von Iterationsfehlern

Da die Navier-Stokes-Gleichungen nichtlinear sind, haben wir zwei Iterationsschleifen (siehe Abb. 7.6): *innere Iterationen* beim Lösen der linearisierten (und möglicherweise entkoppelten) Gleichungssysteme für eine bestimmte Variable, und *äußere Iterationen* beim Aktualisieren der Koeffizienten der linearen Gleichungssysteme und der rechten Seite.

Aus Sicht der rechnerischen Effizienz ist entscheidend zu wissen, wann man den Iterationsprozess stoppen soll. Für die inneren Iterationen macht es keinen Sinn, zu lange zu iterieren, da die Matrixkoeffizienten und die rechte Seite der Gleichung mehrmals aktualisiert werden müssen, bevor das nichtlineare, gekoppelte Gleichungssystem richtig gelöst ist. In den meisten Fällen genügt es, das Residuenniveau vor der Aktualisierung der Koeffizienten um eine Größenordnung zu reduzieren; ein längeres Iterieren würde die Anzahl der erforderlichen äußeren Iterationen nicht verringern und somit nur zu einer längeren Rechenzeit führen. Wenn andererseits innere Iterationen zu früh gestoppt werden, werden mehr äußere Iterationen benötigt, was den Rechenaufwand wieder erhöht. Das Optimum ist, wie üblich, problemabhängig.

Es ist kritischer, die äußeren Iterationen zu kontrollieren: Die diskretisierten nichtlinearen Gleichungen werden richtig gelöst, wenn eine Aktualisierung der Matrixkoeffizienten und der rechten Seite der Gleichung zu einer vernachlässigbaren Änderung der Lösung führt.

Als Faustregel gilt, dass die äußeren Iterationsfehler (manchmal auch Konvergenzfehler genannt) mindestens eine Größenordnung kleiner sein sollten als die Diskretisierungsfehler. Es macht keinen Sinn, bis auf das Rundungsniveau zu iterieren; für die meisten technischen Anwendungen ist die relative Genauigkeit (Fehler im Vergleich zu einem Referenzwert) von drei bis vier signifikanten Ziffern für jede Variable mehr als ausreichend.

Es gibt eine Reihe von Möglichkeiten, diese Fehler abzuschätzen; Ferziger und Perić (1996) haben drei davon im Detail analysiert; siehe auch Abschn. 5.7. Es kann gezeigt werden, dass die Rate der Fehlerreduzierung gleich der Rate ist, mit der die Residuen und die Differenz zwischen Lösungen von zwei aufeinanderfolgenden Iterationen reduziert werden, außer in der Anfangsphase der Iterationen. Dies wurde in Abb. 8.9 demonstriert: Die Kurven für die Norm des Residuums, die Norm der Differenz zwischen Lösungen von zwei aufeinanderfolgenden Iterationen, der abgeschätzte Fehler und der tatsächliche Iterationsfehler sind nach einigen Iterationen alle parallel. Es ist zu beachten, dass für äußere Iterationen das mit der aktuellen Lösung der linearisierten Gleichungen sowie den aktualisierten Matrixkoeffizienten und dem Quellterm berechnete Residuum relevant ist (d. h. das am Anfang einer neuen inneren Iterationsschleife berechnete Residuum). Der relevante Unterschied in den Lösungen ergibt sich durch Subtraktion der Werte aus der letzten inneren Iteration von zwei aufeinanderfolgenden Iterationsschleifen.

Wenn man also das Fehlerniveau zu Beginn der Berechnung kennt (es ist gleich der Lösung, wenn man mit Nullfeldern beginnt, und etwas niedriger, wenn eine grobe, aber vernünftige Abschätzung vorgenommen wird), dann kann man sicher sein, dass der Fehler um 2–3 Größenordnungen fällt, wenn die Norm der Residuen (oder die Norm der Differenzen zwischen Lösungen von zwei sukzessiven Iterationen) um 3–4 Größenordnungen gefallen ist. Dies würde bedeuten, dass sich die ersten zwei oder drei führenden Ziffern in weiteren Iterationen nicht ändern, und somit liegen die Fehler in der Lösung zwischen 0,01 und 0,1 %.

Die obigen Aussagen gelten für die Lösung von stationären Problemen. Bei der Lösung instationärer Probleme ist die Abschätzung der Iterationsfehler etwas komplizierter. Bei expliziten Methoden muss sichergestellt werden, dass die Druck- oder die Druckkorrekturgleichung mit einer ausreichend engen Toleranz gelöst wird, um zu gewährleisten, dass die Massenerhaltungsgleichung ausreichend erfüllt ist; eine Reduzierung der Residuen um drei bis vier Größenordnungen genügt in der Regel. Bei impliziten Methoden und sehr kleinen Zeitschritten (wie bei LES-Simulationen) muss kein so strenges Kriterium für äußere Iterationen angewendet werden, da sich die Lösung von einem Zeitschritt zum anderen nicht viel ändert und die Reduktion der Residuenwerte um drei Größenordnungen innerhalb eines jedes Zeitschritts eine Übertreibung wäre. In einem solchen Fall können 3 bis 5 äußere Iterationen ausreichen, um die Nichtlinearität und die Kopplungseffekte zu aktualisieren. Es ist ratsam, in jedem neuen Anwendungsbereich die Auswirkungen der Variation der Konvergenzkriterien zu testen, um sicherzustellen, dass Iterationsfehler klein genug sind.

Ein häufiger Fehler ist die Betrachtung der Unterschiede zwischen Lösungen von zwei aufeinanderfolgenden Iterationen und das Stoppen der Iterationen, wenn diese Differenz kleiner als eine vorgegebene Toleranz wird. Diese Differenz kann jedoch klein sein, weil die Iterationen langsam konvergieren, während der Iterationsfehler immer noch sehr groß sein kann. Um die Größe des Fehlers abschätzen zu können, muss man die Differenz richtig normalisieren; wenn die Konvergenz langsam ist, wird der Normalisierungsfaktor groß (siehe Abschn. 5.7). Andererseits ist es in der Regel ein sicheres Kriterium, dass die Norm der Unterschiede um drei bis vier Größenordnungen sinkt. Da die linearen Gleichungslöser in den meisten CFD-Verfahren die Berechnung von Residuen erfordern, ist die einfachste Praxis, ihre Norm zu überwachen (die Summe der Absolutwerte oder die Quadratwurzel der Summe der Quadrate).

Auf einem groben Gitter, wo die Diskretisierungsfehler groß sind, kann man größere Iterationsfehler zulassen; für feine Gitter ist eine engere Toleranz erforderlich. Dies wird automatisch berücksichtigt, wenn das Konvergenzkriterium auf der Summe der absoluten Werte der Residuen und nicht auf dem durchschnittlichen Residuum pro Knoten basiert, da die Summe mit zunehmender Anzahl der Knoten wächst und somit das Konvergenzkriterium verschärft.

Wenn ein neues Rechenprogramm entwickelt oder eine neue Funktion hinzugefügt wird, muss man zweifelsfrei nachweisen, dass der Lösungsprozess konvergiert, bis die Residuen das Rundungsniveau erreichen. Sehr oft deutet das Fehlen einer solchen Konvergenz darauf hin, dass Fehler vorhanden sind, insbesondere bei der Implementierung der Randbedingungen. Manchmal liegt der Grenzwert unter dem Schwellenwert, bei dem die Konvergenz erklärt wird, und das Problem wird möglicherweise nicht erkannt. In anderen Fällen kann das Verfahren viel früher aufhören zu konvergieren (die Residuen oszillieren um einen Mittelwert) oder sogar divergieren (die Residuen fangen an zu steigen). Sind alle neuen Funktionen gründlich getestet, kann man zu den üblichen Konvergenzkriterien zurückkehren.

Ähnliche Probleme treten auf, wenn man versucht, eine stationäre Lösung für ein von Natur aus instationäres Problem zu finden (z. B. Strömung um einen Kreiszylinder bei einer Reynolds-Zahl höher als 50, wenn eine Von-Karman-Wirbelstraße vorhanden ist). In einem solchen Fall werden die Iterationen bei stationärer Berechnung nicht konvergieren. Da jede Iteration als ein Pseudo-Zeitschritt interpretiert werden kann (siehe Abschn. 7.2.2.2), ist es wahrscheinlich, dass der Prozess nicht divergiert, sondern dass die Residuen auf unbestimmte Zeit oszillieren. Dies tritt häufig auf, wenn die Geometrie symmetrisch ist und die stationäre symmetrische Lösung instabil ist (z. B. bei Diffusoren oder plötzlichen Erweiterungen; stationäre Lösungen – sowohl laminare als auch Reynolds-gemittelte – sind oft asymmetrisch, mit einer größeren Rezirkulation auf einer Seite). Man kann überprüfen, ob dies das Problem ist, indem man die Reynolds-Zahl reduziert oder die Strömung für eine Hälfte der Geometrie berechnet und eine Symmetrie-Randbedingung verwendet – oder eine transiente Berechnung durchführt. Insbesondere bei komplexen Geometrien kann die Strömung in einem kleinen Teil des Lösungsgebiets (z. B. hinter einem Außenspiegel eines Autos) lokal instationär sein. In einem solchen Fall können die Residuen unter das übliche Konvergenzniveau fallen, aber wenn man versucht, sie weiter zu reduzieren, beginnen sie irgendwann zu oszillieren. Oft ist die Instabilität sehr schwach und wenn die Berechnung als instationär fortgesetzt wird, kann es sein, dass sich die Integralgrößen (wie Kräfte, Momente,

Gesamtwärmefluss) im Laufe der Zeit nicht sichtbar ändern – und trotzdem die stationäre Berechnung nicht konvergiert.

Die Abb. 12.3 und 12.4 zeigen ein Beispiel für Probleme, die auftreten können, wenn man versucht, eine stationäre Lösung für eine turbulente Strömung um ein an der Wand montiertes Hindernis zu berechnen. Die Residuen schwingen um den gleichen (zu hohen) Wert ohne Anzeichen einer Reduktion. Wenn wir zu einer transienten Simulation nach 2000 Iterationen wechseln, bleiben die Residuen zu Beginn eines jeden neuen Zeitschritts auf einem hohen Niveau und zeigen keine Tendenz zur Reduktion, aber innerhalb jedes Zeitschritts konvergieren die äußeren Iterationen gut: Mit nur 5 äußeren Iterationen pro Zeitschritt fallen die Residuen in den Impulsgleichungen um mehr als zwei Größenordnungen. Offensichtlich hat die Strömung keine stationäre Lösung, da der Nachlauf hinter dem Hindernis instabil ist, wie die Geschwindigkeitsvektoren zeigen (sie sind nicht symmetrisch).

Die Widerstands- und Auftriebskräfte auf das Hindernis aus der stationären und transienten Simulation sind in Abb. 12.5 und 12.6 dargestellt. Bei der stationären Berechnung oszilliert der Widerstandsbeiwert um einen Wert, der wesentlich niedriger ist als bei der transienten Simulation. Die Auftriebskraft oszilliert in beiden Fällen um null, aber die Amplitude ist bei der stationären Berechnung fast doppelt so groß wie in der instationären Simulation. Wir zeigen diese Diagramme hier, um die Benutzer auf Probleme bei der Verwendung von

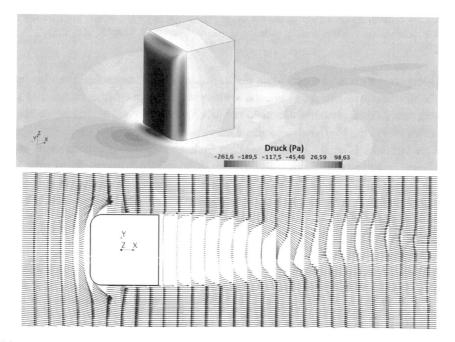

Abb. 12.3 Simulation der Strömung um ein wandmontiertes Hindernis: momentane Druckverteilung auf Hindernis- und Bodenwand (oben) und Geschwindigkeitsvektoren in einer Schnittebene parallel zur Bodenwand bei Hindernismitte (unten) aus der transienten Simulation

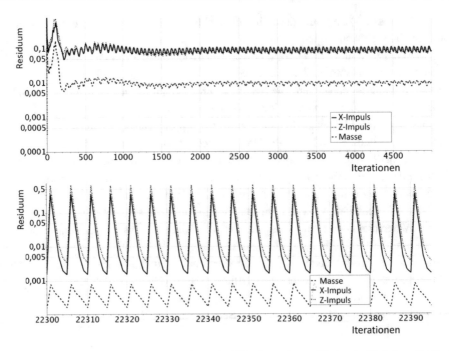

Abb. 12.4 Simulation der Strömung um ein an der Wand montiertes Hindernis: Variation der Residuen in einer stationären Berechnung (oben) und in einer transienten Simulation (unten)

CFD-Programmen hinzuweisen: Wenn die Residuen in einer stationären Berechnung auf einem höheren Niveau als dem üblichen Konvergenzkriterium oszillieren, hat man keine Lösung der Gleichungen und sollte nicht versuchen, die Bilder aus der Visualisierung von Variablen oder gemittelten oszillierenden Kräfte zu interpretieren. Nur durch den Wechsel zu einer transienten Simulation kann man am Ende eines jeden Zeitschrittes eine gültige Lösung der bestimmenden Gleichungen erhalten, die physikalisch interpretiert werden kann. Oszillationen von Kräften oder anderen integralen Parametern können nun sowohl gemittelt (z. B. zur Ermittlung des mittleren Widerstands- oder Wärmeübertragungskoeffizienten) als auch anderweitig verarbeitet werden (z. B. um die Frequenz der Oszillationen, rms-Werte der Schwankungen um den Mittelwert usw. zu erhalten).

Es ist nicht ungewöhnlich, dass Konvergenzprobleme auftreten, wenn man das Gitter verfeinert oder von einem Diskretisierungsverfahren niedrigerer Ordnung zu einem Verfahren höherer Ordnung wechselt. Der Grund dafür ist, dass bei schwacher Instabilität der Strömung Diskretisierungsfehler zu einer ausreichenden Dämpfung führen können (z. B. numerische Diffusion des Aufwindverfahrens 1. Ordnung) und Iterationen zu einem stationären Zustand konvergieren können. Instationarität der Strömung ist oft mit Ablösung verbunden und kleine Rezirkulationszonen (z. B. auf der Saugseite eines Tragflügels) können sich erst zeigen, wenn das Gitter ausreichend verfeinert ist. In jedem Fall gilt: Wenn äußere

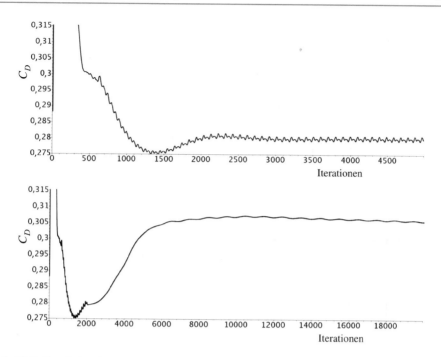

Abb. 12.5 Simulation der Strömung um ein an der Wand montiertes Hindernis: Variation des Widerstandsbeiwerts mit Iterationen in einer stationären Berechnung (oben) und in einer transienten Simulation (unten)

Iterationen in jedem Zeitschritt einer transienten Berechnung konvergieren, und in einer stationären Rechnung die Residuen oszillieren, ist die Strömung von Natur aus instationär und sollte als solche berechnet werden. Wenn äußere Iterationen nicht in jedem Zeitschritt einer transienten Simulation konvergieren, kann die Ursache (i) ein zu großer Zeitschritt, (ii) ein zu hoher Unterrelaxationsfaktor oder (iii) ein oder mehrere Fehler im Aufbau der Simulation sein (Gitterqualität, Randbedingungen, Fluideigenschaften).

12.2.2.2 Abschätzung von Diskretisierungsfehlern

Diskretisierungsfehler können nur abgeschätzt werden, wenn Lösungen auf systematisch verfeinerten Gittern verglichen werden; siehe Abschnitte 3.11.1.2 und 3.9 für weitere Details. Wie bereits erwähnt, sind diese Fehler auf die Verwendung von Approximationen für die verschiedenen Terme in den Gleichungen und den Randbedingungen zurückzuführen. In Fällen mit glatten Lösungen wird die Qualität einer Approximation durch ihre *Ordnung* beschrieben, die den *Abbruchfehler* der Approximation mit der Gittermaschenweite zu einer bestimmten Potenz in Verbindung setzt; wenn der Abbruchfehler der Approximation einer räumlichen Ableitung proportional zu $(\Delta x)^p$ ist, sagen wir, dass es sich um eine Approximation der p-ten Ordnung handelt. Die Ordnung ist kein direktes Maß für den *Betrag*

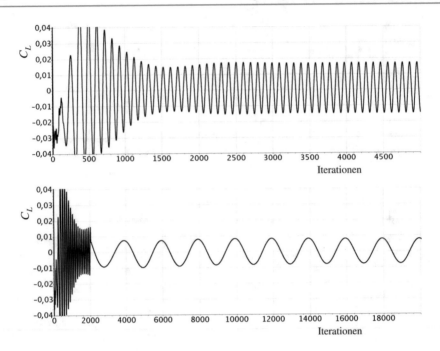

Abb. 12.6 Simulation der Strömung um ein an der Wand montiertes Hindernis: Variation des Auftriebskoeffizienten mit Iterationen in einer stationären Berechnung (oben) und in einer transienten Simulation (unten)

des Fehlers; sie gibt an, wie sich der Fehler ändert, wenn der Gitterabstand geändert wird. Näherungen derselben Ordnung können Fehler auf einem bestimmten Gitter aufweisen, die sich um eine Größenordnung unterscheiden; außerdem kann eine Approximation niedriger Ordnung einen kleineren Fehler auf einem bestimmten Gitter aufweisen als eine Approximationen höherer Ordnung. Wenn der Abstand jedoch kleiner wird, wird die Approximation höherer Ordnung sicherlich genauer, da ihr Fehler mit Gitterverfeinerung schneller abnimmt.

Es ist einfach, die Ordnung vieler Approximationen mithilfe der Taylor-Reihenentwicklung zu finden. Andererseits können für verschiedene Terme unterschiedliche Approximationen verwendet werden, sodass die Ordnung der Lösungsmethode als Ganzes möglicherweise nicht offensichtlich ist (sie entspricht in der Regel der Ordnung der ungenauesten Approximation eines signifikanten Terms in der Gleichung). Auch Fehler in der Implementierung des Algorithmus im Rechenprogramm können zu einer anderen Ordnung führen als erwartet. Es ist daher wichtig, die Ordnung der Methode für jede Klasse von Problemen anhand des tatsächlichen Programms zu überprüfen.

Der beste Weg, Diskretisierungsfehler auf strukturierten Gittern zu analysieren, ist die Halbierung des Gitterabstands in jede Richtung. Dies ist jedoch nicht immer möglich; in 3D führt dies zu einer Verachtfachung der Anzahl der Knoten. So hat das dritte Gitter 64-mal so viele Punkte wie das erste, und wir können uns vielleicht keine weitere Verfeinerungsstufe leisten. Andererseits sind die Fehler in der Regel nicht gleichmäßig verteilt, sodass es keinen Sinn macht, immer das gesamte Gitter zu verfeinern. Darüber hinaus gibt es bei der Verwendung von unstrukturierten Gittern mit beliebigen Kontrollvolumen oder -elementen keine lokalen Koordinatenrichtungen und die Elemente werden unterschiedlich verfeinert.

Wichtig ist, dass die Verfeinerung *wesentlich* ist und *systematisch* erfolgt. Die Erhöhung der Anzahl der Knoten in eine Richtung von 112 auf 128 ist nicht sehr nützlich, außer in einem akademischen Problem mit gleichmäßiger Fehlerverteilung und einem äquidistanten Gitter; das verfeinerte Gitter sollte mindestens 50 % mehr Knoten in jede Richtung aufweisen als das ursprüngliche Gitter (oder der Gitterabstand sollte um mindestens den Faktor 1,5 reduziert werden). Systematische Verfeinerung bedeutet, dass die Gittertopologie und die relative räumliche Dichte der Gitterpunkte auf allen Gitterebenen vergleichbar bleiben sollen. Eine unterschiedliche Verteilung der Gitterpunkte kann zu erheblichen Änderungen der Diskretisierungsfehler führen, ohne die Anzahl der Knoten zu verändern. Ein Beispiel ist in Abb. 8.10 dargestellt: Die Ergebnisse für ψ_{max}, die auf einem nichtäquidistanten Gitter erhalten wurden, das in Wandnähe feiner ist, sind um eine Größenordnung genauer als die Ergebnisse auf einem äquidistanten Gitter mit der gleichen Zellenanzahl. Beide Lösungen konvergieren zur gleichen gitterunabhängigen Lösung mit der gleichen Ordnung (2.), aber die Fehler unterscheiden sich im Betrag um den Faktor 10 oder mehr (bei Gittern mit der gleichen Knotenanzahl)! Weitere Beispiele mit ähnlichen Schlussfolgerungen wurden in Abb. 6.4, 6.6 und 8.17 dargestellt.

Das obige Beispiel betont die Bedeutung eines guten Gitterdesigns. Für die praktische Anwendung (in der Technik) ist die Gittergenerierung die zeitaufwändigste Aufgabe; oft ist es schwierig, überhaupt ein Gitter zu erzeugen, geschweige denn ein qualitativ hochwertiges. Ein gutes Gitter sollte so orthogonal wie möglich sein (es ist zu beachten, dass die Orthogonalität bei verschiedenen Methoden eine unterschiedliche Bedeutung hat; bei einer FV-Methode zählt der Winkel zwischen der Zellflächennormalen und der Linie, die benachbarte Zellzentren verbindet – ein Tetraedergitter kann in diesem Sinne orthogonal sein). Es sollte dicht sein, wo große Abbruchfehler zu erwarten sind – daher sollte der Gitterdesigner etwas über die Lösung wissen (wie in Abschn. 12.1.1 vorgeschlagen). Dies ist das wichtigste Kriterium für Gitterdesign und wird am besten durch die Verwendung eines unstrukturierten Gitters mit lokaler Verfeinerung erfüllt. Weitere Qualitätskriterien hängen von der verwendeten Methode ab (Gitterglätte, Streckungs- und Expansionsfaktor usw.). Weitere Einzelheiten zur Beurteilung der Gitterqualität werden in Abschn. 12.3 erläutert.

Die einfachste Methode zur Abschätzung von Diskretisierungsfehlern basiert auf der Richardson-Extrapolation und geht davon aus, dass Berechnungen auf Gittern durchgeführt werden können, die so fein sind, dass eine monotone Konvergenz erreicht wird. (Wenn dies nicht der Fall ist, ist es wahrscheinlich, dass der Fehler größer als erwünscht ist.) Die Methode ist daher nur dann genau, wenn die beiden feinsten Gitter *fein genug* sind und die Ordnung der Fehlerreduktion bekannt ist. Die Ordnung kann aus den Ergebnissen von drei aufeinanderfolgenden Gittern mit der folgenden Formel berechnet werden, vorausgesetzt, dass alle drei in dem oben genannten Sinne fein genug sind (siehe Roache 1994; Ferziger und Perić 1996, für weitere Details):

$$p = \frac{\log \left(\dfrac{\phi_{rh} - \phi_{r^2 h}}{\phi_h - \phi_{rh}} \right)}{\log r}, \tag{12.1}$$

wobei r der Faktor ist, um den die Gitterdichte erhöht wird ($r = 2$, wenn der Abstand halbiert wird), und ϕ_h die Lösung auf einem Gitter mit einer durchschnittlichen Maschenweite h bezeichnet. Der Diskretisierungsfehler wird dann abgeschätzt als (siehe Abschn. 3.9 für Details):

$$\varepsilon_h \approx \frac{\phi_h - \phi_{rh}}{r^p - 1}. \tag{12.2}$$

Wenn also der Gitterabstand halbiert wird, ist der Fehler in der Lösung auf einem Gitter gleich einem Drittel der Differenz zwischen den Lösungen auf diesem und dem vorhergehenden Gitter (für ein Verfahren 2. Ordnung; bei einem Verfahren 1. Ordnung ist der Fehler gleich der oben genannten Differenz).

Für das Beispiel von Abb. 8.10 führt die Richardson-Extrapolation, angewendet sowohl auf äquidistante als auch auf nichtäquidistante Gitter, zu derselben Abschätzung der gitterunabhängigen Lösung innerhalb von fünf signifikanten Stellen, obwohl die Fehler in den Lösungen um eine Größenordnung unterschiedlich sind.

Der Fehler kann sowohl für integrale Größen (Widerstand, Auftrieb usw.) als auch für Feldwerte berechnet werden, aber die Ordnung der Konvergenz muss nicht unbedingt für alle Größen gleich sein. Sie ist in der Regel gleich der theoretischen Ordnung (z. B. 2.) für Probleme mit glatten Lösungen, z. B. laminare Strömungen. Bei komplizierten Modellen (für Turbulenz, Verbrennung, Zweiphasenströmung usw.) oder Verfahren, in denen Umschalter oder Limiter verwendet werden, kann die Definition der Ordnung schwierig sein. Es ist jedoch nicht unbedingt notwendig, Größen wie die Ordnung p oder das, was Roache (1994) den *Gitterkonvergenzindex* nennt, zu berechnen; es genügt, die Änderungen der untersuchten Größe für eine Reihe von Gittern (vorzugsweise drei) darzustellen. Sind die Änderungen monoton und nimmt die Differenz mit der Gitterverfeinerung ab, kann man leicht abschätzen, wo die gitterunabhängige Lösung liegt. Natürlich sollte man die Richardson-Extrapolation nutzen, um die gitterunabhängige Lösung abzuschätzen, wo immer es möglich ist.

Es ist auch zu beachten, dass sich die Gitterverfeinerung nicht über das gesamte Lösungsgebiet erstrecken muss. Wenn die Abschätzung darauf hinweist, dass der Fehler in einigen Regionen viel kleiner ist als in anderen, kann eine lokale Verfeinerung verwendet werden. Dies gilt insbesondere für Körperumströmung, wo eine hohe Auflösung nur in der Nähe des Körpers und im Nachlauf erforderlich ist. Methoden, die lokale Gitterverfeinerungsstrategien verwenden, sind immer effizienter als solche, die im gesamten Lösungsgebiet oder im Gitterblock verfeinern müssen. Bei unstrukturierten Gittern beinhaltet in der Regel bereits das gröbste Gitter eine lokale Verfeinerung. Allerdings ist Vorsicht geboten: Wenn das Gitter nicht dort verfeinert wird, wo die Fehlerquellen groß sind (d. h. wo Abbruchfehler groß sind), wird der Effekt der Verfeinerung nicht groß sein, da die Fehler den gleichen Transportprozessen (Konvektion und Diffusion) unterliegen wie die Variablen selbst.

Zwei Ursachen für Schwierigkeiten bei der Abschätzung von Diskretisierungsfehlern verdienen es, erwähnt zu werden. Eine davon ist mit Wandfunktionen verbunden, die oft zur Berechnung turbulenter Strömungen verwendet werden; siehe Abschn. 10.3.5.5. In diesem Fall gibt man keine eindeutige Randbedingung an der Wand an, sondern verknüpft die Wandschubspannung mit der Geschwindigkeit in der Mitte der Zelle neben der Wand und der Annahme, dass diese Position im logarithmischen Bereich der Grenzschicht liegt. Das logarithmische Wandgesetz ist bei Strömungen mit komplizierten Wandformen nicht unbedingt gültig (d.h. wenn sowohl in wandnormaler als auch in wandtangentialer Richtung signifikante Gradienten vorhanden sind). Bei der Verfeinerung des Gitters bewegt sich die Lage des Zellschwerpunktes in Wandnähe und damit auch die Randbedingung in den Impulsgleichungen; dies führt oft zu Variation der Integralgrößen, die nicht dem Verhalten folgen, das von dem verwendeten Diskretisierungsverfahren erwartet wird. Dies gilt insbesondere, wenn das Gitter so verfeinert wird, dass der Schwerpunkt der wandnahen Zelle in die Pufferschicht fällt ($5 < n^+ < 30$). Wenn Wandfunktionen verwendet werden müssen, sollte man darauf achten, dass die Rechenpunkte in Wandnähe in allen Gittern im logarithmischen Bereich bleiben ($n^+ > 30$); alternativ kann man die Dicke der ersten Prismenschicht neben der Wand für alle Gitter fixieren, sodass n^+ bei wandnahen Zellen gleich bleibt und das Gitter unmittelbar an der Wand nur in tangentiale Richtung verfeinert wird.

Wenn die Grenzschicht durch das Gitter aufgelöst wird (sogenannter „Niedrig-Re"-Ansatz, d.h. $n^+ \approx 1$ in wandnahen Zellzentren), wird die Haftbedingung in Impulsgleichungen verwendet, was die Randbedingung eindeutig macht. In diesem Fall ist die Variation der Integralgrößen (Kräfte, Momente, Wärmeübertragung usw.) in der Regel günstiger für die Fehlerabschätzung mittels Richardson-Extrapolation. Allerdings muss man sicherstellen, dass $n^+ < 2$ für alle wandnahen Zellen auf allen Gittern gilt. Die Verwendung der sogenannten „Alle-y^+"-Version von Wandfunktionen ist besser als die Verwendung der „Hoch-Re"-Version, wenn die n^+-Werte im mittleren Bereich liegen, aber es ist immer noch besser sicherzustellen, dass bei der Verwendung von Wandfunktionen die n^+-Werte über einen Großteil der Wandfläche in jedem Gitter über 30 liegen.

Das andere Problem ist mit der Auflösung von Geometriemerkmalen durch die verwendeten Gitter, insbesondere der Wandkrümmung, verbunden. Ein typisches Beispiel ist die Vorderkante von Turbomaschinenschaufeln (z.B. Schiffspropeller, Ventilatoren, Wasser- oder Gasturbinenschaufeln, Wind- oder Gezeitenturbinenschaufeln usw.). Die Krümmung ist oft so groß, dass der Abstand zwischen Stellen mit Maximal- und Minimaldruck sehr kurz ist, was ein feines Gitter nicht nur in wandnormale, sondern auch in wandtangentiale Richtung erfordert. Allerdings können automatische Gittergenerierungswerkzeuge in kommerzieller Software die Vorderkantenkrümmung nicht ausreichend auflösen, es sei denn, während des Gittergenerierungsprozesses wird besondere Aufmerksamkeit darauf gelegt (z.B. durch Angabe des Gitterabstandes entlang der Vorderkante oder durch die Anforderung, dass die Krümmung durch eine bestimmte Anzahl von Punkten auf einem Kreis

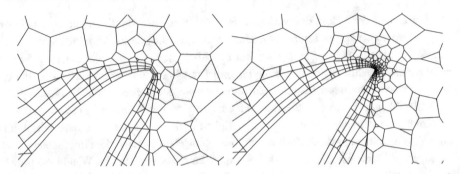

Abb. 12.7 Auflösung der Propellerblattvorderkante in einem Rechengitter: Zu grobes Gitter in wand-tangentiale Richtung (links), das zu einer rauen Ecke an der Vorderkante führt, und eine Verbesserung durch lokale Verfeinerung (rechts)

aufgelöst wird). Dies kann dazu führen, dass bei groben Gittern die Vorderkante scharfkan-tig statt abgerundet ist. In einem solchen Fall führt die Gitterverfeinerung effektiv zu einer Änderung der Geometrie des Lösungsgebiets, was wiederum dazu führt, dass die Variation einiger Größen nicht den Erwartungen entspricht und somit die Verwendung der Richardson-Extrapolation erschwert. Dementsprechend ist es wichtig, dass das Ausgangsgitter bereits die Geometrie des Lösungsgebiets so gut wie möglich repräsentiert. Ein Beispiel ist in Abb. 12.7 dargestellt.

12.2.2.3 Abschätzung von Modellfehlern

Modellfehler sind am schwierigsten abzuschätzen, denn dazu benötigen wir Daten über die tatsächliche Strömung. In den meisten Fällen sind solche Daten nicht verfügbar. Daher wer-den Modellfehler in der Regel nur für einige Testfälle abgeschätzt, für die detaillierte und genaue experimentelle Daten oder genaue Simulationsdaten vorliegen (z. B. LES- oder DNS-Daten). Auf jeden Fall sollten, bevor man eine Berechnung mit einem Experiment verglei-chen kann, die Iterations- und Diskretisierungsfehler analysiert und als klein genug bewiesen werden. In einigen Fällen heben sich die Modell- und Diskretisierungsfehler gegenseitig auf, sodass die Ergebnisse auf einem groben Gitter besser mit den experimentellen Daten überein-stimmen können als auf einem feineren Gitter. Experimentelle Daten sollten daher nicht zur Überprüfung des Rechenprogramms verwendet werden; man muss eine systematische Ana-lyse der Ergebnisse vornehmen. Nur wenn zweifelsfrei bewiesen ist, dass die Ergebnisse zu einer gitterunabhängigen Lösung konvergieren und die Diskretisierungsfehler klein genug sind, kann man mit dem Vergleich von numerischer Lösung und experimentellen Daten fortfahren.

Dabei ist es wichtig, dass die Gitterabhängigkeitsstudie, mit der Diskretisierungsfehler abgeschätzt werden, sehr sorgfältig durchgeführt wird, bevor versucht wird Modellfehler zu quantifizieren. Wenn das Gitter nicht richtig ausgelegt ist, kann es passieren, dass einige

Merkmale in keinem der verwendeten Gitter auftauchen, und ein kleiner Unterschied zwischen Lösungen, die auf verschiedenen Gittern erhalten wurden, könnte zu dem Trugschluss führen, dass Diskretisierungsfehler klein sind. Die Differenz zwischen dem Simulationsergebnis auf dem feinsten Gitter und dem Experiment würde dann fälschlicherweise als Modellfehler interpretiert. Ein Beispiel wird in Abschn. 13.8 gezeigt: Die Spitzenwirbelkavitation wird nicht erfasst, es sei denn, das Gitter ist lokal innerhalb des vom Spitzenwirbel belegten Raumes hochgradig verfeinert, da sonst der Niederdruck im Wirbelkern unterschätzt wird. Wenn alle in der Gitterabhängigkeitsstudie verwendeten Gitter den Spitzenwirbel nicht gut genug auflösen, um den Unterdruck im Kern genau zu erfassen, scheinen Schub und Drehmoment immer noch gut zu konvergieren, aber die Spitzenwirbelkavitation fehlt. Das Kavitationsmodell für die fehlende Spitzenwirbelkavitation verantwortlich zu machen, ist unfair, denn das Ergebnis ist recht gut, wenn das Gitter lokal ausreichend verfeinert ist. Ähnliche Probleme treten auch in anderen Situationen auf, in denen z. B. dem Turbulenzmodell die Schuld für Diskrepanzen zwischen Simulation und Experiment gegeben wird, während ein Großteil davon auf ein unzureichendes Gitter zurückzuführen sein kann. Jeder weiß, dass das Gitter in wandnormale Richtung fein sein muss, um die Eigenschaften der Grenzschicht zu erfassen, aber gekrümmte Wände, Scherschichten, Wirbel oder Sekundärströmungen erfordern oft lokale Verfeinerung in tangentiale Richtung in Bereichen, die für einen unerfahrenen Anwender kommerzieller Software vielleicht nicht offensichtlich sind.

Es ist wichtig zu beachten, dass auch die experimentellen Daten nicht exakt sind und dass die Mess- und Datenverarbeitungsfehler erheblich sein können. Sie können auch wesentliche systematische Fehler enthalten. Solche Daten sind jedoch für die Validierung von Modellen unerlässlich. Man sollte Rechenergebnisse nur mit experimentellen Daten hoher Genauigkeit vergleichen. Die sorgfältige Analyse der experimentellen Daten ist unerlässlich, wenn sie für Validierungszwecke verwendet werden sollen.

Man sollte auch beachten, dass sich die Modellfehler für verschiedene Größen unterscheiden; beispielsweise kann der berechnete Druckwiderstand gut mit dem Messwert übereinstimmen, aber der berechnete Reibungswiderstand kann im Wesentlichen fehlerhaft sein. Mittlere Geschwindigkeitsprofile werden manchmal gut vorhergesagt, während die Turbulenzgrößen um den Faktor zwei unter- oder überbewertet werden können. Es ist wichtig, die Ergebnisse für eine Vielzahl von Größen zu vergleichen, um sicherzustellen, dass das Modell wirklich genau ist.

12.2.2.4 Erkennung von Programmier- und Benutzerfehlern

Eine Fehlerart, die schwer zu quantifizieren ist, ist der Programmierfehler. Dies können einfache „bugs" (Tippfehler, die das Programm nicht daran hindern, zu kompilieren) oder schwere algorithmische Fehler sein. Die Analyse von Iterations- und Diskretisierungsfehlern hilft dem Entwickler in der Regel, diese zu finden, aber einige können so konsistent sein, dass sie erst nach Jahren (wenn überhaupt) entdeckt werden, besonders wenn es keine genauen Referenzlösungen zum Vergleich gibt.

Eine kritische Analyse der Ergebnisse ist für die Aufdeckung potenzieller Anwenderfehler unerlässlich; daher ist es entscheidend, dass der Anwender über fundierte Kenntnisse der Strömungsdynamik im Allgemeinen und des zu lösenden Problems im Besonderen verfügt (vgl. Abschn. 12.1.1). Auch wenn das verwendete CFD-Programm bei anderen Strömungen validiert wurde, kann der Anwender Fehler bei der Einrichtung der Simulation machen, sodass die Ergebnisse signifikant fehlerhaft sein können (z. B. durch Fehler in der Geometrie, in Randbedingungen, in Strömungsparametern usw.). Benutzerfehler können schwer zu erkennen sein (z. B. wenn ein Skalierungsfehler mit der Geometrie gemacht wird und die berechnete Strömung einer anderen Reynolds-Zahl entspricht als erwartet); die Ergebnisse sollten daher kritisch bewertet werden, wenn möglich auch von einer anderen als der Person, die die Berechnung durchgeführt hat.

12.2.3 Empfohlene Praxis für die Unsicherheitsanalyse in CFD

Man sollte zwischen der *Validierung* eines neu entwickelten CFD-Programms (oder neuer Funktionen, die einem bestehenden Programm hinzugefügt wurden) und der *Validierung* eines etablierten Programms für ein bestimmtes Problem unterscheiden.

12.2.3.1 Validierung eines CFD-Programms

Jedes neue Rechenprogramm oder jede hinzugefügte Funktion sollte einer systematischen Analyse unterzogen werden, mit dem Ziel, die Diskretisierungsfehler (sowohl räumlich als auch zeitlich) zu bewerten, Konvergenzkriterien zu definieren, um kleine Iterationsfehler zu gewährleisten und so viele „bugs" wie möglich zu beseitigen. Zu diesem Zweck muss man eine Reihe von Testfällen auswählen, die für die Klassen der durch das Programm lösbaren Probleme repräsentativ sind und für die ausreichend genaue Lösungen (analytisch oder numerisch) zur Verfügung stehen. Um sicherzustellen, dass die Gleichungen für die spezifizierten Randbedingungen korrekt gelöst werden, sind experimentelle Daten nicht der beste Weg, die Qualität numerischer Lösungen zu messen. Referenzlösungen werden benötigt, um Fehler im Algorithmus oder in der Programmierung zu finden, welche die mit der Abschätzung von Iterations- und Diskretisierungsfehlern verbundenen Tests bestehen können. Es ist zu beachten, dass man das Gitter so gestalten sollte, dass Situationen vermieden werden, in denen einige Terme gleich null werden, da in diesen Fällen Implementierungsfehler möglicherweise nicht sichtbar werden. Daher ist es selbst bei der Verwendung eines kartesischen Gitters in einer einfachen Geometrie sinnvoll, das Lösungsgebiet so zu drehen, dass die Gitterlinien nicht mit kartesischen Koordinaten kollinear sind (Vermeidung, dass zwei der drei Flächenvektorkomponenten an KV-Seiten gleich null sind). Außerdem muss sichergestellt sein, dass die Lösung unabhängig von der Ausrichtung der Lösungsgebiets in Bezug auf die Ausrichtung des Koordinatensystems ist.

Man sollte zunächst die in der Diskretisierung verwendeten Approximationen analysieren, um die Ordnung der Konvergenz von Lösungen in Richtung einer gitter- oder zeitschritt-unabhängigen Lösung zu bestimmen. Dies ist der Abbruchfehler niedrigster Ordnung in den signifikanten Termen der Gleichungen (man sollte aber beachten, dass nicht alle Terme in einer gegebenen Strömung gleich wichtig sind – ihre Bedeutung hängt vom Problem ab). In einigen Fällen können Approximationen niedrigerer Ordnung am Rand als im Inneren verwendet werden, ohne die Gesamtordnung zu reduzieren. Ein Beispiel ist die Verwendung von einseitigen Approximationen 1. Ordnung für Diffusionsflüsse an Rändern, während im Inneren Zentraldifferenzen 2. Ordnung verwendet werden; die Gesamtkonvergenz ist trotzdem 2. Ordnung. Dies muss nicht immer der Fall sein, z. B. wenn Approximationen niedriger Ordnung für Neumann-Randbedingungen verwendet werden.

Iterationsfehler sollten als nächstes analysiert werden; als ersten Schritt sollte man eine Berechnung durchführen, in der die Iterationen fortgesetzt werden, bis ihr Niveau auf das doppeltgenaue Rundungsniveau reduziert ist (dies erfordert eine Reduzierung der Residuen um mindestens 12 Größenordnungen). Es muss ein Testfall ausgewählt werden, der eine bekannte stationäre Lösung aufweist. Andernfalls könnten Iterationen irgendwann aufhören zu konvergieren, da Iterationen als Pseudozeitschritte interpretiert werden können und die natürliche Instabilität der Strömung eine stationäre Lösung möglicherweise nicht zulässt. Ein Beispiel ist der Fall der Strömung um einen Kreiszylinder bei Reynolds-Zahlen von über 50. Wenn eine genaue Lösung diskreter Gleichungen auf dem gegebenen Gitter verfügbar ist, kann man sie mit Lösungen in Zwischenschritten vergleichen und so den Iterations-fehler bewerten (dazu müss die Berechnung wiederholt werden). Die Fehler können mit Abschätzungen verglichen werden, oder ihre Reduzierung kann mit der Reduzierung der Residuen oder der Differenz zwischen Lösungen zu zwei aufeinanderfolgenden Iterationen in Verbindung gebracht werden, wie vorstehend erläutert. Dies sollte dazu beitragen, Kon-vergenzkriterien festzulegen (sowohl für innere Iterationen, d. h. für lineare Gleichungslöser, als auch für äußere Iterationen, d. h. für die Lösung der nichtlinearen Gleichungen).

Diskretisierungsfehler sollten analysiert werden, indem Lösungen auf einer Reihe von systematisch verfeinerten Gittern und Zeitschritten verglichen werden. Die systematische Verfeinerung ist für strukturierte oder blockstrukturierte Gitter einfach: Man erstellt z.B. drei Gitter mit unterschiedlicher Anzahl an Zellen in jede Richtung (Faktor 1,5 bis 2). Für unstrukturierte Gitter ist diese Aufgabe nicht so einfach, aber man kann Gitter mit ähnlichen Verteilungen von relativen Gittergrößen, aber unterschiedlichen absoluten Größen erzeugen. Systematische Verfeinerung ist entscheidend in Regionen mit hohen Abbruchfehlern, die als Quellen für Diskretisierungsfehler fungieren; diese werden sowohl durch Konvektion als auch durch Diffusion, wie die abhängigen Variablen selbst, transportiert. Als Faustregel gilt, dass das Gitter fein und systematisch verfeinert werden muss, wo die Ableitungen 2. und höherer Ordnung der Lösung groß sind. Dies ist typischerweise in der Nähe von Wänden, in Scherschichten und im Nachlauf von Körpern der Fall.

Lösungen mit ausreichend kleinen Iterationsfehlern sollten auf mindestens drei Gittern erhalten und verglichen werden; sowohl die Konvergenzordnung als auch der Diskretisierungsfehler können auf diese Weise abgeschätzt werden, wenn die Gitter fein genug sind, sodass monotone Konvergenz vorherrscht. Ist dies nicht der Fall, ist eine weitere Verfeinerung erforderlich. Wenn die berechnete Ordnung nicht die erwartete ist, sind Fehler bei der Diskretisierung oder Programmierung aufgetreten und müssen aussortiert werden. Der abgeschätzte Diskretisierungsfehler sollte mit der erforderlichen Genauigkeit verglichen werden.

Dieses Verfahren muss für eine Reihe von Testfällen ähnlich den Anwendungen, für die das Rechenprogramm vorgesehen ist, wiederholt werden, um zu versuchen, möglichst viele Fehlerquellen auszuloten. Erst wenn eine systematische Analyse der durch das Programm erzeugten Ergebnisse durchgeführt wurde und gitter- und zeitschrittunabhängige Lösungen (in dem Sinne, dass die Diskretisierungsfehler zuverlässig abgeschätzt wurden und klein genug sind) erhalten wurden, sollte man die Lösungen mit analytischen oder anderen Referenzlösungen vergleichen. Dies ist die letzte Kontrolle auf Programmier- oder Algorithmenfehler. Der Vergleich von Lösungen, die auf einem Gitter erhalten wurden, mit Referenzlösungen ist nicht sinnvoll, da oft einige Größen zufällig gut übereinstimmen oder sich einige Fehler aufheben können.

Die Programm-Validierung sagt nichts über die Genauigkeit aus, mit der die numerisch genauen Lösungen echte Strömungen darstellen. Unabhängig davon, welches Turbulenzmodell (oder ein anderes Modell) wir verwenden, müssen wir sicher sein, dass wir die Gleichungen lösen, die die Modelle korrekt enthalten. Vergleiche von Lösungen, die von verschiedenen Gruppen auf dem gleichen Gitter und mit dem gleichen Turbulenzmodell aber unterschiedlichem Rechenprogramm erhalten wurden, zeigen oft größere Unterschiede als wenn eine Gruppe das gleiche Programm, aber unterschiedliche Turbulenzmodelle verwendet (dies war die Schlussfolgerung, die in vielen Workshops in den 90er Jahren gezogen wurde; s. Bradshaw et al. 1994; Rodi et al. 1995). Die Modelle sind oft unterschiedlich implementiert, die Randbedingungen unterschiedlich behandelt usw. Dies ist ein schwieriges Problem, für das keine zufriedenstellende Lösung gefunden wurde. Diese Abweichungen können auf Unterschiede in der Implementierung zurückzuführen sein, aber – wenn die verwendeten Modelle wirklich identisch sind, die Implementierung korrekt ist und Fehler bewertet und beseitigt wurden – sollte jedes Rechenprogramm das gleiche Ergebnis liefern und die Unterschiede sollten verschwinden. Deshalb haben wir die Notwendigkeit der Validierung und Fehlerbewertung betont.

12.2.3.2 Validierung von CFD-Ergebnissen

Die Validierung von CFD-Ergebnissen beinhaltet die Analyse von Diskretisierungs- und Modellfehlern; man kann davon ausgehen, dass ein validiertes Rechenprogramm mit geeigneten Konvergenzkriterien verwendet wird, und somit Iterationsfehler unter Kontrolle sind.

Einer der wichtigsten Faktoren, der die Genauigkeit der CFD-Ergebnisse beeinflusst, ist die Qualität des numerischen Gitters. Es ist zu beachten, dass selbst ein schlechtes Gitter, wenn es genügend verfeinert wurde, die richtige Lösung liefern sollte; es wird nur mehr kosten. Andererseits kann selbst das beste Rechenprogramm auf einem schlechten und unzureichend verfeinerten Gitter keine guten Ergebnisse liefern. Genauso kann ein Programm, das auf einfacheren und weniger genauen Approximationen basiert, ausgezeichnete Ergebnisse liefern, wenn das Gitter für das zu lösende Problem optimiert ist. (Dabei geht es jedoch oft darum, dass sich die verschiedenen Fehler gegenseitig aufheben.) Diskretisierungsfehler können durch eine geeignete Verteilung der Gitterpunkte reduziert werden; siehe Abb. 8.10.

Viele kommerzielle CFD-Programme wurden so robust gemacht, dass sie auf jedem beliebigen Gitter, das der Benutzer bereitstellt, eine Lösung liefern. Allerdings wird die Robustheit in der Regel auf Kosten der Genauigkeit erreicht (z. B. durch die Verwendung von Aufwindapproximationen). Ein unvorsichtiger Benutzer, der nicht viel Wert auf die Gitterqualität legt, kann so mit geringem Aufwand ungenaue Lösungen erhalten. Der Aufwand für die Gittergenerierung, Fehlerabschätzung und -optimierung sollte sich nach dem gewünschten Genauigkeitsgrad der Lösungen richten. Wenn nur qualitative Merkmale der Strömung gesucht werden, kann eine schnelle Rechnung akzeptabel sein, aber für quantitativ genaue Ergebnisse bei vernünftigen Kosten ist eine hohe Gitterqualität erforderlich.

Der Vergleich mit experimentellen Daten erfordert, dass die experimentelle Unsicherheit bekannt ist. Am besten ist es, nur vollständig konvergierte Ergebnisse (solche, aus denen Iterations- und Diskretisierungsfehler in hohem Maße entfernt wurden) mit experimentellen Daten zu vergleichen, da nur so die Wirkung eines Modells bewertet werden kann. Die Balken der experimentellen Unsicherheit erstrecken sich in der Regel auf beiden Seiten des gemeldeten Wertes. Wenn die Diskretisierungsfehler im Vergleich zur experimentellen Unsicherheit nicht gering sind, lässt sich nichts über den Wert der verwendeten Modelle erfahren. Die Abschätzung von Modellfehlern ist die schwierigste Aufgabe in CFD.

In vielen Fällen sind die genauen Randbedingungen nicht bekannt und man muss Annahmen treffen. Beispiele sind Fernfeldbedingungen für Strömungen um Körper und Turbulenzeigenschaften am Einstromrand. In einem solchen Fall ist es unerlässlich, den kritischen Parameter (Lage der Fernfeldgrenze, Turbulenzgrößen) über einen wesentlichen Bereich zu variieren, um die Empfindlichkeit der Lösung auf diesen Faktor abzuschätzen. Häufig ist es möglich, eine gute Übereinstimmung für vernünftige Werte der Parameter zu erzielen, aber wenn die experimentellen Daten dies nicht zulassen, ist dies kaum mehr als eine komplizierte Kurvenanpassung. Deshalb ist es unerlässlich, experimentelle Daten auszuwählen, die alle notwendigen Größen liefern, und mit den Personen, die die Messungen durchführen, darüber zu diskutieren, wie wichtig es ist, solche Daten zu erheben. Einige Turbulenzmodelle sind sehr empfindlich gegenüber Einstrom- und Freistrahlturbulenzniveaus, was zu erheblichen Ergebnisveränderungen bei relativ geringen Abweichungen der Parameter führt.

Wenn mehrere Varianten der gleichen Geometrie untersucht werden sollen, kann man sich oft auf eine Validierung für einen typischen repräsentativen Fall verlassen. Es ist vernünftig anzunehmen, dass die gleiche Gitterauflösung und das gleiche Modell Diskretisierungs-

und Modellfehler in der gleichen Größenordnung wie im Testfall erzeugen. Dies gilt zwar in vielen Fällen, ist aber nicht immer der Fall und erfordert Sorgfalt. Geometrieänderungen können zum Auftreten neuer Strömungsphänomene (Ablösung, Sekundärströmung, Instabilität usw.) führen, die das verwendete Modell möglicherweise nicht erfasst. So kann sich der Modellfehler von Fall zu Fall dramatisch erhöhen, obwohl die Änderung der Geometrie geringfügig war (z. B. kann die Berechnung der Strömung um ein Motorventil innerhalb von 3 % für eine Ventilöffnung genau sein und qualitativ falsch für eine etwas kleinere Öffnung werden; siehe Lilek et al. (1991) für eine detailliertere Beschreibung eines solchen Falles).

12.2.3.3 Allgemeine Vorschläge

Die Definition starrer Regeln für die Validierung von CFD-Programmen und Ergebnissen ist schwierig und manchmal unpraktisch. Während die Verwendung der Richardson-Extrapolation nach Möglichkeit zur Abschätzung von Diskretisierungsfehlern empfohlen wird, kann es schwierig sein, endgültige Antworten auf alle Fragen zu erhalten (z. B. die Ordnung für verschiedene Größen kann sich als unterschiedlich erweisen). Wie wir in Abschn. 10.3.3.7 festgestellt haben, ist die Beurteilung der Simulationsqualität von LES eine Herausforderung; Sullivan und Patton (2011) präsentieren ein detailliertes Beispiel für die LES-Qualitätsbewertung.

Viele Zeitschriften und Fachverbände haben eigene Regeln und Richtlinien zur Bewertung und Quantifizierung der Unsicherheit bei CFD-Lösungen entwickelt; Beispiele sind:

- Die *American Society of Mechanical Engineers* (ASME) hat einen Standard für die Verifikation und Validierung entwickelt (https://www.asme.org/products/codes-standards/v-v-20-2009-standard-verification-validation) und organisiert in regelmäßigen Abständen Konferenzen zu diesem Thema (https://event.asme.org/V-V) [Celik et al. (2008) fassen diese Verfahren aus ASME-Sicht zusammen];
- Das *American Institute of Aeronautics and Astronautics* (AIAA) hat auch einen Standard für die Verifikation und Validierung von CFD-Simulationen entwickelt (Guide: Leitfaden für die Verifizierung und Validierung von Simulationen der rechnerischen Fluiddynamik (https://doi.org/10.2514/4.472855; AIAA G-077-1998(2002))
- Die *International Towing Tank Conference* (ITTC) hat eine Reihe von Richtlinien für den Einsatz von CFD in der Schiffstechnik veröffentlicht (siehe z. B. https://ittc.info/me\discretionary-dia/4184/\discretionary-75-03-01-01.pdf).

Die Richardson-Extrapolation ist der Hauptbestandteil aller Verfahren zur Fehlerabschätzung, aber viele dieser Richtlinien gehen weiter und bewerten die Unsicherheit im weiteren Sinne. Wir werden nicht auf diese Leitlinien eingehen, sondern empfehlen, sie bei der Arbeit in dem jeweiligen Anwendungsbereich zu beachten.

Wenn mehrere Arten von Modellen verwendet werden (für Turbulenz, Zweiphasenströmung, Effekte der freien Oberflächen usw.), kann es schwierig sein, verschiedene Effekte voneinander zu trennen. Die wichtigsten Schritte einer quantitativen CFD-Analyse können jedoch zusammengefasst werden als:

- Erzeugung eines Gitters mit geeigneter Struktur und Feinheit (lokal verfeinert in Bereichen mit gekrümmten Wänden und starker Änderung der Strömung).
- Systematische Verfeinerung des Gitters (unstrukturierte Gitter können selektiv verfeinert werden: wo die Fehler klein sind, ist keine Verfeinerung erforderlich).
- Berechnung der Strömung auf mindestens drei Gittern und Vergleich der Lösungen (es muss sichergestellt werden, dass die Iterationsfehler klein sind). Wenn die Konvergenz nicht monoton ist, muss das Gitter erneut verfeinert werden. Die Diskretisierungsfehler auf dem feinsten Gitter können abgeschätzt werden, wenn monotone Konvergenz erreicht ist.
- Wenn Referenzdaten verfügbar sind, können sie mit den numerischen Lösungen verglichen werden, um die Modellfehler abzuschätzen.

Jede vernünftige Abschätzung von numerischen Fehlern ist besser als keine; und da numerische Lösungen *approximative Lösungen* sind, muss man ihre Genauigkeit *immer* in Frage stellen.

Viele Bildungseinrichtungen bieten spezialisierte Kurse an oder führen Forschungen zur Unsicherheitsquantifizierung im Allgemeinen und in CFD im Besonderen durch. Beispiele sind das UQLab an der Stanford University (http://web.stanford.edu/\discretionary-group/uq/) oder die Ringvorlesung am von Karman Institute (VKI Lecture Series STO-AVT-236 on Uncertainty Quantification in Computational Fluid Dynamics). Auch die Zahl der Publikationen zur Unsicherheitsquantifizierung in CFD nimmt rasant zu; jüngste Beispiele sind ein von Bijl et al. (2013) herausgegebenes Buch und ein Beitrag von Rakhimov et al. (2018), unter anderen.

12.3 Gitterqualität und -optimierung

Diskretisierungsfehler werden immer reduziert, wenn ein Gitter verfeinert wird, aber eine zuverlässige Abschätzung dieser Fehler erfordert eine Gitterverfeinerungsstudie für jede neue Anwendung. Die Optimierung eines Gitters mit einer bestimmten Anzahl von Gitterpunkten kann die Diskretisierungsfehler um genauso viel (oder mehr) reduzieren wie die systematische Verfeinerung eines nicht optimalen Gitters. Daher ist es wichtig, auf die Gitterqualität zu achten.

Die Gitteroptimierung zielt darauf ab, die Genauigkeit der Approximationen für Flächen- und Volumenintegrale zu erhöhen. Dies hängt von der verwendeten Diskretisierungsmethode ab; in diesem Abschnitt werden Gittermerkmale diskutiert, welche die Genauigkeit der in diesem Buch beschriebenen Verfahren beeinflussen.

Um Konvektionsflüsse mit maximaler Genauigkeit unter Verwendung der linearen Interpolation und/oder der Mittelpunktregel zu erhalten, sollte die Linie, die zwei benachbarte
KV-Zentren verbindet, durch die Mitte der gemeinsamen KV-Seite verlaufen. In bestimmten Fällen, insbesondere bei Verwendung eines blockstrukturierten Gitters, sind Situationen
wie die in Abb. 12.8 dargestellte unvermeidlich. Die meisten automatischen Gittergenera-
toren erzeugen solche Gitter an vorstehenden Ecken, weil sie in der Regel Schichten von
Hexaedern oder Prismen an Wänden erzeugen, wie in Abb. 12.9 dargestellt. Hohe Nichtorthogonalität resultiert auch an nichtkonformen Schnittstellen (z.B. in blockstrukturierten
Gittern oder an Gleitschnittstellen), wenn Zellen parallel zur Schnittstelle dünn sind; auch
eine solche Situation ist in Abb. 12.9 dargestellt. Um die Genauigkeit ohne Designänderung
zu verbessern, sollte man das Gitter lokal verfeinern, wie in Abb. 12.8 dargestellt. Dadurch
verringert sich der Abstand zwischen dem Zentrum der KV-Seite k und dem Punkt, an dem
die gerade Linie zwischen den Knoten P und N_k durch die KV-Seite durchstößt, k'. Der
Abstand zwischen diesen beiden Punkten, bezogen auf die Größe der KV-Seite (z.B. $\sqrt{S_k}$),
ist ein Maß für die Gitterqualität. Zellen, in denen dieser Abstand zu groß ist, sollten verfeinert werden, bis der Abstand zwischen k' und k auf ein akzeptables Maß reduziert ist.
An nichtkonformen Blockschnittstellen sollten Zellen auf beiden Seiten der Schnittstelle
eine ähnliche Größe aufweisen und das Seitenverhältnis sollte nicht zu groß sein, um die
Nichtorthogonalität auf ein akzeptables Maß zu begrenzen.

Die maximale Genauigkeit des Diffusionsflusses wird erreicht, wenn die Verbindungslinie zwischen den benachbarten KV-Zentren orthogonal zur gemeinsamen KV-Seite und
durch ihren Mittelpunkt verläuft. Die Orthogonalität erhöht die Genauigkeit der Zentraldif-
ferenzapproximation der Ableitung in Richtung der Normalen zur KV-Seite:

$$\left(\frac{\partial \phi}{\partial n}\right)_{k'} \approx \frac{\phi_{N_k} - \phi_P}{(\mathbf{r}_{N_k} - \mathbf{r}_P) \cdot \mathbf{n}}. \tag{12.3}$$

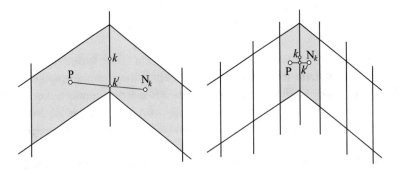

Abb. 12.8 Ein Beispiel für schlechte Gitterqualität aufgrund der großen Entfernung zwischen k und
k' (links) und für Verbesserung durch lokale Gitterverfeinerung (rechts)

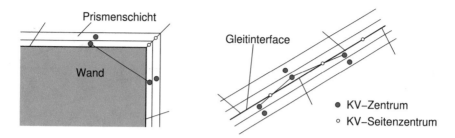

Abb. 12.9 Beispiele für eine hohe Gitternichtorthogonalität wenn Prismenschichten um die Ecke „gewickelt" werden (links) und an einer nichtkonformen Gitterschnittstelle (rechts)

Diese Approximation ist in der Mitte zwischen den beiden Zellmittelpunkten 2. Ordnung genau, wenn die Verbindungslinie orthogonal zur Fläche verläuft; Approximationen höherer Ordnung können mit Polynomanpassungen erreicht werden, auch wenn k' nicht in der Mitte zwischen den Knoten liegt. Wenn die Nichtorthogonalität nicht vernachlässigbar ist, erfordert die Approximation der Ableitung die Verwendung vieler Knoten. Dies kann zu Konvergenzproblemen führen.

Wenn k' nicht in der Mitte der KV-Seite liegt, ist die Annahme, dass der Wert bei k' den Mittelwert über die KV-Seite darstellt, nicht mehr korrekt. Obwohl Korrekturen oder alternative Approximationen möglich sind, verwenden die meisten universellen CFD-Programme einfache Approximationen wie (12.3), was die Genauigkeit erheblich reduziert, wenn die Gittereigenschaften ungünstig sind. Wir haben in Abschn. 9.7.1 und 9.7.2 gezeigt, wie 2. Ordnung wiederhergestellt werden kann; Näherungen höherer Ordnung können auch für beliebige Gitter erhalten werden, aber das erhöht die Komplexität des Programms und reduziert seine Robustheit. Außerdem können Methoden höherer Ordnung bei relativ groben Gittern mit schlechten Eigenschaften zu weniger genauen Ergebnissen führen als Methoden niedrigerer Ordnung.

Bei den meisten FV-Methoden ist es nicht wichtig, dass die Gitterlinien in den KV-Eckpunkten orthogonal sind; nur der Winkel zwischen der Linie, die benachbarte KV-Zentren verbindet, und den Normalen zur KV-Seite zählt (siehe Winkel θ in Abb. 12.10). Ein Tetraedergitter kann in diesem Sinne orthogonal sein. Ein Winkel θ, der weit von 0° entfernt ist, kann zu großen Fehlern und Konvergenzproblemen führen und sollte vermieden werden. In der in Abb. 12.8 dargestellten Situation ist die Linie, die die benachbarten KV-Zentren verbindet, nahezu orthogonal zur Zellfläche, sodass der Gradient bei k' genau berechnet wird, aber aufgrund des großen Abstands zwischen k' und k ist die Genauigkeit des über die Fläche integrierten Flusses schlecht.

Andere Arten von unerwünschten KV-Eigenschaften können ebenfalls auftreten. Zwei davon sind in Abb. 12.11 dargestellt. In einem Fall wird die Oberseite eines normalen sechsflächigen KV um seine Normale gedreht und die angrenzenden Flächen werden dadurch verformt. Im anderen Fall wird die Oberseite in eigener Ebene geschert. Beide Eigenschaf-

Abb. 12.10 Ein Beispiel für Gitternichtorthogonalität, gemessen am Winkel θ zwischen der Flächennormalen und der Geraden, die die Zellmittelpunkte auf beiden Seiten verbindet

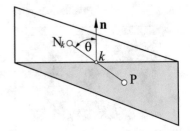

ten sind unerwünscht und sollten (nach Möglichkeit) vermieden werden. Das Verdrehen ist besonders problematisch, wenn dünne prismatische Zellen an einer gekrümmten Wand vorhanden sind. Die Lage des Zellschwerpunktes kann dann außerhalb der Zelle liegen, was zu schweren Problemen führen kann. Die Lösung besteht darin, entweder die Dicke von Prismenschichten zu erhöhen oder das Gitter in wandtangentiale Richtung zu verfeinern, oder beides.

Bei der Lösung der Euler-Gleichungen werden häufig Gitter aus Dreiecken in 2D und Tetraedern in 3D verwendet. Wenn sie zur Lösung der Navier-Stokes-Gleichungen verwendet werden, können Probleme auftreten, wenn Tetraeder von schlechter Qualität sind. Eine problematische Situation tritt in Ecken zwischen zwei Rändern auf; es ist möglich, dass einige Tetraeder in der Nähe der Kante, wo sich zwei Ränder treffen, nur zwei oder möglicherweise sogar nur einen Nachbarn haben (andere Zellflächen liegen in Lösungsgebietsrändern). Es ist dann nicht möglich, den Gradienten (d. h. die Ableitungen in drei Koordinatenrichtungen) genau zu berechnen, wenn man nur die Daten der unmittelbaren Nachbarn verwendet. Wenn solche Zellen im Gitter vorhanden sind und die übliche Diskretisierung verwendet wird, ist es wahrscheinlich, dass Variablenwerte in diesen Zellen schwingen und man (möglicherweise) keine konvergierte Lösung erhalten kann. Die übliche Lösung besteht darin, Prismenschichten entlang der Ränder zu erzeugen (insbesondere entlang von Wänden, wo hohe Gradienten in wandnormale Richtung vorhanden sind – und

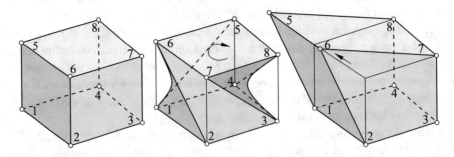

Abb. 12.11 Ein Beispiel für eine schlechte Gitterqualität aufgrund von Zellverdrehung (Mitte) und Verzerrung (rechts)

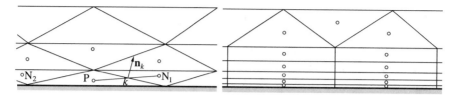

Abb. 12.12 Ein Beispiel für qualitativ minderwertige Gitter bestehend aus Dreiecken oder Tetraedern (links) und eine Abhilfe durch Hinzufügen von Prismenschichten am Rand (rechts)

möglicherweise auch in tangentiale Richtung, wenn die Wand gekrümmt ist). Dies stellt sicher, dass benachbarte Zellen mindestens 4 Nachbarn haben und löst auch das Problem der hohen Gitternichtorthogonalität, das entsteht, wenn zu flache Tetraeder an der Wand erzeugt werden, wie in Abb. 12.12 dargestellt. Insbesondere bei viskosen und turbulenten Strömungen sind Prismenschichten in Wandnähe ein Muss, wenn das Kerngitter aus Dreiecken (in 2D) oder Tetraedern (in 3D) besteht.

Eine weitere problematische Situation kann bei flachen, verzerrten Tetraedern auftreten, wenn alle Zentren der Nachbarzellen fast in eine Ebene fallen. In diesem Fall ist es schwierig, die Gradientenkomponente in Richtung senkrecht zu dieser Ebene zu approximieren. Dies führt in der Regel auch zu Oszillationen in den Variablenwerten und zu Konvergenzproblemen. Die Lösung besteht darin, das Delaunay-Kriterium (siehe Abschn. 9.2.2) bei der Erzeugung von Tetraedgittern durchzusetzen und Prismen in der Nähe von Wänden zu erzeugen, wo die Zellen flach sein müssen.

Wenn die Rechenknoten in den KV-Zentren liegen, sind Volumenintegrale, die durch die Mittelpunktregel approximiert werden, 2. Ordnung genau. Allerdings können KV manchmal so verformt sein, dass der Schwerpunkt tatsächlich außerhalb des KV liegt. Dies sollte vermieden werden. Der Gittergenerator sollte das von ihm erzeugte Gitter überprüfen und dem Benutzer mitteilen, dass problematische Zellen vorhanden sind, es sei denn, er ist in der Lage, sie automatisch zu korrigieren. Der Anwender sollte dann versuchen, die Regelparameter zu ändern, um eine bessere Gitterqualität zu erreichen.

Einige dieser Probleme können vermieden werden, indem man problematische Zellen (und möglicherweise auch einige umliegende Zellen) unterteilt. Leider ist in einigen Fällen die einzige Lösung die Generierung eines neuen Gitters.

12.4 Mehrgittermethoden zur Strömungsberechnung

Fast alle iterativen Lösungsmethoden konvergieren langsamer auf feineren Gittern. Die Konvergenzrate hängt von der Methode ab; bei vielen Verfahren ist die Anzahl der äußeren Iterationen zum Erhalten einer konvergierten Lösung linear proportional zur Anzahl der Knoten in einer Koordinatenrichtung. Dieses Verhalten steht im Zusammenhang mit der Tatsache, dass Informationen pro Iteration eine begrenzte Entfernung zurücklegen und dass sich Informationen bis zur Konvergenz mehrmals über das Lösungsgebiet hin und her ausbreiten müssen. Mehrgitterverfahren, bei denen die erforderliche Anzahl von Iterationen unabhängig von der Anzahl der Gitterpunkte ist, haben in den 90er Jahren große Beachtung gefunden (siehe Brandt 1984, und Briggs et al. 2000). Es wurde von vielen Autoren (einschließlich den Autoren dieses Buchs) nachgewiesen, dass die Lösung der Navier-Stokes-Gleichungen durch Mehrgitterverfahren sehr effizient ist. Die Erfahrungen mit einer Vielzahl von stationären laminaren und turbulenten Strömungen zeigen eine enorme Reduzierung des Rechenaufwands durch die Umsetzung der Mehrgitteridee (siehe Übersichtsartikel von Wesseling 1990). Wir geben hier einen kurzen Überblick über eine Version der von den Autoren verwendeten Methode; viele weitere Varianten sind möglich, siehe Tagungsbände internationaler Konferenzen zu Mehrgittermethoden in CFD, z. B. McCormick (1987), Hackbusch und Trottenberg (1991).

In Kap. 5 stellten wir eine Mehrgittermethode zur effizienten Lösung linearer Gleichungssysteme vor. Wir haben dort gesehen, dass die Mehrgittermethode eine Hierarchie von Gittern verwendet; im einfachsten Fall sind die groben Gitter Teilmengen der Feinen. Die Mehrgittermethode ist ideal zur Lösung der Poisson-ähnlichen Druck- oder Druckkorrekturgleichung, wenn Teilschrittmethoden oder andere explizite Zeitintegrationsverfahren auf instationäre Strömungen angewendet werden, weil eine genaue Lösung der Druckgleichung erforderlich ist; dies geschieht oft in LES und DNS von Strömungen in komplexer Geometrie. Andererseits müssen bei Verwendung impliziter Methoden die linearen Gleichungen bei jeder Iteration nicht sehr genau gelöst werden; eine Reduktion des Residuumniveaus um eine Größenordnung genügt und kann in der Regel mit einigen wenigen Iterationen eines der Basislöser wie ILU oder CG erreicht werden. Eine genauere Lösung reduziert nicht die Anzahl der äußeren Iterationen, sondern kann die Rechenzeit erhöhen. Wenn also das Mehrgitterverfahren nur auf die Lösung linearer Gleichungssysteme in einem impliziten Lösungsverfahren angewendet wird, ist die erreichbare Beschleunigung begrenzt.

Für stationäre Strömungsprobleme haben wir gesehen, dass implizite Lösungsmethoden bevorzugt werden und die Beschleunigung der äußeren Iterationen sehr wichtig ist. Glücklicherweise kann die Mehrgittermethode auch auf äußere Iterationen angewendet werden. Die Abfolge der Vorgänge, die eine äußere Iteration bilden, wird dann gemäß der Mehrgitterterminologie als „Glätter" betrachtet.

In einer Mehrgitterversion einer FV-Methode für stationäre Strömungen auf einem strukturierten Gitter besteht jedes Grobgitter-KV aus vier KV des nächstfeineren Gitters in 2D und acht in 3D. Das gröbste Gitter wird in der Regel zuerst erzeugt und der Lösungsprozess beginnt mit der Lösung des Problems auf diesem Gitter. Jedes KV wird dann in feinere KV unterteilt. Nachdem eine konvergierte Lösung auf dem gröbsten Gitter gefunden wurde, wird sie auf das nächstfeinere Gitter interpoliert, um als Ausgangslösung zu dienen. Dann wird ein Zwei-Gitter-Verfahren eingeleitet. Der Prozess wird wiederholt, bis das feinste Gitter erreicht ist und eine Lösung darauf erhalten wird. Wie bereits erwähnt, wird diese Strategie als *Voll-Mehrgitter-Verfahren* (FMG) bezeichnet.

Nach m äußeren Iterationen auf dem Gitter mit der Maschenweite h sind die kurzwelligen Fehlerkomponenten entfernt und die Zwischenlösung erfüllt die folgende Gleichung:

$$A_h^m \boldsymbol{\phi}_h^m - \mathbf{Q}_h^m = \boldsymbol{\rho}_h^m, \qquad (12.4)$$

wobei $\boldsymbol{\rho}_h^m$ den Residuumsvektor nach der m-ten Iteration darstellt. Der Lösungsprozess wird nun auf das nächstgröbere Gitter verlagert, dessen Maschenweite $2h$ beträgt. Wie bereits erwähnt, sind sowohl die Kosten einer Iteration als auch die Konvergenzrate beim groben Gitter viel günstiger, was dem Verfahren seine Effizienz verleiht.

Die auf dem Grobgitter gelösten Gleichungen sollten geglättete Versionen der Feingittergleichungen sein. Mit einer sorgfältigen Auswahl der Definitionen kann man sicherstellen, dass die gelösten Gleichungen identisch den zuvor auf diesem Gitter gelösten aussehen, d. h. die Koeffizientenmatrix ist die gleiche. Die Gleichungen enthalten nun jedoch einen zusätzlichen Quellterm:

$$\hat{A}_{2h} \hat{\boldsymbol{\phi}}_{2h} - \hat{\mathbf{Q}}_{2h} = \tilde{A}_{2h} \tilde{\boldsymbol{\phi}}_{2h} - \tilde{\mathbf{Q}}_{2h} - \tilde{\rho}_{2h} . \qquad (12.5)$$

Mit ~ werden Größen bezeichnet, die vom feinen Gitter auf das grobe Gitter übertragen werden; sie bleiben während der Iterationen auf dem Grobgitter konstant. Mit ^ werden Größen bezeichnet, die auf dem groben Gitter berechnet werden. Die linke Seite von Gl. (12.5), wenn gleich null gesetzt, würde die Grobgittergleichungen darstellen. Die rechte Seite enthält die Korrektur, die sicherstellt, dass es sich bei der Lösung um eine geglättete Feingitterlösung und nicht um die Grobgitterlösung selbst handelt. Die zusätzlichen Terme ergeben sich durch Glättung („Restriktion") der Feingitterlösung und des Residuums. Die Anfangswerte aller Terme auf der linken Seite der obigen Gleichung sind die entsprechenden Terme auf der rechten Seite. Wenn das Feingitterresiduum gleich null ist, ist die Lösung auf dem groben Gitter gleich der Startlösung, $\hat{\phi}_{2h} = \tilde{\phi}_{2h}$.

Nur wenn das Residuum auf dem Feingitter ungleich null ist, ändert sich die Grobgitterapproximation gegenüber ihrem Ausgangswert (da das Problem nichtlinear ist, ändern sich auch die Koeffizientenmatrix und der Quellterm, weshalb diese Terme ein ^-Symbol tragen). Wenn die Lösung auf dem groben Gitter erhalten ist (innerhalb einer bestimmten Toleranz), wird die Korrektur

$$\phi' = \hat{\phi}_{2h} - \tilde{\phi}_{2h} \qquad (12.6)$$

durch Interpolation („Prolongation") auf das Feingitter übertragen und zur bestehenden Lösung ϕ_h^m hinzugefügt. Mit dieser Korrektur wird ein Großteil des niederfrequenten Fehlers in der Lösung auf dem Feingitter beseitigt, wodurch viele Iterationen auf dem Feingitter eingespart werden. Dieser Prozess wird fortgesetzt, bis die Lösung auf dem Feingitter konvergiert ist. Die Richardson-Extrapolation kann dann verwendet werden, um eine verbesserte Anfangsabschätzung für das nächstfeinere Gitter zu erhalten, und es wird ein Dreiebenen-V-Zyklus eingeleitet usw.

Für strukturierte Gitter wird in der Regel eine einfache bilineare (in 2D) oder trilineare (in 3D) Interpolation verwendet, um Variablenwerte von feinen zu groben Gittern und Korrekturen von groben zu feinen Gittern zu übertragen. Obwohl komplexere Interpolationstechniken eingesetzt werden können und wurden, ist diese einfache Technik in den meisten Fällen völlig ausreichend.

Eine weitere Möglichkeit, eine Variable von einem Gitter in ein anderes zu übertragen, besteht darin, den Gradienten dieser Variable in den KV-Zentren des Gitters zu bestimmen, auf dem sie berechnet wurde (grob oder fein). Eine effiziente Methode zur Berechnung von Gradienten in den Zentren beliebiger KV mithilfe des Gauß-Theorems wurde in Kap. 9 beschrieben. Es ist dann einfach, den Variablenwert an einer beliebigen Stelle in der Umgebung mit diesem Gradienten zu berechnen (das entspricht der linearen Interpolation). Für den in Abb. 12.13 dargestellten Fall können wir den Grobgittervariablenwert im Knoten G berechnen, indem wir die mit den Feingittergradienten berechneten Werte mitteln:

$$\phi_G = \frac{1}{N_f} \sum_{i=1}^{N_f} [\, \phi_{F_i} + (\boldsymbol{\nabla}\phi)_{F_i} \cdot (\mathbf{r}_G - \mathbf{r}_{F_i}) \,], \qquad (12.7)$$

wobei N_f die Anzahl der Feingitter-KV in einem Grobgitter-KV ist (bei strukturierten Gittern 4 in 2D und 8 in 3D). Das grobe KV muss nicht wissen, welche feinen KV dazu gehören – es muss nur wissen, wie viele es sind. Andererseits weiß jedes Feingitter-KV (Tochter), zu welchem Grobgitter-KV (Mutter) es gehört; es hat nur eine Mutter.

Ebenso lässt sich die Grobgitterkorrektur leicht auf das Feingitter übertragen. Man berechnet den Gradienten der Korrektur im Mittelpunkt des Grobgitter-KV; aus dem Gradienten wird die Korrektur in den Feingitterknoten berechnet, die in diesem KV liegen:

$$\phi'_{F_i} = \phi'_G + (\boldsymbol{\nabla}\phi')_G \cdot (\mathbf{r}_{F_i} - \mathbf{r}_G). \qquad (12.8)$$

Diese Interpolation ist genauer als die einfache Injektion der Grob-KV-Korrektur in alle darin enthaltenen feinen KV (dies kann auch geschehen, aber eine Glättung der Korrektur

Abb. 12.13 Übertragung von
Variablen vom feinen auf das
grobe Gitter und umgekehrt

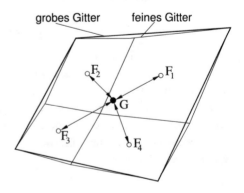

ist nach der Prolongation notwendig). Auf strukturierten Gittern kann man leicht andere Arten der Polynominterpolation implementieren.

Bei FV-Verfahren kann die Erhaltungseigenschaft genutzt werden, um die Massenflüsse und Residuen vom feinen auf das grobe Gitter zu übertragen. In 2D besteht das Grobgitter-KV aus vier Feingitter-KV und die Grobgittergleichung sollte die Summe ihrer Tochter-Feingitter-KV-Gleichungen sein. Die Residuen werden somit einfach über Feingitter-KV summiert, und der anfängliche Massenfluss an groben KV-Seiten ist die Summe der Massenflüsse an den feinen KV-Seiten. Bei Berechnungen auf groben Gittern werden die Massenflüsse nicht mit dortigen Geschwindigkeiten berechnet, sondern mithilfe von Geschwindigkeitskorrekturen korrigiert, um sicherzustellen, dass bei verschwindenden Korrekturen die Feingitterlösung unverändert bleibt. Für die generischen Variablen können wir schreiben:

$$\tilde{\phi}_{k-1} = I_k^{k-1}\phi_k^m \quad \text{und} \quad \phi_k^{m+1} = \phi_k^m + I_{k-1}^k\phi_{k-1}' \, , \tag{12.9}$$

wobei I_k^{k-1} den Operator darstellt, der die Übertragung vom Fein- zum Grobgitter beschreibt, und I_{k-1}^k den Operator, der die Übertragung vom Grobgitter zum Feingitter beschreibt; Gl. (12.7) und (12.8) liefern Beispiele für diese Operatoren.

Die Behandlung der Druckterme in den Impulsgleichungen ist besonders hervorzuheben. Da anfangs $\hat{p} = \tilde{p}$ und die Druckterme linear sind, können wir mit der Differenz $p' = \hat{p} - \tilde{p}$ arbeiten. Dann brauchen wir den Druck von den feinen zu den groben Gittern nicht zu übertragen. Es ist zu beachten, dass dies nicht die Druckkorrektur p' von SIMPLE und verwandten Algorithmen ist; es ist eine Korrektur des Drucks auf dem feineren Gitter und basiert auf den Geschwindigkeitskorrekturen $u_i' = \hat{u}_i - \tilde{u}_i$. Wie bereits erwähnt, werden die anfänglichen Grobgittermassenflüsse, $\tilde{\dot{m}}$, durch Addition der entsprechenden Feingittermassenflüsse erhalten. Diese ändern sich nur, wenn sich die Geschwindigkeiten ändern; wir gehen davon aus, dass die Feingittermassenflüsse zu Beginn des Mehrgitterzyklusses Masse erhaltend sind; wenn nicht, kann das Massenungleichgewicht in die Druckkorrekturgleichung im groben Gitter einbezogen werden.

Es ist wichtig darauf zu achten, dass die Implementierung der Randbedingungen auch die Konsistenzanforderungen erfüllt. Wenn beispielsweise eine Symmetrierandbedingung implementiert wird, indem der Randwert gleich dem Wert im randnächsten Knoten gesetzt wird, kann der Restriktionsoperator den Randwert von $\tilde{\phi}$ nicht durch Interpolation der Feingitter-Randwerte berechnen; er muss $\tilde{\phi}$ in allen inneren Knoten berechnen und dann die Randbedingung darauf anwenden, d. h. $\tilde{\phi}$ am Symmetrierand gleich $\tilde{\phi}$ im randnächsten Knoten setzen. Dieselbe Randbedingung wird auf $\hat{\phi}$ angewendet, und so wird sichergestellt, dass auch ϕ' in den Rand- und randnächsten Knoten gleich sind; sonst wird ein Gradient von ϕ' an das feinere Gitter übergeben. Wenn die Randbedingungen nicht für alle Variablen konsistent implementiert sind, kann die Lösung auf dem Feingitter nicht über eine bestimmte Grenze hinaus konvergieren. Eine ähnliche Situation kann aufgrund von Inkonsistenzen bei der Behandlung anderer Randbedingungen auftreten, aber wir werden hier nicht alle Möglichkeiten auflisten. Es ist wichtig sicherzustellen, dass die Iterationsfehler bis auf die Rundungsfehler reduziert werden können (auch wenn dieses Kriterium bei der Anwendung des Rechenprogramms nicht verwendet wird); wenn dies nicht möglich ist, stimmt etwas nicht!

Andere Strategien (z. B. W-Zyklen) können für den Wechsel zwischen den Gittern verwendet werden. Die Effizienz kann verbessert werden, indem die Entscheidung, von einem Gitter zum anderen zu wechseln, auf der Grundlage des Konvergenzgrades getroffen wird. Die einfachste Wahl ist der oben beschriebene V-Zyklus mit einer festen Anzahl von Iterationen auf jeder Gitterebene. Das Verhalten der FMG-Methode für den V-Zyklus mit typischen Anzahlen von Iterationen auf jeder Ebene ist schematisch in Abb. 12.14 dargestellt. Die optimale Wahl der Parameter ist problemabhängig, aber ihre Auswirkungen auf die Performance sind nicht so dramatisch wie bei der Eingittermethode. Weitere Details zu Mehrgitterverfahren sind im Buch von Hackbusch (2003) zu finden.

Das Mehrgitter-Verfahren kann sowohl auf unstrukturierte als auch auf strukturierte Gitter angewendet werden. Bei FV-Methoden verbindet man in der Regel Feingitter-KV zu Grobgitter-KV; die Anzahl der Fein-KV pro Grobgitter-KV kann je nach Form der KV (Tetraeder, Pyramiden, Prismen, Hexaeder usw.) unterschiedlich sein. Die Mehrgitteridee kann sogar verwendet werden, wenn die Grob- und Feingitter nicht durch systematische Verfeinerung oder Vergröberung miteinander verbunden sind – die Gitter können beliebig sein; es ist nur wichtig, dass das Lösungsgebiet und die Randbedingungen auf allen Ebenen gleich sind und dass ein Gitter wesentlich gröber ist als das andere (sonst wird die Recheneffizienz nicht verbessert). Die Restriktions- und Prolongationsoperatoren basieren dann auf generischen Interpolationsmethoden; solche Mehrgitterverfahren werden als *algebraische Mehrgitterverfahren* bezeichnet (siehe z. B. Raw 1995, und Weiss et al. 1999).

Für die Berechnung instationärer Strömungen mit impliziten Methoden und kleinen Zeitschritten konvergieren die äußeren Iterationen in der Regel sehr schnell (Residuumsreduktion um ca. eine Größenordnung pro äußerer Iteration), sodass eine Mehrgitterbeschleunigung nicht erforderlich ist. Die größten Einsparungen werden bei stationären vollelliptischen (diffusionsdominierten) Problemen erzielt, die kleinsten bei konvektionsdominierten Problemen (Euler-Gleichungen). Typische Beschleunigungsfaktoren für stationäre Probleme

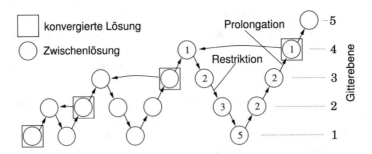

Abb. 12.14 Schematische Darstellung des FMG-Verfahren mit V-Zyklen, mit der typischen Anzahl der äußeren Iterationen in verschiedenen Phasen eines Zyklus

reichen von 10 bis 100 bei Verwendung von fünf oder mehr Gitterebenen. Ein Beispiel ist unten in diesem Abschnitt aufgeführt.

Bei der Berechnung turbulenter Strömungen mit dem k–ε-Turbulenzmodell kann die Interpolation in den frühen Zyklen einer Mehrgittermethode negative Werte von k und/oder ε ergeben; die Korrekturen müssen dann auf die Aufrechterhaltung der Positivität beschränkt werden. Bei Problemen mit variablen Fluideigenschaften können diese innerhalb des Lösungsgebiets um mehrere Größenordnungen variieren. Diese starke nichtlineare Kopplung der Gleichungen kann dazu führen, dass das Mehrgitterverfahren instabil wird. Es kann besser sein, einige Größen (z. B. die turbulente Viskosität im k-ε-Turbulenzmodell) nur auf dem feinsten Gitter zu aktualisieren und innerhalb eines Mehrgitterzyklusses konstant zu halten.

Unterrelaxationsfaktoren sind bei Mehrgitterverfahren für laminare Strömungen relativ unwichtig; die Verfahren sind gegenüber diesen Parametern weniger empfindlich als die Eingitterverfahren. In Abb. 12.15 zeigen wir die Abhängigkeit der Anzahl der erforderlichen äußeren Iterationen zur Berechnung der deckelgetriebenen Hohlraumströmung bei Re = 1000 vom Unterrelaxationsfaktor für die Geschwindigkeit (bei optimaler Unterrelaxation der Druckkorrektur, siehe Abschn. 8.4) für zwei Gitter. Die Anzahl der Iterationen variiert um etwa 30 % im Bereich von α_u zwischen 0,5 und 0,9; bei der Eingittermethode ergibt sich die Variation um den Faktor fünf bis sieben (höher bei feineren Gittern; siehe Abb. 8.14). Bei turbulenten Strömungen, Wärmeübertragung usw. kann die Unterrelaxation jedoch einen größeren Einfluss auf die Mehrgittermethode haben.

Das vorstehend beschriebene Vollmehrgitterverfahren bietet Lösungen auf allen Gittern. Die Kosten für die Lösung auf allen groben Gittern betragen etwa 30 % der Kosten für die Lösung auf dem feinsten Gitter. Würde der Lösungsprozess auf dem feinsten Gitter mit Nullfeldern gestartet, wäre ein höherer Gesamtaufwand erforderlich als bei Verwendung des FMG-Ansatzes. Die Einsparungen, die sich aus genaueren Anfangsfeldern ergeben, überwiegen in der Regel die Kosten, die für ihre Beschaffung anfallen. Darüber hinaus ermöglicht die Lösung auf einer Reihe von Gittern die Bewertung von Diskretisierungsfehlern, wie in

Abb. 12.15 Anzahl der äußeren Iterationen auf dem feinsten Gitter in einer Mehrgittermethode als Funktion des Unterrelaxationsfaktors α_u für die deckelgetriebene Hohlraumströmung bei Re = 1.000

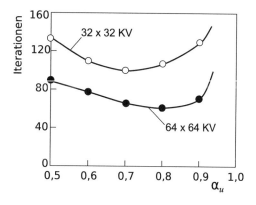

Abschn. 3.9 beschrieben, und bietet eine Grundlage für die Gitterverfeinerung. Der Gitter-verfeinerungsprozess kann gestoppt werden, wenn die gewünschte Genauigkeit erreicht ist. Außerdem kann die Richardson-Extrapolation zur Fehlerabschätzung verwendet werden.

Der oben beschriebene Mehrgitteransatz zur Beschleunigung äußerer Iterationen kann auf jede Lösungsmethode für die Navier-Stokes-Gleichungen angewendet werden. Vanka (1986) wandte ihn auf die punktgekoppelte Lösungsmethode an; Hutchinson und Raithby (1986) und Hutchinson et al. (1988) verwenden ihn mit einer liniengekoppelten Lösungs-technik. Methoden vom Typ SIMPLE und Teilschrittmethoden eignen sich auch gut für die Mehrgitterbeschleunigung; siehe z. B. Hortmann et al. (1990), Lilek et al. (1997a) und Thompson und Ferziger (1989). Die Rolle des *Glätters* wird nun vom Grundalgorithmus übernommen (z. B. SIMPLE); der Lineargleichungslöser spielt eine untergeordnete Rolle.

In Tab. 12.1 vergleichen wir die Anzahl der äußeren Iterationen und die Rechenzeiten, die zur Berechnung der 2D deckelgetriebenen Hohlraumströmung bei den Reynolds-Zahlen Re = 100 und Re = 1000 mit verschiedenen Lösungsstrategien benötigt werden. SG bezeich-net das Eingitterverfahren mit einem Nullanfangsfeld. PG bezeichnet das Prolongationsver-fahren, bei dem die Lösung aus dem nächstgröberen Gitter als Ausgangsfeld verwendet wird. MG bezeichnet das Mehrgitterverfahren mit V-Zyklen, wobei das feinste Gitter mit Null-anfangsfeldern startet. Schließlich bezeichnet FMG das vorstehend beschriebene Mehrgit-terverfahren, das als eine Kombination aus PG- und MG-Verfahren betrachtet werden kann.

Tab. 12.1 Anzahl der Iterationen und Rechenzeiten, die von verschiedenen Versionen der Lösungs-methode benötigt werden, um die L_1 Residuumsnorm bei der Berechnung der deckelgetriebenen 2D-Hohlraumströmung um 4 Größenordnungen zu reduzieren ($\alpha_u = 0{,}8$, $\alpha_p = 0{,}2$, nichtäquidi-stantes Gitter; für PG und FMG beinhalten Rechenzeiten die Zeiten auf allen gröberen Gittern)

Re	Gitter	Anzahl äußerer Iterationen				CPU-Zeit			
		SG	PG	MG	FMG	SG	PG	MG	FMG
100	8^2	58	58	58	58	0,3	0,3	0,3	0,3
	16^2	61	51	47	45	0,9	1,2	1,4	1,5
	32^2	156	99	41	41	9,1	7,0	4,0	5,0
	64^2	555	256	40	40	140,8	71,1	13,0	16,9
	128^2	2119	620	40	40	2141,9	702,6	50,9	66,5
	256^2	–	–	40	40	–	–	242,2	293,8
1000	8^2	124	124	124	124	0,5	0,5	0,5	0,5
	16^2	156	162	123	132	2,2	2,5	2,8	2,9
	32^2	250	288	132	132	14,0	19,2	11,2	13,8
	64^2	433	400	93	73	97,0	120,7	32,0	38,5
	128^2	1352	725	83	41	1383,4	851,1	121,5	92,4
	256^2	–	–	83	31	–	–	512,9	278,8

Die Ergebnisse zeigen, dass MG und FMG für den Fall Re = 100 etwa die gleiche Anzahl von äußeren Iterationen auf der feinsten Gitterebene benötigen – eine qualitativ hochwertige Anfangslösung spart nicht viel. Bei der Eingittermethode sind die Einsparungen erheblich: Auf dem Gitter mit 128 × 128 KV wird die Anzahl der Iterationen um den Faktor 3,5 reduziert. Das Mehrgitterverfahren reduziert die Anzahl der Iterationen auf diesem Gitter um den Faktor 15; dieser Faktor nimmt mit der Verfeinerung des Gitters zu. Die Anzahl der Iterationen bleibt bei den MG- und FMG-Verfahren ab dem dritten Gitter konstant, während sie sich bei SG um den Faktor vier und bei PG um den Faktor 2,5 erhöht.

Bei hohen Reynolds-Zahlen ändert sich die Situation ein wenig. SG benötigt weniger Iterationen als bei Re = 100, außer bei groben Gittern, bei denen die Verwendung von ZDS die Konvergenz verlangsamt. PG reduziert die Anzahl der Iterationen um weniger als den Faktor 2. MG benötigt etwa doppelt so viele Iterationen wie bei Re =100. Die FMG wird jedoch mit der Verfeinerung des Gitters effizienter – die Anzahl der erforderlichen Iterationen ist bei einem Gitter mit 256 × 256 KV tatsächlich geringer als bei Re = 100. Dies ist ein typisches Verhalten der Mehrgittermethode, wenn sie auf die Navier-Stokes-Gleichungen angewendet wird. Der FMG-Ansatz ist in der Regel der effizienteste.

Ähnliche Ergebnisse wie in Tab. 12.1 werden auch für die 3D deckelgetriebene Hohlraumströmung erzielt; siehe Lilek et al. (1997a) für Details.

In Abb. 12.16 ist die Reduktion der Residuumsnorm (die Summe der Absolutwerte des Residuums über alle KV) der turbulenten kinetischen Energie k für die Berechnung der turbulenten Strömung in einem Segment eines Rohrbündels mit dem $k-\varepsilon$-Modell dargestellt. Die Kurven sind typisch für die MG- und SG-Methode. In der Praxis genügt in der Regel eine Reduzierung der Residuen um drei bis vier Größenordnungen. Hier wurden die Residuen

Abb. 12.16 Reduktion der Residuumsnorm für die turbulente kinetische Energie k bei der Berechnung der Strömung in einem Rohrbündelsegment; das feinste Gitter hatte 176 × 48 KV, fünf Ebenen wurden verwendet (aus Lilek (1995))

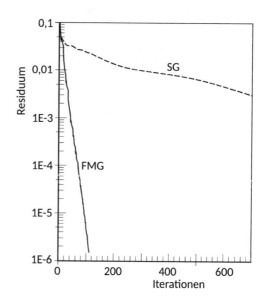

mehr als notwendig reduziert, um zu zeigen, dass sich die Konvergenzrate nicht verschlechtert. Die Einsparung an Rechenzeit ist von Anwendung zu Anwendung unterschiedlich: Sie ist bei konvektionsdominierten Strömungen geringer als bei diffusionsdominierten Strömungen.

12.5 Adaptive Gitterverfeinerung (AGR)

12.5.1 Motivation für adaptive Gitterverfeinerung

Fragen der Genauigkeit haben die numerische Strömungsmechanik von Anfang an geplagt. Es gibt viele veröffentlichte Ergebnisse mit signifikanten Fehlern. Tests zur Beurteilung der Modellgüte haben sich manchmal als nicht schlüssig erwiesen, da die numerischen Fehler größer waren als die Auswirkungen des Modells (s. Diskussion dieses Problems in Abschn. 12.2.3.1).

Das Wichtigste ist eine Methode zur Fehlerabschätzung; die zuvor beschriebene Richardson-Methode ist eine gute Wahl. Ein Verfahren zum Abschätzen des Fehlers ohne die Notwendigkeit, Berechnungen auf zwei Gittern durchzuführen, besteht darin, die Flüsse durch die KV-Seiten zu vergleichen, die sich aus der in der Lösung verwendeten Diskretisierungsmethode und einem genaueren (höherwertigen) Verfahren ergeben. Dies ist nicht so genau wie die Richardson-Methode, aber es dient dazu, anzuzeigen, wo die Fehler groß sind. Da die Approximation höherer Ordnung in der Regel komplexer ist, wird sie nur zur Berechnung der Flüsse verwendet, nachdem eine konvergierte Lösung mit der Basismethode erhalten wurde. Man kann z. B. ein Polynom 3. Grades durch die Zentren der benachbarten Zellen und die gemeinsame Seite legen und die Variablenwerte und ihre Gradienten in diesen beiden KV-Zentren verwenden, um die Koeffizienten des Polynoms zu finden (siehe Abschn. 4.4.4 für ein Beispiel). Nehmen wir an, dass man mit dieser Approximation die genaue Lösung Φ erhalten würde, anstelle der Lösung ϕ, die sich aus der üblichen Approximation ergab. Die Differenz zwischen den Flüssen, die unter Verwendung der kubischen (F_k^{Φ}) und linearen Interpolation (F_k^{ϕ}) berechnet wurden, sollte der diskretisierten Gleichung als zusätzlicher Quellterm hinzugefügt werden, um die „genaue" Lösung wieder herzustellen. Wenn wir den Diskretisierungsfehler ε^{d} und den Quellterm τ (der oft als *tau-error* bezeichnet wird) wie folgt definieren:

$$\varepsilon^{\mathrm{d}} = \Phi - \phi \quad \text{und} \quad \tau_{\mathrm{P}} = \sum_k (F_k^{\Phi} - F_k^{\phi}) \,, \tag{12.10}$$

erhalten wir die folgende Beziehung zwischen der Abschätzung des Diskretisierungsfehlers und des Tau-Fehlers:

$$A_{\mathrm{P}} \varepsilon_{\mathrm{P}}^{\mathrm{d}} + \sum_k A_k \varepsilon_k^{\mathrm{d}} = \tau_{\mathrm{P}} \,. \tag{12.11}$$

Anstatt dieses Gleichungssystem für ε^d zu lösen, reicht es oft aus, τ_P einfach mit A_P zu normieren und diese Größe als Abschätzung des Diskretisierungsfehlers zu verwenden; dies entspricht der Durchführung einer Jacobi-Iteration auf dem System von Gl. (12.11) beginnend mit den Nullanfangswerten. Der Grund dafür ist, dass die obige Analyse nur approximativ ist und die berechnete Größe eher ein *Indikator* als eine *Abschätzung* des Diskretisierungsfehlers ist. Für weitere Einzelheiten und Anwendungsbeispiele dieser Methode der Fehlerabschätzung siehe Muzaferija und Gosman (1997). Der wichtigste Punkt ist, dass wir jetzt über eine Strategie zur punktweisen Fehlerdefinition im gesamten Strömungsbereich verfügen. Diese Informationen können zur Anpassung des Gitters verwendet werden, um die Fehlerniveaus auszugleichen. Wenn die Fehlerabschätzung an einem bestimmten Gitterpunkt größer als ein vorgeschriebenes Niveau ist, wird diese Gitterzelle zur Verfeinerung gekennzeichnet.

12.5.2 Die Strategie der adaptiven Gitterverfeinerung

Aus den Fehlerabschätzungen kann eine Karte der zur Verfeinerung markierten Gitterzellen erstellt werden. Um eine Pufferzone zu schaffen, werden die Grenzen des Verfeinerungsbereichs typischerweise um einen gewissen Spielraum erweitert, der eine Funktion der lokalen Maschengröße sein sollte; die Breite von zwei bis vier Zellen ist normalerweise eine sinnvolle Wahl.

Bei blockstrukturierten Gittern muss die Verfeinerung blockweise erfolgen; wenn nicht alle Blöcke verfeinert werden, ist die Fähigkeit, nichtkonforme Schnittstellen verarbeiten zu können, erforderlich. Bei unstrukturierten Gittern kann die lokale Verfeinerung zellenweise erfolgen. Andernfalls können die zu verfeinernden Zellen zu Clustern zusammengefasst und neue Blöcke des verfeinerten Gitters definiert werden, wie später beschrieben wird.

Ziel ist, den Fehler überall kleiner als eine gewisse Toleranz δ zu machen, entweder in Bezug auf den absoluten Fehler, $\|\varepsilon\|$, oder den relativen Fehler, $\|\varepsilon/\phi_{\mathrm{ref}}\|$, wobei ϕ_{ref} der für die Normalisierung verwendete repräsentative Variablenwert ist. Dies kann durch die Verwendung von Methoden unterschiedlicher Genauigkeit erreicht werden: Dieser Ansatz wird üblicherweise bei der Lösung gewöhnlicher Differentialgleichungen verwendet, aber dies wird in CFD selten praktiziert. Man kann das Gitter auch überall verfeinern, aber das ist verschwenderisch. Eine flexiblere Wahl ist, das Gitter *lokal* dort zu verfeinern, wo die Fehler groß sind. Erfahrene Anwender von CFD-Programmen können Gitter erzeugen, die fein sind, wo es notwendig ist, und die an anderer Stelle grob sind, sodass sich eine nahezu gleichmäßige Verteilung des Diskretisierungsfehlers ergibt. Dies ist besonders wichtig, wenn die Geometrie kleine, aber wichtige Strömungshindernisse enthält, z. B. Spiegel an Autos, Anhänge an Schiffen und anderen schwimmenden Körpern, kleine Ein- und Auslässe an den Wänden großer Kammern. Bei komplexen Geometrien ist es jedoch schwierig, lokale Verfeinerungen „von Hand" vorzunehmen; bei instationären Strömungen können sich auch Bereiche, die verfeinert werden müssen, mit der Zeit ändern. Daher ist eine Methode der automatischen, adaptiven Gitterverfeinerung unerlässlich, wenn die gewünschte Genauigkeit mit minimalem Aufwand erreicht werden soll. Das Combo-Paket von C++-Programmen (Adams et al. 2015) unterstützt z. B. blockstrukturierte AGR-Anwendungen. Die AGR wird in einer Reihe von Veröffentlichungen diskutiert, beginnend mit Berger und Oliger (1984); Beispiele sind Skamarock et al. (1989) und Thompson und Ferziger (1989).

Bei einigen Strömungsproblemen ist es offensichtlich, wo das Gitter verfeinert werden muss, sodass die Automatisierung der adaptiven Verfeinerung leicht möglich ist. Beispiele sind kompressible Strömungen mit Stößen (ein feines Gitter ist um Stöße erforderlich, z. B. bei Strömungen um Tragflächen und in Turbomaschinen), Strömungen mit freier Oberfläche (ein feines Gitter ist erforderlich, um die freie Oberfläche aufzulösen, z. B. Strahlzerfall, aufsteigende Blasen, Wassereintritt von starren Körpern, Schiffe in Wellen), Strömungen mit Kavitation usw. Ein Beispiel für die Anpassung des Gitters an einen Stoß ist in Abb. 12.17 und 12.18 dargestellt; Beispiele für die Anpassung an die freie Oberfläche und die Kavitationszone werden im nächsten Kapitel vorgestellt. Ein geeigneter Fehlerindikator oder -abschätzer würde auch andere Regionen zeigen, in denen das anfängliche Gitter nicht fein genug ist. Manchmal kann eine Fehlerabschätzung darauf hindeuten, dass die Fehler in einer Variablen in einer Zone hoch sind, während andere Variablen eine Gitterverfeinerung an anderer Stelle erfordern; möglicherweise muss man Kompromisse eingehen oder eine Gewichtung auf jede Variable und Fehlerstufe anwenden. Dies deutet darauf hin, dass die Frage der Entscheidung, wo und bis zu welcher Ebene das Gitter verfeinert werden soll, alles andere als trivial ist. Aus diesem Grund bieten kommerzielle CFD-Programme die adaptive lokale Gitterverfeinerung noch nicht als Standardfunktion an, aber es wurden Prototypen vorgestellt und es ist klar, dass zukünftige Versionen diese Funktion enthalten werden.

Einige Autoren führen Berechnungen nur für den verfeinerten Teil des Gitters durch, wobei sie Randbedingungen aus der Grobgitterlösung an der Verfeinerungsschnittstelle verwenden. Dies wird als *passive* Methode bezeichnet, da die Lösung auf dem unverfeinerten Teil des Gitters nicht neu berechnet wird (siehe Berger und Oliger 1984). Diese Eigenschaft macht das Verfahren ungeeignet für elliptische Probleme, bei denen eine Änderung der Bedingungen in einer Region die Lösung überall beeinflussen kann. Methoden, die es ermöglichen, dass sich der Einfluss der verfeinerten Gitterlösung über das gesamte Lösungsgebiet ausbreitet, werden als *aktive* Methoden bezeichnet. Solche Methoden wurden unter anderem von Caruso et al. (1985) und Muzaferija (1994) entwickelt.

Eine aktive Methode (z. B. Caruso et al. (1985)) verfährt genau wie die passive Methode mit dem wichtigen Unterschied, dass das Verfahren nicht abgeschlossen ist, wenn die Feingitterlösung berechnet wurde. Vielmehr ist es notwendig, eine neue Grobgitterlösung zu berechnen; diese Lösung ist nicht diejenige, die auf dem Grobgitter berechnet wird, wenn es das gesamte Lösungsgebiet abdeckt, sondern eine geglättete Version der Feingitterlösung. Um zu sehen, was dafür nötig ist, nehmen wir an, dass

$$\mathscr{L}_h(\phi_h) = Q_h \qquad (12.12)$$

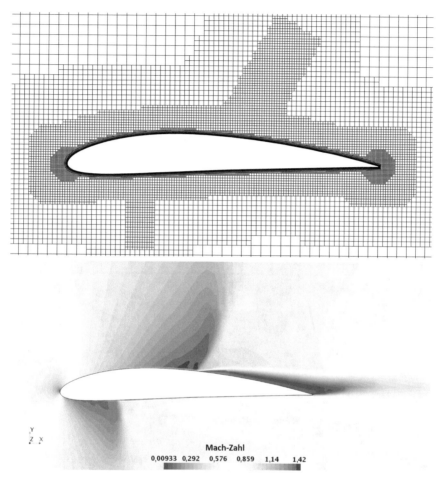

Abb. 12.17 Anfangsgitter (oben) und berechnete Mach-Zahl-Konturen (unten) für die turbulente Strömung um einen Tragflügel bei Ma = 0,8

eine Diskretisierung des Problems auf einem Gitter mit der Maschenweite h darstellt; $\mathscr{L}$ repräsentiert den Operator. Um eine geglättete Version der Feingitterlösung in der verfeinerten Region zu erreichen, ersetzen wir das Grobgitterproblem durch:

$$\mathscr{L}_{2h}(\phi_{2h}) = \begin{cases} \mathscr{L}_{2h}(\tilde{\phi}_h), & \text{in der Feingitterregion;} \\ Q_{2h}, & \text{im restlichen Lösungsgebiet,} \end{cases} \tag{12.13}$$

wobei $\tilde{\phi}_h$ die geglättete Feingitterlösung ist (d. h. ihre Darstellung auf dem groben Gitter). Die Lösung wird dann zwischen dem Grob- und Feingitter iteriert, bis der Iterationsfehler klein genug ist; etwa vier Iterationen genügen in der Regel. Da die Lösung auf jedem Gitter

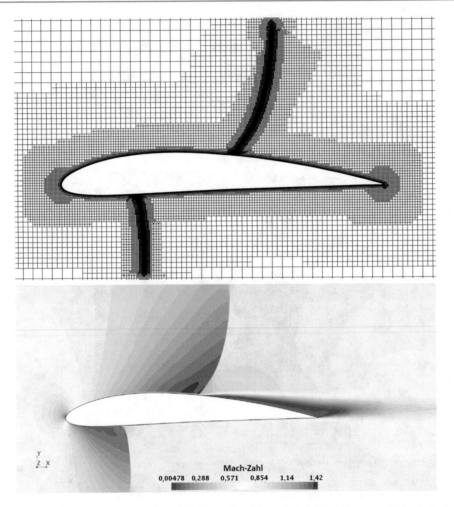

Abb. 12.18 Schockangepasstes Gitter (oben) und berechnete Mach-Zahl-Konturen (unten) für die turbulente Strömung um einen Tragflügel bei Ma = 0,8

nicht jedes Mal auf die endgültige Toleranz iteriert werden muss, kostet dieses Verfahren nur wenig mehr als die passive Methode.

In einer anderen aktiven Methode (Muzaferija 1994; Muzaferija und Gosman 1997) werden die Gitter zu einem einzigen globalen Gitter kombiniert, das sowohl das verfeinerte Gitter als auch den nicht verfeinerten Teil des ursprünglichen Gitters beinhaltet. Dies erfordert eine Lösungsmethode, die KV mit einer beliebigen Seitenanzahl erlaubt. Kontrollvolumen an einer Schnittstelle zwischen verfeinerten und nicht verfeinerten Regionen haben mehr Seiten und Nachbarn als normale KV; siehe Abb. 12.19. Damit die globale Erhaltungseigenschaft der FV-Methode erhalten bleibt, muss die Seite eines nicht verfeinerten KV an der

Abb. 12.19 Ein nicht verfeinertes KV an der Verfeinerungsschnittstelle: Es hat 6 Seiten ($c_1, \ldots, c_6$) gemeinsam mit 6 Nachbar-KV ($N_1, \ldots, N_6$)

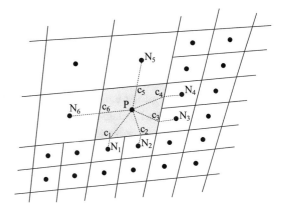

Verfeinerungsschnittstelle als 2 (in 2D und 4 in 3D) getrennte Teilflächen behandelt werden, die jeweils zwei KV gemeinsam sind. Bei der Diskretisierung werden diese Teilseiten genau wie jede andere Seite zwischen zwei KV behandelt. Das Rechenprogramm muss eine Datenstruktur haben, die mit dieser Situation umgehen kann, und der Löser muss in der Lage sein, mit der daraus resultierenden unregelmäßigen Matrixstruktur umzugehen. Löser basierend auf der Methode der konjugierten Gradienten sind eine gute Wahl; Mehrgitterlöser mit Gauß-Seidel-Glättern können mit Einschränkungen auch verwendet werden. Die Datenstruktur kann optimiert werden, indem zellflächen- und zellvolumenbezogene Werte in separaten Feldern gespeichert werden. Für ein einfaches Diskretisierungsschema, wie das in Kap. 9 beschriebene, ist dies einfach zu bewerkstelligen: Jede Zellfläche ist zwei KV gemeinsam, sodass man für jede Fläche Zeiger auf die Knoten der benachbarten KV, die Flächenvektorkomponenten und die Matrixkoeffizienten speichern muss. Das Rechenprogramm zur Lösung des Strömungsproblems ist dann dasselbe für lokal verfeinerte und nichtverfeinerte Gitter; nur der Präprozessor muss angepasst werden, damit er die Daten für lokal verfeinerte Gitter verarbeiten kann. Dies ist vergleichbar mit der Behandlung von nichtkonformen Gitterblockschnittstellen, siehe Abschn. 9.6.1.

Wenn überlappende Gitter verwendet werden, benötigt das Rechenprogramm keine Änderungen, aber die Interpolationskoeffizienten und die an der Interpolation beteiligten Knoten müssen nach jeder Verfeinerung neu definiert werden.

Es können so viele Stufen der Gitterverfeinerung wie notwendig verwendet werden; in der Regel sind mindestens drei Stufen erforderlich, aber bis zu acht wurden verwendet. Der Vorteil der adaptiven Gitterverfeinerung besteht darin, dass – da das feinste Gitter nur einen kleinen Teil des Lösungsgebiets einnimmt – die Gesamtzahl der Gitterpunkte relativ niedrig ist, sodass sowohl die Kosten für die Berechnung als auch der Speicherbedarf im Vergleich zur Verfeinerung des kompletten Gitters enorm reduziert werden. Darüber hinaus kann AGR so konzipiert werden, dass der Benutzer kein erfahrener Gitterdesigner sein muss. Insbesondere bei Strömungen um stumpfe Körper wie Autos, Flugzeuge und Schiffe, bei denen in der Nähe des Körpers und im Nachlauf sehr feine Gitter benötigt werden, aber grobe

Gitter anderswo verwendet werden können, ist die lokale Gitterverfeinerung für eine genaue und effiziente Simulation unerlässlich. Ein Beispiel für eine benutzerdefinierte zellenweise lokale Gitterverfeinerung wurde in Abschn. 10.3.4.2 vorgestellt.

Schließlich lassen sich diese Methoden sehr gut mit der Mehrgittermethode kombinieren. Die verschachtelten Gitter können als diejenigen betrachtet werden, die im Mehrgitterbetrieb verwendet werden; der einzige wichtige Unterschied besteht darin, dass die feinsten Gitter nicht das gesamte Lösungsgebiet abdecken, da die gröberen Gitter eine ausreichende Genauigkeit bieten, wo eine Verfeinerung nicht erforderlich war. In der nicht verfeinerten Region bleiben die zu lösenden Gleichungen für beide Ebenen gleich. Da die größten Kosten der Mehrgittermethode auf Iterationen auf dem feinsten Gitter zurückzuführen sind, können die Einsparungen sehr groß sein, insbesondere in 3D. Für weitere Details siehe Thompson und Ferziger (1989) und Muzaferija (1994).

12.6 Parallelrechnen in CFD

Als die erste Ausgabe dieses Buches 1996 erschien, waren die Arbeitsplatzrechner Ein-Prozessor-Computer. Schon damals war klar, dass eine weitere Erhöhung der Rechenleistung mehrere Prozessoren, d.h. Parallelrechner, erfordern würde. Heutzutage (um 2020) verfügen alle Computer über mehrere Recheneinheiten (genannt „Kerne" bzw. „Cores"); Arbeitsplatzrechner haben in der Regel ca. 40 Cores und über 100 Gigabyte Speicher, mit einem Trend zu weiteren Steigerungen. Mehrere Rechner können zu Clustern verbunden werden, die Tausende von Kernen und Terabyte Speicher umfassen können. Der Vorteil solcher Cluster gegenüber klassischen Vektor-Supercomputern ist die Skalierbarkeit. Sie verwenden auch Standardprozessoren und sind daher kostengünstiger in der Herstellung. Algorithmen, die für die traditionelle serielle Verarbeitung entwickelt wurden, laufen jedoch nicht immer effizient auf Parallelrechnern.

Wenn die Parallelisierung auf Schleifenebene durchgeführt wird (wie bei Compilern mit automatischer Parallelisierung), kommt das Amdahl-Gesetz ins Spiel, das im Wesentlichen besagt, dass die Geschwindigkeit durch den am wenigsten effizienten Teil des Programms bestimmt wird. Um eine hohe Effizienz zu erreichen, muss der nicht parallelisierbare Teil des Programms sehr klein sein.

Ein besserer Ansatz ist die Unterteilung des Lösungsgebietes in Teilgebiete und die Zuordnung jedes Teilgebiets zu einem Prozessor. In diesem Fall läuft dasselbe Programm auf allen Prozessoren, mit seinem eigenen Datensatz. Da jeder Prozessor auch einige Daten benötigt, die in anderen Teilgebieten berechnet werden, ist ein Datenaustausch zwischen den Prozessoren und/oder eine Speicherüberlappung erforderlich.

Explizite Verfahren sind relativ einfach zu parallelisieren, da alle Operationen mit Daten aus vorangegangenen Zeitschritten durchgeführt werden. Es ist nur notwendig, die Daten an den Schnittstellen zwischen benachbarten Teilgebieten nach jedem Schritt auszutauschen. Die Reihenfolge der Vorgänge und die Ergebnisse sind auf einem und auf mehreren

Prozessoren identisch. Der schwierigste Teil des Problems ist in der Regel die Lösung der elliptischen Poisson-ähnlichen Gleichung für den Druck (siehe jedoch Sullivan und Patton 2008, die eine 2-D x-y-Ebenenzerlegung verwenden, um ein inkompressibles Strömungsproblem für die planetarische Grenzschicht zu lösen).

Implizite Methoden sind schwieriger zu parallelisieren. Während die Berechnung der Koeffizientenmatrix und des Quellvektors nur „alte" Daten verwendet und effizient parallel durchgeführt werden kann, ist die Lösung der linearen Gleichungssysteme nicht einfach zu parallelisieren. So ist beispielsweise die Gauß-Elimination, bei der jeder Schritt das Ergebnis des vorherigen Schritts benötigt, auf parallelen Maschinen sehr schwierig durchzuführen. Einige andere Löser können parallelisiert werden und führen die gleiche Abfolge von Operationen auf n-Prozessoren durch wie auf einem einzelnen, aber sie sind entweder nicht effizient oder der Kommunikationsaufwand ist sehr hoch. Wir werden zwei Beispiele beschreiben.

12.6.1 Parallelisierung von iterativen Lösungsmethoden für lineare Gleichungssysteme

Die rot-schwarze Gauß-Seidel-Methode eignet sich gut für die Parallelverarbeitung. Sie wurde kurz in Abschn. 5.3.8 beschrieben und besteht darin, Jacobi-Iterationen mit zwei Gruppen von Punkten abwechselnd durchzuführen. In 2D sind die Knoten wie auf einem Schachbrett gefärbt; so berechnet die Jacobi-Iteration, die auf einen roten Punkt angewendet wird, für einen Fünf-Punkte-Rechenstern in 2D den neuen Wert nur mit Daten von schwarzen Nachbarknoten und umgekehrt. Die Konvergenzeigenschaften dieses Lösers sind genau wie die der bekannten Gauß-Seidel-Methode.

Die Berechnung neuer Werte auf beiden Knotengruppen kann parallel durchgeführt werden. Alles, was benötigt wird, ist das Ergebnis des vorherigen Schrittes. Die Lösung ist genau die gleiche wie bei einem einzelnen Prozessor. Die Kommunikation zwischen Prozessoren, die an benachbarten Teilgebieten arbeiten, findet zweimal pro Iteration statt – nach der Aktualisierung jedes Datensatzes. Diese lokale Kommunikation kann gleichzeitig mit der Berechnung der neuen Werte ausgeführt werden. Dieser Löser eignet sich für die Anwendung in CFD nur in Verbindung mit einem Mehrgitterverfahren, da er allein ziemlich ineffizient ist.

ILU-artige Methoden (z. B. die in Abschn. 5.3.4 vorgestellte SIP-Methode) sind rekursiv, was die Parallelisierung weniger einfach macht. Im SIP-Algorithmus hängen die Elemente der L- und U-Matrizen, Gl. (5.41), von den Elementen in den Knoten W und S ab. Man kann nicht mit der Berechnung der Koeffizienten auf einem Teilgebiet – außer in der südwestlichen Ecke – beginnen, bevor Daten von dessen Nachbarn erhalten wurden. In 2D ist die beste Strategie, das Lösungsgebiet in vertikale Streifen zu unterteilen, d. h. eine 1D-Prozessor-Topologie zu verwenden. Die Berechnung von L- und U-Matrizen sowie die Iteration können dann relativ effizient und parallel durchgeführt werden (siehe Bastian und Horton, 1989).

Der Prozessor für das Teilgebiet 1 benötigt keine Daten von anderen Prozessoren und kann sofort starten; er arbeitet entlang seiner untersten oder südlichsten Linie. Nachdem er die Elemente für den äußersten rechten Knoten berechnet hat, kann er diese Werte an den Prozessor für das Teilgebiet 2 übergeben: Während der erste Prozessor die Berechnung in seiner nächsten Zeile startet, kann der zweite Prozessor in seiner untersten Zeile rechnen. Alle n-Prozessoren sind beschäftigt, wenn der erste die n-te Zeile von unten erreicht hat. Wenn der erste Prozessor den oberen Rand erreicht, muss er warten, bis der letzte Prozessor, der sich n-Zeilen dahinter befindet, fertig ist; siehe Abb. 12.20. Im Iterationsschema werden zwei Durchläufe benötigt. Der erste erfolgt in der gerade beschriebenen Weise, während der zweite im Wesentlichen dem Spiegelbild entspricht.

Der Algorithmus besteht aus folgenden Schritten:

```
for j = 2 to N_j − 1 do:
    erhalte U_E(i_s − 1, j), U_N(i_s − 1, j) vom Westnachbar;
    for i = i_s to i_e do:
        berechne U_E(i, j), L_W(i, j), U_N(i, j), L_S(i, j), L_P(i, j);
    end i;
    sende U_E(i_e, j), U_N(i_e, j) zum Ostnachbar;
end j;

for m = 1 to M do:
    for j = 2 to N_j − 1 do:
        erhalte R(i_s − 1, j) vom Westnachbar;
        for i = i_s to i_e do:
            berechne ρ(i, j), R(i, j);
        end i;
        sende R(i_e, j) zum Ostnachbar;
    end j;

    for j = N_j − 1 to 2 step -1 do:
        erhalte δ(i_e + 1, j) vom Ostnachbar;
        for i = i_e to i_s step -1 do:
            berechne δ(i, j);
            aktualisiere Variablen;
        end i;
        sende δ(i_s, j) zum Westnachbar;
    end j;
end m.
```

Das Problem ist, dass diese Parallelisierungstechnik viel (feinkörnige) Kommunikation erfordert und es am Anfang und Ende jeder Iteration Leerlaufzeiten gibt, die die Effizienz reduzieren. Außerdem beschränkt sich der Ansatz auf strukturierte Gitter. Bastian und Horton (1989) erzielten eine gute Effizienz auf transputerbasierten Rechnern, die ein günstiges

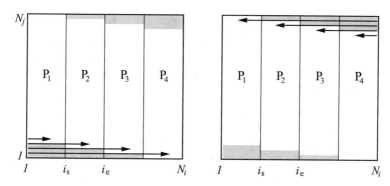

Abb. 12.20 Parallelverarbeitung im SIP-Löser in der Vorwärtsschleife (links) und in der Rückwärtsschleife (rechts); schattiert sind Bereiche mit ungleichmäßiger Lastverteilung

Verhältnis von Kommunikation zu Rechengeschwindigkeit hatten. Bei einem ungünstigeren Verhältnis wäre das Verfahren weniger effizient. Die Anzahl der Rechenoperationen und die Ergebnisse sind in jedem Schritt identisch denen auf einem Prozessor.

Die Methode der konjugierten Gradienten (ohne Vorkonditionierung) kann einfach parallelisiert werden. Der Algorithmus beinhaltet eine gewisse globale Kommunikation (das Sammeln von partiellen skalaren Produkten und Senden des Endwerts), aber die Leistung ist nahezu identisch mit der auf einem einzelnen Prozessor. Um jedoch wirklich effizient zu sein, benötigt die Methode einen guten Vorkonditionierer. Da die besten Vorkonditionierer vom Typ ILU sind (SIP ist ein sehr guter Vorkonditionierer), kommen die oben beschriebenen Probleme wieder ins Spiel.

Die obige Entwicklung zeigt, dass parallele Rechenumgebungen einen Umbau der Algorithmen erfordern. Verfahren, die auf Serienmaschinen hervorragend sind, können auf Parallelmaschinen kaum anwendbar sein. Außerdem müssen neue Normen zur Beurteilung der Wirksamkeit einer Methode herangezogen werden. Eine gute Parallelisierung impliziter Methoden erfordert eine Modifikation des Lösungsalgorithmus. Die Leistung in Bezug auf die Anzahl der numerischen Operationen kann schlechter sein als auf einem seriellen Computer, aber wenn die von den Prozessoren getragene Last ausgeglichen wird und der Kommunikationsaufwand und die Rechenzeit richtig aufeinander abgestimmt sind, kann das modifizierte Verfahren insgesamt effizienter sein.

12.6.2 Gebietszerlegung im Raum

Die Parallelisierung impliziter Methoden basiert in der Regel auf Datenparallelität oder *Gebietszerlegung,* die sowohl in Raum als auch in Zeit durchgeführt werden kann. Bei der räumlichen Gebietszerlegung wird das Lösungsgebiet in eine bestimmte Anzahl von Teilgebieten unterteilt; dies ist vergleichbar mit der Blockstrukturierung von Gittern. Bei der

Blockstrukturierung wird der Prozess durch die Geometrie des Lösungsgebiets bestimmt, während bei der Gebietszerlegung das Ziel darin besteht, die Effizienz zu maximieren, indem jedem Prozessor der gleiche Arbeitsaufwand auferlegt wird. Jedes Teilgebiet wird einem Prozessor zugeordnet, aber von einem Prozessor kann mehr als ein Gitterblock verarbeitet werden; wenn dies der Fall ist, können wir alle von einem Prozessor bearbeiteten Gitterblöcke als ein logisches Teilgebiet betrachten.

Wie bereits erwähnt, muss man das Iterationsverfahren für parallele Rechner ändern. Der übliche Ansatz besteht darin, die globale Koeffizientenmatrix A in ein System von diagonalen Blöcken A_{ii} (die die Elemente enthalten, welche die zum Teilgebiet i gehörenden Knoten verbinden) und nebendiagonalen Blöcken oder Kopplungsmatrizen A_{ij} ($i \neq j$) (welche die Interaktion der Blöcke i und j darstellen), aufzuteilen. Wenn beispielsweise ein quadratisches 2D-Lösungsgebiet in vier Teilgebiete aufgeteilt und die KV so nummeriert werden, dass die Mitglieder jedes Teilgebiets aufeinanderfolgende Indizes aufweisen, hat die Matrix die in Abb. 12.21 dargestellte Struktur; in dieser Darstellung wird eine Fünfpunkterechenstern-Diskretisierung verwendet. Das im Folgenden beschriebene Verfahren ist auf Methoden mit größeren Rechensternen anwendbar; in diesem Fall sind die Kopplungsmatrizen größer.

Aus Effizienzgründen sollte der iterative Löser für die inneren Iterationen so wenig Datenabhängigkeit wie möglich aufweisen (Daten, die von den Nachbarn bereitgestellt werden); Datenabhängigkeit kann zu langen Kommunikations- und/oder Leerlaufzeiten führen. Daher wird die globale Iterationsmatrix so gewählt, dass die Blöcke entkoppelt sind, d. h. $M_{ij} = 0$ für $i \neq j$. Das Iterationsschema auf dem Teilgebiet i ist dann:

$$M_{ii}\boldsymbol{\phi}_i^m = \mathbf{Q}_i^{m-1} - (A_{ii} - M_{ii})\boldsymbol{\phi}_i^{m-1} - \sum_j A_{ij}\boldsymbol{\phi}_j^{m-1} \quad (j \neq i). \qquad (12.14)$$

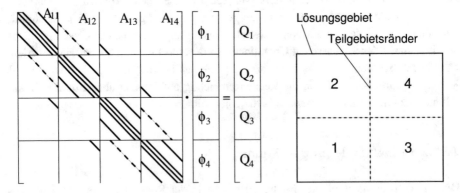

Abb. 12.21 Struktur der globalen Koeffizientenmatrix, wenn ein quadratisches 2D-Lösungsgebiet in 4 Teilgebiete unterteilt wird

Somit werden Daten aus benachbarten Teilgebieten aus der vorherigen inneren Iteration übernommen und wie bekannt behandelt; sie werden nach jeder inneren Iteration aktualisiert. Der SIP-Löser lässt sich leicht an diese Methode anpassen. Jede diagonale Blockmatrix M_{ii} wird auf normale Weise in L- und U-Matrizen zerlegt; die globale Iterationsmatrix $M = LU$ ist nicht diejenige, die im Einzelprozessorfall entsteht. Nachdem eine Iteration für jedes Teilgebiet durchgeführt wurde, muss man die aktualisierten Werte der unbekannten ϕ^m austauschen, damit die restlichen ρ^m in Knoten in der Nähe von Teilgebietsrändern berechnet werden können.

Wenn der SIP-Löser auf diese Weise parallelisiert wird, verschlechtert sich die Konvergenzrate, wenn die Anzahl der Prozessoren groß wird; die Anzahl der Iterationen kann sich verdoppeln, wenn die Anzahl der Prozessoren von eins auf 100 (bei einer moderaten Gittergröße) erhöht wird. Wenn die inneren Iterationen jedoch nicht sehr eng konvergiert werden müssen, wie es bei impliziten Methoden aus Kap. 7 und 8 beschrieben ist, kann der parallele SIP-Löser sehr effizient sein, da er dazu neigt, den Fehler in den ersten Iterationen schnell zu reduzieren. Insbesondere wenn die Mehrgittermethode zur Beschleunigung der äußeren Iterationen verwendet wird, ist die Gesamteffizienz recht hoch (80 % bis 90 %; siehe Schreck und Perić 1993, und Lilek et al. 1995, für Beispiele). Ein auf diese Weise parallelisiertes 2D-Rechenprogramm ist über das Internet verfügbar; siehe Anhang für Details.

Auf konjugierten Gradienten basierende Methoden können auch mit dem obigen Ansatz parallelisiert werden. Im Folgenden stellen wir ein Pseudoprogramm für den vorkonditionierten CG-Löser vor. Es wurde festgestellt (Seidl et al. 1996), dass die beste Leistung erzielt wird, wenn zwei Vorkonditionierungsschritte pro CG-Iteration durchgeführt werden, sowohl auf Einzel- als auch auf Multiprozessoren. Die Ergebnisse der Lösung einer Poisson-Gleichung mit Neumann-Randbedingungen, welche die Druckkorrekturgleichung in CFD-Anwendungen simuliert, sind in Abb. 12.22 dargestellt. Mit einem Vorkonditionerschritt pro CG-Iteration steigt die Anzahl der für die Konvergenz erforderlichen Iterationen mit der Anzahl der Prozessoren an. Bei zwei oder mehr Vorkonditionierungsschritten pro CG-Iteration bleibt die Anzahl der Iterationen jedoch nahezu konstant. In verschiedenen Anwendungen kann es jedoch zu einem unterschiedlichen Verhalten kommen.

- Initialisiere durch Setzen: $k = 0$, $\boldsymbol{\phi}^0 = \boldsymbol{\phi}_{\text{in}}$, $\boldsymbol{\rho}^0 = \mathbf{Q} - A\boldsymbol{\phi}_{\text{in}}$, $\mathbf{p}^0 = \mathbf{0}$, $s_0 = 10^{30}$
- Erhöhe den Zähler: $k = k + 1$
- Löse das System in jedem Teilgebiet: $M\mathbf{z}^k = \boldsymbol{\rho}^{k-1}$
  LK: Tausche $\mathbf{z}^k$ entlang der Teilgebietsränder
- Berechne: $s^k = \boldsymbol{\rho}^{k-1} \cdot \mathbf{z}^k$
  GK: Sammle zusammen und verteile s^k
  $\beta^k = s^k/s^{k-1}$
  $\mathbf{p}^k = \mathbf{z}^k + \beta^k \mathbf{p}^{k-1}$
  LK: Tausche $\mathbf{p}^k$ entlang der Teilgebietsränder
  $\alpha^k = s_k/(\mathbf{p}^k \cdot A\mathbf{p}^k)$
  GK: Sammle zusammen und verteile α^k

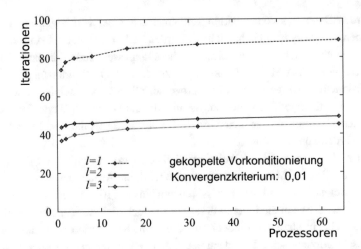

Abb. 12.22 Anzahl der Iterationen im ICCG-Löser als Funktion der Anzahl der Prozessoren (äqui-distantes Gitter mit 64^3 KV, Poisson-Gleichung mit Neumann-Randbedingungen, lokale Kommunikation nach jedem Vorkonditionierungsschritt, l-Schritte pro CG-Iteration, Residuumsnorm reduziert um zwei Größenordnungen; aus Seidl 1997)

$$\boldsymbol{\phi}^k = \boldsymbol{\phi}^{k-1} + \alpha^k \mathbf{p}^k$$
$$\boldsymbol{\rho}^k = \boldsymbol{\rho}^{k-1} - \alpha^k A \mathbf{p}^k$$

- Wiederhole bis Konvergenz.

Um die rechte Seite von Gl. (12.14) zu aktualisieren, sind Daten aus benachbarten Blöcken erforderlich. Im Beispiel von Abb. 12.21 benötigt Prozessor 1 Daten von den Prozessoren 2 und 3. Auf parallelen Computern mit gemeinsamem Speicher sind diese Daten für den Prozessor direkt zugänglich. Wenn Computer mit verteiltem Speicher verwendet werden (was für die meisten Cluster gilt), ist eine Kommunikation zwischen den Prozessoren erforderlich. Jeder Prozessor muss dann Daten für eine oder mehrere Zellschichten von der anderen Seite der Schnittstelle speichern. Es ist wichtig, zwischen *lokaler* (LK) und *globaler* (GK) Kommunikation zu unterscheiden.

Zwischen den Prozessoren, die auf benachbarten Blöcken arbeiten, findet eine lokale Kommunikation statt. Sie kann gleichzeitig zwischen Prozessorpaaren stattfinden; ein Beispiel ist die Kommunikation innerhalb innerer Iterationen in dem oben betrachteten Problem. GK bedeutet, einige Informationen von allen Blöcken in einem Master-Prozessor zu sammeln und einige Informationen vom Master-Prozessor an alle anderen Prozessoren zu senden. Ein Beispiel ist die Berechnung der Norm des Residuums durch Sammeln der Residuen von den Prozessoren und Senden des Ergebnisses der Konvergenzprüfung. Es gibt Kommunikationsbibliotheken, die zu diesem Zweck verwendet werden können; heute ist das Message-Passing-Interface (MPI; siehe https://www.mpi-forum.org/docs/) der *de facto* Standard, aber auch andere wie PVM (Sunderam 1990) oder TCGMSG (Harrison

1991) wurden in der Vergangenheit verwendet und können noch verfügbar sein. Dies macht die Rechenprogramme portabel – in der Regel ist es nicht notwendig, das CFD-Programm anzupassen, wenn es auf verschiedenen Parallelrechnern verwendet wird.

Wenn die Anzahl der Zellen oder Rechenpunkte, die jedem Prozessor zugeordnet sind (d. h. die Last pro Prozessor) mit der Gitterverfeinerung gleich bleibt (was bedeutet, dass mehr Prozessoren verwendet werden), bleibt das Verhältnis von lokaler Kommunikationszeit zu Rechenzeit gleich. Wir sagen, dass LK *vollständig skalierbar* ist. Die GK-Zeit steigt jedoch mit zunehmender Anzahl der Prozessoren, unabhängig von der Belastung pro Prozessor. Die globale Kommunikationszeit wird irgendwann größer werden als die Rechenzeit, wenn die Anzahl an Prozessoren erhöht wird. Daher ist GK *nicht skalierbar* und ist der limitierende Faktor für massive Parallelität. Die Methoden zur Messung des Wirkungsgrades werden im Folgenden erläutert.

12.6.3 Gebietszerlegung in der Zeit

Implizite Methoden werden in der Regel zur Lösung von stationären Strömungsproblemen eingesetzt. Obwohl man meinen könnte, dass diese Methoden nicht gut für paralleles Rechnen geeignet sind, können sie effektiv parallelisiert werden, indem man die Gebietszerlegung sowohl in der Zeit als auch im Raum vornimmt. Das bedeutet, dass mehrere Prozessoren gleichzeitig Arbeiten an demselben Teilgebiet für verschiedene Zeitschritte durchführen. Diese Technik wurde erstmals von Hackbusch (1984) vorgeschlagen.

Da keine der Gleichungen innerhalb einer äußeren Iteration genau gelöst werden muss, kann man auch die „alten" Variablen (d. h. die aus früheren Zeitschritten) in der diskretisierten Gleichung als Unbekannte behandeln. Für ein Zwei-Ebenen-Verfahren können die Gleichungen für die Lösung im Zeitschritt n wie folgt geschrieben werden:

$$A^n \phi^n + B^n \phi^{n-1} = \mathbf{Q}^n. \qquad (12.15)$$

Da wir uns mit impliziten Verfahren beschäftigen, können Matrix und Quellvektor von der neuen Lösung abhängen, weshalb sie den Index n tragen. Das einfachste iterative Verfahren zur gleichzeitigen Lösung für mehrere Zeitschritte besteht darin, die Gleichungen für jeden Zeitschritt zu entkoppeln und vorhandene Werte der Variablen (d. h. die aus der vorherigen äußeren Iteration) zu verwenden. Dadurch kann man die Berechnung für den nächsten Zeitschritt starten, sobald die erste Abschätzung für die Lösung im aktuellen Zeitschritt vorliegt, d. h. nach der ersten äußeren Iteration. Der zusätzliche Quellterm, der die Informationen der vorherigen Zeitschritte enthält, wird nach jeder äußeren Iteration aktualisiert und nicht wie bei der seriellen Verarbeitung konstant gehalten. Wenn der Prozessor k, der auf Zeitebene t_n arbeitet, seine m-te äußere Iteration durchführt, führt der Prozessor $k-1$, der auf Zeitebene t_{n-1} arbeitet, seine $(m+1)$-te äußere Iteration durch. Das Gleichungssystem, das vom Prozessor k in der äußeren Iteration m gelöst werden soll, lautet dann:

$$(A^n \boldsymbol{\phi}^n)_k^m = (\mathbf{Q}^n)_k^{m-1} - (B^n \boldsymbol{\phi}^{n-1})_{k-1}^m.$$ (12.16)

Die Prozessoren müssen nur einmal pro äußerer Iteration Daten austauschen, d. h. der lineare Gleichungslöser ist nicht betroffen. Natürlich werden jedes Mal viel mehr Daten übertragen als bei der Methode der Gebietszerlegung im Raum. Wenn die Anzahl der parallel behandelten Zeitschritte nicht größer ist als die Anzahl der äußeren Iterationen pro Zeitschritt, führt die Verwendung der verzögerten alten Werte zu keinem signifikanten Anstieg des Rechenaufwands pro Zeitschritt. Werden zu viele Zeitschritte parallel berechnet, wächst die Anzahl der erforderlichen äußeren Iterationen pro Zeitschritt und die Effizienz sinkt. Im letzten Zeitschritt einer parallelen Sequenz wird der Term $(B^n \boldsymbol{\phi}^{n-1})_{k-1}$ in den Quellterm aufgenommen, da er sich innerhalb der Iterationen nicht ändert.

Abb. 12.23 zeigt die Struktur der Matrix für ein Zwei-Ebenen-Verfahren mit gleichzeitiger Lösung für vier Zeitschritte. Zeitparallele Lösungsmethoden für CFD-Probleme wurden unter anderem von Burmeister und Horton (1991), Horton (1991) und Seidl et al. (1996) eingesetzt. Das Verfahren kann auch auf Verfahren mit mehreren Zeitebenen angewendet werden; in diesem Fall müssen die Prozessoren Daten von mehr als einer Zeitebene senden und empfangen.

12.6.4 Effizienz des Parallelrechnens

Die Analyse der Leistung paralleler Programme wird in der Regel durch den *Beschleunigungsfaktor* und die *Effizienz* gemessen:

$$S_n = \frac{T_s}{T_n}, \quad E_n^{tot} = \frac{T_s}{n\,T_n}.$$ (12.17)

Hier ist T_s die Ausführungszeit für den besten seriellen Algorithmus auf einem einzelnen Prozessor und T_n die Ausführungszeit für den parallelisierten Algorithmus auf n-Prozessoren.

Abb. 12.23 Struktur der globalen Koeffizientenmatrix, wenn vier Zeitschritte parallel berechnet werden

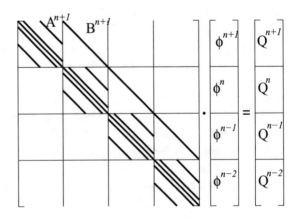

Im Allgemeinen gilt $T_s \neq T_1$, da sich der beste serielle Algorithmus vom besten parallelen Algorithmus unterscheiden kann. Man sollte die Effizienz nicht mit Bezug auf die Leistung des parallelen Algorithmus, der auf einem einzelnen Prozessor ausgeführt wird, messen.

Die Beschleunigung ist normalerweise kleiner als n (der ideale Wert), sodass die Effizienz normalerweise kleiner als 1 (oder 100 %) ist. Bei der Lösung gekoppelter nichtlinearer Gleichungen kann es jedoch vorkommen, dass die Lösung auf zwei oder vier Prozessoren effizienter ist als auf einem Prozessor, sodass im Prinzip Effizienzen von mehr als 100 % möglich sind (die Erhöhung ist oft auf die bessere Nutzung des Cash-Speichers zurückzuführen, wenn ein kleineres Problem von einem Prozessor gelöst wird). Ein Beispiel ist in Abb. 12.24 dargestellt.

Obwohl nicht notwendig, werden die Prozessoren normalerweise zu Beginn jeder Iteration synchronisiert. Da die Dauer einer Iteration von dem Prozessor mit der größten Anzahl der KV diktiert wird, kommt es bei anderen Prozessoren zu einer gewissen Leerlaufzeit. Verzögerungen können auch auf unterschiedliche Randbedingungen in verschiedenen Teilgebieten, eine unterschiedliche Anzahl von Nachbarn oder eine kompliziertere Kommunikation zurückzuführen sein.

Die Rechenzeit T_s kann ausgedrückt werden als:

$$T_s = N^{cv} \tau i_s, \tag{12.18}$$

wobei N^{cv} die Gesamtzahl der KV bezeichnet, τ ist die Zeit pro Gleitkommaoperation und i_s ist die Anzahl der Gleitkommaoperationen pro KV, die benötigt wird, um das Konvergenzkriterium zu erfüllen. Bei einem parallelen Algorithmus, der auf n-Prozessoren ausgeführt

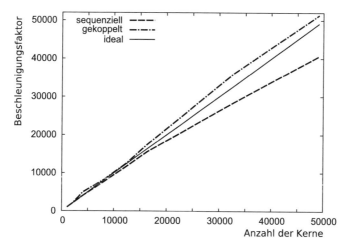

Abb. 12.24 Beschleunigungsfaktor als Funktion der Anzahl der verwendeten Kerne in der parallelen Berechnung turbulenter Strömung um ein Le Mans Rennfahrzeug: Sequentielles und gekoppeltes Lösungsverfahren mit der Simcenter STAR-CCM+ Software auf einem Gitter mit 1,02 Mrd. Zellen

wird, besteht die gesamte Ausführungszeit aus Rechen- und Kommunikationszeit:

$$T_n = T_n^{\text{calc}} + T_n^{\text{com}} = N_n^{\text{cv}} \tau i_n + T_n^{\text{com}}, \tag{12.19}$$

wobei N_n^{cv} die Anzahl der KV im größten Teilgebiet ist, und T_n^{com} ist die gesamte Kommunikationszeit, während der die Berechnung nicht stattfinden kann. Das Einfügen dieser Ausdrücke in die Definition der Gesamteffizienz ergibt:

$$\begin{aligned}
E_n^{\text{tot}} &= \frac{T_s}{n\,T_n} = \frac{N^{\text{cv}} \tau i_s}{n\,(N_n^{\text{cv}} \tau i_n + T_n^{\text{com}})} = \\
&\frac{i_s}{i_n}\,\frac{1}{1 + T_n^{\text{com}}/T_n^{\text{calc}}}\,\frac{N^{\text{cv}}}{n\,N_n^{\text{cv}}} = E_n^{\text{num}}\,E_n^{\text{par}}\,E_n^{\text{lb}}.
\end{aligned} \tag{12.20}$$

Diese Gleichung ist nicht exakt, da die Anzahl der Gleitkommaoperationen pro KV nicht konstant ist (aufgrund der Verzweigungen im Algorithmus und der Tatsache, dass Randbedingungen nur einige KV betreffen). Es ist jedoch ausreichend, die wichtigsten Faktoren zu identifizieren, die die Gesamteffizienz beeinflussen. Die Bedeutung dieser Faktoren ist:

- E_n^{num} – Die *numerische Effizienz* berücksichtigt den Effekt der Änderung der Anzahl der Operationen pro Gitterknoten, die erforderlich sind, um das Konvergenzkriterium zu erfüllen, aufgrund einer Modifikation des Algorithmus, um eine Parallelisierung zu ermöglichen;
- E_n^{par} – Die *parallele Effizienz* berücksichtigt die Zeit, die für die Kommunikation aufgewendet wird, während der keine Berechnung stattfinden kann;
- E_n^{lb} – Die *Lastverteilungseffizienz* berücksichtigt den Effekt, dass einige Prozessoren aufgrund ungleichmäßiger Lastverteilung für einige Zeit nichts tun können.

Wenn die Parallelisierung sowohl in Zeit als auch im Raum durchgeführt wird, ist die Gesamteffizienz gleich dem Produkt aus Zeit- und Raumeffizienz.

Die Gesamteffizienz lässt sich leicht bestimmen, indem man die Rechenzeit misst, die erforderlich ist, um die konvergierte Lösung zu erhalten. Die parallele Effizienz kann nicht direkt gemessen werden, da die Anzahl der inneren Iterationen nicht für alle äußeren Iterationen gleich ist (es sei denn, der Benutzer legt eine konstante Anzahl der inneren Iterationen pro äußere Iteration fest). Wenn wir jedoch eine bestimmte Anzahl von äußeren Iterationen mit einer festen Anzahl von inneren Iterationen pro äußerer Iteration auf einem und n Prozessoren ausführen, ist die numerische Effizienz gleich eins und die Gesamteffizienz ist dann das Produkt aus der parallelen und Lastverteilungseffizienz. Wenn die Lastverteilungseffizienz auf eins reduziert wird, indem alle Teilgebiete gleich groß sind, erhalten wir die parallele Effizienz. Einige Computer verfügen über Werkzeuge, die es ermöglichen, Rechenoperationen zu zählen; dann kann die numerische Effizienz direkt gemessen werden.

Sowohl bei der Zerlegung im Raum als auch im Zeitbereich werden in der Regel alle drei Effizienzen reduziert, wenn die Anzahl der Prozessoren für ein bestimmtes Gitter erhöht wird. Dieser Rückgang ist sowohl nichtlinear als auch problemabhängig. Die parallele Effizienz ist besonders betroffen, da die Zeit für LK nahezu konstant ist, die Zeit für GK steigt und die Rechenzeit pro Prozessor aufgrund der reduzierten Teilgebietsgröße sinkt. Bei der Zeitparallelisierung erhöht sich die Zeit für GK, während die LK- und Rechenzeiten gleich bleiben, wenn bei gleicher Problemgröße mehr Zeitschritte parallel berechnet werden. Die numerische Effizienz sinkt jedoch überproportional, wenn die Anzahl der Prozessoren über eine bestimmte Grenze hinaus erhöht wird (abhängig von der erforderlichen Anzahl an äußeren Iterationen pro Zeitschritt). Die Optimierung der Lastverteilung ist i. Allg. schwierig, insbesondere wenn das Gitter unstrukturiert ist und eine lokale Verfeinerung eingesetzt wird. Es gibt Algorithmen zur Optimierung, aber sie können mehr Zeit in Anspruch nehmen als die Strömungsberechnung!

Die parallele Effizienz kann als Funktion von drei Hauptparametern ausgedrückt werden:

- Zeit für die Einrichtung der Datenübertragung (genannt *Latenzzeit*);
- Datenübertragungsrate (normalerweise ausgedrückt in Mbytes/s);
- Rechenzeit pro Gleitkommaoperation (normalerweise ausgedrückt in Mflops).

Für einen gegebenen Algorithmus und ein bestimmtes Kommunikationsmuster kann man eine Modellgleichung erstellen, um die parallele Effizienz als Funktion dieser Parameter und der Gebietstopologie auszudrücken. Schreck und Perić (1993) stellten ein solches Modell vor und zeigten, dass die parallele Effizienz ziemlich gut vorhergesagt werden kann. Man kann auch die numerische Effizienz als Funktion von Alternativen im Lösungsalgorithmus, die Wahl des Lösers und die Kopplung der Teilgebiete modellieren. Allerdings ist ein empirischer Input aus der Erfahrung mit ähnlichen Strömungsproblemen notwendig, da das Verhalten des Algorithmus problemabhängig ist. Diese Modelle sind nützlich, wenn der Lösungsalgorithmus alternative Kommunikationsmuster zulässt; man kann dasjenige auswählen, das für den verwendeten Computer am besten geeignet ist. So kann man beispielsweise nach jeder inneren Iteration, nach jeder zweiten inneren Iteration oder erst nach jeder äußeren Iteration Daten austauschen. Man kann eine, zwei oder mehrere Vorkonditionierungsschritte pro CG-Iteration verwenden; die Vorkonditionierungsschritte können lokale Kommunikation nach jedem Schritt oder nur am Ende beinhalten. Diese Optionen beeinflussen sowohl die numerische als auch die parallele Effizienz; ein Kompromiss ist notwendig, um ein Optimum zu finden.

Die Häufigkeit der Kommunikation ist offensichtlich ein wichtiger Faktor beim Parallelrechnen. Gekoppelte Lösungsverfahren (die Geschwindigkeiten, Druck und Temperatur als einen einzigen Vektor von Unbekannten behandeln) führen zu fünfmal weniger Datenaustausch (LK) als sequentielle Verfahren, die für jede Variable nacheinander lösen. Darüber hinaus müssen gekoppelte Lösungsverfahren in der Regel wesentlich mehr Rechenoperationen pro Iteration durchführen als sequentielle Löser. Obwohl die Menge der ausgetauschten Daten fünfmal größer ist, führen die eingesparten Latenzzeiten und das günstigere Verhältnis von Kommunikation zu Rechenzeit dazu, dass gekoppelte Löser i. Allg. eine höhere

Effizienz aufweisen als sequentielle Löser. Es kommt auch häufiger vor, dass ein gekoppelter Löser eine superlineare Performance zeigt, wie in Abb. 12.24 zu sehen ist. In diesem Beispiel, wo die Gesamtzahl der Zellen bei über einer Milliarde lag, konnte die Berechnung nicht mit einem einzigen Kern durchgeführt werden; die niedrigste Anzahl der verwendeten Prozessoren war 1024 (etwa 1 Mio. Zellen pro Kern). Die Berechnung auf 48-mal so vielen Kernen (mit etwa 20.000 Zellen pro Kern) war jedoch mehr als 50-mal schneller mit dem gekoppelten Löser und etwa 40-mal schneller mit dem sequentiellen Löser.

Die kombinierte Raum-Zeit-Parallelisierung ist oft effizienter als die reine räumliche Parallelisierung, da bei einer gegebenen Problemgröße die Effizienz mit zunehmender Anzahl der Prozessoren sinkt. Tab. 12.2 zeigt Ergebnisse einer Berechnung einer instationären 3D-Strömung in einem kubischen Hohlraum mit einem oszillierenden Deckel bei einer maximalen Reynolds-Zahl von 10^4, unter Verwendung eines Gitters mit $32 \times 32 \times 32$ KV und eines Zeitschrittes von $\Delta t = T/200$, wobei T die Periode der Deckeloszillation ist. Wenn sechzehn Prozessoren mit vier parallel berechneten Zeitschritten verwendet wurden und das Raumgebiet in vier Teilgebiete zerlegt wurde, betrug die gesamte numerische Effizienz 97 %. Werden alle Prozessoren ausschließlich zur räumlichen oder zeitlichen Zerlegung eingesetzt, sinkt die numerische Effizienz unter 70 %.

Die Kommunikation zwischen den Prozessoren stoppt die Berechnung auf vielen Rechnern. Wenn die Kommunikation und Berechnung jedoch gleichzeitig erfolgen können (was auf einigen neuen Parallelrechnern möglich ist), dann können viele Teile des Lösungsalgorithmus neu angeordnet werden, um diese Möglichkeit zu nutzen. Während beispielsweise LK im Löser stattfindet, kann man im Inneren des Teilgebiets rechnen, wo Daten von benachbarten Teilgebieten nicht benötigt werden. Mit zeitlicher Parallelität kann man die neuen Koeffizienten- und Quellmatrizen zusammensetzen, während die LK stattfindet. Sogar die GK in einem CG-Löser, der die Ausführung zu behindern scheint, kann mit der Berechnung

Tab. 12.2 Numerische Effizienz für verschiedene räumliche und zeitliche Gebietszerlegungen zur Berechnung einer 3D-Hohlraumströmung mit einem oszillierenden Deckel

Zerlegung in Raum und Zeit $x \times y \times z \times t$	Mittlere Anzahl der äußeren Iterationen pro Zeitschritt	Mittlere Anzahl der inneren Iterationen pro Zeitschritt	Numerische Effizienz (in %)
$1 \times 1 \times 1 \times 1$	11,3	359	100
$1 \times 2 \times 2 \times 1$	11,6	417	90
$1 \times 4 \times 4 \times 1$	11,3	635	68
$1 \times 1 \times 1 \times 2$	11,3	348	102
$1 \times 1 \times 1 \times 4$	11,5	333	104
$1 \times 1 \times 1 \times 8$	14,8	332	93
$1 \times 1 \times 1 \times 12$	21,2	341	76
$1 \times 2 \times 2 \times 4$	11,5	373	97

überlagert werden, wenn der Algorithmus neu angeordnet wird, wie von Demmel et al. (1993) vorgeschlagen. Die Konvergenzprüfung in stationären Berechnungen kann im Frühstadium übersprungen werden oder das Konvergenzkriterium kann neu geordnet werden, um das Residuenniveau bei früheren Iterationen zu überwachen – man kann entsprechend der Projektion basierend auf der Reduktionsrate der Residuen und den Werten aus früheren Iterationen entscheiden, wann die Iterationen gestoppt werden sollen.

Perić und Schreck (1995) analysierten die Möglichkeiten der Überlappung von Kommunikation und Berechnung genauer und fanden heraus, dass dies die parallele Effizienz deutlich verbessern kann. Neue Hard- und Software wird wahrscheinlich die Gleichzeitigkeit von Berechnung und Kommunikation ermöglichen, sodass man erwarten kann, dass die parallele Effizienz optimiert werden kann. Eines der Hauptanliegen der Entwickler paralleler impliziter CFD-Algorithmen ist die numerische Effizienz. Es ist wichtig, dass der Parallelalgorithmus bei gleicher Genauigkeit nicht viel mehr Rechenoperationen benötigt als der serielle Algorithmus.

Die Ergebnisse zeigen, dass paralleles Rechnen in CFD effizient eingesetzt werden kann. Dabei ist der Einsatz von Workstation-Clustern besonders sinnvoll, da sie für fast alle Benutzer verfügbar sind und die Simulationen auf sehr großen Gittern nicht ständig durchgeführt werden müssen. Alle Computer (PCs, Workstations und Großrechner) sind heute Multiprozessormaschinen; daher ist es wichtig, bei der Entwicklung neuer Lösungsmethoden die Parallelverarbeitung im Auge zu behalten.

12.6.5 Grafikprozessoren (GPU) und Parallelverarbeitung

Grafikprozessoren (GPU) sind für interaktives Spielen konzipiert, haben sich aber auch bei der Lösung von Strömungsproblemen als effektiv erwiesen. Aufgrund ihres unterschiedlichen Designs wurde eine eigene Sprache (Compute Unified Device Architecture – CUDA) entwickelt und die Literatur in diesem Bereich wächst. Ein einzelner Grafikprozessor ist deutlich schneller als ein universeller Prozessor, aber nur für bestimmte Arten von Rechenoperationsfolgen. Moderne Grafikkarten beinhalten viele GPU und bieten somit die Möglichkeit einer deutlichen Beschleunigung der Berechnungen, wenn die speziellen Eigenschaften der GPU optimal ausgenutzt werden.

Bislang stammen viele Anwendungen von GPU in CFD aus Projekten, die lokale Softwarepakete zur Nutzung der GPU-Beschleunigung verwenden; es gibt jedoch auch allgemeinere Softwarepakete. Wir möchten hier nur auf diese Möglichkeit hinweisen und einige Referenzen nennen. Khajeh-Saeed und Perot (2013) führten DNS der Turbulenz mit GPU-beschleunigten Supercomputern durch und zeigten, wie GPU, MPI und Supercomputer verknüpft und optimiert werden können. Wir betonen, dass die grundlegenden Algorithmen der numerischen Methode nicht verändert wurden, ein Großteil des Aufwandes entfällt auf die Programmierung in CUDA und die Verknüpfungs- und Optimierungsarbeiten. Schalkwijk et al. (2012a) präsentieren ein meteorologisches Beispiel für die Simulation turbulenter Wolken auf einem Desktop-PC mit angeschlossener Grafikkarte mit GPU. Besonders aufschlussreich ist die Seitenleiste „Portierung auf den Grafikprozessor". Häufig nehmen Anwendungen einen langsamen Teil eines aktuellen Programms und implementieren einen GPU-Löser für diesen Teil allein und erreichen dadurch signifikante Beschleunigungen (z.B. Williams et al. 2016, die eine GPU-Version eines Drucklösers für dünnbesetzte lineare Matrixgleichungen für unstrukturierte Gitter entwickelt haben). Einige kommerzielle Programme können ebenfalls eine Verbindung zum Grafikprozessor aufbauen, um entsprechende Teile der Berechnung zu beschleunigen.

Die Durchführung von Berechnungen komplexer Strömungen (mit Modellierung von Turbulenz, Verbrennung, Mehrphasenströmung usw.) auf adaptiven unstrukturierten Gittern mit CPU und GPU ist eine Herausforderung, aber es führt kein Weg daran vorbei, wenn eine hohe Effizienz erreicht werden soll. Keiner der Ansätze, die für einfachere Strömungsprobleme und strukturierte Gitter entwickelt wurden, ist allein optimal für komplexe Probleme – man muss intelligentere Parallelisierungskonzepte entwickeln, die sich dynamisch an das jeweilige Problem anpassen. Sowohl der Lösungsalgorithmus als auch die Datenstruktur müssen möglicherweise neu organisiert werden, um eine effiziente Nutzung von CPU und GPU in solchen Anwendungen zu ermöglichen. So könnten beispielsweise einige Schleifen über Flächen oder Volumen in mehrere Schleifen aufgeteilt werden und einige Daten könnten zweimal gespeichert (und zwischen bestimmten Schritten kopiert) werden, um die Datenabhängigkeit zu minimieren und die Parallelität von Berechnung und Kommunikation zu ermöglichen. Es wird erwartet, dass in den kommenden Jahren erhebliche Forschungsanstrengungen in diesem Bereich unternommen werden.

Literatur

Adams, M., Colell, P., Graves, D. T., Johnson, J. N., Johansen, H. S., Keen, N. D., ... Van Straalen, B. (2015). *Chombo software package for AMR application design document* (Bericht). Lawrence Berkeley National Laboratory, Berkeley, CA: Applied Numerical Algorithms Group, Computational Research Division.

Bastian, P. & Horton, G. (1989). Parallelization of robust multi-grid methods: ILU factorization and frequency decomposition method. In W. Hackbusch & R. Rannacher (Hrsg.), *Notes on numerical fluid mechanics* (Bd. **30**, S. 24–36). Braunschweig: Vieweg.

Berger, M. J. & Oliger, J. (1984). Adaptive mesh refinement for hyperbolic partial differential equations. *J. Comput. Phys.*, **53**, 484–512.

Bijl, H., Lucor, D., Mishra, S. & Schwab, C. (2013). *Uncertainty quantification in computational fluid dynamics*. Switzerland: Springer International Publishing.

Bradshaw, P., Launder, B. E. & J. L. Lumley, J. L. (1994). Collaborative testing of turbulence models. In K. N. Ghia, U. Ghia & D. Goldstein (Hrsg.), *Advances in computational fluid mechanics* (Bd. **196**), New York: ASME.

Brandt, A. (1984). Multigrid techniques: 1984 *guide with applications to fluid dynamics*. GMDStudien Nr. **85**, Gesellschaft für Mathematik und Datenverarbeitung (GMD). Bonn, Germany (see also Multigrid Classics version at http://www.wisdom.weizmann.ac.il/~achi/).

Briggs, W. L., Henson, V. E. & McCormick, S. F. (2000). *A multigrid tutorial* (2. Aufl.). Philadelphia: Society for Industrial and Applied Mathematics (SIAM).

Bryan, G. H. (2007). A comparison of convection resolving-simulations with convection-permitting simulations. NSSL Colloquium, Norman, OK. (http://www2.mmm.ucar.edu/-people/-bryan/Presentations/bryan_2007_nssl_resolution.pdf)

Bryan, G. H., Wyngaard, J. C. & Fritsch, J. M. (2003). Resolution requirements for the simulation of deep moist convection. *Mon. Weather Rev.*, **131**, 2394–2416.

Burmeister, J. & Horton, G. (1991). Time-parallel solution of the Navier-Stokes equations. In *Proc. 3rd European Multigrid Conference*. Basel: Birkhäuser Verlag.

Caruso, S. C., Ferziger, J. H. & Oliger, J. (1985). *An adaptive grid method for incompressible flows* (Bericht Nr. TF-23). Stanford CA: Dept. Mech. Engrg., Stanford University.

Celik, I., Ghia, U., Roache, P. J. & Freitas, C. J. (2008). Procedure for estimation and reporting of uncertainty due to discretization in cfd applications. *J. Fluids Engrg.*, **130**, 078001.

Demmel, J. W., Heath, M. T. & van der Vorst, H. A. (1993). Parallel numerical linear algebra. *Acta Numerica*, **2**, 111–197.

Ferziger, J. H. & Perić, M. (1996). Further discussion of numerical errors in CFD. *Int. J. Numer. Methods Fluids*, **23**, 1–12.

Hackbusch, W. & Trottenberg, U. (Hrsg.). (1991). *Proc. Third European Multigrid Conference*, International Series of Numerical Mathematics. Basel: Birkhäuser Verlag.

Hackbusch, W. (1984). Parabolic multi-grid methods. In R. Glowinski & J.-R. Lions (Hrsg.), *Computing methods in applied sciences and engineering*. Amsterdam: North Holland.

Hackbusch, W. (2003). *Multi-grid methods and applications* (2nd Printing). Berlin: Springer.

Harrison, R. J. (1991). Portable tools and applications for parallel computers. Int. J. Quantum Chem., 40, 847–863.

Hortmann, M., Perić, M. & Scheuerer, G. (1990). Finite volume multigrid prediction of laminar natural convection: bench-mark solutions. *Int. J. Numer. Methods Fluids*, **11**, 189–207.

Horton, G. (1991). Ein zeitparalleles Lösungsverfahren für die Navier-Stokes-Gleichungen PhD Dissertation. Universität Erlangen-Nürnberg.

Hutchinson, B. R. & Raithby, G. D. (1986). A multigrid method based on the additive correction strategy. *Numer. Heat Transfer*, **9**, 511–537.

Hutchinson, B. R., Galpin, P. F. & Raithby, G. D. (1988). Application of additive correction multigrid to the coupled fluid flow equations. *Numer. Heat Transfer*, **13**, 133–147.

Khajeh-Saeed, A. & Perot, J. B. (2013). Direct numerical simulation of turbulence using GPU accelerated supercomputers. *J. Comput. Phys.*, **235**, 241–257.

Lilek, Ž. (1995). *Ein Finite-Volumen Verfahren zur Berechnung von inkompressiblen und kompressiblen Strömungen in komplexen Geometrien mit beweglichen Rndern und freien Oberflächen* (PhD Dissertation). University of Hamburg, Germany.

Lilek, Ž., Muzaferija, S. & Perić, M. (1997a). Efficiency and accuracy aspects of a full-multigrid SIMPLE algorithm for three-dimensional flows. *Numer. Heat Transfer, Part B*, **31**, 23–42.

Lilek, Ž., Nadarajah, S., Perić, M., Tindal, M. & Yianneskis, M. (1991). Measurement and simulation of the flow around a poppet valve. In *Proc. 8th symp. turbulent shear flows* (S. 13.2.1–13.2.6).

Lilek, Ž., Schreck, E. & Perić, M. (1995). Parallelization of implicit methods for flow simulation. In S. G. Wagner (Hrsg.), *Notes on numerical fluid mechanics* (Bd. **50**, S. 135–146). Braunschweig: Vieweg.

Matheou, G. & Chung, D. (2014). Large-eddy simulation of stratified turbulence. Part II: Application of the stretched-vortex model to the atmospheric boundary layer. *J. Atmos. Sci.*, **71**, 4439–4460.

McCormick, S. F. (Hrsg.). (1987). *Multigrid methods*. Philadelphia: Society for Industrial and Applied Mathematics (SIAM).

Muzaferija, S. & Gosman, A. D. (1997). Finite-volume CFD procedure and adaptive error control strategy for grids of arbitrary topology. *J. Comput. Physics*, **138**, 766–787.

Muzaferija, S. (1994). *Adaptive finite volume method for flow predictions using unstructured meshes and multigrid approach* (PhD Dissertation). University of London.

Perić, M. & Schreck, E. (1995). Analysis of efficiency of implicit CFD methods on MIMD computers. *Proc. Parallel CFD '95 Conference*.

Perić, M. (1993). Natural convection in trapezoidal cavities. *Numer. Heat Transfer Part A (Applications)*, **24**, 213–219.

Rakhimov, A. C., Visser, D. C.& Komen, E. M. J. (2018). Uncertainty quantification method for CFD applied to the turbulent mixing of two water layers. *Nuclear Engrg. Design*, **333**, 1–15.

Raw, M. J. (1995). A coupled algebraic multigrid method for the 3D Navier-Stokes equations. In W. Hackbusch & G. Wittum (Hrsg.), Fast solvers for flow problems, notes on numerical fluid mechanics (Bd. 49, S. 204–215). Braunschweig: Vieweg.

Roache, P. J. (1994). Perspective: a method for uniform reporting of grid refinement studies. *ASME J. Fluids Engrg.*, **116**, 405–413.

Rodi, W., Bonnin, J.-C. & Buchal, T. (Hrsg.). (1995). *Proc. ERCOFTAC workshop on data bases and testing of calculation methods for turbulent flows, April 3–7*. Germany: Univ. Karlsruhe.

Schalkwijk, J., Griffith, E., Post, F. H. & Jonker, H. J. J. (2012a). High-performance simulations of turbulent clouds on a desktop PC: Exploiting the GPU. *Bull. Amer. Met. Soc.*, **93**, 307–314.

Schreck, E. & Perić, M. (1993). Computation of fluid flow with a parallel multigrid solver. *Int. J. Numer. Methods Fluids*, **16**, 303–327.

Seidl, V. (1997). *Entwicklung und Anwendung eines parallelen Finite-Volumen-Verfahrens zur Strömungssimulation auf unstrukturierten Gittern mit lokaler Verfeinerung* (PhD Dissertation). University of Hamburg, Germany.

Seidl, V., Perić, M. & Schmidt, S. (1996). Space- and time-parallel Navier-Stokes solver for 3D block-adaptive Cartesian grids. In A. Ecer, J. Periaux, N. Satofuka & S. Taylor (Hrsg.), *Parallel Computational Fluid Dynamics 1995: Implementations and results using parallel computers* (S. 577–584). North Holland – Elsevier.

Skamarock, W. C., Oliger, J. & Street, R. L. (1989). Adaptive grid refinement for numerical weather prediction. *J. Comput. Phys.*, **80**, 27–60.

Sullivan, P. P. & Patton, E. G. (2008). A highly parallel algorithm for turbulence simulations in planetary boundary layers: Results with meshes up to 1024^3. In *18th Conference on boundary layers and turbulence, AMS* (S. Paper 11B.5, 11). Stockholm, Sweden.

Sullivan, P. P.& Patton, E. G. (2011). The effect of mesh resolution on convective boundary layer statistics and structures generated by large-eddy simulation. *J. Atmos. Sci.*, **68**, 2395–2415.

Sunderam, V. S. (1990). PVM: a framework for parallel distributed computing. *Concurrency and computaton: Practice and Experience*, **2**, 315–339.

Thompson, M. C. & Ferziger, J. H. (1989). A multigrid adaptive method for incompressible flows. *J. Comput. Phys.*, **82**, 94–121.

Vanka, S. P. (1986). Block-implicit multigrid solution of Navier-Stokes equations in primitive variables. *J. Comput. Phys*, **65**, 138–158.

Weiss, J. M., Maruszewski, J. P. & Smith, W. A. (1999). Implicit solution of preconditioned Navier-Stokes equations using algebraic multigrid. *AIAA J.*, **37**, 29–36.

Wesseling, P. (1990). Multigrid methods in computational fluid dynamics. *ZAMM Z. Angew. Math. Mech.*, **70**, T337–T347.

Williams, J., Sarofeen, C., Shan, H. & Conley, M. (2016). An accelerated iterative linear solver with GPUs and CFD calculations of unstructured grids. *Procedia Compu. Sci.*, **80**, 1291–1300.

Zhou, B., Simon, J. S. & Chow, F. K. (2014). The convective boundary layer in the Terra Incognita. *J. Atmos. Sci.*, **71**, 2547–2563.

Spezielle Themen 13

13.1 Einführung

Fluidströmungen können eine breite Palette zusätzlicher physikalischer Phänomene beinhalten, die das Thema weit über die einphasigen, nichtreagierenden Strömungen, die bisher im Mittelpunkt dieses Buches standen, erweitern. Jeder dieser Vorgänge kann mit der Strömung interagieren, um eine erstaunliche Reihe neuer Phänomene zu erzeugen. Fast alle diese Prozesse finden in wichtigen Anwendungen statt. Auf sie wurden rechnerische Methoden mit unterschiedlichem Erfolg angewendet.

Das einfachste Element, das einer Strömung hinzugefügt werden kann, ist eine skalare Größe wie die Konzentration einer löslichen chemischen Substanz oder die Temperatur. Der Fall, in dem das Vorhandensein der skalaren Größe die Eigenschaften des Fluids nicht beeinflusst, wurde bereits in früheren Kapiteln behandelt; in einem solchen Fall sprechen wir von einem *passiven* Skalar. In einem komplexeren Fall können die Dichte und die Viskosität des Fluids durch das Vorhandensein des Skalars verändert werden, und wir haben einen *aktiven* Skalar. In einem einfachen Beispiel sind die Fluideigenschaften Funktionen der Temperatur oder der Konzentration der Spezies. Dieses Feld wird als Wärme- und Stoffübetragung bezeichnet.

In anderen Fällen führt das Vorhandensein eines gelösten Skalars oder die physikalische Beschaffenheit des Fluids selbst dazu, dass sich das Fluid so verhält, dass die Spannung nicht durch die einfache newtonsche Beziehung (Gl. 1.9) mit der Dehnungsrate verbunden ist. In einigen Fluiden wird die Viskosität eine Funktion der momentanen Dehnungsrate und wir sprechen von scherverdünnenden oder scherverdickenden nichtnewtonschen Fluiden. In komplexeren Fluiden wird die Spannung durch einen zusätzlichen Satz nichtlinearer partieller Differentialgleichungen bestimmt. Wir sagen dann, dass das Fluid viskoelastisch ist. Viele polymere Materialien, auch biologische, zeigen ein derartiges Verhalten, das zu unerwarteten Strömungsphänomenen führt. Dies ist der Bereich der nichtnewtonschen Strömungsmechanik.

© Springer-Verlag GmbH Deutschland, ein Teil von Springer Nature 2020
J. H. Ferziger et al., *Numerische Strömungsmechanik*,
https://doi.org/10.1007/978-3-662-46544-8_13

Strömungen können verschiedene Arten von Interfaces enthalten. Diese können auf das Vorhandensein eines festen Körpers im Fluid zurückzuführen sein. In einfachen Fällen dieser Art ist es möglich, das Problem in ein sich mit dem Körper bewegendes Koordinatensystem zu transformieren; dadurch reduziert sich das Problem auf eines der zuvor behandelten, wenn auch in einer komplexen Geometrie. Bei anderen Problemen kann es Körper geben, die sich in Bezug zueinander bewegen, und es gibt keine andere Wahl, als ein bewegliches Koordinatensystem zu verwenden. Ein besonders wichtiger und schwieriger Fall dieser Art ist der, bei dem die Oberfläche verformbar ist. Oberflächen von Flüssigkeiten sind Beispiele für diesen Typ.

In anderen Strömungen können mehrere Phasen koexistieren. Alle möglichen Kombinationen sind von Bedeutung. Der Fest-Gas-Fall beinhaltet Phänomene wie Staub in der Atmosphäre, Wirbelschicht und Gasströmung durch ein poröses Medium. Zur Kategorie Fest-Flüssig gehören Schlämme (in denen die Flüssigkeit die kontinuierliche Phase ist) und wieder Strömungen in porösen Medien. Gas-Flüssigkeit-Strömungen beinhalten Sprays (bei denen die Gasphase kontinuierlich ist) und Blasenströmungen (bei denen die Flüssigkeit die kontinuierliche und Blasen die disperse Phase darstellen). Schließlich kann es zu Dreiphasenströmungen kommen. Jeder dieser Fälle hat viele Unterkategorien.

Chemische Reaktionen können in Strömungen stattfinden und es gibt wieder viele Einzelfälle. Wenn die reagierenden Spezies verdünnt sind, können die Reaktionsgeschwindigkeiten als konstant angenommen werden (sie können jedoch temperaturabhängig sein) und die reagierenden Spezies sind im Wesentlichen passive Skalare bezüglich ihrer Wirkung auf die Strömung. Beispiele für diese Art von Spezies sind Schadstoffe in der Atmosphäre oder im Meer. Eine weitere Art der chemischen Reaktion betrifft Brennstoffe und setzt eine große Menge an Energie frei. Noch ein weiteres Beispiel ist die Luftströmung bei hohen Geschwindigkeiten; Kompressibilitätseffekte können zu starken Temperaturanstiegen und der Möglichkeit der Dissoziation oder Ionisierung des Gases führen.

Geophysik und Astrophysik erfordern auch die Lösung der Gleichungen für die Fluidbewegung. Abgesehen von Plasmaeffekten (siehe unten) sind die neuen Merkmale dieser Strömungen die enormen Skalen im Vergleich zu technischen Strömungen. In der Meteorologie und Ozeanographie haben Rotation und Schichtung einen großen Einfluss auf das Strömungsverhalten.

Abschließend sei erwähnt, dass in Plasmen (ionisierten Fluiden) elektromagnetische Effekte eine wichtige Rolle spielen. In diesem Bereich müssen die Gleichungen für die Fluidbewegung zusammen mit den Gleichungen des Elektromagnetismus (die Maxwell-Gleichungen) gelöst werden und die Anzahl der Phänomene und Sonderfälle ist enorm.

Im weiteren Verlauf dieses Kapitels werden wir Methoden für die Behandlung von einigen dieser Phänomene beschreiben. Wir weisen darauf hin, dass jedes der oben genannten Themen ein wichtiges Teilgebiet der Strömungsmechanik ist und darüber viel Literatur existiert; Hinweise auf Lehrbücher in jedem Bereich sind unten aufgeführt. Es ist unmöglich, jedem dieser Themen in dem hier verfügbaren Raum gerecht zu werden.

13.2 Wärme- und Stoffübertragung

Von den drei Mechanismen der Wärmeübertragung – Leitung, Strahlung und Konvektion – welche normalerweise in Kursen zu diesem Thema vorgestellt werden, ist der letzte am engsten mit der Strömungsmechanik verbunden. Die Verbindung ist so stark, dass die konvektive Wärmeübertragung als Teilbereich der Strömungsmechanik betrachtet werden kann.

Stationäre Wärmeleitung wird durch die Laplace-Gleichung (oder Gleichungen, die ihr sehr ähnlich sind) beschrieben, während für die instationäre Leitung die Wärmegleichung gilt. Diese Gleichungen sind leicht mit den Methoden zu lösen, die in Kap. 3, 4 und 6 vorgestellt wurden. Eine Komplikation entsteht, wenn die Fluideigenschaften temperaturabhängig sind. In diesem Fall werden die Eigenschaften anhand der Temperatur in der aktuellen Iteration berechnet, die Temperatur wird aktualisiert und der Prozess wiederholt. Die Konvergenz ist in der Regel fast so schnell wie im Fall mit konstanten Eigenschaften.

Strahlung von festen Oberflächen hat wenig Verbindung zur Strömungsmechanik (außer bei Problemen mit mehreren aktiven Mechanismen der Wärmeübertragung). Es gibt interessante Probleme (z. B. Strömungen in Raketendüsen und Brennkammern), bei denen sowohl die Strömungsmechanik als auch die Strahlungswärmeübertragung im Gas wichtig sind. Die Kombination kommt auch in astrophysikalischen Anwendungen und in der Meteorologie vor. Wir werden uns hier nicht mit dieser Art von Problemen befassen; siehe jedoch Abschn. 13.7.

Bei der laminaren konvektiven Wärmeübertragung sind die dominanten Prozesse die Konvektion in Strömungsrichtung und die Leitung quer zur Strömungsrichtung. Wenn die Strömung turbulent ist, wird ein Großteil der Rolle, welche die Leitung in laminaren Strömungen spielt, von der Turbulenz übernommen und durch ein Turbulenzmodell repräsentiert; diese Modelle wurden in Kap. 10 diskutiert. In beiden Fällen konzentriert sich das Interesse i. Allg. auf den Austausch von Wärmeenergie mit festen Wänden.

Wenn die Temperaturunterschiede klein sind (weniger als 5 K in Wasser oder 10 K in Luft) und die Reynolds-Zahl hoch ist, sind die Variationen der Fluideigenschaften nicht wichtig und die Temperatur verhält sich wie ein passiver Skalar. Probleme dieser Art können mit den zuvor in diesem Buch beschriebenen Methoden behandelt werden. Da die Temperatur in diesem Fall ein passiver Skalar ist, kann sie nach vollständiger Konvergenz der Berechnung des Geschwindigkeitsfeldes berechnet werden, was die Aufgabe wesentlich vereinfacht. Wird die Strömung durch Dichteunterschiede getrieben, müssen diese berücksichtigt werden. Dies kann mit Hilfe der nachfolgend beschriebenen Boussinesq-Approximation erfolgen.

Ein weiterer wichtiger Sonderfall ist der Wärmeübergang in Strömungen um Körper mit glatter Kontur. In derartigen Strömungen kann man zunächst die Potentialströmung um den Körper berechnen und dann die erhaltene Druckverteilung als Eingabe in ein Grenzschichtsprogramm zur Vorhersage der Wärmeübertragung verwenden. Wenn sich die Grenzschicht nicht vom Körper ablöst, ist es möglich, diese Strömungen mit der Grenzschichtvereinfachung der Navier-Stokes-Gleichungen zu berechnen (siehe z. B. Kays und Crawford 1978, oder Cebeci und Bradshaw 1984). Die Grenzschichtgleichungen sind parabolisch und können in wenigen Sekunden (für den 2D-Fall) oder ca. einer Minute (für den 3D-Fall) auf einem modernen Arbeitsplatzrechner oder PC gelöst werden. Methoden zur Berechnung dieser Strömungen wurden in dieser Arbeit nicht ausführlich behandelt (aber die allgemeinen Prinzipien finden sich in Kap. 3 bis 8); der interessierte Leser kann sie in den Werken von Cebeci und Bradshaw (1984) und Patankar und Spalding (1977) finden.

In den meisten Fällen sind die Temperaturvariationen signifikant. Sie beeinflussen die Strömung auf zwei Arten. Die erste ist mit der Abhängigkeit der Fluideigenschaften von der Temperatur verbunden. Diese Variationen können sehr groß sein und müssen berücksichtigt werden, sind aber numerisch nicht schwer zu handhaben. Wichtig ist dabei, dass die Energie- und Impulsgleichungen nun gekoppelt sind und gleichzeitig gelöst werden müssen. Glücklicherweise ist die Kopplung in der Regel nicht so stark, um eine Lösung der Gleichungen in sequentieller Weise zu verhindern. Bei jeder äußeren Iteration werden die Impulsgleichungen zunächst unter Verwendung von Fluideigenschaften, die mit dem „alten" Temperaturfeld berechnet wurden, gelöst. Das Temperaturfeld wird aktualisiert, nachdem die Lösung der Impulsgleichungen für die neue äußere Iteration erhalten wurde; danach werden die Fluideigenschaften aktualisiert. Diese Technik ist derjenigen zur Lösung der Impulsgleichungen mit einem Turbulenzmodell sehr ähnlich, die in Kap. 10 beschrieben wurde.

Ein weiterer Effekt der Temperaturvariation ist, dass die Dichteänderung, die mit der Schwerkraft zusammenwirkt, eine Körperkraft erzeugt, die die Strömung erheblich verändern kann und die Hauptantriebskraft für die Strömung werden kann. Im letzteren Fall sprechen wir von einer auftriebsgetriebenen oder natürlichen Konvektionsströmung. Die relative Bedeutung von Konvektions- und Auftriebseffekten wird durch das Verhältnis der Grashof- und Reynolds-Zahlen gemessen. Wenn das Verhältnis

$$\frac{\mathrm{Gr}}{\mathrm{Re}^2} = \frac{\mathrm{Ra}}{\mathrm{Pr}\,\mathrm{Re}^2} \ll 1,$$

können die Auswirkungen der natürlichen Konvektion ignoriert werden. Bei rein auftriebsgetriebenen Strömungen kann es bei kleinen Dichteänderungen möglich sein, die Dichteänderungen mit Ausnahme der Körperkraft in der vertikalen Impulsgleichung zu ignorieren. Dies wird als Boussinesq-Approximation bezeichnet und ermöglicht es, die Gleichungen mit Methoden zu lösen, die im Wesentlichen identisch mit denen sind, die für inkompressible Strömungen verwendet werden. Ein Beispiel wurde im Abschn. 8.4 vorgestellt.

Die Berechnung von Strömungen, bei denen der Auftrieb wichtig ist, erfolgt in der Regel nach Verfahren des oben beschriebenen Typs, d. h. die Iteration für das Geschwindigkeitsfeld geht der Iteration für die Temperatur- und Dichtefelder voraus. Da die Kopplung zwischen den Feldern sehr stark sein kann, kann dieses Verfahren langsamer konvergieren als bei isothermen Strömungen. Die Lösung der Gleichungen als gekoppeltes System erhöht die Konvergenzrate auf Kosten der erhöhten Komplexität der Programmier- und Speicheranforderungen; siehe Galpin und Raithby (1986) als Beispiel. Die Stärke der Kopplung hängt auch von der Prandtl-Zahl ab. Sie ist für Fluide mit hohen Prandtl-Zahlen stärker; für diese Fluide liefert der gekoppelte Lösungsansatz eine viel schnellere Konvergenz als der sequentielle Ansatz. Diese Aussage gilt jedoch nur für die Berechnung von stationären Strömungen. Bei hohen Rayleigh-Zahlen werden auftriebsgetriebene Strömungen auch bei konstanten Randbedingungen instationär und schließlich turbulent; Instationarität kann auch durch zeitabhängige Randbedingungen verursacht werden. Wenn zeitgenaue Lösungen benötigt werden, muss der Zeitschritt ausreichend klein sein; in diesem Fall ändert sich die Lösung nicht viel von einem Zeitschritt zum anderen, und sequentielle Lösungsmethoden (wie die oben beschriebenen) können tatsächlich rechnerisch effizienter sein als der gekoppelte Löser. Der Grund ist, dass eine implizite Lösungsmethode bei kleinen Zeitschritten nur wenige äußere Iterationen pro Zeitschritt benötigt; ein gekoppelter Löser benötigt mehr Rechenzeit pro Iteration und ist nur dann von Vorteil, wenn er die erforderliche Anzahl von Iterationen deutlich reduzieren kann, was in der Regel nur für stationäre oder schwach transiente Strömungen gilt. Mit ausreichend kleinen Zeitschritten können auch nichtiterative Zeitintegrationsmethoden, wie die in Kap. 7 beschriebene Teilschrittmethode, verwendet werden; siehe beispielsweise Armfield und Street (2005).

In einigen Anwendungen muss die Wärmeleitung in einem Festkörper zusammen mit der Konvektion in einem benachbarten Fluid betrachtet werden. Probleme dieser Art werden als konjugierte Wärmeübertragung *(conjugate heat transfer)* bezeichnet und müssen durch Iteration zwischen den Gleichungen, die die beiden Arten der Wärmeübertragung beschreiben, gelöst werden. Es ist auch möglich, die Energiegleichung sowohl im Fluid als auch im Festkörper gleichzeitig zu lösen; im Folgenden beschreiben wir Diskretisierungsschritte, die besondere Aufmerksamkeit erfordern und auch Beschichtungen oder Leitbleche berücksichtigen, die zu dünn sind, um durch das Gitter aufgelöst zu werden, die aber einen signifikanten Widerstand gegen Wärmeübertragung darstellen können.

Die Lösung der Energiegleichung getrennt für Fluid und für Festkörper sowie die Aktualisierung der Randbedingungen für jedes Kontinuum einmal pro äußerer Iteration ist in der Regel nicht effizient; es ist wünschenswert, die Energiegleichung in allen Kontinua gleichzeitig zu lösen. Dies erfordert, dass der Wärmefluss an Fest-Fluid-Randflächen als Funktion der Temperaturen in benachbarten Zellzentren in Fluid und Festkörper ausgedrückt wird, ohne zu verlangen, dass die Temperatur an der Randfläche bekannt ist. Im Folgenden wird beschrieben, wie dies erreicht werden kann.

Wir betrachten die Situation aus Abb. 13.1. Geht man davon aus, dass auf der Fluidseite die Grenzschicht aufgelöst wird, so wird das Temperaturprofil entlang einer Linie senkrecht zur Zellfläche k wie in Abb. 13.1 rechts dargestellt aussehen. Zur Verallgemeinerung wird davon ausgegangen, dass die Gitter am Interface nicht konform sind; die Gitter wurden als kartesisch dargestellt, um darauf hinzuweisen, dass die Situation auch in diesem Fall eine besondere Behandlung erfordert; der gleiche Ansatz gilt, wenn die Gitter nichtorthogonal zum Interface sind.

Der Wärmefluss pro Flächeneinheit durch die Fläche k, welche den um die Knoten P und N_k zentrierten Zellen gemeinsam ist, siehe Abb. 13.1, kann ausgedrückt werden als:

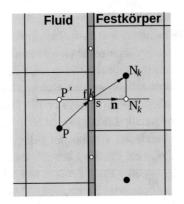
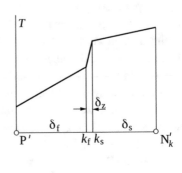

Abb. 13.1 Über die Diskretisierung des Diffusionsflusses an einer Fest-Fluid-Randfläche mit einer Beschichtung, wobei von nichtkonformen Gittern an der Randfläche ausgegangen wird

$$q_k = \lambda_{\mathrm{f}} \left(\frac{\partial T}{\partial n} \right)_{k_{\mathrm{f}}} = \lambda_z \left(\frac{\partial T}{\partial n} \right)\Big|_{k_{\mathrm{f}}}^{k_{\mathrm{s}}} = \lambda_{\mathrm{s}} \left(\frac{\partial T}{\partial n} \right)_{k_{\mathrm{s}}} , \qquad (13.1)$$

wobei T die Temperatur ist, λ ist die Wärmeleitfähigkeit, n ist die Richtung der Koordinaten senkrecht zur Zellfläche, und die Indizes „f", „z" und „s" bezeichnen die Fluidsseite, die Beschichtung und die Festkörperseite des Interface (siehe Abb. 13.1). Die Beschichtung ist in der Regel sehr dünn, sodass die Leitfähigkeit λ_z als konstant angenommen werden kann, ebenso wie der Temperaturgradient über die Schicht. Für Fluide und Feststoffe sollten Wärmeleitfähigkeiten für die Grenzflächentemperaturen $T_{k_{\mathrm{f}}}$ bzw. $T_{k_{\mathrm{s}}}$ genommen werden, wenn sie temperaturabhängig sind.

Unmittelbar in Wandnähe ist die Temperaturvariation im Fluid immer linear. Wenn die viskose Schicht nicht aufgelöst wird (d. h. wenn Wandfunktionen verwendet werden), muss eine effektive Leitfähigkeit in den folgenden Approximationen verwendet werden. Für eine lineare Temperaturverteilung lautet die diskrete Approximation des Wärmeflusses:

$$q_k = \lambda_{\mathrm{f}} \frac{T_{k_{\mathrm{f}}} - T_{\mathrm{P}'}}{\delta_{\mathrm{f}}} = \lambda_z \frac{T_{k_{\mathrm{s}}} - T_{k_{\mathrm{f}}}}{\delta_z} = \lambda_{\mathrm{s}} \frac{T_{\mathrm{N}'_k} - T_{k_{\mathrm{s}}}}{\delta_{\mathrm{s}}} . \qquad (13.2)$$

Die Punkte P' und N'_k liegen auf der Normalen n; ihre Abstände von der KV-Seite, δ_{f} und δ_{s}, stellen die Projektion des Vektors dar, der das KV-Zentrum mit dem Zentrum der KV-Seite verbindet, d. h.:

$$\delta_{\mathrm{f}} = (\mathbf{r}_k - \mathbf{r}_{\mathrm{P}}) \cdot \mathbf{n}_k \quad \text{und} \quad \delta_{\mathrm{s}} = (\mathbf{r}_{\mathrm{N}_k} - \mathbf{r}_k) \cdot \mathbf{n}_k . \qquad (13.3)$$

Durch die Einführung der Widerstandskoeffizienten α wie folgt:

$$\alpha_{\mathrm{f}} = \frac{\lambda_{\mathrm{f}}}{\delta_{\mathrm{f}}} , \quad \alpha_z = \frac{\lambda_z}{\delta_z} , \quad \alpha_{\mathrm{s}} = \frac{\lambda_{\mathrm{s}}}{\delta_{\mathrm{s}}} \qquad (13.4)$$

kann der Ausdruck (13.2) umgeschrieben werden als:

$$q_k = \alpha_f(T_{k_f} - T_{P'}) = \alpha_z(T_{k_s} - T_{k_f}) = \alpha_s(T_{N_k'} - T_{k_s}).$$ (13.5)

Aus diesem Ausdruck können Interface-Temperaturen T_{k_f} und T_{k_s} eliminiert werden, um zu ergeben:

$$q_k = \frac{T_{N_k'} - T_{P'}}{\dfrac{1}{\alpha_f} + \dfrac{1}{\alpha_z} + \dfrac{1}{\alpha_s}}.$$ (13.6)

Durch die Einführung eines effektiven Widerstandskoeffizienten und einer effektiven Leitfähigkeit:

$$\alpha_{\text{eff}} = \frac{1}{\dfrac{1}{\alpha_f} + \dfrac{1}{\alpha_z} + \dfrac{1}{\alpha_s}} = \frac{\lambda_{\text{eff}}}{\delta_f + \delta_z + \delta_s},$$ (13.7)

kann der Wärmefluss ausgedrückt werden als:

$$q_k = \alpha_{\text{eff}}(T_{N_k'} - T_{P'}) = \lambda_{\text{eff}}\frac{T_{N_k'} - T_{P'}}{\delta_f + \delta_z + \delta_s}.$$ (13.8)

Wenn das Gitter nichtorthogonal oder nichtkonform ist, müssen die Temperaturen in den Hilfsknoten P' und N_k' durch Knotenwerte mittels einer geeigneten Interpolation ausgedrückt werden. Die folgende Approximation steht im Einklang mit anderen Näherungen, die im Diskretisierungsprozess verwendet werden, und ist 2. Ordnung genau:

$$T_{P'} = T_P + (\nabla T)_P \cdot (\mathbf{r}_{P'} - \mathbf{r}_P) \quad \text{und} \quad T_{N_k'} = T_{N_k} + (\nabla T)_{N_k} \cdot (\mathbf{r}_{N_k'} - \mathbf{r}_{N_k}).$$ (13.9)

Die Koordinaten der Hilfsknoten P' und N_k' lassen sich leicht ermitteln als (siehe Gl. (13.3) und Abb. 13.1):

$$\mathbf{r}_{P'} = \mathbf{r}_k - \delta_f\mathbf{n}_k \quad \text{und} \quad \mathbf{r}_{N_k'} = \mathbf{r}_k + \delta_s\mathbf{n}_k.$$ (13.10)

Schließlich kann der Wärmefluss pro Flächeneinheit ausgedrückt werden als (siehe Gl. (13.8)):

$$q_k = \alpha_{\text{eff}}(T_{N_k} - T_P) + \underline{\alpha_{\text{eff}}\left[(\nabla T)_{N_k} \cdot (\mathbf{r}_{P'} - \mathbf{r}_P) - (\nabla T)_P \cdot (\mathbf{r}_{N_k'} - \mathbf{r}_{N_k})\right]}.$$ (13.11)

Um den gesamten Wärmefluss durch die KV-Seite zu erhalten, muss man q_k mit der Seitenfläche S_k multiplizieren. Der unterstrichene Term kann als verzögerte Korrektur behandelt werden, d. h. er wird aus Werten der vorherigen Iteration berechnet. Der erste Term auf der rechten Seite wird implizit behandelt, d. h. er trägt zu den Koeffizienten der Matrixgleichung bei.

Der unterstrichene Term ist im Vergleich zum Hauptterm klein, wenn der Abstand zwischen KV-Zentrum und Hilfsknoten im Vergleich zum Abstand zwischen KV-Zentrum und Zentrum der KV-Seite klein ist, d. h. wenn die Nichtorthogonalität moderat ist. Dieser Term verschwindet, wenn die Normale durch das Zentrum der KV-Seite durch die Zellzentren verläuft. Bei starker Nichtorthogonalität können zwei Arten von Problemen auftreten: (i) unphysikalische Lösungen (Über- oder Unterschreitungen) oder (ii) Konvergenzprobleme. In einem solchen Fall könnte man den unterstrichenen Term begrenzen (oder ihn sogar als letzten Ausweg gleich null setzen); dies reduziert die Ordnung der Approximation, kann aber helfen, Probleme zu vermeiden, wenn die Gitterqualität nicht verbessert werden kann. Wenn man beispielsweise den unterstrichenen Term ganz vernachlässigt, setzt man effektiv $T_{P'} = T_P$, was der Annahme entspricht, dass die Temperatur innerhalb der Zelle konstant ist (eine Näherung 1. Ordnung).

Es ist zu beachten, dass Gl. (13.8) dem Ausdruck ähnelt, mit dem die Wärmeübertragung von einer Wand zur Umgebung oft beschrieben wird,

$$q_{\text{Wand}} = \alpha(T_{\text{Wand}} - T_\infty),\tag{13.12}$$

wobei q_{Wand} der Wärmefluss an der Wand ist, T_{Wand} ist die Wandtemperatur, T_∞ ist die Temperatur der Umgebung und α ist der sogenannte *Wärmeübertragungskoeffizient*; experimentelle Daten werden oft in dieser Form dargestellt. Viele Anwender von CFD-Programmen wollen den Wärmeübertragungskoeffizienten an Wänden in internen Strömungen berechnen und visualisieren, z. B. an Turbinenschaufeln oder heißen Motoroberflächen. Dies ist schwierig, da der Wärmeübertragungskoeffizient keine eindeutig definierte Größe ist – nur der Wandwärmefluss ist eindeutig (und das ist die Größe, die man sich ansehen sollte). Während es klar ist, dass T_{Wand} die lokale Wandtemperatur sein soll, ist es nicht klar, welche Referenztemperatur für die Umgebung in internen Strömungen verwendet werden sollte. Daher müssen α und T_∞ immer paarweise definiert werden. In einigen kommerziellen Rechenprogrammen können aus den Simulationsergebnissen mehrere verschiedene Versionen des Wärmeübertragungskoeffizienten extrahiert werden; einige ändern sich erheblich, wenn das Gitter verfeinert wird, und man muss daher beim Vergleich von Lösungen vorsichtig sein.

Wir stellen nun ein Beispiel vor, in dem die natürliche Konvektion der Luft in einem Hohlraum von Hauptinteresse ist. Wir haben ein ähnliches Problem in Abschn. 8.4.1 diskutiert, aber dort haben wir nur die Energiegleichung im Fluidbereich gelöst und die Temperatur an den Seitenwänden vorgeschrieben, während wir adiabate Bedingungen an den oberen und unteren Rändern verwendet haben. Hier berücksichtigen wir die Umgebung des Hohlraums: Metallwände, die Dämmung über der oberen und der unteren Wand sowie das in Seitenkanälen fließende Warm- und Kaltwasser, wie in Abb. 13.2 dargestellt. In einem Experiment ist es schwierig, sowohl eine konstante Wandtemperatur als auch einen Nullwärmefluss (entsprechend der adiabaten Randbedingung) zu erreichen; solche Randbedingungen sind immer eine Näherung und der Fehler ist oft unbekannt. Man muss versuchen, ungefähre Randbedingungen so weit wie möglich entfernt von der zu untersuchenden Region anzugeben.

In diesem 2D-Beispiel ist ein Hohlraum mit den Abmessungen $100 \times 100\,\text{mm}$ mit Luft gefüllt. Der Hohlraum wird von $2\,\text{mm}$ starken Aluminiumwänden umschlossen. Die linke Wand wird durch Warmwasser gewärmt, das mit einer mittleren Geschwindigkeit von $10\,\text{m/s}$

Abb. 13.2 Geometrie des Testfalls mit allen Fest- und Fluidbereichen, in denen die Energiegleichung gleichzeitig gelöst wird (alle Maße in mm)

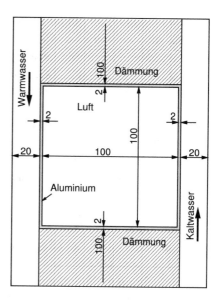

und der Temperatur von 310 K am Einstromrand in einem 20 mm breiten Kanal nach unten strömt. Auf der rechten Seite fließt kaltes Wasser mit der Temperatur von 300 K am Einstromrand und mittlerer Geschwindigkeit von 10 m/s in einem 20 mm breiten Kanal nach oben. Die Rayleigh-Zahl in dem mit Luft gefüllten Hohlraum beträgt etwa $1{,}5 \times 10^6$, was bedeutet, dass die Luftströmung laminar ist. Die Reynolds-Zahl in den Wasserkanälen beträgt 200.000, was bedeutet, dass die Wasserströmung turbulent ist; sie wird mit einem k–ε-Turbulenzmodell simuliert. Es wird davon ausgegangen, dass das Wasser keine Wärme an die äußeren Seitenwände verliert. Dies ist eine Näherung, aber da der Durchfluss ziemlich hoch ist, wird die an den Luftraum abgegebene Wärme nicht beeinträchtigt, auch wenn etwas Wärme durch die andere Wand entweicht. Es wird auch davon ausgegangen, dass am oberen und am unteren Rand der beiden Dämmschichten keine Wärme verloren geht: Da diese Schichten 100 mm dick sind und die Wärmeleitfähigkeit des Materials sehr niedrig ist (0,036 W/mK, verglichen mit 237 W/mK für den Aluminiumrahmen), wird auch der Effekt dieser Näherung als gering eingeschätzt. Es gibt keine Randbedingungen für das Lösungsgebiet der Luftströmung – die Temperaturen, welche die Luftströmung antreibenden, sind Teil der Lösung des konjugierten Wärmeübertragungsproblems; nur die Geschwindigkeit und die Temperatur an den beiden Wassereinlässen werden vorgegeben.

Zur Vereinfachung der Gittergenerierung wurde ein äquidistantes Gitter über alle Teile des Lösungsgebiets mit einer Maschenweite von 0,5 mm verwendet. Dies ist zu Demonstrationszwecken in der Nähe von Wänden in Fluidzonen gerade noch ausreichend, aber in den Dämmgebieten ist das Gitter zu fein. Dies wird aus den unten aufgeführten Ergebnissen ersichtlich. Die iterative Lösungsmethode folgt den zuvor beschriebenen Schritten zur Berechnung von stationären Strömungen: Bei jeder äußeren Iteration wird zunächst die Temperatur aktualisiert, indem die Energiegleichung über alle Gebiete gelöst wird, wobei die

Geschwindigkeitsfelder in Fluidbereichen aus der vorherigen äußeren Iteration verwendet werden. Anschließend wird in jedem Fluidbereich ein Schritt des SIMPLE-Algorithmus (d.h. das Lösen der Impulsgleichungen und der Druckkorrekturgleichung im Wechsel) durchgeführt, wobei die aktualisierte Temperatur verwendet wird, um die Fluideigenschaften der Luft zu bestimmen. In der erzwungenen Wasserströmung wurden die Eigenschaften konstant gehalten, da die Temperatur wenig variiert, während die Luft als ideales Gas behandelt wird. Die Boussinesq-Approximation wurde nicht verwendet: Die Dichte wurde bei jeder äußeren Iteration in allen Termen unter Verwendung der Zustandsgleichung aktualisiert, während die Viskositätsvariation mit der Temperatur durch einen Polynomansatz berücksichtigt wurde. Die Parameter für die Unterrelaxation waren 0,8 für Geschwindigkeiten, k und ε, 0,3 für Druck und 0,99 für Temperatur. Es wurden etwa 500 äußere Iterationen durchgeführt; die Residuen für alle Gleichungen wurden um 6 Größenordnungen reduziert. Die lineare Aufwindmethode (2. Ordnung; siehe Abschn. 4.4.5) wurde für die Konvektions- und Zentraldifferenzen für Diffusionsterme verwendet. Ein detaillierter Bericht mit Simulationsdatei steht zum Download bereit; Details findet man im Anhang.

Abb. 13.3 zeigt die Strömungsmuster in den Fluidbereichen und die Temperaturkonturen. Die Luft steigt an der warmen Wand auf, biegt dann nach rechts hin zur kalten Wand ab,

Abb. 13.3 Strömungsmuster in Fluidbereichen (oben) und Temperaturkonturen in Luft, Aluminiumrahmen und Dämmung (unten)

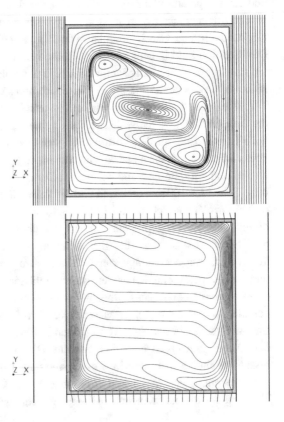

wo sie die von der warmen Wand angenommene Wärme nach unten strömend abgibt, und kommt entlang der unteren Wand zur Warmwand zurück. Im zentralen Teil des Hohlraums ist die Luft fast stehend, wie aus dem Geschwindigkeitsprofil in Abb. 13.4 ersichtlich ist. Im zentralen Teil des Hohlraums (stabil geschichtete Zone) sind die Isothermen fast horizontal. Die Isothermen in der Luft nähern sich dem Aluminiumrahmen, der die Luft von der Dämmung trennt, unter scharfen Winkeln, was auf einen signifikanten Wärmeübergang zwischen Luft und Metallrahmen hinweist; auf der anderen Seite, zwischen Metall und Dämmung, sind die Isothermen fast orthogonal zur Wand, was auf einen sehr geringen Wärmeaustausch zwischen diesen beiden Materialien hinweist (dies ist auch der Sinn und Zweck der Dämmung). Die Wärme, welche von der Luft an den oberen und unteren Teil des Aluminiumrahmens abgegeben bzw. aufgenommen wird, wird hauptsächlich entlang des Rahmens durch Leitung transportiert. Bei der Dämmung variiert die Temperatur erwartungsgemäß linear von der warmen zur kalten Wand; unregelmäßige Variationen sind nur in der Nähe von Hohlraumecken sichtbar. Sowohl die Geschwindigkeit als auch die Temperatur weisen hohe Gradienten in der Nähe der warmen und der kalten Wand auf, was ein feines Gitter in Richtung senkrecht zur Wand erfordert.

Es ist interessant zu sehen, ob die Temperatur entlang der warmen und der kalten Wand konstant ist. Abb. 13.5 zeigt den Temperaturverlauf entlang der warmen Wand auf der Luft-

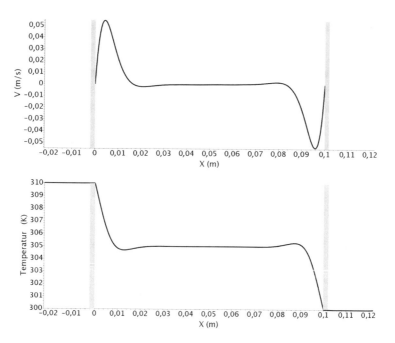

Abb. 13.4 Profile entlang eines horizontalen Schnitts in mittlerer Höhe: vertikale Geschwindigkeitskomponente in Luft (oben) und Temperatur über alle Materialien (unten); graue Balken bezeichnen Hohlraumwände

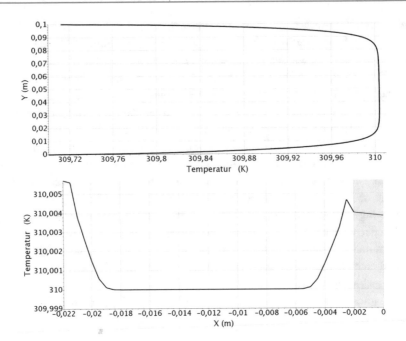

Abb. 13.5 Temperaturprofil entlang der Warmwand auf der Luftseite (oben) und entlang eines horizontalen Schnitts in mittlerer Höhe in der Warmwasser- und Aluminiumwand (unten)

seite. Die Temperatur ist nicht nur nicht konstant – im zentralen Teil ist sie höher als die Warmwassertemperatur am Einstromrand! Ein Fehler im Rechenprogramm, könnte man meinen. Ein genauerer Blick auf das Temperaturprofil im Warmwasserkanal zeigt jedoch, dass sich das Wasser entlang beider Kanalwände etwas erwärmt, während es im zentralen Teil eine konstante Temperatur von 310 K hat, wie am Einstromrand angegeben wurde. Dies liegt daran, dass die gelöste Energiegleichung den Quellterm aufgrund der viskosen Wärmeerzeugung enthält; wenn Wasser mit 10 m/s in einem 20 mm breiten Kanal fließt, entsteht in der wandnahen Grenzschicht ein messbarer Wärmegewinn. Aus diesem Grund benötigen alle Experimente, bei denen das Fluid durch die Messstrecke zirkuliert, einen Wärmetauscher, um die durch Reibung erzeugte Wärme abzuführen und die Betriebstemperatur konstant zu halten. So ist die Temperatur etwas höher als 310 K über ca. 65 % der warmen Wand, während sie in der Nähe der Ecken ca. 0,3 K niedriger ist. Da die Temperaturdifferenz zwischen der warmen und der kalten Wand 10 K beträgt, ist die Abweichung von der konstanten Temperatur signifikant. Daher sollte man so viel wie möglich vom Versuchsaufbau in die Simulation einbeziehen.

In diesem Beispiel war die Luftströmung laminar und stationär; wenn die untersuchte Strömung turbulent ist, ist es wünschenswert, die wandnahe Schicht aufzulösen (d. h. die „Niedrig-Re"-Wandbehandlung zu verwenden). Wenn man sich das nicht leisten kann, dann sollte man sicherstellen, dass der erste Berechnungspunkt in Wandnähe im Log-Bereich liegt, damit die Wandfunktionen angemessen sind. Obwohl in den meisten kommerziellen CFD-Programmen sog. „Alle-y^+"-Wandfunktionen verfügbar sind, sind sie nur dann hilfreich, wenn sich das Gitter nur über einen kleinen Teil der Wandfläche im Zwischenbereich befindet. Wenn im Gitter y^+ zwischen 5 und 20 über dem größten Teil der Wandfläche liegt, werden die Ergebnisse wahrscheinlich nicht gut. Dies ist bei der Durchführung von Gitterabhängigkeitsstudien zu berücksichtigen: Wenn feinere Gitter in den Pufferbereich fallen, wird der Unterschied zwischen den Lösungen auf aufeinanderfolgenden Gittern bei der Verfeinerung eher größer als kleiner!

13.3 Strömungen mit variablen Fluideigenschaften

Obwohl wir uns hauptsächlich mit inkompressiblen Strömungen beschäftigt haben, wurden die Dichte, Viskosität und andere Fluideigenschaften innerhalb der Differentialoperatoren beibehalten. Dies ermöglicht es, die in den vorangegangenen Kapiteln vorgestellten Diskretisierungs- und Lösungsmethoden zur Lösung von Problemen mit variablen Fluideigenschaften einzusetzen.

Die Variation der Fluideigenschaften wird in der Regel durch Temperaturvariation verursacht; Druckschwankungen wirken sich auch auf die Änderung der Dichte aus. Diese Art von Variation wurde in Kap. 11 berücksichtigt, wo wir uns mit kompressiblen Strömungen beschäftigten. Es gibt jedoch viele Fälle, in denen sich der Druck nicht wesentlich ändert, aber die Temperatur und/oder Konzentration der gelösten Stoffe zu großen Schwankungen der Fluideigenschaften führen kann. Beispiele sind Gasströmungen bei reduziertem Druck, Strömungen in Flüssigmetallen (Kristallwachstum, Solidifizierung, Schmelzen usw.) und Umweltströmungen von Flüssigkeiten, die durch gelöstes Salz stratifiziert sind.

Variationen in Dichte, Viskosität, Prandtlzahl und spezifischer Wärme erhöhen die Nichtlinearität der Gleichungen. Die sequentiellen Lösungsmethoden können für diese Strömungen auf ähnliche Weise angewendet werden wie für Strömungen mit variabler Temperatur. Man berechnet die Fluideigenschaften nach jeder äußeren Iteration neu und behandelt sie bei der nächsten äußeren Iteration als bekannt. Wenn die Eigenschaften signifikant variieren, kann die Konvergenz erheblich verlangsamt werden. Für stationäre Strömungen kann die Mehrgittermethode zu einer erheblichen Beschleunigung führen; siehe Durst et al. (1992) für ein Anwendungsbeispiel bei Problemen der metallorganischen chemischen Dampfabscheidung, und Kadinski und Perić (1996) zur Anwendung bei Problemen mit der Wärmestrahlung.

Für transiente Strömungen, insbesondere wenn die Zeitschritte relativ klein sind, wird die zuvor beschriebene sequentielle Lösungsmethode wahrscheinlich gut funktionieren, da die Änderungen in der Lösung von einem Zeitschritt zum nächsten nicht groß sind. Äußere Iterationen innerhalb eines Zeitschrittes sind in der Regel ohnehin erforderlich, um verzögerte Korrekturen (z. B. aufgrund von Gitternichtorthogonalität) und nichtlineare Terme (Konvektionsflüsse, Fluideigenschaften, Beiträge von Turbulenzmodellen usw.) zu aktualisieren. Man kann eine stärkere Unterrelaxation und mehr äußere Iterationen pro Zeitschritt benötigen, wenn das Problem steif wird.

Strömungen in der Atmosphäre und den Ozeanen sind besondere Beispiele für Strömungen mit variabler Dichte, auf die später eingegangen wird.

13.4 Bewegliche Gitter

In vielen Anwendungsbereichen ändert sich das Lösungsgebiet mit der Zeit durch die Bewegung bzw. Verformung von Rändern. Die Bewegung wird entweder durch äußere Einflüsse (wie bei kolbengetriebenen Strömungen) oder durch Berechnung als Teil der Lösung (z. B. bei einem Schwimm- oder Flugkörper) bestimmt. In beiden Fällen muss sich das Gitter bewegen, um sich an die veränderlichen Ränder anzupassen. Wenn das Koordinatensystem fest bleibt und die kartesischen Geschwindigkeitskomponenten verwendet werden, ist die einzige Änderung der Erhaltungsgleichungen das Auftreten der Relativgeschwindigkeit in Konvektionstermen; siehe Abschn. 1.2. Wir beschreiben hier kurz, wie die Gleichungen für ein bewegtes Gittersystem hergeleitet werden können.

Wir betrachten zunächst die eindimensionale Kontinuitätsgleichung:

$$\frac{\partial \rho}{\partial t} + \frac{\partial (\rho v)}{\partial x} = 0. \tag{13.13}$$

Durch die Integration dieser Gleichung über ein Kontrollvolumen, dessen Ränder sich mit der Zeit verschieben, d. h. von $x_1(t)$ auf $x_2(t)$, erhalten wir:

$$\int_{x_1(t)}^{x_2(t)} \frac{\partial \rho}{\partial t}\, \mathrm{d}x + \int_{x_1(t)}^{x_2(t)} \frac{\partial (\rho v)}{\partial x}\, \mathrm{d}x = 0. \tag{13.14}$$

Der zweite Term ist problemlos. Der erste erfordert die Verwendung der Leibniz-Regel und, als Ergebnis, wird Gl. (13.14) zu:

$$\frac{\mathrm{d}}{\mathrm{d}t} \int_{x_1(t)}^{x_2(t)} \rho\, \mathrm{d}x - \left[\rho_2 \frac{\mathrm{d}x_2}{\mathrm{d}t} - \rho_1 \frac{\mathrm{d}x_1}{\mathrm{d}t} \right] + \rho_2 v_2 - \rho_1 v_1 = 0. \tag{13.15}$$

Die Ableitung $\mathrm{d}x/\mathrm{d}t$ repräsentiert die Geschwindigkeit, mit der sich das Gitter (KV-Oberfläche) bewegt; wir bezeichnen sie mit v_s. Die Terme in eckigen Klammern haben daher eine ähnliche Form wie die letzten beiden Terme, welche die Strömungsgeschwindigkeit beinhalten, sodass wir Gl. (13.14) umformulieren können in:

$$\frac{\mathrm{d}}{\mathrm{d}t} \int_{x_1(t)}^{x_2(t)} \rho\, \mathrm{d}x + \int_{x_1(t)}^{x_2(t)} \frac{\partial}{\partial x}[\rho(v - v_s)]\, \mathrm{d}x = 0. \tag{13.16}$$

Wenn sich die KV-Seiten mit Strömungsgeschwindigkeit bewegen, d. h. $v_s = v$, wird das zweite Integral gleich null, und wir haben die Lagrange-Form der Massenerhaltungsgleichung, $\mathrm{d}m/\mathrm{d}t = 0$.

Die dreidimensionale Version von Gl. (13.15) (erhalten mit der 3D-Version der Leibniz-Regel) ergibt:

$$\frac{\mathrm{d}}{\mathrm{d}t} \int_V \rho \, \mathrm{d}V - \int_S \rho \frac{\mathrm{d}\mathbf{r}}{\mathrm{d}t} \cdot \mathbf{n} \, \mathrm{d}S + \int_S \rho \mathbf{v} \cdot \mathbf{n} \, \mathrm{d}S = 0, \qquad (13.17)$$

oder, in der oben verwendeten Schreibweise:

$$\frac{\mathrm{d}}{\mathrm{d}t} \int_V \rho \, \mathrm{d}V + \int_S \rho (\mathbf{v} - \mathbf{v}_s) \cdot \mathbf{n} \, \mathrm{d}S = 0. \qquad (13.18)$$

In Abschn. 1.2 haben wir festgestellt, dass die Erhaltungsgesetze von der Kontrollmasse in die Kontrollvolumenform mit Gl. (1.4) umgewandelt werden können; dies führt auch zu der obigen Massenerhaltungsgleichung. Der gleiche Ansatz kann auf jede Transportgleichung angewendet werden.

Die Integralform der Erhaltungsgleichung für die Impulskomponente i nimmt die folgende Form an, wenn sich die KV-Oberfläche mit der Geschwindigkeit $\mathbf{v}_s$ bewegt:

$$\frac{\mathrm{d}}{\mathrm{d}t} \int_V \rho u_i \, \mathrm{d}V + \int_S \rho u_i (\mathbf{v} - \mathbf{v}_s) \cdot \mathbf{n} \, \mathrm{d}S = \int_S (\tau_{ij} \mathbf{i}_j - p \, \mathbf{i}_i) \cdot \mathbf{n} \, \mathrm{d}S + \int_V b_i \, \mathrm{d}V. \qquad (13.19)$$

Erhaltungsgleichungen für skalare Größen lassen sich leicht aus den entsprechenden Gleichungen für ein ortsfestes KV herleiten, indem der Geschwindigkeitsvektor im Konvektionsterm durch die Relativgeschwindigkeit $\mathbf{v} - \mathbf{v}_s$ ersetzt wird.

Wenn sich die KV-Oberfläche mit derselben Geschwindigkeit wie das Fluid bewegt, ist der Massenfluss durch die KV-Fläche natürlich gleich null. Wenn dies für alle KV-Seiten zutrifft, dann bleibt das gleiche Fluid innerhalb des KV, und das Kontrollvolumen wird zu einer *Kontrollmasse;* wir haben dann die Lagrange-Beschreibung der Fluidbewegung. Bewegt sich das KV jedoch gar nicht, dann erhalten wir die Gleichungen für ortsfeste KV, die früher behandelt wurden. Die Zeitableitung in den obigen Gleichungen hat bei ortsfesten und beweglichen Gittern eine unterschiedliche Bedeutung, wird aber auf die gleiche Weise approximiert. Wenn sich das KV nicht bewegt, stellt die Zeitableitung die lokale Änderung der erhaltenen Größe an einem festen Ort dar und wird durch $\partial \phi / \partial t$ bezeichnet; wenn sich das KV bewegt, verwenden wir $\mathrm{d}\phi/\mathrm{d}t$, um die Änderung von ϕ in der Zeit an einem Ort zu bezeichnen, der sich im Raum bewegt. Im oben genannten Extremfall eines KV, dessen Oberfläche sich genau mit der Strömungsgeschwindigkeit bewegt, wird die Zeitableitung zur totalen (materiellen) Ableitung, da das KV immer das gleiche Fluid enthält und somit die Kontrollmasse darstellt. Diese Bedeutungsänderung der Zeitableitung wird durch die Konvektionsflüsse berücksichtigt, die sich je nach KV-Bewegung ebenfalls ändern.

Wenn die Bewegung des Gitters als Funktion der Zeit bekannt ist, stellt die Lösung der Navier-Stokes-Gleichungen kein neues Problem dar: Wir berechnen einfach die Konvektionsflüsse (z. B. die Massenflüsse) aus den Relativgeschwindigkeitskomponenten an den

KV-Seiten. Wenn sich die KV-Seiten jedoch bewegen, ist die Erhaltung der Masse (und aller anderen erhaltenen Größen) nicht unbedingt gewährleistet, wenn die Gittergeschwindigkeiten zur Berechnung der Massenflüsse verwendet werden. Betrachten wir z. B. die Kontinuitätsgleichung und die implizite Euler-Zeitintegration; der Einfachheit halber gehen wir davon aus, dass das KV rechteckig ist und dass das Fluid inkompressibel ist und sich mit konstanter Geschwindigkeit bewegt. Abb. 13.6 zeigt die Größe des KV auf der alten und neuen Zeitebene. Wir gehen auch davon aus, dass sich die Gitterlinien (KV-Seiten) mit konstanten, aber unterschiedlichen Geschwindigkeiten bewegen, sodass die Größe des KV mit der Zeit zunimmt.

Die Kontinuitätsgleichung für das in Abb. 13.6 dargestellte KV, diskretisiert mit der impliziten Euler-Methode lautet:

$$\frac{\rho\left[(\Delta V)^{n+1} - (\Delta V)^n\right]}{\Delta t} + \rho\left[(u - u_s)_e - (u - u_s)_w\right]^{n+1}(\Delta y)^{n+1}$$
$$+ \rho\left[(v - v_s)_n - (v - v_s)_s\right]^{n+1}(\Delta x)^{n+1} = 0, \tag{13.20}$$

wobei u und v die kartesischen Geschwindigkeitskomponenten sind. Da wir davon ausgehen, dass sich das Fluid mit einer konstanten Geschwindigkeit bewegt, hebt sich der Beitrag der Fluidgeschwindigkeit in der obigen Gleichung auf – nur die Differenz der Gittergeschwindigkeiten bleibt erhalten:

$$\frac{\rho}{\Delta t}\left[(\Delta V)^{n+1} - (\Delta V)^n\right] - \rho(u_{s,e} - u_{s,w})(\Delta y)^{n+1}$$
$$- \rho(v_{s,n} - v_{s,s})(\Delta x)^{n+1} = 0. \tag{13.21}$$

Unter den oben getroffenen Annahmen kann die Differenz der Gittergeschwindigkeiten auf den gegenüberliegenden KV-Seiten wie folgt ausgedrückt werden (siehe Abb. 13.6):

$$u_{s,e} - u_{s,w} = \frac{\delta x}{\Delta t}, \quad v_{b,n} - v_{s,s} = \frac{\delta y}{\Delta t}. \tag{13.22}$$

Abb. 13.6 Ein rechteckiges KV, dessen Größe mit der Zeit zunimmt, da sich die Gittergeschwindigkeiten an seinen Rändern unterscheiden

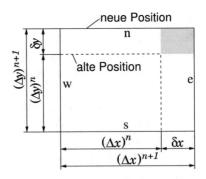

Wenn diese Ausdrücke in Gl. (13.21) eingesetzt werden und man berücksichtigt, dass $(\Delta V)^{n+1} = (\Delta x\,\Delta y)^{n+1}$ und $(\Delta V)^{n} = [(\Delta x)^{n+1} - \delta x][(\Delta y)^{n+1} - \delta y]$, stellt man fest, dass die diskretisierte Massenerhaltungsgleichung nicht erfüllt ist – es bleibt eine Massenquelle

$$\delta\dot{m} = \frac{\rho\,\delta x\,\delta y}{\Delta t} = \rho(u_{s,e} - u_{s,w})(v_{s,n} - v_{s,s})\,\Delta t. \tag{13.23}$$

Der gleiche Fehler (mit entgegengesetztem Vorzeichen) ergibt sich mit der expliziten Euler-Methode. Bei konstanten Gittergeschwindigkeiten ist der Fehler proportional zur Zeitschrittweite, d. h. es handelt sich um einen Diskretisierungsfehler 1. Ordnung. Man könnte meinen, dass dies kein Problem ist, denn das Verfahren ist sowieso 1. Ordnung; jedoch können sich künstliche Massenquellen mit der Zeit ansammeln und ernsthafte Probleme verursachen. Der Fehler verschwindet, wenn sich nur ein Satz von Gitterlinien bewegt, oder wenn die Gittergeschwindigkeiten an gegenüberliegenden KV-Seiten gleich sind.

Unter den oben genannten Annahmen erfüllen sowohl die Crank-Nicolson- als auch die implizite Methode mit drei Zeitebenen die Kontinuitätsgleichung genau. Generell können aber auch diese Methoden, wenn die Fluid- und/oder Gittergeschwindigkeiten nicht konstant sind, künstliche Massenquellen erzeugen.

Die Massenerhaltung kann erreicht werden, wenn das sog. *Raumerhaltungsgesetz (space conservation law, SCL)*, das als Kontinuitätsgleichung im Grenzfall der verschwindenden Fluidgeschwindigkeit angesehen werden kann, erfüllt wird:

$$\frac{d}{dt}\int_V dV - \int_S \mathbf{v}_s \cdot \mathbf{n}\,dS = 0. \tag{13.24}$$

Diese Gleichung beschreibt die Erhaltung des Raumes, wenn das KV seine Form und/oder Position mit der Zeit ändert.

Warum es wichtig ist, dass das SCL erfüllt wird, zeigt die Berücksichtigung der Massenerhaltungsgleichung (13.18) für ein Fluid konstanter Dichte; sie kann dann wie folgt geschrieben werden:

$$\frac{d}{dt}\int_V dV - \int_S \mathbf{v}_s \cdot \mathbf{n}\,dS + \int_S \mathbf{v} \cdot \mathbf{n}\,dS = 0. \tag{13.25}$$

Die ersten beiden Terme stellen das SCL dar und addieren sich zu null, vgl. Gl. (13.24); daher reduziert sich die Massenerhaltungsgleichung für Fluide mit konstanter Dichte auf

$$\int_S \mathbf{v} \cdot \mathbf{n}\,dS = 0 \quad \text{or} \quad \nabla \cdot \mathbf{v} = 0. \tag{13.26}$$

Es ist daher wichtig sicherzustellen, dass sich auch die beiden vorgenannten Terme in den diskretisierten Gleichungen aufheben (d. h. die Summe der Volumenflüsse durch die KV-Seiten aufgrund ihrer Bewegung muss der Änderungsrate des Volumens entsprechen); andernfalls werden künstliche Massenquellen eingeführt, die sich mit der Zeit ansammeln und die Lösung verderben können, wie Demirdžić und Perić (1988) zeigen.

Im Folgenden werden die implizite Methode mit drei Zeitebenen für Zeitintegration und der SIMPLE-Algorithmus zur Veranschaulichung verwendet. Die Ausdrücke für die Crank-Nicholson-Methode lassen sich leicht herleiten, ebenso wie die für die implizite Euler-Methode; die Implementierung in die implizite Teilschrittmethode ist ebenfalls unkompliziert. Die Verwendung eines Zeitintegrationsverfahrens 1. Ordnung im Falle einer instationären Strömung mit beweglichen Rändern ist nur dann sinnvoll, wenn wir wissen, dass sich die Strömung zu einer stationären Lösung entwickelt, wie dies bei einigen Problemen mit Schwimmkörpern der Fall ist (z. B. Schiffe, die sich in einem ruhigen Wasser bewegen; die Ausgangsposition ist diejenige, in der sowohl das Schiff als auch das Fluid in Ruhezustand sind, aber bei konstanter Geschwindigkeit ändern sich sowohl Trimm als auch Tauchung des Schiffes durch die erzeugten Wellen). Für die räumliche Integration verwenden wir die Mittelpunktregel und die Zentraldifferenzenmethode.

Die diskretisierte SCL-Gleichung kann wie folgt geschrieben werden (siehe Gl. (6.25)):

$$\frac{3\,(\Delta V)^{n+1} - 4\,(\Delta V)^{n} + (\Delta V)^{n-1}}{2\,\Delta t} = \left[\sum_k (\mathbf{v}_s \cdot \mathbf{S})_k\right]^{n+1}, \tag{13.27}$$

wobei die Summierung über alle KV-Seiten erfolgt. Es ist zu beachten, dass die Differenz zwischen den KV-Volumen bei aufeinanderfolgenden Zeitebenen als die Summe der Volumen δV_k, die von jeder KV-Seite während der Bewegung von ihrer alten zur neuen Position durchschritten werden (siehe Abb. 13.7), ausgedrückt werden kann, d. h.:

$$(\Delta V)^{n+1} - (\Delta V)^{n} = \sum_k \delta V_k^n. \tag{13.28}$$

Wenn diese Beziehung in Gl. (13.27) eingeführt wird, erhält man den folgenden Ausdruck:

$$\frac{3\sum_k \delta V_k^n - \sum_k \delta V_k^{n-1}}{2\,\Delta t} = \left[\sum_k (\mathbf{v}_s \cdot \mathbf{S})_k\right]^{n+1}. \tag{13.29}$$

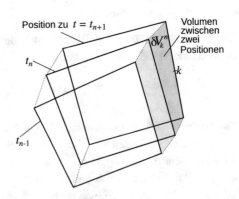

Abb. 13.7 Ein typisches 2D-KV zu zwei Zeitschritten und das Volumen, das von einer KV-Seite durchschritten wird

Obwohl die obige Gleichung unter verschiedenen Umständen erfüllt werden könnte, ist es sinnvoll anzunehmen, dass die entsprechenden Teile der Summe auf der linken und rechten Seite gleich sein sollten (d. h. die Beiträge von jeder Seite sind auf den beiden Seiten der Gleichung gleich). Unter dieser Annahme stellt man fest, dass das SCL identisch erfüllt ist, wenn die Volumenströme durch die KV-Seiten wie folgt definiert sind:

$$\dot{V}_k^{n+1} = [(\mathbf{v}_s \cdot \mathbf{S})_k]^{n+1} \approx \frac{3\,\delta V_k^n - \delta V_k^{n-1}}{2\,\Delta t}. \tag{13.30}$$

Daher werden die von jeder KV-Seite während eines Zeitschritts durchschrittenen Volumen δV_k aus den Gitterpositionen auf zwei Zeitebenen bestimmt und zur Berechnung der Volumenströme $\dot{V}_k^{n+1}$ verwendet; es besteht dann keine Notwendigkeit, die Geschwindigkeit der KV-Oberfläche $\mathbf{v}_s$ explizit zu definieren.

Der Massenfluss durch eine KV-Seite kann nun wie folgt berechnet werden (siehe Gl. (13.18)):

$$\dot{m}_k^{n+1} = \left(\int_{S_k} \rho \mathbf{v} \cdot \mathbf{n}\, dS - \int_{S_k} \rho \mathbf{v}_s \cdot \mathbf{n}\, dS \right)^{n+1} \approx (\rho v_i S^i)_k^{n+1} - (\rho_k \dot{V}_k)^{n+1}. \tag{13.31}$$

Hier stehen $(v_i)_k$ und $(S^i)_k$ für die kartesischen Komponenten des Fluidgeschwindigkeitsvektors $\mathbf{v}$ und des Flächenvektors $S\mathbf{n}$ an der KV-Seite k.

Die diskretisierte Massenerhaltungsgleichung, die bei jeder SIMPLE-Iteration erfüllt werden sollte (innerhalb einer bestimmten Toleranz), lautet:

$$\frac{3\,(\rho\,\Delta V)^{n+1} - 4\,(\rho\,\Delta V)^n + (\rho\,\Delta V)^{n-1}}{2\,\Delta t} + \sum_k \dot{m}_k^{n+1} = 0. \tag{13.32}$$

Innerhalb des transienten SIMPLE-Algorithmus nähert man sich der Lösung für die neue Zeitebene t_{n+1} durch äußere Iterationen. Eine Approximation des neuen Massenflusses wird bei jeder äußeren Iteration nach Gl. (13.31) unter Verwendung der vorhandenen Werte für Dichte und Geschwindigkeiten, die durch das Lösen der Impulsgleichungen erhalten werden, berechnet. Die Massenflüsse werden dann korrigiert, um die Massenerhaltungsgleichung zu erfüllen, indem eine Korrektur der Geschwindigkeit (die proportional zum Gradienten der Druckkorrektur ist) und – im Falle einer kompressiblen Strömung – der Dichte an der KV-Seite (die direkt proportional zur Druckkorrektur ist) vorgenommen wird. Diese Korrekturen folgen der in Abschn. 7.2.2 und 11.2.1 beschriebenen Vorgehensweise und werden hier nicht wiederholt.

In 3D muss man bei der Berechnung des Volumens, das von den KV-Seiten durchschritten wird, vorsichtig sein. Da sich die Kanten der KV-Seiten drehen können, erfordert die Berechnung des Volumens zwischen der alten und der neuen Lage der KV-Seite eine Triangulierung der schattierten Flächen in Abb. 13.8. Das Volumen kann dann nach dem in Abschn. 9.6.4 beschriebenen Verfahren berechnet werden. Da die schattierten Flächen

Abb. 13.8 Zur Berechnung des Volumens, das von einer Seite eines 3D-KV während eines Zeitschritts durchschritten wird; schattiert sind Flächen, die benachbarten KV gemeinsam sind

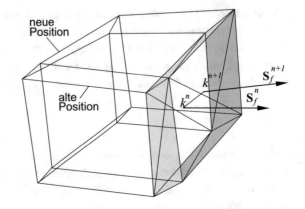

jedoch zwei KV gemeinsam sind, muss man sicherstellen, dass sie für beide KV in gleicher Weise trianguliert werden, um die Raumerhaltung zu gewährleisten.

Die aus der Massenerhaltungsgleichung resultierende Druckkorrekturgleichung hat die gleiche Form wie bei ortsfesten Gittern (sowohl für kompressible als auch für inkompressible Strömungen), mit Ausnahme des zeitabhängigen Terms. Wenn die Gitterposition auf der neuen Zeitebene bekannt ist (z. B. bei kolbengetriebenen Strömungen, Strömungen um rotierende Maschinen), sind die Volumenflüsse durch die KV-Seiten $\dot{V}_k^{n+1}$ nicht vom äußeren Iterationszähler abhängig und werden einmalig zu Beginn eines jeden neuen Zeitschritts berechnet. Im Falle einer Gitteranpassung an die Position einer Festkörperstruktur (Fluid-Struktur-Wechselwirkung) oder an ein Interface (z. B. bei der Behandlung von freien Oberflächen mit Interfaceverfolgungsmethoden) müssen die Volumenflüsse jedoch bei äußeren Iterationen zusammen mit anderen Korrekturen korrigiert werden; siehe Demirdžić und Perić (1990) für weitere Details und ein Beispiel.

Im Falle der kompressiblen Strömung, bei der die Änderungsrate der Masse innerhalb des Lösungsgebiets ungleich null ist, kann man nicht formell nachweisen, dass eine bestimmte Implementierung von SCL die Massenerhaltung gewährleistet, wie vorstehend für inkompressible Strömungen beschrieben. Der Grund dafür ist, dass die Dichten, die auf der linken Seite von Gl. (13.32) erscheinen, Zellmittelwerte sind, während auf der rechten Seite (in den Massenflüssen durch die KV-Seiten) die Werte aus den Zentren der KV-Seiten verwendet werden. Die Methode mit drei Zeitebenen ist jedoch 2. Ordnung genau in der Zeit, sodass sich jeder zeitliche Diskretisierungsfehler (der die Änderungsrate beeinflusst) um den Faktor vier verringert, wenn der Zeitschritt halbiert wird. Die zusätzlichen Fehler durch die Gitterbewegung sind von der gleichen Ordnung wie die Diskretisierungsfehler bei ortsfesten Gittern und reduzieren sich bei verfeinertem Zeitschritt im gleichen Maß.

Man kann zeigen, dass bei einer kompressiblen Strömung in einem geschlossenen System (ohne Einstrom und Ausstrom) mit unterschiedlicher Form und Volumen des Lösungsgebiets die Masse erhalten bleibt, wenn die oben beschriebene SCL-Diskretisierung verwendet wird. Dies wird im Folgenden für die Methode mit drei Zeitebenen demonstriert.

Aus der diskretisierten Massenerhaltungsgleichung (13.32) erhält man die Gesamtmasse im Lösungsgebiet durch Summierung über alle KV. Die Massenflüsse durch alle inneren Zellflächen heben sich in dieser Summierung auf; es bleibt nur die Summe der Massenflüsse durch die Randflächen des Lösungsgebiets (man muss beachten, dass Massenflüsse sowohl Beiträge aus der Strömungsgeschwindigkeit als auch aus der Randbewegung enthalten, siehe Gl. (13.31); somit sind die Massenflüsse an einer undurchlässigen Wand gleich null, unabhängig davon, ob sie sich bewegt oder nicht):

$$3\,M^{n+1} - 4\,M^n + M^{n-1} = -\sum_{\mathrm{B}} \dot{m}_{\mathrm{B}}, \tag{13.33}$$

wobei $\dot{m}_{\mathrm{B}}$ die Massenflüsse durch die Rand-KV-Seiten sind und

$$M^n = \sum_{\text{alle Zellen}} (\rho \Delta V)^n \tag{13.34}$$

die Masse im Lösungsgebiet zum Zeitpunkt t_n darstellt.

Bei einem geschlossenen System ohne Ein- und Ausstrom ist die Summe der Massenflüsse durch die Rand-KV-Seiten gleich null. Aus Gl. (13.33) folgt dann:

$$M^{n+1} = \frac{4\,M^n - M^{n-1}}{3}. \tag{13.35}$$

Wenn zu Beginn der Simulation die Masse zu zwei aufeinanderfolgenden Zeitebenen gleich war, d. h. wenn $M^n = M^{n-1} = M^0$, ergibt sich aus der obigen Gleichung, dass auch $M^{n+1} = M^0$, d. h. die Masse innerhalb des Lösungsgebiets, unabhängig von der Gitterbewegung, bleibt erhalten.

In einigen impliziten Zeitintegrationsmethoden (sogenannte *vollimplizite Methoden*), bei denen Flüsse und Quellterme nur auf der neuesten Zeitebene berechnet werden, kann die Gitterbewegung überall außer in Randnähe ignoriert werden. Beispiele für solche Methoden sind die implizite Euler-Methode und die Methode mit drei Zeitebenen, siehe Kap. 6. Da die Flüsse auf der Zeitebene t_{n+1} berechnet werden, müssen wir nicht wissen, wo sich das Gitter auf der vorherigen Zeitebene t_n befand (oder welche Form die KV hatten): anstelle von Gl. (13.19) können wir die übliche Gleichung für ein ortsfestes KV verwenden:

$$\frac{\partial}{\partial t} \int_V \rho u_i \, \mathrm{d}V + \int_S \rho u_i \mathbf{v} \cdot \mathbf{n} \, \mathrm{d}S = \int_S (\tau_{ij} \mathbf{i}_j - p\,\mathbf{i}_i) \cdot \mathbf{n} \, \mathrm{d}S + \int_V b_i \, \mathrm{d}V. \tag{13.36}$$

Die beiden Gleichungen unterscheiden sich in der Definition des Änderungsrate- und des Konvektionsterms: Für ein ortsfestes KV werden Konvektionsflüsse mit Strömungsgeschwindigkeit berechnet, und die Zeitableitung stellt die lokale Änderungsrate an einem festen Punkt im Raum (KV-Zentrum) dar. Andererseits werden für ein bewegliches KV Konvektionsflüsse unter Verwendung der Relativgeschwindigkeit zwischen Fluid und KV-Oberfläche berechnet, und die Zeitableitung drückt die Änderungsrate in einem Volumen aus, dessen Lage sich ändert.

Da Lösungen aus früheren Zeitschritten nicht benötigt werden, um Flächen- und Volumenintegrale zu berechnen, kann sich das Gitter nicht nur bewegen, sondern auch seine Topologie ändern, d. h. sowohl die Anzahl der KV als auch deren Form können sich von Zeit zu Zeit ändern. Der einzige Term, in dem die alte Lösung auftaucht, ist der instationäre Term, der verlangt, dass Volumenintegrale über das *neue* KV von einigen *alten* Variablen berechnet werden. Wenn zu diesem Zweck die Mittelpunktregel verwendet wird, müssen wir nur die alten Lösungen auf die Position der neuen KV-Zentren interpolieren. Eine Möglichkeit besteht darin, Gradientenvektoren in der Mitte eines jedes alten KV zu berechnen und dann für jedes neue KV-Zentrum das nächstgelegene Zentrum eines alten KV zu finden und mittels linearer Interpolation den alten Wert im neuen KV-Zentrum zu bestimmen:

$$\phi_{\text{Pneu}}^{\text{alt}} = \phi_{\text{palt}}^{\text{alt}} + (\nabla\phi)_{\text{palt}}^{\text{alt}} \cdot (\mathbf{r}_{\text{Pneu}} - \mathbf{r}_{\text{palt}}). \tag{13.37}$$

In der Nähe von sich bewegenden Wänden müssen wir die Tatsache berücksichtigen, dass die Wandbewegung während des Zeitschritts entweder Fluid verdrängt oder Raum schafft, der mit Fluid gefüllt werden soll. Für kleine Bewegungen kann dies berücksichtigt werden, indem man Massenquellen oder -senken in den wandnahen KV definiert; diese werden auf die gleiche Weise berechnet, wie man den Ein- oder Auslassmassenstrom durch die Randfläche unter Verwendung der Geschwindigkeit, mit der sich der Rand bewegt, als Fluidgeschwindigkeit berechnen würde. Ein Problem kann entstehen, wenn sich das KV in einem Zeitschritt um mehr als seine Breite bewegt, da das Zentrum des neuen KV außerhalb des alten Gitters liegen kann. Daher ist es für Gitter, die in der Nähe von beweglichen Wänden fein sind, wünschenswert, ein bewegtes Gitter und Gleichungen zu verwenden, die auf beweglichen KV basieren. Fern von Wänden kann die Gitterbewegung ignoriert werden, sodass das Gitter neu erzeugt werden kann, wenn sich seine Eigenschaften durch übermäßige Verformung verschlechtern. Ein Beispiel für eine solche Methode findet sich in der Arbeit von Hadžić (2005); er führte auch einen Vergleich der beiden Methoden durch und fand eine gute Übereinstimmung zwischen den Ergebnissen der beiden Methoden und den experimentellen Daten für eine kolbengetriebene Strömung in einem Rohr mit plötzlicher Erweiterung.

Viele technische Anwendungen erfordern den Einsatz von beweglichen Gittern. Unterschiedliche Probleme erfordern jedoch unterschiedliche Lösungsmethoden. Ein wichtiges Beispiel ist die Rotor-Stator-Wechselwirkung, die bei Turbomaschinen und Mischern üblich ist: Ein Teil des Gitters ist am Stator befestigt und bewegt sich nicht, während ein anderer Teil am Rotor befestigt ist und sich mit ihm bewegt. Die Schnittstelle zwischen dem beweglichen und dem ortsfesten Gitter ist in der Regel eine Kombination aus zylindrischen und ebenen Flächen. Wenn die Gitter zu Beginn an der Schnittstelle übereinstimmen, kann man zulassen, dass sich der rotierende Teil des Gitters bewegt, während die Randpunkte auf dem ortsfesten Gitter kleben bleiben, bis die Verformung beträchtlich wird (45°-Winkel sollten nicht überschritten werden). Dann springen die Randpunkte eine Zelle voraus und bleiben eine Weile an der neuen Position kleben. Diese Art von „Klick"-Gitter wurde bei solchen Anwendungen in Kombination mit regulären, strukturierten Gittern verwendet.

Eine weitere Möglichkeit besteht darin, dass das bewegliche Gitter ohne Verformung am Interface entlang „gleitet". In diesem Fall stimmen die Gitter an der Schnittstelle nicht überein, sodass einige KV mehr Nachbarn haben als andere. Diese Situation ist völlig analog zu der in blockstrukturierten Gittern mit nichtkonformen Schnittstellen und kann mit den in Abschn. 9.6.1 beschriebenen Methoden behandelt werden. Der einzige Unterschied besteht darin, dass sich die Zellkonnektivität mit der Zeit ändert und nach jedem Zeitschritt neu aufgebaut werden muss. Dieser Ansatz ist flexibler als der aus dem vorherigen Absatz; die Gitter können unterschiedlicher Art und/oder Feinheit sein, und das Interface kann eine beliebige Fläche sein. Dieser Ansatz kann auch auf Strömungen um Körper angewendet werden, die aneinander vorbeigehen, in einen Tunnel eindringen oder sich in einem Raum auf einer bekannten Bahn bewegen. Alle kommerziellen CFD-Programme beinhalten diese Funktion, die die Simulation von Strömungen mit Rotor-Stator-Interaktion und ähnlichen Anwendungen ermöglicht (z. B. in vielen Arten von Turbomaschinen, Propellerrotation auf einem Schiff).

Der dritte Ansatz ist die Verwendung von überlappenden (Chimära) Gittern. Auch hier ist ein Gitter am ortsfesten Teil des Lösungsgebiets und das andere am beweglichen Körper befestigt. Dieser Ansatz kann auch dann angewendet werden, wenn die Trajektorie des sich bewegenden Körpers nicht im Voraus bekannt ist, wenn sie sehr kompliziert ist oder wenn die umgebende Region eine komplexe Form hat (z. B. wenn eine Gleitfläche nicht konstruiert werden kann, weil sich die Wege der beweglichen Teile schneiden). Das ortsfeste Gitter kann die gesamte „Umgebung" abdecken, in der sich der Körper bewegt. Der Überlappungsbereich ändert sich mit der Zeit, und die Beziehung zwischen den Gittern muss nach jedem Zeitschritt neu hergestellt werden. Abgesehen von den Schwierigkeiten bei der Sicherstellung einer exakten Erhaltung (wie in Abschn. 9.1.3 besprochen), gibt es fast keine Einschränkungen in der Anwendbarkeit dieses Ansatzes (man kann sogar den Kontakt von sich nähernden Körpern berücksichtigen).

Wie bereits erwähnt, gelten die gleichen Gleichungen und Diskretisierungsmethoden sowohl für das ortsfeste als auch für das bewegliche Gitter, wobei der einzige Unterschied darin besteht, dass im ortsfesten Gitter die Gittergeschwindigkeit $\mathbf{v}_s$ offensichtlich gleich null ist. Manchmal kann es vorteilhaft sein, verschiedene Koordinatensysteme in den beiden Gebieten zu verwenden; z. B. kann man kartesische Geschwindigkeitskomponenten in einem Teil und polare Komponenten in einem anderen Gitter verwenden. Dies ist möglich, wenn man (i) die Körperkräfte aufgrund der Beschleunigung des Koordinatensystems zu den Gleichungen addiert und (ii) die Vektorkomponenten an der Schnittstelle oder im Überlappungsbereich von einem System in das andere transformiert. Beides ist im Prinzip einfach zu realisieren, aber die Programmierung kann mühsam sein.

Ein Beispiel für die Verwendung von überlappenden Gittern zum Koppeln der Lösungen in einem ortsfesten Gitter, das an einem Schiffsrumpf befestigt ist, und in einem Gitter, das sich mit einem Propeller dreht, ist in Abb. 13.9 dargestellt. Das Schiff ist mit POD-Antrieben

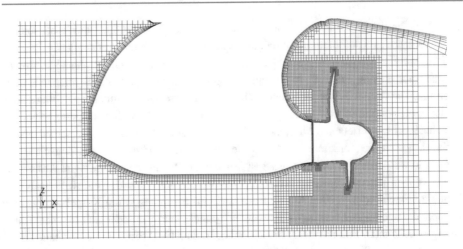

Abb. 13.9 Längsschnitt durch den Propeller eines Schiffes in Großausführung mit sogenannten POD-Antrieben, der die Überlappung eines mit dem Propeller rotierenden und eines am Rumpf „befestigten" Gitters zeigt

ausgestattet, die um eine vertikale Achse gedreht werden können; die Schubrichtung kann so geändert werden, und das Schiff benötigt kein Ruder. In dieser Studie wurde der POD fixiert und nur der Propeller dreht sich mit einer festen Rate; die Schiffsgeschwindigkeit wird variiert, bis der Widerstand dem Propellerschub entspricht. Das ortsfeste Gitter ist in der Zone, in der der Propeller eingesetzt wird, halb so fein wie der äußere Teil des rotierenden Gitters; eine größere Abweichung in der Zellgröße ist unerwünscht, während eine nahezu gleiche Zellgröße in beiden Gittern optimal wäre. Platzbeschränkungen erlauben es uns nicht, Details der jeweiligen Studie zu diskutieren, aber zusätzlich zur Darstellung der überlappenden Gitter in zwei Abschnitten in Abb. 13.9, zeigen wir auch Geschwindigkeits- und Druckkonturen in Abb. 13.10. An dieser Stelle möchten wir auf die Konturlinien hinweisen: In der Zone, in der sich aktive Zellen beider Gitter überlappen, wird jede Kontur zweimal dargestellt: einmal in Zellen des ortsfesten Gitters und einmal in Zellen des rotierenden Gitters. Die Linien werden nie identisch sein, aber wenn alles richtig gemacht wird und das Gitter nicht zu grob ist, wird die Abweichung klein sein. In diesem speziellen Fall stimmen Druck- und Geschwindigkeitskonturen gut überein. Ein ausführlicherer Bericht über diese Simulation kann von der Buch-Website heruntergeladen werden; weitere Informationen findet man im Anhang.

Ein einfacherer Ansatz ist die Verwendung der kartesischen Geschwindigkeitskomponenten, aber unterschiedlicher Bezugssysteme im ortsfesten und beweglichen Bereich; dies geschieht oft, wenn die Strömung im beweglichen (z. B. rotierenden) Bereich stationär ist, wenn man sie im mit dem Körper bewegten Bezugssystem betrachtet. Die Gleichungen im beweglichen Bereich müssen dann um die zusätzlichen Terme erweitert werden, die sich aus der Bewegung des Bezugssystems ergeben. Dieser Ansatz kann die Wechselwirkung

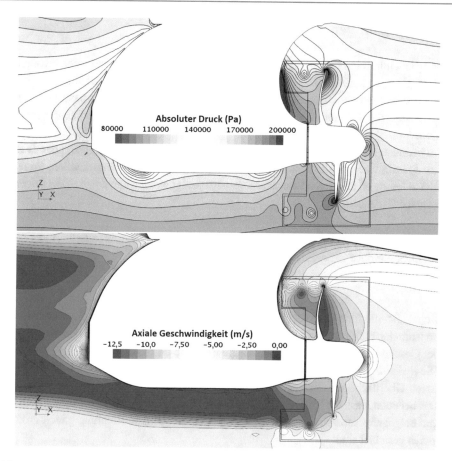

Abb. 13.10 Konturen von Druck (oben) und Axialgeschwindigkeit (unten) in einem Längsschnitt durch den Propeller, berechnet auf überlappenden Gittern, dargestellt in Abb. 13.9

zwischen beweglichen und ortsfesten Teilen (z. B. Schaufelbegegnungseffekte in Turbomaschinen) nicht berücksichtigen und führt somit zu einem zusätzlichen Modellfehler. Dieser Fehler ist klein, wenn die Strömung stationär und achsensymmetrisch in beiden Bezugssystemen in der Nähe des Interface ist, kann aber groß sein, wenn der Abstand zwischen beweglichen und festen Teilen klein ist. Solche Ansätze wurden in der Vergangenheit häufig in Verbindung mit Wirbelviskositätstypen von Turbulenzmodellen und stationären Analysen verwendet, um Rechenzeit zu sparen. Da jedoch die Wechselwirkung zwischen beweglichen und festen Teilen oft ein wichtiges Element der Analyse ist, kann man erwarten, dass in Zukunft in den meisten Anwendungen dieser Art die oben beschriebene Methode mit beweglichen Gittern verwendet wird.

13.5   Strömungen mit freien Oberflächen

Strömungen mit freien Oberflächen sind eine besonders schwierige Klasse von Strömungen mit beweglichen Interfaces. Die Position und Form der freie Oberfläche ist nur zu Beginn der Simulation bekannt; ihre Lage zu späteren Zeiten muss als Teil der Lösung bestimmt werden. Dazu müssen die SCL und die Interfacebedingungen an der freien Oberfläche verwendet werden.

Im häufigsten Fall ist die freie Oberfläche eine Luft-Wasser-Trennfläche, aber es treten andere Flüssig-Gas-Oberflächen auf, ebenso wie Flüssig-Flüssig-Grenzflächen. Wenn die Phasenänderung an der freien Oberfläche vernachlässigt werden kann, gelten die folgenden Interfacebedingungen:

- Die *kinematische Bedingung* erfordert, dass die freie Oberfläche ein scharfes, nicht durch-strömtes Interface ist, das die beiden Fluide trennt, d. h.:

$$[(\mathbf{v} - \mathbf{v}_s) \cdot \mathbf{n}]_{fs} = 0 \quad \text{oder} \quad \dot{m}_{fs} = 0, \tag{13.38}$$

wobei „fs" die freie Oberfläche bezeichnet. Daraus ergibt sich, dass die normale Komponente der Fluidgeschwindigkeit an der Oberfläche gleich der normalen Komponente der Geschwindigkeit der freien Oberfläche ist, siehe Gl. (13.18).

- Die *dynamische Bedingung* erfordert, dass die auf das Fluid wirkenden Kräfte an der freien Oberfläche im Gleichgewicht sind (Impulserhaltung an der freien Oberfläche). Das bedeutet, dass die Normalkräfte auf beiden Seiten der freien Oberfläche gleich groß und entgegengesetzt sind, während die Kräfte in tangentiale Richtung gleich groß und gleich gerichtet sind:

$$(\mathbf{n} \cdot \mathsf{T})_l \cdot \mathbf{n} + \sigma K = -(\mathbf{n} \cdot \mathsf{T})_g \cdot \mathbf{n},$$

$$(\mathbf{n} \cdot \mathsf{T})_l \cdot \mathbf{t} - \frac{\partial \sigma}{\partial t} = (\mathbf{n} \cdot \mathsf{T})_g \cdot \mathbf{t}, \tag{13.39}$$

$$(\mathbf{n} \cdot \mathsf{T})_l \cdot \mathbf{s} - \frac{\partial \sigma}{\partial s} = (\mathbf{n} \cdot \mathsf{T})_g \cdot \mathbf{s}.$$

Hier ist σ die Oberflächenspannung, $\mathbf{n}$, $\mathbf{t}$ und $\mathbf{s}$ sind Einheitsvektoren in einem lokalen orthogonalen Koordinatensystem (n, t, s) an der freien Oberfläche (n ist die von der Flüssigkeitsseite aus gesehen nach außen gerichtete Normale zur freien Oberfläche, während die beiden anderen Koordinaten in der Tangentialebene liegen und zueinander orthogonal sind). Die Indizes „l" und „g" bezeichnen Flüssigkeit bzw. Gas, und K ist die Krümmung der freien Oberfläche,

$$K = \frac{1}{R_t} + \frac{1}{R_s}, \tag{13.40}$$

wobei R_t und R_s die Krümmungsradien entlang der Koordinaten t und s bezeichnen, siehe Abb. 13.11. Die Oberflächenspannung σ ist die Kraft pro Längeneinheit eines Flächenelements und wirkt in Richtung tangential zur freien Oberfläche; in Abb. 13.11 ist der

Abb. 13.11 Zur Beschreibung der Interfacebedingungen an der freien Oberfläche

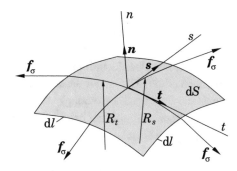

Betrag der Kraft $\mathbf{f}_\sigma$ infolge der Oberflächenspannung $f_\sigma = \sigma\,\mathrm{d}l$. Für ein infinitesimal kleines Flächenelement $\mathrm{d}S$, heben sich die Tangentialkomponenten der Oberflächenspannungskraft auf, wenn σ =const., und die Normalkomponente kann als eine lokale Kraft ausgedrückt werden, welche einen Drucksprung über das Interface ausgleicht, siehe Gl. (13.39).

Die Oberflächenspannung ist eine thermodynamische Eigenschaft eines Fluids, die von der Temperatur und anderen Zustandsgrößen wie der chemischen Zusammensetzung und der Oberflächenreinheit abhängt. Wenn die Temperaturunterschiede gering sind, kann die Temperaturabhängigkeit von σ linearisiert werden, sodass $\partial\sigma/\partial T$ konstant ist; diese Ableitung ist normalerweise negativ. Wenn die Temperatur entlang der freien Oberfläche stark variiert, führt der Gradient der Oberflächenspannung zu einer Scherkraft, die bewirkt, dass sich das Fluid vom warmen zum kalten Bereich bewegt. Dieses Phänomen wird als *Marangoni*- oder *Kapillarkonvektion* bezeichnet und seine Bedeutung wird durch die dimensionslose Marangoni-Zahl charakterisiert:

$$\mathrm{Ma} = -\frac{\partial\sigma}{\partial T}\frac{\Delta T\,L}{\mu\kappa},\tag{13.41}$$

wobei ΔT die Temperaturdifferenz über dem ganzen Gebiet ist, L ist eine charakteristische Länge der Oberfläche und κ ist die thermische Diffusivität.

In vielen Anwendungen kann die Schubspannung an der freien Oberfläche vernachlässigt werden (z. B. Meereswellen ohne nennenswerten Wind oder Wellen, die von einem großen Schiff erzeugt werden). Auch die Normalspannung und die Wirkung der Oberflächenspannung werden oft vernachlässigt; in diesem Fall reduziert sich die dynamische Randbedingung auf $p_\mathrm{l} = p_\mathrm{g}$.

Die Implementierung dieser Bedingungen ist nicht so trivial, wie es scheint. Wenn die Position der freien Oberfläche bekannt wäre, gäbe es wenige Probleme. Der Massenfluss kann für KV-Seiten in der freien Oberfläche gleich null gesetzt werden und die von außen auf das Interface einwirkenden Kräfte können berechnet werden; bei vernachlässigter Oberflächenspannung bleibt nur die Druckkraft übrig. Das Problem ist, dass die Lage der freien

Oberfläche als Teil der Lösung berechnet werden muss und in der Regel nicht im Voraus bekannt ist. Somit kann nur eine der Bedingungen an der freien Oberfläche direkt implementiert werden; die andere muss zur Lokalisierung des Interface verwendet werden. Die Lage der freien Oberfläche muss iterativ gefunden werden, was die Komplexität der Aufgabe erheblich erhöht. Oft ist nur die Strömung auf einer Seite der freien Oberfläche (typischerweise die Flüssigkeitsströmung) von Interesse; in vielen Anwendungen muss jedoch die Strömung beider Fluide auf beiden Seiten des Interface gleichzeitig berechnet werden (z. B. Strömung von Gasblasen, die sich in einer Flüssigkeit bewegen, oder von Flüssigkeitstropfen, die sich in Gas bewegen).

Viele Methoden wurden verwendet, um die Form der freien Oberfläche zu finden. Sie können in zwei Hauptgruppen eingeteilt werden:

- Methoden, die die freie Oberfläche als scharfes Interface behandeln, dessen Bewegung verfolgt wird *(Interfaceverfolgungsmethoden)*. Bei dieser Art von Verfahren werden randangepasste Gitter verwendet und ständig an die Form und Lage der freien Oberfläche adaptiert. Bei expliziten Methoden, die kleine Zeitschritte verwenden müssen, werden die zuvor diskutierten Probleme bezüglich der Gitterbewegung oft ignoriert. Als Beispiel präsentierten Hodges und Street (1999) eine FV-Teilschrittmethode mit einem beweglichen, randorthogonalen Gitter für LES von Strömungen mit freier Oberfläche.
- Methoden, die das Interface nicht als Rand definieren *(Interfaceerfassungsmethoden)*. Die Berechnung erfolgt auf einem festen Gitter, das die Fluide auf beiden Seiten der freien Oberfläche bedeckt. Die Form der freien Oberfläche wird bestimmt, indem der Anteil jedes KV, das mit einem der beiden Fluide gefüllt ist, berechnet wird. Dies kann erreicht werden, indem masselose Partikel zur Anfangszeit auf die freie Oberfläche gelegt und ihre Bewegungen verfolgt werden; dies wird als das *Marker-and-Cell* oder MAC-Verfahren bezeichnet, das von Harlow und Welsh (1965) vorgeschlagen wurde. Alternativ kann man auch eine Transportgleichung für den Volumenanteil eines der Fluide lösen; die freie Oberfläche befindet sich dort, wo der Volumenanteil 50 % beträgt (das *Volume-of-Fluid* oder VOF-Verfahren, Hirt und Nichols 1981).

Es gibt auch Hybridverfahren. Alle diese Methoden können ebenfalls auf einige Arten von Zweiphasenströmungen angewendet werden, wie im folgenden Abschnitt erläutert wird.

13.5.1 Interfaceerfassungsmethoden

Die MAC-Methode ist attraktiv, weil sie komplexe Phänomene wie Wellenbrechung behandeln kann. Der Rechenaufwand ist jedoch groß, vor allem in drei Dimensionen, denn neben der Lösung der Strömungsgleichungen muss man auch die Bewegung einer großen Anzahl von Markerteilchen berechnen.

Bei VOF-Methoden muss man – zusätzlich zu den Erhaltungsgleichungen für Masse und Impuls – eine Gleichung für den Füllgrad (Volumenanteil) des KV, c, lösen. Dabei gilt $c = 1$ in mit Flüssigkeit gefüllten KV und $c = 0$ in mit Gas gefüllten KV. Aus der Kontinuitätsgleichung kann man erkennen, dass die Entwicklung von c durch die folgende Transportgleichung bestimmt wird:

$$\frac{\partial c}{\partial t} + \nabla \cdot (c\mathbf{v}) = 0 \quad \text{oder} \quad \frac{\partial}{\partial t} \int_V c \, \mathrm{d}V + \int_S c\mathbf{v} \cdot \mathbf{n} \, \mathrm{d}S = 0. \tag{13.42}$$

In inkompressiblen Strömungen ist diese Gleichung bezüglich des Austauschs von c und $1 - c$ invariant; damit dies bei der numerischen Methode gewährleistet ist, muss die Massenerhaltung strikt erfüllt werden.

Dieser Ansatz ist effizienter als die MAC-Methode und kann auf komplexe freie Oberflächenformen einschließlich brechender Wellen angewendet werden. Das Profil der freien Oberfläche ist jedoch nicht scharf definiert; es wird in der Regel über eine oder mehrere Zellen verschmiert (ähnlich wie Stöße in kompressiblen Strömungen). Die lokale Gitterverfeinerung ist wichtig für die genaue Auflösung der freien Oberfläche. Das Verfeinerungskriterium ist einfach: Zellen mit $0 < c < 1$ müssen verfeinert werden. Eine solche Methode, die so genannte Marker- und Mikrozellmethode, wurde von Raad und seinen Kollegen entwickelt (siehe z. B. Chen et al. 1997).

Es gibt mehrere Varianten des oben genannten Ansatzes. In der ursprünglichen VOF-Methode (Hirt und Nichols 1981) wird Gl. (13.42) im gesamten Lösungsgebiet gelöst, um die Position der freien Oberfläche zu finden; die Massen- und Impulserhaltungsgleichungen werden nur für die flüssige Phase gelöst. Das Verfahren kann Strömungen mit Überschlagung der freien Oberflächen berechnen, aber das von der Flüssigphase eingeschlossene Gas spürt keine Auftriebseffekte und verhält sich daher unrealistisch.

Kawamura und Miyata (1994) verwendeten Gl. (13.42), um die Verteilung einer *Dichtefunktion* zu berechnen (das Produkt aus der Dichte und dem Volumenanteil c) und um die freie Oberfläche zu lokalisieren, welche der Kontur mit $c = 0,5$ entspricht. Die Berechnung der Flüssigkeits- *und* Gasströmung erfolgt hier separat. Die freie Oberfläche wird als Rand behandelt, an die kinematischen und dynamischen Randbedingungen angewendet werden. Zellen, die durch das Schneiden mit der freien Oberfläche unregelmäßig werden, bedürfen einer besonderen Behandlung (Variablenwerte werden auf Knotenpositionen, die auf der anderen Seite des Interface liegen, extrapoliert). Die Methode wurde zur Berechnung von Strömungen um Schiffe und Unterwasserkörper verwendet.

Alternativ kann man Fluide auf beiden Seiten des Interface als ein einziges Fluid behandeln, dessen Eigenschaften im Raum je nach Volumenanteil jeder Phase variieren, d.h:

$$\rho = \rho_1 c + \rho_2 (1 - c), \quad \mu = \mu_1 c + \mu_2 (1 - c), \tag{13.43}$$

wobei die Indizes 1 und 2 die beiden Fluide (z. B. Flüssigkeit und Gas) bezeichnen. In diesem Fall wird das Interface nicht als Rand behandelt, sodass keine Randbedingungen vorgegeben werden müssen. Das Interface ist einfach die Stelle, an der sich die Fluideigenschaften abrupt ändern. Die Lösung der Gl. (13.42) impliziert jedoch, dass die kinematische Bedingung erfüllt ist und die dynamische Bedingung am Interface ebenfalls implizit berücksichtigt wird. Wenn die Oberflächenspannung an der freien Oberfläche signifikant ist, können ihre Auswirkungen als Körperkraft betrachtet werden.

Die Oberflächenzugkraft wirkt nur im Bereich des Interface, d. h. in teilgefüllten Zellen. Da in vollen oder leeren Zellen der Gradient von c gleich null ist, kann die normale Komponente der Oberflächenspannungskraft wie folgt (*continuum surface force* Ansatz, Brackbill et al. 1992) ausgedrückt werden:

$$\mathbf{F}_{\mathrm{fs}} = \int_V \sigma \kappa \, \nabla c \, \mathrm{d}V. \tag{13.44}$$

Es gibt jedoch Probleme, wenn die Oberflächenspannungseffekte dominant werden, wie z. B. bei Tröpfchen oder Blasen, deren Durchmesser etwa 1 mm oder weniger beträgt und die sich mit sehr geringer Geschwindigkeit bewegen. In diesem Fall gibt es zwei sehr große Terme in den Impulsgleichungen (den Druckterm und die Körperkraft, die die Oberflächenspannungseffekte darstellt), die sich gegenseitig ausgleichen müssen; sie sind die einzigen Terme ungleich null, wenn die Blase oder der Tropfen sich gar nicht bewegt. Da die Krümmung des Interface auch von c abhängt (der Gradient von c ist senkrecht zum Interface ausgerichtet),

$$\kappa = \nabla \cdot \mathbf{n} = -\nabla \cdot \left(\frac{\nabla c}{|\nabla c|} \right), \tag{13.45}$$

ist es schwierig, auf einem beliebigen 3D-Gitter sicherzustellen, dass die beiden Terme identisch sind (einer ist linear in p und der andere ist nichtlinear in c). Ihre Differenz – auch wenn sie sehr klein ist – verursacht die sogenannten *parasitären Strömungen*. Diese können durch den Einsatz spezieller Diskretisierungsverfahren in 2D vermieden werden (siehe Scardovelli und Zaleski 1999, für einige Beispiele solcher speziellen Verfahren; siehe auch die Analyse von Harvie et al. 2006). Wir kennen derzeit keine Methode, die das Problem für unstrukturierte beliebige Gitter in 3D vollständig eliminiert.

Das kritische Thema bei dieser Art von Methoden ist die Diskretisierung des Konvektionsterms in Gl. (13.42). Methoden niedriger Ordnung (wie die Aufwindmethode 1. Ordnung) verschmieren das Interface und führen eine künstliche Vermischung der beiden Fluide ein, sodass Verfahren höherer Ordnung bevorzugt werden. Weil c die folgende Bedingung erfüllen muss:

$$0 \leq c \leq 1,$$

ist es wichtig sicherzustellen, dass das Verfahren keine Über- oder Unterschreitungen erzeugt. Glücklicherweise ist es möglich, Verfahren herzuleiten, die sowohl das Interface scharf halten als auch monotone Profile von c durch Interface erzeugen; siehe Leonard (1997) für einige Beispiele monotoner Methoden und Lafaurie et al. (1994), Ubbink (1997) oder Muzaferija und Perić (1999) für Methoden, die speziell für die Interfaceerfassung in

Strömungen mit freien Oberflächen entwickelt wurden. In den letzten zwei Jahrzehnten wurden viele weitere Varianten von Interfaceerfassungs- oder Hybridmethoden veröffentlicht, von denen wir im Folgenden einige näher erläutern werden.

Wir geben hier eine kurze Erklärung des HRIC-Verfahrens *(High-Resolution Interface-Capturing)* von Muzaferija und Perić (1999). Der konvektierte Wert von c an der KV-Seite k wird als eine Mischung aus Auf- und Abwindwerten ausgedrückt:

$$c_k = \gamma_k \, c_U + (1 - \gamma_k)c_D, \tag{13.46}$$

wobei die Indizes U und D die Zellmittelpunkte auf der stromaufwärts und stromabwärts gelegenen Seite der Fläche k bezeichnen, siehe Abb. 13.12. Eine Zentraldifferenzenapproximation 2. Ordnung wird erhalten, wenn $\gamma_k = 0{,}5$; andernfalls ist die Genauigkeit der Approximation formal 1. Ordnung. Es geht hier jedoch nicht um eine genaue Interpolation auf den Mittelpunkt der KV-Seite einer sich glatt ändernden Funktion (wie bei der Berechnung des konvektierten Geschwindigkeitswertes oder anderer skalarer Variablen), sondern um die Erhaltung des scharfen Interface zwischen zwei nicht mischbaren Fluiden; daher ist die Ordnung der Approximation nicht so wichtig wie bei anderen Transportgleichungen. In der HRIC-Methode wird der Mischungsfaktor γ_k als Funktion von drei Eigenschaften der Lösung bestimmt:

- Variation von c über das Interface, basierend auf Werten von c an zwei stromaufwärts und einem stromabwärts gelegenen Zellzentrum;
- Lokale CFL-Zahl, die abschätzt, wie weit sich das Interface während eines Zeitschritts bewegen wird;
- Winkel θ zwischen der Normalen zum Interface (definiert durch den Gradienten von c) und der Normalen zur KV-Seite (siehe Abb. 13.12).

Die Position des Interface wird nicht explizit berechnet, aber es wird angenommen, dass der Wert $c = 0{,}5$ die freie Oberfläche darstellt. Wenn das Interface orthogonal zur KV-Seite ist ($\nabla c \cdot \mathbf{n} = 0$), dann ergeben sowohl die Auf- als auch die Abwindapproximation den gleichen Wert, sodass es nicht wichtig ist, welcher Wert γ_k zugewiesen ist. Ist andererseits das Interface parallel zur KV-Seite (die Vektoren ∇c und $\mathbf{n}$ sind kollinear), dann spielt die

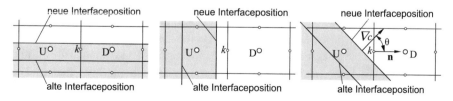

Abb. 13.12 Mögliche Ausrichtungen der freien Oberfläche relativ zur KV-Seite k in zwei aufeinanderfolgenden Zeitschritten

CFL-Zahl die wichtigste Rolle: Wenn es wahrscheinlich ist, dass das Interface während des aktuellen Zeitschritts die KV-Seite nicht erreichen wird, dann fließt durch die KV-Seite das gleiche Fluid wie in der stromabwärts gelegenen Zelle, daher sollte der Abwindwert an der KV-Seite verwendet werden. Im Falle einer beliebigen Ausrichtung des Interface können alle drei Faktoren wichtig sein; siehe Muzaferija und Perić (1999) für Details.

Da sich die Fluideigenschaften über das Interface um mehrere Größenordnungen unterscheiden können, ist bei der Interpolation zur Berechnung von Variablenwerten einiger Größen an der KV-Seite Vorsicht geboten; der Druck ist das wichtigste Beispiel. Bei rein hydrostatischer Druckvariation ist die Steigung proportional zur Dichte und ändert sich somit abrupt am Interface. Um die auf das Kontrollvolumen einwirkenden Druckkräfte korrekt zu berechnen, sollte man nicht über das Interface interpolieren, sondern eine einseitige Extrapolation verwenden; siehe z. B. Vukčević et al. (2017) für eine detaillierte Beschreibung eines geeigneten Ansatzes.

Ein Beispiel für die Fähigkeiten von Interfaceerfassungsmethoden ist in Abb. 13.13 dargestellt, das die Lösung des Dammbruchproblems veranschaulicht, einem Standardtestfall für Methoden zur Berechnung von Strömungen mit freien Oberflächen. Die Barriere, welche die Flüssigkeit anfänglich zurückhält, wird plötzlich entfernt, sodass eine freie vertikale Wasserfläche entsteht. Das Wasser fließt infolge der Schwerkraft entlang des Bodens nach rechts und trifft auf ein Hindernis, fließt darüber und trifft schließlich auf die gegenüberliegende Wand. Die eingeschlossene Luft entweicht durch den Auftrieb nach oben, während Wasser auf der anderen Seite des Hindernisses auf den Boden fällt. Numerische Ergebnisse sind gut mit den Experimenten von Koshizuka et al. (1995) zu vergleichen. Dieses Beispiel zeigt die Bedeutung der gekoppelten Berechnung sowohl der Flüssigkeits- als auch der Gasströmung. Wenn die Gasphase ignoriert würde, würde die Flüssigkeit herunterfallen, ohne einen Widerstand von eingeschlossener Luft zu spüren, was zu einer wesentlich anderen Bewegung führen würde. Dies ist umso wichtiger im nächsten Beispiel, wo auch die Oberflächenspannungskräfte wichtig sind.

Auftriebseffekte sind immer dann wichtig, wenn Gas in Flüssigkeit eingeschlossen ist oder umgekehrt; Oberflächenspannungseffekte sind nur dann signifikant, wenn eine hohe Krümmung der freien Oberfläche vorliegt oder wenn der Oberflächenspannungskoeffizient entlang der freien Oberfläche aufgrund von Temperatur- oder Konzentrationsgradienten variiert. Ein Beispiel, bei dem sowohl Auftrieb als auch Oberflächenspannung wichtig sind, ist das Aufsteigen kleiner Gasblasen. Abb. 13.14 zeigt eine solche Situation: Die Luft strömt in ein Rohr mit 40 mm Durchmesser an einem Ende mit einer Geschwindigkeit von 1 mm/s (das andere Ende ist geschlossen) und von dort durch ein Verbindungsrohr mit einem Durchmesser von 5 mm in einen größeren Behälter, der mit einer 45 mm tiefen Flüssigkeit gefüllt ist. Die Flüssigkeitsdichte beträgt $1500 \, \text{kg/m}^3$ und die Viskosität 1 Pa·s, während die Luftdichte $1,18 \, \text{kg/m}^3$ und die Viskosität 0,0000185 Pa·s betragen. Der Oberflächenspannungskoeffizient ist konstant, $\sigma = 0,074 \, \text{N/m}$.

Die in diesem Fall vorhandene große Variation der Fluideigenschaften stellt für das numerische Verfahren eine große Herausforderung dar, wenn ein scharfes Interface erreicht

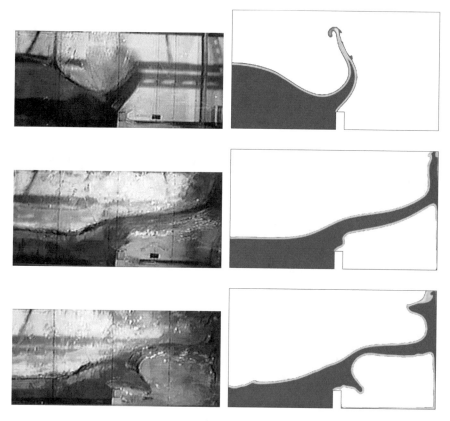

Abb. 13.13 Vergleich der experimentellen Visualisierung (links) und der numerischen Vorhersage (rechts) der kollabierenden Wassersäule über einem Hindernis (Experimente von Koshizuka et al. 1995; Vorhersage von Muzaferija und Perić 1999)

werden soll. Hier wurde das HRIC-Verfahren *(High-Resolution Interface-Capturing)* von Muzaferija und Perić (1999) verwendet, das typischerweise dazu führt, dass nur eine Zelle einen Volumenanteil zwischen 0 und 1 aufweist, wenn das Interface scharf sein soll. Um die Blasenkrümmung besser aufzulösen, wurde die adaptive Gitterverfeinerung verwendet; das Verfeinerungskriterium war das Vorhandensein des Interface (d. h. wenn der Volumenanteil im KV zwischen 0,01 und 0,99 liegt); weitere zwei-drei Zellschichten um das Interface wurden ebenfalls verfeinert. Sobald das Interface das Ende der verfeinerten Zone erreicht hat, muss die Gitterverfeinerung und Vergröberung erneut durchgeführt werden, sodass die Gitteranpassung alle zehn Zeitschritte durchgeführt wird. Dies verursacht zusätzlichen Aufwand für die Umverteilung von Zellen zwischen den Prozessoren bei parallelem Rechnen (was heute eher die Regel als die Ausnahme ist). Da eine Zeitdiskretisierung 2. Ordnung verwendet wurde, durfte sich das Interface nicht mehr als ein Drittel der Zelle in einem Zeitschritt bewegen, um Über- und Unterschreitungen von Volumenanteilgrenzen (0 und 1)

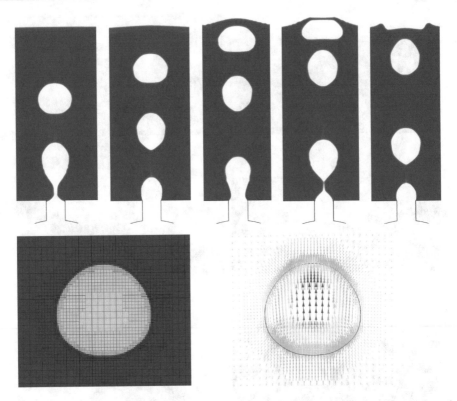

Abb. 13.14 Simulation von Bewegung und Strömung um aufsteigende Blasen unter Verwendung der HRIC-Methode: eine Folge von Blasen, die aufsteigen und die freie Oberfläche durchstoßen (oben); Verteilung des Gasvolumenanteils und des an die freie Oberfläche der Blase angepassten Gitters (unten links); Blasenkontur und Geschwindigkeitsvektoren innerhalb und außerhalb der Blase (unten rechts)

zu vermeiden (was normalerweise der Fall wäre, wenn eine Parabel durch eine Stufe gelegt würde). Ohne adaptive Gitterverfeinerung müsste man überall dort, wo die freie Oberfläche zu irgendeinem Zeitpunkt vorhanden sein könnte, das feinste Gitter haben, was die Zellzahl (und damit die Rechenzeit) um einen Faktor 10 erhöhen würde. Ein detaillierterer Bericht über diese Simulation ist auf der Website des Buches verfügbar; für Details siehe Anhang.

Eine weitere Klasse von Interfaceerfassungsmethoden basiert auf der *Level-Set*-Formulierung, die von Osher und Sethian (1988) eingeführt wurde. Die freie Oberfläche ist definiert als Fläche, in der für eine *Level-Set-Funktion* ϕ gilt: $\phi = 0$. Andere Werte dieser Funktion haben keine Bedeutung und um eine glatte Funktion zu haben, wird ϕ typischerweise als vorzeichenbehafteter Abstand vom Interface initialisiert, d. h. der Wert in jedem Punkt ist der Abstand vom nächstgelegenen Punkt auf der freien Oberfläche und das Vorzeichen ist auf der einen Seite positiv und auf der anderen negativ. Diese Funktion kann sich dann als Lösung der Transportgleichung in der Zeit entwickeln:

$$\frac{\partial \phi}{\partial t} + \nabla \cdot (\phi \mathbf{v}) = 0, \tag{13.47}$$

wobei $\mathbf{v}$ die lokale Strömungsgeschwindigkeit ist, und die Fläche, in der $\phi = 0$, stellt zu jedem Zeitpunkt das Interface dar. Wenn die Funktion ϕ zu kompliziert wird, kann sie auf die oben beschriebene Weise neu initialisiert werden. Wie bei VOF-ähnlichen Methoden werden die Fluideigenschaften durch den lokalen Wert von ϕ bestimmt, aber hier ist nur das Vorzeichen von ϕ wichtig.

Der scheinbare Vorteil dieses Ansatzes gegenüber VOF-Methoden besteht darin, dass ϕ über das Interface stetig variiert, während der Volumenanteil c dort diskontinuierlich ist. Wenn man jedoch die Gleichung für den Volumenanteil c löst, wird seine stufenweise Variation über das Interface normalerweise nicht erhalten – die Stufe wird durch die numerische Approximation verschmiert. Infolgedessen erfahren die Fluideigenschaften einen sanften Wechsel über das Interface. Bei Level-Set-Methoden wird die stufenweise Variation der Eigenschaften beibehalten, da wir definieren

$$\rho = \rho_l, \quad \text{wenn} \quad \phi < 0 \quad \text{und} \quad \rho = \rho_g, \quad \text{wenn} \quad \phi > 0.$$

Dies verursacht jedoch normalerweise Probleme bei der Berechnung viskoser Strömungen, sodass man einen Bereich mit einer endlichen Dicke von ε (meist ein bis drei Zellen breit) einführen muss, über den eine glatte, aber schnelle Änderung der Eigenschaften durch das Interface erfolgt. Dadurch wird die Lösung ähnlich wie bei VOF-Methoden.

Wie bereits erwähnt, muss das berechnete ϕ von Zeit zu Zeit neu initialisiert werden. Sussman et al. (1994) schlugen vor, dies durch die Lösung der folgenden Gleichung zu tun:

$$\frac{\partial \phi}{\partial \tau} = \text{sgn}(\phi_0)(1 - |\nabla \phi|), \tag{13.48}$$

bis der stationäre Zustand erreicht ist. Dies garantiert, dass ϕ das gleiche Vorzeichen und das gleiche Nullniveau wie ϕ_0 hat und die Bedingung, dass $|\nabla \phi| = 1$ ist, erfüllt.

Da ϕ in keiner der Erhaltungsgleichungen explizit vorkommt, hat die ursprüngliche Level-Set-Methode die Masse nicht genau erhalten. Die Massenerhaltung kann erzwungen werden, indem die rechte Seite von Gl. (13.48) zu einer Funktion des lokalen Massenungleichgewichts $\Delta \dot{m}$ gemacht wird, wie es von Zhang et al. (1998) getan wurde. Je häufiger man diese Gleichung löst, desto weniger Iterationen sind erforderlich, um den stationären Zustand zu erreichen; natürlich erhöht die häufige Lösung dieser Gleichung die Rechenkosten, sodass ein Kompromiss nötig ist.

Es wurden viele Level-Set-Methoden vorgeschlagen, die sich in der Auswahl der verschiedenen Schritte unterscheiden. Zhang et al. (1998) beschreiben eine solche Methode, die sie bei Blasenkoaleszenz und Formenfüllen, einschließlich der Schmelzerstarrung, anwenden. Sie verwendeten eine FV-Methode auf strukturierten, nichtorthogonalen Gittern, um die Erhaltungsgleichungen zu lösen, und eine FD-Methode für die Level-Set-Gleichung. Ein ENO-Verfahren wurde verwendet, um den Konvektionsterm in dieser Gleichung zu diskretisieren. Enright et al. (2002) beschreiben ein Lagrange-Markerpartikel- und ein Level-Set-Verfahren zur besseren Interfaceerfassung.

Eine weitere Version dieser Methode wird zur Untersuchung von Flammenausbreitung verwendet. In diesem Fall breitet sich die Flamme in Bezug auf das Fluid aus, was die Möglichkeit eröffnet, dass die Oberfläche Höcker entwickelt – Stellen, an denen die Oberflächennormale diskontinuierlich ist. Dies wird in einem späteren Abschnitt näher erläutert.

Weitere Details zu Level-Set-Methoden findet man in den Büchern von Sethian (1996) und Osher und Fedkiw (2003); siehe auch Smiljanovski et al. (1997) und Reinecke et al. (1999) für Beispiele ähnlicher Ansätze zur Flammenverfolgung.

Interfaceerfassungs- oder VOF-Methoden sind die am weitesten verbreiteten Ansätze zur Berechnung von Strömungen mit freien Oberflächen; sie sind in allen wichtigen frei verfügbaren und kommerziellen CFD-Programmen implementiert und wurden erfolgreich eingesetzt, um den Wassereintritt und das Auftreffen von Körpern auf die Flüssigkeitsoberfläche, Strömungen um Schiffe und eingetauchte Körper, primären Strahlzerfall, Blasenkollaps nahe der Wand, Tropfen-Wand-Interaktion usw. zu simulieren. Einige Anwendungsbeispiele werden in folgenden Abschnitten kurz beschrieben.

13.5.2 Interfaceverfolgungsmethoden

Bei der Berechnung von Strömungen um schwimmende Körper verwenden viele Autoren Linearisierung um die ungestörte freie Oberfläche. Dies verlangt die Einführung einer *Höhenfunktion*, welche die Auslenkung der freien Oberfläche relativ zu ihrer ungestörten Lage repräsentiert:

$$z = H(x, y, t).$$ (13.49)

Die kinematische Randbedingung (13.38) wird dann zur folgenden Gleichung, welche die lokale Änderung der Höhe H beschreibt:

$$\frac{\partial H}{\partial t} = u_z - u_x \frac{\partial H}{\partial x} - u_y \frac{\partial H}{\partial y}.$$ (13.50)

Diese Gleichung kann mit den in Kap. 6 beschriebenen Methoden in der Zeit integriert werden. Die Strömungsgeschwindigkeit an der freien Oberfläche wird entweder durch Extrapolation aus dem Inneren oder unter Verwendung der dynamischen Randbedingung (13.39) erhalten.

Dieser Ansatz wird in der Regel in Verbindung mit strukturierten Gittern und expliziter Zeitintegration verwendet. Viele Autoren verwendeten ein FV-Verfahren für die Strömungsberechnung und ein FD-Verfahren für die Höhengleichung und erfüllen die beiden Randbedingungen an der freien Oberfläche nur im konvergierten stationären Zustand (siehe z. B. Farmer et al. 1994).

Hino (1992) verwendete eine FV-Methode mit der Erzwingung des SCL, um alle Bedingungen zu jedem Zeitpunkt zu erfüllen und die Volumenerhaltung sicherzustellen. Ähnliche

Methoden wurden von Raithby et al. (1995), Thé et al. (1994) und Lilek (1995) entwickelt. Eine vollkonservative FV-Methode dieses Typs besteht aus den folgenden Schritten:

- Löse die Impulsgleichungen mit vorgegebenem Druck an der aktuellen freien Oberfläche, um Geschwindigkeiten u_i^* zu erhalten.
- Erzwinge die lokale Massenerhaltung in jedem KV durch Lösen einer Druckkorrekturgleichung mit einer Nulldruckkorrektur-Randbedingung an der aktuellen freien Oberfläche (Annahme eines vorgegebenen Drucks an der freien Oberfläche; siehe Abschn. 11.2.4). Die Masse bleibt sowohl global als auch in jedem KV erhalten, aber der vorgegebene Druck an der freien Oberfläche erzeugt dort eine Geschwindigkeitskorrektur, sodass die Massenflüsse durch die freie Oberfläche ungleich null sind.
- Korrigiere die Position der freien Oberfläche, um die kinematische Randbedingung zu erzwingen. Jede KV-Seite an der freien Oberfläche wird so bewegt, dass der Volumenstrom aufgrund ihrer Bewegung den im vorherigen Schritt erhaltenen Fluss kompensiert.
- Iteriere bis keine weitere Anpassung erforderlich ist und sowohl die Kontinuitätsgleichung als auch die Impulsgleichungen erfüllt sind.
- Beginne mit dem nächsten Zeitschritt.

Die entscheidende Frage für die Effizienz und Stabilität des Verfahrens ist der Algorithmus für die Bewegung der freien Oberfläche. Das Problem ist, dass es nur eine diskrete Gleichung pro KV-Seite auf der freien Oberfläche gibt, aber eine größere Anzahl von Gitterpunkten, die verschoben werden müssen. Die richtige Behandlung der Schnittpunkte der freien Oberfläche mit anderen Rändern (Einstromrand, Ausstromrand, Symmetrieebene, Wände) ist essentiell, um Wellenreflexion und/oder Instabilität zu vermeiden. Wir werden eine solche Methode kurz beschreiben. Es werden nur Verfahren mit zwei Zeitebenen berücksichtigt, aber der Ansatz kann erweitert werden.

Der Massenfluss durch eine sich bewegende KV-Seite in der freien Oberfläche kann wie folgt ausgedrückt werden (siehe Gl. (13.31)):

$$\dot{m}_{fs} = \int_{S_{fs}} \rho \mathbf{v} \cdot \mathbf{n} \, dS - \int_{S_{fs}} \mathbf{v}_s \cdot \mathbf{n} \, dS \approx \rho (\mathbf{v} \cdot \mathbf{n})_{fs}^{\tau} S_{fs}^{\tau} - \rho \dot{V}_{fs}. \tag{13.51}$$

Das hochgestellte τ bezeichnet die Zeit ($t_n < t_\tau < t_{n+1}$), zu der die Größe berechnet wird; für die implizite Euler-Methode $t_\tau = t_{n+1}$, während für die Crank-Nikolson-Methode $t_\tau = \frac{1}{2}(t_n + t_{n+1})$.

Die Massenflüsse, die sich aus der Druckkorrekturgleichung mit vorgegebenem Druck auf der freien Oberfläche ergeben, sind ungleich null; wir kompensieren sie durch Verschiebung der freien Oberfläche, d. h.:

$$\dot{m}_{fs} + \rho \dot{V}'_{fs} = 0. \tag{13.52}$$

Aus dieser Gleichung erhalten wir das Volumen des Fluids $\dot{V}'_{fs}$, das aufgrund der Bewegung der freien Oberfläche in das KV ein- oder aus dem KV ausfließen muss. Wir müssen die Koordinaten der KV-Eckpunkte, die in der freien Oberfläche liegen, aus dieser Gleichung berechnen. Dies muss sorgfältig durchgeführt werden und erfordert daher besondere Aufmerksamkeit. Da es für jede KV-Seite einen einzigen Volumenstrom, aber eine größere Anzahl von KV-Eckpunkte gibt, haben wir mehr Unbekannte als Gleichungen.

Thé et al. (1994) schlugen vor, versetzte KV in der Schicht neben der freien Oberfläche zu verwenden, aber nur in der Kontinuitätsgleichung (Druckkorrekturgleichung). Die Methode wurde auf mehrere Probleme in 2D angewendet und zeigte gute Ergebnisse. Allerdings erfordert es eine wesentliche Anpassung der Lösungsmethode, insbesondere in 3D; siehe Thé et al. (1994) für weitere Details.

Eine weitere Möglichkeit besteht darin, die KV unter der freien Oberfläche nicht durch Eckpunkte, sondern durch Zentren der KV-Seiten zu definieren; die Eckpunkte werden dann durch Interpolation der Zentren der KV-Seiten definiert, wie in Abb. 13.15 für ein 2D strukturiertes Gitter dargestellt. Das Volumen, das von der KV-Seite auf der freien Oberfläche während eines Zeitschritts durchstreift wird, ist dann:

$$\delta V'_{\text{fs}} = \frac{1}{2} \Delta x \, (h_{\text{nw}} + 2 \, h_{\text{n}} + h_{\text{ne}}), \tag{13.53}$$

wobei h die Entfernung ist, über die sich die Marker auf der freien Oberfläche während eines Zeitschritts bewegen; $h_{\text{n}} = h_i$, während h_{nw} und h_{ne} durch lineare Interpolation von h_i und h_{i-1} oder h_i und h_{i+1} erhalten werden. Indem wir h_{nw}, h_{n} und h_{ne} durch h_i, h_{i-1}, h_{i+1} ausdrücken und den obigen Ausdruck in Gl. (13.52) einfügen, erhalten wir ein Gleichungssystem für die Positionen der Zentren der KV-Seiten, h_i. In 2D ist das System tridiagonal und kann direkt mit der TDMA-Methode aus Abschn. 5.2.3 gelöst werden. In 3D ist das System blocktridiagonal und wird am besten mit einem der iterativen Löser gelöst, die in Kap. 5 vorgestellt wurden. „Randbedingungen" müssen für die KV-Eckpunkte an den Kanten der freien Oberfläche angegeben werden. Wenn sich die Kante nicht bewegen darf, $h = 0$. Wenn sich die Kante der freien Oberfläche z. B. bei einem offenen System, bewegen

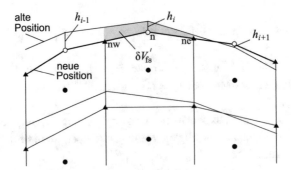

Abb. 13.15 Kontrollvolumina unter der freien Oberfläche, deren Eckpunkte in der freien Oberfläche liegen und durch die Koordinaten der Mittelpunkte der KV-Seiten definiert sind (offene Symbole); das von der KV-Seite während eines Zeitschritts durchstreifte Volumen ist schattiert dargestellt

darf, sollte die Randbedingung nichtreflektierender oder „wellendurchlässiger" Art sein, die keine Wellenreflexion verursacht; die Bedingung (10.4) ist dafür eine geeignete Möglichkeit.

Dieser Ansatz wurde von Lilek (1995) für 2D- und 3D-Probleme auf strukturierten Gittern angewendet. Wenn die seitliche Randfläche eine unregelmäßige Form aufweist (z.B. ein Schiffsrumpf), werden die Ausdrücke für das Volumen $\delta V'_{fs}$ kompliziert und erfordern bei jeder äußeren Iteration eine iterative Lösung.

Muzaferija und Perić (1997) schlugen einen einfacheren Ansatz vor. Sie stellten fest, dass es nicht notwendig ist, das durchstreifte Volumen aus der Geometrie der KV-Eckpunkt auf der freien Oberfläche zu berechnen; es kann aus Gl. (13.52) erhalten werden. Die Verschiebung von Markern auf der freien Oberfläche, die sich oberhalb des Mittelpunktes der KV-Seite befinden, wird durch die Höhe h definiert, die sich aus dem bekannten Volumen und der Fläche der KV-Seite ergibt. Die neuen Positionen der KV-Eckpunkte werden dann durch Interpolation von h berechnet; das resultierende durchstreifte Volumen ist nicht exakt und eine iterative Korrektur ist notwendig. Das Verfahren eignet sich für implizite Verfahren, für die ohnehin bei jedem Zeitschritt äußere Iterationen erforderlich sind. Die in Abb. 13.15 dargestellten „alten" und „neuen" Positionen sind nun die Werte für die aktuelle und vorhergehende äußere Iteration; jede äußere Iteration korrigiert das durchstreifte Volumen gemäß Gl. (13.52). Am Ende eines jeden Zeitschritts, wenn die äußeren Iterationen konvergieren, sind alle Korrekturen gleich null. Für eine detaillierte Beschreibung dieses Ansatzes und seiner Implementierung für beliebige unstrukturierte 3D-Gitter siehe Muzaferija und Perić (1997, 1999).

Strömungen mit freien Oberflächen, wie offene Kanalströmungen, Strömungen um Schiffe usw., werden durch die Froude-Zahl gekennzeichnet:

$$\mathrm{Fr} = \frac{v}{v_{\mathrm{w}}} = \frac{v}{\sqrt{gL}}, \tag{13.54}$$

wobei g die Erdbeschleunigung ist, v ist die Referenzgeschwindigkeit, L ist die Referenzlänge; $\sqrt{gL}$ ist die Geschwindigkeit einer Welle der Länge L im tiefen Wasser. Wenn Fr > 1 ist die Strömungsgeschwindigkeit höher als die Wellengeschwindigkeit und die Strömung wird als überkritisch bezeichnet; Wellen können sich dann nicht stromaufwärts ausbreiten (wie es bei Druckwellen in einer kompressiblen Überschallströmung der Fall ist). Wenn Fr < 1, können sich Wellen in alle Richtungen ausbreiten. Wenn das Verfahren zur Berechnung der Form der freien Oberfläche nicht ordnungsgemäß implementiert ist, können Störungen in Form von kleinen Wellen auftreten, und es ist u. U. nicht möglich, eine stationäre Lösung zu erhalten. Für ein Verfahren, das keine Wellen erzeugt, wo sie physikalisch nicht vorhanden sein sollten (z. B. vor Schiffen), sagt man, dass es die *Strahlungsbedingung* erfüllt. Ein weiterer Ansatz ist in Abschn. 13.6 beschrieben.

Wir zeigen hier ein Beispiel, in dem sowohl Interfaceverfolgungs- als auch Interfaceerfassungsmethoden verwendet und verglichen wurden. Eine turbulente Strömung über einen Halbzylinder, der auf einem Kanalboden liegt, wurde untersucht, wobei die tiefenbasierte Froude-Zahl stromaufwärts vom Hindernis niedriger als 1 ist. Der Zustand der Strömung kann sich über dem Hindernis ändern. Im kritischen Zustand beträgt die Froude-Zahl über dem Halbzylinder Fr = 1, und die Strömung wechselt von unterkritisch (Fr < 1) stromaufwärts zu überkritisch (Fr > 1) stromabwärts des Halbzylinders. Das Wasserniveau und die Geschwindigkeit am Einstromrand können nicht beide unabhängig voneinander eingestellt werden; eine dieser Größen muss sich an die kritischen Bedingungen anpassen (eine Erhöhung des Durchflusses führt zu einer Erhöhung der Wassertiefe stromauf vom Hindernis). Hier wurde der Fall mit einem Verhältnis von Wassertiefe am Einstromrand zu Zylinderradius von 2,3 gewählt und die Einströmgeschwindigkeit wurde gemäß den Experimenten von Forbes (1988) auf 0,275 m/s eingestellt. Abb. 13.16 zeigt ein grobes Gitter, das im Interfaceverfolgungsverfahren verwendet wurde, in seiner Anfangs- und Endform. Das Problem bei diesem Ansatz ist, dass das Gitter bewegt und an die Form der freien Oberfläche angepasst werden muss, und dies ist nicht einfach zu automatisieren, wenn es sich um beliebige Situationen handelt. Wenn die Gitterpunkte in der freien Oberfläche einfach in vertikale Richtung bewegt werden können, ist die Lösung relativ einfach; jedoch muss das Gitter innerhalb des Lösungsgebiets an die Bewegung des Oberflächengitters angepasst werden, was bei unstrukturierten Gittern und großen Verformungen kompliziert sein kann. In diesem speziellen Fall wurde ein blockstrukturiertes Gitter verwendet, das so konzipiert ist, dass die Zellen während des gesamten Lösungsprozesses eine angemessene Qualität aufweisen. Eine algebraische Glättungsmethode wurde verwendet, um das innere Gitter an die Bewegung der freien Oberfläche anzupassen. Das Gitter erfährt eine große Verformung im Vergleich zu seiner Ausgangsform über und hinter dem Halbzylinder.

Die gleiche Strömung wurde mit dem Interfaceerfassungsansatz und einem getrimmten kartesischen Gitter mit Prismenschichten entlang der Wände berechnet. Abbildung 13.17 zeigt das Gitter und die berechnete Verteilung des Volumenanteils. Abbildung 13.18 zeigt Profile der freien Oberfläche, die auf dem feinsten Gitter mit beiden Methoden berechnet

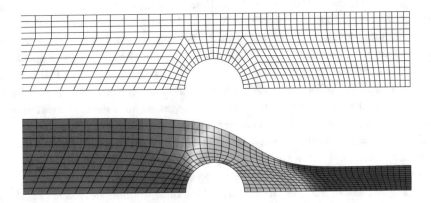

Abb. 13.16 Anfangs- (oben) und endgültiges (unten) gröbstes Gitter, das im Interfaceverfolgungsverfahren verwendet wurde, um die kritische Strömung über einem Halbzylinder zu berechnen (das untere Bild zeigt auch die dynamische Druckverteilung; 2D-Modell)

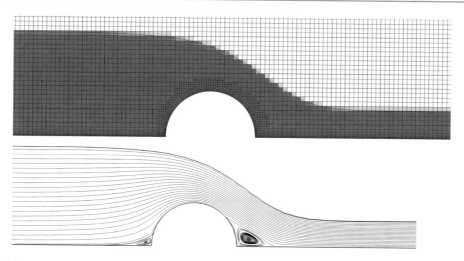

Abb. 13.17 Das mittlere Gitter, das auch den Volumenanteil von Wasser und die Interfaceposition zeigt (oben) und das vorhergesagte Strömungsmuster (unten), das unter Verwendung des Interfaceerfassungsverfahrens zur Berechnung der kritischen Strömung über einen Halbzylinder erhalten wurde

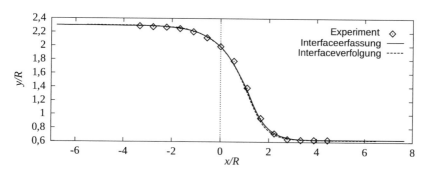

Abb. 13.18 Vergleich der mit Hilfe von Interfaceverfolgungs- und Interfaceerfassungsverfahrens vorhergesagten Form der freien Oberfläche mit experimentellen Daten von Forbes (1988)

wurden, verglichen mit experimentellen Daten von Forbes (1988). Die Übereinstimmung ist sehr gut; selbst beim in Abb. 13.16 gezeigten groben Gitter wird die Form der freien Oberflächen relativ gut vorhergesagt. Bei der Interfaceerfassungsmethode ist die Zone, in der der Volumenanteil des Wassers zwischen 0 und 1 variiert, etwa eine Zelle breit, wie aus Abb. 13.17 ersichtlich ist; auch in diesem Fall ändern sich die Form und die Lage der Fläche, in der der Volumenanteil 0,5 beträgt, bei Gitterverfeinerung nicht wesentlich. In anderen Anwendungen, z. B. wenn Wellen erfasst werden müssen, kann die Gitterabhängigkeit der Ergebnisse jedoch groß sein.

13.5.3 Hybridmethoden

Schließlich gibt es Methoden zur Berechnung von Zweiphasenströmungen, die nicht in eine der oben beschriebenen Kategorien fallen. Diese Methoden nehmen Elemente sowohl von Interfaceerfassungs- als auch von Interfaceverfolgungsmethoden an, sodass wir sie als Hybridmethoden bezeichnen werden. Dazu gehört eine von Tryggvason und seinen Kollegen entwickelte Methode, die auf Blasenströmungen angewendet wurde, siehe Tryggvason und Unverdi (1990) und Bunner und Tryggvason (1999).

Bei diesem Verfahren werden die Fluideigenschaften über eine feste Anzahl von Gitterpunkten senkrecht zum Interface verschmiert. Die beiden Phasen werden dann wie ein einziges Fluid mit variablen Eigenschaften behandelt, wie bei den Interfaceerfassungsmethoden. Damit das Interface nicht verschmiert wird, wird es auch wie bei den Interfaceverfolgungsmethoden verfolgt. Dies geschieht durch Bewegen von Markerpartikeln unter Verwendung des vom Strömungslöser erzeugten Geschwindigkeitsfeldes. Um die Genauigkeit zu gewährleisten, werden Markierungspartikel hinzugefügt oder entfernt, um einen ungefähr gleichen Abstand zwischen ihnen einzuhalten. Als Alternative dazu wurde die Level-Set-Methode vorgeschlagen; siehe die Partikel-Level-Set-Methode von Enright et al. (2002) oder Osher und Fedkiw (2003). Nach jedem Zeitschritt werden die Eigenschaften neu berechnet.

Tryggvason und seine Kollegen haben mit dieser Methode eine Reihe von Strömungen berechnet, darunter einige, die Hunderte von Wasserdampfblasen in Wasser enthalten. Phasenwechsel, Oberflächenspannung sowie Koaleszenz und Zerfall von Blasen können mit dieser Methode behandelt werden.

Ähnliche Hybridverfahren, bei denen sowohl eine zusätzliche Gleichung für den Volumenanteil einer Phase als auch die Verfolgung des Interface verwendet werden, wurden von Scardovelli und Zaleski (1999) vorgestellt.

Eine weitere Hybridmethode ist unter den Abkürzungen PLIC (oder VOF-PLIC) bekannt, was soviel bedeutet wie stückweise lineare Interfacerekonstruktion (Youngs 1982). Eine Gleichung für den Volumenanteil einer Phase wird wie beim vorstehend beschriebenen Interfaceerfassungsverfahren gelöst, aber das Interface wird in jeder Zelle geometrisch mit Liniensegmenten in 2D und ebenen Flächen in 3D rekonstruiert, sodass die Zelle in zwei Teile aufgeteilt wird, die dem Volumenanteil der Phasen und der Richtung der Normalen zum Interface (gegeben durch den Gradienten des Volumenanteils) entsprechen. Ein Überblick über ähnliche Methoden wird von Rider und Kothe (1998) gegeben. Einige Methoden wurden speziell für kartesische Gitter entwickelt (siehe z. B. Weymouth und Yue 2010; Qin 2015). Kombinationen von VOF- und Level-Set-Methoden wurden ebenfalls vorgestellt; siehe z. B. Sussman (2003). Besondere Aufmerksamkeit ist erforderlich, wenn es um kompressible Phasen geht; siehe z. B. Johnsen und Ham (2012) und Beig und Johnsen (2015).

Ähnliche Verfahren wie die vorstehend beschriebenen wurden verwendet, um genaue Simulationen detaillierter Phänomene in Strömungen mit freien Oberflächen mittels DNS durchzuführen, wie Lufteintrag und -mischung in brechenden Wellen (z. B. Deike et al. 2016) und in einem hydraulischen Stoß (Mortazavi et al. 2016). In der Literatur gibt es eine

Vielzahl von Publikationen, die sich mit Strahlzerfall, aufsteigenden Blasen, Blasenkollaps an einer Wand usw. befassen. Diese Methoden wurden in Verbindung mit der LES- und RANS-Modellierung von Turbulenz eingesetzt.

In vielen Anwendungen ist das Interface zwischen zwei Fluiden nicht scharf; Beispiele sind eine brechende Welle oder ein hydraulischer Stoß, bei denen ein Bereich existiert, in dem Wasser und Luft ein schaumiges Gemisch bilden. In einem solchen Fall wäre es notwendig, ein Modell für die Mischung der beiden Fluide hinzuzufügen, ähnlich wie bei den Modellen des turbulenten Transports in einphasigen Strömungen. Solche Modelle können unter Verwendung von DNS-Daten entwickelt werden, wie sie von Deike et al. (2016) erhalten wurden. Eine besondere Behandlung ist auch erforderlich, wenn das Blasenwachstum durch Wärmezufuhr beim Sieden sowie bei einigen anderen Strömungen mit freien Oberflächen berechnet wird; es geht über den Rahmen dieses Buches hinaus, auf die Details der jeweiligen Anwendung einzugehen, aber die meisten der verwendeten Methoden beziehen sich auf eine der oben beschriebenen Methoden.

13.6 Zwangsmethoden

Anstatt zu versuchen, eine numerische Methode zu entwickeln, welche keine Wellen an den Rändern reflektiert, kann man eine *Zwangsmethode* anwenden, um das gleiche Ziel zu erreichen. Bei diesem Ansatz kombiniert man die Lösung der Navier-Stokes- (oder RANS)-Gleichungen mit einer Referenzlösung, welche aus verschiedenen Quellen stammen kann:

- eine triviale Lösung (z. B. gleichmäßige Strömung oder eine ebene freie Oberfläche);
- eine theoretische Lösung (z. B. vollentwickelte Kanalströmung);
- eine Lösung, die mit einem anderen Verfahren (z. B. einem auf der Grundlage der Potentialströmungstheorie) oder unter anderen Randbedingungen (z. B. Wellenausbreitung in einem unendlichen Bereich ohne Hindernisse) erhalten wurde.

Die Kombination der beiden Lösungen wird durch Hinzufügen eines Quellterms zu den diskretisierten Impulsgleichungen erreicht:

$$A_{\mathrm{P}}\phi_{\mathrm{P}} + \sum_{k} A_k \phi_k = Q_{\mathrm{P}} - \gamma \left[\rho V (\phi - \phi^*) \right]_{\mathrm{P}}, \tag{13.55}$$

wobei ϕ_{P}^* für die Referenzlösung im Zellschwerpunkt steht. Ein Quellterm derselben Form muss ggf. auch zur Gleichung für den Volumenanteil einer Phase addiert werden, wenn ein Interfaceerfassungsverfahren zum Berechnen einer Strömung mit freien Oberflächen verwendet wird. Der Quellterm muss schrittweise eingemischt werden, was durch Variation des Zwangskoeffizienten γ zwischen null (zu Beginn der Zwangszone) und seinem Maximalwert (am Rand des Lösungsgebiets) erreicht wird. In der Regel ist es wünschenswert, eine Variation zu verwenden, die zu Beginn der Mischzone asymptotisch gegen null tendiert,

z. B. eine Exponential- oder $\cos^2$-Variation. Es ist zu beachten, dass γ kein dimensionsloser Koeffizient ist; seine Dimension ist [1/s] und der optimale Wert ist problemabhängig.

Dieser generische Ansatz wurde von vielen Autoren für verschiedene Zwecke genutzt und findet sich in der Literatur unter unterschiedlichen Namen, je nach Anwendungsbereich (Relaxationszone, Dämpfungszone, Schwammschicht usw.); auf Einzelheiten zu verschiedenen Varianten wird hier nicht eingegangen. Das Entscheidende ist die Wahl des Maximalwerts des Zwangskoeffizienten γ. In den meisten Publikationen wurde ein „Trial-and-Error"-Ansatz verwendet, um den optimalen Wert dieses Parameters zu bestimmen. Vor kurzem haben Perić R. und Abdel-Maksoud (2018) ein Verfahren veröffentlicht, das es ermöglicht, einen Parameterbereich zu bestimmen, der zu Reflexionskoeffizienten unter dem Sollwert führt, wenn Wellen an der freien Oberfläche in Richtung des Ausstromrandes gedämpft werden sollen. Der optimale Wert hängt von der Wellenlänge und der Breite der Zwangszone ab; höhere Werte gelten für kürzere Wellenlängen. Für Wellen an der freien Oberfläche scheinen Werte zwischen 1 (lange Meereswellen) und 100 (kurze Wellenlängen in Laborexperimenten) und Zwangszonen von einer bis zwei Wellenlängen zu guten Ergebnissen zu führen.

Wenn man nur Wellen gegen eine ebene freie Oberfläche zwingen will, genügt es, die vertikale Geschwindigkeitskomponente allmählich gegen null zu zwingen. Man kann aber auch alle Geschwindigkeitskomponenten gegen eine Referenzlösung zwingen, z. B. in Richtung einer Stokes-Welle 5. Ordnung (siehe z. B. Fenton 1985), wenn man diese Welle am Einstromrand einführen möchte. Der Vorteil des allmählichen Zwangs (z. B. über eine Wellenlänge) gegenüber der Vorgabe theoretischer Werte für Geschwindigkeiten und Volumenanteil am Einstromrand besteht darin, dass der allmähliche Zwang die Reflexion von stromaufwärts wandernden Störungen vermeidet, während die Vorgabe der Randwerte dies nicht tut. Werden beispielsweise in einer Untersuchung der Strömung um ein Schiff die seitlichen Ränder des Lösungsgebiets als Symmetrieebenen behandelt, kann man die Quergeschwindigkeitskomponente gegen null zwingen und so eine Wellenreflexion von diesen Rändern vermeiden. Ein Beispiel für die Verwendung der Zwangsmethode zur Vermeidung von Wellenreflexion an den Rändern bei der Analyse der Strömung um ein Schiff in Wellen wird in Abschn. 13.10.1 erläutert.

Der gleiche Ansatz kann auch verwendet werden, um akustische Druckwellen in kompressiblen Strömungen (sowohl in Gasen als auch in Flüssigkeiten) zu dämpfen, um Reflexionen an Rändern zu vermeiden; die Theorie von Perić und Abdel-Maksoud (2018) kann verwendet werden, um auch in diesem Fall optimale Werte von γ zu bestimmen. Um beispielsweise Schalldruckschwankungen bei 500 Hz in Wasser zu dämpfen, liegt der optimale Wert von γ bei etwa 8000, wenn die Zwangszone zwei Wellenlängen breit ist.

Mit dem Zwangsansatz können auch Störungen an Ausstromrändern in DNS- und LES-Simulationen vermieden werden, wenn die Strömung Wirbel trägt, die es schwierig machen, eine geeignete Randbedingung zu spezifizieren, die keine Störungen reflektiert. Indem man die Strömung z. B. in Richtung einer konstanten Geschwindigkeit in Strömungsrichtung und Nullgeschwindigkeiten in Querrichtung zwingt (was bei einer Untersuchung der

Umströmung eines Körper im freien Strom angebracht wäre), kann man einen glatten Übergang von einer turbulenten Strömung zu einer gleichmäßigen Strömung erreichen, für die eine einfache Ausstrom- oder eine vorgegebene Druckrandbedingung ausreichend wäre. Mehr Details zur Methode für die Bestimmung des optimalen Werts von γ findet man in Perić (2019).

13.7 Meteorologische und ozeanographische Anwendungen

Die Atmosphäre und die Ozeane sind die Orte der Strömungen mit dem größten Maßstab auf der Erde. Die Geschwindigkeiten können Dutzende von Metern pro Sekunde betragen und die Längenskalen sind enorm, sodass die Reynolds-Zahlen extrem hoch sind. Aufgrund der sehr großen Längenverhältnisse dieser Strömungen (Tausende von Kilometern horizontal und einige Kilometer vertikal, sowohl für die Atmosphäre als auch für den Ozean) ist die großräumige Strömung fast zweidimensional (obwohl vertikale Bewegungen wichtig sind), während die Strömung in den kleinen Maßstäben dreidimensional ist. Die Erdrotation ist eine wichtige Kraft auf den großen Skalen, aber auf den kleinen Skalen ist sie weniger bedeutend. Die Schichtung oder eine stabile Variation der Dichte ist wichtig, vor allem bei den kleineren Skalen. Die Kräfte und Phänomene, die dominante Rollen spielen, sind auf verschiedenen Skalen unterschiedlich.

Außerdem benötigt man Vorhersagen auf verschiedenen Zeitskalen. Im Falle von größtem Interesse für die öffentlichkeit will man den Zustand der Atmosphäre oder des Ozeans für eine relativ kurze Zeit in der Zukunft vorhersagen. In der Wettervorhersage ist die Zeitskala ein paar Tage, während im Ozean, der sich langsamer ändert, die entsprechende Skala ein paar Wochen bis ein paar Monate beträgt. In beiden Fällen ist eine zeitgenaue Methode erforderlich. Am anderen Ende stehen Klimastudien, die eine Vorhersage des durchschnittlichen Zustands der Atmosphäre über einen relativ langen Zeitraum erfordern. In diesem Fall kann das kurzfristige Zeitverhalten gemittelt und die Anforderung an die Zeitgenauigkeit gelockert werden; es ist jedoch unerlässlich, sowohl den Ozean als auch die Atmosphäre zu modellieren. Abhängig von der in einer Simulation geforderten Auflösung (z. B. Kilometer oder Meter) werden die Verfahren typischerweise hinsichtlich der Behandlung von Turbulenz unterteilt. Wenn der 3D-Zustand der Strömung wichtig ist, werden oft LES-Simulationen durchgeführt. Andererseits werden für Strömungen, die überwiegend zweidimensional (aber mit vertikaler Vermischung) sind, RANS-Ansätze mit verschiedenen Arten der Turbulenzmodellierung verwendet.

Die Berechnungen werden auf einer Vielzahl von verschiedenen Längenskalen durchgeführt. Die kleinste zu untersuchende Region ist die atmosphärische Grenzschicht oder die ozeanische Mischschicht mit Abmessungen von Hunderten von Metern. Die nächste Skala kann als Beckenskala bezeichnet werden und besteht aus einer Stadt und ihrer Umgebung. Auf der Regional- oder Mesoskala betrachtet man ein Gebiet, das ein bedeutender Teil eines Kontinents oder Ozeans ist. Schließlich gibt es noch die kontinentale (oder ozeanische) und die globale Skala. In jedem Fall bestimmen die Rechenressourcen die Anzahl der verwendbaren Gitterpunkte und damit die Gittergröße. Phänomene, die in kleineren Maßstäben auftreten, müssen durch ein approximatives Modell dargestellt werden. Selbst auf der kleinsten zu untersuchenden Skala ist die Größe der Regionen, über die gemittelt werden muss, offensichtlich viel größer als bei den Ingenieurströmungen. Folglich sind die Modelle, die zur Darstellung der kleineren Skalen verwendet werden, viel wichtiger als in den in Kap. 10 beschriebenen technischen LES-Simulationen.

Die Tatsache, dass signifikante Strukturen nicht in Simulationen auf den größten Skalen aufgelöst werden können, erfordert, dass Berechnungen auf einer Vielzahl von verschiedenen Skalen durchgeführt werden; auf jeder Skala ist es das Ziel, Phänomene zu untersuchen, die speziell für diese Skala relevant sind. Meteorologen unterscheiden vier bis zehn Skalen, auf denen Simulationen durchgeführt werden (je nachdem, wer die Zählung durchführt). Wie zu erwarten ist die Literatur zu diesem Thema umfangreich, und wir können nicht einmal damit beginnen, alles zu erfassen, was veröffentlicht wurde.

Wie bereits erwähnt, sind atmosphärische und ozeanische Strömungen auf den größten Skalen im Wesentlichen zweidimensional (obwohl es wichtige Einflüsse der vertikalen Bewegung gibt). In Simulationen der Erdatmosphäre oder eines ganzen Ozeanbeckens erfordert die Kapazität aktueller Computer eine Gittergröße in horizontale Richtung zwischen 10 und 100 km. Infolgedessen müssen in solchen Simulationen signifikante Strukturen wie Fronten (Zonen, die zwischen Massen von Fluiden mit unterschiedlichen Eigenschaften existieren) durch Modelle behandelt werden, um ihre Dicke so groß zu machen, dass das Gitter sie auflösen kann. Solche Modelle sind sehr schwer zu konstruieren und stellen eine große Fehlerquelle bei den Vorhersagen dar.

Dreidimensionale Bewegung ist nur in den kleinsten Maßstäben atmosphärischer oder ozeanographischer Strömungen wichtig. Es ist auch wichtig zu beachten, dass trotz der hohen Reynolds-Zahlen nur der oberflächennahe Teil der Atmosphäre turbulent ist; dies ist die atmosphärische Grenzschicht, welche sich in der Regel über einen Bereich von etwa 1 bis 3 km erstreckt. Oberhalb der Grenzschicht ist die Atmosphäre geschichtet und die Strömung bleibt laminar. Ebenso ist die Strömung nur in der obersten Schicht des Ozeans turbulent; diese Schicht ist 100 bis 300 m dick und wird als Mischschicht bezeichnet. Die Modellierung dieser Schichten ist wichtig, da in ihnen die Atmosphäre und der Ozean interagieren und ihr Einfluss auf das Strömungsverhalten im großen Maßstab sehr wichtig ist.

Die in diesen Simulationen verwendeten numerischen Methoden variieren etwas mit den Skalen, in denen simuliert wird. Für Simulationen auf kleinster atmosphärischer oder ozeanischer Ebene, z. B. in den atmosphärischen oder ozeanischen Grenzschichten, können Methoden verwendet werden, die denen der LES von technischen Strömungen ähneln (vgl. Kap. 10). Zum Beispiel untersuchten Sullivan et al. (2016) die nächtliche, stabil geschichtete atmosphärische Grenzschicht unter Verwendung eines nichthydrostatischen Rechenprogramms mit extremer Auflösung (0,39 m); dieses LES-Programm verwendet eine spektrale Formulierung in horizontale Richtungen und finite Differenzen in vertikale Richtung mit RK3-Zeitintegration. Eine ozeanische Anwendung eines nichthydrostatischen

FV-LES-Programms durch Skyllingstad und Samelson (2012) bei einer Auflösung von 3 m ermöglichte die Untersuchung von frontalen Instabilitäten und turbulenter Vermischung in der ozeanischen Oberflächengrenzschicht. Ein regionales Ozean-Programm ist das „Regional Ocean Modeling System" (ROMS; https://www.myroms.org), das die hydrostatischen Strömungsgleichungen und andere gekoppelte Modelle löst. Es handelt sich um eine FV-Methode mit einem Prädiktor („Leapfrog"; siehe Abschn. 6.3.1.2) und einem Korrektor (Adams-Moulton; siehe Abschn. 6.2.2) als Zeitintegrationsverfahren. Hydrostatisch bedeutet hier, dass die vertikalen Beschleunigungen gering sind und der vertikale Druckgradient im Gleichgewicht mit der Gravitationskraft ist.

Für Simulationen, die keine Wolken beinhalten, sind Standardprogramme ausreichend, aber wenn Wolken und damit verbunden flüssiges Wasser, Wasserdampf, Eis usw. vorhanden sind, ist es notwendig, ein mikrophysikalisches Paket hinzuzufügen, um die Feuchteprozesse zu berücksichtigen (siehe Morrison und Pinto 2005). Dies fügt eine signifikante Anzahl zusätzlicher partieller Differentialgleichungen hinzu, die zu lösen sind, ändert aber ansonsten die Numerik nicht wesentlich. Das CM1-Programm (http://www2.mmm.ucar.edu/people/bryan/cm1/) ist eine einfache Implementierung eines solchen Systems, bei dem es sich um ein nichthydrostatisches FD-Programm für kompressible Fluide mit RK3-Zeitintegration handelt. Außerdem verwendet es wie viele atmosphärische Rechenprogramme Approximationen für Konvektionsterme der 5. oder 6. Ordnung. Da LES eine immer wichtigere Rolle bei der atmosphärischen Modellierung spielt, haben Shi et al. (2018a, b) die Genauigkeit der SFS- und SGS-Modelle untersucht, die in einem Wolken auflösenden LES-Programm wie CM1 verwendet werden (siehe auch Khani und Porté-Agel 2017).

Als weiteres Beispiel simulierten Schalkwijk et al. (2012a, 2015) die Erzeugung turbulenter Wolken mit Hilfe von Grafikprozessoren (GPU) und dem „Dutch Atmospheric Large-Eddy Simulation" (DALES)-Rechenprogramm (Heus et al. 2010), das eine nichthydrostatische Boussinseq-FD-Formulierung auf einem Arakawa-C-Gitter mit RK3-Zeitintegration repräsentiert. Das Programm löst Gleichungen für sieben wesentliche prognostische Variablen (d. h. diejenigen, deren zeitliche Entwicklung durch PDE erfolgt). Im Allgemeinen werden für Anwendungen, die auf eine hohe räumliche Auflösung und/oder Wirbel-/Wolkenauflösung abzielen, nichthydrostatische LES-Verfahren benutzt, während für globale Atmosphären- und Ozeanmodelle hydrostatische RANS-Verfahren zum Einsatz kommen; siehe z. B. Washington und Parkinson (2005) für eine Diskussion der Klimamodellierung. Auf globaler Ebene werden FV-Methoden verwendet, aber eine Spektralmethode, die speziell für die Oberfläche einer Kugel entwickelt wurde, ist häufiger anzutreffen. Bei diesem Verfahren werden Kugelfunktionen als Basisfunktionen verwendet.

Bei der Wahl einer Zeitintegrationsmethode muss man den Genauigkeitsbedarf berücksichtigen, aber es ist auch wichtig zu beachten, dass Wellenphänomene sowohl in der Meteorologie als auch in der Ozeanographie eine bedeutende Rolle spielen. Die großen Wettersysteme, die man von Wetterkarten und Satellitenaufnahmen kennt, können als sehr großskalige wandernde Wellen betrachtet werden. Die numerische Methode sollte sie weder verstärken noch zerstreuen. Aus diesem Grund war es in diesen Bereichen durchaus üblich, die Leapfrog-Methode anzuwenden (siehe Abschn. 6.3.1.2). Dieses Verfahren ist 2. Ordnung genau und neutral stabil für Wellen. Leider ist es auch bedingungslos instabil (es verstärkt exponentiell abklingende Lösungen), sodass es stabilisiert werden muss. Aus diesem Grund haben Runge-Kutta-Methoden (siehe Abschn. 6.2.3) sie i. Allg. ersetzt. Insbesondere werden heute üblicherweise die RK3-Methoden mit Zeitgenauigkeit 3. Ordnung verwendet (siehe Abschn. 6.2.3).

13.8 Mehrphasenströmungen

Technische Anwendungen beinhalten oft mehrphasige Strömungen; Beispiele sind Feststoff-partikel, die von einer Gas- oder Flüssigkeitsströmung getragen werden (Wirbelschichten, staubige Gase und Schlämme), Gasblasen in Flüssigkeiten (Sieden, chemische Reaktoren) oder Flüssigkeitströpfchen in Gasen (Sprays) usw. Eine weitere Komplikation ist, dass mehrphasige Strömungen häufig in Verbrennungsanlagen auftreten, wo flüssiger Brennstoff oder Kohlepulver als Sprühstrahl eingespritzt werden. In anderen Anlagen wird Kohle in einer Wirbelschicht verbrannt. Schließlich sind Mehrphasenströmungen mit Phasenwechsel (Kavitation, Sieden, Kondensation, Schmelzen, Erstarren) auch im Maschinenbau häufig anzutreffen.

Die Methoden, die in Abschn. 13.5 beschrieben wurden, können auf einige Arten von Zweiphasenströmungen angewendet werden, insbesondere auf solche, bei denen beide Phasen Fluide sind. In diesen Fällen wird das Interface zwischen den beiden Fluiden explizit wie oben beschrieben behandelt. Einige der Methoden wurden speziell für diese Art von Strömung entwickelt. Die mit der Behandlung von Interfaces verbundenen Berechnungs-kosten beschränken diese Verfahren jedoch auf Strömungen, bei denen die Interfacefläche relativ klein ist.

Es gibt mehrere andere Ansätze zur Berechnung von Zweiphasenströmungen. Das Fluid, dass als tragende bzw. kontinuierliche Phase betrachtet werden kann, wird immer nach dem Euler-Ansatz behandelt; die getragene bzw. disperse Phase kann entweder nach einem Lagrange- oder einem Euler-Verfahren behandelt werden.

Der Lagrange-Ansatz wird häufig verwendet, wenn die Massenbeladung der dispersen Phase nicht sehr groß ist und die Partikel klein sind; staubige Gase und einige Kraftstoff-sprays sind Beispiele für Strömungen, bei denen diese Methode angewendet werden kann. Bei diesem Ansatz wird die disperse Phase durch eine endliche Anzahl von Partikeln oder Tropfen dargestellt, deren Bewegung auf Lagrange-Basis berechnet wird. Die Anzahl der Partikel, deren Bewegung verfolgt wird, ist in der Regel viel kleiner als die tatsächliche Anzahl im Fluid. Jedes Rechenteilchen stellt dann eine Anzahl (oder ein Paket) von tat-sächlichen Teilchen dar; diese Methoden werden als Paketmethoden bezeichnet. Wenn kein Phasenwechsel und keine Verbrennung vorhanden sind und die Beladung gering ist, kann der Einfluss der dispersen Phase auf die Trägerströmung vernachlässigt und diese zuerst berechnet werden. Anschließend werden die Partikel eingespritzt und ihre Trajektorien mit dem vorberechneten Geschwindigkeitsfeld des Hintergrundfluids berechnet. (Dieser Ansatz wird auch für die Strömungsvisualisierung genutzt; man verwendet dann masselose Punkt-partikel und folgt ihrer Bewegung, um Streichlinien zu erzeugen.) Dieses Verfahren erfordert die Interpolation des Geschwindigkeitsfeldes auf die Partikelpositionen; das Interpolations-schema muss mindestens so genau sein wie die Verfahren zur Zeitintegration. Die Genau-igkeit erfordert auch, dass der Zeitschritt so gewählt wird, dass die Partikel nicht mehr als eine Zelle in einem Zeitschritt passieren.

Wenn die Massenbeladung der dispersen Phase erheblich ist, muss der Einfluss von Par-tikeln auf die Fluidbewegung berücksichtigt werden. Wenn eine Paketmethode verwendet wird, muss die Berechnung von Partikeltrajektorien und Fluidströmung gleichzeitig durch-geführt werden, und es ist eine Iteration erforderlich; jeder Partikel trägt Impuls (sowie Energie und Masse) zum Fluid in der Zelle bei, in der er sich befindet. Die Wechselwir-kung zwischen Teilchen (Kollision, Agglomeration und Spaltung) und zwischen Teilchen und Wänden muss modelliert werden. Für diesen Austausch werden experimentelle Kor-relationen verwendet, aber die Unsicherheiten können ziemlich groß sein. Diese Probleme erfordern ein anderes Buch für eine detaillierte Beschreibung; siehe das Buch von Crowe et al. (1998) für eine Beschreibung der am häufigsten verwendeten Methoden.

Bei großen Massenbeladungen und wenn ein Phasenwechsel stattfindet, wird auf beide Phasen der Euler-Ansatz (das Zweifluidmodell) angewendet. In diesem Fall werden beide Phasen als Kontinua mit getrennten Geschwindigkeits- und Temperaturfeldern behandelt; die beiden Phasen interagieren über Austauschterme, die denen des gemischten Euler-Lagrange-Ansatzes entsprechen. Eine Funktion definiert, welcher Anteil einer Zelle von jeder Phase belegt ist. Die Prinzipien von Zweifluidmodellen werden von Ishii (1975) und Ishii und Hibiki (2011) ausführlich beschrieben; siehe auch Crowe et al. (1998) für eine Beschreibung einiger Methoden für Gaspartikel- und Gastropfenströmungen. Die Methoden zur Berechnung dieser Strömungen sind ähnlich wie die zuvor in diesem Buch beschriebe-nen, mit Ausnahme der Addition der Interaktionsterme und Randbedingungen, und natür-lich müssen doppelt so viele Gleichungen gelöst werden. Das Gleichungssystem ist zudem wesentlich steifer als bei einphasigen Strömungen, was eine stärkere Unterrelaxation und kleinere Zeitschritte erfordert.

Die Kavitation ist ein wichtiges Phänomen, das in die Klasse der Zweiphasenströmungen fällt und spezielle Modelle für ihre Vorhersage erfordert. Der am weitesten verbreitete Ansatz ist die Verwendung eines homogenen Modells einer mehrphasigen Strömung, d. h. es gibt keinen Schlupf zwischen den Phasen (sie teilen sich die gleichen Geschwindigkeits-, Druck- und Temperaturfelder), und es wird die Strömung eines effektiven Fluids mit variablen Eigenschaften berechnet. Die Verteilung jeder Phase wird durch den Volumenanteil des Dampfes c_v bestimmt, für den eine Gleichung gelöst werden muss:

$$\frac{\partial}{\partial t} \int_V c_v \, dV + \int_S c_v \mathbf{v} \cdot \mathbf{n} \, dS = \int_V q_v \, dV. \tag{13.56}$$

Die Ähnlichkeit mit dem Interfaceerfassungsverfahren für Strömungen mit freien Oberflächen ist offensichtlich, mit zwei wichtigen Unterschieden: (i) Kavitation führt nicht unbedingt zu einem scharfen Interface zwischen den Phasen auf der Gitterskala, sodass man keine besondere Diskretisierung des Konvektionsterms benötigt (es können dieselben Methoden wie für andere skalare Variablen verwendet werden), und (ii) die Gleichung für den Dampfvolumenanteil enthält einen Quellterm q_v, um Wachstum und Zusammenbruch der Dampfblasen zu modellieren. Die Herleitung des Quellterms für das Kavitationsmodell basiert in der Regel auf der Rayleigh-Plesset-Gleichung, welche die Dynamik einer einzelnen Dampfblase beschreibt:

$$R \frac{\mathrm{d}^2 R}{\mathrm{d}t^2} + \frac{3}{2}\left(\frac{\mathrm{d}R}{\mathrm{d}t}\right)^2 = \frac{p_s - p}{\rho_l} - \frac{2\sigma}{\rho_l R} - 4\frac{\mu_l}{\rho_l R}\frac{\mathrm{d}R}{\mathrm{d}t}. \tag{13.57}$$

Hier ist R der Blasenradius, t ist die Zeit, p_s ist der Sättigungsdruck für eine bestimmte Temperatur, p ist der lokale Druck im umgebenden Fluid, σ ist der Oberflächenspannungskoeffizient und ρ_l ist die Flüssigkeitsdichte.

Der Trägheitsterm wird oft vernachlässigt, weil seine Einbeziehung in die Modellierung die Komplexität deutlich erhöht, ohne dass in den meisten Anwendungen wesentliche Vorteile entstehen. Außerdem sind Oberflächenspannungseffekte nur für den Beginn des Blasenwachstums wichtig (sie setzen die Grenze für die Größe der Keimblasen, die wachsen können – kleinere Blasen werden durch die Oberflächenspannung an der Expansion gehindert). Die vereinfachte Rayleigh-Plesset-Gleichung (bei der Trägheit, Oberflächenspannung und Viskosität vernachlässigt werden) ist streng genommen nur für die Blasenwachstumsphase sinnvoll, wo sie eine asymptotische Lösung darstellt; die quadratische Gleichung kann nicht gelöst werden, wenn der Umgebungsdruck größer als der Sättigungsdruck ist, da die rechte Seite dann negativ ist. Die Lösung für dieses Problem, welche von den meisten Autoren angenommen wird, besteht darin, einfach die Quadratwurzel aus dem Absolutwert der Druckdifferenz zu nehmen und ihr Vorzeichen auf das Ergebnis anzuwenden:

$$\frac{\mathrm{d}R}{\mathrm{d}t} = \mathrm{sign}(p_s - p)\sqrt{\frac{2}{3}\frac{|p_s - p|}{\rho_l}}. \tag{13.58}$$

Trotz dieses Mangels werden mit Modellen, die auf dieser Näherung basieren, in den meisten praktischen Anwendungen relativ gute Ergebnisse erzielt.

Da mit dieser Vereinfachung die Rate der Blasenradiusvariation nur vom lokalen Druck abhängt, muss man die Blasen nicht explizit verfolgen; für jede in einem KV vorhandene Blase, unabhängig von ihrem Durchmesser und der Vorgeschichte ihrer Bewegung, ist die Wachstumsrate nur eine Funktion des lokalen Drucks im Fluid. Es gibt mehrere Kavitationsmodelle in der Literatur, welche Gl. (13.58) verwenden, um den Quellterm in der Gleichung für den Dampfvolumenanteil zu bestimmen; wir beschreiben hier nur kurz das von Sauer (2000) vorgeschlagene und am weitesten verbreitete Modell; siehe Zwart et al. (2004) für ein weiteres ähnliches Modell.

Das Modell geht davon aus, dass kugelförmige Keimblasen mit einem Anfangsradius von R_0 vorhanden und gleichmäßig im Fluid verteilt sind, was durch die Anzahl der Blasen pro Kubikmeter Flüssigkeit, n_0, gekennzeichnet wird. Die Anzahl der Blasen in einem KV wird somit durch die Menge der Flüssigkeit bestimmt. Die obigen Modellparameter beziehen sich auf die Qualität der Flüssigkeit: Es ist bekannt, dass reine Flüssigkeiten (ohne gelöstes oder freies Gas oder feste Partikel) sehr hohen Zugspannungen standhalten können. Die meisten technischen Fluide beinhalten Verunreinigungen und der Parameter n_0 wird normalerweise in der Größenordnung von 10^{12} angenommen. Durch Filtration und Entgasung kann man in Experimenten Kavitation reduzieren oder sogar vermeiden; in der Simulation entspricht dies einer Senkung von n_0 um mehrere Größenordnungen.

Unter den oben genannten Annahmen entspricht die Anzahl der Blasen in einem KV zu einem beliebigen Zeitpunkt:

$$N = n_0 c_l V, \tag{13.59}$$

wobei c_l der Volumenanteil der Flüssigkeit im Volumen V des KV bezeichnet. Offensichtlich gilt $c_l + c_v = 1$, wobei c_v der Volumenanteil des Dampfes ist. Das gesamte Dampfvolumen entspricht

$$V_v = N V_b = N \frac{4}{3} \pi R^3, \tag{13.60}$$

wobei V_b das Volumen einer Blase ist, und R ist der lokale Blasenradius. Der Dampfvolumenanteil c_v kann nun durch n_0, R und Volumenanteil der kavitierenden Flüssigkeit c_l ausgedrückt werden:

$$c_v = \frac{N V_b}{V} = \frac{4}{3} \pi R^3 n_0 c_l. \tag{13.61}$$

Aus diesem Ausdruck kann der lokale Blasenradius berechnet werden, wenn der Volumenanteil des Dampfes bekannt ist:

$$R = \left(\frac{3 c_v}{4 \pi n_0 c_l} \right)^{1/3}. \tag{13.62}$$

Man muss nun die Rate der Dampfentstehung oder des Dampfverbrauchs in Gl. (13.56) unter Verwendung des obigen Modellierungsrahmens definieren. Offensichtlich führt die Dampfproduktion zu Blasenwachstum und umgekehrt, sodass die Geschwindigkeit der Blasenradiusänderung der Schlüsselparameter ist. Ein weiterer Parameter ist die Flüssigkeitsmenge im Kontrollvolumen, die kavitieren kann.

Die Dampfblasen bewegen sich mit der Strömung; die Rate, mit der zu einem beliebigen Zeitpunkt Dampf erzeugt wird, kann also durch die Geschwindigkeit approximiert werden, mit der sich das Volumen der im KV zu diesem Zeitpunkt vorhandenen Blasen ändert:

$$q_v \approx \frac{N}{V} \frac{\mathrm{d}V_b}{\mathrm{d}t} = n_0 c_l \frac{\partial V_b}{\partial R} \frac{\mathrm{d}R}{\mathrm{d}t} = n_0 c_l 4 \pi R^2 \frac{\mathrm{d}R}{\mathrm{d}t}. \tag{13.63}$$

Die Rate mit der der Blasenradius wächst, kann aus Gl. (13.58) berechnet werden, was das Kavitationsmodell vervollständigt. Eine ausführlichere Herleitung des Models findet sich in Sauer (2000) sowie in Schnerr und Sauer (2001). Dieses Modell ist in den meisten kommerziellen und frei verfügbaren CFD-Programmen implementiert und wurde erfolgreich zur Untersuchung von kavitierenden Strömungen um Schiffspropeller, in Pumpen und Turbinen, Kraftstoffeinspritzdüsen und anderen Geräten eingesetzt. Einige Autoren multiplizieren den Quellterm mit einem Parameter, der einen anderen Wert für die Wachstums- und die Kollapsphase hat (positiver oder negativer Quellterm).

Wir verwenden als Beispiel die Umströmung eines Propellers unter den Testbedingungen eines offenen Tanks (d. h. der Propeller arbeitet in einer gleichmäßigen Strömung, befestigt an einer Welle die mit einer konstanten, vorgegebenen Drehzahl rotiert, ohne Schiffsrumpf und Ruder). Ziel ist, sowohl die Leistung des oben beschriebenen Kavitationsmodells als auch mehrere Aspekte der Fehlerabschätzung und der Wechselwirkung von Fehlern aus verschiedenen Quellen zu demonstrieren. Unter Freiwasserbedingungen kann man die Strömung um einen einzelnen Propellerflügel berechnen, unter Verwendung periodischer Randbedingungen in Umfangsrichtung und des rotierenden Bezugsystems. Dies reduziert die Rechenkosten und ermöglicht den Einsatz von viel feineren Gittern, als es bei Vorhandensein von Schiff und Ruder möglich wäre (in diesem Fall müsste der ganze Propeller mit seinen 5 Flügeln in die Simulation einbezogen werden und das am Propeller befestigte Gitter müsste sich mit ihm drehen, wie in Abb. 13.9 und 13.10 dargestellt). Der Propeller wurde als Testfall beim *Symposium on Marine Propulsors* in den Jahren 2011 und 2015 (www.marinepropulsors.com) eingesetzt; die Betriebsbedingungen stammen aus dem kavitierenden Testfall (Propeller VP1304 von der SVA Potsdam, Testfall 2.3.1; eine detaillierte Beschreibung des Testfalls und des Schlepptankberichts findet man im Workshop-Protokoll; Heinke 2011).

Die Verwendung systematisch verfeinerter Gitter ohne spezielle lokale Verfeinerung für die Erfassung von Spitzenwirbeln (siehe oberes Bild in Abb. 13.19) führt zu Kavitationsmustern und Werten von Schub und Drehmoment, die auf den beiden feinsten Gittern nicht stark variieren (die Differenz liegt in der Größenordnung von 0,1 %), was zu zwei falschen Schlussfolgerungen führt: (i) die Diskretisierungsfehler erscheinen sehr klein, (ii) die Modellfehler scheinen sehr groß zu sein, da man keine Kavitation im Spitzenwirbelbereich sieht (siehe linkes Bild in Abb. 13.20). Spitzenwirbel können in diesen Lösungen mit Isoflächen des Betrags der Wirbelstärke identifiziert werden, wie im rechten Bild von Abb. 13.20 dargestellt. Die Verteilung der Wirbelstärke kann daher verwendet werden, um die lokale Gitterverfeinerung innerhalb des Spitzenwirbels zu steuern, sodass im Wirbelkern die Zellgröße klein genug ist, um die schnelle Variation von Druck und Geschwindigkeit dort aufzulösen (kleiner als ein 1000stel des Propellerdurchmessers), wie in einem Längsschnitt durch das Gitter in Abb. 13.19 dargestellt. Dies führt zum Auftreten von Spitzenwirbelkavitation, aber in der instationären RANS-Simulation endet die Kavitationszone viel früher als die lokale Gitterverfeinerung, wie in Abb. 13.21 zu sehen ist. Dies ist auf die Überschätzung der turbulenten Viskosität innerhalb des Spitzenwirbels zurückzuführen, was die Spitzen in Druck- und Geschwindigkeitsprofilen verschmiert und dazu führt, dass der Druck zu früh über den Sättigungsgrad steigt. Durch den Wechsel zu LES hält die Kavitationszone bis

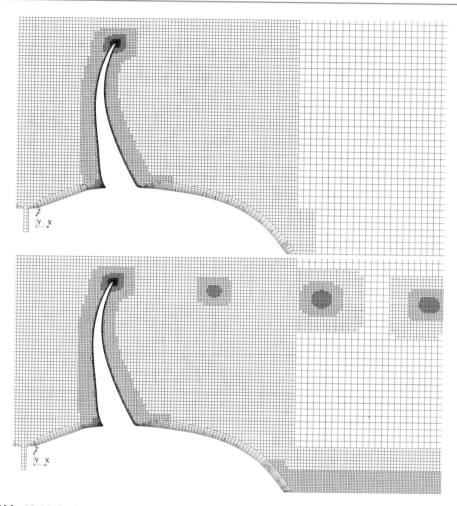

Abb. 13.19 Rechengitter in einem Längsschnitt durch den Propeller: ohne (oben) und mit einer speziellen lokalen Gitterverfeinerung zur Erfassung vom Spitzenwirbeln (unten)

zum Ende der lokalen Gitterverfeinerung an, was ebenfalls in Abb. 13.21 dargestellt ist. Die turbulente Viskosität aus dem SGS-Modell ist viel niedriger als die aus dem RANS-Modell. Die LES-Lösung entspricht sehr gut dem experimentell beobachteten Muster in Abb. 13.22. Während sowohl die mittlere Form als auch die Position des Spitzen- und Nabenwirbels sowohl in LES als auch im Experiment stabil bleiben, kann man auch Schwankungen um die mittlere Form beobachten.

Obwohl das feinste Gitter in dieser Studie relativ fein war (ca. 15 Mio. Zellen für einen einzelnen Propellerflügel), konnte keine signifikante Verbesserung der RANS-Lösung im Vergleich zur Lösung im nächstgröberen Gitter beobachtet werden. Dies ist einer der größten

Abb. 13.20 Berechnete Isofläche des Dampfvolumenanteils von 0,05 unter Verwendung eines Gitters ohne lokale Verfeinerung zur Erfassung von Spitzenwirbeln und eines k-ω-Turbulenzmodells (links) und eine Isofläche des Wirbelstärkebetrags aus derselben Lösung (rechts)

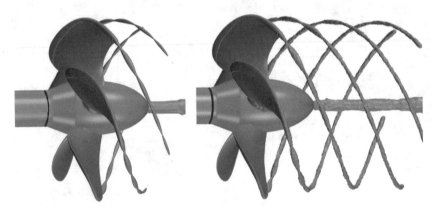

Abb. 13.21 Berechnete Isofläche des Dampfvolumenanteils von 0,05 unter Verwendung eines Gitters mit lokaler Verfeinerung zur Erfassung von Spitzenwirbeln und eines k-ω-Turbulenzmodells (links) und unter Verwendung desselben Gitters, aber mit LES-Ansatz (rechts)

Nachteile dieses Modellierungsansatzes: Sobald Diskretisierungsfehler kleiner werden als Modellfehler, bringt eine weitere Gitterverfeinerung keinen Nutzen. Mit LES reduziert die Gitterverfeinerung nicht nur Diskretisierungsfehler, sondern auch den zu modellierenden Teil des Turbulenzspektrums; bei ausreichend feinem Gitterniveau wird die Simulation im Wesentlichen zu einer DNS und die turbulente Viskosität wird vernachlässigbar. In diesem Beispiel erzeugt LES auf einem groben Gitter eine pulsierende Spitzenwirbelkavitation: Sie variiert periodisch zwischen dem Verlauf bis zum Ende der lokalen Gitterverfeinerung und dem Schrumpfen auf eine Größe, ähnlich der RANS-Lösung. Nach der weiteren Verfeinerung des Gitters (auf rund 5 Mio. Zellen) wurde die Kavitationszone jedoch stabil. Die

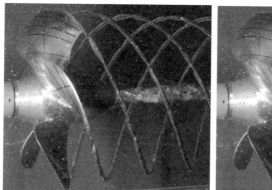

Abb. 13.22 Fotos von Kavitationsmustern, die in einem Experiment zu zwei Zeitpunkten beobachtet wurden, welche stabile und schwankende Merkmale der Spitzen- und Nabenwirbelkavitation zeigen. (Quelle: SVA Potsdam)

nächste Verfeinerung zeigte wie erwartet feinere Strukturen im Spitzen- und Nabenwirbel. Ein separater Bericht mit weiteren Details zu dieser Simulation ist auf der Buch-Webseite verfügbar; Details findet man im Anhang.

Dieses Beispiel zeigt auch, dass man vorsichtig sein muss, wenn man sowohl Diskretisierungs- als auch Modellfehler beurteilt. Es reicht nicht aus, nur einige Integralgrößen wie Schub und Drehmoment zu überwachen, es sei denn, man interessiert sich nur für diese; lokale Strömungseigenschaften können noch lange nicht auskonvergiert sein, wenn sich Integralgrößen nicht mehr signifikant ändern, insbesondere im Nachlauf von Körpern (aufgrund eines begrenzten stromaufwärtigen Einflusses bei hohen Reynolds-Zahlen). In diesem speziellen Fall reagiert die Lösung viel empfindlicher auf die lokale Gitterverfeinerung und auf das Turbulenzmodell als auf das Kavitationsmodell. Letzteres schneidet überraschend gut ab, wenn man bedenkt, dass die Beziehung zwischen der Blasenwachstumsrate und dem Druck gegebenen mit Gl. (13.58) eine sehr grobe Approximation der Rayleigh-Plesset-Gleichung ist.

13.9 Verbrennung

Ein weiteres wichtiges Untersuchungsgebiet sind Strömungen, in denen Verbrennung, d. h. eine chemische Reaktion mit hoher Wärmeabgabe, eine wichtige Rolle spielt. Einige der Anwendungen sollten für den Leser offensichtlich sein. Einige Verbrennungsanlagen arbeiten mit nahezu konstantem Druck, sodass der Haupteffekt der Wärmeabgabe die Reduzierung der Dichte ist. In vielen Verbrennungssystemen ist es nicht ungewöhnlich, dass die absolute Temperatur durch die Flamme um einen Faktor von fünf bis acht steigt; die Dichte nimmt um den gleichen Faktor ab. In einem solchen Fall besteht keine Möglichkeit, dass die

Dichteunterschiede mit Hilfe der zuvor diskutierten Boussinesq-Approximation behandelt werden können. In anderen Systemen (Motorzylinder sind das häufigste Beispiel) gibt es große Änderungen in Druck und Dichte.

Es ist möglich, turbulente Verbrennungsströmungen direkt numerisch zu simulieren, jedoch nur für sehr einfache Fälle. Es ist wichtig zu betonen, dass die Geschwindigkeit, mit der sich eine Flamme relativ zum Gas bewegt, selten größer als 1 m/s ist (Explosionen oder Detonationen sind eine Ausnahme). Diese Geschwindigkeit ist viel niedriger als die Schallgeschwindigkeit im Gas; normalerweise liegen auch die Fluidgeschwindigkeiten weit unter der Schallgeschwindigkeit. Dann ist die Mach-Zahl viel kleiner als 1 und wir haben die seltsame Situation einer Strömung mit sehr großen Temperatur- und Dichteänderungen, die im Wesentlichen inkompressibel ist.

Es ist möglich, Verbrennungsströmungen zu berechnen, indem man die kompressiblen Bewegungsgleichungen löst (siehe Poinsot et al. 1991). Das Problem ist, dass – wie wir bereits erwähnt haben – die meisten Methoden, die für kompressible Strömungen entwickelt wurden, sehr ineffizient werden, wenn sie auf Strömungen mit niedriger Geschwindigkeit angewendet werden, was die Kosten für eine Simulation erhöht. Aus diesem Grund sind diese Simulationen sehr teuer, insbesondere wenn die Chemie einfach ist. Wenn jedoch eine realistischere (und damit komplexere) Chemie einbezogen wird, ist der mit chemischen Reaktionen verbundene Bereich der Zeitskalen fast immer sehr groß, was die Verwendung kleiner Zeitschritte erfordert. Mit anderen Worten, die Gleichungen sind sehr steif. In diesem Fall ist der Aufpreis für den Einsatz von Methoden für kompressible Strömungen vernachlässigbar.

Ein alternativer Ansatz ist die Einführung einer Niedrig-Mach-Zahl-Approximation (McMurtry et al. 1986). Man beginnt mit den Gleichungen, die eine kompressible Strömung beschreiben und geht davon aus, dass alle zu berechnenden Größen als Potenzreihen in der Mach-Zahl ausgedrückt werden können. Dies ist eine nichtsinguläre Perturbationstheorie, sodass keine besondere Rücksicht erforderlich ist. Die Ergebnisse sind jedoch etwas überraschend. Auf der niedrigsten (nullten) Ordnung reduzieren sich die Impulsgleichungen auf die Aussage, dass der Druck $p^{(0)}$ überall konstant ist. Dies ist der thermodynamische Druck und die Dichte und Temperatur des Gases sind durch seine Zustandsgleichung verbunden. Die Kontinuitätsgleichung hat eine kompressible (mit variabler Dichte) Form, was nicht verwunderlich ist. Bei der nächsten Ordnung werden die Impulsgleichungen in ihrer üblichen Form wieder hergestellt, aber sie enthalten nur den Gradienten des Drucks 1. Ordnung, $p^{(1)}$, was im Wesentlichen den dynamischen Druck aus den inkompressiblen Gleichungen darstellt. Diese Gleichungen ähneln den inkompressiblen Navier-Stokes-Gleichungen und können durch Methoden gelöst werden, die in diesem Buch beschrieben wurden.

In der Verbrennungstheorie werden zwei idealisierte Fälle unterschieden. Im ersten Fall werden die Reaktanden vollständig gemischt, bevor eine Reaktion stattfindet, und wir haben den Fall der vorgemischten Flammen. Verbrennungsmotoren liegen nahe an dieser Grenze. Bei der vorgemischten Verbrennung breitet sich die Reaktionszone oder Flamme in Bezug auf das Fluid mit der laminaren Flammengeschwindigkeit aus. Im anderen Fall mischen und reagieren die Reaktanden gleichzeitig und man spricht von einer nicht vorgemischten Verbrennung. Diese beiden Fälle sind sehr unterschiedlich und werden separat behandelt. Natürlich gibt es viele Situationen, die nicht nahe an einem der beiden Extremfälle liegen; sie werden als teilweise vorgemischt bezeichnet. Für eine vollständige Behandlung der Verbrennungstheorie wird dem Leser empfohlen, das bekannte Werk von Williams (1985) zu konsultieren.

Der Schlüsselparameter bei reagierenden Strömungen ist das Verhältnis der Strömungszeitskala zur chemischen Zeitskala; es ist bekannt als die Damköhler-Zahl, Da. Wenn die Damköhler-Zahl sehr groß ist, ist die chemische Reaktion so schnell, dass sie fast unmittelbar nach dem Mischen der Reaktanden stattfindet. In diesem Grenzfall sind die Flammen sehr dünn und die Strömung sollte mischdominiert sein. In der Tat ist es möglich, wenn die Auswirkungen der Wärmeabgabe ignoriert werden können, den Grenzfall $Da \rightarrow \infty$ als Strömung mit einem passiven Skalar zu behandeln, und die am Anfang dieses Kapitels beschriebenen Methoden können verwendet werden.

Für die Berechnung von praktischen Brennkammern, in denen die Strömung fast immer turbulent ist, ist es notwendig, sich auf die Lösung der Reynolds-gemittelten Navier-Stokes (RANS)-Gleichungen zu verlassen. Dieser Ansatz und die Turbulenzmodelle, die in Verbindung mit ihm für nicht reagierende Strömungen verwendet werden müssen, wurden in Kap. 10 beschrieben. Wenn Verbrennung vorhanden ist, ist es notwendig, zusätzliche Gleichungen zu lösen, welche die Konzentrationen der reagierenden Spezies beschreiben, und Modelle einzubeziehen, die es ermöglichen, die Reaktionsgeschwindigkeit zu berechnen. Einige dieser Modelle werden wir im weiteren Verlauf dieses Abschnitts beschreiben.

Der offensichtlichste Ansatz, der der Reynolds-Mittelung der Gleichungen, funktioniert für eine reagierende Strömung nicht. Der Grund dafür ist, dass chemische Reaktionsgeschwindigkeiten sehr starke Funktionen der Temperatur sind. Beispielsweise kann die Reaktionsgeschwindigkeit zwischen der Spezies A und B angegeben werden durch:

$$R_{AB} = K \mathrm{e}^{-E_a/RT} Y_A Y_B, \tag{13.64}$$

wobei E_a Aktivierungsenergie genannt wird, R ist die Gaskonstante und Y_A und Y_B sind die Konzentrationen der beiden Spezies. Das Vorhandensein des Aarhenius-Faktors $\mathrm{e}^{(-E_a/RT)}$ erschwert das Problem. Dieser Faktor variiert so schnell mit der Temperatur, dass das Ersetzen von T durch seinen Reynolds-gemittelten Wert große Fehler verursacht.

In einer nicht vorgemischten turbulenten Flamme bei hoher Damköhler-Zahl findet die Reaktion in dünnen, faltigen Flammenzonen statt. Für diesen Fall wurden mehrere Ansätze verwendet, von denen wir zwei kurz beschreiben werden. Trotz des signifikanten Unterschieds in Philosophie und Erscheinung zwischen ihnen sind sie sich ähnlicher, als es scheint.

In der ersten Methode wird die Ansicht vertreten, dass – da die Vermischung der Spezies der langsamere Prozess ist – die Reaktionsrate davon abhängig ist, wie schnell die Spezies vermischt werden. In diesem Fall kann die Reaktionsrate zwischen den Spezies A und B wie folgt beschrieben werden:

$$R_{AB} = \frac{Y_A Y_B}{\tau},$$ (13.65)

wobei τ die Zeitskala des Mischvorgangs ist. Wenn zum Beispiel das k–ε-Modell verwendet wird, ist $\tau = k/\varepsilon$. Im k–ω-Modell, $\tau = 1/\omega$. Eine Reihe von Modellen dieser Art wurden vorgeschlagen, von denen das vielleicht bekannteste das Modell des Wirbelaufbrechens (eddy break-up) von Spalding (1978) ist. Solche Modelle werden häufig zur Vorhersage der Performance von Industrieöfen verwendet.

Eine weitere Art von Modellen für die nicht vorgemischte Verbrennung ist das laminare Flamelet-Modell. Unter stagnierenden Bedingungen würde eine nichtvorgemischte Flamme langsam abklingen, wenn ihre Dicke mit der Zeit zunimmt. Um dies zu verhindern, muss die Flamme einer Stauchung ausgesetzt sein. Der Zustand der Flamme wird durch diese Dehnungsrate oder ihren häufig verwendeten Ersatz, die Rate der skalaren Dissipation, χ, bestimmt. Dann wird angenommen, dass die lokale Struktur einer Flamme durch wenige Parameter bestimmt wird; man benötigt mindestens die lokalen Konzentrationen der Reaktanden und die skalare Dissipationsrate. Die Daten zur Flammenstruktur sind tabellarisch dargestellt. Anschließend wird die volumetrische Reaktionsrate als Produkt aus der durch Tabellensuche erhaltenen Reaktionsrate und der Flammenfläche pro Volumeneinheit berechnet. Es wurden mehrere Versionen der Gleichung für die Flammenfläche veröffentlicht. Wir werden hier keine vorstellen, aber es genügt zu sagen, dass diese Modelle Terme enthalten, welche die Vergrößerung der Flammenfläche durch Ausdehnung der Flamme sowie die Zerstörung der Flammenfläche beschreiben.

Für vorgemischte Flammen, die sich in Abhängigkeit von der Strömung ausbreiten, ist das Äquivalent zum Flamelet-Modell eine Art Level-Set-Methode. Wenn die Flamme als die Stelle angenommen wird, an der eine Variable $G = 0$ ist, dann erfüllt G die Gleichung:

$$\frac{\partial G}{\partial t} + u_j \frac{\partial G}{\partial x_j} = S_L |\nabla G|,$$ (13.66)

wobei S_L die laminare Flammengeschwindigkeit ist. Man kann zeigen, dass die Verbrauchsrate der Reaktanden $S_L |\nabla G|$ ist, und damit ist das Modell vervollständigt. In komplexeren Versionen des Modells kann die Flammengeschwindigkeit eine Funktion der lokalen Dehnungsrate sein, ebenso wie sie von der skalaren Dissipationsrate bei nicht vorgemischten Flammen abhängt.

Schließlich ist zu beachten, dass es viele Effekte gibt, die in einem Verbrennungsmodell nur sehr schwer zu berücksichtigen sind. Dazu gehören Zündung (Auslösung einer Flamme) und Auslöschung (Zerstörung einer Flamme). Modelle für die turbulente Verbrennung befinden sich derzeit in einer rasanten Entwicklung und keine Momentaufnahme des Feldes kann sehr lange aktuell bleiben. Der an diesem Thema interessierte Leser sollte das Buch von Peters (2000) konsultieren.

13.10 Fluid-Struktur-Wechselwirkung

Fluide üben immer Kräfte auf getauchte Strukturen aus (auch ohne Strömung), aber bisher gingen wir davon aus, dass feste Wände starr sind. Mit *Fluid-Struktur-Wechselwirkung* (fluid-structure-interaction, FSI) meinen wir die Bewegung oder Verformung von Festkörpern, die einer Fluidströmung ausgesetzt sind. Die Strömung wird somit durch die Bewegung von Wänden beeinflusst und eine gekoppelte Simulation beider Bewegungen ist notwendig.

Die einfachste Form von FSI ist die Bewegung von fliegenden oder schwimmenden starren Körpern; die nächste Komplexitätsstufe wird eingeführt, wenn sich die Festkörperstruktur durch strömungsinduzierte Kräfte ebenfalls verformt. Wir diskutieren kurz, wie diese Phänomene simuliert werden können und zeigen einige anschauliche Beispiele.

13.10.1 Schwimmende und fliegende Körper

Wenn der fliegende oder schwimmende Körper als starr angesehen werden kann, kann seine Bewegung simuliert werden, indem gewöhnliche Differentialgleichungen für die Translation des Massenschwerpunktes und die Rotation um ihn gelöst werden:

$$\frac{\mathrm{d}(m\mathbf{v})}{\mathrm{d}t} = \mathbf{f},\tag{13.67}$$

$$\frac{\mathrm{d}(\mathsf{M}\boldsymbol{\omega})}{\mathrm{d}t} = \mathbf{m},\tag{13.68}$$

wobei m die Masse des Körpers ist, $\mathbf{v}$ ist die Geschwindigkeit seines Massenschwerpunktes, $\mathbf{f}$ ist die resultierende Kraft, die auf den Körper wirkt, M ist der Tensor der Trägheitsmomente des Körpers in Bezug auf das globale Koordinatensystem, $\boldsymbol{\omega}$ ist die Winkelgeschwindigkeit des Körpers und $\mathbf{m}$ ist das resultierende Moment, das auf den Körper wirkt. Da der Körper während der Bewegung seine Orientierung gegenüber dem globalen Koordinatensystem ständig ändert, müsste man seine Trägheitsmomente bei jedem Zeitschritt neu berechnen; für alle außer den einfachsten Körperformen wäre dies völlig unpraktisch. Aus diesem Grund löst man in der Regel die Gleichung der Winkelbewegung in modifizierter Form für ein am Körper im Massenschwerpunkt befestigtes Koordinatensystem, bei dem sich die Trägheitsmomente bei der Bewegung des Körpers nicht ändern (siehe z. B. Shabana 2013):

$$\mathsf{M}_\mathsf{b}\frac{\mathrm{d}\boldsymbol{\omega}}{\mathrm{d}t} + \boldsymbol{\omega} \times \mathsf{M}_\mathsf{b}\boldsymbol{\omega} = \mathbf{m},\tag{13.69}$$

wobei M_b für den Tensor der Trägheitsmomente im körperfixierten (beweglichen) Koordinatensystem steht.

Die auf den Körper wirkenden Kräfte umfassen immer die Schwerkraft und die fluidinduzierten Druck- (senkrecht zur Körperoberfläche) und Scherkräfte (tangential zur Körperoberfläche); darüber hinaus können externe Kräfte auftreten, die entweder unabhängig von der Strömung (z. B. eine von einem Motor im Körper erzeugte Vortriebskraft) oder abhängig von der Strömung und der Körperbewegung sind (z. B. eine von einer Festmacherleine ausgehende Kraft). Mit Ausnahme der Schwerkraft (die per Definition im Massenschwerpunkt wirkt und somit kein Moment erzeugt) erzeugen alle anderen Kräfte i. Allg. ein Moment, das die Drehbewegung des Körpers beeinflusst.

Wir betonen, dass – im Gegensatz zu Bewegungsgleichungen für Partikel in einer Lagrange-Modellierung partikelbeladener Zweiphasenströmungen – in **f** keine Widerstands-, Auftriebs-, virtuelle Massen- oder andere Kräfte einbezogen werden müssen, die besondere Effekte berücksichtigen, die sich aus der Wechselwirkung von Strömung und Körper ergeben. Diese Kräfte werden verwendet, um die Fluid-Partikel-Interaktion im Lagrange-Ansatz zu modellieren, da das Gitter dann die Strömung um ein einzelnes Partikel nicht auflöst. Hier wird die Wechselwirkung zwischen Körper und Strömung direkt an der Fluid-Festkörper-Trennfläche berücksichtigt und somit werden sämtliche Effekte in die Druck- und Scherkraft einbezogen.

Die Gl. (13.67) und (13.69) stellen ein System von sechs ODE für drei Komponenten des linearen und Winkelgeschwindigkeitsvektors dar; man sagt daher, dass ein sich bewegender Körper sechs Freiheitsgrade hat (6 „degrees of freedom", DoF), wenn seine Bewegung in keiner Weise eingeschränkt ist. Diese Gleichungen können mit den in Kap. 6 beschriebenen Methoden gelöst werden, um **v** und **ω** auf der neuen Zeitebene zu erhalten. In einer gekoppelten Simulation von Strömung und Körperbewegung ist es üblich, die gleiche Methode zur Zeitintegration in beiden Gleichungen zu verwenden. Um die neue Position des Körperschwerpunktes und seine neue Ausrichtung zu erhalten, muss man auch den folgenden Satz von Gleichungen integrieren (die nur die Definitionen von **v** und **ω** sind):

$$\frac{d\mathbf{r}}{dt} = \mathbf{v} \quad \text{und} \quad \frac{d\mathbf{\Omega}}{dt} = \boldsymbol{\omega}, \tag{13.70}$$

wobei **r** der Vektor ist, der die Position des Massenschwerpunktes des Körpers definiert, und **Ω** der Vektor ist, der die Ausrichtung des Körpers in Bezug auf das am Körper befestigte Koordinatensystem definiert.

Da strömungsinduzierte Kräfte die Körperbewegung beeinflussen und die Änderung der Position und der Ausrichtung des Körpers die Strömung beeinflusst, sind die beiden Probleme stark gekoppelt (in beide Richtungen). Es ist daher notwendig, die beiden Sätze von Impulsgleichungen gekoppelt zu lösen. Da die Strömung um die sich bewegenden Körper immer instationär ist und die Zeitschritte nicht zu groß sind, werden sequentielle Lösungsmethoden, wie die in Abb. 7.6 dargestellte, verwendet. Es ist dann einfach, die Lösung von Bewegungsgleichungen für starre Körper in die äußere Iterationsschleife aufzunehmen. Man schätzt zunächst das Strömungsfeld im neuen Zeitschritt, während sich der Körper noch an der im vorherigen Zeitschritt berechneten Position befindet. Anschließend werden aktualisierte Kräfte, die auf den Körper wirken, benutzt, um eine Aktualisierung der Körperposition zu bestimmen (in beiden Fällen kann eine Unterrelaxation verwendet werden). Das Gitter im Fluidbereich wird dann an die neue Körperposition angepasst und die nächste äußere Iteration wird gestartet. Diese Iterationen dauern an, bis sich weder die Kräfte, die sich aus der Strömung im neuen Zeitschritt ergeben, noch die neu berechnete Position des Körpers mehr als eine vorgegebene Toleranz ändern. Selbst wenn ein nichtiteratives Zeitintegrationsverfahren zur Berechnung der Fluidströmung verwendet wird (wie PISO oder die in Abschn. 7.2.1 und 7.2.2 beschriebene Teilschrittmethode), ist es dennoch notwendig, die äußere Iterationsschleife einzuführen, um die Lösungen für Fluidströmung und Körperbewegung implizit zu koppeln, insbesondere wenn sich leichte Körper in einem schweren Fluid bewegen.

Betrachten wir als Beispiel einen leichten Körper mit der Dichte 1, der in ein Fluid mit der Dichte 1000 eingetaucht ist; nehmen wir an, dass der Körper durch ein Seil an einer Bodenwand befestigt ist und zu Beginn der Simulation sowohl das Fluid als auch der Körper in Ruhe sind. Die Kräfte, die in vertikale Richtung auf den Körper wirken, sind die Schwerkraft $-\rho_b V g$, die Auftriebskraft $\rho_l V g$ und die Rückhaltekraft im Seil, die der Differenz zwischen dem Auftrieb und der Schwerkraft entspricht. Hier ist ρ_b die Körperdichte, ρ_l die Flüssigkeitsdichte, V das Körpervolumen und g der Betrag der Schwerkraftkomponente in vertikale Richtung. Wenn wir nun das Seil durchschneiden und den Körper loslassen, beginnt er sich nach oben zu bewegen, da die Auftriebskraft viel größer ist als die Schwerkraft. Bei einer expliziten Lösungsmethode würde das Fluid im ersten Zeitschritt in Ruhe bleiben, da sich der Körper noch an seiner alten Position befindet. Nun sind die auf den Körper wirkenden Kräfte nur noch die Schwerkraft und die Auftriebskraft, was zu einer astronomischen Körperbeschleunigung von $999g$ führt (siehe Gl. (13.67)):

$$\rho_b V \frac{dv}{dt} = (\rho_l - \rho_b) V g \quad \Rightarrow \quad \frac{dv}{dt} = \frac{(\rho_l - \rho_b)g}{\rho_b} = 999\,g.$$

Dies würde dazu führen, dass sich der Körper im ersten Zeitschritt zu weit bewegt; die Strömung würde dann im zweiten Zeitschritt mit einer zu großen Widerstandskraft nach unten reagieren. Der zweite Zeitschritt für die Körperbewegung würde zu einer Umkehrung der Bewegungsrichtung führen, da der Fluidwiderstand größer ist als die Auftriebskraft, und so weiter; das Ergebnis wäre eine oszillierende Divergenz. Mit einer impliziten Kopplung und Unterrelaxation sowohl der Fluidströmung als auch der Körperbewegung kann man nach einigen äußeren Iterationen eine Situation mit einem Gleichgewicht zwischen der berechneten Körperbeschleunigung auf der einen Seite und der Summe aus Schwerkraft, Auftrieb und Widerstandskraft auf der anderen Seite, erreichen; diese ausgewogene Gleichung liefert eine angemessene Körperbewegung.

Die größte Herausforderung bei dieser Art von Simulationen ist die Anpassung des Rechengitters für das Fluid an die Körperbewegung. Im Gegensatz zu Problemen mit einer vorgeschriebenen Körperbewegung, bei der das Gitter zu Beginn eines jeden neuen Zeitschrittes nur einmal angepasst werden muss, muss die Anpassung nun in jeder äußeren Iteration durchgeführt werden. Um so wichtiger wird eine effiziente Lösung. Am häufigsten werden zwei Ansätze verwendet: überlappende Gitter und Gittermorphing. Im ersten Ansatz wird ein Gitter am Körper befestigt und bewegt sich mit ihm ohne Verformung. Die

Gitterqualität bleibt immer gleich, und es gibt keine Änderung der Diskretisierungsfehler um den Körper herum durch Variation der Gitterqualität, wie es bei alternativen Ansätzen der Fall ist. Der Nachteil ist, dass sich die Interpolationsvorschrift für die Kopplung von Lösungen aus dem überlappenden und dem Hintergrundgitter ändert und in jeder äußeren Iteration aktualisiert werden muss.

Das Morphing vom Gitter beruht entweder auf der Lösung zusätzlicher (partieller Differential- oder algebraischer) Gleichungen oder auf einer Art algebraischer Glättung der Koordinaten von Gitterpunkten. Ein Ansatz besteht darin, das Fluidgebiet als Pseudofeststoff (mit günstigen Eigenschaften) zu betrachten; die Bewegung von Randknoten als Folge der Körperbewegung wird als Dirichlet-Randbedingung für die Verschiebung vorgegeben, und durch die Lösung der Impulsgleichungen für den Pseudofeststoff breitet sich diese Verschiebung im Fluidgebiets aus. Durch Variation der Eigenschaften des Pseudofeststoffs kann man erreichen, dass sich z. B. die Prismenschichtzone in Wandnähe fast wie ein starrer Körper bewegt, während sich das Gitter weiter vom Rand entfernt verformt. Das Ausgangsgitter kann jedoch nur für moderate Körperbewegungen (z. B. Bewegung eines Schiffes in Wellen) durch Morphing verformt werden; extreme Bewegungen können zu Gitterverzerrungen führen, die es unbrauchbar machen. Grundsätzlich kann man die Simulation stoppen, wenn die Gitterqualität schlecht wird, ein neues Gitter für eine gegebene Körperposition erzeugen, die momentane und eine oder mehrere alte Lösungen auf die neuen Zellzentren interpolieren und dann die Simulation fortsetzen, indem man die interpolierte Lösung als Ausgangszustand behandelt. Dies ist allerdings nur bei vollimpliziten Zeitintegrationsmethoden möglich, bei denen die „alten" Lösungen nur im instationären Term vorkommen.

Wir stellen nun zwei anschauliche Beispiele für die gekoppelte Simulation von Strömung und Bewegung von Schwimm- und Flugkörpern vor. Im ersten Beispiel wollen wir den Zusatzwiderstand vorhersagen, wenn sich ein Schiff in Wellen mit konstanter Geschwindigkeit bewegt. In Wirklichkeit werden Schiffe mit einem (fast) konstanten Schub angetrieben und die Geschwindigkeit der Vorwärtsbewegung sinkt, wenn Wellen vorhanden sind, im Vergleich zur Geschwindigkeit bei ruhigem Wasser; jedoch werden Experimente in einem Schlepptank oft so durchgeführt, dass ein Schiffsmodell mit konstanter Geschwindigkeit geschleppt wird. Die wichtigsten zu beantwortenden Fragen sind: (i) um wie viel wird der mittlere Widerstand durch das Vorhandensein von Wellen im Vergleich zum Widerstand in ruhigem Wasser erhöht, und (ii) welche Geschwindigkeit kann das Schiff in Wellen mit der verfügbaren Leistung an Bord erreichen?

Wenn Wellen vorhanden sind, muss sich das Gitterdesign ein wenig ändern: In ruhigem Wasser können wir das Gitter in alle Richtungen in größerer Entfernung vom Rumpf vergröbern, besonders nach vorne und zur Seite, aber bei Wellen müssen wir eine nahezu konstante Anzahl von Zellen pro Wellenlänge in Wellenausbreitungsrichtung und auch pro Wellenhöhe in vertikale Richtung im gesamten Lösungsgebiet beibehalten. Änderungen der Gitterauflösung (insbesondere wenn sie abrupt sind und zu einer zu groben Auflösung des Wellenprofils führen) können Störungen verursachen, die sich dann im gesamten Lösungsgebiet ausbreiten. In Abb. 13.23 wird die minimale Auflösung der Wellenlänge beibehalten, während das Gitter in Spannweitenrichtung vergröbert wird, wo die eintreffende langkämmige Welle nicht gestört wird. Der Rumpf ist ein Containerschiffsmodell (das sogenannte KCS – KRISO Containerschiff; dies ist ein Schiff, das nie gebaut wurde, dessen Modell aber in vielen Schlepptanks aufwendig getestet wurde), ca. 7,5 m lang. Die Wellenlänge ist gleich der Schiffslänge, und das Lösungsgebiet ist etwa 3,3 Wellenlängen lang und knapp über eine Wellenlänge breit; nur die Hälfte des Strömungsgebiets wird in die Simulation einbezogen, da der Propeller nicht vorhanden ist und die Strömung als symmetrisch zur Schiffssymmetrieebene angenommen wird. Das Schiff darf Trimm- und Tauchbewegungen ausführen; alle anderen Bewegungen werden unterdrückt. Die Berechnung erfolgt in einem Koordinatensystem, das am Schiffsrumpf befestigt ist und sich mit konstanter Geschwindigkeit (hier: 1,2 m/s) bewegt. Die Wellenhöhe beträgt 0,2 m und die Wellenperiode 2,184 s; sie wird mit der von Fenton (1985) vorgestellten Lösung als Stokes-Welle 5. Ordnung modelliert. Die Schiffsbewegung wurde durch überlappende Gitter berücksichtigt, und die freie Oberfläche wird mit dem HRIC-Verfahren erfasst (Muzaferija und Perić 1999). Detailliertere Informationen zu dieser Simulation sind auf der Webseite dieses Buches verfügbar; Details findet man im Anhang.

Um das Lösungsgebiet so klein wie möglich zu halten und die Reflexion von Wellen an den Rändern zu vermeiden, wird die in Abschn. 13.6 vorgestellte Zwangsmethode verwendet: Sowohl die Geschwindigkeit als auch der Volumenanteil des Wassers werden über eine Entfernung von 5 m vom Einstrom-, vom Ausstrom- und von den Seitenrändern, unter Verwendung der $\cos^2$-Variation des Zwangskoeffizienten von 0 zu Beginn der Zwangszone bis 10 am Rand, zur theoretischen Lösung von Fenton (1985) gezwungen. Die schiffsbedingte Störung der ankommenden Wellen breitet sich in alle Richtungen aus, verschwindet aber allmählich in der Zwangszone und die Lösungen der RANS-Gleichungen gehen nahtlos in die theoretische Lösung über, siehe Abb. 13.23. Diese Art des Zwangs an allen Rändern kann nur angewendet werden, wenn die Referenzlösung die Navier-Stokes-Gleichungen ausreichend gut erfüllt; andernfalls würden Störungen innerhalb der Zwangszone aufgrund der Diskrepanz zwischen der Wellenausbreitung durch die Navier-Stokes-Gleichungen innerhalb des Lösungsgebiets und der theoretischen Lösung auftreten (dies wäre der Fall bei theoretischen Lösungen, die auf der linearen Potentialtheorie basieren, z. B. langkämmige unregelmäßige Wellenmodelle, die auf der Überlagerung von linearen Wellen basieren). Die Stokes-Theorie 5. Ordnung ist ein sehr genaues Wellenmodell und die Lösung der Navier-Stokes-Gleichungen – mit einer ausreichenden Auflösung der Wellenlänge und Wellenhöhe durch das numerische Gitter – entspricht dieser Theorie sehr gut.

Abb. 13.24 zeigt das Schiff in zwei Phasen seiner Bewegung durch die Wellen: wenn sein Bug tief in den Kamm der eintreffenden Welle eintaucht, und wenn er vollständig aus dem Wasser kommt, während sich der Wellenkamm in Richtung Mittelschiff bewegt. Die auf das Schiff wirkenden Kräfte und seine Bewegungen sind in Abb. 13.25 dargestellt. Während die Scherkraft nahezu konstant bleibt, variiert die Druckkraft mit einer großen Amplitude um den Mittelwert; die Oszillationsamplitude ist 5-mal größer als der Mittelwert, was dazu führt, dass der Widerstand über mehr als ein Drittel der Periode negativ ist! Das Schiff stampft

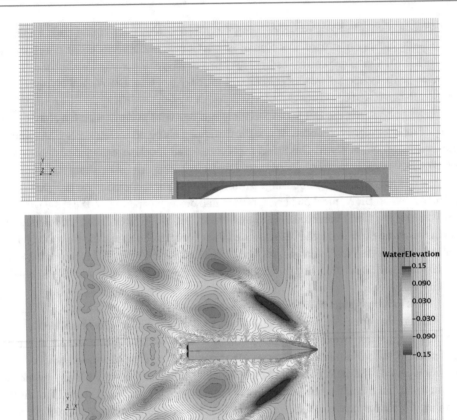

Abb. 13.23 Rechengitter in der ungestörten freien Oberfläche um ein Schiffsmodell (oben) und die berechnete momentane Höhe der freien Oberfläche (unten)

um $\pm 3°$ und taucht um $\pm 5,5$ cm; die Bewegungsdauer ist kürzer als die Wellenperiode – 1,62 s vs. 2,184 s. Dies liegt daran, dass sich das Schiff in Richtung der Wellen bewegt, was die Begegnungsfrequenz erhöht. Nach etwa 4 Wellenperioden wird die Lösung nahezu periodisch.

Das zweite Beispiel beschäftigt sich mit der Simulation des Wassereintritts eines Rettungsboots. Wenn ein Rettungsboot von einer Offshore-Plattform oder einem Schiff in Gang gesetzt wird, fliegt es zuerst durch die Luft, taucht dann ins Wasser, taucht wieder auf und bewegt sich dann mit eigenem Antrieb wie ein gewöhnliches Boot weg von der Gefahrenstelle. Die Schlüsselfragen hier sind: (i) Welche Verzögerung wird von den Menschen im Inneren des Rettungsbootes erlebt, wenn es auf das Wasser trifft? (ii) Welchen Belastungen wird die Rettungsbootstruktur während des Wassereintritts ausgesetzt? (iii) Wann und wo wird das Rettungsboot wieder auftauchen? Die Antworten auf diese Fragen sind entscheidend für das Überleben der Menschen im Rettungsboot: (i) Ein menschlicher

Abb. 13.24 Schiffsbewegung in Wellen: Eintauchen in einen Wellenberg (links) und Auftauchen aus dem Wasser kurz bevor der Wellenkamm das Mittelschiff erreicht (rechts)

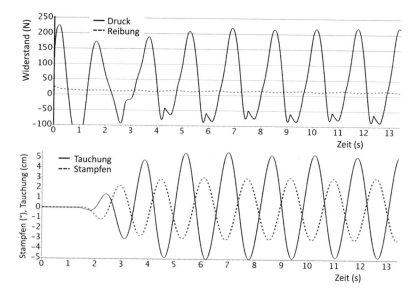

Abb. 13.25 Vorhergesagte Zeitvariation der Scher- und Druckwiderstandskomponenten (oben) und der Tauchung- und Stampfbewegung (unten)

Körper kann eine zu hohe Verzögerung über einen zu langen Zeitraum nicht ertragen; (ii) Zu hohe Belastungen beim Wassereintritt können die Rettungsbootstruktur beschädigen und somit das Leben der Menschen im Inneren gefährden; (iii) Wenn das Rettungsboot zu tief eintaucht und zu spät oder an einer falschen Stelle aus dem Wasser auftaucht, kann es von fallenden Gegenständen getroffen werden oder mit Plattform oder Schiff kollidieren.

Das Hauptproblem besteht darin, dass die Antworten auf alle Fragen von zu vielen Parametern abhängen, z. B.: Fallhöhe, Wellenausbreitungsrichtung, Wellenlänge und Wellenhöhe, Punkt auf dem Wellenprofil, in dem das Rettungsboot ins Wasser eintritt, Windrichtung und -geschwindigkeit usw. Alle diese Faktoren beeinflussen sich gegenseitig, sodass die Anzahl der zu betrachtenden Kombinationen enorm ist. Viele Effekte lassen sich in Modellversuchen nicht realisieren, sodass das Interesse an der Simulation in letzter Zeit sehr hoch ist. Eine der ersten Studien zum Thema Rettungsbootwassereintritt und ein Vergleich von Simulationsergebnissen mit begrenzten experimentellen Daten wurde von Mørch et al. (2008) vorgestellt; Mørch et al. (2009) zeigten, dass der maximale Druck auf die Rettungsbootsoberfläche während des Wassereintritts um einen Faktor von 4 variieren kann, je nachdem, wo das Boot auf die Welle trifft, bei gleicher Wellenausbreitungsrichtung, Wellenlänge und Wellenhöhe.

Simulationen des Wassereintritts von Rettungsbooten sind am einfachsten mit Hilfe von überlappenden Gittern durchzuführen. Man erzeugt ein Gitter in einem Gebiet, das z.B. durch Subtraktion des Rettungsbootskörpers von einem Zylinder erhalten wird, der sich als starrer Körper mit dem Boot bewegt, und ein separates Gitter für die Umgebung, das an die Auflösung der Wellenausbreitung angepasst ist und die Plattform, das Schiff oder andere Objekte beinhalten kann. In der Regel wird die Freisetzung eines Rettungsbootes und seine anfängliche Bewegung durch die Luft mit einfacheren Methoden simuliert. Eine detaillierte Simulation mit CFD beginnt in einiger Entfernung über dem Wasser, wobei Orientierung, lineare und Winkelgeschwindigkeiten aus dem einfachen Simulationsverfahren für die Bewegung in der Luft übernommen und als Anfangsbedingungen festgelegt werden. Da das Rettungsboot sehr schwer ist, passt sich die Luftströmung um das Boot schnell an seine Bewegung an, ohne eine signifikante Störung hervorzurufen (der Luftwiderstand ist im Vergleich zum Gewicht des Bootes und dem Anfangsimpuls relativ gering). Abb. 13.26 zeigt zwei Fotos aus einer experimentellen Studie über den Eintritt des Rettungsbootes in ruhiges Wasser, die die Komplexität der resultierenden zweiphasigen Strömung um das Boot deutlich zeigen. Glücklicherweise muss man nicht alle Strömungsmerkmale (wie z.B. dünne Wasserschichten, deren Übergang zu Tröpfchen oder die schäumende Zone im Nachlauf nach dem Wiederauftauchen) auflösen, um relativ gute Antworten auf die oben gestellten Fragen zu erhalten.

Abb. 13.27 zeigt überlappende Gitter, mit denen die Strömung um das Rettungsboot aus Abb. 13.26 unter den gleichen Bedingungen wie im Experiment berechnet wurde. Im Idealfall sollte das Hintergrundgitter ab und zu vor dem Rettungsboot verfeinert und hinter dem Rettungsboot vergröbert werden, während es sich vorwärts bewegt, aber diese Funktion war

Abb. 13.26 Bilder aus einer experimentellen Studie über den Wassereintritt eines Rettungsboots (aus Mørch et al. 2008)

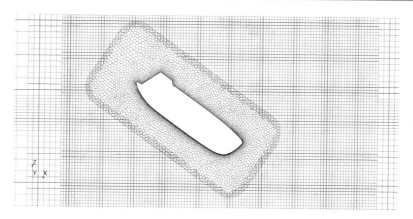

Abb. 13.27 Überlappende Gitter, die verwendet wurden, um den Wassereintritt eines Rettungsbootes zu simulieren

im Rechenprogramm nicht verfügbar, als die Simulation durchgeführt wurde (heute wäre dies möglich). Aus diesem Grund wurde das Hintergrundgitter auf eine Zellgröße verfeinert, die der Zellgröße in den äußeren Schichten des überlappenden Gitters ähnelt, in einer größeren Zone, in der sich das Rettungsboot voraussichtlich bewegen wird. Das Gitter wird zusätzlich um die freie Oberfläche verfeinert, um ihre Verformung beim Wassereintritt und beim Auftauchen des Rettungsbootes aufzulösen. In diesem Beispiel ist das Rettungsboot etwa 15 m lang, die Fallhöhe betrug 36 m und der Startwinkel 35°. Weitere Details zu dieser und ähnlichen Simulationen findet sich in Mørch et al. (2008, 2009).

Während des freien Falls durch die Luft beschleunigt das Rettungsboot ungefähr mit Erdbeschleunigung, g, da der Widerstand in der Luft nicht hoch ist. Wenn das Rettungsboot jedoch auf die Wasseroberfläche trifft, erfährt es einen plötzlichen Anstieg des Widerstands gegen seine Bewegung, was zu einer erheblichen Verzögerung führt. Abb. 13.28 zeigt den zeitlichen Verlauf der Beschleunigung relativ zur Erdbeschleunigung, die an zwei Stellen innerhalb des Rettungsbootes ausgewertet wird: eine Stelle im vorderen und eine im hinteren Teil (null bedeutet, dass die Beschleunigung der Erdbeschleunigung entspricht). Innerhalb kürzester Zeit erreicht die Verzögerung vorne $5g$; gleichzeitig erlebt der hintere Teil des Rettungsbootes eine Beschleunigung von $3g$, denn wenn der Bug auf Wasser trifft, beginnt sich das Boot um den Aufprallpunkt zu drehen, was zu einer Beschleunigung im hinteren Teil führt. Innerhalb von ca. 0,3 s ändert sich die Beschleunigung des hinteren Teils von $3g$ in Schwerkraftrichtung auf $6g$ in entgegengesetzte Richtung, was insgesamt $9g$ Verzögerung bedeutet. Dies ist bereits ein kritischer Wert für einen normalen Menschen, aber in einigen Experimenten wurden Verzögerungen von bis zu $30g$ gemessen! Selbst wenn die Bootsstruktur intakt bliebe, hätte niemand im Inneren überlebt!

Wie aus Abb. 13.28 ersichtlich ist, ist die Übereinstimmung zwischen Simulation und Experiment recht gut, trotz eines relativ groben Gitters, das in der Simulation verwendet wurde (etwa 1 Mio. Zellen für eine Bootshälfte; es wurden Symmetriebedingungen ange-

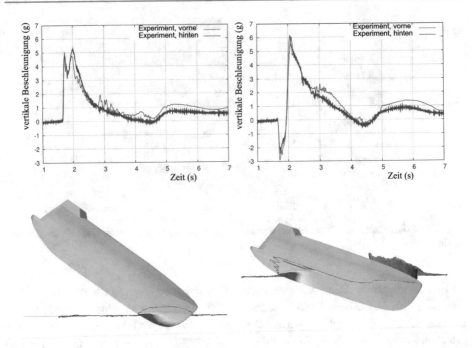

Abb. 13.28 Vorhergesagte zeitliche Variation der Beschleunigung im vorderen und im hinteren Teil des Rettungsbootes (oben) und Druckverteilung auf der Rettungsbootsoberfläche sowie die Verformung der freien Oberfläche zu zwei Zeitpunkten (unten)

wendet, da sich das Boot nur in x- und z-Richtung bewegen und um die y-Achse drehen konnte und das Wasser glatt war). Obwohl die Übereinstimmung nicht in allen Details perfekt ist, werden die wichtigsten Merkmale des Wassereintritts und des Auftauchens gut erfasst. Die zweite Verzögerung bei 5 s erfolgt, weil das Boot nach dem Wiederauftauchen zunächst aus dem Wasser springt und dann wieder auf dem Wasser landet, was zu einer Verzögerung von etwa $1g$ führt.

Man könnte erwarten, dass der höchste Druck auf die Bootsoberfläche am Bug registriert wird, wenn er auf das Wasser trifft, aber das ist nicht der Fall. Wie aus Abb. 13.28 ersichtlich ist, ist der Druck da am höchsten, wo der Winkel zwischen der Bootsoberfläche und der ungestörten freien Oberfläche am kleinsten ist. Da sich der Winkel zwischen der Bootsachse und der freien Oberfläche während der Wassereintrittsphase verringert, steigt der Druck entlang des Bootes vom Bug zum Heck während dieser Zeit. Der höchste Druck wird an der Stelle kurz vor Beginn der Heckkrümmung des Bootsbodens erreicht; an dieser Stelle ist der Winkel am kleinsten. In diesen Beispielen werden Drücke von über 5 bar gemessen; unter verschiedenen Bedingungen können wesentlich höhere Drücke erreicht werden.

Beim Eintauchen des Bootes in Wasser entsteht dahinter ein Lufthohlraum, da der in das Wasser eintretende Körper Fluid zur Seite verdrängt. Während sich der Körper vorwärts bewegt, kommt das Wasser zurück und schließt den Hohlraum; dies erzeugt einen großen Spritzer an der Oberfläche, aber auch hohe Druckbelastungen auf den hinteren Teil des Bootes. Tregde (2015) untersuchte das Verhalten des Lufthohlraums und stellte fest, dass es unerlässlich ist, die Auswirkungen der Luftkompressibilität in solchen Simulationen zu berücksichtigen. Die Behandlung der Gasphase als inkompressibel führte zu einer deutlichen Unterschätzung der Druckbelastungen, während der Vergleich mit Experimenten ziemlich gut war, wenn die Kompressibilität berücksichtigt wurde. Berchiche et al. (2015) stellten eine umfangreiche Validierungsstudie vor, in der Ergebnisse von CFD-Simulationen des Rettungsbooteintritts in reguläre Wellen mit experimentellen Daten verglichen wurden.

13.10.2 Verformbare Körper

Die nächste Komplexitätsstufe ist erreicht, wenn sich der mit der Fluidströmung interagierende Körper unter strömungsinduzierten Kräften verformen kann. Wenn die Lösung einen stationären Zustand aufweist (z. B. wenn ein Flugzeug mit konstanter Geschwindigkeit in ruhiger Luft kreist, biegen sich seine Flügel nach oben und bleiben ruhig in dieser Position, bis Turbulenz auftritt), kann man eine Reihe von unabhängigen Simulationen der Fluidströmung und der Strukturverformung durchführen. Zuerst wird die Fluidströmung für einen unverformten Körper berechnet, bis sie (fast) in einen stationären Zustand übergeht; die berechneten Druck- und Scherkräfte werden als Lasten für die Berechnung der Strukturverformung weitergeleitet. Das Gitter im Fluidbereich wird dann an den verformten Körper angepasst und die Berechnung fortgesetzt, bis die auf den Körper wirkenden Kräfte wieder konvergieren. Der Vorgang wird so lange wiederholt, bis die Änderungen der strömungsinduzierten Kräfte und der Körperverformung kleiner als eine vorgegebene Toleranz werden. Normalerweise werden 5 bis 10 Iterationen benötigt, bis eine konvergierte Lösung erhalten wird. Die Konvergenztoleranz sowohl für die Strömungs- als auch für die Strukturverformungsberechnung kann zunächst gelockert und bei Annäherung an den konvergierten Zustand gestrafft werden.

In dem soeben beschriebenen Szenario wird die Simulation von Strömung und Strukturverformung in der Regel von verschiedenen Personen mit unterschiedlichen Rechenprogrammen durchgeführt; die Strömung wird mit einem internen oder kommerziellen Programm berechnet, das höchstwahrscheinlich auf einer Finite-Volumen-Methode wie einer in diesem Buch beschriebenen basiert, während die Strukturverformung höchstwahrscheinlich mit einem kommerziellen Finite-Elemente-Programm berechnet wird. Die beiden Simulationsteams und Programme kommunizieren über Dateiaustausch: Das Strömungsteam schreibt eine Datei mit Kräften, die auf jede Wandrandfläche wirken, während das Strukturteam die neue Körperform oder die Verschiebung einer Reihe von Randpunkten zurückschickt. Da die Gitter für Fluid und Festkörper in der Regel sehr unterschiedlich sind, ist eine Interpolation (auch „Mapping" genannt) von Lösungen notwendig. Sehr oft sind sogar die Geometrien in den beiden Rechenprogrammen nicht identisch. So ist beispielsweise für die Strömungsanalyse die Haut eines Flugzeugflügels der relevante Wandrand; für die Strukturanalyse wiederum ist diese jedoch kaum relevant - sie nimmt nur die Fluidlast auf, der strukturell relevante Körper ist ein Rahmen unter der Haut. Daher müssen die Lasten, die durch die Simulation der Fluidströmung entlang der Haut berechnet werden, an den Rahmen weitergegeben werden, und die Verformung des Rahmens (Verschiebungen an einer Reihe von diskreten Stellen) muss in die KV-Eckpunkte des Fluidgitters auf der Hautoberfläche abgebildet werden. Dementsprechend ist die Kopplung nicht so trivial, wie es klingen mag.

Wenn das Problem zeitabhängig ist, ist eine wesentlich engere Kopplung zwischen Strömungs- und Strukturberechnung erforderlich. Mindestens einmal pro Zeitschritt muss der Austausch von Kräften und Verschiebungen erfolgen. Wie bereits für die Simulation der Bewegung von starren Körpern erwähnt, wird jedoch eine explizite Kopplung – bei der der Strömungslöser einen Zeitschritt mit gefrorener Körperform durchläuft und dann der Strukturlöser die Verformung mit gefrorenen strömungsinduzierten Kräften berechnet – nicht immer konvergieren. Im Idealfall sollte der Austausch nach jeder äußeren Iteration in jedem Zeitschritt erfolgen, wenn eine enge (implizite) Kopplung erreicht werden soll. Dies ist bei der Verwendung von zwei verschiedenen Rechenprogrammen schwierig, es sei denn, sie sind für eine solche Co-Simulation ausgelegt (bei der ein Programm führt und das andere folgt); den Autoren ist nur ein kommerzielles Programmpaar bekannt, das auf diese Weise kommunizieren kann. Es kann gleichzeitig laufen und Daten über Speichersockel austauschen, sodass es nicht notwendig ist, Austauschdateien zu schreiben.

Eine ideale Situation wäre die Berechnung von Fluidströmung und Strukturverformung mit demselben Programm. Eine Zeitlang schien es, dass Finite-Volumen-Methoden für beide Aufgaben geeignet sein könnten. Demirdžić und Muzaferija (1994, 1995) stellten eine Finite-Volumen-Methode vor, die auf beliebigen polyederförmigen KV und Diskretisierung 2. Ordnung für Fluidströmung und Strukturverformung basiert; eine Reihe ähnlicher Methoden wurden anschließend veröffentlicht. Demirdžić et al. (1997) zeigten, dass die Berechnung der strukturellen Verformung mit der Finite-Volumen-Methode durch die Mehrgittermethode stark beschleunigt werden kann.

Es stellte sich jedoch heraus, dass die Diskretisierung 2. Ordnung, die typischerweise zur Berechnung der Fluidströmung verwendet wird (Mittelpunktregel für Integralapproximationen, lineare Interpolation und Zentraldifferenzen für Gradienten), für einige strukturelle Probleme nicht ausreicht – insbesondere nicht für die Verformung dünner Strukturen unter bestimmten Bedingungen (ein dünner Biegebalken ist ein typisches Beispiel). Demirdžić (2016) zeigte, dass eine 2D-Finite-Volumen-Methode 4. Ordnung (basierend auf der Simpson-Regel für Approximation von Flächenintegralen, Interpolation durch kubische Polynome und Zentraldifferenzen 4. Ordnung für Gradienten) sowohl effizient als auch genau für die Lösung des Biegebalkenproblems ist. Die Entwicklung einer FV-Methode höherer Ordnung für beliebige Polyeder ist jedoch keine einfache Aufgabe und bringt möglicherweise keine Vorteile gegenüber etablierten FE-Methoden für die

Strukturanalyse; letztere verwenden nicht für alle Strukturen die gleichen Gleichungen, sondern nutzen verschiedene Elemente (basierend auf unterschiedlichen Theorien) für Schalen, Platten, Membranen, Balken und generische Volumenelemente.

Der jüngste Trend bei den kommerziellen Programmen ist die Integration von FV-Löser für Fluidströmung und FE-Strukturlöser in dasselbe Rechenprogramm; in diesem Fall kann eine enge Kopplung auf der Ebene der äußeren Iteration ohne externe Kommunikation erreicht werden, was eine gleichzeitige Berechnung von Strömung und Strukturverformung ermöglicht. Das einzige Problem bei diesem Ansatz besteht darin, dass jetzt dieselbe Person wissen muss, wie man beide Simulationen aufstellt, oder dass das Aufsetzen gekoppelter Simulationen von einem Team aus zwei Personen durchgeführt werden muss – eine davon sollte ein Experte für Fluidströmung und die andere ein Experte für die strukturelle Seite sein. Sobald die Simulation richtig eingerichtet ist, kann ein einzelner Programmbenutzer (der auch eine dritte Person sein kann) leicht parametrische Studien durchführen, da man dafür nur die Geometrie oder die Eingabedaten ändern muss.

Das Feld der Fluid-Struktur-Wechselwirkung ist riesig; wir können nur auf einige anschauliche Beispiele eingehen. In technischen Anwendungen ist man normalerweise daran interessiert, Situationen vorherzusagen, die zu *Resonanz* führen könnten. Wenn die Fluidströmung mit einer Frequenz, die nahe der Resonanzfrequenz der Struktur liegt, oszillierende Belastungen auf die Struktur ausübt, kann die Struktur mit zunehmenden Amplituden zu schwingen beginnen, was schließlich zum Bruch führen kann. Einige Strukturen können mehrere Resonanzfrequenzen für verschiedene Verformungsarten (z. B. Biegen und Torsion) aufweisen. Entweder die Strömung oder die Struktur muss modifiziert werden, um einen ausreichenden Abstand zwischen den Frequenzen der ausgeprägten strömungsinduzierten Kraftschwankungen und den Eigenfrequenzen der Struktur zu erhalten.

Wir beschreiben hier kurz ein Beispiel für eine gekoppelte Simulation der Fluidströmung und der Bewegung einer deformierbaren Struktur, dargestellt in Abb. 13.29; weitere Details sind in einem separaten Bericht im Internet verfügbar; siehe Anhang für Details. Der Testfall wurde für die Validierung von Berechnungsmethoden entwickelt und ist in Gomes et al. (2011) und Gomes und Lienhart (2010) ausführlich beschrieben. Ein dünnes 50 mm langes und 0,04 mm dickes Edelstahlblech ist an einem starren Zylinder mit einem Durchmesser von 22 mm befestigt; am Ende des Blechs ist ein rechteckiger starrer Körper von 10 mm Länge und 4 mm Breite angebracht. Der Zylinder kann sich um seine Achse drehen. Das Spannweitenmaß der Struktur beträgt 177 mm; es ist in der Mitte des Testabschnitts in einem Tunnel mit rechteckigem Querschnitt und Abmessungen von 240 mm × 180 mm so platziert, dass die Baugruppe die gesamte Tunnelbreite überspannt und somit zu einer nominellen 2D-Strömung führt. Es wurde ein sehr viskoses Fluid verwendet (dynamische Viskosität $\mu = 0,1722$ Pa·s, Dichte $\rho = 1050$ kg/m^3) mit einer Geschwindigkeit von 1,08 m/s; die Strömung war laminar.

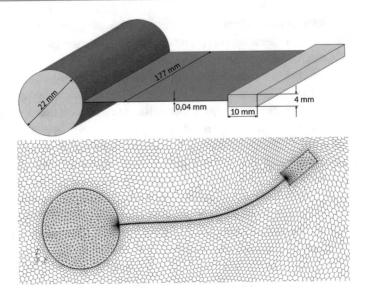

Abb. 13.29 Eine Skizze des Experimentaufbaus (oben) und des Gitters in fester Struktur und dem umgebenden Fluid (unten)

Die Simulation wurde mit der kommerziellen Software Simcenter STAR-CCM+ durchgeführt, welche FE-Routinen beinhaltet, mit denen die Bewegung von starren Teilen und die Verformung des flexiblen Blechs berechnet wird, während die Strömung mit einer üblichen FV-Methode 2. Ordnung berechnet wird. Äußere Iterationen werden auf die gleiche Weise durchgeführt wie bei einer Fluidströmung unter Verwendung des SIMPLE-Algorithmus; die äußere Iterationsschleife wird nur durch Hinzufügen einer Iteration auf der Strukturseite erweitert. Die auf die Struktur einwirkenden Fluidkräfte und Strukturverschiebungen werden nach jeder äußeren Iteration aktualisiert. Abb. 13.29 zeigt das verwendete Gitter; es war polyederförmig im Fluid, tetraederförmig in den starren festen Teilen und hexaederförmig in der flexiblen Folie (4 Schichten). Der Zeitschritt betrug 1 ms.

Abb. 13.30 zeigt die Form und Position der Struktur zu den Zeitpunkten der beiden extremen Auslenkungen des Schwingkörpers, zusammen mit den Vektoren im Fluid in der Nähe der Struktur. Die Simulation wurde mit einer auf die Strömung ausgerichteten Struktur gestartet; im Laufe der Zeit führt die Wirbelablösung auf beiden Seiten des Zylinders zu einer Schwenkbewegung des Blechs mit dem Schwingkörper. Abb. 13.31 zeigt diese Entwicklung; dargestellt ist die Drehung des Zylinders und die seitliche Verschiebung des Schwingkörpers über die Zeit. Die Störung wächst exponentiell, aber nach 2 s wird ein periodischer Zustand erreicht. Die Schwingungsdauer und die Amplituden stehen in einer recht guten Übereinstimmung mit den von Gomes et al. (2010) veröffentlichten experimentellen Daten.

Praktische Beispiele für instationäre Fluid-Struktur-Wechselwirkungen sind: Strömung um Windturbinenblätter (siehe Abschn. 10.3.4.3), Strömung um Segel von Segelbooten,

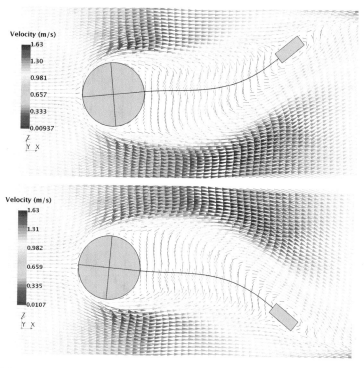

Abb. 13.30 Vorhergesagte Verformung der Struktur und die sie umgebenden Geschwindigkeitsvektoren zu den Zeitpunkten, wenn der Schwingkörper auf beiden Seiten seine größte Auslenkung
aufweist

Strömung durch Herzklappen[1], Strömung um Propeller aus Verbundwerkstoffen usw. Strömungsinduzierte Schwingungen von Strukturen können auch Lärm erzeugen, was ein weiterer Grund für die Untersuchung der Wechselwirkung zwischen Fluid und Struktur ist. Wenn
sich die Struktur im Betrieb deutlich verformt (z. B. Flugzeugflügel), ist es wichtig zu wissen, wie groß die Verformung ist, da man sie im Fertigungsprozess berücksichtigen muss.
Zum Beispiel können wir Optimierungssoftware verwenden, die mit einem Strömungslöser gekoppelt ist, um die optimale Form eines Flugzeugflügels zu finden; da dies aber die
Form unter der Betriebslast sein sollte, müssen wir dann die ursprüngliche Form finden, die
hergestellt werden soll, damit der Flügel, wenn er sich unter strömungsbedingten Kräften
verformt, die gewünschte optimale Form hat.

---

[1]Gilmanov et al. (2015) berichten über FSI für mehrere Probleme, einschließlich einer Herzklappe;
LES mit einer Teilschrittmethode.

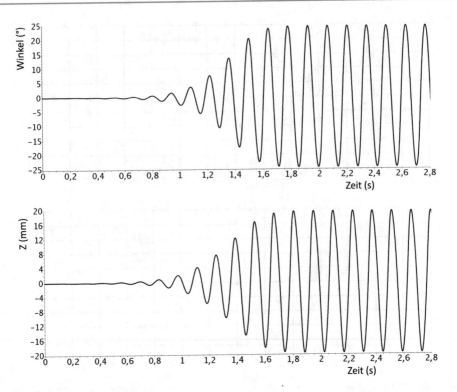

Abb. 13.31 Vorhergesagte Entwicklung der Zylinderrotation (oben) und der vertikalen Auslenkungen des Schwingkörpers (unten)

Literatur

Abe, K., Jang, Y.-J. & Leschziner, M. A. (2003). An investigation of wall-anisotropy expressions and length-scale equations for non-linear eddy-viscosity models. *Int. J. Heat Fluid Flow*, **24**, 181–198.

Armfield, S. & Street, R. (2005). A comparison of staggered and non-staggered grid Navier-Stokes solutions for the 8:1 cavity natural convection flow. *ANZIAM J.*, **46 (E)**, C918–C934.

Beig, S. A. & Johnsen, E. (2015). Maintaining interface equilibrium conditions in compressible multiphase flows using interface capturing. *J. Comput. Phys*, **302**, 548–566.

Berchiche, N., Östman, A., Hermundstad, O. A. & Reinholdtsen, S.-A. (2015). Experimental validation of CFD simulations of free-fall lifeboat launches in regular waves. *Ship Technology Research*, **62**, 148–158.

Brackbill, J. U., Kothe, D. B. & Zemaach, C. (1992). A continuum method for modeling surface tension. *J. Comput. Phys.*, **100**, 335–354.

Bunner, B. & Tryggvason, G. (1999). Direct numerical simulations of three-dimensional bubbly flows. *Phys. Fluids*, **11**, 1967–1969.

Cebeci, T. & Bradshaw, P. (1984). *Physical and computational aspects of convective heat transfer*. New York: Springer.

Chen, S., Johnson, D. B., Raad, P. E. & Fadda, D. (1997). The surface marker and micro-cell method. *Intl. J. Num. Methods Fluids*, **25**, 749–778.

Crowe, C., Sommerfeld, M. & Tsuji, Y. (1998). *Multiphase flows with droplets and particles*. Boca Raton, Florida: CRC Press.

Deike, L., Melville, W. K. & Popinet, S. (2016). Air entrainment and bubble statistics in breaking waves. *J. Fluid Mech.*, **801**, 91–129.

Demirdžić, I. (2016). A fourth-order finite volume method for structural analysis. *Appl. Math. Modelling*, **40**, 3104–3114.

Demirdžić, I. & Muzaferija, S. (1994). Finite volume method for stress analysis in complex domains. *Int. J. Numer. Methods Engrg.*, **37**, 3751–3766.

Demirdžić, I. & Muzaferija, S. (1995). Numerical method for coupled fluid flow, heat transfer and stress analysis using unstructured moving meshes with cells of arbitrary topology. *Comput. Methods Appl. Mech. Engrg.*, **125**, 235–255.

Demirdžić, I. & Perić, M. (1988). Space conservation law in finite volume calculations of fluid flow. *Int. J. Numer. Methods Fluids*, **8**, 1037–1050.

Demirdžić, I. & Perić, M. (1990). Finite volume method for prediction of fluid flow in arbitrarily shaped domains with moving boundaries. *Int. J. Numer. Methods Fluids*, **10**, 771–790.

Demirdžić, I., Muzaferija, S. & Perić, M. (1997). Benchmark solutions of some structural analysis problems using finite-volume method and multigrid acceleration. *Int. J. Numer. Meth. Engrg.*, **40**, 1893–1908.

Durst, F., Kadinskii, L., Perić, M. & Schäfer, M. (1992). Numerical study of transport phenomena in MOCVD reactors using a finite volume multigrid solver. *J. Crystal Growth*, **125**, 612–626.

Enright, D., Fedkiw, R., Ferziger, J. H. & Mitchell, I. (2002). A hybrid particle level set method for improved interface capturing. *J. Comput. Phys.*, **183**, 83–116.

Farmer, J., Martinelli, L. & Jameson, A. (1994). Fast multigrid method for solving incompressible hydrodynamic problems with free surfaces. *AIAA J.*, **32**, 1175–1182.

Fenton, J. D. (1985). A fifth-order Stokes theory for steady waves. *J. Waterway, Port, Coastal, Ocean Eng.*, **111**, 216–234.

Forbes, L. K. (1988). Critical free surface flow over a semicircular obstruction. *J. Engrg. Math.*, **22**, 3–13.

Galpin, P. F. & Raithby, G. D. (1986). Numerical solution of problems in incompressible fluid flow: treatment of the temperature-velocity coupling. *Numer. Heat Transfer*, **10**, 105–129.

Gilmanov, A., Le, T. B. & Sotiropoulos, F. (2015). A numerical approach for simulating fluid structure interaction of flexible thin shells undergoing arbitrarily large deformations in complex domains. *J. Comput. Phys.*, **300**, 814–843.

Gomes, J. P. & Lienhart, H. (2010). Fluid-structure interaction-induced oscillation of flexible structures in laminar and turbulent flows. *J. Fluid Mech.*, **715**, 537–572.

Gomes, J. P., Yigit, S., Lienhart, H. & Schäfer, M. (2011). Experimental and numerical study on a laminar fluid-structure interaction reference test case. *J. Fluids & Struc.*, **27**, 43–61.

Hadžić, H. (2005). *Development and application of a finite volume method for the computation of flows around moving bodies on unstructured, overlapping grids* (PhD Dissertation). Technische Universität Hamburg-Harburg.

Harlow, F. H. & Welsh, J. E. (1965). Numerical calculation of time dependent viscous incompressible flow with free surface. *Phys. Fluids*, **8**, 2182–2189.

Harvie, D. J. E., Davidson, M. R. & Rudman, M. (2006). An analysis of parasitic current generation in Volume-of-Fluid simulations. *Appl. Math. Modelling*, **30**, 1056–1066.

Heinke, H. J. (2011). *Potsdam propellet test case* (Bericht Nr. 3753). Potsdam, Germany: SVA Potsdam.

Heus, T., van Heerwaarden, C. C., Jonker, H. J. J., Siebesma, A. P. & amp et al. (2010). Formulation of the Dutch atmospheric large-eddy simulation (DALES) and overview of its applications. *Geosci. Model Dev.*, **3**, 415–444.

Hino, T. (1992). Computation of viscous flows with free surface around an advancing ship. In *Proc. 2nd Osaka Int. Colloquium on Viscous Fluid Dynamics in Ship and Ocean Technology*. Osaka Univ.

Hirt, C. W. & Nichols, B. D. (1981). Volume of fluid (VOF) method for dynamics of free boundaries. *J. Comput. Phys.*, **39**, 201–221.

Hodges, B. R. & Street, R. L. (1999). On simulation of turbulent nonlinear free-surface flows. *J. Comput. Phys.*, **151**, 425–457.

Ishii, M. (1975). *Thermo-fluid dynamic theory of two-phase flow*. Paris: Eyrolles.

Ishii, M. & Hibiki, T. (2011). *Thermo-fluid dynamics of two-phase flow*. New York: Springer.

Johnsen, E. & Ham, F. (2012). Preventing numerical errors generated by interface-capturing schemes in compressible multi-material flows. *J. Comput. Phys.*, **231**, 5705–5717.

Kadinski, L. & Perić, M. (1996). Numerical study of grey-body surface radiation coupled with fluid flow for general geometries using a finite volume multigrid solver. *Int. J. Numer. Meth. Heat Fluid Flow*, **6**, 3–18.

Kawamura, T. & Miyata, H. (1994). Simulation of nonlinear ship flows by density-function method. *J. Soc. Naval Architects Japan*, **176**, 1–10.

Kays, W. M. & Crawford, M. E. (1978). *Convective heat and mass transfer*. New York: McGraw-Hill.

Khani, S. & Porté-Agel, F. (2017). A modulated-gradient parameterization for the large-eddy simulation of the atmospheric boundary layer using the Weather Research and Forecasting model. *Boundary-Layer Meteorol.* **165**, 385–404.

Koshizuka, S., Tamako, H. & Oka, Y. (1995). A particle method for incompressible viscous flow with fluid fragmentation. *Computational Fluid Dynamics J.*, **4**, 29–46.

Lafaurie, B., Nardone, C., Scardovelli, R., Zaleski, S. & Zanetti, G. (1994). Modelling merging and fragmentation in multiphase flows with SURFER. *J. Comput. Phys.*, **113**, 134–147.

Leonard, B. P. (1997). Bounded higher-order upwind multidimensional finite-volume convection-diffusion algorithms, Chap. 1. In W. J. Minkowycz & E. M. Sparrow (Hrsg.), *Advances in Numerical Heat Transfer* (S. 1–57). New York: Taylor and Francis.

Lilek, Ž. (1995). *Ein Finite-Volumen Verfahren zur Berechnung von inkompressiblen und kompressiblen Strömungen in komplexen Geometrien mit beweglichen Rändern und freien Oberflächen* (PhD Dissertation). University of Hamburg, Germany.

McMurtry, P. A., Jou, W. H., Riley, J. J. & Metcalfe, R. W. (1986). Direct numerical simulations of a reacting mixing layer with chemical heat release. *AIAA J.*, **24**, 962–970.

Mellor, G. L. & Yamada, T. (1982). Development of a turbulence closure model for geophysical fluid problems. *Rev. Geophysics*, **20**, 851–875.

Mørch, H. J., Enger, S., Perić, M. & Schreck, E. (2008). Simulation of lifeboat launching under storm conditions. In *6th international conference on CFD in oil and gas, metallurgical and process industries*. Trondheim, Norway.

Mørch, H. J., Perić, M., Schreck, E., el Moctar, O. & Zorn, T. (2009). Simulation of Flow and Motion of Lifeboats. In *ASME 28th International Conference on Ocean, Offshore and Arctic Engineering*. Honolulu, Hawaii.

Morrison, H. & Pinto, J. O. (2005). Intercomparison of bulk cloud microphysics schemes in mesoscale simulations of springtime arctic mixed-phase stratiform clouds. *Mon. Wea. Rev.*, **134**, 1880–1900.

Mortazavi, M., Le Chenadec, V., Moin, P. & Mani, A. (2016). Direct numerical simulation of a turbulent hydraulic jump: Turbulence statistics and air entrainment. *J. Fluid Mech.*, **797**, 60–94.

Muzaferija, S. & Perić, M. (1997). Computation of free-surface flows using finite volume method and moving grids. *Numer. Heat Transfer,* **Part B, 32,** 369–384.

Muzaferija, S. & Perić, M. (1999). Computation of free surface flows using interface-tracking and interface-capturing methods. In O. Mahrenholtz & M. Markiewicz (Hrsg.), *Nonlinear Water Wave Interaction, Chap.* 2 (S. 59–100). Southampton: WIT Press.

Osher, S. & Fedkiw, R. (2003). *Level set methods and dynamic implicit surfaces.* New York: Springer-Verlag.

Osher, S. & Sethian, J. A. (1988). Fronts propagating with curvature-dependent speed: algorithms based on Hamilton-Jacobi formulations. J. *Comput. Phys.,* **79,** 12–49.

Patankar, S. V. & Spalding, D. B. (1977) *Genmix: A general computer program for two-dimensional parabolic phenomena.* Oxford: Pergamon Press.

Perić R. & Abdel-Maksoud, M. (2018). Analytical prediction of reflection coefficients for wave absorbing layers in flow simulations of regular free-surface waves. *Ocean Engineering,* **47,** 132-147.

Perié R. (2019). *Minimierung unerwünschter Wellenreflexionen an den Gebietsrändern bei Strömungssimulationen mit Forcing Zones* (PhD Dissertation). Technische Universität Hamburg, Germany.

Peters, N. (2000). *Turbulent Combustion.* Cambridge: Cambridge Univ. Press.

Poinsot, T., Veynante, D. & Candel, S. (1991). Quenching processes and premixed turbulent combustion diagrams. J. *Fluid Mech.,* **228,** 561–605.

Qin, Z., Delaney, K., Riaz, A. & Balaras, E. (2015). Topology preserving advection of implicit interfaces on Cartesian grids. J. *Comput. Phys.,* **290,** 219–238.

Raithby, G. D., Xu, W.- X. & Stubley, G. D. (1995). Prediction of incompressible free surface flows with an element-based finite volume method. *Comput. Fluid Dynamics J.,* **4,** 353–371.

Reinecke, M., Hillebrandt, W., Niemeyer, J. C., Klein, R. & Gröbl, A. (1999). A new model for deflagration fronts in reactive fluids. *Astronomy and Astrophysics,* **347,** 724–733.

Rider, W. J. & Kothe, D. B. (1998). Reconstructing volume tracking. J. *Comput. Phys.,* **141,** 112–152.

Sauer, J. (2000). *Instationär kavitierende Strömungen - ein neues Modell, basierend auf Front Capturing (VoF) und Blasendynamik* (PhD Dissertation). University of Karlsruhe, Germany.

Scardovelli, R. & Zaleski, S. (1999). Direct numerical simulation of free-surface and interfacial flow. *Annu. Rev. Fluid Mech.,* **31,** 567–603.

Schalkwijk, J., Griffith, E., Post, F. H. & Jonker, H. J. J. (2012a). High-performance simulations of turbulent clouds on a desktop PC: Exploiting the GPU. *Bull. Amer. Met. Soc.,* **93,** 307–314.

Schalkwijk, J., Jonker, H. J. J., Siebesma, A. P. & van Meijgaard, E. (2015). Weather forecasting using GPU-based large-eddy simulations. *Bull. Amer. Met. Soc.,* **96,** 715–723.

Schnerr, G. H. & Sauer, J. (2001). Physical and Numerical Modeling of Unsteady Cavitation Dynamics. In *Fourth International Conference on Multiphase Flow.* New Orleans, USA.

Sethian, J. A. (1996). *Level set methods.* Cambridge: Cambridge U. Press.

Shabana, A. A. (2013). *Dynamics of Multibody Systems* (4. Aufl.). New York, USA: Cambridge U. Press.

Shi, X., Hagen, H. L., Chow, F. K., Bryan, G. H. & Street, R. L. (2018a). Large-eddy simulation of the stratocumulus-capped boundary layer with explicit filtering and reconstruction turbulence modeling. J. *Atmos. Sci.,* **75,** 611–637.

Shi, X., Chow, F. K., Street, R. L. & Bryan, G. H. (2018b). An evaluation of LES turbulence models for scalar mixing in the stratocumulus-capped boundary layer. J. *Atmos. Sci.,* **75,** 1499–1507.

Skyllingstad, E. D. & Samelson, R. M. (2012). Baroclinic frontal instabilities and turbulent mixing in the surface boundary layer. Part I: Unforced simulations. J. *Phys. Ocean.,* **42,** 1701–1716.

Smiljanovski, V., Moser, V. & Klein, R. (1997). A capturing-tracking hybrid scheme for deflagration discontinuities. *Combustion Theory and Modelling,* **1,** 183–215.

Spalding, D. B. (1978). General theory of turbulent combustion. *J. Energy*, **2**, 16–23.

Sullivan, P. P., C., W. J., Patton, E. G., Jonker, H. J. J. & Mironov, D. V. (2016). Turbulent winds and temperature fronts in large-eddy simulations of the stable atmospheric boundary layer. *J. Atmos. Sci.*, **73**, 1815–1840.

Sussman, M. (2003). A second-order coupled level set and volume-of-fluid method for computing growth and collapse of vapor bubbles. *J. Comput. Phys.*, **187**, 110–136.

Sussman, M., Smereka, P. & Osher, S. (1994). A level set approach for computing solutions to incompressible two-phase flow. *J. Comput. Phys.*, **114**, 146–159.

Thé, J. L., Raithby, G. D. & Stubley, G. D. (1994). Surface-adaptive finite-volume method for solving free-surface flows. *Numer. Heat Transfer, Part B*, **26**, 367–380.

Tregde, V. (2015). Compressible air effects in CFD simulations of free fall lifeboat drop. In it ASME 34th International Conference on Ocean, Offshore and Arctic Engineering. St John's, Newfoundland, Canada.

Tryggvason, G. & Unverdi, S. O. (1990). Computations of 3-dimensional Rayleigh-Taylor instability. Phys. Fluids A, 2 656–659.

Ubbink, O. (1997). *Numerical prediction of two fluid systems with sharp interfaces*. (PhD Dissertation). University of London, London.

Vukčević, V., Jasak, H. & Gatin, I. (2017). Implementation of the ghost fluid method for free surface flows in polyhedral finite volume framework. *Computers Fluids*, **153**, 1–19.

Washington, W. M. & Parkinson, C. L. (2005). *An introduction to three-dimensional climate modeling* (2. Aufl.). Sausalito, CA: University Sci. Books.

Weymouth, G. & Yue, D. K. P. (2010). Conservative volume-of-fluid method for free-surface simulations on Cartesian grids. *J. Comput. Phys.*, **229**, 2853–2865.

Williams, F. A. 1985. *Combustion theory: the fundamental theory of chemically reacting flow systems*. Menlo Park, CA: Benjamin-Cummings Pub. Co.

Youngs, D. L. (1982). Time-dependent multi-material flow with large fluid distortion. In K. W. Morton & M. J. Baines (Hrsg.), *Numerical methods for fluid dynamics* (S. 273-285). Academic Press, New York.

Zhang, H., Zheng, L. L., Prasad, V. & Hou, T. Y. (1998). A curvilinear level set formulation for highly deformable free surface problems with application to solidification. *Numer. Heat Transfer*, **34**, 1–20.

Zwart, P. J., Gerber, G. & Belamri, T. (2004). A two-phase flow model for prediction of cavitation dynamics. In *Fifth International Conference on Multiphase Flow*. Yokohama, Japan.

Ergänzende Informationen

A

A.1 Liste der Rechenprogramme und wie man auf sie zugreift

Eine Reihe von Rechenprogrammen, die einige der in diesem Buch beschriebenen Methoden verkörpern, können vom Leser über das Internet bezogen werden. Diese Rechenprogramme können in ihrer jetzigen Form nützlich sein, sie können aber auch als Ausgangspunkt für die weitere Entwicklung dienen. Sie werden von Zeit zu Zeit aktualisiert, und neue Programme können hinzugefügt werden. Auf alle Rechenprogramme kann über das Download-Center der Website www.cfd-peric.de zugegriffen werden.

Enthalten sind Programme, die zur Lösung der ein- und zweidimensionalen generischen Erhaltungsgleichung verwendet werden; diese wurden für die Beispiele in Kap. 3, 4 und 6 verwendet. In diesen Programmen werden mehrere Verfahren zur Diskretisierung der Konvektions- und Diffusionsterme und zur Zeitintegration verwendet. Sie können eingesetzt werden, um Eigenschaften der Verfahren zu untersuchen, darunter Konvergenz- und Diskretisierungsfehler und die relative Effizienz der Löser. Sie können auch als Grundlage für studentische Arbeiten verwendet werden; die Studenten könnten beispielsweise aufgefordert werden, das Diskretisierungsschema und/oder die Randbedingungen zu modifizieren.

Im Anfangspaket sind mehrere Löser für lineare Gleichungssysteme enthalten:

- TDMA-Löser für 1D-Probleme;
- Zeile-für-Zeile-TDMA-Löser für 2D-Probleme (Fünf-Punkte-Rechenstern);
- ILU-Löser von Stone (SIP) für 2D- und 3D-Probleme (Fünf- und Sieben-Punkte-Rechenstern); die 3D-Version ist ebenfalls in vektorisierter Form bereitgestellt;
- Löser basierend auf der Methode der konjugierten Gradienten, vorkonditioniert durch die unvollständige Cholesky-Methode (ICCG) für symmetrische Matrizen in 2- und 3-D (Fünf- und Sieben-Punkte-Rechenstern);
- Ein modifizierter SIP-Löser für einen Neun-Punkte-Rechenstern in 2D;
- CGSTAB-Löser für nichtsymmetrische Matrizen und 3D-Probleme;
- Mehrgitter-Löser für 2D-Probleme mit Gauß-Seidel, SIP, und ICCG als Glätter.

© Springer-Verlag GmbH Deutschland, ein Teil von Springer Nature 2020
J. H. Ferziger et al., *Numerische Strömungsmechanik*,
https://doi.org/10.1007/978-3-662-46544-8

Schließlich gibt es mehrere Programme zur Berechnung von Fluidströmungen und Wärme-übergangsproblemen. Die Quellversionen der folgenden Programme sind enthalten:

- ein Programm zur Erzeugung von kartesischen 2D-Gittern;
- ein Programm zur Erzeugung von nichtorthogonalen strukturierten 2D-Gittern;
- ein Programm zur Visualisierung von 2D-Daten auf kartesischen und nichtorthogonalen Gittern, welches das Gitter, die Geschwindigkeitsvektoren, Profile beliebiger Größen auf Linien von x = const. oder y = const., und Konturen beliebiger Größen in schwarz-weiß oder farbig darstellen kann (die Ausgabe ist eine Postscript-Datei);
- ein FV-Programm für kartesische 2D-Gitter mit versetzter Variablenanordnung, für stationäre Probleme (SIMPLE und IFSM Varianten);
- ein FV-Programm, das kartesische 2D-Gitter mit nichtversetzter Variablenanordnung verwendet, für stationäre oder instationäre Probleme (SIMPLE und IFSM Varianten);
- ein FV-Programm, das kartesische 3D-Gitter mit nichtversetzter Variablenanordnung verwendet, für stationäre und instationäre Probleme, mit Mehrgittermethode, angewendet auf die äußeren Iterationen;
- ein FV-Programm mit nichtorthogonalen 2D randangepassten Gittern und nichtversetzter Variablenanordnung, für laminare stationäre oder instationäre Strömungen (SIMPLE und IFSM Varianten, einschließlich SIMPLE-Variante für bewegliche Gitter);
- Versionen des obigen Programms, die $k-\varepsilon$- und $k-\omega$-Turbulenzmodelle mit Wandfunktionen verwenden, sowie eine Version, die keine Wandfunktionen verwendet;
- eine Mehrgitterversion des obigen Programms für laminare Strömungen (Mehrgitter angewendet auf äußere Iterationen).

Die Programme sind in Standard FORTRAN77 programmiert und wurden auf vielen Computern getestet. Für die größeren Programme gibt es auch Erklärungsdateien im Verzeichnis; viele Kommentarzeilen sind in jedem Programm enthalten, einschließlich Vorschlägen, wie sie an 3D-Probleme auf unstrukturierten Gittern angepasst werden können.

Schließlich enthält das Hauptverzeichnis eine Datei namens `errata`; in ihr werden wir Fehler, die in diesem Buch gefunden werden, dokumentieren (wir hoffen, dass diese Datei sehr klein sein wird).

A.2   Erweiterte Berichte über Beispielsimulationen

In Kap. 9 bis 13 haben wir die Ergebnisse aus mehreren Testfällen kurz vorgestellt; der Platz erlaubte keine detaillierte Beschreibung aller relevanten Daten. Das Download-Center enthält ausführlichere Berichte in pdf-Format (in den meisten Fällen wird auch die Simulationsdatei, die zur Gewinnung der Ergebnisse verwendet wurde, zur Verfügung gestellt), die von den Lesern heruntergeladen werden können. Die Simulationen wurden mit der kommerziellen Software Simcenter STAR-CCM+ von Siemens durchgeführt. Die Simulationsdateien können zur Variation der Parameter (Geometrie, Fluideigenschaften, Randbedingungen, Turbulenzmodell usw.) und zur Untersuchung der Gitter- oder Zeitschrittabhängigkeit von Lösungen verwendet werden.

Für einige Testfälle werden auch Animationen des Strömungsverhaltens zur Verfügung gestellt.

A.3 Andere frei verfügbare CFD-Programme

Man kann im Internet kostenlose Versionen sowohl von CFD- als auch von Gittergenerierungsprogrammen finden. Das prominenteste Beispiel ist OpenFOAM, das wir hier erwähnen, weil es weit verbreitet ist und eine große Benutzergemeinde hat. Es wird offiziell alle sechs Monate veröffentlicht und enthält viele eingebaute Modelle zur Berechnung inkompressibler und kompressibler Strömungen mit vielen zusätzlichen physikalischen Modellen, wie Mehrphasenströmung, Verbrennung und Festkörperspannungsanalyse. Man kann es so verwenden, wie es ist, aber es eignet sich auch als Grundlage für die weitere Entwicklung von entweder numerischen Techniken oder physikalischen Modellen. Weitere Informationen sind unter www.openfoam.com verfügbar.

Stichwortverzeichnis

© Springer-Verlag GmbH Deutschland, ein Teil von Springer Nature 2020
J. H. Ferziger et al., *Numerische Strömungsmechanik*,
https://doi.org/10.1007/978-3-662-46544-8

Printed in the United States
By Bookmasters